| 제3판 |

기본 지구물리학

William Lowrie, Andreas Fichtner 지음 | 임형래, 엄주영, 오주원 옮김

Σ 시그마프레스

기본 지구물리학, 제3판

발행일 │ 2022년 9월 20일 1쇄 발행

저　자 │ William Lowrie, Andreas Fichtner
역　자 │ 임형래, 엄주영, 오주원
발행인 │ 강학경
발행처 │ ㈜시그마프레스
디자인 │ 차인선, 우주연, 김은경
편　집 │ 김문선, 김은실, 이호선, 윤원진
마케팅 │ 문정현, 송치헌, 김인수, 김미래, 김성옥

등록번호 │ 제10-2642호
주소 │ 서울특별시 영등포구 양평로 22길 21 선유도코오롱디지털타워 A401~402호
전자우편 │ sigma@spress.co.kr
홈페이지 │ http://www.sigmapress.co.kr
전화 │ (02)323-4845, (02)2062-5184~8
팩스 │ (02)323-4197

ISBN │ 979-11-6226-403-4

Fundamentals of Geophysics, 3rd Edition

* 책값은 책 뒤표지에 있습니다.

역자 서문

기본 지구물리학의 원저인 *Fundamentals of Geophysics*는 William Lowrie 교수가 1997년에 초판을 발간한 이래로 전 세계에서 지구물리학 강의 교재로 널리 애용되고 있다. 2007년에 발간한 2판까지는 5개 장으로 구성하였다가, 2020년에 출판한 3판에서는 Andreas Fichtner 교수와 공동 집필하여 12개 장으로 확대 편성하였다. 이전 판본도 지구물리학의 기초 이론 설명, 체계적인 수식 유도 및 다양한 삽화를 이용한 지구물리학 응용 사례를 소개하는 구성으로 지구물리학 강의에 적합했다. 대폭 개정된 3판은 기존 내용을 계승하면서도 최근 활발히 연구되고 있는 우주 측지학, 배경잡음 간섭법 등을 추가하고 전체적인 구성도 확장된 내용에 맞추어 12개 장으로 개편하였다.

이 책은 학부 수준의 지구물리학 강의에 적합하도록 구성되어 있으며 심화된 내용이나 배경지식이 필요한 경우 글상자에 따로 소개하고 있다. 매 장의 말미에 복습 문제와 연습 문제를 두어 학습 내용을 다시 확인하고 실제적인 상황에 적용할 수 있도록 하였다. 특히 현대 지구물리학 연구에서 필수적인 컴퓨터 프로그래밍을 연습할 수 있도록 파이썬 프로그램 실습 문제를 추가하였다.

우리 역자들은 원저의 내용에 충실히 따르면서도 필요하다면 내용을 분명히 전달하기 위해 의역하거나 구체적인 설명을 추가하였다. 전문 용어의 번역은 주로 지질학, 지구물리학, 물리학, 수학 등 전문 학회에서 제공하는 용어 사전을 참조하였으며, 다수의 선택지가 있는 경우에는 역자들이 합의하여 적절한 용어를 채택하였다. 이 책의 모든 각주는 원저를 보다 쉽게 이해하기 위해 번역자가 새롭게 추가한 것이다.

번역은 제2의 창작이라는 말이 있는 것처럼 집필에 비견될 만큼 깊이 있는 번역을 하고자 노력했지만 여전히 만족스럽지 못하게 번역된 부분이 눈에 많이 띈다. 그럼에도 불구하고 이 역서가 우리나라 지구물리학 발전에 미력하나마 도움이 되길 바라며 출판하였다.

끝으로 독자가 많지 않을 것을 알고 있으면서도 국내 지구물리학의 발전을 위하여 기꺼이 이 책의 출판을 위해 노력해 주신 (주)시그마프레스 관계자분들께 감사드린다.

2022년 9월
역자 임형래, 엄주영, 오주원

프롤로그

이 책의 두 번째 판이 출판된 이후 고성능 컴퓨터에 대한 광범위한 활용, 계측 기술의 발전, 그리고 인공위성으로 지구와 다른 행성의 특성을 조사하는 원격 탐사의 확장에 의해 수년 동안 지구물리학 분야가 상당히 발전하였다. 또한 인터넷 기반 교육이 지속적으로 확산되어 온라인 자료를 이용하는 수업이 점점 보편화되었다. 이에 우리는 기본 지구물리학(*Fundamentals of Geophysics*) 제3판을 준비하고, Jupyter Notebook을 기반으로 학생들이 온라인으로 문제를 해결하는 데 쌍방향으로 참여하게 하였다.

이전 판의 저자는 로리(William Lowrie)이고 이번 판에는 피히트너(Andreas Fichtner)가 참여하였다. 두 저자는 취리히 연방공과대학교(ETH 취리히)의 지구물리학과 교수로서 다루는 전문 분야가 다르다. 두 저자의 협업으로 제3판에서 다루는 다양한 분야에 대해 최신 연구 결과를 기반으로 한 전문지식과 더 신선한 접근이 더해졌다.

지구물리학은 종종 '일반'과 '응용'과 같은 두 가지 주제를 다룬다. 사실 이들은 동전의 양면과 같이, 종종 개별 영역에서 개발된 계측과 분석 기술의 발전을 서로 공유한다. 따라서 이전 판과 마찬가지로 두 분야의 주요 방법을 같이 설명한다.

최근 발전된 모든 내용을 이 기초 교재에 간략하게 설명하는 것은 불가능하지만 가장 인상적인 몇 가지를 포함시키고자 하였다. 여기에는 태양계의 다양한 천체(예 : 수성, 화성, 목성, 명왕성)에 대한 우주 탐사의 지구물리학적 결과가 포함되는데, 특히 궤도를 도는 인공위성에서 행성들의 중력장과 자기장을 원격으로 감지하는 연구에서 큰 진전을 상세히 소개하였다. 우주 측지학을 다루는 새로운 절을 추가하여 측지학 및 중력 연구에 혁명을 일으킨 몇 가지 신기술을 설명한다. 지구의 내부 구조를 이해하기 위한 새로운 탄성파 해석 방법, 예를 들어 배경잡음을 분석하는 방법을 설명한다. 지진으로 인한 위험은 확률적 지진 재해로 추정할 수 있다. 지진파 단층촬영의 발전과 지구물리학(예를 들어 맨틀 동역학)의 수치 모델링은 지구 내부에 대한 우리의 이해를 조명하고 이에 대한 새로운 질문을 제기했다. 일부 주제에 대해 본문을 이해하는 데 필요한 것보다 더 자세한 내용을 다루기 위해 글상자를 사용하였으며, 이전 판에서와 같이 개별 분야의 기본 원리에 중점을 둔다.

이 책은 새로운 구성으로 지구물리학 분야를 12개의 장으로 나누는데, 그중 일부는 약간 겹친다. 가능한 저렴한 가격을 유지하여 학생들의 부담을 줄이기 위해 저자는 비싼 컬러 그림을 피하고 흑백 그림을 계속 사용하기로 했다. 하지만 책의 제목에서 알 수 있듯이, 이 교재는 지구물리학의 기본 원리를 가르치는 것이 목적이기 때문에 교재 내용은 대부분 변하지 않았다. 필요하다면, 강사는 전문 문헌에서 컬러 그림을 구해서 강의에 활용할 수 있다. 각 장의 끝에 있는 연습 문제를 사용하고자 하는 강사를 위해 웹사이트에 정답을 제공하였다.

이 판을 준비하면서 우리는 수많은 동료로부터 그림과 자발적 검토, 건설적인 제안을 받았다. 우리는 그들의 아낌없는 지원에 매우 감사드린다. 만약 우리가 그들의 제안을 받아들이지 않았다면, 그들의 의견에 동의하지 않았기 때문이 아니라 지극히 개인적인 취사선택의 결과이다. 특히 우리는 Michael Afanasiev, Peter Annan, Nienke Blom, Jim Channell, Rob Coe, Laurentiu Danciu, Rhodri Davies, Sjoerd de Ridder, Jordi Diaz, Laura Ermert, Chris Finlay, Alexandre Fournier, Domenico Giardini, Alan Green, James Harris, Ann Hirt, Ian Jackson, Dennis Kent, Paula Koelemeijer, Maria Koroni,

Kostas Lentas, Guust Nolet, Markku Poutanen, Andrew Schaeffer에게 감사드린다.

또한, 이 책의 각 장은 익명의 검토위원들의 제안으로 개선되었다. 우리는 그들이 우리 책을 개선하기 위해 노력한 시간과 노력에 감사드리며, 그들이 다른 연구나 학술적인 일에도 도움을 주는 것에 대해 진심으로 감사드린다.

마지막으로 이해와 격려를 아끼지 않은 아내 마르시아(Marcia Lowrie)와 캐롤린(Carolin Fichtner)에게 감사드린다. 이 책을 그들에게 바칩니다.

저자 서문

오래 기간 꾸준히 인기를 끌어 온 이 학부 교과서가 철저한 재작업을 통해 개정되었다. 개정판은 이전 판과 이전 판의 주제를 다루지만, 12개 장으로 구성하여 강의실에서 편하게 이용할 수 있도록 상당히 현대화된 방향으로 개정되었다.

이 책(제3판)은 지구물리학의 이론과 응용 측면을 모두 다루며, 물리학 원리에 대한 명확한 설명, 주요 방정식의 단계별 유도, 석유 및 광물 자원을 포함한 지구의 내부 구조 및 특성을 설명하는 400개 이상의 삽화가 혼합되어 있다. 인공위성 지구물리학, 행성 착륙선, 해저 지진계, 분포형 음향 계측과 같은 최신 자료 획득 기술과 잡음 간섭법, 지진 위험 분석, 유동학 및 수치 모델링의 최신 연구 내용과 같은 새로운 주제가 과학 문헌의 예제와 함께 추가되었다.

학생 친화적인 기능으로 각 장별로 보조적인 추가 설명과 흥미 있는 고급 주제를 별도로 설명하는 글상자, 각 장 끝에는 기초·심화 및 응용 수준별 더 읽을거리, 복습 문제, 그리고 정량적인 연습 문제가 제공된다. 제3판에서는 학생들이 중요한 프로그래밍 기술을 습득하고 지구물리학에 대해 더 깊이 이해할 수 있도록 파이썬 프로그래밍 실습 문제가 새롭게 추가되었다.

로리(William Lowrie)는 취리히연방공과대학 지구물리학 연구소 명예교수로서 지구물리학을 가르치고 암석 자기와 고지자기 연구를 수행했다. 그는 1960년 에든버러대학교 물리학과를 우등으로 졸업한 후 토론토대학교에서 지구물리학 석사 학위를, 피츠버그대학교에서 박사 학위를 받았다. 그는 유럽지구과학연합(EGU) 회장(1987~1989)과 미국지구물리학연합(AGU)의 지부장과 평의원(2000~2002)을 역임했다. 그는 AGU의 펠로우이자 Academia Europaea의 회원이다.

피히트너(Andreas Fichtner)는 취리히연방공과대학의 지구물리학과 교수이다. 2010년 뮌헨대학교에서 박사 학위를 받았다. 그의 주요 연구 관심 분야는 완전 파형 역산, 지진파 단층 촬영 기술의 분해능 분석, 지진원 역산, 지진파 간섭법 및 역산 이론을 위한 방법의 개발과 응용이다. 그의 업적으로는 미국지구물리학연합(AGU)에서 케이이티 아키상(Keiiti Aki Award)을, 국제측지지구물리학연합(IUGG)에서 젊은 과학자상, 바이에른과학아카데미에서 호프만상을 받았다. 그는 풀브라이트 프로그램 장학생이었고 현재 유럽 젊은 아카데미 회원이다.

요약 차례

차례

1

태양계

미리보기

45억 년보다 오래전에 태양계는 별(훗날 태양이 될)을 둘러싸고 있는 분자 수소와 성간 먼지의 구름이 회전하면서 형성되었다. 먼지 구름에 있던 입자가 충돌하고 결합하면서, 선사 시대부터 인류를 매료시킨 8개의 행성과 셀 수 없이 많은 작은 천체로 이루어진 태양계가 형성되었다. 태양계에 대한 인류의 지식은 우주 탐사의 시대가 되면서 폭발적으로 확장되었고, 이에 대해 완전히 설명하는 것은 그 자체로 하나의 도서관이 될 정도로 가치가 있다. 하지만 이 장에서는 주요한 행성의 궤도와 물리적 특성에 대해서만 간략하게 설명한다. 이러한 행성들은 중력, 자력, 지진, 조석 운동 등과 같은 지구에서 발생하는 자연적인 현상을 보여준다. 이러한 현상들은 이후 장에서 소개될 지구물리학적인 개념과 기술로 이해될 수 있다.

1.1 행성

태양계는 태양, 행성, 각 행성을 도는 위성, 그리고 인력에 이끌려 태양 주위를 도는 다른 물체들로 구성되어 있다. 8개의 행성은 크기, 조성, 태양과의 거리에 따라 두 개의 그룹으로 구분된다(표 1.1). 수성, 금성, 지구, 화성이 속하는 네 개의 내행성(또는 지구형 행성)은 크기와 밀도가 지구와 비슷하다(그림 1.1). 내행성은 단단한 암석으로 되어 있고, 지구와 같은 속도 또는 느린 속도로 자전한다. 목성, 토성, 천왕성, 해왕성이 속하는 네 개의 외행성(또는 거대 행성)은 지구보다 훨씬 크지만, 밀도가 낮고 자전 속도가 더 빠르다. 내행성은 위성이 적고 고리가 없는 반면, 외행성은 위성이 많고 먼지 고리로 둘러싸여 있다. 화성과 목성 사이에는 수많은 궤도 위 공전 물체들로 이루어진 소행성대가 있는데, 일부는 먼지 입자만큼 작지만, 어떤 것들은 지름이 수백 킬로미터에 달하기도 한다.

목성은 다른 행성들보다 훨씬 크며, 목성의 질량은 모든 행성의 총질량의 70%를 차지한다. 내행성은 주로 암석과 금속성 물질로 이루어져 있지만, 목성과 토성은 90% 이상이 수소와 헬륨으로 구성된 가스 행성이며, 금속성 수소 핵을 가지고 있다. 수소와 헬륨으로 구성된 기체 대기를 가진 천왕성과 해왕성은 얼음 행성이며, 주로 물, 암모니아, 메탄으로 이루어져 있다. 해왕성 너머에는 태양으로부터 거의 두 배 정도 떨어진 곳에 명왕성의 궤도가 있는데, 명왕성은 지구의 달보다 크기가 작지만, 오랫동안 행성으로 생각되어 왔다. 명왕성의 궤도는 크게 찌그러진 타원형이며 다른 행성보다 황도에 더 가파르게 기울어져 있다. 명왕성의 물리적 특성은 거대 행성들과 지구형 행성들과 다르다.

8개의 주요 행성과 명왕성 외에도, 태양 주위의 궤도에는 다른 큰 천체들이 있다. 소행성(minor planet)으로 불리는 이 천체들은 행성이 되기 위한 기준을 충족하지 못한다. 해왕성 궤도 너머 태양계에서도 큰 천체가 발견되면서 천문학자들은 행성을 정의하는 기준에 대해 논쟁을 벌이게 되었다. 2006년 국제천문연맹(International Astronomical Union, IAU)은 태양계의 행성이 되려면 (1) 천체가 태양 주위를 공전해야 하며, (2) 자신의 중력이 구면 또는 구면체의 모양을 만들 수 있을 만큼 충분히 커야 하며, (3) 행성 궤도 주변이 깨끗해야 한다고 결정했다. 조건 (1)과 (2)를 충족하고 다른 행성의 위성이 아닌 천체는 '왜소행성(dwarf planet)'으로 분류된다. 명왕성은 공전 궤도가 길게 늘어져서 해왕성과 카이퍼대(Kuiper belt) 천체의

표 1.1 행성과 달의 치수와 회전 특성

거대 행성과 왜소행성인 명왕성은 기체이다. 이 행성들의 경우, 압력이 1기압인 표면을 유효반경으로 간주한다. 극 편평도의 정의에서, a와 c는 각각 회전 타원체의 긴 반지름과 짧은 반지름이다.

행성	질량 M $(10^{24}$ kg)	지구와의 상대질량	평균밀도 (kg m^{-3})	적도반경 (km)	항성 자전 주기(일)	편평도의 역수 $f^{-1} = a/(a-c)$	공전 궤도에 대한 자전축 기울기(°)
지구형 행성과 달							
수성	0.33011	0.0553	5427	2439.7	58.65	–	0.034
금성	4.8675	0.815	5243	6051.8	243.7	–	177.4
지구	5.9723	1.000	5514	6378.1	0.9973	298.253	23.44
달	0.07346	0.0123	3344	1738.1	27.32	827.67	6.68
화성	0.64171	0.1074	3933	3396.2	1.026	169.81	25.19
거대 행성과 명왕성							
목성	1898.19	317.83	1326	71,492	0.414	15.41	3.13
토성	568.34	95.16	687	60,268	0.444	10.21	26.73
천왕성	86.813	14.54	1271	25,559	0.718	43.62	97.77
해왕성	102.413	17.15	1638	24,764	0.671	58.54	28.32
명왕성	0.01303	0.00218	1854	1187	6.387	–	122.53

출처 : NASA Space Science Data Center, 2017, https://nssdc.gsfc.nasa.gov/planetary.

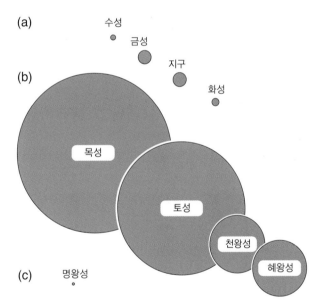

그림 1.1 행성의 상대적인 크기 : (a) 네 개의 지구형 행성, (b) 네 개의 거대 행성, 그리고 (c) 다른 행성들에 비해 작은 왜소행성인 명왕성.

영향을 받기 때문에 조건 (3)을 만족하지 못하여 왜소행성으로 분류되고 있다. 다른 왜소행성으로는 반지름이 950 km로 가장 큰 소행성인 세레스와 산란 원반 천체인 에리스(1.5.6절)가 있다.

태양 주위를 도는 행성들의 궤도는 서로 가까이 있으며, 평평한 원반을 형성하고 있다. 지구 궤도의 평면은 **황도면**(ecliptic plane)이라고 부르는데 다른 행성의 궤도는 황도면에서 수 도 이내에 있다. 궤도의 모양은 원에서 아주 조금 벗어나는 약간 찌그러진 타원형이다. 행성 궤도의 모양과 행성의 운동은 에너지와 각운동량 보존 법칙, 그리고 만유인력 법칙의 역제곱에 의해 정해진다.

1.1.1 에너지와 각운동량 보존 법칙

첫 번째 가정으로, 태양과 행성은 독립된 계를 형성한다. 이는 어떤 물질이나 에너지가 계 내부 또는 외부로 전달되지 않는 것을 의미한다. 에너지 보존 법칙(law of conservation of energy)은 독립된 계의 전체 에너지가 일정하게 보존된다는 것이다. 태양계에서 행성은 인력에 의해 태양에 묶여 있으며, 이는 태양 중심에서 거리의 역제곱에 따라 달라진다. 이러한 조건으로 인해 각 행성은 타원형 모양의 평면 궤도를 갖게 된다 (글상자 1.1).

행성 운동에 대한 또 다른 제약 조건은 각운동량 보존 법칙(law of conservation of angular momentum)이다. 이것은 회전하는 계에 적용되며 외부 돌림힘(또는 회전력)에 의해서 영향을 받지 않는 한, 계의 각운동량이 일정하게 보존된다는 것이다. 물체의 선형 운동량이 속도와 질량에 의존하는 것처럼, 회전하는 물체의 각운동량은 축에 대한 회전 속도와 축에 대한 질량 분포에 의존하는데 이는 관성 모멘트(moment of inertia)

표 1.2 행성 궤도의 치수와 특성

1 AU = 1 천문단위(astronomical unit) = 149,597,870.7 km

행성	평균궤도반경 (AU)	장축 (10^6 km)	궤도 이심률	황도면에 대한 궤도경사각(°)	평균 공전속도 (km s^{-1})	항성 공전 주기 (년)
지구형 행성과 달						
수성	0.3830	57.91	0.2056	7.00	47.36	0.2408
금성	0.7233	108.21	0.00677	3.39	35.02	0.6152
지구	1.0000	149.60	0.01671	0.000	29.78	1.0000
달(지구를 공전하는)	0.00257	0.3844	0.0549	5.145	1.022	0.0748
화성	1.5202	227.92	0.0935	1.851	24.08	1.8808
거대 행성과 명왕성						
목성	5.2013	778.6	0.0489	1.304	13.06	11.862
토성	9.575	1433.5	0.0565	2.485	9.68	29.457
천왕성	19.19	2872.6	0.0457	0.772	6.80	84.011
해왕성	30.05	4495.1	0.0113	1.769	5.43	164.79
명왕성	38.86	5906.4	0.2488	17.16	4.67	247.94

출처 : NASA Space Science Data Center, 2017, https://nssdc.gsfc.nasa.gov/planetary.

로 알려져 있다.

점 질량 m의 경우, 거리 r에서 축에 대한 관성 모멘트(I)는 다음과 같이 정의된다.

$$I = mr^2 \tag{1.1}$$

각운동량(h)은 축에 대한 관성 모멘트(I)와 축에 대한 회전 속도(Ω)의 곱으로 정의된다.

$$h = I\Omega \tag{1.2}$$

각 행성은 태양 주위를 거의 원형으로 공전하면서 동시에 자신의 축을 중심으로 자전한다. 따라서 각운동량에는 두 가지 성분이 있다. 태양에 대한 행성의 공전 각운동량은 매우 간단하게 구할 수 있다. 태양계는 너무 거대해서 각 행성의 물리적 크기는 궤도의 크기에 비해 작다. 태양에 대한 행성의 관성 모멘트는 행성의 질량과 궤도 반지름(표 1.2)을 식 (1.1)에 대입하여 계산한다. 행성의 궤도 각운동량은 계산된 관성 모멘트와 공전 속도를 결합하여, 식 (1.2)를 이용하여 계산될 수 있다.

물체를 통과하는 축(예 : 행성의 자전축)에 대한 고체의 관성 모멘트를 결정하는 것은 더 복잡하다. 식 (1.2)는 행성의 모든 입자에 대해 계산되고 합산되어야 한다. 만약 행성이 질량이 M이고 평균 반지름이 R인 구로 표현된다면, 회전축에 대한 관성 모멘트 C는 다음과 같다.

$$C = kMr^2 \tag{1.3}$$

여기서 상수 k는 행성 내 밀도 분포에 의해 결정된다. 행성이 단순한 기하학적 모양을 가진다고 가정하면 k의 값은 정확하게 계산될 수 있다. 예를 들어, 구형 고체 안에서 밀도가 균일하다면, k의 값은 정확히 2/5 또는 0.4이며, 속이 비어 있는 구에 대해서는 2/3이다. 만약에 고밀도의 핵을 가진 행성과 같이 행성의 밀도가 깊이에 따라 증가한다면 k 값은 0.4 미만이 되는데, 지구의 경우 $k = 0.3308$이다. 일부 행성의 경우, 깊이에 따른 밀도의 변화는 잘 알려져 있지 않지만, 대부분의 행성에 대해서는 자전축에 대한 관성 모멘트를 계산하기에 충분한 정보가 있기 때문에, 관성 모멘트를 식 (1.2)의 자전 속도와 결합함으로써, 자전 각운동량을 얻을 수 있다(표 1.3).

태양을 공전하는 행성의 공전 각운동량은 그 행성의 자전 각운동량보다 훨씬 크다(평균 약 6만 배). 태양계 전체 질량의 99.9% 이상이 태양에 집중되어 있는 반면, 각운동량의 99% 이상은 행성, 특히 네 개의 거대 행성의 궤도 운동에 의해 결정된다. 그중에서 목성은 모든 행성의 총질량의 70% 이상과 총각운동량의 60% 이상을 차지한다.

1.1.2 태양계의 기원

태양계의 기원에 대해 수많은 이론이 제시되어 왔다. 운석의 연대 측정 결과에 따르면 태양계는 약 4.5~4.6 × 10^9년 전에

표 1.3 태양계의 궤도 및 회전 각운동량의 분포

금성, 천왕성, 명왕성은 자전축에 대해 역행 자전을 한다.

	행성 질량 $M(10^{24}$ kg)	평균 공전 속도 $\omega(10^{-9}$ rad s$^{-1})$	평균 공전 반경 $r(10^9$ m)	공전 각운동량 $M\omega r^2$ $(10^{39}$ kg m^2 s$^{-1})$	행성 평균 반경 $R(10^6$ m)	정규화된 관성 모멘트 I/MR^2	관성 모멘트 $I(10^{40}$ kg m$^2)$	자전 속도 $\Omega(10^{-6}$ rad s$^{-1})$	자전 각운동량 $I\Omega$ $(10^{39}$ kg m^2 s$^{-1})$
지구형 행성과 달									
수성	0.3301	827.3	57.29	0.896	2.440	0.353	6.88×10^{-5}	1.240	8.53×10^{-10}
금성	4.8675	323.9	108.2	18.46	6.052	0.33	5.88×10^{-3}	−0.2992	1.76×10^{-8}
지구	5.9723	199.2	149.6	26.63	6.371	0.3308	8.02×10^{-3}	72.92	5.85×10^{-6}
화성	0.6417	105.9	227.4	3.52	3.390	0.366	2.70×10^{-4}	70.78	1.91×10^{-7}
거대 행성과 명왕성									
목성	1898.2	16.8	778.1	19,304	69.911	0.254	235.6	175.7	0.4144
토성	568.3	6.76	1432	7887	58.232	0.21	40.5	163.8	0.0663
천왕성	86.8	2.37	2871	1697	25.362	0.23	1.28	−101.3	0.00124
해왕성	102.4	1.209	4495	2502	24.622	0.24	1.49	108.1	0.00167
명왕성	0.01303	0.804	5814	0.354	1.187	–	–	−11.4	–
합계	2668	–	–	31,439	–	–	–	–	0.483
태양	1,989,100	–	–	–	695,700	0.070	6,737,000	2.865	162.6

출처 : NASA Space Science Data Center, 2017, https://nssdc.gsfc.nasa.gov/planetary.

형성된 것으로 보인다. 어떤 이론이 태양계가 어떻게 형성되었는지를 가장 잘 설명하려면 현재 관측되고 있는 행성들의 여러 가지 특징을 만족스럽게 설명해야 한다. 이들 중 가장 중요한 특징들은 다음과 같다.

1. 행성의 궤도는 태양과 지구의 궤도(황도면)를 포함하는 면과 같은 평면에 있거나 가까이에 있어야 한다.
2. 행성들은 황도면 위에서 보았을 때 반시계 방향으로 태양 주위를 공전한다. 이 방향을 순행(prograde)으로 정의한다.
3. 행성들의 자전 또한 대부분 순행이다. 역행 자전을 하는 금성과 자전축이 거의 궤도의 평면에 있는 천왕성은 예외이다.
4. 각 행성은 가장 가까운 이웃 행성보다 태양으로부터 대략 두 배 멀리 떨어져 있다.
5. 행성은 조성에 따라 명확하게 두 가지 그룹으로 분류된다. 태양에 가까이 있는 지구형 행성은 크기가 작고 밀도가 큰 반면, 태양으로부터 멀리 떨어져 있는 거대 행성은 크기가 크고 밀도가 작다.
6. 태양은 태양계 질량의 거의 99.9%를 차지하지만, 행성들은 각운동량의 99% 이상을 차지한다.

과학적 관측을 바탕으로 한 최초의 이론은 1755년 독일 철학자 칸트(Immanuel Kant, 1724~1804)가 도입하고 1796년 프랑스 천문학자 라플라스(Pierre Simon de Laplace, 1749~1827)가 완성한 성운설(nebular hypothesis)이다. 이 가설에 따르면 행성과 그들의 위성은 태양과 동시에 형성되었다. 태양계 형성 초기에 우주는 뜨거운 원시 가스와 먼지로 이루어진 성운(nebular)에 의해 채워졌고, 성운이 식으면서 수축하기 시작했다. 태양계의 각운동량을 보존하기 위해 회전 속도는 더 빨라졌다. 이는 마치 한 발을 들고 회전하는 스케이트 선수가 뻗었던 팔을 접으면 회전 속도가 빨라지는 것과 유사한 원리이다. 이후 원심력에 의해 물질이 동심원 고리 형태로 흩어지게 되고 그 고리는 응축하여 행성이 됐을 것이다. 하지만 이 가설에 대한 반박은 고리 안의 물질의 질량이 너무 작아서 행성으로 응축되는 데 필요한 충분한 인력을 가질 수 없다는 것이다. 게다가 성운이 수축함에 따라 각운동량의 대부분이 태양을 형성하기 위해 응축하는 주 질량에 집중되게 되는데, 이는 태양계의 각운동량 분포에 대한 관측 결과와 일치하지 않는다.

이를 보완하기 위한 몇몇 대안 모델들이 이후에 제시되었지만, 금방 인기가 떨어졌다. 예를 들어, 충돌설(collision hypothesis)은 태양이 행성보다 먼저 형성되었다고 가정했다. 충돌설에 따르면, 가까이 지나가던 별의 인력이나 근처 초신성의 폭발로 인해 태양 물질이 가는 실처럼 끌려와서 이것들이 응축되어 행성을 형성하게 되었다. 그러나 태양 물질이 너무 뜨거워서 행성을 형성하기 위해 천천히 응축되기보다는 폭발적으로 우주로 흩어졌을 것이라는 반대 의견이 있다.

현재 태양계의 기원은 성운설을 보완하여 해석되고 있다. 가스와 먼지 구름이 수축함에 따라, 그것의 회전 속도가 빨라져서 구름을 렌즈 모양의 원반 형태로 납작하게 만들었다. 구름이 수축하면서 중심핵의 밀도가 충분히 높아졌을 때, 인력에 의해 스스로 붕괴되어 원시 태양을 형성하게 되었고 열핵융합이 시작되었다. 수소 원자핵은 엄청난 양의 에너지를 방출하면서, 강한 압력하에서 결합하여 헬륨 원자핵을 형성하였다. 원반에서 회전하던 물질은 처음에는 매우 뜨거운 기체 상태였으나 냉각되면서 고체 물질이 응축되어 작은 알갱이가 되었다. 이 작은 알갱이들은 미행성(planetesimal)이라고 불리는 암석덩어리 또는 얼음덩어리처럼 뭉쳐졌다. 태양 근처에서는 규산염질 또는 암석질 조성을 갖는 소행성 형태의 미행성들이 형성되었고, 태양의 열에 의해서 더 먼 곳에서는 얼음 같은 조성을 갖는 혜성 형태의 미행성들이 형성되었다. 미행성 간의 충돌과 인력은 미행성들이 행성을 형성할 정도로 크게 부착(accretion)되는 결과를 가져왔다. 높은 녹는점을 가진 물질(예 : 금속, 규산염 물질)은 태양 근처에서 응축되어 지구형 행성을 형성하였다.

지구형 행성들은 동심원 모양의 구형 껍질을 가지는 내부 구조를 가지게 되었는데, 이는 그 구성 성분들의 화학적 조성과 밀도에 의해 결정되었다. 중력에 의해 밀도가 높은 물질이 행성의 중심으로 가라앉아 철 성분이 풍부한 핵을 형성하게 되었다. 밀도가 낮은 규산염질 물질은 핵 주위를 둘러싸고 있는 껍질(또는 맨틀)을 형성하고, 그 겉에는 규산염질 고체로 된 얇은 지각이 형성되었다. 이 층상 구조 위에는 액체인 수권이 형성되고, 그 위로 기체인 대기권이 형성되었다. 지구의 대기는 그 자체로 대류권(troposphere : 기상현상에 영향), 성층권(stratosphere : 오존층을 포함) 및 전리층(ionosphere : 태양 복사에 의해 공기 분자가 이온화)으로 층서화되어 있다. 다른 지구형 행성과 일부 위성은 대기 조성이 다르다.

지구형 행성과는 대조적으로, 휘발성 물질(예 : 물, 암모니아, 메탄)은 증발되고, 태양으로부터 온 입자와 복사 흐름에 의해 우주 멀리로 보내졌다. 화성과 목성 사이의 동결선(frost line)이라고 알려진 이 거리에서는, 태양 복사의 보온 효과가 너무 낮아져서 휘발성 화합물이 얼음의 형태로 고체화된다. 이처럼 태양계에서 먼 차가운 영역에서는, 거대하고 차가운 행성들이 응축하는 동안 휘발성 물질은 그대로 남아 있었을 것이다. 목성과 토성 사이의 인력은 초기 성운의 조성을 유지하기에 충분히 강했을 것이다.

하지만 이 시나리오는 가설이라는 것을 명심해야 한다. 가설이라고 한 이유는 태양계의 형성에 대해 그럴듯하게 설명하지만, 유일한 설명은 아니기 때문이다. 이 시나리오는 행성이 다양한 조성을 가지게 된 이유가 태양으로부터 서로 다른 거리만큼 떨어져서 부착하였기 때문으로 보고 있는데, 개별 행성의 특성을 설명하기 위해 많은 부분이 다듬어져야 한다. 그러나 시나리오의 대부분이 정성적이어서 만족스럽지 못하다. 예를 들어, 각운동량의 분포(99%가 행성에 집중된)를 적절하게 설명하지 못한다. 물리학자, 천문학자, 수학자, 우주과학자들은 끊임없이 새로운 조사 방법을 시도하고, 태양계 형성에 대한 가설을 개선할 추가 단서를 찾고 있다.

1.2 행성의 발견과 궤도의 결정

초기 지구인들에게 밤하늘이 얼마나 인상적이었을지 감상하기 위해서는, 오늘날의 산만한 빛과 도심 속 오염으로부터 멀리 떨어진 곳으로 가는 것이 필요하다. 황무지에서 본다면, 육안으로도 반짝반짝 빛나는 점들이 상대적으로 서로 떨어져 고정되어 있는 하늘을 볼 수 있다. 초기의 관측자들은 규칙적으로 움직이는 별의 패턴에 주목하였고, 이를 어떤 사건의 발생 시기를 결정하는 근거로 삼았다. 3,000여 년 전인 기원전 13세기에는 중국인들이 연도와 달이 결합된 달력을 사용하였고, 기원전 350년경에는 중국 천문학자 스선(Shih Shen)이 800여 개의 별의 위치 목록을 작성했다. 고대 그리스인들은 어떤 고정된 배경에 대해서 여러 천체가 앞뒤로 움직이는 것을 관찰했고, 그들을 '유랑자들(wanderers)'이라는 뜻의 그리스어 *planetes* 라고 불렀다. 육안으로 태양과 달뿐만 아니라, 수성, 금성, 화성, 목성, 토성을 알아볼 수 있었다.

기원전 6세기에 그리스 철학자 탈레스(Thales, 626/623-578~545 BC)에 의해 기하학적인 개념이 천문학에 도입되었다. 기하학의 도입으로 인해 그리스인들은 천문학을 고대 세계에서 가장 높은 수준으로 발전시킬 수 있었다. 아리스토텔레스(Aristotle, 384~322 BC)는 그리스인들의 연구를 요약했고, 지구를 중심으로 한 우주 모델을 제안했다. 이 지구 중심적(geocentric) 모델은 종교적 신념에 깊이 박혀 중세 후반까지 권위를 유지했다. 그러나 사모스의 아리스타르코스(Aristarchus, 310~230 BC)는 태양과 달의 크기와 거리를 지구와 비교하여 계산하여 태양 중심(heliocentric)의 우주론을 제안했다. 히파르코스(Hipparchus, 190~120 BC)가 개발한 삼각법을 통해서는 천체의 각도 위치를 관측함으로써 천문학적 거리를 측정할 수 있었다. 기원후 2세기 그리스-이집트 천문학자인 프톨레마이오스(Ptolemy, 100~170)는 당시에 알려진 여러 행성에 이 방법을 적용했는데 당시 이용 가능했던 장비의 원시성을 고려했을 때, 놀랄 만큼 정확하게 행성의 움직임을 예측할 수 있었다.

17세기 초 망원경이 발명되기 전까지, 천문학자들이 천체의 위치와 거리를 측정하는 데 사용한 주요 장비는 아스트롤라베(astrolabe)였다. 아스트롤라베는 나무나 금속으로 된 원판으로 이루어져 있고, 그 둘레에는 도 단위의 눈금이 표시되어 있었다. 이 장비의 중심에는 앨리데이드(alidade)라고 불리는 움직이는 바늘이 있었다. 앨리데이드가 천체를 가리키게 하고 눈금에서 고도를 읽음으로써 각거리를 결정할 수 있었다. 아스트롤라베의 발명가는 알려져 있지 않지만, 종종 히파르코스가 발명한 것으로 여겨진다. 아스트롤라베는 18세기에 육분의(sextant)가 발명될 때까지 항해사들에게 중요한 도구가 되었다.

각도에 대한 관측치는 시차법(method of parallex)을 적용하여 거리로 변환되었다. 이것은 다음의 예로 간단하게 설명될 수 있다. 태양 주위를 도는 지구 궤도의 한 위치에서 본 행성 P를 생각해 보자(그림 1.2). 문제를 단순화하기 위해서 행성 P는 정지된 천체로 간주한다(즉, 행성의 궤도 운동은 무시한다.). 지구에서 바라본 행성 P와 고정된 항성 사이의 관측 각도는 태양 주위를 도는 지구의 궤도 운동 때문에 변화하는 것처럼 보일 것이다. 측정된 한계 각도는 θ_1과 θ_2이고 태양으로부터 지구까지의 거리를 s라고 하면, 궤도상의 한계 위치 E와 E' 사이의 거리는 $2s$이다. 지구에서 행성까지의 거리 p_1과 p_2는, 사인함수에 대한 삼각함수 법칙을 적용하여 지구-태양 거리를 이용하여 계산될 수 있다.

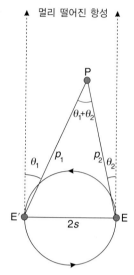

그림 1.2 시차법에서는 지구-태양 거리(s)를 기준으로 지구로부터 행성의 거리(p_1 및 p_2)를 계산하기 위해 측정된 두 각도(θ_1 및 θ_2)를 사용한다.

$$\frac{p_1}{2s} = \frac{\sin\left(\frac{\pi}{2} - \theta_2\right)}{\sin(\theta_1 + \theta_2)} = \frac{\cos\theta_2}{\sin(\theta_1 + \theta_2)}$$
$$\frac{p_2}{2s} = \frac{\cos\theta_1}{\sin(\theta_1 + \theta_2)} \qquad (1.4)$$

삼각함수 법칙을 이용하여 더 계산하면, 태양으로부터 행성까지의 거리도 계산할 수 있다. 시차의 원리는 또한 아리스토텔레스식 지구 중심계에서도 고정된 별, 태양, 달, 그리고 행성들이 지구를 중심으로 움직이는 것으로 간주함에 따라 상대적인 거리를 결정하기 위해 사용될 수 있다.

1.2.1 보데의 법칙

1772년 독일의 천문학자 보데(Johann Bode, 1747~1826)는 태양에서 행성까지의 거리를 추정하기 위하여 다음과 같은 연속적인 숫자를 이용한 실험식을 고안하였다. 첫 번째 숫자는 0이고, 두 번째 숫자는 0.3이며, 나머지는 이전 수를 두 배로 늘려서 구한다. 따라서 0, 0.3, 0.6, 1.2, 2.4, 4.8, 9.6, 19.2, 38.4, 76.8과 같은 숫자가 생성된다. 다음으로 각 숫자에 0.4를 더해서 0.4, 0.7, 1.0, 1.6, 2.8, 5.2, 10.0, 19.6, 38.8, 77.2의 수열을 얻게 되는데 이는 다음과 같이 수학적으로 표현될 수 있다.

$$d_n = 0.4 \quad (n = 1)$$
$$d_n = 0.4 + 0.3 \times 2^{n-2} \quad (n \geq 2) \qquad (1.5)$$

이 식은 태양으로부터 n번째 행성까지의 d_n 거리를 천문단위(Astronomical Unit, AU)로 나타낸 것이다. 이것은 보통 보데의 법칙으로 알려져 있지만, 이전에 같은 관계가 비텐베르크의

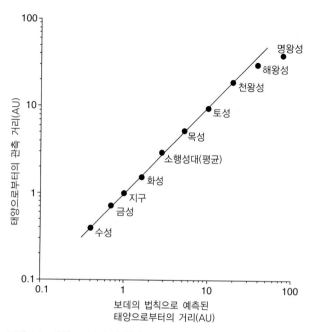

그림 1.3 태양으로부터 각 행성까지의 거리에 대한 티티우스-보데의 경험적 관계.

티티우스(Johann Daniel Titius, 1729~1796)에 의해 제안되었기 때문에, 때때로 티티우스-보데의 법칙(Titius-Bode law)이라고 불린다. 그림 1.3과 표 1.2를 비교하면, 해왕성과 왜소행성의 지위로 격하된 명왕성을 제외하고는 이 관계가 눈에 띄게 잘 드러난다는 것을 알 수 있다. 따라서 해왕성과 명왕성의 궤도는 원래 궤도에서 변화된 것이라는 주장도 제기되어 왔다.

보데의 법칙에 따르면, 태양으로부터 2.8 AU 떨어져 있는 곳인 화성과 목성 사이에 다섯 번째 행성이 있어야 한다. 18세기 말에 천문학자들은 이 사라진 행성을 추적하였다. 1801년 세레스(Ceres)라는 작은 미행성이 태양으로부터 2.77 AU 떨어진 곳에서 발견되었다. 그 후, 수많은 작은 미행성들이 현재 소행성대(asteroid belt)라고 불리는 2.9 AU를 중심으로 광범위한 태양 궤도의 띠를 차지하고 있다는 것이 밝혀졌다. 1802년에 팔라스(Pallas)가, 1804년에 주노(Juno)가, 육안으로 볼 수 있는 유일한 소행성인 베스타(Vesta)는 1807년에 발견되었다. 1890년까지 300개 이상의 소행성이 발견되었다. 1891년에 천문학자들은 사진건판(photographic plate)에 이 소행성들의 경로를 기록하기 시작했다. 이후 화성과 목성 사이의 넓은 띠를 차지하고 있는 수천 개의 소행성들이 태양으로부터 2.15~3.3 AU 거리에 위치하는 것이 추적되고 목록화되었다.

보데의 '법칙'은 과학적 의미에서의 법칙은 아니라서 종종 보데의 규칙(Bode's rule)이라고 불린다. 비록 보데의 법칙을

뒷받침할 수 있는 간단한 근거가 존재하지는 않지만, 최근 연구에 따르면 많은 행성 사이의 복잡한 인력 상호 작용이 실제로 지수 법칙을 거의 따르는 궤도 간격으로 이어질 수도 있다는 것을 보여 준다. 지난 수십 년 동안 태양 이외의 다른 항성에 속하는 수많은 외계행성(exoplanet)이 발견되었다. 이들의 궤도를 통계적으로 분석한 결과, 변형된 보데의 법칙이 다른 태양계에서도 유효할 것으로 보인다.

1.3 행성 운동에 대한 케플러의 법칙

1543년 폴란드 천문학자 코페르니쿠스(Nicolaus Copernicus, 1473~1543)는 지구가 우주의 중심이 아니라고 주장한 혁명적인 연구를 출판했다. 그의 모델에 따르면 지구는 자신의 축을 중심으로 자전했고, 지구와 다른 행성들은 태양을 중심으로 공전했다. 코페르니쿠스는 태양에 대한 각 행성의 항성 주기를 계산했다. 항성 주기란 고정된 별에 대해서 행성이 한 바퀴 공전하여 동일한 각도 위치로 돌아가는 데 걸리는 시간이다. 그는 또한 지구-태양 거리를 기준으로 태양 궤도를 도는 반지름을 계산했다. 태양에 대한 지구 궤도의 평균 반지름은 천문단위(Astronomical Unit, AU)라고 부르고, 이것은 149,597,871 km와 같다. 이 변수의 정확한 값은 덴마크 천문학자 브라헤(Tycho Brahe, 1546~1601)가 20년 간격으로 수집한 관측 자료를 통해 산출되었다. 그가 죽었을 때, 그 기록들은 그의 조수인 케플러(Johannes Kepler, 1571~1630)에게 전달되었고 케플러는 알려진 행성에 대한 관측 자료를 태양 중심 모델에 맞추는 데 성공했다. 케플러가 추론한 것을 요약한 세 가지 법칙은 나중에 뉴턴(Issac Newton, 1643~1727)이 만유인력의 법칙(law of universal gravitation)을 검증하는 데 중요한 역할을 했다(3.2.1절). 케플러의 데이터베이스가 17세기 초까지 발명되지 않았던 망원경의 도움을 받지 않은 관측에 기초했다는 것은 놀라운 일이다.

케플러는 튀코 브라헤의 관측 결과를 행성 운동의 세 가지 법칙에 맞추는 데 수년이 걸렸다. 첫 번째와 두 번째 법칙(그림 1.4)은 1609년에 출판되었고 세 번째 법칙은 1619년에 제안되었다. 이 세 가지 법칙은 다음과 같다.

1. 각 행성의 궤도는 태양을 하나의 초점으로 하는 타원형이다.
2. 행성의 궤도 반지름이 같은 시간 간격 동안 쓸고 지나가는

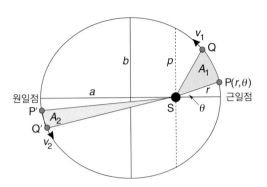

그림 1.4 행성의 운동에 대한 케플러의 제1, 제2법칙 : (1) 각 행성 궤도는 태양을 한 초점에 두고 있는 타원형이고, (2) 행성까지의 반경은 같은 시간 동안 같은 영역을 쓸고 있다.

면적은 항상 같다.

3. 행성의 공전 주기의 제곱(T^2)과 궤도의 장반경의 세제곱(a^3)의 비는 지구를 포함한 모든 행성에 대해서 상수이다.

케플러의 세 법칙은 정확한 관측을 기반으로 한 순전히 경험적인 것이었는데, 사실 이 세 가지 법칙은 더 근본적인 물리 법칙이 표현된 것이다. 제1법칙에 의해 기술된 행성 궤도의 타원형 모양(글상자 1.1)은 거리의 역제곱에 따라 변하는 중심 인력의 영향하에서 태양 주위를 공전하는 행성의 에너지 보존(conservation of energy)의 결과이다. 행성의 공전 속도를 설명하는 제2법칙은 행성의 각운동량 보존(conservation of angular momentum)에서 직접 유래된다. 제3법칙은 행성을 태양 쪽으로 끌어당기는 인력과 공전 속도로 인해 태양으로부터 멀어지려는 원심력 사이의 균형에서 유래된다. 제3법칙은 원형 궤도를 가정했을 때 쉽게 입증된다(3.3.2.3절 참조).

케플러의 법칙은 태양계를 설명하기 위해 개발되었지만 모든 닫힌 행성계에 적용 가능하다. 이 세 가지 법칙은 행성 주위를 공전하는 자연적이거나 인공적인 위성의 움직임에도 적용된다. 케플러 제3법칙은 위성의 공전 주기(T)와 궤도 반지름(a)을 모체의 질량(M)과 연관 짓는다.

$$GM = \frac{4\pi^2}{T^2} a^3 \tag{1.6}$$

여기서 G는 중력 상수이다. 이 관계는 자연 위성을 가진 행성의 질량을 결정하는 데 매우 중요했다. 또한 이 식은 이제 인공위성의 궤도를 이용하여 행성의 질량을 결정하는 데 적용될 수 있다.

타원 궤도를 설명하기 위해 특별한 용어들이 사용된다. 태

글상자 1.1 궤도 변수

태양계 내 행성이나 혜성의 궤도는 태양을 한 초점으로 한 타원형이다. 이 조건은 역제곱 법칙을 따르는 역장 안에서 에너지 보존으로부터 유도된다. 공전하는 질량체의 총에너지(E)는 운동 에너지(K)와 퍼텐셜 에너지(U)의 합이다. 공전 궤도상에서 태양으로부터 거리 r에 위치한 질량 m과 속도 v를 가진 천체(태양의 질량은 S)에 대해서 다음 식이 성립한다.

$$\frac{1}{2}mv^2 - G\frac{mS}{r} = E = 상수 \qquad (1)$$

만약 운동 에너지가 태양 인력의 퍼텐셜 에너지보다 크다면($E > 0$), 그 물체는 태양계로부터 탈출할 것이다. 이때 이 물체의 경로는 쌍곡선(hyperbola)이 된다. $E = 0$인 경우에도 탈출하지만 그 경로는 포물선(parabola)이다. $E < 0$이면 인력은 천체를 태양에 구속시키고, 그 경로는 태양이 한 초점에 있는 타원이 된다(그림 B1.1.1). 타원은 두 고정점 F_1과 F_2으로부터 거리 s_1과 s_2의 합이 상수로 일정한 평면 내 모든 점의 위치로서 정의되며, 이때 두 거리의 합은 다음과 같이 $2a$와 같다.

$$s_1 + s_2 = 2a \qquad (2)$$

거리 $2a$는 타원의 장축의 길이이며, 그것에 수직인 단축은 길이가 $2b$인데, 이는 타원의 이심률(eccentricity)에 의해 장축과 관련이 있다.

$$e = \sqrt{1 - \frac{b^2}{a^2}} \qquad (3)$$

그림의 중심에 대해 정의된 데카르트 좌표 (x, y)를 갖는 타원상의 점에 대한 방정식은 다음과 같다.

$$\frac{x^2}{a^2} + \frac{y^2}{b^2} = 1 \qquad (4)$$

태양 주위의 지구의 타원 궤도는 황도면을 정의한다. 궤도면과 황도 사이의 각도를 궤도경사각(inclination of the orbit)이라고 하며, 수성(궤도경사각 7°)과 명왕성(궤도경사각 17°)을 제외한 대부분의 행성에서 궤도경사각은 작다. 황도면과 직각을 이루는 선은 황도의 북극(North ecliptic pole)과 황도의 남극(South ecliptic pole)을 정의한다. 만약 오른손으로 지구가 움직이는 방향으로 지구 궤도를 감싼다면, 엄지손가락이 가리키는 방향이 용자리(Draco)가 있는 황도북극이 된다. 이 극 위에서 태양계를 본다면, 모든 행성은 반시계 방향(순행)으로 태양 주위를 공전한다.

지구의 자전축은 황도면에 직각인 방향으로부터 기울어져 현재 23.5°의 경사각을 이루고 있다(그림 B1.1.2). 지구의 적도면은 황도면에 대해 같은 각도로 기울어져 있으며, 분점(equinoxes)을 잇는 선을 따라 황도면과 교차한다. 태양의 연주운동(annual motion) 동안, 이 선은 태양을 두 번 가리키는데, 각각 춘분점[vernal(spring) equinox]인 3월 20일과 추분점(autumnal equinox)인 9월 23일에 해당한다. 이 두 날에는 지구상의 어느 곳에서나 낮과 밤의 길이가 같다. 하지(summer solstice)와 동지(winter solstice)는 각각 6월 21일과 12월 22일로, 이때는 지구가 하늘에서 태양의 겉보기 운동이 가장 높은 지점과 가장 낮은 지점에 도달한다.

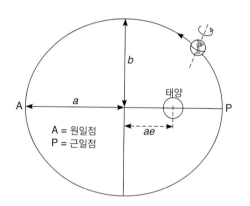

A = 원일점
P = 근일점

그림 B1.1.1 타원 궤도의 변수.

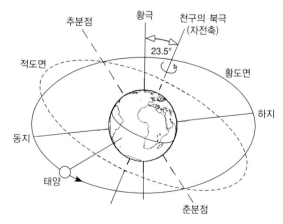

그림 B1.1.2 황도면, 지구의 적도, 춘분점과 추분점을 잇는 선 사이의 관계.

양 주위를 도는 행성 궤도에서 가장 가까운 점과 가장 먼 점을 각각 근일점(perihelion)과 원일점(aphelion)이라고 부른다. 근지점(perigee)과 원지점(apogee)이라는 용어는 지구에 대한 달이나 위성의 공전 궤도 중 가장 가까운 지점과 가장 먼 지점을 의미한다.

1.4 행성과 각 행성 궤도의 특징

갈릴레이(Galileo Galilei, 1564~1642)는 종종 현대 과학의 창시자로 여겨진다. 그는 운동의 법칙의 공식화를 포함하여 천문학과 물리학에서 근본적인 발견을 했다. 갈릴레이는 행성에 대한 더 자세한 정보를 얻기 위해 망원경을 사용한 최초의 과학자 중 한 명이었다. 1610년 갈릴레이는 목성의 네 개의 가장 큰 위성인 이오(Io), 유로파(Europa), 가니메데(Ganymede), 칼리스토(Callisto)를 발견했고, 금성이 마치 달처럼 완전한 원반에서 초승달까지 다양한 위상을 보인다는 것을 관측했다. 이것은 태양계에 대한 코페르니쿠스의 견해에 부합하는 설득력 있는 증거였다.

1686년 뉴턴은 칼리스토의 궤도 관측에 만유인력의 법칙을 적용하여 목성의 질량(J)과 지구(E)의 질량을 계산하였다. 중력 상수 G의 값은 캐번디시(Lord Cavendish, 1731~1810)가 1798년에 처음 발견했기 때문에 당시에는 아직 알려지지 않은 상태였다. 그러나 뉴턴은 GJ의 값을 $124,400,000 \, km^3 \, s^{-2}$로 계산했는데, 현재 알려진 GJ의 값이 $126,712,767 \, km^3 \, s^{-2}$임을 고려하면 이는 매우 정확한 값이었다. 지구를 공전하는 달의 궤도를 관측한 결과, GE 값은 $398,600 \, km^3 \, s^{-2}$였다. 따라서 뉴턴은 목성의 질량이 지구의 300배 이상이라고 추론했다.

1781년 허셜(Frederick William Herschel, 1738~1822)은 망원경으로 발견된 최초의 행성인 천왕성을 발견했다. 천왕성의 궤도 운동은 기존의 다른 행성들과 일치하지 않는 것으로 관측되었는데, 이러한 차이는 당시에는 아직 발견되지 않은 행성과의 궤도의 섭동[1] 때문이라 추론되었다. 예측된 새로운 행성인 해왕성은 1846년에 발견되었다. 해왕성의 발견으로 인해 천왕성 궤도의 이상 징후의 대부분을 설명할 수 있었지만, 이후 여전히 작은 잔존 이상 징후가 남아 있다는 것을 알게 되었다. 1914년 로웰(Percival Lowell, 1855~1916)은 훨씬 더 멀리

있는 행성의 존재를 예측했고, 마침내 1930년에 명왕성을 발견했다.

행성의 질량은 케플러의 제3법칙을 자연위성과 인공위성의 관측 궤도와 지나가는 우주선의 궤적에 적용함으로써 결정될 수 있다. 행성의 크기와 모양에 대한 추정은 여러 출처의 자료에 의존한다. 초기 천문학자들은 행성들에 의한 별들의 엄폐를 이용했다. 엄폐란 행성이 지구와 별 사이를 지나갈 때처럼 한 천체가 다른 천체에 의해 가려지는 것을 말한다. 엄폐의 지속 시간은 행성의 지름, 지구로부터의 거리, 공전 속도에 따라 달라진다.

행성과 달의 치수(표 1.1)는 현대의 레이더 거리 측정과 레이저 거리 측정 기술(글상자 1.2)을 사용하여 높은 정밀도로 측정되었다. 이러한 거리 측정 기술은 지구에 설치된 장비 또는 목표물에 가까이 궤도를 돌거나 통과하는 탐사선에 설치된 장비를 이용한다. 두 가지 방법 모두 빛의 속도로 이동하는 전자기파 신호의 왕복 이동 시간을 측정하여 거리를 계산한다. 레이더 거리 측정 장비는 센티미터 범위의 파장을 이용하는 반면, 레이저 거리 측정 장비는 가시광선 범위를 포함하는 마이크로미터의 파장을 이용한다.

행성의 자전 속도는 행성 표면에 고정된 표면 특징의 움직임을 관찰함으로써 알 수 있다. 예를 들어, 지구에 설치된 송신기에서 관측하려고 하는 행성까지 레이더 빔을 방출하면, 되돌아온 신호의 왕복 이동 시간을 이용하여 해당 행성까지의 거리를 측정할 수 있다. 하지만 행성이 자전한다는 것은 어느 한쪽이 지구로부터 멀어지고 다른 쪽은 지구를 향해 가까워지면서 회전하고 있다는 것을 의미한다. 도플러 효과(Doppler effect, 글상자 1.3)는 행성의 후퇴하는 가장자리로부터 온 신호의 주파수를 낮은 주파수로 이동시키고, 전진하는 가장자리에서 온 신호의 주파수를 더 높은 주파수로 이동시킨다. 이러한 주파수 이동을 이용하여 행성의 자전 속도를 계산할 수 있다. 1965년 수성의 자전 속도와 공전 속도 사이의 3:2 공명(resonance)이 이 방법으로 발견되었다.

레이더 거리 측정 기술은 도플러 분석과 함께 많은 소행성과 달뿐만 아니라 토성까지의 행성 거리와 자전 속도를 측정하는 데 사용되어 왔다. 하지만 표면에 특징이 없는 천왕성처럼 레이더 측정 장비의 사용이 불가능한 경우에는 다른 기술을 사용해야 한다. 천왕성의 경우, 자기장에 갇힌 전하가 주기적으로 방출하는 전파를 이용하여 자전 주기가 17.2시간으로 측정되었다. 이는 1986년 천왕성으로 보내진 보이저 2호(Voyager 2

---

1 섭동(perturbation)이란 행성의 궤도가 다른 천체의 인력에 의해 정상적인 타원을 벗어나는 현상이다.

글상자 1.2 레이더와 레이저 거리 측정 장비

레이더(radar)라는 이름은 **RA**dio **D**etection **A**nd **R**anging의 약자에서 유래했는데, 제2차 세계대전 중에 적기의 위치 파악을 위해 개발되었다. 극초단파(microwave)의 주파수 범위로 진동하는 전자기 신호(그림 10.21 참조)를 목표 물체에 방출하면, 입사 에너지의 일부분이 수신기로 반사된다. 반사, 굴절, 회절과 같은 가시광선에 대한 광학 법칙은 레이더파에도 똑같이 적용된다. 가시광선은 400~700 nm의 짧은 파장을 가지고 있어서 대기에 의해, 특히 구름에 의해 산란된다. 레이더 신호는 더 긴 파장(약 1 cm에서 30 cm)을 가지고 있으며, 거의 분산되지 않은 채 구름과 행성의 대기를 통과할 수 있다. 레이더 신호는 알려진 좁은 방위각의 빔(beam)으로 방출되고 되돌아오기 때문에, 되돌아온 신호는 목표물로 향하는 방향의 정확한 위치를 추정하게 한다. 신호는 빛의 속도로 이동하기 때문에 대상까지의 거리 또는 범위는 송신원에서 전송된 신호와 반사되어 돌아온 신호 사이의 시간 차이에 의해 결정될 수 있다.

방출된 뒤 다시 반사된 레이더 빔은 대기의 흡수 때문에 전달 과정에서도 에너지를 잃지만, 이보다 더 중요한 것은 반사된 신호의 진폭이 반사 표면의 특성에 의해 더 큰 영향을 받는다는 것이다. 레이더 빔이 대상의 표면에 입사할 때, 대상의 표면 특성에 따라 반사되는 정도가 달라진다. 빔이 표면에 비스듬하게 입사하면 상대적으로 적은 에너지가 송신원으로 반사된다. 반사 표면의 반사도와 거칠기에 따라 입사 에너지가 얼마나 흡수되고 산란되는지 결정된다. 따라서 반사 신호의 강도는 반사 표면의 유형과 방향을 특성화(예를 들어, 황무지인지 숲이 있는지 또는 평평한지 산지인지 등)하는 데 사용될 수 있다.

레이저(laser)는 **L**ight **A**mplification by **S**timulated **E**mission of **R**adiation의 약자로, 빛의 단색(monochromatic)의 송신원이 이용된다. 어떤 레이저가 사용하는 빛은 파장이 ~550 nm(빨강) 또는 ~650 nm(초록)인 가시광선일 수도 있지만, 특별한 용도로 사용할 경우 파장의 범위가 200 nm(자외선)에서 1,000 nm(적외선) 이상으로 확장될 수 있다. 단색 레이저 빔은 단일 주파수를 가지며 빛의 진동이 같은 위상에 있다. 이는 빔이 작은 표적에 초점을 맞출 수 있도록 매우 좁은 각도를 유지할 수 있게 한다. 예를 들어, 달 레이저 거리 측정 실험(Lunar Laser Ranging experiment, LRR)에서 달을 향해 방출된 레이저 빔은 지구에서 평균 385,000 km 떨어진 달 표면의 목표물에 도달할 때의 폭이 6.5 km로 추정된다. 방출된 레이저 빛은 파장이 짧아서 목표물까지의 거리를 매우 높은 해상도로 측정할 수 있다. 따라서 밀리미터 수준의 정밀도로 지구 관측소 네트워크로부터 지구 궤도 위성을 추적할 수 있다.

---

spacecraft)에 의해 측정되었다.

모든 행성은 같은 방향으로 태양을 공전하는데, 이는 지구 궤도의 평면(황도면, ecliptic plane) 위에서 보았을 때 시계 반대 방향이다. 명왕성을 제외한 각 행성의 궤도면은 황도면에 대해 작은 각도로 기울어져 있다(표 1.2). 대부분의 행성은 태양에 대한 공전 운동과 같은 방향으로 자전하는데, 이를 순행(prograde)이라고 한다. 금성은 반대로 역행(retrograde) 자전한다. 회전축과 황도면 사이의 각도를 축의 **황도경사**(obliquity)라고 한다. 천왕성과 명왕성의 자전축은 공전면에 거의 평행하게 위치해 있다. 각각은 극에서 90° 이상의 각도로 궤도면으로 기울어져 있기 때문에, 엄밀히 말하면 자전도 역행한다.

1.5 내행성과 달

태양계의 내행성은 태양에서 가장 가까운 궤도를 도는 행성이다. 지구와 비슷한 특징 때문에 지구형 행성으로 알려져 있으며, 이들은 일반적으로 암석질 규산염 물질 안에 밀도가 높은 금속 핵을 가지고 있다. 내행성은 계곡, 산, 분화구와 같은 지형적 요소가 있는 딱딱하고 단단한 표면을 갖는다. 외행성이 형성 과정 당시의 상태에 머물러 있는 반면, 내행성은 이후 진화 과정을 통해 얻은 대기를 가지고 있다. 내행성은 고리를 가지고 있지 않다. 수성과 금성은 자연적인 위성이 없고, 화성에는 지름 10 km 미만의 불규칙한 모양의 작은 위성이 두 개 있다. 지구의 자연위성인 달은 모행성에 대한 상대적인 크기가 태양계에서 가장 크다.

글상자 1.3 도플러 효과

1842년 오스트리아의 물리학자 도플러(Christian Doppler, 1803~1853)에 의해 처음 발견된 도플러 효과는 송신원과 수신기 사이의 상대적인 움직임이 빛과 음파의 관측 주파수에 어떻게 영향을 미치는지 설명한다. 예를 들어, 정지한 레이더 송신원이 초당 n_0번의 진동으로 구성된 신호를 방출한다고 가정해 보자. 거리 d의 정지된 목표로부터 반사되는 진동의 주파수 또한 n_0이며, 각 진동의 왕복 이동 시간은 $2(d/c)$와 동일하며, 여기서 c는 빛의 속도이다. 표적이 레이더 송신원 방향으로 이동하는 경우, 표적이 이동하는 속도 v는 레이더 송신원과 표적 사이의 거리를 $(vt/2)$ 단축한다. 여기서 t는 새로운 왕복 이동 시간이다.

$$t = 2\left(\frac{d - (vt/2)}{c}\right) = t_0 - \frac{v}{c}t \tag{1}$$

$$t = \frac{t_0}{(1 + v/c)} \tag{2}$$

각 반사된 신호의 이동 시간이 짧아지므로 초당 수신된 반사 신호 수(n)가 방출된 수보다 높다.

$$n = n_0\left(1 + \frac{v}{c}\right) \tag{3}$$

대상이 송신원으로부터 멀어지는 경우에는 반대의 상황이 발생한다. 따라서 반사된 신호의 주파수가 방출된 신호보다 낮아진다. 레이더 송신원이 항공기나 위성과 같이 이동하는 물체에 부착되는 경우에도 유사한 원리가 적용된다. 각각의 경우 신호 주파수의 도플러 변화는 물체와 레이더 송신기 사이의 상대 속도를 원격으로 측정할 수 있게 한다.

도플러 효과의 또 다른 중요한 적용 사례는, 도플러 효과가 우주가 팽창하고 있다는 증거를 제공한다는 것이다. 항성에서 관측된 빛의 주파수(색상)는 지구에서 관찰자에 대한 항성의 운동 속도에 따라 달라진다. 항성이 지구에서 멀어질 경우 스펙트럼의 적색 끝(낮은 주파수)으로, 지구에 가까워질 경우 청색 끝(높은 주파수)으로 변한다. 멀리 있는 많은 은하에서 나오는 빛의 색은 이러한 은하들이 지구로부터 멀어지고 있다는 것을 암시하는 '적색이동(red shift)'을 가지고 있다.

1.5.1 수성

수성은 태양에 가장 가까운 행성이다. 태양에서 가장 가깝고 크기가 작아서 수성을 망원경으로 연구하는 것은 어렵다. 수성의 궤도 이심률은 0.2056으로 매우 크다. 근일점에서는 태양으로부터 약 4,600만 km(0.3075 AU) 떨어져 있지만, 원일점에서는 6,980만 km(0.4667 AU) 떨어져 있다. 1965년까지 수성의 자전 주기는 공전 주기(88일)와 같아서 마치 달과 지구처럼 수성이 태양에 항상 같은 표면을 보여 줄 것이라 생각되었다. 그러나 1965년 도플러 레이더 거리 측정은 그렇지 않다는 것을 보여주었다. 1974년과 1975년 최초로 수성을 방문한 매리너 10호의 근접 촬영 사진을 분석하여 수성의 자전 주기는 58.8일로, 도플러 추적 결과 반지름이 2,439 km인 것으로 계산되었는데 이 두 수치는 현재까지도 받아들여지고 있다. 2004년 NASA는 수성의 대기, 중력, 지질, 그리고 자기장을 측정하는 임무를 가지고 무인 탐사선 메신저호(MESSENGER)를 발사했다. 메신저호는 금성, 지구, 수성의 중력을 이용하여 플라이바이(fly-by)[2]한 후 2011년 수성의 궤도에 진입하였다. 그 후 2015년까지 수성의 궤도를 계속 돌다가, 연료가 소진되어 이 행성과 충돌하며 임무가 종료되었다. 메신저호의 임무를 통하여 수성의 물리적 특성(표 1.1)과 자기장(표 11.1)을 개선할 수 있었다.

수성의 자전 운동과 공전 운동은 둘 다 순행이며 3:2의 비율로 연동되어 있다. 지구의 하루를 기준으로 자전 주기는 58.65일, 공전 주기는 87.969일로 거의 정확하게 2/3의 비율이다. 수성 위에 관측자가 있다면, 이러한 자전 주기와 공전 주기의 특성은 수성에서의 하루가 수성의 1년보다 더 오래 지속된다는 이례적인 결과를 가져온다. 태양에 대한 1회 공전(수성년 1회) 동안, 표면에 있는 관측자는 회전축을 중심으로 1.5배 회전하고, 따라서 추가로 반 바퀴 더 자전한다. 만약 수성에서의 1년이 해가 뜨는 때에 시작된다고 가정하면, 수성의 관찰자는 표면 온도가 700 K을 넘도록 하는 태양열에 노출되어, 88일(지구의 하루 기준) 전체를 낮으로 보내게 될 것이다. 다음 수성년 동안 자전축은 반 바퀴씩 더 진행되며 관측자는 88일 동안 밤

---

2 플라이바이(fly-by) : 중력 도움(gravity assist) 또는 스윙바이(swingby)라고도 불리는데, 행성의 인력을 이용하여 속도를 바꿔 가며 궤도를 수정하는 작업으로, 메신저호는 2008년에 수성의 인력을 이용하여 플라이바이하였다.

에 머무르며 온도는 100 K 이하로 내려간다. 두 번의 공전과 세 번의 자전 후에, 관측자는 다시 출발점으로 돌아간다. 수성 표면의 온도 범위는 태양계에서 가장 극단적이다.

수성의 질량은 지구의 약 5.5%에 불과하지만, 평균 반지름은 2,439.7 km로 작기 때문에 수성의 평균 밀도($5,427\,\mathrm{kg\,m^{-3}}$)는 지구의 평균 밀도($5,514\,\mathrm{kg\,m^{-3}}$)와 비슷하다. 이는 태양계에서 두 번째로 높은 값이다. 수성의 내부에는 2,020 km의 반지름을 가진 철로 된 핵이 존재하는데 지구에 비해 상대적인 부피가 크다. 지구에서와 마찬가지로, 외핵은 액체이고 단단한 내핵이 있을 수 있다. 부분적으로 녹은 외핵은 지구의 맨틀과 지각과 같은 얇고 단단한 껍질로 둘러싸여 있다. 수성은 거의 축에 가까운 약한 쌍극자 자기장을 가지고 있는데, 그 중심은 수성의 적도로부터 북쪽 방향으로 자전축을 따라 수백 킬로미터 떨어져 있다. 태양과 가깝기 때문에, 약한 자기장이 태양의 강한 빛과 태양풍을 막기에 효율적이지 못하고 이로 인해 행성 대기의 대부분이 바람을 타고 흩어진다.

1.5.2 금성

금성은 태양과 달 다음으로 하늘에서 가장 밝은 물체이다. 지구에서 가장 가까이에서 태양을 공전하기 때문에 금성은 망원경을 이용한 초기 연구 대상이 되었다. 태양과의 엄폐 현상은 일찍이 1639년에 망원경으로 관측되었다. 엄폐에 근거한 금성의 반지름 추정치는 6,120 km로 나타났다. 갈릴레이는 금성의 겉보기 크기가 궤도의 위치에 따라 달라지며, 금성의 겉모습은 마치 달처럼 초승달 모양에서 완전한 원 모양까지 다른 위상으로 변하는 것을 관찰했다. 이는 태양계에 대한 아리스토텔레스식 지구 중심 모델을 아직 완전히 대체하지 못하고 있던 코페르니쿠스의 태양 중심 모델에 유리한 중요한 증거였다.

금성의 궤도 이심률은 0.00677에 불과하고 평균 반지름은 0.7233 AU이다(표 1.2). 지구의 하루를 기준으로 공전 주기와 자전 주기는 각각 224.7일과 243.0일이며, 이는 금성에서의 하루를 1년보다 더 길게 지속되게 만든다. 자전축은 극과 황도면 방향으로 177.4° 기울어져 있어서 역행(retrograde) 자전을 한다. 이러한 움직임들을 조합하면 금성에서의 하루의 길이(행성에서 해가 뜨는 시간 사이의 시간)는 지구의 약 117일과 같다.

금성은 크기와 조성에서 지구와 매우 비슷하다. 금성이 초승달의 위상을 가질 때, 금성을 둘러싸는 희미한 광채가 관찰되는데 이는 대기의 존재를 암시한다. 이러한 사실은 1962년 매리너 2호(Mariner 2)의 첫 번째 방문 이후, 행성을 방문한 여러 탐사선에 의해 확인되었다. 2006년부터 2014년까지 금성 탐사선(Venus Express spacecraft)은 금성의 궤도를 돌며 대기를 탐사하고 번개를 관측했다. 대기는 96.5%의 이산화탄소와 3.5%의 질소로 이루어져 있으며, 밀도가 매우 높다. 이로 인해 지표면 대기압이 지구의 92배가 된다. 구름이 짙게 덮이면 강력한 온실효과가 발생하여, 수성의 낮 시간 최대 온도보다 약간 높은 최대 740 K까지 온도가 유지된다. 이러한 온실효과는 금성을 태양계에서 가장 뜨거운 행성으로 만든다. 그러나 레이더에 의해 조사되었듯이 이 두꺼운 구름은 지표면의 모든 시야를 가리고 있다. 1967년 소련의 탐사선 베네라 4호(Venera 4)가 금성 대기의 성분을 탐사하였고, 금성 표면에 탐사선을 착륙시켰다. 1990년 금성의 극궤도에 진입한 마젤란호(Magellan spacecraft)는 100 m의 최적 해상도를 가진 레이더 영상 시스템과 행성 표면의 지형과 일부 특성을 측정하기 위한 레이더 고도계 시스템을 탑재했다.

금성은 황도면에 거의 수직인 축에 대해 역방향으로 자전한다는 점에서[3] 다른 행성들과 차별화되는 독특한 행성이다. 금성은 수성과 마찬가지로 지구와 비슷하게 밀도($5,243\,\mathrm{kg\,m^{-3}}$)가 높다. 금성의 밀도와 궤도 및 플라이바이 우주선으로부터 측정된 중력 추정치를 종합해 볼 때, 금성의 내부는 반지름이 약 3,000 km인 아마도 일부는 녹아 있는 철로 된 핵과 이를 둘러싸고 있는 암석질 맨틀로 되어 있어, 지구와 비슷할 것으로 추정된다. 그러나 지구와 달리 금성은 고유의 자기장을 가지고 있지 않다.

1.5.3 지구

지구는 약간 타원형의 궤도를 그리며 태양 주위를 공전한다. 지구의 궤도 운동 변수는 거리와 시간의 천문단위를 정의하기 때문에 중요하다. 태양의 한 천정에서 다음 천정으로 자전하는 데 걸리는 시간을 태양일로 정의한다(8.1.2절 참조). 지구가 태양 주위를 한 바퀴 도는 데 걸리는 시간은 태양년으로, 365.242 태양일과 같다. 궤도 이심률은 현재 0.01671이지만 다른 행성의 영향으로 최소 0.001에서 최대 0.060 사이에서 변한다. 지구 궤도의 평균 반지름(149,597,871 km)을 천문단위(Astronomical Unit, AU)라고 부른다. 어떤 천체의 태양계 내에서의 거리는

---

3 천왕성도 역행 회전을 하는 것으로 간주될 수도 있지만, 천왕성의 축은 황도면에 가깝다.

보통 이 단위의 배수로 표현된다. 초은하 천체까지의 거리는 1광년[4]의 배수로 표현된다. 태양빛은 지구에 도달하는 데 약 8분 20초가 걸린다. 중력 상수를 결정하는 것이 어렵기 때문에 지구의 정확한 질량(E)은 알려져 있지 않지만, 대략 $5.9723 \times 10^{24} \, \text{kg}$으로 추정된다. 반면 GE 값은 $3.986004418 \times 10^{24} \, \text{m}^3 \, \text{s}^{-2}$로 정확히 알려져 있다. 지구의 자전축은 현재 황도면의 극과 $23.439°$ 기울어져 있다. 그러나 다른 행성의 영향으로 인해 경사(obliquity)각은 최소 $21.9°$에서 최대 $24.3°$ 사이에서 약 41,000년 주기로 변한다.

1.5.4 달

달은 지구의 유일한 자연위성이다. 달의 적도 반지름은 1,738 km로 모행성과의 비를 고려했을 때, 명왕성의 위성 카론(Charon)을 제외하면 다른 행성의 자연위성들보다 훨씬 크다. 달의 기원을 설명하려는 많은 시도가 있었지만, 여전히 명확하게 이해되지 않고 있다. 가장 잘 알려진 것은 '거대 충격(Giant Impact)' 가설이다. 이는 태양계가 형성된 직후인 약 45억 년 전, 지구에 테이아(Theia)라고 불리는 화성 크기의 행성이 충돌해서 형성되었다는 것이다. 테이아의 일부는 초기 지구에 부착되었고, 충돌로 인한 파편들이 응축되어 달이 되었다. 거대 충격 가설은 지구-달 계의 많은 특징을 만족시키고 행성 과학에서 현재 널리 퍼져 있는 여러 가지 의견을 반영하고 있다. 그럼에도 불구하고 지구와 달이 함께 부착하였다거나, 달이 초기 지구와 가까이 조우하면서 포착되었다는 등 다른 달의 기원 모델들이 제시되어 왔다.

달과의 거리는 시차법으로 처음 측정되었다. 그림 1.2에서 한 것처럼 지구 궤도의 다른 위치에서 달을 관측하는 방법이 아니라, 지구가 반 바퀴 자전했을 때 고정된 별에 대한 달의 위치를 12시간 간격으로 관측하였다. 이때, 측정 기준선은 지구의 지름이다. 이를 통해 달과 지구 사이의 거리는 지구 반지름의 약 60배인 것으로 밝혀졌다.

현대의 달 탐사는 지구와 궤도를 도는 인공위성에서 수행되어 왔다. 1969년 이후로 LLR[5] 실험에서 레이저 거리 측정 기술(3.5절)은 지구-달 거리를 모니터링하기 위해 이용되고 있는데, 매우 정확한 측정값을 제공한다. 미국의 아폴로 11호, 14호, 15호(Apollo 11, 14, 15 missions)의 우주비행사와 구소련 루나호(Luna missions)의 원격 착륙선이 달 표면의 5곳에 역반사체(글상자 1.4)를 설치했다. 지구로부터 전송된 빠르고 짧은 레이저 광선은 반사체에서 반사되어 정확히 그 경로를 따라 지구로 되돌아온다. 레이저 광선의 왕복 이동 시간은 정확하게 측정될 수 있으며 빛의 속도로 전파하기 때문에 지구로부터 반사체까지의 거리를 측정할 수 있다. 측지 관측소의 전 지구적 네트워크로부터 얻은 자료를 통합하면 밀리미터 수준의 정확도로 지구-달 거리를 계산할 수 있다. 따라서 지구를 공전하는 달의 궤도 관련 변수는 매우 잘 알려져 있다. 달의 궤도는 약간 타원형이며 이심률은 0.0549, 평균 반지름은 384,100 km이다.

달은 지구에 대한 공전 궤도와 같은 방향으로 축을 중심으로 자전한다. 지구의 인력으로 인한 조석 마찰은 달의 자전 속도를 늦춰 달의 자전 주기는 현재 달의 공전 주기와 같은 평균 27.32일이다. 그 결과, 달은 항상 지구에 같은 얼굴을 보여 준다. 실제로 지구에서는 달 표면의 절반(약 59%) 이상을 볼 수 있다. 여기에는 몇 가지 요인이 작용한다. 첫째, 달의 공전 궤도면은 황도면 방향으로 5°9′ 기울어져 있고, 달의 적도는 황도면 방향으로 1°32′ 기울어져 있다. 달의 적도 경사는 궤도면에 따라 최대 6°41′까지 변한다. 이것을 위도칭동(libration of latitude)[6]이라고 한다. 이를 통해 천문학자들은 지구에서 달의 극 너머로 6°41′까지 볼 수 있다. 둘째, 달은 타원 궤도를 따라 가변 속도로 움직이며, 자전 속도는 일정하다. 근지점에서 달의 공전 속도는 케플러 제2법칙에 따라 가장 빠르며, 공전 속도는 달의 일정한 자전 속도를 약간 초과한다. 마찬가지로 원지점에서 달의 공전 속도는 가장 느리고 공전 속도는 자전 속도보다 약간 느리다. 이러한 회전 차이를 달의 **경도칭동(libration of longitude)**이라고 부른다. 이러한 회전 속도의 차이는 달의 평균 가장자리를 넘는 경도 지역을 노출시킨다.[7] 마지막으로, 지구의 지름은 달과의 거리와 비교했을 때 꽤 크다. 따라서 지구의 자전 동안 달은 가장자리에서 경도 1도를 더 볼 수 있도록 다른 각도에서 보이게 된다.

---

4 1광년은 진공 상태에서 빛이 1년에 이동한 거리를 의미한다.

5 LLR(Lunar Laser Ranging) : LLR 실험은 아폴로호가 가져다 둔 역반사체(반사경)를 향해 레이저를 발사한 후 반사되어 돌아오는 시간을 측정하여 지구-달 거리를 측정한 실험이다.

6 칭동(libration) : 역학계의 변수가 0~360도에 이르지 않고 어떤 범위에 머물러 있는 현상. 진자가 연직선에 대해 일정한 각도의 범위 안에서 진동하는 현상, 천체의 자전 또는 공전에서 1주기마다 그 회전에 과부족이 생기는 현상 등을 말한다.

7 경도칭동에 의해 지구에서는 달 표면의 50%가 아닌 **59%**가 보인다.

글상자 1.4 역반사체의 원리

역반사체는 입사 경로와 정반대의 경로를 따라 광선을 반사시키는 장치이다. 일반적으로 정육면체 모서리형(cube-corner)과 구형(spherical) 역반사체의 두 가지 유형이 사용된다. 정육면체 모서리형 역반사체는 반사 표면과 입사광선 사이의 각도가 같다는 광학 반사의 법칙을 이용한다. 그림 B1.4.1a처럼 반사면에 대한 수평 성분 h와 수직 성분 v를 고려해 보자. 입사하는 광선과 반사하는 광선 모두 수평 성분은 같지만, 반사면에 수직인 성분 v는 부호가 바뀌게 된다.

정육면체 모서리형 반사체는 일반적으로 은으로 된 서로 직교하는 세 개의 반사면으로 구성되는데 세 개가 서로 직각으로 같은 시스템을 형성한다. 첫 번째 반사면으로 입사한 광선은 다른 반사면에서 차례로 반사된다. 직교 축 (X, Y, Z)에 대한 입사 광선(그림 B1.4.1b)의 성분을 (x, y, z)라고 하자. 광선이 첫 번째 반사면에서 반사된 후에 x 성분의 부호 변화가 나타나고, 광선은 성분 ($-x$, y, z)를 가지며, 반사면 2에서 반사된 후에는 성분이 ($-x$, $-y$, z)가 된다. 반사면 3에서 반사된 후에는 성분이 ($-x$, $-y$, $-z$)가 되어 반사 광선이 정확히 반대 방향으로 역반사체를 떠나게 된다.

구형 역반사체(그림 B1.4.2)는 반사 법칙과 굴절 법칙을 사용한다. 입사 광선은 투명한 구의 앞 표면에서 굴절(구부러짐)되고, 은으로 도금된 구의 뒷면이 초점을 모아 주는 렌즈 역할을 하는데 유리구의 굴절률은 이러한 조건을 만족하도록 설계되었다. 반사면에서의 입사각 r은 구면 앞면에 들어갈 때의 굴절각과 같다. 반사된 광선은 바깥쪽 표면에서 굴절되면서 구를 통과하기 때문에 광선의 복귀 경로는 도달 방향과 정확히 반대이다. 이러한 유형의 역반사체는 밤이나 안개 속에서 도로의 중심이나 가장자리를 보여 주는 역할을 하는 '고양이의 눈(cat's eyes)'과 유사하다. 또한 이러한 역반사체는 다양한 용도의 반사체로 활용되고 있다.

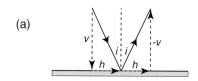

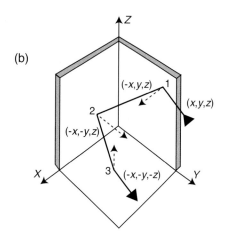

그림 B1.4.1 정육면체 모서리형 역반사체에서 광선의 경로.

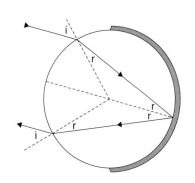

그림 B1.4.2 구형 역반사체에서 광선의 경로.

지구와 달이 서로 끌어당기는 인력은 두 물체의 자전 속도를 늦춘다. 자전 속도에서 손실되는 각운동량은 달의 공전 궤도에 따른 각운동량에서 동등하게 보상되는데, 달의 궤도 반지름이 증가하면서 지구-달 계의 각운동량이 보존된다. LLR 실험을 통해 달이 지구로부터 평균 $37.9\,\mathrm{mm\,yr^{-1}}$의 속도로 멀어지고 있다는 것이 밝혀졌다. LLR 관측을 통해 높은 정밀도로 지구의 인력에 의해 달에 유도된 조석 변형을 측정할 수 있는데 이는 달의 내부 구조와 관련지어 해석되어 왔다. 이 관측 결과들은 달이 작고 밀도가 높은 핵을 가지고 있다고 제안한다.

1960년대 이후 여러 탐사선이 달을 공전하면서 자기장과 중력장을 조사하였다. 달에는 자기장이 없는 것으로 밝혀졌지만, 상당히 강하게 자화된 암석이 존재하는 것으로 보아 과거에는 자기장이 존재했던 것으로 보인다(11.3.1.2절). 달을 공전하는 탐사선은 달 모양의 편평도를 측정하였고, 표면 아래의 질량이 집중되어 있는 지역인 '마스콘(mascon)'[8]을 발견했다. 2012 년, 달의 중력장은 GRAIL(Gravity Recovery And Interior Laboratory) 임무를 통해 상세하게 조사되었다. 지구 중력장 조사에 사용된 GRACE(3.5.4절) 기술을 바탕으로 GRAIL 임무에서는 두 대[9]의 같은 탐사선이 같은 저고도로 극궤도를 공전하도록 하였다. 각 탐사선에 탑재된 마이크로파 모니터링 시스템은 1 마이크로미터의 정밀도로 두 탐사선에서의 중력장의 변화량을 측정했다. 앞장서는 탐사선이 달의 질량 이상을 통과할 때, 그것은 속도를 높이거나 늦춰서 두 탐사선의 떨어진 거리를 변화시켰다. 다음 탐사선이 질량 이상을 통과할 때도 이러한 속도의 변화가 반복되었다. GRAIL 임무는 9개월 동안 지속되었으며, 그 기간 동안 달의 중력장을 매우 상세하게 지도에 표시했다. 구면 조화파에 의한 달의 중력 퍼텐셜에 대한 수학적 설명(글상자 3.4)은 수백 개의 항을 포함하므로 달의 중력 퍼텐셜을 높은 정밀도로 일치시킬 수 있다. 특히 이를 통해 마스콘들이 더 정확하게 배치되어 묘사되었다. GRAIL 임무 결과, 고중력의 마스콘이 저중력의 고리로 둘러싸여 있다는 것을 보여 주었는데, 이는 달 역사 초기에 일어났을 수 있는 소행성의 충돌로 인한 결과일 것이다.

LLR 실험을 통한 계속되는 상세한 모니터링과 GRAIL 임무에 의해 측정된 고분해능의 중력장은 달이 규산염 맨틀 위에 놓인 얇은 지각과 작은 중심핵을 가진 분화된 내부 구조를 가지고 있다는 것을 암시했다. 달의 내부 구조에 대한 더 상세한 분석은 1969년과 1972년 사이에 아폴로호 우주비행사들에 의해 달의 표면 4곳에 설치되어 1977년까지 운영된 지진계로부터 얻은 지진학적인 증거에 의해 가능해졌다. 기록된 지진 활동도(seismicity)는 대부분 규모가 3 이하인 실체파(7.2.6.2절)를 포함하는 '월진(moonquake)'으로 구성되는데 진원의 깊이가 700~1,200 km 정도로 깊다. 지구에서는 대부분의 지진이 판구조론적 과정에 의해서 발생하지만 달에는 구조적인 판의 운동이 없다. 대신에 월 간격으로 발생한다는 점에서, 월진이 지구와 태양에 의한 달 표면의 조석 변형으로 인해 생기는 내부 응력에 의해 유발되는 것이라 추정된다. 비록 4개의 지진계를 이용하여 자료가 제한적이었지만, 달의 지진 기록에 최신 지진 자료 처리 기술을 적용함으로써, 특정 깊이에서 반사

---

8 마스콘(mascon, mass concentration) : 달 표면 위에서 커다란 중력 이상을 보이는 장소로, 현무암질의 밀도가 높은 부분으로 추정되고 있다.

9 두 대의 탐사선은 각각 에브(Ebb)와 플로우(Flow)로 불리며, 각각 2011년 12월 31일, 2012년 1월 1일에 달 궤도에 진입하였다.

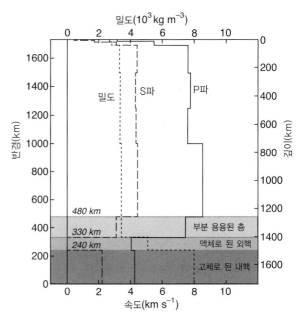

그림 1.5　달의 내부 구조 : 탄성파 P파, S파의 속도와 밀도의 깊이 단면도로부터 각 구형 껍질이 다른 조성과 상태를 가짐을 확인할 수 있다. 출처 : R.C. Weber et al., Seismic detection of the lunar core, *Science* 331, 309–312, 2011.

를 일으키는 일관된 불연속면의 존재를 확인할 수 있었다(그림 1.5). 이 불연속면은 반지름이 240 km인 작고 단단한 철로 구성된 핵과, 반지름이 330 km까지 확장된 외핵을 가지는 내부 구조의 변화와 관련이 있다. 달의 전체 크기에서 핵이 차지하는 비율은 지구에서의 비율보다 작다. 핵 위에는 두꺼운 규산염질 맨틀이 존재하고, 얇은 지각이 40~60 km 두께로 다양하게 분포한다. 330~480 km 반경을 가지는 맨틀의 최하부는 부분적으로 용융되어 있는 것으로 보인다. 핵의 크기가 작기 때문에, 지진파 층서화로 추정된 밀도 구조는 달이 균질한 밀도를 가질 때보다 달의 관성 모멘트를 약간 더 작게 한다.

1.5.5 화성

지구에서 볼 때 색깔 때문에 흔히 붉은 행성이라고 불리는 화성은 선사 시대부터 알려져 왔으며 초기 망원경 연구의 대상이었다. 1666년 카시니(Gian Domenico Cassini, 1625~1712)는 화성의 자전 주기를 24시간이 조금 넘는 것으로 계산하였는데, 3세기 후인 1976년에 화성에 착륙한 바이킹호(Viking spacecraft) 두 대의 무선 추적 결과를 바탕으로 화성의 공전 주기가 24.624시간임이 밝혀졌다. 그 후, 수많은 탐사선이 화성의 궤도를 돌거나 화성의 표면에 착륙했다. 현재 화성에 대해서는 상당 부분 알려져 있지만, 내부 구조와 물리적인 동역

학적 특성은 여전히 잘 알려져 있지 않다.

화성의 궤도는 상당히 타원형(이심률 0.0935)이라 근일점과 원일점 사이의 큰 차이는 행성의 온도 변화를 크게 만든다. 평균 표면 온도는 약 218 K이지만 극지방이 겨울에는 140 K에서 여름에는 300 K까지 변할 정도로 온도 변화가 크다. 화성에는 포보스(Phobos)와 데이모스(Deimos)라는 두 개의 자연위성이 있다. 이들의 공전 궤도를 관측함으로써, 화성 질량의 초기 추정치가 계산되었다. 화성의 크기는 망원경으로 화성의 엄폐 현상을 관측하여 일찍부터 밝혀졌고, 화성의 모양은 탐사선 관측을 통해 매우 정확하게 알려져 있다. 극 편평도는 지구의 약 두 배이다. 지구와 화성의 자전 속도는 거의 같지만, 화성의 평균 밀도가 작아서 중력 또한 더 작기 때문에 어느 방사상의 거리에서도 원심 가속도의 상대적인 중요성은 지구보다 화성이 더 크다.

2004년 화성 탐사선(Mars Expedition Rover vehicle)인 스피릿호(Spirit)와 오퍼튜니티호(Opportunity)가 화성에 착륙하여 사진과 지질 정보를 지구로 전송했다. 화성 탐사를 수행하기 위해 3대의 탐사선(Mars Global Surveyor, Mars Odyssey, Mars Express)이 화성 궤도에 진입했다. 이러한 초기의 궤도 탐사선과 화성 착륙선들은 원거리 망원경(지구 궤도를 도는 허블 망원경 포함)으로는 확인할 수 없었던 화성의 상세한 특징을 밝혀냈다. 화성 표면은 상당 부분이 매우 오래되고 충돌구(crater)가 있지만, 훨씬 더 젊은 계곡, 능선, 언덕, 평원도 있다. 지형은 다양하고 급격하게 변하는데, 24 km의 산과 4,000 km의 협곡 시스템, 그리고 최대 2,000 km의 폭과 6 km 깊이의 충돌구가 있다.

화성의 내부 구조는 이러한 임무의 결과로부터 추론되었다. 화성의 평균 밀도($3,933 \, kg \, m^{-3}$)는 다른 지구형 행성에 비해 상대적으로 낮다. 화성의 질량은 지구의 약 10분의 1에 불과하기 때문에(표 1.1), 행성의 압력은 더 낮고 내부는 덜 빽빽하다. 화성은 지구와 비슷한 내부 구조를 가지고 있다. 북반구에서는 35 km, 남반구에서는 80 km 두께의 얇은 지각이 암석질 맨틀을 둘러싸고 있는데, 깊어질수록 내부 온도가 높아짐에 따라 강성률이 작아진다. 화성의 핵은 반경 1,500~1,800 km로 밀도가 높으며, 상대적으로 많은 양의 황을 함유한 철로 구성되어 있는 것으로 생각된다. 태양과의 인력에 의한 화성의 조석 변형으로 인해 화성 전역 조사선(Mars Global Surveyor)의 궤도에 미세한 변동이 생기게 되는데, 이를 통해 화성의 내부 구조에 대한 보다 상세한 정보를 얻을 수 있다. 화성 전역 조사선의 관측 결과는 지구와 마찬가지로 화성에도 아마 고체로 된 내핵과 액체로 된 외핵이 존재한다는 것을 보여 주는데 전역 자기장을 생성하기에는 크기가 너무 작은 것으로 보인다.

화성 전역 조사선의 지도 제작 임무는 2006년에 끝났고, 화성의 구조와 역사에 대한 새로운 의문을 제기하는 중요한 결과를 전달했다. 상당 부분 자동화된 화성 탐사선 큐리오시티호(Curiosity)는 2012년 8월 이후로 다양한 분광기, 카메라, 기상 장비를 사용하여 화성의 표면과 대기를 조사해 왔다. 2018년 11월 미국 항공우주국(NASA)의 인사이트 임무(InSight mission)는 화성 표면에 다양한 지구물리학적 장비들을 배치하여 화성의 지진 활동도를 평가하고, 표면의 열 흐름을 측정했다. 인사이트 착륙선은 또한 화성의 자전축의 변동을 정밀하게 관측할 것이며(3.3.5절 참조), 화성의 핵과 맨틀에 대한 추가적인 정보를 지구로 전달할 것이다.

1.5.6 소행성

소행성은 지름이 수백 킬로미터인 것부터 지구에서 확인하기엔 너무 작은 것까지 다양한 크기로 발생한다. 지름이 200 km 이상인 소행성은 26개가 있지만, 지름이 약 1 km인 소행성은 아마 100만 개가 넘을 것이다. 일부 소행성은 탐사선의 플라이바이 과정에서 촬영되기도 했다. 1997년 니어-슈메이커 탐사선(NEAR-Shoemaker spacecraft)은 소행성 에로스(Eros)의 궤도를 돌고 착륙했다. 허블 우주 망원경이 찍은 사진에서 세레스(Ceres, 지름 950 km), 팔라스(Pallas, 지름 830 km), 베스타(Vesta, 지름 525 km)의 세부 정보가 밝혀졌는데, 이들은 소행성보다는 여전히 미행성체(planetesimal)의 부착(accretion) 과정에 있는 원시행성(protoplanet)으로 부르는 것이 더 적절할 것으로 보인다. 세 원시행성 모두 분화되어 있고 내부 층의 구성은 다르지만, 행성처럼 내부에 층 구조가 발달해 있다. 세레스는 타원형 모양으로 규산염질의 핵을 가지고 있으며 가장 무거운 소행성으로 최근에 '왜소행성'으로 재분류되었다. 베스타의 모양은 더 불규칙하고 철로 된 핵을 가지고 있다.

소행성은 화학 조성(암석이 많은 탄소질 또는 금속질 니켈-철)과 공전 궤도의 위치에 따라 유형별로 분류된다. 주요대(Main belt)의 소행성들은 화성과 목성 사이의 거리 정도인 2~4 AU의 반경을 가진 거의 원에 가까운 공전 궤도를 가지고 있다. 센타우루스(Centaur) 소행성들은 태양계 바깥쪽으로 그들을 데려가려고 하는 심한 타원 궤도를 가지고 있다. 아텐(Aten)과 아폴로(Apollo) 소행성들은 타원형으로 지구를 가로지르는 궤도를 가진다. 이 소행성들 중 하나가 지구와 충돌하게 되면 대재앙을 일으킬 수 있다. 1 km 직경의 소행성은 10 km 직경의 운석구를 만들고 세계 핵무기의 대부분 또는 전부가 동시에 폭발하는 것만큼의 많은 에너지를 방출할 것이다. 1980년 앨버레즈(Luis Walter Alvarez, 1911~1988)와 그들의 동료들은 이탈리아의 구비오(Gubbio)와 다른 지역의 백악기-제3기 경계층[10]에서 외계에서 온 이리듐이 비정상적으로 농축되어 있는 것을 발견했는데, 이를 통해 지름 10 km 정도의 소행성이 지구와 충돌하여, 공룡의 멸종을 포함한 다른 많은 종들의 직간접적인 대멸종을 야기했을 것으로 추정했다. 240개의 아폴로 소행성이 알려져 있지만, 지름이 1 km인 소행성은 2,000개, 지름이 수십 미터에서 수백 미터인 소행성은 수천 개가 더 있을 수도 있다.

소행성대의 존재가 무엇을 의미하는지에 대해서는 과학적 의견이 분분하다. 한 가지 가설은 소행성이 어떤 재앙으로 인해 부서진 이전 행성의 파편들을 나타낼지도 모른다는 것이다. 또는 목성의 강력한 인력의 영향으로 인해 행성으로 통합될 수 없었던 물질들일지도 모른다.

1.6 외행성

거대 행성은 대부분 수소와 헬륨으로 구성되어 있으며 메탄, 물, 고체의 흔적을 가진 가스형 행성이다. 우주 탐사선이 대기를 깊이 관통하지 못했기 때문에 이들의 구성은 분광학적 증거로부터 간접적으로 추정된다. 암석이 많은 지구형 행성이나 달과는 달리, 거대 행성의 반지름은 단단한 고체 표면까지의 거리가 아니라 지구 해수면에서의 대기압인 1 bar의 압력에 해당하는 수준까지 고려된다.

각각의 거대 행성은 수많은 입자로 이루어진 동심원 고리로 둘러싸여 있다. 토성의 고리는 1610년 갈릴레이가 발견하였는데 거대 행성 중 가장 장관을 이룬다. 이후 3세기 이상 동안 이 고리는 토성만의 고유한 특징으로 생각되었으나, 1977년 천왕성 주변에서도 분리된 고리들이 발견되었다. 1979년 보이저 1호(Voyager 1)는 목성 주변에서도 희미한 고리를 발견했고, 1989년 보이저 2호(Voyager 2)는 해왕성도 고리 체계를 가지고 있음을 확인했다.

---

10 K-T 경계층이라고도 부른다.

1.6.1 목성

목성은 수 세기 동안 지상 관측소에서 그리고 최근에는 허블 우주 망원경으로 연구되어 왔지만, 무인 우주 탐사선이 지구로 보낸 사진과 과학적 자료는 목성의 특징을 상세하게 이해하는 데 가장 큰 도움을 주었다. 1972년부터 1977년까지 파이어니어(Pioneer) 10호와 11호, 보이저 1호와 2호, 율리시스(Ulysses) 탐사선이 목성을 방문했다. 갈릴레오 탐사선은 1995년부터 2003년까지 8년 동안 목성의 궤도를 돌았고 대기권으로 무인 우주 탐사선(probe)을 보냈다. 이 탐사선은 대기압에 의해 부서지면서 140 km 깊이까지 침투했다. 주노(Juno) 탐사선은 2016년 목성의 대기를 조사하고 목성의 중력장과 자기장을 지도화하는 것을 목표로 목성 주위의 길게 뻗은 극궤도로 진입하였다. 목성의 대기는 동쪽과 서쪽으로 흐르는 제트 기류가 특징적인데, 북반구와 남반구 사이에서 비대칭적으로 나타나며 2,000~3,000 km 깊이까지 확장된다. 목성의 중력장은 이러한 비대칭성을 반영하는데, 제트 기류가 더 깊이 확장될수록 제트 기류가 유발하는 질량 이상치가 더 커지기 때문이다. 중력장을 분석한 결과, 깊이가 깊어짐에 따라 제트 기류에 의한 차별적인 회전 현상이 감소하여 깊은 내부는 고체 상태로 회전하는 것처럼 보인다. 극지방의 대기에는 눈에 띄는 특징이 있는데, 중앙의 회오리바람은 작은 회오리바람으로 둘러싸여 있으며 서로 합쳐지지 않아서 시간이 지나도 잘 구별된다.

목성은 행성들 중에서 단연코 가장 크다. 질량(19×10^{26} kg)은 지구의 318배(표 1.1)이며 다른 행성들의 질량을 모두 합친 값(7.7×10^{26} kg)의 2.5배이다. 목성은 거대한 크기에도 불구하고 밀도가 1,326 kg m^{-3}으로 매우 낮으며, 이로부터 수소와 헬륨이 주를 이루고 있음을 알 수 있다. 목성은 적어도 79개의 위성을 가지고 있는 것으로 알려져 있다. 이오(Io), 유로파(Europa), 가니메데(Ganymede), 칼리스토(Callisto) 등 네 개의 가장 큰 위성들은 1610년 갈릴레이에 의해 발견되었다. 이오, 유로파, 가니메데의 궤도 운동은 1:2:4의 비율로 고정되어 있다. 수억 년 안에 칼리스토 역시 이오 주기의 8배로 동조하게 될 것이다. 가니메데는 태양계에서 가장 큰 위성이다. 가니메데의 반지름은 2,631 km로 수성보다 약간 더 크다. 가니메데는 철분이 풍부한 핵과 맨틀, 그리고 얼음으로 뒤덮인 표면층으로 구분되는 분화된 내부 구조를 가지고 있다. 목성의 가장 바깥쪽을 공전하는 위성들 중 일부는 반지름이 30 km 미만이고, 역행 궤도를 도는데 이는 소행성이 포획된 걸 수도 있다. 목성은 토성과 비슷하지만 더 희미하고 작은 고리 체계를 가지고 있는데, 보이저 1호의 자료를 분석하는 과정에서 처음 발견되었다. 그 후, 이 고리 체계는 갈릴레오호의 임무 기간 동안 자세히 조사되었다. 토성이 지구에서 망원경을 통해서 볼 수 있는 얼음 입자로 구성된 고리를 가지고 있는 반면, 목성의 고리는 목성의 위성에 운석이 충돌하여 형성된 먼지로 구성되어 있다.

목성의 핵은 밀도가 크지만 물리적인 상태는 불확실하다. 중력 측정과 행성 생성 이론에 따르면 중심핵은 고체일 수 있다. 이것은 수소로 된 동심층에 둘러싸여 있는데, 처음에는 액체-금속 상태,[11] 그다음에는 비금속 액체, 그리고 마지막으로 기체로 된 외부 층으로 둘러싸여 있다. 행성의 대기는 약 86%의 수소와 14%의 헬륨으로 이루어져 있으며, 메탄, 물, 암모니아가 존재한다. 액체-금속 상태의 수소층은 전류가 흐르기에 좋은 전도체이다. 이것들은 지구보다 몇 배 강하고 그 범위가 훨씬 거대한 강력한 목성 자기장의 원천이다. 목성의 자기장은 태양을 향해 수백만 킬로미터 뻗어 있고 태양에서 멀어지는 방향으로 수억 킬로미터 뻗어져 나간다. 목성의 자기장은 태양으로부터 대전된 입자들을 가둬서 목성 대기 바깥에 강렬한 복사층을 형성하기 때문에, 이에 노출된 사람에게 매우 치명적일 것이다. 전하의 움직임은 전파 방출을 일으키고, 이들은 행성의 자전에 의해 조절되기 때문에 자전 주기를 약 9.9시간으로 추정하는 데 사용될 수 있다.

매끄럽고 태양빛을 밝게 반사하는 얼음 지각이 존재하는 목성의 위성 유로파는 그 아래에 물이 존재할 가능성이 있기 때문에 큰 주목을 받고 있다. 보이저호는 유로파 표면의 고해상도 이미지를 촬영했고, 갈릴레오호의 근접 통과 과정에서 중력과 자력 자료가 수집됐다. 유로파의 반지름은 1,565 km로 지구의 달보다 약간 작은데 이는 두꺼운 얼음 표면층 아래로 물로 된 겉껍질과 암석질 맨틀, 철-니켈로 구성된 핵을 가지는 내부 구조를 암시한다.

1.6.2 토성

토성은 적도 반지름이 60,268 km로 태양계에서 두 번째로 큰 행성이다. 평균 밀도는 687 kg m^{-3}으로 태양계에서 가장 낮으며 물의 밀도보다도 작다. 적도면에 있는 얇은 동심원 고리는 토성의 모습을 특징적으로 보여 준다. 황도면에 대한 자전

축의 경사도는 26.7°로 지구와 비슷하다(표 1.1). 결과적으로, 토성이 궤도를 따라 움직일 때 지구의 관찰자에게 고리는 다른 각도로 나타난다. 갈릴레이는 1610년에 망원경으로 토성을 연구했지만, 초기의 관측 장비는 분해능이 떨어져서 고리 체계를 정확하게 해석할 수 없었다. 1655년 하위헌스(Chrstiaan Huygens, 1629~1695)가 더 고성능의 망원경을 사용하면서 고리가 설명되었다. 1675년 카시니(Domenico Cassini, 1625~1712)는 토성의 고리가 틈새가 존재하는 여러 개의 작은 고리로 이루어져 있음을 발견했다. 1977년 이후에야 이러한 고리 체계가 목성, 천왕성, 해왕성과 같은 다른 거대 행성에도 존재한다는 것이 밝혀졌다. 고리는 행성 주위 궤도상에 있는 먼지만 한 크기에서부터 수 제곱미터까지의 크기인 얼음, 바위, 파편으로 구성되어 있다. 고리의 기원은 아직 알려져 있지 않다. 한 이론에 따르면, 고리가 행성 외적인 충격이나 토성의 인력에 의해 유발된 고체 조석(bodily tide)으로 찢겨 나간 초기 위성의 잔해라는 것이다.

토성은 고리 체계 외에도 30개 이상의 위성을 가지고 있는데, 그중 가장 큰 위성인 타이탄은 반지름이 2,575 km이고 태양계에서 유일하게 밀도가 높은 대기를 가진 위성이다. 1831년에 타이탄의 궤도를 관측하여 토성의 질량을 처음으로 추정하였다. 1979년 파이어니어 11호가 처음 토성을 방문하였고, 후에 보이저 1호와 보이저 2호가 방문했다. 2004년에 카시니호는 토성 궤도에 진입했고, 이후 13년 동안 토성 주위를 돌았다. 2005년 1월 카시니호는 탐사선 하위헌스를 발사하여 타이탄에 착륙시켰다. 하위헌스 탐사선은 낙하산을 펼쳐서 타이탄의 대기를 통과하고 착륙하는 과정에서 타이탄에 대한 자료를 수집하였으며 이 자료는 궤도를 돌고 있던 카시니호에 의해 지구로 전달되었다.

토성의 자전 주기는 토성의 자기장에 의해 변조되어 방출된 전파로부터 추정되었다. 적도 지역의 주기는 10시간 14분이며, 고위도 지역의 주기는 약 10시간 39분이다. 토성의 모양은 보이저호의 전파 신호를 엄폐하는 특징을 분석하여 알려졌다. 유체 상태인 토성의 빠른 자전에 의해 토성의 극 편평도는 거의 10%에 달한다. 토성의 평균 밀도는 물보다 작은 687 kg m^{-3}으로, 목성과 마찬가지로 수소와 헬륨으로 이루어져 있으며 무거운 원소가 거의 없다. 토성 또한 목성과 비슷한 내부 구조를 가지고 있는데, 암석질의 중심핵이 액체-금속 수소와 분자 수소로 이루어진 층에 의해 연속적으로 둘러싸여 있다. 다만 목성의 중력장이 수소를 금속 상태로 압축하기 때문에 밀도가 높아

---

11 액체-금속 상태란 원자가 서로 결합되어 있지는 않지만, 전자가 원자 사이를 쉽게 이동할 수 있도록 꽉 차 있는 상태를 말한다.

져서 토성보다 평균 밀도가 높다. 토성은 목성보다 약한 자기장을 가지고 있지만, 아마도 액체-금속 상태의 수소에 의해 같은 방식으로 생겨났을 것이다.

1.6.3 천왕성

천왕성은 지구에서 너무 멀리 떨어져 있어서 지구상의 망원경으로는 표면 특징이 관측되지 않는다. 1986년 보이저 2호가 천왕성 옆을 지나가기 전까지 천왕성의 특징은 간접적으로 추측되고 부정확하게 알려져 있었다. 보이저 2호는 천왕성의 크기, 질량, 표면, 위성, 그리고 고리 체계에 대한 상세한 정보를 전해 주었다. 천왕성의 반지름은 25,559 km이고 평균 밀도는 1,270 kg m^{-3}이다. 자전 주기는 17.24시간으로 추정되는데 이는 자기장에 갇혀 천왕성과 함께 자전하는 전하 입자가 주기적으로 방출하는 전파를 보이저호가 감지하여 추정할 수 있었다. 천왕성의 자전은 2.3%의 극 편평도를 초래한다. 보이저호의 탐사 이전에 천왕성의 위성은 5개로 알려져 있었다. 하지만 보이저호는 10개의 작은 위성을 추가로 발견했고, 이후 행성에서 더 멀리 떨어진 곳에서 12개의 위성이 추가로 발견되어 현재까지 천왕성의 위성은 모두 27개로 알려져 있다. 천왕성의 조성과 내부 구조는 아마도 목성이나 토성과 다를 것이다. 천왕성의 평균 밀도가 높은 것은 천왕성이 상대적으로 수소가 적고, 암석과 얼음을 더 많이 포함하고 있음을 암시한다. 용융된 핵 주변에 액체 상태의 메탄, 암모니아, 물이 층상 구조를 만들기에는 자전 주기가 너무 길다. 따라서 무거운 물질이 중심핵에 덜 집중되어 있고, 암석, 얼음, 기체가 더 균일하게 분포되어 있는 내부 구조 모델이 더 잘 부합한다.

아직 천왕성과 관련된 몇 가지 역설적인 것들이 남아 있다. 자전축은 극과 행성의 궤도 사이에서 98° 각도로 기울어져 있으며, 따라서 황도면에 가깝게 놓여 있다. 다른 행성에 비해 이렇게 심하게 기울어진 이유는 밝혀지지 않았다. 천왕성은 이 축을 중심으로 순방향으로 자전하고 있다. 그러나 82°의 각도로 기울어진 회전축의 다른 쪽 끝을 기준으로 삼는다면 행성의 회전은 역행으로 간주될 수도 있지만 두 해석 모두 같은 의미이다. 이렇게 변칙적인 축 방향으로 인해 84년 동안 태양의 궤도를 돌면서 극지방과 적도 지역 모두 극심한 일사를 경험하게 된다. 천왕성은 자기장 또한 비정상적인데, 자기축이 자전축에 대해 큰 각도로 기울어져 있고, 자기장의 중심은 천왕성의 중심으로부터 축 방향으로 이동되어 있다.

1.6.4 해왕성

해왕성은 가스형 거대 행성 중 가장 바깥쪽에 존재한다. 지구에서는 고성능의 망원경으로만 해왕성을 관측할 수 있다. 19세기 초까지 천왕성의 운동에 모순된 점이 있다는 것이 분명하게 인지되고 있었다. 따라서 프랑스와 영국의 천문학자들은 각각 독립적으로 여덟 번째 행성의 존재를 예측했고, 그 예측은 1846년 해왕성의 발견으로 이어졌다. 갈릴레이는 1612년에 해왕성을 발견했지만, 느린 움직임 때문에 그는 해왕성을 고정된 항성으로 착각했다. 해왕성의 공전 주기는 거의 165년으로, 해왕성이 발견된 이후 아직 궤도를 완전히 돌지 못했다. 또한 지구와의 거리가 너무 멀기 때문에, 1989년 보이저 2호가 해왕성을 방문하기 전까지 해왕성의 크기와 궤도는 잘 알려지지 않았다.

해왕성의 궤도는 거의 원형이며 황도면에 가까이 있다. 자전축은 지구와 유사하게 경사가 29.6°이고 자전 주기는 16.11시간이며 이로 인해 극 편평도는 1.7%가 된다. 반지름은 24,766 km이고 평균 밀도는 1,638 kg m^{-3}이다. 해왕성의 내부 구조는 아마도 천왕성과 비슷할 것이며, 지구 크기의 작은 암석질 핵은 암모니아와 메탄으로 둘러싸여 있을 것으로 예상된다. 대기는 주로 수소, 헬륨, 메탄으로 이루어져 있는데, 이러한 대기가 붉은빛을 흡수하여 해왕성이 푸른색을 띠게 한다.

보이저 2호는 해왕성이 13개의 위성과 희미한 고리 체계를 가지고 있다는 것을 밝혀냈다. 가장 큰 위성인 트리톤(Triton)은 지름이 지구의 40%에 달하며, 밀도(2,060 kg m^{-3})는 태양계의 다른 큰 위성들보다 크다. 트리톤의 공전 궤도는 해왕성의 적도에 대해 157°로 가파르게 기울어져 있어 태양계에서 유일하게 **역행**(retrograde) 방향으로 행성 주위를 도는 대형 자연위성이다. 명왕성과 닮은 달의 물리적 특징과 역행 궤도 운동으로 미루어 보아, 트리톤이 태양계 바깥 다른 곳에서 포획되었음을 알 수 있다.

1.7 태양계 외부 : 해왕성 바깥 천체

태양계는 해왕성의 궤도를 훨씬 넘는 곳까지 확장되어 있다. 그러나 태양으로부터 이렇게 먼 거리에서는 태양 성운의 밀도가 행성을 형성하기에는 너무 낮았을 것이다. 1990년대 초부터 해왕성 궤도 너머에 있는 수천 개의 새로운 천체들이 발견되었다. 이들은 해왕성과 태양 사이의 거리보다 훨씬 먼 평균 거리를 가지고 태양 주위를 공전하는 천체로 정의되며, 해왕성 바깥 천체(Trans-Neptunian Objects, TNOs)라고 불린다. TNOs는 명왕성과 그 위성 카론, 그리고 수많은 다른 천체들이 포함된다. 대부분은 작은 것으로 추정되나, 적어도 에리스(Eris)는 명왕성과 비교할 만한 크기이다. 해왕성 바깥 천체는 궤도의 크기에 따라 카이퍼대(Kuiper belt), 산란 원반(scattered disk), 그리고 오르트구름(Oort Cloud)의 세 개의 그룹으로 분류된다. 이들의 조성은 혜성과 비슷하지만, 어떤 것들은 암석과 같은 구성 요소로 되어 있다는 것을 암시할 정도로 밀도가 크다.

1.7.1 명왕성과 카론

2006년 '왜소행성'으로 재분류되기 전까지, 달 지름의 약 3분의 2에 해당하는 명왕성은 태양계에서 가장 작은 행성이었다. 명왕성은 많은 특이한 특징을 가지고 있다. 명왕성은 황도면과의 경사각이 $17.1°$로 가장 크며(이심률 0.249), 원일점은 49.3 AU, 근일점은 29.7 AU로 공전 궤도가 크게 찌그러진 타원형을 가진다. 이로 인해 명왕성은 248년의 전체 공전 주기동안 20년은 해왕성의 궤도 안에 위치하게 되는데, 명왕성과 해왕성의 경로는 겹치지는 않는다. 명왕성의 공전 주기는 해왕성과 3:2의 비율로 공명한다. 즉, 명왕성의 공전 주기는 해왕성의 공전 주기의 정확히 1.5배이다. 이러한 특징은 두 행성의 충돌을 막는다.

명왕성은 너무 멀리 떨어져 있어 지구의 망원경에서는 빛 한 점으로만 보이는데, 허블 우주 망원경을 이용하면 명왕성의 표면 특징을 전반적으로 확인할 수 있다. 해왕성 궤도상의 추정값과 관측값의 불일치를 설명하기 위해 좀 더 먼 행성을 체계적으로 조사하던 중에 1930년에 명왕성이 우연히 발견되었다. 1978년 명왕성의 위성 카론[12]이 명왕성 주위를 돌고 있는 것으로 밝혀지면서 명왕성의 질량과 지름을 계산할 수 있었다. 명왕성의 질량은 지구의 0.218%에 불과하다. 카론의 질량은 명왕성의 12.2%로 모행성과의 비율을 고려했을 때, 태양계에서 가장 큰 위성이 된다.

2015년까지 명왕성은 탐사선이 방문하지 않은 유일한 행성이었다. 명왕성이 왜소행성으로 재분류된 2006년에 뉴호라이즌호(New Horizons spacecraft)가 플라이바이하면서 카이퍼

대까지 진입한 뒤, 명왕성을 탐사하는 임무를 띠고 발사되었다 (11.3.2.2절). 뉴호라이즌호는 9년간의 비행 끝에 2015년에 명왕성에 도착했다. 무선 신호가 각 방향으로 이동하는 데 4.5시간이 걸릴 정도로 긴 지구에서 명왕성까지의 거리적(47억 km) 어려움을 극복한 인상적인 기술적 성과였다. 하지만 우주선의 출력이 낮아 자료 전송이 너무 느렸고, 전송을 완료하는 데에만 15개월이 걸렸다. 뉴호라이즌호는 명왕성과 카론의 대기와 표면을 조사하여, 명왕성과 주요 위성에 대한 기존의 지식을 크게 개선했다.

명왕성과 카론의 반지름은 각각 $1,188 \, km$와 $606 \, km$로 측정되었고, 밀도는 명왕성의 경우 $1,854 \, kg \, m^{-3}$, 카론의 경우 $1,702 \, kg \, m^{-3}$으로 추정되었다. 명왕성과 카론 둘 다 분화된 내부 구조를 가진 것으로 추정되는데, 각각 부피의 약 70%에 해당하는 반경을 가진 암석질 핵이 물과 얼음에 의해 둘러싸여 있는 것으로 추정된다. 명왕성과 카론의 기원을 설명하는 한 가지 이론은 이들이 서로 공전하던 두 천체의 충돌에서 비롯되었다는 것이다.

명왕성의 자전축은 궤도면에 대해 $122°$ 기울어져 있어서, 역행(retrograde) 운동을 하며, 행성의 자전 주기는 6.387일이다. 카론 또한 역방향으로 명왕성 주위를 공전한다. 조석력으로 인해 카론의 공전 주기는 자신의 자전 주기 그리고 명왕성의 자전 주기와 일치한다. 그러므로 명왕성과 카론은 계속해서 서로에게 같은 얼굴을 보여 준다. 카론의 큰 질량과 자전 속도의 동기화는 명왕성과 카론을 마치 이중 행성(double planet)으로 보이게 한다. 그러나 이들의 공통된 무게중심은 서로의 밖에 놓여 있고 밀도가 다르다는 것은 두 천체가 독립적으로 기원했음을 시사한다.

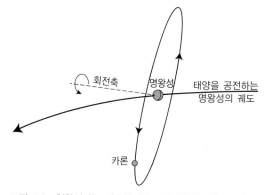

그림 1.6 천왕성과는 비슷하지만 다른 행성들과는 달리, 명왕성의 자전축은 큰 기울기를 가지고 행성의 공전 궤도면 가까이에 놓여 있다. 카론과 다른 위성들은 명왕성의 적도에 대해 1도 이하로 기울어진 궤도를 가지고 있어서 명왕성의 공전 궤도로 가파르게 기울어진 평면을 형성하고 있다(자료 출처 : NASA).

---

12 현재 카론은 명왕성에서 19,570 km로 떨어져서 공전하고 있는 것으로 관측되었는데 이는 달과 지구 사이의 거리의 5%에 불과한 것으로 카론은 명왕성에서 매우 가깝게 공전하고 있다.

명왕성은 카론의 궤도 너머에 각각 지름이 수십 킬로미터인 네 개의 다른 위성을 가지고 있다. 카론보다 더 멀리 떨어져 있는 위성으로는 스틱스(Styx), 닉스(Nix), 케르베로스(Kerberos), 히드라(Hydra)가 있으며, 65,000 km의 거리에서 명왕성을 공전한다. 모든 위성의 궤도면은 거의 원형에 가깝고 명왕성의 적도면과 동일면상에 있어서 명왕성의 궤도로 가파르게 기울어진 평면을 형성하고 있다(그림 1.6). 명왕성이 태양 주위를 돌 때 카론의 궤도면은 때때로 지구와 맞닿아 있다. 뉴호라이즌호는 임무 수행 중 명왕성의 위성들 표면에 충돌구가 생긴 것을 밝혀냈는데, 이는 이들이 과거에 비슷한 역사를 겪었음을 암시한다. 이들은 명왕성과 카이퍼대 천체의 충돌 과정에서 공통적으로 형성되었을 것으로 추측된다. 그러나 명왕성, 카론, 그리고 작은 위성들의 기원은 여전히 정확히 알려지지 않았다.

1.7.2 카이퍼대, 산란 원반, 오르트구름

카이퍼대(Kuiper belt)는 해왕성 궤도의 평균 반경인 30 AU를 넘어서 50 AU까지 확장된다(그림 1.7). 황도면에 가까운 이 원반 모양의 영역은 태양 주위를 공전하는 수천 개의 천체를 포함하고 있다. 일부 추정치에 따르면, 카이퍼대에는 지름 100 km 이상인 천체만 35,000개 이상 존재하기 때문에, 소행성보다 훨씬 크고 많다. 어떤 천체들은 해왕성의 궤도와 공명하는 공전 주기를 가지며, 이로 인해 해왕성과 관련된 흥미로운 명칭이 붙여졌다. 명왕성처럼 해왕성과 3:2 공명 주기를 갖는 천체는 플루티노(plutino)라고 하고, 카이퍼대의 바깥 부분에 해왕성과 2:1 공명 주기를 갖는 천체는 투티노(twotino)라고 하며, 중간 궤도에 있는 천체는 큐브와노스(cubewanos)라고 부른다. 카이퍼대의 천체는 대부분 얼음으로 이루어져 있으며, 그중 일부는 상당히 크다. 예를 들어, 장축이 43.5 AU인 공전 궤도를 가지는 콰오아(Quaoar)는 지름이 1,260 km로 명왕성의 위성 카론과 크기가 거의 같다.

명왕성과 카론을 탐사한 후, 뉴호라이즌호는 카이퍼대까지 계속 나아갔다. 2019년 1월 1일, 3,500 km로 근접하게 통과하면서, TNO로 지정된 $2014MU_{69}$를 탐사하였다. $2014MU_{69}$는 태양으로부터 43.4 AU, 지구로부터 65억 km 떨어져 있으며, 이는 우주선이 방문한 천체 중 가장 먼 것이다. 2014년 허블 우주 망원경에 의해 처음 발견된 이 TNO는 멀리 떨어져 있음을 나타내기 위해 플라이바이 임무 동안 울티마 툴레(Ultima Thule)로 이름이 바뀌었다. 이 행성은 지름 17 km와 14 km인

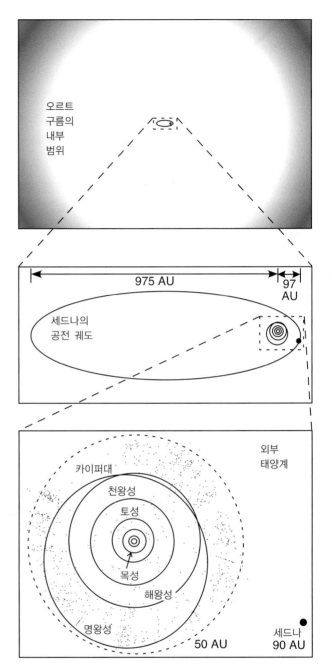

그림 1.7 외행성의 공전 궤도와 비교한 오르트구름과 카이퍼대의 상대적인 크기. 내행성과 태양은 그림의 하단부의 가장 안쪽 원 안에 포함되어 있다(자료 출처 : NASA/JPL-Caltech).

두 개의 얼음 구체로 구성되어 전체 길이가 31 km인 쌍둥이 천체(binary object)임이 증명되었다.

평균 거리가 50 AU 이상의 궤도를 도는 천체를 산란 원반 천체(scattered disk object)라고 부른다. 큰 TNO인 $2003UB_{313}$은 태양계에서 멀리 움직이는 천체를 장기간 탐색하는 과정에서 2003년에 처음 발견되었고 2005년에 공식화되었다. 이 천체의 반사도를 기반으로 추측했을 때 명왕성보다 커서, 처음에는 태

양계의 열 번째 행성으로 간주되었다. 공전 주기는 557년이고 황도면에 대해 44° 기울어져 있으며 원일점에 가깝다. 현재 태양 중심 거리가 97 AU로 태양계에서 가장 멀리 떨어져 있는 천체이다. 이제는 에리스(Eris)라고 이름 붙여진 이 천체는 명왕성과 소행성 세레스와 함께 '왜소행성'의 새로운 범주에 분류되었다.

2004년 또 다른 TNO인 세드나(Sedna)가 90 AU 거리에서 발견되었다(그림 1.7). 현재 세드나는 에리스보다 태양에 더 가깝지만, 극도로 심하게 찌그러진 타원형 공전 궤도(이심률 0.855, 경사각 12°)를 가지고 있어, 지금까지 알려진 어떤 천체보다 태양계 더 바깥쪽으로 멀어질 수 있다. 공전 주기는 12,500년이며 원일점은 약 975 AU이다. 천문학자들에게는 세드나가 아주 작은 반점으로 보이기 때문에, 궤도 정보를 제외하면 알려진 것이 많지 않다. 세드나는 오르트구름에서 기원했을 것으로 알려진 유일한 천체로 여겨진다.

오르트구름(Oort Cloud)은 태양계 내부로 유입되는 대부분의 새로운 혜성의 근원으로 여겨진다. 오르트구름은 태양으로부터 5만~10만 AU(약 1광년) 거리에 있는 얼음 천체로 이루어진 구형 구름으로 시각화된다. 오르트구름은 한 번도 관측된 적이 없지만, 혜성 궤도에 대한 연구를 통해 그 존재가 확인되었다. 오르트구름은 혜성의 기원에 대한 모델에서 중심적인 역할을 한다.

1.8 더 읽을거리

Beatty, J. K., Petersen, C. C., and Chaikin, A. (eds.) 1999. *The New Solar System* (4th ed.). Cambridge, MA: Sky Publishing Corp and Cambridge University Press.

Lang, K. R. 2011. *The Cambridge Guide to the Solar System*. Cambridge: Cambridge University Press.

Lowman, P. D. 2002. *Exploring Space, Exploring Earth: New Understanding of the Earth from Space Research*. Cambridge: Cambridge University Press.

Rothery, D. A., McBride, N., and Gilmour, I. (eds.) 2018. *An Introduction to the Solar System*. Cambridge: Cambridge University Press.

1.9 복습 문제

1. 행성 운동에 대한 케플러의 세 가지 법칙은 무엇인가? 어떤 법칙이 운동량 보존의 결과인가? 어떤 법칙이 에너지 보존의 결과인가?

2. 만약 어떤 행성이 소행성대의 위치에 존재한다면, 보데의 법칙으로 그 행성의 궤도 반지름을 어떻게 예측할 것인가? 또한 그 행성이 태양 주위를 공전하는 주기는 얼마일까?

3. 태양계의 기원을 설명하는 성운설은 무엇인가?

4. 가장 큰 행성은 무엇인가? 그 행성은 지구보다 몇 배나 더 큰가? 그 행성의 질량은 태양의 질량과 비교했을 때 어떠한가?

5. 가장 작은 행성은 무엇인가? 지구와 달의 질량과 반지름과 비교했을 때, 그 행성의 질량과 반지름은 어떠한가?

1.10 연습 문제

1. 지구 표면의 적도 위치에서 측정한 달의 방향과 달 궤도면 상의 기준 방향(멀리 떨어진 항성) 사이의 각도가 어느 날 저녁 8시에는 11° 57′이었고 다음 날 새벽 4시에는 14° 32′이었다. 지구, 달, 기준 항성이 같은 평면에 있고 자전축이 그 평면에 수직이라고 가정하여, 지구와 달의 중심 사이의 대략적인 거리를 추정해 보자.

2. 달 궤도의 이심률 e는 0.0549이고 평균 궤도 반지름(r_L)은 384,100 km이다.
   (a) 달 궤도의 주축 a와 b의 길이를 계산하시오.
   (b) 지구의 중심은 타원 궤도의 중심으로부터 얼마나 떨어져 있는가?
   (c) 근지점과 원지점에서 지구로부터 달까지의 거리를 계산하시오.

3. 달의 원반이 지구 표면에서 0° 31분 36.8초의 최대 각도를 가진다면 달의 반지름은 얼마인가?

4. 보데의 법칙(식 1.5)은 태양으로부터 n번째 행성(소행성대 포함)의 평균 궤도 반지름을 천문단위(AU)로 나타낸다. 이 값은 해왕성($n = 9$)과 명왕성($n = 10$)을 제외하고 관측값에 잘 부합한다. 보데의 법칙으로 예측된 해왕성과 명왕성의 궤도 반지름을 계산하고, 그 결과를 관측값과 비교해 보자(표 1.2). 그리고 그 차이를 예측 거리와의 백분율로 표현해 보자.

5. 구급차가 60 km/h의 속도로 도로변에 정지해 있는 관찰자를 지나친다. 이중 음 사이렌은 700 Hz와 1,700 Hz의 주파수로 번갈아 울린다. 구급차가 지나가기 (a) 전과 (b) 후에 22°C의 온도에 있는 관찰자가 들을 수 있는 이중 주파수는 얼마인가? [온도 T(°C)에서 공기 중 음파의 속도는 m s^{-1} 단위로 $c = 331 + 0.607\,T$라고 가정한다.]

6. 달에 착륙하는 우주선의 착륙 속도를 결정하기 위해, 5 GHz의 주파수로 전송되는 레이더 신호에 대한 도플러 효과를 이용한다. 우주선 조종사는 레이더 장비의 정밀도가 ±100 Hz까지 저하된 것을 발견했다. 이 정도의 정밀도로 착륙 속도를 결정한다면, 안전하게 착륙하기에 충분하다고 생각하는가? [빛의 속도 = 300,000 km s^{-1}]

7. 수성에서의 하루의 길이와 1년의 길이 사이의 관계를 그림으로 설명하시오(1.5.1절 참조).

8. 명왕성과 위성 카론의 자전은 명왕성에 대한 카론의 공전에 동기화되어 있다. 명왕성과 카론이 항상 서로에게 같은 면을 보여 준다는 것을 간단한 그림으로 설명하시오.

9. 항성과 행성 사이의 무게중심(또는 행성과 그 행성의 위성 사이)은 그 둘의 질량 중심이다. 표 1.1~1.3에 주어진 것처럼, 1차 천체(primary body)와 위성의 질량과 반지름, 위성의 궤도 반지름을 이용하여 다음 천체 쌍들의 무게중심의 위치를 계산해 보자. 각각의 경우 무게중심은 1차 천체 안쪽에 존재하는가, 아니면 외부에 존재하는가?
   (a) 태양과 지구
   (b) 태양과 목성
   (c) 지구와 달
   (d) 명왕성(질량 = 1.303×10^{22} kg, 반지름 = 1,188 km)과 카론(질량 = 1.586×10^{21} kg, 반지름 = 606 km).

명왕성에 대한 카론의 공전 궤도 반경은 19,590 km이다.

10. 반지름이 R인 행성이 반지름이 r_c인 균일한 밀도(ρ_c)의 핵과 이를 둘러싼 균일한 밀도(ρ_m)의 맨틀을 가지고 있다. 다음의 수식을 이용하여 이 행성의 평균 밀도를 구하시오.

$$\frac{\rho - \rho_m}{\rho_c - \rho_m} = \left(\frac{r_c}{R}\right)^3$$

11. 다음의 표와 같이 달이 밀도가 다른 내부 구조를 가진다고 가정하여(그림 1.5), 달의 평균 밀도를 계산하시오.

내부 구조	반지름(km)	밀도(kg m^{-3})
고체 내핵	0~240	8,000
유체 내핵	240~330	5,000
맨틀	330~1,738	3,300

12. 밀도가 ρ이고, 외부 및 내부 반지름이 각각 R_2 및 R_1인 구형 껍질의 대칭축에 대한 관성 모멘트 I는 다음과 같다.

$$I = \frac{8\pi}{15}\rho(R_2^5 - R_1^5)$$

   (a) 문제 11의 달의 내부 구조를 가정하여, 달의 자전축에 대한 관성 모멘트를 계산하시오.
   (b) 구의 관성 모멘트는 $I = kMR^2$으로 표현될 수 있다(M이 질량이고 R이 반지름). (a)에서 구한 관성 모멘트를 이용하여 달의 k 값을 계산하시오.

13. 표 1.2의 자료를 이용하여, 각 행성이 케플러의 제3법칙에 부합한다는 것을 증명하시오. 결과에서 상수는 무엇을 의미하는가?

2

판구조론

미리보기

암석권은 지구의 가장 외곽을 둘러싸는 얇은 층이며, 그 하부에 위치한 맨틀보다 단단하다. 내부 열에 의해 구동되는 지구의 동역학적 활동은 암석권을 여러 개의 판(plate)으로 나누며, 그 너비는 수백에서 수천 킬로미터에 이른다. 판은 연간 수 센티미터 정도의 일정한 속도로 이동한다. 판들이 서로 만나는 경계부에서는 그들의 상대적인 움직임으로 인해 지진과 화산으로 대표되는 지구조 활동이 발생한다. 이 장에서는 판의 경계를 세 가지 형식(확장 중심, 섭입대, 변환단층)으로 나누고, 이들의 특성이 지진, 중력, 자력 자료에 어떻게 나타나는지 설명한다. 또한 먼 과거의 판 위치를 어떻게 재구성하는지 설명하고, 그 분포가 지구의 동역학적 변천사에 대해 무엇을 알려 주는지 알아본다.

2.1 판구조론의 발전사

지구는 끊임없이 변하는 역동적인 행성이다. 지구의 표면은 화산과 지구조 활동을 유발하는 내인성(endogenic) 과정(즉, 내부 기원)과 침식 및 퇴적과 같은 외인성(exogenic) 과정(즉, 외부 기원)에 의해 끊임없이 변화한다. 이러한 과정은 지질사 전반에 걸쳐 계속되었다. 1980년 미국 북서부에 위치한 세인트 헬렌스 화산의 분화와 같은 거대 화산의 폭발은 주변 경관을 거의 즉시 변화시킬 수 있다. 지진은 갑작스러운 지형 변화를 일으키며, 때로는 단 몇 초 만에 수 미터 변위의 단층을 만들어 내기도 한다. 날씨와 관련된 (특히 강의 범람이나 산사태에 의해 유발되는) 지표 지형의 침식은 이따금 극적인 속도로 진행된다. 지구의 표면은 지질학적 과정에 의해서도 끊임없이 변한다. 이러한 변화 속도는 인간의 관점에서는 극히 느린 속도이다. 과거 빙상의 하중에 의해 침강했던 지역은 현재 연간 최대 수 밀리미터의 속도로 수직 상승하고 있다. 비슷한 속도로 지구조 운동은 산을 융기시킨다. 작은 규모에서는 장기간에 걸친 침식에 의해 연간 수 센티미터 이상의 변화가 유발될 수 있다. 인간의 활동이 영향을 미치는 지역에서는 침식률이 이보다 훨

씬 더 클 수 있다. 큰 규모에서 보면, 대륙은 수백만 년의 시간 동안 연간 최대 수 센티미터의 상대 속도로 움직인다. 지질학적 과정은 이처럼 극단적으로 긴 시간에 걸쳐 진행된다. 이는 지질 연대표의 시간 간격을 통해 분명히 알 수 있다(그림 8.2 참조).

지구의 내부도 움직인다. 지진파 자료에 의하면 맨틀은 딱딱하고 단단한 것처럼 보인다. 그러나 기나긴 지질학적 시간에서 보면 맨틀은 부드럽고 점성이 있으며 연간 수 센티미터의 속도로 흐르고 있다. 지구 내부 깊숙한 곳에서는 액체 상태의 외핵이 초당 수십 밀리미터의 (지질학적인 측면에서) 매우 빠른 속도로 흐른다.

지질학자들은 지구의 역동성을 오래전부터 알고 있었고, 그 메커니즘을 설명하기 위해 여러 가설들을 제시하였다. 19세기 말에서 20세기 초까지 그들은 지구조 활동이 지구의 수축 때문에 발생한다고 여겼다. 마치 사과가 마를 때 껍질에 주름이 잡히는 것처럼 지표가 수축되면서 산맥이 형성된다고 생각하였다. 지구조 활동에 있어서 수평 변위가 존재한다는 사실을 알고는 있었지만, 수직 운동에 동반되는 부차적인 현상으로 간주

하였다. 그러나 대규모 충상단층(overthrust)이 알프스 지역의 나페(nappe)[1] 구조 형성에 중요한 역할을 했다는 사실은 막대한 양의 수평 압축이 존재한다는 점을 시사하며, 이를 지구 수축설로 설명하는 것은 어려웠다. 이에 따라 조산 활동이 지각의 수평 운동에 의한 결과라고 주장하는 새로운 학파가 등장하였다.

이러한 맥락에서 남대서양을 중심으로 서로 마주 보는 해안선, 특히 브라질과 아프리카 해안선의 유사함은 아주 중요한 역할을 하였다. 비록 17세기 초의 지도가 부정확하고 불완전함에도 불구하고, 1620년 베이컨(Francis Bacon, 1561~1626)은 대서양에 접한 해안선들의 나란함에 주목할 수 있었다. 1858년 스나이더(Antonio Snider, 1802~1885)는 비록 해안선의 모양이 유지되지는 않았지만 대서양 주변 대륙들의 상대적인 움직임을 나타낸 지도를 제작하였다. 19세기 후반 오스트리아의 지질학자 쥐스(Eduard Suess, 1831~1914)는 남쪽에 존재했던 고생대 후기의 거대한 대륙을 곤드와나(Gondwana)로 명명하였다. 대부분이 남반구에 놓여 있었던 이 대륙은 아프리카, 남극, 아라비아, 호주, 인도 및 남아메리카를 포함하였다. 현재 곤드와나 대륙은 여러 대륙으로 나뉘었으며, 일부는 북반구에 위치하지만(예 : 인도, 아라비아), 여전히 이들은 '남쪽 대륙'이라 종종 불린다. 고생대 초기에는 '북쪽 대륙'이라 불리는 단일 대륙 라우루시아(Laurussia)[2]가 (그린란드를 포함한) 북미와 유럽 그리고 대부분의 아시아 지역을 포함하였다. 라우루시아는 고생대 후기에 곤드와나 및 시베리아와 합쳐져 판게아(Pangea 또는 Pangaea)라고 불리는 단일 초대륙을 형성했으며, 이후 약 1억 년(100 Myr)[3] 동안 존재하였다. 대륙 배치에 대한 이러한 재구성은 대륙들이 느린 수평 이동을 통해 지구 표면을 가로질러 현재 위치에 도달했다는 생각에 기반한다.

2.2 대륙 이동설

대륙 이동에 대한 '변위 가설'은 20세기 초 즈음 무르익었다. 1908년 테일러(F. B. Taylor, 1860~1938)는 세계의 주요 습곡대가 대륙이 극에서 멀어지면서 수렴하기 때문에 형성된다고

생각하였다. 1911년 베이커(H. B. Baker)는 대서양에 접한 대륙들을 호주 및 남극 대륙과 함께 단일 대륙으로 재조립하였다. 아쉽게도 이 작업에서 아시아와 태평양은 생략되었다. 그러나 변위 가설의 가장 강력한 지지자는 독일의 기상학자이자 지질학자인 베게너(Alfred Wegener, 1880~1930)였다. 1912년에 베게너는 고생대 후기 모든 대륙이 하나로 모여 단일 암체를 이루었다고 생각하였다(그림 2.1). 그는 이 초대륙을 판게아(그리스어로 '모든 지구')로 명명하였고, 하나의 바다 판탈라사해(Panthalassa Ocean)로 둘러싸여 있었을 것으로 생각하였다. 베게너는 대륙 정도 크기의 지각 블록에 나타난 대규모의 수평 변위를 *Kontinentalverschiebung*이라 불렀다. 이의 영어화된 표현은 'continental drift(대륙 이동)'로 블록의 변위가 오랜 시간에 걸쳐 천천히 발생하였음을 의미한다.

2.2.1 판게아

기상학자로서 베게너는 고기후학에 특별한 관심이 있었다. 20세기의 첫 50년 동안 대륙 이동설과 판게아의 존재에 대한 가장 강력한 증거는 고기후에 대한 지질학적 증거들이었다. 베게너는 남반구에서 발견된 페름-석탄기의 빙하 흔적이 곤드와나 시기의 대륙 배치를 통해 수월하게 정렬된다는 사실을 알았다. 베게너가 재구성한 판게아에서 석탄기의 석탄 매장지들을 배열해 보면 선형 구조가 나타난다. 이는 고생대 적도에 대한 각 대륙의 상대적 위치가 현대 적도에 대한 위치와는 상당히 달랐다는 사실을 보여 준다. 그는 동료 기상학자인 독일의 쾨펜(W. Köppen, 1846~1940)과 함께 여러 지질 시대(석탄기, 페름기, 에오세, 제4기)에 걸쳐 석탄 매장지(습한 온대 기후)와 암염, 석고 그리고 사막 사암(건조 기후)의 분포를 보여 주는 여러 고기후 자료들을 수집하였다. 이러한 자료들을 각 시대에 맞게 베게너의 재구성 지도에 표시하면, 오늘날과 비슷한 기후대를 관찰할 수 있다. 즉, 적도 열대 강우대, 남북으로 인접한 두 개의 건조대, 두 개의 온대 강우대, 두 극지방의 한대가 나타난다(그림 2.1a).

베게너의 대륙 이동설은 1937년 남아프리카의 지질학자 두토이(Alexander du Toit, 1878~1948)의 연구에 의해 보강되었다. 그는 아프리카 서부와 남미 동부 사이의 퇴적학적, 고생물학적, 고기후학적 및 지구조학적 유사성에 주목하였다. 이 증거들은 현재의 대륙 배치보다는 고생대 후기와 중생대 초기 시기의 곤드와나 배치와 조화를 이룬다.

---

1 프랑스어로 식탁보. 기존의 지층을 완전히 덮는 보다 최근의 지층을 가리킨다.

2 로라시아(Laurasia)와는 다른 대륙이다. 12.2.5절 참조.

3 1 Myr = 1 million year. 마찬가지로 1 kyr은 1천 년, 1 Gyr은 10억 년의 기간을 뜻한다.

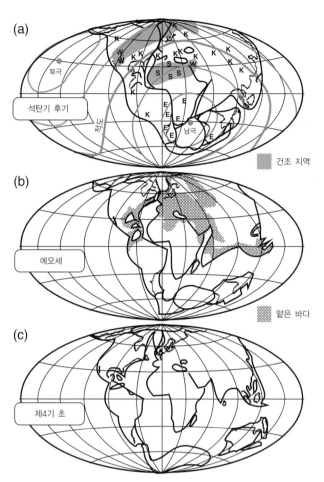

그림 2.1 (a) 베게너가 제안한 석탄기 후기의 판게아 재구성도. 과거의 남극과 북극 그리고 적도의 추정 위치가 함께 표시되어 있다. 음영 지역 : 건조 지역, K : 퇴적된 산호초, S : 암염대, W : 사막 지역, E : 빙상[출처 : Köppen and Wegener(1924)에서 수정]. (b) 에오세 대륙들의 상대적 위치. 음영 지역 : 얕은 바다, (c) 신생대 제4기 초 대륙들의 상대적 위치[출처 : Wegener(1922)에서 수정].

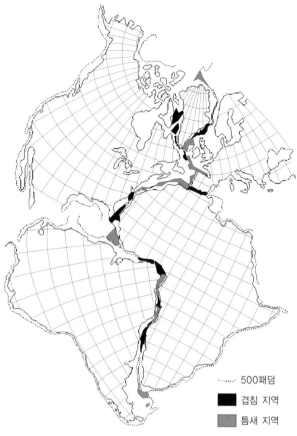

그림 2.2 500패덤(900 m)의 수심을 경계로 한 대서양 주변 대륙들의 배치도. 위치 결정에는 컴퓨터를 이용한 반복 연산이 적용되었다. 출처 : E.C. Bullard, J.E. Everett, and A.G. Smith, A Symposium on Continental Drift, IV. The fit of the continents around the Atlantic, *Phil. Trans. R. Soc. London, Ser.* A 258, 41−51, 1965.

베게너의 이론 중 일부는 거의 추측의 산물이었다. 베게너는 해양 분지가 영구적이지 않을 것으로 추측하였는데, 이는 옳았다. 그는 지각 아래에 놓인 물질이 매우 긴 시간 스케일에서는 점성을 가진 것처럼 행동할 것이라 추측하였다. 따라서 물을 가르며 움직이는 배처럼 대륙이 해양 지각을 쪼개면서 이동할 것이라 생각하였다. 지질학자들은 이 모형에 매우 회의적이었다. 베게너는 지각이 이동하는 대신 지구의 자전축이 움직인다고 믿었고, 이 생각은 물리학자들의 강한 반대에 부딪혔다. 대서양이 열린 시기(그림 2.1b, c)에 대해 베게너는 잘못된 추정을 하였다. 그의 계산에 따르면 남미와 아프리카 분리의 대부분이 초기 플라이스토세(즉, 지난 200만 년 정도) 이후에 이루어졌어야 한다. 더욱이 그는 대륙 이동을 만족스럽게 설명할 만한 구동 메커니즘을 제시하지 못하였다. 비판론자들은 대륙

이동설을 지지하는 논거들이 검증 가능하지 않다는 이유로 베게너의 가설을 기각하였다.

2.2.2 컴퓨터를 활용한 대륙 재구성

베게너는 큰 규모의 하구역에 쌓이는 퇴적물과 해안 침식의 영향 때문에 현시점의 해안선을 사용하여 대륙 분포를 재구성하는 것은 불가능하다고 지적하였다. 면적이 넓은 대륙붕도 고려되어야 하므로 베게너는 대륙붕의 가장자리를 대륙 일치의 경계선으로 삼았다. 이러한 짝 맞춤은 사람의 시각에 의존하였기에 지금의 기준에서는 부정확한 방법이었다. 1960년대부터 전자 컴퓨터의 발달과 함께 보다 정확한 방법이 개발되었다.

1965년 불라드(E. C. Bullard, 1907~1980), 에버렛, 스미스는 컴퓨터를 사용하여 대서양 연안 대륙들의 상대적 위치를 결정하였다(그림 2.2). 그들은 대륙 사면을 대륙의 경계로 정의하고 약 50 km 간격으로 경계선의 위치를 추출하였다. 대륙 사

그림 2.3 컴퓨터를 통해 계산된 곤드와나 구성 대륙들의 배치도. 출처 : A.G. Smith and A. Hallam, The fit of the southern continents, *Nature* 225, 139－144, 1970.

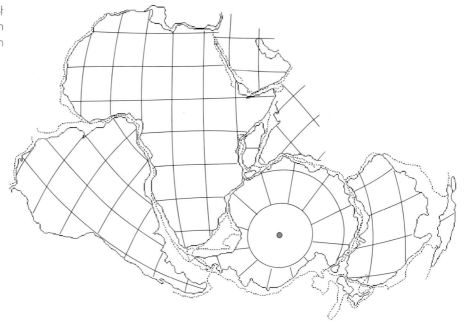

면상에서 다양한 수심을 모두 테스트한 뒤, 500패덤[4]의 등수심선을 대륙 경계의 최적값으로 선택하였다. 서로 마주 보는 대륙 경계의 상대적 배치는 컴퓨터를 이용한 계산에 의해 결정되었다. 즉, 경계선 간의 차이가 최소가 되어 최적의 해가 얻어질 때까지 대륙들을 반복하여 재배치하였다. 최적 해는 완벽하지 않기 때문에 약간의 겹침이나 틈새가 발생하지만, 그럼에도 불구하고 이 분석 결과는 대서양 해안선들에 대해 아주 훌륭한 기하학적 배치를 보여 주었다.

몇 년 후 스미스(A. G. Smith)와 할람(A. Hallam)은 동일한 컴퓨터 기법을 사용하여 500패덤의 등수심선도를 기준으로 한 남쪽 대륙의 배치도를 완성하였다(그림 2.3). 그들은 곤드와나에 대한 최적의 기하학적 재구성도를 완성하였는데, 이는 1937년 두 토이가 사람의 시각에 의존하여 구성한 배치도(아마도 고생대 후기와 중생대 초기의 곤드와나 모양을 나타내는 것으로 추정)와 유사하였다. 이들의 결과는 기하학적 일치라는 측면은 물론 여타의 지질학적 증거들도 만족시킨다. 쥐라기와 백악기 동안 곤드와나에서는 여러 시기에 걸쳐 발산 경계가 나타났으며, 이들에 의해 현재의 '남쪽 대륙'들로 나누어졌다. 이들은 주로 후기 백악기와 고원기에 현재 위치에 도달하였다.

판게아는 오직 고생대 후기부터 중생대 초기 사이의 시기에만 존재했다. 지질학 및 지구물리학적 증거는 선캄브리아기와

초기 고생대 동안 북부 및 남부 대륙들(즉, 각각 라우루시아와 곤드와나)이 별도의 독립체였다는 것을 시사한다. 대륙의 재배치와 이동에 대한 정보는 먼 과거 지구의 자기장에 대한 기록인 고지자기(paleomagnetism)로부터 얻을 수 있다. 제12장에서 고지자기에 대해 자세히 설명하겠지만, 이에 대한 요약을 다음 절에도 실었다.

2.2.3 고지자기와 대륙 이동

19세기 후반 지질학자들은 암석이 형성될 때 당시의 지자기장이 안정적으로 기록될 수 있다는 사실을 발견하였다. 암석에 기록된 자화 방향을 이용하면 암석 형성 당시의 자극 위치를 추정할 수 있다. 이렇게 얻어진 극의 위치를 가상 지자기극(Virtual Geomagnetic Pole, VGP)이라고 한다. 최근 수만 년 동안에 걸쳐 추정된 VGP들의 평균적인 위치는 현재의 지리극(geographic pole)과 일치한다. 이 결과는 지자기 쌍극자의 평균 축 방향이 자전축 방향과 동일하다는 것을 의미한다. 두 축의 일치는 현재의 지자기장 자료를 통해 증명할 수 있으며, '지구 중심축 쌍극자 가설(geocentric axial dipole hypothesis)'이라고 불리는 고지자기의 가장 기본적인 가정을 구성한다. 지난 수백만 년 정도의 기간에 대해서는 암석과 퇴적물에 대한 분석을 통해 이 가설의 사실 여부를 검증할 수 있다. 그러나 더 오랜 과거의 지질 시대에 대해서는 이 가설이 옳다고 가정할 뿐이다. 다만 고지자기 자료들에 대한 상호 일관성과 재배치된 대륙 분포와의 양립성을 통해 이 가설이 고대의 지자기장에도

---

4 거리의 한 단위. 1 fathom = 6 ft 혹은 1.8 m. 양팔을 뻗었을 때의 길이로 우리나라 '길'의 길이와 비슷하다. 따라서 500패덤은 대략 900 m이다. 주로 수심을 표현할 때 사용한다.

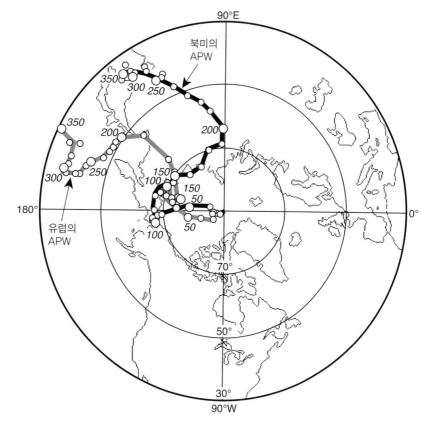

그림 2.4 지난 350 Myr 동안의 북미와 유럽의 평균 겉보기 극이동(APW) 경로. 경로 상의 숫자들은 백만 년 단위(Myr)의 시간을 표시. 출처 : E. Irving, Drift of the major continental blocks since the Devonian, *Nature* 270, 304–309, 1977.

적용될 수 있을 것이라 추정한다.

특정 대륙의 경우, 연령대가 다른 암석들은 각기 다른 평균 VGP 위치를 나타낸다. 시간의 흐름에 따라 이 VGP가 이동하는 현상을 겉보기 극이동(Apparent Polar Wander, APW)이라고 한다. 하나의 대륙 내에서 다양한 시기에 생성된 VGP를 시간순으로 연결하면, 해당 대륙의 APW 경로라 불리는 곡선이 얻어진다. 각 대륙은 서로 다른 APW 경로를 갖기 때문에(그림 2.4), 이 선들은 극의 이동을 보여 주는 것이 아니다. 오히려 각 APW 경로는 극에 대한 대륙의 움직임을 나타낸다. APW 경로를 비교하면 대륙 간의 상대적인 이동을 재구성할 수 있다. 즉, APW 경로는 대륙 이동을 강력히 지지하는 증거이다.

고지자기는 1950년대와 1960년대에 지질학의 한 분야로 발전하였다. 대규모의 대륙 이동을 시사하는 첫 결과에 당시 학계는 약간 회의적인 반응을 보였다. 1956년에 룬콘(S. K. Runcorn, 1922~1995)은 북미와 영국에서 발견된 페름기와 트라이아스기 암석의 고지자기 자료가 대서양이 닫혀 있을 경우(즉, 로라시아의 대륙 배열) 서로 잘 일치한다는 점을 밝혀냈다. 1957년 어빙(E. Irving, 1927~2014)은 '남쪽 대륙'에서 얻어진 중생대의 고지자기 자료가 현재의 대륙 배열보다 두 토이의 곤드와나 배치와 더 일치한다는 것을 보여 주었다. 이러한

선구적 연구 이래로, 수많은 고지자기 조사를 통해 여러 대륙의 APW 경로가 확립되었다. 고생대 초기 이후의 지질 시대 대부분에 대한 고지자기 자료는 매우 정확하다. 따라서 고지자기 자료는 쥐라기 이전의 대륙 배치를 재구성하기 위한 가장 중요한 지구물리학적 도구이다.

고지자기 결과들이 가진 일관성은 지질학적 시간 동안 대륙들의 위치가 변했다는 사실에 의심의 여지를 거의 남겨 두지 않았다. 그러나 고지자기 자료는 대륙이 이동했다는 사실을 알려줄 뿐, 그 원인에 대한 해답은 주지 않는다. 현재 우리는 판이 대륙을 얹고 이동하기 때문에 대륙이 이동한다는 사실을 알고 있다(2.3.1절). 지자기 역전의 이력을 보여 주는 고지자기학의 또 다른 분야가 대륙 이동의 메커니즘을 추론하는 데 핵심적인 역할을 하였다. 이에 관해 설명하기 위해서는 먼저 지구의 내부 구조는 물론, 지진 발생의 분포 양상 및 해양 분지의 중요성에 대한 이해가 선행되어야 한다.

2.3 지구의 구조

20세기 초 지진파 연구를 통해 지구의 내부가 양파 껍질과 같은 층 구조로 되어 있음이 분명해졌다(그림 2.5). 층 경계에는

그림 2.5 지구 내부의 층상 구조도. 주요 지진파 불연속면의 심도가 표시되어 있다.

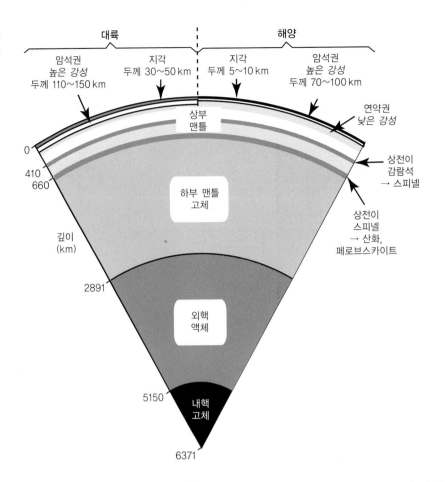

지진파의 속도 혹은 속도 구배의 급격한 변화가 나타난다. 각 층은 화학 조성, 압력, 온도에 의해 결정되는 특징적인 물리적 속성을 보인다. 네 개의 주요 층은 각각 지각, 맨틀, 외핵 그리고 내핵이다. 이 절은 이들의 속성에 대한 요약을 담고 있다. 자세한 사항은 7.4.4절에 기술되어 있다.

대륙의 경우 심도 수십 킬로미터에서, 해양의 경우 심도 10 km 미만에서 지진파의 속도가 급격히 증가한다. 모호로비치치(A. Mohorovičić, 1857~1936)에 의해 1909년 발견된 이 불연속면은 **지각**(crust)과 **맨틀**(mantle)의 경계를 나타낸다. 올덤(R. D. Oldham, 1858~1936)은 1906년에 지구의 내부를 통과하는 지진 압축파가 예상보다 늦게 도착한다는 사실을 언급하였고, 유체로 된 **외핵**(outer core)의 존재 때문에 이러한 시간 지연이 나타난다고 추정하였다. 이 추론을 뒷받침하는 관측 결과는 1914년에 나왔다. 구텐베르크(B. Gutenberg, 1889~1960)는 진앙 각거리가 약 105° 이상인 곳에서 지진파에 대한 그림자 영역을 찾았다. 빛이 불투명한 물체 뒤편으로 그림자를 드리우듯, 지진파는 지구 반대편에 핵의 그림자를 만든다. 사실 압축파는 액체의 핵을 통과할 수 있다. 외핵을 통과한 지진파는 약간 지연되어 진앙 각거리가 143°보다 먼 지역에 도착한다.

1936년 레만(I. Lehmann, 1888~1993)은 진앙 각거리 105°와 143° 사이에서 약한 압축파가 도착한다는 사실을 발견하였다. 이는 고체 **내핵**(inner core)의 증거이다.

2.3.1 판

지구 내부의 층상 모형은 구형 대칭을 가정하지만, 이는 사실과 약간 다르다. 예를 들어, 지각과 상부 맨틀은 측면 방향으로 상당한 변화를 보인다. 지각과 최상부 맨틀은 심해 해양 분지 지역에서 약 70~100 km, 대륙 지역에서는 약 100~150 km의 심도까지 딱딱한 지구의 최상부층을 구성하며, 이를 **암석권**(lithosphere)이라 부른다. 암석권 아래에는 **연약권**(asthenosphere)이 존재한다. 이 층에서는 대개 지진파의 속도가 감소하는데 이는 연약권의 낮은 강성을 암시한다. 연약권의 두께는 약 150 km이지만, 상한과 하한의 경계가 뚜렷하지는 않다. 연약권의 낮은 강성은 부분 용융에 의한 것으로 추정된다. 따라서 높은 점성의 액체나 가소성의 고체처럼 온도와 화학 조성에 따라 오랜 기간을 두고 천천히 흐를 수 있다. 연약권은 그 위에 놓인 판의 상대적인 움직임을 가능케 하기 때문에 판구조론에서 아주 중요한 역할을 한다.

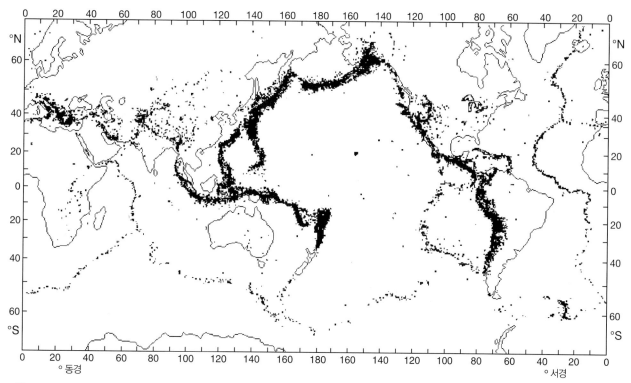

그림 2.6 1961년부터 1967년 사이에 발생한 약 30,000개의 지진에 대한 진앙 분포. 지구조적으로 활성화된 지역을 보여 준다. 출처 : M. Barazangi and J. Dorman, World seismicity maps compiled from ESSA, Coast and Geodetic Survey, epicenter data, 1961–1967, *Bull. Seism. Soc. Amer.* 59, 369–380, 1969.

암석권은 탄력이 부족하여 부서지기 쉽기 때문에 강한 응력을 받으면 파쇄된다. 암석권이 파열되면 지진이 발생하며, 단층면의 갑작스러운 이동으로 인해 막대한 양의 탄성 에너지가 방출된다. 지진이 발생하는 지역은 고른 분포를 보이지 않는다. 지진은 지진대로 정의된 좁은 지역에서 주로 발생하는데, 이 지역은 화산 활동이 활발한 지역과 어느 정도 일치한다(그림 2.6). 대표적인 지진대는 (a) 환태평양의 '불의 고리', (b) 아조레스제도에서 시작하여 북아프리카와 알프스-디나르-히말라야산맥을 거쳐 동남아시아까지 이어지는 구불구불한 지대, (c) 전 세계 해양을 둘러싼 해령 시스템 등이 있다.

암석권은 지진대에 의해 여러 개의 **지구조 판**(tectonic plate)으로 나뉜다(그림 2.7). 주요 판[5]은 모두 12개(남극판, 아프리카판, 유라시아판, 인도판, 호주판, 아라비아판, 필리핀판, 북미판, 남미판, 태평양판, 나즈카판, 코코스판)이다. 아프리카판은 동아프리카 열곡대를 중심으로 다시 누비아판(서쪽)과 소말리아판(동쪽)으로 나뉘는데, 이 열곡대는 초기 단계의 확장 경계로 추정된다. 그리고 이보다 규모가 작은 몇 개의 작은 판

(예 : 스코티아판, 카리브판, 후안 데 푸카판)들과 마이크로판이라 불리는 훨씬 더 작은 판(예 : 남대서양의 샌드위치판)들이 다수 존재한다. 현재 사용되는 판 이동에 대한 모형은 해령의 자기 이상 양상과 지진 발생 시 지각의 움직임을 바탕으로 구성되었다. 이 모형은 북대서양의 판 경계에서 대략 $20\,mm\,yr^{-1}$의 확장 속도를, 그리고 동태평양 해령에서 대략 $140\,mm\,yr^{-1}$의 확장 속도를 보여 준다(그림 2.7). 수렴 속도는 아프리카판과 유라시아판 사이에서 약 $10\,mm\,yr^{-1}$ 정도이며, 나즈카판과 남미판 사이에서 약 $70\,mm\,yr^{-1}$ 정도이다.

현재는 우주 측지 관측으로 지표의 변형률을 측정할 수 있으며, 이를 통해 활성판 경계를 식별하거나 판 경계의 초기 형성 여부를 파악할 수 있다. 이 원격 탐사 기법으로 이전에는 불확실했던 판 경계의 종류와 위치를 결정할 수 있다. 예를 들어, 인도-호주판 내의 판 경계는 원격 탐사 기법에 의해 발견되었다. 두 판은 모두 빠르게 북진하는데, 두 속도 사이의 작은 차이를 측정하여 두 판의 경계를 확정 지었다. 북미판과 남미판의 경계는 아직 모호하지만, 두 판은 분명 서로 다른 회전극을 가지고 있다.

---

5 일반적으로 면적이 $2.0 \times 10^7\,km^2$ 이상인 판들을 가리킨다.

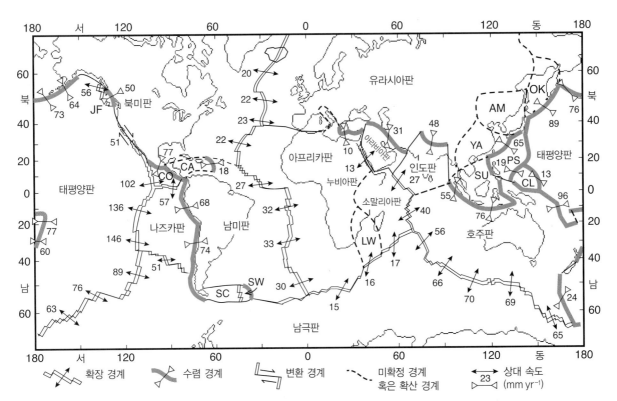

그림 2.7 주요 판과 몇몇 소규모 판. 화살표는 MORVEL 모형으로 계산한 활성판 경계에서의 상대 속도를 mm yr^{-1}의 단위로 나타낸다. 판의 명칭 : AM-아무르판, CA-카리브판, CL-캐롤라인판, CO-코코스판, JF-후안 데 푸카판, LW-르완들판, OK-오호츠크판, PS-필리핀판, SC-스코티아판, SU-순다판, SW-샌드위치판, YA-양쯔판. 수십에서 수백 킬로미터에 걸쳐 분포하는 확산 경계는 파선으로 묘사하였다(예 : 호주판-인도판 확산 경계). 자료 출처 : C. DeMets, R.G. Gordon, and D.F. Argus, Geologically current plate motions, *Geophys. J. Int.* 181, 1–80, 2010.

2.4 판 경계의 종류

제2차 세계대전 동안 전쟁을 위해 개발된 기술이 평화로운 목적으로 사용되면서 해양학이 크게 발전하였고, 이는 현대 판구조론의 정립에도 많은 기여를 하였다. 음향 측심법을 통해 바다의 수심이 광범위하게 측량되었으며, 얼마 지나지 않아 몇 가지 놀라운 특징이 드러났다. 심해저 평원보다 두 배 이상 깊은 해구가 호상 열도와 일부 대륙의 경계부에서 발견되었다. 마리아나 해구의 깊이는 11 km 이상이다. 해령이라고 불리는 해저 산맥이 각 대양에서 발견되었다. 해령은 인접한 심해저 평원보다 위로 3,000 m 정도 솟아 있으며, 60,000 km가 넘는 연속적인 시스템을 형성하며 지구를 감싸고 있다. 일반적으로 너비가 수백 킬로미터 미만인 대륙의 산맥과 달리 해령은 2,000~4,000 km의 너비를 갖고 있다. 해령 시스템은 균열대를 형성하는 수평 단층에 의해 서로 어긋난 선구조의 형태를 가진다. 이 세 가지 특징(해구, 해령 및 균열대)은 서로 다른 판구조 과정에 의해 형성된다.

판은 그 너비에 비해 매우 얇은 두께를 갖고 있다(그림 2.5

와 그림 2.7을 비교해 보자). 대부분의 지진은 판의 경계에서 발생하며, 판 사이의 상호 작용과 관련되어 있다. 판 내에서 발생한 지진이 판 경계의 지진만큼 큰 규모를 가질 수도 있다. 그러나 이것은 아주 드문 경우로서, 일반적으로 판 내에서는 지진이 거의 발생하지 않는다. 이것은 판이 매우 높은 강성을 갖기 때문이다. 지진 분석을 통해 지표의 변위 방향을 결정할 수 있고, 이를 통해 판 사이의 상대 운동을 알아낼 수 있다.

서로 다른 지구조적 과정에 의해 형성되는 세 가지 유형의 판 경계가 존재한다(그림 2.8). 전 세계적인 지진 분포는 판들이 해령에서 떨어져 나와 이동하고 있음을 보여 준다. 지자기 자료는 판의 분리가 수백만 년 동안 진행됐음을 보여 준다. 이에 대해서는 아래에서 다시 논의할 것이다. 새로운 암석권이 **확장 중심**(spreading center)에서 형성되기 때문에, 해령은 생성 경계로 간주한다. 해구, 호상 열도 및 산악대와 관련된 지진대는 판이 수렴하는 장소를 나타낸다. 소위 **섭입대**(subduction zone)라 불리는 지역에서 판은 다른 판 아래로 들어간다. 판은 넓이에 비해 매우 얇기 때문에, 섭입판은 두 판이 만나는 곳에서 구부러져 수백 킬로미터의 깊이로 내려가게 된다. 섭입대는

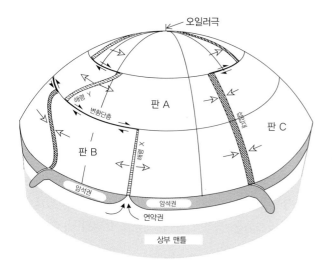

그림 2.8 세 유형의 판 경계에 관한 다이어그램. 밝게 표현된 빗금 친 영역은 확장 해령(생성 경계)이며, 어두운 음영은 섭입대(소멸 경계)이다. 검은색 굵은 선은 변환단층(보존 경계)을 나타낸다. 판 A와 B 사이의 상대 운동은 오일러극으로 표현된다. 작은 화살표는 변환단층에 대한 상대 운동을 나타낸다. 큰 화살표는 판 운동의 방향을 나타낸다. 이는 해령 혹은 섭입대의 이동 방향과 비스듬할 수 있다.

소멸 경계를 나타낸다.

생성 경계와 소멸 경계는 수평 단층으로 연결된 여러 개의 분절로 구성될 수 있다. 1965년 캐나다의 지질학자 윌슨(J. Tuzo Wilson, 1908~1993)은 판구조론의 발전에 큰 기여를 하였다. 그는 이러한 단층이 전통적인 변류단층[6]이 아니라는 것을 발견하였다. 새로운 분류에 속하는 이 단층을 윌슨은 **변환단층**(transform fault)[7]이라 명명하였다. 변환단층의 상대적인 움직임은 인접한 해령 분절의 분기 방향에서 추론해 낼 수 있다. 변환단층이 해령과 만나는 곳에서는 판의 발산이 단층의 수평 전단(shear)으로 변환된다. 마찬가지로, 변환단층이 수렴 경계와 만나는 곳에서는 섭입이 수평 전단으로 변환된다.

변환단층에서는 암석권이 생성되거나 소멸되지 않기 때문에, 보존 경계로 불린다. 이 경계에서는 판이 서로 분리된 채 수평으로 서로 지나친다. 이러한 특성은 1967년 미국의 지진학자 사이크스(L. Sykes, 1937~)에 의해 서술되었다. 그는 해령 시스템에서의 지진 활동이 거의 전적으로 판 사이에서 마찰이 발생하는 변환단층에 한정되어 있음을 보여 주었다. 사이크스가 발견한 가장 중요한 사실은 변환단층에서 관측되는 지진이 예견된 주향-이동 방향에 의해 발생하는 지진과 일치한다는 것이다.

변환단층은 판의 움직임을 결정할 때 중요한 역할을 한다. 확장이나 섭입의 방향은 종종 그림 2.8의 해령 X와 같이 열곡이나 해구의 주향에 수직인 것으로 가정된다. 그러나 이 가정이 반드시 옳은 것은 아니다. 해령 Y에서와 같이 주향에 대해 비스듬한 확장이나 섭입도 가능하다. 그러나 보존 경계에서는 암석권이 생성되거나 소멸되지 않기 때문에, 판의 이동 방향은 인접한 두 판 사이의 상대적 움직임을 공유하는 변환단층의 주향과 항상 평행하다. 1967년 멕켄지(D. P. McKenzie, 1942~)와 파커(R. L. Parker), 그리고 1968년 모건(W. J. Morgan, 1935~)에 의해 독립적으로 수행된 두 선구적 연구는 변환단층을 사용한 오일러극의 위치 결정법을 소개한다(2.9절 참조). 이 방법을 사용하여 1968년 르 피숑(X. Le Pichon, 1937~)은 주요 판들의 상대 운동을 결정하였다. 또한, 그는 해양 분지에서 새롭게 얻어진 해양저의 자기 자료들을 통합하여 지질학적 과거의 판 운동 이력을 도출하였다.

2.5 해양저 확장

대륙 이동설이 받아들여지는 데 있어 가장 큰 걸림돌 중 하나는 대륙이 이동하는 메커니즘을 설명할 수 없다는 것이었다. 베게너는 중력과 지구의 자전을 대륙 이동의 원동력으로 제시했다. 그러나 이들 힘은 현무암으로 구성된 해양 지각의 저항을 이겨 내고 대륙을 이동시키기에는 너무 약했다. 1944년 홈즈(A. Holmes, 1890~1965)는 현재의 판구조론과 매우 유사한 모델을 제안했다(홈즈의 1965년 논문 참조). 그는 대륙이 전진하면서 그 앞에 놓인 현무암 덩어리가 지속적으로 제거되어야 한다고 언급하였다. 또한 이러한 과정은 심해에서 무거운 에클로자이트[8]로 구성된 '뿌리'가 맨틀 속으로 가라앉아 녹으면서 발생할 것이라 주장하였다. 이 모형에 의하면 현무암질 마그마는 상부 맨틀 내의 대류에 의해 대륙의 플라토우(plateau)로 돌아가거나, 해양저에 산재한 수많은 열극을 통해 해양으로 돌아간다. 홈즈는 새로운 해양 지각이 해양 분지 전체에 걸쳐 생

---

[6] 변류단층(transcurrent fault) : 주향이동(strike-slip)단층은 크게 변류단층과 변환단층으로 나뉜다. 변류단층은 변위가 커질수록 단층면의 길이가 증가하는 단층이다. 육상에서 발견되는 대부분의 주향이동단층이 이 분류에 속한다.

[7] 변환단층은 단층의 변위가 커져도 단층면의 길이가 보존되거나 혹은 비례하지 않는다. 따라서 보존 경계라고 부르기도 한다. 이러한 특성은 단층선의 양 끝단에 발산 경계나 수렴 경계가 존재하기 때문이다.

[8] 에클로자이트(eclogite) : 현무암과 조성이 같은 조립질의 고철질 변성암. 매우 높은 밀도를 가진다. 주로 현무암이나 반려암이 섭입대에서 맨틀로 섭입될 때, 고압의 환경에서 변성 작용을 받아 형성된다.

성된다고 생각하였다. 그가 이러한 제안을 했을 당시에는 해양 해령 시스템의 존재가 아직 밝혀지지 않았다.

해령의 중요한 역할은 1962년 헤스(H. Hess, 1906~1969)에 의해 처음으로 알려졌다. 그는 상부 맨틀의 대류가 해령으로 상승한 후 측면으로 퍼지며, 용승하는 뜨거운 맨틀 물질이 새로운 해양 지각을 형성한다고 제안하였다. 대륙은 주변으로 퍼져 나가는 맨틀 물질 위에 올라타 이동한다고 생각했다. 즉, 대류에 의해 수동적으로 운반된다고 보았다. 1961년 디츠(R. Dietz, 1914~1995)는 이러한 과정에 대해 '해양저 확장'이라는 표현을 사용하였다. 해양 분지가 확장된다면, 지자기장의 역전 이력이 기록된 선형의 자기 이상 줄무늬가 형성된다. 해양 지각에 대한 자기 효과 연구는 이러한 해양저 확장을 검증하는 데 사용되었다.

2.5.1 바인-매튜스-몰리 가설

방사성 동위원소를 통해 연대가 추정된 대륙 기원의 화산암에 대해 1950년대 후반과 1960년대 초반에 수행된 고지자기 연구는 지자기장의 극성이 불규칙한 시간 간격을 두고 역전되었음을 보여 주었다. 수만 년에서 수백만 년 동안 (현재와 같은) 정자기를 유지하다가 신기하게도 수천 년이라는 짧은 시간 동안 극이 역전된다. 이로 인해 남극 근처에 자기 북극이 위치하고 북극 근처에 자기 남극이 위치하게 된다. 이러한 상태는 극의 역전이 다시 발생할 때까지 오랜 시간 동안 지속될 수 있다. 지

난 500만 년 동안 발생했던 지자기 역전의 연령은 방사성 연대 측정을 통해 추정되었다. 그 결과 간격이 불규칙하며 시간대가 정확히 알려진 지자기 극성 시퀀스를 얻을 수 있었다.

어떤 지점에서 관측된 자기장과 그곳에서 예상되는 이론적인 자기장 사이의 차이를 자기 이상이라고 한다. 자기장의 관측값이 이론값보다 강하면 이상값은 양수이며, 약한 경우 음수로 표현된다. 1950년대 후반 해양 지각의 광범위한 지역에서 수행된 해양 지자기 탐사는 양과 음의 자기 이상이 교대로 나타나는 매우 놀랄 만한 줄무늬 패턴을 보여 주었다(그림 2.9). 기존의 지식으로는 이러한 자기 이상을 설명할 수 없었다. 1963년 영국의 지구물리학자 바인(F. J. Vine, 1939~)과 매튜스(D. H. Matthews, 1931~1997), 그리고 독립적으로 연구를 수행한 캐나다의 지질학자 몰리(L. W. Morley, 1920~2013)는 해양 자기 이상의 원인을 규명할 수 있는 획기적인 가설을 발표하였다(11.4.6절 참조).

해양에서 채취된 시료를 관찰해 보면, 해양 지각의 최상부를 이루는 현무암은 강한 잔류 자화(즉, 자석과 같은 영구적인 자화)를 띠고 있었다. 이러한 관측 결과는 바인-매튜스-몰리 가설을 통해 당시 새롭게 알게 된 지자기 역전에 대한 지식과 헤스-디츠의 해양저 확장 개념에 통합되었다(그림 2.10). 현무암질 화산암은 용융 상태로 분출된다. 용암이 식어 응고되면, 그 안에 포함된 자성 광물도 퀴리 온도 아래로 냉각된다. 이때 현무암은 당시의 지자기장 방향으로 강하게 자화된다. 활동 중

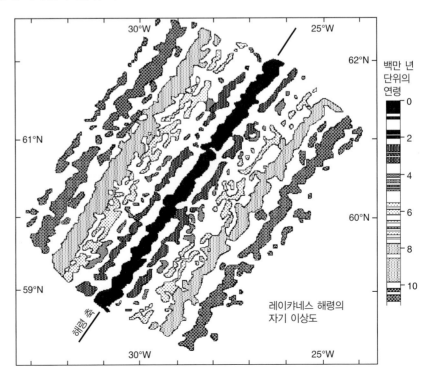

그림 2.9 아이슬란드 남서쪽 대서양 중앙 해령의 레이캬네스(Reykjanes) 분절에 위치한 대칭 줄무늬 패턴의 자기 이상도. 양의 이상은 수직 스케일바의 생성 연령에 따라 음영 처리되었다. 출처 : J.R. Heirtzler, X. Le Pichon, and J.G. Baron, Magnetic anomalies over the Reykjanes Ridge, *Deep Sea Res.* 13, 427–443., 1966.

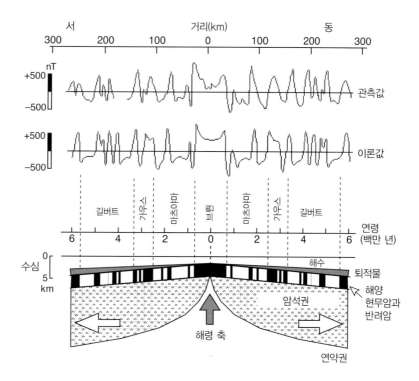

그림 2.10 위 : 태평양-남극 해령의 자기 이상에 대한 관측값과 이론값. 아래 : 바인-매튜스-몰리 가설 관점에서의 해석. 출처 : W.C. Pitman III and J.R. Heirtzler, Magnetic anomalies over the Pacific-Antarctic ridge, *Science* 154, 1164–1171, 1966.

인 해령을 따라 현무암으로 이루어진 길고 가는 지각의 띠가 당시의 지자기장이 각인된 채 확장 축을 중심으로 양쪽에 생성된다. 해령에서 일어나는 해양저 확장은 수백만 년 동안 유지된다. 이 기간에 지자기장은 여러 번 역전되기 때문에, 서로 반대 방향으로 자화된 해양 지각의 띠가 교대로 형성된다. 이 자화된 띠들에 의해 양의 이상과 음의 이상이 반복적으로 나타나는 지자기 패턴이 관측된다. 따라서 현무암층은 마치 자기 테이프 녹음기처럼 지자기장의 극성 변화를 기록한다.

2.5.2 해양저 확장의 속도

자기 줄무늬의 너비는 다음 두 가지 요인에 의해 결정된다. 해양 지각이 확장 축에서 멀어지는 속도와 정자기 혹은 역자기 상태로 지자기의 극성이 일정하게 유지되는 시간이 그것이다. 자화된 지각 띠의 너비는 해양 자력 탐사를 통해 측정할 수 있다. 지표 용암에 대한 동위원소 연대 측정을 통해 계산된 지난 4백만 년 동안의 지자기 극성 시퀀스를 해양 지자기 자료와 대비[9] 함으로써 자기 역전이 발생했던 시기를 알아낼 수 있다. 자기 줄무늬의 생성 시기를 확장 축부터 자기 줄무늬까지의 거리에 대한 그래프로 그려 보면, 거의 선형의 관계가 도출된다(그림 2.11). 이 선형 분포에 가장 잘 맞는 직선을 결정하면, 그 기울

기는 평균 확장 속도의 절반에 해당한다. 이렇게 얻어진 결과는 북대서양에서 $10 \, \mathrm{mm \, yr^{-1}}$, 태평양에서 $40 \sim 140 \, \mathrm{mm \, yr^{-1}}$ 정도의 범위를 갖는다. 이 값은 해령의 한쪽에 대해서만 계산된 결과다. 대부분의 경우 해양저 확장은 해령의 양 측면에 대해 대칭이므로(즉, 반대쪽도 동일한 속도로 해령에서 멀어지므로),

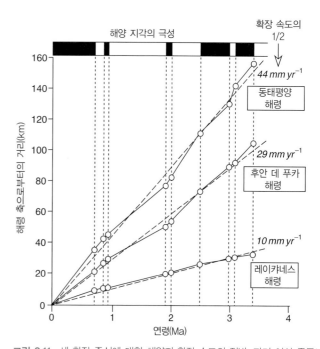

그림 2.11 세 확장 중심에 대한 해양저 확장 속도의 절반. 자기 이상 줄무늬와 확장 축 사이의 거리를 방사성 동위원소의 연령과 비교하여 확장 속도의 절반을 계산하였다. 출처 : F.J. Vine, Spreading of the ocean floor: new evidence, *Science* 154, 1405–1415, 1966.

---

9 대비(correlation) : 지역에 따른 지질 구조의 연결성을 확립하는 지질학 연구 방법 중 하나.

총 확장 속도는 이렇게 계산된 값의 두 배이다(그림 2.11).

해령에서의 확장 속도를 알면 해양저의 연령을 측정할 수 있다. 육상의 화산암을 활용해 결정한 지자기 극성 시퀀스와 해양 자기 이상을 이용해 획득한 극성 시퀀스 간의 직접 대비는 최근 4백만 년 정도까지만 가능하다. 확장 속도가 일정한 해령의 인접 지역(그림 2.11)에서는 간단한 외삽을 통해 자기 이상의 연대 측정이 가능하며, 이를 통해 자기 줄무늬 패턴을 연령 지도로 변환할 수 있다(그림 2.9). 상세한 자력 탐사를 통해 대부분의 해양저가 선형 자기 이상의 특징을 갖고 있음이 밝혀졌다. 후기 백악기 이후에는 지자기 역전에 의해 형성된 연속적인 자기 이상 시퀀스가 존재하며, 그 이전에는 중생대 초까지 오랫동안 역전이 발생하지 않은 고요 자극기(Quiet Interval)가 존재한다. 해령 시스템에서 멀리 떨어진 해양저의 경우, 자기 이상의 확장 속도에 단순 외삽을 적용해서는 정확한 연대를 측정할 수 없다. 오래된 해양저에서는 퇴적암에 대한 지자기층서(12.3.2절)를 활용하여 층의 식별, 대비, 주요 자기 이상의 연대 측정 등의 작업을 수행한다.

해양의 지자기 극성 시퀀스는 지자기 역전 연대표로 전환된다. 이를 통해 해양 분지의 자기 이상 패턴을 연령 지도로 변환시킬 수 있다(그림 12.35 참조). 가장 오래된 해양 지각은 북서 아프리카 근방과 북미 동부 지역, 그리고 태평양 북서부 지역에 있다. 이 지역은 판게아 분열이 시작된 초기 쥐라기 때 형성되었다. 해양 분지의 나이는 해저를 덮고 있는 퇴적층과 그 밑에 있는 현무암층을 시추하여 확인한다. 심해 시추 프로젝트(Deep Sea Drilling Project, DSDP)와 그 후속인 해양 시추 프로젝트(Ocean Drilling Project, ODP)는 1960년대 후반에 시작하여 현재까지도 계속되는 대규모 프로젝트이다. 미국이 주도하는 이러한 다국적 프로젝트는 국제적 규모로 수행되는 과학 협력의 대표적인 예이다.

2.5.3 판 운동 모델

자기 이상 패턴으로 결정된 현재의 판 운동 속도는 지난 수백만 년 동안의 평균값이다. 현대적인 측지 기법(3.5절)을 사용하면 이러한 평균값을 직접 검증할 수 있다. 1980년대부터 사용된 위성 기반의 GPS(Global Positioning System)는 민간용의 경우 지구상의 한 지점에 대한 위치를 약 5 m의 수평 정확도로 결정할 수 있다. 보정 시스템을 사용하면 정확도를 수 센티미터로 향상시킬 수 있다. 수신 안테나를 네트워크로 묶어 하나의 배열로 구성하거나 장기간에 걸쳐 수신된 누적 자료를 사용하면 정확도는 밀리미터 수준으로 향상된다. 따라서 GPS를 사용하여 판 경계에서의 수평 변위나 후빙기 반동에 의한 수직 변위와 같은 현재 진행 중인 지질학적 과정을 직접 관찰하는 것이 가능하다.

그동안 서로 다른 자료에 기반을 두어 구성된 다양한 판 운동 모형이 제안되었다. NUVEL(DeMets et al., 1990)과 MORVEL(Mid-Ocean Ridge VELocities; DeMets et al., 2010)은 판과 판 사이의 경계 지역에서 판의 상대 속도를 나타내는 모형들이다. 이들은 변환단층과 단층면해 및 해령의 자기 이상을 통해 추정된 회전극(오일러극)에 기반하여 만들어졌다. REVEL(Sella et al., 2002) 모형은 모든 대륙의 GPS 안테나 네트워크에서 얻은 장기 관측 자료를 사용하였다. GSRM(Kreemer et al., 2014) 모형은 GPS 자료만을 사용하여 추정한 판 경계부에서의 판 속도와 변형률에 기반하고 있다. GPS와 해양저 확장 모형은 서로 비슷한 결과를 보이지만, 약간의 차이가 있다. GPS 측정은 현시점의 판 운동에 대한 벡터를 제공하는 반면, 해령 분석 기반의 모델은 해령의 지자기 및 지질학적 특성을 사용하기 때문에 지난 수백만 년 동안의 평균적인 오일러극 위치를 알려 준다.

GPS 이외에도 지구상의 두 지점 간 거리를 매우 정확하게 측정할 방법이 있다. 예를 들어 1990년대 초, 초장기선 전파 간섭계(Very Long Baseline Interferometry, VLBI)를 이용하여 몇 년에 걸쳐 획득한 자료는 대서양을 사이에 둔 두 관측소가 평균 $17 \, mm \, yr^{-1}$의 느린 속도로 멀어지고 있음을 보여 주었다(그림 2.12). 이 수치는 현재 판 운동 모형을 통해 얻은 속도인 약 $20 \, mm \, yr^{-1}$와 비슷하다(그림 2.7).

2.6 판 경계의 특징

판이 지각의 한 단위가 아니라는 사실은 중요하다. 판의 수직 범위는 암석권 전체에 해당하며, 지각은 판의 가장 바깥쪽 껍질에 불과하다. 해양의 암석권은 해령 축 근방에서는 매우 얇지만, 그곳에서 멀어질수록 두꺼워져 최대 80~100 km에 이르게 된다. 그중 상부 5~10 km만이 해양 지각에 해당한다. 대륙의 암석권은 두께가 150 km 정도이며, 위쪽 30~60 km 정도가 대륙 지각이다. 지구 내부의 동역학적인 과정에 의해 판들은 서로에 대해 조직적인 움직임을 보인다. 암석권의 개념이 베게너 대륙 이동설의 '잃어버린 고리'이며, 이를 통해 대륙 이동설은 반론을 이겨 낼 수 있게 되었다. 대륙은 단단한 해양 분지를

그림 2.12 미국 매사추세츠주 웨스트콧을 기준으로 한 (a) 스웨덴의 온살라 및 (b) 독일의 베첼의 거리 변화. 초장기선 전파 간섭계(VLBI)를 통해 계산되었다. 출처 : J.W. Ryan, et al., Global scale tectonic plate motions with CDP VLBI data, in: *Contributions to Space Geodesy: Crustal Dynamics*, D.E. Smith and D.L. Turcotte, eds. Geodynamics Series, v.23, pp. 37-50, Washington, DC: AGU, 1993.

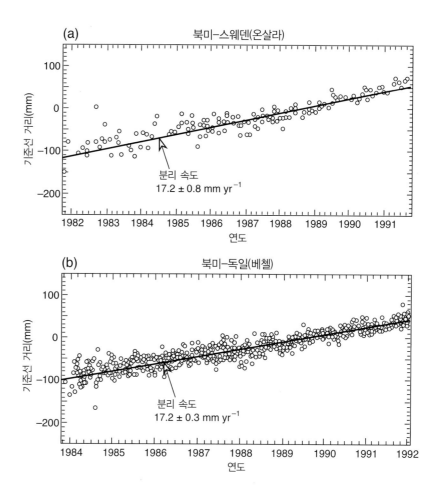

가로지르며 움직일 필요가 없다. 통나무가 흐르는 물에 떠내려가는 것처럼 대륙은 단지 운동하는 판 위에 얹혀 수동적으로 움직일 뿐이다. 즉, 대륙 이동은 판 운동의 결과이다.

판구조 모형은 암석권이 해령에서 형성되고 섭입대에서 소멸되는 과정을 다룬다(그림 2.13). 해양 암석권의 평균 밀도는 대륙 암석권의 평균 밀도보다 높기 때문에, 해양 암석권은 대륙 또는 해양 암석권 아래로 섭입할 수 있다. 반면, 대륙 암석권은 해양 암석권 아래로 섭입할 수 없다. 수면에 장애물이 있으면 물이 아래로 흐르고 그 지점에 부유물이 쌓이듯이 섭입대로 이동한 대륙판은 깊은 해구나 호상 열도 혹은 인접한 대륙판과 충돌한다. 이 충돌은 조산대를 형성한다. 대륙판과 대륙판이 충돌할 때에는 두 판 모두 쉽게 섭입하지 못하므로 판의 상대적인 움직임이 멈출 수 있다. 또는 새로운 섭입대가 두 대륙 중 하나의 뒤편에 형성되고, 원래 두 대륙 사이에 충돌의 증거로서 산맥으로 이루어진 **봉합 지대**(suture zone)가 남게 될 수도 있다. 알프스-히말라야산맥은 고원기에, 그리고 애팔래치아산맥은 고생대 동안 몇 번의 단계를 거쳐 이러한 메커니즘에 의해 형성된 것으로 추정된다. 세 유형의 판 경계에서 얻어

진 풍부한 지구물리학적, 암석학적, 지질학적 증거들은 판구조론을 매우 탄탄하게 뒷받침한다.

2.6.1 생성 경계

해령(ridge 또는 rise)[10]은 해양 분지의 중앙에 위치하지 않는 경우도 많지만, 대개 중앙 해령이라 부른다. 심지어 해양 확장 중심에서 생성되는 해양 현무암은 MORB(Mid-Ocean Ridge Basalt)라고 한다. 지형학적인 측면에서 봤을 때 느린 확장 속도를 가진 해령은 축 방향의 뚜렷한 열곡을 포함한다. 그러나 빠른 확장 속도를 가진 해령에서는 이러한 지형이 발견되지 않는다. 연약권 내에서 부분 용융된 상부 맨틀 암석(이는 일반적

---

10 우리말로 둘 다 해령이라 번역되지만(rise를 해팽이라 번역하는 경우도 있다), 둘은 지형학적으로 약간의 차이가 있다. ridge는 rise보다 경사가 급하며, 중심부에 열곡을 포함한다. 지구조학적으로 둘은 생성 원인이 같지만, 판의 확장 속도에 의해 다른 모습으로 나타난다. 두 용어를 구분하는 것은 효용이 크지 않고, 따라서 ridge가 더 많이 쓰인다. 그러나 관습적인 용례(예 : the Mid-Atlantic Ridge와 the East Pacific Rise)에 따라 두 용어가 아직 빈번히 사용된다. 출처 : Oceanic ridges, W.R. Noramrk, Structural Geology and Tectonic, 1987ed, doi:10.1007/3-540-31080-0-74.

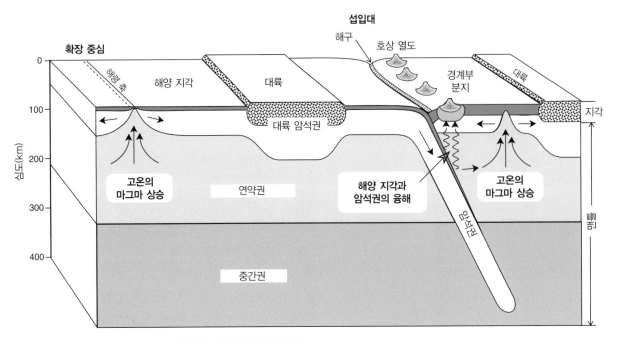

그림 2.13 확장 중심부터 섭입대까지 암석권에 대한 가상의 수직 단면도.

으로 감람암으로 추정된다)은 해령의 아래쪽에서 상승한다. 깊이 변화에 의한 압력 감소는 용융을 촉진하여 더 많은 현무암질 마그마를 생성한다. 상승하는 감람암 덩어리가 분화 작용(즉, 침전 또는 결정화에 의한 성분의 분리)을 겪으면서 MORB 화산암이 생성되었을 것이라 추정된다. MORB의 화학적 조성과 장주기 방사성 동위원소의 집적도가 이러한 추정을 뒷받침한다. 분화 작용은 해령 아래에 위치한 작고 좁은 마그마방(magma chamber)에서 일어난다. 마그마방의 심도와 반려암으로 구성된 하부 지각의 심도는 비슷할 것으로 생각된다. 액체의 마그마는 근처의 중앙 열곡 또는 해령 축에서 분출되어 용암의 형태로 해저 바닥을 따라 흐른다. 일부는 얇은 해양 지각에 관입하여 암맥(dyke)과 암상(sill)을 이룬다. 해양 자기 이상을 설명하는 바인-매튜스-몰리 가설이 성립하기 위해서는 교대로 자화된 해양 지각 블록 간의 경계가 상당히 뚜렷해야 한다. 이는 암맥의 관입이 해령 축의 인접한 영역 내에 한정된다는 것을 의미한다.

진앙의 분포를 살펴보면 해령 정상부에 인접한 좁은 범위 내에 지진 활동이 집중되어 있음을 알 수 있다. 이곳에서는 깊이 수 킬로미터 내의 천부에서 지진이 발생한다. 대부분의 지진은 약하며 규모가 6 이상인 경우는 매우 드물다. 전 세계에서 1년 동안 방출되는 전체 지진 에너지 중 해령에서 방출되는 에너지는 극히 일부에 지나지 않는다. 지진 자료 분석에 따르면 해령에서의 지진은 정단층에서 발생한다. 이는 해령 축에서 발생하는 확장 운동 때문이다(7.2.5절 참조).

해양의 열류량은 해령에서 가장 높으며, 이곳에서 멀어질수록 일률적으로 감소한다. 열류 자료는 해저면 확장 모형에 부합한다. 해령 축을 따라 관측되는 높은 열류량은 그곳에서 상승하는 뜨거운 마그마에 의해 새로운 암석권이 형성되기 때문이다. 이와 관련된 열곡대 해저면에서의 화산 활동이 심해 잠수정에 의해 직접 관찰되기도 한다. 시간이 지남에 따라 암석권은 해령에서 멀어지고 점차 냉각된다. 따라서 지각의 연령이 증가하면 혹은 해령으로부터의 거리가 멀어지면 열의 방출량은 감소한다.

해양 지각은 얇기 때문에 대륙의 하부보다 얕은 심도에 고밀도의 맨틀 암석이 위치한다. 이로 인해 지구의 중력장은 해양에서 전반적으로 양의 중력 이상을 보인다. 그러나 해령 시스템에서의 중력은 중심축에 가까울수록 감소하는 경향을 보인다. 이러한 '음'의 이상은 해양의 전반적인 양의 이상에 중첩되어 나타난다. 이는 해령 하부에 평균보다 약간 낮은 밀도의 맨틀 물질이 위치하고 있기 때문에 나타나는 지역적인 밀도 구조에 의한 것으로 추정된다. 이처럼 낮은 밀도는 약간 상이한 맨틀 조성과 높은 온도에 기인한다.

생성 경계에서 해양저 확장에 의한 자기 이상 패턴은 이미 논의되었다. 그 결과로서 판의 평균 이동 속도를 직접적으로 구할 수 있었다.

2.6.2 소멸 경계

섭입대는 판이 이웃하는 판 아래로 하강하는 지역에서 발견된다. 이곳에서 하강하는 판(slab, 슬랩)은 매우 깊은 심도까지 가라앉으며, 압력과 온도에 의해 결국 소멸된다. 판의 소멸은 보통 심도 수백 킬로미터 내에서 진행된다. 그러나 지진파 단층촬영(7.2.6절) 결과, 일부 슬랩은 매우 깊이 가라앉아 핵-맨틀 경계에 도달하기도 한다. 섭입대에서 가라앉는 판은 해양판으로서, 이는 밀도 때문이다. 섭입대 지역의 지형은 상부판의 종류에 의해 결정된다. 만약 상부판도 해양판일 경우, 호상 열도와 그에 나란한 해구가 섭입대에 형성된다. 호상 열도는 상부판의 가장자리를 따라 슬랩을 향해 볼록하게 형성된다. 해구는 슬랩이 맨틀로 가라앉는 지점에 위치하며(그림 2.13), 부분적으로 쇄설성의 탄산염 퇴적물로 채워져 있다. 호상 열도와 해구는 수백 킬로미터 떨어져 있다. 태평양판의 서쪽과 북서쪽 경계에서 그 예를 볼 수 있다(그림 2.7). 슬랩은 가라앉는 동안 용융되어 위쪽 화산체에 마그마를 공급한다.

호상 열도 뒤쪽에 도달한 마그마는 호의 오목한 면 안쪽에 배호 분지(back-arc basin)를 형성한다. 서태평양에서는 이 배호 분지를 흔히 볼 수 있다. 호상 열도가 대륙에 가까울 경우, 화성 활동에 의해 동해와 같은 대륙 주변부 해역이 생성되기도 한다. 배호 분지와 주변부 해역은 그 바닥이 해양 지각으로 이루어져 있다.

상부판이 대륙판인 경우의 가장 좋은 예시는 남미의 서해안이다. 나즈카판과 남미판의 충돌에 의해 발생한 압력은 대륙판 경계부에 아치형의 산맥, 즉 안데스산맥을 형성하였다. 산맥을 따라 위치한 활화산은 해양 현무암보다 규산염 함량이 높은 안산암질 마그마를 분출한다. 이 마그마는 연약권에서 형성된 것이 아니다. 현재 가장 유력한 이론은 깊은 심도에서 슬랩과 상부판이 용융되어 이 마그마가 생성되었다고 설명한다. 만약 심해 해구에 쌓인 일부 규산염 퇴적물이 하강하는 슬랩과 함께 아래쪽으로 운반되면, 마그마의 규산염 함량이 증가하여 안산암질 마그마가 생성될 수 있다.

섭입대의 지진은 그곳의 지구조적 과정에 대한 단서를 제공한다. 위 판을 아래 판 위에서 세게 밀어붙이면, 전단 응력이 발생하여 강한 천발지진이 발생한다. 섭입대 아래에서는 슬랩을 따라 진원이 체계적으로 분포한다. 이곳에서 **와다치-베니오프 지진대**(Wadati-Benioff seismic zone)[11]가 형성되며, 경사면

---

11 좀 더 간단히 베니오프대.

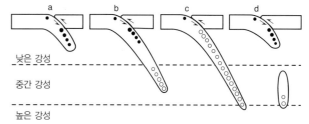

그림 2.14 섭입하는 판에 작용하는 응력. 화살표는 섭입판 경첩 부근의 전단 방향을 나타낸다. 하강하는 섭입판 내에 그려진 검은 점과 하얀 점은 각각 인장력과 압축력을 나타낸다. 점의 크기는 대략적인 지진의 활동성을 표현한다. (a), (b), (d) : 판의 위쪽 부분에 작용하는 인장력은 연약권 내로 가라앉는 슬랩이 잡아당기기 때문에 발생한다. (b) : 연약권 아래의 좀 더 단단한 층의 저항은 슬랩의 아래쪽 부근의 압축력을 유발한다. 섭입판이 충분히 가라앉아 (c)의 상태에 이르면, 압축력이 섭입판 전체에 전달된다. 섭입판이 부서지면서 (d)의 단계까지 진행되는 경우도 있다. 출처 : B. Isacks and P. Molnar, *Mantle earthquake mechanisms and the sinking of the lithosphere*, *Nature* 223, 1121–1124, 1969.

은 맨틀까지 수백 킬로미터 뻗어 있다. 가장 깊은 곳에서 발생한 지진은 약 700 km의 진원 깊이를 기록하였다.

진원 기구(7.2.5절)에 대한 분석은 경사 방향의 인장력이 얕은 심도에 위치한 슬랩에 작용하고 있음을 보여 준다(그림 2.14a). 섭입하는 슬랩은 그 밑에 위치하는 연약권보다 더 차갑고 밀도가 높다. 따라서 슬랩은 음의 부력을 받아 가라앉으며, 아직 가라앉지 않은 부분을 아래로 잡아당긴다. 깊은 심도에 위치하는 맨틀은 연약권보다 단단하다. 이곳에 도달한 슬랩은 맨틀을 뚫고 지나가면서 저항력을 받는다(그림 2.14b). 슬랩의 위쪽 부분은 가라앉으려 하는 동시에 아래쪽 부분은 맨틀에 의해 떠받힌다. 따라서 슬랩의 상부에는 경사 방향으로 인장력이 작용하며 하부에는 압축력이 작용한다. 응력의 종류가 인장에서 압축으로 바뀌는 심도에서는 지진이 발생하지 않을 수 있다. 슬랩이 섭입대의 가장 깊은 곳에 도달하면 심도에 따른 저항력 증가가 슬랩 전체에 전달되어 경사 방향의 압축력을 유발한다(그림 2.14c). 어떤 경우에는 슬랩의 일부가 깨져 더 깊은 곳으로 가라앉으며, 그곳에 압축력에 의한 지진을 발생시키기도 한다(그림 2.14d). 이 경우, 끊어진 두 슬랩 사이에 지진의 공백이 존재한다.

소멸 경계에서의 열류량에는 판의 확장 이력이 어느 정도 반영된다. 이곳에서 판은 최대 연령에 도달한다. 또한 생성된 이래로 계속 냉각을 겪었기 때문에 최대 냉각에 도달한 상태이다. 열류량은 심해저 평원 어느 곳에서나 균일하게 낮은 값을 보이지만, 심해 해구의 열류량은 해양에서 측정되는 수치 중 가장 낮은 값을 보인다. 이와는 대조적으로, 호상 열도와 배호

분지에서는 갓 생성된 마그마의 관입으로 인해 종종 비정상적으로 높은 열류량이 나타나기도 한다.

섭입대에서의 중력 이상은 몇 가지 독특한 특성을 보인다. 해구에서 바다 쪽 방향을 보면 암석권은 하강을 시작하기 직전 약간 위쪽으로 휘어 있다. 이는 약한 양의 중력 이상을 발생시킨다. 심해의 해구에는 해수나 저밀도의 퇴적물로 인해 강한 음의 중력 이상이 나타난다. 하강하는 섭입판 위쪽으로는 양의 중력 이상이 관측되는데, 그 원인 중 하나는 섭입하는 해양 지각이 광물학적 변환에 의해 더 높은 밀도의 에클로자이트로 변하기 때문이다.

섭입대에는 특별한 자기 특성이 없다. 활성 혹은 비활성 대륙 주변부 근방에서는 해양 지각과 대륙 지각의 자기 특성에 대한 대비가 자기 이상을 유발하지만, 이는 판구조 과정에 의해 직접적으로 발생하는 현상이 아니다. 일부 드문 경우를 제외하고 경계부 분지의 자기 이상은 줄무늬 형태를 띠지 않는다. 이러한 차이는 이 지역의 해양 지각이 해령의 해양저 확장에 의해 생성된 것이 아니라, 분지 전체에 걸쳐 확산된 관입에 의해 만들어지기 때문이다.

2.6.3 보존 경계

변환단층은 단층면이 거의 수직인 주향이동단층이다. 변환단층은 섭입대 사이를 이어 주기도 하지만, 대부분은 생성형 경계에서 해양 해령들을 잇는 형태로 발견된다. 이 지역은 맞닿아 있는 이웃 판과의 상대적인 움직임이 두드러지기 때문에, 해령 시스템에서 지진 활동이 가장 활발한 구역이다. 지진 연구는 변환단층의 수평 변위가 인접한 두 판 사이의 상대적인 이동과 일치한다는 것을 확인해 주었다.

변환단층의 자취는 해령의 양쪽 너머로 확장될 수 있으며, 이곳을 단열대(fracture zone)라고 한다. 단열대는 해양저 지형의 가장 극적인 특징 중 하나이다. 단열대의 너비는 수십 킬로미터에 불과하지만, 길이는 수천 킬로미터가 될 수 있다. 단열대의 선 구조는 구면상에 정의된 소원[12]을 그대로 따라간다. 이는 판의 상대적인 움직임을 추론할 수 있게 해 주는 단열대의 가장 중요한 특징 중 하나이며, 해령 혹은 해구에서는 얻을 수 없는 정보이다. 해령이나 해구의 주향은 판의 이동 방향과 반드시 수직을 이루는 것은 아니다(예를 들어, 그림 2.7에서 볼

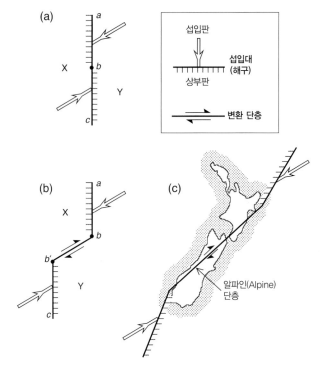

그림 2.15 (a) 반대 극성의 두 섭입대로 구성된 소멸 경계. 경계 *ab*에서 판 Y가 판 X 밑으로 섭입하며, 경계 *bc*를 따라 판 X가 판 Y 아래로 섭입한다. (b) 경계 *bc*가 경계 *b'c*로 이동하면서 변환단층이 발달한다. (c) 뉴질랜드의 알파인 단층은 이러한 보존 경계의 한 예이다. 출처 : D.P. McKenzie and W.J. Morgan, Evolution of triple junctions, *Nature* 224, 125–133, 1969.

수 있듯이, 알류샨 호상 열도의 주향은 판의 수렴 방향에 비스듬하다).

구면상에서의 이동은 임의의 극에 대한 회전과 동일하다.[13] 임의의 판을 기준으로 한 어떤 판의 상대적인 움직임은 오일러극(Euler pole)을 기준으로 한 두 판 사이의 상대적 회전과 동일하다(2.9절 참조). 변환단층의 주향은 인접한 두 판의 이동 방향과 항상 평행하기 때문에, 단열대의 주향을 이용하여 오일러극을 찾을 수 있다. 따라서 변환단층 혹은 균열대의 주향에 수직인 대원은 두 판의 상대 회전의 기준이 되는 오일러극을 통과한다.[14] 단열대의 여러 지점에서 주향에 수직인 대원을 그리면(혹은 해령 축에 의해 서로 이격되어 있는 여러 변환단층에 수직인 대원을 그리면), 이들은 모두 오일러극에서 교차한다. 판의 상대 운동 모형은 두 판 사이의 상대 회전에 대한 오일러극을 결정함으로써 얻어진다. 이 과정에서 자기 이상 및

---

12 소원(small circle) : 지구본에서 구면상의 원을 가장 쉽게 볼 수 있는 곳은 등위도선이다. 적도를 제외한 모든 위도선은 소원이며, 적도선과 경도선은 대원(great circle)이다.

---

13 임의의 크기를 가진 강성체(rigid body)가 구면상에서 이동할 때 적용되는 원리.

14 평면상에서 두 점 사이의 최단 거리는 직선으로 표현된다. 구면상에서 이러한 역할을 하는 것은 대원이다.

판 경계에서 발생하는 지진 단층면의 변위 방향 그리고 변환단층의 주향을 결정하는 지표 지형 등이 사용된다. 판 경계 위 어떤 지점에 대한 상대 속도(그림 2.7)는 오일러극에 대한 그 지점의 회전 속도이다.

단열대를 가로지르는 방향으로 상당한 수심 변화가 나타날 수 있다. 이러한 지형은 판 사이의 열적 이력이 서로 다르기 때문이다. 판이 냉각되면 밀도는 상승하고 부력은 감소하며, 따라서 가라앉는다. 결과적으로 해양 암석권의 수심은 연령이 증가할수록 깊어진다. 즉, 확장 중심에서 멀어질수록 수심은 깊어진다. 변환단층을 사이에 두고 마주 보는 두 지점은 자신이 생성된 확장 중심으로부터 떨어진 거리가 서로 다를 수 있다. 두 지점의 생성 시기가 다르면, 해령에 대한 침강 정도도 다르다. 이로 인해 단열대를 사이에 두고 확연한 수심 차이가 발생할 수 있다.

단열대에서는 초염기성 암석이 발견되며, 그곳에서는 지역적인 자기 이상이 관측될 것이다. 만약 그렇지 않다면, 변환단층의 자기 효과가 해령 축에 나란한 선형 배열의 자기 효과를 차단하고 상쇄하는 것이다. 이로 인해 일부 해양 분지(예 : 북동 태평양)에서 매우 복잡한 자기 선형 배열이 나타난다.

변환단층은 또한 섭입대를 연결하기도 한다. 소멸 중인 판 경계가 처음에는 반대 방향의 두 섭입대로 구성되어 있었다고 가정하자(그림 2.15a). 판 Y는 경계 *ab*를 따라 판 X 아래로 섭입하는 반면, 판 X는 경계 *bc*를 따라 판 Y 아래로 섭입한다. 해구는 반대 방향의 섭입을 지탱할 수 없기 때문에, 불안정한 상태가 된다. 결과적으로, *b* 지점에서 우수향 변환단층이 발달한다. 어느 정도 시간이 흐르고 나면 단층 운동은 아래쪽 구간을 *b'c*의 지점으로 이동시킨다(그림 2.15b). 뉴질랜드의 알파인 단층이 이러한 보존 경계의 대표적인 예다(그림 2.15c). 북섬의 북동쪽에서 태평양판이 통가-케르마데크 해구로 섭입 중이다. 남섬의 남서쪽에서는 태평양판이 매쿼리 해령 복합체 부근의 태즈먼해에서 상부층을 이루고 있다(지진 자료 분석에 따르면, 이 해령의 판 경계부는 압축되고 있으나, 해구가 형성되기에는 압축의 속도가 너무 느리다). 따라서 반대 방향의 두 섭입대를 잇는 알파인 단층은 우수향 변환단층이다.

2.6.4 확산 경계

세계 진앙 분포도(그림 2.6)의 가장 큰 특징은 지진이 매우 좁은 영역에 집중된다는 것이고, 이 영역이 판 경계를 정의한다. 그러나 수백 킬로미터 너비의 광범위한 영역에서 지진이 자주 발생하기도 한다. 백만 개 이상의 진앙 분포를 보여 주는 그림 7.5에서도 이 사실은 분명하다. 예를 들어, 인도와 호주 사이의 적도 부근에서 나타나는 동서 방향의 지진 발생 패턴은 인도판과 호주판 사이의 확산 경계를 나타내며, 이들은 서로 다른 오일러극을 가진다. 확산 경계에서의 판 이동 속도는 다른 종류의 경계에 비해 느리다. 다른 경계부와는 대조적으로 확산 경계는 두 판의 서로 다른 회전으로 인한 변형 영역이 넓게 나타난다.

지구물리 연구를 목적으로 설치된 GPS 네트워크의 도움으로 단지 몇 주에서 몇 달의 관측을 통해 경계부에서의 상대적인 판 이동 속도를 측정할 수 있게 되었다. 이렇게 얻어진 GPS 자료는 다른 지구물리학적 증거를 보완하며, 더 나아가 동부 아시아와 아프리카에서와 같이 판 경계의 새로운 후보지를 밝히는 데 사용되기도 한다(그림 2.7의 파선). 예를 들어, 동아프리카 열곡대는 화산 활동이 활발하며, 연간 수 밀리미터의 속도로 갈라지고 있다. 이곳의 판 이동 속도는 대부분의 활동적인 판 이동 속도보다 느리지만, 발산 경계가 명백히 이 부근에 위치함을 알려 준다. 이 발산 경계로 인해 아프리카판은 누비아판과 소말리아판으로 나뉜다. 비록 경계가 정확히 결정되지는 않았지만, 소말리아판은 남쪽의 확산 경계를 통해 르완들판으로 추정되는 판과 접한다. 현재까지 약 50개 이상의 판이 명명되었다. 여기에는 지구물리학 및 지질학적 기준을 충족하는 주요 7개 판과 그보다 약간 작은 규모의 12개 판이 포함되어 있다.

2.7 삼중점

부정확할 수 있지만 판 경계를 지칭할 때 지형적 특징을 경계의 속성 대신 사용하기도 한다. 해령(Ridge, R)은 생성형 경계 혹은 확장 중심을, 해구(Trench, T)는 소멸 경계 또는 섭입대를, 변환단층(transform Fault, F)은 보존 경계를 나타낸다. 각 경계는 인접하는 두 판이 만나는 곳을 가리킨다. 그림 2.7에 나타난 판 경계를 잘 살펴보면, 세 판이 한 점에서 만나는 곳은 몇 군데 있지만 4개 이상의 판이 만나는 곳은 찾을 수 없다. 세 판의 경계가 만나는 지점을 삼중점(triple junction)이라고 한다. 삼중점을 형성하는 세 판 사이의 상대 운동은 서로 연관되어 있기 때문에, 이곳은 판구조론에서 매우 중요한 역할을 한다. 삼중점을 둘러싸는 작은 평면상에서 판 이동을 고려함으로써 삼중점의 역할을 살펴보자.

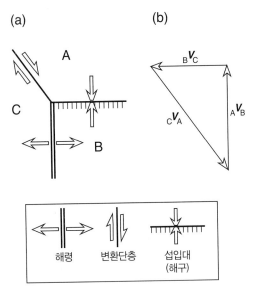

그림 2.16 (a) 해령, 해구 및 변환단층으로 구성된 삼중점, (b) 세 경계에서의 상대 속도 벡터 다이어그램. 출처 : D.P. McKenzie and R.L. Parker, *The North Pacific: an example of tectonics on a sphere*, *Nature* 216, 1276–1280, 1967.

가장 먼저 세 유형의 경계에 의해 형성된 RTF 삼중점에서 각 판의 속도를 고려해 보자(그림 2.16a). 판이 강성체일 경우, 상대적인 운동은 오직 경계에서 발생한다. 판 A에 대한 판 B의 속도를 $_AV_B$, 판 B에 대한 판 C의 속도를 $_BV_C$ 그리고 판 C에 대한 판 A의 속도를 $_CV_A$라고 하자. 이들은 모두 벡터이며, 방향과 크기가 모두 중요하다. 이들을 벡터 다이어그램상에 나타내 보자. 이 다이어그램에서 직선의 방향은 각 속도 벡터의 방향에 평행하며, 직선의 길이는 속도의 크기에 비례한다. 세 판에 대한 상대 속도를 벡터 다이어그램상에 나타내면, 세 직선은 닫힌 회로를 그리며, 시작점과 종착점이 일치하게 된다. 따라서 삼각형 모양이 된다(그림 2.16b). 세 속도는 다음 식을 만족한다.

$$_AV_B + _BV_C + _CV_A = 0 \qquad (2.1)$$

이 평면 모형은 '평평한 지구'를 가정한다. 2.9절에서 논의되는 바와 같이, 구면상의 변위는 오일러극에 대한 회전으로 나타낸다. 오일러극에 대한 각속도 ω를 사용하여 식 (2.1)의 선형 속도 V를 계산할 수 있다.

2.7.1 삼중점의 안정성

세 종류의 판 경계로 구성할 수 있는 삼중점의 조합은 모두 10 가지이다. 세 경계가 모두 동일한 유형이 세 개(RRR, TTT, FFF), 동일한 두 경계와 다른 종류의 경계 하나로 만들 수 있

는 유형이 여섯 개(RRT, RRF, FFT, FFR, TTR, TTF) 그리고 세 경계가 모두 다른 유형(RTF)이 하나 존재한다. 해구에서의 섭입 방향을 고려하면 가능한 경우의 수는 16개로 증가한다. 이들 조합 모두가 안정적인 것은 아니다. 삼중점이 그 형태를 유지하려면, 일단 세 경계의 상대 속도가 식 (2.1)을 만족해야 한다.[15] 이 경우 삼중점은 안정적이고 모양이 유지될 가능성이 있다. 그렇지 않으면 삼중점이 불안정해지고, 시간이 지남에 따라 안정적인 다른 구성으로 바뀐다.

다음으로 세 경계를 따라 삼중점이 어떻게 움직일 수 있는지를 고려하여 삼중점의 안정성을 평가한다. 판의 속도는 속도 공간(velocity space)상의 한 점으로 나타낼 수 있다. 예를 들어 그림 2.17a와 같은 해구 혹은 소멸 경계에 대해 생각해 보자. 판 A는 판 B 아래로 섭입하면서 소멸되고 해구는 판 B의 경계에 고정되어 있다(그림 2.17a의 왼쪽). 속도 공간상에서 점 A는 상부판에 대한 섭입판의 상대 속도를 나타내는 점이며, 점 B는 섭입판에 대한 상부판의 상대 속도를 나타낸다(그림 2.17a의 오른쪽). 삼중점은 이 해구를 따라 이동하기 때문에, 삼중점의 상대 속도를 나타내는 점은 해구의 주향과 나란한 속도선 *ab*에 놓이게 된다. 만약 삼중점이 해구의 한 지점에 고정된 특수한 경우를 생각해 본다면(즉, 판 B에 대한 상대 속도가 0이라면), 삼중점의 상대 속도는 점 B와 동일한 위치에 표시된다. 즉, 속도 공간상에서 속도선 *ab*는 점 B를 반드시 통과해야 한다. 이와 비슷한 이유로 속도 공간상에서 변환단층의 삼중점은 단층에 평행하며 점 A와 B를 동시에 통과하는 속도선 *ab*상에 놓이게 된다(그림 2.17b). 해령의 삼중점은 해령에 평행한 속도선 *ab*상에 놓인다. 확장 속도가 해령 축에 수직이며 대칭인 경우, 속도선 *ab*는 직선 AB의 수직 이등분선이 된다(그림 2.17c).

이제 세 개의 해령으로 형성된 RRR 유형의 삼중점을 고려해 보자(그림 2.18a). 각 해령 위에 놓인 삼중점의 속도선은 삼각형 ABC의 각 변에 대한 수직 이등분선이다. 세 개의 수직 이등분선은 항상 한 점(삼각형 ABC의 외심)에서 만난다. 속도 공간에서 이 지점은 세 해령에서의 상대 속도 모두를 동시에 충족하므로 RRR 삼중점은 항상 안정적이다. 반대로, 서로 교차하는 세 변환단층에 의해 형성된 삼중점(FFF)은 항상 불안정하다. 그 이유는 세 개의 속도선이 삼각형을 형성하여 한 점에서 만날 수 없기 때문이다(그림 2.18b). 다른 유형의 삼중점은

---

15 식 (2.1)의 세 항은 두 판 사이의 상대 속도를 나타내기 때문에, 언제나 등호가 성립한다. 따라서 이 식은 삼중점의 안정성을 평가할 때 필요한 요소가 아니다.

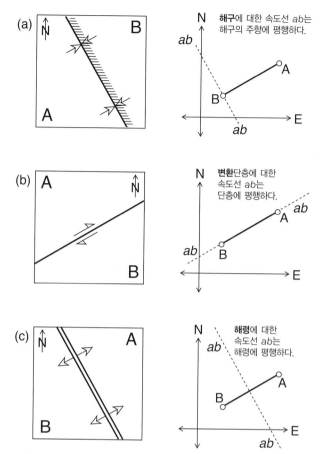

그림 2.17 (a) 해구, (b) 변환단층, (c) 해령에 대한 판 경계 배치도(왼쪽)와 속도 공간(오른쪽) 내 삼중점 *ab*의 자취. 출처 : A. Cox and R.B. Hart, *Plate Tectonics*, 392 pp., Boston: Blackwell Scientific Publications, 1986.

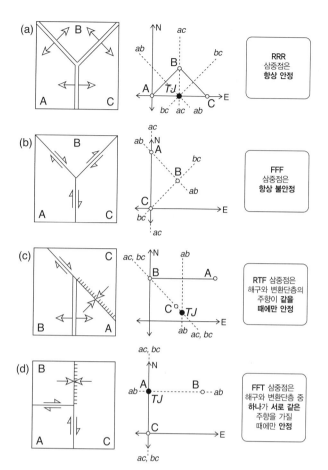

그림 2.18 삼중점의 구성도(왼쪽), 속도 공간에서 각 경계의 속도선(가운데), 삼중점 *TJ*에 대한 안정성 평가(오른쪽). 출처 : A. Cox and R.B. Hart, *Plate Tectonics*, 392 pp., Boston: Blackwell Scientific Publications, 1986.

경계의 주향에 따라 조건부로 안정하다. 예를 들어, RTF 삼중점에서는 해구의 속도선 *ac*와 변환단층의 속도선 *bc*가 모두 점 C를 공통으로 갖기 때문에 이 지점을 반드시 통과한다. 해령의 속도선 *ab*도 점 C를 통과하거나 해구와 변환단층의 주향이 같다면 삼중점은 안정하다(그림 2.18c). 이와 비슷한 이유로, FFT 삼중점은 해구가 변환단층 중 하나와 동일한 주향을 가질 경우에 한하여 안정적이다(그림 2.18d).

지구상의 현재 판 배열에서는 삼중점의 여러 유형 중 몇 가지만 관찰된다. RRR 유형은 갈라파고스 해령이 동태평양 해령과 만나는 지점에 형성되어 있다. 이곳에서 코코스판과 나즈카판 그리고 태평양판이 동시에 접한다. 현존하는 유일한 TTT 삼중점은 일본 해구와 이즈-보닌 해구 그리고 난카이-사가미 해곡[16]에 의해 형성된다. 캘리포니아 샌앤드레이어스 단층은 북쪽 끝에서 맨도시노 단열대와 합류하면서 FFT 유형의 삼중점을 구성한다.

2.7.2 북동 태평양에 위치한 삼중점의 진화

북동 태평양의 해양 자기장 이상은 복잡한 줄무늬 패턴을 보인다. 이들의 형태를 해석하여 이상대를 식별할 수 있으며, 그림 12.32와 같은 지자기 극성 연대표와 비교하여 연령을 계산할 수도 있다. 북동 태평양에서 자기 이상대의 연령은 동쪽의 북미 대륙으로 갈수록 그리고 북쪽의 알류샨 해구 쪽으로 갈수록 젊어진다. 해령에서 생성된 자기 이상 패턴은 일반적으로 대칭(그림 2.9 참조)을 이루지만, 북동 태평양에서는 서쪽 절반만 관찰된다. 나머지 동쪽 절반은 패럴론이라 불리는 판 위에 위치하였다. 이 판과 해령은 대부분 현존하지 않으며, 북미판 아래로 섭입하였음이 분명하다. 브리티시컬럼비아 연안의 후안 데 푸카판과 캘리포니아만 입구의 리베라판이라는 두 개

---

16 해곡은 선형의 해저 함몰 지형으로 바닥이 평평하며 경사가 완만하다. 해곡은 해구보다 수심이 얕다. 난카이-사가미 해곡은 해구에 퇴적물이 쌓여 형성된 부가체이다.

의 작은 판만이 패럴론판의 잔해로서 남아 있다. 또 다른 곳에서는 쿨라판이 중생대 후기까지 존재하였지만, 지금은 알래스카와 알류샨 해구에서 완전히 소멸되었음이 자기 이상 자료 분석을 통해 드러났다. 자기 이상 패턴은 후기 백악기 태평양에서 쿨라판과 패럴론판이 서로 발산하여 RRR 유형의 삼중점을 형성하였음을 보여 준다. 이 유형의 삼중점은 안정적이며 판의 후속 발달 단계가 진행되는 동안 그 형태가 보존된다. 따라서 신생대 시기 태평양판, 쿨라판, 패럴론판의 상대적인 움직임을 재구성하는 것이 가능하다(그림 2.19a~c).

자기 이상 패턴의 연령은 자기 연대표를 통해 알 수 있으므로 줄무늬 간의 간격을 통해 판의 확장 속도를 계산할 수 있다. 단열대의 주향과 함께 자기 이상 자료는 각 해령에서 확장 속도와 그 방향을 알려 준다. 캘리포니아만 입구에서 나타나는 자기 이상 패턴은 최근 4백만 년 동안 형성되었으므로 평균 확장 속도의 절반은 3 cm yr^{-1}이며, 그 방향은 샌앤드레이어스 단층의 주향과 평행하다. 이것은 태평양판이 북미판을 기준으로 지난 4백만 년 동안 약 6 cm yr^{-1}의 평균 속도로 북진했음을 의미한다. 패럴론판-태평양판 해령의 잔해로부터 계산된 확장 속도의 절반은 5 cm yr^{-1}이며, 따라서 판 사이의 상대 속도는 10 cm yr^{-1}가 된다. 패럴론판-태평양판-북미판으로 구성된 삼중점의 상대 속도를 벡터 다이어그램(그림 2.19d)으로 나타내면, 북미판에 대한 패럴론판의 수렴 속도가 7 cm yr^{-1}가 됨을 알 수 있다. 이와 비슷하게 알래스카만에서 동서로 향하는 자기 줄무늬의 간격은 쿨라판-태평양판 해령의 확장 속도 절반을 알려 준다. 이로부터 추정된 두 판 사이의 상대 속도는 7 cm yr^{-1}이다. 벡터 다이어그램상에 이 결과를 북미판에 대한 6 cm yr^{-1}의 태평양판 북향 운동과 결합하면 북미판에 대한 쿨라판의 속도 12 cm yr^{-1}를 얻을 수 있다.

이렇게 추정된 속도에 외삽법을 적용하여 신생대의 판 발달 과정을 복원해 볼 수 있다. 외삽법은 검증이 어렵기 때문에 결과에 대한 해석은 약간 부정확할 수 있다. 분명한 것은 후기 백악기(8천만 년 전) 때 쿨라판-태평양판의 운동과 지난 4백만 년 동안 북미판-태평양판의 운동이 신생기 동안 일정하게 유지되었다는 것이다. 이 단서로 인해 삼중점이 북미판 경계를 따라 형성되어 이동했음을 분명히 알 수 있다. 쿨라판-북미판-패럴론판의 RTF 삼중점은 6천만 년 전 현재의 샌프란시스코보다 약간 북쪽에 위치했다(그림 2.19c). 시간이 흘러 약 2천만 년 전에는 시애틀의 북쪽으로 이동하였다(그림 2.19a). 그 무렵인 올리고세 시기에는 FFT 삼중점이 샌프란시스코와 로스앤

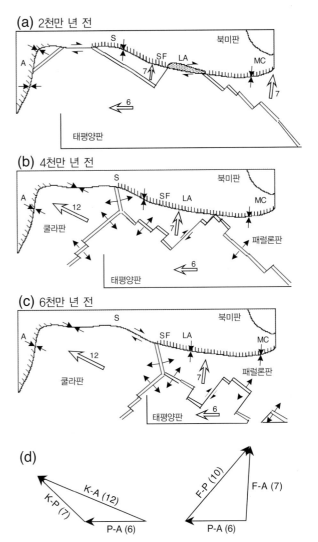

그림 2.19 (a)~(c) 외삽(extrapolation)에 의해 추정된 신생대 북동 태평양에 위치한 판들 간의 관계. 북미판에 표시된 글자는 일부 도시의 대략적인 위치이다. MC : 멕시코시티, LA : 로스앤젤레스, SF : 샌프란시스코, S : 시애틀, A : 앵커리지. (a)의 음영 영역은 판의 중첩을 타나낸다. (d) 쿨라판(K)-태평양판(P)-북미판(A) 및 패럴론판(F)-태평양판(P)-북미판(A)에 관한 벡터다이어그램(숫자는 북미판을 기준으로 한 상대 속도. 단위는 cm yr⁻¹). 출처 : T. Atwater, Implications of plate tectonics for the Cenozoic tectonic evolution of western North America, *Geol. Soc. Amer. Bull.* 81, 3513–3536, 1970.

젤레스 사이에 형성되었고, 패럴론판-태평양판-북미판의 RTF 삼중점은 남쪽으로 진행하였다. 이 두 삼중점의 발달은 패럴론판-북미판 해구에 패럴론판-태평양판 해령이 충돌하여 섭입을 시작하였기 때문이다.

약 3천4백만 년 전 13번 자기 이상이 생성될 당시, 패럴론판-태평양판 경계의 일부를 구성하는 남북 주향의 해령이 아메리카 해구 서쪽에서 멘도시노와 머레이 변환단층과 연결되어 있었다(그림 2.20a). 약 2천7백만 년 전 9번 자기 이상이 생

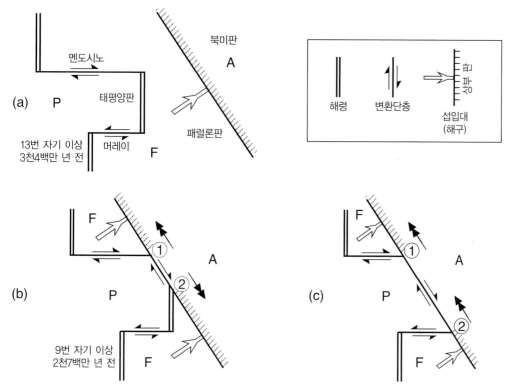

그림 2.20 올리고세 시기 북동 태평양에 위치한 삼중점들의 발달 및 전개에 의해 샌앤드레이어스 단층이 형성되었다. (a) 13번 자기 이상이 생성된 약 3천4백만 년 전, (b) 9번 자기 이상, 약 2천7백만 년 전, (c) 머레이 변환단층이 해구와 충돌한 시기. 소멸 경계를 따라 이동하는 삼중점 1과 2의 이동 방향은 이중 화살표로 표시하였다. 출처 : D.P. McKenzie and W.J. Morgan, Evolution of triple junctions, *Nature* 224, 125–133, 1969.

성될 당시, 해령은 해구와 충돌하여 북쪽 부분부터 소멸되기 시작하였다(그림 2.20b). 이때 패럴론판은 두 조각으로 나뉘었다. 이 시기에 형성된 삼중점 중 하나는 FFT 삼중점으로, 샌앤드레이어스 단층 시스템과 멘도시노 변환단층 그리고 북쪽의 해구로 구성되었다(그림 2.20b의 지점 1). 지점 2에서는 RTF 형식의 삼중점이 형성되었다. 두 삼중점은 샌앤드레이어스 시스템의 변환단층이 해구의 주향과 평행할 때 안정적으로 유지된다. 이 시기의 두 삼중점에 대한 상대 속도를 분석해 보자. 지점 1은 북서쪽으로 이동하며 지점 2는 남동쪽으로 이동한다. 시간이 흘러 패럴론판-태평양판 해령의 남쪽 부분이 모두 북미판 아래로 섭입되면, 머레이 변환단층은 지점 2의 삼중점을 FFT 형식으로 전환시킨다. 이에 따라 이 삼중점의 이동 방향도 북서쪽으로 바뀐다(그림 2.20c).

2.8 열점

1958년 캐리(S. W. Carey, 1911~2002)는 화산 활동이 오랫동안 지속되고 국지적으로 열류량이 높은 지역을 '열점(hotspot)'

이라 명명하였다. 한때는 열적 이상 현상을 보이는 120개 이상의 지역들이 열점으로 분류되기도 하였다. 현재는 엄밀한 기준에 의해 약 41개의 지점을 열점으로 분류하고 있지만(그림 2.21), 더 엄격한 기준이 적용될 경우 이 중 일부는 제외될 수도 있다. 열점은 대륙에 위치할 수도 있지만(예 : 옐로스톤), 주로 해양 분지에서 발견된다. 해양 열점은 수심 이상과 관련이 있다. 해양 암석권의 냉각 모형에 의해 예측된 이론적 수심과 실측된 수심을 비교해 보면, 넓은 지역에 걸쳐 암석권이 부풀어 수심이 얕아진 지역이 나타난다. 열점은 주로 이러한 지역에서 발견된다. 이러한 지각 융기로 상승된 고밀도의 맨틀 물질은 질량 이상을 유발하고 지오이드를 교란한다. 그러나 상승하는 플룸은 뜨겁기 때문에 소폭 감소한 밀도에 의해 이러한 교란 효과가 부분적으로 경감된다. 지오이드면은 섭입대에서도 변화를 보인다. 저온의 섭입판과 관련된 중력 효과가 제거된 지오이드 자료는 열점 분포와 높은 상관관계를 보인다(그림 2.21). 해양 열점은 판 내부의 화산 열도와 관련되어 나타나는데, 이를 통해 열점의 기원에 대한 단서를 얻을 수 있으며 또한 지구의 동역학적 과정을 추정할 수 있다.

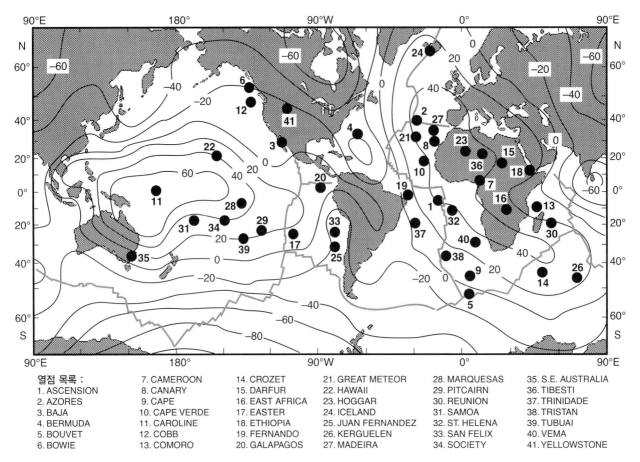

그림 2.21 41개 열점에 대한 전 세계 분포도. 차가운 섭입판의 효과가 보정된 지오이드 높이(지구 타원체 기준의 미터 단위)를 함께 나타내었다. 출처 : S.T. Crough and D.M. Jurdy, Subducted lithosphere, hotspots, and the geoid, *Earth Planet. Sci. Lett.* 48, 15－22, 1980.

열점 목록 :

1. ASCENSION	7. CAMEROON	14. CROZET	21. GREAT METEOR	28. MARQUESAS	35. S.E. AUSTRALIA
2. AZORES	8. CANARY	15. DARFUR	22. HAWAII	29. PITCAIRN	36. TIBESTI
3. BAJA	9. CAPE	16. EAST AFRICA	23. HOGGAR	30. REUNION	37. TRINIDADE
4. BERMUDA	10. CAPE VERDE	17. EASTER	24. ICELAND	31. SAMOA	38. TRISTAN
5. BOUVET	11. CAROLINE	18. ETHIOPIA	25. JUAN FERNANDEZ	32. ST. HELENA	39. TUBUAI
6. BOWIE	12. COBB	19. FERNANDO	26. KERGUELEN	33. SAN FELIX	40. VEMA
	13. COMORO	20. GALAPAGOS	27. MADEIRA	34. SOCIETY	41. YELLOWSTONE

판구조론에서는 두 가지 유형의 화산성 열도가 중요하다. 소멸 경계에서 깊은 해구와 함께 나타나는 화산성 열도는 섭입 과정과 관련이 있으며 아치의 형태를 가진다. 거의 직선으로 늘어선 화산 열도는 활성판 경계에서 멀리 떨어진 해양 분지 내에서 발견된다. 태평양의 수심 분포도를 보면 판 안쪽에서 나타나는 열도 배열의 특징이 더 극명히 드러난다. 하와이 제도, 마르키즈 제도, 소사이어티 제도, 오스트랄 제도는 동태평양 해령의 확장 축에 거의 수직인 방향으로 서로 나란하게 놓여 있다. 가장 많이 연구된 것은 하와이 제도이다(그림 2.22a). 동남쪽의 하와이섬에는 현재 활동 중인 화산이 위치한다. 이곳에서 멀리 엠퍼러 제도까지 이어진 해산(seamount)과 기요(guyot)들을 따라 북서쪽으로 가면 갈수록 화산 활동이 감소한다. 이들의 발달 과정은 태평양 분지 내의 또 다른 선형 화산 열도에도 동일하게 적용된다(그림 2.22b). 윌슨(J. T. Wilson, 1908~1993)은 현대적인 판구조론이 공식화되기 전인 1963년에 이미 이러한 발달 과정을 설명하였다.

열점은 아주 오랜 기간 지속되는 마그마 덩어리로서 암석권 하부의 맨틀에 뿌리를 두고 있다. 마그마 공급원 위로는 화산 복합체가 형성되어 화산섬이나 (정상부가 해수면 아래에 있는) 해산이 만들어진다. 판이 이동하여 열점에서 멀어지면 섬의 화산 활동이 중단된다. 열점에서 상승하는 물질은 해저를 정상보다 최대 1,500 m 정도 상승시키기 때문에 심도 이상이 나타난다. 화산이 열점에서 멀어지면 화산 활동이 중단되고 해수면 아래로 가라앉는다. 그중 일부는 해수면에서의 침식으로 인해 기요가 되며, 산호에 의해 환초가 형성되기도 한다. 이 화산 열도는 판의 이동 방향으로 정렬된다.

이 이론은 하와이-엠퍼러 제도를 따라 섬과 해산에서 채취한 현무암 시료의 방사성 연대 측정을 통해 검증되었다. 현무암의 연령은 하와이섬의 활화산인 킬라우에아에서 멀어질수록 증가한다(그림 2.23). 이러한 경향을 통해 지난 20~40 Myr 동안 태평양판의 평균 속도가 하와이 열점을 기준으로 약 $10\,\mathrm{cm\,yr^{-1}}$임을 계산할 수 있다. 하와이 제도와 엠퍼러 해산 사

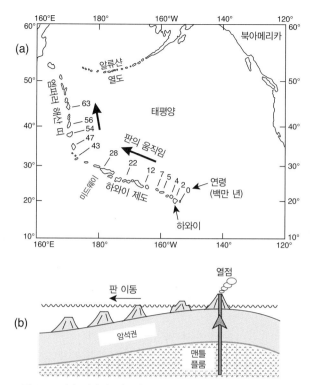

그림 2.22 (a) 하와이 제도와 엠퍼러 해산 띠는 태평양판이 하와이 열점 위를 지나가면서 형성된 흔적이다. 숫자는 화산의 대략적인 연령을 나타 낸다. 약 4천3백만 년 전 이동 방향의 변화에 주목하라. (b) 판이 열점 위를 지날 때, 화산섬과 해산의 형성 과정. 출처 : T.H. Van Andel, Seafloor spreading and plate tectonics, in: *Understanding the Earth*, C.J. Brown, C.J. Hawkesworth and R.C.L. Wilson, eds., pp. 167–186, Cambridge: Cambridge University Press, 1992.

이에 존재하는 서로 다른 배열 방향은 약 43 Myr 전에 태평양 판의 이동 방향과 속력이 변하였음을 알려 준다. 이 시기는 판 운동의 전 지구적인 재조정이 발생한 시기이다. 아직 정확히 결정되지는 않았지만, 엠퍼러 제도가 형성될 당시의 판 이동 속도는 대략 6 cm yr^{-1} 내외로 추정된다.

선형으로 배열된 태평양 열도의 섬들이 열점을 기준으로 거의 동일한 속도로 이동한 사실이 방사성 연대 측정을 통해 밝혀졌다. 이는 열점의 배열이 적어도 암석권에 대해 고정되어 있음을 시사한다. 따라서 판 경계에서 계산된 두 판 사이의 상대 속도와는 달리 열점에 대한 판 운동 속도는 절대 속도로 간주된다. 열점의 위치가 고정되어 있다는 가정은 열점 간 상대 속도를 약 1.5~2 cm yr^{-1} 정도(이는 대서양의 해양저 확장 속도와 비슷하다)로 추정한 연구로 인해 논란이 되었다. 따라서 고정된 열점을 가정하여 정의된 좌표계는 한정된 시기에만 유효할 것이다. 그럼에도 불구하고 열점 간의 상대 운동은 확실히 판의 움직임보다 훨씬 느리기 때문에, 확장 속도가 일정하

게 유지되는 동안(약 10 Myr)에는 열점 기준의 좌표계가 판의 절대적인 움직임에 대해 유용한 지표를 제공한다.

지구물리학적 증거 이외에 열점의 화산 활동과 관련된 이상 현상은 지구화학적인 현상에서도 발견된다. 열점에서 분출되는 현무암과 섭입대에서 형성되는 안산암질 현무암은 종류가 다르다. 또한 해양저가 확장되는 동안 생성되는 MORB와도 암석학적으로 다르며, 따라서 해양저의 특성과도 다르다. 열점의 공급원은 지표로 상승하는 맨틀 플룸으로 추정된다. 맨틀 플룸은 맨틀 역학의 기반이 되는 현상이지만, 아직 제대로 밝혀지지 않았다. 맨틀 플룸은 장기간에 걸쳐 나타나는 현상으로 추정되지만, 얼마나 오래 지속되는지 또는 맨틀의 대류 과정과 어떤 상호 작용을 하는지는 알려져 있지 않다. 맨틀 플룸이 열의 전달과 맨틀 대류에 매우 중요한 역할을 하며, 따라서 판의 운동에도 큰 영향을 미친다고 생각되지만 아직은 불확실하다. 그들의 기원에 대해서는 여전히 논란의 여지가 있다. 비교적 얕은 심도인 660 km 불연속면에서 시작된다는 주장도 있지만, 핵-맨틀 경계인 D″층에서 플룸이 생성된다는 견해가 더 우세하다. 이 주장에 따르면 맨틀 플룸은 맨틀 전체를 통과해 상승한다(그림 9.28 참조). 맨틀에 대한 지진 연구로는 아직 맨틀 플룸에 대한 특성을 파악하기가 어렵다. 그러나 암석권에 대해 상대적으로 고정된 열점 배열을 활용하면 유용한 기준 좌표계를 구성할 수 있다. 이는 판의 절대 운동을 결정하거나 맨틀에 대한 자전축의 장기 운동인 실제 극운동(true polar wander)에 대한 가설을 검증하는 데 사용될 수 있다.

2.9 구면상에서의 판 이동

스위스의 오일러(Leonhard Euler, 1707~1783)는 18세기의 위대한 수학자 중 한 명이다. 그는 복소수(글상자 4.6)와 구면 삼각법(글상자 2.1)을 포함하여 순수 수학의 발달에 지대한 공헌을 하였다. 그가 발견한 정리의 따름 정리에 의하면 강체의 구면상 운동은 구 중심축을 기준으로 한 회전 운동과 동일하다. 이 원리는 판의 운동에도 적용된다.

구면상의 모든 운동은 대원(경도를 그리는 원과 같이 중심이 지구 중심에 위치하는 원) 혹은 소원의 호를 따라 발생한다. 소원은 하나의 극(예를 들어 위도선의 기준이 되는 지리극)에 대해 회전 대칭인 점들의 모임으로 정의된다. 구의 표면에 위치한 점은 동경 벡터(radius vector)를 사용하여 나타낼 수 있

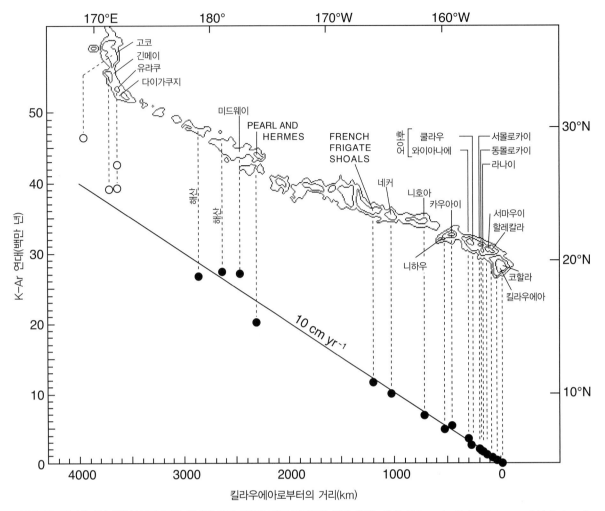

그림 2.23 킬라우에아 활화산으로부터의 거리에 따른 하와이 제도 현무암의 연령. 출처 : G.B. Dalrymple, D.A. Clague and M.A. Lanphere, Revised age for Midway volcano, Hawaiian volcanic chain, *Earth Planet. Sci. Lett.* 37, 107–116, 1977.

다. 여기서 동경 벡터의 시점은 지구의 중심이며, 종점은 구면 상의 한 점이 된다. 구면상 임의의 지점은 위도, 경도와 같이 두 각으로 표현하거나 혹은 방향 코사인을 이용하여 나타낸다 (글상자 2.2). 오일러 정리의 결과, 소원을 따라 이동하는 점의 변위는 대칭극을 중심으로 회전하는 동경 벡터로 표현할 수 있 다. 이 극을 오일러 회전극(Euler pole of the rotation)이라 한 다. 대원을 따라 발생한 변위(구면상 두 점 사이의 최단 거리) 는 오일러극에서 90° 떨어진 아치형 경로상에서의 회전이다. 오일러극은 보존 경계에 대한 논의에서 설명하였다(2.6.3절). 분명한 것은 오일러극이 APW를 사용한 고지리학적 재구성 작업에 있어서 중요한 역할을 한다는 것이다(12.2.4.3절 참조).

2.9.1 오일러 회전극

지구물리학적 증거만으로는 판 운동의 절대 속도를 알 수 없

다. 지진 자료는 인접한 두 판 사이에서 발생하는 현시점의 상 대 운동을 알려 주고, 해양의 자기 이상 패턴은 장기간에 걸쳐 발생한 이동을 보여 준다. 고지자기는 고지자기극을 기준으로 한 경도 방향의 변위를 보여 줄 수 없다. 판의 운동이란 기준이 되는 판에 대한 상대 운동을 뜻한다. 혹은 기준 판에 대한 상대 회전을 뜻한다(그림 2.24). 구면상에 놓인 판의 형태는 그 경계 를 따라 분포하는 서로 간의 상대 위치가 고정된 수많은 점들 에 의해 정의된다. 판의 모양이 변하지 않는 한 이 점들은 모두 동일한 오일러극을 기준으로 서로 다른 소원을 그리며 움직인 다. 따라서 두 판 사이의 운동은 하나의 오일러극에 대한 상대 회전이다.

과거 및 현재의 판 운동 궤적은 변환단층과 단열대의 형태 로 기록된다. 변환단층은 현재의 판 운동을, 단열대는 과거의 판 운동을 나타낸다. 하나의 변환단층은 두 판의 상대 운동에

글상자 2.1 구면 삼각법

평면상에 놓인 삼각형의 세 변은 직선의 일부이며, 내각의 합은 180°(또는 π 라디안)이다. 그림 B2.1.1a와 같이 세 각을 A, B, C로 놓고, 대변의 길이를 a, b, c로 놓자. 이들 사이에는 사인 법칙이 적용된다.

$$\frac{\sin A}{a} = \frac{\sin B}{b} = \frac{\sin C}{c} \tag{1}$$

한 변의 길이는 나머지 두 변의 길이와 그 사잇각에 의해서 결정되며, 이를 코사인 법칙이라 한다. 변 a에 대한 코사인 법칙은 다음과 같이 나타낼 수 있다.

$$a^2 = b^2 + c^2 - 2bc \cos A \tag{2}$$

비슷한 식이 변 b와 변 c에도 적용된다.

구면 삼각형의 변은 대원의 일부인 호(arc)이고, 내각의 합은 180°보다 크다. 두 대원의 사잇각은 대원을 포함하는 두 평면의 사잇각으로 정의한다. 그림 B2.1.1b와 같이 구면 삼각형의 세 각을 A, B, C로 놓고, 대변의 길이를 a, b, c로 놓자. 변의 길이는 변의 양 끝단과 구의 중심을 잇는 두 선분의 사잇각으로 계산할 수 있다. 예를 들어, 지구 표면상에서 극과 적도 사이의 거리는 10,007 km 또는 원주각이 90°인 호의 길이이다. 구면 삼각형에 적용되는 사인 법칙은 다음과

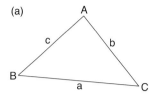

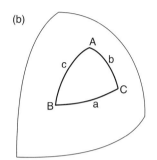

그림 B2.1.1 ⓐ 평면 삼각형과 ⓑ 구면 삼각형의 변과 사잇각.

같이 주어진다.

$$\frac{\sin A}{\sin a} = \frac{\sin B}{\sin b} = \frac{\sin C}{\sin c} \tag{3}$$

코사인 법칙은 다음과 같다.

$$\cos a = \cos b \cos c + \sin b \sin c \cos A \tag{4}$$

대한 경로를 나타낸다. 따라서 두 판의 상대 회전을 나타내는 오일러극은 변환단층과 일치하는 소원을 만든다. 위도선에 수직인 경도선들이 모두 지리극에 모이는 것과 같이, 소원(혹은 변환단층)의 주향에 수직인 대원을 그리면 이들은 모두 오일러극에서 만난다(그림 2.25a). 1968년 모건은 이 방법을 사용하여 북남미판과 아프리카판 사이의 현재 상대 운동을 표현하는 오일러극의 위치를 결정하였다(그림 2.25b). 카리브판이 북미판과 남미판 사이의 느린 상대 운동을 흡수할 수도 있지만, 지진학적으로 두 판 사이에 경계가 잘 정의되어 있지 않다는 사실은 일단 두 판이 하나의 블록을 이루어 이동함을 가리킨다. 중앙 대서양에 위치하는 변환단층들에 대해 주향에 수직인 대원을 그리면, 이들은 58°N 36°W의 근방에 수렴하여 교차한다. 이 지점이 바로 아프리카판과 남미판에 대해 추정된 오일러극이다. 이 추정치에는 위도에 대해 약 ±5°의 오차가 포함되며,

경도는 이보다 더 정확한 ±2° 정도의 오차를 보인다. 추가적으로 지진의 초동 자료 및 판의 확장 속도에 대한 자료를 활용하면, 앞서 얻은 결과의 오차 범위 내에 들어가는 62°N 36°W의 오일러극을 얻을 수 있다.

아프리카 및 남미 해안선에 대한 '불라드 방식의 재구성' 기법(2.2.2절)에서는 44°N 31°W에 위치하는 오일러극을 사용하였다. 이 위치는 대륙 간의 장기 운동에 대한 평균값을 이용하여 결정되었다. 시작점을 이전의 끝점과 일치시키는 회전을 유한 회전(finite rotation)이라 한다. 현시점의 오일러극과 오랜 기간 동안 평균적인 오일러극의 위치 차이가 보여 주듯이, 한 번의 유한 회전은 단지 수학적 표현이며 판 사이의 실제 운동과 반드시 관련이 있는 것은 아니다. 실제의 판 이동은 서로 다른 극점에 대한 여러 단계의 회전으로 구성될 수 있다.

방향 코사인은 방향을 나타낼 때 유용하게 사용된다. 방향 코사인은 세 기준 축과 어떤 방향이 이루는 각의 코사인 값으로 구성된다. 그림 B2.2.1처럼 z축과 자전축을 일치시킨 후 x축을 그리니치 경도상에 놓자. y축은 두 축에 수직이 되게 정의하자. 어떤 직선이 x축, y축, z축에 대해 각각 사잇각 α_x, α_y, α_z를 이루면, 이 직선의 세 축에 대한 방향 코사인은 다음과 같다.

$$l = \cos\alpha_x, \quad m = \cos\alpha_y, \quad n = \cos\alpha_z \qquad (1)$$

위도가 λ이고 경도가 ϕ인 지구 표면상의 위치 P를 생각하자. 지구 중심에서 점 P까지 길이가 R인 선분은 z축에 투영되어 $R\cos\alpha_z(= R\sin\lambda)$가 되고, 적도면에는 $R\sin\alpha_z(= R\cos\lambda)$로 투영된다. 후자는 다시 x축과 y축에 투영되어 각각 $R\cos\lambda\cos\phi$와 $R\cos\lambda\sin\phi$가 된다. 따라서 이 선분의 방향 코사인은 다음과 같다.

$$\begin{aligned} l &= \cos\lambda\,\cos\phi \\ m &= \cos\lambda\,\sin\phi \\ n &= \sin\lambda \end{aligned} \qquad (2)$$

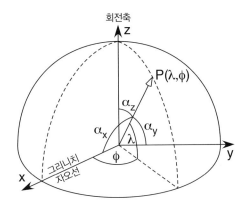

그림 B2.2.1 방향 코사인의 정의.

방향 코사인이 각각 (l_1, m_1, n_1)과 (l_2, m_2, n_2)인 두 선분의 사잇각 Δ는 다음과 같이 주어진다.

$$\cos\Delta = l_1 l_2 + m_1 m_2 + n_1 n_2 \qquad (3)$$

이 관계식은 두 선분 사이의 대원 길이와 사잇각의 관계를 계산하는 데 유용하다.

2.10 판 이동의 원동력

판구조론을 설명할 때 자연스럽게 따라오는 문제는 판 운동을 유발하는 정확한 메커니즘이 무엇이냐에 관한 것이다. 판에 작용하는 힘은 기저 면에 작용하는 힘과 주변 경계부에 작용하는 힘으로 나눌 수 있다. 기저 면에 작용하는 힘은 판과 그 아래에 놓인 연약권 사이의 상대적인 운동에 의해 발생한다. 비록 고체 상태이지만 맨틀은 매우 긴 시간 스케일에서는 흐를 수 있으며, 열에 의해 대류 운동을 할 수 있는 점성을 가진다(5.2절과 9.9절 참조). 맨틀에서 발생하는 대류의 주요 특징 중 하나는 그 흐름이 전체 맨틀 물질을 순환시키는 데 수억 년의 시간이 소요된다는 점이다. 맨틀 대류 이론에 따르면 암석권은 단열재 역할을 하는 대류 순환의 한 구성 요소로 간주된다. 판의 운동 벡터는 맨틀 흐름의 패턴을 직접적으로 따르지는 않지만, 이를 통해 몇 가지 일반적인 추론을 이끌어 낼 수 있다. 해령에서 섭입대로 향하는 암석권 이동에 의해 질량 수송이 발생한다. 그렇다면 이에 상응하는 흐름인, 즉 맨틀 깊숙한 곳에서 지표로 향하는 반대 흐름이 존재해야만 한다. 판과 그 하부의 점성층 사이에서 발생하는 상호 작용은 필연적으로 판 운동에 영향을 미친다. 이에 대한 중요도를 평가하려면, 이 상호 작용을 판에 작용하는(특히 판의 경계에 작용하는) 다른 힘들과 비교해 보아야 한다(그림 2.26).

2.10.1 판에 작용하는 힘들

판에 작용하는 일부 힘은 판의 운동을 촉진하는 반면 다른 힘은 움직임에 대한 저항력으로 작용한다. 상부 맨틀의 대류는 두 부류에 모두 속할 수 있다. 판 아래의 물질 흐름은 판의 기저 면에 맨틀 항력(mantle drag force, F_{DF})을 가한다. 만약 대류 흐름이 판의 이동 속도보다 빠르면 판은 흐름에 끌려가지만, 판의 이동 속도가 더 빠를 경우 판의 이동에 저항력으로 작용한다. 판의 이동 속도는 그 위에 놓인 대륙의 넓이에 반비례하는 경향이 있다. 이는 암석권의 두꺼운 두께가 판에 추가적인 대륙 항력(continental drag force, F_{CD})을 가할 수 있음을 가리킨다. 판의 속도는 또한 섭입대의 길이에 영향을 받지만, 해령의 길이와는 상관이 없다. 이는 섭입력(subduction force)이 확장력(spreading force)보다 더 중요할 수 있다는 것을 의미한

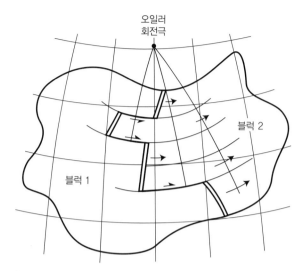

그림 2.24 판이 이동하면서 나타나는 구면상의 변위는 오일러 회전극에 대한 판의 회전과 같다. 출처 : W.J. Morgan, Rises, trenches, great faults, and crustal blocks, *J. Geophys. Res.* 73, 1959–1982, 1968.

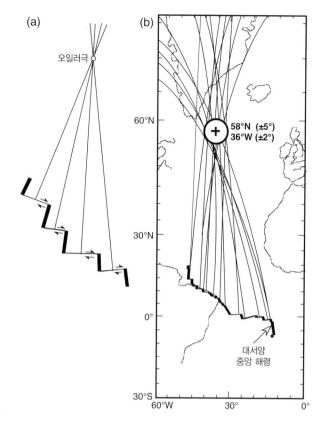

그림 2.25 (a) 판 경계에서 변환단층에 수직인 대원을 교차시키면 두 판의 상대 운동에 대한 오일러 회전극을 찾을 수 있다. (b) 중부 대서양 중앙 해령의 변환단층을 이용하여 추정된 아프리카판과 남미판 사이의 오일러 회전극. 출처 : W.J. Morgan, Rises, trenches, great faults, and crustal blocks, *J. Geophys. Res.* 73, 1959–1982, 1968.

다. 세 유형의 판 경계에서 이 힘들을 고려해 봄으로써, 각 힘에 대한 평가를 할 수 있다.

해령에서 용승하는 마그마는 생성 경계와 관련이 있다. 오랫동안 이 과정은 해령으로부터 판을 밀어낸다고 여겨져 왔다. 용승하는 마그마는 해령을 심해저보다 높은 곳으로 융기시킨다. 위치 에너지가 상승한 판은 중력에 의해 미끄러져 해구 쪽으로 이동한다. 두 가지 효과가 함께 해령 발산력(ridge push force, F_{RP})을 구성한다.

변환단층에서의 잦은 지진 발생은 판이 서로 지나쳐 움직이는 지점에서 발생하는 상호 작용력을 보여 준다. 변환력(transform force, F_{TF})은 두 판이 접촉하는 영역에 작용하는 마찰 저항으로 생각할 수 있다. 판이 차가운 상태인 섭입대 사이를 잇는 변환단층보다는 뜨거운 상태의 해령 사이를 잇는 변환단층에서 힘의 크기 변화가 클 수 있다.

섭입대에서 섭입판은 주위의 맨틀보다 차갑고 무겁다. 이 때문에 양의 질량 이상 혹은 음의 부력이 발생하며, 이는 판 내에서 일어나는 상전이에 의해 더 강화된다. 하강하는 슬랩 혹은 섭입판이 아직 지표에 남아 있는 판에 부착된 상태라면, 아래쪽으로 끌어당기는 섭입판 인력(slab pull force, F_{SP})이 발생한다. 이는 판 전체에 전달되어 판을 섭입대 쪽으로 이동시키는 역할을 한다. 섭입판이 주변 맨틀과 열평형에 도달하는 깊이까지 가라앉게 되면 음의 부력이 사라진다. 또한 딱딱한 맨틀을 통과할 때는 섭입 저항력(slab resistance force, F_{SR})을 겪게 된다.

판의 충돌은 판을 움직이는 원동력과 저항력을 모두 발생

시킨다. 섭입하는 판에 작용하는 수직 아래로의 힘은 섭입판을 휘게 한다. 이러한 휨은 섭입판을 섭입대에서 해양 방향으로 멀어지게 하는 방향으로 작용한다. 이로 인해 상부판은 해구 쪽으로 끌어당겨지며, 이 힘을 '해구 흡입력(trench suction, F_{SU})'이라 한다. 충돌하는 판은 또한 서로의 움직임을 방해하는 **충돌 저항력**(collision-resistance force, F_{CR})을 발생시킨다. 이 힘은 수렴대의 산이나 해구에 의한 개별적인 힘으로 구성된다.

열점에서 맨틀 물질이 암석권으로 이동하면 판에 열점힘(hotspot force, F_{HS})이 발생할 수 있다.

요약하면, 판 이동의 원동력에는 섭입판 인력, 해구 흡입력, 해령 발산력이 있다. 반대로 섭입 저항력, 충돌 저항력, 변환력은 판의 운동을 방해한다. 판과 맨틀 사이에 발생하는 힘(맨틀 항력, 대륙 항력)은 둘 사이의 상대 운동에 따라 원동력 혹은 저항력으로 작용한다. 판구조론은 이들의 합력에 의해 구동된다. 상황에 따라 힘들 간의 중요도가 달라질 수 있다.

그림 2.26 판에 작용하는 다양한 종류의 힘. 출처 : D. Forsyth and S. Uyeda, On the relative importance of the driving forces of plate motion, *Geophys. J. R. Astr. Soc.* 43, 163–200, 1975.

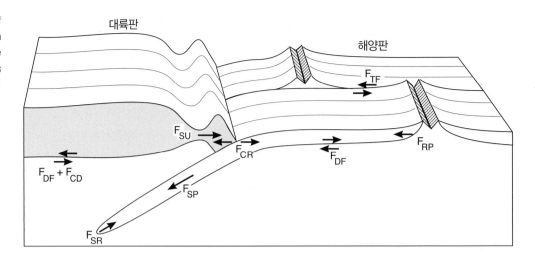

2.10.2 판 이동의 원동력에 대한 상대적 크기

이 힘들의 상대적인 중요성을 평가하기 위해서는 힘의 방향을 고려해야 한다. 이를 위해 판에 작용하는 힘들을 지구 중심에 대한 돌림힘(torque)으로 변환해 주어야 한다. 이 외의 다양한 수학적 분석법들도 돌림힘을 이용했을 때와 비슷한 결과를 도출한다. 열점힘과 변환단층에서 발생하는 저항력은 다른 힘들에 비해 매우 작아 무시할 수 있다(그림 2.27). 해령 발산력은 수렴 경계에서 작용하는 힘들보다 훨씬 작아 부차적인 힘으로 간주된다. 해령의 지형은 변환단층에 의해 서로 분절되어 있다. 만약 해령의 지형이 맨틀 부력에 의한 융기 때문이라면, 유체처럼 작용하는 맨틀은 변환단층에서 보이는 불연속성을 형성할 수 없다. 대신 해령 분절을 넘어 넓은 영역을 부풀게 할 것이다. 실제 해령 시스템에서 관찰되는 것은 날카로운 지형 변화이며, 따라서 이러한 지형은 해양 암석권의 국부적 과정에 의한 것이다. 즉, 해령에서의 맨틀 용승은 판이 갈라지면서 생긴 공간을 맨틀 물질이 채우기 위해 상승하는 수동적인 현상이다.

돌림힘 분석에 따르면 판 운동을 구동하는 주요 힘은 섭입판 인력이다. 하강하는 슬랩은 맨틀 속으로 가라앉으면서 판 전체에 영향을 미친다. 하강하는 섭입판은 근방의 맨틀 순환에 영향을 준다. 이 대류는 주로 두 판을 해구 쪽으로 끌어당기는 방향으로 순환한다. 해구 흡입력 혹은 섭입판 흡입력으로도 알려진 이 힘은 판 운동의 중요한 원동력 중 하나이다. 섭입판이 맨틀 속으로 가라앉을 때, 판이 접히는 경첩 부분이 바다 쪽[17]으

로 이동하는 경우도 있다. 이를 힌지 후퇴(hinge rollback)라고 하며, 해구를 동반한 움직임 때문에 해구 후퇴(trench rollback)라고도 부른다. 이 현상은 주로 해양판끼리의 충돌에서 발생하며, 배호 분지의 형성에 중요한 역할을 할 것이라 추정된다.

돌림힘에 대한 비교 분석은 판 운동에 영향을 미치는 힘들에 대한 주목할 만한 또 다른 특성을 보여 준다. 판의 충돌로 인한 저항력은 상부 판이 받는 흡입력보다 항상 작다. 또한 일부 섭입판이 맨틀 속으로 깊이 침투하며 받는 저항은 섭입판 인력을 감소시킨다. 그러나 지진파 단층촬영에 의하면, 일부 섭입판은 원래의 판에서 떨어져 나와 핵-맨틀 경계까지 가라앉을 수 있다. 판과 맨틀 사이에서 발생하는 항력은 분석이 어려우며, 이에 관한 연구들이 현재 진행 중이다. 맨틀에 의한 항력을 거의 무시하였던 초기 판구조론과는 대조적으로, 이 힘은 판 이동에 있어서 훨씬 중요한 역할을 할 것으로 예상된다.

2.11 더 읽을거리

입문 수준

Cox, A. and Hart, R. B. 1986. *Plate Tectonics*. Boston, MA: Blackwell Scientific.

Kearey, P., Klepeis, K. A., and Vine, F. J. 2009. *Global Tectonics*. Chichester: Wiley-Blackwell.

Molnar, P. 2015. *Plate Tectonics: A Very Short Introduction*. Oxford: Oxford University Press.

Oreskes, N. and Le Grand, H. (ed.) 2001. *Plate Tectonics: An Insider's History of the Modern Theory of the Earth*. Boulder, CO: Westview Press.

---

17 섭입판의 수평 이동 방향과 반대 방향.

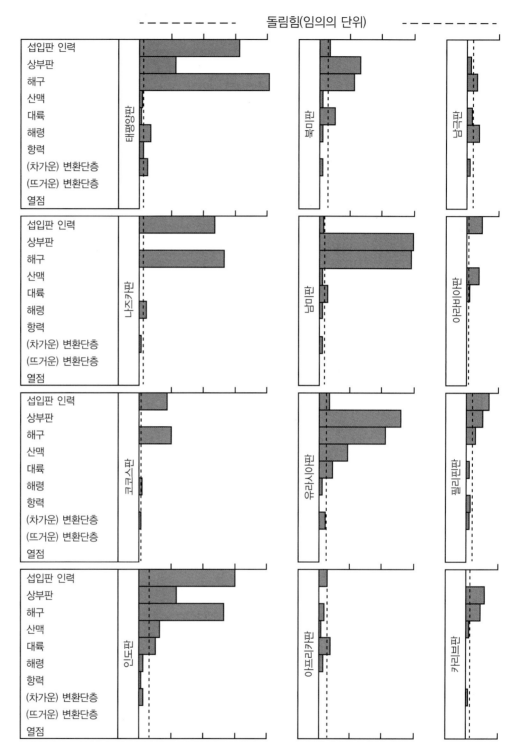

그림 2.27 12개의 주요 판에 작용하는 돌림힘의 크기 비교. 출처 : W.M. Chapple and T.E. Tullis, Evaluation of the forces that drive plates, *J. Geophys. Res.* 82, 1967–1984, 1977.

심화 및 응용 수준

Davies, G. F. 1999. *Dynamic Earth: Plates, Plumes and Mantle Convection.* Cambridge: Cambridge University Press.

Fowler, C. M. R. 2004. *The Solid Earth: An Introduction to Global Geophysics* (2nd ed.). Cambridge: Cambridge University Press.

Gubbins, D. 1990. *Seismology and Plate Tectonics.* Cambridge: Cambridge University Press.

Turcotte, D. L. and Schubert, G. 2002. *Geodynamics* (2nd ed.). Cambridge: Cambridge University Press.

2.12 복습 문제

1. 대륙 이동설을 지지하는 지질학적 증거에는 무엇이 있는가? 대륙 이동 모델과 현대의 판구조론 사이의 가장 큰 차이는 무엇인가?

2. 판게아란 무엇인가? 판게아는 언제 어떻게 생성되었는가? 그리고 언제 어떻게 분리되었는가?

3. 지각이란 무엇인가? 암석권이란 무엇인가? 이들을 어떻게 구분하는가?

4. 지구 내부에 존재하는 주요 불연속면은 무엇인가? 그 사실을 어떻게 알 수 있는가?

5. 판의 생성 경계, 보존 경계, 소멸 경계에 대해 구분하시오.

6. (a) 비스듬하게 확장하는 판 경계의 예와 (b) 비스듬하게 섭입하는 소멸 경계의 예를 제시하시오.

7. 판의 경계에서 획득된 지질 자료와 지구물리 자료에 대해 설명하고, 스케치를 곁들여 이에 대한 해석을 간단히 적으시오.

8. 대륙 충돌대는 어떤 종류의 판 경계인가?

9. 해양저 확장에 대한 바인-매튜스-몰리 가설을 설명하시오.

10. 해양저 확장이 해양 지각의 연령 결정에 어떻게 이용되는지 설명하시오. 해양에서 가장 오래된 지역은 어디인가? 이들의 연령은 얼마인가? 지구의 연령과 비교하면 어떠한가?

11. 12개 주요 판의 이름은 무엇인가? 이들 판이 위치하는 곳은 어디인가?

12. 지구본이나 지도를 사용하여 주요 판들 중 하나의 수평 길이를 대략적으로 측정하시오. 이 길이와 판의 두께에 대한 비율은 어떻게 되는가? 판구조론의 단위를 왜 '판(plate)'이라고 부르는가?

13. 삼중점이란? 판구조론에서 삼중점의 역할에 대해 설명하시오.

14. 열점이란? 태평양판 이동의 변화에 대해 하와이 열점이 제공하는 증거는 무엇인가?

15. 두 판의 상대적 회전에 대한 오일러극은 몇 개인가?

16. 판구조론의 원동력으로서 섭입대가 갖는 중요성에 대해 설명하시오.

17. VLBI와 GPS는 무엇의 약자인가? 각 시스템의 기능을 설명하시오.

2.13 연습 문제

1. 다음 지역에서 판구조 활동에 의해 유발되는 지질학적 현상과 지구물리학적 현상을 요약 제시하시오. (a) 아이슬란드, (b) 알류샨 열도, (c) 튀르키예, (d) 안데스산맥, (e) 알프스산맥.

2. 그림 12.31의 자료를 사용하여 남대서양, 남인도양, 북태평양 및 남태평양의 해령에서 연령 간격 25~45 Ma에 대한 대략적인 확장률을 계산하시오.

3. 세 해령 A, B, C가 삼중점에서 만난다. 해령 A는 329° (N31°W)의 주향과 7.0 cm yr^{-1}의 확장 속도를 보인다. 해령 B의 주향은 233°(S53°W)이며, 5.0 cm yr^{-1}의 확장 속도를 갖는다. 해령 C의 주향과 확장 속도를 계산하시오.

4. 구형의 지구 표면에 삼각형이 놓여 있다. 세 변의 길이는 각각 900 km, 1,350 km, 1,450 km이다. 글상자 2.1의 관계를 사용하여 삼각형의 내각을 계산하시오. 이것이 평면 삼각형이었다면 내각은 얼마인가?

5. 어떤 비행기가 위경도 λ_1, ϕ_1인 도시를 출발해 위경도 λ_2, ϕ_2인 도시로 향했다. 방향 코사인(글상자 2.2)을 사용하여 두 도시의 좌표를 계산하고, 두 도시 사이의 거리 Δ가 다음과 같음을 보이시오.

$$\cos\Delta = \cos\lambda_1 \cos\lambda_2 \cos(\phi_2 - \phi_1) + \sin\lambda_1 \sin\lambda_2$$

6. 위의 공식을 적용하여 다음과 같이 주어진 두 도시 사이의 거리를 계산하시오.
   (a) 뉴욕($\lambda = 40°43'$N, $\phi = 74°1'$W)과 마드리드($\lambda = 40°25'$N, $\phi = 3°43'$W).
   (b) 시애틀($\lambda = 47°21'$N, $\phi = 122°12'$W)과 시드니($\lambda = 33°52'$S, $\phi = 151°13'$E).

(c) 모스크바($\lambda = 55°45'$N, $\phi = 37°35'$E)와 파리($\lambda = 48°52'$N, $\phi = 2°20'$E).

(d) 런던($\lambda = 51°30'$N, $\phi = 0°10'$W)과 도쿄($\lambda = 35°42'$N, $\phi = 139°46'$E).

7. 위 문항에서 비행기가 주어진 두 도시 중 첫 번째 도시를 떠날 때, 비행경로의 방향(방위각)을 계산하시오.

2.14 컴퓨터 실습

이 장에 대한 Jupyter notebook 실습 자료를 http://www.cambridge.org/FoG3ed에서 내려받기를 할 수 있다: (Euler pole rotation of tectonic plates)

3

중력과 지구의 모양

미리보기

지구의 모양은 주로 두 가지 힘으로 결정된다. 지구 중심을 향해 작용하는 인력은 지구를 구형에 가까운 모양으로 만든다. 지구 자전으로 생기는 원심력은 자전축에서 멀어지는 방향으로 작용하여 구형 모양을 찌그러뜨려 납작한 회전 타원체 모양을 만든다. 지구 내부 질량 분포 차이는 타원체면에 울퉁불퉁한 굴곡을 만들어서 매끄럽지만 고르지 못한 지오이드라고 불리는 표면을 만든다. 중력은 어디에서나 수직 방향으로 작용하며 항상 국지적인 지오이드에 수직이다. 이 장에서는 어떻게 달과 태양의 인력이 지구의 자유면을 변형시켜 해양과 고체 지구에 조석을 만드는지 설명한다. 지구 타원체의 모양으로 인해 다른 행성들이 지구에 미치는 인력은 지구의 자전 속도와 공전 궤도 모두를 주기적으로 변조시킨다. 이들 주기는 약 21,000년에서 405,000년 사이인데 장주기 기후 변화와 관련되어 있다.

3.1 지구의 크기와 모양

3.1.1 지구의 크기

고대 문명 시대에는 철학자나 석학은 그들이 사는 세계의 본질과 모양에 대하여 단지 짐작해 볼 수밖에 없었다. 당시에는 여행할 수 있는 거리도 제한되었고 단순한 관측 장비만을 사용할 수 있었다. 별로 연관 없는 관측을 바탕으로 지구 표면이 위로 볼록하리라 추측했었다. 예를 들어, 태양 광선은 이미 해가 진 이후에도 한동안 하늘과 산봉우리를 계속해서 비추고 있고, 항구에서 떠나가는 배는 수평선 너머로 천천히 가라앉는 것으로 보이고, 부분 월식 때 지구 그림자가 곡선으로 보이는 것 등을 들 수 있다. 그러나 천상과 지구에 관한 초기 관념은 철학, 종교, 점성술의 개념과 밀접하게 연관되어 있었다. 그리스 신화에서 지구는 지중해 지역을 둘러싸고 있는 원반 모양이고 모든 강의 근원인 오케아노스(Oceanus)라 불리는 원형 물줄기가 둘러싸고 있다고 믿었다. 기원전 6세기 그리스 철학자 아낙시만드로스(Anaximander, 610~546 BC)는 하늘을 평평한 지구를 중심으로 둘러싸고 있는 천구로 시각화했다. 피타고라스(Pythagoras, 582~507 BC)와 그의 추종자들은 지구가 구형이라고 분명히 추측한 최초의 사람들이었다. 이 견해는 영향력 있는 철학자 아리스토텔레스(Aristotle, 384~322 BC)에 의해 심화되었다. 아리스토텔레스는 이론은 사실을 따라야 한다는 과학적 원리를 가르쳤지만, 그가 발전시킨 논리적인 방법론인 삼단논법에는 한계가 있다. 삼단논법은 잘못된 전제에서 출발하였음에도 불구하고 명백한 논리적인 연역 단계를 거쳐 관찰한 현상을 올바르게 설명할 수 있다. 과학적 방법론에 미친 그의 영향력은 마침내 17세기 과학 혁명으로 추방되었다.

기원전 3세기 그리스의 식민 도시였던 이집트 알렉산드리아의 도서관장인 에라토스테네스(Eratosthenes, 275~195 BC)는 최초로 과학적인 방법으로 구형 지구 크기를 대략적으로 추정해 냈다. 에라토스테네스는 한여름 정오에 태양이 시에네(현재 아스완)에서는 우물 바닥을 수직으로 비추지만, 같은 날 알렉산드리아에서는 그림자가 드리운다는 사실을 들었다.

해시계를 사용하여 에라토스테네스는 알렉산드리아에서 하지 때 태양 광선이 수직선과 원의 50분의 1에 해당하는 각(7.2°)을 이룬다는 것을 관측하였다(그림 3.1). 에라토스테네스는 시에네와 알렉산드리아가 같은 자오선에 있다고 믿었다. 사실은 두 도시의 경도는 약간 다르다. 시에네의 지리상 좌표는

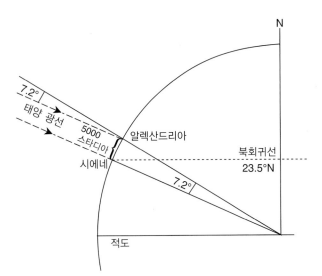

그림 3.1 에라토스테네스(275~195 BC)가 지구의 둘레를 추정한 방법. 5,000'스타디아' 떨어진 알렉산드리아와 시에네에서 하짓날 태양 광선의 고도가 7.2° 차이 나는 것을 이용하였다. 출처 : A.N. Strahler, *The Earth Sciences*, 681 pp., New York: Harper and Row, 1963.

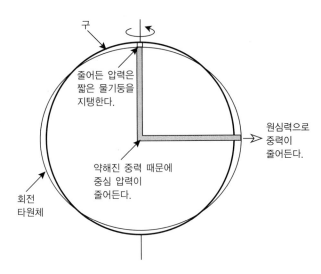

그림 3.2 뉴턴은 극과 적도에 놓인 물기둥의 정수압 평형에 기반하여 자전하는 지구의 모양은 극에서 편평해져야 하고 적도에서 부풀어 올라야 한다고 주장하였다. 출처 : A.N. Strahler, *The Earth Sciences*, 681 pp., New York: Harper and Row, 1963.

24′ 5′N, 32° 56′E이고 알렉산드리아는 31° 13′N, 29° 55′E이다. 시에네는 사실 북회귀선의 약 0.5도 북쪽에 위치한다. 에라토스테네스는 알렉산드리아에서 시에네까지 대략적인 거리가 5,000스타디아(stadia)라는 것을 알고 있었으며, 아마도 여행자들이 두 도시 사이를 여행하는 데 걸린 날수('낙타로 10일')로 추정했을 것이다. 에라토스테네스는 이런 관측을 이용하여 지구의 둘레가 250,000스타디아라고 추정했다. 그리스 길이 단위인 스타디움(stadium, stadia의 단수형)은 달리기나 여러 운동 경기가 열리던 U자 모양의 경기장의 길이(185 m)에 해당한다. 에라토스테네스가 추정한 지구 둘레는 46,250 km에 해당하고 이는 현재 지구 둘레인 40,030 km보다 15% 정도 크다.

자오선 1도의 길이는 서기 8세기에 중국 당나라와 서기 9세기에 메소포타미아의 아랍 천문학자들에 의해 추정되었다. 유럽에서는 17세기 초기까지 거의 아무런 진전이 없었다. 1662년에 런던에 왕립학회가, 1666년에는 파리에 왕립 과학 아카데미가 설립되었다. 두 기관 모두 과학 혁명을 지원하고 추진력을 제공하였다. 망원경의 발명으로 정밀한 측지 측량이 가능하게 되었다. 1671년에 프랑스 천문학자 장 피카르(Jean Picard, 1620~1682)는 자오선 호 1도 길이를 삼각 측량법으로 정확하게 측량하였다. 그는 측량 결과로부터 지구의 반지름을 6,372 km로 계산하였고, 이는 현재 지구 반지름인 6,371 km와 놀랍게도 근접한다.

3.1.2 지구의 모양

1672년에 루이 14세는 또 다른 프랑스 천문학자 장 리처(Jean Richer, 1630~1696)를 보내 적도 인근 카옌섬에서 천체 관측을 하도록 했다. 그는 프랑스 파리에서 정확하게 맞춘 진자시계가 카옌섬에서는 하루에 2.5분씩 느려지는 것, 즉 주기가 너무 길어진 것을 발견하였다. 이 정도 오차는 정밀한 장비의 부정확도로 설명하기에는 너무 큰 값이었다. 이 관측은 많은 흥미와 추측을 불러일으켰지만 약 15년 뒤 뉴턴만이 만유인력 법칙과 운동 법칙으로 그 이유를 설명할 수 있었다.

뉴턴은 자전하는 지구의 모양은 타원체라고 주장하였다. 즉 구형에 비교하여 극 쪽은 다소 평평하고 적도 쪽은 바깥쪽으로 부풀어 오른 편형(oblate) 타원체 모양이 되어야 한다고 주장했다. 이 추론은 논리적인 근거를 바탕으로 이루어졌다. 먼저 지구는 자전하지 않고, 자전축과 적도 반지름을 따라 중심으로 구멍을 뚫을 수 있다고 가정해 보자(그림 3.2). 이 구멍이 물로 채워지면 지구 중심에서 정수압은 각 반지름을 따라 길이가 같은 물기둥을 유지한다. 지구의 자전은 적도에서는 원심력을 발생시키지만, 자전축에는 영향을 미치지 않는다. 적도에서 지구 자전에 의한 원심력은 안쪽으로 작용하는 인력과는 반대 방향인 바깥쪽으로 작용하여 물기둥을 위쪽으로 끌어당긴다. 동시에 지구 중심에서는 물기둥에 의한 정수압을 감소시킨다. 줄어든 중심에서의 압력으로 인해 극반지름 방향의 물기둥은 높이를 지탱할 수 없으며 가라앉는다. 만약 지구가 정수압적인 구

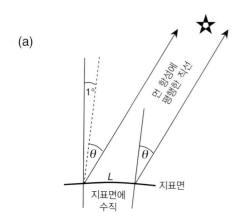

(a)

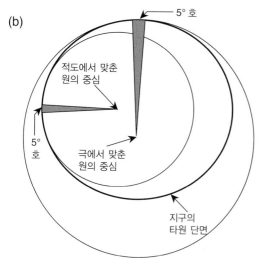

(b)

그림 3.3 (a) 자오선 호 1도 길이는 같은 자오선에서 1도 떨어진 두 점 사이의 거리를 측정하여 구한다. (b) 큰 곡률 반지름을 가지는 편평한 극에서 곡률 반지름이 작은 적도에서보다 호 거리가 더 길다. 출처 : A.N. Strahler, *The Earth Sciences*, 681 pp., New York: Harper and Row, 1963.

형의 행성이었으면 자전하는 지구의 모양은 편형 회전 타원체가 되어야만 한다. 뉴턴은 지구의 밀도가 일정하다고 가정하고 적도 반지름과 극반지름의 차이를 지구 평균 반지름에 비해 약 0.5% 정도, 즉 약 32 km 정도로 계산하였다. 이 값은 실제 지구 편평도인 대략 0.3%에 비해 약간 크게 추정되었다.

리처의 진자시계 주기가 증가한 것을 이제 설명할 수 있다. 카옌은 적도에 근접하여, 더 긴 반지름으로 인해 관측자는 인력의 중심에서 멀어졌다. 지구 자전축에서 멀어진 거리에 비례하여 반대 방향으로 더 큰 원심력을 받는다. 이 두 가지 효과로 파리보다 카옌의 중력이 더 작아지고 파리에서 정확히 맞춘 시계가 카옌에서 느려지는 결과를 낳게 했다.

뉴턴의 해석에는 직접적인 증명이 없다. 그의 해석에 따르면 적도 근처보다 극지방에서 자오선 호의 1도에 대응하는 길이가 길어야 한다(그림 3.3). 18세기 초에 프랑스 측지학자들은 국경 끝에서 끝까지 표준 자오선을 측량하고 모순되는 결과를 내놓았다. 뉴턴의 예측과는 반대로 자오선 호에 대응하는 길이가 북쪽으로 갈수록 줄어든다는 측량 결과를 보여 주었다. 프랑스 측지학자들은 지구는 극 쪽이 부풀고 적도 쪽이 좁아진 마치 럭비공 모양의 장형 타원체라고 주장하였다. '편형파'와 '장형파' 사이에 지구의 모양에 대한 주요한 과학적 논란이 일어났다.

지구가 편형 타원체인가 장형 타원체인가를 결정하기 위하여 프랑스 왕립 과학 아카데미는 두 개의 과학 탐험 팀을 파견하였다. 한 팀의 과학자들은 1736~1737년에 북극권에 가까운 라플란드에서 자오선 호의 1도에 해당하는 거리를 측정하였다. 그들은 파리 근처에서 피카르가 측정한 자오선의 길이보다 훨씬 길다는 것을 발견했다. 1735년부터 1743년까지 두 번째 팀은 적도 근처 페루에서 자오선 호 3도 이상의 길이를 측정하였다. 그들의 결과는 적도 근처 위도에서 파리의 자오선 길이보다 짧다는 것을 보여 주었다. 두 팀 모두 지구의 모양이 편형 타원체라는 뉴턴의 예측을 설득력 있게 확인시켰다.

자전으로 지구의 모양이 편형 타원체라는 것은 지표면에서 위도에 따른 중력의 변화뿐만 아니라 지구의 자전 속도 및 자전축의 방향에도 중요한 영향을 미친다. 이것들은 타원체 모양의 지구에 미치는 태양, 달, 그리고 다른 행성들의 인력에 의한 돌림힘에 의해 수정된다.

3.2 인력

3.2.1 만유인력의 법칙

뉴턴(Sir Isaac Newton, 1642~1727)은 갈릴레이가 세상을 떠난 해에 태어났다. 논쟁을 즐기던 갈릴레이와 다르게 뉴턴은 내성적이고 대립을 피하는 성격이었다. 뉴턴의 성격은 탄성에 관한 실험으로 유명한 훅(Robert Hooke, 1635~1703)에게 1675년에 보낸 편지에서 잘 나타난다. 그 편지에서 뉴턴은 유명한 명언을 남겼다. "만약 내가 [너 또는 데카르트보다] 더 멀리 볼 수 있다면, 그것은 내가 거인들의 어깨 위에 서 있기 때문이다." 현재 관점에서 뉴턴은 이론물리학자로 여겨진다. 그는 실험 결과를 종합하고 이를 자신의 이론에 통합하는 탁월한 능력을 갖추고 있었다. 그 당시 존재하던 것보다 강력한 수학적 기법이 필요하여 뉴턴은 미적분을 발명했다. 똑같은 미적분을 독립적으로 발견한 라이프니츠(G. W. von Leibnitz, 1646~1716)와 미적분 발명의 업적을 동등하게 인정받았다. 뉴턴은 논리적 사고 실험을 공식화하여 많은 문제를 해결할 수 있었다. 지구의 모양이 편형 타원체라는 예측이 논리적 사고 실험의 예이다. 과학사적으로 보면 뉴턴은 관측을 통합하는 가장 훌륭한 능력을 갖췄는데 훅에게 보낸 그의 편지에 암시되어 있다. 그는 1687년에 3권짜리 책, *Philosophiae Naturalis Principia Mathematica*를 발간했고, 이 책은 모든 과학 서적 중에서도 최고로 평가받고 있다. 프린키피아 제1권에는 뉴턴의 유명한 운동 법칙이 실려 있고, 제3권에서는 만유인력의 법칙을 다루고 있다.

운동 법칙의 처음 두 법칙은 갈릴레이의 결과를 일반화한 것이다. 결과적으로 뉴턴은 힘이 벡터로 더해져야 함을 보여 주기 위해 운동 법칙을 적용했고, 평행사변형을 사용하여 기하적으로 힘의 벡터 합을 보여 주었다. 제2운동 법칙은 질량의 운동량 변화율은 물체에 작용하는 힘에 비례하고 힘의 방향으로 일어난다는 것이다. 질량이 일정한 경우에 이 법칙은 질량(m)에 주어진 가속도($\mathbf{a}$)의 관점에서 힘($\mathbf{F}$)을 정의하는 역할을 한다:

$$\mathbf{F} = m\mathbf{a} \tag{3.1}$$

SI 단위계로 힘의 단위는 N이다. 1 N은 1 kg의 질량에 가속도 $1\,\mathrm{m\,s^{-2}}$를 주는 것으로 정의한다.

사과가 떨어지는 것을 보고 지구와 사과 사이의 인력을 떠올렸다는 유명한 일화는 전설일지도 모르지만, 뉴턴의 진정한 천재성은 사과를 떨어뜨리는 힘이나 달이 지구 주위를 궤도를 유지하면서 공전하게 하는 힘, 행성이 태양 주위를 공전하게 하는 힘, 그리고 질량을 가지는 작은 분자들 사이에 작용하는 힘이 모두 같은 유형이라는 것을 깨달은 점이다. 뉴턴은 케플러의 경험적 제3법칙(1.3절과 식 1.6 참조)을 이용하여 행성과 태양 사이에 그들이 가지는 질량에 비례하고 그들 사이 거리의 제곱에 반비례하는 인력이 작용한다고 추론했다. 두 작은 입자 또는 점 질량인 m과 M이 거리 r만큼 떨어져 있다고 가정하고 이 법칙을 적용하면(그림 3.4a), M이 m에 가하는 인력 $\mathbf{F}$는 식 (3.2)이다.

$$\mathbf{F} = -G\frac{mM}{r^2}\hat{\mathbf{r}} \tag{3.2}$$

이 식에서 $\hat{\mathbf{r}}$은 r이 증가하는 방향의 단위 벡터인데 기준계의 원점으로 설정한 질량 M의 중심에서 멀어지는 방향이다. 음수

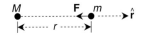

(a) 두 개의 점 질량

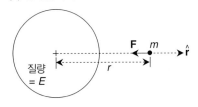

(b) 점 질량과 구

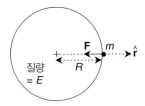

(c) 지표면 위의 점 질량

그림 3.4 만유인력의 기하적 표현. (a) 두 개의 점 질량인 경우, (b) 점 질량이 구 외부에 있는 경우, (c) 점 질량이 구 표면에 있는 경우.

부호는 힘 $\mathbf{F}$의 방향을 나타내는데 질량 M 쪽으로 인력이 작용한다는 것을 의미한다. 상수 G는 중력 상수이다. 식 (3.2)의 중요한 특성은 m과 M의 역할이 서로 바뀔 수 있다는 것인데, 이는 질량 m에 의한 질량 M의 인력도 설명할 수 있다는 의미이다.

3.2.1.1 중력 상수, G

뉴턴이 살았던 시대에는 중력 상수를 결정할 방법이 없었다. 두 질량 사이에 작용하는 힘을 측정하면 중력 상수를 결정할 수 있다는 점은 명백하였지만 17세기까지 이런 작은 힘을 측정할 기술이 존재하지 않았다. 중력 상수 G를 결정하는 실험은 고도로 어려웠다. 프린키피아가 출판되고 1세기 후에 캐번디시 경(Lord Charles Cavendish, 1731~1810)에 의하여 처음으로 중력 상수의 측정이 이루어졌다. 캐번디시는 정교한 일련의 과정을 거쳐 두 개의 구형 납덩어리 사이의 인력을 측정하여 1798년에 처음으로 중력 상수 G를 $6.754 \times 10^{-11}\,\mathrm{m^3\,kg^{-1}\,s^{-2}}$라고 발표하였다. 기초 물리 상수를 제공하는 CODATA-2014의 발표에 따르면 최신 중력 상수는 $6.67408 \times 10^{-11}\,\mathrm{m^3\,kg^{-1}\,s^{-2}}$이다(Mohr et al., 2016).

중력 상수 G는 측정 실험으로 직접적으로 결정되어야 하는

글상자 3.1 중력 상수 결정하기

중력은 전자기력, 강한 핵력, 약한 핵력과 함께 네 가지 기초 물리 힘들 중 하나이다. 중력은 다른 3개의 기초 힘보다 매우 작다. 결론적으로 중력 상수 G는 다른 물리량 측정으로부터 간접적으로 정해질 수 없고 독립적인 실험으로 결정되어야 한다. 이 측정 실험은 외부 인력에 영향을 받기 때문에 기술적으로 매우 어렵다. 비록 다른 물리 법칙들을 사용하기도 하지만 대부분의 실험은 비틀기 힘 평형을 이용한다. 이 실험 결과에 영향을 줄 수 있는 교란 요소를 줄이기 위해 여러 과정이 도입된다. 예를 들어 공기 저항을 피하려고 진공 챔버에서 실험하고 온도 효과를 제거하기 위해서 극저온 상태에서 실험을 진행한다.

지난 20여 년 동안 14번의 중력 상수 결정에서(그림 B3.1.1) 몇몇 측정 오차는 매우 작았지만 서로 다른 실험실에서 얻어진 평균값들은 매우 큰 분포를 보여 준다. 표준 편차가 작은 정확한 측정이더라도 서로 상당히 다른 값(오차 막대가 겹치지 않음)을 보여 준다. 개별 측정치 간의 불합치는 이해되지 못하고 있다.

중력 상수의 현재 최적 추정치는 $6.67408 \pm 0.00031 \times 10^{-11}$ kg^{-1} m^3 s^{-2}이다(CODATA-2014: Mohr et al., 2016).

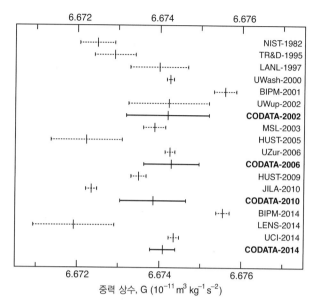

그림 B3.1.1 지난 20년 동안 측정한 중력 상수들. 오른쪽은 출처와 측정 연도이다. CODATA 값은 모든 선행 측정에 대해 최적화된 평균이다.

데, 개별 측정값의 분산이 매우 크다는 것에서 분명히 알 수 있듯이 이 측정 실험은 기술적으로 매우 어렵다(글상자 3.1). 가장 좋은 G의 측정값도 다른 물리 상수와 비교하면 상대적으로 큰 불확도(uncertainty)인 4.7×10^{-5}(백만당 47) 값을 가진다. 결론적으로 중력 상수는 다른 주요한 물리 상수보다 가장 부정확하게 알려져 있고 가장 큰 상대적 불확도인 10^{-7}에서 10^{-11} 정도를 가진다. 반면에 중력 상수와 지구 질량을 곱한 지심 중력 상수(geocentric gravitational constant, GE)는 인공위성의 고도를 레이저를 이용하여 매우 정밀하게 측정하여 결정할 수 있다. 결과적으로 GE는 다른 주요한 물리 상수의 정밀도와 유사하게 약 2×10^{-9}의 불확도로 결정되었다. 최신 GE 값은 $3,986,004.418 \pm 0.008 \times 10^8$ m^3 s^{-2}이다.

3.2.1.2 퍼텐셜 에너지와 일

에너지 보존 법칙은 닫힌 계에서 모든 에너지의 합은 항상 일정하다는 것을 의미한다. 여기서는 두 가지 형태의 에너지만을 고려한다. 하나는 퍼텐셜 에너지로서 어떤 물체가 힘의 기준점으로부터 상대적인 위치에 따라서 가지는 에너지이다. 두 번째 에너지는 위치가 변경되는 동안 힘의 작용에 대하여 수행한 일이다.

예를 들어 뉴턴의 사과는 나무에 달려 있을 때 땅에 떨어져 있을 때보다 높은 퍼텐셜 에너지를 갖는다. 중력이 아래 방향으로 작용하기 때문에 사과는 중력 방향으로 떨어지고, 떨어지면서 퍼텐셜 에너지를 잃는다. 퍼텐셜 에너지의 변화를 계산하려면 사과를 기준점에서 원래 위치로 들어 올리는 과정이 필요하다. 이 과정에서 사과에 작용하는 중력과 크기는 같고 방향은 반대인 힘을 가해야 하며, 이 힘으로 사과가 떨어진 거리만큼 올려야 하므로 일의 형태로 에너지를 소비해야 한다. 사과에 가해지는 중력의 크기가 F이면 사과를 다시 올려놓기 위해 작용해야 하는 힘은 $-F$이다. 낙하하는 짧은 거리 동안 F가 일정하다고 가정하면 사과를 지면 위 원래 높이 h까지 올리는 데 소비되는 일은 $-Fh$이다. 이것은 사과가 나무에 달려 있을 때 갖는 퍼텐셜 에너지이다.

보다 일반적으로 일정한 힘 F가 작은 거리 dr만큼 힘과 같은 방향으로 이동하면 한 일은 $dW = Fdr$이고, 퍼텐셜 에너지 변화 dE_p는 식 (3.3)으로 표현된다.

$$dE_p = -dW = -Fdr \qquad (3.3)$$

일반적으로 운동 및 힘은 3개의 직교축을 따라 성분으로 분리해서 고려해야 한다. 변위 dr과 힘 F는 더 이상 서로 평행할 필요가 없다. F와 dr은 벡터로 취급해야 한다. 데카르트 좌표계에서 변위 벡터 d**r**에는 성분 (dx, dy, dz)가 있고 힘 **F**에는 각 축을 따라 성분 (F_x, F_y, F_z)가 있다. x축을 따라 변위될 때 힘의 x 성분이 한 일은 $F_x dx$이고, 다른 축을 따라 변위에 대해서도 유사하다. 퍼텐셜 에너지 변화 dE_p는 이제 식 (3.4)로 표현된다.

$$dE_p = -dW = -(F_x dx + F_y dy + F_z dz) \qquad (3.4)$$

괄호 안의 표현은 벡터 **F**와 d**r**의 내적(**F·dr**로 표기)이라 하고, 그 크기는 $F\,dr\cos\theta$와 같다. 여기서 θ는 두 벡터 사이의 각도이다.

3.2.2 중력 가속도

물리학에서 힘의 장(field)은 힘의 절대적 크기보다 더 중요하게 다루는 경우가 많다. 장은 단위 물체에 작용하는 힘으로 정의한다. 예를 들어 대전된 전하가 만드는 특정 위치에서 전기장은 단위 전하가 그 특정 위치에서 받는 힘으로 정의된다. 질량을 가지는 물체에 의해 생성되는 **중력장**은 단위 질량에 미치는 인력으로 구할 수 있다. 식 (3.1)은 중력장이 가속도 벡터와 같다는 것을 보여 준다.

지구물리학적 응용에서 힘보다는 가속도를 이용하는 경우가 많다. 식 (3.1)과 식 (3.2)를 비교하면 질량 M의 인력이 질량 m에 미치는 중력 가속도 $\mathbf{a}_G$를 식 (3.5)로 구할 수 있다.

$$\mathbf{a}_G = -G\frac{M}{r^2}\hat{\mathbf{r}} \qquad (3.5)$$

SI 단위계로 가속도의 단위는 m s^{-2}이다. 지구물리학에서 이 단위는 실용적으로 사용하기에는 너무 크다. c.g.s 단위계로 가속도의 단위를 대체하면 cm s^{-2}이고 이것을 갈릴레이의 중력에 대한 공헌을 기리는 의미로 Gal이라고 쓴다. 지질 구조의 변화에 따른 중력 가속도의 변화는 1 Gal의 수천분의 1로 측정되므로 편의상 중력 가속도의 단위도 Gal의 1/1,000, 즉 mGal 단위를 사용한다. 최근까지 지질 구조에 기인하는 중력 이상을 중력 측정 장비로 mGal의 10분의 1의 정밀도를 측정하였고, 이 값을 중력 가속도 단위 중 하나로 **중력 단위**(gravity unit, g.u.)로 사용하고 있다. 최신 중력 측정 장비들은 백만분의 1 Gal의

정밀도를 측정할 수 있고, 이것은 현재 중력 탐사에서 일반적으로 사용되는 중력 가속도 단위 μGal이다. 가장 민감도가 좋은 중력계는 10^{-9} Gal의 중력 차이를 탐지할 수 있으며 중력 가속도 단위로는 nGal이라고 부른다. 1 nGal은 지표면에서 평균 중력 가속도인 약 9.81 m s^{-2}의 1조분의 1(10^{-12})에 해당한다.

3.2.2.1 인력 퍼텐셜

인력 퍼텐셜은 인력이 만드는 중력장에서 단위 질량이 가지는 퍼텐셜 에너지이다. 인력 퍼텐셜을 기호 U_G로 표시한다. 중력장 내에서 질량 m의 퍼텐셜 에너지 E_p는 ($m\,U_G$)와 같다. 따라서 퍼텐셜 에너지 변화 dE_p는 ($m\,dU_G$)와 같다. 식 (3.1)을 이용하면 식 (3.3)은 식 (3.6)으로 변형할 수 있다.

$$m\,dU_G = -Fdr = -ma_G dr \qquad (3.6)$$

식을 다시 정렬하고 방향을 고려하면 중력 가속도는 식 (3.7)과 같이 구해진다.

$$\mathbf{a}_G = -\frac{dU_G}{dr}\hat{\mathbf{r}} \qquad (3.7)$$

일반적으로 가속도는 3차원 벡터이다. 만약 직교 좌표계 (x, y, z)를 적용하면 가속도 벡터 성분은 (a_x, a_y, a_z)로 표현된다. 이것은 인력 퍼텐셜을 각 축 방향으로 미분하여 구할 수 있다.

$$a_x = -\frac{\partial U_G}{\partial x} \qquad a_y = -\frac{\partial U_G}{\partial y} \qquad a_z = -\frac{\partial U_G}{\partial z} \qquad (3.8)$$

식 (3.3)과 (3.7)로부터 점 질량 M에 의한 인력 퍼텐셜을 식 (3.9)와 같이 구할 수 있다.

$$\frac{dU_G}{dr} = G\frac{M}{r^2} \qquad (3.9)$$

이 식의 해는 식 (3.10)이다.

$$U_G = -G\frac{M}{r} \qquad (3.10)$$

3.2.2.2 질량 분포에 따른 인력 퍼텐셜과 중력 가속도

지금까지 점 질량에 대한 중력 가속도와 인력 퍼텐셜만을 다루었다. 고체는 수많은 작은 입자들로 구성되어 있고 각각의 입자는 외부 점 P에 서로 다른 인력이 작용한다(그림 3.5a). 점 P에서 인력을 계산하기 위해서는 각각의 입자가 미치는 모든 인력을 벡터로 더해야 한다. 개별 입자의 인력은 모두 다른 방향을 가진다. 점 P에서 거리 r_i인 입자의 질량을 m_i라고 하면 모

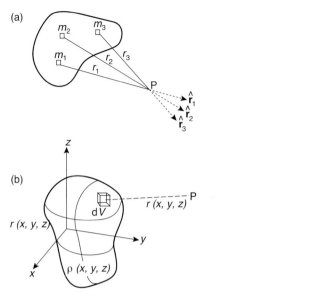

그림 3.5 (a) 고체를 이루는 작은 크기의 개별 입자는 외부의 점 P에 서로 다른 방향으로 인력이 작용한다. (b) 연속적인 질량 분포의 인력 퍼텐셜 계산.

든 입자가 미치는 인력의 벡터 합은 식 (3.11)과 같다.

$$\mathbf{a}_G = -G\frac{m_1}{r_1^2}\hat{\mathbf{r}}_1 - G\frac{m_2}{r_2^2}\hat{\mathbf{r}}_2 - G\frac{m_3}{r_3^2}\hat{\mathbf{r}}_3 - \cdots \tag{3.11}$$

고체의 모양에 따라 이 벡터 합은 매우 복잡해질 수도 있다.

이 문제의 또 다른 해법은 먼저 인력 퍼텐셜을 구하고 식 (3.7)과 같이 미분을 이용하여 중력 가속도를 구하는 것이다. 점 P에서 인력 퍼텐셜은 식 (3.12)와 같다.

$$U_G = -G\frac{m_1}{r_1} - G\frac{m_2}{r_2} - G\frac{m_3}{r_3} - \cdots \tag{3.12}$$

이 식은 스칼라 합이고 벡터 합보다는 매우 단순하게 계산할 수 있다.

더 일반적으로는 물체가 이산적인 입자의 덩어리로 표현되지 못하고 연속적인 질량 분포로 표현된다. 이 경우 물체의 체적을 작은 이산 요소로 나눌 수 있다. 만약 개별 체적의 밀도를 알고 있다면 작은 체적 요소의 질량을 계산할 수 있고, 작은 체적 요소의 질량이 외부 점 P에 미치는 인력 퍼텐셜도 계산 가능하다. 작은 체적 요소를 이용하여 물체 전체에 대한 적분을 수행하면 점 P에 미치는 물체의 인력 퍼텐셜도 계산할 수 있다. 그림 3.5b와 같이 물체 내의 점 (x, y, z)에서 밀도를 $\rho(x, y, z)$라고 하고, 이 점과 물체 외부의 점 P와의 거리를 $r(x, y, z)$라고 하면 점 P에서 인력 퍼텐셜은 식 (3.13)이다.

$$U_G = -G\iiint_{x\,y\,z}\frac{\rho(x, y, z)}{r(x, y, z)}\,dx\,dy\,dz \tag{3.13}$$

적분을 이용하여 속이 빈 구 또는 균질한 구형 물체의 내부 및 외부에서 인력 퍼텐셜과 중력 가속도를 구할 수 있다. 거리가 r인 구 외부의 점에서 인력 퍼텐셜과 중력 가속도는 모든 질량 E가 구의 중심에 놓인 것과 같다(그림 3.4b).

$$U_G = -G\frac{E}{r} \tag{3.14}$$

$$\mathbf{a}_G = -G\frac{E}{r^2}\hat{\mathbf{r}} \tag{3.15}$$

3.2.2.3 지구의 질량과 평균 밀도

식 (3.14)와 (3.15)는 구 외부 어디에서나 성립한다. 또한 질량 중심과 평균 반지름 R이 같은 거리인 지점, 즉 구의 표면에서도 마찬가지로 성립한다(그림 3.4c). 지구의 모양을 질량이 E이고 평균 반지름이 R인 구형으로 근사하면, 식 (3.15)를 식 (3.16)으로 재배열하여 중력 가속도와 지구 평균 반지름을 대입하면 지구의 질량을 추정할 수 있다.

$$E = \frac{R^2 a_G}{G} \tag{3.16}$$

비록 지구가 완벽한 구형은 아니지만 지표면에서 중력 가속도는 약 $9.81\,\mathrm{m\,s^{-2}}$이다. 지구의 평균 반지름은 $6,371\,\mathrm{km}$이고 중력 상수는 $6.674 \times 10^{-11}\,\mathrm{m^3\,kg^{-1}\,s^{-2}}$이다. 이 값들을 식 (3.16)에 대입하면 지구의 질량은 대략 $5.973 \times 10^{24}\,\mathrm{kg}$이다. 이 큰 숫자를 이용하여 지구의 평균 밀도를 계산하는 것이 어렵긴 하지만 지구의 질량을 지구의 부피$(4/3\pi R^3)$로 나누면 지구의 평균 밀도를 계산할 수 있다. 계산된 지구의 평균 밀도는 $5,514\,\mathrm{kg\,m^{-3}}$인데 이 값은 지각의 평균 밀도의 2배에 해당한다. 추정한 지구의 평균 밀도는 지구 내부가 균질하지 않고 내부의 밀도가 지구 중심으로 갈수록 일반적으로 커진다고 추론할 수 있다.

3.2.3 등퍼텐셜면

등퍼텐셜면은 퍼텐셜이 같은 면이다. 식 (3.14)로 주어진 구형 물체의 인력 퍼텐셜은 구의 중심에서 떨어진 거리 r에 따라 변한다. 어떤 특정한 퍼텐셜 값 U_1은 방사 방향으로 떨어진 거리 r_1으로 구해진다. 따라서 퍼텐셜 값 U_1을 가지는 등퍼텐셜면은 반지름이 r_1인 구면을 이룬다. 또 다른 퍼텐셜 값 U_2는 반지름 r_2를 가지는 또 다른 구면을 가지는 등퍼텐셜면을 만든다. 구형 질량에 의한 모든 등퍼텐셜면은 중심이 같은 구면이다(그림

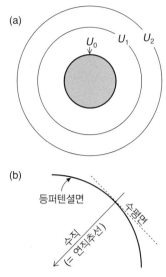

그림 3.6 (a) 구형 질량에 의한 등퍼텐셜면들은 중심이 같은 구면을 형성한다. (b) 등퍼텐셜면의 법선 방향은 수직 방향을 정의한다. 접선 평면으로 수평면이 정의된다.

3.6a). 등퍼텐셜면 중 하나(예를 들어 그림 3.6a의 U_0)는 구형 질량체의 표면과 같다. 구형 질량이 만드는 등퍼텐셜면 중에서 특별히 구형 질량체의 표면과 일치하는 등퍼텐셜면을 구형 질량체의 모양(figure)이라고 한다.

등퍼텐셜면의 정의에 따라 등퍼텐셜면의 한 점에서 다른 점으로 이동할 때 퍼텐셜의 변화는 없고 한 일도 없다. 힘 F가 변위 dr에 한 일은 $F\,dr\cos\theta$이다. 여기서 $\cos\theta$가 0이면 일도 0이다. 즉, 변위와 힘의 사잇각이 90°이면 일도 0이다. 만약 중력 등퍼텐셜면을 따라서 움직인 일이 없으려면 중력장 내에서 중력 가속도는 반드시 등퍼텐셜면과 수직이어야 한다. 등퍼텐셜면의 법선 방향을 수직(vertical) 방향 또는 연직추선 방향으로 정의한다(그림 3.6b). 등퍼텐셜면의 접선 평면을 그 점에서 수평면(horizontal)으로 정의한다.

물체 내부의 질량이 구형 대칭이 아니면 등퍼텐셜면도 더 이상 구면이 아니다. 그럼에도 불구하고, 등퍼텐셜면이 복잡한 모양을 가져도 등퍼텐셜면 내에서 움직인 이동에 대해서는 한 일이 없으며 따라서 수직 방향과 수평면에 대한 정의도 계속 만족한다.

3.3 지구의 자전

3.3.1 서론

지구는 탄성체이므로 자전으로 생성된 힘에 의해 변형되어 극

쪽이 약간 편평하고 적도 쪽이 부푼 모양을 가진다. 태양, 달 및 다른 행성들이 편평해진 지구에 미치는 인력은 지구의 자전 속도, 자전축의 방위, 그리고 태양 주위를 돌고 있는 지구 공전 궤도의 모양을 변화시킨다. 비록 외부 천체의 영향이 없는 경우에도, 작고 불안정한 흔들림으로 인해 지구의 자전축이 평균 위치에서 벗어나는 작은 변동으로 반응한다. 이런 섭동은 지구 회전 역학에서 발생한 힘과 중력과의 균형을 반영한다.

3.3.2 구심 가속도와 원심 가속도

뉴턴의 첫 번째 운동 법칙에 따르면 물체에 작용하는 힘으로 상태가 변화하지 않는 한 모든 물체는 멈춰 있는 상태를 유지하거나 운동하는 물체는 등속 직선 운동한다. 운동 상태의 지속은 물체의 관성 때문이다. 이 법칙을 만족하는 계를 관성계라 부른다. 예를 들어, 만약 우리가 등속도로 움직이는 자동차로 여행하고 있다면 우리는 아무런 방해하는 힘을 느끼지 못한다. 움직이는 자동차에 고정된 기준 좌표계는 관성계를 이룬다. 만약 도로 사정 때문에 운전자가 브레이크를 밟으면 우리는 감속시키는 힘을 느낀다. 만약 자동차가 심지어 같은 속력으로 모퉁이를 돌 때도 우리는 자동차를 모퉁이 옆으로 밀어내는 힘을 느낀다. 이러한 상황에서는 자동차의 등속 직선 운동 상태를 변화시켜야만 하고 이때 자동차에 고정된 기준 축들은 비관성계를 형성한다.

원운동은 직선 운동의 상태를 지속적으로 변경시키는 힘이 가해지고 있음을 의미한다. 뉴턴은 이 힘이 원의 중심을 향해 안쪽으로 향한다는 것을 깨달았고 구심력(구심은 '중심을 찾는'을 의미)이라고 이름 지었다. 그는 돌팔매에 묶인 돌이 빙글빙글 돌고 있는 예를 들었다. 돌팔매가 원형 경로를 유지하도록 돌에 구심력이 안쪽으로 작용한다. 돌팔매를 놓는다면 구심력의 구속이 없어지고 돌은 관성에 의해 돌팔매가 풀린 시점의 운동을 계속한다. 더 이상 구속하는 힘이 없으면 돌은 직선으로 날아간다. 뉴턴은 지구 표면에서 발사체가 곡선 경로를 가지는 것은 지구 중심 방향으로 계속 떨어뜨리는 인력의 영향이라고 주장하면서 만약 발사체의 속도가 정확히 맞는다면 지구 표면에 도달하지 못할 것이라고 가정했다. 만약 발사체가 굽어진 지구의 표면과 같은 비율로 지구의 중심을 향해 떨어지면, 발사체는 지구 주위를 도는 궤도에 진입할 것이다. 뉴턴은 달이 지구 주위를 돌고 있는 것도 지구의 인력이 같은 종류의 구심력으로 작용하고 있기 때문이라고 주장했다. 같은 방식으로 행성에도 인력이 구심력으로 작용하여 행성들이 태양 주위의

원 궤도로 구속한다는 것을 시각화했다.

모퉁이를 돌고 있는 자동차 안의 승객은 바깥쪽으로 쏠리는 경향을 경험한다. 승객이 자동차의 프레임에 고정되어 있으면 승객은 자동차와 같이 커브를 돌 수 있도록 필요한 구심 가속도를 가진다. 승객은 관성 때문에 직선 운동을 계속하려 하고 관성은 승객을 차량 바깥쪽으로 밀어낸다. 이런 바깥쪽으로 향하는 힘을 원심력이라고 한다. 이 힘은 차량이 관성계가 아니어서 나타난다. 차량 외부의 고정된 좌표계(관성계)에서 관찰자는 차와 승객 모두 지속적으로 방향을 바꾸면서 모퉁이를 돌고 있는 것을 볼 수 있다. 원심력은 차 안에서 승객이 진짜라고 느끼는 힘이지만 가짜 힘 또는 관성력(inertial force)이라 불린다. 차량을 구속하는 구심력과 달리 원심력은 물리적 근원이 없고 단지 비관성 기준계에서 관찰되기 때문에 존재한다.

3.3.2.1 구심 가속도

한 점에 대해 일정한 각속도 $\omega(\text{rad s}^{-1})$를 갖는 원운동에 대한 구심 가속도의 수학적 표현은 다음과 같이 유도된다. 그림 3.7a와 같이 원의 중심에 대하여 직교 좌표축 x와 y를 정의한다. 반지름 벡터가 x축과 각도 $\theta = (\omega t)$를 이루는 임의의 지점에 대한 선속도 v는 식 (3.17)과 같은 두 성분을 가진다.

$$v_x = -v \sin(\omega t) = -r\omega \sin(\omega t)$$
$$v_y = v \cos(\omega t) = r\omega \cos(\omega t) \tag{3.17}$$

가속도의 x와 y 성분은 선속도의 각 성분을 시간으로 미분하여 구한다.

$$a_x = -\omega v \cos(\omega t) = -r\omega^2 \cos(\omega t)$$
$$a_y = -\omega v \sin(\omega t) = -r\omega^2 \sin(\omega t) \tag{3.18}$$

이것은 구심 가속도의 성분들이며, 방향은 방사상 안쪽이고 크기는 $\omega^2 r$이다(그림 3.7b).

3.3.2.2 원심 가속도와 원심 퍼텐셜

지표면에서 중력 변화를 다루기 위해서는 자전하는 지구에 부착된 비관성 기준계를 사용해야 한다. 고정된 외부 관성계에서 보면 정지한 질량은 지구와 같은 속도로 지구 자전축에 대하여 원운동한다. 그러나 지구에 부착된 회전하는 기준계에서는 질량이 정지되어 있다. 이 물체는 구심 가속도와 크기는 같고 방향이 반대인 원심 가속도(a_c)를 갖고 있으며 식 (3.19)로 쓸 수 있다.

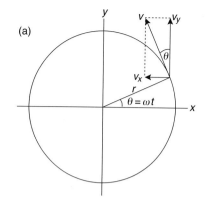

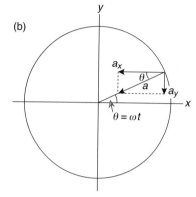

그림 3.7 (a) 선속도 v의 성분 v_x와 v_y. 여기서 반지름은 x축과 사잇각 $\theta = (\omega t)$를 이룬다. (b) 안쪽 방사 방향을 향하는 구심 가속도 a의 성분 a_x와 a_y.

$$a_c = \omega^2 r = \frac{v^2}{r} \tag{3.19}$$

원심 가속도는 중력과는 다르게 지구 중심 방향이 아니고 자전축에 대해 상대적으로 정의된다. 그럼에도 불구하고, 회전에 연관된 퍼텐셜 에너지는 원심 퍼텐셜로 정의할 수 있다. 자전하는 지구 위에서 지구 중심으로부터의 거리가 r인 한 점을 가정해 보자(그림 3.8). 그 점까지 반지름과 자전축이 이루는 각 θ를 여위도라고 한다. 이것은 위도 λ의 여각이다. 자전축으로부터 거리는 $x(= r \sin\theta)$이고, 원심 가속도는 $\omega^2 x$이고 방향은 x가 증가하는 바깥 방향이다. 원심 퍼텐셜 U_c는 다음과 같이 정의된다.

$$\mathbf{a}_c = -\frac{\partial U_c}{\partial x}\hat{\mathbf{x}} = (\omega^2 x)\hat{\mathbf{x}} \tag{3.20}$$

여기서 $\hat{\mathbf{x}}$은 회전축 바깥쪽 방향의 단위 벡터이다. 식들을 합쳐서 쓰면 다음 식을 얻는다.

$$U_c = -\frac{1}{2}\omega^2 x^2 = -\frac{1}{2}\omega^2 r^2 \cos^2\lambda$$
$$= -\frac{1}{2}\omega^2 r^2 \sin^2\theta \tag{3.21}$$

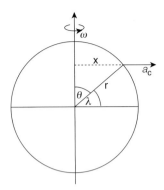

그림 3.8 각속도 ω로 회전하는 구의 위도 λ인 점에서 바깥쪽을 향하는 원심 가속도 a_c.

3.3.2.3 행성 운동의 케플러 제3법칙

태양의 인력과 태양을 도는 행성들의 구심 가속도를 비교하면 케플러의 제3법칙을 설명할 수 있다(1.3절 참조). 태양의 질량을 S, 태양과 행성까지의 거리를 r_p, 태양 주위를 도는 행성의 공전 주기를 T_p라 하자. 인력과 구심 가속도를 같다고 놓으면 식 (3.22)가 얻어진다.

$$G\frac{S}{r_p^2} = \omega_p^2 r_p = \left(\frac{2\pi}{T_p}\right)^2 r_p \qquad (3.22)$$

식을 재배열하면 주기의 제곱과 공전 반지름의 세제곱의 비가 일정하다는 행성 운동에 대한 케플러 제3법칙이 얻어진다.

$$\frac{r_p^3}{T_p^2} = \frac{GS}{4\pi^2} = 상수 \qquad (3.23)$$

3.3.2.4 만유인력의 역거리 제곱 법칙 증명

뉴턴은 달의 궤도를 유지하는 구심 가속도가 지구의 인력에 의해 제공된다는 것을 깨달았고, 이 지식을 사용하여 자신의 만유인력 법칙이 거리의 제곱에 반비례함을 확인하려고 했다. 지구에 대한 달의 항성 주기(T_L), 즉 항성월은 27.3일이다. 이에 대응하는 회전 각속도는 $\omega_L = 2\pi/T_L$이다. 지구와 달 중심 사이의 거리를 r_L이라고 하고 ω_L에 의한 달의 구심 가속도와 달과 지구 사이의 인력을 같다고 하면 식 (3.24)를 얻는다.

$$G\frac{E}{r_L^2} = \omega_L^2 r_L \qquad (3.24)$$

이 식을 재배열하면 다음과 같다.

$$\left(G\frac{E}{R^2}\right)\left(\frac{R}{r_L}\right)^2 = \omega_L^2 R\left(\frac{r_L}{R}\right) \qquad (3.25)$$

식 (3.15)와 비교하면 첫 번째 괄호 안은 지구 표면에서 평균 중력 가속도 a_G의 크기와 같다. 따라서 식 (3.26)으로 다시 쓸 수 있다.

$$a_G = G\frac{E}{R^2} = \omega_L^2 R\left(\frac{r_L}{R}\right)^3 \qquad (3.26)$$

뉴턴이 살던 시대에는 지구의 물리적 크기에 대해 알려진 것이 거의 없었다. 달까지의 거리는 시차를 이용하여 어림잡아 지구 반지름의 60배쯤 크다고 추정했고 항성월은 27.3일이라고 알려져 있었다(1.2절 참조). 처음에 뉴턴은 당시에 알려진 지구 반지름으로 5,500 km를 사용했다. 이 값으로 중력 가속도를 계산하면 8.4 m s^{-2}인데 실제 중력 가속도인 9.8 m s^{-2}보다 매우 작았다. 그러나 1671년이 되어서야 피카르가 지구의 반지름이 약 6,372 km라고 결정했다. 이 값을 이용하면 만유인력 법칙의 거리 제곱에 반비례하는 특성이 확인된다.

3.3.3 전향력과 외트뵈시 가속도

지구 자전으로 인한 원심 가속도는 움직이는 물체의 속도에 연관된 추가 가속도를 유발하여 움직이는 물체에 영향을 미친다. 위도 λ인 지표면 위 한 점에서 자전축으로부터의 거리 d는 $R\cos\lambda$와 같고, 각속도 ω로 회전하는 지구 자전 속도는 동쪽 방향 선속도 $\omega R\cos\lambda$로 변환된다(그림 3.9a). 지표면에서 속도 v로 움직이는 물체(예를 들어 차량 또는 발사체)를 가정하자. 일반적으로 v는 북쪽 성분 v_N과 동쪽 성분 v_E를 갖는다. 동쪽 속도 성분은 자전에 의한 선속도가 더해진다. 결과적으로, Δa_c만큼 원심 가속도가 증가하는데 그 크기는 식 (3.19)의 a_c를 ω로 미분하여 얻어진다.

$$\Delta a_c = 2\omega(R\cos\lambda)\Delta\omega = 2\omega v_E \qquad (3.27)$$

외트뵈시(Eötvös) 가속도 : 추가된 원심 가속도 Δa_c는 수직 성분과 수평 성분으로 분해할 수 있다(그림 3.9a). 수직 성분($\Delta a_c\cos\lambda = 2\omega\, v_E\cos\lambda$)은 중력과 반대 방향인 위쪽으로 작용한다. 이것을 외트뵈시 가속도라고 한다. 이 효과는 움직이는 물체의 동쪽 속력 성분 v_E에 의존하는데 중력을 감소시킨다. 만약 물체가 서쪽 성분의 속도를 가지고 있다면 외트뵈시 가속도는 아래 방향이고 중력을 증가시킨다. 외트뵈시 가속도는 움직이는 플랫폼(예를 들어, 배나 비행기)에서 중력을 측정할 때 영향을 준다. 이때는 반드시 외트뵈시 효과를 보정해야 한다. 위도 45°에서 동쪽으로 10 km h^{-1}로 항해하는 배의 외트뵈시 보정 값은 약 28.6 mGal이고 동쪽으로 300 km h^{-1}로 비행하는 비행기에서

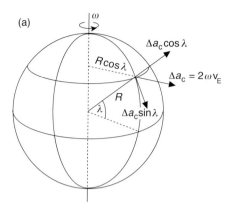

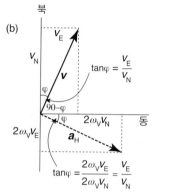

그림 3.9 (a) 자전하는 지구의 위도 λ에서 동쪽 방향 속도 v_E로 인해 추가된 원심 가속도 Δa_C의 수직과 수평 성분, (b) 수평면에서 속도 v 성분들과 코리올리 가속도 a_H 성분의 관계.

의 외트뵈시 보정 값은 856 mGal이나 된다. 이 보정 값은 일반적인 중력 이상 값보다도 훨씬 크다. 그러나 선상 중력에서 만족할 만한 수준으로 보정이 가능하고 최근 기술 발달로 항공 중력 탐사에서도 외트뵈시 보정이 가능하다(4.1.4.1절 참조).

코리올리 가속도 : 동쪽 방향 속도 성분 v_E에 기인한 가속도의 수평 성분 a_N은 남쪽으로 작용하고 그 값은 식 (3.28)이다.

$$a_N = -(2\omega \sin\lambda)v_E = -2\omega_V v_E \qquad (3.28)$$

이 가속도는 위도(λ)에서 지구 자전 각속도(ω)의 수직 성분($\omega_V = \omega \sin\lambda$)에 의존하는 것을 주목하라. 북반구에서 동쪽으로 움직이는 물체에 a_N은 남쪽으로 작용하여 음수 기호로 나타낸다(반대로 서쪽으로 움직이는 물체의 가속도는 북쪽이다). 코리올리 가속도의 이 성분은 물체 운동의 동쪽 성분에 기인한다. 코리올리 가속도의 다른 성분은 물체의 속도의 북쪽 성분에 기인하는데 다음과 같이 유도된다.

식 (1.1)과 (1.2)로부터 자전하는 지구에서 질량 m인 물체의 위도 λ에서 각운동량 h는 식 (3.29)이다.

$$h = m\omega(R\cos\lambda)^2 \qquad (3.29)$$

각운동량 보존 법칙에 따라 h가 시간에 대하여 일정하다.

$$\frac{\partial h}{\partial t} = mR^2\cos^2\lambda \frac{\partial \omega}{\partial t} + m\omega R^2(-2\cos\lambda\sin\lambda)\frac{\partial \lambda}{\partial t} = 0 \qquad (3.30)$$

식을 재배열하고 간단히 줄이면 식 (3.31)을 얻는다.

$$(R\cos\lambda)\frac{\partial \omega}{\partial t} = 2\omega \sin\lambda \left(R\frac{\partial \lambda}{\partial t} \right) \qquad (3.31)$$

식 (3.31)의 우변에서 괄호 안은 위도 증가 비율이고 이것은 속도의 북쪽 성분 v_N이다. 좌변은 코리올리 가속도의 동쪽 성분 a_E이다.

$$a_E = (2\omega\sin\lambda)v_N \qquad (3.32)$$

따라서 코리올리 가속도의 북쪽과 동쪽 성분은 식 (3.33)이다.

$$\begin{aligned} a_N &= -2(\omega\sin\lambda)v_E = -2\omega_V v_E \\ a_E &= 2(\omega\sin\lambda)v_N = 2\omega_V v_N \end{aligned} \qquad (3.33)$$

그림 3.9b는 북반구에서 수평 속도 v로 움직이는 물체에 대한 코리올리 가속도의 북쪽과 동쪽 성분을 보여 준다. 물체의 운동 방향이 북쪽에 대해 φ이면 코리올리 가속도 a_H의 방향도 동쪽과 같은 각도 φ를 이룬다(이 경우 $\tan\varphi = v_E/v_N$이다). 따라서 코리올리 가속도는 속도에 수직인 방향이다. 북반구에서 코리올리 가속도는 수평적으로 물체의 운동 방향의 **오른쪽**으로 작용한다. 남반구에서는 반대 방향이다. 즉 운동 방향의 왼쪽으로 작용한다.

코리올리 가속도는 지표면에서 움직이는 어떤 물체에도 수평 경로를 바꾸게 한다. 결과적으로 바람과 해류의 방향에도 영향을 미치고 결국 저기압 및 고기압의 중심부에서 순환 운동을 형성하여 날씨에 많은 영향을 준다. 지구 내부의 핵에서도 코리올리 가속도는 지자기를 만들어 내는 유체의 운동에 중요한 영향을 미치고 있다.

3.3.4 조석

태양과 달의 인력은 지구의 모양을 변형시켜 해양, 대기, 그리고 고체 지구의 조석의 원인이 된다. 가장 눈에 띄는 조석 효과는 등퍼텐셜면인 해수면의 변동이다. 지구는 기조력에 대하여 강체처럼 반응하지 않는다. 고체 지구는 기조력에 의해 자유면과 유사한 방식으로 변형되어 지구 고체 조석(bodily Earth tide)을 발생시킨다. 이런 효과는 장주기 지진계의 원리와 비슷하게 작동하는 특별하게 제작된 관측 장비로 측정 가능하다(6.5.3.2절 참조).

먼바다에서 해양 평형 조석의 높이는 겨우 0.5 m 정도이다. 반면 연안에서는 수심이 얕아지는 대륙붕이나 항구나 만의 모양에 영향을 받아 조석의 높이가 굉장히 높아진다. 이런 이유로 특정 지역의 조석의 높이와 변동은 복잡한 국지적 요소에 강한 영향을 받는다. 이후 장들은 지구의 정수압적인 모양이 조석의 영향으로 어떻게 변형되지를 다룰 것이다.

3.3.4.1 달 조석의 주기성

지구와 달은 인력에 의해 서로 연결되어 있다. 이들의 공동 운동은 한 쌍의 사교춤처럼 보인다. 각 파트너는 쌍의 질량 중심(또는 무게중심, barycenter)의 주위를 돈다. 지구-달 쌍의 경우 질량 중심의 위치는 쉽게 알 수 있다. 지구의 질량을 E, 달의 질량을 m, 달과 지구의 중심 사이의 거리를 r_L, 지구 중심에서 둘의 공동 질량 중심까지의 거리를 d라 하자. 둘의 공동 회전 속도가 Ω이면 질량 중심에서 지구의 원심력은 $Ed\Omega^2$이고 달의 원심력은 $m(r_L - d)\Omega^2$이다. 두 힘으로 등식을 만들면 식 (3.34)를 얻는다.

$$d = \frac{m}{E + m} r_L \qquad (3.34)$$

달은 지구 질량의 0.0123배이고 지구와 달의 중심 사이 거리는 384,000 km이다. 이 숫자들을 대입하면 d = 4,600 km이다. 즉 지구-달의 공전 중심은 지구 내부에 위치한다.

지구와 달이 태양 주위를 쌍으로 도는 경로는 처음에 보이는 것보다는 훨씬 복잡하다. 지구-달 쌍의 질량 중심의 궤도는 타원 궤도를 이룬다(그림 3.10). 지구와 달은 타원 궤도를 뒤뚱거리며 따라가지만, 그 경로는 항상 태양을 향해 오목하고, 지구와 달은 한 달의 서로 다른 시간에 타원 궤도의 내부와 외부로 번갈아 가면서 진행한다.

지구-달의 공동 공전을 이해하기 위해 일단 지구 자전을 배제하고 생각해 보자. '자전 없는 공전'은 그림 3.11에 표현하였다. 지구-달 쌍은 공동 질량 중심 S 주위를 공전한다. 지구 중심(E)의 공전 시작을 그림 3.11a로 하자. 약 1주일 후 달은 공전의 4분의 1 정도 진행하고 지구의 중심(E)은 고정된 공동 질량 중심 S에 대하여 똑같이 공전한다(그림 3.11b). 이 관계는 이어지는 다음 주에서도 유지되어(그림 3.11c, d) 한 달 동안 지구 중심(E)은 공동 질량 중심 S에 대하여 원을 완성한다. 이제 그림 3.11에서 지구 맨 왼쪽에 있는 2번 지점의 운동을 고려해 보자. 지구는 강체로서 공전하고 자전은 고려하지 않기로

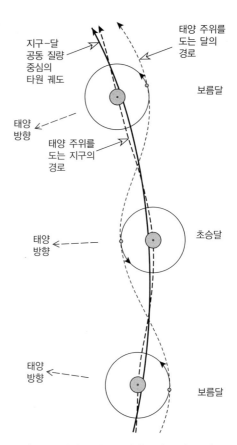

그림 3.10 태양 주위를 공전하는 지구, 달, 그리고 그들의 공동 질량 중심의 경로.

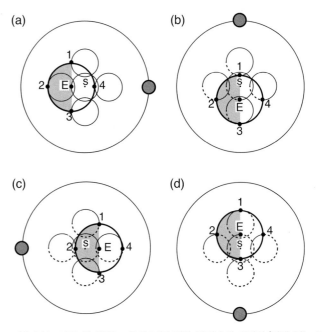

그림 3.11 지구-달 쌍이 그들의 공동 질량 중심 S에 대하여 '자전 없는 공전'을 보여 준다.

했기 때문에 1주일 후 2번 지점은 새로운 위치로 움직이지만, 여전히 지구 맨 왼쪽이다. 한 달 동안 2번 지점은 작은 원을 만들고 그 반지름은 지구 중심(E)이 만든 원의 반지름과 같다. 점 1, 3, 4도 모두 정확히 같은 반지름을 갖는 원을 만든다. 만약 손가락에 서로 다른 색깔의 분필을 달고 있는 손으로 칠판에 원을 그리면 손가락들은 정확하게 같은 원들을 그리는 것과 같은 결과이다.

'자전 없는 공전'은 지구의 어떤 위치이든지 똑같은 반지름을 갖는 원의 경로로 움직인다는 것을 설명해 준다. 따라서 지구의 어느 위치이든지 이 운동으로 인한 원심 가속도의 크기는 모두 같고, 그림 3.11a~d를 살펴보면 알 수 있듯이, 방향은 지구와 달의 중심을 잇는 직선에 평행하면서 항상 달의 반대쪽을 향한다. 지구 중심(그림 3.12a에서 C)에서 이 원심 가속도는 달의 인력과 정확히 평형을 이룬다. 그 크기는 식 (3.35)로 주어진다.

$$a_L = G \frac{m}{r_L^2} \quad (3.35)$$

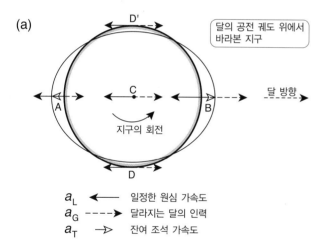

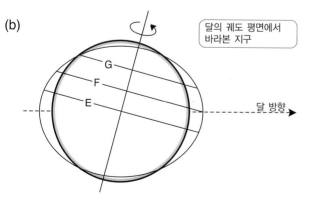

그림 3.12 (a) 지구의 특정 지점들에서 원심력, 인력 및 잔여 조석 가속도의 관계, (b) 위도 효과로 나타나는 조석 높이의 일조 부등.

달과 가장 가까운 지구의 한쪽인 B에서는 달의 인력이 지구 중심에서의 인력보다 크므로 원심 가속도 a_L보다 크다. 달 쪽으로 남는 가속도는 지구에서 달 쪽 방향으로 조석을 만든다. B에서 조석 가속도의 크기 a_T는 다음과 같다.

$$a_T = Gm \left(\frac{1}{(r_L - R)^2} - \frac{1}{r_L^2} \right) \quad (3.36)$$

$$a_T = \frac{Gm}{r_L^2} \left(\left(1 - \frac{R}{r_L} \right)^{-2} - 1 \right) \quad (3.37)$$

이 식을 이항 정리를 이용하여 전개하고 간단히 정리하면 식 (3.38)이 된다.

$$a_T = \frac{Gm}{r_L^2} \left(2 \frac{R}{r_L} + 3 \left(\frac{R}{r_L} \right)^2 + \cdots \right) \quad (3.38)$$

지구에서 달과 가장 먼 쪽인 A에서는 달의 인력이 원심 가속도 a_L보다 작다. 남는 가속도(그림 3.12a)는 달의 먼 방향으로 미치고 지구에서 달과 먼 방향으로 조석을 일으킨다. A에서 조석 가속도의 크기 a_T는 식 (3.39)이고 마찬가지로 근사하면 식 (3.40)이 된다.

$$a_T = Gm \left(\frac{1}{r_L^2} - \frac{1}{(r_L + R)^2} \right) \quad (3.39)$$

$$a_T = \frac{Gm}{r_L^2} \left(2 \frac{R}{r_L} - 3 \left(\frac{R}{r_L} \right)^2 + \cdots \right) \quad (3.40)$$

D와 D′점에서 달의 인력 방향과 지구-달 쌍의 중심선과는 정확한 평행이 아니다. 잔여 조석 가속도는 거의 지구 중심 방향이다. 이 효과로 인해 지구 중심 방향으로 자유면이 낮춰진다.

지구의 정수압 자유면은 등퍼텐셜면이고(3.2.3절), 지구 자전, 조석 효과 및 수평적 밀도 변화가 없는 경우 구면을 이룬다. 달의 조석 가속도는 등퍼텐셜면을 교란하는데 그림 3.12a에서 A와 B는 올리고 D와 D′은 낮춘다. 달에 의한 지구의 조석 변형은 럭비공과 비슷하게 지구-달 중심선을 따라서 부푼 거의 편형 타원체 모양이다. 하루 동안의 조석은 이 변형에 지구 자전이 중첩되어 나타난다. 지표면 위 한 점은 지구 자전으로 하루 동안 차례로 A, D, B, D′점을 지나고 관측자에게는 하루에 2번 완전한 조석 주기를 갖는 반일 주조가 관찰된다. 지구 자전축과 달의 궤도면의 사잇각이 달라져서 고조는 모든 위도에서 서로 같지 않다(그림 3.12b). 적도 E 지점은 반일 주조의 고조가 서로 같다. 중위도 F에서는 한 번의 고조가 다음번 고조보다 높다. 위도 G보다 고위도 지역은 일주조가 나타난다. 연속된 두 고조 또는 저조의 높이 차이를 일조 부등이라고 한다.

달이 지구를 변형시키는 방식으로 지구도 달에 조석 변형을 일으킨다. 사실 어느 행성과 그 위성들 사이, 또는 태양과 행성이나 혜성 사이의 관계는 지구-달 쌍과 유사하게 다루어질 수 있다. 식 (3.38)과 유사한 조석 가속도는 더 작은 천체를 변형시킨다. 작은 천체의 자체 인력은 조석 변형에 반대로 작용한다. 그러나 만약 위성 또는 혜성이 행성에 너무 가까이 접근하면 이들을 변형시키는 기조력이 천체를 유지시키는 인력을 압도하게 되어서 위성이나 혜성이 찢어질 수 있다. 이런 현상이 발생하는 행성과 위성 사이의 거리를 로슈 한계(Roche limit, 글상자 3.2)라고 한다. 위성 또는 혜성에서 분리된 물질은 행성 주위의 궤도에 진입하여 거대한 행성 주변에서 동심원 고리의 궤도를 형성한다(1.6절).

3.3.4.2 태양에 의한 조석 효과

태양 또한 조석에 영향을 미친다. 태양에 의한 조석 이론은 달에 의한 조석과 같은 방식을 따르므로 '자전 없는 공전'의 원리를 다시 적용한다. 태양의 질량은 지구 질량보다 333,000배 커서 공동 질량 중심은 태양 중심 근처인데 태양 중심에서 약 450 km 정도 떨어져 있다. 지구 공전 주기는 1년이다. 달에 의한 조석과 같이 태양의 인력과 공동 공전에 의한 원심 가속도의 불균형은 편형 타원체 모양의 조석 변형을 일으킨다. 태양의 효과는 달의 효과보다 작다. 비록 태양의 질량이 달의 질량에 비해 훨씬 크지만, 지구와의 거리 또한 훨씬 멀다. 식 (3.38)을 1차항으로 근사하면 조석 가속도는 거리의 세제곱에 반비례함을 보여 준다. 따라서 태양의 최대 조석 효과는 달의 조석 효과의 단지 약 45%이다.

3.3.4.3 사리와 조금

달과 태양에 의한 조석이 중첩되어 조석 진폭의 변조를 일으킨다(그림 3.14). 태양 주위를 도는 지구 궤도는 황도면으로 정의된다. 지구 주위를 도는 달의 궤도는 황도면과 일치하지 않으며 매우 작은 약 5°도 정도 기울어졌다. 달과 태양에 의한 조석을 조합하여 논의할 때 두 궤도가 같은 평면에 있다고 가정할 수 있다. 달과 태양은 각각 지구에 장방형 모양의 조석 변형을 일으키지만, 한 달 동안에 이들 타원체의 상대적인 방위는 변

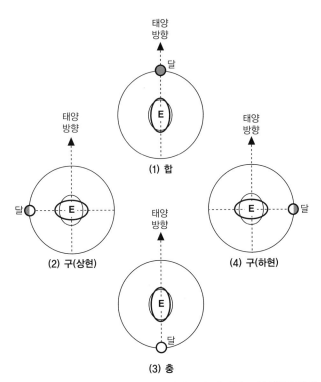

그림 3.13 달의 위상에 따라 지구에 미치는 달 및 태양 조석 변형의 방향.

한다(그림 3.13). 합에서는 달과 태양은 지구의 같은 쪽에 위치하고 타원체 변형은 서로 강화된다. 반달이 지난 뒤 태양과 달이 서로 지구 반대쪽에 위치하는 충의 위치에서도 같은 경우가 된다. 충과 합일 때 나타나는 고조를 사리라고 부른다. 반대로 구의 위치에서는 상현달과 하현달에 의한 편형 타원체 변형과 태양에 의한 변형의 위상이 서로 달라진다. 달에 의한 최대 조석과 태양에 의한 최소 조석이 합쳐져서 조석 효과가 부분적으로 줄어들게 된다. 구의 위치에서 나타나는 저조를 조금이라 한다. 한 달에 걸친 조석 진폭의 변동은 달과 태양에 의한 조석이 중첩되어 일어난다(그림 3.14).

3.3.4.4 중력 측정에 미치는 조석 효과

조석은 중력 측정에 영향을 미친다. 태양과 달이 결합한 조석 효과는 지구 표면에서 약 0.3 mGal 정도의 중력 가속도 변화를 만드는데 3분의 2는 달에서 기인하고 나머지 3분의 1은 태양이 미치는 기조력이다. 중력 탐사에 사용하는 최신 중력계의 민감도는 0.01 mGal 차이를 측정할 수 있을 정도로 정교하다. 따라서 중력 측정에서 시간과 장소에 따라 변하는 조석 효과를 필수적으로 보정해야 한다. 다행히도 조석 이론은 아주 잘 정립되어 있어서 어느 위치, 어느 시간에서든지 조석 효과를 정확히 계산할 수 있다.

글상자 3.2 로슈 한계

행성의 질량 M, 반지름 R_M이고, 위성의 질량 P, 반지름 R_P이고 d만큼 떨어져서 궤도를 돌고 있다고 가정하자. 로슈 한계(Roche limit)는 위성에 가해지는 행성의 기조력이 위성 자체의 인력을 초과하는 거리를 말한다(그림 B3.2.1). 위성을 탄성체로 다루면 늘어지는 탄성 변형으로 인해 로슈 한계 계산이 복잡해진다. 그러나 위성이 행성에 접근하는 동안 모양을 유지하는 강체로 가정하면 간단히 로슈 한계를 계산할 수 있다.

강체인 위성에서 행성에 가장 가까운 쪽 표면에 있는 작은 질량 m에 가해지는 힘들을 생각해 보자(그림 B3.2.2). 행성에 의한 조석 가속도 a_T는 식 (3.38)을 일차항 근사해서 쓸 수 있고, 이 힘이 작은 질량을 변형시키는 행성의 기조력 F_T가 된다.

$$F_T = ma_T = G\frac{mP}{d^2}\left(2\frac{R_M}{d}\right) = 2G\frac{mPR_M}{d^3} \qquad (1)$$

위성이 작은 질량에 미치는 인력 F_G는 변형시키는 기조력과 반대로 작용한다.

$$F_G = ma_G = G\frac{mM}{(R_M)^2} \qquad (2)$$

강체의 로슈 한계 d_R은 두 힘이 같다는 방정식으로 결정된다.

$$2G\frac{mPR_M}{(d_R)^3} = G\frac{mM}{(R_M)^2} \qquad (3)$$

$$(d_R)^3 = 2\frac{P}{M}(R_M)^3 \qquad (4)$$

행성의 밀도가 ρ_P, 위성의 밀도가 ρ_M이라면 식 (4)는 다음과 같이 다시 쓸 수 있다.

$$(d_R)^3 = 2\frac{\left(\frac{4}{3}\pi\rho_P(R_P)^3\right)}{\left(\frac{4}{3}\pi\rho_M(R_M)^3\right)}(R_M)^3 = 2\left(\frac{\rho_P}{\rho_M}\right)(R_P)^3 \qquad (5)$$

$$d_R = R_P\left(2\frac{\rho_P}{\rho_M}\right)^{1/3} = 1.26R_P\left(\frac{\rho_P}{\rho_M}\right)^{1/3} \qquad (6)$$

유체 위성은 행성에 접근할 때 조석 가속도가 계속해서 위성의 모양을 길게 늘일 것이다. 이것은 로슈 한계의 정확한

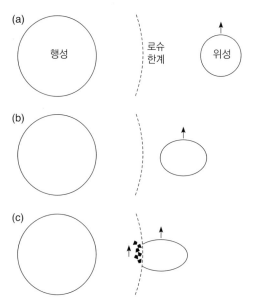

그림 B3.2.1 (a) 부모 행성과 멀리 떨어져 있을 때, 위성은 구형이다. 그러나 (b) 위성이 가까워짐에 따라 기조력은 위성을 타원체 모양으로 변형시키고, (c) 로슈 한계에 도달하면 위성은 깨진다. 파괴된 물질은 위성의 궤도 운동과 같은 방향으로 행성 주위를 도는 작은 물체의 고리를 형성한다.

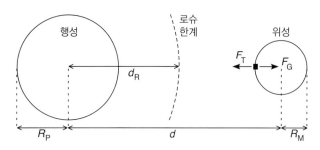

그림 B3.2.2 로슈 한계 계산을 위한 변수들.

계산을 복잡하게 만들지만 대략 근사하면 식 (7)과 같다.

$$d_R = = 2.42R_P\left(\frac{\rho_P}{\rho_M}\right)^{1/3} \qquad (7)$$

식 (6)과 (7)을 비교하면 유체나 기체로 된 위성은 강체인 위성보다 약 2배 먼 거리에서 찢어진다는 것을 알 수 있다. 실제로 부모 행성에 의한 위성의 로슈 한계는 위성의 강성률에 따라 다르고 이 두 극한값 사이에 존재한다.

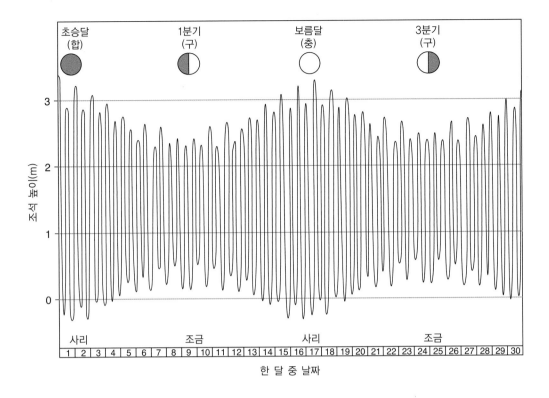

그림 3.14 달과 태양 조석의 중첩으로 조석 주기의 변조를 보여 주는 개념도.

3.3.4.5 지구 고체 조석

해양 조석의 높이를 측정하는 가장 간단한 방법은 바다 바닥에 말뚝을 설치하고 물 높이를 연속적으로 기록하는 것이다(파도 운동에서 기인하는 효과는 제거됐거나 고려됐다고 가정한다). 자유 해수면의 변위로 정의한 해양 조석의 진폭을 관측하여 이론 조석의 약 70% 정도인 것이 밝혀졌다. 이 차이는 지구가 탄성체이기 때문에 나타나는 현상이다. 조석 변형은 지구 인력 퍼텐셜을 변형시키고 자유면의 고도를 증가시키며 지구의 질량을 재배치한다. 고체 지구의 고체 조석은 달과 태양의 인력으로 나타나는 고체 지구의 탄성적인 변형이다. 고체 조석에 의해 조석 변형은 부분적으로 반대로 작용한다. 자유 해수면은 조석의 인력에 의해 올라가지만 측정 말뚝을 설치한 해저면 또한 올라간다. 측정된 조석은 해양 조석과 고체 조석과의 차이이다.

등퍼텐셜면의 변위는 표면의 경사에 반응하는 수평 진자로 측정될 수 있다. 지구 고체 조석은 중력 측정에 영향을 미치고 따라서 민감한 중력계로 측정될 수 있다. 이 효과들은 중력 측정 과정 중 조석 보정에 함께 고려되어 보정된다.

3.3.4.6 러브 수

1911년에 러브(A. E. H. Love, 1863~1940)는 달에 의한 기조력이 지구에 미치는 반응을 수치로 표현하는 일련의 수를 도입했다. 강성률과 기조력으로 인한 변형을 표현하는 러브 수(Love number)는 모든 행성에 적용할 수 있다.

지구의 자유 등퍼텐셜면은 조력 퍼텐셜에 의해 변형되는데, 달의 변형 퍼텐셜 모양을 반영하여 장형 모양을 갖는다(그림 3.12). 러브는 조석 변형에 의해 추가된 조력 퍼텐셜이 변형 퍼텐셜에 비례한다는 것을 보였고 이들 관계의 비례 상수를 k_2로 지정하고 러브 수라고 했다. 아래 첨자 2는 러브 수가 변형 퍼텐셜을 표현하는 2계 구면 조화함수(글상자 3.4)로부터 계산되었음을 가리킨다. 탄성을 고려하지 않은 평형 조석의 높이가 H라면 지구의 탄성에 의해 조석 높이를 k_2H만큼 더 올린다(그림 3.15). k_2 값은 지구 전체의 탄성 반응을 측정한 것이다. 강체의 경우 변형이 일어나지 않기 때문에 $k_2 = 0$이다. 균질한 유체의 경우 $k_2 = 1.5$이다. 지구에서 측정한 k_2는 0.298이다.

러브는 같은 방법으로 두 번째 러브 수 h_2를 정의하는데, 이 수는 달의 변형 퍼텐셜로 인해 발생하는 고체 지구의 조석 높이와 관련되어 있다. 평형 조석 상태에서 고체 조석에 의한 높이는 h_2H이다. 따라서 러브 수 h_2는 고체 지구의 전 지구적 탄성률의 표현이다. 강체 행성의 경우 $h_2 = 0$이고 유체 행성은 1이다. 지구에서 관측된 h_2는 0.603이다.

러브 수 k_2와 h_2는 해양 조석의 높이와 1차 방정식으로 연관

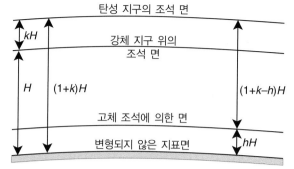

그림 3.15 해양 조석과 고체 조석의 높이를 계측할 때 러브 수 k와 h의 역할.

되어 있다.[1] 러브 수는 중력에 미치는 조석 효과[2]에 관련된 또 다른 1차 방정식에도 관련되어 있다.[3] k_2와 h_2 값은 이 두 방정식을 연립하여 풀어서 구한다. 따라서 러브 수가 중력에 미치는 조석 효과의 크기는 어느 위치에서든지 계산 가능하므로 민감한 중력 탐사에서 조석 보정으로 보정이 가능하다.

달 바로 아래의 등퍼텐셜면의 수직 변위는 보상하는 수평 변위를 유발한다. 수직 조석에 비해 매우 약하지만, 수평 조석은 역시 달의 변형 퍼텐셜에 비례하고 비례 상수 l로 표현된다. 지구의 l 값은 0.084이다. l은 비록 1912년에 일본 과학자 시다(T. Shida)에 의해 도입되었지만, k 및 h와 함께 러브 수로 분류된다.

러브 수는 행성의 자전이나 조석 반응으로 생기는 행성의 변형력에 행성이 얼마나 변형 반응하는지를 이해하는 데 중요한 역할을 한다. 예를 들어, 자전력에 따른 지구의 변형 정도는 챈들러 요동(3.3.5.3절)의 주기를 약 40% 정도 늘린다. 관측한 챈들러 요동의 주기와 지구를 강체로 가정한 경우의 챈들러 요동의 주기를 비교하면 지구의 k_2는 약 0.28인데, 이는 조석 관측으로 얻은 0.298과 비슷하다. 행성 탐사에서 러브 수, 특히 k_2의 크기는 행성이 갖는 전체적 탄성률과 내부 질량 분포에 대한 정보를 제공한다.

여러 해 동안 메신저호를 지구에서 전파 추적하여 수성의 중력장을 급수와 차수가 40인 구면 조화 모델로 표현하였다. 태양 주위를 도는 수성 궤도에 대한 태양 조석의 연간 영향으로 수성의 모양이 변형되고 중력장이 조절된다. 이런 변형들로부터 수성의 러브 수 k_2를 구하면 0.464이고 이 값은 고체 내핵과 분리된 얇은 액체 외핵을 고체 껍질이 덮고 있는 수성의 내부 구조와 잘 호환된다.

3.3.5 지구 자전의 변동

지구 자전은 달, 태양 그리고 다른 행성들의 인력에 영향을 받는다. 자전 속도와 자전축의 방위는 시간에 따라 변화하고 있다. 태양 주위를 도는 궤도 운동 또한 영향을 받는다. 황도면의 극에 대하여 궤도는 회전하고 이것의 타원율은 장기간에 걸쳐 변한다.

3.3.5.1 달 조석 마찰이 하루의 길이에 미치는 효과

달의 기조력에 지구가 완벽하게 탄성적으로 반응한다면 장형 조석 팽대부는 지구-달 쌍의 중심선에 정렬될 것이다(그림 3.16a). 그러나 해수 운동은 즉각적이지 않고 지구의 고체 부분은 부분적으로 비탄성이다(5.3.1절). 이런 특징은 고조가 도착할 때 약 12분 정도의 작은 시간 지연으로 나타난다. 이 작은 시간 동안 지구가 자전하여 최대 조수선은 중심선을 지나쳐 약 2.9° 정도 작은 각을 이룬다(그림 3.16b). 자전하는 지구의 한 점은 달 아래를 지나친 후 12분 뒤에 최대 고조선 아래를 지난다. 이 작은 위상 차이를 고체 지구의 조석 지각(tidal lag)이라고 한다.

조석 지각 때문에 지구의 먼 쪽과 가까운 쪽(각각 F_1과 F_2)의 조석 팽대부에 미치는 달의 인력이 동일 선상을 이루지 않는다(그림 3.16b). F_1에 비해 더 큰 F_2의 조석 돌림힘은 지구 자전 방향과 반대이다(그림 3.16c). 조석 돌림힘은 지구 자전을 방해하여 자전 속도를 점차 느리게 만든다.

지구의 조석 감속은 하루의 길이를 점점 길게 하는 중요한 요인이다. 이 효과는 매우 작다. 조석 이론에 따르면 100년마다 하루 길이를 단지 2.4 ms 정도 길게 한다고 예측된다. 이 현상의 관측은 달과 태양의 식에 대한 역사 기록과 망원경으로 관측한 달에 의한 별의 엄폐 기록을 기반으로 한다. 현재 지구 자전 속도는 매우 정확한 원자시계로 측정하고 있다. 국지적 천정을 지나는 별의 일일 통과 시간을 망원경으로 관측하여 원자시계로 제어되는 카메라로 기록한다. 이 관측으로 하루 길이의 평균값과 변동값을 정확하게 측정하고 있다.

---

1 해양 조석을 측정하여 조석의 경사 인자(tilt factor)를 구하고, 이를 러브 수로 표현하면 $1 + k_2 - h_2$이다.

2 지표면에서 관측 중력에 영향을 미치는 조석 효과를 중력 인자(gravimetric factor, g-factor)라고 한다. 중력 인자는 고체 지구가 강체가 아닌 탄성체로 반응하여 생기는 중력 변화이다.

3 중력을 측정하여 고체 조석의 중력 인자(g-factor)를 구하고, 이를 러브 수로 표현하면 $1 - 1.5k_2 + h_2$이다.

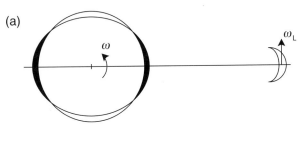

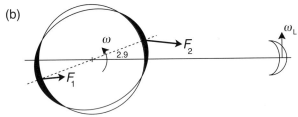

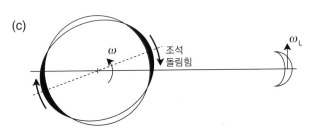

그림 3.16 (a) 지구가 완전 탄성체로 반응하여 지구-달 쌍의 중심선을 따라 정렬한 조석 팽대부, (b) 지구가 부분적 비탄성체로 반응하여 지구-달 중심선보다 2.9° 늦은 조석 위상 지각, (c) 달과 먼 쪽과 가까운 쪽의 조석 팽대부에 달의 인력이 불균등하여 발생하는 조석 감속 돌림힘.

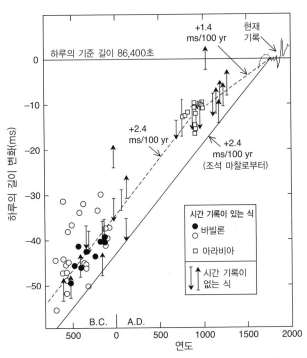

그림 3.17 기원전 700년부터 서기 1980년까지 일식과 월식 관측으로 추정한 하루 길이의 장주기 변화. 출처 : F.R. Stephenson and L.V. Morrison, Long-term changes in the rotational of the earth: 700 B.C. to A.D. 1980, *Phil. Trans R. Soc. Lond.* A 313, 47−70, 1984.

일식과 월식은 고대인들에게는 중요한 사건이었고 과학적 및 비과학적 연대기에 정식으로 기록되었다. 시간에 구애받지 않는 관측은 천문학이 아닌 작업에서 발견된다. 그들은 다양한 신뢰도로 관측 장소, 시간, 식의 진행 정도를 기록했다. 육안 관측으로도 언제 식이 완성되는지 상당히 정확하게 결정할 수 있다. 서기 800~1000년경 아랍 천문학자들과 수천 년 전 바빌론의 천문학자들이 시간을 포함하여 관측한 자료는 중요한 두 개의 그룹으로 구분된다(그림 3.17). 태양, 달, 지구의 정렬을 관측한 시간과 천체 역학 이론으로 예측되는 시간을 비교하면 하루의 길이 변화에 기인한 차이를 계산할 수 있다. 조석 이론으로부터 추론된 하루의 길이 증가 속도인 세기당 2.4 ms와 같은 기울기를 갖는 직선은 바빌론과 아랍 자료를 연결한다. 아랍 천문학자들의 중세 관측 이후로 하루의 길이는 평균 세기당 1.4 ms씩 증가하고 있다. 망원경 관측 기반 자료는 서기 1620년부터 1980년까지를 포함한다. 이 자료는 하루 길이가 평균적으로 세기당 1.4 ms로 길어지는 장주기 경향뿐만 아니라 세부

적인 변동도 더 자세하게 보여 주고 있다. 두 기울기 차이에 대해 가능성 있는 해석은 대략 서기 950년 이후로는 조석 이외의 요인이 지구 자전 감속에 반대로 영향을 미치고 있다는 것이다. 이들 관측 자료가 매끄럽게 변하는 다항식과 호환되기 때문에 그 시대의 어떤 갑작스러운 사건으로 급격한 변화가 있었다고 추론하는 것은 잘못된 것이다. 관측으로 조석이 지구 자전을 감속시키고 있음을 확인할 수 있지만, 조석만이 유일하게 지구 자전에 영향을 미치는 것은 아니라는 점도 알 수 있다.

지구 자전 속도의 단주기 변동은 대기 및 핵의 각운동량 교환에 기인한다. 대기는 고체 지구와 밀접하게 연결되어 있다. 전 지구적인 바람 평균 속력이 빨라져서 대기의 각운동량이 증가하면 고체 지구의 각운동량은 감소한다. 초장기선 전파 간섭계(3.5.8절 참조)로 정확하게 관측하면 하루 길이의 급격한 변동은 곧바로 대기의 각운동량 변화와 관련되어 있음을 확인할 수 있다.

큰 지진에 의해 몇 초 또는 몇 분 동안 지구 자전 속도가 측정 가능할 정도로 변할 수 있다. 지진에 의해 질량이 재배치되면 지구 관성 모멘트를 변화시킨다. 각운동량이 보존되기 위해서 자전 속도의 변화 및 순간적인 자전축 위치의 변화로 보상

된다.

수십 년에 걸친 하루의 길이 변화는 아마도 핵의 각운동량 변화와 관련이 있을 것이다. 액체인 외핵은 맨틀에 상대적으로 $0.1\,\mathrm{mm\,s^{-1}}$ 속력을 가진다. 액체 외핵과 나머지 지구 사이의 각운동량 교환 방식은 핵과 맨틀이 결합되는 방식에 따라 다르다. 핵-맨틀 경계면을 따라 지형적 불규칙성이 외핵의 유체 흐름을 방해하는 경우 핵-맨틀은 기계적으로 결합되었을 수 있다. 외핵 유체는 양호한 전도체이고 하부 맨틀 역시 전기 전도도를 적당히 가지고 있으면 외핵과 맨틀은 전자기적인 결합도 가능하다.

3.3.5.2 지구-달 사이의 거리 증가

지구-달 쌍에 각운동량 보존 법칙을 적용하면 달의 조석 마찰력에 의한 추가적인 결과를 얻을 수 있다. 지구의 질량 E, 지구 자전 속도 ω, 자전축에 대한 지구 관성 모멘트를 C라 하고 달의 대응하는 변수를 각각 m, Ω_L, C_L이라 하자. 지구-달 사이 거리는 r_L, 식 (3.34)로 주어진 지구 중심에서 공동 공전 중심까지의 거리는 d라 하자. 이 계의 각운동량은 식 (3.41)이다.

$$C\omega + E\Omega_L d^2 + m\Omega_L(r_L - d)^2 + C_L\Omega_L = \text{상수} \qquad (3.41)$$

네 번째 항은 달의 자전에 의한 각운동량이다. 지구 인력에 의한 조석 감속은 달의 자전 속도를 달의 공전 속도와 같아질 때까지 느리게 만든다. Ω_L과 C_L 둘 다 매우 작으므로 네 번째 항은 무시된다. 두 번째 항과 세 번째 항을 묶어서 다시 쓰면 식 (3.42)를 얻는다.

$$C\omega + \left(\frac{E}{E+m}\right)m\Omega_L r_L^2 = \text{상수} \qquad (3.42)$$

달에 미치는 지구의 인력은 달이 공동 공전 중심에 대한 구심 가속도가 같으므로 식 (3.43)으로 쓸 수 있다.

$$G\frac{E}{r_L^2} = \Omega_L^2(r_L - d) = \Omega_L^2 r_L\left(\frac{E}{E+m}\right) \qquad (3.43)$$

여기서

$$\Omega_L r_L^2 = \sqrt{G(E+m)r_L} \qquad (3.44)$$

식 (3.44)를 식 (3.42)에 대입하면 식 (3.45)를 얻는다.

$$C\omega + \frac{Em}{\sqrt{(E+m)}}\sqrt{Gr_L} = \text{상수} \qquad (3.45)$$

이 식의 첫 번째 항은 조석 마찰로 지구 자전 속도 ω가 느려지면서 작아진다. 각운동량을 보존시키기 위해서 두 번째 항은 커져야 한다. 따라서 지구 자전을 느리게 하는 조석 효과는 지구-달 사이의 거리 r_L을 길게 한다. 현재 이 거리는 $38\,\mathrm{mm\,yr^{-1}}$의 속도로 길어지고 있다. 식 (3.44)의 추가된 결론으로 r_L이 증가하면 달의 자전 속도와 동기화된 달의 공전 속도(Ω_L)도 줄어들어야만 한다. 따라서 조석 마찰로 지구의 자전 속도, 달의 자전 속도, 그리고 달의 공전 속도를 느리게 하고 지구-달 사이의 거리는 증가시킨다.

결국 이 상황은 지구 자전 속도가 달의 자전 속도 및 공전 속도와 동기화될 때까지 진행할 것이다. 이들 세 회전 속도가 모두 동기화되면 현재 지구의 하루 기준으로 48일 정도가 될 것이다. 지구와 달의 거리는 지구 반지름의 88배 정도가 될 것이다($r_L = 88\,R$, 현재는 약 $60\,R$ 정도이다). 그러고 나면 달은 지구 위에 고정될 것이고, 달과 지구는 항상 같은 면만을 서로 마주 보게 될 것이다. 명왕성과 그 위성 카론은 이미 이런 배치를 이루고 있다.

3.3.5.3 챈들러 요동

지구 자전은 지구를 타원체 또는 회전 타원체 모양으로 만든다. 이 모양은 축에 대한 관성 모멘트가 가장 큰 평균 자전축에 대하여 대칭이다. 이 축을 모양축(axis of figure)이라고 한다(3.4절 참조). 그러나 어느 순간에는 자전축은 모양축에 대해서 몇 미터만큼 이동한다. 총각운동량 벡터의 방위는 거의 일정하지만 모양축은 시간에 따라 위치가 변하고 자전축 주위를 이리저리 돌아다닌다. 이런 극운동을 그린 도표를 폴호디(polhody)라 한다(그림 3.18).

이 운동의 이론은 스위스 수학자 오일러(Leonhard Euler, 1707~1783)에 의해 기술되었다. 오일러는 강체인 회전 타원체의 변위된 자전축은 평균 위치에 대하여 원운동하는 것을 증명하였고, 지금은 이를 오일러 장동(Euler nutation)이라고 부른다. 이 운동은 외부 구동 돌림힘이 없이 발생하기 때문에 자유 장동(free nutation)이라고 부른다. 질량이 축에 대하여 대칭으로 분포하는 회전축과 적도면에 수직인 축과의 차이 때문에 자유 장동이 발생한다. 질량 분포는 이들 축에 대한 관성 모멘트로 표현될 수 있다. C와 A가 각각 자전축과 적도면의 수직축에 대한 관성 모멘트라고 하면, 오일러 이론에 따라 자유 장동의 주기는 $A/(C - A)$이고 약 305일이다.

천문학자들은 처음에는 이 주기를 갖는 극운동을 찾는 데

그림 3.18 2001년에서 2005년 기간 동안 순간적인 지구 자전극 운동과 1900년부터 2015년까지 연평균 극 위치의 장주기 표류. 435일 주기의 자유 챈들러 요동과 대기와 해양의 계절적 변동에 따른 강제 변동 연주기 성분의 중첩으로 불규칙한 준원운동이 발생한다. 자료 출처 : International Earth Rotation and Reference Systems Service.

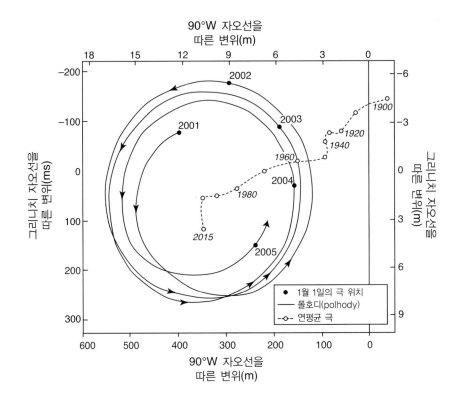

성공하지 못했다. 그러나 1891년에 미국 측지학자이자 천문학자인 챈들러(S. C. Chandler, 1846~1913)가 축의 극운동이 두 가지 주요 성분을 가진다고 보고하였다. 진폭이 0.10각초 정도인 연간 성분은 계절의 변화에 따라 대기권과 수권 사이에 질량 전이에 따라 발생한다. 진폭이 0.15각초로 약간 더 큰 성분은 435일의 주기를 갖는다. 이 극운동을 현재는 챈들러 요동(Chandler wobble)이라고 부른다. 챈들러 요동은 탄성 지구의 자유 오일러 장동에 해당한다. 지구의 탄성에 따른 변형의 결과로 챈들러 요동의 주기가 305일에서 435일로 증가하였다. 연 주파수와 챈들러 주파수가 중첩되어 위도 변화에 따른 진폭이 6~7년 주기로 변조되는 '맥놀이 효과'가 나타난다.

챈들러 요동은 초장기선 전파 간섭계(VLBI), 위성 레이저 거리 측정법(SLR), 범지구 위성 항법 시스템(GNSS) 등의 우주 측지학(3.5절)의 정확한 측량으로 일상적으로 관측되고 있다.

3.3.5.4 자전축의 세차 운동과 장동

태양 주위를 궤도 운동하는 동안 지구 자전축은 황도면 극에 대하여 거의 일정하게 약 23.5°도 기울어져 있다. 적도면과 황도면이 만나는 교선을 춘분선(line of equinoxes)이라 부른다. 일 년에 두 번씩 태양이 이 선 위에 위치하면 지구 전체에서 밤과 낮의 길이가 같다.

조석 이론에 따르면 달에 가까운 쪽과 먼 쪽의 조석 팽대부에 미치는 달 인력의 불일치는 지구 자전축에 돌림힘을 가하여 지구 자전 속도를 느리게 한다. 자전으로 편평해져서 생긴 적도 팽대부에 미치는 달(그리고 태양)의 인력은 지구를 회전시키는 돌림힘을 만든다. 달(또는 태양) 쪽에 가까운 지구의 한 쪽에서 적도 팽대부에 미치는 인력 F_2는 다른 쪽 팽대부에 미치는 인력 F_1에 비해 더 크다(그림 3.19a). 황도면에 대한 자전축의 경사 때문에 이 힘들은 동일 선상이 아니다. 적도면 위의 선에 작용하는 돌림힘은 지구-태양을 잇는 선과 자전축 모두에 직교한다. 이 돌림힘의 크기는 지구가 태양 주위를 공전하는 동안 변한다. 춘분점과 추분점에서는 최소(0)이고 하지와 동지에서 최대이다.

자전하는 시스템에 가해진 돌림힘의 반응은 돌림힘과 평행한 각운동량 성분을 추가시킨다. 지구의 경우 이것은 자전하는 지구의 각운동량(h)에 수직이다. 이 돌림힘은 춘분선과 평행한 성분(τ)(그림 3.19b)과 적도면에서 춘분선과 수직인 성분을 갖는다. 이 돌림힘 τ는 각운동량을 Δh만큼 증가시키고 각운동량 벡터를 새로운 위치로 이동시킨다. 이 운동을 점진적으로 반복하면 자전축은 원뿔의 중심축이 황도면의 극인 원뿔의 표면 주위로 움직인다(그림 3.19a). 지리극 P는 지구 자전과 반대 방향으로 원 주위를 돈다. 이런 운동을 역행 세차 운동(retrograde

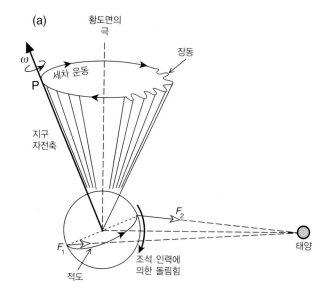

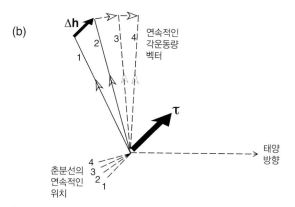

그림 3.19 (a) 자전하는 지구에 달의 돌림힘으로 인한 자전축의 세차 운동과 강제 장동(크게 과장되게 표현되었음)(출처 : Strahler, 1963), (b) 세차 운동을 초래하는 돌림힘과 각운동량 증분 변화.

precession)이라 한다. 이것은 일정한 운동이 아니고 가해지는 돌림힘에 연동하여 맥동한다. 자전축 방위 변화는 춘분선의 위치에 영향을 미치고 춘분점의 시간을 느리게 변화시킨다. 춘분점의 변화 속도는 연간 50.4각초이지만, 여러 세기에 걸친 관측으로 이 변화가 감지되고 있다. 예를 들어, 자전축은 현재 작은곰자리의 북극성을 가리키지만, 기원전 3000년경 이집트 시대에 극성은 용자리에서 가장 밝은 알파 드라코니스였다. 히파르코스는 기원전 120년에 그 이전 천문학자들의 관측 자료와 그가 직접 관측한 결과를 비교하여 춘분점의 세차 운동을 처음 발견했다.

이 현상에 대한 이론은 잘 알려져 있다. 달 또한 회전하는 지구에 돌림힘을 가하고 자전축(그리고 춘분점)의 세차 운동에 이바지한다. 조석 이론에 따르면 달이 세차 운동에 미치는 영향은 태양에 비해 질량은 작지만 거리가 가까워서 태양의 영

향의 두 배 정도이다. 세차 운동 이론에 따르면 25,700년 주기는 지구의 역학적 타원율 H에 비례한다(3.4.1절). 이 역학적 타원율(1/305.4413)은 지구 내부의 질량 분포의 중요한 지시자이다.

적도면에 대한 돌림힘 성분이 자전축 운동에 부가적인 운동을 가하는데 이 운동은 자전축을 위아래로 끄덕이게 하므로 장동(nutation)이라 한다(그림 3.18a). 태양에 의한 돌림힘은 반년 주기의 장동을 일으키고, 달은 반월 주기의 장동을 일으킨다. 사실 외부 돌림힘에 자전축이 반응하기 때문에 자전축의 운동은 많은 소위 강제 장동(forced nutation)을 보여 준다. 모든 장동은 세차 운동에 작은 섭동을 일으키지만, 18.6년 주기에 진폭이 약 9각초인 장동이 가장 큰 섭동을 일으킨다. 이 장동은 백도면의 황도면에 대한 5.145° 경사 때문에 나타난다. 그리고 인공위성이 지구 궤도를 돌 때와 같이 역행으로 진행한다. 이로 인해 백도면과 적도면의 경사가 약 18.4~28.6° 사이에서 변하고 돌림힘이 조절되면서 18.6년 주기의 강제 장동을 일으킨다.

오일러 장동과 챈들러 요동은 자전축에 대한 극운동이고 세차 운동과 강제 장동은 자전축 자체가 변위한다는 것을 주목해야 한다.

3.3.5.5 밀란코비치 기후 주기

태양은 모든 방향으로 같은 양의 태양 에너지를 내보낸다. 거리 r에서 태양 에너지는 표면적이 $4\pi r^2$인 구형으로 흘러 나간다. 따라서 초당 단위 면적에 쏟아지는 태양 에너지(일사량)는 태양으로부터 거리의 제곱에 반비례한다. 달, 태양, 그리고 행성들, 특히 목성의 인력은 자전축 방위의 주기적 변화와 지구 공전 궤도의 모양과 방위의 변화를 일으킨다. 이런 변동은 지구의 일사량을 변화시키고 기후의 장주기 변동의 결과로 나타난다.

자전축과 황도면의 극이 이루는 각을 **황도 경사**라 한다. 황도 경사는 북반구와 남반구에서 여름과 겨울의 계절적 차이를 만드는 주요 요인이다. 북반구에서 일사량은 하지(현재 6월 21일)에 최대이고 동지(12월 21일)에 최소이다. 정확한 날짜는 춘분점의 세차 운동에 따라 바뀌고 윤년에 따라서도 바뀐다. 하지와 동지는 지구 궤도의 극단 위치와 정확히 일치하지는 않는다. 지구는 현재 태양과 가장 먼 원일점은 하지가 지난 직후인 7월 4~6일쯤 지나고, 근일점은 1월 2~4일쯤에 지난다. 13,000년 후에는 세차 운동의 결과로 지구는 하지에 근일점에 가까워

질 것이다. 이런 방식으로 세차 운동은 그 주기에 관련된 장주기 기후 변화의 원인이 된다.

다른 행성의 인력은 황도 경사를 주기적으로 변동시킨다. 현재는 황도 경사는 23° 26′ 21.4″인데 최솟값 21° 55′과 최댓값 24° 18′ 사이에서 천천히 변동한다. 황도 경사가 증가하면 계절적 기온 차이가 더 뚜렷해지고, 황도 경사가 줄어들면 반대 효과가 나타난다. 따라서 황도 경사의 변동으로 인해 전 지구적 규모로 여름과 겨울 사이의 계절적 대비에 대한 변동을 초래한다. 이 효과는 명백하게 약 41,000년 주기의 기후 변화의 원인이 된다.

행성 인력의 추가적 효과로 현재는 0.017인 지구 공전 궤도의 이심률이 주기적으로 변동하고 있다(그림 3.20). 한쪽 극단은 거의 원궤도이고 이심률은 단지 0.005이다. 태양과 가장 가까운 근일점의 거리는 가장 먼 원일점의 거리의 99%이다. 다른 극단은 궤도가 더 찌그러진 경우인데 그럼에도 이심률은 0.058로서 약간 찌그러진 타원이다. 이 경우 근일점 거리는 원일점 거리의 89%이다. 이런 작은 차이도 기후에 영향을 준다. 궤도가 거의 원형일 때는 여름과 겨울 사이의 일조량의 차이가 무시할 수준이다. 반면 궤도가 찌그러졌을 때는 겨울의 일사량은 여름 일사량의 단지 78%이다. 이심률의 우세한 주기적 변동은 목성과 금성의 인력이 지구 궤도에 영향을 미치는 주기에 해당하는 405 kyr이다. 목성의 거대한 질량 때문에 이 주기가 매우 안정되어서 고대 퇴적물 기록의 연대 측정에 매우 유용하다. 행성 간의 인력은 또한 95 kyr, 99 kyr, 124 kyr, 131 kyr 주기를 만드는데 이들을 결합하면 대략 100 kyr 주기가 된다. 기간이 충분히 긴 고기후 기록에는 주기가 약 100 kyr과 405 kyr 정도인 변동이 자주 보인다.

행성의 인력은 궤도의 모양을 변화시킬 뿐만 아니라 궤도의 근일점-원일점 축이 세차 운동하게 만든다. 궤도 타원은 완전히 닫힌 경로가 아니고 약 100 kyr 주기로 장미꽃 모양을 보인다(그림 3.20). 근일점의 세차 운동은 축 세차 운동과 상호 작용하고 춘분점들 사이의 관측 기간을 변화시킨다. 주기가 26 kyr인 축 세차 운동은 0.038회/천 년 속도로 역행한다. 100 kyr 주기의 공전 궤도는 순행하는데 유효 세차 운동 속도로 가속되어 0.048회/천 년이다. 이것은 약 21 kyr으로 역행 세차 운동하는 주기에 해당한다. 많은 퇴적층을 이에 따른 기후 변동으로 해석할 수 있다.

지구 자전과 공전 변수의 주기적 변화에 관련된 기후 효과는 1920년에서 1938년까지 유고슬라비아 천문학자인 밀란코

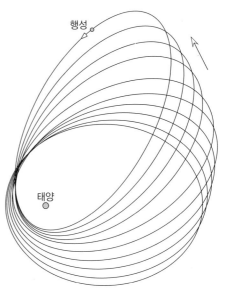

그림 3.20   지구 타원 공전 궤도 축과 이심률의 100,000년 동안의 변동 개념도. 이 효과는 보기 편하게 매우 과장되어서 표현되었다.

비치(Milutin Milanković, 1879~1958)에 의해 처음 연구되었다. 밀란코비치 기후 주기라고 불리는 21 kyr, 41 kyr, 100 kyr, 405 kyr 주기는 지구의 일사량을 변조시키고(그림 3.21), 이런 주기성은 제4기에서 중생대에 이르는 다양한 퇴적층 기록에서 관찰되고 있다. 퇴적층에서 주기적 특징을 측정하고 인식하는 **주기층서학**(cyclostratigraphy)의 방법으로 퇴적층을 천문학 기반으로 연대 측정하면 밀란코비치 주기를 분별해 낼 수 있다. 연대 측정된 지층의 층서들에서 주기를 세어서 퇴적 순서의 연대 측정 정확성을 높이고, 과거 약 235 Myr 정도인 중생대와 고생대에서의 고지자기 역전 주기 및 지질학적 사건들의 시간 척도의 정밀도를 향상시킨다.

밀란코비치 주기가 지질 시대 동안 눈에 띄게 변하는 천문학적 변수에 따라 변화하고 있으므로 오래된 기록에서 주기성을 해석할 때는 주의해야 한다. 그러나 금성과 목성이 지구 궤도에 미친 영향은 405 kyr인 이심률 주기로 나타나고 이 주기는 거대한 목성의 질량으로 인해 상대적으로 안정하다. 이 방법은 먼바다의 석회암처럼 천천히 퇴적된 퇴적암의 연대 측정에 적당하다.

3.4 지구의 모양과 중력

3.4.1 지구의 모양

실제 지구 표면은 고르지 못하고 울퉁불퉁하며 일부는 육지이

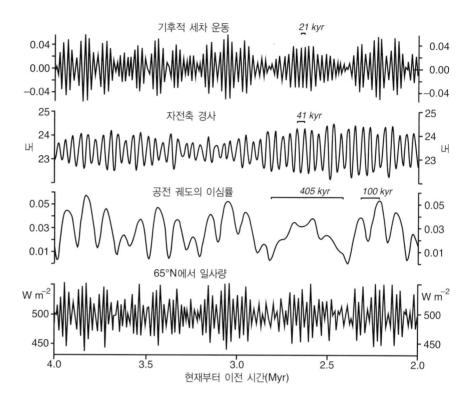

그림 3.21 현재부터 4~2Myr 기간에 대하여 계산된 세차 운동 지수, 자전축 경사, 이심률, 그리고 65°N에서 일사량의 주기적 변동. 수평 막대는 약 21, 41, 100, 405kyr 주기를 보여 준다. 출처 : Berger and Loutre, *Astronomical theory of climate change. J. Phys, IV France*, 121, 1-35, 2004.

고 일부는 바다로 덮여 있다. 지구물리학에서 지구의 형상은 지구의 모양(figure)이라고 부르는 매끄럽고 닫힌 면으로 표현된다. 옛날에 생각했던 지구의 모양은 종교나 미신과 같은 비과학적인 신념에 의해서 좌우되었다. 1522년 마젤란의 선원들이 처음 지구를 일주하는 항해를 성공한 이후 지구가 둥글다는 사실이 명백히 확고해졌다. (고대 그리스 철학자 에라토스테네스는 간접적인 방법으로 지구의 모양이 대략 구형일 것이라고 이미 추측했었다.) 과학 각성 시대 이전에는 지구가 구형일 것이라고 믿었다. 우주선에서 촬영한 수많은 사진에서 확인되었듯이, 지구의 모양이 구형이라는 것은 수많은 문제를 해결하기에 적합한 지구의 모양에 대한 훌륭한 첫 번째 근사치이다. 뉴턴은 최초로 지구가 극 쪽이 편평한 회전 타원체라고 주장하였는데, 정수압 평형을 이용하여 자전하고 있는 지구는 극 쪽이 편평해질 수밖에 없다고 추론하였다. 극 쪽이 약간 편평해진 지구의 모양으로 인해 파리에서 정확히 맞춘 진자시계가 적도 쪽으로 가면서 점점 느려지는 현상을 설명할 수 있게 되었다(3.1.2절 참조).

지구의 모양은 중력과 직접적으로 결부되어 있다. 지구의 모양은 중력의 등퍼텐셜면, 특히 평균 해수면과 일치하는 표면의 모양으로 정의된다. 지구의 모양을 수학적으로 가장 잘 근사한 형태는 편형 타원체 또는 편형 회전 타원체이다(그림 3.22). 지

구의 크기(예를 들어 극반지름과 적도 반지름)를 정확히 결정하는 것은 측지학의 가장 중요한 목표이다. 측지학에서는 필수적으로 지구 중력장에 대해 정확히 알아야 하고 이는 **중력 측정**(gravimetry)에서 서술한다.

현대에는 육상 중력 탐사뿐만 아니라 인공위성의 궤도를 정확히 추적하여 지구의 모양을 결정하고 있다. 이렇게 모은 자료에 가장 잘 맞는 편형 타원체를 국제 기준 타원체라고 한다. 1930년에 지구물리학자와 측지학자들이 모여 그 당시 자료에 최적인 기준 타원체를 발표하였다. 지구의 모양에 대한 물리량

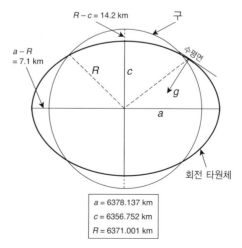

그림 3.22 국제 기준 타원체와 같은 부피를 가지는 구와 수치 비교.

표 3.1 지구의 모양, 자전, 공전에 관련된 기본 변수들

변수	기호	값	단위
물리 변수(CODATA 2014)			
중력 상수	G	$6.674\ 08 \times 10^{-11}$	$m^3\ kg^{-1}\ s^{-2}$
CODATA 2014의 G를 포함한 지구 변수(WGS 84)			
지심 중심 상수	GE	$3.986\ 004\ 418 \times 10^{14}$	$m^3\ s^{-2}$
지구 질량 : $E = (GE)/G$	E	$5.973\ 328 \times 10^{24}$	kg
적도 반지름	a	6,378,137.00	m
극 반지름 : $c = a(1 - f)$	c	6,356,752.3142	m
등가 구 반지름 : $R_0 = (a^2\ c)^{1/3}$	R_0	6,371,000.79	m
적도 표준 중력	g_e	9.780 325 3359	$m\ s^{-2}$
극 표준 중력	g_p	9.832 184 9378	$m\ s^{-2}$
평균 자전 각속도	Ω	$7.292\ 115 \times 10^{-5}$	$rad\ s^{-1}$
역학적 형성 인자	J_2	$1.082\ 629\ 821 \times 10^{-3}$	
편평도	f	1 : 298.257 223 563	
적도 가속도 비 : $\mu = \Omega^2 a^2\ c/(GE)$	μ	1 : 289.873 010 407	
역학적 타원율	H	1 : 305.441	
궤도 변수(IAU 2014)			
천문단위	AU	149,597,870,700	m
질량비 : 태양과 지구	μ_S	332,946.0487	
질량비 : 달과 지구	μ_L	0.0123 000 371	
황도 경사(J2000)	ε_0	23° 26′ 21.406″	
황도면에 대한 백도 경사		5° 8.7′	
지구 공전 궤도 이심률		0.0167 086	
달 공전 궤도 이심률		0.0549	

출처 : CODATA 2014 (Mohr et al., 2016); World Geodetic System 1984 (National Imaging and Mapping Agency, 2000); IAU 2014 (Luzum et al., 2011).

들은 점점 더 정확한 자료들을 이용하여 개선되고 있다. 1980 년에 국제측량협회는 측지 기준계(Geodetic Reference System, GRS80)를 발표하였는데 GRS80 타원체의 적도 반지름(a)은 6,378.137 km이고 극반지름(c)은 6,356.752 km이다. 이후 가장 중요한 측지 변수를 약간 개선한 여러 가지 지구 타원체가 발표되었고 현재 지구 타원체의 변수들은 표 3.1에 나와 있다. 지구 타원체와 같은 부피를 가지는 구의 반지름(R)은 $R = (a^2\ c)^{1/3}$으로 주어지는데 6,371.001 km이다. 최적의 구의 반지름에 비해 회전 타원체는 극반지름은 14.2 km 짧고 적도 반지름은 7.1 km 길다. 극 편평도 f는 식 (3.46)의 비로 정해진다.

$$f = \frac{a - c}{a} \tag{3.46}$$

1930년에 발표한 최적 기준 타원체의 편평도는 정확히 1/297이었다. 이 기준 타원체와 표면에서 중력 변동은 오랫동안 측지학 탐사의 기준으로 사용되었으나 위성 측지학의 시대가 도래하고 정밀한 중력계를 이용하는 현재에는 너무 부정확

한 값이다. 최적으로 추산한 최신 편평도는 $f = 3.352\ 8017 \times 10^{-3}(f = 1/298.257223563)$이다.

뉴턴이 그랬던 것처럼 지구가 완벽한 정수압 평형을 이루고 있는 회전하는 유체라고 가정하면 지구 편평도는 실측값보다 약간 작은 1/299.5이 되어야 한다. 정수압 평형은 지구 내부 힘이 없다고 가정한다. 편평도의 작은 차이는 비정수압적인 지구 모양을 유지시키는 충분한 힘이 존재하고 있음을 나타내고, 지금보다 더 빨랐던 지구 자전의 영향이 현재 지구의 모양에 반영되어 있다. 맨틀 대류와 연관된 지구 내부의 밀도 변화 또한 비정수압적인 지구 모양에 영향을 미치고 있다. 맨틀 대류는 긴 시간 주기로 일어나고 있고 결과적으로 비정수압적인 질량 분포에 영향을 준다.

극 편평도의 원인은 원심 가속도에 의한 변형 효과이다. 적도에서 원심 가속도가 최대이고 중력 가속도는 최소이다. 적도에서 원심 가속도와 중력 가속도의 비를 변수 μ로 정의하며 이 값은 식 (3.47)이다.

$$\mu = \frac{\omega^2 a}{GE/a^2} = \frac{\omega^2 a^3}{GE} \qquad (3.47)$$

현재 정의된 변수의 수치(표 3.1)를 대입하면 이 값은 $\mu = 3.461392 \times 10^{-3}$(즉, $\mu = 1/288.901$)이다. 그러나 위도에 따른 중력 변화를 정확한 공식(3.4.4.1절 참조)으로 정의한 μ는 약간 다른데 지구 부피에 해당하는 반지름을 가지는 자전하는 구의 적도에서 μ 값과 같다. 이 값은 $\mu = 3.449\,787 \times 10^{-3}$(즉, $\mu = 1/289.873$)이다.

　지구가 편평해진 결과로 더 이상 지구 내부 질량은 단순히 반지름에만 의존하지 않는다. 회전축(C)과 적도면의 축(A)에 대한 지구 관성 모멘트는 서로 같지 않다. 이전 장에서 언급했듯이 이 불합치는 지구가 외부 중력 돌림힘에 반응하는 방식에 영향을 미치고 이것은 지구 자전의 섭동을 결정하는 요소가 된다. 주 관성 모멘트는 **역학적 타원율**(H)을 정의한다.

$$H = \frac{C - \frac{1}{2}(A+B)}{C} \approx \frac{C-A}{C} \qquad (3.48)$$

역학적 타원율은 인공위성 궤도의 정확한 관측으로부터 얻어진다(3.5절 참조). 최근에 결정된 H 값은 3.2739515×10^{-3}(즉, $H = 1/305.4413$)이다.

3.4.2 지구 회전 타원체의 인력 퍼텐셜

타원체 모양은 변형되지 않은 구의 인력 퍼텐셜을 지구 회전 타원체의 인력 퍼텐셜로 바꾼다. 1849년 매큘러(J. MacCullagh)는 질량 중심으로부터 멀리 떨어진 점에서 임의의 물체가 생성하는 인력 퍼텐셜에 관한 공식을 유도하였다.

$$U_{\mathrm{G}} = G\frac{E}{r} - G\frac{(A+B+C-3I)}{2r^3} \qquad (3.49)$$

첫 항은 거리에 반비례하고 질량 E를 갖는 점 질량 또는 구의 인력 퍼텐셜과 같다(식 3.10과 3.14 참조). 지구의 경우 변형되지 않은 구형에 의한 인력 퍼텐셜에 해당한다. 만약 질량 중심이 기준축 위에 있으면 r^{-2}에 관한 항은 사라진다. 두 번째 항은 r^{-3}에 반비례하고 이는 구형과의 편차에 기인한다. 편평한 지구의 경우 자전에 의한 변형으로 질량이 배치되는 결과로 나타난다. 변수 A, B, C는 물체의 주축에 대한 관성 모멘트이고 I는 관측점과 질량 중심을 지나가는 선분 OP에 대한 관성 모멘트이다(그림 3.23). 퍼텐셜을 정확하게 표현하기 위해서는 무한개의 고차 항이 필요하지만, 지구의 경우 세 번째 항부터는

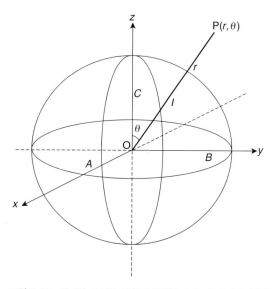

그림 3.23 매큘러 공식에 사용된 타원체 변수. A, B, C는 각각 x, y, z 축에 대한 관성 모멘트이고, I는 OP 선에 대한 관성 모멘트이다.

두 번째 항보다 1,000배 이상 작으므로 보통 무시한다.

　물체의 대칭성을 이용하면 I는 주 관성 모멘트의 단순 조합으로 표현할 수 있다. 회전 대칭성으로 A와 B는 같고, OP 선과 회전축의 사잇각을 θ라고 하면 I는 식 (3.50)으로 표현된다.

$$I = A\sin^2\theta + C\cos^2\theta \qquad (3.50)$$

따라서 지구 타원체의 매큘러 공식은 식 (3.51)이 된다.

$$U_{\mathrm{G}} = -G\frac{E}{r} + G\frac{(C-A)}{r^3}\frac{(3\cos^2\theta - 1)}{2} \qquad (3.51)$$

$\cos\theta$의 제곱 항인 $(3\cos^2\theta - 1)/2$은 $P_2(\cos\theta)$로 쓸 수 있다. 이 함수는 르장드르 다항식(글상자 3.3)의 일부이다. 르장드르 다항식을 이용하여 편형 타원체의 인력 퍼텐셜을 구하는 매큘러 공식은 식 (3.52)이다.

$$U_{\mathrm{G}} = -G\frac{E}{r} + G\frac{(C-A)}{r^3}P_2(\cos\theta) \qquad (3.52)$$

이 식은 다른 형태로 표현하면 식 (3.53)이다.

$$U_{\mathrm{G}} = -G\frac{E}{r}\left(1 - \left(\frac{C-A}{Er^2}\right)\left(\frac{R}{r}\right)^2 P_2(\cos\theta)\right) \qquad (3.53)$$

　지구 회전 타원체의 인력 퍼텐셜은 퍼텐셜 이론에서 중요한 방정식인 라플라스 방정식을 만족한다(글상자 3.4). 이 방정식의 해는 $1/r$을 거듭제곱에 적당한 르장드르 다항식을 곱한 항들의 무한 합이다.

글상자 3.3 르장드르 다항식

그림 B3.3.1에 그려진 삼각형에서 한 변 u는 다른 두 변 r, R 과 사잇각 θ로 연관되어 있다. 제2코사인 법칙을 이용하여 $1/u$을 쓰면 식 (1)이다.

$$\frac{1}{u} = \frac{1}{(R^2 + r^2 - 2rR\cos\theta)^{1/2}} = \frac{1}{R}\left[1 + \left(\frac{r^2}{R^2} - 2\frac{r}{R}\cos\theta\right)\right]^{-1/2} \tag{1}$$

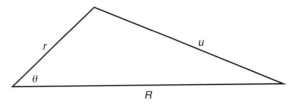

그림 B3.3.1 르장드르 다항식을 유도하기 위한 대표적인 삼각형.

여기서 항을 전개하면 식 (2)이다.

$$\frac{1}{u} = \frac{1}{R}\left[1 + \frac{r}{R}\cos\theta + \frac{r^2}{R^2}\left(\frac{3\cos^2\theta - 1}{2}\right) + \frac{r^3}{R^3}\left(\frac{5\cos^3\theta - 3\cos\theta}{2}\right) + \cdots\right] \tag{2}$$

이것은 (r/R) 항들의 무한 전개식으로 역거리 공식이라고 불린다. 역거리 공식을 짧은 형태로 다시 쓰면 식 (3)이다.

$$\frac{1}{u} = \frac{1}{R}\sum_{n=0}^{\infty}\left(\frac{r}{R}\right)^n P_n(\cos\theta) \tag{3}$$

여기서 각 θ는 변 r과 기준이 되는 변 R 사이의 각 편차에 해당한다. 함수 $P_n(\cos\theta)$는 $\cos\theta$의 n차 르장드르 다항식(Legendre polynomial)이라 한다. 이 방정식의 이름은 프랑스 수학자 르장드르(Adrien Marie Legendre, 1752~1833)에서 따왔다. $1/u$을 $(r/R)^n$의 무한 합으로 표현할 때 각 항의 계수는 차수 n을 갖는 르장드르 다항식이 된다. $\cos\theta = x$, $P_n(\cos\theta) = P_n(x)$라 쓰면, 첫 몇 개 르장드르 다항식, 즉 $n = 0, 1, 2, 3$인 항들은 다음과 같다.

$$P_0(x) = 1 \qquad P_2(x) = \frac{1}{2}(3x^2 - 1)$$
$$P_1(x) = x \qquad P_3(x) = \frac{1}{2}(5x^3 - 3x) \tag{4}$$

식 (4)에서 x를 $\cos\theta$로 대치하면 르장드르 다항식은 $\cos\theta$ 함수로 변환된다. 르장드르는 이 다항식이 식 (5)와 같은 2차 미분 방정식의 해라는 것을 발견하였다. 여기서 n은 정수이고 $y = P_n(x)$이다.

$$\frac{\partial}{\partial x}\left((1 - x^2)\frac{\partial y}{\partial x}\right) + n(n+1)y = 0 \tag{5}$$

이 미분 방정식은 그의 공헌을 기리기 위해 르장드르 방정식이라고 한다. 이 방정식은 퍼텐셜 이론에서 축에 대하여 회전 대칭인 경우를 구면 좌표계로 표현해야 하는 상황에서 중요한 역할을 한다. 예를 들어 지구를 단순하게 근사한 회전타원체의 인력을 계산할 때 사용된다.

$1/u$을 전개할 때 개별 n차 다항식을 따로따로 모두 유도하는 것은 지루한 작업이다. n차 항 르장드르 다항식을 유도하는 간편한 공식을 프랑스 수학자 로드리게스(Olinde Rodrigues, 1794~1851)가 발견했는데 이를 로드리게스 공식(식 6)이라고 한다.

$$P_n(x) = \frac{1}{2^n n!}\frac{\partial^n}{\partial x^n}(x^2 - 1)^n \tag{6}$$

퍼텐셜 이론으로 많은 문제를 푸는 과정에서 르장드르 방정식의 사촌 격인 식 (7)과 같은 버금 르장드르 방정식(associated Legendre equation)을 만나게 된다.

$$\frac{\partial}{\partial x}\left((1 - x^2)\frac{\partial y}{\partial x}\right) + \left(n(n+1) - \frac{m^2}{(1 - x^2)}\right)y = 0 \tag{7}$$

이 방정식에 포함된 두 개의 정수는 차수(degree) n과 급수(order) m이라고 한다. 르장드르 다항식과 같은 방식으로 이 방정식의 해를 버금 르장드르 다항식이라고 하고 $P_n^m(x)$라고 쓴다. 로드리게스 공식을 변형하면 르장드르 다항식으로부터 버금 르장드르 다항식의 개별 항을 쉽게 유도할 수 있다.

$$P_n^m(x) = (1 - x^2)^{m/2}\frac{\partial^m}{\partial x^m}P_n(x) \tag{8}$$

버금 르장드르 방정식도 마찬가지로 함수 θ의 다항식으로 표현하려면 x를 $\cos\theta$로 대체하고 $P_n^m(\cos\theta)$라고 쓴다.

글상자 3.4　구면 조화함수

자연계의 많은 힘들은 중심을 향한다. 예를 들면 점 전하가 만드는 전기장, 자기 단극이 만드는 자기장, 질량 중심을 향하는 중력 가속도가 있다. 프랑스 천문학자이자 수학자인 라플라스(Pierre-Simon, marquis de Laplace, 1749~1827)는 이런 기본적인 물리 조건을 충족하려면 장의 퍼텐셜이 라플라스 방정식이라는 2차 미분 방정식을 만족해야 한다는 것을 증명하였다. 라플라스 방정식은 물리학이나 지구물리학에서 가장 유명하고 중요하며 퍼텐셜 이론의 수많은 상황에 적용된다. 인력 퍼텐셜 U_G의 라플라스 방정식은 직교 좌표계 (x, y, z)에서 식 (1)이다.

$$\frac{\partial^2 U_G}{\partial x^2} + \frac{\partial^2 U_G}{\partial y^2} + \frac{\partial^2 U_G}{\partial z^2} = 0 \tag{1}$$

구면 좌표계 (r, θ, ϕ)에서 라플라스 방정식은 식 (2)이다.

$$\frac{1}{r^2}\frac{\partial}{\partial r}\left(r^2\frac{\partial U_G}{\partial r}\right) + \frac{1}{r^2 \sin\theta}\frac{\partial}{\partial \theta}\left(\sin\theta\frac{\partial U_G}{\partial \theta}\right) + \frac{1}{r^2 \sin^2\theta}\frac{\partial^2 U_G}{\partial \phi^2} = 0 \tag{2}$$

회전축 방향의 대칭성을 가지면 방위각 ϕ의 변화는 사라진다. 회전 타원체와 같이 회전 대칭을 가지는 라플라스 방정식의 일반해는 식 (3)이다.

$$U_G = \sum_{n=0}^{\infty}\left(A_n r^n + \frac{B_n}{r^{n+1}}\right)P_n(\cos\theta) \tag{3}$$

여기서 $P_n(\cos\theta)$는 n차 르장드르 다항식이고 θ 좌표는 기준축에서 관측점까지의 각 편차에 해당한다(글상자 3.3 참조). 지리 좌표계로 θ 좌표는 여위도(colatitude)에 해당한다.

퍼텐셜 장이 지오이드나 지구 자기장과 같이 회전 대칭이 아니면 라플라스 방정식의 해는 반지름 r, 여위도 θ뿐만 아니라 방위각 ϕ에 따라 변하고 일반적인 해는 식 (4)이다.

$$U_G = \sum_{n=0}^{\infty}\left(A_n r^n + \frac{B_n}{r^{n+1}}\right)\sum_{m=0}^{n}(a_n^m \cos m\phi + b_n^m \sin m\phi)P_n^m(\cos\theta) \tag{4}$$

여기서 $P_n^m(\cos\theta)$는 글상자 3.3에 기술한 차수(degree) n과 급수(order) m의 버금 르장드르 다항식이다. 이 방정식을 변

부채꼴 모양의 조화함수　　모자이크 모양의 조화함수
$n = m$　　　　　　　　$n \neq m$

그림 B3.4.1　부채꼴 모양의 조화함수와 모자이크 모양의 조화함수의 대칭성.

형된 형식으로 쓰면 식 (5)이다.

$$U_G = \sum_{n=0}^{\infty}\left(A_n r^n + \frac{B_n}{r^{n+1}}\right)\sum_{m=0}^{n}Y_n^m(\theta, \phi) \tag{5}$$

여기서 함수 $Y_n^m(\theta, \phi)$는 식 (6)이다.

$$Y_n^m(\theta, \phi) = (a_n^m \cos m\phi + b_n^m \sin m\phi)\,P_n^m(\cos\theta) \tag{6}$$

$Y_n^m(\theta, \phi)$는 구면 조화함수(spherical harmonic function)라 불리고 θ와 ϕ가 2π의 정수 배만큼 증가할 때마다 같은 값을 가진다. 이 함수는 반지름 r이 상수인 구 표면에서 θ와 ϕ 좌표의 퍼텐셜 변화를 표현한다. 예를 들어 지구 표면에서 경위도 좌표로 중력 변화, 자력 퍼텐셜, 지오이드 고도, 전 지구적 열 흐름을 표현할 때 구면 조화함수를 사용한다.

차수 n과 급수 m이 같은 항의 계수들을(예를 들어, a_1^1, b_2^2) 부채꼴 모양의 조화함수(sectorial harmonics)라고 한다. 이것은 지구 자전축에 대해 대칭인 성질을 가지면서 적도를 따라 구역을 짝수 개로 나누고, 퍼텐셜 면의 모양이 구형으로 위와 아래가 교대로 나타난다(그림 B3.4.1). $m \neq n$인 항의 계수들은(예를 들어, a_2^1, b_3^2) 모자이크 모양의 조화함수(tesseral harmonics)라고 알려져 있다. 이들의 대칭 패턴은 위도와 경도로 원을 교차하며 나타난다. 이 패턴은 구의 모양에서 벗어난 퍼텐셜 면의 모양을 교대하는 영역으로 윤곽을 그려 표현한다.

단순한 기하에 해당하는 많은 항을 중첩함으로써 매우 복잡한 장을 생성할 수 있다.

$$U_{\mathrm{G}} = -G\frac{E}{r}\left(1 - \sum_{n=2}^{\infty}\left(\frac{R}{r}\right)^{n} J_n P_n(\cos\theta)\right) \qquad (3.54)$$

식 (3.54)에서 n번째 항의 상대적 중요도는 $P_n(\cos\theta)$에 곱하는 계수 J_n으로 정해진다. J_n은 위성 측지학으로부터 구해지는데 그 값 몇 개는 $J_2 = 1082.6 \times 10^{-6}$, $J_3 = -2.54 \times 10^{-6}$, $J_4 = -1.59 \times 10^{-6}$이다. 고차 항으로 갈수록 덜 중요해진다. 2번째 계수인 J_2가 가장 중요한데 이를 역학적 형성 인자(dynamic form-factor)라 하며 지구 인력 퍼텐셜의 극 편평도 효과를 설명해 준다. 식 (3.53)과 (3.54)를 비교하면 J_2는 식 (3.55)로 주어진다.

$$J_2 = \frac{C-A}{ER^2} \qquad (3.55)$$

식 (3.54)에서 다음 고차 항인 3차항($n = 3$)은 기준 타원체에서 서양배 모양의 편차를 보이는 지구 모양을 표현한다(그림 3.24). 이 편차는 7~17 m 정도이고, 약 7~14 km인 기준 타원체와 구형 지구와의 편차에 비해 1,000배 정도 작다.

3.4.3 중력과 중력 퍼텐셜

중력 퍼텐셜(U_{g})은 인력 퍼텐셜과 원심력 퍼텐셜의 합이다. 중력 퍼텐셜은 지오퍼텐셜이라고도 불린다. 자전하는 회전 타원체 표면의 한 점에서 중력 퍼텐셜은 식 (3.56)으로 쓸 수 있다.

$$U_{\mathrm{g}} = U_{\mathrm{G}} - \frac{1}{2}\omega^2 r^2 \sin^2\theta \qquad (3.56)$$

자유 표면이 중력의 등퍼텐셜면이면 U_{g}는 어느 점에서나 같은 값을 가진다. 등퍼텐셜면의 모양은 편평도 f를 갖는 회전 타원

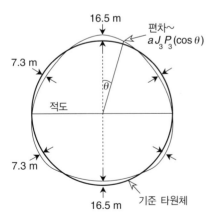

그림 3.24 중력 퍼텐셜의 3차 항은 서양배 모양의 지구를 묘사한다. 기준 타원체와 편차는 7~17 m 정도로 구형 지구와의 편차가 7~14 km인 것에 비해 매우 작다.

체의 모양으로 제한된다. 이런 조건에서 f, μ, J_2 사이의 단순한 관계식은 다음과 같다.

$$J_2 = \frac{1}{3}(2f - \mu) \qquad (3.57)$$

식 (3.55)와 (3.57)로부터 다음 관계식이 성립한다.

$$\frac{C-A}{ER^2} = \frac{1}{3}(2f - \mu) \qquad (3.58)$$

이 관계식은 지구의 밀도 변화에 대한 유용한 정보를 제공한다. f, μ, $(C - A)/C$ 값들은 대략 1/300이다. 이 값들을 식 (3.58)에 대입하면 $C \approx 0.33\,ER^2$을 얻는다. 이 값을 속이 빈 구각의 관성 모멘트($0.66\,ER^2$)나 균일한 밀도를 갖는 구형의 관성 모멘트($0.4\,ER^2$)와 비교해 보자. 질량이 구의 중심에 집중되면 곱해지는 계수는 0.66에서 0.4로 줄어든다. 균질한 밀도를 가지는 구의 관성 모멘트와 비교해 보면 지구 관성 모멘트의 계수가 0.33인 것은 지구 내부 밀도가 중심으로 갈수록 더 증가함을 의미한다.

3.4.4 표준 중력

한 점에서 중력 방향은 등퍼텐셜면의 수직으로 정의된다. 이 정의에 따라 한 점에서 등퍼텐셜면의 법선 방향은 수직이고, 접평면은 수평면이 된다(그림 3.22). 지구가 회전 타원체이기 때문에 수직 방향은 극과 적도를 제외하고는 일반적으로 방사상 방향과 다르다.

구형 지구에서는 위도를 정의하는 데 모호성이 없다. 위도는 지구 중심에서 반지름과 적도의 사잇각이고 반지름과 극의 사잇각 θ의 여각이다. 이 각을 지심 위도 λ'이라고 한다. 반면 일반적으로 지리 위도는 다른 방식으로 정의된다. 지리 위도는 수평면 위에서 고정된 항성의 고도를 측지 관측을 통하여 결정한다. 그런데 수평면은 구의 접평면이 아니라 지구 타원체의 접평면이고(그림 3.22), 수직 방향(즉, 국지적 중력 방향)이 적도면과 만나는 각 λ는 지심 위도 λ'보다 약간 크다(그림 3.25). $(\lambda - \lambda')$은 적도와 극에서 '0'이고 위도 45°에서 최대이며 약 0.19°(약 12′)이다.

국제 기준 타원체는 지구의 표준화된 기준 모양이다. 자전하는 지구 타원체의 표준 중력은 중력 퍼텐셜(식 3.56)을 미분하여 구할 수 있다. 미분을 통하여 중력의 방사상 성분과 횡방향 성분이 구해지는데 두 성분을 결합하여 지구 타원체에 수직인 중력식(식 3.59)이 만들어진다.

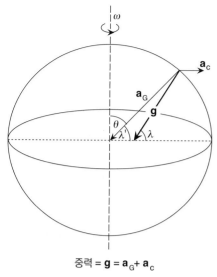

중력 = **g** = **a**$_G$ + **a**$_c$

그림 3.25 지구 타원체 위에서의 중력은 인력과 원심 가속도의 벡터 합이고 이는 방사 방향이 아니다. 결과적으로 지리 위도(λ)는 지심 위도(λ')보다 약간 크다.

$$g_n(\lambda) = g_e(1 + \beta_1 \sin^2\lambda + \beta_2 \sin^2 2\lambda) \qquad (3.59)$$

여기서 f와 μ의 2차 항까지로 정리하면

$$
\begin{aligned}
g_e &= G\frac{E}{a^2}\left(1 + f - \frac{3}{2}\mu + f^2 - \frac{27}{14}f\mu\right) \\
\beta_1 &= \frac{5}{2}\mu - f + \frac{15}{4}\mu^2 - \frac{17}{14}f\mu \\
\beta_2 &= \frac{1}{8}f^2 - \frac{5}{8}f\mu
\end{aligned}
\qquad (3.60)
$$

식 (3.59)는 표준 중력식(normal gravity formula)이라고 알려져 있다. 이 식은 1930년에 처음 제정되었는데 시간이 지나면서 지구의 모양과 중력장에 대한 정보가 정확해짐에 따라 정의된 상수들이 개선되고 있다. 1980년에 지정한 측지 기준계(Geodetic Reference System, GRS80)에서는 $g_e = 9.780\ 327\ \mathrm{m\ s^{-2}}$, $\beta_1 = 5.30244 \times 10^{-3}$, $\beta_2 = -5.8 \times 10^{-6}$이다. 이 식을 이용하여 어느 위도에서나 0.1 mGal 정밀도로 표준 중력을 계산할 수 있다. 최신 장비는 훨씬 더 정밀하게 중력 차이를 측정할 수 있으며, 이 경우 0.0001 mGal까지 정확한 공식을 사용할 수 있다. 표준 중력식은 기준 타원체에서 위도에 따른 표준 중력(g_n)의 변화를 제공하기 때문에 중력 측정을 분석하는 데 매우 중요하다.

표준 중력식으로 극 중력을 계산하면 $g_p = 9.832\ 186\ \mathrm{m\ s^{-2}}$이다. 수치상으로 극 중력은 적도 중력에 비해 약 $5.186 \times 10^{-2}\ \mathrm{m\ s^{-2}}$ 또는 5,186 mGal만큼 크다. 극으로 갈수록 표준

중력이 커지는 데에는 두 가지 요소가 있다. 하나는 질량 중심에서의 거리가 적도보다 극에서 더 짧다. 이 거리 차이는 더 큰 인력 가속도(a_G)를 준다. 이 차이는 식 (3.61)로 표현할 수 있다.

$$\Delta a_G = \left(\frac{GE}{c^2} - \frac{GE}{a^2}\right) \qquad (3.61)$$

식 (3.61)로 계산한 극에서의 중력 초과값은 약 6,600 mGal이다.

두 번째 요소는 위도에 따른 원심력의 변화이다. 이 효과는 중력을 작게 만드는데 적도에서는 μa_G로 최댓값이고 극에서는 '0'이다. 이 효과에 의해서 극에서 3,375 mGal 정도 큰 중력을 가지게 한다. 두 효과를 단순히 더하면 적도보다 극에서 9,975 mGal 정도 커야 하는데 실제 관측된 차이인 5,186 mGal보다도 크다. 이 불일치는 세 번째 요소를 고려하여 해결할 수 있다. 인력 가속도 차이는 식 (3.61)과 같이 단순하지 않고 적도로 갈수록 부풀어 오르는 효과를 반영해야 한다. 적도로 갈수록 부풀어 오르는 초과 질량은 적도의 인력을 증가시켜 극에서 적도로 갈수록 중력이 줄어드는 효과를 감소시킨다.

3.4.4.1 국제 표준 중력식

기준 타원체를 결정하는 변수들은 측정 장비, 컴퓨터 성능, 위성 기술이 발전함에 따라 계속 개선되어 왔다. 위성 측지학(3.5절)의 발달로 전 지구적 중력 측정과 측지학 자료들이 비약적으로 발전하였다. 예를 들어, EGM96(Earth Gravitational Model 1996)을 결정하는 구면 조화함수들의 급수와 차수는 360이다. 반면에 EGM08(Earth Gravitational Model 2008, Pavlis et al., 2012)은 무려 2,159개의 급수와 차수로 계산되는데 전체 계수의 숫자가 약 4천7백만 개나 된다. 동시에 중력 측정 기술도 발전하여 정밀한 중력 측정이 가능해졌는데 초전도 중력계의 경우 민감도가 1 nGal($10^{-11}\ \mathrm{m\ s^{-2}}$)에 이른다. 식 (3.59)는 더 이상 표준 중력을 계산하기에는 부적절하여 새로운 표준 중력식이 필요하게 되었다.

식 (3.59)의 변수 g_e, β_1, β_2는 단지 f와 μ의 2차 항으로만 정해진다. 고차 항을 무시하는 것은 가능하지만 결과적으로 표준 중력식이 거추장스럽고 현대 중력 측정 정밀도에 비해 충분한 정밀도를 갖지 못하게 되었다. 결론적으로 근사된 표준 중력식은 고차 항의 절단 없이 완벽한 표준 중력식으로 대체되었다. 이 식은 1929년에 소미글리아나(Somigliana)가 유도하였는데

세계 측지계 1984(World Geodetic System 1984, WGS84)에 채택되었다. 측지 위도 λ에서 표준 중력 g_n을 식 (3.62)로 정의한다.

$$g_n(\lambda) = \frac{ag_e \cos^2\lambda + cg_p \sin^2\lambda}{\sqrt{a^2 \cos^2\lambda + c^2 \sin^2\lambda}} \qquad (3.62)$$

여기서 a와 c는 지구 타원체의 긴 반지름과 짧은 반지름이고 g_e와 g_p는 적도와 극에서의 표준 중력이다. 위성 측지학에서 구한 정확한 값들은 $g_e = 9.7803253359 \text{ m s}^{-2}$, $g_p = 9.8321849378 \text{ m s}^{-2}$, $a = 6,378,137.00 \text{ m}$, $c = 6,356,752.314 \text{ m}$, $f = 1/298.257223563$이다. 식 (3.62)는 식 (3.63)으로 다시 쓸 수 있다.

$$g_n(\lambda) = g_e \frac{(1 + k \sin^2\lambda)}{\sqrt{1 - e^2 \sin^2\lambda}} \qquad (3.63)$$

여기서

$$k = \frac{cg_p - ag_e}{ag_e} \qquad \text{그리고} \qquad e^2 = \frac{a^2 - c^2}{a^2} \qquad (3.64)$$

e^2은 지구 타원체의 이심률의 제곱이다. 이들 변수의 값은 $k = 0.00193185265241$, $e^2 = 0.00669437999014$이다. 이 식은 이전 표준 중력식(식 3.59)을 대체하여 위도 λ에서 μGal보다 더 나은 정밀도로 표준 중력을 계산할 수 있다.

새로운 표준 중력식(식 3.63)의 채택은 가속도의 비 μ의 정의에도 영향을 미쳐서 WGS84에서 식 (3.65)로 바뀌었다.

$$\mu = \frac{\omega^2 a^2 c}{GE} \qquad (3.65)$$

자전하는 구형 지구에서 반지름 R을 이용하여 μ를 구했던 것처럼 지구 타원체의 부피에 해당하는 반지름 $R[R^3 = (a^2 c)]$로 설정하여 정의한다. 따라서 μ는 0.00344978650684, 즉 약 1/289.873이다.

3.4.4.2 클레로의 정리

식 (3.60)의 2차 항 f^2, μ^2, $f\mu$는 1차 항 f와 μ에 비해 300배 정도 작으므로 식 (3.59)의 β_2는 β_1에 비해 1,000배 정도 작다. 2차 항들을 무시하고 $\lambda = 90°$를 대입하면 극에서의 표준 중력은 $g_p = g_e(1 + \beta_1)$이 되고, 식 (3.60)에서 남아 있는 1차 항들만을 재배치하면 식 (3.66)이 된다.

$$\frac{g_p - g_e}{g_e} = \frac{5}{2}\mu - f \qquad (3.66)$$

이 식을 클레로의 정리라고 한다. 이 정리는 1743년에 프랑스 수학자 클레로(Alexis-Claude Clairaut, 1713~1765)가 유도하였는데, 그는 최초로 지구의 중력 변화를 자전하는 회전 타원체의 편평도와 연관시켰다.

3.4.5 지오이드

국제 기준 타원체는 중력의 등퍼텐셜면에 근접한 근사치이지만 수학적으로 편리하게 만든 것이다. 전체 지구의 평균 해수면을 가장 잘 근사하는 중력의 물리적 등퍼텐셜면을 지오이드라고 한다. 지오이드는 지구 내부의 실제 질량 분포를 반영하며 이론적인 지구 타원체하고는 약간 차이를 보인다. 육지에서 먼 지역에서 지오이드는 조석, 해류, 바람 등과 같은 일시적인 변동을 제외하면 자유 해수면과 일치한다. 대륙에서 지오이드는 평균 해수면 위쪽의 질량에 영향을 받는다(그림 3.26a). 지구 타원체 아래쪽의 질량은 지구 중심 방향으로 인력을 미치지만, 산과 같이 인력 중심이 지구 타원체 위쪽에 놓인 질량은 위쪽 방향의 인력을 가진다. 이런 위쪽 방향의 인력은 국지적인 지오이드 높이가 지구 타원체면 위쪽에 놓이게 한다. 지구 타원체와 지오이드 사이의 변위를 지오이드 기복(geoid undulation)이라고 한다. 지구 타원체 위의 질량으로 인한 고도는 양의 지오이드 기복이다. 역학적 고저도(dynamic

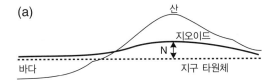

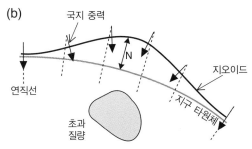

그림 3.26 (a) 지구 타원체 외부의 질량 또는 (b) 지구 타원체 내부의 초과 질량은 지오이드를 지구 타원체 위로 올린다. N은 지오이드 기복이다.

그림 3.27 편평도 *f* = 1/298.257인 기준 타원체를 기준으로 상대적인 지오이드 기복의 세계전도. 출처 : F.J. Lerch, S.M. Klosko, R.E. Laubscher and C.A. Wagner, Gravity model improvement using Geo 3 (GEM 8 and 10), *J. Geophys. Res.* 84, 3897–3916, 1979.

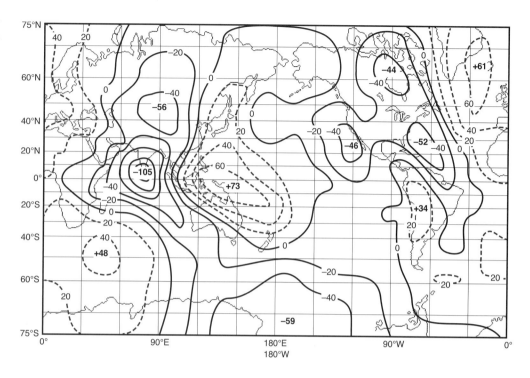

topography)라고 하는 추가적인 지오이드 기복은 맨틀 대류에 관련된 매우 긴 주기의 상하향 운동으로 인해 발생한다.

3.4.5.1 지오이드 기복

이론적인 지구의 모양을 계산할 때 지구 타원체 내부 질량은 균질하게 분포한다고 가정한다. 지구 타원체 내부의 국지적인 초과 질량은 중력을 크게 하고 방향을 바꾼다. 지구 타원체의 퍼텐셜은 지구 중심에서 더 먼 쪽으로 생성되고, 등퍼텐셜면은 중력에 수직 방향을 유지하면서 위쪽으로 휘게 된다. 이런 효과로 인해 지구 타원체 위의 초과 질량은 양의 지오이드 기복을 만든다(그림 3.26b). 반대로 지구 타원체 내부의 질량 결핍은 지오이드를 지구 타원체 아래로 방향을 바꾸게 하여 음의 지오이드 기복을 만든다. 고르지 못한 지형과 불균질한 지구 내부의 질량 분포는 결과적으로 지오이드가 울퉁불퉁한 등퍼텐셜면을 가지게 한다.

지오이드의 퍼텐셜은 수학적으로 버금 르장드르 다항식을 포함한 구면 조화함수(글상자 3.4)로 표현된다. 이것들은 지구 타원체의 중력 퍼텐셜을 표현하는 르장드르 다항식(식 3.54)에 비해 훨씬 복잡하다. 지금까지 퍼텐셜의 변화에서 거리 *r*과 여위도 *θ*만을 고려하였다. 이렇게 퍼텐셜의 변화를 표현한 것은 자전축에 대칭적이지 않은 지구 내부의 밀도 변화를 반영하지 못하고 지나치게 단순화하였다. 지오이드는 지구 내부의 실제

질량 분포에 따른 등퍼텐셜면이기 때문에 지오이드 퍼텐셜은 여위도뿐만 아니라 경도에 따라서도 변한다. 이런 변화는 글상자 3.4에서 기술한 구면 조화함수의 합으로 표현되어야 한다. 지오퍼텐셜의 이런 표현은 르장드르 다항식을 이용하여 회전 대칭을 가지는 지구의 중력 퍼텐셜을 표현하는 것과 유사하다.

지오퍼텐셜의 각 항의 계수는 식 (3.54)의 J_n의 계수를 계산하는 것처럼 조화함수의 고차 항까지 계산한다. 구면 조화함수의 선택된 차수까지의 항으로부터 지오이드와 지구 중력장을 계산한다. 위성 관측 자료와 지상 중력 측정 자료를 결합하여 GEM10(Goddard Earth Model 10)을 구축하였다. 편평도가 1/298.257인 기준 타원체와 GEM10으로 계산한 지오이드 면을 비교하면 장파장의 지오이드 기복을 볼 수 있다(그림 3.27). 최대 음의 기복(−105 m)은 인도 남쪽의 인도양에 나타나고 최대 양의 기복(+73 m)은 호주 북쪽의 적도 부근 태평양이다. 이러한 대규모 지오이드 기복은 천부 지각이나 암석권의 질량 이상을 반영하기에는 너무 광범위하다. 대규모 지오이드 기복은 하부 맨틀의 밀도 변화나 역학적 고저도로 설명될 수 있다.

3.5 우주 측지학

3.5.1 인공위성을 이용한 측지학

1960년대 초부터 우주 측지학(space geodesy)의 발전으로 지

오이드의 정보가 비약적으로 향상되었다. 우주 측지학은 지구 외부에서 발생하거나 사용되는 소스와 방법을 이용하여 지오이드와 중력장을 관측하는 기술로 구성된다. 위성 측지학은 지구에서 인공위성을 관측하거나 인공위성에 설치한 장비로 지구를 관측하는 많은 방법을 포함한다. 더불어, 우주 기반 초장기선 전파 간섭계(VLBI)는 외부 은하 소스를 사용하여 지구의 자전이나 판구조론의 운동을 연구한다.

지구 주위를 도는 인공위성의 운동은 지구 내부의 질량 분포에 영향을 받는다. 가장 중요한 상호 작용은 원심력과 지구 질량의 인력 간의 단순한 균형인데, 이는 인공위성의 궤도 반경을 결정한다. 지구 자전축의 세차 운동 분석(3.3.5.4절)으로 회전 편평도로 인한 주 관성 모멘트 간의 차이에 따라 달라지는 역학적 타원율 H에 의해 이 균형이 결정된다는 것을 보여 준다. 원리적으로는 지구의 적도 팽대부에 미치는 인공위성의 인력도 지구의 세차 운동에 영향을 미치지만, 그 영향은 관측할 수 없을 정도로 작다. 그러나 반대로 적도 팽대부가 인공위성에 미치는 인력은 인공위성의 궤도가 회전축 중심으로 세차 운동하게 한다. 인공위성 궤도면은 노드선(line of node)에서 적도면과 교차한다. 그림 3.28에서 노드선을 CN_1으로 나타냈다. 지구 주위를 도는 인공위성이 다음번 적도면을 통과할 때, 궤도의 세차 운동으로 인공위성을 새로운 위치의 노드선 CN_2로 이동시킨다. 세차 운동에서 이런 운동을 역행이라고 하고 인공위성의 노드선은 역행한다. 지구 자전과 같은 방향으로 궤도를 도는 인공위성의 경우 노드선의 경도는 점점 서쪽으로 이동한다. 만약 궤도가 지구 자전의 반대 방향이면 노드선의 경도

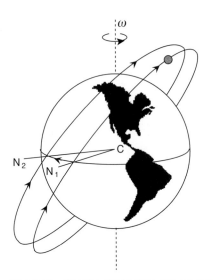

그림 3.28 인공위성 궤도의 역행 세차 운동으로 연속적인 적도 횡단에서 노드선(CN₁, CN₂)의 위치가 변경된다.

는 점점 동쪽으로 이동한다. 궤도의 세차 운동 때문에 위성의 경로는 결국 궤도의 경사로 정의되는 남쪽과 북쪽의 위도권에서 지구 전체를 덮는다. 수많은 고성능 인공위성으로부터 축적한 풍부한 자료는 역학적 타원율 또는 중력 퍼텐셜에 관련된 J_2를 계산하는 적합한 자료가 된다. 인공위성 궤도의 관측은 매우 정밀하여 궤도의 작은 섭동이 중력장 및 지오이드와 관련이 있을 수 있다. 실제로 GPS(Global Positioning System) 인공위성 위치는 센티미터 이내로 알려져 있다.

3.5.2 위성 레이저 거리 측정법

위성 레이저 거리 측정법(Satellite Laser-Ranging, SLR)으로 인공위성의 정밀한 궤적을 추적할 수 있다. 목표 인공위성의 구면은 수많은 역반사체로 둘러싸여 있다. 역반사체의 육면체 모서리는 직교하는 3개의 거울로 이루어져 있다. 이것은 입사한 광선을 같은 경로로 반사한다(글상자 1.4). 지상 추적 관측소에 파장 532 nm의 레이저 빛을 위성으로 쏘고 반사된 왕복 시간을 측정한다. 빛의 속도를 정확하게 알고 있으므로 지상 추적 관측소에서 인공위성까지의 거리가 구해진다. 단일 거리 측정의 정밀도는 약 1 cm이다.

LAGEOS(Laser Geodynamics Satellite)와 프랑스의 Starlette과 Stella 인공위성을 오랜 기간 동안 추적했다. 1976년 발사된 LAGEOS-1은 궤도 고도가 5,858~5,958 km인 고고도 위성이다. 궤도 경사는 109.8°(즉, 지구 자전 방향과 반대 방향)이고, 궤도의 노드선은 매일 0.343°씩 진행한다. 1992년에 발사된 LAGEOS-2는 궤도 경사가 52.65°이다. 두 LAGEOS 위성 모두 수동형이고(내부에 전자부품이 전혀 없다), 구 표면은 426개의 모서리형 역반사체로 둘러싸여 있다(글상자 1.4). 1975년에 발사된 Starlette 인공위성은 궤도 고도가 806~1,108 km, 경사 50°, 노드선의 역행은 매일 3.95°이다. 1993년에 발사된 Stella 인공위성은 800 km 궤도 고도, 98.6°의 경사를 가진다. Stella 인공위성은 Starlette 인공위성에는 빠진 극궤도를 포함한다. 두 프랑스 인공위성은 60개의 모서리형 역반사체를 가지고 있다. LAGEOS는 매우 안정된 궤도를 돌고 있어서 매우 정밀하게 위치를 결정할 수 있다. 이 인공위성들은 전 지구 인공위성 레이저 거리 측정망으로 연속적으로 추적되고 있다.

인공위성의 궤도는 지구 중력장, 태양과 달의 조석 효과, 대기 저항 등 많은 요인에 의해 교란된다. 이런 교란 요인의 영향은 계산 가능하고 허용될 수 있다. SLR 관측 자료의 정확도가 높으므로 지상 추적 관측소의 위치 변화를 감지해 낼 수 있

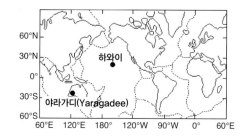

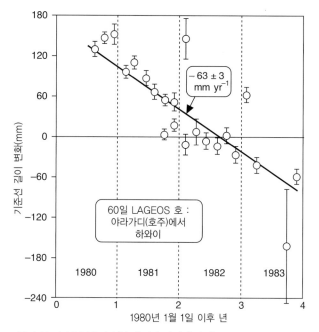

그림 3.29 LAGEOS의 위성 레이저 거리 측정법(SLR)으로 4년 이상 측정한 호주와 하와이 사이의 호 길이 변화. 평균 수렴 속도 63 ± 3 mm yr⁻¹는 판 구조론으로부터 추정된 속도 67 mm yr⁻¹와 잘 일치한다. 출처 : B.D. Tapley, B.E. Schutz and R.J. Eanes, Station coordinates, baseline and earth rotation from LAGEOS laser ranging: 1976-1984, J. Geophys. Res. 90, 9235-9248, 1985.

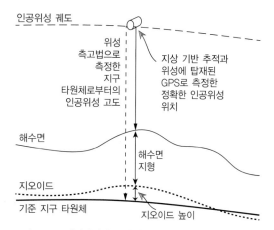

그림 3.30 해양에서의 위성 측고법. 해수면부터 인공위성까지의 고도는 인공위성에 탑재된 레이더 고도계로 측정한다. 지구 기준 타원체부터 인공위성까지의 고도는 지상에서 인공위성을 추적하고 인공위성에 탑재한 GPS를 이용하여 정확히 측정한다. 두 고도의 차이는 지구 타원체로부터 해수면 높이이다. 지구 타원체로부터 해수면 높이와 중력 측정으로 정의된 지오이드로부터 높이와의 차이가 해수면 지형이다.

3.5.3 위성 측고법

궤도를 도는 인공위성의 위치는 지상 기반 SLR과 인공위성에 장착된 항법 장치의 조합으로 매우 정확하게 측정될 수 있다. 지구 기준 타원체로부터 인공위성의 고도는 센티미터 정밀도로 측정할 수 있다. 위성 측고법(그림 3.30)에서 추적되는 인공위성에는 마이크로파(레이더) 신호의 송신기와 수신기가 설치되어 있다. 인공위성에서 방출된 레이더파는 지표면에 반사된다. 왕복 주시는 빛의 속도를 이용하여 지표면 위 인공위성의 고도로 환산된다. 이 고도와 지구 타원체로부터 인공위성의 고도 차이는 지구 타원체로부터 실제 지형의 고도를 제공한다. 육지에서의 정밀도는 해양보다 낮지만, 사막이나 내륙 수역과 같이 평평한 지역에서는 거의 센티미터급 정밀도를 달성할 수 있다.

위성 측고법은 바다에서 가장 정밀한 측정이 가능하므로 해양 탐사에 가장 적합하다. GEOS-3 위성은 1975년부터 1978년까지 운행했고, SEASAT은 1978년에 발사되었으며, GEOSET은 1985년에 발사되었다. 특별히 해양 지구물리 연구에 특화된 이들 측고 위성들은 해양 지오이드에 특출난 결과를 보여 주었다. 장파장 지오이드 기복(그림 3.27)은 수평적으로 수백 킬로미터 연장되어 있고 수직 진폭은 수십 미터에 이른다. 이것은 넓은 맨틀 대류에 의해 유지된다. 관측한 지오이드 기복에서 알려진 급수와 차수로 계산한 지오이드 기복을 빼 주면 지오이드의 단파장 특징을 강조할 수 있다. 위성 측고법 자료는 해수

다. 지구 자전축의 운동을 추정할 수 있고 지상 추적 관측소의 위치 변화의 이력을 얻을 수 있다. LAGEOS 위성은 5개의 판에 있는 수많은 지상 추적 관측소들에 의해 추적되고 있다. 지상 관측소 쌍 사이의 상대적인 위치 변화는 해상 지구물리 자료로부터 추정된 판들의 운동 속도와 비교될 수 있다. 예를 들어, 호주의 야라가디 추적 관측소와 하와이 추적 관측소를 잇는 측선은 인도-호주판과 태평양판 사이의 수렴 판 경계를 가로지르고 있다(그림 3.29). 4년에 걸친 관측 결과는 두 관측소 사이의 호거리가 63 ± 3 mm yr⁻¹ 비율로 줄어들고 있음을 보여 준다. 이 결과는 고지자기 측정으로 추정한 판들의 상대적인 운동이 67 mm yr⁻¹라는 결과와 잘 일치한다.

그림 3.31 SEASAT과 GEOS-3 위성 측고법으로 측정한 해수면 높이에서 급수와 차수가 12인 지오이드 모델 GEM-10B의 장파장 성분을 제거한 평균 해수면. 표면의 기복은 광원이 북서쪽에서 비추는 것처럼 그려졌다. 출처 : J.G. Marsh, C.J. Koblinsky, H.J. Zwally, A.C. Brenner and B. D. Beckley, A global mean sea surface based upon GEOS 3 and Seasat altimeter data, J. Geophys. Res. 97, 4915-4921, 1992.

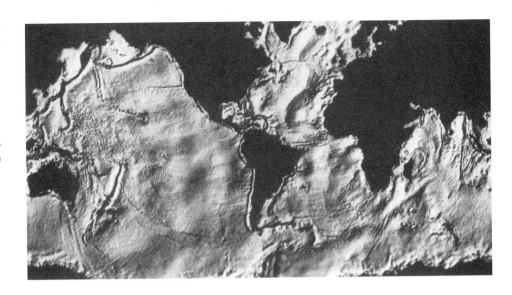

면에서 높낮이가 있는 지역을 강조한 음영 또는 색상으로 지도에 표시된다(그림 3.31).

평균 해수면 고도의 단파장 이상과 해저 지형과는 강한 상관관계가 있다. 해령이나 해산 산맥 위에서는 평균 해수면(지오이드)이 상승한다. 한쪽이 다른 쪽보다 높은 고도를 가지는 파쇄대의 위치는 명확하게 식별할 수 있다. 해구에서 질량 결핍은 지오이드를 감소시키므로 심해의 해구는 가장 어두운 지역으로 나타난다. 판은 섭입대에서 침강하기 직전에 위쪽으로 굽어지는 만곡이 나타나기 때문에 심해 해구의 먼바다 쪽의 평균 해수면은 상승한다.

3.5.4 범지구 위성 항법 시스템

지구 표면에서 3차원 위치를 결정하는 학문인 측지학은 인공위성 시대의 개막으로 중요한 발전이 이루어졌다. 최초의 범지구 위성 항법 시스템(Global Navigation Satellite System, GNSS)은 TRANSIT이라고 알려진 미 해군 위성 항법 시스템인데 지구 상공 1,100 km를 도는 6개의 극궤도 위성으로 구성되었다. 이들 인공위성에서 송출된 신호는 지상 수신기에서 같은 주파수로 생성한 신호와 결합된다. 인공위성의 운동에 기인한 도플러 효과 때문에 인공위성에서 송출된 신호의 주파수가 변조되어 수신기에서 생성한 신호와 미세하게 차이가 나게 되어 맥놀이 주파수를 만든다. 빛의 속도를 이용하여 맥놀이 신호는 위성과 수신기 사이의 비스듬한 거리로 변환된다. 선택된 시간 간격 동안 맥놀이 신호를 모으면 인공위성까지의 거리 변화를 얻을 수 있다. 이런 과정을 여러 번 반복한다. 지상국에서 인공위성의 궤도를 정밀하게 추적하여 수신기의 위치를 정확히 계산할 수 있다. TRANSIT 프로그램은 1960년에 원래는 탄도미사일 잠수함을 지원하기 위해 개발되었는데 이후 민간에서 항법 목적, 특히 바다에서 배의 위치를 결정하는 데 이용되었다. TRANSIT 프로그램은 1996년에 종료되었고 이후 더 정밀한 GPS(Global Positioning System)가 뒤를 이어받았다.

NAVSTAR GPS(NAVigation Satellite Timing And Ranging Global Positioning System) 또는 일반적으로 GPS는 반일 항성일 궤도 주기를 갖고 궤도 고도가 20,200 km(지구 중심에서 거리는 26,570 km)인 고궤도 인공위성을 사용한다. GPS는 30개 이상의 인공위성들로 구성된다. 인공위성들은 적도를 6등분한 6개 궤도면에 배치되어 있고 적도와 궤도면이 이루는 경사각은 약 55°이다. 지상에서 언제 어디서나 5~8개의 인공위성이 항상 보인다. 각각의 인공위성은 미리 결정된 자신의 위치와 기준 신호를 매 6초마다 방송한다. 지상에서 송출과 수신 사이의 시간차는 소위 위성 '의사거리(pseudo-range)'로 변환된다. 의사거리는 수신기 시계 오차와 대류권의 굴절 효과가 보정되어야만 한다. 위치가 알려진 4개 이상의 인공위성에 대한 의사거리를 측정하여 시계 오차와 수신기의 위치를 수 미터 또는 그보다 더 정확하게 계산한다.

미국 GPS 위성은 GNSS의 일부인데 비슷한 위성으로 러시아의 GLONASS, 중국의 BeiDou, 그리고 유럽 연합의 Galileo 위성 등이 있다. 원래 GPS는 미국 시스템에서 기원한 용어이지만 일반적으로 어떤 위성 시스템으로 위치를 결정하든지 간에 GPS라는 용어가 무차별적으로 사용되고 있다.

GPS로 위치를 결정하는 정밀도는 수신기의 품질과 신호 처리 기술 수준에 따라 다르다. 핸드폰 등에 사용되는 저가의 민

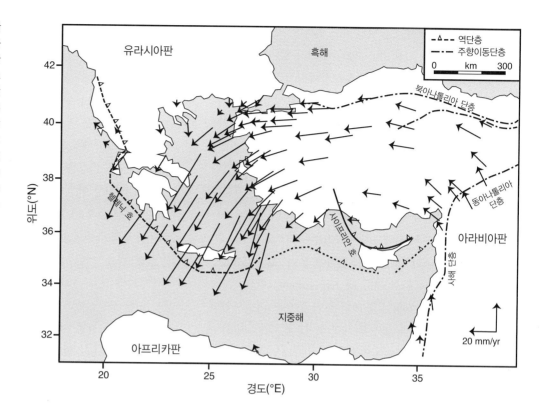

그림 3.32 1988~1997년 동안 GPS 탐사로 측정한 동지중해와 아나톨리아에서 지각 운동의 연간 운동 속도를 지체구조도 위에 그렸다. 삼각형을 가진 점선은 역단층이고 삼각형은 올라타는 블록에 위치한다. 속도 화살표의 화살촉은 관측 오차보다 크다. 출처 : McClusky et al., 2000, Global Positioning System constraints on kinematics and dynamics in the eastern Mediterranean and Caucusus, *J. Geophys. Res.* 105, 569–5719, 2000.

간용 단일 수신기는 5~10 m 정밀도 수준으로 위치를 결정한다. 이중 주파수를 사용하는 수신기는 위치를 몇 센티미터 이내로 개선할 수 있다. 과학적 및 군사적 목적으로 사용되는 이동용 수신기는 고정된 기준국(고정된 수신기)과 함께 사용하여 차분 신호 처리 기술(Differential GPS, DGPS)을 적용하면 측위 정밀도가 약 1 cm 정도로 개선된다. 고정된 장소에 설치된 GPS 관측소에서 장기간 수신한 GPS 신호에서 총 파장 수와 더해진 분수 파장의 수를 세는 반송파 위상 추적 방법을 사용하면 측위 정밀도가 밀리미터급으로 증강된다. 이 방법으로 동아프리카 열곡대와 같이 연간 수 밀리미터 움직이는 판의 운동도 충분히 측정할 수 있다.

GPS 관측을 판구조론 연구에 적용한 사례는 동지중해 조사를 들 수 있다. 1988~1997년 기간 동안 서부 그리스부터 서부 아라비아까지 포괄하는 지역에서 189개 고정 관측소로 이루어진 관측망으로부터 연속적인 GPS 측정으로 증강시킨 GPS 탐사가 반복적으로 수행되었다. 이 탐사로 아나톨리아와 아프리카판, 아라비아판, 유라시아판들의 지각의 수평 이동 속도가 얻어졌다. 유라시아판에 대한 관측소의 평균 상대 속도는 아나톨리아판이 일관되게 반시계 방향으로 회전하고 있음을 보여 준다(그림 3.32). 최대 속도는 에게해 중앙 및 남부인데 유라시아판에 상대적으로 남서쪽 방향으로 약 30 mm yr^{-1}이다.

아나톨리아판은 우수향 주향이동단층인 북아나톨리아 단층에 의해 유라시아판과 분리되어 있으며, 평균 단층 이동률은 약 24 mm yr^{-1}로 결정되었다.

3.5.5 궤도 위성을 이용한 중력과 지오이드 측정

중력의 등퍼텐셜면인 지오이드(3.4.5절)는 지구의 불균질한 질량 분포에 의한 기복이 특징이다. 최근까지 지구 규모의 지오이드 모델 구축은 다양한 정밀도를 갖는 수많은 다른 종류의 자료를 결합해야 하는 매우 고된 작업이었다. 육지나 해양에서 측정한 중력 자료에 많은 수의 지구 궤도 위성에서 측정한 자료가 더해졌다. 그 결과 그림(그림 3.27)에서 대규모 특징은 잘 보이지만 세부 사항을 정확하게 정의하는 것은 불가능하다. 현재는 궤도 고도가 수백 킬로미터인 상대적으로 저궤도인 인공위성을 이용하여 지상 측정 자료와 고궤도 GPS 위성(궤도 고도 20,200 km)을 결합해서 과거보다 몇 차수 높은 정밀도로 전 지구 중력장과 지오이드를 측정하고 있다.

2000년에 독일 CHAMP(**CHA**llenging **M**ini-satellite **P**ayload) 위성은 초기 고도가 450 km인 거의 원형에 가까운 극궤도에 삽입되었다. 이 고도의 대기는 옅지만 여전히 대기의 항력을 발휘하여 5년 만에 고도를 300 km로 낮추었다. 인공위성에 탑재된 민감한 가속도계(글상자 4.2)로 대기의 항력이나 태양풍의 압력과 같은 중력이 아닌 힘들을 보정할 수 있다. CHAMP 위성은 매우 정밀한 GPS 수신기가 탑재되어 있는데 동시에 12개의 GPS 위성 신호를 수신하여 수 센티미터 정확도로 CHAMP 위성의 위치를 결정한다. 이전 위성들은 서로 다른 지상 관측소에서 보이는 짧은 구간에서만 추적한 궤적을 합치는 방법으로 위성 궤도를 추적하였지만, CHAMP 위성은 GPS 위성을 이용하여 전 궤도를 연속적으로 추적하고 있다. 따라서 CHAMP 궤도의 작은 섭동도 추적되고 모델링된다. CHAMP 자료로 얻어진 지구 중력장과 지오이드 모델은 이전 모델에 비해 정확도와 선명도가 비약적으로 개선되었다.

2002년에 미국과 독일이 합작하여 쏘아 올린 GRACE (Gravity Recovery And Climate Experiment) 위성은 원래 계획했던 기간보다 3배나 긴 15년 동안 임무를 수행하였다. GRACE 위성은 거의 똑같은 두 개의 위성으로 구성되었고 초기 고도는 약 500 km이며 거의 원형 극궤도(적도면에 대한 경사각은 89.5°이다)를 돌고 있다. 이 쌍둥이 위성들은 각각 GPS 수신기가 탑재되어 언제든지 절대 위치를 매우 정밀하게 결정할 수 있다. 이 위성은 약 220 km 떨어져서 일렬로 같은 궤도면을 돈다. 궤도를 도는 동안 중력 변화는 두 위성의 떨어진 거리를 측량하여 결정한다. 두 위성의 떨어진 거리는 마이크로파 거리 측정 시스템으로 매우 정밀하게 측정된다. 각각의 위성은 K 밴드 주파수 영역(파장이 약 1 cm)의 마이크로파를 송신하는 안테나가 서로를 정확하게 바라보도록 설치되어 있다. 이 거리 측정 시스템은 두 위성의 떨어진 거리를 1 μm 정밀도로 측정한다. GRACE 위성 관측 기술은 2012년에 달의 중력을 측정하는 GRAIL(Gravity Recovery And Interior Laboratory) 위성에도 도입되었다.

GRACE 유형의 인공위성은 혁신적인 방법으로 중력을 측정한다. 인공위성 쌍이 지구 궤도를 돌면서 불균질한 질량 분포에 의한 중력 변동 지역을 지나간다. 초과 질량은 등퍼텐셜면을 위쪽으로 부풀게 하고 중력을 국지적으로 증가시킨다. 앞선 위성은 이런 중력 이상을 먼저 마주하고 가속되어 뒤따라오는 위성과 멀어져서 떨어진 거리가 변한다. 질량 이상 위치를 통과한 후 초과 질량은 반대 효과로 작용하여 앞선 위성을 늦춘다. 두 번째 위성이 질량 이상 지역을 통과할 때도 같은 변화가 생긴다. 같은 경로를 따라가는 두 위성 사이의 미세한 거리 변화는 마이크로파 거리 측정 시스템으로 정밀하게 측정된다. 이렇게 측정한 두 위성 사이의 이격 거리와 위성에 탑재된 GPS 장비로 정확하게 측정된 두 위성의 위치를 결합한 GRACE 측

정 기술로 미세한 선명도를 갖는 중력장과 지오이드를 결정할 수 있다. GRACE 위성의 임무는 2017년에 끝났다. 임무의 연속성을 제공하기 위해 GRACE-FO[FO는 'follow on(따라가다)'의 약자이다]라 불리는 새로운 위성이 2018년에 발사되었다. GRACE-FO는 레이저 간섭계를 이용하여 훨씬 더 정확하게 위성 사이의 이격 거리를 측정하여 이전의 GRACE보다 정밀하게 지구 중력장을 관측한다.

GRACE 위성 이전에는 수많은 현장 탐사로 전 세계적으로 수백만 건의 중력 측정값을 축적해 왔다. 그러나 전 세계적으로 보면 중력 측점의 분포는 매우 불균등했다. 극지방, 험한 산맥 지역, 정글, 사막 그리고 큰 대양 등 직접 접근하기 어려운 지역의 중력 자료는 매우 듬성듬성하게 모아졌다. 중력 자료의 품질 또한 불균질했다. GRACE 위성은 전 지구적으로 균등한 분포를 가지는 고품질의 중력 자료를 제공하였고 지상 중력 자료와 결합하여 EGM2008(Earth Gravity Model 2008)을 구축하였다. 이 거대한 자료는 구면 조화함수의 계수(글상자 3.4)로 표현되었는데 차수와 급수가 2,190에 이른다. 결과적으로 EGM2008은 이전에 존재하는 어떤 지구 모델에 비해서도 가장 정밀한 중력장을 표현한다.

유럽 우주국이 2009년에 발사한 GOCE(Gravity field and steady-state Ocean Circulation Explorer) 위성은 지구 중력장의 변화를 측정하기 위하여 최초로 중력 변화율 측정기 (gradiometer)를 탑재하였다(4.1.3.2절). GOCE 위성은 96.7° 인 큰 경사각을 가지고 있어서 극 근처의 작은 지역을 제외하고 거의 지구 전체에 대한 관측이 가능하다. 중력 변화율 측정 기술을 이용하여 지구 질량 분포에 따른 좀 더 국지적인 특징을 매우 높은 분해능으로 구분할 수 있게 한다. GOCE 위성의 중력 변화율 측정기는 서로 직교하는 세 방향의 막대로 구성되어 있다. 직교하는 세 방향은 각각 위성의 경로 방향, 경로의 오른쪽 방향, 그리고 아래쪽 수직 방향이다. 각 막대의 50 cm 떨어진 반대쪽 끝에는 3축 가속도계(글상자 4.2)가 설치되어 있다. 이런 배치로 모든 방향의 중력 변화율을 측정할 수 있고 고정밀 지오이드와 중력 이상을 구할 수 있다.

GOCE 위성은 중력장 모델의 구면 조화함수의 급수와 차수를 250까지 올렸고 계수는 약 63,000개다. GOCE 지오이드 모델은 현재까지 가장 높은 고분해능을 가지고 있는데 지오이드 높이를 약 2 cm 정확도로 측정하고 중력 이상은 약 1 mGal 의 정확도로 측정한다. GOCE 위성 자료는 좋은 지상 중력 자료가 있는 곳에서는 기존 중력과 잘 일치하고, 중력 자료가 부

족한 미지의 지역에서는 상당한 개선을 보여 준다. 예를 들어, GOCE 위성은 남극 대륙을 이전에 가능했던 것보다 더 상세하게 지구물리 탐사를 가능하게 했다. 남극 대륙의 중력 자료는 해안이나 GRACE 위성 자료만 있었는데 GOCE 위성은 남극 주위 700 km를 제외한 남극 대륙 대부분에서 중력 자료를 측정하였다. GOCE 위성 자료는 알려진 지형 및 구조적 특징과 잘 일치하여 두껍게 덮인 얼음으로 인해 지금까지 잘 알려지지 않은 남극 대륙 구조에 대해서 더 심화된 연구의 길을 열어 주었다.

모든 지오이드 조사에 나타나는 공통된 특징은 지오이드의 대규모 경향이 대륙 지각 또는 해양 지각의 위치와 상관관계가 없다는 것이다. 대륙에서의 초과된 질량이나 해양 분지에서의 결손된 질량은 지각 평형에 의해 보상되기 때문에(4.3절) 지오이드 기복의 장파장 성분은 더 깊은 곳에 원인이 있어야만 한다. 그것은 맨틀 대류의 효과와 관련 있다(9.9절).

3.5.6 시간에 따른 지구 질량 분포의 변동

인공위성에 탑재된 장비로 수많은 고품질 관측이 이루어져서 정밀한 지오이드와 중력장이 결정되었다. 고차의 급수와 차수로 결정된 수학적 표현인 구면 조화함수(글상자 3.4)로 단지 수백 킬로미터의 분해능으로 지오이드의 특징을 표현할 수 있다. 인공위성 관측의 가장 중요한 장점은 약 30일이면 전 지구 중력장을 측정할 수 있다는 점이다. 이런 장점은 관심 지역을 반복 측정하여 비교하면 질량의 상시적 또는 일시적 변화를 감지할 수 있게 한다. 사실 GRACE와 GRACE-FO 위성은 이런 특별한 목적으로 설계되었다. 예를 들어 캐나다 북부 넓은 지역에서 관찰되는 빙하에 의한 지각 평형 조정(Glacial Isostatic Adjustment, GIA, 이전 문헌에는 후빙기 반동으로 자주 표현되었다)은 지형의 융기 또는 침식과 같은 질량의 재분포를 포함한다. 비슷한 효과로 전 지구적 해수면 상승은 대륙에서 해양으로의 질량 이동을 수반한다. 이런 경우들은 지오이드의 영년 변화로 나타난다.

위성 측지학은 해수면을 매우 잘 감시할 수 있게 한다. 프랑스-미국 위성인 TOPEX/Poseidon은 해수면 기복을 측정하기 위해 1992년에 발사되어 2006년까지 운용하였다. 더 많은 인공위성이 전 지구적 해수면 변동을 모니터링하는 임무를 이어받으려 발사되고 있다. 2001년에 Jason-1, 2008년에 Jason-2, 2016년에 Jason-3가 발사되었다. 이 위성들은 레이더 측고법으로 해수면 위의 인공위성 고도를 측량한다. 10~15개 지상 관측소를 이용한 위성 레이저 거리 측정과 위성 내 탑재된 GPS 장비를 이용하여 인공위성의 위치를 정밀하게 측정할 수 있어서 인공위성 아래의 표준 지오이드 고도를 정밀하게 측량할 수 있다. 위성에 대한 지오이드 기준의 고도와 해수면 기준의 고도 차이는 (수 밀리미터 정밀도로 1 m까지) 해수면의 기복으로 정의한다. 중력으로 인해 해수는 높은 곳에서 낮은 곳으로 흐르므로 해수면의 기복 자료로 해류를 도면으로 나타낼 수 있게 되어 기후 변화와 연관된 해양 순환에 관한 중요한 정보를 제공한다.

GRACE 위성은 남극이나 그린란드를 덮고 있는 거대 빙상이나 빙하에 갇힌 얼음의 질량을 반복적으로 측정한다. 얼음의 무게는 지각이나 상부 맨틀의 지각 평형 반응의 원인이 된다(4.3절). 이것은 각 빙상의 얼음 질량 계산에 불확실성을 가져오지만, 보정이 가능하다. 지각 평형 보정은 인공위성이 관측하는 짧은 기간 동안에는 변하지 않으므로 계절적인 변동은 없다. 2002년부터 2009년까지 몇 년 동안의 GRACE 관측은 겨울에 얼음 질량이 증가하고 여름에 감소하는 계절적 변동을 보여 준다. 그림 3.33은 측정 기간 동안 장기간에 걸친 질량 감소와 계절적 질량 변동을 겹쳐서 보여 준다. 연평균 얼음 질량 감소는 그린란드에서 약 140~230 Gt yr^{-1}(1 Gt는 10^9톤이다)이고 남극에서는 70~140 Gt yr^{-1}이다. 남극에서 얼음 질량 차이는 관측에 따르면 복잡한 양상을 보이는데 동남극은 얼음 질량이 증가하고 있고, 서남극은 더 빠른 속도로 감소하고 있어서 남극 전체로는 연 순손실이 발생하고 있다. 두 빙상에서 녹은 얼음은 전 지구적 해수면 상승의 주요 원인이며 약 0.5~1.0 mm yr^{-1} 정도이다. 그린란드와 남극 모두 장기간에 걸친 얼음 질량 손실은 선형 감소보다는 2차 곡선 감소로 더 잘 근사된다. 이것은 빙상이 녹아서 생기는 얼음 질량 손실이 가속화되고 있음을 의미한다.

지구 중력장을 관측한 위성 자료 또한 인류 활동에 기인한 중요한 환경적 질량 분포 변화를 기록하고 있다. 예를 들어, 주요 대수층에 대한 반복된 GRACE 관측 자료는 관개를 위한 용수로 인해 지하수 결핍에 따른 단기간의 질량 손실을 보여 준다. GRACE 위성 자료에 따르면 이런 현상은 캘리포니아의 센트럴밸리, 북동 인도, 중앙 호주, 그리고 중동에서 분명히 관찰된다. 이런 결과는 지속 가능한 수자원 관리에 중요한 정보를 제공한다.

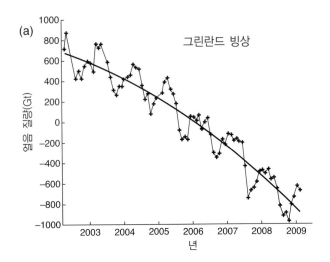

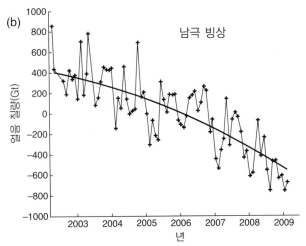

그림 3.33 (a) 그린란드와 (b) 남극을 덮고 있는 빙상의 용융으로 인한 질량 손실. 최적 이차식으로 근사한 부드러운 곡선은 각 빙상에서 질량 손실이 가속화되고 있음을 보여 준다. 출처 : I. Velicogna, Increasing rates of ice mass loss from the Greenland and Antarctic ice sheets revealed by GRACE, *Geophys. Res. Lett.*, L19503, 2009.

3.5.7 합성 개구 레이더를 이용한 지각 변형 측정

많은 지구 궤도 인공위성 중에서 몇몇 인공위성들(ERS1, ERS2, JERS, IRS, RADARSAT, Envisat, Sentinel 등등 약자로 식별되는)은 특수한 목적을 가지고 지구를 향해 직접 방사하는 레이더 빔 장비를 탑재하고 지표면으로부터 반사된 레이더 빔을 측정한다. 합성 개구 레이더(Synthetic Aperture Radar, SAR)는 레이더 반사를 기반으로 지표면을 놀라울 정도로 자세하게 기록할 수 있는 원격 탐사 기술이다.

가시광선처럼 레이더 신호는 반사, 굴절, 회절하는 성질이 있다(이런 현상은 탄성파를 기술한 6.3.2절에서 설명한다). 회절(그림 6.18 참조)은 점원이 회절하여 진행하는 것처럼 빛이 렌즈를 통과할 때 휘는 현상이다. 렌즈로 인접한 두 점원을 관찰할 때 회절된 영상들은 서로 겹치고, 둘 사이가 너무 가깝다면 별개의 점으로 구별되지 못할 것이다. 렌즈와 같은 광학 기구의 분해능은 장비가 명확하게 구별 가능한 두 점 사이의 최소 각거리(θ)로 정의된다. 주어진 렌즈의 이 각거리는 렌즈를 통하여 빛이 지나가는 개구(aperture, 조리개)의 지름(d)에 반비례하고 빛의 파장(λ)에는 정비례한다. 이들 사이의 근사한 관계식은 $\theta \sim \lambda/d$이다. 근접한 물체를 공간적으로 자세히 분별할 수 있는 높은 분해능을 가지려면 각 분해능 θ가 작은 수를 가져야 한다. 따라서 렌즈의 개구가 더 클수록 광학적 분해능은 더 높아진다.

같은 원리를 레이더에 적용해 보자. 광학 기구의 분해능이 광학 렌즈의 지름에 의존하는 것처럼 레이더의 분해능은 안테나의 길이에 따라 결정된다. 인공위성에 장착되는 안테나는 수 미터의 길이로 제한된다. SAR은 이런 안테나 길이 제한을 안테나의 운동과 효과적인 자료 처리 기법으로 해결한다.

인공위성에 장착된 레이더 안테나는 위성의 진행 방향에 수직으로 레이더 빔을 방사한다. 이 빔은 안테나로 반사된 신호를 되돌려 보내는 입자들의 띠 모양으로 지상을 '비춘다'. 레이더 펄스는 초당 수백 개가 방출된다[예를 들어 European Radar Satellite(ERS)는 초당 1,700 레이더 펄스를 방출한다]. 이것은 매우 많은 반사된 신호로 돌아온다. 위성이 앞으로 진행하면 비추는 띠도 표적 표면을 가로지른다. 표적의 각 입자는 처음 에너지를 받은 때부터 더 이상 빔에 덮이지 않을 때까지 수백 개의 레이더 펄스를 반사한다. 이 시간 동안 인공위성(그리고 실제 안테나)은 경로를 따라 약간의 거리를 움직인다. 이 거리를 레이더의 합성 개구(synthetic aperture)라고 한다. 예를 들어 지상 800 km 궤도인 ESR1의 SAR 관측은 약 4 km의 합성 개구를 만든다. 이런 큰 개구로 얻어진 고분해능으로 약 30 m의 분해능을 가지는 지상 영상이 만들어진다.

SAR 자료 처리에서 중요한 점은 개별 반사의 경로를 정확히 재구성하는 능력이다. 이 능력은 글상자 1.1에서 설명한 도플러 효과를 이용하여 달성된다. 진행하는 위성에 선행하는 표적에서 반사는 주파수를 높인다. 반대의 경우는 주파수를 낮춘다. 실제 반사 영상을 얻으려면 개별 신호에서 필수적으로 도플러 효과를 보정해야 한다.

더 발전된 SAR 기술은 간섭계 SAR(interferometric SAR, InSAR)이다. InSAR은 인공위성이 특정 지역을 반복해서 통과할 때 반사된 레이더 신호의 위상을 분석하여 작은 지형 변화를 감지하는 기술이다. 파의 위상은 파를 송신하고 수신할 때 발생하는 시간 지연으로 측정한다. 이것을 설명하기 위해 진폭 (A)이 최대인 순간(즉, 마루)에 위성에서 송출된 마루와 골이 교대로 나타나는 신호의 파형을 상상해 보자. 만약 되돌아온 반사파 신호가 마루라면 이 신호는 송출된 신호와 같은 위상이다. 시간 t에서 주파수 ω인 신호의 진폭은 방정식 $y = A\cos\omega t$로 표현할 수 있다. 이것은 목표물을 오가는 반사파의 경로가 완전한 파장의 정확한 정수배인 경우이다. 반대로, 위성으로 돌아온 반사파가 골이라면 원래 신호에 비해 정확하게 반대 위상이다. 이런 경우는 경로의 길이가 정확히 반파장의 홀수배에 발생한다. 더 일반적으로 표현하면, 경로의 길이는 반파장의 정확한 정수배가 아니므로, 반사파의 방정식은 경로의 길이에 따라 달라지는 위상차 Δ를 포함한 $y = A\cos(\omega t + \Delta)$로 표현해야 한다. InSAR 기술은 인공위성에 기록된 개별 반사파의 위상차를 분석하는 것을 바탕으로 1990년대에 개발되었다.

한 번의 궤도를 돌 때 표적지의 SAR 영상이 만들어지면 같은 장소를 다시 지나가는 정확한 다음번 궤도에서 영상을 다시 제작해야만 한다(이것은 정확히는 가능하지 않지만 수백 미터 이내에서 반복된 경로는 기하적인 차이를 수정할 수 있다). 특히, 표적의 개별 점들은 송신기로부터의 거리가 같으므로 영상 신호의 위상은 정확히 같아야만 한다. 그러나 두 영상이 촬영되는 시간 사이에 지질적인 또는 인공적인 사건으로 표적에 변위가 발생하면 두 영상의 위상이 달라진다. 이들은 서로 간섭하도록 두 이미지를 결합하여 표시된다.

서로 다른 위상을 가지는 조화 신호를 섞으면 그들은 서로 간섭하게 된다. 같은 위상을 가지면 보강 간섭이 일어나고, 중첩되며 신호가 강해진다. 상쇄 간섭은 반대 위상을 가지는 신호가 섞여서 나타나며 신호가 약해진다. 두 파형의 혼합으로 신호의 강화 구역과 감소 구역이 번갈아 나타나는 간섭무늬는 일련의 소위 '간섭 변두리(interference fringe)'의 형태로 나타난다.

SAR 영상으로부터 이런 처리를 거쳐 얻은 InSAR 영상의 간섭무늬는 넓은 지역에서 지상에서 관측하는 것보다 더 정밀하게 지표면의 운동을 해석할 수 있다. InSAR 기술은 넓은 영역에서 지표면의 변위를 가져오는 지진, 구조론적 단층, 화산 등에 널리 적용되었다. 그림 3.34는 1992~1993년에 주기적으로 분화한 이탈리아 시칠리아의 에트나 화산 지형도에 InSAR 간섭무늬를 겹친 것을 보여 준다. ERS1 위성으로 파장 5.66 cm인 신호를 송출하여 같은 지점에서 13개월에 걸쳐 연속적인 레이더 영상을 얻었다. 전체 파장으로 표적과 인공위성 사이의

그림 3.34 1992~1993년 분화 시기에 시칠리아 에트나(Etna) 화산에서 합성 개구 레이더 간섭계(InSAR)로 측정한 간섭 변두리 패턴은 에트나 화산의 고도 변화를 보여 준다. 네 쌍의 밝고 어두운 간섭 변두리는 화산에서 마그마가 빠져나가면서 산 정상이 약 11 cm 정도 침강하였음을 나타낸다. 출처 : D. Massonnet, Satellite radar interferometry, *Scientific American* 276(2), 46–53, 1997.

시선 거리를 변경하려면 지표면은 같은 방향으로 반파장, 이 경우에는 2.83 cm 움직여야 한다. 화구 주위로 어둡고 밝은 동심원의 간섭 변두리는 화산 정상의 고도가 약 11 cm 변한 것에 대응하는 4주기의 간섭을 보여 준다. 분화 이후에 마그마가 배출되어 화구가 침강한 결과가 간섭 변두리 무늬로 나타났다.

3.5.8 초장기선 전파 간섭계

외부 은하에서 오는 전파원(퀘이사)은 측지 측량에서 가장 안정한 관성 좌표계를 형성한다. 외부 은하 전파원은 서로 다른 대륙에 있는 관측소의 전파 천문 안테나에 거의 동시에 관측된다. 들어오는 전파원 신호의 방향을 알고 있으므로 여러 관측소에서 측정한 작은 신호의 도달 시간 차이는 한 쌍의 관측소로 만들어지는 기선 길이로 처리된다. 이 고정밀 측지 기술을 초장기선 전파 간섭계(Very Long Baseline Interferometry, VLBI)라 하고 수천 킬로미터 떨어진 관측소들 사이의 거리를 수 센티미터의 정확도로 측정한다. 엄밀하게 말하면 인공위성 기반 기술은 아니지만, 지상파가 아닌 우주에서 오는 신호를 정밀 측지에 이용하기 때문에 VLBI 기술을 여기에서 설명한다.

여러 관측소에서 측정한 VLBI 자료를 연결하여 전파원에 의한 외부 은하 관성 좌표계로 지구의 방위를 구한다. 반복 측정으로 지구의 자전 속도와 방위를 전례 없는 정확도로 측정

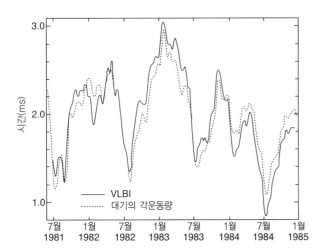

그림 3.35 VLBI로 관측한 하루 길이의 미세 변동과 대기의 각운동량 변화로부터 예상되는 하루 길이 변화. 출처 : W.E. Carter, Earth orientation, in: *The Encyclopedia of Solid Earth Geophysics*, D.E. James, ed., pp. 231−239, New York: Van Nostrand Reinhold, 1989.

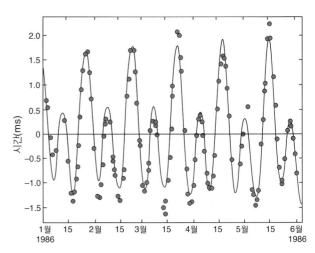

그림 3.36 대기의 각운동량으로 인한 효과를 보정한 하루 길이의 고주파 변화(점)와 지구 고체 조석으로부터 예상되는 이론적인 변화. 출처 : W.E. Carter, Earth orientation, in: *The Encyclopedia of Solid Earth Geophysics*, D.E. James, ed., pp. 231−239, New York: Van Nostrand Reinhold, 1989.

한다. 자전축의 운동(챈들러 요동과 같은, 3.3.5.3절 참조)에 대한 광학적 기술 정확도는 0.5~1 m이지만 VLBI의 정확도는 3~5 cm이다. 각회전 주기는 0.1 ms 이하의 정확도로 결정할 수 있다. 이 기술은 하루의 길이 변화로 나타나는 지구 자전 속도의 불규칙성을 매우 정확하게 측정할 수 있게 한다.

하루 길이의 가장 중요한 변동은 달과 태양에 의한 해양 조석이 지구 자전을 느리게 하는 효과에 기인한다(3.3.4절). 하루의 길이 변동 중 조석과 상관없는 가장 큰 변동은 바람 패턴의 동서 성분의 이동에 기인하는 대기의 각운동량 변동과 관련되어 있다. 지구 전체의 각운동량이 보존되기 위해서 대기의 각운동량이 변화하면 이를 보상하기 위하여 지각과 맨틀은 반대 방향으로 각운동량이 변화한다. 각운동량의 계절적 이동은 VLBI 결과에서 얻은 하루 길이의 고주파수 변동과 잘 연관된다(그림 3.35).

해양 조석의 영향과 대기의 각운동량 변동의 영향을 제거하고 나서도 하루의 길이에 작은 잔여 편차가 남는다. 이것은 지구의 고체 조석과 관련되어 있다(3.3.4.5절). 태양과 달의 기조력은 지구를 탄성적으로 변형시키고 지구의 타원율도 약간 변화시킨다. 각운동량을 보존시키기 위해 지구 질량 분포의 재조정에 상응하는 자전 속도의 변화가 생긴다. 지구의 고체 조석의 영향으로 예상되는 하루 길이의 변화량은 계산할 수 있다. VLBI 결과로 결정된 하루의 길이 불일치량은 이론적으로 계산한 지구의 고체 조석 효과로 예상된 변동량과 잘 일치한다(그림 3.36).

3.6 더 읽을거리

입문 수준

Grotzinger, J. and Jordan, T. H. 2014. *Understanding Earth* (7th ed.). San Francisco, CA: W. H. Freeman.

Massonnet, D. 1997. Satellite radar interferometry. *Scientific American*, 276, 46-53.

심화 및 응용 수준

Bullen, K. E. 1975. *The Earth's Density*. London: Chapman and Hall.

Fowler, C. M. R. 2004. *The Solid Earth: An Introduction to Global Geophysics* (2nd ed.). Cambridge: Cambridge University Press.

Stacy, F. D. and Davis, P. M. 2008. *Physics of the Earth* (4th ed.). Cambridge: Cambridge University Press.

Turcotte, D. L. and Schubert, G. 2014. *Geodynamics* (3rd ed.). Cambridge: Cambridge University Press.

3.7 복습 문제

1. 지오이드는 무엇인가? 기준 타원체는 무엇인가? 이 둘을 어떻게 왜 구분하는가?

2. 지오이드 이상이 무엇인가? 어떻게 양(또는 음)의 이상이 생기는지 설명하시오.

3. 표준 중력이 무엇인가? '표준(normal)'이라는 단어는 무엇을 의미하는가? 어떤 면이 관련되어 있는가?

4. 인력은 질량 중심을 향한다. 지구 중력 성분의 방향을 보

어 주는 스케치를 그려서 왜 **중력**이 정확히 중심을 향하는 가속도가 아닌지 그 이유를 설명하시오.

5. 표준 중력식에서 각 상수를 결정하는 지구물리학적 변수는 무엇인지 설명하시오.

6. 코리올리 가속도는 무엇인가? 이것이 어떻게 생겨나는가? 북반구와 남반구에서 바람 패턴에 어떤 영향을 미치는가?

7. 외트뵈시 가속도가 무엇인가? 이것이 어떻게 생겨나는가? 중력 측정에 어떤 영향을 미치는가?

8. 달-지구 시스템에서 공동 질량 중심을 어떻게 계산하는지 설명하시오.

9. 관련된 힘을 보여 주는 그림을 그려서 왜 하루에 두 번 달에 의한 조석이 발생하는지 설명하시오.

10. 왜 달에 의한 조석은 지구 반대쪽에 거의 같게 생기는가? 왜 둘은 정확하게 같지 않은가?

11. 지구 고체 조석이 무엇이고 어떻게 측정할 수 있는가?

12. 지구 자전축의 세차 운동의 원인은 무엇인가?

13. 지구 자전축 또는 지구 궤도의 다른 어떤 장주기 변화가 일어나는가? 이들 운동의 주기는 얼마인가? 그 이유는 무엇인가?

14. 해수면의 역학적 고저도를 결정하는 데 레이저 거리 측정법과 위성 측고법의 역할은 무엇인가?

15. GRACE와 GOCE 위성에서 중력을 어떻게 측정하는가?

3.8 **연습 문제**

1. 표 1.1의 자료를 이용하여 달 표면에서 중력 가속도를 지구 표면에서의 가속도의 백분율로 계산하시오.

2. 올림픽 높이뛰기 챔피언은 지구에서 2.45 m를 뛰어넘었다. 이 챔피언은 달에서는 얼마나 높이 뛸 수 있는가?

3. (a) 평균 중력 가속도는 9.81 m s^{-2}, 지구 평균 반지름은 6,371 km로 가정하고 로켓이 지구 중력에서 탈출하는 속도를 계산하시오.

    (b) 같은 물체의 달에서 탈출 속도는 얼마인가?

    (c) 지구에서 발사된 로켓이 태양계를 탈출하려면 얼마의 속도를 가져야 하는가?

4. 적도 반지름은 6,378 km이고 적도에서 중력은 9.780 m s^{-2}이다. 적도에서 원심 가속도와 중력 가속도의 비인 μ를 계산하시오. 만약 μ를 $1/k$로 쓸 수 있다면 k 값은 얼마인가?

5. 항성월의 길이는 27.32 태양일, 지구 평균 중력은 9.81 m s^{-2}, 지구 반지름은 6,371 km로 주어졌을 때 달의 공전 궤도의 반지름을 계산하시오.

6. 통신 위성이 지구 정지 궤도상에 놓여 있다.

    (a) 이 궤도에서 주기와 방위는 어떻게 되어야 하는가?

    (b) 이 궤도의 반지름은 얼마인가?

    (c) 위도 45°N에서 송신기로 이 위성에 전파 신호를 송신할 때 지구에 되돌아오는 가장 짧은 반사파는 얼마나 시간이 걸리는가?

7. 위도가 48° 52′N인 파리에서 지표면에 놓인 물체의 지구 자전에 의한 원심 가속도를 계산하시오. 이 결과를 이 물체에 미치는 인력의 백분율로 표현하시오.

8. 입체각(Ω)은 각에 해당하는 부분의 구면 면적(A)을 구의 반지름(r)의 제곱으로 나누어서 정의한다. 즉, $\Omega = A/r^2$ (글상자 11.4 참조)이다. 그림을 그려서 얇고 균질한 구각으로 둘러싸인 내부의 어떤 점에서도 중력 가속도가 0이 됨을 보이시오.

9. 균질한 구각 내부에서 중력 가속도가 0이라는 것을 이용하여 균질한 고체 구의 내부에서 중력 가속도가 중심으로부터 거리에 비례함을 보이시오.

10. 반지름이 R인 균질한 고체 구에서 중심에서 거리 r인 지점에서의 인력 퍼텐셜 U_G가 다음과 같음을 보이시오.

$$U_G = -\frac{2}{3}G\rho(3R^2 - r^2)$$

11. 반지름이 R인 균질한 고체 구의 내부와 외부에서 중력 가속도와 중력 퍼텐셜을 그리시오.

12. 지구 중심까지 작은 구멍을 뚫고 이 구멍에 볼을 떨어뜨렸다. 지구가 균질한 고체 구라고 가정하자. 볼이 지구의 양쪽을 왔다 갔다 하면서 왕복 주기로 운동함을 보이시오. 다른 쪽 끝에 도달하는 시간을 구하시오.

13. 로슈 한계는 물체가 행성에 접근할 때 행성의 조석 인력으

로 인해 찢어지지 않고 접근 가능한 최단 거리이다. 구형 강체 위성을 가정하고 로슈 한계는 글상자 3.2의 식 (6)에 주어져 있다.

(a) 표 1.1에 나와 있는 행성의 크기를 이용하여 지구에 대한 달의 로슈 한계를 계산하시오. 답을 지구 반지름의 배수로 표현하시오.

(b) 행성의 평균 밀도가 강체 위성 밀도의 절반보다 작을 때 행성의 중력에 의해 위성은 찢어지기 전에 행성과 충돌함을 보이시오.

(c) 태양의 질량이 1.989×10^{30} kg이고 반지름은 695,500 km일 때 태양에 대한 지구의 로슈 한계를 계산하시오.

(d) 혜성의 평균 밀도가 약 500 kg m^{-3}이다. 지구와 충돌할 수 있는 혜성의 로슈 한계는 얼마인가?

(e) 소행성의 평균 밀도가 약 2,000 kg m^{-3}이다. 소행성이 지구와 출동하는 동안 속도가 15 km s^{-1}이었다면 소행성이 로슈 한계에서 부서지고 시간과 잔해가 지면에 출동한 시간 사이는 얼마나 걸리는가? 소행성이 같은 속도를 유지하고 있다고 가정하시오.

14. 질량 M, 균질한 밀도 관성 ρ, 모멘트 C이고 안쪽 반지름 r과 바깥쪽 반지름 R인 두꺼운 구각에 대하여 다음 식들이 주어진다.

$$M = \frac{4}{3}\pi\rho(R^3 - r^3) \qquad C = \frac{8}{15}\pi\rho(R^5 - r^5)$$

지구는 동심원의 구각으로 이루어진 내부 구조를 갖는다. 다음 그림과 같이 각 구각이 균일한 밀도를 가지는 단순한 모델이다.

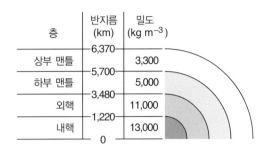

(a) 각 구각의 질량과 관성 모멘트를 계산하시오.

(b) 지구 전체의 질량과 관성 모멘트를 계산하시오.

(c) 지구 반지름 R, 지구 전체 질량 M이라면 관성 모멘트가 $C = kMR^2$으로 쓸 수 있을 때 k 값은 얼마인가?

(d) 지구 전체 밀도가 균질하다면 k 값은 얼마인가?

15. 회전하는 구(또는 회전 타원체)의 중력 퍼텐셜은 식 (3.56)으로 주어진다. 이 식이 라플라스 방정식을 만족하지 않음을 보이고 이 경우 왜 그런지를 설명하시오. [힌트 : 구의 회전축에 대한 방위각 대칭을 가정하고 글상자 3.4의 식 (2)를 구면 좌표계로 표현하여 이용하시오. 즉 퍼텐셜은 ϕ에 따라서는 변하지 않는다.]

3.9 컴퓨터 실습

이 장에 대한 Jupyter notebook 실습 자료를 http://www.cambridge.org/FoG3ed에서 내려받기를 할 수 있다: [(1) Gravity of an extended body, (2) Tides and Roche limit]

4
중력 탐사

미리보기

중력은 측정 위치를 측지 측량으로 결정하고, 육상이나 배 또는 항공기에서 자이로스코프로 안정시킨 플랫폼 위에서 중력계로 측정한다. 항공기 또는 인공위성에서는 중력 변화율 탐사도 이용된다. 이 장에서는 중력 측정 장비와 위도와 고도 및 주변 지형의 인력에 따른 측정 중력의 변화를 기준 타원체를 바탕으로 보정하여 중력 이상을 만드는 방법을 설명한다. 잔여 이상은 지하 밀도 구조 때문에 생긴다. 이 장에는 두 가지 중력 이상을 구별한다. 프리에어 이상은 부게 이상을 정의하는 데 필요한 국지적 암석 밀도를 보정하지 않는다. 국지적 중력 이상을 해석하기 위하여 간단한 모양의 이상체에 대한 인력을 모델링한다. 광역 이상은 산맥과 판의 경계에서 지질학적 과정을 이해하는 데 도움을 준다. 지각 평형은 산맥의 초과 질량을 낮은 밀도의 지하 구조로 보상하는 중요한 동적인 과정이다. 지각의 수직 운동은 지각 평형이 교란되었을 때 발생한다.

4.1 중력 측정과 중력 보정

4.1.1 절대 중력과 상대 중력의 측정

지표면에서 중력 가속도의 평균값은 약 $9.81 \ \mathrm{m \ s^{-2}}$ 또는 981,000 mGal이다. 중력 가속도는 지구 자전과 편평도 때문에 적도에서 극으로 갈수록 대략 5,300 mGal 정도 커지는데, 이는 단지 0.5% 정도 변동에 불과하다. 중력 측정은 두 가지 유형이 있다. 첫 번째는 특정 위치에서 절대 중력을 결정하는 것이다. 두 번째는 한 지점과 다른 지점 사이의 중력 변화를 측정하는 것이다. 중력 탐사를 이용하여 지구물리학을 연구하려면 지하 구조에 따른 미세한 중력 변화를 필수적으로 측정해야 한다. 이 때문에 중력계는 0.01 mGal 수준의 민감도를 가진다. 고정밀 측정 수준을 유지하면서 절대 중력 측정 장비를 다른 장소로 쉽게 이동할 수 있게 설계하는 것은 매우 어렵다. 중력 탐사는 보통 하나 또는 여러 기준점에서 상대적인 중력 변화를 결정하는 이동 가능한 **중력계**(gravimeter)를 사용한다. 국가적인 규모의 중력 조사에서 중력계로 결정된 상대 중력 변화는 선택된 기준점의 절대 중력을 이용하여 절대 중력으로 변환될 수 있다.

4.1.2 절대 중력 측정

중력을 측정하는 고전적인 방법은 진자를 이용한다. 단진자는 얇은 끈에 달린 무거운 추로 구성된다. 1818년에 케이터(Henry Kater, 1777~1838)가 처음 만든 복합(또는 역) 진자는 더 정확한 중력 측정을 가능하게 한다. 복합 진자는 약 50 cm 길이의 단단한 금속이나 석영 막대로 구성되어 있으며 이동 가능한 질량체가 부착되어 있다. 막대의 끝 근처에는 평평한 석영 판에 석영 칼날이 중심점에 고정되어 있다. 중심점 중 하나에서 진동을 측정하여 진자의 주기를 결정한다. 그런 다음 진자가 반전되고 다른 중심점에 대한 주기가 결정된다. 이동하는 질량체의 위치는 두 중심점의 주기가 같아질 때까지 조정된다. 두 중심점 사이의 거리 L은 정확하게 측정된다. 이 장비의 주기는 식 (4.1)로 주어진다.

$$T = 2\pi \sqrt{\frac{I}{mgh}} = 2\pi \sqrt{\frac{L}{g}} \qquad (4.1)$$

여기서 I는 중심점에 대한 진자의 관성 모멘트, h는 중심점부터 질량 중심까지 거리, m은 진자의 질량이다. 케이터 방법에서 길이 L을 알면 절대 중력을 결정하는 데 I, m, h는 필요 없어진다.

복합 진자의 민감도는 식 (4.1)을 미분하여 구한다.

$$\frac{\Delta g}{g} = -2\frac{\Delta T}{T} \tag{4.2}$$

1 mGal의 민감도를 얻기 위해서는 약 0.5 μs의 정밀도로 주기를 결정해야 한다. 오늘날 정밀한 원자시계를 이용하면 이 정도의 주기 정밀도는 쉽게 얻어진다. 복합 진자 장비는 1930년대에는 주기를 정확하게 측정하는 것이 어려웠음에도 주요한 중력 탐사 장비로 사용되었다. 이 장비로 한 점의 중력을 측정하는 데 30분 정도 걸렸다.

이 장비는 여러 가지 요인으로 성능이 저하된다. 진자의 흔들리는 질량체에 대한 본체의 관성 반작용은 같은 프레임에 두 개의 진자를 장착하고 반대 위상으로 흔들어 보상되었다. 공기 저항은 온도가 조절되는 진공 챔버에 진자 조립체를 설치하여 감소시켰다. 중심점의 마찰은 석영 칼날과 평면에 의해 최소화되지만, 미소하게 불균질하여 복합 진자 조립체가 다른 위치에 설치되면 접촉 가장자리가 정확하게 반복되지 않으므로 측정 신뢰도에 영향을 미친다. 이 장치는 부피가 컸음에도 1950년대까지 절대 중력을 측정하는 주요 방법으로 사용되었다.

4.1.2.1 자유 낙하를 이용한 방법

현대적인 중력 가속도를 측정하는 방법은 자유 낙하를 이용하는 것이다. 초기 위치 z_0, 초기 속도 u인 낙하체는 시간 t에서 위치 z가 운동 방정식으로부터 식 (4.3)으로 주어진다.

$$z = z_0 + ut + \frac{1}{2}gt^2 \tag{4.3}$$

절대 중력값은 시간에 따른 위치 기록을 이차식으로 근사하여 결정한다.

현대 측정 장비의 가장 중요한 요소는 마이컬슨 간섭계를 이용하여 위치의 변화를 정밀하게 측정하는 것이다. 이 장비는 단색광의 빔이 반은도금 거울로 만들어진 빔 분할기를 통과하여 반은 위로 반사하고 반은 그대로 진행한다. 이 장비는 입사 광선을 두 광선으로 나누어 서로 다른 경로를 진행하게 한 후 간섭무늬가 생기도록 다시 합친다. 두 경로가 단색광의 한 파장(또는 파장의 정수배)만큼 차이가 나면 보강 간섭한다. 다시 합성한 빛은 최대 강도를 가지고 밝은 간섭무늬를 만든다. 경로가 반파장(반파장의 홀수배) 차이가 나면 합성한 빛은 상쇄 간섭하고 어두운 무늬를 만든다. 마이컬슨 간섭계에서 단색 광원은 파장이 정확히 알려진 레이저 빔을 사용한다.

절대 중력을 측정하는 마이컬슨 간섭계에서 레이저 빔은 두 개의 경로로 분할된다(그림 4.1). 레이저 빔의 수평 경로는 고정된 길이를 따라가지만, 수직 경로는 정확하게 알려진 순간에 방출되어 자유 낙하하는 모서리형 역반사체에서 반사된다. 자유 낙하하는 길이는 약 0.5 m이다. 역반사체는 공기 저항을 최소화하기 위하여 진공 챔버 안에서 자유 낙하한다. 광전자 증배관과 계수기로 특정 시간 간격 동안 간섭무늬를 기록하고 간섭무늬의 개수를 센다. 합성한 빛의 강도는 역반사체가 빨리

그림 4.1 절대 중력을 측정하는 자유 낙하 방법.

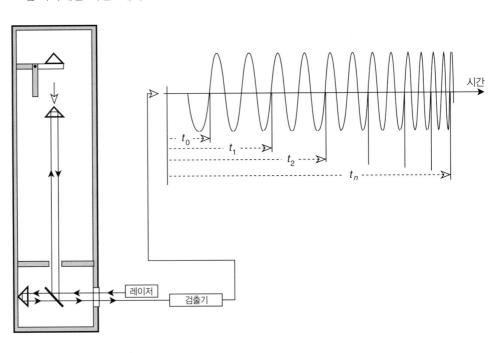

떨어질수록 주파수가 더 증가하는 정현파 모양으로 변동한다. 각각의 영점 사이의 거리가 레이저광의 반파장에 해당하므로 특정 시간 간격 동안 낙하하는 역반사체의 이동 거리를 구할 수 있다. 영점 통과 시간을 0.1 ns(10^{-10} s)의 정밀도로 측정하면 1 μGal 정밀도로 절대 중력을 측정할 수 있다.

이 장비는 소형이지만 현장 중력 탐사에 사용할 만큼 휴대가 간편하지는 않다. 이 장비는 약 0.005~0.010 mGal(5~10 μGal)의 정확도로 절대 중력을 측정한다. 자유 낙하 방법의 단점은 진공 챔버에 남아 있는 잔류 공기 분자로 인해 발생하는 공기 저항이다. 상승-낙하법을 이용하면 공기 저항을 줄일 수 있다.

4.1.2.2 상승-낙하법

절대 중력을 측정하는 상승-낙하법의 초기 모델은 유리구를 수직 위로 발사하여 상승시킨 경로와 같은 경로를 따라 낙하시킨다(그림 4.2). 서로 다른 두 높이에 설치된 시간 기록 장치에서 유리구가 위아래로 통과하는 순간의 시간을 기록한다. 개별 시간 기록 장치에서 광원 빔은 좁은 슬릿을 통과한다. 유리구가 슬릿을 통과할 때 유리구가 렌즈의 역할을 하여 하나의 슬릿을 다른 슬릿에 집중시킨다. 광전자 배증관과 검출기로 유리구가 시간 기록 장치를 오르내리는 순간의 시간을 정확히 기록한다. 두 시간 기록 장치 사이의 거리 h(약 1 m)는 광학 간섭계로 정확하게 측정된다.

유리구가 첫 번째 시간 기록 장치까지 왕복하는 데 걸린 시간을 T_1이라 하고 두 번째 시간 기록 장치의 왕복 시간을 T_2

라고 하자. 더 나아가 꼭대기부터 두 시간 기록 장치까지의 거리를 각각 z_1, z_2라 하자. 자유 낙하한 시간은 $t_1 = T_1/2$, $t_2 = T_2/2$에 해당한다.

$$z_1 = \frac{1}{2} g \left(\frac{T_1}{2} \right)^2 \tag{4.4}$$

두 번째 시간을 측정하는 지점에서도 비슷하게 표현할 수 있으므로 두 지점 사이의 거리는 식 (4.5)이다.

$$h = z_1 - z_2 = \frac{1}{8} g (T_1^2 - T_2^2) \tag{4.5}$$

따라서 절대 중력값은 우아하고 간결하게 식 (4.6)으로 표현된다.

$$g = \frac{8h}{(T_1^2 - T_2^2)} \tag{4.6}$$

실험이 높은 진공 상태에서 수행되지만, 남아 있는 작은 양의 기체 분자들이 유리구의 운동 방향에 반대로 작용한다. 상향 경로에서는 공기 마찰력은 중력과 같은 아래쪽으로 잡아당기고 반대로 하향 경로에서는 공기 마찰력은 중력과 반대 방향이다. 이 비대칭성은 공기 저항 효과를 최소화하는 데 도움이 된다.

현대 장비에서는 마이컬슨 간섭계가 상승-낙하법에 이용된다. 발사체를 모서리형 역반사체(글상자 1.4 참조)로 하면 오르내리는 경로를 진행하는 동안 간섭무늬가 관찰되고 간섭무늬의 개수를 셀 수 있다. 민감도와 정밀도는 자유 낙하 방법과 비슷하다.

4.1.2.3 절대 중력망

20세기 초에 진자를 이용한 절대 중력계의 도움으로 여러 장소에서 절대 중력 측정값을 비교했다. 이 결과는 큰 mGal 차이를 보였는데 이 차이는 정밀한 스프링 기반 중력계를 사용하면서 명백해졌다. 자유 낙하를 이용한 절대 중력계가 개발되면서 표준화된 조건에서 절대 중력을 측정한 100개 이상의 관측소들을 연결하는 전 세계 절대 중력 관측망이 구축되었다. 전 세계 관측망의 절대 중력 정밀도는 약 5 μGal이다.

4.1.3 상대 중력 측정 : 중력계

원리적으로 중력계(gravity meter 또는 gravimeter)는 매우 민감한 저울이다. 최초의 중력계는 훅의 법칙을 직접적으로 적용

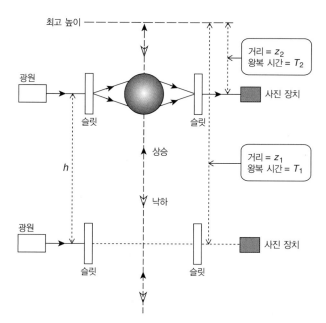

그림 4.2 절대 중력 측정을 위한 상승-낙하법.

한 것이다(5.1.1절). 길이가 s_0인 용수철에 매달린 질량 m은 용수철을 새로운 길이 s로 늘린다. 용수철의 연장 또는 길이 변화는 용수철의 복원력에 비례하므로 중력에 비례한다. 따라서 다음이 성립한다.

$$F = mg = -k(s - s_0) \tag{4.7}$$

여기서 k는 용수철의 탄성 상수이다. 용수철 중력계는 중력이 이미 알려진 장소에서 보정된다. 서로 다른 장소에서 중력이 다르면 용수철이 늘어나는 정도가 변하고 이 용수철의 길이 변화는 중력 변화로 환산된다.

훅의 법칙에 직접적으로 기반을 둔 유형의 중력계를 안정형이라고 부른다. 안정형 중력계는 더욱 민감한 불안정형 중력계로 대체되었는데, 불안정형 중력계는 불안정 구조로 인해 추가된 힘이 중력에는 같은 방향으로 작용하고 용수철의 복원력에는 반대 방향이 되도록 구성되었다. 이 중력계는 불안정한 평형 상태가 된다. 이런 조건은 용수철의 설계로 구현되었다. 용수철의 고유 길이 s_0를 가능한 한 작게 만들 수 있다면(이상적으로 0), 식 (4.7)은 복원력이 용수철의 연장 대신 물리적 길이에 비례한다는 것을 보여 준다. 영-길이 용수철(zero-length spring)[1]은 라코스테-롬버그(LaCoste – Romberg) 중력계에 처음 도입되었고, 오늘날 상대 중력계에 공통으로 사용되고 있다. 이 용수철은 보통 나선형이다. 나선형 용수철이 늘어나면 용수철의 섬유가 꼬이게 된다. 섬유의 길이에 따른 전체 비틀림은 전체 용수철의 연장과 같다. 나선형 영-길이 용수철은 꼬임을 추가하여 만들어져서 용수철이 풀리는 경향을 갖게 한다. 증가한 중력은 용수철의 복원력에 대항하여 용수철을 늘리고, 용수철의 연장은 내장된 사전 장력에 의해 강화된다.

중력계의 작동 방법은 그림 4.3과 같다. 질량은 거울이 달린 수평 막대로 지지된다. 막대 위치는 접안렌즈에 반사되는 광선으로 관찰된다. 중력이 변하면 영-길이 용수철이 늘어나거나 줄어들어서 막대의 위치를 변경시키고 광선을 편향시킨다. 여기서 중력을 측정할 때 편향을 교정하는 원리가 활용된다. 조정 나사로 용수철의 상부 부착 위치를 변경시켜 용수철의 장력을 변경시키고, 결국 막대를 광선과 접안렌즈로 감지한 원래 수평 위치로 복원시킨다. 조정 나사의 회전수는 중력 변화의 단위인 보통 mGal로 환산된다.

---

1 영-길이 용수철은 용수철의 고유 길이가 '0'인 것처럼 작동하는 용수철이다.

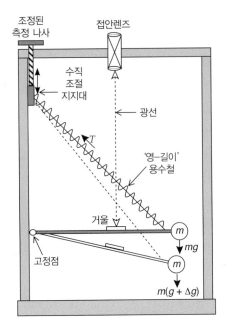

그림 4.3 불안정형 중력계의 작동 원리.

이 중력계는 가볍고 견고하며 휴대가 간편하다. 초기 평형을 맞추는 작업 이후 몇 분 안에 중력 차이를 정확하게 측정할 수 있다. 이 중력계의 민감도는 약 0.01 mGal(10 μGal)이다. 이 높은 민감도는 중력계 자체 속성의 작은 변화에도 민감하게 만든다.

4.1.3.1 초전도 중력계

지난 반세기 동안 초전도성의 특수한 특성(글상자 4.1)을 활용한 초전도 중력계가 개발되었다. 이 센서는 한 쌍의 초전도 코일에 의해 생성된 자기 변화율장에 매달려 있는 초전도 니오븀 구체로 구성된다. 일정한 전류가 코일에 갇혀 지속적인 자기장을 생성한다. 자기 변화율장은 코일의 기하 구조를 사용하거나 (예 : 구를 코일 사이의 공간 바로 바깥에 배치하여) 동일하지 않은 코일을 사용하여 얻는다. 자기장의 변화율은 구체를 제자리에 고정시키는 힘을 생성한다. 중력이 변하면 코일에 상대적으로 구체의 위치가 움직인다. 이것은 코일의 전기 커패시턴스 브리지에 의해 감지된다. 전기 커패시턴스 브리지의 불균형은 피드백 전류를 활성화하여 구가 원래 위치에 매달려 있도록 한다. 공중 부양을 유지시키는 이 힘은 중력 변화량으로 정확하게 변환된다.

초전도 중력계의 작동 원리는 라코스테-롬버그 중력계와 비슷하지만, 용수철이 공중 부양하는 구체로 대체되었다. 기기 드리프트(4.1.4절)의 영향을 받는 일반 용수철 상대 중력계와는 다르게 초전도 중력계는 사실상 드리프트가 없다. 그러나 단열이 필요하고 액체 헬륨을 공급해야 하므로 야외 중력 측정보다 관측소에 설치하는 것이 더 적합하다. 잡음 수준은 단기 분석에서 약 0.1 μGal이고 장기간 관측에서는 약 0.01 μGal이기 때문에 고정된 위치에서 장기적인 중력 측정에 매우 적합하다. 초전도 중력계는 지구 고체 조석(3.3.4절)이나 챈들러 요동(3.3.5절)뿐만 아니라 지구의 자유진동(6.2.4절)의 정상모드 관측에도 이용된다.

4.1.3.2 중력 변화율 측정기

지구의 중력은 역제곱 법칙에 따라 지구 중심으로부터의 거리가 멀어짐에 따라 감소한다. 이로 인해 수직 방향으로 중력이 감소한다. 감소하는 비율이 수직 중력 변화율이고 높이 1 m당 약 0.3086 mGal이다(4.1.5.5절). 중력은 지구 타원체에 방사상 방향이 아니라 법선 방향으로 작용하므로 수평 중력 변화율도 존재한다. 표준 중력식(3.4.4절)을 미분하여 위도에 따른 중력의 수평 변화를 계산할 수 있다. 수평 중력 변화율은 남북 방향으로 1 m당 약 0.008 mGal이다. 지형이나 지구 내부의 불균질성에 기인한 다른 인력도 중력의 수직 및 수평 변화율을 만든다. 중력 변화율의 측정 단위는 eotvos(19세기 후반에 이 방법을 개발한 헝가리 지구물리학자 외트뵈시의 이름을 따서 명명되었다)이다. eotvos(기호는 E)는 1 nanoGal/cm(s^{-2}와 같은 차원임)의 중력 가속도의 변화율로 정의한다. 따라서 지표면에서 수직 중력 변화율은 약 3,086 E와 같다.

중력 변화율은 중력 변화율 측정기로 직접적으로 측정된다. 중력 변화율 측정은 광물 자원 탐사에 사용되는 중요한 방법일 뿐만 아니라 우주선에서 전 지구적인 규모의 중력장을 분석하는 데에도 핵심적인 기술이다. 중력 변화율 측정기의 센서는 공통 축에 쌍으로 설치된 민감한 가속도계(글상자 4.2)이다. 중력 변화율 측정기는 이동하는 운송 수단에서 중력을 측정하도록 설계되었다. 항공기의 난기류나 해양 조사에서 폭풍이 불 때 두 센서는 흔들림에 똑같이 반응한다. 두 가속도계가 동시에 똑같이 움직이기 때문에 두 가속도계의 신호 차이는 작거나 0이고 균질한 중력장 내에서는 두 가속도계가 같은 중력장을 감지한다. 그러나 한 쌍에서 하나의 센서가 다른 센서보다 교란 질량에 더 가깝다면 더 강한 인력을 느낀다. 가속도 신호의 차이를 둘 사이의 떨어진 거리로 나누면 가속도 쌍의 축에 대

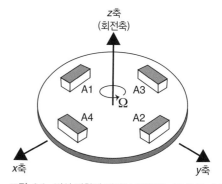

그림 4.4 법선 방향에 대하여 회전하는 두 쌍의 가속도계(A1~A2와 A3~A4)가 회전 원판에 설치되어 있는 중력 변화율 측정기의 작동 원리 개념도.

글상자 4.2 가속도계

가장 보편적으로 사용되는 가속도계 유형은 정전식(capacitive and electrostatic) 유형이다. 정전식 유형의 구조(그림 B4.2.1a)는 작동 원리를 설명하는 데 도움을 준다. 인증 질량(proof mass)이 축전기 판 사이에 매달려 있으며 상단 표면과 위 판 사이에 d만큼 작은 간격이 있다. 장치가 움직이지 않거나 등속도로 움직이면 인증 질량과 축전기 판 사이의 간격은 일정하다. 아래쪽으로 가속되면, 즉 중력이 커지면, 인증 질량은 아래로 움직여서 간격 d_1이 커진다. 이것은 위 판과 인증 질량 윗면 사이의 정전 용량 C_1을 감소시킨다. 동시에 인증 질량의 아랫면과 아래 판 사이의 간격 d_2는 줄어들고 이에 따른 정전 용량 C_2는 커진다. 이 집합체의 정전 용량은 불균형에 의해 변경되고, 인증 질량이 중립 위치에 유지되도록 자동 제어 전류에 의해 수정된다. 복원 전류는 불균형을 초래한 중력 변화를 측정하는 척도가 된다.

가속도계는 시험 질량의 움직임을 감지하기 위해 축전기 판을 압전 결정으로 대체하여 더욱 견고하게 구성될 수 있다. 중력의 변화는 압전 결정에 시험 질량의 압력 변화를 일으켜 전류를 생성한다. 피드백 시스템은 다시 시험 질량을 제자리에 고정시키고 중력의 변화를 측정한다. 이러한 디자인의 가속도계에는 움직이는 부품이 없고, 일상적으로 사용되는 휴대전화의 동작 센서부터 우주선에 탑재되어 과학적으로 작동하는 것까지 다양한 용도로 사용할 수 있다.

가속도계는 알려진 방향의 가속도에 반응한다. 3차원 가속도계는 직교하는 3축의 가속도계가 동시에 작동한다. CHAMP 위성에 탑재된 STAR(Space Three-axis Accelerometer for Research) 가속도계는 위성의 질량 중심에 설치되었다. 전기적으로 충전된 인증 질량은 각 방향의

가속도를 측정하는 3개의 직교하는 축전기 판 사이에서 정전기적으로 공중 부양하는 티타늄 합금으로 만들어진 직사각형 블록으로 구성되었다(그림 B4.2.1b). 6쌍의 전극이 전기적으로 공중 부양된 인증 질량의 움직임을 감지한다. 전극은 크기가 다르고 중심에서 벗어나 배치되어 직교축에 대한 회전 가속도도 측정할 수 있다. 전압의 조합은 센서 축을 따라 가속도와 회전 가속도[피치(pitch), 요(yaw) 및 롤(roll)]를 제공하여 우주선의 가속도에 대해 중력 측정값을 보정할 수 있도록 했다. 가속도계의 분해능은 $0.3~\mu$Gal 이하이다.

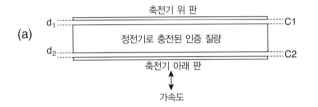

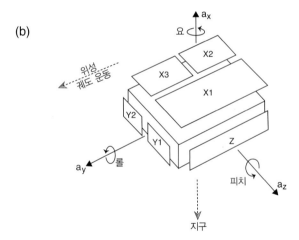

그림 B4.2.1 (a) 정전식 가속도계의 작동 원리, (b) CHAMP 위성의 STAR 가속도계에서 공중 부양 인증 질량을 둘러싸고 있는 6개 쌍의 전극 (X1, X2, X3, Y1, Y2, Z)의 배치 개념도(Perosanz et al., 2003).

한 중력 변화율이 된다.

중력 변화율 측정기는 인공위성(예를 들어 GOCE, 3.5.5절)에서 사용되고 해양이나 항공 탐사에도 사용된다. 몇몇 민간 기업들도 항공기에서 중력 변화율을 측정하는 서로 다른 독점 기술을 개발하였다. 원래 미군용으로 개발되고 민간용으로 개량된 중력 변화율 측정 시스템 중 하나의 작동 원리가 그림 4.4에 설명되어 있다. 중력 변화율 측정기는 원판의 수직 방향(그림 4.4에서 z축)에 대하여 천천히 회전하는 원판의 반대쪽 가장자

리에 정확히 정렬된 쌍으로 장착된 민감한 가속도계로 구성되어 있다. A1과 A2에 기록된 측정량의 차이는 y축 방향의 중력 변화율을 측정하고, 동시에 두 번째 쌍 A3와 A4는 x축 방향의 중력 변화율을 측정한다. 각 중력 변화율 측정기는 1/4 회전 후에 다른 축의 측정을 반복한다. 각 중력 변화율 측정기로부터 신호는 복조되어 회전 평면에서 중력 변화율을 얻는다.

이 장치를 이용한 중력 변화율을 3차원으로 조사하기 위해서 가속도계가 설치된 원판 3개를 서로 직교하는 축에 대하여

글상자 4.3 중력 변화율 행렬과 텐서

중력 퍼텐셜 U에 관련된 중력 가속도의 직교 성분(g_x, g_y, g_z)은 식 (1)이다.

$$g_x = -\frac{\partial U}{\partial x}, \qquad g_y = -\frac{\partial U}{\partial y}, \qquad g_z = -\frac{\partial U}{\partial z} \qquad (1)$$

이들 가속도의 x축 방향 변화율은 식 (1)을 x에 대하여 미분하여 구한다.

$$\frac{\partial g_x}{\partial x} = -\frac{\partial^2 U}{\partial x^2}, \qquad \frac{\partial g_y}{\partial x} = -\frac{\partial^2 U}{\partial x \partial y} = \frac{\partial g_x}{\partial y},$$
$$\frac{\partial g_z}{\partial x} = -\frac{\partial^2 U}{\partial x \partial z} = \frac{\partial g_x}{\partial z} \qquad (2)$$

중력 가속도의 y 성분을 x에 대하여 미분한 것과 x 성분을 y에 대하여 미분한 것이 서로 같음에 주목하자. 같은 대칭성은 y와 z에 대한 미분에도 적용된다. 중력 변화율을 줄여서 쓰면 식 (3)이다.

$$\frac{\partial g_x}{\partial x} = G_{xx}, \qquad \frac{\partial g_x}{\partial y} = G_{xy}, \qquad \frac{\partial g_x}{\partial z} = G_{xz} \qquad (3)$$

중력 성분을 y와 z에 대하여 미분하면 비슷한 수식이 얻어진다. 중력 변화율은 9개 성분 G_{ij}를 가지는 행렬 G를 만든다. 여기서 i와 j는 x, y, z를 연속적으로 취한다(그림 B4.3.1). G_{ij}는 중력 변화율 텐서라고 알려진 행렬 성분을 표현하는 간단한 형태이다. 텐서 표기법은 물리적 벡터 간의 관계를 표현하고 해결하는 데 사용할 수 있는 간결한 대수학적 형태이다.

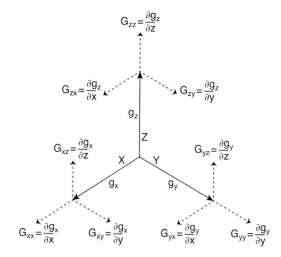

그림 B4.3.1 중력의 직교 성분(g_x, g_y, g_z)과 이들의 공간적 변화율(G_{xx}, G_{yy}, G_{xy} 등).

$$G = \begin{bmatrix} G_{xx} & G_{xy} & G_{xz} \\ G_{yx} & G_{yy} & G_{yz} \\ G_{zx} & G_{zy} & G_{zz} \end{bmatrix} \qquad (4)$$

식 (2)는 $G_{xy} = G_{yx}$, $G_{xy} = G_{yx}$, $G_{xy} = G_{yx}$와 같이 행렬을 대칭으로 만드는 비대각 성분 간의 동등성을 보여 준다. 게다가 중력 퍼텐셜 U는 라플라스 방정식을 만족해야 하므로 대각 성분의 합[행렬의 대각합(trace)라고 알려져 있다]은 0이다.

$$G_{xx} + G_{yy} + G_{zz} = 0 \qquad (5)$$

결과적으로 중력 변화율 텐서 행렬 성분 중 오직 5개만이 서로 독립이다.

회전시킨다. 이런 배치는 비행 중에서 항공기가 받는 가속도를 보정할 수 있게 한다. 이런 종류의 중력 변화율 탐사기는 대칭인 행렬을 이루는 중력 변화율 텐서의 9개 성분(글상자 4.3)을 측정한다. 이 행렬의 성분은 지정된 지리축 방향의 중력 변화율이다. 복잡한 자료 처리 과정을 거쳐 중력 변화율 텐서의 모든 해를 구한다.

4.1.4 중력 탐사법

중력 탐사의 목적은 밀도 이상으로 인한 중력 효과로부터 지하 구조를 파악하는 것이다. 가장 일반적인 중력 탐사는 측점 간격을 탐사 목적에 따라 설계한 측점망에서 수행된다. 좁은 지역에서 상세한 고해상도 중력 탐사가 필요한 환경 연구에서는 측점 간격을 수 미터로 설정한다. 상업적인 필요로 숨겨진 광체 구조를 찾기 위한 광역 중력 탐사에서는 측점 간격이 몇 킬로미터일 수도 있다. 너무 크지 않은 탐사 영역에 관측 기준점을 설치하고 탐사 측점과 기준점 사이의 중력 차이를 측정한다. 국가 규모의 중력 탐사에서는 중력 차이는 절대 중력이 알려진 기준점으로부터 상대적으로 결정된다.

4.1.4.1 항공 중력계

해양 탐사와 항공 탐사는 중력과 중력 변화율을 측정한다. 해양학자들은 해양 지오이드와 해저면 지형을 파악하기 위하여 수십 년 동안 해양에서의 중력 이상을 그려 왔다. 더 심한 관성 가속도를 받는 항공기용 중력 측정 장비는 비교적 최근에 개발되었다. 항공 탐사는 각 대륙의 많은 황무지와 같이 미지의 내륙 지역을 신속하게 탐사하는 데 특히 유용하다. 자력 탐사와 같이 미리 설정된 측선 간격으로 평행하게 측선을 따라 비행하고(그림 11.25) 이상체의 해상도를 높이기 위해 보통 지형에 가깝게 비행한다. 항공 중력 탐사는 육상 중력 탐사에 걸리는 시간의 극히 일부 시간으로도 육상 중력 탐사와 비슷한 해상도를 얻을 수 있다.

비행기나 배에서 중력을 측정하는 방법은 크게 두 가지가 있다. 한 가지 방법은 중력 변화를 라코스테-롬버그 중력계와 같이 용수철을 이용하는 방법이다. 중력계 내의 인증 질량(proof mass)은 전자기 피드백 시스템에 의해 일정한 위치로 유지된다. 균형을 유지시키는 전압의 변화는 중력의 상대 변화로 변환된다.

두 번째 유형의 항공 중력 탐사기는 서로 다르게 배치한 가속도계를 통해 중력과 중력 변화율을 측정한다. 천천히 회전하는 3개의 원판에 설치된 가속도계는 중력 변화율 텐서의 모든 성분을 제공한다. 단일 회전 원판으로 구성한 단순하게 배열한 가속도계로 텐서의 일부 성분을 측정하고 이 결과는 지상에서 측정한 결과와 잘 일치한다. 독점 알고리즘으로 측정 자료를 필터링하고 수직 중력과 중력 수직 변화율 성분으로 변환한다.

해양과 항공 중력 탐사에서는 중요한 두 가지 오차 요인을 고려해야 한다. 첫 번째는 배나 비행기의 움직임에 의한 교란으로 중력계에 미치는 관성 가속도의 변화이다. 해양 탐사에는 파도, 바람, 폭풍이 원인이 된다. 항공 중력계는 비행기의 급강하 원인이 되는 국지적인 저기압으로 발생하는 에어 포켓 또는 난기류의 영향을 받는다. 배나 비행기의 회전 중심 근처에 자이로스코프와 가속도계로 안정시킨 플랫폼 위에 중력계를 설치하여 이런 운동을 최소화한다. 측정 플랫폼의 안정화는 항공 중력 탐사의 핵심 요소인데 항공기에 탑재된 정밀한 GPS 장비(예 : 이중 주파수)로 GPS 자료를 얻어서 수평 및 수직 가속도를 연속 측정하고 보상한다. 그런데도 비행기의 운동 효과는 매우 크며 자료 처리 과정에서 제거되어야 한다.

두 번째 오차 요인은 배나 비행기의 동서 속도로 인한 외트뵈시 효과이다(3.3.3절). 비행기나 배의 위치와 속도는 GPS 관측으로 위치를 연속적으로 추적하여 결정한다. GPS 관측으로 비행기의 정확한 속도와 방위각을 결정하여 항공 중력 측정에서 외트뵈시 효과를 보정할 수 있다.

4.1.5 중력 보정

지구 내부가 균질하다면 국제 기준 타원체 위에서 중력은 위도에 따라 달라지는 표준 중력식(식 3.59)으로 주어진다. 이 공식은 중력 측정에서 기준값을 제공한다. 원리적으로, 지구 타원체 위에서 중력을 측정하는 것은 가능하지 않다. 측정점의 높이는 지구 타원체보다 수백 미터 위나 아래일 수 있다. 게다가, 중력 측정점은 중력 측정값을 변동시키는 산이나 계곡으로 둘러싸여 있을 수 있다. 예를 들어, P와 Q는 산악 지역에서 서로 다른 높이를 가지는 중력 측정점을 나타낸다(그림 4.5a). 표준 중력은 P와 Q점 아래인 지구 타원체 위의 점 R에서 계산된다. 따라서 측정 중력은 기준 중력과 비교하기 전에 보정되어야 한다.

측정점 P와 Q의 오른쪽 산의 질량 중심의 높이는 측정점보다 높다(그림 4.5a). 중력계는 국지적인 수직선을 따라 중력의 수직 성분을 측정한다(그림 3.6b 참조). P 위쪽 산 정상 질량은 중력계를 끌어당기고 P에 수직 상향 성분의 중력 가속도를 준다. 측정된 중력은 산정 과정의 존재를 보정해야 한다. 이것을 보정하기 위하여 **지형 보정**을 계산하고 측정 중력에 더해 준

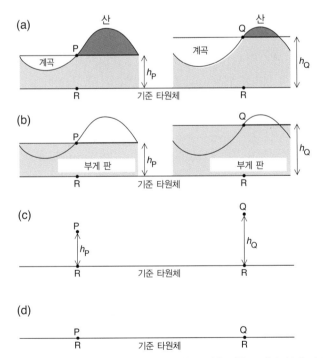

그림 4.5 측정점 P와 Q에서 측정한 관측 중력은 지형 보정(a), 부게 판 보정(b), 프리에어 보정(c)을 한 후 기준 타원체 위의 R에서 표준 중력과 비교 가능하다. (d) 모든 보정 후 측정점이 기준 타원체 위로 내려온 것으로 표현했으나 실제로는 보정 후에도 측정점은 제자리에 있다. 기준 타원체 R에서 표준 중력식으로 구한 표준 중력은 프리에어 보정, 부게 판 보정, 지형 보정을 거쳐 측정점에서의 표준 중력으로 환산된다. 따라서 환산된 표준 중력과 측정 중력은 원래 측점정에서 비교 가능하다.

다. 비슷한 효과가 Q에서도 관측되지만, Q 위쪽 정상은 더 작으므로 그에 따른 지형 효과도 더 작다. 이런 보정으로 지형을 중력 측정점의 높이와 같게 평평하게 한다. 각 측정점에 대한 계곡의 존재 또한 지형 보정이 필요하다. 이 경우, 계곡을 각 측정점과 같은 밀도 ρ를 갖는 암석으로 측정점의 높이와 같게 P와 Q 아래를 채웠다고 상상해 보자. 중력계에 미치는 아래 방향으로 인력이 증가할 것이고 계곡에 대한 지형 효과는 산 정상과 마찬가지로 측정 중력에 더해져야 한다. 중력 측정점 주위의 지형 효과를 제거하는 것은 산과 계곡 모두 양의 지형 보정(Δg_T)을 갖는다.

지형 보정으로 지형을 효과적으로 평평하게 만든 후, 중력 측정점과 기준 지구 타원체 사이는 밀도 ρ인 균일한 암석층으로 모델링된다(그림 4.5b). 이 암석 질량에 의한 인력은 측정 중력에 포함되어 있으므로 표준 중력과 비교하기 전에 제거되어야 한다. 이 층은 각 측정점 아래에서 두께가 h_P 또는 h_Q인 평평한 원판 또는 평판으로 고려된다. 이것을 부게(Bouguer) 판이라고 부른다. 측정점이 해수면 위에 있다면 부게 판의 인력은 알려진 두께와 밀도 ρ로 계산되고 관측 중력에서 빼야 하는 부게 판 보정(Δg_{BP})이 된다. 중력 측정점이 해수면 아래에 있다면 측정점부터 해수면까지의 공간을 밀도 ρ인 암석으로 채워야 한다는 것에 주목하자. 이에 따라 이것은 관측 중력을 증가시킨다. 측정점이 해수면 위에 있으면 부게 판 보정(Δg_{BP})은 음이 되고 해수면 아래에 있으면 양이 된다. 이 크기는 국지적인 암석 밀도에 따라 다른데 전형적으로 약 $0.1\ \mathrm{mGal\ m^{-1}}$이다.

마지막으로 중력 측정에서 타원체 위의 중력 측정점의 높이 h_P와 h_Q의 효과를 보정해야 한다(그림 4.5c). 중력의 주요 부분은 지구 중심에서부터 거리의 제곱에 반비례하는 지구의 인력이다. P와 Q에서 측정한 중력은 지구 타원체 위의 점인 R에서 측정한 중력보다 작을 것이다. 측정점의 높이에 대한 프리에어(free-air) 보정(Δg_{FA})은 측정 중력에 더해져만 한다. 이 효과는 부게 보정(Δg_{BP})에서 고려된 기준점과 측정점 사이의 질량에 대한 효과는 무시한다. 만약 측정점이 해수면 아래에 있다면 측정 중력의 인력 부분은 기준 타원체에서보다 커질 것이므로 측정 중력에서 빼야 한다. 프리에어 보정은 해수면 위에서 양이고 해수면 아래에서는 음이다(데스밸리나 사해에서 이런 경우가 된다). 이 크기는 약 $0.3\ \mathrm{mGal\ m^{-1}}$이다.[2]

프리에어 보정은 항상 부게 보정과 반대이다. 편의를 위해 두 보정은 자주 하나로 묶어서 고도 보정이라고 하고 크기는 약 $0.2\ \mathrm{mGal\ m^{-1}}$이다. 이 값은 해수면 위의 측정점에는 더하고 해수면 아래 측정점에서는 빼야 한다. 덧붙여 조석 보정(Δg_{tide})을 해야 하고(3.3.4절), 움직이는 운송 수단에서 측정된 중력은 외트뵈시 보정(3.3.3절)이 필수적이다.

모든 보정을 마친 관측 중력은 지구 타원체의 표준 중력과 비교할 수 있다(그림 4.5d). 모든 보정 과정을 거쳐 관측 중력은 지구 타원체로 옮겨지는 것에 주목하자.[3] 원칙적으로 지구 타원체의 표준 중력을 보정하여 중력이 측정된 높이의 이론 중력으로 만드는 것도 똑같이 성립한다. 이 방법은 지표면과 지구 타원체 사이의 이상 질량의 가능성을 고려해야 하는 개선된 유형의 중력 이상 분석에서 선호된다.

4.1.5.1 시간 변화에 따른 중력 보정

중력계를 선택된 장소에 설치하고 연속적으로 측정하면 중력계에서 읽는 값이 시간에 따라 부드럽게 변하고 있음을 알 수 있다. 이 변화는 1 mGal의 수백분의 몇에 달하므로 측정하는 중력 이상을 초과할 수 있다. 부분적으로 이 변화는 중력계의 특성이다. 나머지는 조석이 원인이다. 시간적 변화는 국지적인 질량 이상체의 인력과는 상관없으므로 중력 측정에서 보정되어야 한다.

기기 드리프트는 부분적으로 중력계 용수철이 온도에 따라 변화하는 탄성 특성에 기인한 것으로, 이는 중력계의 주요 부품을 온도를 일정하게 유지시키는 장치가 갖춰진 진공 챔버 안에 설치함으로써 최소화한다. 게다가 용수철의 탄성 성질은 완벽하지 않고 시간에 따라 천천히 변한다. 이런 효과는 현대 중력계에서 작게 나타나고 드리프트 보정으로 보정 가능하다. 드리프트 보정은 일부 기준 측정점에서 시간 간격을 두고 반복적으로 중력을 측정하여 수행한다(그림 4.6). 다른 측정점의 중력

---

2 원서에서는 중력 보정을 지형 보정 → 부게 판 보정 → 프리에어 보정 순서로 기술하였으나, 실제 중력 보정은 프리에어 보정 → 부게 판 보정 → 지형 보정 순으로 수행한다.

---

3 관측 중력을 보정하여 중력 측정점의 위치를 기준 타원체로 옮기는 방법은 측지학에서 주로 사용하는 방법이다. 측지학에서는 지구의 모양이 중요하므로 기준 타원체와 관측점 사이의 질량은 무시하는 경향이 있다. 반면 지구물리학에서는 중력 이상을 해석하여 지하 밀도 이상체를 찾는 것이 주목적이다. 따라서 중력 이상을 만들 때 기준 타원체의 표준 중력을 측정점의 표준 중력으로 환산한 후 관측 중력에서 뺀다. 이 경우 중력 보정을 마친 중력 이상[프리에어 이상 및 부게 이상(4.1.7절)]의 위치는 여전히 원래 중력을 측정했던 위치이다. 중력 보정은 측지학이나 지구물리학의 정의에서 그 값은 똑같으나 중력 이상의 위치를 서로 다르게 고려하므로 혼동하지 않도록 주의해야 한다.

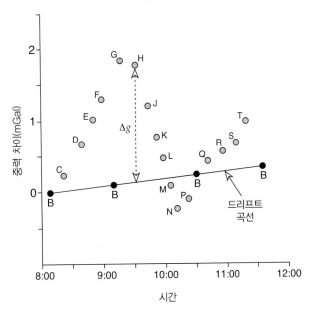

그림 4.6 중력계 드리프트를 보정하기 위한 기계 값 보정. 중력 측정점 B~T는 순서대로 측정 시간이 기록된다. 기준점 B에서 반복 측정하여 시간에 따른 중력계 드리프트를 구한다. 측정점(C~T)의 중력 기계 값에 대한 드리프트 보정은 기준점에서 구한 드리프트를 내삽하여 수행한다.

은 드리프트 곡선과 비교하여 조정된다. 드리프트 보정을 위해서는 측정 시각을 기록해야만 한다.

하루 동안 특정 장소에서 중력을 연속 측정하면 중력계는 지구 고체 조석에 의해 수직 변위를 포함한 조석 인력의 영향을 받는다. 조석의 영향은 조석 이론으로 매우 잘 알려져 있고(3.3.4절 참조), 조석이 중력에 미치는 영향은 특정 시간에 지구상의 모든 장소에 대해 매우 정확하게 계산할 수 있다. 결과적으로 조석 보정을 위해서는 중력 측정 시간을 주의 깊게 기록해야 한다.

4.1.5.2 위도 보정[4]

특정 위도에서 표준 중력은 표준 중력식(3.4.4절의 식 3.59)으로 계산된다. 관측 중력이 절대 중력이라면 위도 보정은 표준 중력식으로 계산된 값을 빼는 것이다. 보통 중력 탐사는 상대 중력계로 이용하고 측정값 g_m은 기준점과의 상대적인 중력 차이이다. 표준 중력 g_n은 표준 중력식의 근사한 형태인 식 (3.59)를 미분하여 구한 위도 보정으로 대체된다. β_1보다 1,000배 작은 β_2를 무시하면 식 (4.8)을 얻는다.

$$\frac{dg_n}{d\lambda} = g_e\beta_1 \sin2\lambda \tag{4.8}$$

$d\lambda$를 라디안에서 킬로미터로 변환하면 위도 보정(Δg_{lat})은 남북 방향으로 $0.8139 \sin 2\lambda$ mGal km^{-1}이다. 위도 보정 값은 위도 45°에서 최대이다. 중력이 극으로 갈수록 커지기 때문에 기준점보다 극에 더 가까운 측정점의 위도 보정은 관측 중력에서 빼고, 측정점이 기준점보다 극에서 더 멀면 더해야만 한다.

4.1.5.3 지형 보정

중력 측정점 인근 산에 대한 지형 보정(Δg_T)은 산을 여러 개의 수직 원통형 조각으로 나누어서 계산한다(그림 4.7a). 각 수직 요소들이 중력 측정점 P에 미치는 인력은 원통 좌표계에서 적분으로 계산된다. 원통형 조각의 높이 h, 안쪽과 바깥쪽 반지름이 각각 r_1, r_2, P에 대응하는 각을 ϕ_0, 산의 밀도는 ρ이다(그림 4.7b). 작은 원통형 요소의 각 변은 dr, dz 및 $r\,d\phi$이고 이 요소의 질량은 $dm = \rho\, r\, d\phi\, dr\, dz$이다. 따라서 원통형 조각이 P에 미치는 인력은 식 (4.9)이다.

$$\Delta g = G \frac{dm}{(r^2 + z^2)} \cos\theta = G\frac{\rho r\, dr\, dz\, d\phi}{(r^2 + z^2)} \frac{z}{\sqrt{(r^2 + z^2)}} \tag{4.9}$$

항을 묶고 적분 순서를 재배열하여 원통형 조각이 P에 미치는 상향 인력을 구하면 식 (4.10)이다.

$$\Delta g_T = G\rho \int_{\phi=0}^{\phi_0} d\phi \int_{r=r_1}^{r_2} \left(\int_{z=0}^{h} \frac{z\,dz}{(r^2 + z^2)^{3/2}} \right) r\,dr \tag{4.10}$$

ϕ에 대하여 적분으로 ϕ_0가 곱해지고 z에 대하여 적분하면 식 (4.11)이다.

$$\Delta g_T = G\rho\phi_0 \int_{r=r_1}^{r_2} \left(\frac{-r}{\sqrt{(r^2 + h^2)}} + 1 \right) dr \tag{4.11}$$

r에 대하여 적분하면 P에서 원통형 조각의 상향 인력이 식 (4.12)로 구해진다.

$$\Delta g_T = G\rho\phi_0 \left(\left(\sqrt{(r_1^2 + h^2)} - r_1 \right) - \left(\sqrt{(r_2^2 + h^2)} - r_2 \right) \right) \tag{4.12}$$

그림 4.7b에서 Δg_T의 방향은 중력에 반대인 위쪽이다. 해당 지형 보정은 측정된 중력에 더해야 한다.

역사적으로 지형 보정은 동심원과 방사상으로 측정점 주위

4　중력 측정점의 표준 중력을 인근 기준점의 표준 중력의 위도 차이에 따른 변화량으로 계산하는 방법이다. 현재는 모든 중력 측정점에서 표준 중력을 곧바로 계산하고 있으므로 더 이상 사용하지 않는 보정 방법이다.

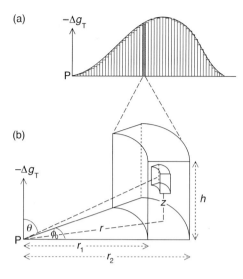

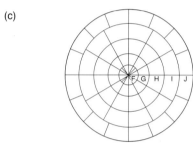

그림 4.7 (a) 지형을 수직 요소로 분할하고, (b) 측정점 아래 또는 위의 높이에 해당하는 원통형 요소에 대한 보정 값을 계산한다. (c) 지형 차트 또는 해머 차트(Hammer chart). 지형도 위에 투명한 용지에 그린 지형 차트를 올려서 측정점 주위의 모든 요소의 인력을 더하면 지형 보정(Δg_T)이 계산된다.

를 구역으로 나누는 지형 차트(그림 4.7c)를 이용하였다. 이것은 방사 대칭이고 단면은 그림 4.7b와 같이 수직 원통이다. 구역의 안쪽과 바깥쪽 반지름은 각각 r_1과 r_2이고 구역의 대응각은 ϕ_0이다. 각각의 구역에 대한 지형 보정 값은 식 (4.12)로 미리 계산되어 표로 만들어진다. 지형 차트는 투명 용지에 그려서 중력 측정점에 중심을 맞추어 같은 축적의 지형도 위에 올린다. 개별 구역의 평균 높이를 가능한 한 정확하게 추정하고, 구역의 평균 높이와 측정점과의 높이 차이(즉, 식 4.12의 h)를 계산한다. 이 높이 차이를 각 구역의 보정 요소에 곱하여 지형 보정 값을 구한다. 마지막으로, 중력 측점에 대한 지형 보정은 모든 구역에 대한 보정 값들을 더하여 얻어진다. 이 과정을 모든 측정점에 대하여 반복한다. 지형 차트를 새로운 측정점 중심에 올릴 때 각 구역의 평균 지형 기복이 바뀌고 그 구역의 지형 보정 값도 새로 계산되어야 한다. 가장 중요한 지형 보정 효과는 측정점에서 가장 가까운 지형에 기인한다. 그러나 일반적으로 구역 내 지형 차이가 측정점과의 거리의 약 5% 이상이면

지형 보정이 필요하다.

지형 보정을 수행하는 전통적인 방법은 시간이 오래 걸리고 지루하다. 오늘날 지형 보정에서는 지형 보정의 계산 원리를 따르면서, 단순한 지도 대신 디지털화된 지형 데이터베이스를 사용한다. 그 결과 지금은 컴퓨터에 의해 빠르고 쉽게 지형 보정을 할 수 있다. 측정점에서 22 km 이상 떨어진 지형의 경우 지구의 곡률 효과도 고려해야 한다.

4.1.5.4 부게 판 보정

부게 판 보정(Δg_{BP})은 기준 타원체와 측정점과의 높이 차이를 두께로 하는 암석 판의 인력을 보상한다. 이것은 중심이 중력 측정점 P이고 밀도가 ρ, 반지름이 무한대인 고체 원판으로 모델링된다. 이 무한 수평 원판은 명백히 지나치게 단순화되었다. 더 높은 정밀도를 위해서는 지구 곡률이 고려되어야 한다. 지구 곡률 효과는 수평 원판을 제한된 표면 반지름의 구면 덮개로 교체함으로써 달성된다. 그럼에도 불구하고 단순 부게 판 모델은 많은 탐사에서 충분하다.

부게 판 보정은 지형 보정을 위한 계산 방법을 확장하여 계산한다. 그림 4.7b와 같이 원통 요소 조각을 정의한다. 원통형 조각에 대응각 ϕ를 2π로 늘리고 안쪽 반지름은 0으로 줄이면 식 (4.12)의 첫 번째 괄호 항은 h로 축약된다. 따라서 반지름이 r인 고체 원판 중심에서의 인력은 식 (4.13)이 된다.

$$\Delta g_T = 2\pi G\rho \left(h - \left(\sqrt{(r^2 + h^2)} - r \right) \right) \qquad (4.13)$$

이제 원판 반지름 r을 증가시키면 h는 r에 비해 점점 덜 중요해진다. r이 무한대로 커지면 식 (4.13)의 두 번째 항은 0이 된다. 따라서 부게 판 보정(Δg_{BP})은 식 (4.14)로 주어진다.

$$\Delta g_{BP} = 2\pi G\rho h \qquad (4.14)$$

수치들을 대입하면 Δg_{BP}는 $4.19\rho \times 10^{-5}$ mGal m^{-1}이고 여기서 밀도 ρ의 단위는 kg m^{-3}이다(4.1.6절 참조). 적당한 밀도를 선택하는 것은 Δg_{BP}와 Δg_T를 계산하는 데 중요하다. 최적의 밀도 선택 방법들은 4.1.6절에서 자세히 다룬다.

해양 중력 탐사에서는 추가적인 고려 사항이 필요하다. Δg_{BP}는 관측면과 기준 타원체 사이에 균질한 밀도가 필요하다. 해양에서 Δg_{BP}를 계산하기 위해서 사실상 바닷물을 밀도 ρ인 암석으로 교체해야 한다. 그러나 해양에서 측정한 중력은 바닷물(밀도 1,030 kg m^{-3})의 인력에 의한 성분을 포함하고 있다. 그러므로 해양 중력 탐사에서 부게 판 보정은 식 (4.14)에서 밀도

ρ를 $(\rho - 1,030)\,\mathrm{kg\,m^{-3}}$으로 교체하여 이루어진다. 크고 깊은 호수에서 배를 이용한 중력 탐사에는 비슷한 방법으로 담수의 밀도를 고려하여 $(\rho - 1,000)\,\mathrm{kg\,m^{-3}}$으로 대체하여 부게 판 보정을 수행한다.

4.1.5.5 프리에어 보정

프리에어 보정(Δg_{FA})은 다소 화려하지만 약간 오해의 소지가 있는 이름을 가지고 있어서 측정점이 타원체 위의 공중에 떠 있는 듯한 느낌을 준다. 기준 온도와 압력에서 공기의 밀도는 약 $1.3\,\mathrm{kg\,m^{-3}}$이고, 높이가 $1,000\,\mathrm{m}$인 측정점과 기준면 사이의 공기 질량은 측정 가능한 약 $50\,\mu\mathrm{Gal}$의 중력 효과를 보인다.[5] 사실, 프리에어 보정은 지구 타원체와 측정 높이 사이의 물질에 대한 밀도를 고려하지 않는다. 프리에어 보정은 지구 중심과 측정점 사이의 거리에 따른 인력의 감소를 직접적으로 보상한다.

$$\frac{\partial g}{\partial r} = \frac{\partial}{\partial r}\left(-G\frac{E}{r^2}\right) = +2G\frac{E}{r^3} = -\frac{2}{r}g \qquad (4.15)$$

r에 지구 반지름($6,371\,\mathrm{km}$)을, g에 평균 중력 가속도($981,000\,\mathrm{mGal}$)를 대입하면 Δg_{FA}의 값은 $0.3086\,\mathrm{mGal\,m^{-1}}$이다.

4.1.5.6 병합 고도 보정

프리에어 보정과 부게 판 보정은 자주 병합하여 하나의 고도 보정이 되고 그 값은 $(0.3086 - (4.19\rho \times 10^{-5}))\,\mathrm{mGal\,m^{-1}}$이다. 지각의 전형적인 밀도인 $2,670\,\mathrm{kg\,m^{-3}}$을 대입하면 병합 고도 보정은 $0.197\,\mathrm{mGal\,m^{-1}}$이다. 이 보정 값을 중력 측정점이 지구 타원체보다 높으면 관측 중력에 더하고 낮으면 뺀다.

민감도가 매우 높은 현대 중력계로 수행한 중력 탐사 정확도는 $0.01 \sim 0.02\,\mathrm{mGal}$에 달한다. 이 정확도를 달성하기 위하여 위도와 고도의 변화에 따른 보정 값은 매우 정확하게 계산되어야 한다. 이를 위해 정확한 측지 측량을 통해 중력 측정점의 좌표가 정확히 결정되어야 한다. 수평 위치 결정에 필요한 정밀도는 위도 보정으로 표시될 수 있다. 위도 보정은 위도 45°에서 최대이며, $\pm 0.01\,\mathrm{mGal}$의 조사 정확도를 달성하기 위해서는 중력 측정점의 남북 위치를 약 $\pm 10\,\mathrm{m}$까지 알아야 한다. 수직 위치 결정에서 필요한 정밀도는 $0.2\,\mathrm{mGal\,m^{-1}}$의 결합 고도 보정으로 표시된다. $\pm 0.01\,\mathrm{mGal}$의 탐사 정확도를 달성하려면 기준 타원체 위의 중력계 높이를 약 $\pm 5\,\mathrm{cm}$까지 알아야 한다.

지오이드와 지구 타원체가 같지 않으므로 지구 타원체로부터 측정점의 높이는 평균 해수면으로부터 고도와 같지 않다. 지오이드 기복은 지구 타원체 높이와 수십 미터까지 차이 날 수 있다(3.4.5.1절). 그러나 지오이드 기복은 장파장의 특징을 가진다. 국지 탐사에서 지오이드와 지구 타원체 사이의 높이 차이는 크게 변하지 않으며 선택된 중력 기준점에서 중력 차이는 크게 영향을 미치지 않는다. 광역 중력 탐사에서는 지오이드 기복에 따른 차이가 매우 심각할 수 있다. 지오이드 기복이 중력 탐사에 영향을 미칠 만큼 충분히 큰 경우, 측정점의 고도는 지구 타원체 위의 실제 고도로 수정되어야 한다.

4.1.6 밀도 결정

중력 측점 근처의 암석의 밀도는 부게 판 보정과 지형 보정을 계산하는 데 중요하다. 밀도는 물질의 단위 부피당 질량으로 정의된다. 이것은 c.g.s. 단위와 SI 단위에 따라 다르다. 예를 들어 c.g.s. 단위로 물의 밀도는 $1\,\mathrm{g\,cm^{-3}}$이지만 SI 단위로는 $1,000\,\mathrm{kg\,m^{-3}}$이다. 중력 탐사에는 여전히 c.g.s. 단위가 일반적으로 사용되고 있지만, 서서히 SI 단위로 교체되고 있다. Δg_T와 Δg_{BP}를 계산하는 공식인 식 (4.12)와 (4.14)에는 밀도를 $\mathrm{kg\,m^{-3}}$으로 대입해야 한다.

중력 연구에 사용할 적절한 밀도를 결정하는 간단한 방법은 지질도의 도움으로 대표적인 암석 표본을 수집하는 것이다. 표본의 비중(specific gravity)은 먼저 공기에서 무게를 재고 난 후 물에서 무게를 재어 아르키메데스 원리를 적용하여 직접적으로 구한다. 비중은 물의 밀도에 대한 상대 밀도 ρ_r로 주어진다.

$$\rho_r = \frac{W_a}{W_a - W_W} \qquad (4.16)$$

여기서 W_a와 W_w는 각각 표본의 공기에서의 무게와 물에서의 무게이다.

전형적으로, 이 방법으로 결정한 암석 유형의 밀도는 평균에 대하여 큰 편차를 가지고 서로 다른 유형의 암석과 밀도 범위가 겹친다(그림 4.8). 화성암과 변성암은 일반적으로 퇴적암에 비해 높은 밀도를 가진다. 이 방법은 지역의 밀도를 정찰하

---

5 측정점 상부의 대기는 구각 정리(shell theorem)에 따라 0이고 기준점과 측정점 사이의 대기 질량의 효과는 측정점의 높이 h를 이용하여 $0.874 - 9.9 \times 10^{-5}h + 3.56 \times 10^{-9}h^2(\mathrm{mGal})$으로 보정한다. 이 보정 값은 높이 $100\,\mathrm{m}$에서 $0.86\,\mathrm{mGal}$, $1,000\,\mathrm{m}$에서 $0.77\,\mathrm{mGal}$ 정도이고 고정밀 중력 탐사를 제외하고 일반적인 중력 탐사에서는 무시한다. 출처 : Hinze, et al., 2005, New standards for reducing gravity data: The North American gravity database, *Geophysics*, 70(4), J25-J32.

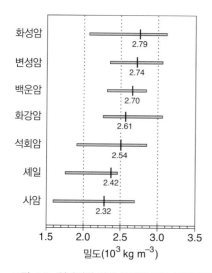

그림 4.8 일반적인 암석 유형에 따른 전형적인 평균 밀도와 밀도 범위. 자료 출처 : M.B. Dobrin, *Introduction to Geophysical Prospecting* (3rd ed.), 630 pp., New York: McGraw-Hill, 1976.

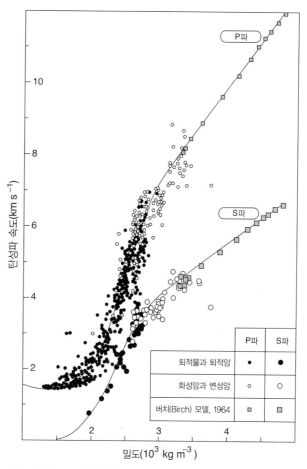

그림 4.9 물로 포화된 퇴적물과 퇴적암 및 화성암, 변성암의 탄성파 P파 및 S파 속도와 밀도의 경험식. 출처 : W.J. Ludwig, J.E. Nafe and C.L. Drake, Seismic refraction, in: *The Sea*, Vol. 4, A.E. Maxwell, ed., pp. 53–84, New York: Wiley-Interscience, 1970.

는 데 적합하다. 표면 암석 표본이 지하 구조의 암석 유형을 대표하는지 확인하는 것은 종종 어렵기 때문에 적절한 밀도를 결정하는 대체 방법이 일반적으로 사용된다. 추정된 지하 구조를 확인하기 위해 뚫은 수직 시추공에서 밀도를 측정할 수 있다. 시추공에서 결정된 밀도는 지하 구조 해석을 구체화하는 데 사용된다.

4.1.6.1 탄성파 속도로부터 밀도 결정

화성암, 변성암, 물로 포화된 퇴적물 및 퇴적암 표본을 측정하면 밀도가 P파와 S파 속도와 관련되어 있음을 보여 준다. 각 자료에 대한 최적의 적합은 부드러운 곡선이다(그림 4.9). 실제 자료는 상당한 편차가 있으므로 이들 곡선은 다분히 이상화되어 있다. 이런 이유로 이 곡선은 평균 탄성파 속도로부터 대규모 지각 암석의 대략적인 평균 밀도를 계산하는 데 적합하다. 지구 내부로 갈수록 높아지는 온도와 압력은 밀도와 탄성 계수 모두에 영향을 미치므로 이에 대한 조정이 필요하다. 그러나 고온과 고압 효과는 실험실에서 단지 작은 표본에 대해서만 조사될 수 있다. 실험 결과가 큰 지각 블록의 현장 속도-밀도 관계를 어느 정도까지 반영하는지는 알려지지 않았다.

속도-밀도 곡선은 이론적 근거가 없는 경험적 관계식이다. P파 자료가 가장 보편적으로 사용된다. 속도-밀도 곡선은 탄성파 굴절법과 함께 대규모 광역 중력 이상을 이용하여 지각과 상부 맨틀의 밀도를 모델링하는 데 사용된다(4.2.4절).

4.1.6.2 감마-감마 검층

시추공 근처 암층의 밀도는 시추공 장비로부터 결정될 수 있다. 시추공에 인접한 암석 안에 느슨하게 결합된 전자에 대한 γ선의 콤프턴 산란 원리를 이용한다. 미국 물리학자 콤프턴(Arthur H. Compton, 1892~1962)은 1923년에 느슨하게 묶인 전자에서 산란된 복사선의 파장이 증가하는 현상을 발견하였다. 이 단순한 관찰은 복사를 파동으로 다루면 전혀 설명할 수 없다. 파동 이론으로는 산란된 복사는 입사 복사와 같은 파장을 가져야 한다. 콤프턴 효과는 복사를 파동이 아닌 입자 또는 광자, 즉 양자화된 에너지를 갖는 입자로 간주하면 쉽게 설명된다. 광자의 에너지는 파장에 반비례한다. 전자에 충돌한 γ선 광자는 당구공의 충돌과 비슷하다. 광자 에너지 일부는 전자로 전이된다. 산란된 광자는 낮은 에너지를 가지며, 입사한 광자보다 더 긴 파장으로 변한다. 콤프턴 효과는 양자론을 증명하는 데 중요하다.

밀도 검층기 또는 감마-감마 검층기(그림 4.10)는 좁은 슬릿으로 방사선을 방출하는 ^{137}Cs와 같은 γ선의 방사성 소스를 갖춘 원통형 장비이다. γ선 광자는 시추공에 인접한 원자에 느슨하게 묶인 전자와 충돌하여 산란된다. γ선 강도를 감지하고 측정하는 섬광 계수기는 장비에서 방출기의 약 45~60 cm 위쪽에 설치한다. 계수기에 도달하는 방사선 또한 슬릿을 통과한다. 방출기와 감지기는 납으로 차폐되어 있고, 검층기는 강한 용수철로 시추공 벽에 단단히 밀착되어 주변 지층에서 콤프턴 산란으로 인한 복사만 기록한다. 검출된 방사선의 강도는 전자의 밀도에 의해 결정되며, 따라서 검층 장비 주변의 암석 밀

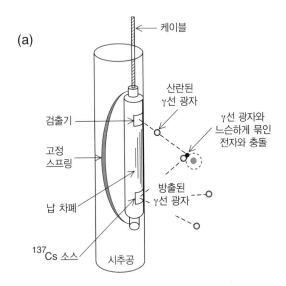

(a)

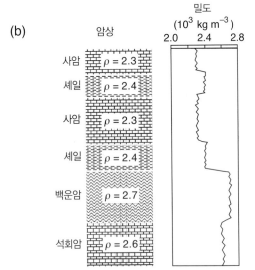

(b)

그림 4.10 (a) 시추공에서 밀도를 결정하는 감마-감마 검층 장비의 설계도, (b) 암상의 밀도로 환산된 감마-감마 검층 기록. 출처 : W.M. Telford, L.P. Geldart and R.E. Sheriff, *Applied Geophysics*, 770 pp., Cambridge: Cambridge University Press, 1990.

도에 의해 결정된다. γ선은 암석 안으로 단지 약 15 cm 정도만 투과한다.

교정된 감마-감마 검층으로 시추공 주변 암석의 체적 밀도를 측정한다. 이 정보는 암석에서 공극이 차지하는 부피 비율로 정의된 공극률을 계산하는 데 필요하다. 퇴적암 대부분은 다공성이며 공극률은 압축 정도에 따라 다르다. 파쇄되지 않은 화성암과 변성암은 일반적으로 공극률이 낮다. 공극은 보통 공기, 가스 또는 물이나 석유와 같은 액체로 채워진다. 암석 기질의 밀도와 공극 유체의 밀도를 알면 감마-감마 검층으로 얻은 체적 밀도로부터 암석의 공극률이 결정된다.

4.1.6.3 시추공 중력계

현대 장비로 시추공 안에서 중력을 정확하게 측정할 수 있다. 시추공 중력계 유형 중 하나는 라코스테-롬버그 중력계를 좁은 시추공에서 높은 온도와 압력에서도 작동하도록 변형시켰다. 또 다른 유형의 시추공 중력계는 다른 원리에 따라 설계되었다.[6] 이것은 약 0.01 mGal의 비슷한 민감도를 가지고 있다. 시추공 중력계는 프리에어 보정과 부게 판 보정의 적용을 기반으로 시추공 안에서 밀도 측정기로 사용된다.

수직 시추공에서 타원체의 높이가 h_1과 h_2인 지점에서 측정한 중력을 각각 g_1과 g_2라 하자(그림 4.11). 시추공에서 g_1과 g_2의 차이는 두 지점 사이의 물질과 높이 차에 기인한다. g_1와 g_2는 두 가지 이유로 다를 것이다. 하나는 지구 중심과 더 가까운 아래에서 측정했기 때문에 g_2가 g_1보다 병합 고도 보정, 즉 $(0.3086 - (0.0419\rho \times 10^{-3}))\Delta h$ mGal만큼 더 클 것이다. 여기서 $\Delta h = h_1 - h_2$이다. 두 번째는 낮은 위치인 h_2에 있는 중력계에는 두 측정 높이 사이의 물질이 위쪽으로 인력을 가한다. 이것은 h_2에서 측정 중력을 감소시켜서 g_2는 약 $(0.0419\rho \times 10^{-3})\Delta h$ mGal만큼 증가시키도록 보상하여야 한다. 보정된 g_1과 g_2의 차이는 식 (4.17)이다.

$$\Delta g = (0.3086 - 0.0419\rho \times 10^{-3})\Delta h - 0.0419\rho \times 10^{-3}\Delta h$$
$$= (0.3086 - 0.0838\rho \times 10^{-3})\Delta h$$

(4.17)

이 식을 재배열하면 시추공에서 두 측정점 사이의 물질의 밀도 ρ를 구할 수 있다.

---

6 대표적으로 진동 끈 가속도계(Vibrating String Accelerometer, VSA) 유형의 중력계가 사용된다.

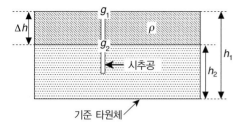

그림 4.11 암층의 밀도를 계산하기 위한 수직 시추공에서 측정한 중력 개념도.

$$\rho = \left(3.683 - 11.93\frac{\Delta g}{\Delta h}\right) \times 10^3 \ \text{kg/m}^3 \qquad (4.18)$$

시추공에서 약 10 m 간격으로 ±0.01 mGal의 정확도로 중력을 측정하면 시추공 근처의 물질의 밀도는 약 ±10 kg m^{-3}의 정확도로 결정할 수 있다. 시추공 내 중력 변화의 90% 이상은 시추공으로부터 반경 약 5Δh 이내의 물질에 기인한다(측정점 사이의 거리 $\Delta h \approx 10$ m인 경우 약 50 m). 이 거리는 감마-감마 검층기가 투과되는 수평 범위보다 훨씬 크다. 따라서 시추공 자체와 관련된 효과는 중요하지 않다.

4.1.6.4 천부 밀도 결정을 위한 네틀턴 방법

산 아래 지표 근처의 밀도는 탐사 측선을 따라 지형의 모양과 부게 이상(4.1.7절)의 모양을 비교하는 네틀턴(L. Nettleton)이 개발한 방법으로 결정될 수 있다. 이 방법은 밀도에 따라 달라지는 병합 고도 보정($\Delta g_{FA} + \Delta g_{BP}$)과 지형 보정($\Delta g_T$)을 이용한다. 지형 보정은 부게 판 보정보다 덜 중요하므로 보통 무시될 수 있다.

작은 산을 따라 측정점을 좁게 배열한 측선에서 중력을 측정한다(그림 4.12). 병합 고도 보정은 각 측점에 적용한다. 산의 실제 평균 밀도가 2,600 kg m^{-3}이라고 가정하자. 밀도 ρ를 너무 작게 추정하면(예로 2,400 kg m^{-3}) 각 측정점에서 Δg_{BP}는 너무 작을 것이다. 이 차이는 높이와 비례하고, 부게 이상은 지형의 양의 형상을 보인다. 밀도 ρ를 너무 크게 추정하면(예로 2,800 kg m^{-3}) 반대 상황이 된다. 부게 이상을 계산할 때 너무 많이 빼 주어서 부게 이상은 지형의 음의 형상을 가진다. 최적의 밀도는 중력 이상과 지형의 상관관계가 최소일 때이다.

4.1.7 프리에어 이상과 부게 이상

중력을 기준 타원체 위에서 측정한다고 가정하자. 지구 내부의 밀도 분포가 균질하다면 관측 중력은 표준 중력식(식 3.59)으

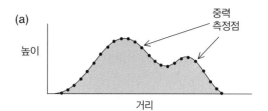

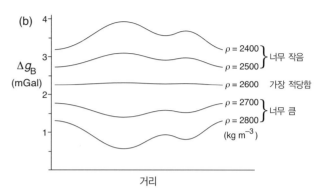

그림 4.12 지표면 근처 밀도를 결정하는 네틀턴 방법. (a) 작은 산을 가로지르는 측선에서 측정한 중력, (b) 여러 가지 시험 밀도로 고도 보정한 자료들. 최적의 밀도는 중력 이상(Δg_B)과 지형과의 상관관계가 가장 작은 경우이다.

로 계산된 이론 중력과 일치해야 한다. 4.1.5절에 기술한 중력 보정은 측정점이 기준 타원체가 아닌 상황을 보상한다. 보정된 관측 중력과 이론 중력과의 차이를 중력 이상(gravity anomaly)이라고 한다. 중력 이상은 지구 내부의 밀도가 균질하지 않아서 생겨난다. 가장 일반적인 유형의 중력 이상은 부게 이상(Bouguer anomaly)과 프리에어 이상(free-air anomaly)이다.

부게 중력 이상(Δg_B)은 4.1.5절에 기술한 모든 보정을 적용하는 것으로 정의된다.[7]

$$\Delta g_B = g_m + (\Delta g_{FA} - \Delta g_{BP} + \Delta g_T + \Delta g_{tide}) - g_n \qquad (4.19)$$

이 식에서 g_m과 g_n은 각각 관측 중력과 표준 중력이다. 괄호 안의 보정은 프리에어 보정(Δg_{FA}), 부게 판 보정(Δg_{BP}), 지형 보정(Δg_T), 조석 보정(Δg_{tide})이다.

프리에어 이상 Δg_F는 관측 중력에서 프리에어 보정과 조석

---

7 부게 이상은 일반적으로 단순 부게 이상(simple Bouguer anomaly)과 완전 부게 이상(complete Bouguer anomaly)으로 나누는데 식 (4.19)와 같이 지형 보정을 포함한 최종적인 중력 이상을 완전 부게 이상이라고 한다. 원서에서는 다른 설명이 없으면 부게 이상을 완전 부게 이상으로 간주한다. 단순 부게 이상은 완전 부게 이상에서 지형 보정을 고려하지 않은 중력 이상이다.

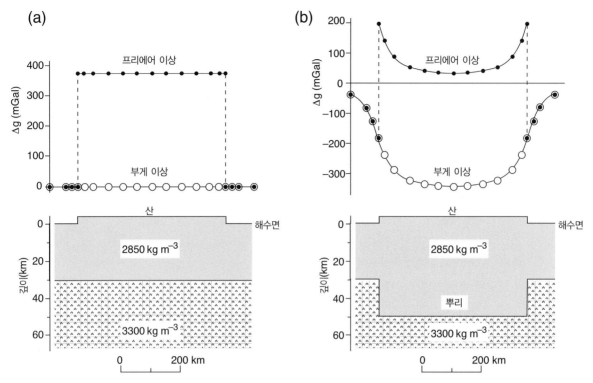

그림 4.13 산맥 지역에서 프리에어 이상과 부게 이상. (a) 산맥이 완전히 지지된 모델, (b) 해수면 위 산맥의 질량이 낮은 밀도를 가진 지각 뿌리가 큰 밀도의 맨틀 물질을 아래로 밀어내어 보상된 모델. 출처 : M.H.P. Bott, *The Interior of the Earth* (2nd ed.), London: Edward Arnold, 1982.

보정만을 적용한 것으로 정의한다.[8]

$$\Delta g_F = g_m + (\Delta g_{FA} + \Delta g_{tide}) - g_n \qquad (4.20)$$

같은 구조를 따라서 얻은 부게 이상과 프리에어 이상은 상당히 다르게 보인다. 먼저 그림 4.13a에 보이는 지형 블록(산맥 지역을 대표한다)을 고려해 보자. 이 간단한 구조에서 지형 보정은 무시하고 조석 효과는 0이라고 가정한다. 부게 이상과 프리에어 이상의 차이는 부게 판 보정에서 나온다. 부게 이상을 계산하기 위해서 프리에어 이상과 측정점의 높이를 고려한다. 관측 중력은 기준 타원체 위의 질량에 의한 인력을 포함하는데 부게 판 보정으로 제거된다. 지하 구조가 측면 방향으로 변하지 않으므로 보정된 측정값과 표준 중력이 일치하여 부게 이상은 산맥을 가로지르는 모든 측점에서 0이다. 프리에어 이상을 계산하기 위해서는 프리에어 보정만을 적용한다. 관측 중력의

일부는 프리에어 보정에서 고려하지 않은 기준 타원체 위의 질량에 기인한다. 산맥 블록에서 멀리 떨어지면 부게 이상과 프리에어 이상 모두 0과 같다. 산맥 위에서는 산맥 블록의 질량이 관측 중력을 기준 중력보다 크게 하여 결과적으로 산맥 지역에서 양의 프리에어 이상이 된다.

사실, 탄성파 자료는 산맥 지역 아래의 지각은 보통보다 두껍다는 것을 보여 준다. 이것은 밀도가 낮은 지각 암석 덩어리가 밀도가 더 높은 맨틀 아래로 돌출되어 있음을 의미한다(그림 4.13b). 프리에어 보정과 부게 판 보정을 적용한 이후에는 산맥 지역 아래 '뿌리 영역(root-zone)'으로 대표되는 블록에 기인한 부게 이상만이 남는다. 이것은 주변 맨틀보다 밀도가 낮으므로 질량 결손을 만든다. 산맥에 의한 초과 질량을 밀도가 낮은 뿌리 영역으로 보상하는 것을 지각 평형(isostasy)이라고 한다. 이 주제는 4.3절과 5.4, 5.5절에서 자세히 다룬다.

그림 4.13b에서 산맥을 가로지르는 측선에서 중력계에 미치는 인력은 그림 4.13a의 경우보다 작으므로 기준값보다 보정된 관측값이 더 작을 것이다. 따라서 이 측선에서는 강한 음의 부게 이상이 관측된다. 산맥과 어느 정도 떨어진 곳에서 프리에어 이상과 부게 이상은 서로 같지만, 부게 이상에 뿌리 영역의

---

[8] 원서에서는 측지학 관점에서 중력 보정을 기술하여 프리에어 이상을 정의할 때 지형 보정을 포함하였다. 그러나 일반적으로 지구물리학에서는 프리에어 이상을 지형 보정에 포함하지 않으므로 식 (4.20)에 지형 보정(Δg_T)을 생략하였다. 중력 이상 해석에서 지형과 프리에어 이상의 상관관계를 이용하는 방법이 많이 사용되는데 프리에어 이상에 지형 보정을 미리 포함시키면 의미가 없어진다.

영향이 포함되어 있으므로 더 이상 0은 아니다. 산맥 블록 위에서 프리에어 이상은 앞의 예에서와 같이 부게 이상에서 일정한 양의 값을 가진다. 비록 프리에어 이상이 양이지만 산맥 블록 중앙부에서는 매우 낮은 값을 가지는 것에 주목하자. 산맥 중앙 부분에서 산맥에 의한 인력은 뿌리 영역의 낮은 밀도로 사라진 인력으로 인해 부분적으로 상쇄된다.

4.2 중력 이상 해석

4.2.1 광역 이상과 잔여 이상

중력 이상은 지구 내부의 불균질한 밀도 분포의 결과이다. 지표면 아래 암석 밀도는 ρ이고, 암석 주변의 밀도는 ρ_0라고 가정하자. 밀도 차이 $\Delta\rho = \rho - \rho_0$를 주변 물질에 대한 대상 암석의 밀도 대비(density contrast)라 한다. 대상 물체의 밀도가 모암보다 크면 밀도 대비는 양이다. 모암보다 작은 밀도는 음의 밀도 대비를 갖는다. 높은 밀도 위에서는 측정 중력이 증가한다. 기준 타원체로 보정한 후 표준 중력을 빼면 양의 중력 이상을 얻는다. 같은 식으로 음의 중력 이상은 낮은 밀도 지역에서 나타난다. 중력 이상이 있다는 것은 이상 밀도 구조 또는 이상체를 나타낸다. 중력 이상의 부호는 밀도 대비의 부호와 같고 대상 물체의 밀도가 정상보다 큰지 작은지를 보여 준다.

중력 이상의 모양은 이상체의 크기, 깊이, 그리고 밀도 대비에 영향을 받는다. 중력 이상의 측면 연장은 종종 겉보기 '파장'이라고 불린다. 중력 이상의 파장은 이상체 깊이의 척도가 된다. 크고 깊은 물체는 넓게 퍼진(장파장) 중력 이상을 만들고, 작고 얕은 물체는 좁은(단파장) 중력 이상을 만든다.

일반적으로 부게 중력 이상도에는 여러 소스에 기인한 중력 이상이 중첩되어 있다. 심부 밀도 대비에 의한 장파장의 이상을 광역(regional) 이상이라고 부른다. 광역 이상은 산맥, 해령, 섭입대와 같은 주요 지리적 특징 아래서 대규모 지각 구조를 이해하는 데 중요하다. 단파장의 잔여(residual) 이상은 상업적 개발에 관심이 있는 천부 이상체에 기인한다. 잔여 이상을 해석하는 데는 지질학적 정보가 필수적이다. 캐나다나 스칸디나비아와 같이 침식된 대륙 순상지에는 매우 짧은 파장의 중력 이상이 천부의 광체에 기인한 것일 수 있다. 퇴적 분지에서 단파장 또는 중간 파장의 중력 이상은 석유나 가스 저류층과 관련된 구조에 기인할 수도 있다.

4.2.2 광역 이상과 잔여 이상의 분리

광역(장파장) 이상과 잔여(단파장) 이상을 분리하는 것은 중력 이상도를 해석하는 중요한 단계이다. 이 분석은 구조를 가로지르게 선택된 측선을 기반으로 하거나, 중력도에서 2차원 중력 이상 분포에 대하여 수행한다. 중력 이상을 구성 요소로 분해하는 데 수많은 기술이 적용되었다. 이 기술들은 이상 패턴을 육안으로 분리하는 단순한 수준부터 고급 수학을 이용하여 분석하는 정교한 수준까지 다양하다. 다음 절에서 이 방법들의 몇 가지 예를 기술한다.

4.2.2.1 시각 분석

측선 중력 자료에서 광역 중력을 표현하는 가장 간단한 방법은 부드러운 곡선으로 대규모 경향을 시각적으로 맞추는 것이다(그림 4.14). 모든 측점마다 부게 중력 이상에서 이 경향을 빼주면 광역 중력 이상이 얻어진다. 이 방법으로 밀도 분포 해석을 위해 적절한 부호의 잔여 이상을 남기는 곡선을 시각적으로 적합시킨다.

이 접근법으로 시각적으로 부드러운 등고선을 이용하여 중력 이상도를 해석하는 데 응용할 수 있다. 그림 4.15a에서 부게 이상이 같은 등고선은 국지적인 이상체 주위에서 급격하게 휜다. 점선으로 표현한 보다 완만한 곡선의 등고선은 부드럽게 연속적으로 이어져 있다. 이것은 국지적 이상이 없으면 광역 중력(그림 4.15b)이 어떻게 연속적으로 이어지게 되는지 보여 준다. 광역 중력과 기존 부게 이상을 지도로 나타낼 때 균일한 격자점들로 보간하여 표현된다. 각 점에서 부게 이상에서 광역

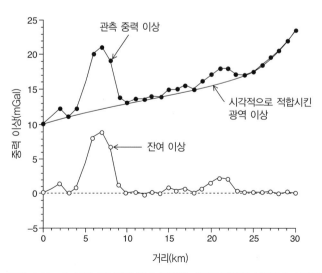

그림 4.14 매끄러운 곡선으로 관측 중력의 대규모 경향을 시각적으로 적합시켜 광역 이상을 표현한 방법.

그림 4.15 매끄러운 등고선으로 부게 중력 이상도에 광역 이상 경향을 제거한 것. (a) 부게 이상도에서 손으로 매끄러운 등고선 그리기, (b) 광역 중력 이상, (c) 부게 중력 이상도에서 광역 이상을 빼 준 잔여 중력 이상. 이상도 안의 숫자는 mGal. 출처 : E.S. Robinson and C. Çoruh, *Basic Exploration Geophysics*, 562 pp., New York: John Wiley, 1988

(a) 부게 이상도　　　(b) 광역 이상　　　(c) 잔여 이상

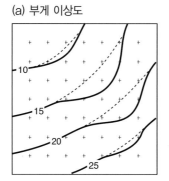
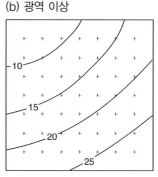

이상을 뺀 값을 등고선으로 표현하여 잔여 중력 이상도(그림 4.15c)를 만든다. 해석자의 경험과 기술이 시각적 분석 방법의 중요한 성공 요소이다.

4.2.2.2 다항식 표현

대체 방법으로, 광역 경향을 직선 또는 더 일반적으로 부드러운 다항식 곡선으로 표현한다. 중력 측선의 수평 위치를 x라 하면 광역 이상 Δg_R은 식 (4.21)로 표현된다.

$$\Delta g_R = \Delta g_0 + \Delta g_1 x + \Delta g_2 x^2 + \Delta g_3 x^3 + \cdots + \Delta g_n x^n \quad (4.21)$$

다항식은 관측 중력 측선에 최소 자승법으로 적합된다. 이것은 다항식의 계수 Δg_n의 최적값을 제공한다. 이 방법 역시 단점이 있다. 다항식이 고차 항일수록 측정값에 더 잘 적합한다(그림 4.16). 터무니없이 극단적인 경우는 다항식의 차수가 측정점의 개수보다 하나 작을 때이다. 다항식 곡선은 모든 측정점을 완벽하게 지나가서 광역 이상은 더 이상 지질학적인 의미가 없다. 해석자의 판단이 다항식의 차수를 결정하는 데 중요하며 일반적으로 대부분의 광역적 경향을 나타내는 가능한 가장 낮은 차수로 선택된다. 게다가 최소 자승법으로 적합한 곡선은 측정 중력의 평균값을 통과해야 하므로, 잔여 이상이 양의 값과 음의 값으로 균등하게 나뉜다. 각 잔여 이상은 반대 부호의 잔여 이상과 인접해서 배치되며(그림 4.16), 이것은 중심부의 중력 이상을 만든 같은 이상체에 기인한 것이므로 그 자체의 중요성은 없다.

　다항식 적합법은 중력 이상도에도 적용할 수 있다. 광역 이상이 수평 위치 좌표가 x와 y를 가진 낮은 차수의 다항식인 매끄러운 곡면 $\Delta g(x, y)$로 표현될 수 있다고 가정하자. 가장 단순한 경우는 광역 이상을 1차 다항식, 즉 평면으로 표현하는 것이다. 중력의 기울기 변화를 표현하기 위해서는 고차 항의 다항식이 필요하다. 예를 들어, 광역 이상을 2차 다항식으로 표

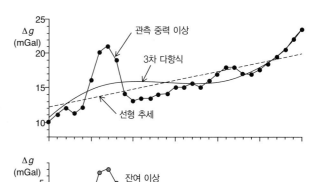
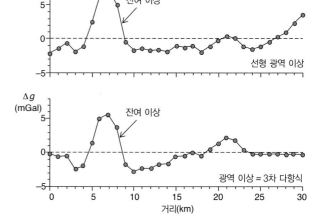

그림 4.16 최소 자승법으로 관측 중력 이상에 적합한 부드러운 다항식 곡선으로 광역 이상 경향을 나타낸다.

현하면 식 (4.22)이다.

$$\Delta g(x, y) = \Delta g_0 + \Delta g_{x1} x + \Delta g_{y1} y + \Delta g_{x2} x^2 + \Delta g_{y2} y^2 + \Delta g_{xy} xy \quad (4.22)$$

　측선 분석처럼 다항식의 계수들(Δg_{x1}, Δg_{y1} 등)의 최적값은 최소 자승 적합법으로 결정된다. 잔여 이상은 원래 자료에서 광역 이상을 측점별로 빼서 계산된다.

4.2.2.3 푸리에 급수로 표현한 중력 이상

측선을 따라 얻은 중력 이상은 시계열 조사를 위해 개발된 기

술을 이용하여 분석할 수 있다. 지진계에 기록되는 신호와 같은 시간에 따른 변화와는 다르게 중력 이상 $\Delta g(x)$는 측선을 따른 위치 x에 따라 변한다. 공간 분포에서는 파수($k = 2\pi/\lambda$)가 시계열의 주파수에 해당한다. 변동이 주기적이라면 함수 $\Delta g(x)$는 일련의 이산 조화함수의 합으로 표현될 수 있다. 각 조화함수는 인수가 기본 파수의 곱인 사인 또는 코사인 함수이다. $\Delta g(x)$의 이런 표현을 푸리에 급수(글상자 4.4)라 한다.

복잡한 이상(또는 시계열)을 서로 다른 파장을 가지는 단순한 주기 함수의 변동으로 분해하는 것을 푸리에 분석이라 하며 이는 입력 신호를 가장 중요한 성분으로 분해하는 강력한 방법이다.

지도로 그린 중력 이상의 2차원 변동은 이중 푸리에 급수(글상자 4.5)를 이용하여 비슷한 방법으로 표현할 수 있다. 측선 중력 이상을 표현하는 간단한 1차원의 경우처럼 이중 푸리에 급수로 표현한 2차원 중력 이상은 가중치를 부여한 정현 함수를 합하는 것과 유사하다. 이것은 $x-y$ 평면의 주름으로 시각화할 수 있으며(그림 4.17), 각 주름은 $\Delta g(x, y)$에 대한 중요도에 따라 가중치가 부여된다.

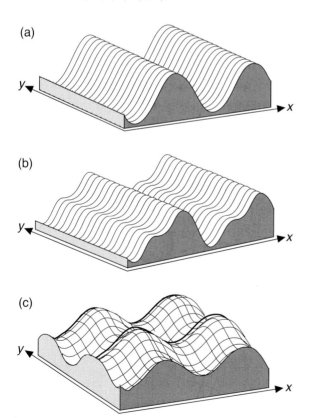

그림 4.17 이중 푸리에 급수를 이용하여 중력 이상의 2차원 변화를 표현한다. (a) x 방향으로 단일 조화함수, (b) x 방향으로 2개의 조화함수, (c) x와 y 방향으로 중첩한 단일 조화함수. 출처 : J.C. Davis, *Statistics and Data Analysis in Geology*, 550 pp., New York: John Wiley, 1973.

4.2.2.4 중력 이상 강화와 필터링

앞선 논의는 주기 함수가 기본 파장의 조화함수의 합인 푸리에 급수로 어떻게 표현되는지를 보여 준다. 관측한 신호를 이산 성분으로 분해하면, 분해한 것 중 일부는 제거할 수 있고 기존 신호를 필터링된 신호로 재구성할 수 있다. 그러나 주기적인 거동과 조화함수 성분의 이산성이 충족되지 않는 경우가 많다. 예를 들어, 한 지점에서 다른 지점으로의 중력 변화는 일반적으로 주기적이지 않다. 더욱이 함수의 조화함수 성분이 기본 주파수 또는 파수의 고유한 배수로 구성되는 경우 파장 스펙트럼은 다수의 고유한 값으로 구성된다. 그러나 지구물리학에서 관심이 있는 다수의 함수는 파장의 연속 스펙트럼으로 가장 잘 표현된다.

이런 종류의 문제를 다루기 위해 중력의 공간적 변동은 이산 조화함수가 아니라 연속적인 주파수나 파수로 구성된 푸리에 적분으로 표현된다. 푸리에 적분은 비주기적 함수를 표현하는 데도 사용할 수 있다. 이것은 −1의 제곱근인 i를 포함하는 복소수(글상자 4.6)를 이용한다. 중력 이상을 2차원(단일 측선 대신)으로 분석하려면 이중 적분이 필요한데, 4.2.2.3절과 글상자 4.5에서 기술한 이중 푸리에 급수 표현과 유사하다. 관측 중력은 푸리에 변환 기법을 사용하여 조작할 수 있다. 이 기법은 많은 양의 계산을 포함하여 컴퓨터를 사용한 디지털 자료 처리에 이상적으로 적합하다.

중력도의 2차원 푸리에 변환은 중력 이상의 디지털 필터링을 가능하게 한다. 필터는 x와 y 좌표를 갖는 공간 함수이다. 중력 이상을 나타내는 함수 $\Delta g(x, y)$에 필터를 적용하면 필터링된 중력도를 얻는다. x와 y 좌표로 정의한 공간 영역에서의 필터링은 계산 시간이 많이 걸릴 수 있다. 종종 중력과 필터 함수를 푸리에 변환하고, 푸리에 영역에서 이들을 함께 곱한 다음, 역푸리에 변환을 수행하여 이를 공간 영역으로 다시 변환하는 것이 더 빠르다.

푸리에 영역에 적용되는 필터의 특성은 특정 파장을 제거하기 위해 선택된다. 예를 들어, 필터는 선택된 파장보다 짧은 모든 파장을 잘라 내고 더 긴 파장만을 통과하도록 설계될 수 있다. 이를 저주파 통과 필터라고 한다. 이 필터는 작은 파수인 긴 파장을 통과 또는 보존하여 짧은 파장을 가지는 이상을 제거한다. 부게 중력 이상도(그림 4.18a)의 불규칙성은 저주파 통과 필터링으로 제거되며, 원본보다 훨씬 부드러워진 필터링된 이상도(그림 4.18b)가 만들어진다. 또 다른 푸리에 영역의 필터

글상자 4.4　푸리에 분석

사인 함수와 코사인 함수를 한 주기 전체에 대하여 적분하면 0이다. 사인 함수와 코사인 함수를 곱한 함수의 적분도 0이다. 수학적으로, 이런 관계를 사인과 코사인 함수가 서로 직교 함수라고 정의한다. 사인과 코사인의 제곱을 한 주기에 대하여 적분하면 0이 아니다. 이 속성은 사인과 코사인으로 표현될 수 있는 함수를 정규화하는 데 사용될 수 있다. 이런 특성은 $\sin(n\theta)$ 및 $\cos(n\theta)$ 함수에 대해 다음과 같이 요약할 수 있다.

$$\int_0^{2\pi} \sin(n\theta)\mathrm{d}\theta = \int_0^{2\pi} \cos(n\theta)\mathrm{d}\theta = 0$$

$$\int_0^{2\pi} \sin^2(n\theta)\mathrm{d}\theta = \frac{1}{2}\int_0^{2\pi}\left(1 - \cos(2n\theta)\right)\mathrm{d}\theta = \pi \quad (1)$$

$$\int_0^{2\pi} \cos^2(n\theta)\mathrm{d}\theta = \frac{1}{2}\int_0^{2\pi}\left(1 + \cos(2n\theta)\right)\mathrm{d}\theta = \pi$$

이러한 결과를 이용하고 사인과 코사인의 합차 공식을 불러오면 다음 식 (2)를 얻는다.

$$\int_0^{2\pi} \sin(n\theta)\cos(m\theta)\mathrm{d}\theta = \frac{1}{2}\int_0^{2\pi}\left\{ \sin\left(\frac{n+m}{2}\theta\right) \right.$$
$$\left. + \sin\left(\frac{n-m}{2}\theta\right) \right\}\mathrm{d}\theta = 0$$

$$\int_0^{2\pi} \cos(n\theta)\cos(m\theta)\mathrm{d}\theta = \int_0^{2\pi} \sin(n\theta)\sin(m\theta)\mathrm{d}\theta$$

$$= \frac{1}{2}\int_0^{2\pi}\left\{ \cos\left(\frac{n-m}{2}\theta\right) \pm \cos\left(\frac{n+m}{2}\theta\right) \right\}\mathrm{d}\theta$$

$$= \begin{cases} 0, & \text{if } m \neq n \\ \pi, & \text{if } m = n \end{cases} \quad (2)$$

이 관계식은 푸리에 분석의 기초가 된다.

시간(예 : 탄성파) 또는 공간(예 : 중력, 자력 및 온도 이상)에 따라 주기적으로 변하는 지구물리 신호는 기본 주파수 또는 기본 파수를 가지는 조화함수들의 중첩으로 표시될 수 있다. 예를 들어 x 방향으로 길이 L인 측선에 따라 측정한 중력 이상 $\Delta g(x)$를 고려해 보자. 중력 이상의 기본 '파장' λ는 측선 길이의 두 배인 $2L$이다. 이 측선의 기본 파수 $k = (2\pi/\lambda)$로 정의되고, 식 (1)과 (2)에서 사인과 코사인 함수의 인수 θ는 kx로 대체된다. 측정된 중력 이상은 기본 파수의 조화함수에 따른 성분들을 더하여 표현된다.

$$\Delta g(x) = a_0 + a_1\cos(kx) + b_1\sin(kx) + a_2\cos(2kx)$$
$$+ b_2\sin(2kx)\ldots$$

$$\Delta g(x) = \sum_{n=0}^{N}\left(a_n\cos(nkx) + b_n\sin(nkx)\right) \quad (3)$$

$\Delta g(x)$에 대한 이 표현을 푸리에 급수(Fourier series)라고 한다. 식 (3)에서 N 차수 이후의 사인과 코사인 항은 제외하였다. N의 값은 중력 이상을 적절하게 표현하는 데 필요한 만큼 크게 선택된다. 차수가 n인 개별 항의 중요성은 가중치 함수로 작용하는 해당 계수 a_n과 b_n의 값으로 주어진다.

계수 a_n과 b_n은 식 (1)과 (2)에 정리된 사인과 코사인 함수의 직교성을 이용하여 계산될 수 있다. 중력 이상 $\Delta g(x)$를 나타내는 식 (3)의 양변에 $\cos(mkx)$를 곱하면 식 (4)가 된다.

$$\Delta g(x)\cos(mkx) = \sum_{n=0}^{N}\left(a_n\cos(nkx)\cos(mkx)\right.$$
$$\left. + b_n\sin(nkx)\cos(mkx)\right) \quad (4)$$

이 식의 우변의 개별 곱은 사인과 코사인의 합과 차로 쓸 수 있다.

$$\Delta g(x)\cos(mkx) = \frac{1}{2}\sum_{n=0}^{N}\left(a_n[\cos((n+m)kx)\right.$$
$$+ \cos((n-m)kx)] + b_n[\sin((n+m)kx)$$
$$\left. + \sin((n-m)kx)]\right) \quad (5)$$

x에 관한 한 파장 전체에 대하여 $\Delta g(x)\cos(2mk\,x)$를 적분하면 식 (5)의 모든 항은 $n = m$인 경우를 제외하고 사라진다. $n = m$인 항의 경우 $\cos((n-m)kx) = \cos(0) = 1$이다. 따라서 식 (2)의 a_n을 결정할 수 있다.

$$\int_0^{\lambda} \Delta g(x)\cos(nkx)dx = \frac{1}{2}a_n\int_0^{\lambda} dx = \frac{\lambda}{2}a_n \quad (6)$$

$$a_n = \frac{2}{\lambda}\int_0^{\lambda} \Delta g(x)\cos(nkx)dx = \frac{1}{\pi}\int_0^{2\pi} \Delta g(x)\cos(n\theta)d\theta \quad (7)$$

식 (3)의 계수 b_n은 비슷한 방법으로 $\Delta g(x)$에 $\sin(mkx)$를 곱하고 한 주기에 대하여 적분하면 얻을 수 있다.

$$b_n = \frac{2}{\lambda}\int_0^{\lambda} \Delta g(x)\sin(nkx)dx = \frac{1}{\pi}\int_0^{2\pi} \Delta g(x)\sin(n\theta)d\theta \quad (8)$$

글상자 4.5 이중 푸리에 급수

도면으로 표현되는 2차원 중력 이상은 이중 푸리에 급수로 분석할 수 있다. 이 경우 중력 이상을 x와 y 좌표계 모두의 함수로 표현하면 식 (1)이다.

$$\Delta g(x,y) = \sum_{n=0}^{N} \sum_{m=0}^{M} (a_{nm}C_n C_m^* + b_{nm}C_n S_m^* + c_{nm}S_n C_m^* + d_{nm}S_n S_m^*) \tag{1}$$

여기서

$$C_n = \cos\left(2n\pi\frac{x}{\lambda_x}\right) \quad S_n = \sin\left(2n\pi\frac{x}{\lambda_x}\right)$$
$$C_m^* = \cos\left(2m\pi\frac{y}{\lambda_y}\right) \quad S_m^* = \sin\left(2m\pi\frac{y}{\lambda_y}\right) \tag{2}$$

이 식에서 기본 파장 λ_x와 λ_y는 각각 x와 y 방향으로 중력 이상의 연장을 나타낸다. 계수 a_{nm}, b_{nm}, c_{nm}, d_{nm}의 유도는 1차원 경우의 원리와 비슷한데, 개별 사인과 코사인 함수의 직교성에 기반한다. 두 개의 사인, 두 개의 코사인, 사인과 코사인의 곱인 항들은 사인과 코사인의 합차로 표현되어 한 주기 구간으로 적분하면 서로 같은 차수인 경우만 남고 모두 사라진다. 예상하는 바와 같이, 이중 푸리에 급수는 1차원보다 다소 더 복잡하지만 광역 중력 이상의 2차원 변동을 특징짓는 결과를 제공한다.

는 선택된 파장보다 긴 파장을 제거하고 짧은 파장을 통과(또는 보존)하도록 설계될 수 있다. 이러한 고주파 통과 필터를 적용하면 중력 이상도의 짧은 파장(높은 파수) 성분이 강화된다 (그림 4.18c).

파장 필터링으로 선택된 이상을 강조할 수 있다. 예를 들어 대규모 지각 구조를 연구할 때 국소 소형 이상체로 인한 중력 이상은 광역 이상보다 관심이 적기 때문에 저주파 통과 필터를 적용하여 광역 이상을 강조할 수 있다. 반대로 얕은 지각의 이상체로 인한 중력 이상 조사에서는 고주파 통과 필터링으로 광역 중력 이상 효과를 억제할 수 있다.

4.2.2.5 상향과 하향 연속

어떤 경우에는 측정이 이루어진 평면이 아닌 다른 평면에서 중력 이상을 아는 것이 바람직하다. 평면들 사이에 추가된 질량이 없으면 라플라스 방정식(글상자 3.4)은 중간 공간에서도 만족한다. 관측 중력 이상도의 첫 번째 및 두 번째 도함수를 사용하여 새로운 평면에서 중력 이상을 계산할 수 있다. 새로 계산한 평면이 측정 평면보다 높은 고도에 있는 경우 **상향 연속**이라고 한다. 중력 이상의 원인이 되는 이상체로부터의 거리가 멀어지므로 중력 이상을 감소시키고 중력 이상도를 효과적으로 매끄럽게 한다.

측정 평면보다 깊은 평면에서 중력 이상을 계산해야 하는 경우가 자주 있다. 이것을 **하향 연속**이라 한다. 새로운 기준 평면이 이상체에 더 가깝기 때문에 인력의 역제곱 법칙에 따라 중력 이상이 더 증폭된다. 이로 인해 더 확실하고 경계가 선명한 이상이 만들어지지만, 자료에서 포함된 고주파 잡음을 증폭시켜 잘못된 해석을 초래할 수도 있다.

상향 및 하향 연속은 자력 탐사 자료 해석 및 전 지구 자기장 분석에도 사용된다(11.2.4절).

4.2.3 중력 이상 모델링

광역적 중력 이상을 제거한 후 잔여 중력 이상은 밀도 분포 이상으로 해석되어야 한다. 현대적 분석은 컴퓨터를 이용한 반복 모델링을 기반으로 한다. 이전의 해석 방법은 관측 중력 이상과 기하학 형상으로 계산된 중력 이상을 비교하는 방법을 이용했다. 이 간단한 접근 방식이 성공적인 이유는 밀도 이상 분포의 작은 변화에 대해서는 중력 이상의 변화도 작기 때문이다. 중력 이상 해석의 몇 가지 근본적인 문제는 기하학 모델의 중력 효과를 계산하는 것으로부터 배울 수 있다. 특히 중력 이상의 해석이 유일하지 않다는 것을 깨닫는 것이 중요하다. 서로 다른 밀도 분포가 같은 중력 이상을 나타낼 수 있다.

4.2.3.1 균일한 구 : 다이아퍼 모델

다이아퍼(diapir) 구조는 모암에 밀도가 다른 물질이 돔 모양으로 관입한 구조이다. 고밀도($\rho_0 = 2{,}500\,\text{kg m}^{-3}$) 탄산염 암석을 관입하는 저밀도($\rho = 2{,}150\,\text{kg m}^{-3}$) 암염 돔은 밀도 대비 $\Delta\rho = -350\,\text{kg m}^{-3}$을 가지며 음의 중력 이상을 일으킨다. 화강암체($\rho_0 = 2{,}600\,\text{kg m}^{-3}$)를 관입하는 둥근 화산암체($\rho =$

글상자 4.6 복소수

3차 또는 그 이상의 고차 다항식의 해를 구하면 때때로 음수의 제곱근이 필요하다. 음수는 양수에 (-1)을 곱하여 쓰고 음수의 제곱근은 (-1)의 제곱근으로 정의한 단위 허수 i를 포함한다. 복소수 z는 실수부 x와 허수부 y로 구성된다.

$$z = x + iy \qquad (1)$$

$z^* = x - iy$는 z의 **켤레 복소수**(complex conjugate)라 한다. 켤레 복소수의 허수 항은 식 (1)의 허수 항의 부호와 반대이고 크기는 같다는 것에 주목하자. 복소수와 그 켤레 복소수의 곱 $zz^* = x^2 + y^2$은 복소수 크기의 제곱이다.

1748년 스위스 수학자 오일러는 삼각함수 $\cos\theta$와 $\sin\theta$의 복소 지수 함수의 관계식(식 2)을 증명하였다.

$$\cos\theta + i\sin\theta = e^{i\theta} \qquad (2)$$

여기서 e는 자연 로그의 밑이고 i는 단위 허수이다. 이 공식은 **복소 해석학**(complex analysis)이라고 알려진 복소 변수 함수를 연구하는 기초가 된다. 복소 해석학은 많은 영역에서 실용적이고 이론적인 문제를 푸는 데 사용되고 있다. 식 (2)에서 $\cos\theta$를 $e^{i\theta}$의 실수부라 하고 $\sin\theta$를 허수부라고 한다. 예를 들어 다음 식을 구할 수 있다.

$$
\begin{aligned}
i &= e^{i\pi/2} \\
\sqrt{i} &= e^{i\pi/4} = \frac{1}{\sqrt{2}}(1 + i)
\end{aligned}
\qquad (3)
$$

복소수는 1806년 또 다른 스위스 수학자 아르강(Jean-Robert Argand, 1768~1822)에 의해 발명된 아르강 도표(Argand diagram, 복소 평면이라고 부른다)에서 기하학적으로 표현되어 시각화할 수 있다. 이 도표(그림 B4.6.1)는 실수부, 여

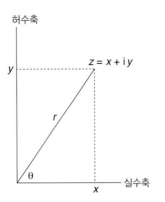

그림 B4.6.1 복소 평면(또는 아르강 도표).

기에서는 x를 수평축에 그리고 허수부 y는 수직축에 그린다. 원점 O에서 점 P(x, y)까지의 거리가 r, OP와 x축이 이루는 각을 θ라 하면 이 복소수의 실수부는 $x = r\cos\theta$로 허수부는 $y = r\sin\theta$가 되고 오일러 공식을 이용하면 식 (4)가 된다.

$$z = x + iy = r(\cos\theta + i\sin\theta) = re^{i\theta} \qquad (4)$$

복소수를 더하면 실수부와 허수부끼리 더한다. 두 복소수 z_1과 z_2를 더하면 새로운 복소수 z_3가 된다. 복소수와 그 켤레 복소수를 더하는 특별한 경우에는 실수가 된다. 복소수 사이를 결합하는 몇 가지 예는 다음과 같다.

$$
\begin{aligned}
z_3 &= z_1 + z_2 = (x_1 + x_2) + i(y_1 + y_2) \\
z_3 &= r_1 e^{i\theta_1} + r_2 e^{i\theta_2},
\end{aligned}
\qquad (5)
$$

$$
\begin{aligned}
z_3 &= z_1 z_2 = (x_1 + iy_1)(x_2 + iy_2) \\
&= (x_1 x_2 - y_1 y_2) + i(x_1 y_2 + y_1 x_2) \\
z_3 &= (r_1 e^{i\theta_1})(r_2 e^{i\theta_2}) = r_1 r_2 e^{i(\theta_1 + \theta_2)}
\end{aligned}
\qquad (6)
$$

2,800 kg m^{-3})의 밀도 대비 $\Delta\rho = +200$ kg m^{-3}을 가지며, 이는 양의 중력 이상을 일으킨다. 중력 이상도의 등고선은 다이아퍼 중심에 있으므로 이 구조의 중심을 가로지르는 모든 측선의 중력 이상은 같다. 모델의 단순성 때문에 이상체는 수직 원통이나 구로 모델링될 수 있다.

반지름이 R이고 밀도 대비가 $\Delta\rho$인 구의 중심이 지표면 아래의 깊이 z라고 가정하자(그림 4.19). 구의 인력 Δg는 구의 이상 질량 M이 중심에 집중된 것과 같다. 구의 중심에서 수평 거리가 x인 위치에서 중력을 측정한다고 하면 중력의 수직 성분

(Δg_z)은 식 (4.23)이다.

$$\Delta g_z = \Delta g \sin\theta = G\frac{M}{r^2}\frac{z}{r} \qquad (4.23)$$

여기서,

$$M = \frac{4}{3}\pi R^3 \Delta\rho \quad \text{그리고} \quad r^2 = z^2 + x^2$$

식 (4.23)에서 이들 식을 대입하고 항을 재배열하면 식 (4.24)가 된다.

글상자 4.7 푸리에 변환

글상자 4.5와 4.6에서와 같이 푸리에 급수의 개별 항으로 표현되지 못하는 함수는 푸리에 적분(Fourier integral)으로 대체될 수 있다. 이것은 이산 집합 대신 연속적인 주파수나 파수로 구성한다. 푸리에 적분은 주기적이지 않은 함수에도 사용할 수 있다. 중력 이상 $\Delta g(x)$가 이제 이산 항들의 합 대신 식 (1)과 같이 적분식으로 표현된다.

$$\Delta g(x) = \int_{-\infty}^{\infty} G(u)e^{iux}\mathrm{d}u \tag{1}$$

여기서 복소수의 성질을 이용하면 식 (2)로 쓸 수 있다.

$$G(u) = \frac{1}{2\pi}\int_{-\infty}^{\infty} \Delta g(x)e^{-iux}\mathrm{d}x \tag{2}$$

복소 함수 $G(u)$는 실수 함수 $\Delta g(x)$의 푸리에 변환(Fourier transform)이다. 푸리에 변환에 대해 자세하게 설명하는 것은 이 책의 범위를 벗어난다. 그러나 이 강력한 수학적 기술의 응용은 이론을 깊이 탐구하지 않고도 설명할 수 있다.

지도로 그린 중력 이상은 직교 좌표계에서 2차원 함수 $\Delta g(x, y)$로 표현할 수 있다. $\Delta g(x, y)$의 푸리에 변환 $G(k_x, k_y)$는 x축과 y축에 대하여 중력 이상의 파수로 정의된 $(k_x = 2\pi/\lambda_x)$와 $(k_y = 2\pi/\lambda_y)$를 가진 2차원 복소 함수이다.

$$G(k_x, k_y) = \int_{-\infty}^{\infty}\int_{-\infty}^{\infty} \Delta g(x, y)\{\cos(k_x x + k_y y) \\ -i\sin(k_x x + k_y y)\}\mathrm{d}x\,\mathrm{d}y \tag{3}$$

이 식은 측정값 $\Delta g(x, y)$가 무한대의 $x-y$ 평면에서 연속 함수로 표현 가능하다고 가정하지만, 실제 자료는 측면 확장은 유한하고 측정 격자의 이산 점들로 주어진다. 실제 현장에서 이런 불일치는 일반적으로 별로 중요하지 않다. 효율적인 컴퓨터 알고리듬으로 중력 이상 $\Delta g(x, y)$의 푸리에 변환 $G(k_x, k_y)$를 빠르게 계산할 수 있다. 변환된 신호는 푸리에 영역에서 필터 함수의 곱으로 쉽게 조작될 수 있고 역푸리에 변환으로 공간 영역의 필터링한 결과를 준다. 푸리에 변환을 이용하여 측정 이상의 저주파 및 고주파 통과 필터링의 영향을 조사할 수 있고, 이는 중력 이상 해석에 큰 도움이 될 수 있다.

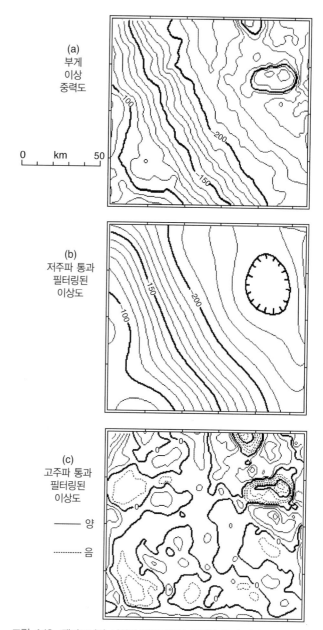

(a) 부게 이상 중력도

(b) 저주파 통과 필터링된 이상도

(c) 고주파 통과 필터링된 이상도

——— 양

·········· 음

그림 4.18 캘리포니아 시에라 네바다에서 선택된 중력 이상을 강조하기 위한 파장 필터링 사용. (a) 필터링하지 않은 부게 이상 중력도, (b) 장파장 광역 이상을 가진 저주파 통과 필터링된 중력 이상도, (c) 단파장 잔여 이상을 강화하는 고주파 통과 필터링된 중력 이상도. 등고선 간격 : (a)와 (b) 10 mGal, (c) 5 mGal. 출처 : M.B. Dobrin and C.H. Savit, *Introduction to Geophysical Prospecting* (4th ed.), New York: McGraw-Hill, 1988.

$$\Delta g_z = \frac{4}{3}\pi G\Delta\rho R^3 \frac{z}{(z^2 + x^2)^{3/2}}$$

$$= \frac{4}{3}\pi G\left(\frac{\Delta\rho R^3}{z^2}\right)\left[\frac{1}{\left(1 + (x/z)^2\right)}\right]^{3/2} \tag{4.24}$$

항의 첫 번째 괄호는 이상체 구의 반지름, 깊이, 밀도 대비에 따라 다르다. 이러한 특성은 중력 이상의 최대 진폭(Δg_0)을 결정하고, 최대 진폭이 나타나는 위치는 구의 중심인 $x = 0$이다. 최댓값(Δg_0)은 식 (4.25)로 주어진다.

$$\Delta g_0 = \frac{4}{3}\pi G\left(\frac{\Delta \rho R^3}{z^2}\right) \tag{4.25}$$

이 식은 구의 중심 깊이가 중력 이상의 최대 진폭에 어떻게 영향을 미치는지를 보여 준다. 중심의 깊이가 깊을수록 최대 진폭은 더 작아진다(그림 4.19). 중심 깊이가 고정되면 같은 최대 이상 값은 $\Delta\rho$와 R의 수많은 조합에 의해 생성될 수 있다. 낮은 밀도 대비를 가진 큰 구는 높은 밀도 대비를 가진 작은 구와 같은 최대 이상을 나타낼 수 있다. 중력 자료 단독으로는 이런 모호성을 구별해 낼 수 없다.

식 (4.24)의 두 번째 괄호 안은 측선을 따라 거리가 변할 때 이상의 진폭이 어떻게 변하는지를 설명한다. 중력 이상은 x에 대하여 대칭이며 최대 이상(Δg_0)은 구의 중심 위($x = 0$)에 있고, 거리가 커지면($x = \infty$) 0에 수렴한다. 깊이 z가 커질수록 수평적으로 x에 따라 진폭이 천천히 감소하는 것에 주목하자. 깊은 이상체는 얕은 깊이에 있는 같은 이상체보다 작지만 더 넓게 퍼진 중력 이상을 만든다. 최대 진폭의 반이 되는 진폭의 너비 w를 '반높이 너비'라 한다. 반높이 너비(w)와 구의 중심 깊이 z의 관계식을($z = 0.652\,w$) 이용하여 구의 중심 깊이를

추정할 수 있다.

4.2.3.2 수평 직선

지질학적으로 흥미로운 많은 구조는 한 방향으로 먼 거리까지 연장되지만 구조의 주향 방향으로는 크게 변하지 않는 단면의 모양을 가진다. 이상체가 주향 방향으로 길이가 무한대라고 가정하면 단면에서 밀도 변화를 2차원으로 모델링하기에 충분할 것이다. 그러나 수평 연장은 결코 무한하지 않기 때문에 이는 실제로 유효하지 않다. 일반적으로 측선에 수직인 구조의 길이가 폭이나 깊이의 20배 이상이면 2차원으로 근사할 수 있다. 그렇지 않으면 구조의 제한된 수평 연장으로 인한 가장자리 효과를 중력 이상 계산에서 고려해야 한다. 가장자리 보정이 필요한 길게 연장된 이상체를 2.5차원 구조라고도 한다. 예를 들어, 배사, 향사 및 단층과 같은 길게 연장된 구조의 분포는 2.5차원 구조로 모델링되어야 한다. 여기서는 이들 구조의 더 단순한 형태인 2차원 모델을 다룬다.

단위 길이당 질량 m인 선형 질량 분포가 y축 방향으로 무한히 연장되어 있고 깊이는 z이다(그림 4.20). 작은 선 요소 dy가 점 P에 미치는 수직 중력 이상 $d(\Delta g_z)$는 식 (4.26)이다.

$$d(\Delta g_z) = G\frac{m\,dy}{r^2}\sin\theta = G\frac{m\,dy}{r^2}\frac{z}{r} \tag{4.26}$$

선 요소를 $y = +\infty$부터 $y = -\infty$까지 연장하면 적분으로 수직 중력 이상이 얻어진다.

$$\Delta g_z = Gmz\int_{-\infty}^{\infty}\frac{dy}{r^3} = Gmz\int_{-\infty}^{\infty}\frac{dy}{(u^2+y^2)^{3/2}} \tag{4.27}$$

여기서 $u^2 = x^2 + z^2$이다. 적분은 변수를 $y = u\tan\varphi$로 치환하여 간단히 만들 수 있다. 그러면 $dy = u\sec^2\varphi$, $(u^2+y^2)^{3/2} = u^3\sec^3\varphi$로부터 식 (4.28)이 된다.

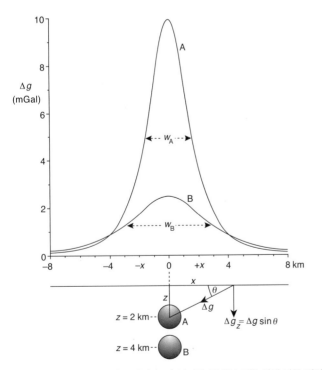

그림 4.19 반지름 R과 밀도 대비 $\Delta\rho$가 같지만, 중심이 지면 아래 다른 깊이 z에 있는 묻힌 구에 대한 중력 이상. 깊은 구 B의 중력 이상은 얕은 구 A의 중력 이상보다 더 평평하고 넓게 퍼진다.

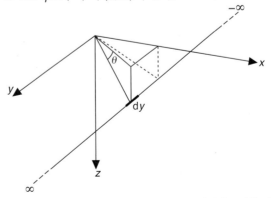

그림 4.20 깊이 z에서 y축을 따라 수평으로 확장되는 단위 길이당 질량 m을 갖는 무한히 긴 선형 질량 분포의 중력 이상 계산을 위한 개념도.

$$\Delta g_z = \frac{Gmz}{u^2} \int_{-\frac{\pi}{2}}^{\frac{\pi}{2}} \cos\varphi \, d\varphi \qquad (4.28)$$

적분하면 수직 중력 이상은 식 (4.29)이다.

$$\Delta g_z = \frac{2Gmz}{z^2 + x^2} \qquad (4.29)$$

식 (4.29)는 퍼텐셜 함수 Ψ의 도함수로 쓸 수 있다.

$$\Delta g_z = Gm\frac{2z}{u^2} = -\frac{\partial \Psi}{\partial z} \qquad (4.30)$$

여기서 퍼텐셜 함수 Ψ는 식 (4.31)이다.

$$\Psi = 2Gm\log_e\left(\frac{1}{u}\right) = 2Gm\log_e\left(\frac{1}{\sqrt{x^2 + z^2}}\right) \qquad (4.31)$$

Ψ는 로그 퍼텐셜이라고 한다. 식 (4.29)와 (4.31)은 배사(또는 향사) 또는 단층과 같은 선형 구조의 중력 이상에 대한 공식을 유도하는 데 사용된다.

4.2.3.3 수평 원통 : 배사 또는 향사 모델

배사에 의한 중력 이상은 지층이 위로 습곡되어 지표면에 밀도가 높은 암석을 놓는 가정으로 모델링될 수 있으며(그림 4.21a) 양의 밀도 대비를 갖는다. 향사는 밀도가 낮은 지층이 중심부를 채워서 음의 밀도 대비를 갖는 모델로 설정할 수 있다. 이런 경우에 대한 구조의 기하 모델은 무한 수평 원통이다(그림 4.21b).

수평 원통은 원통 축에 평행한 다수의 직선 요소의 합으로 구성되어 있다고 간주할 수 있다. 면 요소의 단면적(그림 4.22)은 단위 길이당 이상 질량 $m = \Delta\rho \, r \, d\theta \, dr$이다. 표면에서 선요소가 미치는 퍼텐셜 $d\Psi$는 식 (4.32)이다.

$$d\Psi = 2G\Delta\rho\log_e\left(\frac{1}{u}\right)r \, dr \, d\theta \qquad (4.32)$$

원통의 단면에 대하여 적분하면 퍼텐셜 Ψ가 구해진다. 원통의 수직 중력 이상은 Ψ를 z에 대하여 미분하면 구해진다. 여기서 $du/dz = z/u$임에 유의하자.

$$\Delta g_z = -\frac{\partial \Psi}{\partial z} = -\frac{z}{u}\frac{\partial \Psi}{\partial u} = -\frac{2G\Delta\rho z}{u}\int_0^{2\pi}\int_0^R \frac{\partial}{\partial u}\log_e\left(\frac{1}{u}\right)r \, dr \, d\theta$$

$$(4.33)$$

적분 안에서 미분한 후 간단히 하면 식 (4.34)가 된다.

$$\Delta g_z = \frac{2G\Delta\rho z}{u^2}\int_0^{2\pi}\int_0^R r \, dr \, d\theta = \frac{2\pi GR^2\Delta\rho z}{x^2 + z^2} \qquad (4.34)$$

식 (4.34)와 (4.29)를 비교하면 원통의 중력 이상은 구조의 주향에 따라 단위 길이당 질량($m = \pi R^2\Delta\rho$)을 갖는 선형 질량 요소가 중심축에 집중된 경우의 중력 이상과 같다는 것이 명백하다. 중력 이상은 식 (4.35)로도 쓸 수 있다.

$$\Delta g_z = 2\pi G\left(\frac{\Delta\rho R^2}{z}\right)\left[\frac{1}{1 + (x/z)^2}\right] \qquad (4.35)$$

원통의 중심에서 중심 최댓값 Δg_0는 식 (4.36)이다.

$$\Delta g_0 = 2\pi G\left(\frac{\Delta\rho R^2}{z}\right) \qquad (4.36)$$

그림 4.21 향사 구조에 대한 중력 이상 계산. (a) 구조의 단면과 (b) 무한 수평 원통으로 표현한 기하 모델.

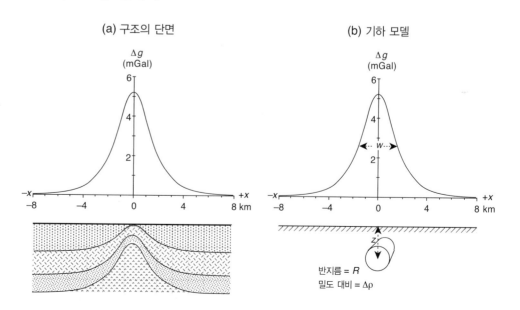

(a) 구조의 단면

(b) 기하 모델

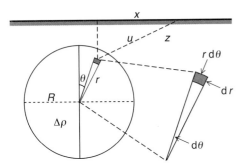

그림 4.22 적분 요소가 축과 평행한 묻힌 수평 원통에 대한 중력 이상을 계산한 기하 모형의 단면.

주향에 수직인 측선에서 중력 이상의 모양(그림 4.21b)은 구에 의한 중력 이상(그림 4.19)과 닮았다. 그러나 수평 원통의 중력 이상은 측선에 수직인 원통의 범위가 길어서 구의 이상보다 수평적으로 완만히 감소한다. 수평 원통에 의한 수직 중력 이상의 '반높이 너비' w는 원통의 축의 깊이 z에 따라 다르며 이 깊이는 $z = 0.5\,w$이다.

4.2.3.4 얇은 수평판

다음으로 측선 평면에 수직인 무한 길이의 얇은 수평 띠의 중력 이상을 계산한다. 이것은 띠를 무한히 긴 선 요소로 나란히 놓아서 가상으로 교체하여 계산한다. 띠의 깊이를 z, (얇은) 두께 t, 밀도 대비 $\Delta\rho$라고 하자(그림 4.23a). 너비 dx의 선 요소의 y 방향으로 단위 길이당 질량은 $(\Delta\rho\,t\,dx)$이다. 이들을 식 (4.29)에 대입하면 선 요소의 중력 이상이 계산된다. 얇은 띠의 이상은 선 요소에 대한 중력 이상을 x_1에서 x_2까지 적분하면 계산된다(그림 4.23b).

$$\Delta g_z = 2G\Delta\rho tz \int_{x_1}^{x_2} \frac{dx}{x^2 + z^2}$$
$$= 2G\Delta\rho t \left[\tan^{-1}\left(\frac{x_2}{z}\right) - \tan^{-1}\left(\frac{x_1}{z}\right) \right] \quad (4.37)$$

그림 4.23b에서 $\tan^{-1}(x_1/z) = \phi_1$, $\tan^{-2}(x_2/z) = \phi_2$로 쓰면 식 (4.38)이 된다.

$$\Delta g_z = 2G\Delta\rho t [\phi_2 - \phi_1] \quad (4.38)$$

즉, 수평 띠에 의한 중력 이상은 관측점에서 대응하는 각에 비례한다.

얇은 반무한 판의 중력 이상은 식 (4.38)에 극한을 취한 결과이다. 계산을 쉽게 하도록 원점을 얇은 판의 한끝으로 옮기면,

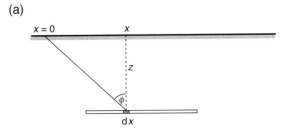

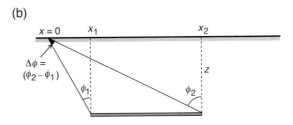

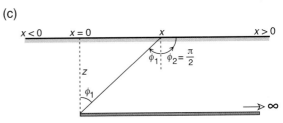

그림 4.23 얇은 수평판을 가로지르는 중력 이상 계산을 위한 기하 모델. (a) 띠를 너비 dx의 선 요소로 분할, (b) 수평 한계 x_1과 x_2 사이의 얇은 띠, (c) 얇은 반무한 수평판.

왼쪽으로의 거리는 음수가 되고 오른쪽은 양수가 된다(그림 4.23c). 따라서 $\phi_1 = -\tan^{-1}(x/z)$가 된다. 얇은 판의 먼 끝은 무한대이므로 $\phi_2 = \pi/2$이다. 따라서 얇은 반무한 판의 중력 이상은 식 (4.39)이다.

$$\Delta g_z = 2G\Delta\rho t \left[\frac{\pi}{2} + \tan^{-1}\left(\frac{x}{z}\right) \right] \quad (4.39)$$

또 다른 예로 얇은 무한 수평판은 x와 y 방향으로 음과 양 양쪽으로 무한대로 확장시켜서 계산한다. $\phi_2 = \pi/2$, $\phi_1 = -\pi/2$로 하면 얇은 무한 수평판의 중력 이상은 식 (4.40)이다.

$$\Delta g_z = 2\pi G\Delta\,\rho t \quad (4.40)$$

이 식은 부게 판 보정(식 4.14)과 같다.

4.2.3.5 수평판 : 수직 단층을 위한 모델

수직 단층을 걸친 측선에서 중력 이상은 융기한 블록 쪽으로 점진적으로 증가하여 최댓값에 도달한다(그림 4.24a). 이는 밀도가 높은 물질의 상향 변위로 인해 단층의 수직 단차가 h인

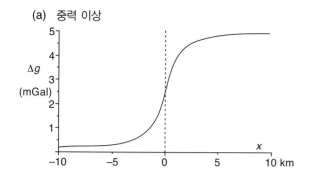

(a) 중력 이상

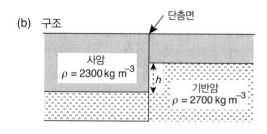

(b) 구조

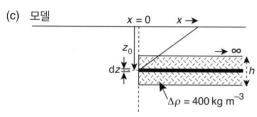

(c) 모델

그림 4.24 (a) 수직 단층을 가로지르는 중력 이상, (b) 수직 변위 h를 가지는 단층 구조, (c) 높이 h가 반무한 수평판의 이상체에 대한 모델.

수평 밀도 대비를 갖는 것으로 해석된다(그림 4.24b). 단층 블록은 중간점의 깊이 z_0에서 수평 밀도 대비가 $\Delta\rho$인 단층의 수직 단차 h인 반무한 수평판으로 모델링할 수 있다(그림 4.24c).

수평판을 깊이 z에서 두께 dz의 반무한 얇은 수평판으로 나눈다. 주어진 얇은 수평판의 중력 이상은 식 (4.39)에서 두께 t를 dz와 대체하여 구한다. 반무한 수평판의 중력 이상은 수평판 두께에서 z에 대하여 적분함으로써 계산되며, 적분의 구간은 $z_0 - (h/2)$에서 $z_0 + (h/2)$까지이다. 식을 약간 재조정하면 식 (4.41)이 된다.

$$\Delta g_z = 2G\Delta\rho h\left[\frac{\pi}{2} + \frac{1}{h}\int_{z_0-h/2}^{z_0+h/2}\tan^{-1}\left(\frac{x}{z}\right)dz\right] \quad (4.41)$$

괄호 안의 두 번째 식은 단층의 두께에 대하여 $\tan^{-1}(x/z)$ 평균값에 해당한다. 이 값은 단층의 단차 중간 깊이 z_0의 값을 이용하여 좋은 근사치로 대체될 수 있다. 이 근사치를 이용하면 식

(4.42)를 제공한다.

$$\Delta g_z = 2G\Delta\rho h\left[\frac{\pi}{2} + \tan^{-1}\left(\frac{x}{z_0}\right)\right] \quad (4.42)$$

식 (4.39)와 이 식을 비교해 보면 수직 단층(또는 반무한 두꺼운 수평판)의 중력 이상은 반무한 수평판이 중간 지점에서 두께가 h인 얇은 수평판으로 교체된 경우와 같다. 식 (4.42)를 '얇은 판 근사(thin-sheet approximation)'라고 한다. $z_0 > 2h$이면 약 2%의 오차를 가진다.

4.2.3.6 반복 모델링

이전 절의 중력 이상을 계산하는 데 사용된 간단한 기하학적 모델은 실제 이상체를 대략적으로 표현한다. 현대의 컴퓨터 알고리즘은 반복적인 절차를 쉽게 적용함으로써 모델링 방법을 근본적으로 변화시켰다. 이상체를 가정된 형상 및 밀도 대비를 가진 초기 모델로 가정한다. 초기 모델에 대한 이상체의 중력 이상을 계산한 다음에 잔여 이상과 비교한다. 모델 이상과 잔여 이상 간의 차이가 미리 설정한 값보다 작을 때까지 모델 변수들을 약간 변경하여 계산을 반복한다. 그러나 단순 모델의 경우와 마찬가지로 이 방법은 여전히 밀도 분포에 대한 유일한 해를 제공하지는 않는다.

2차원 및 3차원 반복 기법이 널리 사용되고 있다. 2차원 방법은 이상체가 구조물의 주향 방향과 무한히 평행하다고 가정하지만, 제한된 수평 연장에 대한 가장자리 보정이 필요하다. 이상체의 단면 형태가 주향에 평행하게 정렬된 무수한 얇은 막대나 선 요소로 대체된다고 가정할 수 있다. 각 막대는 원점에서 중력의 수직 성분에 기여한다(그림 4.25a). 이런 구조의 중력 이상은 모든 선 요소의 인력을 더하여 계산한다. 수학적으로, 이것은 물체의 겉면에 대한 면적분이다. 이론이 이 장의 범위를 벗어나 있지만 중력 이상은 다음과 같은 간단한 형태를 가지고 있다.

$$\Delta g_z = 2G\Delta\rho \oint z d\theta \quad (4.43)$$

각도 θ는 양의 x축과 원점에서 선 요소까지의 반경 사이에 놓이도록 정의되며(그림 4.25a), 겉면의 면적분이 경계 주위의 선적분으로 변경되었다. 이 적분의 계산을 위한 컴퓨터 알고리즘은 실제 단면 형태를 N면 다각형으로 대체함으로써 빠른 속도로 계산할 수 있다(그림 4.25a). 가정된 밀도 대비와는 별도로, 계산에 중요한 유일한 변수는 다각형 모서리의 (x, z) 좌표

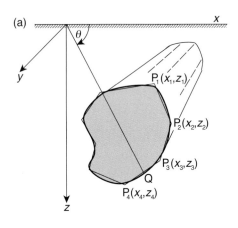

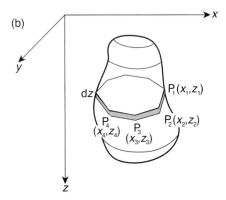

그림 4.25　불규칙한 물체의 중력 이상을 계산하는 방법. (a) 2차원 구조의 단면을 다각형으로 대체할 수 있다. 출처 : M. Talwani, J.L. Worzel, and M. Landisman, Rapid gravity computations for two-dimensional bodies with application to the Mendocino submarine fracture zone, *J. Geophys. Res.* 64, 49–59, 1959. (b) 3차원 물체는 얇은 수평판으로 대체할 수 있다. 출처 : M. Talwani and M. Ewing, Rapid computation of gravitational attraction of three-dimensional bodies of arbitrary shape, *Geophysics* 25, 203–225, 1960.

이다. 이제 원점이 구조를 가로지르는 측선의 다음 점으로 이동한다. 이 이동은 다각형 모서리의 x 좌표만 변경한다. 측선의 연속 지점에 대해 계산이 반복된다. 마지막으로, 구조를 지나는 측선에서 계산된 중력 이상은 관측 이상과 비교하고 잔차를 평가한다. 다각형 모서리의 좌표가 조정되고 잔차가 선택된 허용 오차 수준보다 작을 때까지 계산을 반복한다.

3차원 이상체의 중력 이상도 비슷한 방식으로 모델링된다. 3차원 이상체 모양에 대한 등고선을 안다고 가정하자. 등고선은 서로 다른 깊이에서 이상체의 부드러운 윤곽선을 보여 준다. 연속적인 등고선 사이의 물질을 얇은 층으로 교체함으로써 이상체에 가까운 복제품을 만들 수 있다. 각 얇은 층은 등고선과 같은 윤곽선을 가지며 두께는 등고선 간격과 같다. 추가적인 근사치로 각각 얇은 층의 매끄러운 윤곽선은 다면 다각형으로 대체된다(그림 4.25b). 원점에서 다각형의 중력 이상은 모

서리의 (x, y) 좌표, 얇은 층의 두께 및 가정된 밀도 대비를 사용하여 2차원 경우와 같은 방법으로 계산된다. 원점에서 3차원 이상체의 중력 이상은 모든 얇은 층의 인력을 더하여 구한다. 간단한 2차원 예제에서와 같이 원점이 새로운 점으로 이동되고 계산을 반복한다. 계산한 이상과 측정한 이상을 비교하여 얇은 층의 모서리 좌표를 그에 따라 조정한다. 가정된 밀도 분포 또한 조정할 수 있다. 계산된 중력 이상과 관측된 중력 이상 사이에서 원하는 일치를 얻을 때까지 절차를 반복한다.

4.2.4 광역 중력 이상의 해석

서로 다른 이상체가 같은 중력 이상을 만들 수 있으므로 보조 정보가 없으면 중력 이상의 해석이 모호하다. 가능한 여러 중력 모델에서 밀도 대비, 크기, 모양 및 깊이의 선택을 제한하려면 독립적인 추가 자료가 필요하다. 추가 정보는 지표면에서의 지질 조사 자료일 수 있으며, 이로부터 구조의 깊이 연속성을 해석할 수 있다. 탄성파 굴절법 또는 반사법 자료는 더 나은 제한 조건을 줄 수 있다.

탄성파 굴절법과 정밀한 중력 측정의 조합은 지각 구조의 모델 개발에서 오래되고 성공적인 역사가 있다. 연장된 지질 구조 경향에 평행한 탄성파 굴절법 측선은 수직 속도 분포에 대한 신뢰할 수 있는 정보를 제공한다. 그러나 지질 구조적 경향에 수직인 굴절법 측선은 층의 기울기 또는 수평 방향 속도 변화에 대한 불확실한 정보를 제공한다. 지각 구조의 수평 변화는 구조적 경향과 다소 평행한 여러 측선의 굴절법 자료 또는 탄성파 반사법 자료부터 해석될 수 있다. 굴절법 결과는 굴절면에서 층 속도와 깊이를 제공한다. 지각 구조의 중력 효과를 계산하려면 먼저 속도 분포를 그림 4.9에 나타난 곡선처럼 P파 속도와 밀도 관계를 사용하여 밀도 모델로 변환해야 한다. 지각 구조에 대한 이론적 중력 이상은 2차원 또는 3차원 방법을 사용하여 계산된다. 관측된 중력 이상과의 비교(예 : 측점별 잔차 계산)는 모델의 타당성을 나타낸다. 중력 모델링의 비유일성 때문에 그럴듯한 구조가 반드시 진짜 구조는 아니라는 것을 항상 명심하는 것이 중요하다. 중력 이상 해석의 모호함에도 불구하고 지구의 중요한 지역에서 중력 이상의 몇몇 특징들이 입증되었다.

4.2.4.1 대륙과 해양의 중력 이상

지구의 모양을 조사하여 이상적인 기준 모양이 회전 타원체라는 것을 알았다. 기준이 되는 지구의 모양이 정수압 평형 상태

에 있다고 가정한다. 프리에어 이상과 지각 평형 이상(4.3.4절)을 관측한 결과를 보면 심해 해구 및 섭입대의 호상 열도와 같은 일부 비정상적인 위치를 제외하고 대륙과 해양이 거의 지각 평형 상태에 있다는 것을 뒷받침한다. 지각 평형 개념을 적용하여(4.3절) 대륙과 해양에 대한 부게 중력 이상 간의 대규모 차이를 이해할 수 있다. 일반적으로, 대륙에서 음의 부게 이상을 가지며, 특히 지각이 비정상적으로 두꺼운 산맥에서 음수이다. 대조적으로, 강한 양의 부게 이상은 지각이 매우 얇은 해양 지역에서 발견된다.

부게 이상 진폭과 지각 두께 사이의 역관계는 가상의 예를 이용하여 설명할 수 있다(그림 4.26). 구조 운동으로 두꺼워지거나 얇아지지 않은 대륙 지각은 '정상' 지각으로 여겨진다. 두께는 보통 30~35 km이다. 변형되지 않은 대륙 연안 지역의 위치 A에서는 두께를 34 km로 가정한다. 중력 이상을 계산하는 데 사용되는 표준 중력은 평균 해수면에 해당하는 기준 타원체에서 정의된다. 따라서 정상적인 두께를 가지는 대륙 지각의 해안 위치 A에서 부게 이상은 0에 가깝다. 산맥의 지각 평형 보상은 B 위치에서 지각 두께를 증가시키는 뿌리 영역을 제공한다. 지진파 증거에 따르면 대륙 지각 밀도는 상층 화강암 지각에서 약 2,700 kg m^{-3}이고 하층 반려암 지각에서 약 2,900 kg m^{-3}으로 증가한다. 따라서, 뿌리 영역의 밀도는 A 아래의 같은 깊이에서 전형적인 맨틀 밀도인 3,300~3,400 kg m^{-3}보다 훨씬 낮다. B 아래에 있는 저밀도 뿌리는 음의 부게 이상을 일으키

며, 일반적으로 −150~−200 mGal에 이른다.

해양에 위치한 C에서 지각의 수직 구조는 매우 다르다. 두 가지 효과가 부게 이상에 기여한다. 평균 두께가 약 6 km에 불과한 얇은 해양 지각(밀도 2,900 kg m^{-3}) 위에 5 km 두께의 해수층(밀도 1,030 kg m^{-3})이 덮여 있다. 부게 이상을 계산하기 위해서는 바닷물이 해양 지각 암석으로 대체되어야 한다. 해수층의 인력은 측정된 중력에 내재되어 있으므로 부게 판과 해저 지형을 보정하는 데 사용되는 밀도는 해양 지각의 밀도에서 해수의 밀도만큼 줄여야 한다(즉, 2,900 − 1,030 = 1,870 kg m^{-3}). 하지만, 더 중요한 효과는 맨틀의 상층면이 겨우 11 km의 깊이에 있다는 것이다. 이 깊이 아래의 수직 구간에서 맨틀의 밀도는 3,300~3,400 kg m^{-3}으로 해안 지점 A 아래의 같은 깊이에 있는 대륙 지각의 밀도보다 훨씬 높다. C 아래의 구간 중 하부 23 km는 질량의 큰 초과를 나타낸다. 이로 인해 300~400 mGal에 이르는 강한 양의 부게 이상이 발생한다.

4.2.4.2 산맥을 가로지르는 중력 이상

산맥의 전형적인 중력 이상은 큰 저밀도 뿌리 영역에 기인한 매우 강한 음의 이상이다. 스위스 알프스는 탄성파 굴절법과 반사법 자료의 도움으로 이러한 중력 이상을 해석하는 좋은 예이다. 1970년대에 수행된 스위스의 정밀 중력 탐사는 정확한 부게 중력 이상도를 산출했다(그림 4.27). 그 지도에는 알프스 산맥의 특징의 효과가 포함되어 있다. 가장 명백하게, 등고선

그림 4.26 대륙과 해양 지역에 대한 가상의 부게 이상. 광역 부게 이상은 지각의 두께와 지형 고도에 대략 반비례한다. 출처 : E.S. Robinson and C. Çoruh, *Basic Exploration Geophysics*, 562 pp., New York: John Wiley, 1988.

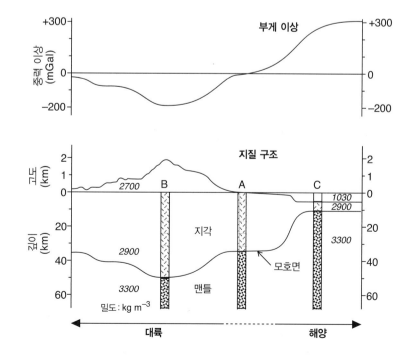

그림 4.27 스위스 부게 중력 이상도.
출처 : E. Klingelé and R. Olivier, Die
neue Schwere-Karte der Schweiz
(Bouguer-Anomalien), Beitr. Geologie
der Schweiz, *Serie Geophys.* 20,
93p, 1980.

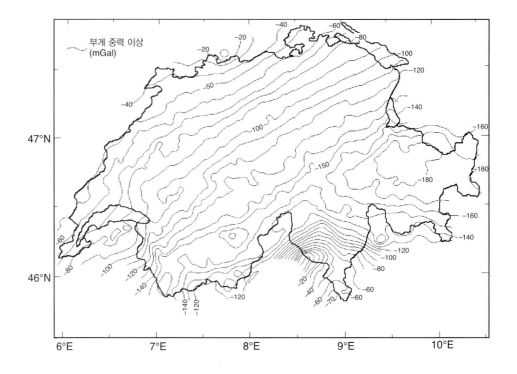

그림 4.27 스위스 부게 중력 이상도. 출처 : E. Klingelé and R. Olivier, Die neue Schwere-Karte der Schweiz (Bouguer-Anomalien), Beitr. Geologie der Schweiz, *Serie Geophys.* 20, 93p, 1980.

은 산맥의 경향과 평행하다. 남쪽에서는 소위 이브레아 본체(Ivrea Body)의 양의 이상이 북쪽으로 확장하여 짧은 파장의 음의 이상 특징을 보인다. 이브레아 본체는 쐐기 형태의 고밀도 맨틀 물질로, 이전에 대륙이 충돌하는 동안 서부 알프스 지각 내에서 강제로 상승된 위치로 올려졌다. 게다가 스위스 중력도에는 알프스 북쪽의 몰라세 분지(Molasse Basin), 남쪽의 포 평원(Po Plain), 그리고 주요 알프스 계곡을 채우는 저밀도 퇴적물의 영향이 포함되어 있다.

1980년대 후반, 유럽 지구물리 프로젝트인 EGT(European GeoTraverse)가 스칸디나비아 북부에서 북아프리카까지 뻗어 있는 좁은 경로와 인접한 곳에서 수행되었다. 중앙 스위스 알프스를 가로지르는 상세한 탄성파 반사법 측선 자료가 측선의 횡단면을 따라 새로 탐사되었고 기존에 존재하는 많은 양의 굴절법 탐사 자료에 추가되었다. 탄성파 탐사 결과는 중요한 경계면의 깊이를 제공하였다. 속도-밀도 관계를 가정하여 횡단면 아래 암석권의 밀도 분포 모델을 얻었다. 주향에 따라 제한된 범위로 인해 가장자리 효과를 적절히 보정하기 위해서 이 암석권 구조에 대한 2.5차원 중력 이상을 계산하였다(그림 4.28). 고밀도 이브레아 본체와 저밀도 퇴적물의 영향을 제거한 후 수정한 부게 중력 이상 측선은 암석권 모델의 중력 이상을 잘 재현하였다. 탄성파 자료에 의해 제공되는 기하적 제한 조건을 이용하여, 암석권 중력 모델은 중간 지각에 고밀도 쐐기 모양의 변형된 하부 지각 암석('멜란지', mélange)이 남쪽으로 완만

하게 하강하는 섭입대 영역을 보여 준다. 이미 언급했듯이, 밀도 모델이 관측과 잘 일치하는 중력 이상을 만든다는 것만으로는 해석된 구조의 실체를 확립하지 못하는데, 이는 추가적인 탄성파 단면을 통해서만 확인될 수 있다. 그러나 중력 모델은 제안된 모델의 타당성에 대한 중요한 점검을 제공한다. 적절한 중력 이상을 주지 않는 지각 또는 암석권 구조 모델은 합리적으로 제외될 수 있다.

4.2.4.3 해양 해령을 가로지르는 중력 이상

해령 시스템은 거대한 해저 산맥이다. 해령 지각과 인접한 해양 분지의 깊이 차이는 약 3 km이다. 해령 시스템은 축의 양쪽으로 수백 킬로미터 횡방향으로 뻗어 있다. 중력 탐사와 탄성파 탐사가 몇몇 해령 시스템에 걸쳐 수행되어 왔다. 해령을 가로지르는 연속적인 중력 측선의 몇 가지 공통적인 특성은 32°N의 대서양 중앙 해령을 가로지르는 서북서-동남동 횡단면에서 명백하다(그림 4.29). 프리에어 중력 이상은 약 50 mGal 또는 그 이하로 작으며 해저 지형 변화와 밀접한 상관관계가 있다. 이것은 해령과 그 측면이 지각 평형 보상이 거의 완전하게 이루어졌다는 것을 나타낸다. 해양 측선에서는 예상했던 대로, 매우 강한 양의 부게 이상을 보인다. 해령으로부터 1,000 km 이상 거리에서는 350 mGal 이상이지만 해령 축에서는 200 mGal 이하로 감소한다.

중요한 굴절면까지의 깊이와 P파 층 속도는 해령에 평행

그림 4.28 EGT 프로젝트로 탄성파 굴절법과 반사법 측선을 탐사한 중앙 스위스 알프스에 대한 암석권 밀도 모델. 이 암석권 구조에 대해 계산된 2.5차원 중력 이상은 고밀도 이브레아 본체와 저밀도 몰라세 분지, 포 평원, 큰 알파인 계곡 퇴적물의 영향을 제거한 후 측정한 부게 이상과 비교된다. 출처 : K. Holliger and E. Kissling, Gravity interpretation of a unified 2-D acoustic image of the central Alpine collision zone, *Geophys. J. Int.* 111, 213–225, 1992.

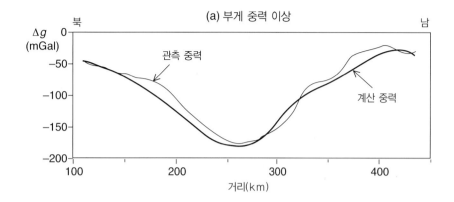

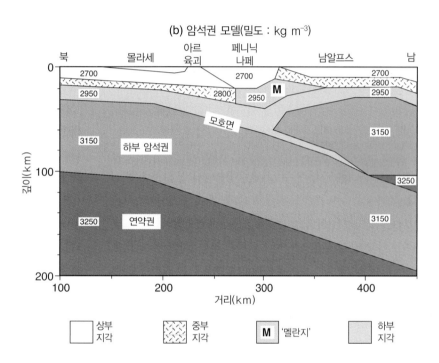

한 탄성파 굴절법 탐사 측선으로부터 알려져 있다. 해령에서 멀리 떨어진 탄성파 속도 구조는 층상으로 형성되어 있는데, 해양 제2층의 현무암과 반려암의 P파 속도는 4~5 km s⁻¹이고, 해양 제3층의 메타-현무암과 메타-반려암의 P파 속도는 6.5~6.8 km s⁻¹이다. 모호면의 깊이는 전형적으로 11 km이고 모호면 아래의 전형적인 상부 맨틀 속도는 8~8.4 km s⁻¹이다. 그러나 층상 구조는 해령 축으로부터 400 km 미만의 거리 지역인 해령 아래에서 부서진다. 7.3 km s⁻¹ 정도의 특이한 속도가 여러 곳에서 발생했는데, 이는 해령 아래 비교적 얕은 깊이에 비정상적인 저밀도 맨틀 물질이 있음을 시사한다. 탄성파 속도 구조는 속도-밀도 관계를 사용하여 밀도 모델로 전환되었다. 2차원 구조를 가정했을 때, 부게 이상을 근접하게 재현하는 여러 밀도 모델들이 발견되었다. 그러나 해령 측면의 부게 이상을 만족시키려면 각 모델은 해령 아래의 상부 맨틀의

평평한 이상체가 필요하다. 이 이상체는 약 30 km 깊이까지 그리고 축의 각 측면에 거의 1,000 km까지 확장된다(그림 4.29). 이상체 구조 밀도는 맨틀의 일반적인 밀도 3,400 kg m⁻¹이 아니라 3,150 kg m⁻¹에 불과하다. 이 모델은 판구조론 이론이 받아들여지기 전에 제안되었다. 상부 맨틀의 이상 구조는 중력 이상을 만족시키지만 판의 발산 경계에서 알려진 물리적 구조와는 관계가 없다. 이후 탐사에서 낮은 탄성파 속도를 갖는 상부 맨틀의 넓은 영역은 발견되지 않았지만, 좁은 저속도 영역은 때때로 해령 축 근처에 존재한다.

46°N 부근 대서양 중앙 해령에 대한 추가적인 탄성파 및 중력 연구는 모순되는 밀도 모델을 제공했다. 탄성파 굴절법 결과 제2층과 제3층의 경우 P파 속도는 각각 4.6 km s⁻¹, 6.6 km s⁻¹로 나타났지만, 중앙 계곡 아래를 제외하고 해령 아래에서 비정상적인 맨틀 속도는 나타나지 않았다. 중력 이

그림 4.29 32°N에서 중앙 대서양 해령 근처의 부게 이상과 프리에어 이상. 탄성파 단면은 중력 탐사 측선 위에 올려졌다. 밀도 모델에서 계산된 중력 이상은 관찰된 이상과 잘 맞지만 유일한 모델은 아니다. 출처 : M. Talwani, X. Le Pichon and M. Ewing, Crustal structure of the mid-ocean ridges. 2: Computed model from gravity and seismic refraction data, *J. Geophys. Res.* 70, 341–352, 1965.

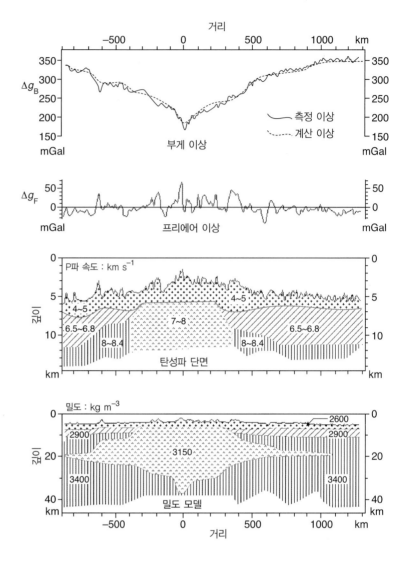

상을 설명하기 위해 보다 단순한 밀도 모델을 가정했다(그림 4.30). 소규모 프리에어 이상은 수심도에서 볼 수 있는 해령 지형의 변화를 설명한다. 이 대규모 프리에어 중력 이상은 깊이 200 km에 이르는 쐐기 모양의 구조물에 의해 잘 재현된다. 그것의 바닥은 축의 양쪽에서 수백 킬로미터까지 뻗어 있다. 40 kg m^{-3}의 매우 작은 밀도 대비는 넓은 프리에어 이상을 설명하기에 충분하다. 이 모델은 부가 판 경계와 지열 구조와 호환된다. 저밀도 지역은 해령이 아래에서 상승하고, 녹고, 축적되는 해양 지각 내의 얕은 마그마 챔버에 기인한 뜨거운 연약권 물질과 관련이 있을 수 있다.

4.2.4.4 섭입대의 중력 이상

섭입대는 주로 대륙 주변부와 호상 열도에서 발견된다. 길고, 좁으며, 강한 지각 평형 및 프리에어 중력 이상은 호상 열도와 연관됐다. 섭입대 구조와 중력 이상의 관계는 칠레 해구를 가로지르는 23°S 프리에어 이상(그림 4.31)에 의해 설명된다. 탄성파 굴절법 자료로부터 해양 및 대륙 지각의 두께를 결정하였다. 지열 및 암석학 자료는 맨틀과 섭입하는 암석권의 구조에 대한 밀도 모델을 제공하기 위해 통합된다.

대륙 지각은 안데스산맥 아래 약 65 km 두께이고, 큰 음의 부게 이상을 준다. 안데스산맥 위의 프리에어 중력 이상은 양수이며, 4 km 높이의 고원에서 평균 약 +50 mGal이다. 안데스산맥의 동쪽과 서쪽 경계에서 최대 +100 mGal까지 더 강력한 이상이 관찰된다. 이는 주로 저밀도 안데스 지각 블록의 가장자리 효과 때문이다(그림 4.13b 및 4.1.6절 참조).

안데스산맥과 태평양 해안선 사이에 약 +70 mGal의 강한 프리에어 이상이 있다. 이 프리에어 이상은 남아메리카 아래의 나즈카판의 섭입에 기인한다. 하강하는 판은 차갑고 밀도가 높으므로 섭입하는 암석권과 주변 맨틀 사이에는 양의 밀도 대비를 가진다. 또한 섭입에 따른 암석학적 변화는 대규모의 질량 그림 **4.30** 46°N에서 중앙 대서양 해령을 가로지르는 측선에서 측정한 프리에어 중력 이상과 프리에어 이상을 계산하기 위한 암석권 밀도 모델. 출처 : C.E. Keen and C. Tramontini, *A seismic refraction survey on the Mid-Atlantic Ridge, Geophys. J. R. Astr. Soc.* 20, 473–491, 1970.

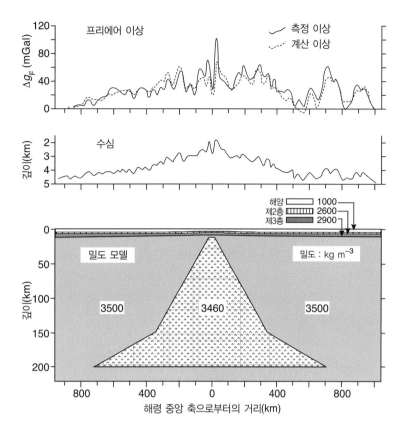

그림 **4.31** 섭입대에서 관측된 프리에어 이상과 계산한 프리에어 이상. 프리에어 이상 계산에 사용한 밀도 모델은 탄성파 자료, 지열 자료, 암석학 자료를 기반으로 한다. 측선은 23°S에서 칠레 해구와 안데스산맥을 가로지른다. 출처 : J.A. Grow and C.O. Bowin, *Evidence for high-density crust and mantle beneath the Chile Trench due to the descending lithosphere, J. Geophys. Res.* 80, 1449–1458, 1975.

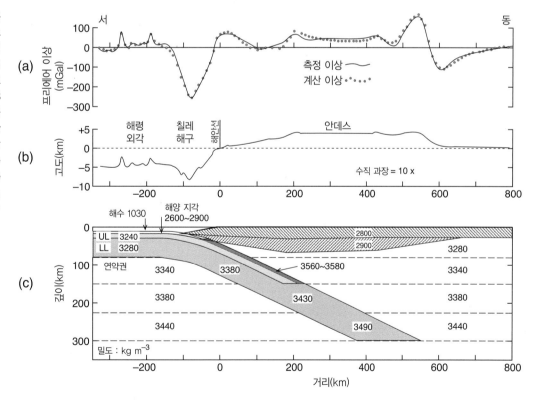

초과를 초래한다. 상층 암석권의 감람암은 사장석 유형에서 고밀도 석류석 유형으로 변한다. 해양 지각이 30~80 km 깊이로 섭입하면 현무암은 에클로자이트로 변하는데 밀도는 상부 암석의 밀도보다도 높은 3,560~3,580 kg m^{-3}이다. 이러한 효과가 결합되어 양의 프리에어 이상이 발생한다.

칠레 해구는 서쪽의 해양 분지보다 2.5 km 이상 깊다. 해구를 덮고 있는 퇴적물은 밀도가 낮다. 해구에서 해수와 퇴적물의 질량 결핍은 해구와 평행하고 −250 mGal 이상의 진폭을 갖는 강한 음의 프리에어 이상을 일으킨다. 약 +20 mGal의 작은 양의 프리에어 이상이 해구 축의 약 100 km 해상에 존재한다. 이 이상은 위성 측고법(그림 3.31)에 의해 도면화된 해수면의 평균 수위에서도 뚜렷하게 나타나는데, 이는 평균 해수면이 깊은 바다의 해구 앞에서 상승한다는 것을 보여 준다. 이것은 암석권의 하강이 섭입대로 떨어지기 전에 일어나는 암석권의 만곡 상승 때문이다. 이 만곡은 고밀도 맨틀 암석을 상승시켜 작은 양의 프리에어 이상을 유발한다.

4.3 지각 평형

4.3.1 지각 평형의 발견

뉴턴은 1687년에 만유인력의 법칙을 공식화했고 케플러의 행성 운동 법칙으로 확인했다. 그러나 17~18세기에는 중력 상수를 아직 정하지 못해서(1798년 캐번디시에 의해 처음 결정되었다) 만유인력 법칙은 지구의 질량이나 평균 밀도를 계산하는 데 사용되지 못했다. 한편, 18세기 과학자들은 다양한 방법으로 지구 평균 밀도를 추정하려 시도했었다. 이 방법 중에는 지구의 인력과 계산 가능할 만한 적당한 큰 산의 인력을 비교하는 방법도 있었다. 이 방법은 당시에 일관되지 않은 결과가 얻어졌다.

1737~1740년에 프랑스 원정팀이 페루와 에콰도르를 탐험하는 도중에 부게(Pierre Bouguer, 1698~1758)는 다른 높이에서 진자로 중력을 측정하고 현재 그의 이름을 딴 부게 중력 보정을 적용하였다. 지각의 밀도가 ρ이고 지구의 평균 밀도가 ρ_0라면 높이 h에 대한 부게 판 보정(4.1.5.4절 참조)과 반지름이 R인 구형 지구에 의한 평균 중력의 비는 식 (4.44)이다.

$$\frac{\Delta g_{BP}}{g} = \frac{2\pi G \rho h}{\frac{4}{3}\pi G \rho_0 R} = \frac{3}{2}\left(\frac{\rho}{\rho_0}\right)\left(\frac{h}{R}\right) \qquad (4.44)$$

에콰도르 키토 근처에서 얻은 결과로부터 부게는 지구 평균 밀

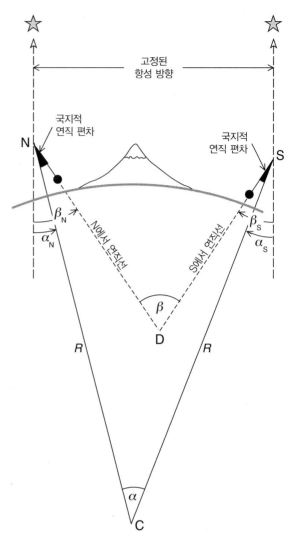

그림 4.32 대규모 산맥의 반대쪽인 N과 S에서의 국지적 연직 편차로 인해 국지적 연직선 방향은 지구 중심(C)이 아닌 D에서 교차한다.

도가 지각 암석의 밀도보다 약 4.5배 더 높다고 추정했다.

부게가 지구 평균 밀도를 추정하는 데 사용한 주요한 방법은 근처 산에 의한 연직 편차(3.2.3절)를 측정하는 것이다(그림 4.32). 알려진 항성의 방향과 국지적 수직 방향의 사잇각을 동일한 자오선상의 두 점 N과 S에서 측정했다고 하자. 이 각은 각각 α_N과 α_S이어야 한다. 두 각의 합 α는 지구 중심과 N과 S에 대한 지구 반지름의 사잇각, 즉 두 지점 사이의 위도 차이다. N과 S가 큰 산의 반대쪽 지점이라면 각 관측점의 연직선은 산에 의한 인력으로 편향된다. 그 결과로 항성 방향과 이루는 각은 각각 β_N과 β_S이고 이 둘의 합은 β이다. 국지적 수직 방향은 구형이라고 가정한 지구 중심이 아니라 D점에서 만난다. 두 각의 차이 $\delta = \beta - \alpha$는 산의 인력에 의한 수직 방향 편향의 합이다.

산에 의한 수평 인력 *f*는 중력 측정값을 지형 보정하는 계산과 비슷한 방법으로 산의 모양과 밀도로부터 계산할 수 있다. 산을 수직 원통 요소들로 나누면 각 요소에 대한 수평 인력이 계산되고, 산의 질량 중심을 향하는 인력 성분 ($G\rho h_i$)이 구해진다. 산의 모든 원통 요소들의 효과를 더하면 질량 중심을 향하는 수평 인력 *f*가 구해진다. *f*와 평균 중력 *g*를 비교하면 식 (4.45)로 쓸 수 있다.

$$\tan\delta = \frac{f}{g} = \frac{G\rho\sum_i h_i}{\frac{4}{3}\pi G\rho_0 R} = \frac{3}{4}\frac{\sum_i h_i}{\pi R}\left(\frac{\rho}{\rho_0}\right) \tag{4.45}$$

매우 작은 각도에 대해서 $\tan\delta$는 δ와 같으므로 연직 편차는 지구 평균 밀도와 산의 밀도 비 ρ/ρ_0에 비례한다. 부게는 에콰도르에서 가장 높은 침보라소산(6,272 m)에 의한 연직 편차를 측정하였다. 그의 결과는 지구의 평균 밀도가 산의 밀도보다 약 12배 더 크게 계산되었는데, 이것은 비현실적으로 크고 그가 키토 근처에서 얻은 값과도 상당히 다르다. 잘못된 결과는 산으로 인한 연직 편향이 추정된 산의 질량에 비해 너무 작다는 것을 나타낸다.

런던 왕립 학회의 지원으로 1774년에 매스켈라인(Neville Maskelyne, 1732~1811)이 부게의 침보라소 실험을 스코틀랜드에서 반복하였다. 시할리온산의 북쪽과 남쪽 측면에서 별의 고도로부터 측정한 위도 차는 42.9″이다. 두 측점에서 연직선 사잇각은 54.6″으로 측정되었다. 이 차이는 추정된 산의 밀도(2,500 kg m^{-3})보다 지구의 평균 밀도가 1.79배 크다는 것을 나타낸다. 그 결과 지구 평균 밀도는 4,500 kg m^{-3}으로 추정되었는데 이는 부게의 설명 못 할 결과보다 훨씬 현실적이었다.

19세기 전반기에 또 다른 결과가 축적되었다. 영국 측지학자 에베레스트(George Everest, 1790~1866)는 1806년부터 1843년까지 인도에서 삼각 측량을 수행했다. 그는 히말라야 산기슭의 칼리아나에서 인도-갠지스 평원의 칼리안푸르 지역까지의 거리를 삼각 측량으로 측정했다. 이 거리는 그림 4.32와 같이 별의 고도로 계산한 거리와는 상당히 달랐다. 호각 5.23″ 차이(162 m)는 히말라야의 질량에 의한 연직 편차에 기인한다. 히말라야산맥의 질량은 수평면으로부터 별의 고도를 측정하는 천문 관측에는 영향을 미치지만 삼각 측량에는 영향을 미치지 않는다. 1855년에 프랫(J. H. Pratt, 1809~1871)은 히말라야 질량에 의한 최소 연직 편차가 15.89″가 되어야 한다고 계산했는데 이는 실제 관측된 연직 편차보다 3배나 큰 값이었다. 분명히 연직선 추에 미치는 산맥의 인력은 생각만큼 크지 않았다.

연직 편차의 이상은 19세기 중반에 처음으로 산맥 아래 예상보다 낮은 밀도의 '뿌리 영역(root-zone)'이 존재한다고 이해되었다. 연직 편차 이상은 눈에 보이는 산맥에 의한 수평 인력 때문이 아니다. 산 아래 깊은 곳에 질량 결손을 갖는 '숨겨진 부분'이 수평 인력을 감소시켜 산의 인력 효과를 부분적으로 상쇄하고 연직 편차를 감소시킨다는 것을 의미한다. 1889년에 더턴(C. E. Dutton, 1841~1912)은 밀도가 낮은 지하 구조에 의한 지형 하중의 보상을 지각 평형(isostasy)이라고 명명했다.

4.3.2 지각 평형 모델

1855년에 에어리(G. B. Airy, 1801~1892)와 1859년에 프랫은 연직 편차 이상에 대하여 독립적으로 해석하였다. 에어리는 왕실 천문학자이자 그리니치천문대 대장이었고, 프랫은 인도 콜카타에 있는 성공회 부주교이자 헌신적인 과학자였다. 그들의 가설은 해수면 위 산맥의 초과 질량을 해수면 아래의 밀도가 낮은 지역(또는 뿌리)이 보상한다는 공통점이 있지만, 보상이 이루어지는 방법이 다르다. 이 모델들은 매우 성공적이었고 측지학자들에 의해 널리 사용되었으며, 이들은 이를 더욱 발전시켰다. 1909~1910년에 미국의 헤이포드(J. F. Hayford)는 프랫 가설로 설명하는 수학적 모델을 유도하였다. 그 결과 이 지각 평형을 자주 프랫-헤이포드 보상법이라고 부른다. 1924~1938년 사이에 헤이스카넨(W. A. Heiskanen)은 에어리 모델에 기반을 둔 지각 평형 보상을 계산하는 표를 유도하였다. 그 이후 이 개념의 지각 평형 보상을 에어리-헤이스카넨 지각 평형 보상법이라고 부른다.

두 모델 모두 더 넓은 지역에 대한 보상이 필요한 상황에서 심각한 결함이 있음이 분명해졌다. 1931년에 네덜란드 지구물리학자 베닝 마이네즈(F. A. Vening Meinesz)는 지각이 탄성판 역할을 하는 세 번째 모델을 제안하였다. 다른 모델과 마찬가지로 지각은 기층 위에 부력을 가지고 떠 있지만 지각이 가지는 고유한 강성은 지형 하중을 더 넓은 지역으로 퍼뜨린다.

4.3.2.1 에어리-헤이스카넨 모델

에어리-헤이스카넨 지각 평형 보상에 따르면(그림 4.33a), 지구의 상층은 빙산이 물에 떠 있는 것처럼 더 밀도가 높지만 유체와 비슷한 기층에 '떠 있다'. 상층은 지각에 해당하고 기층은 맨틀과 같다. 마치 빙산의 일각이 빙산 아랫부분보다 훨씬 작은 것처럼 해수면 위쪽 산의 높이는 산 아래 지각의 두께보다 훨씬 작다. 지각과 맨틀의 밀도는 각각 일정하다고 가정한다.

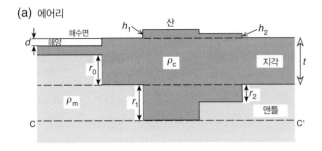

(a) 에어리

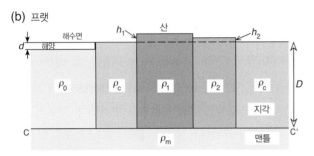

(b) 프랫

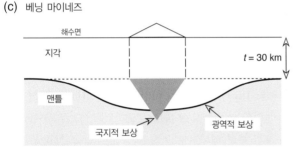

(c) 베닝 마이네즈

그림 4.33 국지적 지각 평형 보상에 따른 (a) 에어리-헤이스카넨 모델, (b) 프랫-헤이포드 모델, (c) 탄성판을 적용한 광역적 지각 평형 보상에 따른 베닝 마이네즈 모델.

뿌리 영역의 두께는 지형의 고도에 비례하여 변한다.

육지에서 기준 해수면 아래의 '정상' 지각은 이미 약 30~35 km 두께이기 때문에 빙산에 대한 비유는 정확하지는 않다. 산의 보상 뿌리 영역은 이 깊이 아래에 있다. 해양 지각은 두께가 '정상' 지각보다 얇은 약 10 km밖에 되지 않는다. 해양 지각 기저면과 정상 지각 깊이 사이의 맨틀을 때때로 해양 분지의 반뿌리(anti-root)라고 한다.

에어리-헤이스카넨 모델은 국지적 지각 평형 보상을 가정한다. 즉, 뿌리의 모든 보상 질량은 산에 의한 초과 질량의 각 부분 바로 아래에 있다. 지각 평형이 완전하다고 가정하므로 뿌리의 최고 깊이에서 정수압 평형이 이루어지는 보상 깊이가 존재한다. 보상 깊이에서의 압력은 지표면까지 뻗어 있는 수직 기둥(밑면의 넓이가 1 m²인)의 암석 무게이다. 그림 4.33a에서 높이 h_1인 산의 수직 기둥은 오직 밀도가 ρ_c인 지각 암석만을

포함한다. 산에 의한 CC'에서의 압력은 '정상' 지각의 두께 t이고 뿌리 영역의 두께 r_1이므로 $(h_1 + t + r_1)\rho_c$이다. '정상' 지각 하부 수직 기둥은 두께 t인 지각 암석과 두께 r_1인 맨틀 암석을 포함한다. 이것이 미치는 압력은 $(t\rho_c + r_1\rho_m)$이다. 보상 깊이에서 정수압이 평형이므로 두 압력은 같다는 방정식을 만들고 두 식에 $t\rho_c$가 모두 있는 점을 고려하면 식 (4.46)을 얻는다.

$$r_1 = \frac{\rho_c}{\rho_m - \rho_c}h_1 \tag{4.46}$$

같은 방법으로 구릉 높이 h_2를 이용하여 뿌리 깊이 r_2의 표현식도 얻을 수 있다. 해양 분지 아래 해양 지각에 의한 반뿌리 두께 r_0는 수심 d와 물의 밀도 ρ_w로 구해진다.

$$r_0 = \frac{\rho_c - \rho_w}{\rho_m - \rho_c}d \tag{4.47}$$

에어리-헤이스카넨 모델은 밀도가 높은 기층 위에 일정한 밀도를 갖는 상층이 떠 있다고 가정한다. 이는 뿌리 영역의 두께가 위에 놓인 지형에 비례하여 변한다는 것을 의미한다. 이 시나리오는 지진파 연구로 구한 지각의 두께와 대체로 일치한다(7.2절 참조). 대륙 지각은 해양 지각에 비해 매우 두껍다. 대륙 지각의 두께는 매우 다양하며, 비록 가장 큰 두께가 항상 가장 높은 지형 아래 있는 것은 아니지만, 산맥 아래에서 가장 크다. 에어리 보상 가설은 지각과 맨틀 사이의 정수압 균형을 시사한다.

4.3.2.2 프랫-헤이포드 모델

프랫-헤이포드 지각 평형 모델은 약한 마그마 기층 위에 놓인 지구의 외부 층을 포함한다. 외부 층의 수직 기둥에 있는 물질의 차등 팽창으로 지표면 지형을 설명하므로, 공통 기저면 위에 있는 기둥이 높을수록 그 안에 있는 암석의 평균 밀도가 낮아진다. 수직 기둥은 지표면부터 해수면 아래의 깊이가 D인 바닥까지의 밀도가 일정하다(그림 4.33b). 높이 $h_i(i = 1, 2, …)$인 산 아래 암석의 밀도가 ρ_i이면 CC'에서 압력은 $\rho_i(h_i + D)$이다. 해수면과 같은 높이이고 암석의 밀도가 ρ_c인 대륙 지역에서의 압력은 $\rho_c D$이다. 해양 분지 아래 CC'에서 압력은 해양의 수심 d와 물의 밀도 ρ_w, 기둥 암석의 두께 $(D - d)$와 암석 밀도 ρ_0가 관여한다. 이 압력은 $\rho_w d + \rho_0(D - d)$와 같다. 이 압력들로 방정식을 만들면 지형의 높이 h_i인 지역에서 밀도는 식 (4.48)로, 수심이 d인 해양 아래에서의 밀도는 식 (4.49)로 얻어진다. 보상면의 깊이 D는 약 100 km이다.

$$\rho_i = \frac{D}{h_i + D}\rho_c \qquad (4.48)$$

$$\rho_0 = \frac{\rho_c D - \rho_w d}{D - d} \qquad (4.49)$$

프랫-헤이포드 모델과 에어리-헤이스카넨 모델은 보상 깊이에서 각 기둥의 압력이 같은 **국지적 지각 평형 보상(local isostatic compensation)**을 대표한다. 이 모델들이 제안되었을 당시 지구의 내부 구조에 대해서는 아직 거의 알려지지 않았다. 지구 내부 구조는 19세기 후반과 20세기 초반에 지진학이 발달한 후에야 해독되었다. 각 모델은 밀도 분포와 지구 물질의 거동에 대해 이상화되었다. 예를 들어, 지각은 인접한 기둥들 사이의 수직 조정에서 발생하는 전단 응력에 대한 저항이 없다고 가정하지만, 지각은 밀도의 수평 차이로 인한 응력에 저항하기에 충분한 강도를 가지고 있다. 작은 지형적 특징들이 큰 깊이의 보상이 필요하다는 것은 타당하지 않다. 더 많은 경우, 그것들은 전적으로 지각의 힘으로 지탱된다.

4.3.2.3 베닝 마이네즈의 탄성판 모델

1920년대에 베닝 마이네즈는 해양에서 많은 중력 탐사를 수행하였다. 그의 중력 측정은 해파의 운동 교란을 피하려고 잠수함 안에서 이루어졌다. 그는 동남아시아의 심해 해구와 호상열도와 같은 두드러진 지형적 특징에 대한 지형과 중력 이상과의 관계를 연구하여, 지각 평형 보상이 종종 전적으로 국지적인 것만은 아니라는 결론을 내렸다. 1931년에 그는 프랫-헤이포드 모델이나 에어리-헤이스카넨 모델과 비슷하게 밀도가 높은 유체 기층 위에 가벼운 상층이 떠 있는 **광역적 지각 평형 보상 모델**을 제안했다. 그러나 베닝 마이네즈 모델에서 상층은 약한 유체 위에 놓인 탄성판같이 행동한다. 판의 강도는 지표면 특징(예 : 섬 또는 해산)의 하중을 분산시킨다(그림 4.33c). 지형에 의한 하중은 판을 아래로 구부려 유체 기층으로 밀어 넣는다. 변위된 유체의 부력은 판을 위로 밀어 올려 중앙 침하로부터 멀리 떨어진 곳에서 구부러진 판을 지탱해 준다. 베닝 마이네즈 모델에서 **광역 지각 평형 보상**에 관여하는 판의 휨은 암석권의 탄성 특성에 따라 달라진다.

4.3.3 지각 평형 보상과 지각의 수직 운동

프랫-헤이포드 모델과 에어리-헤이스카넨 모델에서 가벼운 지각은 무거운 맨틀 위에 자유롭게 떠 있다. 이 시스템은 정수압 평형 상태이고 국지적 지각 평형 보상은 아르키메데스 원리를

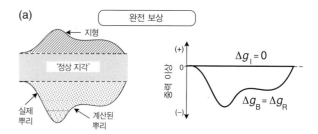

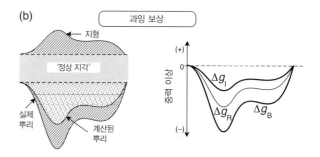

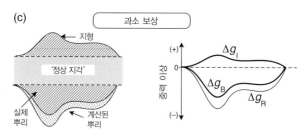

그림 4.34 부게 중력 이상(Δg_B)과 지형으로부터 추정한 뿌리 영역을 계산한 중력 이상(Δg_R)의 차이인 지각 평형 이상(Δg_I). (a) 완전 보상, (b) 과잉 보상, (c) 과소 보상.

단순히 적용한 결과이다. 해안 지역에서 해수면부터 '정상' 지각의 두께(보통 30~35 km)를 가정하고, 이 수준 아래의 뿌리 영역의 추가 깊이는 해수면 위의 지형 고도에 정확히 비례한다. 그러면 지형은 완전히 보상된다(그림 4.34a). 그러나 지각 평형 보상은 종종 불완전하다. 지구동력학적 불균형은 지각의 수직 운동을 가져온다.

산맥은 침식되기 쉽고 이로 인해 지각 평형 보상이 교란된다. 산맥의 고도가 침식으로 더 이상 깊은 뿌리 영역을 정당화할 만큼 충분히 높지 않다면 지형은 지각 평형 입장에서 과잉 보상된 상태이다(그림 4.34b). 마치 물에 떠 있는 나무 블록을 손으로 아래로 누르는 것처럼 부력이 생겨난다. 표면 위의 양에 비례하여 물 아래쪽 부분이 너무 커진다. 만약 손의 압력이 제거되면, 정수압 평형을 복원하기 위하여 나무 블록이 떠오른다. 비슷하게, 산의 지형에 의해 과잉 보상된 결과로 생긴 부력은 수직 **융기**의 원인이 된다. 이 융기가 현재 진행 중이면 지형은 아직 **지각** 평형에 도달하지 못한 상태이다. 눈에 보이는 지

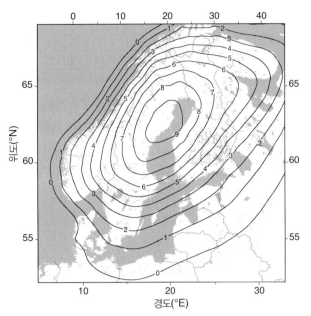

그림 4.35 조수 측정 자료, 반복된 정밀한 수평 레벨 측량, 지속적인 GPS 측량으로 구한 페노스칸디아(Fennoscandia)의 평균 해수면에 대한 지각의 수직 이동 속도(mm yr^{-1}). 양수 속도는 융기에 해당하고 음수 속도는 침강에 해당한다. 출처 : Nordic Geodetic Commission model 2006. Courtesy of M. Poutanen.

태로 되돌리는 역할을 한다.

지각 평형 불균형으로 인한 지각의 수직 운동이 가장 두드러지고 가장 잘 관찰된 예는 북부 캐나다와 페노스칸디아의 후빙기 반동 현상과 관련이 있다. 최근 빙하기 동안 이 지역은 두꺼운 빙하로 덮여 있었다. 얼음의 무게는 밑에 있는 지각을 눌렀다. 그 후에 빙하가 녹으면서 지각에 가해지는 추가 하중이 제거되었고, 그 이후로 지각은 다시 반등하고 있다. 페노스칸디아 순상지의 후빙기 융기는 지난 100년 동안 해안 지역의 조수 높이 관측과 반복된 고정밀 레벨 측량을 이용하여 측정되었다. 이 자료와 더불어 GNSS 관측망에서 지속적인 GNSS 관측으로 현대적 분석이 보강되었다. 결과적으로 접근할 수 없는 영역에서도 동일한 융기율의 등고선(그림 4.35)을 그릴 수 있다. 후빙하 반등의 일반적인 패턴은 최대 8 mm yr^{-1}의 융기율로 명확하게 인식할 수 있다.

4.3.4 지각 평형 중력 이상

다양한 정도의 지각 평형 보상은 중력 이상에서 나타난다. 4.1.6절에서 설명했듯이, 프리에어 중력 이상(Δg_F)은 지각 평형이 이루어진 대규모 구조의 중심부에서는 작다. 부게 이상(Δg_B)은 강한 음의 이상을 보인다. 지각 평형이 완전하게 이루어졌다면 뿌리 영역의 모양과 크기는 지형의 높이로부터 결정될 수 있다. 적당한 밀도 대비를 이용하면 뿌리 영역을 모델링

형이 너무 작은 뿌리를 가지고 있으면 지형은 지각 평형적으로 과소 보상된 것이다(그림 4.43c). 이러한 상황은 예를 들어 구조적 힘이 지각 블록을 서로 위로 밀어붙일 때 발생할 수 있다. 융기된 영역의 지속적인 뿌리의 침강은 시스템을 지각 평형 상

그림 4.36 스위스 국가 중력 지도를 기반으로 한 스위스의 지각 평형 중력 이상도. 몰라세 분지(Molasse Basin)와 이브레아 본체(Ivrea Body)의 영향은 보정되었다. 출처 : E. Klingelé and E. Kissling, 1982. Zum Konzept der isostatischen Modelle in Gebirgen am Beispiel der Schweizer Alpen, Geodätisch-Geophysikalische Arbeiten in der Schweiz, *Schweiz. Geodät. Komm.*, 35, 3–36.

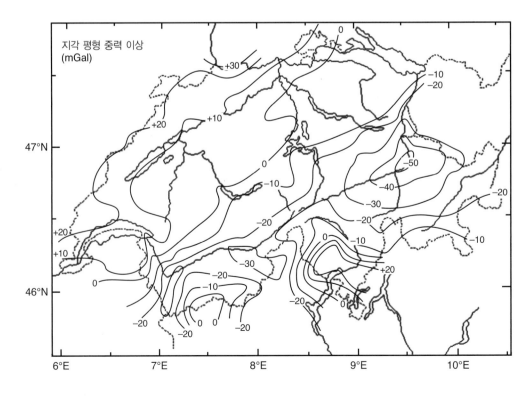

한 중력 이상(Δg_r)을 계산할 수 있다. 뿌리 영역은 인근 맨틀 암석보다 낮은 밀도를 가지므로 Δg_r은 항상 음의 이상이다. 지각 평형 중력 이상(isostatic gravity anomaly) Δg_I는 부게 중력 이상과 계산된 뿌리 영역의 이상과의 차이로 정의된다.

$$\Delta g_I = \Delta g_B - \Delta g_r \qquad (4.50)$$

그림 4.34는 세 가지 유형의 지각 평형 보상에 대한 지각 평형 중력 이상의 예를 도식적으로 보여 준다. 지각 평형 보상이 완전하다면 지형은 뿌리 영역과 정수압 평형을 이룬 상태이다. Δg_B와 Δg_r 모두 음의 이상이고 서로 같다. 결과적으로 지각 평형 이상은 어디에서나 0이다($\Delta g_I = 0$). 과잉 보상의 경우 침식된 지형은 실제 뿌리 영역보다 작은 뿌리 영역을 제시한다. 부게 이상은 더 큰 실제 뿌리 영역에 의해 발생하므로 Δg_B는 Δg_I보다 절댓값이 더 크다. 뿌리 영역으로 계산된 더 작은 음의 이상을 빼 주면 음의 지각 평형 이상이 남는다($\Delta g_I < 0$). 반대로 과소 보상된 경우 지형은 실제 뿌리 영역보다 더 큰 뿌리 영역을 제시한다. 부게 이상은 더 작은 실제 뿌리 영역에 의해 발생하므로 Δg_B는 Δg_I보다 절댓값이 더 작다. 뿌리 영역으로 계산된 더 큰 음의 이상을 빼 주면 양의 지각 평형 이상이 남는다 ($\Delta g_I > 0$).

1970년대에 스위스에서 국가적 규모의 중력 탐사를 수행하여 고품질의 중력 이상도를 만들었다(그림 4.27 참조). 탄성파

자료는 중앙 유럽의 지각과 맨틀에 대한 내표적 변수들을 제공하였다. 지형을 제외한 지각의 두께는 32 km, 지형의 평균 밀도는 2,670 kg m^{-3}, 지각의 밀도는 2,810 kg m^{-3}, 맨틀의 밀도는 3,310 kg m^{-3}이다. 에어리-헤이스카넨 보상 모델을 이용한 스위스의 지각 평형 중력 이상도(그림 4.36)는 알프스 북쪽 몰라세 분지의 저밀도 퇴적물과 남쪽의 이브레아 본체의 고밀도 물질의 영향이 수정된 후 도출되었다.

지각 평형 이상의 패턴은 두드러진 뿌리 영역이 없는 쥐라(Jura)산맥과 55 km 이상의 깊이로 확장되는 저밀도 뿌리 영역이 있는 알프스산맥 아래의 서로 다른 구조를 반영한다. 지각 평형 중력 이상 등고선의 지배적인 동북동-서남서 방향의 경향성은 산맥의 방향과 대략 평행하다. 쥐라산맥에 가까운 북서쪽은 양의 지각 평형 이상이 20 mGal을 초과한다. 알프스산맥은 음의 지각 평형 이상이고 동쪽에서 50 mGal에 달한다.

베닝 마이네즈 모델을 기반으로 계산한 지각 평형 이상은 똑같은 지각 평형 중력 이상도를 제공한다. 지각 평형의 다른 개념에 기반한 지각 평형 중력 이상도가 서로 일치하는 것은 다소 놀랍다. 에어리-헤이스카넨 모델에서 가정한 것처럼 수직 지각 기둥이 마찰 없이 서로에 대해 자유롭게 조정되지 않는다는 것을 의미할 수 있다. 이러한 마찰은 현재 조산 운동이 진행 중인 알프스산맥의 수평 압축 응력에 기인한 것으로 생각된다.

최신 수직 지각 운동(그림 4.37)과 지각 평형 이상도를 비교

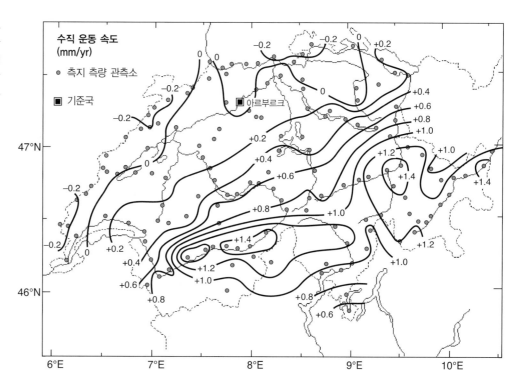

그림 4.37 반복적인 정밀 레벨 측량으로 유추한 스위스의 수직 지각 운동 속도. 끊어진 등고선은 측지 자료가 없거나 부족한 영역을 나타낸다. 양수 속도는 상승에 해당하고 음수는 침강에 해당한다(자료 출처 : Gubler, 1991).

하여 구조 해석을 위한 지각 평형 중력 이상과의 관련성을 볼 수 있다. 스위스의 산악 지형과 평행하고 횡단하는 주요 계곡을 따라 1900년대 초반부터 정확한 레벨 측량이 수행되었다. 융기 또는 침강의 상대적 속도는 반복 조사 간의 고도 차이로부터 계산된다. 이 결과는 절대 조석 관측치와 연결되지 않았으므로 북동쪽 아르가우주의 아르부르크에 있는 기준국에 대한 상대적인 값이다.

스위스 북동부의 상대적 수직 이동 속도는 자료의 신뢰 한계보다 작고 중요하지 않을 수 있지만 일반적인 경향은 침강을 시사한다. 이 지역은 주로 양의 지각 평형 이상이 특징이다. 스위스 남쪽 지역의 수직 이동 속도는 측정 잡음 수준을 넘어서며 중요하다. 최근 지각 운동의 가장 주목할 만한 특징은 중앙 고원과 쥐라산맥과 비교되는 스위스 알프스산맥의 수직 융기이다. 알프스산맥의 융기 속도는 $1.5\ \mathrm{mm\ yr^{-1}}$에 달하는데 페노스칸디아에서 관측된 융기 속도보다 상당히 작다. 음의 지각 평형 이상이 나타나는 지역에서 가장 빠른 융기 속도가 관찰된다. 산지 지형의 지속적인 침식은 지각 하중을 완화하고 지각 평형 반응으로 융기한다. 깊은 곳까지 도달하는 단층에 작용하는 알프스 지역 전체의 압축 응력이 지각 평형과 관련 없는 지면의 융기를 일으킬 수 있다는 사실 때문에 해석이 복잡하다. 알프스에서 지각 평형에 의한 수직 지각 운동과 지각 평형과 관련 없는 수직 지각 운동을 분리하려면 이 지역의 암석권과 연약권 구조에 대한 상세하고 정확한 정보가 필요하다.

4.4 더 읽을거리

입문 수준

Kearey, P., Brooks, M., and Hill, I. 2002. *An Introduction to Geophysical Exploration* (3rd ed.). Oxford: Blackwell Publishing.

심화 및 응용 수준

Blakely, R. J. 1995. *Potential Theory in Gravity and Magnetic Applications*. Cambridge: Cambridge University Press.

Dobrin, M. B. and Savit, C. H. 1988. *Introduction to Geophysical Prospecting* (4th ed.). New York: McGraw-Hill.

Reynolds, J. M. 2011. *An Introduction to Applied and Environmental Geophysics* (2nd ed.). Chichester: Wiley-Blackwell.

Telford, W. M., Geldart, L. P., and Sheriff, R. E. 1990. *Applied Geophysics*. Cambridge: Cambridge University Press.

4.5 복습 문제

1. 중력계의 작동 원리를 설명하시오.

2. 중력계가 상대 중력만을 측정하는 이유를 설명하시오.

3. 중력 자료 처리에서 지형 보정이란 무엇인가? 왜 필요한가?

4. 부게 판 보정과 프리에어 보정은 무엇인가?

5. 프리에어 이상이 무엇인가? 부게 이상과는 어떤 차이가 있는가?

6. 대륙 산맥에서 해양 해령까지 중력 측선이 연장되었다고 가정하고 부게 이상을 스케치하시오.

7. 시추공 주변 암석의 밀도를 결정하는 두 가지 방법을 기술하시오.

8. 중력 탐사 자료를 해석하는 최적의 밀도를 결정하는 네틀턴 방법에 대하여 설명하시오.

9. 지각 평형이 무엇인가? 지각 평형 이상이란 무엇인가?

10. 지각 평형 상태에 있을 때 큰 규모의 지각 블록 중심에서 프리에어 이상이 0에 수렴하는 이유를 설명하시오.

11. 지각 평형의 3가지 모델을 기술하고 서로 어떻게 다른지 설명하시오.

12. 음의 지각 평형 이상인 영역의 지구동력학적인 거동에 대하여 설명하시오.

4.6 연습 문제

1. (a) 식 (3.59)로 주어진 표준 중력식을 미분하여 위도에 따른 중력 변화식을 유도하시오. 위도 30°N, 45°N, 그리고 60°N에서 북쪽으로 1 km당 몇 mGal씩 변하는지 계산하시오.

(b) 식 (3.62)로 주어진 국제 표준 중력식에 대하여 같은 과정을 반복하시오.

2. 다음 중력 측정은 암석층을 가로지르는 시추공 내에서 이루어졌다. 병합 고도 보정을 사용하여 암석의 겉보기 밀도를 계산하시오.

고도(m)	중력(mGal)
100	−39.2
150	−49.5
235	−65.6
300	−78.1
385	−95.0
430	−104.2

3. 구에 의한 중력 이상의 '반너비' w와 구의 중심 깊이 z의 관계식이 $z = 0.652\,w$임을 증명하시오.

4. 밀도 대비 $\Delta\rho$, 높이 h, 중앙 깊이 z_0인 수직 단층에 의한 중력 이상에 대하여 식 (4.42)로 주어진 '얇은 판 근사'를 가정한다.

   (a) 중력 이상 기울기의 최댓값은 얼마이고 어디에서 나타나는가?

   (b) 깊이 z_0와 최대 기울기의 반이 되는 위치 사이의 수평 거리 w의 관계식을 구하시오

5. 지면에서 반지름 1,000 m, 밀도 대비 200 kg m^{-3}의 수평 원통으로 근사한 묻힌 배사 구조에 대한 최대 중력 이상을 계산하시오.

   (a) 원통의 중심축 깊이가 1,500 m일 때

   (b) 원통의 중심축 깊이가 5,000 m일 때

6. 산의 봉우리 A는 그림과 같이 주변 평면의 CD보다 1,000 m 높은 지점에 있다. 산을 형성하는 암석의 밀도는 2,800 kg m^{-3}이고 주변 지각의 밀도는 3,000 kg m^{-3}이다. 산과 그 '뿌리'가 AB에 대한 대칭이고 시스템이 국지적 지각 평형 상태에 있다고 가정하여 CD 아래에 있는 B의 깊이를 계산하시오.

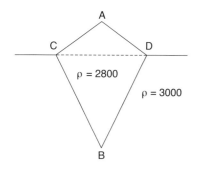

7. 평균 밀도가 3,000 kg m^{-3}인 지각 블록은 그림 (a)에서와 같이 밀도가 3,200 kg m^{-3}인 주변 암석과 초기에 지각 평형 상태에 있다. 침식된 후 지표면 위의 지형은 (b)와 같다. 거리 L이 일정하게 유지되고(즉, 가장 높은 지점 A에서 침식이 없음) 에어리 유형의 지각 평형이 유지된다. A의 높이가 변하는 양을 L로 계산하시오. 여러분의 답으로부터 A가 움직이는 이유를 설명하시오.

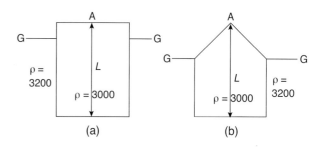

8. 그림과 같이 이상적인 산과 뿌리 시스템은 지각 평형 상태에 있다. 그림 안의 밀도는 kg m^{-3}이다. 수평면 RS 위의 점 A의 높이 H를 이 표면 아래의 뿌리 B의 깊이 D로 표현하시오.

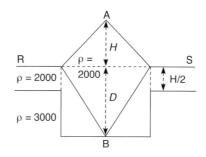

4.7 컴퓨터 실습

이 장에 대한 Jupyter notebook 실습 자료를 http://www.cambridge.org/FoG3ed에서 내려받기를 할 수 있다: [(1) Fourier series, (2) Gravity corrections)]

5

지구 유동학

미리보기

지구는 지진, 빙상과 같은 지표 하중, 다른 행성의 인력, 그리고 다른 많은 현상으로 인한 힘에 의해 지속적으로 변형되고 있다. 물질의 유동학(rheology)은 힘과 그로 인한 변형의 형태 사이의 관계로 정의된다. 지구는 수 초에서 수년 사이의 짧은 시간 동안에는 탄성이 있는 고무처럼 행동하지만, 수천 년을 넘는 지질학적 시간대에 걸쳐서 보면, 지구의 상당 부분이 액체로 취급될 수 있다. 이 장에서는 지구의 지진파의 전파, 산맥과 섭입대 근처의 암석권의 변형, 맨틀의 대류 흐름을 포함한 광범위한 지질학적 과정과 이로 인한 다양한 변형 형태의 연관성을 자세히 소개한다.

5.1 탄성 변형

5.1.1 물질의 탄성 거동

단단한 물질에 힘이 가해지면 변형이 일어난다. 이것은 물질의 입자들이 원래 위치에서 이동했다는 것을 의미한다. 힘이 임곗값을 초과하지 않는 경우, 변위는 (1) 순간적이고 (2) 힘에 정비례하며 (3) 가역적일 것이다. 달리 말하면, 힘이 가해지는 즉시 입자는 위치가 변하고, 힘이 두 배로 커지면 두 배로 이동되며, 힘이 제거되면 원위치로 돌아가 영구 변형을 남기지 않는다는 것이다. 이런 거동을 보이는 물질을 탄성적(elastic)이라고 한다.

원자 수준에서 보면, 탄성 변형은 고체 내에서 원자들 사이의 화학 결합을 끊지 않으면서 원자의 상대적 위치만 변화시킨다. 탄성은 모든 유동학 중 가장 단순한 물성이지만, 힘에 의한 변형의 기본적인 개념을 도입하는 데 도움이 될 것이다.

탄성 변형의 법칙은 다음 예로 설명될 수 있다. 높이가 h, 단면적이 A인 원통형 막대에 F만큼의 힘이 작용하여 막대가 Δh만큼 인장되었다고 생각해 보자(그림 5.1). 암석을 포함한 다양한 물질에 대한 실험은 변위 Δh가 가해지는 힘과 블록의 높이 h에 정비례하지만, 막대의 단면적에는 반비례한다는 것을 보여

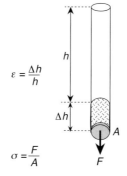

그림 5.1 단면적이 A인 막대에 작용하는 힘 F는 원래 길이 h를 Δh만큼 늘린다. 탄성 변형의 법칙은 $\Delta h/h$가 F/A에 비례한다는 것이다.

준다. 즉, $\Delta h \propto Fh/A$이며 또는 다음과 같이 표현할 수 있다.

$$\frac{F}{A} \propto \frac{\Delta h}{h} \tag{5.1}$$

면적 A가 무한히 작아질 때, 단위 면적당 힘의 극한값(F/A)은 응력 σ라고 불린다. 응력의 단위는 압력의 단위와 같다. 압력의 SI 단위는 파스칼로, 제곱미터당 가해지는 1 N(1 Pa = 1 N m^{-2})의 힘이며, c.g.s. 단위는 bar로 10^6 dyne cm^{-2}이며 해수면에서의 대기압과 비슷하다. 지구의 지질학적 응력과 압력은 Mbar 또는 GPa(1 Mbar = 100 GPa) 단위로 측정된다.

높이 h가 무한히 작을 때, 높이에 대한 변화량의 비율($\Delta h/h$)을 변형률(strain, ε)이라고 하는데, 이것은 무차원의 값이다. 탄성 거동에서 식 (5.1)은 물체의 변형률이 물체에 가해지는 응력에 비례한다는 것을 보여 준다. 즉, σ와 ε은 서로 선형적이다. 이것을 훅의 법칙(Hooke's law)이라고 부른다.

일반적으로 압력과 온도가 낮을 때 수천 년 이상의 긴 시간 동안 응력이 가해지면 물질은 탄성적으로 거동한다. 예를 들어, 지각 내부의 물질도 장기간의 지각 응력이 너무 크지만 않다면 탄성적으로 변형된다. 초, 분, 시간 단위의 더 짧은 시간에서도 지각에서 중심핵까지의 지구 전체가 거의 탄성 고체처럼 거동한다. 이것은 지진, 인공적 폭발 또는 화산 폭발에 의해 발생하는 지진파의 전파와 밀접한 관련이 있다.

탄성은 응력하에서 물질의 변형을 이상적으로 표현한 것이다. 이것은 지구 내부의 광범위한 과정을 포괄적으로 설명하는 데에는 매우 유용하지만, 사실 지구 물질은 더 복잡한 거동을 보일 수 있다. 예를 들어, 물질은 가해진 응력에 대해 다소 지연된 반응을 보일 수 있다. 응력이 특정 임곗값을 초과하면, 응력이 제거될 때 변형이 완전히 복구되지 않을 수 있으며, 심지어 더 높은 응력에서는 물질이 파괴될 수 있다. 게다가 결정질 고체 물질은 압력과 온도가 충분히 높을 때, 긴 시간 척도로 본다면 마치 유체처럼 거동할 수 있다. 이러한 이상적인 탄성과의 차이는 5.2절과 5.3절의 주제가 될 것이다.

지금까지 우리는 한 방향으로의 응력과 변형률만을 고려하였다. 이 개념을 임의의 방향(예 : 그림 5.1에 표시된 막대의 회전축에 수직인 방향)으로 일반화하기 위해, 이제 응력과 변형률 행렬의 정의를 소개할 것이다.

5.1.2 응력 행렬

직교 데카르트(Cartesian) 좌표 축 x, y, z에 의해 정의된 기준 축 안의[1] 직각프리즘에 작용하는 힘 **F**를 고려해 보자(그림 5.2a). x축 방향으로 작용하는 힘 **F**의 성분을 F_x로 지정하면, 힘 **F**는 성분 F_x, F_y, F_z에 의해 완전히 정의된다. 작은 표면 요소의 크기를 면적 A라고 하고 아래 첨자로 면에 수직인 방향을 표시하자(그림 5.2b). 그러면 x축에 수직인 작은 면의 넓이는 A_x라고 지정된다. 표면 A_x에 수직으로 작용하는 힘 F_x의 성분은 σ_{xx}로 표시되는 수직 응력(normal stress)을 유발한다. 축과

---

1 원서의 그림 5.2에는 직각프리즘이 누락되어 있는데, 원을 x축에 수직인 직각프리즘의 한 면이라고 생각하자.

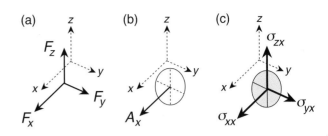

그림 5.2 (a) 직교 데카르트 좌표축 x, y, z에 의해 정의된 기준 축에서 작용하는 힘 F의 성분 F_x, F_y, F_z. (b) 면적이 A_x인 작은 면 요소의 방향은 면에 수직인 방향으로 표현된다. (c) x축에 평행한 힘의 성분은 수직 응력 σ_{xx}를 유발하며, x축과 y축에 평행한 성분은 전단 응력 σ_{yx} 및 σ_{zx}를 유발한다.

축을 따라 가해지는 힘의 성분은 전단 응력(shear stress) σ_{yx} 및 σ_{zx} (그림 5.2c)를 유발하며 각각 다음과 같다.

$$\sigma_{xx} = \lim_{A_x \to 0}\left(\frac{F_x}{A_x}\right) \quad \sigma_{yy} = \lim_{A_y \to 0}\left(\frac{F_y}{A_y}\right) \quad \sigma_{zz} = \lim_{A_z \to 0}\left(\frac{F_z}{A_z}\right) \quad (5.2)$$

마찬가지로, y축에 수직인 면 요소 A_y에 작용하는 힘 **F**의 성분들은 수직 응력 σ_{yy}와 전단 응력 σ_{xy}와 σ_{zy}를 정의하고, z축에 수직인 면 요소 A_z에 작용하는 **F**의 성분들은 수직 응력 σ_{zz}와 전단 응력 σ_{xz}와 σ_{yz}를 정의한다. 이러한 9가지 응력 성분으로 매질의 응력 상태를 완전히 정의할 수 있다. 이 9가지 응력 성분은 응력 행렬(stress matrix)에 의해 간편하게 표현된다.

$$\begin{bmatrix} \sigma_{xx} & \sigma_{xy} & \sigma_{xz} \\ \sigma_{yx} & \sigma_{yy} & \sigma_{yz} \\ \sigma_{zx} & \sigma_{zy} & \sigma_{zz} \end{bmatrix} \qquad (5.3)$$

이제 두 손으로 어떤 물체를 밀고 있다고 가정해 보자. 만약 양손이 똑같은 힘으로 물체를 누르면, 그 물체는 단순히 이동될 것이다[이러한 움직임을 병진운동(translation)이라고 부른다]. 하지만, 한 손이 다른 손보다 더 강하게 밀면, 불균형한 힘이 물체를 병진시킴과 동시에 회전시키게 될 것이다. 이를 응력 행렬에 적용해 보면, 물체가 회전하지 않도록 힘이 균형을 이룬다면 3×3 행렬은 대칭(즉, $\sigma_{xy} = \sigma_{yx}$, $\sigma_{yz} = \sigma_{zy}$, $\sigma_{zz} = \sigma_{xz}$)이 되고 오직 6개의 독립적인 성분만 포함하게 된다.

5.1.3 변형률 행렬

5.1.3.1 수직 변형률

매질에서 형성된 변형률 또한 3×3인 행렬로 표현될 수 있다. 먼저 그림 5.3처럼 물체 내부에 서로 가깝게 위치한 x와 ($x + \Delta x$) 두 지점에서의 변위만을 고려하여 1차원으로 가정해 보자.

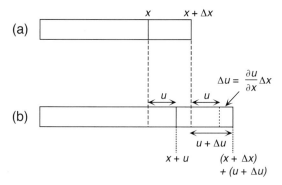

그림 5.3 물체 내에서 각각 x와 $(x + \Delta x)$ 위치에 서로 가깝게 정의된 두 점의 미소 변위 u와 $(u + \Delta u)$.

점 x가 x축 방향으로 무한히 작은 양 u만큼 이동되면, 점 $(x + \Delta x)$는 $(u + \Delta u)$로 이동되는데 여기서 Δu는 1차 근사로 표현하면 $(\partial u / \partial x)\Delta x$와 같다. x 방향으로의 수직 **변형률**(longitudinal strain) 또는 인장(extension)은 x축을 따라 발생하는 길이 변화의 비로 정의된다. 처음 두 지점은 Δx만큼 떨어져 있었으나, 한 지점은 u만큼 이동하고, 다른 한 점은 $(u + \Delta u)$만큼 이동하였으므로, 두 지점 사이의 거리는 $(\Delta x + \Delta u)$가 되었다. x축에 평행한 방향으로의 미소 변위로 인한 x축에 평행한 변형률 성분을 ε_{xx}로 표시하면, 식 (5.4)로 표현될 수 있다.

$$\varepsilon_{xx} = \frac{\left(\Delta x + \dfrac{\partial u}{\partial x}\Delta x\right) - \Delta x}{\Delta x} = \frac{\partial u}{\partial x} \qquad (5.4)$$

이를 3차원으로 확장해 보면, 점 (x, y, z)가 $(x + u, y + v, z + w)$로 미소한 양만큼 이동되는 경우, 다른 두 방향으로의 수직 변형률인 ε_{yy}와 ε_{zz}는 다음과 같이 정의된다.

$$\varepsilon_{yy} = \frac{\partial v}{\partial y} \quad \text{그리고} \quad \varepsilon_{zz} = \frac{\partial w}{\partial z} \qquad (5.5)$$

탄성체에서 횡변형률 ε_{yy}와 ε_{zz}는 변형률 ε_{zz}와 독립적이지 않다. 그림 5.4의 직사각형 막대의 모양 변화를 고려해 보자. 막대가 x축에 평행하게 늘어나면, y축과 z축에 평행한 방향으로는 얇아지게 된다. 횡방향 수직 변형률(transverse longitudinal strain)인 ε_{yy}와 ε_{zz}는 반대 부호를 가지지만 ε_{zz}의 확장에 비례하며 이는 다음과 같이 표현될 수 있다.

$$\varepsilon_{yy} = -\nu\varepsilon_{xx} \quad \text{그리고} \quad \varepsilon_{zz} = -\nu\varepsilon_{xx} \qquad (5.6)$$

이때, 비례 상수 ν를 포아송비(Poisson's ratio)라고 한다. 지구물리학적으로 연관된 모든 물질에 대한 ν 값은 0(측면 수축 없

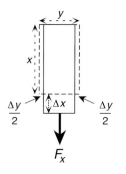

포아송비 :
$$\nu = -\frac{\Delta y / y}{\Delta x / x} = -\frac{\varepsilon_{yy}}{\varepsilon_{xx}}$$

그림 5.4 물체가 인장되었을 때 직사각형 막대의 모양 변화. x축과 평행하게 늘어났을 때, y축과 z축에 평행한 방향으로는 얇아지게 된다.

음)에서 0.5(변형 시 부피 변화를 경험하지 않는 압축되지 않는 매질) 사이의 값을 갖는다. 화강암과 같이 매우 단단하고 잘 휘지 않는 암석에서는 ν가 약 0.05 정도로 작아질 수 있으며, 반면 부드럽고 잘 응집되지 않은 퇴적물에서는 약 0.45까지 커질 수 있다. 지구 내부 물질은 일반적으로 0.24~0.27 정도의 값을 갖는다. 포아송비가 0.25인 물체를 이상적인 포아송체(Poisson body)라고 부른다. 코르크와 같은 몇몇 천연 재료와 탄소 나노 튜브와 같은 일부 인공적인 재료는 아주 작은 음의 포아송비를 가질 수 있는데, 이것은 인장 변형이 일어났을 때 물질이 두꺼워진다는 것을 의미한다.

5.1.3.2 팽창 변형률

팽창 변형률(dilatation) θ는 표면적이 0으로 감소하는 한계치에 있는 요소의 부피 변화의 비로 정의된다. 각 변의 길이가 Δx, Δy, Δz이며 비틀리지 않아서 부피가 $V = \Delta x\,\Delta y\,\Delta z$인 변형되지 않은 부피 요소를 고려해 보자. 극소 변위 Δu, Δv 및 Δw의 결과로 가장자리는 각각 $\Delta x + \Delta u$, $\Delta y + \Delta v$, $\Delta z + \Delta w$로 증가한다. 이때, 부피 변화의 비는 다음과 같다.

$$\begin{aligned}
\frac{\Delta V}{V} &= \frac{(\Delta x + \Delta u)(\Delta y + \Delta v)(\Delta z + \Delta w) - \Delta x\Delta y\Delta z}{\Delta x\Delta y\Delta z} \\
&\approx \frac{\Delta x\Delta y\Delta z + \Delta u\Delta y\Delta z + \Delta v\Delta z\Delta x + \Delta w\Delta x\Delta y - \Delta x\Delta y\Delta z}{\Delta x\Delta y\Delta z} \\
&= \frac{\Delta u}{\Delta x} + \frac{\Delta v}{\Delta y} + \frac{\Delta w}{\Delta z}
\end{aligned} \qquad (5.7)$$

여기서 $\Delta u\,\Delta v$, $\Delta v\,\Delta w$, $\Delta w\,\Delta u$, $\Delta u\,\Delta v\,\Delta w$와 같은 매우 작은 곱은 무시되었다. 극한을 취해서, Δx, Δy, Δz가 모두 0에 가까워지면 우리는 팽창 변형률에 대한 다음 식을 얻는다.

$$\theta = \frac{\partial u}{\partial x} + \frac{\partial v}{\partial y} + \frac{\partial w}{\partial z} \tag{5.8}$$
$$\theta = \varepsilon_{xx} + \varepsilon_{yy} + \varepsilon_{zz}$$

5.1.3.3 전단 변형률

변형이 일어날 때, 물체는 일반적으로 위에서 설명한 길이 변형만을 경험하는 것이 아니다. 응력의 전단 성분(σ_{xy}, σ_{yz}, σ_{zz})은 물체의 각도 변화로 나타나는 전단 변형률(shear strain)을 유발한다. 전단 변형률은 2차원을 가정하는 것이 가장 이해가 쉽다. 변의 길이가 Δx와 Δy인 직사각형 ABCD와 xy 평면에 작용하는 전단 응력으로 인한 뒤틀림을 고려해 보자(그림 5.5). 수직 변형률에 대한 이전 예제와 같이, 점 A는 x축에 평행하게 u만큼 이동된다(그림 5.5a). 전단 변형 때문에 A와 D 사이의 점들은 A로부터 멀어질수록 더 크게 x축 방향으로 이동된다. A 위의 수직 거리 Δy에 있는 점 D는 x축 방향으로 $(\partial u/\partial y)\Delta y$만큼 이동된다. 이것은 다음과 같이, 주어진 작은 각도 ϕ_1만큼 변 AD의 시계 방향 회전을 유발한다.

$$\tan\phi_1 = \frac{(\partial u/\partial y)\Delta y}{\Delta y} = \frac{\partial u}{\partial y} \tag{5.9}$$

이와 비슷하게, 점 A는 v(그림 5.5b)만큼 y축에 평행한 방향으로 이동되는 반면, A로부터 수평 거리 Δx만큼 떨어진 점 B는 y축 방향으로 $(\partial v/\partial x)\Delta x$만큼 이동된다. 그 결과, 변 AB는 다음과 같이 작은 각도 ϕ_2만큼 반시계 방향으로 회전한다.

$$\tan\phi_2 = \frac{(\partial v/\partial x)\Delta x}{\Delta x} = \frac{\partial v}{\partial x} \tag{5.10}$$

지구 물질의 탄성 변형은 극히 작은 변위와 뒤틀림을 유발하기 때문에, 이처럼 작은 각도에 대해서 $\tan\phi_1 = \phi_1$ 및 $\tan\phi_2 = \phi_2$로 근사할 수 있다. xy 평면상의 전단 변형률(ε_{xy})은 전체 각 뒤틀림의 절반으로 정의된다(그림 5.5c).

$$\varepsilon_{xy} = \frac{1}{2}\left(\frac{\partial v}{\partial x} + \frac{\partial u}{\partial y}\right) \tag{5.11}$$

x와 y, 그리고 그에 상응하는 변위 u와 v를 뒤바꾸면, 전단 변형률 성분 ε_{yx}를 얻을 수 있다.

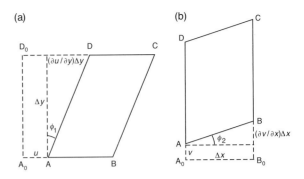

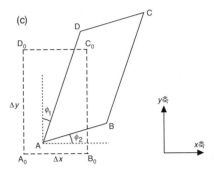

그림 5.5 (a) 정사각형에 x축과 평행하게 전단 응력이 주어질 때, y축과 평행한 변 AD는 작은 각도 ϕ_1만큼 회전한다. (b) 정사각형이 y축과 평행하게 전단 응력을 받을 때, x축과 평행한 변 AB는 작은 각도 ϕ_2만큼 회전한다. (c) 일반적으로 전단 응력은 두 면을 회전시켜 총 각도 변형이 ($\phi_1 + \phi_2$)만큼 발생한다. 각각의 경우에 대각선 AC는 길어진다.

$$\varepsilon_{yx} = \frac{1}{2}\left(\frac{\partial u}{\partial y} + \frac{\partial v}{\partial x}\right) \tag{5.12}$$

이것은 ε_{xy}와 동일하다. 따라서 xy 평면의 총 각 뒤틀림은 ($\varepsilon_{xy} + \varepsilon_{yz}$) $= 2\varepsilon_{xy} = 2\varepsilon_{yx}$이다. 이와 비슷하게, 변형률 성분 $\varepsilon_{yz}(= \varepsilon_{xy})$와 $\varepsilon_{xz}(= \varepsilon_{zx})$는 각각 yz 및 zx 평면상에서의 각 뒤틀림으로 정의된다.

$$\varepsilon_{yz} = \varepsilon_{zy} = \frac{1}{2}\left(\frac{\partial w}{\partial y} + \frac{\partial v}{\partial z}\right)$$
$$\varepsilon_{zx} = \varepsilon_{xz} = \frac{1}{2}\left(\frac{\partial u}{\partial z} + \frac{\partial w}{\partial x}\right) \tag{5.13}$$

종방향 및 횡방향 변형률은 대칭인 3×3 변형률 행렬(strain matrix)을 정의한다.

$$\begin{bmatrix} \varepsilon_{xx} & \varepsilon_{xy} & \varepsilon_{xz} \\ \varepsilon_{yx} & \varepsilon_{yy} & \varepsilon_{yz} \\ \varepsilon_{zx} & \varepsilon_{zy} & \varepsilon_{zz} \end{bmatrix} \tag{5.14}$$

5.1.4 탄성 계수

훅의 법칙에 따르면, 물체가 탄성적으로 변형될 때 응력과 변형률 사이에는 선형적인 관계가 있다. 응력과 변형률의 비는 물체의 탄성 계수(또는 탄성 변수)를 정의한다. 변형률은 그 자체로 길이의 비이기 때문에 무차원이다. 따라서 탄성 계수의 단위는 응력의 단위($N\ m^{-2}$)와 같아야 한다. 영률(Young's modulus), 강성률(rigidity modulus), 체적탄성계수(bulk modulus)는 어떤 특정한 힘에 따른 물질의 변형을 묘사한다. 우리가 앞으로 다룰 것처럼, 이러한 탄성 계수는 일반적으로 서로 종속적으로 표현될 수 있다.

영률은 확장 변형으로부터 정의된다. 각각의 수직 변형률은 이에 상응하는 수직 응력 성분에 비례한다. 이는 즉, 다음과 같다.

$$\sigma_{xx} = E\varepsilon_{xx} \qquad \sigma_{yy} = E\varepsilon_{yy} \qquad \sigma_{zz} = E\varepsilon_{zz} \qquad (5.15)$$

여기서 비례 상수 E가 영률이다.

강성률 또는 전단 계수 μ는 전단 변형으로부터 정의된다. 수직 변형률과 같이, 각 평면상에서의 총 전단 변형률은 그에 상응하는 전단 응력 성분에 비례한다.

$$\sigma_{xy} = 2\mu\varepsilon_{xy} \qquad \sigma_{yz} = 2\mu\varepsilon_{yz} \qquad \sigma_{zx} = 2\mu\varepsilon_{zx} \qquad (5.16)$$

여기서 μ는 비례 상수이다. 이때, 계수 2는 식 (5.11)과 (5.12)에서 전단 변형률을 전체 각 뒤틀림의 절반으로 정의한 것에서 유래된다.

체적탄성계수 또는 비압축성(incompressibility)은 정수압하에서의 물체의 팽창 변형률로부터 정의된다. 정수압 상태에서 전단 응력 성분은 0이며($\sigma_{xy} = \sigma_{yz} = \sigma_{zx} = 0$), 모든 방향으로의 수직 응력은 음의 정수압 p와 동일하다($\sigma_{xx} = \sigma_{yy} = \sigma_{zz} = -p$). 체적탄성계수 K는 팽창 변형률에 대한 정수압(p)의 비율의 음수이다.

$$p = -K\theta \qquad (5.17)$$

체적탄성계수의 역수(K^{-1})를 압축성이라고 한다.

5.1.4.1 영률과 포아송비로 표현한 체적탄성계수

직사각형 부피 요소의 각 면에 수직 응력 σ_{xx}, σ_{yy}, σ_{zz}가 주어졌다고 가정해 보자. 각 수직 변형률 ε_{xx}, ε_{yy}, ε_{zz}는 σ_{xx}, σ_{yy}, σ_{zz}의 효과가 결합되어 발생한다. 예를 들어, 훅의 법칙을 적용하면, 응력 σ_{xx}는 이 부피 요소를 x 방향으로 σ_{xx}/E만큼 인장시킨다. 응력 σ_{yy}는 y 방향으로 σ_{yy}/E만큼 인장시키면서 x 방향으로는 횡방향 수직 변형률 $-v(\sigma_{yy}/E)$를 동반한다. 여기서 v는 포아송비이다. 마찬가지로, 응력 성분 σ_{zz}는 x 방향의 총 수직 변형률

ε_{zz}에 $-v(\sigma_{zz}/E)$만큼 기여한다.

$$\varepsilon_{xx} = \frac{\sigma_{xx}}{E} - v\frac{\sigma_{yy}}{E} - v\frac{\sigma_{zz}}{E} \qquad (5.18)$$

이와 유사하게 총 수직 변형률 ε_{yy}와 ε_{zz}를 유도할 수 있다. 그리고 다음과 같이 재배열하면, 식 (5.19)가 된다.

$$\begin{aligned} E\varepsilon_{xx} &= \sigma_{xx} - v\sigma_{yy} - v\sigma_{zz} \\ E\varepsilon_{yy} &= \sigma_{yy} - v\sigma_{zz} - v\sigma_{xx} \\ E\varepsilon_{zz} &= \sigma_{zz} - v\sigma_{xxy} - v\sigma_{yy} \end{aligned} \qquad (5.19)$$

이 세 방정식을 더하면 다음과 같은 식을 얻을 수 있다.

$$E(\varepsilon_{xx} + \varepsilon_{yy} + \varepsilon_{zz}) = (1 - 2v)(\sigma_{xx} + \sigma_{yy} + \sigma_{zz}) \qquad (5.20)$$

이제 물질을 구속하는 정수압 p의 영향을 고려해 보자. 여기서 $\sigma_{xx} = \sigma_{yy} = \sigma_{zz} = -p$이다. 식 (5.8)의 팽창 변형률($\theta$)의 정의를 사용하면, 다음과 같은 식을 얻을 수 있다.

$$\begin{aligned} E\theta &= (1 - 2v)(-3p) \\ E &= (1 - 2v)\left(-3\frac{p}{\theta}\right) \end{aligned} \qquad (5.21)$$

여기서 식 (5.17)의 체적탄성계수(K)의 정의를 사용하면, 식 (5.22)와 체적탄성계수는 영률과 포아송비로 표현된다.

$$K = \frac{E}{3(1 - 2v)} \qquad (5.22)$$

5.1.4.2 영률과 포아송비로 표현한 전단 계수

전단 계수 μ와 E의 관계는, 한 방향으로 무한히 길고 정사각형 단면을 가지는 직각프리즘의 정사각형 단면상에서의 전단 변형을 고려하면 알 수 있다. 전단력으로 인해 정사각형 단면의 한 대각선은 짧아지고, 다른 대각선은 길어지게 된다. 정사각형의 한 변의 길이를 a(그림 5.6a)라고 하고, 대각선의 길이를 $d_0(= a\sqrt{2})$라고 하자. 각도 ϕ를 유발하는 작은 전단력은 한 모서리를 $(a\tan\phi)$만큼 변위시키면서, 한 대각선은 새로운 길이 d로 길어진다(그림 5.6b). d의 크기는 피타고라스의 정리로 구할 수 있다.

$$\begin{aligned} d^2 &= a^2 + (a + a\tan\phi)^2 \\ &= a^2 + a^2(1 + 2\tan\phi + \tan^2\phi) \\ &= 2a^2\left(1 + \tan\phi + \frac{1}{2}\tan^2\phi\right) \approx d_0^2(1 + \phi) \end{aligned} \qquad (5.23)$$

$$d \approx d_0\left(1 + \frac{1}{2}\phi\right) \qquad (5.24)$$

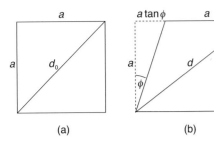

그림 5.6 (a) 변형되지 않은 상태에서 d_0는 한 변의 길이가 a인 정사각형의 대각선 길이이다. (b) 정사각형이 각도 ϕ를 유발하는 전단력에 의해 변형될 때, 대각선은 새로운 길이 d로 길어진다.

위의 근사식은 무한히 작은 변형을 고려할 때, $\tan\phi = \phi$이고, ϕ의 지수가 2 이상인 고차 근사항이 무시할 수 있을 정도로 작기 때문이다. 따라서 대각선의 확장은 다음과 같다.

$$\frac{\Delta d}{d_0} = \frac{d - d_0}{d_0} = \frac{\phi}{2} \tag{5.25}$$

이러한 확장은 단면의 xy 평면(그림 5.7a)에서 다른 크기로 작용하는 두 수직 응력 σ_{xx} 및 σ_{yy}와 관련 있다. 두 수직 응력의 평균값을 $p = (\sigma_{xx} + \sigma_{yy})/2$로 나타내도록 하자. 정사각형 단면의 모양 변화는 p와 σ_{xx} 또는 p와 σ_{yy} 사이의 차이 Δp에 의해 발생한다(그림 5.7b). x축을 따라 물체의 외부로 발생하는 응력

의 차이 Δp는 x 방향으로 $\Delta p/E$만큼 물체를 확장시키는 반면, y축을 따라 물체의 내부로 발생하는 응력 차이는 y축을 따라 수축시키게 되며, 그에 상응하여 x 방향으로 $\nu(\Delta p/E)$만큼 확장시키는 데 기여한다. 여기서 ν는 포아송비이다. 따라서 x 방향으로의 총확장 $\Delta x/x$는 다음과 같이 표현된다.

$$\frac{\Delta x}{x} = \frac{\Delta p}{E}(1 + \nu) \tag{5.26}$$

그림 5.7c의 정사각형의 각 모서리는 3차원으로 생각했을 때 그림에 수직한 면을 나타내는데, 그 면적을 A라고 하자. 응력 차이 Δp는 정사각형의 각 모서리에 힘 $f = \Delta pA$를 생성하며, 이는 원래 정사각형의 변의 중간점을 결합하여 정의된 내부 정사각형의 변에 평행한 전단력 $f/\sqrt{2}$로 해석될 수 있다(그림 5.7c). 그림의 평면에 수직인 각 안쪽 면이 나타내는 표면적은 $A/\sqrt{2}$이므로 이 면에 작용하는 전단 응력은 Δp와 같다(그림 5.7d). 내부 정사각형은 각도 ϕ만큼 전단되므로 다음과 같이 쓸 수 있다.

$$\Delta p = \mu\phi \tag{5.27}$$

한 대각선은 x 방향으로 길어지고 다른 대각선은 y 방향으로 짧아진다. 전단된 정사각형의 대각선 확장은 위에서 $\phi/2$와 같

그림 5.7 (a) xy 평면에서 다르게 작용하는 수직 응력 σ_{xx} 및 σ_{yy}, 그리고 그 평균값인 p, (b) p와 σ_{xx} 및 σ_{yy} 사이의 응력 차이 Δp는 각각 x에 평행한 방향으로의 확장과 y에 평행한 방향으로의 수축을 유발한다. (c) 기존 정사각형의 측면을 따라 작용하는 힘 $f = \Delta pA$는 각각 면적 $A/\sqrt{2}$를 갖는 내부 정사각형의 가장자리를 따라 전단력 $f/\sqrt{2}$를 유발한다. (d) 내부 정사각형의 각 측면에 대한 전단 응력은 값 Δp를 가지며 내부 정사각형의 대각선을 신장시키면서 각도 ϕ만큼의 전단 변형을 유발한다.

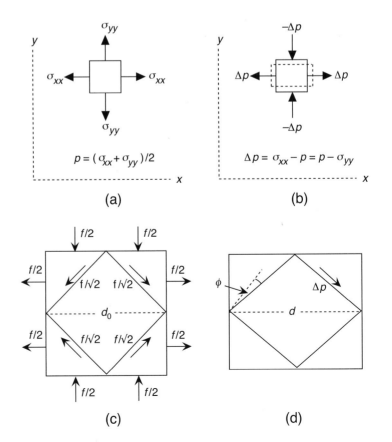

있다. 따라서, 다음 식이 성립한다.

$$\frac{\Delta p}{E}(1 + v) = \frac{\phi}{2} = \frac{\Delta p}{2\mu} \qquad (5.28)$$

위의 식을 재정렬하면 다음과 같이 μ, E 및 v 사이의 관계식을 얻을 수 있다.

$$\mu = \frac{E}{2(1 + v)} \qquad (5.29)$$

5.1.4.3 라메 상수

식 (5.19)의 첫 번째 줄은 다음과 같이 다시 쓸 수 있다.

$$E\varepsilon_{xx} = (1 + v)\sigma_{xx} - v(\sigma_{xx} + \sigma_{yy} + \sigma_{zz}) \qquad (5.30)$$

그리고 식 (5.20)으로부터 다음 식을 도출한다.

$$\begin{aligned}(\sigma_{xx} + \sigma_{yy} + \sigma_{zz}) &= \frac{E}{(1 - 2v)}(\varepsilon_{xx} + \varepsilon_{yy} + \varepsilon_{zz}) \\ &= \frac{E}{(1 - 2v)}\theta\end{aligned} \qquad (5.31)$$

여기서 θ는 식 (5.8)에 정의된 팽창 변형률이다. 식 (5.31)을 식 (5.30)에 대입하고 정렬하면, 다음의 식이 얻어진다.

$$\sigma_{xx} = \frac{vE}{(1 + v)(1 - 2v)}\theta + \frac{E}{(1 + v)}\varepsilon_{xx} \qquad (5.32)$$

$\lambda = \dfrac{vE}{(1 + v)(1 - 2v)}$로 정의하고, 식 (5.29)를 대입하면 식 (5.32)는 다음과 같이 더 간단하게 표현된다.

$$\sigma_{xx} = \lambda\theta + 2\mu\varepsilon_{xx} \qquad (5.33)$$

σ_{yy} 및 σ_{zz}에 대해서도 유사하다.

상수 λ 및 μ는 라메 상수(Lamé constant)로 알려져 있다. 라메 상수는 위에서 물리적으로 정의한 탄성 계수와 관련이 있다. 계수 μ는 전단 계수와 같지만, 체적탄성계수 K, 영률 E 그리고 포아송비 v는 각각 λ와 μ로 표현될 수 있다(글상자 5.1).

5.1.4.4 이방성

탄성 계수는 일반적으로 압력, 온도 및 물질의 화학적 조성에 따라 달라진다. 지구의 온도와 압력으로 인해 탄성 계수는 깊이에 따라 달라진다. 추가적으로 지구의 분화 과정에서 지구 내부 구조가 형성되면서 물질의 화학적 조성의 변화에 따라 탄성 계수가 달라진다.

앞에서는 응력과 변형률 사이의 관계가 모든 방향에 대해 일정하게 유지되는 **등방성**(isotropy)이 있다고 가정했다. 하지만 등방성 가정은 많은 광물에서 충족되지 않는다. 예를 들어, 만약 광물이 단위결정구조(unit cell)의 원자 배열에서 일축 대칭을 갖는다면, 대칭축에 평행하고 수직인 방향으로 광물의 물리적 특성이 다르게 나타난다. 이러한 광물은 이방성(anisotropy)이 있다고 한다. 이방성 물질에서 응력과 변형률 사이의 관계는 이 장에서 확인하였던 등방성 경우보다 더 복잡하다. 등방성 물체의 탄성 계수는 라메 상수 λ와 μ 또는 다른 조합의 두 탄성 계수로 완전히 설명될 수 있다. 그러나 이방성 탄성 거동을 설명하기 위해서는 최대 21개의 계수가 필요할 수도 있다. 이방성 매질에서는 지진파의 전파 속도가 탄성 계수에 의존하기 때문에 파동이 전파하는 방향에 따라 달라진다.

일반적으로 암석은 매우 많은 광물로 구성되어 있기 때문에, 광물이 무작위로 배열되어 있다고 가정하면 등방성으로 간주될 수 있다. 이러한 가정은 지구 내부의 광범위한 지역에 대해 성립할 수 있다. 하지만 만약 이방성 광물에 응력이 가해지면 이방성 광물은 응력장에 대해 선호하는 방향으로 정렬되는데 이를 격자 선호 방향(Lattice Preferred Orientation, LPO)이라고 부른다. 예를 들어 판상형 광물은 압축이 발생하는 축에 수직인 방향이나, 유체의 흐름 방향에 평행한 방향으로 납작하게 배열하려는 경향이 있다. 이처럼 선호하는 방향으로 입자가 정렬되면서 탄성파 이방성이 형성될 수 있다. 이러한 탄성파 이방성은 상부 맨틀의 지진파 연구에서 관측되어 왔는데, 특히 해령과 같이 맨틀 대류의 흐름을 따라 결정이 정렬되면서 발생할 수 있다.

5.2 점성 흐름

5.2.1 고체 상태 흐름

암석은 지구 표면 근처에서는 거의 탄성 고체처럼 거동하지만, 판구조론에 따르면 지질학적인 시간 척도로 봤을 때 지구를 구성하는 각 부분은 서로 다른 유동학적 특성을 가져야 한다. 비록 맨틀 깊은 곳의 온도가 큰 부피의 물질을 녹이기[2]에 충분하지는 않지만, 맨틀의 대부분은 흐르는 것처럼 보인다.

물과 같은 액체는 H_2O 분자와 같은 구성 입자가 자유롭게 움직일 수 있기 때문에 흐를 수 있다. 대조적으로, 결정질 고체

---

2 즉, 결정질 고체 물질을 액체로 변화시키는 것.

글상자 5.1 라메 상수로 표현된 탄성 계수

1. 체적탄성계수(K)

체적탄성계수는 수직 응력 σ_{xx}, σ_{yy}, σ_{zz}에 의한 물질의 부피 변화를 묘사한다. 각각의 수직 응력에 대한 훅의 법칙은 다음과 같다.

$$\sigma_{xx} = \lambda\theta + 2\mu\varepsilon_{xx} \tag{1a}$$

$$\sigma_{yy} = \lambda\theta + 2\mu\varepsilon_{yy} \tag{1b}$$

$$\sigma_{zz} = \lambda\theta + 2\mu\varepsilon_{zz} \tag{1c}$$

식 (1a), (1b), (1c)를 더하면, 다음과 같다.

$$\sigma_{xx} + \sigma_{yy} + \sigma_{zz} = 3\lambda\theta + 2\mu(\varepsilon_{xx} + \varepsilon_{yy} + \varepsilon_{zz}) \tag{2}$$

팽창 변형률 θ는 식 (5.8)에 의해 다음과 같이 정의된다.

$$(\varepsilon_{xx} + \varepsilon_{yy} + \varepsilon_{zz}) = \theta \tag{3}$$

정수압 상태에서, $\sigma_{xx} = \sigma_{yy} = \sigma_{zz} = -p$이므로, 식 (2)에 대입하면 다음과 같은 식이 된다.

$$-3p = 3\lambda\theta + 2\mu\theta \tag{4}$$

체적탄성계수의 정의 $K = -p/\theta$를 이용하면, 다음의 식을 얻게 된다.

$$K = \lambda + \frac{2}{3}\mu \tag{5}$$

2. 영률(E)

영률은 한 축으로만 수직 응력이 물질에 적용될 때의 수직 변형률을 묘사한다. 오직 수직 응력 σ_{xx}만이 주어졌을 때(예를 들어 $\sigma_{yy} = \sigma_{zz} = 0$), 훅의 법칙은 다음과 같다.

$$\sigma_{xx} = \lambda\theta + 2\mu\varepsilon_{xx} \tag{6a}$$

$$0 = \lambda\theta + 2\mu\varepsilon_{yy} \tag{6b}$$

$$0 = \lambda\theta + 2\mu\varepsilon_{zz} \tag{6c}$$

식 (6a), (6b), (6c)를 더하면 다음과 같다.

$$\sigma_{xx} = 3\lambda\theta + 2\mu(\varepsilon_{xx} + \varepsilon_{yy} + \varepsilon_{zz}) = 3\lambda\theta + 2\mu\theta \tag{7}$$

$$\sigma_{xx} = (3\lambda + 2\mu)\theta \tag{8}$$

$$\theta = \frac{\sigma_{xx}}{(3\lambda + 2\mu)} \tag{9}$$

식 (9)를 식 (6a)에 대입하면 식 (10)이 된다.

$$\sigma_{xx} = \lambda\frac{\sigma_{xx}}{(3\lambda + 2\mu)} + 2\mu\varepsilon_{xx} \tag{10}$$

다음과 같은 과정에 걸쳐서 수식을 재정렬하면, 다음의 식이 얻어진다.

$$\sigma_{xx}\left(1 - \frac{\lambda}{3\lambda + 2\mu}\right) = 2\mu\varepsilon_{xx} \tag{11}$$

$$\sigma_{xx}\left(\frac{\lambda + \mu}{3\lambda + 2\mu}\right) = \mu\varepsilon_{xx} \tag{12}$$

$$\sigma_{xx} = \mu\left(\frac{3\lambda + 2\mu}{\lambda + \mu}\right)\varepsilon_{xx} \tag{13}$$

영률의 정의가 $E = \sigma_{xx}/\varepsilon_{xx}$이므로, 영률은 다음과 같이 라메 상수로 표현된다.

$$E = \mu\left(\frac{3\lambda + 2\mu}{\lambda + \mu}\right) \tag{14}$$

3. 포아송비(ν)

포아송비 $\nu = -\varepsilon_{yy}/\varepsilon_{xx} = -\varepsilon_{zz}/\varepsilon_{xx}$로 정의된다. 포아송비는 식 (5.22)에서 유도한 것처럼, 체적탄성계수 K, 영률 E와 관련이 있다.

$$K = \frac{E}{3(1 - 2\nu)} \tag{15}$$

식 (5)에서 유도한 K, 식 (14)에서 유도한 E를 대입하면 다음과 같다.

$$\frac{3\lambda + 2\mu}{3} = \frac{1}{3(1 - 2\nu)}\mu\left(\frac{3\lambda + 2\mu}{\lambda + \mu}\right) \tag{16}$$

이 식은 다음과 같이 단순화될 수 있다.

$$\frac{\lambda + \mu}{\mu} = \frac{1}{(1 - 2\nu)} \tag{17}$$

$$(1 - 2\nu) = \frac{\mu}{\lambda + \mu} \tag{18}$$

따라서 포아송비 ν는 다음과 같이 라메 상수로 표현된다.

$$\nu = \frac{\lambda}{2(\lambda + \mu)} \tag{19}$$

λ와 μ는 어떤 물질에서는 거의 같아서 종종 $\lambda = \mu$로 가정하는 것이 가능한데, 이때 포아송비는 0.25이다. 이러한 물질을 포아송 고체(Poisson solid)라고 부른다.

의 원자는 훨씬 덜 유동적이다. 결정질 고체의 입자들은 끊기 어려운 화학 결합으로 인접 입자와 결합되어 있다. 결과적으로 고체 상태 흐름(solid-state flow)을 가능하게 하는 메커니즘은 액체의 변형 메커니즘과 매우 달라야만 한다.

고체 상태 흐름을 이해하기 위해 먼저 우리에게 더 친숙한 액체의 흐름에 대한 물리 이론을 고려할 것이다(5.2.2절). 그다음으로 우리는 고체가 원자의 이동에 의해 흐르는 것은 아니지만 이와 유사한 방식으로 결정격자에서의 결함(defect)이 전달되는 방식으로 흐를 수 있다는 것을 확인할 것이다. 이러한 현상을 크리프(creep)라고 한다(5.2.3절).

5.2.2 액체의 점성 흐름

액체나 기체가 평평한 표면에 평행하게 얇은 층으로 흐르는 경우를 고려해 보자(그림 5.8). 난류(turbulent)로 변하는 임곗값 아래로 속도가 유지되는 한, 유체는 층류(laminar flow)의 형태로 흐른다. 고체 지구 물질의 흐름 속도는 매우 느리기 때문에, 우리는 난류는 고려하지 않을 것이다.

수평 x 방향을 따라 흐르는 층류의 속도가 기준 표면 위의 수직 높이 z에 따라 증가한다고 가정해 보자. 이때, 유체의 분자는 두 가지 성분의 속도를 갖는 것으로 간주될 수 있다. 한 성분은 x 방향의 흐름 속도이지만, 이에 추가적으로 평균 제곱근 속도가 온도를 결정하는 가변 속도를 가진 무작위 성분이 있다(9.2절). 이러한 무작위 성분 때문에 평균적으로 단위 부피에 있는 분자의 6분의 1은 언제든지 위쪽으로 이동하고 6분의 1은 아래쪽으로 이동할 수 있다. 이러한 무작위 성분은 층류에서도 위아래로 인접한 층 사이의 분자 이동을 가능하게 한다. 초당 이동하는 분자의 수는 무작위 속도 성분의 크기(또는 온도)에 의존한다. 느리게 흐르는 층으로부터 분자가 유입되면, 빠르게 움직이던 층의 운동량이 감소한다. 빠르게 흐르는 층으로부터 아래쪽으로 유입된 분자는 느리게 흐르는 층의 운동량을 증가시킨다. 이것은 층류의 두 층이 서로 완전히 독립적으로 이동하지는 않는다는 것을 의미한다. 이러한 두 층은 서로에게 전단력 또는 항력(drag)을 가하고 있으며, 이러한 유체를 점성이 있다(viscous)고 한다.

전단력 F_{xz}의 크기는 한 층에서 다른 층으로 얼마나 많은 운동량이 전달되는지에 의존한다. 만약 유체 내의 모든 분자가 같은 질량을 가진다면 운동량이 전달되는 정도는 층 사이의 속도 v_x의 차이에 의해 결정되는데, 즉 유속(dv_x/dz)의 수직 변화량에 따라 달라진다. 또한 무작위 성분에 의한 두 층의 운동량 교환은 인접한 층 사이의 경계를 가로질러 이동하는 분자의 수에 따라 달라지므로 표면적 A에 비례한다. 17세기에 뉴턴이 했던 것처럼 이러한 두 가지 관찰 결과를 함께 고려하면, 다음과 같은 F_{xz}에 대한 비례 관계를 유도할 수 있다.

$$F_{xz} \propto A \frac{dv_x}{dz} \tag{5.34}$$

양변을 면적 A로 나누면 왼쪽이 전단 응력 σ_{xz}가 된다. 여기에 비례 상수 η를 도입하면 다음과 같은 방정식을 얻을 수 있다.

$$\sigma_{xz} = \eta \frac{dv_x}{dz} \tag{5.35}$$

이 방정식은 점성 유동에 대한 뉴턴의 법칙이고 η는 점성도(viscosity)이다. 만약 η가 유속에 의존하지 않는다면, 이러한 유체를 뉴턴 유체(Newtonian fluid)라고 한다. η의 값은 층 간의 분자 이동 속도와 온도 등에 따라 달라진다. 응력의 단위(pascal)와 속도 구배의 단위[(m s^{-1})/m = s^{-1}]를 대입하면, η의 단위가 파스칼-초(Pa s)임을 알 수 있다. 점성도가 낮은 유체에 작용하는 전단 응력은 큰 속도 구배를 유발하여 유체를 쉽게 흐르게 한다. 이는 기체 또는 액체[3]의 경우에 해당한다. 매우 점성이 큰 유체에 같은 전단 응력이 적용되면, 흐름을 가로지르는 방향으로는 속도 구배가 작다. 층류의 각 층들은 서로를 지나쳐 이동하기를 꺼린다. 따라서 점성이 있는 유체는 '끈적끈적'하며, 흐르지 않으려고 한다. 예를 들어, 엔진 오일과 같은 점성 액체에서 η는 약 0.1~10 Pa s이며, 물보다 3~4배 더 높다.

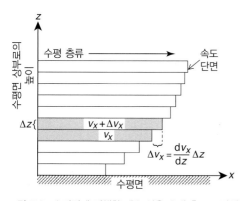

그림 5.8 수평면에 평행한 매우 얇은 유체 층으로 발생하는 층류의 개략도.

---

3 공기 중 η는 2×10^{-5} Pa s 정도이며, 20°C에서 물의 η는 1.005×10^{-3} Pa s이다.

5.2.3 고체 흐름의 메커니즘

5.2.3.1 결정과 결정결함

완전한 금속이나 결정의 원자는 규칙적으로 배열되어 단순한 대칭을 이루는 격자를 형성한다. 일부 일반적인 배열에서 원자는 결정의 단위결정구조(unit cell)를 정의하는 정육면체 또는 육각형 프리즘의 모서리에 위치한다. 격자는 단위결정구조가 쌓여서 형성된다(그림 5.9a). 이론적인 계산에 따르면 완전한 결정에서, 원자 결합을 극복하여 점성적으로 흐르도록 하는 데 필요한 전단 응력은 지구에 있는 대부분의 규산염과 금속 물질에 대해 약 10~50 GPa 정도이다. 이것은 실제 지구 물질에 대해 실험적으로 발견된 1 GPa 미만의 요구 전단 응력보다 훨씬 높다.

액체는 구성 분자의 유동성 때문에 흐르는 반면, 지각과 맨틀을 구성하는 다결정질 암석은 결함이라고도 불리는 결정 구조의 불완전성에 의해 흐른다. 모든 결함 중 가장 단순한 형태는 빈격자점(vacancy)이라고 불리는 원자의 누락 현상이다. 유사하게, 틈새 원자(interstitial atom)는 이상적인 완벽한 결정에서 차지하지 않는 부분을 차지할 수 있다. 빈격자점이나 틈새 원자와 같은 점 결함은 결정격자 전체에 무작위로 분포할 수 있지만, 어긋나기(dislocation)라고 하는 긴 사슬을 형성할 수도 있다.

어긋나기에는 여러 유형이 있으며 가장 간단한 것은 모서리 어긋나기(edge dislocation)이다. 원자의 여분 평면이 격자에

도입될 때 형성된다(그림 5.9). 모서리 어긋나기는 영진면(glide plane)에 수직인 평면에서 끝난다. 또 다른 흔한 어긋나기 유형은 나사형 어긋나기(screw dislocation)이다. 이 또한 격자상 규칙적인 위치에서 어긋난 원자로 구성되며, 이 경우 축을 중심으로 나선을 형성한다. 많은 독립적인 결정 입자로 구성된 암석의 낱알 경계(grain boundary)도 일종의 결정결함 또는 어긋나기로 간주될 수 있다.

일반적으로 결정결함 주변의 원자 결합은 강하게 교란되어 원자를 완벽한 단결정에서보다 훨씬 더 유동성 있게 만든다. 이것이 지구에서 점성이 있는 고체 상태의 흐름을 가능하게 하는 결합과 관련된 유동성이다.

5.2.3.2 지구의 크리프 메커니즘

결정결함은 전단 응력에 의해 이동할 수 있다. 응력하에서 결함의 이동을 크리프라고 부르며, 고체 상태 흐름이라는 거시적 현상 뒤에 있는 물리적인 과정이다.

크리프 메커니즘을 가능하게 해 주는 요인은 매우 광범위한데, 지구 물질에 대해서는 전위크리프(dislocation creep)와 확산크리프(diffusion creep) 이 두 가지만이 중요한 역할을 하며, 두 메커니즘 모두 열에 의해 활성화되는 과정이다. 이것은 변형 속도가 $e^{-E_a/kT}$ 형태의 지수 함수에 따라 온도 T에 의존한다는 것을 의미한다. 여기서 k는 볼츠만 상수($k = 1.38064852 \times 10^{-23}$ J K^{-1})이고 E_a는 흐름 유형을 활성화하는 데 필요한 에너지인데 활성화 에너지(activation energy)라고 한다. $T \ll E_a/k$인 저온에서는 변형 속도가 매우 느리고 크리프는 미미하다. 지수 함수 관계 때문에, $T = E_a/k$ 이상에서는 온도가 증가함에 따라 변형 속도가 급격히 증가한다. 특정 깊이에서의 흐름 유형은 국지적인 온도와 녹는점 T_{mp}와의 관계에 따라 다르다. T_{mp} 이상에서는 고체 내의 원자 간 결합이 분해되어 실제 액체 상태로 흐른다.

전위크리프는 어긋나기를 이동시키는 외부 응력이 적용될 때 발생하는데, 결정이 방해받지 않은 부분을 통해 미끄러지도록 한다(그림 5.9b~d). 만약 전위크리프가 장애물에 의해 막히지 않으면, 어긋나기가 결정 밖으로 이동하면서 전단 변형을 유발한다. 어긋나기로 인한 변형률은 어긋나기의 밀도, 즉 부피당 어긋나기의 수와 길이에 따라 달라진다. 응력이 적용되면 새로운 어긋나기가 형성되면서 어긋나기 밀도가 증가하는 경향이 있기 때문에 전위크리프에 대한 응력-변형률 관계는 비선형 지수법칙이며 변형 속도 $d\varepsilon/dt$은 응력 σ의 n승에 비례한다.

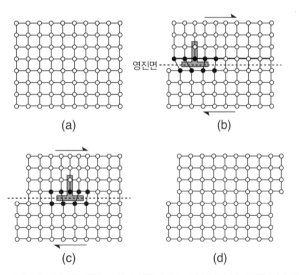

그림 5.9 결정을 통한 모서리 어긋나기로 인한 영구 전단 변형. (a) 변형되지 않은 결정격자, (b) 격자에서 모서리 어긋나기 주위의 원자 배열, (c) 결정을 가로지르는 어긋나기의 통과, (d) 그 결과 전단된 격자. 거꾸로 된 T의 머리는 영진면에 있고 줄기는 원자의 추가 평면을 표시한다.

$$\frac{d\varepsilon}{dt} = A \left(\frac{\sigma}{\mu}\right)^n e^{-E_a/kT} \tag{5.36}$$

여기서 μ는 강성 계수이고 A는 변형 속도의 차원을 갖는 상수이며, 일반적으로 $n \geq 3$이다. 이러한 관계는 변형 속도가 응력보다 훨씬 더 빠르게 증가한다는 것을 의미한다. 전위크리프는 $0.55\,T_{mp}$에서 $0.85\,T_{mp}$ 사이의 온도에서 가장 중요한 흐름 메커니즘이다. 맨틀 전체의 온도는 녹는점의 절반을 초과하므로 이러한 전위크리프는 아마도 맨틀 전체에 걸쳐 대류를 일으키는 흐름 메커니즘일 것이다. 그리고 이것은 온도와 녹는점의 관계가 적합한 암석권 하부에서도 변형의 주요한 형태일 가능성이 있다. 전위크리프는 새로운 낟알 경계를 형성하는 것을 포함해서 입자를 재구성한다는 것이 중요한 특징이다. 전위크리프는 결정의 방향을 바꿀 수 있다. 이러한 미시적 현상인 격자 선호 방향(Lattice Preferred Orientation, LPO)은 충분히 큰 부피에 걸쳐 발생할 때, 관측 가능한 탄성파 이방성을 유발할 수 있다.

확산크리프는 열적 진동으로 인해 원자가 안정된 위치에서 인접 위치로 이동하면서 발생한다. 이 원자 확산의 구동력에는 비균질한 다결정 물질 내에 주어진 응력에 의해 유도되는 응력 변화가 포함된다. 결정 입자의 체적을 통한 확산을 나바로-허링 크리프(Nabarro-Herring creep)라고 한다. 대조적으로, 낟알 경계에 따른 확산은 코블 크리프(Coble creep)로 알려져 있다.

실제 물질에서 확산크리프는 이미 존재하는 낟알 경계와 어긋나기를 따라 발생하는 것을 선호한다. 이는 입자 크기 L이 확산크리프에서 중요한 역할을 함을 시사한다. 실제로, 변형 속도 $d\varepsilon/dt$은 응력 σ에 선형 비례하며, L^m에 반비례하는데 m은 1과 3 사이의 범위에 있다, 이는 다음과 같이 표현된다.

$$\frac{d\varepsilon}{dt} = A \frac{\sigma}{L^m} e^{-E_a/kT} \tag{5.37}$$

여기서 A는 비례 상수이다. 식 (5.37)은 입자 크기가 작을 때 확산크리프가 가장 효율적임을 보여 준다. 더 큰 입자의 경우에는 전위크리프가 더 우세한 경향이 있다. 게다가 응력에 대한 변형 속도의 선형적인 의존성은 확산크리프에 의한 고체 상태 변형이 거시적으로는 5.2.2절에서 논의된 뉴턴 유체의 점성 흐름과 같음을 보여 준다.

실험 결과는 확산크리프가 지구 상부 맨틀의 깊은 부분에서 지배적인 크리프 메커니즘일 수 있음을 시사한다. 확산크리프

는 전위크리프와는 다르게 결정의 LPO로 이어지지 않으므로 탄성파 이방성도 발생하지 않는다.

5.3 완전 탄성체와 점성 흐름으로부터의 차이

완전한 탄성 변형과 점성 흐름은 응력하에서의 물질의 변형을 이상적으로 표현한다. 이는 탄성파가 전파하는 것부터 지구 맨틀과 외핵의 대류에 이르기까지 다양한 현상을 설명하고 이해하는 데 편리하다. 그러나 지구 물질은 비균질적이기 때문에 종종 비이상적인 거동을 보인다. 예를 들어, 작은 응력이 가해지면 암석의 변형이 시간이 지남에 따라 지연되거나 복구되지 않을 수 있다. 큰 응력이 가해지면 암석이 소성 변형되거나 부서질 수 있다. 이러한 예들과 비이상적인 다른 방식의 변형이 다음 단락에서 논의될 것이다.

5.3.1 비탄성 : 지연된 변형

그림 5.1의 막대에 작은 응력 σ가 가해지면, 막대가 h에서 $h + \Delta h$로 즉각적으로 인장되지 않는데, 이는 결정의 원자가 새로운 평형 위치로 이동하거나, 기존의 어긋나기가 이동하거나, 새로운 단층이 형성되는 등 다양한 과정에 약간의 시간이 필요하기 때문이다. 최종적으로 인장된 Δh는 여전히 응력 σ에 비례하고, 응력이 제거되었을 때 막대가 원래의 모양으로 완전히 복원된다. 선형적이고 복구가 가능하지만, 즉각적이지 않은 변형을 비탄성(anelasticity)이라고 한다.

1890년에 켈빈 경(Lord Kelvin, 1824~1907)은 완전 탄성 고체와 점성 액체의 특성을 결합하여 비탄성 변형을 모델화하였다. 비탄성 물질에 적용된 응력은 탄성과 점성 효과를 모두 유발한다. 만약 변형률이 ε이면, 그에 상응하는 응력의 탄성적인 부분은 영률(E)을 이용하면 $E\varepsilon$이다(5.1.4절). 이와 유사하게, 변형 속도가 $d\varepsilon/dt$이면, 응력의 점성적인 부분은 점성도(η)를 이용하면 $\eta\,d\varepsilon/dt$이다. 적용된 응력 σ는 탄성적 부분과 점성적 부분의 합이며, 다음과 같이 쓸 수 있다.

$$\sigma = E\varepsilon + \eta \frac{d\varepsilon}{dt} \tag{5.38}$$

이 방정식을 풀기 위해 먼저 전체를 E로 나눈 다음, 지연 시간 또는 맥스웰 시간인 $\tau = \eta/E$를 정의한다. 이는 점성 변형률이 탄성 변형률을 초과하는 데 걸리는 시간을 측정한 것이다. 방정식을 대입하고 재정렬하면, 다음의 식이 도출된다.

$$\varepsilon + \tau \frac{d\varepsilon}{dt} = \frac{\sigma}{E} \qquad (5.39)$$

$$\frac{\varepsilon}{\tau} + \frac{d\varepsilon}{dt} = \frac{\varepsilon_m}{\tau} \qquad (5.40)$$

여기서 $\varepsilon_m = \sigma/E$이고, 여기에 적분 인자 $e^{t/\tau}$을 곱하면, 다음의 식이 유도된다.

$$\frac{\varepsilon}{\tau}e^{t/\tau} + \frac{d\varepsilon}{dt}e^{t/\tau} = \frac{\varepsilon_m}{\tau}e^{t/\tau} \qquad (5.41)$$

$$\frac{d}{dt}(\varepsilon e^{t/\tau}) = \frac{\varepsilon_m}{\tau}e^{t/\tau} \qquad (5.42)$$

일정한 σ와 일정한 ε_m을 가정하고, t에 대해 이 방정식의 양변을 적분하면 다음과 같다.

$$\varepsilon e^{t/\tau} = \varepsilon_m e^{t/\tau} + C \qquad (5.43)$$

여기서 C는 초기 조건에 의해 결정된 적분 상수이다. 초기 변형률이 0이면(즉, $t = 0$일 때 $\varepsilon = 0$) 식 (5.43)은 $C = -\varepsilon_m$이 된다. 따라서 시간 t에서의 변형률에 대한 해는 다음과 같다.

$$\varepsilon = \varepsilon_m(1 - e^{-t/\tau}) \qquad (5.44)$$

따라서 즉각적으로 반응하는 탄성 거동과 달리, 변형률은 $\varepsilon_m = \sigma/E$를 상한으로 기하급수적으로 증가한다.

5.3.2 점탄성 : 지연되고 복원되지 않는 변형

비탄성적인 거동 외에, 점 결함이나 어긋나기와 같은 결정결함(crystal imperfection)이 비가역적으로 움직였기 때문에 종종 변형이 완전히 복원되지 않을 수 있다. 따라서 응력이 제거되면, 영구 변형이 남는다. 회복 가능하지 않거나 즉각적으로 반응하지 않으면서 응력에 선형적으로 의존하는 변형을 점탄성(viscoelasticity)이라고 부른다.

점탄성은 완전 탄성, 비탄성 그리고 점성 거동이 결합된 것이다. 이러한 구성요소들의 상대적 중요성은 응력이 가해지고 있는 시간에 따라 다르다(그림 5.10a). 처음에는 암석이 일단 탄성적으로 변형된다. 응력이 더 커지면 변형률이 초기에 급격히 증가하다가(즉, 변형 속도가 빠름) 다시 느리게 증가하는 단계가 이어진다. 이 영역 내에서 응력이 제거되면 변형이 빠르게 0으로 줄어든다. 비탄성 거동을 특징으로 하는 이 단계를 1차 크리프 또는 지연된 탄성 크리프라고 한다. 1차 단계를 넘어서면 5.2절에서 설명한 것처럼 고체 상태 흐름에 의해 크리프가 거의 일정하지만 더 느린 변형 속도로 진행된다. 이 단계를 2차 크리프 또는 정적 크리프라고 한다. 응력이 제거되면 탄성 및 비탄성 복원 후에도 영구 변형이 남는다. 가해진 응력이 충분히 크면 변형 속도가 더욱 증가하다가 어느 순간에 파괴에 이르게 되는데, 이 단계를 3차 크리프 또는 소성 흐름(plastic flow)이라고 한다(5.3.3절 및 5.3.4절 참조).

일정한 응력이 주어진 상태에서 크리프 곡선의 1차 및 2차 단계는 탄성, 비탄성 그리고 점성 요소를 결합하여 모델화될 수 있다(그림 5.10b). 탄성 성분은 $\varepsilon_{elastic} = \sigma/E$로 주어지고, 비탄성 성분은 식 (5.44)와 같이 $\varepsilon_{anelastic} = \varepsilon_m(1 - e^{-\tau/t})$이다. 변형률의 점성 성분은 시간에 따라 일정한 변형 속도를 가지고 선형적으로 증가한다. 이 세 가지 성분을 결합하면 다음과 같은 식을 얻을 수 있다.

$$\varepsilon = \frac{\sigma}{E} + \varepsilon_m(1 - e^{-t/\tau}) + \frac{\sigma}{\eta}t \qquad (5.45)$$

이 간단한 모델로 실험적으로 관측된 크리프 곡선의 주요 특징을 설명할 수 있다. 사실 실험실에서 관측한 것이 실제 지

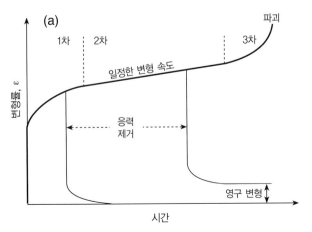

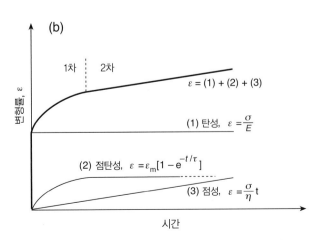

그림 5.10 (a) 일정한 응력하에서 변형되는 물질에 대한 변형률-시간 곡선 및 (b) 탄성, 점탄성 및 점성 요소를 결합한 크리프 곡선 모델(식 5.45).

구에서 발생하는 크리프를 대표한다고 확신하기는 매우 어렵다. 실험실에서 지각과 상부 맨틀의 압력과 온도 조건을 구현하는 것은 가능하다. 하지만 가장 큰 문제점은 시간 척도와 크리프 속도의 차이에서 발생한다. 수개월 또는 수년에 걸쳐 크리프 실험이 수행된다고 하더라도 실제로 지질학적 과정에서 소요되는 시간보다 훨씬 짧다. 자연에서의 크리프 속도(예 : 약 $10^{-14}\,\text{s}^{-1}$)는 실험실에서 구현된 가장 느린 변형 속도(약 $10^{-8}\,\text{s}^{-1}$)보다 훨씬 느리다. 그럼에도 불구하고, 실험을 통해 지구 내부의 유동학적 특성과 크리프가 다른 깊이에서 활성화되는 물리적 메커니즘을 더 잘 이해할 수 있게 되었다.

점탄성 변형 성분은 시간뿐만 아니라 다른 많은 요인들에 의해서도 좌우된다. 여기에는 압력과 온도, 화학 조성, 유체로 채워질 수 있는 균열의 존재 등이 포함된다.

점탄성 변형에서 탄성 에너지의 일부는 어긋나기나 점 결함의 이동과 같이 결정격자를 비가역적으로 재구성하는 데 사용된다. 그 결과 탄성파에 의해 전달되는 에너지는 지구를 통해 전파되면서 점차 감쇠된다. 이러한 탄성파의 감쇠로 인해 지진이 발생하더라도 지구가 영원히 진동하지 않는다.

5.3.3 소성 흐름

우리는 지금까지 작은 응력하에서 물질이 탄성적으로(훅의 법칙) 또는 짧은 시간 동안 비탄성적으로 변형될 수 있는 상황만을 고려해 왔다. 하지만 선형 한계(linearity limit)라고 불리는 특정 응력 값 이후에는 훅의 법칙이 더 이상 성립되지 않는다(그림 5.11). 응력이 제거되었을 때 물질은 여전히 원래의 모양으로 돌아오지만, 응력-변형 관계는 비선형적이다. 응력이 탄

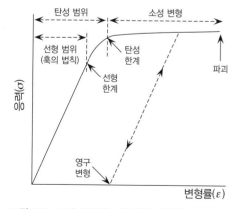

그림 5.11 고체 물질에 대한 응력-변형률 관계는 비례 한계까지 선형(훅의 법칙)이며, 물질은 탄성 한계에 도달할 때까지는 탄성적으로 변형된다. 충분히 높은 응력에서 소성 변형은 파괴가 발생할 때까지 추가적인 변형률을 유발한다.

성 한계(elastic limit) 또는 항복 응력(yield stress)으로 알려진 특정 값 이상으로 증가하면, 응력이 제거될 때 물질은 원래의 형태로 복원되지 못하며 영구적인 변형이 발생한다. 이 범위에서 가해지는 응력이 조금만 증가해도 변형률은 불균형적으로 크게 증가한다. 이러한 변형을 소성(plastic)이라고 한다. 항복 응력은 물질의 구성, 압력 및 온도와 같은 수많은 요인에 따라 달라진다. 지구 표면 근처에서, 암석의 항복 응력은 규모에 따라 10~100 MPa이다.

소성 변형은 고체 상태의 점성 흐름과 유사하게 나타난다. 주된 차이점은 점성 흐름은 작은 응력이 주어지더라도, 충분히 높은 온도에서 오랜 시간 동안 가해진다면 발생할 수 있다는 것이다. 반면 소성 변형은 항복 응력을 초과하는 응력이 필요하며, 소성 변형은 짧은 시간 동안에도 또는 낮은 온도에서도 발생할 수 있다. 결정 규모에서 보면, 소성 흐름은 어긋나기의 움직임에 의해 발생할 수 있다. 응력이 크기 때문에 전위크리프가 활성화되는 온도보다 더 낮은 온도에서도 어긋나기가 움직일 수 있다(5.2.3.2절). 결과적으로 소성 흐름에 대한 응력-변형률 관계는 전위크리프 지수 법칙(dislocation creep power law)(식 5.36)에서 벗어난다. 이러한 현상을 흔히 **지수 법칙 붕괴**(power-law breakdown)라고 한다.

완전한 소성 거동에서, 응력-변형률 곡선은 0의 기울기를 가진다. 그러나 실제로 소성 변형 물질의 응력-변형률 곡선은 일반적으로 작은 양의 기울기를 가진다. 이것은 소성 변형이 진행되려면 응력이 항복 응력보다 더 높아져야 한다는 것을 의미하며, 이 효과를 변형 경화(strain-hardening)라고 한다.

5.3.4 균열과 취성–연성 전이대

높은 응력과 낮은 온도에서의 소성 흐름은 물질의 파괴(failure)를 유발한다. 이것은 국부적인 균열에 의해 파괴되는 **취성 변형**(brittle deformation)과는 대조적이다. 취성 변형은 다른 뒤틀림이 없는 파열로 구성된다. 이러한 급작스러운 과정은 암석에 단층을 유발하고 지진파 형태로 탄성 에너지가 방출되면서 동반되는 지진을 유발한다. 취성 파괴는 완벽한 결정격자의 고유 강도보다 훨씬 낮은 응력에서 발생한다. 취성 파괴는 결정 내부에 국부적으로 내부 응력장을 변하게 하는 틈이 존재하기에 가능하다. 균열(fracture)은 인장되거나 또는 전단되는 경우에 발생할 것이다. 취성 변형은 암석권 상부 5~10 km에서 일어나는 지구조적 과정의 주요한 메커니즘이다.

취성 변형은 원자 결합을 완전히 끊어서 균열이 형성되게 하

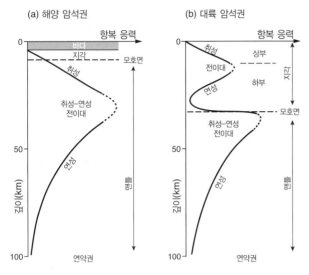

그림 5.12 (a) 해양 암석권 및 (b) 대륙 암석권의 항복 응력을 취성-연성 전이대(brittle-ductile transition)의 추정 깊이와 같이 도시한 개략적인 수직 단면도. 대륙 암석권의 단면도는 곡선의 모양을 본떠서 구어체로 '크리스마스트리 다이어그램'이라고 불린다. 출처 : P. Molnar, Continental tectonics in the aftermath of plate tectonics, *Nature* 335, 131–137, 1988.

는데 이러한 과정은 일반적으로 상당한 부피 확장을 수반한다. 결과적으로, 압력(깊이)이 중요한 역할을 한다. 일정 압력 이상에서는 균열이 열리지 않고, 취성 변형이 연성 변형(ductile deformation), 즉 고체 상태의 점성 또는 소성 흐름에 의한 변형으로 전환된다. 지구의 깊은 내부에 있는 암석과 광물의 거동은 주로 연성 변형으로 특징지어진다.

취성 변형이 우세한 상태에서 연성 변형이 우세한 상태로의 전이대는 해양과 대륙 암석권에서 다르게 발생한다(그림 5.12). 전이대의 깊이는 암석의 조성, 지역적인 지온 구배, 지각 두께, 변형률과 같은 여러 변수에 따라 달라진다. 결과적으로 전이대의 깊이는 암석권의 수직층 구조에 민감하다. 해양의 암석권은 지각이 얇고, 깊이에 따라 강도(항복 응력)가 거의 선형적으로 증가하는 양상을 보이는데 이는 압력이 거의 선형적으로 증가하기 때문이다. 해양 암석권에서 상부 맨틀의 강도는 약 30~40 km 깊이에서 최대치에 달하며, 온도 상승의 영향이 더 우세해지기 시작한다. 더 깊은 곳에서는 확산 및 전위크리프가 열로 활성화되기에 충분히 높은 온도가 된다. 그러므로 암석권은 점차 연성이 강해지고, 결국 약 100 km 깊이 아래로는 강성이 낮은 연약권으로 점차 변하게 된다.

대륙 지각은 해양 지각보다 두껍고 더 복잡한 층구조를 가진다. 상부 지각은 부서지기 쉬우며, 주로 단층에서의 마찰 미끄러짐(frictional sliding)에 의해 변형된다. 초기에는 광물이

높은 온도에 의해 충분히 약해질 때까지, 깊이(압력)가 증가함에 따라 강도가 증가한다. 이러한 첫 번째 최대 강도는 부서지기 쉬운 상부 지각과 하부 지각 사이의 경계를 대략 구분 짓는데, 하부 지각은 평균 깊이 30~35 km인 모호면까지 점점 연성이 강해진다. 상부 맨틀에서는 광물 조성의 변화로 인해 강도가 다시 증가한다. 이로 인하여 평균 깊이 40~50 km에서 두 번째 취성-연성 전이대가 발생한다.

대륙 암석권과 해양 암석권의 유동학적 층서 구조 차이는 판 사이의 충돌 과정에서 중요하다. 대륙 암석권에서 지각에 해당하는 부분은 맨틀에서 분리될 수 있다. 지각층이 구부러지고, 층하스러스트(underthrusting)[4]되고 축적되면서, 봉합대(suture zone)에서 습곡 산맥(folded mountain range)을 형성하고, 대륙 지각은 두꺼워진다. 예를 들어 히말라야산맥 아래는 지각 두께가 70 km를 넘는데 이는 유라시아판의 지각 아래로 인도판의 지각이 층하스러스트되면서 유발되었다.

5.4 암석권의 강성률

암석권 판은 수평 길이에 비하면 얇다. 그러나 암석권의 판은 분명히 판을 움직이게 하는 힘에 대해 견고하게 반응한다. 암석권은 수평 응력을 받으면 쉽게 휘어지지 않는다. 이는 평평한 베개 위에 놓여 있는 얇은 종이 한 장으로 비유할 수 있다. 한쪽 가장자리를 밀면 종이가 구김 없이 베개를 가로질러 미끄러진다. 앞 가장자리가 장애물에 부딪힐 경우에만 페이지가 장애물 앞에서 위로 구부러지고 앞 가장자리는 장애물 아래로 파고 들어가려고 한다. 이것은 해양성 암석권 판이 다른 판과 충돌할 때 일어나는 현상이다. 이로 인해 작은 전방 돌출부(forebulge)가 해양판 위에 발달되고, 앞 가장자리가 맨틀 쪽으로 굽어 들어가 섭입대를 형성한다.

판이 구부러지는 정도는 판의 강성률을 측정하는 척도이다. 국부적인 수직하중에 의해서도 판이 구부러질 수 있다. 앞에서처럼 맨틀 위의 판을 평평한 베개 위의 얇은 종이에 비유해 보자. 종이 가운데에 작은 하중이 실리면, 부드러운 베개에 눌려 버린다. 이 과정에서 하중이 실린 주변의 넓은 영역이 영향을 받게 되며, 이는 베닝 마이네즈(Vening Meinesz) 유형의 국지

---

4 경사가 45° 이하인 역단층을 충상단층(thrust fault)이라고 하며, 상반이 운동한 것을 오버스러스트(overthrust), 하반이 운동한 것을 층하스러스트(underthrust)라고 부른다(출처 : 지질학백과).

적 지각 평형 보상(4.3.2.3절)과 비교될 수 있다. 해산이나 나란히 형성된 섬 해양의 암석권에 비슷한 하중을 줄 수 있다. 국부 수직하중에 의한 판의 구부러짐을 연구함으로써 암석권의 정적 특성, 즉 구부러짐에 대한 저항성 정보를 얻는다.

얇은 종이가 만약 단단하고 평평한 테이블 위에 놓여 있다면 수직하중에 의해 구부러지지 않을 것이다. 부드럽고 구부러질 수 있는 표면에 놓여 있을 때만 종이가 구부러질 수 있다. 하중이 제거되면 종이가 원래 평평한 모양으로 복원된다. 하중이 제거된 후 복원되는 특성은 종이뿐만 아니라 베개의 특성을 측정하는 척도이다. 하중에 의해서 판이 구부러지는 실제 사례로는 캐나다 순상지(shield)나 페노스칸디아(4.3절 참조)와 같이 지금은 사라진 빙상에 의해 눌려 왔던 지역의 반동(rebound) 현상이 있다. 빙상에 대한 반동 속도의 분석은 암석권 아래에 있는 맨틀의 **동적 특성**에 대한 정보를 제공한다. 표면이 침강하게 되면 이를 위한 공간을 만들기 위해 맨틀 물질이 옆으로 밀려 나가게 되고, 하중이 제거되면 제자리로 복귀하려는 맨틀 흐름이 생겨서 오목하게 침강한 부분을 다시 위로 밀어낸다. 맨틀 물질의 흐름을 용이하게 하는 정도는 동적 점성도에 의해 묘사된다.

약한 유체 위에 놓인 얇고 탄성이 있는 판의 구부러짐에 대한 저항성은 **휨강성률(flexural rigidity)**이라고 불리는 탄성 매개변수로 표현되며, D로 표시된다. 두께가 h인 판의 경우, 휨강성률은 다음과 같다.

$$D = \frac{E}{12(1 - v^2)} h^3 \qquad (5.46)$$

여기서 E는 영률이고 v는 포아송비(이러한 탄성 계수의 정의는 5.1.4절 참조)이다. E의 차원은 N m^{-2}이고, v는 무차원이다. 따라서 D의 차원은 휨모멘트(N m)의 차원과 같다. D는 탄성을 갖는 판의 기본 물성으로 판이 얼마나 쉽게 구부러질 수 있는지를 나타낸다. D 값이 크면 강성판에 해당하며, 이는 영률이 크거나 두께가 두꺼워서 발생할 수 있다.

두 가지 흥미로운 상황을 고려하여, 해양 암석권의 강성률에 대해 논의해 보자. 첫 번째는 섬이나 해산과 같은 지형적 요소에 의해 암석권이 구부러지는 것이다. 이 경우 탄성을 갖는 판에 주어진 수직하중만 중요하다. 두 번째는 섭입대에서 암석권의 구부러짐이다. 두 번째 경우, 판의 가장자리를 따라 수직과 수평 방향 힘이 주어져서 판은 휨모멘트에 의해 아래쪽으로 구부러진다.

5.4.1 섬에 의한 암석권의 구부러짐

암석권의 탄성 구부러짐 이론은 얇은 탄성판과 빔(beam)의 구부러짐으로부터 유도될 수 있다. 여기에는 4차 미분 방정식이 포함되는데, 그 유도 과정은 이 책의 범위를 벗어난다. 그러나 방정식을 설정하는 데 관련된 힘을 고려하고, 단순화시켜 해를 검증하는 것이 좋다.

표면 하중 $L(x, y)$이 주어지고, 밀도 ρ_m의 기층(substratum)에 의해 지지되는 두께가 h인 얇은 등방성 탄성판의 구부러짐을 고려해 보자(그림 5.13a). 하중 중심을 기준으로 한 위치(x, y)에서의 판의 수직 변위(deflection)를 $w(x, y)$라고 하자. 이때, 두 가지 힘이 하중의 하향력에 대해 반작용한다. 첫 번째 힘은 아르키메데스의 원리에 의해 유발되는 크기가 $(\rho_m - \rho_i)gw$인 부력이다. 여기서 ρ_i는 판의 수직 변위로 인한 함몰부를 채우는 물질의 밀도이다. 두 번째 힘은 빔의 탄성에서 발생한다. 탄성 이론에 따르면, 이 두 번째 힘은 수직 변위 w의 4차 미분에 비례하는 복원력이다. 변형 하중에 대한 탄성력과 부력은 다음

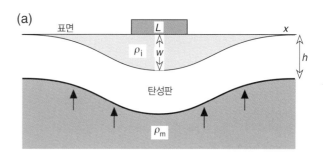

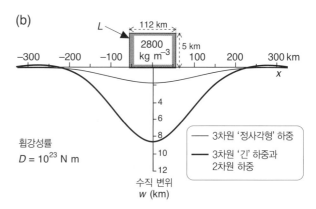

그림 5.13 (a) 밀도가 더 높은 기층에 의해 지지되는 두께 h의 얇은 판의 탄성 구부러짐에 대한 기하학적 구조. 표면 하중 L은 아래쪽으로의 수직 변위 w를 유발한다. (b) 2차원 및 3차원 탄성판 모델의 비교. 하중은 밀도 2,800 kg/m^3, 높이 5 km, 단면 폭 112 km의 지형 특성으로 간주된다. 출처 : A.B. Watts, J.R. Cochran and G. Selzer, Gravity anomalies and flexure of the lithosphere: the Great Meteor seamount, Northeast Atlantic, *J. Geophys. Res.* 80, 1391–1398, 1975.

방정식으로 표현된다.

$$D\left\{\frac{\partial^4 w}{\partial x^4} + 2\frac{\partial^4 w}{\partial x^2 \partial y^2} + \frac{\partial^4 w}{\partial y^4}\right\} + (\rho_m - \rho_i)gw = L(x, y) \quad (5.47)$$

산맥이나 나란히 배열된 섬과 같이 지형이 선형적으로 분포한 경우 구부러짐의 기하학적인 구조는 길이에 수직인 2차원 단면에서 같기 때문에, 이 문제는 얇은 빔의 2차원 탄성 구부러짐 문제로 단순화된다. 만약 하중이 y 방향으로 선형적인 특징을 가진다면, w의 y에 대한 변화는 사라지고 미분방정식은 다음과 같이 단순화된다.

$$D\frac{\partial^4 w}{\partial x^4} + (\rho_m - \rho_i)gw = L \quad (5.48)$$

$x = 0$에서 y축을 따라 집중된 선형 하중 L이 주어질 때, 이 방정식의 해는 다음과 같은 감쇠 사인파(sinusoidal) 함수이다.

$$w = w_o e^{-x/\alpha}\left(\cos\frac{x}{\alpha} + \sin\frac{x}{\alpha}\right) \quad (5.49)$$

여기서 w_0는 하중 아래 $x = 0$에서의 최대 수직 변위의 크기이다. 변수 α는 휨변수(flexural parameter)라고 하는데 판의 휨강성률 D와 관련 있다.

$$\alpha^4 = \frac{4D}{(\rho_m - \rho_i)g} \quad (5.50)$$

판(또는 빔)의 탄성으로 인해 수평 방향으로 더 먼 곳까지 표면 하중의 영향을 받는다. 이때, 하중 아래의 유체는 판에 의해 눌려 옆으로 밀려난다. 밀려난 유체의 부력은 유체를 위로 밀어 올려 중앙 함몰부에 인접한 표면을 융기시킨다. 식 (5.49)는 이 효과가 하중으로부터의 거리가 증가함에 따라 반복됨을 나타내며, 이러한 교란의 파장은 $\lambda = 2\pi\alpha$이고 진폭은 계수가 지수 함수적으로 감쇠하기 때문에 빠르게 감소한다. 일반적으로 중앙 함몰부와 첫 번째 융기 영역만 고려하면 된다. 파장 λ는 중앙 함몰부를 가로지르는 거리와 같다. 식 (5.50)에 대입하면 D를 얻을 수 있으며, 이를 식 (5.46)의 매개변수 E 및 v와 함께 사용하여 탄성판의 두께 h를 구한다. 계산된 h 값은 지각과 상부 맨틀의 유동학적 세부 특성에 따라 달라지기 때문에, 일반적으로 지각의 두께와 일치하지 않는다. 예를 들어, 탄성판이 상부 맨틀의 일부를 포함할 때 h는 지각 두께를 초과한다. 두께 h의 값은 탄성 암석권(elastic lithosphere)의 두께와 같다.

2차원 하중(즉, 선형 특성)으로 인한 수직 변위와 3차원 하중(x축과 y축으로 일정한 범위를 가지는)으로 인한 수직 변위

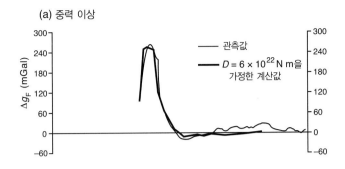

(a) 중력 이상

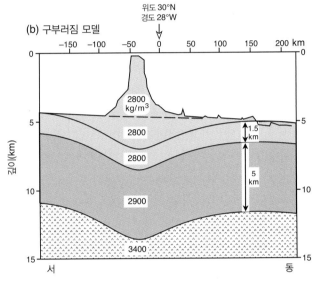

(b) 구부러짐 모델

그림 5.14 (a) 그레이트메테오 해산을 가로질러 관측된 프리에어 중력 이상 단면도와 (b) 지각 평형 보상에 따른 암석권 구부러짐 모델에 대해 계산된 이상치 비교. 출처 : A.B. Watts, J.R. Cochran and G. Selzer, Gravity anomalies and flexure of the lithosphere: a three-dimensional study of the Great Meteor seamount, Northeast Atlantic, *J. Geophys. Res.* 80, 1391–1398, 1975.

간의 차이는 그림 5.13b에 나와 있다. 만약에 단면에 수직인 3차원 하중의 길이가 너비의 약 10배 이상인 경우, 수직 변위는 2차원 하중의 경우와 같다. 정사각형 밑면을 가진 하중(즉, x축 및 y축 모두 같은 거리로 확장)은 선형 하중 효과의 1/4 미만인 중앙부 함몰을 유발한다.

지각 평형 상태의 암석권의 구부러짐 모델의 유효성은 계산된 모델의 중력 효과를 측정된 프리에어(free-air) 중력 이상 Δg_F와 비교하여 확인할 수 있다. 북대서양에 있는 그레이트메테오 해산의 지각 평형 보상은 3차원 모델에 대해 적절한 검증을 가능하게 한다(그림 5.14). 정밀해양중력조사를 통해 얻은 프리에어 중력 이상의 모양은 변형된 판의 유효 휨강성률을 6×10^{22} N m으로 가정한 모형과 가장 잘 맞는 것으로 나타났다.

5.4.2 섭입대 암석권의 구부러짐

섭입대에서 해양판의 수심 측정은 수 킬로미터 깊이가 될 수 있는 해양 해구로 대표된다(그림 5.15a). 해구 축의 바다 쪽으로, 판은 해구로부터 100~150 km까지 확장되고 수백 미터 높이에 도달할 수 있는 작게 위로 올라온 돌출부(외부 융기)를 만든다. 암석권 판은 섭입대에서 아래로 급격히 구부러진다. 이러한 구부러짐은 얇은 탄성판으로도 모델화될 수 있다.

이 모델에서 수평 방향의 힘 P는 두께 h인 판을 섭입대 방향으로 밀고, 전면부는 수직하중 L을 전달하여, 판은 휨모멘트 M에 의해 구부러진다(그림 5.15b). 수평력 P는 M과 L의 영향에 비하면 무시할 수 있다. 판의 수직 방향으로의 변위는 이전 예와 같은 변수를 사용할 경우, 반드시 식 (5.47)을 만족해야 한다. 수직 변위가 0인 해구에 가장 가까운 점을 원점으로 선택하면, 해의 형태가 다음과 같이 단순해진다.

$$w = A e^{-x/\alpha} \sin \frac{x}{\alpha} \tag{5.51}$$

여기서 A는 상수이고 α는 식 (5.49)와 같이 휨변수이다. 상수 A의 값은 $dw/dx = 0$인 전방 돌출부의 위치 x_b에서 찾을 수 있다.

$$\frac{dw}{dx} = A\left(-\frac{1}{\alpha}e^{-x/\alpha}\sin\frac{x}{\alpha} + \frac{1}{\alpha}e^{-x/\alpha}\cos\frac{x}{\alpha}\right) = 0 \tag{5.52}$$

이때,

$$x_b = \frac{\pi}{4}\alpha \quad \text{그리고} \quad A = w_b\sqrt{2}e^{\pi/4} \tag{5.53}$$

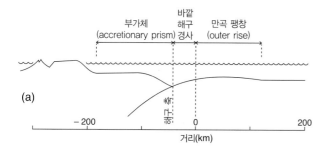

(a)

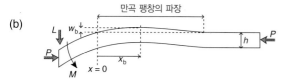

(b)

그림 5.15 (a) 개략적인 섭입대의 단면 구조. 출처 : J.G. Caldwell and D.L. Turcotte, Dependence of the thickness of the elastic oceanic lithosphere on age, *J. Geophys. Res.* 84, 7572–7576, 1979. (b) 이에 해당하는 얇은 판 모델. 출처 : D.L. Turcotte, D.C. McAdoo and J.G. Caldwell, An elastic-perfectly plastic analysis of the bending of the lithosphere at a trench, *Tectonophysics* 47, 193–205, 1978.

수평 거리와 수직 변위를 정규화하는 것이 편리하다. $x' = x/x_b$와 $w' = w/w_b$로 쓰면 해양 해구에서 탄성 구부러짐에 대한 일반화된 방정식이 얻어진다.

$$w' = \sqrt{2} \sin\left(\frac{\pi}{4}x'\right)\exp\left[\frac{\pi}{4}(1-x')\right] \tag{5.54}$$

탄성 구부러짐 모델에서 얻은 섭입대에서의 해양 암석권의 이론적인 수직 변위는 마리아나 해구를 가로지르는 단면도에서 관측된 수심 측량값과 잘 일치한다(그림 5.16a). 계산된 탄성 암석권의 두께는 약 20~30 km이고 휨강성률은 약 10^{23} N m이다. 그러나 일부 해구에서는 상부 암석권이 완전히 탄성적이라고 가정하는 것은 분명히 적절하지 않다. 통가 해구의 탄성 구부러짐 모델 곡선은 해구 내부에서 관측된 수심 측량에서 벗어난다(그림 5.16b). 통가 해구의 판의 곡률이 높은 부분에서는 탄성 한계를 초과할 가능성이 있다. 이러한 영역은 항복 응력을 초과하여 판의 유효 강성을 감소시킬 수 있다. 이러한 효과는 비탄성 변형을 소성이라고 가정하여 설명할 수 있다. 탄성판 모델에 대해 해구 내에서 계산된 수직 변위는 관측된 수심 측량과 잘 일치한다.

5.4.3 해양 암석권의 두께

구부러짐 모델을 기반으로 한 해양 암석권의 탄성 두께의 추정치는 지진파 관측을 기반으로 한 추정치와 비교할 수 있다. 지진파의 주기가 30초 이상인 표면파는 상부 맨틀을 전파할 수 있다. 주파수에 따른 지진파 속도의 분석을 통해 바다 아래로 약 50 km에서 거의 100 km에 이르는 암석권 두께를 추정할 수 있다. 또한 반사파에 대한 관측 결과는 해양 암석권과 그 하부에 있는 연약권 사이의 경계가 10 km 미만으로 비교적 뚜렷하다는 것을 지시한다. 이는 암석권-연약권의 경계가 화학 조성의 변화 또는 연약권 내 갑작스러운 부분 용융과 관련되어 형성될 수 있음을 암시한다.

해산과 나란히 위치하는 섬 또는 섭입대에서 발생하는 판의 구부러짐에 대한 탄성 모델링으로부터 얻은 암석권의 두께는 지진파 분석으로부터 추정된 두께의 1/3에서 1/2에 불과하다. 이처럼 암석권의 두께가 차이 나는 것은 탄성판 모델이 너무 단순할 수도 있음을 시사한다. 탄성판 모델은 암석권의 열적, 구성적 층서뿐만 아니라 장기간에 걸친 점성 효과를 무시한다. 다른 한편으로는 판의 구부러짐과 지진파의 전파는 다른 물리적 변수, 즉 휨강성률과 파동 속도에 의해 제어된다. 이러한 변

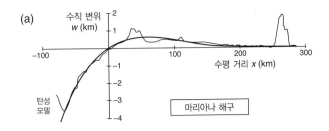

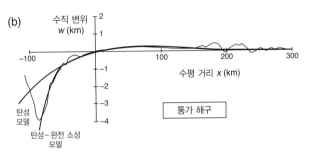

그림 5.16 해구에서 관측된 수심(가는 실선) 및 이론적으로 계산된 수심(두 꺼운 실선) 단면도. (a) 마리아나 해구에서는 암석권의 탄성 구부러짐이 잘 보인다. (b) 통가 해구의 구부러짐은 탄성–완전 소성으로 가장 잘 설명된 다. 출처 : D.L. Turcotte, D.C. McAdoo and J.G. Caldwell, An elastic-perfectly plastic analysis of the bending of the lithosphere at a trench, *Tectonophysics* 47, 193–205, 1978.

수의 깊이에 따른 변화는 다양한 요인(구성, 온도, 변형 메커니 즘, 유체의 존재)에 따라 달라지며, 공간적으로 일치할 이유는 없다. 결과적으로 우리는 긴 시간 규모에 걸친 구부러진 판 모 델에서 추론된 탄성 암석권(elastic lithosphere)과 짧은 시간 규 모에 걸친 깊이 의존적인 지진파의 전파 속도에서 추론된 지진 암석권(seismic lithosphere)을 구별해야 한다.

5.5 맨틀 점성도

취성 거동에서 연성 거동으로의 전이에서 설명했던 것처럼 (5.3.4절), 지구의 유동학적 특성은 깊이에 따라 변한다. 암석 권의 상부는 탄성적으로 거동한다. 응력이 파괴가 일어나지 않 을 정도로 충분히 작으면, 변형은 단기 및 장기 하중 모두에 대 해 대체로 가역적인 반응을 보인다.

암석권의 더 깊은 부분은 완전히 탄성적으로 거동하지는 않 는다. 예를 들어, 암석권 하부는 지진에 의해 유발된 급격한 응 력 변화에 대해서 탄성적인 반응을 보이지만, 연성 흐름에 의 해 오래 지속되는 응력에도 반응한다. 이러한 종류의 유동학 적 거동은 연약권과 더 깊은 맨틀에서도 구분 지어진다. 흐름 은 응력 또는 그 힘에 비례하는 변형 속도를 유발한다. 가장 단

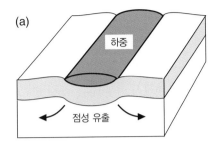

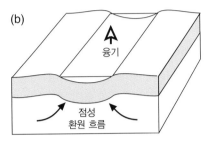

그림 5.17 (a) 표면 하중(예 : 빙상)으로 인한 암석권의 함몰 및 이와 동반되 는 하부 맨틀의 점성 유출, (b) 하중 제거 후 맨틀의 환원 흐름과 그로 인한 표면 융기.

순한 경우, 변형은 점성도 η에 의해 제어되는 뉴턴 흐름에 의해 발생하며, 그 차원(Pa s)으로 이 과정의 시간 종속적 특성을 나 타낸다.

빙상과 같은 표면 하중하에서, 탄성 암석권은 점성 맨틀로 아래로 밀려난다(그림 5.17a). 이것은 침강된 지역에서 멀어지 는 방향으로 맨틀 물질을 유출시킨다. 빙상이 녹아서 하중이 제거되면, 정수압 평형이 회복되고 점성 맨틀 물질이 다시 복 귀하려는 환원 흐름이 발생한다(그림 5.17b). 따라서 표면 하 중에 대한 지구의 시간 의존적 반응을 모델링할 때에는 최소한 2개, 일반적으로는 3개의 층이 고려되어야 한다. 최상층은 최 대 100 km 두께의 탄성 암석권이다. 탄성 암석권은 무한한 점 성도(즉, 흐르지 않음)와 5×10^{24} N m 부근의 휨강성률(D)을 갖는다. 그 아래에는 연약권을 포함하는 75~250 km 두께의 점성도가 낮은(일반적으로 10^{19}~10^{20} Pa s) '층'이 있다. 세 번 째 층을 구성하는 더 깊은 맨틀은 10^{21} Pa s 정도로 점성도가 더 높다.

하중이 제거된 후 표면은 융기를 동반하면서 복원되는데 이 는 단순한 지수 함수적인 이완 방정식으로 잘 설명된다. 표면 의 초기 함몰이 w_0인 경우, 시간 t 이후의 수직 변위 $w(t)$는 다 음과 같이 주어진다.

$$w(t) = w_0 e^{-t/\tau} \tag{5.55}$$

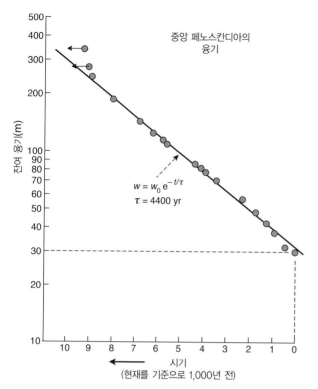

중앙 페노스칸디아의
융기

$w = w_0 e^{-t/\tau}$
$\tau = 4400$ yr

전단 융기 (m)

시기
(현재를 기준으로 1,000년 전)

그림 5.18 마지막 빙하기가 끝난 이후 중앙 페노스칸디아의 융기는 4,400년의 시간 상수를 가진 지수적인 점성 이완을 보여 준다. 출처 : L.M. Cathles, *The Viscosity of the Earth's Mantle*, 388 pp., Princeton, N.J.: Princeton University Press, 1975.

여기서 τ는 이완 시간이며, 이는 다음 식에 의해 맨틀 점성도 η와 관련이 있다.

$$\tau = \frac{4\pi}{\rho_m g \lambda} \eta \qquad (5.56)$$

여기서 ρ_m은 맨틀의 밀도, g는 흐름 깊이에서의 중력, λ는 하중의 규모에 적합한 차원인 함몰부의 파장이다. 이러한 관계를 검증하기 위해서는 과거의 지표면 고도에 대한 자료가 필요하다. 과거의 고도 자료는 해수면 변화, 과거 해안선의 현재 고도, 직접 관측된 융기 속도 분석을 통해 얻을 수 있다. 고대 지평선은 방사성 연대 측정법과 매년 퇴적물층에 퇴적된 실트층-점토층의 쌍의 수를 계산하는 방식인 빙하점토층편년법(varve chronology)에 의해 연대가 측정된다. 함몰된 지역의 지수 함수적인 복원을 확인할 수 있는 적합한 사례는 약 10,000년 전 마지막 빙하기가 끝난 이후 중앙 페노스칸디아의 융기 이력이다(그림 5.18). 아직 약 30 m의 융기가 여전히 남아 있다고 가정하면, 관측된 융기가 식 (5.55)와 잘 일치하고 4,400년의 이완 시간이 필요함을 계산할 수 있다.

융기를 모델링할 때 중요한 요소는 점성 반응이 맨틀 전체에 발생하는지 또는 암석권 아래의 낮은 점성도층에 국한되는지 여부이다. 탄성파 전단파의 속도는 저속도층에서 감소하는데, 그 두께는 수십에서 거의 200 km 사이로 지역마다 다르다. 이는 녹는점 근처의 높은 온도로 인한 연화(softening) 또는 부분 용융의 결과로 해석되는데, 이러한 지진파 저속도층을 연약권이라고 한다. 이 저속도층은 더 깊은 맨틀보다 점성도가 최소 25배 정도 낮아서 명확하게 구분된다.

빙상(또는 다른 유형의 표면 하중)이 클수록 더 깊은 맨틀까지 영향을 준다. 다양한 하중을 제거하면서 발생하는 융기 이력을 연구함으로써, 다양한 깊이의 맨틀에 대한 점성도 정보를 얻을 수 있다.

5.5.1 상부 맨틀의 점성도

약 18,000~20,000년 전 미국 유타주에 있었던, 현재 그레이트솔트 호수의 전신인 보너빌(Bonneville) 호수는 반경이 약 95 km이고 추정 수심이 약 305 m였다. 수괴가 암석권을 누르다가, 호수 물이 빠져나가 건조된 후에 지각 평형 복원에 의해 융기되었다. 고대 호안선(shoreline)의 현재 높이를 관측한 결과 호수의 중앙 부분이 약 65 m 융기되었음을 알 수 있었다. 이러한 융기 과정에는 암석권의 휨강성률과 그 아래 맨틀의 점성도라는 두 가지 변수가 영향을 준다. 암석권의 탄성 반응은 지각 평형 상태에서 생성되는 함몰부의 기하학적 구조를 통해 추정된다. 305 m의 물의 하중에서 65 m의 수직 변위를 유발하는 최대 휨강성률은 약 5×10^{23} N m인 것으로 밝혀졌다.

표면 하중은 부드러운 맨틀을 누르는 반지름이 r인 무거운 수직 원기둥으로 모델링할 수 있다. 하부의 점성 물질은 옆으로 밀려나면서 주변을 융기시켜, 중앙 함몰부가 원형의 융기된 '돌출부'로 둘러싸이도록 한다. 하중을 제거한 후, 중앙 함몰부에서는 복원적 융기가 일어나고, 주변에서는 돌출부가 다시 가라앉아서 융기가 0인 등고선이 바깥쪽으로 이동하게 된다. 이러한 수직 원통형 하중으로 인해 발생하는 함몰부의 파장 λ는 원기둥 직경의 약 2.6배인 것으로 밝혀졌다. 보너빌 호수의 경우 $2r = 192$ km이므로 λ는 약 500 km이다. 암석권의 반응 시간이 하중 이력을 매우 밀접하게 추적할 수 있을 만큼 충분히 짧았다고 가정하여 맨틀의 점성도를 추정할 수 있다. 이것은 점성 이완 시간 t가 4,000년 또는 그 이하여야 함을 의미한다. 식 (5.56)에서 λ 및 τ에 이 값들을 대입하면, 맨틀의 상단

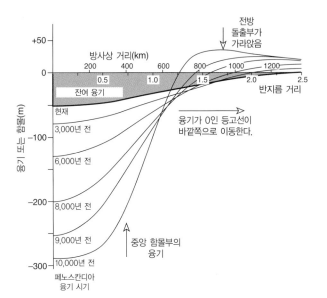

그림 5.19 10,000년 전 빙상이 사라진 후 페노스칸디아 빙상으로 인한 변형 완화의 모델 계산. 출처 : L.M. Cathles, *The Viscosity of the Earth's Mantle*, 388 pp., Princeton, N.J.: Princeton University Press, 1975.

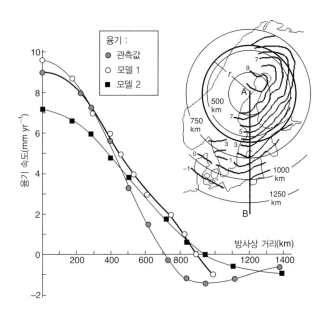

모델 1 :
암석권 : $D = 5 \times 10^{24}$ N m
저점성 채널 :
　　두께 = 75 km
　　$\eta = 4 \times 10^{19}$ Pa s
맨틀 : $\eta = 10^{21}$ Pa s

모델 2 :
암석권 : $D = 5 \times 10^{24}$ N m
저점성 채널 :
　　두께 = 100 km
　　$\eta = 1.3 \times 10^{19}$ Pa s

그림 5.20 빙상이 보트니아만 북부를 중심으로 수직 원통형 하중으로 표현될 수 있다고 가정할 때, AB 단면에서의 2가지 다른 맨틀 점성도 모델에서 계산된 융기 속도와 실제 해석된 페노스칸디아의 융기 속도 비교. 출처 : L.M. Cathles, *The Viscosity of the Earth's Mantle*, 388 pp., Princeton, N.J.: Princeton University Press, 1975.

250 km 깊이에서 최대 맨틀 점성도 η가 약 2×10^{20} Pa s임을 알 수 있다. η 값이 낮을수록 암석권 아래의 저점성도층은 더 얇아지게 된다.

　　페노스칸디아 융기 또한 수직 원기둥 하중과 같은 방식으로 근사될 수 있지만(그림 5.19), 하중의 무게와 측면 확장이 훨씬 더 크다. 만년설은 두께가 약 1,100 m로 노르웨이, 스웨덴, 핀란드 대부분을 덮고 있었을 것으로 추정된다. 비록 하중의 너비가 다소 확장되었지만, 보트니아만 북부를 중심으로 반경이 550 km인 수직 원기둥(그림 5.20)을 가정함으로써, 비교적 정확하게 모델링할 수 있다. 페노스칸디아 지역에서 하중은 약 20,000년 동안 적용되었으며, 10,000년 전에 제거되었다. 이로 인해 약 300 m의 초기 함몰이 발생했으며, 만년설이 제거된 이후 점점 복원되고 있다(그림 5.19). 융기 속도를 통해 상부 맨틀의 점성도를 추정할 수 있다. 관측된 자료는 여러 가지 맨틀 구조를 가지는 모델에서 계산된 값과 호환될 수 있는데, 그중 두 가지를 그림 5.20에서 비교한다. 각 모델은 5×10^{24} N m 의 휨강성률을 갖는 탄성 암석권, 그 아래로는 낮은 점성도층과 맨틀로 구성된다. 첫 번째 모델은 점성 맨틀($\eta = 10^{21}$ Pa s) 위에 75 km 두께의 채널($\eta = 4 \times 10^{19}$ Pa s)을 가진다. 두 번째 모델은 단단한 맨틀 위에 100 km 두께의 채널($\eta = 1.3 \times 10^{19}$ Pa s)을 가진다. 두 모델을 통해 예측된 융기 속도는 관측된 융기 속도와 매우 잘 일치한다.

5.5.2 하부 맨틀의 점성도

지질학자들은 북아메리카의 대부분이 3,500 m 두께의 빙상으로 뒤덮였던 마지막 빙하기의 위스콘신 지역에서 함몰과 융기 이력에 대한 일관된 시나리오를 추정하기 위해 노력해 왔다. 위스콘신 지역은 약 2만 년 동안 빙상으로 덮여 있었으며, 약 1만 년 전에 빙상이 녹았다. 빙상에 의한 하중으로 인해 약 600 m의 표면 함몰이 발생했다. 함몰의 중심 근처에 있는 제임스만(James Bay) 지역에서의 융기 이력은 지질학적 지표들을 사용하여 재구성되었고, 방사성 탄소 연대 측정 방법(8.4.1절 참조)에 의해 연대가 측정되었다. 모델링을 위하여, 빙상은 반경 $r = 1,650$ km인 원통형 하중으로 나타낼 수 있다(그림 5.21, 삽도). 이 정도로 넓은 하중은 깊은 맨틀까지 영향을 미친다. 하중이 제거된 후에 복원 과정에서 발생한 중앙부의 융기는 여러 가지 지구 모델을 이용하여 계산되었다. 각 모델에서 지구 중심에는 고밀도 핵이 존재하고 지진파 속도를 통해 추정한 탄성 변수와 밀도 분포를 가정하였다. 각각의 모델은 맨틀

표 5.1 융기 속도를 계산하기 위해 사용된 지구 모델의 변수

모든 모델은 고밀도 핵을 포함한 탄성 지구를 가정한다.

모델	밀도 변화	점성도 (10^{21} Pa s)	깊이 구간
1	단열적	1	맨틀 전체
2	단열적 (335~635 km 제외)	1	맨틀 전체
3	단열적 (335~635 km 제외)	0.1	0~335 km
		1	335 km~핵
4	단열적	1	0~985 km
		100	985 km~핵
5	단열적	1	0~985 km
		2	985~2,185 km
		3	2,185 km~핵

출처 : Cathles, 1975에서 수정.

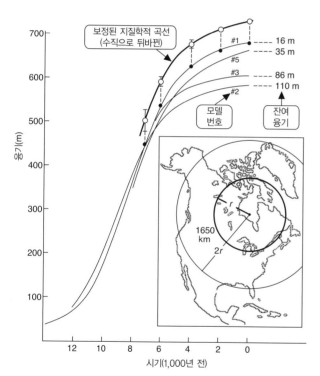

그림 5.21 북아메리카를 뒤덮고 있던 위스콘신 빙상이 사라진 후, 제임스만 지역의 융기 이력과 1,650 km 반경의 수직 원통형 하중을 가정한 다양한 지구 모델에서 예측된 융기 이력의 비교. 모델 변수에 대한 자세한 정보는 표 5.1을 참조. 출처 : L.M. Cathles, *The Viscosity of the Earth's Mantle*, 388 pp., Princeton, N.J.: Princeton University Press, 1975.

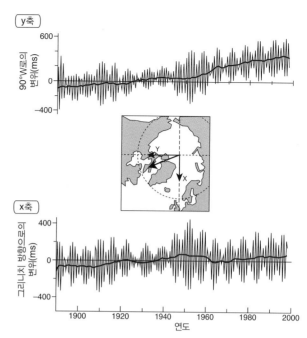

그림 5.22 삽도에 정의된 축 방향에 따른 1890~2000년 사이의 순간적인 회전축의 움직임(자료 출처 : Gambis and Bizouard, 2014). 굵은 선은 회전 극 위치의 장기적인 변화 추세이다. 출처 : International Earth Rotation and Reference Systems Service.

내부의 점성을 갖는 층의 수와 밀도 구배가 단열 구배에서 벗어나는 정도가 서로 다르다(표 5.1). 관측된 융기 곡선의 곡률은 하부 맨틀의 점성도가 약 10^{21} Pa s인 모델로만 잘 설명된다(그림 5.21). 하부 맨틀의 점성이 높은 모델($\eta = 10^{23}$ Pa s, 모델 #4)은 관측된 융기 이력과 잘 맞지 않으며 모델 #1 또는 #5에서 관측된 융기 이력과 가장 잘 맞는다. 각각은 단열 밀도 구배를 갖지만, 모델 #1은 점성도가 10^{21} Pa s인 균일한 하부 맨틀을 가지며, 모델 #5는 점성도가 암석권 아래 10^{21} Pa s에서 핵 바로 위 3×10^{21} Pa s로 증가한다.

지구 내부의 점탄성 특성의 변화는 지구 자전에 영향을 미치며, 이는 자전축의 즉각적인 위치 변화로 나타난다. 예를 들어, 천문대 위의 별을 수직으로 반복적으로 촬영함으로써 얻어진 사진 속에서 천정의 위치 변화를 기록함으로써 축의 움직임을 추적할 수 있다. 초장기선 전파 간섭계(VLBI)와 기타 우주 측지법(3.5절)의 개발을 통해 순간적인 회전축의 위치를 관측할 수 있게 되었다. 관측 결과는 모양축에 대한 회전축의 체계적인 움직임을 보여 준다(그림 5.22). 그리니치 자오선(x축)과 90°W 자오선(y축)을 따르는 성분으로 분해됨으로써, 극 이동은 선형적인 추세와 주기적인 진폭 변동이 중첩된 양상을 보여 준다. 진폭 변동은 약 7년의 주기를 가지는데, 이는 12개월 주기의 연간 흔들림과 14개월 주기의 챈들러 요동(Chandler wobble)[5]의 간섭으로 인한 것이다. 선형적인 추세는 백만 년당

---

5 챈들러요동은 3.3.5.3절에서 다루었다.

0.95도의 속도로 캐나다 북부를 향하는 느린 극이동을 보여 준다. 이것은 페노스칸디아와 로렌타이드 빙상이 녹고 있기 때문이다. 이후의 융기는 지구의 모멘트와 관성 곱을 변하게 하여 질량의 재분배를 유발하고 결국 회전에 영향을 준다.

관측된 극이동은 여러 가지 점탄성 지구 구조로 모델링할 수 있다. 이러한 모델들은 120 km 두께의 탄성 암석권과 410 km 및 660 km 깊이에서의 지진 불연속면(7.3절 및 7.4.6.3절)을 가지고 있으며, 핵-맨틀 경계로 구분되는 층에서는 서로 다른 점성도를 가진다. 암석권 아래에서 핵이 없는 균질한 지구에서는 감지될 수 없는 극이동을 유발하는 것으로 밝혀졌다. 핵-맨틀 경계를 가로지르는 밀도의 급격한 변화를 주어 모델에 핵을 포함시키고, 맨틀의 점성도를 약 1×10^{21} Pa s이라고 가정하면 감지할 수 있는 수준의 극이동이 발생하지만 관측된 것보다는 훨씬 느리다. 660 km의 불연속면에서의 밀도 변화를 모델에 적용하면, 극이동이 현저하게 빨라진다. 하지만 400 km의 불연속면에 변화를 주어도, 극이동이 더 이상 눈에 띄게 바뀌지 않는다. 최적의 모델은 상부 맨틀의 점성도가 약 1×10^{21} Pa s이고, 하부 맨틀 점성도가 약 3×10^{21} Pa s이다. 이 모델은 극이동의 속도와 방향을 모두 만족한다(그림 5.22). 이렇게 추정된 하부 맨틀의 점성도는 후빙기 융기를 모델링하여 찾은 값과 비슷하다(표 5.1, 모델 #5).

5.6 더 읽을거리

심화 및 응용 수준

Cathles, L. M. 1975. *The Viscosity of the Earth's Mantle*. Princeton, NJ: Princeton University Press.

Fowler, C. M. R. 2004. *The Solid Earth: An Introduction to Global Geophysics* (2nd ed.). Cambridge: Cambridge University Press.

Karato, S.-I. 2012. *Deformation of Earth Materials*. Cambridge: Cambridge University Press.

Kennett, B. L. N. and Bunge, H.-P. 2018. *Geophysical Continua*. Cambridge: Cambridge University Press.

Ranalli, G. 1995. *Rheology of the Earth*. London: Chapman and Hall.

Turcotte, D. L. and Schubert, G. 2002. *Geodynamics* (2nd ed.). Cambridge: Cambridge University Press.

Watts, A. B. 2001. *Isostasy and Flexure of the Lithosphere*. Cambridge: Cambridge University Press.

5.7 복습 문제

1. 탄성 변형을 정의하는 특징은 무엇인가?

2. 훅의 법칙이란 무엇이며, 훅의 법칙이 유효한 한계는 어디까지인가?

3. 응력 행렬의 대각 성분 및 비대각 성분의 의미는 각각 무엇인가?

4. 전단 계수와 체적탄성계수의 물리적 의미를 기술하시오.

5. 지구에서 탄성 이방성은 변형과 어떤 관련이 있는가?

6. 고체 물질이 어떻게 흐를 수 있는가? 이러한 고체 상태의 흐름이 관측될 수 있는 시간 척도는 어느 정도인가?

7. 변위크리프, 확산크리프 및 변형 메커니즘의 열적 활성의 개념을 이해한 대로 설명하시오.

8. 실제 물질에서 변형이 일어날 때, 이상적인 탄성 및 점성 변형과 어떤 차이가 있고 왜 그러한 차이가 발생하는지 설명하시오.

9. 점탄성 물질의 맥스웰 시간이란 무엇인가? 맥스웰 시간이 물질의 탄성과 점성 특성과 어떤 관련이 있는가?

10. 고체 상태 점성 흐름과 소성 변형의 차이점을 설명하시오.

11. 해양 지각과 대륙 지각에서 취성 변형과 연성 변형 사이의 전이를 제어하는 것은 무엇인가?

12. 휨강성률(D)의 물리적 의미를 설명하시오.

13. 왜 해양 암석권은 섭입대 근처에서 위쪽으로 구부러져 있는가?

14. 후빙기 융기란 무언인가? 왜 발생하는가? 후빙기 융기는 현재 지구상 어느 지역에서 관찰될 수 있는가?

5.8 연습 문제

1. 실험실에서 암석 샘플의 포아송비를 측정할 수 있는 실험을 제안하시오.

2. 정수압 $p = 10$ kPa인 물에 어떤 정육면체 물질이 잠겨 있다. 이때, 압력은 변형률 $\varepsilon_{xx} = \varepsilon_{yy} = \varepsilon_{zz} = -0.01$ 및 $\varepsilon_{xy} = \varepsilon_{xz} = \varepsilon_{yz} = 0$을 유발한다.

(a) 변형률 행렬을 쓰시오.

(b) 이 변형률에 해당하는 팽창(부피 변화율)은 얼마인가?

(c) 물질의 체적탄성계수는 얼마인가?

3. 라메 상수 λ를 포아송비와 전단 계수로 표현한다. λ가 음수일 수 있는가?

4. 두께가 1 m인 수층(예 : 얕은 강)을 고려해 보자. 유속은 바닥에서 0 km s^{-1}이고 표면에서 5 km s^{-1}이다. 10°C 온도에서 물의 점성도는 1.3 mPa s이다. 수층 내 전단 응력은 얼마인가?

5. 암석 변형 실험에서 고정된 응력 σ가 암석 표본에 주어진다고 가정하자. 실험이 진행됨에 따라 온도(켈빈 단위)를 10% 증가시킨다. 표본의 활성화 에너지가 E_a = 500 kJ mol^{-1}이라고 하면, 가열에 의해 변형률이 어떻게 증가할 것으로 예상하는가?

6. 실험실에서 세립질 퇴적암 표본을 조사한다. 표본을 변형시키는 크리프 메커니즘을 규명하기 위해 어떤 종류의 실험을 수행할 것인가? 확산 및 전위 크리프에 대한 구성방정식을 기반으로 입증하시오.

7. 점탄성 물질에 일정한 응력 σ가 주어져서, 최종 변형률 ε_m까지 점진적으로 변형이 일어났다고 가정하자. 측정된 맥스웰 시간을 τ라고 하자. 물질의 점성도에 대한 방정식을 σ, ε_m 및 τ 측면에서 유도하시오.

8. 섬 형태의 하중에 따른 해저의 변형을 고려해 보자. 변형의 파장은 암석판의 두께와 어떤 관련이 있는가? 이를 방정식을 기반으로 입증하고, 암석판의 두께와 변형의 파장 사이의 관계를 다이어그램으로 그리시오.

9. 빙하기 이후 융기는 시간이 지남에 따라 거의 기하급수적으로 발생한다(식 5.55). 퇴적암의 연대 측정을 바탕으로 현재 10 m 높이에 위치한 표본 1이 약 1,000년 전에 형성된 것임을 알아냈다고 하자. 5 m 높이의 표본 2는 500년 된 것이다.

(a) 이에 해당하는 상부 맨틀의 이완 시간은 얼마인가?

(b) 빙하 침하의 파장은 약 1,000 km이다. 상부 맨틀의 점성도는 얼마로 추정되는가?

5.9 컴퓨터 실습

이 장에 대한 Jupyter notebook 실습 자료를 http://www.cambridge.org/FoG3ed에서 내려받기를 할 수 있다: (Creep mechanism)

6

지진학

미리보기

공기가 음파를 전달하는 매질 역할을 하는 것처럼, 지구는 지진과 화산 분출, 폭발에 의해 발생하는 지진파를 전파시키는 매질이다. 인류의 역사에서, 방대한 에너지를 가진 지진파와 이로 인한 지진해일 같은 사건은 다른 자연적인 현상보다 더 많은 파괴를 동반했다. 그러나 지진파는 지진 송신원과 지진파가 전파하는 매질, 즉 지구의 정보를 우리에게 전달해 준다. 이 장에서 우리는 전파 속도, 편광 방향, 지구 내부의 전파 영역에 따라 구분되는 파동의 유형을 설명하는 것부터 시작하여, 지진파의 전파 과정을 이해하는 데 필요한 기본 원리들을 다룰 것이다. 그리고 지진파가 어떻게 매질의 불균질성에 대해 반응하여 반사나 굴절, 변환되는지 살펴볼 것이다. 이를 통하여 우리는 지구 내부 깊은 곳의 영상을 구현하기 위하여 지진파가 전달하는 정보를 해독하게 될 것이다.

6.1 서론

지진학은 긴 역사를 가진 유서 깊은 과학이다. 약 2,000년 전인 기원전 132년에 중국 과학자 장형(Zhang Heng, 78~139 BC)은 지진파를 기록하고 지진파가 어느 방향에서 왔는지를 추정할 수 있는 최초의 기능성 간이 지진계를 개발한 것으로 알려져 있다. 당시에는 지진의 근원에 대해서 완전히 이해하지는 못하였다. 수 세기 동안, 지진이라는 무시무시한 사건은 초자연적인 힘에 의한 결과로 여겨졌다. 지진에 의해 유발되는 파괴와 인명 피해는 미신적인 현상으로 이해되거나 인간의 죄악에 대해 신이 가하는 형벌로 여겨지기도 했다. 비록 초기 천문학자와 철학자들은 지진을 종교적인 것과 무관한 자연재해로 설명하고자 하였지만, 지진이 신의 분노에 의한 현상이라는 믿음은 18세기 이성의 시대(Age of Reason)가 도래하기까지 사회에 만연하였다. 지진이라는 자연적인 현상은 17세기 갈릴레이(Galileo Galilei, 1564~1642)의 좀 더 체계적인 관측, 뉴턴의 물리 법칙의 발견, 동시대 철학자들의 합리적인 사고에 의해 논리적으로 설명되기 시작했다.

지진학이 과학으로 발전하기 위해서는 과학적 관측 기술의 발전과 더불어, 탄성 법칙과 물질이 견딜 수 있는 한계 강도에 대한 이해가 필요했다. 이를 위한 선구적인 연구로, 1638년 갈릴레이는 하중에 대한 빔의 반응을 설명했으며, 1660년 혹(Robert Hooke, 1635~1703)은 용수철의 법칙을 확립하였다. 그러나 나비에(Claude L. M. H. Navier, 1785~1836)가 일반화된 탄성 방정식을 확립하기까지 다시 150년이 지나야 했다. 19세기 초반, 코시(Augustin L. Cauchy, 1785~1836)와 포아송(Simeon D. Poisson, 1781~1840)은 현대적인 의미의 탄성 이론의 근간을 완성하였다.

지진에 의해 방출된 탄성파는 지구 전체에 걸쳐 전파된다. 전자기파가 X선의 형태로 인체 내부에 대한 정보를 전달하는 것처럼, 탄성파를 이용하여 지구 내부 구조를 규명할 수 있다. 지진 대신에 인공 송신원(controlled source)을 이용하는 굴절법-반사법 탄성파 탐사 기술은 탄화수소 자원 탐사, 지열 에너지원 개발, 댐, 교량, 대규모 사회기반시설, 건물 등을 설치하는 데 적합한 부지를 탐사하기 위해 개발되었다. 이러한 능동적 송신원(active source)을 이용한 탐사 방법은 또한 대륙과 해양 아래의 지각 구조를 상세하게 영상화하기 위해 적용될 수 있다. 고성능 컴퓨터 기술의 발달로 지진의 위치와 지진파의

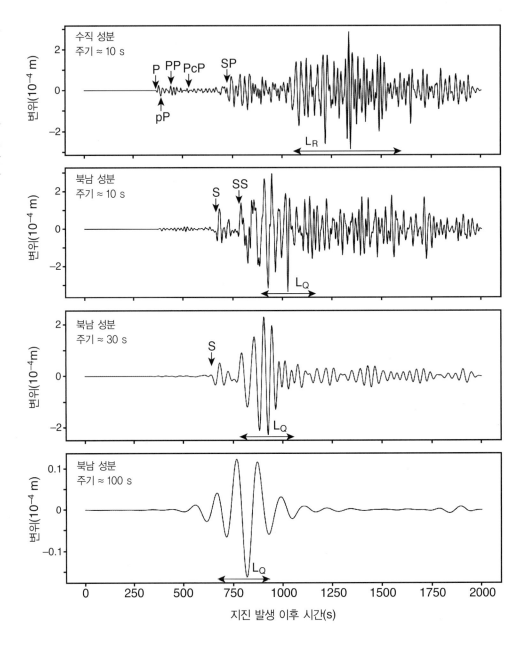

그림 6.1 스위스 알프스의 지진 관측소에서 획득된 지진 기록. 2017년 11월 12일 이란의 자그로스(Zagros)산맥에서 발생 규모 7.3의 큰 지진이 기록되었다. (a) 약 10초 주기에서 지반 변위의 수직 성분, (b)∼(d) 약 10초, 30초, 100초 주기에서의 지반 변위의 북남 방향 성분. 6.2절에서 설명하는 탄성파의 유형이 함께 표시되었다. 이러한 파동은 각각 지구 내부의 다른 영역을 통하여 전파한다.

전파 시간을 정밀하게 결정하는 것이 가능해졌다. 이러한 발전은 지구 내부의 비이상적인 속도를 가지는 지역을 밝혀내기 위한 강력한 기술인 지진파 단층촬영(seismic tomography)과 같은 현대적인 분야로까지 이어지게 되었다. 지진학 분야에서 인간과 인공 구조물을 보호해야 할 필요성으로 인해 지진 위험 연구와 지진 피해를 줄이기 위한 건축 법규 개발에 상당한 노력이 투입되었다.

지진학과 다른 파동 관련 과학의 차이점은 그림 6.1의 지진 기록(seismogram)과 같이 지진파가 지구 내부 전체에 걸쳐서 두드러지게 확산된다는 것이다. 서로 다른 속도와 편광 방향을 갖는 파동은 지구 내부와 표면을 따라서 전파한다. 이러한 파동은 지구 표면과 내부의 불연속면에서 반사되고 다른 형태로 변환된다.

지진학자들이 이러한 풍부한 정보로부터 지구 내부의 구조를 어떻게 해독하는지 이해하기 위해서는 지진이나 인공 송신원으로부터 탄성파가 어떻게 형성되는지 이해할 필요가 있다. 비록 탄성파 송신원 주변에서는 물질의 영구적인 변형이 발생하긴 하지만, 송신원으로부터 멀리 전파하는 탄성파는 탄성 이론(5.1절)에 따라 지구 내부의 밀도나 탄성 계수와 같은 물리적 특성의 분포에 의해 설명될 수 있다.

6.2 탄성파

6.2.1 서론

지구 내부를 통하여 전파하는 탄성파는 지진, 인공 폭발, 화산 분출, 산사태, 운석 충돌과 같은 다양한 종류의 송신원에 의해 발생될 수 있다. 송신원과 가까운 매질에서는 영구적인 파괴가 발생하여 변형되었던 것이 복원되기 어렵다. 그러나 송신원으로부터 먼 매질에서는, 변형 진폭이 작고 매질이 탄성적으로 변형된다. 매질의 입자는 조화파 진동(harmonic oscillation)을 전달하며, 에너지가 파동의 형태로 먼 거리까지 전달된다.

탄성파는 두 가지 형태로 분류될 수 있다. 표면 주변에서 에너지가 전달될 때(그림 6.2), 그중 일부는 실체파(body wave)로 매질을 통하여 전파한다. 그리고 남은 에너지는 표면파(surface wave)로 마치 돌을 물웅덩이에 던졌을 때 표면에서 발생하는 물결처럼 표면에 걸쳐서 퍼지면서 전파한다.

6.2.2 탄성 실체파

실체파가 균질한 매질에서 송신원으로부터 r만큼 떨어진 거리에 도달할 때, 파면(wavefront)[1]은 구면의 형태를 가지며 이러한 파동을 구면파(spherical wave)라고 부른다. 따라서 송신원으로부터 전파 거리가 증가할수록, 구면파의 곡률은 감소한다. 송신원으로부터 아주 먼 거리에서는 파면이 아주 평평해지게 되어 국소적으로 평면으로 간주될 수 있고, 이 경우 탄성파는 평면파(plane wave)로 근사될 수 있다. 파면에 수직인 방향을 파선 경로(seismic ray path)라고 부른다. 평면파의 조화 운동은 구면파보다 더 단순하기 때문에, 평면파를 가정하면 직교 데카르트 좌표계를 사용할 수 있다.

6.2.2.1 압축파

그림 6.3과 같이 데카르트 좌표계의 x축을 평면파의 전파 방향과 평행하게 두고, y축과 z축을 파면의 면상에 정의해 보자. 매질의 진동은 축의 각 방향에 평행한 성분을 갖는다. x 방향에서 입자는 전파 방향에 평행하게 앞뒤로 진동한다. 이러한 매질에서의 입자의 운동은 이 방향으로 매질을 압축, 팽창시킨다(그림 6.4a). 이러한 조화 운동은 x 방향에 평행한 소밀(rarefaction)과 압축(condensation)의 연속적인 변화에 의해 실체파를 전파시킨다.

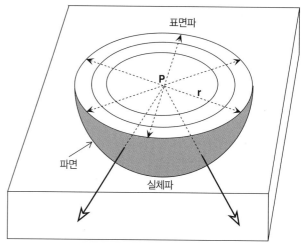

그림 6.2 표면 근처의 P 위치의 점 송신원에서 방출되는 탄성파의 전파 양상. 교란이 매질을 통하여 실체파의 형태로, 자유면(free surface)을 따라 표면파의 형태로 전파한다. 매질이 균질할 때 실체파의 파면은 완전한 반구의 형태를, 표면파의 파면은 완전한 원의 형태를 가진다.

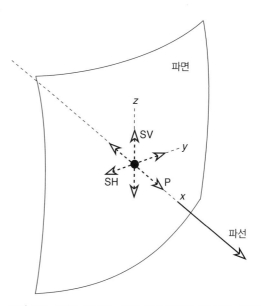

그림 6.3 3개의 직교하는 기준 축에 평행한 성분으로 진동을 표현한 그림. x 방향 입자 운동은 전파 방향에 평행하게 앞뒤로 진동하며 이는 P파의 입자 운동에 해당한다. y, z 방향 입자 운동은 파면의 면상에서 이루어지며, 전파 방향에 수직이다. 수직 면상에서의 z 방향 입자 운동은 SV파의 입자 운동에 해당하며, y 방향 진동은 수평적이며 SH파의 입자 운동에 해당한다.

그림 6.4b와 같이 매질의 교란을 고려해 보자. x 방향에 수직인 파면의 면적은 A_x, 그리고 파의 전파 방향은 1차원으로 간주될 수 있다. 임의의 지점 x에서(그림 6.4c), 파동이 통과하는 것은 x 방향으로의 변위 u와 힘 F_x를 발생시킨다. $x + dx$ 위치에서는 변위가 $u + du$, 힘은 $F_x + dF_x$로 표현된다. 여기서 dx는 질량이 $\rho dx\, A_x$인 작은 부피 요소의 미소 길이를 의미한

---

1 입자가 같은 위상으로 진동하는 것을 이은 면을 의미한다.

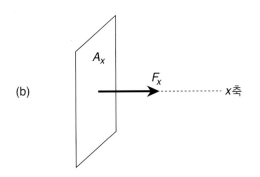

그림 6.4 (a) 1차원 P파의 입자 운동은 x축과 평행한 방향으로의 소밀(R)과 압축(C)의 결과로 에너지를 전달한다. (b) 파동이 전파하는 파면 내에서, x 방향에 작용하는 힘 F_x 성분은 x축과 수직인 면 요소 A_x에 걸쳐서 분배된다. (c) 위치 x에서의 입자는 파동 전파 방향인 x 방향으로 u만큼 이동하는 반면 인접한 x + dx에 위치하는 입자는 u + du만큼 이동한다.

다. 이 요소에 x 방향으로 작용하는 순 힘(net force)은 다음과 같다.

$$(F_x + \mathrm{d}F_x) - F_x = \frac{\partial F_x}{\partial x}\mathrm{d}x \tag{6.1}$$

힘 F_x는 면적 A_x에 작용하는 응력 요소 σ_{xx}에 의해 유발되며, $\sigma_{xx}A_x$와 같다. 이를 통해 우리는 1차원 운동 방정식을 유도할 수 있다(뉴턴의 제2법칙).

$$(\rho\mathrm{d}xA_x)\frac{\partial^2 u}{\partial t^2} = \mathrm{d}xA_x\frac{\partial \sigma_{xx}}{\partial x} \tag{6.2}$$

위 식은 좌변의 관성력(가속도와 관련된)과 우변의 탄성력(변형과 관련된)과의 균형을 보여 준다. 식 (5.15)의 영률(Young's modulus, E)과 식 (5.4)의 수직 변형률(normal strain, ε_{xx})을 1차원 변형에 대해서 표현하면, 다음과 같은 식을 얻을 수 있다.

$$\sigma_{xx} = E\varepsilon_{xx} = E\frac{\partial u}{\partial x} \tag{6.3}$$

식 (6.3)을 식 (6.2)에 대입하면, 1차원 파동 방정식이 유도된다.

$$\frac{\partial^2 u}{\partial t^2} = \alpha^2 \frac{\partial^2 u}{\partial x^2} \tag{6.4}$$

이때, α는 다음과 같다.

$$\alpha = \sqrt{\frac{E}{\rho}} \tag{6.5}$$

변수 α는 매질의 속도이며, 단위는 m s^{-1}이다. 6.2.2.3절에서 확인할 수 있듯이, α는 압축파의 전파 속도이다.

실제 3차원 매질을 전파하는 파동을 1차원으로 근사하는 것은 다소 제한적이다. 1차원 근사는 y, z 방향에서 발생하는 것과 무관하게 x 방향에서 발생하는 팽창과 압축을 의미한다. 탄성 고체에서 임의의 방향으로의 탄성 변형률은 매질의 포아송 비에 의해 횡방향으로의 변형률과 연관되어 있다. 파동의 전파 방향에 수직인 방향의 변화까지 설명할 수 있는 3차원 분석이 부록 A에 기술되어 있다. 3차원 매질에서는 면적 A_x가 더 이상 상수로 간주되지 않으며, 종파(또는 압축파)는 부피 조화 변화(또는 **팽창 변형률**[2], θ)로서 매질을 통과한다. 3차원 매질에서 x 방향으로의 압축파에 대한 식은 다음과 같다.

$$\frac{\partial^2 \theta}{\partial t^2} = \alpha^2 \frac{\partial^2 \theta}{\partial x^2} \tag{6.6}$$

여기서 압축파의 속도 α는 다음과 같이 주어진다.

$$\alpha = \sqrt{\frac{\lambda + 2\mu}{\rho}} = \sqrt{\frac{K + \frac{4}{3}\mu}{\rho}} \tag{6.7}$$

압축파 또는 종파(longitudinal wave)는 모든 탄성파 중 가장 빠르다. 지진이 발생했을 때, 압축파는 지진 관측소에 가장 먼저 도착하기 때문에, 1차파 또는 P파라고 부른다. 식 (6.7)은 P파가 압축 가능한($K \neq 0$) 매질인 고체, 액체, 기체를 모두 통과할 수 있음을 보여 준다. 액체와 기체는 전단력을 견디지 못하기 때문에 $\mu = 0$이다. 액체와 기체에서 압축파의 속도는 다음과 같다.

$$\alpha = \sqrt{\frac{K}{\rho}} \tag{6.8}$$

그림 6.1a의 지진 기록 예시에는 몇 가지 P파가 표시되어 있다. 지구는 균질하지 않기 때문에 P, pP, 또는 PcP로 표시된 것처럼 다양한 P파가 존재한다. 이렇게 서로 다른 P파는 서로 다른 경로를 따라서 지구 내부를 전파하기 때문에 도달하는 시간이 다르다. 모든 P파는 서로 구분 가능한 일관된 파동 묶음

---
2   식 (5.7)과 식 (5.8)에서 확인할 수 있다.

(coherent wave packet)의 형태로 전파한다. 이러한 각각의 파동 묶음을 탄성파의 위상(seismic phase)이라고 부른다.

6.2.2.2 횡파

y축과 z축을 따라 발생하는 진동(그림 6.3)은 파면에 평행하고 전파 방향에 대하여 수직이다. y와 z 성분은 하나의 횡방향 운동으로 결합될 수 있지만, 수직면과 수평면의 움직임을 따로 분석하는 것이 더 편리하다. 이 절에서는 x축과 z축으로 정의된 수직면에서의 교란에 대해서만 논의할 것이지만, 수평면에서의 교란에 대해서도 같은 과정이 적용될 수 있다.

횡파의 운동은 밧줄이 흔들릴 때 보이는 모습과 유사하다. 수직면은 위아래로 움직이며 매질 내의 인접한 요소들은 직사각형에서 평행사변형으로, 그리고 다시 직사각형으로 반복해서 변하면서 모양이 뒤틀리게 된다(그림 6.5a). 매질 내의 인접한 요소는 수직 전단력을 받게 된다.

임의의 수평 위치 x에서 작은 수평 거리 $\mathrm{d}x$로 분리된 수직면으로 둘러싸인 성분의 뒤틀림을 고려해 보자(그림 6.5b). x 방향으로의 파동의 이동은 z 방향으로 변위 w와 힘 F_z를 생성한다. $x + \mathrm{d}x$ 위치에서 변위는 $w + \mathrm{d}w$이고 힘은 $F_z + \mathrm{d}F_z$이다. 수직 평면으로 둘러싸인 미소 부피 요소의 질량은 $\rho\mathrm{d}x\,A_x$이고, 여기서 A_x는 경계 평면의 면적이다. 이 부피 요소에 z축 방향으로 작용하는 순 힘(net force)은 다음과 같다.

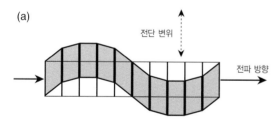

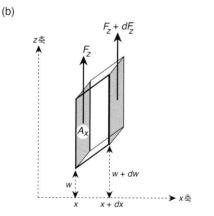

그림 6.5 (a) 1차원에서 S파로 인해 유발된 전단 뒤틀림, (b) 작은 전단 요소 경계의 x 및 $x + \mathrm{d}x$ 위치에서 z 방향으로의 변위와 힘.

$$(F_z + \mathrm{d}F_z) - F_z = \mathrm{d}F_z = \frac{\partial F_z}{\partial x}\mathrm{d}x \tag{6.9}$$

힘 F_z는 A_x면에서의 전단 응력 σ_{xz}로부터 발생하며 $\sigma_{xz}A_x$와 같다. 수직으로 전단된 성분의 운동 방정식은 식 (6.10)과 같다.

$$(\rho\mathrm{d}x A_x)\frac{\partial^2 w}{\partial t^2} = \mathrm{d}x A_x \frac{\partial \sigma_{xz}}{\partial x} \tag{6.10}$$

이제 훅의 법칙에 대한 라메(Lamé)의 식과 전단 변형률의 정의를 x 방향으로의 1차원 전단파의 전파에 적용하기 위하여 수정할 것이다. 이 경우 인접한 수직 평면 사이의 평행사변형의 넓이가 동일하기 때문에 부피의 변화는 없다. 팽창 변형률 θ는 0이고, 훅의 법칙은 식 (5.16)에서 확인할 수 있다.

$$\sigma_{xz} = 2\mu\varepsilon_{xz} \tag{6.11}$$

식 (5.12)의 전단 변형률 성분의 정의에 따라 우리는 식 (6.12)를 유도할 수 있다.

$$\varepsilon_{xz} = \frac{1}{2}\left(\frac{\partial w}{\partial x} + \frac{\partial u}{\partial z}\right) \tag{6.12}$$

1차원 전단파의 경우, 수직면 사이의 거리 $\mathrm{d}x$에는 변화가 없다. $\mathrm{d}u$와 $\partial u/\partial z$는 0이고 ε_{xz}는 $(\partial w/\partial x)/2$와 같다. 이것을 식 (6.11)로 대체하면 다음과 같다.

$$\sigma_{xz} = \mu\frac{\partial w}{\partial x} \tag{6.13}$$

그리고 위의 식을 식 (6.10)에 대입한 뒤 정리하면 식 (6.14)가 된다.

$$\frac{\partial^2 w}{\partial t^2} = \beta^2 \frac{\partial^2 w}{\partial x^2} \tag{6.14}$$

여기서 β는 다음과 같다.

$$\beta = \sqrt{\frac{\mu}{\rho}} \tag{6.15}$$

압축파의 경우와 비슷하게(6.2.2.1절), β는 전단파의 전파 속도이며, 단위는 m s^{-1}이다. 전단파의 속도를 결정하는 유일한 탄성 계수는 강성률(rigidity) 또는 전단 계수(shear modulus, μ)이다. 액체와 기체에서 μ는 0이기 때문에 전단파는 전파될 수 없다. 고체 매질에서는 식 (6.7)과 (6.15)를 비교하면 다음과 같다.

$$\alpha^2 - \frac{4}{3}\beta^2 = \frac{K}{\rho} \tag{6.16}$$

정의에 따르면 체적탄성계수 K는 양수[3]이다. 따라서 α는 항상 β보다 크다. 지진으로부터 발생한 전단파는 P파보다 더 느리게 전파하며, 더 나중에 기록된다. 전단파는 보통 2차파 또는 S파라고 불린다.

파동의 평면 내의 전단파 운동은 두 개의 직교 성분으로 분해될 수 있는데, 하나는 y 방향으로의 수평 운동, 다른 하나는 z 방향으로의 수직 운동이다(그림 6.3). 식 (6.14)는 x 방향으로 전파하지만 z 방향으로 입자 변위(w)를 갖는 1차원 전단파를 설명한다. 이 수직으로 편광된 파동은 SV파라고 불린다. 이와 유사한 방정식은 y 방향의 입자 변위(v)를 가지는 x 방향으로 전파하는 전단파를 묘사한다. 수평으로 편광된 전단파는 SH파라고 불린다.

3차원 매질에서의 전단파를 1차원으로 근사하는 것은, 앞서 압축파의 1차원 근사에서 논의했던 것과 마찬가지로 전단파가 x 방향이 아닌 다른 방향으로도 전파될 수 있다는 것을 무시하기 때문에 다소 단순하다. 완전한 3차원 매질에서의 식이 부록 A에 포함되어 있다. 전단파는 부피를 변화시키지 않으면서 파선에 수직인 면 내에서 부피 요소를 회전시키면서 전파한다. 이러한 이유로 전단파는 때때로 회전파[또는 등량파(equivoluminal wave)]라고도 불린다. 전단파에 의한 회전은 x, y, z 성분을 가진 벡터 Ψ로 표현된다.

$$\Psi_x = \frac{\partial w}{\partial y} - \frac{\partial v}{\partial z} \quad \Psi_y = \frac{\partial u}{\partial z} - \frac{\partial w}{\partial x} \quad \Psi_z = \frac{\partial v}{\partial x} - \frac{\partial u}{\partial y} \tag{6.17}$$

따라서 x 방향으로 전파하는 전단파에 대한 방정식은 다음과 같다.

$$\frac{\partial^2 \Psi}{\partial t^2} = \beta^2 \frac{\partial^2 \Psi}{\partial x^2} \tag{6.18}$$

여기서 β는 식 (6.15)로 표현된 전단파 속도이다.

지금까지 우리는 수식을 단순화하기 위해 한 방향(x)에 대한 전파만을 고려해 왔다. 3차원 공간에서의 전파를 고려하기 위해서는 y와 z 좌표에 대한 추가적인 2차 미분 항들이 추가되어야 한다. 따라서 3차원에서의 P파와 S파 방정식은 각각 다음과 같이 표현된다.

$$\frac{\partial^2 \theta}{\partial t^2} = \alpha^2 \left(\frac{\partial^2 \theta}{\partial x^2} + \frac{\partial^2 \theta}{\partial y^2} + \frac{\partial^2 \theta}{\partial z^2} \right) \tag{6.19}$$

$$\frac{\partial^2 \Psi}{\partial t^2} = \beta^2 \left(\frac{\partial^2 \Psi}{\partial x^2} + \frac{\partial^2 \Psi}{\partial y^2} + \frac{\partial^2 \Psi}{\partial z^2} \right) \tag{6.20}$$

그림 6.1의 지진 기록에는 몇 가지 S파의 위상이 표시되어 있다. S파는 P파보다 나중에 도착하는데 서로 다른 S파 위상으로 분류될 수 있는 일관된 파동 묶음의 형태로 전파한다.

6.2.2.3 균질 매질에 대한 탄성파동 방정식의 해

파동 운동의 두 가지 중요한 특징은 다음과 같다. (1) 파동이 매질 입자의 탄성적인 변위를 통해 에너지를 전달한다는 것(즉, 질량의 순 이동이 없다)과 (2) 매질이 균질할 때, 파동 패턴이 시간과 공간적으로 정확하게 반복된다는 것이다. 이러한 조화파(harmonic)의 반복으로 인해 우리는 진폭 변화를 사인 또는 코사인 함수로 표현할 수 있다. 파동이 어떤 지점을 통과할 때, 교란의 진폭은 일정한 시간 간격으로 반복되는데, 이를 파동의 주기(period, T)로 정의하자. 진폭이 초당 반복되는 횟수는 주파수(frequency, f)이며 이는 주기의 역수($f = 1/T$)와 같다. 어느 순간에나 매질의 교란은 파동의 파장(wavelength, λ)으로 표현되는 λ만큼의 일정한 거리 간격으로 전파 방향을 따라 반복된다. x 방향으로 파동이 전파하는 동안, 입자의 평균 위치로부터 입자의 조화 변위(harmonic displacement, u)는 다음과 같이 쓰일 수 있다.

$$u = A \sin\left[2\pi \left(\frac{x}{\lambda} - \frac{t}{T} \right) \right] \tag{6.21}$$

여기서 A는 진폭이다.

소괄호 안의 값을 파동의 위상(phase)이라고 한다. 위상의 어떤 값은 매질 입자의 특정한 진폭과 운동 방향을 의미한다. 파수(wave number, k), 각주파수(angular frequency, ω), 속도(c)는 다음과 같이 정의된다.

$$k = \frac{2\pi}{\lambda} \qquad \omega = 2\pi f = \frac{2\pi}{T} \qquad c = \lambda f = \frac{\omega}{k} \tag{6.22}$$

P파의 경우 변위 u는 파동 전파의 방향이고 c는 P파의 속도 α와 같다. 마찬가지로, S파의 경우 u는 전파 방향에 수직이며, c는 S파 속도 β와 같다. 변위에 대한 방정식(6.21)은 다음과 같이 쓸 수 있다.

$$u = A \sin(kx - \omega t) = A \sin k(x - ct) \tag{6.23}$$

---

3 만약 음수라면, 구속압(confining pressure)이 증가하면 매질의 부피가 증가한다는 의미가 되어 성립할 수 없다.

속도 c는 위상 속도(phase velocity)라고도 불린다. 이것은 일정한 위상[예를 들면, '마루(peak)', '골(trough)' 또는 영변위(zero displacement) 중 하나]이 전달되는 속도이다. 이것은 위상을 상수로 간주하고 다음과 같이 시간에 대해서 미분함으로써 구해질 수 있다.

$$kx - \omega t = \text{상수}$$
$$k\frac{dx}{dt} - \omega = 0 \qquad (6.24)$$
$$\frac{dx}{dt} = \frac{\omega}{k} = c$$

식 (6.23)에 의해 주어진 변위가 1차원 파동 방정식(식 6.4)의 해임을 증명하기 위하여, 식 (6.23)의 u를 시간(t)과 공간(x)에 대해서 두 번 편미분하면, 다음과 같다.

$$\frac{\partial u}{\partial x} = Ak\cos(kx - \omega t)$$

$$\frac{\partial^2 u}{\partial x^2} = -Ak^2\sin(kx - \omega t) = -k^2 u$$

$$\frac{\partial u}{\partial t} = -A\omega\cos(kx - \omega t)$$

$$\frac{\partial^2 u}{\partial t^2} = -A\omega^2\sin(kx - \omega t) = -\omega^2 u$$

$$\frac{\partial^2 u}{\partial t^2} = \frac{\omega^2}{k^2}\frac{\partial^2 u}{\partial x^2} = c^2\frac{\partial^2 u}{\partial x^2} \qquad (6.25)$$

x축을 따라 전파하는 P파의 경우, 팽창 변형률 θ는 속도 c에 대한 P파 속도(α)를 대입함으로써 식 (6.25)와 유사한 방정식으로 표현될 수 있다. 마찬가지로, x축을 따라 전파하는 S파(식 6.14)의 수평 변위 w에 대한 식은 식 (6.25)의 u를 w로, 속도 c를 S파 속도(β)로 적절히 치환함으로써 유도될 수 있다. 3차원 압축파 및 전단파에 대한 파동 방정식(각각, 식 6.19 및 식 6.20)의 해는 파동이 균질하지 않은 매질을 통해 어떤 방향으로도 이동할 수 있기 때문에 식 (6.23)으로 표현된 해보다 더 복잡하다.

6.2.2.4 달랑베르의 원리

식 (6.23)은 속도 c로 양의 x축 방향으로 파동이 전파하는 동안의 입자 변위를 설명한다. 속도가 c^2으로 파동 방정식에 들어가기 때문에 1차원 파동 방정식은 다음의 변위에 의해서도 충족된다.

$$u = B\sin k(x + ct) \qquad (6.26)$$

이 식은 음의 x축 방향으로 속도 c로 이동하는 파동에 해당한다.

사실, 1차와 2차 미분을 가지는 임의의 $(x \pm ct)$의 함수는 1차원 파동 방정식의 해이다. 이것은 달랑베르의 원리(D'Alembert's principle)라고 알려져 있다. 달랑베르의 원리는 일반적인 형태의 파동 $W(x - ct) = W(\phi)$에 대해, 다음과 같이 간단히 입증할 수 있다.

$$\frac{\partial W}{\partial x} = \frac{\partial W}{\partial \phi}\frac{\partial \phi}{\partial x} = \frac{\partial W}{\partial \phi} \qquad \frac{\partial W}{\partial t} = \frac{\partial W}{\partial \phi}\frac{\partial \phi}{\partial t} = -c\frac{\partial W}{\partial \phi}$$

$$\frac{\partial^2 W}{\partial x^2} = \frac{\partial}{\partial x}\frac{\partial W}{\partial x} = \frac{\partial \phi}{\partial x}\frac{\partial}{\partial \phi}\frac{\partial W}{\partial x} = \frac{\partial^2 W}{\partial \phi^2}$$

$$\frac{\partial^2 W}{\partial t^2} = \frac{\partial}{\partial t}\frac{\partial W}{\partial t} = \frac{\partial \phi}{\partial t}\frac{\partial}{\partial \phi}\frac{\partial W}{\partial t} = -c\frac{\partial}{\partial \phi}\left(-c\frac{\partial W}{\partial \phi}\right) = c^2\frac{\partial^2 W}{\partial \phi^2}$$

$$\frac{\partial^2 W}{\partial t^2} = c^2\frac{\partial^2 W}{\partial x^2} \qquad (6.27)$$

식 (6.27)은 속도(c)가 양수일 때와 음수일 때 모두 성립하기 때문에, 일반해 W는 다음 식과 같이 x축을 따라 서로 반대 방향으로 이동하는 파동의 중첩으로 표현될 수 있다.

$$W = f(x - ct) + g(x + ct) \qquad (6.28)$$

식 (6.28)은 파형이 단순한 사인 함수가 아닌 경우에 대한 식 (6.23)과 식 (6.26)의 파동 방정식의 일반해이다. 예를 들어 지진이 발생하는 동안 파열(rupture)이 진행되는 것과 같이 파형은 자연적인 송신원의 특성에 따라 달라진다.

6.2.2.5 아이코날 방정식

x'축을 따라 일정한 속도 c로 이동하는 파동을 고려하면, 파의 방향은 방향 코사인 (l, m, n)으로 주어진다. 만약 x'이 좌표축 (x, y, z)의 중심으로부터의 거리로 측정되면, 식 (6.28)의 x를 $x' = lx + my + nz$로 대체할 수 있다. 편의를 위해, 양의 x 방향으로 이동하는 파동만을 고려한다면, 다음과 같이 파동 방정식에 대한 일반해를 구할 수 있다.

$$W = f(lx + my + nz - ct) \qquad (6.29)$$

파동이 전파하는 과정은 주어진 순간에 모든 입자가 같은 위상으로 움직이는 표면으로 정의되는 파면의 연속적인 위치를 추정함으로써 묘사될 수 있다. 특정 시간 t에 대해, 식 (6.29)에 의해 주어진 파동 방정식 해의 위상이 일정하려면 다음과 같은 조건이 필요하다.

$$lx + my + nz = 상수 \qquad (6.30)$$

식 (6.30)은 방향 코사인 (l, m, n)이 있는 선에 수직인 평면 군을 나타낸다. 지금까지는 x' 방향을 따라 속도 c로 움직이는 파동을 설명했지만, 이제 이 방향이 평면파의 파면에 대해 수직임을 확인할 것이다. 이 방향은 이전에 파동의 파선 경로로 정의했던 방향이다.

파동 방정식은 2차 미분방정식이다. 그러나 파동 모양 함수 W는 1차 미분방정식의 해이기도 하다. 이것은 다음과 같이 W를 각각 x, y, z, t에 대해 미분함으로써 확인할 수 있다.

$$\frac{\partial W}{\partial x} = \frac{\partial W}{\partial \phi}\frac{\partial \phi}{\partial x} = l\frac{\partial W}{\partial \phi}$$
$$\frac{\partial W}{\partial y} = \frac{\partial W}{\partial \phi}\frac{\partial \phi}{\partial y} = m\frac{\partial W}{\partial \phi} \qquad (6.31)$$
$$\frac{\partial W}{\partial z} = \frac{\partial W}{\partial \phi}\frac{\partial \phi}{\partial z} = n\frac{\partial W}{\partial \phi}$$

방향 코사인 (l, m, n)은 $l^2 + m^2 + n^2 = 1$의 관계가 있으므로 식 (6.31)의 식은 다음 식을 만족한다.

$$\left(\frac{\partial W}{\partial x}\right)^2 + \left(\frac{\partial W}{\partial y}\right)^2 + \left(\frac{\partial W}{\partial z}\right)^2 = \left(\frac{\partial W}{\partial \phi}\right)^2 \qquad (6.32)$$

파형이 관측되는 위치 x'은 원점으로부터 위치 (x, y, z)로 전파되는 파동의 속도 c와 전파 시간 $\tau(x, y, z)$로 표현될 수 있다.

$$x' = lx + my + nz = c\tau(x, y, z) \qquad (6.33)$$

x에 대해 미분하면 $l = c(\partial t/\partial x)$임을 알 수 있으며, m과 n에 대해서도 유사한 식을 얻을 수 있다. 이 값으로 식 (6.31)을 대체하면, 다음과 같다.

$$\frac{\partial W}{\partial x} = c\left(\frac{\partial \tau}{\partial x}\right)\left(\frac{\partial W}{\partial \phi}\right) \qquad \frac{\partial W}{\partial y} = c\left(\frac{\partial \tau}{\partial y}\right)\left(\frac{\partial W}{\partial \phi}\right)$$
$$\frac{\partial W}{\partial z} = c\left(\frac{\partial \tau}{\partial z}\right)\left(\frac{\partial W}{\partial \phi}\right) \qquad (6.34)$$

위 식들을 식 (6.32)에 대입하고 정리하면, 마침내 다음과 같은 식을 얻을 수 있다.

$$\left(\frac{\partial \tau}{\partial x}\right)^2 + \left(\frac{\partial \tau}{\partial y}\right)^2 + \left(\frac{\partial \tau}{\partial z}\right)^2 = \frac{1}{c^2} \qquad (6.35)$$

식 (6.35)는 아이코날 방정식(eikonal equation)이라고 불린다. 아이코날이라는 단어는 그리스어로 영상(image)을 뜻하는 단어에서 유래했으며, 지진학에서는 파동의 송신원과 기록된

위치 사이의 거리와 동의어이다. 비록 균질한 매질에 대하여 도출된 식이지만, 속도 c가 파장에 비해 느리게 변화하는 매질에 대해 아이코날 방정식이 유효하다는 것을 증명할 수 있다. 아이코날 방정식은 한 위치에서 다른 위치(식 6.35의 좌변)로의 이동 시간 차이는 두 위치 사이의 속도가 낮을 때 크며, 그 반대도 마찬가지임을 입증한다. $\tau(x, y, z) = 상수$를 만족하는 면이 파면을 나타내며, 비균질 매질에서는 송신원으로부터 먼 거리에서도 일반적으로 평면형이 아니다.

6.2.2.6 탄성파의 에너지

물질을 통과하는 탄성파의 전파 속도와 탄성파가 통과하는 동안 물질의 입자가 진동하는 속도를 구별하는 것이 중요하다. 조화파의 입자 진동 속도(v_p)는 식 (6.23)을 시간에 대해 편미분하여 구할 수 있다.

$$v_p = \frac{\partial u}{\partial t} = -\omega A \cos(kx - \omega t) \qquad (6.36)$$

파동의 세기(intensity) 또는 에너지 밀도(energy density)는 파면의 단위 부피당 에너지이며, 운동 에너지와 퍼텐셜 에너지로 구성된다. 운동 에너지는 다음과 같이 주어진다.

$$I = \frac{1}{2}\rho v_p^2 = \frac{1}{2}\rho \omega^2 A^2 \cos^2(kx - \omega t) \qquad (6.37)$$

완전한 조화파의 한 주기에 걸친 평균 에너지 밀도는 운동 에너지와 탄성 퍼텐셜 에너지[4]의 동일한 부분으로 구성된다.

$$I_{av} = \frac{1}{2}\rho \omega^2 A^2 \qquad (6.38)$$

즉, 파동의 평균 세기는 진폭의 제곱과 주파수의 제곱에 비례한다.

6.2.2.7 탄성파의 감쇠

탄성파 신호는 송신원에서 멀어질수록 약해진다. 송신원으로부터의 거리가 증가함에 따라 진폭이 감소하는 것을 감쇠(attenuation)라고 한다. 감쇠는 탄성파 전파의 기하학적 구조와 탄성파가 통과하는 물질의 점탄성(viscoelastic) 때문에 발생한다.

---

4 탄성 퍼텐셜 에너지는 $1/2\rho\omega^2 u^2 = 1/2\rho\omega^2 A^2 \sin^2(kx - \omega t)$이다. 진동하는 파동의 운동 에너지와 탄성 퍼텐셜 에너지의 합을 역학적 에너지라고 하고 항상 $1/2\rho\omega^2 A^2\cos^2(kx - \omega t) + 1/2\rho A^2\omega^2\sin^2(kx - \omega t) = 1/2\rho A^2\omega^2$로 같다. 따라서 진동하는 파동의 역학적 에너지 밀도는 식 (6.38)이 된다.

가장 중요한 감쇠는 기하학적 확장으로 인한 것이다. 균질한 반무한 매질상의 점 P에 위치한 송신원에 의해 생성된 탄성 실체파를 고려해 보자(그림 6.2 참조). 송신원으로부터 거리 r에 있는 파면의 에너지 E_b는 면적이 $2\pi r^2$인 반구의 표면에 걸쳐 분산된다. 실체파의 세기(intensity) 또는 에너지 밀도(I_b)는 파면상의 단위 면적당 에너지이므로, 거리 r에서는 다음과 같다.

$$I_b(r) = \frac{E_b}{2\pi r^2} \tag{6.39}$$

표면파의 에너지가 측면으로 퍼진다. 표면파의 교란은 자유면에 영향을 미칠 뿐만 아니라, 주어진 파동에 대해 일정한 깊이 d까지 매질 아래로 확장된다(그림 6.2). 표면파의 파면이 송신원으로부터 거리 r에 도달하면, 에너지 E_s는 면적이 $2\pi r d$인 원형 원통 표면에 걸쳐 분산된다. 송신원으로부터 거리가 r인 위치에서 표면파의 세기는 다음과 같이 주어진다.

$$I_s(r) = \frac{E_s}{2\pi r d} \tag{6.40}$$

총에너지 E_b 또는 E_s가 보존될 때, 위의 방정식을 통하여 실체파의 세기 감소는 $1/r^2$에 비례하고, 표면파의 세기 감소는 $1/r$에 비례함을 알 수 있다. 식 (6.38)과 같이, 조화파의 세기는 진폭의 제곱에 비례한다. 따라서 이러한 에너지 감소에 상응하는 실체파와 표면파의 진폭 감소는 각각 $1/r$ 및 $1/\sqrt{r}$에 비례한다. 따라서 탄성 실체파는 송신원으로부터 거리가 멀어질수록 표면파보다 더 빠르게 감쇠된다.

이러한 현상은 그림 6.1에서 명확하게 확인할 수 있다. 실체파(P파 및 S파)의 진폭은 레일리파(L_R)와 러브파(L_Q)의 진폭보다 훨씬 더 작다.

감쇠의 또 다른 이유는 불완전한 탄성으로 인해 에너지가 흡수되기 때문이다. 매질이 완벽하게 탄성적으로 변형되지 않으면 파동 에너지의 일부가 열에너지로 변환된다. 이러한 유형의 탄성파 감쇠를 점탄성 감쇠(viscoelastic damping)라고 한다.

탄성파의 감쇠는 주기당 에너지 손실의 비로 정의되는 Q 인자(quality factor, Q)로 설명된다.

$$\frac{2\pi}{Q} = -\frac{\Delta E}{E} \tag{6.41}$$

이 식에서 ΔE는 한 주기에서 손실된 에너지이고 E는 파동에 저장된 총 탄성 에너지이다. 탄성파의 감쇠를 이동 거리에 대한 함수로 생각하면, 주기는 파동의 파장(λ)으로 표현된다. 즉,

ΔE는 거리 증가 dr에 따른 에너지의 변화 dE에 파장 λ를 곱한 것과 같다. 따라서 식 (6.41)은 다음과 같이 다시 쓸 수 있다.

$$\frac{2\pi}{Q} = -\frac{1}{E}\lambda\frac{dE}{dr}$$
$$\frac{dE}{E} = -\frac{2\pi}{Q}\frac{dr}{\lambda} \tag{6.42}$$

감쇠는 탄성파의 진폭에 미치는 영향으로 측정할 수 있다. 식 (6.38)을 통해 파동의 에너지가 진폭 A의 제곱에 비례한다는 것을 확인하였기 때문에, 식 (6.42)에서 $dE/E = 2dA/A$를 대입하여 풀면 송신원에서 거리 r만큼 떨어진 탄성파의 감쇠된 진폭을 얻을 수 있다.

$$A = A_0\exp\left(-\frac{\pi}{Q}\frac{r}{\lambda}\right) = A_0\exp\left(-\frac{r}{D}\right) \tag{6.43}$$

이 방정식에서 $D = Q\lambda/\pi$는 진폭이 원래 값의 $1/e$(36.8% 또는 대략 1/3)로 떨어지는 거리이다. 이 거리의 역수(D^{-1})를 흡수 계수(absorption coefficient)라고 한다. Q가 높은 암석은 탄성파가 전파할 때 흡수에 의한 에너지 손실이 비교적 적기 때문에 거리 D가 크다. 일반적으로 P파의 Q는 S파보다 크다. 예를 들어 지구의 맨틀에서 Q는 P파의 경우 10,000 정도이고 S파의 경우 약 100이다. Q는 완전 탄성으로부터의 편차 척도이기 때문에 지구의 자유진동 이론(6.2.4절)에서도 접하게 되며, 챈들러 요동의 감쇠에서와 같이 지구의 자유 자전의 변동에도 영향을 미친다.

이러한 현상은 흡수 계수(D^{-1})가 파장 λ에 반비례한다는 식 (6.43)을 따른다. 따라서 흡수에 의한 지진파의 감쇠는 신호의 주파수에 따라 달라진다. 동일한 전파 거리 r에 대해 고주파 파동은 저주파 파동보다 더 빠르게 감쇠된다. 결과적으로 지진파 신호의 주파수 스펙트럼은 지구를 통과하면서 바뀌게 된다. 처음 발생한 신호가 충격이나 폭발로 인한 날카로운 형태의 파동일 수 있지만, 송신원에서 멀어질 때 고주파가 우선적으로 손실되면서 신호가 더 부드러운 모양으로 바뀌게 된다. 이러한 흡수에 의한 선택적인 고주파수 성분의 손실은 마치 필터를 사용하여 음파 송신원에서 고주파를 제거하는 것과 유사하다. 따라서 지구는 마치 지진파 신호의 저주파 통과 필터 역할을 한다.

6.2.3 탄성 표면파

매질의 자유면에서의 교란은 부분적으로 탄성 표면파의 형태

로 송신원으로부터 멀리 전파된다. 레일리파(Rayleigh wave)와
러브파(Love wave)로 알려진 두 가지 종류의 표면파가 있다. 표
면파는 P파, S파와 마찬가지로 입자의 편광 방향에 의해 서로
구분된다. 역사적으로 레일리파는 L_R(장주기 레일리파)로, 러
브파는 L_Q(장주기 'Querwelle'[5])로 쓴다.

6.2.3.1 레일리파

1885년에 레일리 경(Lord Rayleigh, 1842~1919)은 반무한 탄
성 매질의 표면을 따라 표면파가 전파되는 것을 설명했다. 레
일리파의 파면에 있는 입자는 수직면으로 편광되어 있다. 이
로 인한 레일리파의 입자 운동은 P파와 SV파 진동의 조합으
로 간주될 수 있다. 전파 방향이 관찰자의 오른쪽인 경우(그림
6.6), 레일리파에 의해 입자는 수직인 면상에서 장축이 수직
방향, 단축이 파동의 전파 방향인 **타원 역행 운동**을 한다. 지
구 매질의 평균적인 상태인 포아송체(즉, 포아송비 $\nu = 0.25$,
5.1.3.1절 참조)에서 레일리파의 속도(V_R)는 S파의 속도(β)의
$\sqrt{2 - 2/\sqrt{3}} \approx 0.92$배와 같다(즉, $V_R \approx 0.92\beta$).

　레일리파의 입자 변위는 매질의 표면에만 국한되지 않는다.
표면 아래의 입자도 레일리파의 영향을 받는데, 균질한 반무한
공간에서 입자 변위의 진폭은 깊이가 증가함에 따라 지수 함수
적으로 감소한다. 표면파의 침투 깊이는 그 진폭이 표면에서의
값의 e^{-1}으로 감쇠되는 지점의 깊이로 정의된다. 파장이 λ인
레일리파의 침투 깊이는 약 0.4λ이다.

6.2.3.2 러브파

균질한 반무한 매질에서 레일리파는 표면파의 유일한 형태이
다. 그러나 러브(A. E. H. Love, 1863~1940)는 1911년에 수평
층이 표면과 반무한 공간 사이에 있으면(그림 6.7a) 연속적으
로 반사된 SH파가 보강 간섭하면서 수평 입자 운동을 하는 표
면파가 형성되는 것을 보였다(그림 6.7b). 이러한 일이 가능하
기 위해서는 표면 근처의 층에서 S파의 속도(β_1)가 하부의 반
무한 공간에서의 속도(β_2)보다 느려야 하며, 러브파(V_L)의 속
도는 $\beta_1 < V_L < \beta_2$로 두 속도 값의 사이에 있다.

　이론에 따르면, 매우 짧은 파장의 러브파의 속도는 상부층
의 느린 속도 β_1에 가깝고 긴 파장의 러브파는 하부층의 빠른
속도 β_2에 가까운 속도로 이동한다. 이러한 파장에 대한 속도
의존성을 **분산(dispersion)**이라고 한다.

---

5 'Querwelle'은 횡파를 뜻하는 독일어이다.

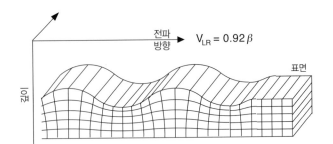

레일리파(L_R)

그림 6.6　레일리파의 입자 운동은 수직면에서 P파 진동과 SV파 진동의 조
합으로 구성된다. 입자는 장축이 수직이고 단축이 파동 전파 방향인 타원 형
태로 역행 운동을 한다.

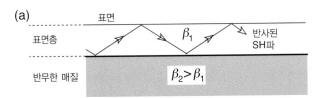

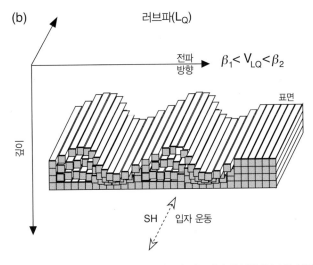

그림 6.7　(a) 러브파는 표면층의 상부와 하부에서 반사된 SH파의 보강 간
섭으로 인해 층에 갇히게 된다. (b) 러브파의 입자 운동은 전파 방향에 수평
적으로 직교한다. 파동의 진폭은 자유면 아래로의 깊이에 따라 감소한다.

6.2.3.3 표면파의 분산

표면파의 분산은 지각과 상부 맨틀의 수직 속도 구조를 결정하
는 중요한 도구이다. 러브파는 표면층과 하부의 반무한 매질이
균질하더라도 본질적으로 분산적이다. 균질한 반무한 매질에

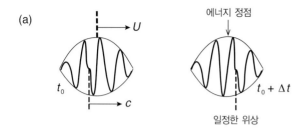

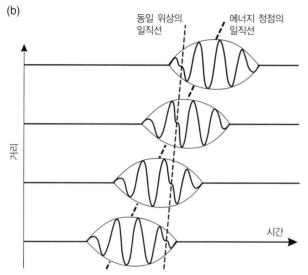

그림 6.8 (a) 표면파 에너지는 군속도 U로 파동 묶음의 포락선으로 전파되는 반면 각각의 파장은 위상 속도 c로 이동한다. (b) 빠르게 움직이는 장파장이 파동 묶음을 통과할 때 정상 분산으로 인한 파동 묶음의 모양 변화. 출처 : W.M. Telford, L.P. Geldart and R.E. Sheriff, *Applied Geophysics*, 770, Cambridge: Cambridge University Press, 1990.

서의 레일리파는 비분산적이다. 그러나 실제 지구 내부에는 속도가 다른 수평적인 층 구조가 존재하거나 수직 방향으로의 속도 변화가 존재한다. 파장이 긴 레일리파는 파장이 짧은 성분보다 지구 깊숙한 곳까지 침투한다. 레일리파의 속도는 전단파 속도($V_R \approx 0.92\beta$)에 비례하며, 지각과 최상부 맨틀의 S파 속도 β는 일반적으로 깊이에 따라 증가한다. 따라서 더 깊이 침투한 장파장 성분은 단파장 성분보다 더 빠른 탄성파 속도로 전파한다. 이러한 이유로 레일리파는 분산 특성을 갖는다.

표면파의 형태로 전파되는 에너지 묶음은 파장의 스펙트럼을 포함한다. 파동의 에너지는 군속도(group velocity, U)라고 하는 속도로 파동 묶음의 포락선으로 전파된다(그림 6.8a). 파동 묶음을 구성하는 각각의 파동은 식 (6.23)에서 정의된 것처럼 위상 속도(phase velocity, c)로 이동한다. 만약 위상 속도가 파장에 종속적이라면, 군속도는 위상 속도와 다음과 같은 관련이 있다.

$$
\begin{aligned}
U &= \frac{\partial \omega}{\partial k} = \frac{\partial}{\partial k}(ck) \\
&= c + k\frac{\partial c}{\partial k} = c - \lambda\frac{\partial c}{\partial \lambda}
\end{aligned}
\tag{6.44}
$$

파장이 증가함에 따라 위상 속도가 증가하는 상황(즉, 긴 파장이 짧은 파장보다 더 빠르게 전파)을 정상 분산(normal dispersion)이라고 한다. 이 경우 $\partial c/\partial \lambda$가 양수이므로, 군속도 U는 위상 속도 c보다 느리다. 파동 묶음의 형태는 빠르게 이동하는 장파장이 파동 묶음을 통과함에 따라서 체계적으로 변화한다(그림 6.8b). 시간이 지남에 따라 처음에 집중된 파동은 점차적으로 연속적인 파동으로 확장된다. 결과적으로, 속도가 깊이에 따라 증가하는 매질에서 진원으로부터 먼 거리에서는 표면파의 긴 파장을 가진 성분이 먼저 도달한다.

표면파의 분산 현상은 그림 6.1의 지진 기록의 예에서 명확하게 볼 수 있다. 주기가 10초인 러브파는 주기가 30초인 러브파보다 늦게 도착하며, 이는 또한 주기가 100초인 러브파보다 느리다.

6.2.4 지구의 자유진동

종을 망치로 치면 여러 고유 주파수로 자유롭게 진동하는데, 자유진동의 다양한 조합을 통해 각각의 종은 고유한 음색을 가지게 된다. 유사한 방식으로 에너지가 지진에 의해 갑자기 방출되면 지구 내부의 탄성 특성과 구조에 따라 다양한 고유 주파수로 지구 전체가 함께 진동한다. 지구의 자유진동에 대해 논의하기 전에, 양쪽 끝이 고정되어 끈에서 1차원적으로 진동하는 진동 시스템을 가정하여 몇 가지 개념을 먼저 논의해 보는 것이 좋다.

실제로 매우 복잡한 끈의 진동 양상은 정상모드(normal mode)라고 하는 더 단순한 진동의 중첩으로 나타낼 수 있다. 이러한 정상모드는 끈의 양 끝 경계에서 반사된 파가 서로 간섭하여 정상파를 생성할 때 발생한다. 각 정상모드를 가지는 정상파의 주파수와 파장은 끈의 길이가 항상 반파장의 정수배와 같아야 한다는 조건에 의해서 결정된다(그림 6.9). 고정[6]되어 있는 양 끝과 같이, 끈의 변위가 0인 지점을 노드(node)라고 하는데 노드의 수에 따라 정상모드를 구분한다. 진동의 첫 번째 정상모드[또는 기본 모드(fundamental mode)]에는 끈상에 노드가 없다. 두 번째 정상모드[첫 번째 배음(overtone)]에는 하나의 노드가 존재한다. 두 번째 정상모드를 가지는 정상파의 파

---

6 고정된 양 끝 지점은 노드에 포함하지 않는다.

(a) 기본 모드

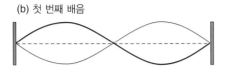

(b) 첫 번째 배음

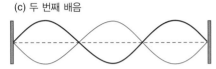

(c) 두 번째 배음

그림 6.9 양쪽 끝이 고정된 끈에서의 정상파에 대한 진동의 정상모드.

장과 주기는 첫 번째 정상모드의 절반이다. 세 번째 정상모드(두 번째 배음)를 가지는 정상파는 첫 번째 정상모드의 3배의 주파수를 가지며, 그 이상의 정상모드도 같은 방식으로 결정된다. 하나 이상의 노드가 있는 모드를 고차(higher-order) 모드라고 한다.

모드와 노드의 개념은 구의 진동에도 적용되어, 지구의 자유진동을 여러 가지 정상모드의 중첩으로 분해할 수 있게 한다. 1차원 끈상에서의 진동을 구의 진동으로 확장할 때, 변위가 0인 지점이었던 노드가 이제는 노드면(nodal surface)이 되며, 편광 방향이 하나가 아니라 세 개가 된다. 구상 진동(spheroidal oscillation)에서, 지구의 부피는 중심 방향으로의 변위에 의해 변한다. 이에 대조적으로 뒤틀림 진동(toroidal oscillation)은 변위가 구의 접선 방향이므로 부피가 변하지 않는다.

6.2.4.1 구상 진동

가장 단순한 형태의 자유진동은 특별한 종류의 구상 진동인 방사형 진동이다. 방사형 진동에서 지구의 모양은 '구형'으로 유지되고 모든 입자는 순수하게 방사 방향으로 진동한다(그림 6.10a). 이러한 자유진동의 기본 모드에서 전체 지구는 약 20.5분의 주기로 일제히 팽창하고 수축한다. 방사형 진동[7]의 두 번째 정상모드(첫 번째 배음)는 내부[8]에 하나의 구형 노드면이

있다. 노드면을 기준으로 내부가 수축하는 동안 외부는 팽창하고, 그 반대도 마찬가지이다. 더 고차의 노드면 또한 지구 내부에서 구 모양이고 다른 노드면과도 중심이 같다.

일반적인 구상 진동은 구면 조화함수(spherical harmonic function)로 묘사될 수 있는 방사상의 그리고 접선 방향의 변위를 모두 포함한다(글상자 3.4 참조). 이러한 함수는 관심 있는 지점(예 : 지진 진앙)에서 지구를 관통하는 축과 축을 포함하는 대원을 기준으로 한다. 이 좌표계를 기준으로, 구에서 표면 변위의 위도와 경도 방향으로의 변화를 묘사한다. 이를 이용하면 세 가지 지표의 도움으로 각 진동 모드를 수학적으로 완벽하게 설명할 수 있고, 간단하게 식별할 수 있다. 경도 급수(longitudinal order, m)는 대원인 구 위의 노드선의 개수이고, 차수(degree, l)는 $(l-m)$ 수의 위도 방향 노드선으로 결정되며, 배음 수(overtone number, n)는 내부의 노드면의 수를 나타낸다. $_nS_l^m$은 차수 l, 경도 급수 m, 배음 수 n인 구상 진동을 나타낸다. 실제로는 기준 축을 중심으로 회전 대칭인, 즉 경도 급수 $m=0$인 경우가 많이 관측되기 때문에, 이 지표는 일반적으로 구형 진동에 표시하지 않는다. 또한 차수 $l=1$인 진동은 존재하지 않는다. 차수 1인 진동이 존재한다면, 이는 단 하나의 적도 노드면을 가질 것이며 진동은 중력 중심의 변위를 수반할 것이다. 구상 진동 $_0S_2$와 $_0S_3$의 양상은 그림 6.10b에 있다. 구상 진동은 지구 표면을 순간적으로 움직이게 하여, 지구 내부의 밀도 분포를 일시적으로 변하게 한다.

방사형 진동은 $l=0$인 구상 진동이다. 기본 방사형 진동은 $_0S_0$으로 표시되는 기본 구상 진동이며 다음 고차 모드를 $_1S_0$라고 한다(그림 6.10a). 또한 정상모드의 맥락에서 l, m, n은 종종 각도 급수(angular order), 방위 급수(azimuthal order) 및 방사 급수(radial order)라고 한다.

6.2.4.2 뒤틀림 진동

자유진동의 세 번째 형태는 순전히 접선 방향으로만 변위가 발생하는 것이다. 축에 대해서 오직 경도 방향의 변위만 포함하는 뒤틀림 진동은 지구의 모양과 부피에 영향을 주지 않는다(그림 6.11a). 경도 방향 변위의 진폭은 위도에 따라 다르다.[9] 뒤틀림 진동에서 노드면은 같은 '위도'상에서 지구와 교차하여, 지구 표면에서는 원 형태가 되는데, 노드면상의 점에서는

---

7 지구의 중심과 지구 표면의 임의의 지점에 끈의 양 끝이 고정되어 있다고 생각하면 이해가 쉽다.

8 그림 6.9에서는 끈에 대해 수직인 횡파의 진동으로 표현하였지만, 그림 6.4a의 종파의 진동으로 바꾸어 생각하면 이해가 쉽다.

9 구상 진동의 경우, '위도'와 '경도'는 대칭축을 기준으로 표현한 것이며, 지리적인 위도, 경도와는 다르다.

그림 6.10 (a) 주기에 따른 방사형 진동 모드. 기본 모드 $_0S_0$(풍선 모드라고도 함)에서는 지구 전체가 동시에 팽창하고 수축한다. $_1S_0$와 같은 고차 모드에는 외부 표면과 동심인 내부 구형 노드면이 있다. (b) 주기가 있는 일반적인 구상 진동 $_0S_2$('축구 모드') 및 $_0S_3$ 모드. 노드선은 대칭축에 수직인 작은 원이다. 방사형 진동은 특별한 종류의 구상 진동으로 순수하게 방사 방향 변위만 존재한다.

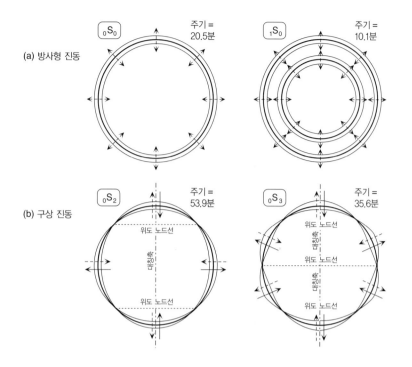

두 방향의 진동이 교차하여 뒤틀림 변위가 0이 된다. 구상 진동에서 분석했던 것과 유사하게 $_nT_l$ 표기법은 뒤틀림 진동을 설명하는 데 사용될 수 있다. 모드 $_0T_0$는 변위가 0이므로 존재하지 않고, $_0T_1$은 전체 지구[10]가 같은 방향으로 진동한다는 것을 의미하기 때문에 존재하지 않는다. 따라서 가장 단순한 뒤틀림 진동은 두 개의 반구가 단일 노드면을 가로질러 반대로 진동하는 $_0T_2$이다(그림 6.11a). 고차의 l을 가지는 뒤틀림 진동은 대칭축에 수직인 ($l = 1$) 노드면을 가로질러 진동한다.

뒤틀림 진동의 진폭은 깊이에 따라 변한다. 지구 내부의 변위는 내부 노드면에서 0이 된다(그림 6.11b). 뒤틀림 진동에 대한 명명법을 이용하면 이러한 내부 노드면을 지시할 수 있다. 따라서 $_1T_l$은 하나의 내부 노드면이 있는 일반적인 뒤틀림 진동을 나타내는데, 내부 노드면을 기준으로 내부 구체와 외부 구체가 서로 반대 방향으로 비틀린다. $_2T_l$에는 두 개의 내부 노드면을 가진다(그림 6.11b).

뒤틀림 진동의 비틀림 운동은 지구의 방사 방향으로의 밀도 분포를 바꾸지는 않으며, 지구 내부의 전단 강도에 따라 달라진다. 유체로 된 지구의 외핵은 이러한 진동이 발생할 수 없으므로, 뒤틀림 진동은 지구의 단단한 맨틀과 지각으로 제한된다.

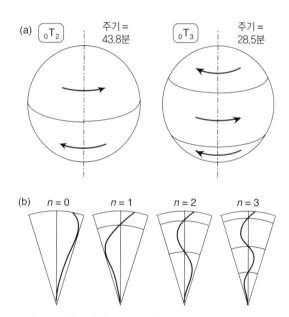

그림 6.11 (a) 주기가 다른 뒤틀림 진동 $_0T_2$와 $_0T_3$ 모드. 이러한 모드는 대칭축에 수직인 노드면을 가로질러 서로 반대 방향으로 진동하는 움직임을 포함한다. (b) 뒤틀림 진동에서 평형 위치로부터 내부 구면의 변위는 깊이에 따라 변하며 내부 노드면에서는 0이다.

6.2.4.3 표면파와의 비교

지구의 고차 자유진동은 두 가지 유형의 표면파와 직접 관련이 있다.

1. 레일리파의 입자 진동은 수직면에 편광되어 있기 때문에, 방사 방향과 접선 방향 성분을 갖는다(그림 6.6 참조). 고

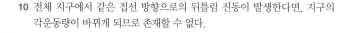

10 전체 지구에서 같은 접선 방향으로의 뒤틀림 진동이 발생한다면, 지구의 각운동량이 바뀌게 되므로 존재할 수 없다.

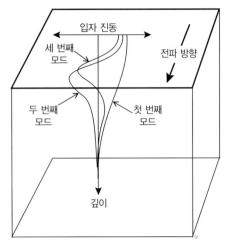

그림 6.12 낮은 차수의 모드를 가지는 러브파의 깊이에 따른 감쇠.

에 따라 감쇠한다는 것을 보여 준다(그림 6.12).

자유진동은 진폭이 작고 주기가 매우 길어서 관측이 어려웠기 때문에, 자유진동은 실제로 관측되기 훨씬 이전에는 구형 대칭인 지구 모델을 가정하여 계산되었다. 1960년 칠레 대지진(지금까지 기록된 것 중 가장 큰 규모인 약 9.5)은 자유진동 연구의 전환점이 되었다. 40개 이상의 기본 모드의 주파수가 식별되었다. 그 이후로 지진계가 꾸준히 개선되면서 지구의 자유진동에 대한 지식이 크게 향상되었으며, 이제는 자유진동을 이용하여 지구의 3차원적인 비균질 구조를 조사할 수 있다.

그림 6.13은 2004년 수마트라-안다만 제도 지진(규모 9.0)으로 인해 발생한 지구의 자유진동 일부를 보여 주는데, 광대역 지진 관측소인 Geoscope 글로벌 네트워크의 호주 캔버라에 위치한 관측소에서 240시간 동안 기록된 수직 변위이다(6.5절 참조). 그림 6.13의 파워 스펙트럼은 다양한 주파수 성분의 에너지를 도시한 것이다. 일부 정상모드가 두 개 이상의 정점으로 나누어지는 것은 지구가 완전한 구형이 아니며, 자전을 하고 있기 때문이다.

대규모 지진에 의해 시작된 지구의 자유진동에 대한 연구는 지진학에서 중요한 분야이다. 그 이유는 정상모드가 지구의 내부 구조에 크게 의존하기 때문이다. 자유진동의 주기는 지구의 탄성 특성과 방사 방향으로의 밀도 분포에 의해 결정된다. 실제로 관측된 다양한 모드의 주기와 지구의 여러 가지 속도-밀도 구조 모델에서 계산된 값을 비교함으로써, 가정한 지구 모델의 유효성을 검증할 수 있다.

차 구상 진동은 지구 주위에서 반대 방향으로 이동하는 장주기 레일리파의 간섭으로 인해 발생하는 정상파 형태와 같다.

2. 러브파의 입자 진동은 수평 방향으로 편광되어 있다. 뒤틀림 진동은 서로 반대로 진행하는 러브파의 간섭으로 인해 발생하는 정상파 형태로 간주될 수 있다.

표면파와 지구의 고차 자유진동 사이의 유사성은 깊이에 따른 변위의 변화에서 명백하게 드러난다. 다른 진동과 마찬가지로, 표면파도 다양한 모드로 구성된다. 표면파에 대한 이론적 분석은 자연적인 진동의 깊이에 따른 감쇠(그림 6.11b)와 같은 방식으로 서로 다른 모드를 갖는 레일리파의 진폭이 지구 깊이

그림 6.13 2004년 12월 26일에 발생한 규모 9.0의 수마트라-안다만 대지진 이후 기록된 지구의 자유진동 스펙트럼. 출처 : J. Park, T.A. Song et al., Earth's free oscillations excited by the 26 December 2004 Sumatra-Andaman earthquake, *Science*, 1139–1144, 2005.

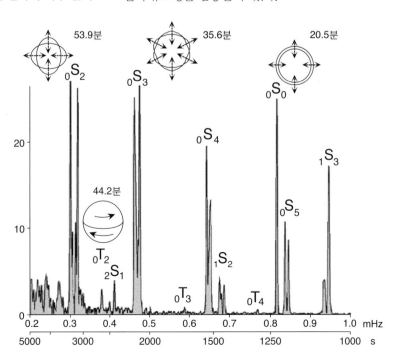

자유진동 또한 지구의 비탄성에 의해서 감쇠된다. 최대 40~50분의 주기를 갖는 낮은 차수의 진동은 단 몇 분의 짧은 주기를 갖는 고차 진동보다 훨씬 더 오래 지속된다. 다른 모드를 가지는 자유진동의 감쇠 시간을 연구함으로써, 지구 내 Q 인자의 수직 분포를 계산할 수 있으며, 이는 실체파에 대해 얻은 결과와 서로 호환된다.

6.2.5 탄성파 이방성

지각과 맨틀 암석을 구성하는 대부분의 결정에서 원자 결합의 강도는 방향에 따라 다르다. 결과적으로 결정의 변형은 응력이 가해지는 방향에 따라 달라진다. 이러한 방향 의존성을 이방성(anisotropy)이라고 한다. 이방성을 나타내지 않는 결정을 등방성(isotropy)이 있다고 한다. 이방성은 탄성 계수, 즉 탄성파의 속도가 방향에 따라 달라진다는 것을 의미한다.

등방성 물질은 두 개의 탄성 계수(전단 계수와 체적탄성계수)만으로 완전히 설명될 수 있는 반면, 이방성 물질은 최대 21개의 탄성 계수가 필요하다. 탄성파 이방성에 대한 물리적, 수학적인 원리는 잘 정립되어 있지만, 현상학적인 관점으로만 설명할 것이다.

암석의 모든 광물 입자가 무작위로 배열되면, 개별 입자의 이방성은 평균화되고, 탄성파는 거시적으로 등방성을 가지고 전파하는 것처럼 된다. 탄성파의 파장보다 훨씬 더 큰 대규모의 암석이 일관되게 변형된다면, 많은 입자가 특정 방향을 선호하면서 집합적으로 배열될 수 있다. LPO(Lattice-Preferred Orientation)로 알려진 이러한 현상은 맨틀의 흐름 방향에 따라 결정격자가 선호하는 방향으로 정렬되어 발생할 수 있다. 그 결과, 지진파 신호에서 지각과 맨틀의 거시적 이방성이 명확하게 나타날 수 있다.

실체파의 경우, 이방성은 방향에 따른 전파 속도의 차이를 유발한다. 다시 말해서, 실체파가 다른 방향보다 더 빠르게 진행하는 방향이 존재한다. 또한 등방성 매질에서 하나의 속도로 전파하던 S파가 이방성 매질에서는 속도가 다른 두 가지 S파로 분리된다(그림 6.14). 이러한 전단파 분리(shear wave splitting)는 대부분의 지진 관측소에서 측정된 S파 기록에서 관측할 수 있으며, 맨틀의 흐름에 대한 지시자 역할을 할 수 있다.

전단파 분리는 표면파에서도 발생하지만, 러브파와 레일리파는 종종 서로 간섭하기 때문에 개별 분석이 복잡하여 이방성의 영향이 잘 관측되지는 않는다. 그러나 러브파와 레일리파가 지진 관측소에 도달하는 시간은 종종 지구가 등방성이라는 가정만으로는 설명될 수 없다는 것이 널리 알려져 있

그림 6.14 이방성 광물인 (a) 감람석과 (b) 백운모에서 P파 속도(왼쪽)와 두 가지 S파 속도(오른쪽)의 방향 의존성. 중심에서부터 곡선의 한 점까지의 화살표 길이는 화살표 방향으로의 속도와 같다. 이 2차원 그림에는 포함되지 않았지만 점선으로 된 원은 방위각 방향을 포함한 모든 방향에 대한 평균 속도를 나타낸다.

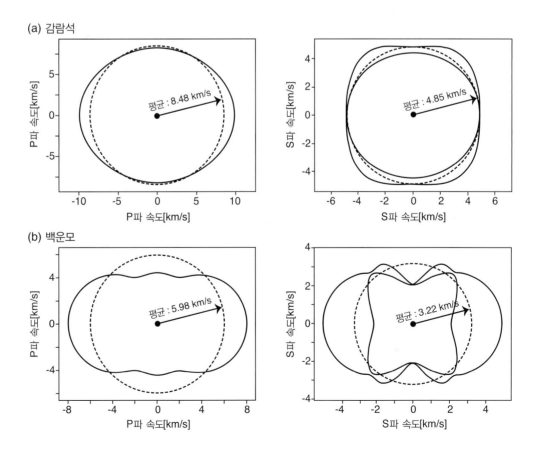

다. 전단파 분리와 함께 러브파-레일리파 불일치(Love-Rayleigh discrepancy)로 알려진 이러한 현상의 발견은 상부 맨틀의 이방성을 지지하는 강력한 증거이다.

6.3 비균질 지구에서의 탄성파

6.3.1 서론

지금까지 우리는 주로 균질한 매질을 통해 전파하는 파동을 고려해 왔다. 그러나 지구는 맨틀의 대류 운동, 그리고 그로 인한 지각에서의 판구조 운동과 화성 작용으로 인해 비균질적이다. 역사적으로 비균질 매질에서의 파동 전파를 설명하기 위한 두 가지 방법이 독립적으로 개발되었다. 한 가지 방법은 하위헌스의 원리(Huygens' principle)를 기반으로 파면의 거동을 설명하는 것이고, 다른 방법은 페르마의 원리(Fermat's principle)를 기반으로 파선의 기하학적 특징을 다루는 것이다. 아이코날 방정식(6.2.2.5절)은 이 두 가지 방법이 같다는 것을 입증한다.

지구에서 P파와 S파의 속도는 종종 서로 비례하는데 이것은 실체파 속도와 라메 상수 λ 및 μ의 관계를 나타낸 식 (6.7)과 식 (6.15)를 따른다. 많은 암석에서 포아송 관계 $\lambda = \mu$가 근사적으로 적용된다(글상자 5.1 참조).

$$\frac{\alpha}{\beta} = \sqrt{\frac{\lambda + 2\mu}{\mu}} = \sqrt{3} \qquad (6.45)$$

층상 구조는 비균질성의 가장 간단한 형태이기 때문에, P파 속도가 α_1과 α_2인 두 층 사이의 경계를 가로질러 전파하는 P파에 초점을 맞출 것이다. 전단파의 속도 β_1 및 β_2를 대입하여, S파 분석에도 똑같이 적용할 수 있다.

6.3.2 하위헌스의 원리

파동이 매질을 통과하고 두 매질 사이의 경계면을 가로지를 때 발생하는 현상은 17세기 네덜란드의 수학자이자 물리학인 하위헌스(1629~1695)에 의해 설명되었다. 그는 위대하고 영향력 있는 동시대 인물인 뉴턴(1642~1727)에 의해 시각화된 입자의 움직임보다는 파동으로서의 빛의 전파에 대한 원리를 정립하였다. 하위헌스의 원리(1678)는 비록 광학에서 파생되었지만 모든 종류의 파동에 똑같이 적용될 수 있다. 이 이론은 단순한 기하학적 구조를 기반으로 하며, 현재 위치를 알고 있는 경우 파면의 미래 위치를 계산할 수 있도록 한다. 하위헌스의

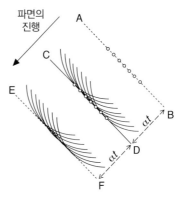

그림 6.15 평면 파면의 진행을 설명하기 위한 하위헌스 원리의 적용. CD에서의 파면은 파면이 이전 위치 AB에 있을 때 입자 진동에 의해 형성된 파형의 포락선이다. 이와 유사하게, 파면 CD에서 입자가 진동하면서 형성된 파형의 포락선은 파면 EF를 형성한다.

원리는 다음과 같이 표현될 수 있다. "파면의 모든 점은 새로운 구면파를 형성하기 위한 점 송신원으로 간주될 수 있다. 새로운 파면은 2차 파형의 접선 표면(또는 포락선)이다."

이 원리는 곡선인 파면에 대해서도 적용될 수 있지만, 평면인 파면에 대해서 더 간단히 설명될 수 있다(그림 6.3). 파면이 처음에 위치 AB에 있고(그림 6.15), 동그라미가 파면상에 있는 입자를 나타낸다고 하자. 입자는 파면이 도착하면서 진동하고, 2차 파형의 송신원으로 작용한다. 전파 속도가 α인 P파를 가정하면 시간 t 이후에 파형이 이동한 거리는 αt이다. 각 파형은 송신원 주변의 작은 구를 묘사한다. 만약 원래 파면이 지금 그림처럼 적은 수가 아니라 밀접하게 배치된 수많은 입자를 포함한다고 생각하면, 작은 파형에 접하는 평면 CD는 파면의 새로운 위치를 나타낸다. 새로운 파면 또한 평면이며, 원래 파면으로부터 수직인 거리 αt에 있다. 다시 한 번, 파면 CD상의 입자는 새로운 2차 파형의 송신원 역할을 하면서 이 과정이 반복된다. 이 원리는 경계면에서 탄성파의 반사 및 굴절 법칙을 유도하는 데 사용될 수 있으며, 또한 파동의 경로상에 있는 물체의 모서리나 가장자리에서 파동이 편향되는 회절 과정을 설명하는 데 적용될 수 있다.

6.3.2.1 하위헌스의 원리를 이용한 반사 법칙

탄성파 속도가 α_1인 매질에서 평면파로 전파하는 P파가 α_2인 다른 매질과의 경계를 만날 때를 고려해 보자(그림 6.16). 경계 부분에서 입사파의 에너지는 두 번째 매질로 전달되고, 나머지는 첫 번째 매질로 다시 반사된다. 입사 파면 AC가 A에서 경계면과 먼저 접촉하면, A에서 첫 번째 매질의 입자가 흔들리

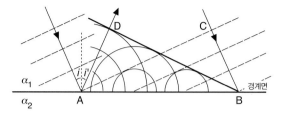

그림 6.16 탄성파 속도가 다른 두 매질 사이의 경계면에서 평면 P파의 반사. 점선(예 : AC)은 입사 평면파를 나타낸다. 경계면의 한 부분인 AB상에서 입자들이 진동하여 상부 매질로 전파하는 구면파형이 형성된다. 반사된 평면파(BD)는 파형의 포락선이다.

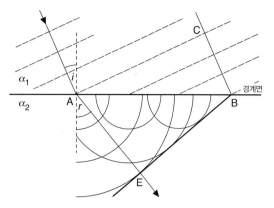

그림 6.17 서로 다른 탄성파 속도 α_1과 $\alpha_2(> \alpha_1)$를 갖는 두 매질 사이의 경계면에서 평면 P파의 굴절. 점선(예 : AC)은 입사 평면파를 나타낸다. 경계면의 한 부분인 AB상에서 입자들이 진동하여 하부 매질로 전파하는 구면파형이 형성된다. 굴절된 평면파(BE)는 파형의 포락선이다. 입사각(i)과 굴절각(r)은 경계면에 수직인 방향과 각 파선 사이의 각도로 정의된다.

고, 이와 동시에 A에서 첫 번째 매질과 접촉하는 두 번째 매질의 입자를 흔들게 된다. 이러한 입자의 진동은 α_1의 속도로 A로부터 멀어지면서 첫 번째 매질로 다시 반사되는 2차 파형과 α_2의 속도로 두 번째 매질로 굴절되어 계속 전파하는 2차 파형을 형성한다.

입사 파면이 B에서의 경계면에 도달할 때까지, A와 B 사이에서 파면의 모든 입자는 흔들리게 된다. 하위헌스의 원리를 적용하면, 반사된 파동의 파면은 첫 번째 매질에서의 2차 파형에 대한 접선 방향의 평면이다. 그림 6.16에서 이것은 위치 B에서부터 경계와의 첫 번째 접촉점인 A를 중심으로 하는 원까지의 접선 BD로 표시된다. 평면파가 A와 B에 각각 도달하는 사이에 걸린 시간 t 동안, 입사파의 파면은 거리 CB를 이동하고 A로부터의 2차 파형은 동일한 거리 AD만큼 이동한다. 삼각형 ABC와 ABD는 서로 합동이다. 따라서 반사된 파면이 경계면과 이루는 각도는 입사파가 경계면과 이루는 각도와 같다.

평면의 방향을 그에 수직인 방향으로 설명하는 것이 일반적이다. 경계면에 수직인 방향과 입사파의 파면에 수직인 방향 사이의 각도를 입사각(i)이라고 한다. 그리고 경계면에 수직인 방향과 반사된 파면에 수직인 방향 사이의 각도를 반사각(i')이라고 한다. 이처럼 하위헌스 원리를 평면파에 적용하면, 반사각이 입사각과 같다($i = i'$)는 것을 알 수 있다. 이것은 반사의 법칙으로 알려져 있다.

6.3.2.2 하위헌스의 원리를 이용한 굴절의 법칙

앞에서 입사파와 경계의 상호 작용에 대하여 논의했던 내용은 파동이 속도 α_2로 두 번째 매질로 투과하는 문제로 확장될 수 있다(그림 6.17). 첫 번째 매질에서 입사파의 파면이 C에서 B로 진행하는 데 걸린 시간을 t라고 하면 BC = $\alpha_1 t$이다. 이 시간 동안 A와 B 사이의 두 번째 매질의 모든 입자가 흔들리게 되

며, 이제 두 번째 매질에서의 새로운 파형의 송신원 역할을 한다. 입사파가 B에 도달하면 두 번째 매질에 있는 A로부터의 파형이 점 E까지 퍼진다. 여기서 AE = $\alpha_2 t$이다. 두 번째 매질에서의 파면은 B에서 A를 중심으로 하는 원까지의 접선 BE이다. 입사각(i)은 이전과 같이 정의된다. 경계면에 수직인 방향과 투과된 파면에 수직인 방향 사이의 각도를 굴절각(r)이라고 한다. 삼각형 ABC와 ABE를 비교하면 BC = AB sin i, AE = AB sin r임을 알 수 있다. 결과적으로, 다음과 같다.

$$\frac{AB \sin i}{AB \sin r} = \frac{BC}{AE} = \frac{\alpha_1 t}{\alpha_2 t} \tag{6.46}$$

$$\frac{\sin i}{\sin r} = \frac{\alpha_1}{\alpha_2} \tag{6.47}$$

식 (6.47)은 **굴절의 법칙**이라 불리며, 네덜란드의 수학자 스넬리우스(Willebrod Snellius, 1580~1626)를 기리기 위해 스넬의 법칙이라고도 한다.

6.3.2.3 회절

평면 또는 구형 탄성파가 뾰족한 장애물이나 불연속적인 면을 만나면 회절(diffraction)이 일어난다. 이러한 현상으로 인해 파동이 장애물 주위로 구부러져서 암영대(shadow zone)를 전파할 수 있다. 예를 들어, 모퉁이에서 보이지 않는 사람의 목소리를 들을 수 있는 것은 음파의 회절 현상 때문이다. 다음의 간단한 예제에서 확인할 수 있듯이 회절 현상도 하위헌스의 원리로 설명할 수 있다.

날카로운 모서리 B에서 끝나는 직선상의 경계에서 평면파

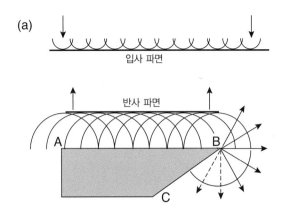

(a)

입사 파면

반사 파면

A   B

C

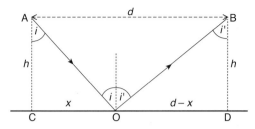

그림 6.19 페르마의 원리를 이용한 반사 법칙을 유도하기 위한 입사 파선과 반사 파선의 기하학적 배열.

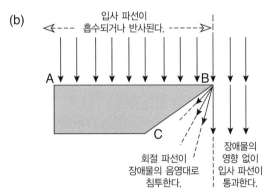

(b)

입사 파선이 흡수되거나 반사된다.

A   B

C

회절 파선이 장애물의 음영대로 침투한다.

장애물의 영향 없이 입사 파선이 통과한다.

그림 6.18 하위헌스의 원리를 이용한 모서리에서의 회절에 대한 설명. (a) 입사 및 반사된 평면 파면은 하위헌스 파형에 대한 포락선이며 날카로운 모서리 주위에 입사하는 교란을 전달할 수 있다. (b) 입사 파선은 장애물에 흡수, 반사 또는 통과하지만, 장애물 지점에서 생성된 파형과 관련된 일부 파선은 암영대로 회절된다.

가 수직으로 입사하는 것을 고려해 보자(그림 6.18). 입사파는 전체 길이 AB를 따라 반사되며 AB상의 각 입자는 하위헌스의 원리에 따라 2차 송신원 역할을 한다. 가장자리 B 너머에서는 입사 파면이 반사될 수 없다. 평면 파면은 모서리 B까지만 이동하므로 점 C는 AB의 암영대에 있어야 한다. 그러나 모서리 B는 또한 2차 파형의 송신원 역할을 하며, 일부는 반사된 파면에 기여하고 일부는 암영대로 전달된다. 암영대로 회절되는 파동의 세기는 주 파면보다 약하며 입사 파면의 진행 방향으로부터의 각도가 커짐에 따라 점진적으로 감소한다.

6.3.3 페르마의 원리

경계면에서 탄성파의 파선 경로의 거동은 원래 17세기 프랑스 수학자 페르마(Pierre de Fermat, 1601~1665)가 광학 분야에서 공식화한 또 다른 원리에 의해 설명된다. 페르마의 원리에 따르면, 두 점 A와 B 사이의 가능한 많은 경로 중에서 파선은

도달 시간이 최소인 경로를 따른다. ds가 파선 경로에 따른 거리 요소이고 α가 이 짧은 거리에 대한 P파 속도이면, 파선 경로는 기하학적으로 A와 B 사이의 이동 시간 t가 최소가 되도록 한다. 즉, 다음과 같다.

$$t = \int_A^B \frac{\mathrm{d}s}{\alpha} = \text{최소} \tag{6.48}$$

속도 α는 위치에 따라 변할 수 있다. 임의로 변화하는 속도를 가정하여 파선 경로를 계산하는 것은 매우 복잡하다. 층상 매질의 경우, 페르마의 원리는 반사 법칙과 굴절 법칙을 결정하기 위한 독립적인 방법을 제공한다. 물론 페르마의 원리는 S파에도 적용되며, 이 경우 식 (6.48)에서 α가 S파 속도 β로 대체되어야 한다.

6.3.3.1 페르마의 원리를 이용한 반사의 법칙

일정한 P파 속도 α_1을 갖는 매질로부터 입사한 파선이 다른 매질과의 경계에서 반사되는 상황을 고려해 보자(그림 6.19). 경계로부터 수직 거리 h에 있는 입사파의 파선상의 점을 A라고 하고, 반사파의 파선상의 대응하는 점을 B라고 하자. C와 D를 각각 A와 B로부터 경계까지의 가장 가까운 점이라고 하자. 또한 d를 수평 거리 AB라고 하고, O를 C로부터 수평 거리 x만큼 떨어진 경계면의 반사점이라고 하자. 그러면 OD는 $(d - x)$와 같고 A에서 B까지의 반사파의 주시 t를 다음과 같이 표현할 수 있다.

$$t = \frac{AO}{\alpha_1} + \frac{OB}{\alpha_1}$$
$$= \frac{1}{\alpha_1}\left[\sqrt{h^2 + x^2} + \sqrt{h^2 + (d-x)^2}\right] \tag{6.49}$$

페르마의 원리에 따르면 이동 시간 t가 최소여야 한다. 식 (6.49)의 유일한 변수는 x이다. 최단 시간이 되는 조건을 찾기

위해 t를 x로 미분하고 결과를 0으로[11] 설정하면 다음과 같다.

$$\frac{dt}{dx} = \frac{1}{\alpha}\left[\frac{x}{\sqrt{h^2+x^2}} - \frac{(d-x)}{\sqrt{h^2+(d-x)^2}}\right] = 0 \quad (6.50)$$

그림 6.19를 보면, 입사각(i)과 반사각(i')에 대한 위의 식의 관계가 분명하게 보인다. 괄호 안의 첫 번째 항은 $\sin i$이고 두 번째 항은 $\sin i'$이다. 따라서 최단 시간이 되는 조건은 $i' = i$이며, 따라서 반사각은 입사각과 같다.

6.3.3.2 페르마의 원리를 이용한 굴절의 법칙

굴절의 법칙을 결정하기 위해 유사한 접근 방식을 적용할 수 있다. 이번에는 속도 α_1인 매질에서 더 빠른 속도 α_2인 매질로 파선이 투과하는 상황을 고려해 보자(그림 6.20). A를 다시 경계면의 점 C로부터 수직 거리 h에 있는 입사파의 파선상의 점이라고 하자. 파선은 C로부터 수평 거리 x만큼 떨어진 O에서 경계를 가로지른다. B를 D에서 수직으로 h만큼 떨어져 있는 두 번째 매질의 파선상의 한 점이라고 하자. 거리 CD는 d이므로 다시 OD는 $(d - x)$와 같다. 따라서 굴절파의 주시 t는 다음과 같다.

$$t = \frac{AO}{\alpha_1} + \frac{OB}{\alpha_2} = \frac{\sqrt{h^2+x^2}}{\alpha_1} + \frac{\sqrt{h^2+(d-x)^2}}{\alpha_2} \quad (6.51)$$

마찬가지로 식 (6.51)을 x에 대해 미분하고 결과를 0으로 설정하면 주시 t가 최소가 되는 조건을 구할 수 있다.

$$\frac{x}{\alpha_1\sqrt{h^2+x^2}} - \frac{(d-x)}{\alpha_2\sqrt{h^2+(d-x)^2}} = 0 \quad (6.52)$$

그림 6.20을 참조하여 입사각(i)과 굴절각(r)의 사인 함수로 위의 식을 다시 쓸 수 있다. 파선 경로에 페르마의 원리를 적용하면, 하위헌스의 원리를 적용하여 유도한 굴절의 법칙을 다시 얻을 수 있다(식 6.47). 이는 다음과 같다.

$$\frac{\sin i}{\alpha_1} = \frac{\sin r}{\alpha_2} \quad (6.53)$$

이 예에서 우리는 $\alpha_2 > \alpha_1$이라고 가정했다. 더 느린 속도의 매질에서 더 빠른 속도의 매질로 통과함에 따라 굴절된 파선은

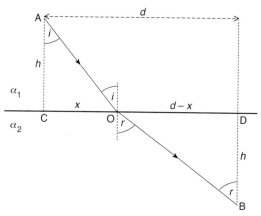

그림 6.20 페르마의 원리를 이용한 굴절 법칙을 유도하기 위한 입사 파선과 굴절 파선의 기하학적 배열.

경계에서 수직인 선으로부터 먼 방향으로 굴절되기 때문에 굴절각이 입사각보다 크다($r > i$). 반대 조건에서, 만약 $\alpha_2 < \alpha_1$이면 굴절된 파선은 경계의 수직 방향으로 다시 굴절되고, 굴절각은 입사각보다 작다($r < i$).

식 (6.48)로 수식화된 페르마의 원리는 실제로 파선 경로의 기하학적 구조가 이동 시간이 최대가 되는 경우까지 포함하는 보다 일반적인 상황[12]을 단순화시킨 것이다. 이러한 상황에서 A와 B를 연결하는 광선 경로의 작은 변화는 실제로 이동 시간을 약간 감소시킨다. 예를 들어 지구에 지속도 이상체(low-velocity anomaly)가 있을 때 그러한 흥미로운 경우가 발생하지만, 현재 우리의 층상 매질에서의 파동 전파 분석에서는 대부분 무시할 수 있다.

6.3.4 경계에서의 실체파 분리

경계에서 반드시 충족되어야 하는 조건은 응력의 법선 및 접선 성분과 변위의 법선 및 접선 성분이 경계면에서 연속적이어야 한다는 것이다. 수직(또는 전단) 응력이 연속적이지 않으면, 불연속 지점에는 무한 가속이 발생한다. 이와 유사하게, 만약 수직 변위가 연속적이지 않으면, 매질 사이에 틈이 생기거나 두 매질의 일부가 겹쳐서 같은 공간을 차지하게 된다. 따라서 불연속적인 접선 방향 변위가 경계를 가로지르는 매질 사이의 상

---

11 일반적인 함수는 미분했을 때 0이 되는 지점은 극솟값 또는 극댓값이 되지만, 반사파의 주시는 쌍곡선 형태를 가지기 때문에 미분했을 때 0이 되는 지점은 극솟값, 즉 최솟값이 된다. 식 (6.50)은 $x = d/2$일 때 만족한다.

12 페르마의 원리에서는 파선만을 고려하였지만, 실제로 파동은 하위헌스의 원리에서 다룬 것처럼 파면의 형태로 전파한다는 것을 기억해야 한다. 첫 번째 층의 전파 경로에만 작은 저속도 이상체가 있다고 가정하면, 저속도 이상체를 통과하는 것보다 주변의 매질을 따라서 전파하는 것이 더 빠르기 때문에 파면이 왜곡되고, 파면에 수직인 파선이 바뀌게 된다. 하지만 층상 구조에서는 이런 현상이 발생하지 않는다.

대적인 움직임을 초래할 것이다. 경계가 매질을 명확하게 구분하는 고정된 표면인 경우에, 이러한 현상은 불가능하다.

연속 조건의 결과, 경계에 입사하는 P파는 입사 지점에서 경계의 양쪽에 있는 입자에 에너지를 공급하여 4개의 파동을 생성한다. 입사되는 P파의 에너지는 경계면에서 반사되는 P파와 S파와 인접 층으로 투과되는 다른 P파와 S파로 분해된다. 이러한 현상이 일어나는 방식은 경계면에서 유도되는 입자 운동을 고려하여 이해할 수 있다.

입사된 P파의 입자 운동은 전파 방향과 평행하다. 경계면의 하부 지층 입자의 진동은 입사된 P파를 포함하는 수직면에서 경계면에 수직인 성분과 평행한 성분으로 분해될 수 있다. 두 번째 층에서 이러한 각 움직임은 차례로 전파 방향에 평행한 성분(굴절된 P파)과 수직 평면상에서 전파 방향에 수직인 성분(굴절된 SV파)으로 분해될 수 있다. 경계면에서의 연속성 때문에 반사된 P파와 반사된 SV파에 각각 상응하는 유사한 진동이 상부층으로 유도된다.

경계면에 대한 법선과 매질 1에서의 P파와 S파의 파선 경로 사이의 각도를 각각 i_p 및 i_s라고 하고, 매질 2에서의 각 파에 해당하는 굴절 각도를 r_p 및 r_s라고 하자(그림 6.21). 반사 및 굴절된 P파와 S파 모두에 스넬의 법칙을 적용하면, 다음과 같다.

$$\frac{\sin i_p}{\alpha_1} = \frac{\sin i_s}{\beta_1} = \frac{\sin r_p}{\alpha_2} = \frac{\sin r_s}{\beta_2} \tag{6.54}$$

이와 유사하게, 입사하는 SV파도 경계면에 수직이고 평행한 성분을 갖는 진동을 생성하며, 굴절 및 반사된 P파 및 SV파를

생성할 것이다. 경계면에 수직인 진동 성분이 없는 입사 SH파의 경우에는 상황이 다르다. 이 경우 굴절 및 반사된 SH파만 생성된다.

6.3.4.1 미임계 반사, 초임계 반사, 임계 굴절

상부층이 P파 속도 α_1을 갖는 균질하고 두꺼운 수평층, 하부는 더 높은 속도 α_2를 갖는 2층 구조의 매질에서, 상부층 표면(O)에 송신원이 있다고 가정하자(그림 6.22). O에서 형성되어 경계면에 가능한 모든 입사각으로 입사하는 탄성파의 파선에 어떤 일이 발생할지 생각해 보자. 가장 단순한 파선은 수직으로 이동하여 점 N에서 입사각이 0°로 경계와 만나는 파선이다. 이 수직 입사 파선(normally incidence ray)은 부분적으로 이동했던 경로를 따라 다시 반사되고, 부분적으로는 방향 변경 없이 다음 매질로 수직으로 투과된다. 입사각이 커질수록 입사하는 점이 N에서 C로 이동한다. 투과된 파선은 스넬의 굴절 법칙에 따라 방향이 변화되며, 표면으로 반사된 파선을 미임계 반사라고 한다.

C에서 경계면으로 입사하는 파선은 임계 굴절을 일으키기 때문에 임계 파선이라고 한다. 이 파선은 임계 입사각으로 경계를 만난다. 이에 따른 굴절된 파선은 경계의 법선과 90°의 굴절각을 만든다. 결과적으로 더 빠른 속도 α_2로 하부층 상단 경계와 평행하게 이동한다. 임계 파선의 굴절각에 대한 사인 함수는 값이 1이고, 스넬의 법칙을 적용하여 임계각 i_c를 계산할 수 있다.

$$\sin i_c = \frac{\alpha_1}{\alpha_2} \tag{6.55}$$

임계 파선은 임계 반사를 동반한다. 임계 반사파는 O에 위치한 송신원부터 임계 거리(critical distance, x_c)에 있는 표면에 도달한다. 임계 거리보다 더 가까운 거리에서 표면에 도달

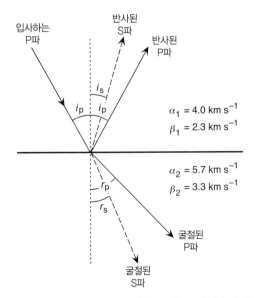

그림 6.21 평면 경계면에 입사하는 P파로부터 반사 및 굴절된 P파와 S파의 생성. 점선은 하부층으로 전달되는 파동의 파선을 표시한다.

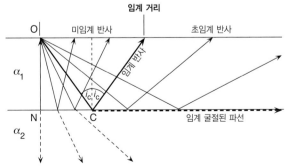

그림 6.22 임계 반사는 각각 미임계 반사 및 초임계 반사 영역에 해당하는 두 가지 영역을 구분한다.

하는 반사를 미임계 반사(subcritical reflection)라고 한다. 임계각까지의 각도에서는 굴절된 파선이 더 아래 매질로 투과하지만 임계각보다 큰 각도로 입사하는 파선의 경우 더 이상 굴절이 일어나지 않는다. 임계각보다 더 비스듬하게 입사하는 탄성파는 대부분 완전히 반사된다. 이러한 반사를 초임계 반사(supercritical reflection) 또는 단순히 광각 반사(wide-angle reflection)라고 한다. 초임계 반사는 굴절로 인한 에너지 손실이 거의 없으므로 상부층의 송신원으로부터 먼 거리까지 전파할 수 있다. 따라서 초임계 반사는 먼 관측소의 지진계에 강하게 기록된다.

6.3.5 층상 매질에서의 탄성파의 반사

반사 법칙을 사용하여 층상 매질을 통해 전파되는 파동의 전파 시간을 예측할 수 있다. 다중 또는 경사층이 있는 더 복잡한 상황을 분석하기 이전에, 먼저 단일 수평 경계면이 있는 가장 간단한 경우를 고려할 것이다. 그 결과 얻어지는 방정식을 통해 표면에서 측정한 반사파의 도달 시간을 이용하여 지하층의 깊이와 속도를 추론할 수 있다.

6.3.5.1 수평면에서의 반사

가장 단순한 형태의 반사는 수평 경계에서의 2차원적인 반사이다(그림 6.23). 반사면이 송신원 위치 S 아래로 깊이 d에 있다고 하자. 입사각과 반사각이 같은 조건을 만족하는 경계면의 위치 R에 부딪힌 파선은 표면에 반사되어 G에 기록된다. G를 송신원 위치로부터 수평 거리 x에 있다고 하자. P파 속도가 α이면 G에서 기록된 첫 번째 신호는 SG를 따라 직접 이동하는 직접파이다. 직접파의 전파 시간은 $t_d = x/\alpha$이다. 직접파는 표면파가 아니라 최상부층의 표면 바로 아래에서 평행하게 진행하는 실체파라는 점을 염두에 두는 것이 중요하다. 경로 SRG에 따른 주시 t는 $(SR + RG)/\alpha$이다. 그러나 SR과 RG는 같으므로, 다음과 같다.

$$t = \frac{2}{\alpha}\sqrt{d^2 + \frac{x^2}{4}} \tag{6.56}$$

$$t = \frac{2d}{\alpha}\sqrt{1 + \frac{x^2}{4d^2}} = t_0\sqrt{1 + \frac{x^2}{4d^2}} \tag{6.57}$$

$x = 0$에서 주시는 반사점으로부터의 수직 반향에 해당한다. 이 반향 시간은 $t_0 = 2d/\alpha$로 주어진다. 식 (6.57)에서 제곱근 안의 값은 $t-x$ 곡선의 곡률을 결정하며, 수직시간차 요소라고 한

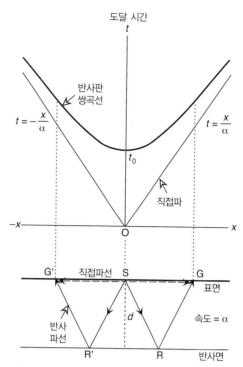

그림 6.23 수평 경계면으로부터의 반사파에 대한 주시 곡선은 쌍곡선이다. 수직 반향 시간 t_0는 이동 시간 축과 쌍곡선의 절편에 해당한다.

다. 이는 수직 반향된 반사파와 비교할 때, 송신원 위치에서 수평 거리 x만큼 떨어진 수신기에 도달하는 반사파의 전파 경로가 증가하면서 지연된 시간을 의미한다. 식 (6.57)의 양변을 제곱하고 항을 재정렬하면 다음과 같다.

$$\frac{t^2}{t_0^2} - \frac{x^2}{4d^2} = 1 \tag{6.58}$$

이 식은 t_0에서 교차하는 수직 시간 축에 대해 대칭인 쌍곡선의 방정식이다(그림 6.23). 송신원 위치로부터 아주 먼 거리에서는($x \gg 2d$), 반사파의 주시가 직접파의 주시에 근접해지고, 따라서 쌍곡선은 두 선 $t = \pm x/\alpha$에 대해 점근적이다.

탄성파 반사법 탐사의 기본 목표는 일반적으로 반사면까지의 수직 거리(d)를 찾는 것이다. 이것은 속도 α가 알려지면, 송신원 위치에서 기록된 왕복 반사 주시(two-way reflection travel time)인 t_0로부터 결정될 수 있다. 속도를 결정하는 한 가지 방법은 거리 x에 위치한 수신기까지의 이동 시간 t_x와 반향 시간 t_0를 비교하는 것이다. 반사법 탄성파 탐사에서 수신기는 종종 송신원 위치에 가깝게 배치되며, 수신기의 거리가 반사면의 깊이($x \ll d$)보다 훨씬 작다고 가정한다. 이때, 식 (6.57)은 다음과 같이 근사된다.[13]

---

13 R로 표시된 테일러 급수의 2차항 이상을 무시한 것이다.

$$t_x = t_0 \sqrt{1 + \left(\frac{x}{2d}\right)^2} = t_0 \left[1 + \frac{1}{2}\left(\frac{x}{2d}\right)^2 + R\right]$$

$$\approx t_0 \left[1 + \frac{1}{2}\left(\frac{x}{\alpha t_0}\right)^2\right] \qquad (6.59)$$

전파시간 t_x와 반향 시간 t_0의 차이는 수직시간차(normal move-out), 즉 $\Delta t_n = t_x - t_0$이다. 식 (6.59)를 재정렬하면 다음과 같다.

$$\Delta t_n = \frac{x^2}{2\alpha^2 t_0} \qquad (6.60)$$

반향 시간 t_0와 수직시간차 Δt_n은 반사법 탐사 자료에서 바로 확인될 수 있다. 송신원 위치로부터 수신기까지의 거리 x 또한 알려져 있으므로 지층의 속도 α를 결정할 수 있다. 반사점의 깊이 d는 반향 시간 공식을 사용하여 찾을 수 있다.

반사파의 도달 시간을 해석하는 다른 방법은 식 (6.58)을 다음과 같이 재배열하였을 때 명백해진다.

$$t^2 = t_0^2 + \frac{x^2}{\alpha^2} \qquad (6.61)$$

x^2에 대한 t^2의 그래프는 기울기가 $1/\alpha^2$인 직선이다. t^2축과의 절편은 반향 시간 t_0의 제곱에 대한 정보를 주며, 여기서 반사점까지의 깊이 d는 일단 속도 α가 알려지면 찾을 수 있다. 각 수신기의 자료에는 여러 반사점에서 온 반사파가 포함된다. 첫 번째 반사점의 경우, $t^2 - x^2$ 방법으로 결정된 속도는 최상층의 실제 구간 속도 α_1이며, 첫 번째 반향 시간인 t_{01}을 이용하여 최상층의 두께 d_1을 구할 수 있다. 그러나 두 번째 경계면에서 반사된 파선은 구간 속도 α_1으로 첫 번째 층을 통과하고 구간 속도 α_2로 두 번째 층을 전파했다. 이 반사파와 더 깊은 경계면에서 온 반사파에 대해 $t^2 - x^2$ 방법으로 해석된 속도는 **평균 속도**이다. 입사파와 반사파가 거의 수직으로 이동하는 경우, n번째 반사점으로부터 온 반사파에 대한 평균 속도 $\alpha_{a,n}$은 다음과 같이 주어진다.

$$\alpha_{a,n} = \frac{d_1 + d_2 + d_3 + \cdots \ d_n}{t_1 + t_2 + t_3 + \cdots \ t_n} = \frac{\displaystyle\sum_{i=1}^{n} d_i}{\displaystyle\sum_{i=1}^{n} t_i} \qquad (6.62)$$

여기서 d_i와 t_i는 각각 i번째 지층의 두께와 각 구간의 전파 시간이다.

$t^2 - x^2$ 방법은 층상 지구 모델에서 각 층 두께와 평균 속도

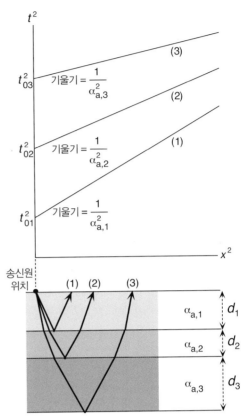

그림 6.24 3개의 수평 반사층으로부터 온 거의 수직인 반사파에 대한 $t^2 - x^2$ 곡선. $\alpha_{a,1}$은 지층 1의 실제 속도 α_1이지만 $\alpha_{a,2}$ 및 $\alpha_{a,3}$는 실제 속도와 지층 두께에 따라 달라지는 평균 속도이다.

를 추정하는 간단한 방법이다(그림 6.24). 두 번째 직선의 기울기는 $\alpha_{a,2}$의 정보를 주며, $D_2 = d_1 + d_2 = (\alpha_{a,2})(t_{02})$로 주어지는 두 번째 경계면에 대한 실제 깊이 D_2를 찾기 위해, 적절한 반향 시간 t_{02}와 함께 사용된다. 또한 d_1은 이미 계산하였으므로 d_2를 계산할 수 있다. 두 번째 층의 왕복 주시는 $(t_{02} - t_{01})$이므로 구간 속도 α_2를 찾을 수 있다. 이러한 방식으로 더 깊은 층의 두께와 구간 속도를 연속적으로 결정할 수 있다.

6.3.5.2 경사면에서의 반사

그림 6.25와 같이 반사면이 수평면에 대해 각도 θ로 기울어져 있을 때, 송신원 위치와 반사점 사이의 최단 거리 d는 경사면에 대해 수직인 거리이다. 송신원 위치로부터 경사면을 따라 내려가는 방향으로의 반사파 경로는 경사면을 따라 올라가는 방향으로의 경로보다 더 길다. 이것은 그만큼 이동 시간에도 영향을 미친다. 파선은 반사파 광학 법칙을 따르고 반사면에 대한 송신원 위치의 상점(image point)인 S′에서 표면으로 되돌아오는 것처럼 보인다. 속도가 α인 지층을 통과하는 반사파의 주

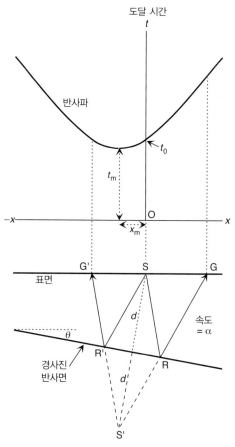

그림 6.25 기울어진 반사층에 대한 주시 곡선은 수직축이 있는 쌍곡선(그림 6.23 참조)이지만 최단 전파 시간(t_m)은 송신원 위치로부터 거리 x_m만큼 떨어져서 측정된다.

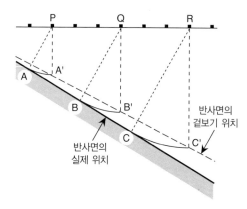

그림 6.26 경사층에서 계산된 깊이가 수신기 위치 아래에 수직으로 표시가 되면, 실제 반사 지점 A, B, C가 A′, B′, C′에 잘못 그려져서 반사층의 위치에 오차가 발생한다.

고(그림 6.23) 최단 주시(반향 시간)는 송신원 위치($x = 0$) 아래로의 수직 반사에 해당한다. 하지만 경사층의 경우, 반사면에 대한 수직 경로는 최단 전파 시간 t_m이 아닌 그림 6.25의 주시 t_0에 대한 정보를 준다. 이러한 수직 경로는 송신원 위치에서 반사면까지의 최단 거리이지만 송신원 위치와 수신기 사이의 반사파의 최단 경로는 아니다. 최단 전파 시간은 송신원 위치로부터 경사면을 따라 올라가는 방향으로의 수평 거리 x_m에 위치한 수신기에 기록된다. 주시 쌍곡선의 최소점 좌표(x_m, t_m)는 다음과 같다.

$$x_m = -2d \sin\theta$$
$$t_m = \frac{2d \cos\theta}{\alpha} \tag{6.65}$$

실제로 반사층이 수평인지 기울어져 있는지는 사전에 알려져 있지 않다. 지층의 경사 효과를 반사 기록에서 보정하지 않으면, 경사가 있는 지층의 깊이를 추정하는 데 오류가 발생한다. 송신원 위치에서의 주시 t_0는 반사점까지의 직접적인 거리를 제공하지만 반향된 신호가 이동한 경로는 알 수 없다. 그림 6.26의 경사층을 고려해 보자. 송신원 위치 P, Q, R에서 첫 번째로 기록된 반사파는 실제로는 반사점 A, B, C에서 반사되었다. 하지만 계산된 반사층의 깊이가 송신원 바로 아래 방향으로 그려지게 되면 A′, B′, C′에 반사점이 있는 것으로 추정된다. 이는 경사면이 실제 위치보다 더 얕은 깊이에 있는 것처럼 보이게 해서, 추정된 경사가 실제보다 덜 가파르게 된다. 따라서 지하 구조의 영상을 왜곡시킨다. 예를 들어, 배사 구조의 경우에는 실제보다 더 넓고 측면으로 덜 경사진 것처럼 보이게 되는데, 이와 비슷하게 그림 6.27과 같이 향사 구조의 측면이

시 t는 상점의 도움으로 쉽게 찾을 수 있다. 예를 들어, 표면 G에 위치한 수신기에 기록된 반사된 파선 SRG의 주시는 다음과 같다.

$$t = \frac{SR + RG}{\alpha} = \frac{S'R + RG}{\alpha} = \frac{S'G}{\alpha} \tag{6.63}$$

상점 S′은 송신원 위치가 반사면 앞에 있는 만큼 반사면 뒤에 존재한다. 즉, S′S = 2d이다. 삼각형 S′SG에서 측면 SG는 수신기 거리 x와 같고 둔각 S′SG는 (90° + θ)와 같다. 삼각형 S′SG에 코사인 법칙을 적용하면 S′G를 계산할 수 있고, 그 해를 식 (6.63)에 대입할 수 있다. 이를 통해 경사면에서 반사파의 주시를 알 수 있다.

$$t = \frac{1}{\alpha}\sqrt{x^2 + 4xd \sin\theta + 4d^2} \tag{6.64}$$

식 (6.64)는 대칭축이 수직인(즉, t 축에 평행한) 쌍곡선의 방정식이다. 수평 반사층의 경우, 쌍곡선은 t 축에 대해 대칭이었

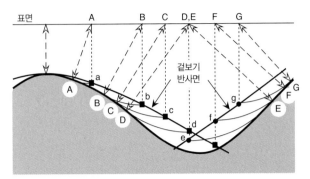

그림 6.27 반사면의 잘못된 겉보기 깊이를 보여 주는 배사 구조와 향사 구조에 걸친 반사파의 경로. 실제 반사 지점 A~G는 송신원 아래의 위치 a~g에서 잘못 그려진다.

충분히 가파르면 경사진 측면에서 처음으로 도착하는 신호가 실제 구조를 숨길 수도 있다.

이것은 향사 구조 하단의 곡률 반경이 축의 깊이보다 작을 때 발생한다. 향사 구조의 축을 넘어서, 경사진 측면부에서 반사된 파는 송신원 위치에 놓인 수신기에 가장 먼저 도달할 수 있다. 이 경우, 향사 구조의 바닥은 두 개의 뾰족한 끝 사이에서 위쪽으로 볼록한 반사층으로 보일 수 있다(그림 6.28).

반사파 자료는 수직으로 일어나지 않은 반사파를 보정해 주어야 한다. 이러한 보정 과정을 **구조 보정(migration)**이라고 하는데 반사법 탄성파 탐사 연구에서는 필수적인 과정이다. 반사된 신호가 탄성파 단면에서 표면의 탐사 지점 아래로 수직으로 그려질 때(예를 들어, 송신원 위치 아래의 반사층에 대한 수직 왕복 이동 시간으로), 해당 단면은 **구조 보정되지 않은** 것으로 간주된다. 위에서 논의한 바와 같이 구조 보정되지 않은 단면은 경사진 반사층의 깊이와 경사에 오류가 존재한다. 구조 보정된 단면은 수직으로 왕복하지 않은 반사파를 보정한 단면이다. 따라서 구조 보정은 지하 반사층의 위치를 개선한 영상을 제공한다.

구조 보정 과정은 지하의 탄성파 속도 분포에 대한 사전 지식이 필요하지만, 탐사되지 않았거나 구조적으로 복잡한 지역에서는 종종 속도 정보가 부족하다. 이를 해결하기 위한 여러 가지 기술이 사용되지만, 이를 자세하게 다루는 것은 이 책의 범위를 벗어난다.

6.3.5.3 반사 계수와 투과 계수

경계에서 서로 다른 입사각으로 굴절과 반사된 에너지의 분할은 다소 복잡하다. 예를 들어 입사한 P파는 입사파의 파선이 지층 경계와 얼마나 가파르게 만나는지에 따라, 일부는 반사되

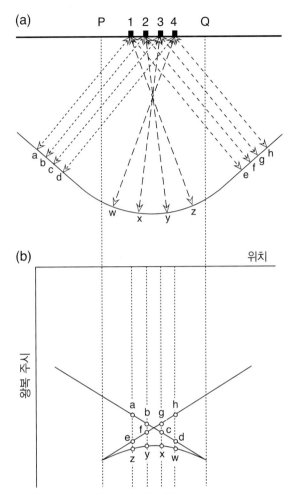

그림 6.28 (a) 급격하게 휘어진 향사 구조의 측면부와 하단부에서 발생한 반사파의 파선 경로, (b) 해당 반사 기록. 각 문자는 (a)의 각 반사점이 잘못 그려져서 마치 위로 볼록한 배사 구조가 있는 것처럼 해석에 오류가 발생할 수 있음을 보여 준다. 출처 : H.A. Slack et al., The geomagnetic elements, *Geophysics* 32, 877–892, 1967.

고 일부는 굴절되며 또는 완전히 반사될 수도 있다. 입사하는 P파의 에너지에 대한 반사, 굴절되어 분리된 P파와 S파의 에너지의 비율은 입사각에 크게 의존한다(그림 6.29). 임계각보다 작은 각도로 비스듬하게 입사할 경우, 각각의 파동의 진폭은 파동의 속도와 입사각, 반사각, 굴절각의 함수이다. 굴절 및 반사된 P파와 S파의 상대적 에너지 양은 최대 약 15°의 입사각까지는 크게 변하지 않는다. 임계각을 넘어서면, P파의 굴절이 중단되어 입사 에너지가 일부는 P파로 반사되고 일부는 굴절 및 반사된 S파로 변환된다.

실제로, 반사법 탐사는 비교적 작은 입사각을 고려하여 수행된다. 경계면에 수직 입사할 때, P파는 접선 방향으로 응력이나 변위를 야기하지 않아 전단파가 유도되지 않는다. 따라서 수직 입사에서는 반사된 P파와 굴절된 P파 사이의 에

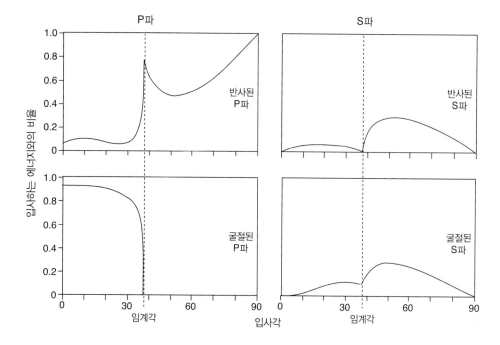

그림 6.29 굴절되고 반사되어 형성된 P파, S파에 대한 입사 P파 에너지의 분리(Dobrin, 1976과 Richards, 1961에서 수정).

너지 분할이 훨씬 간단해진다. 이는 음향 임피던스(acoustic impedance, Z)로 알려진 각 매질의 특성에 따라 달라지는데 매질의 밀도 ρ와 P파 속도 α의 곱으로 정의된다. 즉, $Z = \rho\alpha$이다. 입사파의 진폭이 A_0일 때, 반사 및 굴절된 P파의 진폭 A_1과 A_2에 대한 방정식의 해는 다음과 같이 주어진다.

$$\mathrm{RC} = \frac{A_1}{A_0} = \frac{Z_2 - Z_1}{Z_2 + Z_1} = \frac{\rho_2\alpha_2 - \rho_1\alpha_1}{\rho_2\alpha_2 + \rho_1\alpha_1}$$

$$\mathrm{TC} = \frac{A_2}{A_0} = \frac{2Z_1}{Z_2 + Z_1} = \frac{2\rho_1\alpha_1}{\rho_2\alpha_2 + \rho_1\alpha_1}$$

(6.66)

진폭의 비 RC 및 TC를 각각 반사 계수(reflection coefficient)와 투과 계수(transmission coefficient)라고 한다. 앞에서 다룬 것처럼(식 6.38 참조), 파동의 에너지는 진폭의 제곱에 비례한다. 입사하는 에너지에 대한 반사된 에너지의 비 E_r은 RC의 제곱으로 표시된다. 굴절된 에너지의 비 E_c는 $(1 - E_r)$과 같다.

입사파가 더 높은 탄성 임피던스를 갖는 매질의 표면에서 반사될 때($Z_2 > Z_1$) 반사 계수 RC는 양수가 되며, 이는 반사파가 입사파와 위상이 같다는 것을 의미한다. 그러나 파동이 더 낮은 탄성 임피던스를 가진 매질($Z_2 < Z_1$)에 입사하면, 반사 계수는 음수가 되며 이것은 반사파가 입사파와 위상이 180° 다르다는 것을 의미한다. 경계면에서 반사된 에너지의 비율은 RC^2과 같으므로, 에너지는 입사된 파가 더 높은 또는 더 낮은 탄성 임피던스의 매질에서 반사되었는지에 의존하지 않는다.

지구의 구조에 대한 약간의 지식이나 사전에 추측한 정보가

주어지면 지층 경계에서의 반사 및 투과 개념을 사용하여 합성 지진 기록(synthetic seismogram)을 계산할 수 있다. 실제로 관측된 지진 기록과 합성 지진 기록을 비교함으로써, 실제 반사파와 잡음(6.3.5.4절)을 구분하고 지구 모델을 개선할 수 있다. 합성 지진 기록을 계산하는 방법은 단순하지만, 실제로 구현하는 것은 많은 시간과 노력을 요하는 어려운 작업이다. 첫 번째 경계에서 수직으로 입사하는 파동은 경계면 위/아래의 탄성 임피던스에 의해 결정되는 진폭에 따라 반사 및 굴절되는 성분으로 분리된다. 굴절된 파동은 아래의 더 깊은 경계면에서 또 다른 반사 및 굴절되는 성분으로 다시 분리되며, 이러한 현상은 더 하부의 경계를 만날 때마다 계속 반복된다. 각 파동은 결국 표면으로 돌아올 때까지 하부의 경계면에서 반사 및 굴절되면서 전파한다. 따라서 이론적으로 지진 기록은 수많은 파동의 중첩으로 구성된다. 반사파와 굴절파를 추적함으로써 합성 지진파를 구성하는 다른 방법은 수치 해석적으로 파동을 전파시키는 것으로 6.3.7절에서 소개될 것이다.

6.3.5.4 잡음, 표면파, 다중 반사파

지층 경계면에서의 단일 반사파 이외에도 탄성파 기록에는 잡음, 표면파 및 다중 반사파[14]도 포함된다. 이러한 다른 신호는 지하의 특성을 추론하는 데 필요한 단일 반사 신호를 가릴 수

---

14 다중 반사파란 지층의 경계면 사이에서 위아래로 두 번 이상 반사된 파를 의미한다.

있다.

탄성파 잡음은 기기잡음과 배경잡음으로 분류될 수 있다 (6.4절). 기기잡음은 탄성파를 기록하는 장비 자체의 문제에 의해 발생하는데, 예를 들어 원자의 열운동으로 인해 발생할 수 있다. 기기잡음은 종종 일관성이 없다. 즉, 거의 무작위이며 모든 지진계에서 다르다. 대조적으로 배경잡음은 지구 내부를 통해 전파되는 실제 파동으로 구성되는데, 해안선과 파랑 (ocean wave)의 상호 작용, 표면에 작용하는 대기압 변화 또는 인간과 산업 활동이 그 원인이 될 수 있다. 배경잡음은 수신기 사이에서 잘 정의된 파동으로 전파되기 때문에 일반적으로 일관성이 있다. 신호 대 잡음비라고 부르는 신호의 에너지에 대한 잡음의 에너지의 비는 탄성파 자료의 품질을 정의하는 척도이다. 신호 대 잡음비가 높을수록 더 품질이 좋은 자료이다. 신호 대 잡음비가 1보다 작은 자료는 사용하기 어렵다. 수신기를 그룹 또는 배열로 설치하고, 각각의 기록을 평균화 또는 중합하여 하나의 단일 기록을 생성함으로써 잡음을 줄일 수 있다. n개의 수신기가 배열을 형성할 때, 이러한 방식은 신호 대 잡음비를 대략 $\sqrt{n}$만큼 향상시킨다.

탐사 지구물리학 분야에서 역사적으로 '그라운드롤(ground roll)'이라고 불리는 표면파는 특정한 수신기 구성을 선택하여 자료에서 어느 정도 제거할 수 있다. 예를 들어, 같은 거리에 있는 수신기 그룹이 레일리파의 완전한 파장을 포함하는 경우 (그림 6.30a), 각 수신기에서 기록된 레일리파는 더 작은 값으로 효과적으로 평균화될 수 있다. 이 방법은 표면 근처의 층 구조가 매우 복잡한 경우에는 표면파가 여러 방향으로 전파될 수 있기 때문에 제한적으로만 효과적으로 사용될 수 있다. 표면파를 억제하는 또 다른 방법은 주파수 필터링이다. 표면파의 주파수는 종종 반사된 P파의 주파수보다 낮기 때문에 고주파 통과 필터링(낮은 주파수 성분을 제거)으로 표면파를 감쇠할 수 있다.

다중 반사파는 여러 가지 방식으로 발생할 수 있으며, 그중 가장 중요한 것은 표면에서 반복적으로 반사되는 것이다(그림 6.30b). 표면에서의 반사 계수는 크기 때문에(원칙적으로 $RC \approx -1$), 표면과 지하의 경계면 사이에서 다중 반사가 발생할 수 있다. 거의 수직에 가까운 입사에서, 1차 다중 반사파의 전파 시간은 1차 반사파의 전파 시간의 두 배이다. 따라서 이러한 1차 다중 반사파가 1차 반사파로 잘못 해석되면, 실제 지층의 깊이(또는 왕복 주시)의 두 배가 되는 깊이에 실제 반사면의 사본이 형성된다. 고차의 다중 반사파는 이러한 겉보기 반사면을

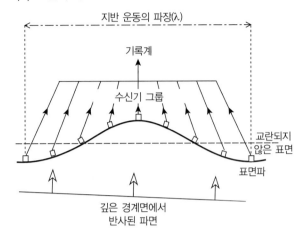

(a) 표면파

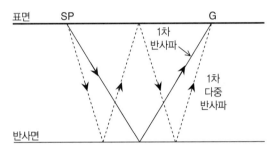

(b) 다중 반사파

그림 6.30 (a) 표면파와 (b) 다중 반사파의 예. 반사면과 자유면 사이의 다중 반사파로 인해 단일 반사파 신호가 불분명해질 수 있다.

추가적으로 생성하여 영상을 왜곡한다.

6.3.5.5 반사법 탄성파 단면

구조 보정이 끝나면, 모든 수신기로부터 처리된 기록들이 나란히 하부의 반사점을 그리면서, 지하 구조의 단면에 대한 영상을 얻을 수 있다. 단면 전체에 걸쳐 강한 반사층이 나타날 수도 있으며, 끊어진 곳은 단층으로 추정될 수 있다. 그림 6.31에서 상단의 그림은 북미 중앙 대륙 열곡 시스템의 북쪽 끝에서 슈피리어 호수의 서쪽을 가로지르는 113 km 길이의 남북으로 뻗은 지각 규모의 반사 단면도를 보여 준다. 이것은 중단된 선캄브리아기 열곡(~1,000 Ma)으로, 뚜렷한 중력과 자기 이상을 보인다. 단면도는 촘촘하게 설치된 송신원(폭발형)에 의해 획득되었다. 탄성파 자료는 순차적으로 중합되고 구조 보정되었다. 하단의 그림은 해석된 지하 구조를 보여 주는데, 이 단면 하부에서는 깊이가 북쪽에서 약 32 km에서 남쪽으로 약 50 km로 깊어지는 다소 가파르게 경사진 모호면의 존재가 드러난다. 이 단면은 다른 급경사인 단층들을 절단하면서 남쪽으

그림 6.31 서부 슈피리어 호수 아래의 북미 중앙 열곡 시스템 전반에 걸친 고심도 반사법 탄성파 영상화의 결과. 위의 그림은 구조 보정된 반사파 기록, 아래 그림은 해석된 지각 구조를 보여 준다(A. G. Green 제공).

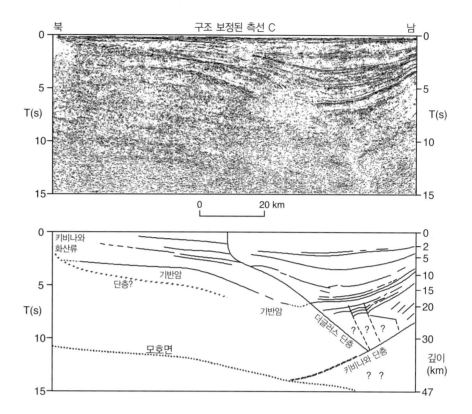

로 경사진 더글러스 단층과 북쪽으로 경사진 키비나와 단층 같은 이 지역의 주요 단층의 존재를 보여 준다.

6.3.6 층상 매질에서의 탄성파의 굴절

탄성파의 굴절은 두 층 사이의 경계면에서 발생하는 임계 굴절에 하위헌스의 원리를 적용하여 이해할 수 있다. 이때, 탄성파는 경계면상에서 하부 매질의 빠른 속도로 전파하게 된다. 이를 선두파(head wave)[15]라고 한다. 상부 매질과 하부 매질은 경계면에서 접촉하고 있으므로 상부 매질을 전파하는 탄성파는 하부 매질을 전파하는 탄성파와 위상이 같아야 한다. 선두파가 전파하면서 발생한 경계면에서의 진동은 상부층으로의 2차 파형을 형성하기 위한 움직이는 송신원으로 작용한다. 반사파가 형성되는 것과 같은 방식으로 2차 파형은 보강 간섭하여 평면 파면을 만든다. 선두파의 파선 경로는 초임계 반사 영역 내의 임계 각도에서 표면으로 되돌아간다(그림 6.32). 이처럼 이중 굴절된 파동은 지구 깊은 내부의 층 구조에 대한 정보를 주기 때문에 특히 중요하다.

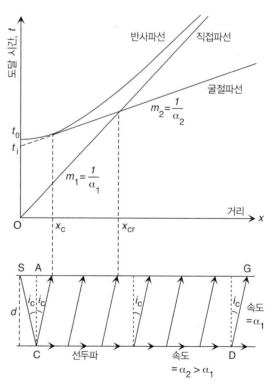

그림 6.32 탄성파의 속도가 α_1과 $\alpha_2(\alpha_1 > \alpha_2)$인 두 층 사이의 수평 경계면에서 직접파와 반사파, 그리고 굴절파의 주시 곡선.

---

15 1919년 탄성파 탐사에 선두파를 사용하는 기술로 처음 특허를 받은 독일 지진학자의 이름을 따서 민트롭파(Mintrop wave)라고도 부른다.

6.3.6.1 수평면에서의 굴절

그림 6.32는 두 수평 층 사이의 평평한 경계면을 따라 전파하는 굴절파를 보여 준다. 경계면까지의 깊이를 d라 하고 상부층과 하부층의 P파 속도를 각각 α_1과 $\alpha_2(\alpha_1 < \alpha_2)$라고 하자. 이전과 마찬가지로 α를 β로 대체하면 S파에 대해서도 똑같이 적용된다. S 위치에 위치한 송신원으로부터의 직접파 파선(direct ray)은 시간 x/α_1 후에 표면 거리 x에 위치한 수신기 G에 기록된다. 직접파 파선에 대한 주시 곡선은 기울기 $m_1 = 1/\alpha_1$인 원점을 통과하는 직선이다. 반사파 파선에 대한 쌍곡선 형태의 $t-x$ 곡선은 왕복 수직 반향 시간 t_0에서 시간 축과 교차한다. 송신원 위치에서 먼 거리에서 반사파 쌍곡선은 직접파 파선에 대한 직선에 점근적이다.

이중 굴절된 파의 파선은 경로 SC를 따라 상부층의 속도 α_1으로 이동하고 C에서 경계면에 임계각 i_c로 충돌하여, 하부층 속도 α_2로 CD를 따라 통과한 뒤 α_1의 속도로 DG를 따라 표면으로 돌아간다. 이때, SC와 DG는 동일하고 CD $= x - 2SA$이므로, 경로 SCDG에 대한 주시를 다음과 같이 쓸 수 있다.

$$t = \frac{2SC}{\alpha_1} + \frac{CD}{\alpha_2} \tag{6.67}$$

즉,

$$t = \frac{2d}{\alpha_1 \cos i_c} + \frac{(x - 2d\tan i_c)}{\alpha_2} \tag{6.68}$$

수식 항을 재정렬하고 스넬의 법칙 $\sin i_c = \alpha_1/\alpha_2$을 적용하면 이중 굴절된 파의 파선에 대한 전파 시간을 얻는다.

$$t = \frac{x}{\alpha_2} + \frac{2d}{\alpha_1} \cos i_c \tag{6.69}$$

위의 식은 기울기 $m_2 = 1/\alpha_2$인 직선의 방정식이다. 이중 굴절된 파의 파선은 임계 거리 x_c보다 큰 거리에서만 기록된다. 직접파를 고려하지 않는다면, x_c에서 처음 도달한 신호는 이중 굴절 파선과 반사파 모두로 간주될 수 있다. 이는 선두파의 전파시간 직선이 x_c에서 반사파 쌍곡선에 접하기 때문이다. 역방향 외삽법에 의해 굴절파의 $t-x$ 곡선은 다음과 같이 절편 시간 t_i에서 시간 축과 교차하는 것으로 밝혀졌다.

$$t_i = \frac{2d}{\alpha_1} \cos i_c = 2d \frac{\sqrt{\alpha_2^2 - \alpha_1^2}}{\alpha_1 \alpha_2} \tag{6.70}$$

송신원에서 가까운 지점에서는 직접파가 가장 먼저 기록된다. 그러나 이중 굴절파는 일부 경로에서 더 빠른 하부층의 속도로 이동하므로, 거리가 먼 수신기에서는 직접파를 추월하여 첫 번째 도달 신호가 된다. 직접파 및 이중 굴절파의 파선에 대한 직선은 교차 거리(crossover distance, x_{cr})라고 부르는 이 거리에서 서로 교차한다. 교차 거리는 직접파와 굴절파의 이동 시간이 같다는 조건하에서 계산될 수 있다.

$$\frac{x_{cr}}{\alpha_1} = \frac{x_{cr}}{\alpha_2} + 2d \frac{\sqrt{\alpha_2^2 - \alpha_1^2}}{\alpha_1 \alpha_2} \tag{6.71}$$

$$x_{cr} = 2d \sqrt{\frac{\alpha_2 + \alpha_1}{\alpha_2 - \alpha_1}} \tag{6.72}$$

굴절파의 전파 시간을 이용하면, 직접파 및 이중 굴절파의 파선에 해당하는 직선의 기울기의 역수로부터 지하층의 속도를 직접 유추할 수 있다. 이렇게 속도가 결정되면 절편 시간 t_i를 이용하거나 $t-x$ 곡선에서 직접 읽을 수 있는 교차 거리 x_{cr}을 이용하여 경계면까지의 깊이 d를 계산할 수 있다.

$$d = \frac{1}{2} t_i \frac{\alpha_1 \alpha_2}{\sqrt{\alpha_2^2 - \alpha_1^2}} \tag{6.73}$$

$$d = \frac{1}{2} x_{cr} \sqrt{\frac{\alpha_2 - \alpha_1}{\alpha_2 + \alpha_1}} \tag{6.74}$$

6.3.6.2 경사면에서의 굴절

실제로 굴절을 일으키는 경계면은 종종 수평적이지 않다. 이런 지역에서 획득된 자료의 경우, 수평한 층을 가정하여 해석하면 속도와 깊이를 추정하는 과정에서 오류가 발생한다. 굴절면이 경사가 있는 것으로 의심되면, 반대 방향으로 탐사를 수행하고 두 번째 보완 단면도를 획득하여 층의 속도와 경계면의 경사를 얻을 수 있다. 굴절면이 그림 6.33에서와 같이 각도 θ로 기울어진다고 가정해 보자. 송신원 A와 B는 AB에 위치한 수신기 측선의 끝에 있다. 송신원 A에서 발생한 파선 ACDB는 C에서 임계각 i_c로 경계면과 만나고, 경사진 경계면을 따라 속도 α_2인 선두파로 전파되며, D에서 나오는 광선은 결국 단면 끝 B에 위치한 수신기에 도달한다. 역방향 탐사에서는 B에 있는 송신원에서 A에 있는 수신기로 가는 파선이 반대 방향으로 같은 경로를 가로지른다. 그러나 $t-x$ 곡선은 다르다. d_A와 d_B를 각각 송신원 A와 B에서 경계면상의 위치 P, Q까지의 수직 거리라고 하자. A에서의 내리막탐사의 경우 거리 x까지의 전파 시간은 다음과 같이 주어진다.

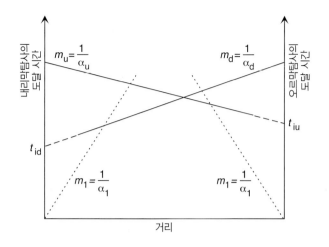

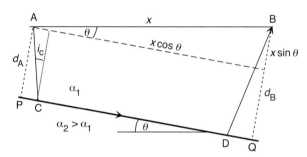

그림 6.33 굴절면의 경사각도가 θ일 때, 오르막 및 내리막탐사에 대한 직접파 및 굴절파의 주시 곡선.

$$t_d = \frac{AC + DB}{\alpha_1} + \frac{CD}{\alpha_2} \qquad (6.75)$$

그림 6.33의 기하학적 구조를 통해 다음과 같은 삼각함수 식을 얻을 수 있다.

$$
\begin{aligned}
AC &= \frac{d_A}{\cos i_c} & DB &= \frac{d_B}{\cos i_c} \\
PC &= d_A \tan i_c & DQ &= d_B \tan i_c \\
CD &= x \cos\theta - (PC + DQ)
\end{aligned} \qquad (6.76)
$$

이를 이용하여 다음의 수식을 얻을 수 있다.

$$
\begin{aligned}
t_d &= \frac{(d_A + d_B)}{\alpha_1 \cos i_c} + \frac{x \cos\theta - (d_A + d_B)\tan i_c}{\alpha_2} \\
&= \frac{x \cos\theta}{\alpha_2} + \frac{(d_A + d_B)}{\alpha_1} \cos i_c
\end{aligned} \qquad (6.77)
$$

식 (6.77)은 다음의 관계식을 이용해 더 단순화될 수 있다.

$$d_B = d_A + x \sin\theta \quad \text{그리고} \quad \frac{1}{\alpha_2} = \frac{\sin i_c}{\alpha_1} \qquad (6.78)$$

수식 항을 치환하고 모으면, 아래 경사로 전파하는 파동의 도

달 시간은 다음과 같이 표현된다.

$$
\begin{aligned}
t_d &= \frac{x \sin i_c \cos\theta}{\alpha_1} + \frac{x \cos i_c \sin\theta}{\alpha_1} + \frac{2 d_A \cos i_c}{\alpha_1} \\
&= \frac{x}{\alpha_1} \sin(i_c + \theta) + t_{id}
\end{aligned} \qquad (6.79)
$$

여기서 t_{id}는 내리막탐사에서의 절편 시간이다.

$$t_{id} = \frac{2 d_A}{\alpha_1} \cos i_c \qquad (6.80)$$

이와 유사하게 오르막탐사에 대해 분석하면 다음과 같다.

$$t_u = \frac{x}{\alpha_1} \sin(i_c - \theta) + t_{iu} \qquad (6.81)$$

여기서 t_{iu}는 오르막탐사에서의 절편 시간이다.

$$t_{iu} = \frac{2 d_B}{\alpha_1} \cos i_c \qquad (6.82)$$

만약 상부층이 균질하다면 직접파의 파선에 대해서는 같은 기울기를 갖기 때문에, 기울기의 역수를 통해 상부층의 속도 α_1을 알 수 있다. 이중 굴절파의 파선에 해당하는 곡선은 오르막탐사와 내리막탐사에서 다르다. ACDB를 따라 어느 방향으로든 총 이동 시간은 같아야 하지만 $t-x$ 곡선의 절편 시간은 다르다. 이들은 송신원 아래의 굴절면까지의 수직 거리에 비례하기 때문에 오르막탐사의 절편 시간 t_{iu}는 내리막탐사의 절편 시간 t_{id}보다 크다. 이것은 그림 6.33에서 상향 굴절파의 기울기가 하향 굴절파의 기울기보다 더 평평하다는 것을 의미한다. 기울기의 역수를 하부 매질의 속도로 해석하면 다음과 같이 주어진 두 가지 겉보기 속도 α_d와 α_u를 얻을 수 있다.

$$\frac{1}{\alpha_d} = \frac{1}{\alpha_1} \sin(i_c + \theta) \qquad \frac{1}{\alpha_u} = \frac{1}{\alpha_1} \sin(i_c - \theta) \qquad (6.83)$$

일단 실제 속도 α_1과 겉보기 속도 α_d 및 α_u가 $t-x$ 곡선에서 결정되면, 경계면 θ의 경사와 임계각 i_c를 계산할 수 있다(그리고 그 정보로부터 하부층의 속도 α_2를).

$$\theta = \frac{1}{2} \left[\sin^{-1}\left(\frac{\alpha_1}{\alpha_d}\right) - \sin^{-1}\left(\frac{\alpha_1}{\alpha_u}\right) \right] \qquad (6.84)$$

$$i_c = \frac{1}{2} \left[\sin^{-1}\left(\frac{\alpha_1}{\alpha_d}\right) + \sin^{-1}\left(\frac{\alpha_1}{\alpha_u}\right) \right] \qquad (6.85)$$

식 (6.83)의 겉보기 속도의 역수를 대입하면 하부층의 속도에 대한 간단한 근삿값을 얻을 수 있다.

$$\frac{1}{\alpha_d} + \frac{1}{\alpha_u} = \frac{1}{\alpha_1}[\sin(i_c + \theta) + \sin(i_c - \theta)]$$

$$= \frac{2}{\alpha_1}\sin i_c \cos\theta \qquad (6.86)$$

$$= \frac{2}{\alpha_2}\cos\theta$$

굴절면의 경사가 작은 경우[16] $\cos\theta \approx 1$로 근사되고, 두 번째 층의 속도에 대한 근사식은 다음과 같다.

$$\frac{1}{\alpha_2} \approx \frac{1}{2}\left(\frac{1}{\alpha_d} + \frac{1}{\alpha_u}\right) \qquad (6.87)$$

6.3.6.3 깊이에 따라 속도가 연속적으로 변하는 매질에서의 굴절

지구가 내부로 갈수록 속도가 점진적으로 증가하는 수많은 얇은 수평층으로 구성된 다층 구조를 가지고 있다고 가정해 보자(그림 6.34). 각도 i_1으로 표면을 떠나는 탄성파의 파선은 최종적으로 임계 굴절될 때까지 각 경계면에서 굴절된다. 마침내 표면으로 되돌아오는 파선은 i_1과 같은 출현각을 가질 것이다. 이때, 각 연속적인 굴절면(예를 들어, 속도가 α_n인 n번째층의 상부 경계에서)에서는 스넬의 법칙이 적용된다.

$$\frac{\sin i_1}{\alpha_1} = \frac{\sin i_2}{\alpha_2} = \cdots \frac{\sin i_n}{\alpha_n} = 상수 = p \qquad (6.88)$$

상수 p를 파선변수(ray parameter)라고 한다. 이는 표면층에서 출현각이 i_1이고 속도가 α_1인 특정 파선에 대한 특징이다. 만약 α_m이 파선이 결국 임계 굴절되는 가장 깊은 층의 속도라고 하면($\sin i_m = 1$), p 값은 $1/\alpha_m$과 같아야 한다.

층의 수가 증가하고 각 층의 두께가 얇아지면, 깊이가 증가함에 따라 속도가 일정하게 증가하는 상황이 된다. 그러면 각 파선은 부드럽게 구부러진 경로를 가지게 된다. 속도의 수직 방향의 깊이에 따라 선형적으로 증가하면, 파선이 이루는 곡선은 원호가 된다.

지금까지는 지구가 거의 구 모양이라는 것을 무시하고 굴절면이 수평층이라고 가정했다. 하지만 같은 방식으로, 층상의 구형 지구를 통해서 지진파가 전파하는 것을 근사할 수 있다. 지구를 동심원의 껍질로 세분화하고 각각의 껍질이 상부층보다 빠른 속도를 가지고 있는 수직(방사 방향) 속도 구조를 가정해 보자(그림 6.35). 각 껍질 쌍 사이의 경계면에서는 굴절파

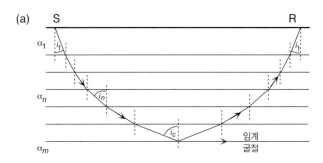

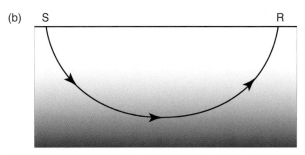

그림 6.34 (a) 각 층에서 탄성파 속도가 일정하고 깊이가 증가함에 따라 증가하는 수평층 매질을 통한 탄성파의 전파 경로는 임계 굴절에 도달할 때까지 점점 더 평평해진다. 다시 상부로 향하는 파선의 복귀 경로는 입사 경로를 반영한다. (b) 속도가 깊이에 따라 계속 증가할 때 파선은 위쪽으로 오목한 부드러운 곡선 형태가 된다.

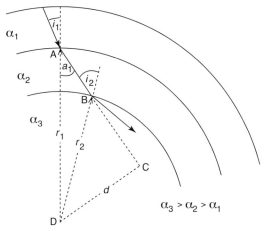

그림 6.35 각 층에서 탄성파 속도가 일정하고, 층 속도가 깊이에 따라 증가하는 구형의 층으로 된 지구에서의 탄성파 파선의 굴절.

에 대한 스넬의 법칙이 적용된다. 예를 들어 점 A에서 다음과 같이 쓸 수 있다.

$$\frac{\sin i_1}{\alpha_1} = \frac{\sin a_1}{\alpha_2} \qquad (6.89)$$

양변에 r_1을 곱하면, 다음과 같다.

$$\frac{r_1 \sin i_1}{\alpha_1} = \frac{r_1 \sin a_1}{\alpha_2} \qquad (6.90)$$

---

16 예를 들어, $\theta < 15°$일 때, $\cos\theta > 0.96$이다.

삼각형 ACD와 BCD에서 각각 다음 식을 얻는다.

$$d = r_1 \sin(a_1) = r_2 \sin(a_2) \qquad (6.91)$$

식 (6.89), 식 (6.90)과 식 (6.91)을 결합하면 다음 결과를 얻는다.

$$\frac{r_1 \sin i_1}{\alpha_1} = \frac{r_2 \sin i_2}{\alpha_2} = \cdots \frac{r_n \sin i_n}{\alpha_n} = 상수 = p_s \quad (6.92)$$

상수 p_s를 구면파선변수(spherical ray parameter)라고 한다. 여기서 구형의 각 층 내에서 파선은 일정한 속도로 일직선의 형태이다. 속도가 깊이에 따라 계속 증가하면 파선은 지속적으로 굴절되어 아래로 볼록하게 구부러진다. 속도가 α_0인 반경 r_0에서 $\sin i = 1$일 때 가장 깊은 지점에 도달한다. 이러한 변수는 벤도르프 관계식(Benndorf relationship)과 관련이 있다.

$$\frac{r \sin i}{\alpha} = \frac{r_0}{\alpha_0} = p_s \qquad (6.93)$$

구면파선변수를 결정하는 것은 지구 내부의 탄성파 속도의 변화를 결정하는 열쇠이다. 다양한 내부 영역을 가로질러 지표면에 출현하여 기록된 탄성파의 도달 시간 분석을 통해 지구 내부로의 접근이 가능하다. 우리는 7.4.3.1절에서 알려진 진앙 거리(epicentral distance, Δ)까지의 파선의 주시(t)를 이용하여 경로의 가장 깊은 지점에서 속도 α_0를 추정하기 위해 수학적으로 역산될 수 있음을 확인할 것이다.

6.3.7 파동 방정식의 수치해

이전 절까지는 주로 균질하거나 층서화된 매질을 통한 파동의 전파를 다루었다. 달랑베르의 원리에서 일정한 속도에 대한 파동 방정식의 해는 왼쪽과 오른쪽으로 이동하는 파동 묶음임을 확인하였다(식 6.28). 층상 매질에서의 파동장에 대한 간단한 방정식을 다루지는 않았지만, 그래도 전파 시간 곡선을 계산할 수 있다. 지금까지 우리가 다루었던 파동장 또는 전파 시간에 대한 양함수적인 방정식은 해석해(analytical solution)라고 한다.

해석해가 있는 단순한 지하 모델을 가정하는 것은 파동의 전파 과정을 직관적으로 이해하기 위해서 편리하고 중요하지만, 실제 지구의 내부는 더 복잡하다. 지구조적 또는 마그마와 관련된 화성 과정에서 종종 발생하는 수평적인 불균질성과 더불어, 내부 경계(예 : 지각과 맨틀) 또한 종종 불규칙하다. 또한 지구의 지형 효과도 문제를 더욱 어렵게 한다. 결과적으로, 이러한 더 복잡한 시나리오에 대한 해석적인 해는 종종 존재하지 않기 때문에 우리는 파동 방정식의 수치적 근사 또는 수치해(numerical solution)에 의존해야 한다.

6.3.7.1 유한 차분법

수치해는 미분 방정식에 있는 도함수의 근사를 기반으로 한다. 이를 위해 파동 방정식(식 6.4 및 식 6.25)에서 u와 같이 연속적으로 정의된 함수는, 일정 간격 Δx의 간격만큼 떨어진 위치 $x_1, x_2, ..., x_k$에서의 이산 값 $u(x_1), u(x_2), ..., u(x_k)$로 대체된다. 그림 6.36에 표현된 이러한 대체 과정을 이산화(discretization)라고 한다. 이산화에서는 간격을 선택하는 것이 중요한데, 간격이 너무 작으면 처리해야 하는 자료의 양이 많아지고, 간격

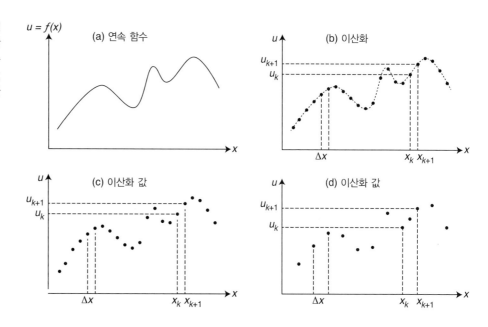

그림 6.36 (a) 일련의 이산적인 값으로 변환된 연속 함수, (b) 연속 함수에서 적당한 간격으로 결정된 이산적인 값, (c) 연속 함수의 중요한 특징을 잘 반영한 이산 값의 집합, (d) 이산화 간격이 너무 넓으면 연속 함수가 원래 가지고 있던 일부 특징이 손실된다.

이 너무 크면 연속 함수가 제대로 구현되지 않을 수 있다.

우리가 이산화하려는 미분 방정식은 식 (6.25)로 표현되는 파동 방정식이다. 두 변수 x와 t에 대한 종속성을 강조하기 위해, 파동 방정식을 다음과 같이 쓰자.

$$\frac{\partial^2 u(x,t)}{\partial t^2} = c^2(x) \frac{\partial^2 u(x,t)}{\partial x^2} \quad (6.94)$$

속도의 공간적인 변화를 고려하기 위해, 식 (6.94)에서의 속도 c는 이제 위치 x의 함수로 표현되었다. 이전과 마찬가지로 P파에 대해서는 속도를 α, S파에 대해서는 속도를 β로 치환하면 된다. 파동 방정식을 이산화하기 위해 시간과 공간을 이산적인 수의 점으로 제한한다. 따라서 연속 변수인 x 대신 일정한 격자 간격(Δx)을 갖는 격자점을 고려한다.

$$x_0 = 0, \ x_1 = \Delta x, \ x_2 = 2\Delta x, \ \ldots, \ x_k = k\Delta x, \ \ldots \quad (6.95)$$

이와 유사하게, 우리는 일정한 시간 간격(Δx)으로 시간에 대한 격자점을 정의한다.

$$t_0 = 0, \ t_1 = \Delta t, \ t_2 = 2\Delta t, \ \ldots, \ t_i = i\Delta t, \ \ldots \quad (6.96)$$

이제 식 (6.94)의 편미분항을 각 격자점에서 추정된 차분몫으로 근사할 것이다. 예를 들어, 격자점 x_k와 $x_{k+1} = x_k + \Delta x$를 사용하여 x에 대한 1차 도함수를 근사할 수 있다(그림 6.37).

$$\frac{\partial u(x_k, t_i)}{\partial x} \approx \frac{1}{\Delta x} [u(x_{k+1}, t_i) - u(x_k, t_i)] \quad (6.97)$$

2차 도함수의 근삿값을 얻으려면, 이제 그림 6.36에서와 같이 격자점 x_{k-1}과 x_k를 사용하여 이 절차를 반복하면 된다.

$$\frac{\partial^2 u(x_k, t_i)}{\partial x^2} \approx \frac{1}{\Delta x} \left[\frac{\partial u(x_k, t_i)}{\partial x} - \frac{\partial u(x_{k-1}, t_i)}{\partial x} \right] \quad (6.98)$$

$\partial u(x_k, t_i)/\partial x$ 및 인접 격자점 $\partial u(x_{k-1}, t_i)/\partial x$에 대한 식 (6.97)

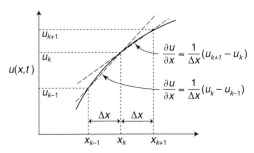

그림 6.37 도함수에 대한 두 가지 가능한 유한 차분 근사의 그림. 하나는 격자점 x_{k+1} 및 x_k를 사용하고(전진 차분), 다른 하나는 x_k 및 x_{k-1}을 사용한다(후진 차분). 식 (6.99)에서의 2차 도함수의 유한 차분 근사를 얻기 위해서는 두 가지 모두 사용된다.

을 식 (6.98)에 대입하면, 우리는 2차 도함수의 유한 차분 근삿값을 얻는다.

$$\frac{\partial^2 u(x_k, t_i)}{\partial x^2} \approx \frac{1}{\Delta x^2} [u(x_{k+1}, t_i) - 2u(x_k, t_i) + u(x_{k-1}, t_i)] \quad (6.99)$$

파동장의 2차 시간 도함수를 근사화하기 위해, 식 (6.99)의 유도 과정을 반복한다. 공간적으로 인접한 격자점 대신에 시간적으로 인접한 격자점을 취하면, 다음을 얻는다.

$$\frac{\partial^2 u(x_k, t_i)}{\partial t^2} \approx \frac{1}{\Delta t^2} [u(x_k, t_{i+1}) - 2u(x_k, t_i) + u(x_k, t_{i-1})] \quad (6.100)$$

이제 공간미분과 시간미분에 대한 수치적인 근사식인 식 (6.99)와 식 (6.100)을 식 (6.94)에 대입하자. 위치 x_k 및 시간 t_i에서의 파동장에 대해 약식 표기법 $u_{k, i}$를 적용하면 다음과 같다.

$$\frac{1}{\Delta t^2} (u_{k, i+1} - 2u_{k, i} + u_{k, i-1}) \approx \frac{c_k^2}{\Delta x^2} (u_{k+1, i} - 2u_{k, i} + u_{k-1, i}) \quad (6.101)$$

식 (6.101)은 식 (6.94)의 파동 방정식이 이산화된 것이다. 위 식에서는 모든 미분항이 컴퓨터를 사용하여 계산할 수 있는 더하기, 빼기의 단순한 연산으로 대체되었다. 식 (6.101)의 실용적인 유용성을 확인하기 위해 예측할 파동장의 값 $u_{k, i+1}$이 좌변에 나타나도록 항을 재정렬하자.

$$u_{k, i+1} = 2u_{k, i} - u_{k, i-1} + \frac{c_k^2 \Delta t^2}{\Delta x^2} (u_{k+1, i} - 2u_{k, i} + u_{k-1, i}) \quad (6.102)$$

식 (6.102)는 사실 편리한 수치적 방법이다. t_i를 현재 시간이라고 하면 미래 시간 단계 t_{i+1}에 대한 파동장 $u_{k, i+1}$은 현재의 파동장 $u_{k, i}$ 및 과거의 파동장 $u_{k, i-1}$을 이용하여 계산할 수 있다. 미래의 파동장 $u_{k, i+1}$이 계산되면 같은 절차를 반복한다. $u_{k, i+1}$과 $u_{k, i}$를 사용하여 $u_{k, i+2}$ 등을 계산하는 등 이런 과정을 매시간 단계마다 반복하여 수치적인 해를 얻는다.

그림 6.38은 식 (6.102)를 실제로 구현한 결과이다. 그림 6.38a와 같이 속도가 $x = -200 \ \text{km}$ 부근에서 점진적인 속도가 증가하다가 d_1, d_2, d_3로 표시된 세 개의 속도 불연속면을 포함하는 비균질한 매질을 가정하였다. $t = 0 \ \text{s}$에서 파동은 $x = 0 \ \text{km}$에서 초기 위치에서 옆으로 전파하기 시작한다(그림 6.38b). 진폭이 2 mm인 초기 파동은 진폭이 절반인 두 개의 파동으로 분리되며 하나는 왼쪽으로, 다른 하나는 오른쪽으로 전

그림 6.38 식 (6.102)의 유한 차분 근사를 사용하여 비균질한 속도 분포를 가지는 매질에 대해 수치 해석적으로 계산된 파동장. 이 예에서 격자 간격은 $\Delta x = 0.5$ km이고, 시간 간격은 $\Delta t = 0.25$초이다. (a) 600 km 길이의 1차원 공간에 대한 속도 $c(x)$는 세 개의 불연속점인 d_1, d_2, d_3를 포함한다. (b) 초기 시간 $t = 0$초에서의 파동장 순간포착영상. (c) $t = 125$초에서 w_L로 표시된 하나의 파동이 $x = -125$ km까지 왼쪽으로 전파되었다. 오른쪽으로 전파되는 또 다른 파동 w_R은 $x = 125$ km에 도달했다. (d) 250초 후, w_L 및 w_R은 점선으로 표시된 여러 불연속면과 상호 작용한 결과 $w_{L,R1}$, $w_{R,L2}$ 및 $w_{R,L3}$로 표시된 더 작은 진폭의 반사파를 생성하였다.

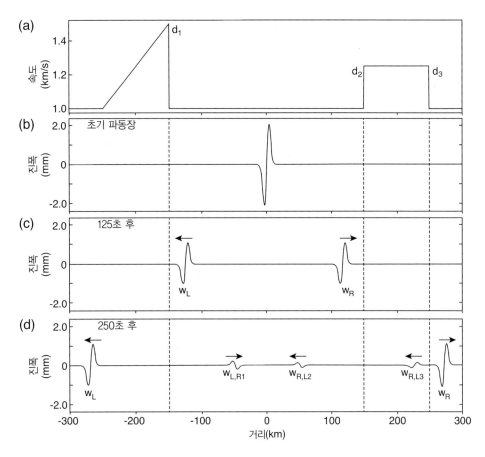

파된다. 이 두 개의 파동은 그림 6.38c에서 각각 w_L과 w_R로 표시되어 있다. w_L과 w_R이 불연속면에 도달하면 반사파가 생성된다. 예를 들어, $w_{L,R1}$은 w_L과 불연속 d_1의 상호 작용으로 인한 반사파로 오른쪽으로 이동한다. 이와 유사하게, 왼쪽으로 전파하는 반사파 $w_{R,L3}$는 w_R과 불연속면 d_3의 상호 작용으로 형성된다. 각 불연속면에서 투과한 파동 w_L 및 w_R의 진폭이 감소한다.

이러한 수치해의 장점은 매우 비균질한 속도 분포 $c(x)$를 가지는 매질에 대해서도 모든 다중 반사파를 포함하는 완전한 파동장이 자동적으로 계산된다는 것이다. 이렇게 하면 6.3.5절에서 했던 것처럼 무수히 많은 개별 반사파와 굴절파를 추적할 필요가 없다.

그러나 식 (6.97)에서 식 (6.100)까지 이미 제안하였듯이, 일반적으로 수치해가 완벽하지는 않다. 여기에는 근사치가 포함되며, 그 정확성은 격자 간격 Δx와 시간 간격 Δt의 선택, 속도 $c(x)$의 분포에 따라 달라진다. 식 (6.97)의 유한 차분 근사 (finite-difference approximation)를 이용한 방법은 격자 간격 Δx가 감소하면 개선되어 Δx에 대한 올바른 도함수 $\partial u/\partial x$에 오

차가 거의 0으로 수렴할 수 있다. 그러나 Δx를 줄이면 특정 공간을 구현하는 데 필요한 격자점의 수가 증가하므로 계산량이 증가한다. 따라서 정확한 수치해를 계산하기 위해 무한히 작은 Δx를 가정한다면, 무한히 많은 격자점을 정의해야 하며, 따라서 현재 시간 t_i에서 미래 시간 t_{i+1}까지 파동장을 전파시키려면 무한히 많은 수학적 연산이 필요하다. 이것은 분명히 불가능한 문제이므로, 컴퓨터가 계산을 처리할 수 있도록 적절한 Δx를 선택해야 한다. 시간 간격 Δt에 대해서도 유사한 한계가 있다. 매우 작은 Δt는 유한 차분 근사의 정확도를 향상시키지만, 특정 시간에 도달하기 위해 너무 많은 시간 단계를 계산해야 하는 대가를 지불해야 한다. 반대로 Δt가 너무 크면 수치해의 정확도가 급격히 저하될 수 있다.

6.3.7.2 대안적 방법과 최근 기술

y 및 z 방향의 도함수에 대한 식 (6.97) 및 식 (6.98)의 근삿값을 사용하여 유한 차분법을 2차원 및 3차원의 파동 전파 시뮬레이션으로 확장할 수 있다. 유한 차분법은 컴퓨터 프로그램에서 쉽게 구현된다는 장점이 있지만, 파동 방정식을 이산화하는

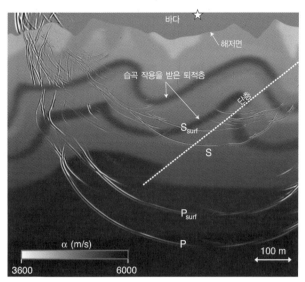

그림 6.39 경사진 단층과 다수의 습곡이 존재하는 퇴적층을 특징으로 하는 P파 속도 모델에 중첩된 파동장의 순간포착영상. 해양층 내에서 송신원의 위치는 별로 표시된다. 직접적인 P파와 S파 외에도 해저에서 반사된 다음 다시 해수면에서 반사되어 단단한 지구로 전달되는 파동이 있으며, 이들은 P_{surf} 및 S_{surf}로 분류된다(Michael Afanasiev 제공).

유일한 방법은 아니다. 예를 들어, 주어진 Δx에 대한 도함수의 보다 정확한 근사치를 얻기 위해 x_k 주변의 더 많은 수[17]의 인접한 격자점이 사용될 수 있다. 또한 시간 도함수에 사용된 근사가 항상 공간 도함수와 같을 필요는 없다.

다른 종류의 수치 해석적 방법인 유한 요소 분석(finite-element analysis)은 지구를 물질 속성이 거의 일정한 작은 하위 부피 또는 요소로 세분화하여 파동 방정식을 이산화한다. 그런 다음 파동 방정식을 개별 요소에 대해 높은 정확도로 계산하고, 최종적으로 요소 경계를 가로질러 연속적인 파동장을 합산하여 해를 계산할 수 있다. 유한 요소법을 사용하면 그림 6.39에서 확인할 수 있듯이 지구를 전파하는 파동의 여러 가지 복잡한 특성을 매우 정확하게 설명할 수 있다. 그림에서 별로 표시된 탄성파 송신원은 유체인 바다 표면에 있다. 송신원으로부터 형성된 압력파(P파)는 P파와 S파 모두 존재할 수 있는 고체 지구와의 경계면인 해저면으로 이동한다. 그림 6.39에서 가는 곡선으로 표시된 P파와 S파의 파면은 완전한 원형이 아니라 왜곡되거나 더 작은 파동으로 분리된다. 이러한 복잡한 파동 전파 양상은 단층과 다수의 굴곡진(습곡) 퇴적층을 포함한 복잡한 지하 구조에서 반복적인 반사와 회절이 일어난 결과이다. 해저에서 초기 압력파는 또한 해수면으로 다시 위쪽으

로 반사되고, 해수면에서 다시 아래쪽으로 반사하여 그림 6.39에서 P_{surf}와 S_{surf}로 표시된 또 다른 P파와 S파로 변환되어 단단한 지구를 통과한다. 이러한 표면 및 해저에서의 반사 과정은 반복되며, 매번 더 작은 진폭의 새로운 P파 및 S파 쌍을 생성한다. 이 결과는 수치 해석 방법을 이용하여, 복잡한 탄성파 파동장을 매우 정확하게 계산할 수 있다는 것을 보여 준다.

6.4 배경 탄성파

6.4.1 서론

1860년대 후반, 이탈리아의 성직자인 베르텔리(Timoteo Bertelli, 1826~1905)는 그가 자연과학을 가르쳤던 대학의 벽에 설치된 진자의 움직임을 연구했다. 그는 역사적 기록을 통해서 적어도 1643년까지 추적할 수 있는 어떤 현상을 관측했는데, 진자가 어떤 외부 자극 없이도 자발적으로 움직였다. 지루하지만 세심한 수천 번의 실험 끝에 그는 미소진동(microseism)이라고 부르는 기압 강화와 관련된 미시적 움직임이 있음을 발견했고, 이러한 현상은 특히 겨울에 더 심했다. 따라서 당시에 베르텔리의 진자는 악천후를 감지하는 장비로도 작동하였다.

150년 이상이 지난 지금의 우리는, 지구 표면에 작용하는 광범위한 힘의 영향을 받아 지구가 지속적으로 진동한다는 것을 알고 있다. 여기에는 장기간의 대기압 변화, 얕은 지하에서 열 팽창과 수축을 일으키는 일일 온도 변화, 파도가 해안선 및 해저와 일으키는 상호 작용, 바람에 의한 나무의 움직임을 지구로 전달하는 식물의 뿌리뿐만 아니라 인간과 산업 활동도 포함된다(그림 6.40).

이러한 배경송신원(ambient source)은 지진이나 폭발과 같은 일시적인 송신원과 분명히 다르다. 배경잡음의 송신원은 장기간에 걸쳐 넓은 지역에 포괄적으로, 시공간적으로 거의 무작위로 변하며 작용할 수 있다. 결과적으로 **배경파동장**(ambient wavefield)은 지진 기록에서 쉽게 식별할 수 있는 잘 정의된 P파, S파 및 표면파 묶음으로 구성되지는 않는다. 대신 배경파동장은 가능한 모든 파동 유형이 연속적으로 중첩된 신호이다.

배경파동장은 지진학자들이 관심 있는 일시적인 송신원에 의한 파동장에 중첩된다. 따라서 지진학자들이 전통적으로 관심을 가져 온 정보인 지진파 위상의 도달 시간과 진폭 정보를 모호하게 만드는 경향이 있다. 이러한 관점에서 배경파동장이 종종 **배경잡음**(ambient noise)으로 분류되는 것은 놀라운 일이

---

17 미분항을 근사하기 위해서 양옆으로 더 많은 격자점을 사용하는 고차 유한 차분법(high-order finite-difference method)에 해당한다.

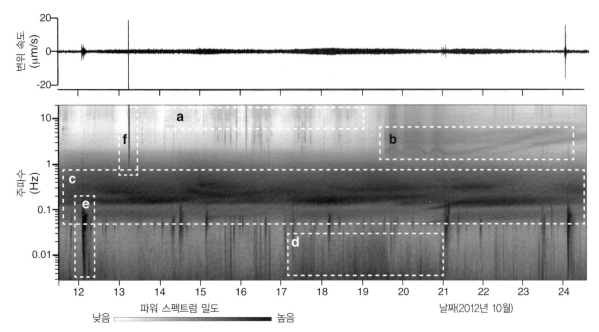

그림 6.40 2012년 10월에 2주 동안 북부 피레네산맥의 지진 관측소에서 기록된 수직 성분의 변위 속도. 시계열 아래에 표시된 파워 스펙트럼 밀도는 시간과 주파수의 함수로 신호 진폭을 측정한다. (a) 인위적 소음의 주야간 변동에 의한 고주파 잡음, (b) 폭우 후 아라곤(Aragon)강의 배수, (c) 단단한 지구와 파도의 상호작용으로 인한 미소진동 잡음, (d) 북대서양의 허리케인 라파엘의 잔유물과 관련된 '험(hum)'이라고 하는 저주파 잡음, (e) 약 14,000 km 떨어진 파푸아뉴기니 근처에서 발생한 규모 6.7의 지진, (f) 약 60 km 거리의 프랑스 루르드 마을 근처에서 발생한 규모 3.8의 지진(Jordi Diaz 제공).

아니다. 하지만 오늘날에는 배경파동장이 지구 구조에 대한 귀중한 정보 전달자라는 것을 알고 있다. 이 정보는 지진파 간섭법(seismic interferometry)으로 불리는 방법을 사용하여 추출될 수 있다(6.4.3절). 그럼에도 불구하고 배경잡음이라는 용어는 고집스럽게 지속적으로 사용되고 있는데, 이는 역사적으로 성가신 잡음으로 분류되었던 신호가 실제로 매우 유용할 수 있다는 명백한 역설을 강조하기 위한 것일 수 있다. 앞으로 우리는 배경파동장과 배경잡음이라는 용어를 같은 의미로 사용할 것이다.

6.4.2 배경잡음의 특성과 송신원

6.4.2.1 배경잡음 기록의 현상학

배경잡음의 개별 기록은 일반적으로 무작위적으로 보인다(그림 6.41). 배경잡음은 파형에 어떤 특징이 없기 때문에 특정 위상 및 그 특성(예 : 이동 시간 및 진폭)의 식별에 의존하는 기존 지진 분석 도구의 적용이 어렵다.

또한 배경잡음의 진폭은 주파수에 크게 의존한다. 특히 인구 밀도가 높은 지역에서의 인위적 잡음은 1 Hz 이상의 주파수

그림 6.41 P파가 도착하기 이전의 배경잡음을 보여 주는 그림. 그림 6.1a와 같은 지진 기록이지만, 배경잡음을 볼 수 있도록 수직으로 1,000배 확대되었다.

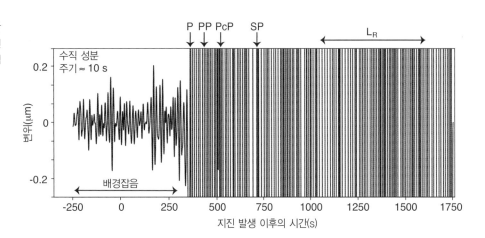

에서 중요하다(그림 6.40의 a 영역). 가장 강한 배경잡음은 거의 약 0.08~0.16 Hz의 주파수에서 기록된다. 이러한 최대 잡음 진폭의 주파수를 각각 1차 및 2차 미소진동 정점(primary and secondary microseismic peaks)이라고 한다(그림 6.40의 c 영역). 약 0.03~0.01 Hz의 주파수 사이에서 배경잡음 수준은 일반적으로 낮다. 대부분의 표면파 분석이 이 주파수 대역에서 수행되어 왔는데, 운이 좋게도 배경잡음의 수준이 낮은 것은 우연의 일치였다. 10 mHz 미만의 더 낮은 주파수에서 지구는 지구 전체에 영향을 미치는 느린 자유 진동을 한다. 이러한 종류의 배경잡음은 지구의 험(Earth's hum)으로 알려진 저주파 잡음이다(그림 6.40의 d 영역).

비록 배경잡음이 개별 기록상에서 다소 구조적이지 않은 것처럼 보이지만, 사실 놀라운 공간 일관성이 있는데 이는 한 지진계에서 기록된 배경잡음은 근처에 있는 다른 지진계에서 기록된 배경잡음과 유사하다는 것이다. 이러한 공간적 일관성은 배경잡음과 기기잡음을 구별할 수 있게 한다. 기기잡음은 실제로 모든 지진계에서 다르게 기록될 것이다. 하지만 배경잡음은 물리적 법칙에 따라 전파하기 때문에, 배경파동장은 일관성이 있다. 다른 탄성 교란과 마찬가지로 배경파동장은 지구의 물성에 의해 결정된 속도 c로 전파되는 파동이며, 주어진 주파수 f에 대해 파장 $\lambda = c/f$를 갖는다.

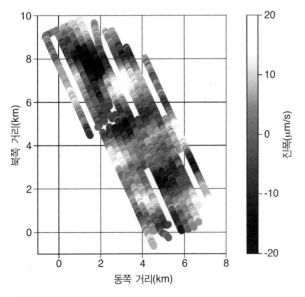

그림 6.42 2010년 12월 24일 UTC 0:17:00에 북해의 발할 유전(Valhall oilfield) 상부, 수심 70 m에서 기록된 배경파동장의 수직 성분 변위 속도. 채워진 각 원은 수신기를 나타낸다. 주파수 대역은 0.25~0.35 Hz로 2차 미소진동 정점에 가깝다(Sjoerd de Ridder 제공, Aker BP and Pandion Energy AS의 자료를 기반으로 함).

조밀한 관측 네트워크의 출현으로 배경잡음의 공간적 일관성이 가시화되었다. 이러한 특성은 북해의 발할(Valhall) 유전 바로 위 수심 70 m 깊이에 설치된 다수의 수신기에 의해 기록된 수직 변위 속도를 보여 주는 그림 6.42에서 확인할 수 있다. 평균 수신기 간격은 약 50 m로, 대략 $\lambda = 1$ km로 추정되는 파장을 가진 파동 묶음을 포함하는 파동장의 상세한 순간 포착영상을 확인할 수 있다. 이 추정치를 기록의 중심 주파수 $f = 0.3$ Hz와 곱하면 $c = \lambda f = 0.3$ km s^{-1}의 속도가 산출되며, 이는 능동적 송신원(에어건) 실험으로 측정한 표면파 속도와 거의 일치한다. 이 예는 배경파동장의 시각적 분석에 이미 지구 내부에 대한 정보가 포함되어 있음을 보여 준다. 일반적인 탄화수소 저류층 탐사에 사용하는 만큼 수신기 간격이 조밀하지 않아도, 잡음 간섭법을 사용하면 수백 또는 수천 킬로미터 서로 떨어진 수진기에서도 배경파동장의 일관성을 활용할 수 있다(6.4.3절).

6.4.2.2 배경잡음의 물리적 기원

배경잡음을 생성시키는 물리적인 과정은 다양하며, 활성된 주파수 대역 간의 경계가 항상 명확한 것은 아니다. 대략 1 Hz 이상의 주파수에서 배경잡음은 일반적으로 인간 활동에 기인하지만, 1차 및 2차 미소진동 정점은 너울로 알려진 특정 유형의 파랑에 의한 것으로 설명될 수 있다. 수 미터 파장의 작은 국지적 바람이나 파랑과 달리, 너울은 크고 오래 지속되는 기상 시스템의 결과이다. 평균적으로 너울은 약 12초(주파수 0.08 Hz)의 주기, 100 m 정도의 파장, 수 미터의 파고를 갖는다. 얕은 대륙붕에서 너울은 해저에 압력을 가하여 탄성파를 발생시키는데, 주로 대략 12초의 같은 주기를 가지는 레일리파와 러브파로 구성된다. 이와 유사하게, 너울은 해안선과도 상호 작용하며 약 12초 주기의 추가적인 파랑 에너지가 탄성파로 변환된다.

2차 미소진동은 한 기상 시스템에 의한 너울이 다른 기상 시스템에서 오는 반대 방향으로 전파되는 너울과 간섭되며 생성된다. 이로 인한 압력 변동은 각각의 개별 파동보다 더 깊은 깊이에 도달하게 하고, 원래 너울 주기의 절반, 즉 약 6초(주파수 0.16 Hz)의 주파수를 갖는 탄성파를 유발한다. 따라서 2차 미소진동은 주로 깊은 수심에서 발생한다.

험(hum)의 물리적 메커니즘은 더 논쟁의 여지가 있지만, 대규모 기상 시스템 영향과 특히 열대성 저기압의 영향이라는 것에는 논란의 여지가 없다. 아마도 이러한 극단적인 날씨로 인한 파도는 1차 미소진동의 원인이 되는 메커니즘과 유사하게 해저와 직접 상호 작용할 것이다.

6.4.3 잡음 간섭법

무작위로 보이는 배경잡음의 기록에서 유용한 정보를 얼마나 체계적으로 추출할 수 있는지 이해하기 위해, 서로 거리가 L 만큼 떨어져 있는 두 수신기의 위치 $\mathbf{x}$와 $\mathbf{y}$를 고려해 보자(그림 6.43). 단순화하기 위해, 매질의 속도를 c로 균질하다고 가정하면 파동이 $\mathbf{x}$에서 $\mathbf{y}$까지 이동하는 데 걸리는 시간은 L/c이다.

특정 시간 t_1에 특정 위치 $\mathbf{x}$에서 기록된 배경잡음은 $u(\mathbf{x}, t_1)$으로 표현될 수 있으며, 임의의 방향으로부터 도달하는 파동 묶음이 중첩된 것이다(그림 6.43a의 밝은 회색 물결 모양 화살표). 이 많은 파동 묶음 중 하나는 대략 $\mathbf{y}$ 방향으로 이동한다(그림 6.43a의 굵은 물결 모양 화살표). 같은 시간 t_1에서, 위치 $\mathbf{y}$에서의 기록 $u(\mathbf{y}, t_1)$은 다양한 방향에서 무작위로 도달하는

다른 파동 묶음으로 구성된다.

$\mathbf{x}$에 도달하는 파동 묶음이 $\mathbf{y}$에 도달하는 파동 묶음과 다르기 때문에, 두 위치에서의 기록된 신호는 t_1에서 $t_1 + \Delta$까지의 시간 간격 내에서 다소 차이가 있다.

$$C_1 = \frac{1}{\Delta} \int_{t_1}^{t_1+\Delta} u(\mathbf{x}, t)u(\mathbf{y}, t)\mathrm{d}t \qquad (6.103)$$

이는 $u(\mathbf{x}, t)$와 $u(\mathbf{y}, t)$ 사이의 유사도를 측정하는 다음의 상관 관계가 작은 값을 갖는다는 걸 의미한다(글상자 6.1). 시간이 지남에 따라, 파동 묶음이 계속 전파되고, 임의의 방향에서 새로운 파동이 계속 $\mathbf{x}$와 $\mathbf{y}$에 도착한다. 수신기 라인을 향하는 파동 묶음은 $\mathbf{y}$ 방향으로의 여정을 계속한다(그림 6.43b의 굵은 물결 모양 화살표). 시간 L/c 이후에 이 파동 묶음은 마침내 $\mathbf{y}$에 도달한다(그림 6.43c). 결과적으로, 시간 지연된 기록 $u(\mathbf{y}, t + L/c)$은 위치 $\mathbf{x}$에서 L/c초 전에 기록된 신호 $u(\mathbf{x}, t)$와 더

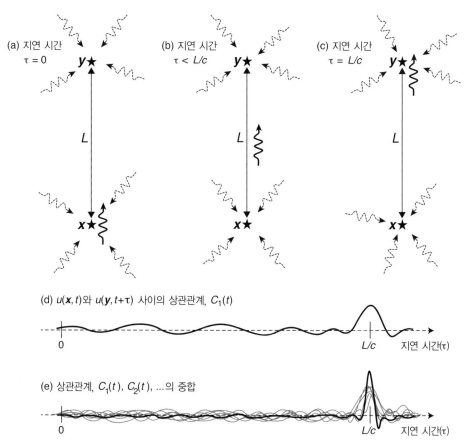

(d) $u(\boldsymbol{x}, t)$와 $u(\boldsymbol{y}, t+\tau)$ 사이의 상관관계, $C_1(t)$

(e) 상관관계, $C_1(t)$, $C_2(t)$, …의 중합

그림 6.43 배경잡음 상관관계의 개략도. (a) 거리 L만큼 떨어져 x와 y에 위치한 수신기. 물결 모양의 화살표는 임의의 방향에서 수신기에 도달하는 파동 묶음을 나타낸다. 검정색 파동 묶음은 수신기 y를 향해 이동한다. (b) 얼마 후, 다른 파동 묶음이 수신기에 도달하고 검정색 파동 묶음이 y에 접근한다. (c) L/c초 후에 검정색 파동 묶음이 y에 도달했다. 결과적으로 시간 이동 $u(\boldsymbol{y}, t + L/c)$은 $u(\boldsymbol{x}, t)$와 유사하다. (d) 이 유사성은 상관함수 $C_1(\tau)$로 표현되며, 이는 $\tau = L/c$ 부근의 지연 시간에 대해 약간의 정점을 갖는다. (e) 시작 시간이 다른 많은 상관함수(가는 회색 곡선)를 중합하면 정점의 값이 커지고 누적된 상관함수(굵은 검정색 곡선)가 x 위치의 가상 송신원에서 방출되고 이동 시간 L/c 이후 y에서 수신되는 파동처럼 나타난다.

글상자 6.1   시계열의 상관관계와 유사도

시계열(time-series) 분석에서 자주 수행되는 작업은 상호상관(cross-correlation) 또는 단순한 상관관계(correlation)를 통해 두 신호의 유사성을 정량화하는 것이다. 이 개념을 설명하기 위해 두 개의 시계열, 예를 들어 벡터 **x**와 **y**로 정의된 위치에서 기록된 두 개의 지진 기록 $u(\mathbf{x},t)$ 및 $u(\mathbf{y},t)$를 고려해 보자. 시계열은 시간 $t = t_1$에서 시작하여 시간 $t = t_1 + \Delta$에서 끝난다(그림 B6.1.1a). 이들의 상관관계는 다음과 같이 정의된다.

$$C_1 = \frac{1}{\Delta} \int_{t_1}^{t_1+\Delta} u(\mathbf{x},t)u(\mathbf{y},t)\mathrm{d}t \qquad (1)$$

상관관계가 유사성을 정량화할 수 있는 이유를 확인하기 위해 식 (1)의 적분을 다음과 같이 합계로 근사한다.

$$C_1 \approx \sum_k u(\mathbf{x},t_1 + k\ \mathrm{d}t)\ u(\mathbf{y},t_1 + k\ \mathrm{d}t)\mathrm{d}t \qquad (2)$$

여기서 $\mathrm{d}t$는 작은 시간 변화량이다. 그림 B6.1.1a와 같이 시계열이 서로 다를 때 개별 곱 $u(\mathbf{x},t_1 + k\mathrm{d}t)\ u(\mathbf{y},t_1 + k\mathrm{d}t)$의

부호는 때로는 양수이고 때로는 음수이다. 그 결과, 기여도는 서로 상쇄되는 경향이 있고, 상관 C_1의 수치는 작다.

시계열 $u(\mathbf{y},t)$를 시간 τ만큼 $u(\mathbf{y},t + \tau)$로 지연시키면 시계열 $u(\mathbf{x},t)$와의 정렬, 즉 유사도가 향상될 수 있다. 실제로 그림 B6.1.1b와 같이 $u(\mathbf{y},t + \tau)$와 $u(\mathbf{x},t)$의 정점과 최저점은 비슷한 시간에 발생한다. 시간 지연된 상관관계를 계산하면, 다음과 같다.

$$C_1(\tau) = \frac{1}{\Delta} \int_{t_1}^{t_1+\Delta} u(\mathbf{x},t)\ u(\mathbf{y},t + \tau)\ \mathrm{d}t$$
$$\approx \sum_k u(\mathbf{x},t_1 + k\ \mathrm{d}t)\ u(\mathbf{y},t_1 + \tau + k\ \mathrm{d}t)\ \mathrm{d}t \qquad (3)$$

모두 양의 부호를 갖는 개별 기여도 $u(\mathbf{x},t_1 + k\mathrm{d}t)\ u(\mathbf{y},t_1 + \tau + k\mathrm{d}t)$를 제공한다. 따라서 서로를 상쇄하는 대신 기여도가 합산되어 유사성을 나타내는 상관관계 값이 커진다.

두 시계열이 가장 유사하거나 유사하지 않은 지연 시간을 찾기 위해 τ를 변수로 처리한다. 유사성은 상관관계 $C_1(\tau)$가 최댓값에 도달할 때 가장 크다. 즉, τ에 대한 1차 도함수가 0이고 2차 도함수가 음수인 경우이다.

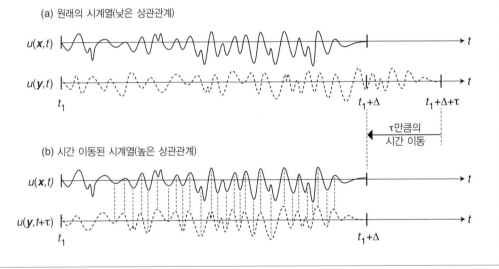

그림 B6.1.1 시계열 유사성에 대한 개략도. (a) 시계열 $u(\mathbf{x},t)$와 $u(\mathbf{y},t)$의 최고점과 최저점은 대부분 일치하지 않는다. 이러한 유사성의 결여는 상관관계 C_1의 낮은 값으로 해석된다(식 1). (b) 시계열 $u(\mathbf{y},t)$를 $u(\mathbf{y},t + \tau)$로 이동하면 최고점과 최저점이 $u(\mathbf{x},t)$의 것과 거의 완벽하게 정렬된다. 결과적으로 $C_1(\tau)$로 표시되는 $u(\mathbf{y},t + \tau)$와 $u(\mathbf{x},t)$의 상관관계가 더 크다.

(a) 원래의 시계열(낮은 상관관계)

(b) 시간 이동된 시계열(높은 상관관계)

유사하다. 이것은 다음과 같은 상관관계로 해석된다.

$$C_1(\tau) = \frac{1}{\Delta} \int_{t_1}^{t_1+\Delta} u(\mathbf{x},t)u(\mathbf{y},t + \tau)\mathrm{d}t \qquad (6.104)$$

이는 식 (6.103)의 $C_1(\tau = 0)$보다 크다. 상관 함수를 시간 변화

또는 지연 시간 τ의 함수로 고려하면 $\tau = L/c$ 부근에서 약간의 정점이 생길 것으로 예상된다(그림 6.43d). 다른 무작위적인 파동 묶음도 시간 $t_1 + L/c$쯤에 **y**에 도착하기 때문에 $\tau = L/c$에서의 상관관계는 일반적으로 완벽하지는 않다. 그러나 연속적으로 여러 시간 $t_2 = t_1 + \Delta$, $t_3 = t_2 + \Delta$, ...에 대한 상관관계를

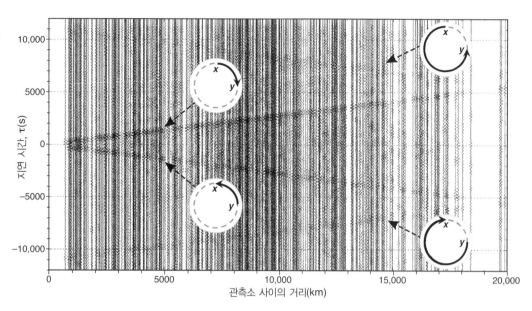

그림 6.44 전 세계에 분포된 관측소에 대한 배경잡음의 상관관계. 관측소 간 최대 거리는 ~20,000 km로 지구 둘레의 절반에 해당한다. 직선 형태로 보이는 가시적인 파동 묶음은 대부분 지구를 여행하는 레일리파에 해당한다. 원과 화살표는 파동의 전파 방향을 나타낸다. 양의 지연 시간 τ는 작은 호(짧은 거리) 또는 큰 호(긴 거리)를 따라 x에서 y로 이동하는 파동에 해당한다. 마찬가지로 음의 지연 시간은 y에서 x로 반대 방향으로 이동하는 파동에 해당한다(Laura Ermert 제공).

합산하여 중합하면 결과가 상당히 향상될 수 있다.

$$C(\tau) = \sum_n C_n(\tau) \qquad (6.105)$$

중합은 임의의 방향에서 도착하는 파동 묶음의 기여도를 줄이고, 시간 L/c 내에서 $\mathbf{x}$에서 $\mathbf{y}$로 이동하는 파동 묶음의 기여도를 증가시킨다(그림 6.43e). 누적 상관함수 $C(\tau)$는 $\tau = L/c$에 대해서만 0과 크게 다르기 때문에, 수신기 $\mathbf{x}$에서 가상 송신원에 의해 방출되고 $\mathbf{y}$에서 기록되는 개별 파동 묶음과 비슷한 모양을 갖는다.

이 결과는 여러 가지 이유로 주목할 만하다. 가장 중요한 것은 배경잡음이 지진이나 폭발에 의해 형성된 파동과 유사한 신호로 변환되었다는 것이다. 상관 함수에서 해당 신호의 이동 시간을 측정함으로써, 수신기 사이의 전파 속도 c가 추론되는데, 이는 잡음 기록을 개별적으로 분석할 때는 불가능했다. 또한 실제 송신원이 위치하지 않는 지역에 이제는 가상 송신원이 있다.

우리는 단순화된 직관적인 모델에 대해 배경잡음 간섭법을 증명해 왔지만, 이 개념은 3차원 지구에 대해서도 적용될 수 있도록 수학적으로 표현될 수 있다. 배경잡음 간섭법을 사용하면 지진이나 폭발과 같은 실제 송신원을 사용할 수 없는 지역에 가상 송신원을 배치할 수 있다. 이 방법은 수 킬로미터 크기의 저류층(그림 6.42)에서부터 지구 전체(그림 6.44)에 이르기까지 모든 규모의 문제에 적용될 수 있다.

6.5 지진 계측학

6.5.1 서론

지진학은 지진계(seismometer)라고 하는 수신기에 의한 탄성파 기록을 해석하는 자료가 풍부한 자료 기반의 학문이다. 사실 정량적 과학으로서의 지진학의 시작은 말렛(Robert Mallet, 1810~1881)과 밀른(John Milne, 1850~1913) 등이 최초의 지진계를 개발한 19세기 후반으로 거슬러 올라간다. 말렛과 밀른 시대 이후 개발된 대다수의 지진계는 관성의 원리를 이용한다. 무거운 질량체가 지면에 느슨하게 결합되어 있는 경우(예 : 그림 6.45에서처럼 무거운 질량체가 철사에 매달려 있는 진자와 같이), 지진파에 의한 지구의 운동은 질량체에 부분적으로만 전달된다. 무거운 질량체에 작용하는 관성은 지면이 진동하는 동안 질량체가 그렇게 많이 움직이지 않도록 한다. 이러한 원리로 지진계는 질량체와 지면 사이의 상대적 운동을 기록한다.

초기 지진계는 감쇠[18]되지 않았고, 제한된 주파수 대역에만 반응했다. 따라서 부적합한 주파수의 지진파는 거의 기록되지 않았지만, 강한 파동은 장비를 공명 진동 상태로 만들 수 있었다. 1903년 독일 지진학자 비헤르트(Emil Wiechert 1861~1928)는 장비를 감쇠시켜 측정 정확도를 크게 높였다. 이 초기 장비는 물을 먹인 종이에 신호를 증폭하여 기록하기 위해 기계적 레버에 의존했다. 이렇게 구성된 초기 지진계는

---

18 앞서 다루었던 탄성파가 지구를 통과하면서 발생하는 감쇠가 아니라 6.5.3절에서 다룰 기기 감쇠를 의미한다.

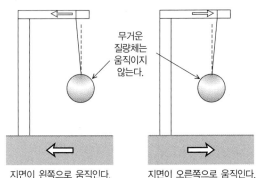

그림 6.45 관성 지진계의 원리. 지면과 지지 장치가 왼쪽이나 오른쪽으로 움직일 때 매달린 무거운 질량체는 관성에 의해 거의 고정되어 있다.

부피가 크고 무거워서 활용성이 떨어졌다.

1906년 러시아의 갈리친(Boris Galitzin, 1862~1916) 왕자가 인화지에 검류계에 의한 전류 측정을 기록할 수 있는 전자기 지진계를 도입하면서 기술이 크게 향상되었다. 이 전기적인 방법은 기록계가 이제 지진계와 분리될 수 있다는 큰 이점이 있었다.

최신 지진계는 나노미터 범위의 지반 변위를 측정할 수 있는 매우 복잡한 기기이다. 여기에는 가장 낮은 주파수의 자유진동(1 mHz 미만)과 지구를 통해 이동하는 P파(1 Hz 이상)를 포함하여, 광범위한 주파수 스펙트럼을 기록할 수 있는 전자 피드백 시스템이 포함되어 있다. 이 책에서 우리는 주로 관성 지진계의 기본 원리만 다룰 것이다.

6.5.2 관성 지진계의 원리

대부분의 관성 지진계는 진자 원리(그림 6.45) 또는 지면 운동에 영향을 받을 때 진동하는 질량-용수철 시스템의 변형된 형태를 사용한다. 지진계는 진자 또는 용수철의 방향에 따라 수직 및 수평 운동 기록 장비로 분류될 수 있다. 일부 현대적인 장비는 지면 운동의 세 가지 직교 성분을 동시에 기록할 수 있도록 설계되어 있다.

6.5.2.1 수직 운동 지진계

기계식 수직 운동 지진계(그림 6.46a)에서는 수직면으로만 이동할 수 있도록 축에 연결된 수평 막대에 큰 질량체가 장착되어 있다. 막대는 약한 용수철에 의해 수평 위치에 고정되는데 이는 질량체와 지면에 단단히 연결된 기기의 덮개 사이의 결합이 느슨해지도록 한다. 지진파가 통과하는 동안 감지된 수직 지면 운동은 고정된 상태로 있는 관성 질량체가 아닌 덮개로

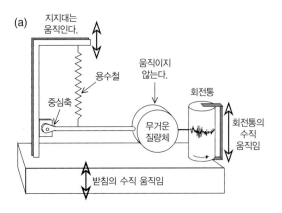

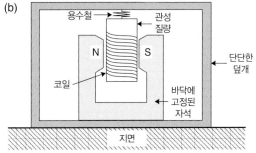

그림 6.46 수직 운동 지진계의 작동 원리를 설명하는 개략도. (a) 기계식 진자형, (b) 전자기식 가동 코일형. 출처 : A.N. Strahler, *The Earth Sciences*, 681 pp., New York: Harper and Row, 1963.

전달된다.

다른 형태의 지진계는 자석과 와이어 코일 사이의 상대 운동에 반응한다. 이 둘 중 하나는 기기의 덮개에 부착되어 지구에 고정된다. 다른 하나는 용수철에 의해 매달려 있어 관성에 의해 정적으로 유지된다. 따라서 두 가지 기본 형태로 설계가 가능하다. 가동 자석형은 코일이 덮개에 고정되어 있고 자석이 관성을 갖는다. 가동 코일형은 그 역할이 반대이다(그림 6.46b). 관성 질량체에 고정된 와이어 코일은 강력한 자석의 극 사이에 매달려 있으며, 이 자석은 단단한 덮개에 의해 지면에 고정된다. 자기장 내에서 코일의 모든 움직임은 자속의 변화율에 비례하여 코일에 전압을 유도한다. 지진이 발생하는 동안 질량체에 대한 지면의 진동은 코일의 유도에 의해 전압으로 변환된다. 전압은 증폭되어 전기 회로를 통해 기록계로 전송된다. 진자와 유사한 형태의 지진계에서도(그림 6.46a), 비슷한 원리로 질량체의 움직임이 전압으로 변환되어 디지털 신호로 저장될 수 있다.

6.5.2.2 수평 운동 지진계

수평 운동 지진계의 기계식 원리는 수직 운동 지진계의 원리와

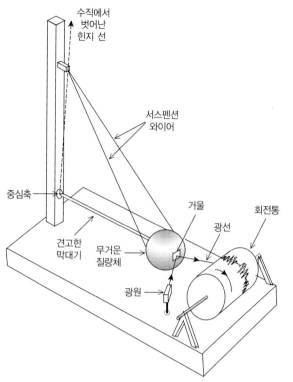

그림 6.47 진자형 수평 운동 지진계의 개략도. 수직 운동 유형의 경우 현대적인 지진계의 운동 감지는 전자기적으로 이루어진다. 출처 : A.N. Strahler, *The Earth Sciences*, 681 pp., New York: Harper and Row, 1963.

비슷하다. 수직 운동 지진계와 같이 관성 질량체가 수평 막대기에 부착되어 있지만 지렛목이 거의 수직으로 설치되어 관성 질량체가 수평면에서 양옆으로만 운동하도록 한정되어 있다(그림 6.47). 위 시스템은 중심축이 수직적인 정렬에서 살짝 벗어나 있는 문과 비슷하다. 만약 경첩의 회전축이 일정량 앞으로 기울어진다면, 문은 무게중심이 최저점에 있을 때 가장 안정적이다. 따라서 변위가 발생하면, 시스템을 안정적인 위치로 원상 복구시키기 위한 중력이 복원력으로 작용한다. 비슷한 원리로 수평 운동 지진계는 평형 위치를 중심으로 진자 운동을 한다. 이 경우 움직이는 것은 관성 질량체가 아닌 장비의 덮개이다. 수직 운동 지진계와 같이 질량체의 운동은 전자기 유도를 통해 전압으로 변환되며 전자화되어 저장된다. 기록된 전압들은 지면의 변위 속도를 나타내기 위해 보정될 수 있다.

6.5.3 지진계 방정식

수평 및 수직 지반 운동을 기록하기 위한 관성 유형 지진계는 진자 원리에 기반하여 작동한다. 관측 장비의 틀이 관성 질량체에 대해 평형이 되는 위치로 이동되면, 변위에 비례하는 복원력이 발생한다. 지진계의 종류에 따라 수직 또는 수평 변위

를 u로, 복원력을 $-ku$로, 지반의 해당 변위를 q로 정의하자. 관성 질량체 M의 총변위는 $(u + q)$이고 운동 방정식은 다음과 같다.

$$M \frac{\partial^2}{\partial t^2}(u + q) = -ku \tag{6.106}$$

이제 전체를 M으로 나누고 $k/M = \omega_0^2$라고 쓴 뒤, 방정식을 재정렬하면, 강제 단순 조화 운동에 대한 친숙한 방정식을 얻을 수 있다.

$$\frac{\partial^2 u}{\partial t^2} + \omega_0^2 u = -\frac{\partial^2 q}{\partial t^2} \tag{6.107}$$

이 방정식에서 ω_0는 기기의 고유 주파수(natural frequency) 또는 공진 주파수(resonant frequency)를 의미한다. 이 주파수의 지면 운동이 발생하면, 지진계는 제어되지 않아 크게 진동하기 때문에 지진 신호를 정확하게 기록할 수 없다. 이 문제를 해결하기 위해 움직임에 반대하는 방향으로 속도에 종속된 힘을 가하여 지진계의 움직임을 감쇠시킨다. 감쇠항은 운동 방정식에 포함되며, 이는 다음과 같이 표현된다.

$$\frac{\partial^2 u}{\partial t^2} + 2\lambda\omega_0 \frac{\partial u}{\partial t} + \omega_0^2 u = -\frac{\partial^2 q}{\partial t^2} \tag{6.108}$$

이 방정식에서 상수 λ를 기기의 **감쇠 계수**라고 하는데 지진계가 지진파에 어떻게 반응하는지를 결정하는 데 중요한 역할을 한다.

지진파 신호는 일반적으로 주파수가 다른 수많은 중첩된 조화 진동으로 구성된다. 고유 진동수 ω_0를 갖는 지진계가 특정 주파수 ω를 가지는 지진파 신호에 어떻게 반응할지는 $q = A\cos\omega t$와 함께 식 (6.108)을 풀어 결정될 수 있다(글상자 6.2). 여기에서 A는 증폭된 지반 운동의 진폭을 의미하며, 실제 지반 운동과 장비의 감도에 따라 달라지는 확대 계수를 곱한 것이다. 지진계에 의해 기록된 변위 u를 다음과 같이 정의하자.

$$u = U \cos(\omega t - \Delta) \tag{6.109}$$

여기서 U는 기록된 신호의 진폭이고, Δ는 기록과 지면 움직임 간의 위상 지연이다. 글상자 6.2에서 파생된 것처럼, 위상 지연 Δ는 다음과 같이 지정된다.

$$\Delta = \tan^{-1}\left(\frac{2\lambda\omega\omega_0}{\omega_0^2 - \omega^2}\right) \tag{6.110}$$

식 (6.108)의 운동 방정식의 해를 구함으로써, 지진 기록에서의

글상자 6.2 지진계 방정식

식 (6.108)은 지면 변위가 q일 때 고유 진동수 ω_0와 감쇠 계수 λ를 갖는 지진계에 의해 기록된 신호 u에 대한 감쇠된 운동 방정식이다. 지면 변위가 $q = A\cos\omega t$에 따라 시간에 따라 변한다고 하고, 기록된 지진 신호를 $u = U\cos(\omega t - \Delta)$로 두자. 식 (6.108)을 대입하면 다음과 같다.

$$-\omega^2 U \cos(\omega t - \Delta) - 2\lambda\omega_0 U \sin(\omega t - \Delta)$$
$$+ \omega_0^2 U \cos(\omega t - \Delta) = A\omega^2 \cos\omega t \tag{1}$$

즉,

$$U[(\omega_0^2 - \omega^2)\cos(\omega t - \Delta) - 2\lambda\omega\omega_0\sin(\omega t - \Delta)]$$
$$= A\omega^2 \cos\omega t \tag{2}$$

만약, 다음과 같이 쓴다면 식 (3)이 된다.

$$(\omega_0^2 - \omega^2) = R\cos\varphi \quad \text{and} \quad 2\lambda\omega\omega_0 = R\sin\varphi \tag{3}$$

이때,

$$R = [(\omega_0^2 - \omega^2)^2 + 4\lambda^2\omega^2\omega_0^2]^{1/2} \text{ 그리고}$$
$$\tan\varphi = \left(\frac{2\lambda\omega\omega_0}{\omega_0^2 - \omega^2}\right) \tag{4}$$

이 방정식은 다음과 같이 줄일 수 있다.

$$U[R\cos\varphi\cos(\omega t - \Delta) - R\sin\varphi\sin(\omega t - \Delta)]$$
$$= A\omega^2 \cos\omega t \tag{5}$$

$$UR \cos(\omega t - \Delta + \varphi) = A\omega^2\cos\omega t \tag{6}$$

이 방정식에 대한 간단한 해는 복소수(글상자 4.6 참조)이다. 함수 $\cos\theta$는 복소수 $e^{i\theta}$의 실수부이다(즉, $\cos\theta =$ Re$\{e^{i\theta}\}$). 그러므로, 다음과 같다.

$$UR\text{Re}\{e^{(i(\omega t - \Delta + \varphi)}\} = A\omega^2\text{Re}\{e^{(i\omega t)}\} \tag{7}$$

$$U = \frac{A\omega^2}{R} \text{Re}\{e^{(i\omega t)}e^{-(i(\omega t - \Delta + \varphi))}\} = \frac{A\omega^2}{R}\text{Re}\{e^{(i(\Delta - \varphi))}\}$$
$$= \frac{A\omega^2}{R} \cos(\Delta - \varphi) \tag{8}$$

기록의 최대 진폭 U는 $\cos(\Delta - \varphi) = 1$일 때 발생한다. 기록된 신호와 지면 운동 사이에 해당되는 위상 지연 Δ는 다음과 같다.

$$\Delta = \tan^{-1}\left(\frac{2\lambda\omega\omega_0}{\omega_0^2 - \omega^2}\right) \tag{9}$$

그리고 지진 기록의 진폭에 대한 방정식은 다음과 같다.

$$u = \frac{A\omega^2}{[(\omega_0^2 - \omega^2)^2 + 4\lambda^2\omega^2\omega_0^2]^{1/2}} \cos(\omega t - \Delta) \tag{10}$$

변위 u를 다음과 같이 얻을 수 있다.

$$u = \frac{A\omega^2}{\sqrt{(\omega_0^2 - \omega^2) + 4\lambda^2\omega^2\omega_0^2}} \cos(\omega t - \Delta) \tag{6.111}$$

6.5.3.1 기기 감쇠의 효과

지진파로 인한 지면 운동은 광범위한 주파수 스펙트럼을 포함한다. 식 (6.111)은 다른 주파수 신호에 대한 지진계의 반응이 감쇠 계수 λ의 값에 크게 의존한다는 것을 보여 준다(그림 6.48). 비감쇠(undamped) 지진계는 $\lambda = 0$을 가지며, 작은 λ 값으로 감쇠된 지진계의 반응을 저감쇠되었다(underdamped)고 한다. 비감쇠 지진계는 고유 진동수에 가까운 신호를 우선적으로 증폭하므로, 지면의 움직임을 정확하게 기록할 수 없다. 즉, 비감쇠 지진계는 고유 주파수 ω_0에서 공명하게 될 것이다. $\lambda = 1/\sqrt{2}$ 에 해당하는 모든 감쇠 계수에 대해 장비 반응 함수는 특

정 주파수의 선호적인 증폭을 나타내는 정점(peak)이 있다.

값 $\lambda = 1$은 강제 진동이 없을 때 이 값을 기준으로 두 가지 다른 유형의 지진계 반응을 설명하기 때문에 임계 감쇠에 해당한다. $\lambda < 1$이면 감쇠된 자유 지진계는 정지 위치에 대해 진폭이 감소하면서 주기적으로 흔들리면서 교란에 반응한다. $\lambda \geq 1$이면 교란된 지진계가 비주기적으로 동작하여 부드럽게 정지 위치로 돌아간다. 그러나 감쇠가 너무 심하면($\lambda \gg 1$), 장비가 과감쇠되어(overdamped) 지면 운동의 모든 주파수가 억제된다.

지진계가 최적으로 작동하기 위해서는 장비가 선호적인 증폭 현상이나 주파수의 과도한 억제 없이, 지면 운동의 광범위한 주파수에 반응해야 한다. 이를 위해서는 감쇠 계수가 임계값에 가까워야 한다. 따라서 감쇠 계수는 일반적으로 임계 감쇠 값의 70~100% 범위에 있도록 선택된다(즉, $1/\sqrt{2} \leq \lambda < 1$). 임계 감쇠에서 주파수 ω를 갖는 주기적인 방해 신호에 대한 지진계의 반응은 다음과 같이 주어진다.

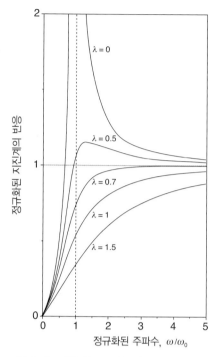

그림 6.48 다른 신호 주파수에 대한 지진계의 응답에 대한 감쇠 계수 λ의 영향. 임계 감쇠는 $\lambda = 1$에 해당한다. 지진계가 최적으로 작동하기 위한 감쇠 계수는 0.7~1 사이의 값에 해당한다(즉, 임계 감쇠의 70~100%).

$$u = \frac{A\omega^2}{(\omega_0^2 + \omega^2)} \cos(\omega t - \Delta) \qquad (6.112)$$

6.5.3.2 장주기/단주기 지진계

지진계의 고유 주기($2\pi/\omega_0$)는 실제로 기록되는 신호의 주파수를 결정하는 중요한 요소이다. 이번에 다룰 두 가지 예제는 특별히 관심 있는, 각각 매우 긴 고유 주기와 매우 짧은 고유 주기를 가진 장비에 해당한다.

장주기 지진계(long-period seismometer)는 공진 주파수 ω_0가 매우 낮은 장비이다. 가장 낮은 주파수를 제외한 모든 주파수에 대해 $\omega_0 \ll \omega$라고 쓸 수 있다. 지진계와 지면 운동 사이의 위상 지연 Δ는 0이 되고(글상자 6.2 참조), 지진계 변위의 진폭은 증폭된 지반 변위 q와 같아진다.

$$u = A \cos\omega t = q \qquad (6.113)$$

장주기 지진계는 때때로 변위계라고도 한다. 일반적으로 0.01~0.1 Hz(즉, 10~100초 범위의 주기)의 주파수로 지진 신호를 기록하도록 설계되었다.

단주기 지진계(short-period seismometer)는 고유 주기가 매우 짧고, 이에 따라 지진파 대부분의 주파수보다 높은 공진 주

파수 ω_0를 갖도록 설계된다. 이러한 조건에서 $\omega_0 \gg \omega$가 되며, 위상차 Δ는 다시 작아지며 식 (6.112)는 다음과 같이 바뀌게 된다.

$$u = \frac{\omega^2}{\omega_0^2} A \cos\omega t = -\frac{1}{\omega_0^2} \ddot{q} \qquad (6.114)$$

이 방정식은 단주기 지진계의 변위가 지반의 가속도에 비례함을 보여 주는데, 따라서 단주기 지진계를 가속도계라고도 한다. 일반적으로 1~10 Hz(0.1~1초 범위의 주기)의 주파수 신호에 응답하도록 설계되었다. 가속도계는 지면 운동의 진폭이 일반 유형의 변위 지진계의 범위에서 벗어나는 강한 운동 지진을 기록하는 데 특히 적합하다.

6.5.3.3 광대역 지진계

단주기 지진계는 0.1~1초 주기로 작동하고, 장주기 지진계는 10초보다 큰 주기로 작동하도록 설계되어, 국소적인 지각 구조 연구에서 필요한 주기(1~10초)가 배제된다. 이러한 한계점은 광대역 지진계가 개발되면서 극복되었다.

광대역 지진계는 기본적으로 관성 진자형으로 설계되었는데, 힘-피드백 시스템으로 인해 기능이 향상되었다. 힘-피드백 시스템은 관성 질량이 크게 움직이는 것을 방지하기 위해 관성 질량의 변위에 비례하는 힘을 적용함으로써 작동한다. 적용된 피드백 힘의 크기는 전기 변환기를 사용하여, 질량의 움직임을 전기 신호로 변환함으로써 결정된다. 질량체를 정지 상태로 유지하는 데 필요한 힘은 지반 가속도에 상응한다. 이처럼 피드백 전자 장치는 이 기기의 성공에 매우 중요한 요소이다.

광대역 설계로 인해 대역폭이 큰 지진계가 발명되었다. 광대역 지진계에 의한 지진 기록은 단시간 또는 장기간 기록을 개별적으로 또는 조합하여 얻을 수 있는 것보다 더 많은 유용한 정보를 포함한다(그림 6.49).

6.5.4 자료 획득

대부분의 지진 연구는 같은 기본 원리에 따라 작동하는 관성 지진계를 사용하지만, 자료 획득 배열과 장비 유형은 적용하고자 하는 목적에 따라 크게 다르다. 저류층의 특성을 파악하는 것을 목표로 하는 탄성파 탐사는 수백 개에서 수십만 개의 수신기 위치를 사용할 수 있으며 각 위치에는 지오폰(geophone)이라고 하는 견고하고 저렴하며 주기가 매우 짧은 지진계가 설치된다. 대조적으로, 더 깊은 지각, 맨틀 및 핵에 대한 지진학

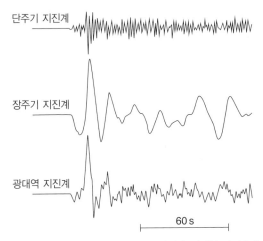

그림 6.49 단주기 지진계, 장주기 지진계, 광대역 지진계에 기록된 원지 지진의 P파 비교. 광대역 지진계의 신호가 다른 두 지진계의 개별적 신호 또는 결합한 신호보다 더 많은 정보를 포함한다. 출처 : T. Lay and T.C. Wallace, *Modern Global Seismology*, 515 pp., San Diego: Academic Press, 1995.

적 조사는 지진에 의해 발생한 전체 주파수 스펙트럼을 기록할 수 있도록 설계된 소수의 고도로 정교한 광대역 지진계에 의존한다.

6.5.4.1 탄성파 탐사

탄성파 탐사는 반사 지진학, 즉 반사면의 탐지와 지하층의 지진 속도 추정에 크게 의존한다. 원리는 간단하다. 알려진 시간에 알려진 장소에서 폭발에 의해 탄성파 신호가 생성되고, 지층 경계에서 온 반사파가 기록되고 분석된다. 지오폰은 굴절파의 도달이 불가능한, 송신원으로부터 임계 거리 내에 있는 미임계 반사 영역에 설치된다. 송신원에서 지오폰으로 직접 이동하는 직접파와 지하 경계면에서 반사된 파동 외에도 표면파도 함께 기록된다. 표면파는 반사파를 간섭할 수 있지만, 종종 정교한 자료 처리에 의해 제거되는 경우도 많다. 반사법 탄성파 탐사 자료는 측선을 따라 수집되는 경우가 많지만, 최근에는 넓은 영역을 포괄하는 3차원 탐사[19]가 더욱 중요해졌다.

송신원에 대한 지오폰의 배열을 다양하게 설계함으로써, 여러 가지 현장 탐사 방식을 사용할 수 있다. 반사법 탐사에서 일상적으로 적용되는 방식은 연속 측선 탐사 방식인데, 여기서 지오폰은 송신원을 통과하는 탐사 측선을 따라 일정한 간격으로 배치된다. 각각의 발파 후에, 지오폰 배열과 송신원 위치는 탐

---

19 원서에서는 2차원 탐사로 언급되어 있으나, 이는 표면 (x, y)만을 고려한 것이다. 일반적으로 탐사 지구 물리 분야에서는 수직 방향까지 포함하여 3차원 탐사라고 부른다.

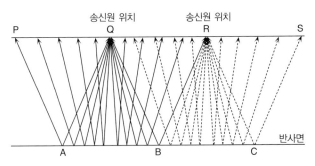

그림 6.50 지하 탄성파 반사면의 연속적인 커버리지를 확보하기 위한 양측 전개 방법.

사 측선을 따라 미리 정해진 거리만큼 이동하며, 이러한 절차를 계속 반복한다. 대체로 이 방법에는 반사면의 각 반사 지점이 한 번만 샘플링되는지(일반적인 커버리지), 한 번 이상 샘플링되는지(중복 커버리지)에 따라 두 가지 주요한 변형 형태가 있다.

일반적인 커버리지(conventional coverage)의 한 형태는 그림 6.50과 같은 양측 전개(split-spread) 방법으로, 지오폰이 송신원의 양쪽으로 대칭적으로 퍼진다. 반사면이 평평하게 놓여 있는 경우, 지오폰에서 기록된 파선의 반사점은 송신원 위치와 지오폰 사이의 중간 지점 아래에 있다. Q에 위치한 송신원에 대해, P 및 R 위치의 지오폰까지 반사되는 파선 QAP 및 QBR은 극단적인 경우를 나타낸다. 파선 QAP의 왕복 주시는 QP의 중간점 아래에 표시된 반사점 A의 깊이를 제공한다. 마찬가지로 반사점 B는 QR의 중간점 아래에 표시된다. 송신원 Q 주변의 분할-확산 방법은 지오폰 확산거리 PR 길이의 절반인 AB를 따라 반사면의 깊이 정보를 제공한다. 송신원은 이제 R 지점으로 이동하고, P와 Q 사이의 지오폰은 측선의 영역 RS를 포함하도록 이동된다. 이를 통해 새로운 송신원 위치 R에서 반사면의 다른 영역 BC상의 반사면의 깊이 정보를 얻을 수 있다. 송신원 위치 R에서 Q의 지오폰까지 반사되는 파선 RBQ는 송신원 위치 Q에서 R의 지오폰까지의 파선 QBR과 동일한 경로를 갖는다. 송신원 좌표와 분할-확산 지오폰 배열의 절반을 이동시킴으로써, 지하의 반사면에 대한 연속적인 커버리지가 확보된다.

중복 커버리지(redundant coverage)는 잡음을 줄이고 신호대 잡음비를 향상시키는 수단으로 일상적으로 사용되는 공통 중간점(common-mid-point) 방법으로 설명된다. 그 원리는 그림 6.51에서 11개의 소수의 지오폰을 가정하여 설명되어 있다. A에서 송신원이 발파될 때, 지오폰 3~11에서 수신된 신호는

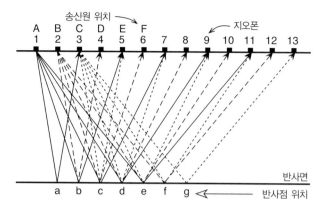

그림 6.51 탄성파 반사법 탐사의 공통 중간점 방법. 송신원이 연속적으로 A, B, C 위치로 이동하고, 각 송신원으로부터의 파선이 반사면의 같은 지점(예 : d)에서 반복적으로 샘플링된다.

a 지점과 e 사이의 반사면에 대한 커버리지를 제공한다. 송신원 위치는 이제 첫 번째 발파에 대해 지오폰 2가 설치되었던 위치 B로 이동하고, 지오폰 배열은 탐사 측선 방향을 따라 위치 4~12로 앞으로 이동한다. 송신원 위치 B에서 반사면의 커버리지는 포인트 b 지점과 f 지점 사이이다. 이때, 반사면의 점 b에서 e는 두 자료 모음에 대해서 공통적이다. 설명된 방식으로, 송신원과 지오폰 배열을 반복적으로 이동하여 경계면에서의 각 반사점을 곱하여 샘플링한다. 예를 들어, 그림 6.51에서 반사점 d는 파선 Ad9, Bd8, Cd7 등을 곱하여 샘플링된다. 이러한 파선 경로의 길이는 다르다. 뒤이은 자료 처리 동안 반사파

의 주시는 송신원 위치에서 지오폰 거리와 관련된 기하학적 효과인 수직시간차에 대해 보정된다. 그런 다음 신호 대 잡음비를 향상시키기 위해 자료를 중합(더하거나 평균을 구함)한다.

6.5.4.2 광역적/전 지구적 지진학

광대역 지진계는 이제 여러 지진학 연구에서 핵심적인 역할을 하고 있다. 광대역 지진계는 수년에 걸쳐 작동하고, 조심스럽게 절연 처리되고 지면에 부착되며, 가능한 경우 인위적인 잡음까지 제거된다. 현재 지난 10년 동안 지속적으로 운영된 이러한 연구 관측소의 수는 전 세계적으로 수천 개에 달한다.

영구적인 지진 관측소의 전 지구적 네트워크는 임시 관측소 배열로 보완될 수 있다. 특정 지역의 구조와 지진 활동을 연구하기 위해 임시 배열을 몇 주에서 몇 년 동안 설치할 수 있다. 1990년대 초반에 대륙 전체의 지진 기록을 확보하기 위해 특별한 유형의 임시 배열이 개발되었다. 호주 부시 캥거루의 이름을 따서 명명된 스키피 배열(Skippy array)은 1992년과 1996년 사이에 호주의 여러 지역에 연속적으로 설치된 약 10개의 지진계 그룹이다. 동쪽에서 서쪽으로 '건너뛰면서' 궁극적으로 대륙 전체에 걸친 지진 기록을 획득하였다. 스키피 개념의 임시 배열은 현재까지도 계속해서 사용되고 있다. 그림 6.52는 USArray 계획의 일환으로 2007년과 2013년 사이에 약 400개의 광대역 지진계가 연속적으로 설치된 2,000개 이상의 위치 좌표를 보여 준다. 평균 지진계 간격은 70 km였다.

그림 6.52 USArray 관측소의 위치(검은 점). 실제 배열은 2007~2013년 사이에 서쪽에서 동쪽으로 이동한 약 400개의 광대역 지진계로 구성되었다.

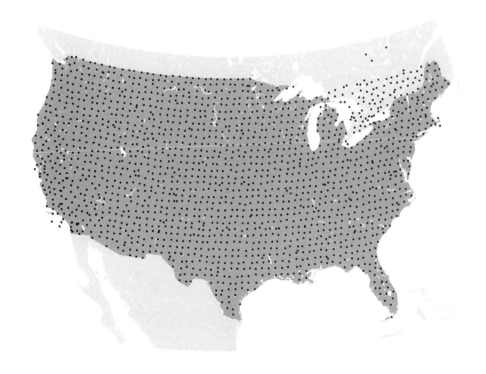

그림 6.53 해저에서 P파에 의해 생성된 음파를 기록하는 부유물의 그림. 수평 화살표는 해류를 나타낸다(Guust Nolet 제공).

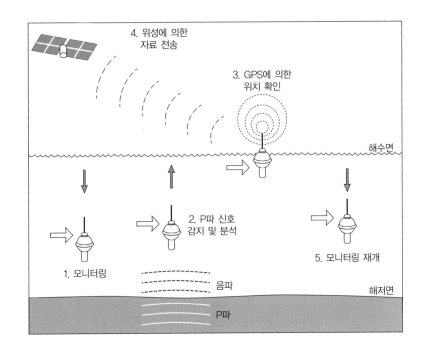

6.5.5 탄성파 탐사 장비의 발전

기존의 고품질 관성 지진계의 가용성에도 불구하고, 새로운 지진계는 계속 개발되고 있다. 예를 들어, 해저 지진계(Ocean-Bottom Seismometer, OBS)는 해양에서의 커버리지를 개선하기 위해 점점 더 많이 사용되고 있다. 일반적으로 OBS는 배에서 부드럽게 떨어뜨려, 해저로 가라앉고 몇 주 또는 몇 달 후 회수될 때까지 그 자리에 고정되어 있다. 육상 지진계와 달리 OBS는 배치 중에 통신할 수 없다. GPS 신호가 없기 때문에 온도 변화에 대해 크게 변하지 않는 매우 정확한 시계가 요구된다. 전기는 반드시 강력한 배터리(육상에서 흔히 사용하는 태양광 패널 대신에)로 공급되어야 하며, 모든 기록 자료는 디스크에 저장되어야 한다.

최근에 개발된 대안은 부유물에 설치된 지진계이다(그림 6.53). 수백 미터 수심에서 해류와 같이 부유하는 부유물에 설치된 지진계는 음압의 변화를 기록한다. P파와 유사한 신호를 감지했을 때(예를 들어 고래의 소리가 아닌), 부유물은 현재 위치를 GPS로 결정하기 위해 수면으로 올라간다. 위성 통신을 통해 자료를 전송한 후 부유물은 다시 잠수하여 모니터링을 계속한다.

분포형 음향 계측(Distributed Acoustic Sensing, DAS)으로 알려진 새로운 측정 기술은 관성 지진계의 원리를 포기하고, 지반 변형을 광학적으로 기록한다(그림 6.54). IU(Interrogation Unit)는 인터로게이터 단위로 짧은 레이저 신호를 광섬유로 보낸다. 광섬유에는 하위헌스의 원리(6.3.2절)에 따라 2차 파동을 생성하는 불순물이 포함되어 있다. 산란파(scattered wave)라고도 하는 2차 파동은 기록되는 위치의 IU로 다시 전파된다. 예를 들어 지진파가 지나갈 때 섬유가 늘어나면 불순물이 약간 움직인다. 결과적으로 산란된 빛은 작은 시간 또는

그림 6.54 분포형 음향 계측(DAS)의 모식도. IU는 인터로게이터 단위이고 ϕ는 섬유가 길이 L에서 $L + \Delta L$로 늘어난 후 산란된 빛의 위상 이동이다(Patrick Paitz 제공).

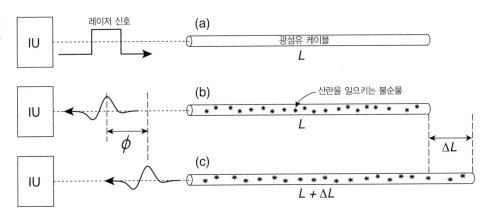

위상 변이가 발생하고 이는 IU에 의해 기록된다. 시간의 함수로서 위상 변이를 측정한 것은 섬유를 따라가는 방향의 변형률 ε과 관련될 수 있다. DAS는 아직 초기 단계이지만 이미 존재하는 통신 섬유를 사용할 수 있기 때문에 특히 유망한 미래 기술로 간주된다.

레이저 광학 장치는 변위 u 또는 변형률 ε 대신 지반 회전을 측정하는 데 사용할 수도 있다. 이를 위해 섬유는 원형 루프로 배열된다. 레이저 신호가 통과하는 동안 루프가 회전하면 IU 까지의 거리가 변경된다. 결과적인 시간 이동은 장치의 절대 회전과 관련될 수 있다.

6.6 더 읽을거리

심화 및 응용 수준

Aki, K. and Richards, P. G. 2002. *Quantitative Seismology*. Sausalito, CA: University Science Books.

Bullen, K. E. and Bolt, B. A. 1985. *An Introduction to the Theory of Seismology*. Cambridge: Cambridge University Press.

Chapman, C. 2004. *Fundamentals of Seismic Wave Propagation*. Cambridge: Cambridge University Press.

Gubbins, D. 1990. *Seismology and Plate Tectonics*. Cambridge: Cambridge University Press.

Lay, T. and Wallace, T. C. 1995. *Modern Global Seismology*. San Diego, CA: Academic Press.

Shearer, P. 2019. *Introduction to Seismology* (3rd ed.). Cambridge: Cambridge University Press.

Stein, S. and Wysession, M. 2003. *An Introduction to Seismology, Earthquakes and Earth Structure*. Oxford: Blackwell Publishing.

Udias, A. 2000. *Principles of Seismology*. Cambridge: Cambridge University Press.

6.7 복습 문제

1. 관성 지진계의 원리를 설명하시오.

2. 두 가지 실체파와 두 가지 표면파의 전파 방향에 대한 입자의 운동을 설명하시오.

3. 탄성 이론에서 라메 상수는 무엇인가?

4. 표면파의 전파와 관련하여 분산이란 무엇을 의미하는가?

5. 먼 지진으로부터 온 레일리파가 지진계에 어떻게 나타나는지 그리시오.

6. 지구의 자유진동은 무엇인가? 어떤 종류가 가능한가?

7. 자유진동의 정상모드는 무엇을 의미하는가? 고차 모드는 무엇인가? 이들은 표면파와 어떤 관련이 있는가?

8. 굴절법 탐사에서 임계 거리는 무엇인가? 교차 거리는 무엇인가? 선두파란 무엇인가? 초임계 반사란 무엇인가?

9. 두 개의 수평층으로 구성된 평지에서 탄성파 탐사가 수행되었다고 가정하자. 직접파, 반사파, 이중 굴절파의 도착을 나타내는 주시 곡선을 그리시오. 곡선에서 각 층의 탄성파 속도는 어떻게 결정될 수 있는가?

10. 반사법 탐사법에서 수직시간차란 무엇인가?

11. 반사파 신호의 구조 보정이란 무엇을 의미하는가? 왜 필요한가?

12. 반사법 탐사에서 양측 전개 방법과 공통 중간점 방법을 설명하시오. 이러한 각각의 방법을 통해 무엇을 얻을 수 있는가?

6.8 연습 문제

1. 하부 지각, 상부 맨틀, 하부 맨틀에 대한 체적탄성계수(K), 전단 계수(μ) 및 포아송비(ν)를 표에 있는 P파(α) 및 S파의 속도(β) 그리고 밀도(ρ)의 값을 사용하여 계산하시오.

영역	깊이(km)	α(km s^{-1})	β(km s^{-1})	ρ(kg m^{-3})
하부 지각	33	7.4	4.3	3,100
상부 맨틀	400	8.5	4.8	3,900
하부 맨틀	2,200	12.2	7.0	5,300

2. 다음 표는 지구의 다양한 깊이에서 밀도와 P파 및 S파의 속도이다.

깊이(km)	ρ(1,000 kg m^{-3})	α(km s^{-1})	β(km s^{-1})
100	3.38	8.05	4.45
500	3.85	9.65	5.22
1,000	4.58	11.46	6.38
2,000	5.12	12.82	6.92
2,890	5.56	13.72	7.27
2,900	9.90	8.07	0
4,000	11.32	9.51	0
5,000	12.12	10.30	0
5,500	12.92	11.14	3.58
6,470	13.09	11.26	3.67

(a) 이 값으로부터 각 깊이에서의 전단 계수(μ), 체적탄성 계수(K) 및 포아송비(ν)를 계산하시오.

(b) 이 자료가 지구 깊숙한 내부에 대해 어떤 정보를 제공하고 있는지 이해한 대로 설명하시오.

3. 만약 어떤 사람이 작은 임계각도를 가지는 경계면이 탄성파 에너지를 잘 반사시킬 것으로 기대한다면 그 이유는 무엇일까?

4. 밀도가 2,200 kg m^{-3}이고 탄성파 속도가 2,000 m s^{-1}인 암석을 평면파가 수직 아래 방향으로 전파하다가 밀도가 2,400 kg m^{-3}이고 탄성파 속도가 3,300 m s^{-1}인 암석층의 수평 상부 경계면에 입사하였다.

(a) 굴절파와 반사파의 진폭비는 얼마인가?

(b) 입사파의 에너지 중 하부 매질로 전달되는 에너지의 비율은 얼마인가?

5. 평면파가 밀도가 2,100kg m^{-3}인 암염층을 통해 4,800 m s^{-1}의 속도로 수직 아래로 이동하고 있다. 이 파동이 밀도 2,400 kg m^{-3}인 사암층의 상부 경계면에 입사하였다. 이때, 반사파의 위상이 180° 변하고, 반사파의 진폭은 입사파 진폭의 2%라고 하면, 사암의 탄성파 속도는 얼마인가?

6. (a) 다음 표의 각 반사면에서 되돌아온 반사파의 최소 주시를 계산하시오. 가장 낮은 층의 바닥도 반사면으로 생각한다.

층	밀도 (kg m^{-3})	두께 (m)	층 속도 (m s^{-1})
충적토	1,500	150	600
셰일	2,400	450	2,700
사암	2,300	600	3,000
석회암	2,500	900	5,400
암염	2,200	300	4,500
백운암	2,700	600	6,000

(b) 백운암 하부 경계에서 반사되는 반사파의 평균 속도는 얼마인가?

(c) 나열된 밀도를 사용하여 각 경계면의 반사 계수를 계산하시오(백운암 하부 경계는 제외). 가장 강한 반사를 일으키는 경계면과 가장 약한 반사를 일으키는 경계면은 무엇인가? 어떤 경계면에서 위상 변화가 발생하는가? 그리고 이것은 무엇을 의미하는가?

7. 상대적으로 평평한 경사를 가지는 지역의 반사법 탐사 신호는 다음과 같다.

송신원-수신기 거리(m)	첫 번째 반사파의 주시(t_1 sec)	두 번째 반사파의 주시(t_2 sec)
30	1.000	1.200
90	1.002	1.201
150	1.003	1.201
210	1.007	1.202
270	1.011	1.203
330	1.017	1.205
390	1.023	1.207

(a) '시간차(moveout)' 효과를 보여 주기 위해, 이 두 반사파에 대한 $t-x$ 곡선을 그리시오.

(b) 다른 그래프에는 반사파에 대한 $t^2 - x^2$ 곡선(즉, 제곱 자료)을 그리시오.

(c) 표면에서 각 반사층까지의 평균 수직 속도를 결정하시오.

(d) 이 속도를 사용하여 반사층의 깊이를 계산하시오.

8. 다음 표는 수평 층상 매질에서 서로 다른 반사면에서 반사된 탄성파의 왕복 주시이다.

송신원-수신기 거리(m)	왕복 주시(s)		
	첫 번째 반사면	두 번째 반사면	세 번째 반사면
500	0.299	0.364	0.592
1,000	0.566	0.517	0.638
1,500	0.841	0.701	0.708
2,000	1.117	0.897	0.799
2,500	1.393	1.099	0.896

(a) (거리)^{2}에 대한 (주시)^{2}의 그림을 그리시오.

(b) 수직 왕복 주시('반향 시간')와 각 반사면에 대한 평균 속도를 결정하시오.

(c) 각 반사면의 깊이와 각 층의 두께를 계산하시오.

(d) 각 층의 실제 속도(구간 속도)를 계산하시오.

(e) 가장 깊은 경계면에서 반사된 파동에 대한 총 수직 주시를 계산하여 결과를 입증하시오.

9. 문제 8의 수평 층상 매질을 가정하자.

(a) 만약 파선이 수직축에 대해 15° 각도로 표면을 떠나면 가장 낮은 층에서 반사된 후 표면으로 돌아오는 데 얼마나 걸리는가?

(b) 이 파선은 송신원 위치로부터 수평으로 얼마만큼 떨어

진 거리에서 표면에 도달하는가?

10. 이전 문제에서 세 가지 균질한 수평층의 밀도가 각각 1,800, 2,200, 2,500 kg m^{-3}이라고 가정하자. 가장 낮은 층은 속도 5.8 km s^{-1} 및 밀도 2,700 kg m^{-3}으로 기반암 위에 있다.

(a) 수직 아래 방향으로 전파하는 평면 P파에 대한 각 경계면의 반사 및 투과 계수를 계산하시오.

(b) 초기 파동 에너지의 몇 %가 기반암으로 투과되는지 계산하시오.

(c) 초기 파동 에너지의 몇 %가 반사파에 의해 기반암에서 표면으로 돌아오는지 계산하시오.

11. 입사하는 P파는 경계면에서 굴절 및 반사된 P파와 S파로 변환된다. 다음 세 가지 사례에서 모든 임계각을 계산하시오. 이때, α와 β는 각각 P파와 S파 속도이다.

층	탄성파	사례(a) (km s^{-1})	사례(b) (km s^{-1})	사례(c) (km s^{-1})
경계 상부	α	3.5	4.0	5.5
	β	2.0	2.3	3.1
경계 하부	α	8.5	6.0	7.0
	β	5.0	3.5	4.0

12. 입사하는 P파는 다음 그림과 같이 수평으로 20° 기울어진 경계면에서 굴절및 반사된 P파와 S파로 변환된다. 각각의 P파 및 S파 속도는 경계면 위 5 km s^{-1} 및 3 km s^{-1}, 경계면 아래 7 km s^{-1} 및 4 km s^{-1}이다. 입사된 P파가 수평면에 대해 40° 각도로 경계면에서 반사되었을 때, 굴절된 P파와 S파가 이루는 수평면에 대한 각도를 계산하시오.

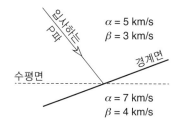

입사하는 P파
$\alpha = 5$ km/s
$\beta = 3$ km/s
경계면
수평면
$\alpha = 7$ km/s
$\beta = 4$ km/s

13. 굴절법 탐사에서 송신원으로부터 다양한 거리에서의 처음으로 도달한 신호의 주시는 다음과 같다.

거리(km)	시간(s)	거리(km)	시간(s)
3.1	1.912	13.1	6.678
5.0	3.043	14.8	7.060
6.5	3.948	16.4	7.442
8.0	4.921	18.0	7.830
9.9	5.908	19.7	8.212
11.5	6.288		

(a) 첫 번째 도달 신호에 대한 주시 곡선을 그리시오.

(b) 각 층의 탄성파 속도를 계산하시오.

(c) 경계면에 대한 임계 굴절각을 계산하시오.

(d) 굴절 경계면의 최소 깊이를 계산하시오.

(e) 굴절된 파선의 첫 번째 도달 신호에 대한 임계 거리를 계산하시오.

(f) 선두파가 첫 번째 도달 신호가 되는 교차 거리를 계산하시오.

14. 수평한 경계면을 가진 평평한 층상 지각에서 굴절법 탐사를 수행하였다. 첫 번째 경우, 지각은 균질하고 두께가 30 km이며 P파 속도는 6 km s^{-1}이고 맨틀은 P파 속도가 8 km s^{-1}이다. 두 번째 경우, 지각은 두께가 20 km이고 P파 속도는 6 km s^{-1}의 상층과 P파 속도 5 km s^{-1}인 두께 10 km의 하층으로 구성되어 있다. 상부 맨틀 P파 속도는 다시 8 km s^{-1}이다. 동일한 그래프에 두 가지 경우에 대한 첫 번째 도달 시간 곡선을 그리시오. 두 번째 경우에서 저속도층은 맨틀 상부까지의 깊이를 추정하는 데 있어 어떤 영향을 주는가?

15. 다음 표는 경사진 경계면에서 굴절법 탐사로 기록한 P파의 오르막 주시와 내리막 주시이다. 지오폰은 단면상에서 서로 2,700 m 떨어져 있는 송신원 A와 송신원 B를 가로지르는 직선상에 배치되었다.

송신원으로부터의 거리(m)	주시(s) 송신원 A로부터	송신원 B로부터
300	0.139	0.139
600	0.278	0.278
900	0.417	0.417
1,200	0.556	0.556
1,500	0.695	0.695
1,800	0.833	0.833
2,100	0.972	0.972
2,400	1.085	1.111
2,700	1.170	1.170
3,000	1.255	1.223
3,300	1.339	1.276
3,600	1.424	1.329

(a) 각 송신원에 대한 주시 곡선을 그리시오.

(b) 상부층의 실제 속도를 계산하시오.

(c) 굴절면 아래층의 겉보기 속도를 계산하시오.

(d) 굴절 경계면은 어느 방향으로 내려가는가?

(e) 경계면의 경사각은 얼마인가?

(f) 굴절면 아래층의 실제 속도는 얼마인가?

(g) A와 B 아래의 굴절면까지 가장 가까운 거리는 얼마인가?

(h) A와 B 아래 굴절면의 수직 깊이는 얼마인가?

6.9 컴퓨터 실습

이 장에 대한 Jupyter notebook 실습 자료를 http://www.cambridge.org/FoG3ed에서 내려받기를 할 수 있다: [(1) Reflections at dipping interface, (2) Finite-difference solution of the wave equation]

7
지진과 지구 내부 구조

미리보기

대규모 지진은 지구에서 관찰되는 가장 에너지가 넘치는 현상 중 하나로 가장 큰 핵폭발을 수십 배 이상 능가한다. 지진은 매우 다양한 형태로 발생한다. 지각판의 경계를 따라서 수 초 내에 발생하는 자연 현상, 수일 또는 수 주 동안 지속되는 느린 지진, 화산 아래에서 발생하는 수천 개의 작은 연쇄 지진, 산업 활동으로 인해 유발되는 지진 군집이 여기에 포함된다. 현재의 방법으로는 개별적인 지진을 예측할 수는 없지만, 장기적인 지진 위험을 추정함으로써 건축 규정을 정하고 주민들을 미리 대비시켜 지진 피해를 줄일 수 있다. 지진에 의해 방출되는 탄성파는 지구 내부의 구조에 대한 정보를 축적하면서 지구를 전파한다. 지진 기록을 기반으로 한 지진파 단층촬영은 맨틀 깊숙이 하강하는 차가운 암석권 판과 뜨거운 물질을 표면으로 운반하는 좁은 열기둥과 같은 매우 역동적인 행성의 영상을 그려 낸다.

7.1 서론

지진 특성에 대한 초기 연구는 지진의 '근거리' 지역, 즉 지진이 발생한 장소와 비교적 인접한 지역에서 관측하는 것으로 제한되었다. 1892년 밀른이 정밀하고 신뢰할 수 있는 지진계를 발명하면서 지진학의 눈부신 발전이 이루어졌다. 현대 장비에 비하면 크고 원시적이었지만 이 혁신적인 새로운 장치의 정밀도와 민감도는 송신원에서 먼 거리, '원거리' 영역에서의 지진에 대한 정확하고 정량적인 해석을 가능하게 했다. 원거리 지진(teleseismic event)에 대한 신뢰할 수 있는 기록이 축적되면서 지구의 지진 활동도(seismicity)와 내부 구조에 대한 체계적인 연구가 가능해졌다.

1906년 샌프란시스코 대지진이 집중적으로 연구되면서 지진이라는 자연 현상의 기원을 이해하려는 노력에 자극을 주었고, 같은 해에 리드(Harry F. Reid, 1859~1944)의 탄성 반발 모델에 의해 지진의 기원이 부분적으로 설명되었다. 1906년에 올덤(Richard D. Oldham, 1858~1936)은 지구를 통한 원거리 지진파의 이동 시간을 잘 설명하기 위해서는 크고 조밀하며 아마도 유체로 된 핵이 필요하다고 제안했다. 핵의 외부 경계까

지의 깊이는 1913년 구텐베르크(Beno Gutenberg, 1889~1960)에 의해 계산되었다. 1909년 모호로비치치는 구유고슬라비아 근방의 지진에서 발생한 탄성 실체파의 주시를 분석하여 지각-맨틀 경계의 존재를 추정했으며, 1936년 레만(Inge Lehmann, 1888~1993)은 단단한 내핵이 존재한다는 것을 제시했다. 지구의 내부에 존재하는 이러한 불연속면에 대한 지식은 이후 크게 개선되었다.

적대국의 핵실험을 탐지하고 그 증거를 확보하려는 세계 강대국의 수요는 1950년대와 1960년대의 지진학 연구에 상당한 자극을 주었다. 핵폭발 시 방출되는 에너지의 양은 지진과 비슷하지만, 지진계로 기록된 신호의 초기 진동의 방향을 분석하면 핵폭발에 의한 것인지 자연 지진에 의한 것인지 판별할 수 있다. 지진의 정확한 위치를 추정하기 위해서는 지구 내부 전체의 탄성 실체파 속도에 대한 지식 개선이 필요했다. 이에 따라 냉전 시대의 정치적 필요로 인해, 지진 관측 장비가 크게 개선되었고 같은 물리적 특성을 가진 지진 관측소로 구성된 새로운 전 지구적인 지진 관측 네트워크가 구축되었다. 이러한 지진 관측 장비의 발전을 통해 지진 진앙의 위치를 더 정확하게 추정하고, 지구 구조에 대한 이해가 높아지는 등 과학 발전에

중요한 피드백을 받게 되었다. 전 지구적인 지진 활동도의 분포 양상은 좁은 활동 영역에 우세하게 집중된 특징을 보이며, 이는 판의 경계부와 상대적인 판 운동을 식별할 수 있게 해 주었기 때문에 판구조론의 발전에 중요한 요소였다.

7.2 지진학

7.2.1 지진의 유형

지금까지 규모가 큰 대부분의 지진은 지각판이 분리되면서 발생하는 단층의 갑작스러운 움직임에서 비롯되었다. 이러한 판의 이동과 관련된 지구조적 지진(tectonic earthquake) 이외에도 산사태, 지하 동굴 및 화산 칼데라의 붕괴, 화산 및 인공 폭발, 대기에서의 유성체 폭발에 의해 측정 가능한 수준의 지면 운동이 발생할 수 있다. 후자는 하루에 세 번 정도 관측할 수 있다.

일반적으로 몇 초 이상 지속되지 않는 짧은 지구조적 지진은 최대 몇 분 동안 지속되는 화산성 진동(volcanic tremor)과 대조된다. 화산성 진동은 종종 특정 주파수에서 관측되는데 마치 오래 지속되는 사인 곡선처럼 보인다. 화산성 진동은 마그마 시스템 내에서 가스와 유체가 빠르게 이동하면서 유래될 가능성이 있다. 종종 화산성 진동은 화산 폭발에 선행되거나, 화산 폭발을 동반하기 때문에 귀중한 예측 도구가 된다.

고정밀 지진 관측 네트워크의 출현은 1999년(밀른의 지진계 이후 100년 이상 지난) 이전에는 알려지지 않았던 다른 유형의 진동의 존재를 확인할 수 있게 하였다. 비화산성 또는 지구조적 진동(nonvolcanic or tectonic tremor)은 대규모 지진을 일으킬 수 있는 큰 단층의 운동과 관련이 있다. 비화산성 진동의 지진 신호는 장기간 지속되는 화산성 진동과 유사하게 보일 수 있지만, 규모[1] 3 이하의 다수의 개별 소규모 지진으로 구성되는 것으로 확인되었다. 일반적인 지구조적 지진과는 달리 이러한 연쇄지진(swarm event)은 주파수가 3 Hz를 초과하는 신호는 거의 생성하지 않기 때문에 일반적으로 저주파 지진이라고 한다.

비화산성 진동이 발견된 즈음에 과학자들은 섭입대 근처에 위치한 GPS 관측소에서 뚜렷한 변위의 에피소드를 관측하기 시작했다. 1999년의 이러한 에피소드 중 하나는 북미 서부 해안에서 떨어진 캐스캐디아 섭입대의 50 × 300 km 면적에서 발생했다. 진동은 35일 동안 지속되었으며, 총변위가 약 2 cm

---

1 지진 규모(magnitude)의 정확한 정의는 7.2.6.2절을 참조.

였다. 슬립(slip)의 발생이 일반 지진에 비해 느리기 때문에, 이러한 현상을 느린 단층 현상(slow-slip event)이라고 한다. 느린 단층 현상에 의해 발생하는 지진파는 지진계에 거의 기록되지 않기 때문에 종종 조용하거나 침묵한 지진이라고도 불린다. 캐스캐디아에서 처음 발견된 것에 이어 일본, 뉴질랜드, 멕시코 및 알래스카와 같은 다른 지각판의 경계에서도 느린 단층 현상이 확인되었다. 느린 단층 현상은 놀랍게도 마치 시계와 같이 반복되는 패턴을 보여 준다. 캐스캐디아의 느린 단층 현상은 13~16개월마다 반복되는데 평균 14.5개월이며 일반적으로 2~4주 정도 지속된다. 일본 남서부의 난카이 섭입대에서는 느린 단층 현상이 약 6개월마다 반복된다.

저주파 지진과 느린 단층 현상은 처음에는 독립적인 사건으로 생각되었지만, 이제는 이들이 밀접한 관련이 있다는 것이 널리 받아들여지고 있다. 느린 단층 현상은 우리가 비화산성 진동으로 인식하는 저주파 지진 무리를 동반하는 경향이 있다. 느린 단층 현상의 발생 위치는 하루에 수 킬로미터를 이동할 수 있으며, 이때 관련된 저주파 지진도 함께 이동한다.

7.2.2 탄성 반발 모델

대부분의 지진은 너무 약해서 민감한 지진계에서만 감지될 수 있지만, 일부 지진은 인류와 환경에 심각한 영향을 미치고 심지어 재앙적인 결과를 초래할 만큼 강력하다. 대부분의 지진은 판구조론적 사건, 주로 단층의 움직임에 의해 발생한다. 나머지 사건은 화산 활동, 지하 공동의 붕괴 또는 인공 효과와 관련이 있다.

지진의 발생 과정에 대한 지식은 캘리포니아의 샌앤드레이어스 단층과 튀르키예의 북아나톨리아 단층과 같이 지표면에서도 눈에 띄게 노출된 큰 주향이동단층(strike-slip)에 의한 지진 신호를 관측함으로써 크게 확장될 수 있었다. 샌앤드레이어스 단층에 인접한 판의 평균 상대 운동은 약 5 cm/yr이며, 단층 서쪽의 블록은 북쪽으로 이동한다. 단층면상에서 이러한 운동은 연속적이지 않고 돌발적으로 발생한다. 판구조론에 따르면, 광범위하게 연구된 이 지역의 단층 시스템은 변환단층(transform fault)이다. 하지만 변환단층은 다소 특별한 유형이기 때문에 샌앤드레이어스 단층을 관측한 결과가 다른 모든 단층에 그대로 적용될 수 있다고 가정할 수는 없다. 그러나 1906년 샌프란시스코 지진 이후 리드가 제안한 탄성 반발 모델(elastic rebound model)은 지진이 어떻게 발생할 수 있는지 이해하기 위해 유용하다.

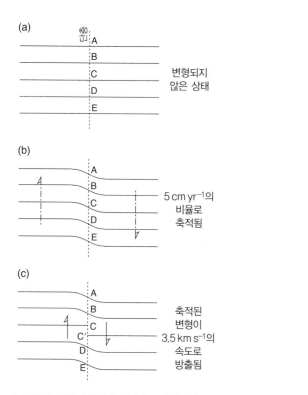

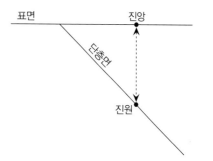

그림 7.2 정단층에 수직인 단면에서 진앙과 진원의 정의.

그림 7.1 지진의 원인을 설명하는 탄성 반발 모델. (a) 단층이 변형되지 않은 상태, (b) 인접한 지각 블록의 상대적 운동으로 인해 단층에 가까운 지역에서 변형이 축적되는 상태, (c) 지진으로 탄성 에너지가 방출되면서 변형된 부분에서 '반발(rebound)'이 일어남.

그림 7.1에 있는 모델은 변형되지 않은 상태에서 5개의 평행선(점 A~E에서 단층의 흔적에 수직으로 교차하는)이 변형에 의해 어떻게 변화하는지 설명한다. 단층에 인접한 블록의 상대적인 운동으로 인한 변형은 수년에 걸쳐 누적된다. 5개의 평행선에서 단층의 흔적(점선)에 멀리 떨어진 부분은 직선을 유지하지만, 가까이 있는 부분은 점점 구부러지게 된다. C에서는 지각 암석의 항복 응력(yield stress)이 초과되어(5.3.4절), 취성 파괴가 발생하면서 단층면에 격렬한 파열(rupture)이 발생한다. 이로 인해, 수년 또는 수십 년 동안 인접한 판 사이에서 점진적으로 발생했던 상대 변위만큼이 단층면에서는 수 초 또는 수 분 안에 갑작스럽게 움직이게 된다. 이에 따라 단층에 인접한 변형되었던 암석이 갑자기 '반발(rebound)'한다. 축적된 변형 에너지는 파열 암석으로부터 수 km s^{-1}의 속도의 탄성파로 방출된다. 선분 BC와 C′D는 압축을 받는 반면, CD와 BC′은 팽창을 겪게 된다. 점 A와 E는 움직이지 않기 때문에 이 지점에서 저장된 변형 에너지는 방출되지 않는다. 단층면의 전체 길이는 달라지지 않고, 단절점이 초과된 영역만 변위된다. 활성화된 단층면의 길이가 길수록 동반되는 지진의 규모도 커

진다.

2004년 12월 26일 수마트라-안다만 지진은 길이가 1,200 km를 초과하는 단층을 파열시켰으며, 단층을 가로지르는 변위는 일부 지역에서는 20 m에 이른다. 다행히도 대부분의 지진에서 단층의 면적은 수 km^2 정도로 훨씬 더 작다. 수백 또는 수천 킬로미터 떨어진 곳에 있는 관측자의 관점에서 그러한 지진은 마치 한 점에서 발생한 것처럼 보인다. 이 지점을 지진의 진원(hypocenter 또는 focus)이라고 한다(그림 7.2). 일반적으로 지구 표면 아래 수 킬로미터의 진원 깊이(focal depth)에서 발생한다. 진원의 수직 방향 바로 위로 지표면과 만나는 지점을 지진의 진앙(epicenter)이라고 한다.

큰 지진은 매우 갑작스럽게 발생할 수 있지만, 앞에서 설명한 것처럼 항상 갑작스러운 것은 아니다. 1976년에는 규모 7.8의 대지진이 중국 북부의 탕산시 근처 인구 밀집 지역을 강타했다. 이 지역에는 알려진 단층이 있었지만 지진 활동이 오랫동안 지속되지 않아 예고 없이 큰 지진이 발생했다. 탕산 지진은 산업 지역을 완전히 황폐화시켰고 약 243,000명의 사망자를 냈다. 그러나 대부분의 경우 누적된 변형이 더 작은 지진으로 일부 방출되는데, 이러한 작은 지진은 변형 에너지가 더 큰 지진이 발생할 수 있는 수준까지 축적되고 있음을 의미할 수 있다. 큰 지진보다 앞서서 발생하는 이러한 작은 규모의 지진은 종종 전진(foreshock)이라고 불리지만, 이들 사이의 인과관계는 확립하기 어려운 경우가 많다.

지진이 발생하면 저장된 에너지의 대부분이 본진(main shock)에서 방출된다. 여진(aftershock)으로 알려진 빠른 변형은 일반적으로 수 주 또는 수 달 동안 지속되는 많은 작은 지진을 유발한다. 일부 여진은 규모가 본진과 비슷할 수도 있다. 이미 본진으로 인해 사람들이 손상된 구조물로부터 대피하였기 때문에 여진으로 인한 사망자는 줄어들 가능성이 있다.

7.2.3 지진 진앙의 위치

지진의 진앙에서 지진 관측소까지의 거리인 진앙 거리 (epicentral distance)는 지표면을 따라 킬로미터 Δ_{km}로 표시되거나, 지구 중심에 해당하는 각도 $\Delta° = (180/\pi)(\Delta_{km}/R)$로 표시될 수 있다. 지진에 의해 발생한 뒤 지구 내부를 전파하여 관측자까지 도달한 P파와 S파의 주시는 진앙 거리에 따라 달라진다(그림 7.3a). 진원으로부터 멀리 떨어진 지진계로 전파하는 파동의 파선 경로가 곡선이기 때문에, 전파 시간-거리 그래프는 선형이 아니다. 그러나 지구 내부의 탄성파 속도 단면은 어느 정도 잘 알려져 있기 때문에, 각 종류의 파동에 대한 주시를 진앙 거리에 대한 함수로 표나 그래프로 나타낼 수 있다. 지진 기록으로부터 진앙 거리를 계산할 때, 관측자가 진앙 근처에 있는 경우는 거의 없어서 지진의 정확한 발생 시간 t_0를 기록하기 어렵다. 따라서 처음에는 실제로 지진파가 전파한 주시를 알 수 없다. 그러나 P파와 S파의 주시 차이($t_s - t_p$)는 지진계로부터 직접 얻을 수 있다. 이는 진앙 거리가 증가함에 따라 증가한다(그림 7.3a).

국소적 지진에 대해서는, 표면 근처 층에서 탄성파 속도 α와 β가 상당히 일정하다고 가정할 수 있다. 지진이 발생한 시간 t_0는 여러 관측소에서 기록된 P파의 도달 시간 t_p와 시간 차이 ($t_s - t_p$)를 표시하여 얻을 수 있다. 와다치 다이어그램이라고 불리는 이 그림은 직선이다(그림 7.3b). D를 탄성파가 이동한 거리라고 하면, P파와 S파의 주시는 각각 $t_p = D/\alpha$ 및 $t_s = D/\beta$ 이므로 주시의 차이는 다음과 같다.

$$t_s - t_p = D\left(\frac{1}{\beta} - \frac{1}{\alpha}\right) = t_p\left(\frac{\alpha}{\beta} - 1\right) \qquad (7.1)$$

P파의 도착 시간 축과 직선의 절편 t_0는 지진이 발생한 시간이고, 직선의 기울기는 $[(\alpha/\beta) - 1]$이다. 이제 P파 속도 α를 알면 지진까지의 거리는 $D = \alpha(t_p - t_0)$에서 구할 수 있다.

지진의 위치를 결정하기 위해서는 최소 3개의 지진 관측소에서 기록된 P파와 S파의 진앙 주시(epicenter travel time)가 필요하다(그림 7.4). 한 관측소의 자료는 해당 관측소에서 진앙까지의 거리만 제공하기 때문에, 해당 관측소가 중심인 원의 어느 곳에나 진앙이 위치할 수 있다. 하나의 관측소 자료가 더 추가되면 두 번째 원이 그려지고, 첫 번째 원과 두 번째 원은 두 점에서 교차한다. 두 지점은 모두 진앙의 위치가 될 수 있다. 세 번째 관측소의 자료는 이러한 모호성을 제거할 수 있다. 세 원이 만나는 공통 지점이 진앙의 위치가 된다.

일반적으로는 세 원이 정확히 한 점에서 교차하지 않고, 조금 어긋나서 작은 구형 삼각형을 형성한다. 이때 진앙의 최적 위치는 삼각형의 중심이 된다. 3개 이상의 지진 관측소에서 자료를 사용할 수 있는 경우에는 진앙 위치가 개선될 수 있다. 이때 삼각형은 작은 다각형으로 대체된다. 정확하게 한 점이 아니라 다각형으로 추정되는 이유는 부분적으로 관측 오류가 존재할 수 있고 이론적인 주시가 불완전하게 알려져 있기 때문이다. 지구 내부는 앞서 가정한 것처럼 균질하지도 않고 등방성도 아니다. 특히 지진 발생 지역과 지진 관측소 하부를 포함하는 전체 경로를 따르는 지진파 속도에 대한 상세한 정보가 주어져야 정확한 진앙 위치 추정이 가능하다. 그러나 진앙 위치 추정 과정에서 삼각형이나 다각형으로 교차하는 주된 이유는 지진파의 파선이 진앙이 아니라, 실제로는 진원에서부터 지

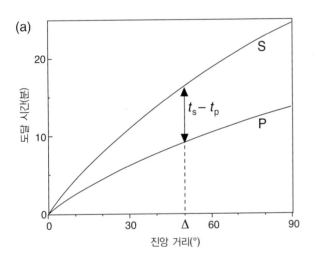

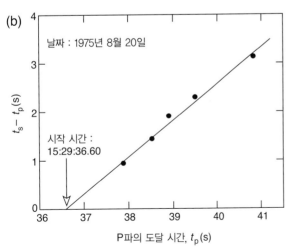

그림 7.3 (a) 지진으로부터 발생해 지구를 전파하여 최대 진앙 거리 90°까지 위치한 관측자까지의 P파 및 S파 전파 시간. 지진의 진앙 거리(Δ)는 주시의 차이($t_s - t_p$)에서 구할 수 있다. (b) 지진의 발생 시간을 결정하기 위한 와다치 다이어그램.

그림 7.4 3개의 지진 관측소(A, B, C)의 진앙 거리를 사용한 지진 진앙의 위치 추정. 각 지진 관측소의 진앙 거리는 관측소를 중심으로 하는 원의 반지름을 정의한다. 진앙(삼각형)은 세 원의 공통 교차점에 위치한다. 이때, 지도 투영으로 인해 원은 타원형으로 나타난다.

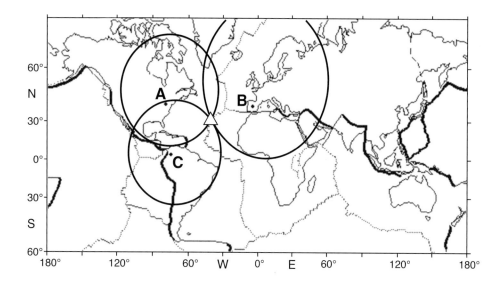

진계로 이동하기 때문이다. 따라서 최대 수백 킬로미터에 달할 수 있는 지진의 진원 깊이 d가 고려되어야 한다. 이는 단순한 기하학적 원리를 이용하여 추정할 수 있다. Δ_{km}가 진앙 거리이고 D가 파동이 전파한 거리라고 하면, 첫 번째 근사치로 $d = (D^2 - \Delta_{km}{}^2)^{1/2}$을 얻을 수 있다. 다른 지진 관측소에서도 같은 작업을 하여 추정된 여러 가지 d 값을 결합하면 진원 깊이를 조금 더 합리적으로 추정할 수 있다.

7.2.4 전 지구적 지진 활동도

현재 국제지진센터(ISC)는 매년 약 600,000회의 지진의 진앙을 보고하고 있다. 약 130만 번의 지진을 기반으로 한 세계 지진의 지리적 분포(그림 7.5)는 지구의 지각 운동이 활발한 지역을 극적으로 보여 준다. 지진 활동도(seismicity) 지도는 판구조론을 뒷받침하는 중요한 증거이며, 현재 활동 중인 판의 경계부를 나타낸다.

지진 진앙지는 지구 표면에 균일하게 분포되어 있지 않으며, 지진 활동이 활발한 판 경계부의 다소 좁은 영역을 따라 우세하게 발생한다. 연간 지진 에너지의 약 75~80%가 방출되는 **환태평양 지역**은 아메리카 서해안의 산맥과 아시아 및 오스트랄라시아[2]의 동해안을 따라 존재하는 호상 열도(island arcs)를 둘러싸고 있다. 연간 지진 에너지 방출의 약 15~20%를 차지하는 **지중해-아시아 횡단 구역**은 대서양의 아조레스 삼중점에서 시작하여 아조레스-지브롤터 해령을 따라 확장된다. 그리고 북아

프리카를 거쳐 이탈리아 반도, 알프스, 다이나라이드를 순환한 다음 튀르키예, 이란, 히말라야산맥 및 동남아시아의 호상 열도를 통과하여 환태평양 지역에서 끝난다. 해령은 세 번째로 가장 활동적인 지진대를 형성하는데 연간 방출되는 지진 에너지의 약 3~7%를 차지한다. 이들 각각의 구역은 지진 활동과 더불어 화산 활동도 활발한 것이 특징적이다.

지구의 나머지 부분은 상대적으로 지진이 없는 것으로 간주된다. 그러나 지구의 어떤 지역도 완전히 지진이 없는 지역으로 간주될 수는 없다. 전 세계 지진의 약 1%는 주요 지진대에서 멀리 떨어진 판 내부 지진으로 인해 발생한다. 그렇다고 판 내부 지진이 반드시 중요하지 않은 것은 아니다. 미국 미주리주 뉴마드리드의 미시시피강 계곡에서 1811년과 1812년에 발생한 규모 7.5 이상의 지진은 특이한 판 내부 지진이었다.

지진은 진원 깊이에 따라 분류할 수도 있다. 70 km 미만의 얕은 진원 깊이를 가지는 천발지진은 모든 지진 활동 지역에서 발생한다. 해령에서는 천발지진만 발생한다. 연간 지진 에너지의 가장 큰 비율(약 85%)은 천발지진에서 방출된다. 나머지는 70~300 km의 중간 진원 깊이(약 12%)의 중발지진과 300 km 이상의 깊은 진원 깊이(약 3%)의 심발지진이다. 심발지진은 환태평양 및 지중해-아시아 횡단 지진대에서 주로 발생하는데 판 섭입 과정을 수반한다.

중발 및 심발지진의 진앙 위치와 진원 깊이의 분포는 섭입대에서 일어나는 지질학적인 과정에 대한 중요한 증거를 제공한다. 섭입대를 따라 발생한 지진의 진원을 판 경계부의 주향에 수직인 단면에 투영해 보면, 대륙판 아래로 30~60° 정도의 각도로 섭입하는 80~100 km 두께의 해양판 상부에 약 30~40 km

---

2 오스트랄라시아(Australasia)는 때로는 오세아니아와 같은 뜻으로 사용되기도 하지만 일반적으로는 호주와 뉴질랜드를 가리킨다.

그림 7.5 전 지구적 지진 활동도. 이 지도의 130만 개의 점은 각각 국제지진센터가 추정한 지진의 진원지를 나타낸다. 회색 부분은 지진의 깊이를 나타낸다. 예를 들어 태평양 주변에서 섭입대 지진의 깊이가 점점 깊어지는 것을 주목해 보자. 이 지진은 지구의 맨틀 속으로 가라앉는 해양 암석권의 윤곽을 드러낸다. (Costas Lentas and James Harris, ISC 제공.)

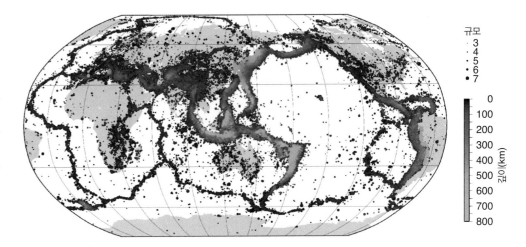

그림 7.6 섭입대를 관통하는 횡단면. 가장 활동적인 영역은 10~60 km 깊이로, 수렴하는 판 사이의 접촉 영역이다. 판에 '배호(back-arc)' 지진대가 있을 수 있다. 약 70 km 깊이 아래에는 와다치-베니오프 영역이 섭입판 내에 묘사되어 있다. 출처 : B.L. Isacks, Seismicity and plate tectonics, in: *The Encyclopedia of Solid Earth Geophysics*, D.E. James, ed., pp. 1061–1071, New York: Van Nostrand Reinhold, 1989.

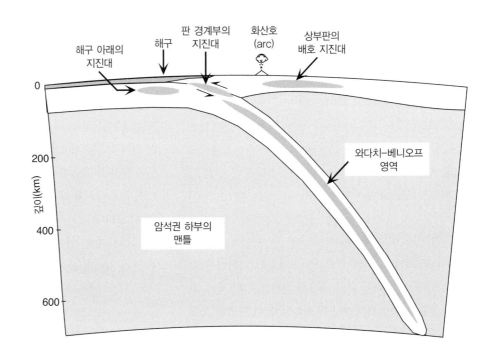

두께의 지진대가 나타난다(그림 7.6). 수년 동안 이러한 경사진 지진대는 캘리포니아 과학자 베니오프(Hugo Benioff, 1899~1968)를 기리기 위해 서구 문헌에서는 베니오프 영역으로 언급되어 왔다. 제2차 세계대전 이후 수년 동안 베니오프는 지진 활동도의 가파른 경사면상에서 심발지진이 분포하는 것을 보여 주는 중요한 선구적인 연구를 수행했다. 1920년대 후반 일본의 지진학자 와다치(Kiyoo Wadati, 1902~1995)가 심발지진 발생의 여러 가지 특성을 설명했다. 그는 지진의 진앙이 아시아 대륙에 가까울수록 진원이 더 깊어지고, 이러한 심발지진이 경사진 면을 따라서 위치하는 것을 발견하였다. 그러나 1954년에 해저가 인접한 육지 아래로 '섭입(subducted)'되고 있는 현상에 대한 설명을 제안한 사람은 베니오프였다. 이것은

판구조론의 출현을 훨씬 앞서는 대담한 제안이었다. 두 발견자를 기리기 위해 오늘날에는 이러한 활동적인 지진대를 와다치-베니오프 영역으로 부른다.

3차원적으로 와다치-베니오프 영역은 우선 판 아래로 섭입된 경사진 슬랩(slab)으로 구성된다. 와다치-베니오프 영역은 섭입하는 판의 상부 면의 위치와 섭입 방향을 지시할 수 있다. 이 구역의 경사각은 약 30~60° 사이에서 다양하며, 깊이가 증가함에 따라 더 가파르게 되고 지구 내부로 수백 킬로미터까지 확장될 수 있다. 신뢰할 수 있는 가장 깊은 진원은 약 680 km 깊이까지 존재한다. 이 깊이 아래에서는 맨틀 광물의 결정 구조에서 중요한 변화가 발생한다.

섭입된 판의 구조는 설명한 것처럼 항상 단순하지는 않다.

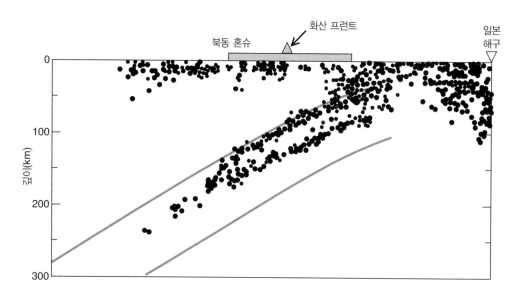

그림 7.7 일본 혼슈섬 아래 이중 섭입대를 가로지르는 수직 단면에서의 지진 분포. 100 km 아래에서, 지진의 깊이는 두 개의 평행한 평면을 정의한다. 하나는 섭입판의 상단에 있고 다른 하나는 중간에 있다. 위쪽 평면은 압축 상태이고 아래쪽 평면은 확장 상태이다. 출처 : A. Hasegawa, Seismicity: subduction zone, in: *The Encyclopedia of Solid Earth Geophysics*, D.E. James, ed., pp. 1054–1061, New York: Van Nostrand Reinhold, 1989.

섭입하는 태평양판에 대해 상세히 연구한 결과, 일본 혼슈 북동부 아래에 이중의 와다치-베니오프 영역이 있는 것이 드러났다(그림 7.7). 100 km 미만 깊이의 지진은 약 30~40 km 떨어져 있는 두 개의 평행한 면을 정의한다. 섭입판의 상부로 보이는 상단 평면은 압축 상태에 있으며 슬랩 중간에 있는 하단 평면은 확장 상태에 있다. 이러한 응력 상태는 이전에 해구 축 아래의 얕은 깊이에서 급격한 구부러짐을 겪었던 섭입판의 구부러짐이 복원된 결과이다. 이러한 정보는 지진이 발생하는 메커니즘의 분석을 통해 추론되었다.

7.2.5 진원 기구의 분석

지진이 발생하는 동안 축적된 탄성 에너지는 갑작스러운 지면의 물리적 변위에 의해 열과 지진파의 형태로 진원 바깥쪽으로 방출된다. 멀리 떨어진 지진 관측소에서 지진계로 기록된 파동의 초기 진동을 연구함으로써, 지진의 진원 기구를 추론하고 단층면의 움직임을 해석할 수 있다.

진원의 위치가 H인 역단층의 평면에 수직인 수직 단면을 고려해 보자(그림 7.8). 단층 상반이 경사를 따라 올라갈 때 상반 앞쪽으로는 압축 영역이, 뒤쪽으로는 팽창(또는 확장) 영역이 생성된다. 이와 동시에 하반에서는 상대적인 내리막 움직임이 생기면서, 지진은 진원을 둘러싸는 두 개의 압축 영역과 두 개의 팽창 영역을 생성한다. 이들은 단층면과 보조면에 의해 분리되는데, 보조면은 진원을 통과하고 단층면에 수직이다. 압축 영역에서 나가는 P파가 C에 있는 관찰자에게 도달하면 첫 번째 효과는 지표면을 위로 밀어 올리는 것이다. 팽창 영역에서 D의 관찰자에게 이동하는 P파의 초기 효과는 표면을 아래쪽

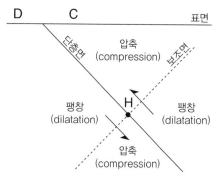

그림 7.8 단층면과 보조면으로 분리된 진앙 주변의 압축 및 팽창 영역.

으로 잡아당기는 것이다. P파는 C 또는 D에서 수신기에 도달하는 가장 빠른 지진파이므로 장비에 기록된 초기 진동을 통해 첫 번째 도달이 압축인지 확장인지 구분할 수 있다.

7.2.5.1 한 쌍/두 쌍의 전단력에 의한 방사 패턴

P파와 S파의 진폭은 기하학적 감쇠와 점탄성 감쇠로 인해 진원 로부터의 거리에 따라 달라진다. 또한 진폭은 탄성파의 파선이 진원을 떠나는 각도에 따라서도 달라진다. 이러한 기하학적 요소는 진원 기구에 대한 모델을 가정하여 계산할 수 있다. 가장 간단한 방법은 한 쌍의 역평행 전단 운동으로 진원을 나타내는 것이다. 파선과 단층 평면 사이의 각도 θ의 함수로서 P파의 진폭을 분석(그림 7.9a)하면 다음과 같은 식을 얻는다.

$$A(r, t, \alpha, \theta) = A_0(r, t, \alpha) \sin^2 2\theta \tag{7.2}$$

이때, $A_0(r, t, \alpha)$는 거리가 r, 시간이 t, 탄성파 P파 속도가 α일 때의 진폭의 감소를 의미한다. 각도 θ에 따른 진폭 변화를 그

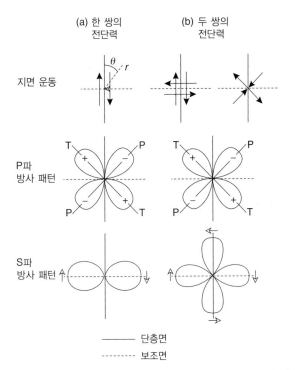

그림 7.9 (a) 한 쌍의 전단력 모델과 (b) 두 쌍의 전단력 모델에 대한 방위각에 따른 진폭 변화의 패턴은 P파에 대해서는 같지만, S파에 대해서는 다르다. 단층면으로부터 방위각 θ에서 각 패턴의 반경은 이 방향의 지진파의 진폭에 비례한다. P파의 경우 단층면과 보조면은 변위가 0인 노드 평면이다. 최대 압축 진폭은 단층면에 대해 45° 각도를 가지는 T축을 따라 발생한다. 팽창 진폭은 단층면에 대해 45° 각도를 가지는 P축을 따라 최대이다.

린 것을 P파 진폭의 방사 패턴(radiation pattern)이라고 하며, 한 쌍의 전단력을 가지는 모델의 경우 사중극성을 가지는 특성을 보인다(그림 7.9a). 이것은 4개의 돌출부로 구성되는데, 2개는 초기 진동이 압축인 진폭의 각도 변화에 해당하고 다른 2개는 초기 진동이 팽창인 경우이다. 각 돌출부는 단층면과 보조면으로 분리된다.

한 쌍의 전단력(single-couple source)에 의한 S파의 방사 패턴은 다음 식으로 설명된다.

$$B(r, t, \beta, \theta) = B_0(r, t, \beta)\sin^2\theta \qquad (7.3)$$

여기서 진폭 B는 이제 S파 속도 β에 의존한다. S파의 방사 패턴은 초기 진동이 반대인 두 개의 돌출부로 구성된 쌍극성을 가지고 있다.

다른 진원 모델은 서로 직교하는 두 쌍의 전단력(double-couple source)으로 진원을 나타내는 것이다(그림 7.9b). 두 쌍의 전단력은 한 쌍의 송신원과 P파에 대해서는 같은 형태의 방사 패턴을 보여 주지만, S파에 대한 방사 패턴은 쌍극성 대신 사중극성을 보여 준다. S파 특성의 이러한 차이는 두 가지 지진

송신원 모델 중 어느 것이 적용 가능한지 결정할 수 있게 한다. 지구조적 지진으로 방출된 S파 관측 결과는 그 근원이 두 쌍의 전단력 모델과 일치한다는 것을 분명하게 보여 준다.

최대 P파 진폭은 단층면에 대해 45°에서 발생한다. 압축 및 팽창 영역에서 최대 진폭의 방향은 각각 T축과 P축을 정의한다. 여기서 T와 P는 각각 '인장(tension)'과 '압축(compression)'을 의미하는데 단층이 발생하기 전의 응력 조건이다. 기하학적으로 보면, P축과 T축은 단층면과 보조면 사이의 각도의 이등분선이다. 이러한 축과 단층면과 보조면의 방향은 각 신호가 지진계에 기록된 첫 번째 운동의 방향을 분석하여 원거리 지진에 대해서도 얻을 수 있다. 이러한 분석을 단층면해(fault plane solution) 또는 진원기구해(focal mechanism solution)라고 한다.

7.2.5.2 단층면해

진원으로부터 지진계까지 P파가 이동하는 파선 경로는 깊이에 따라 탄성파 속도가 변하기 때문에 곡선의 형태이다. 단층면해를 구하는 첫 번째 단계는 파선을 송신원까지 거꾸로 추적하는 것이다. 가상의 작은 구체가 진원을 둘러싸고 있다고 상상해 보자(그림 7.10a). 파선이 표면과 교차하는 지점은 지구의 P파 속도 모델을 이용하여 계산된다. 지진 진원에서 파선의 이탈 각도의 방위각과 경사가 계산되어 가정한 작은 구의 아래쪽 반구에 점으로 표시된다. 다음으로, 이 방향은 진앙을 통해 수평면에 투영된다. 전체 하반구를 투영한 것을 스테레오그램이라고 한다. 초기 진동이 진원에서 멀어지는 경우(즉, 관측소가 압축 영역에 있는 경우) 파선의 방향은 검정색 원으로 표시된다. 흰색 원은 초기 진동이 진원을 향한 잡아당김임을 나타낸다(즉, 관측소가 팽창 영역에 있음).

모든 지진의 초기 진동 자료는 일반적으로 진원에서 서로 다른 방향에 위치한 여러 지진 관측소에서 획득할 수 있다. 스테레오그램상의 검정색 원과 흰색 원은 일반적으로 압축과 팽창의 별개 영역에 속한다(그림 7.10b). 이제 이러한 영역을 가능한 잘 구분하기 위해 두 개의 서로 직교하는 평면을 그리자. 두 개의 상호 직교하는 평면은 단층면과 보조면에 해당하는데, 지진 자료만으로는 둘 중 어떤 것이 단층면인지 결정할 수는 없다. 스테레오그램에서 초기 진동이 압축에 해당하는 영역은 초기 진동이 확장인 영역과 구별하기 위해 일반적으로 음영 처리된다(그림 7.10c). 이렇게 음영 처리된 결과를 일반적으로 비치볼(beachball plot)이라고 부른다. P축과 T축은 각각 팽창 및

그림 7.10 지진의 진원기구해를 결정하는 방법. (a) 진원을 둘러싼 진원 구(focal sphere), 각각 P_1 및 P_2에서 구를 관통하는 두 개의 파선 S_1 및 S_2, (b) 점 P_1과 P_2는 하반구 스테레오그램에서 초기 진동에 따라 검정색 원(밀기), 흰색 원(잡아당기기)으로 표시된다. (c) 압축(음영) 및 장력(음영 없음) 영역을 도시한 비치볼(beachball) 그림. P축과 T축은 단층면과 보조 평면 사이 각도의 이등분선에 있다.

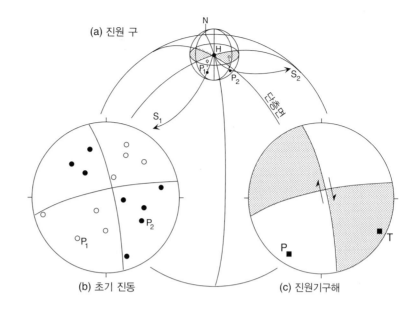

(a) 진원 구

(b) 초기 진동

(c) 진원기구해

압축 영역에서 단층면과 보조면 사이의 각도를 이등분하는 선이다. P축과 T축에 물리적인 의미를 부여하기 위해 우리는 단층의 역학적 특성을 자세히 살펴보아야 한다.

7.2.5.3 단층 역학

탄성파의 방사 패턴과 물질 파괴로 이어지는 지구의 실제 응력 상태 사이의 관계를 이해하기 위해, 먼저 응력이 최댓값 σ_{max}에 도달하는 방향을 고려해 보자. 정의에 따라 응력은 인장력에 대해서 양의 값을 쓴다. 따라서 물질의 확장은 σ_{max} 방향으로 최대이다. 반면에, 물질은 최대 확장 방향에 수직인 방향으로 최대 압축을 경험하는데 이는 응력의 최솟값 σ_{min}에 해당한다.

균질한 물질에서의 단층 이론은 좌표축의 원점을 향해 안쪽으로 향하는 **압축 응력**(compressional stress)하에서 물질의 파괴를 연구하여 개발되었다. 최소 인장 응력 σ_{min}은 최대 압축 응력에 일치하며 그 반대도 마찬가지이다. 이렇게 가정하는 이유는 지질학자들이 지구 표면이 아닌 지구 내부에서의 물질의 거동에 관심이 있기 때문이다. 지구 내부에서는 깊이가 증가함에 따라 압력이 증가하고, 단층도 높은 구속압하에서 발생하게된다.

응력이 체적 변화를 일으키는 부분과 뒤틀림을 일으키는 부분으로 구성된다고 생각하면, 두 가지 관점을 결합할 수 있다. 이들 중 첫 번째는 **정암 응력**(lithostatic stress) 또는 유체인 경우에는 **정수압 응력**(hydrostatic stress)이라고 하며 세 가지 대각선 응력 성분의 평균(σ_m)으로 정의된다. 즉, $\sigma_m = (\sigma_{xx} + \sigma_{yy} + \sigma_{zz})/3$이다. 이제 각 주응력에서 이 값을 빼면 편차 응력

(deviatoric stress)인 σ'_{min}과 σ'_{max}를 얻을 수 있다. σ'_{max}는 양수이며 바깥쪽으로 향하는 인장형 응력이다. 그러나 σ'_{min}은 음수이며 내부로 향하는 압축 응력이다.

물질의 파괴는 최대 전단 응력이 주어지는 평면에서 발생한다. 완벽하게 균질한 물질의 경우, 이것은 최대 및 최소 압축 응력 축에 대해 45° 치우친 평면이다. 즉, σ'_{min}과 σ'_{max} 축 사이의 각도를 이등분한다. 실제로는 물질의 불균질성과 내부 마찰의 영향으로 최대 압축 축에 대해 20~30°로 기울어진 단층면에서 파괴가 발생한다. 지진학자들은 단층면해 분석을 할 때 종종 이러한 복잡성을 무시한다. 최대 인장 응력 σ'_{max}의 축은 두 가지 주 평면 사이의 각도의 이등분선상에서 초기 진동이 압축인 영역의 T축과 동일하다. 최대 압축 응력 σ'_{min}의 축은 초기 진동이 팽창인 영역의 P축과 동일하다. 하지만 실제로는 σ'_{min}의 축의 방향은 P축과 단층면 사이에 위치한다.

따라서 축이 다른 사분면에 놓여질 수 있기 때문에, P와 T의 위치가 처음에는 이상하게 보일 수도 있다. 그러나 주응력 축의 방향은 지진 발생 이전의 응력 패턴에 해당하는 반면, 단층해는 지진 발생 이후에 발생한 지반 운동을 나타낸다는 점에 유의해야 한다. 진원기구해 분석을 통해 지진을 일으킨 지각의 주응력 축 방향을 해석할 수 있다.

지각 단층에는 세 가지 주요 유형이 있는데 수평면에 대한 주응력 축의 방향으로 구분할 수 있다(그림 7.11). 각 유형의 단층과 관련된 지진의 단층해는 특징적인 기하학적 구조를 가지고 있다. 단층의 움직임이 단층면상에서 위 또는 아래로 발생하면 경사이동단층(dip-slip fault)이라고 한다. 단층의 움직임

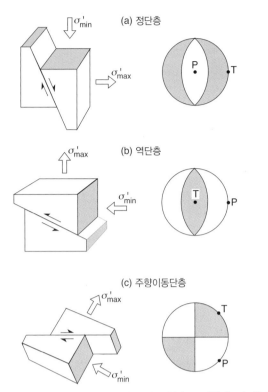

그림 7.11 단층의 주요한 세 가지 유형과 그 진원기구해. 왼쪽 : 각 단층 평면의 방향과 최대 및 최소 편차 응력 σ'_{max} 및 σ'_{min}. 오른쪽 : P축과 T축의 진원기구해와 방향.

이 단층의 주향과 평행하고 수평적일 때, 주향이동단층(strike-slip fault)이라고 부른다.

경사이동단층은 운동의 수직 방향 성분에 따라 두 가지로 구분된다. 정단층(normal fault)에서는 단층의 상반이 하반에 대해서 일정하게 경사진 단층면상에서 아래로 떨어지듯 이동한다(그림 7.11a). 정단층에 대한 단층면해는 스테레오그램의 가장자리에 압축 영역이 있다. T축은 수평이고 P축은 수직이다. 이러한 정단층의 특별한 유형은 단층면의 경사가 일정하지 않고 깊이가 증가함에 따라 감소하는 리스트릭단층(listric fault)이다.

역단층(reverse fault) 또는 충상단층(thrust fault)으로 알려진 두 번째 유형의 경사이동단층에서는, 단층의 상반이 하반을 올라타면서 단층면상에서 위로 이동한다(그림 7.11b). 역단층에 대한 단층면해는 중앙 부분에 압축 영역이 있다. 최대 장력 및 압축이 일어나는 축의 방향은 정단층과 반대이다. 이제 T축은 수직이고 P축은 수평이다. 단층면이 매우 평평한 각도로 기울어지면, 상반은 큰 수평 거리로 이동될 수 있다. 이러한 특별한 유형의 오버스러스트 단층은 알프스-히말라야산맥과 같은 대륙 충돌 지역에서 흔히 발생한다.

가장 단순한 유형의 주향이동단층은 단층면이 가파르거나 수직인 변류단층(transcurrent fault)이다(그림 7.11c). 이러한 유형의 단층을 발생시키려면 T축과 P축이 모두 수평면에 있어야 한다. 단층면해는 2개의 압축 사분면과 2개의 팽창 사분면을 보여 주는데, 단층의 각 측면은 수평적으로 서로 반대 방향으로 움직인다. 관측자를 기준으로 단층의 반대쪽이 왼쪽으로 이동하는 것처럼 보이면, 해당 단층을 왼쪽(sinistral) 또는 좌수향 주향이동단층이고 부르며, 단층의 반대쪽이 오른쪽으로 이동하는 경우에는 오른쪽(dextral) 또는 우수향 주향이동단층이라고 부른다.

주향이동단층의 변형된 형태는 판구조론에서 매우 중요한 역할을 한다. 변환단층(transform fault)은 인접한 판에 대해 다른 한 판의 수평 운동을 가능하게 한다. 이러한 변환단층은 해령 확장이나 판 경계부에서 섭입이 일어날 때, 끊어진 분절을 연결해 주는 역할을 한다. 이는 판구조론에서 판이 형성되거나 파괴되지 않는 보존적인 판 경계부를 구성하기 때문에 판구조론에서 중요하다. 따라서 변환단층의 상대적인 움직임은 활성화 된 판 경계부에서 맞닿아 있는 두 구간의 움직임 방향을 나타낸다. 이때, 운동 방향은 단층면해의 압축-팽창 영역의 패턴에 의해서 드러난다.

7.2.5.4 판 경계부에서의 진원기구해

진원기구해 분석의 가장 인상적인 사례 중 대부분이 활성화된 판 경계부에서 얻어졌다. 단층면해 결과는 판구조론을 완전히 뒷받침하고, 판의 운동 방향에 대한 중요한 증거를 제공한다. 먼저 세 가지 유형의 활성화된 판 경계부에서 어떤 유형의 진원기구해가 관찰되는지 물을 수 있다. 판구조론의 이론에서 이들은 생성, 보존 및 소멸 경계이다(2.6절 참조).

해양 해령 시스템은 생성 경계와 보존 경계로 구성된다. 이러한 판 경계부는 지구 표면에 좁은 지진대를 형성한다. 진원의 깊이는 주로 얕은데, 대부분 해저에서 10 km 미만이다. 활성화된 해령은 변환단층에 의해 각 분절로 분리된다(그림 7.12). 이러한 해령에서는 새로운 해양 암석권이 형성되는데, 확장 중심에서부터 확장되면서 판의 분리가 일어난다. 그리고 이 판들은 판구조론에 의해 당겨지게 된다. 해령의 지구조적인 확장 특성은 대서양 중앙 해령을 따라 선택된 일부 지진에서 볼 수 있듯이 정단층을 나타내는 단층면해로 기록되었다(그림 7.13). 각각의 경우에 단층면은 해령의 주향과 평행하게 형성된다. 가장 가까운 변환단층에 거의 수직인 해령 분절에서 진

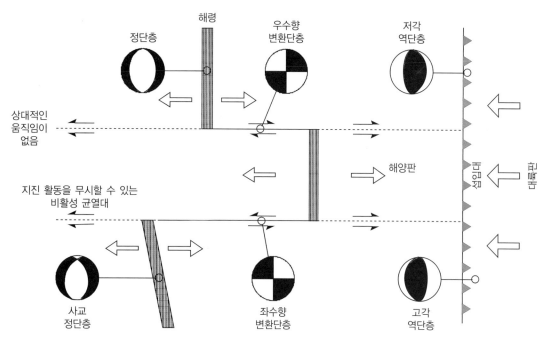

그림 7.12 해령 및 변환단층 시스템의 가상 지진에 대한 단층면해. 단층에서의 움직임은 해령의 겉보기 수평 거리에 의해 결정되지 않는다. 이러한 변환단층에서 지진의 진원기구해는 두 판 사이의 상대적인 운동을 반영한다. 초기 진동이 '압축인' 영역이 음영 처리되어 있다.

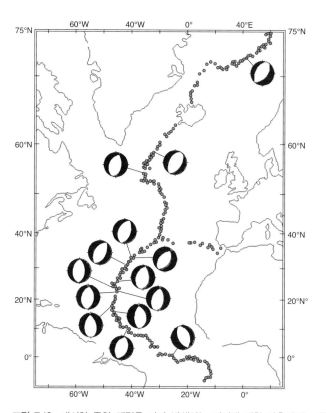

그림 7.13 대서양 중앙 해령을 따라 발생하는 지진에 대한 단층면해는 확장 중심축 부근에서 정단층이 있는 발산 구조가 일반적인 것을 보여 준다. 자료 출처 : P.Y. Huang, S.C. Solomon, E.A. Bergman and J.L. Nabelek, Focal depths and mechanisms of Mid-Atlantic Ridge earthquakes from body waveform inversion, *J. Geophys. Res.* 91, 579–598, 1986.

원기구해는 대칭적이며, 스테레오그램의 가장자리에 음영 처리된 압축 사분면이 위치한다. 해령의 변환단층이 주향에 대해 기울어진 경우, 진원기구해는 대칭이 아니다. 이것은 판이 해령에 수직으로 당겨지지 않는다는 것을 의미한다. 단층면은 여전히 해령의 주향과 평행하지만 슬립 벡터는 비스듬하다. 판 운동은 해령에 수직인 성분과 해령에 평행한 성분을 갖는다. 인접한 변환단층의 움직임을 조사하면 판 운동의 방향이 해령 축의 주향에 의해 결정되지 않는 이유를 이해할 수 있다.

해령이나 섭입대에서 활성 부분을 연결하는 특수한 형태의 주향이동단층은 암석권 판이 새로 생성되거나 파괴되지 않는 보존 경계를 지시하기 때문에, 변환단층이라고 한다. 활성 단층에서 인접한 두 판은 서로 지나쳐 이동한다. 판의 상대적 운동은 해령의 분절 사이에서만 나타난다. 변환단층에서 일어나는 거의 대부분의 지진이 이 지역에 집중되어 있다. 활성 단층 분절 외부의 균열대에서 판은 서로 평행하게 이동하기 때문에 지진이 거의 또는 전혀 없다.

상대적인 운동이 수평 방향이기 때문에, 단층면해는 주향이동단층의 전형적인 형태를 갖는다. 하지만 이 단층에 대한 운동을 해석하는 데 해령 분절의 가시적 수평 거리만 사용된다면 잘못된 결론이 도출될 것이다. 이러한 변류단층과 같은 종류의 단층에 대한 기존의 해석은 판구조론의 발전에 있어 초기 걸림돌이었다. 진원기구 다이어그램(그림 7.12)에서 화살표로 표시된 것처럼 변환단층의 상대 운동은 변류단층에 대해 예상되는

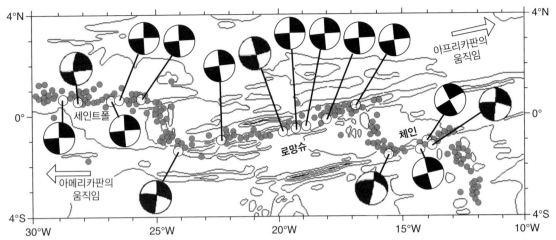

그림 7.14 중앙 대서양의 세인트폴(St. Paul), 로망슈(Romanche)와 체인(Chain) 변환단층에서 발생한 지진의 단층면해. 대부분의 진원기구해는 아프리카판과 아메리카판 사이의 상대적인 운동과 일치하는 우수향 운동을 보여 준다. 출처 : J.F. Engeln, D.A. Wiens and S. Stein, Mechanisms and depths of Atlantic transform earthquakes, *J. Geophys. Res.* 91, 548–577, 1986.

것과 반대이다. 이것은 해령의 끊어진 분절의 수평 거리가 아니라 인접한 판과의 반대 방향 운동에 의해 결정된 것이다. 따라서 중앙 대서양의 대서양 중앙 해령에서 변환단층에서 발생한 다수의 지진에 대한 진원기구해는 아프리카판의 동쪽 움직임과 아메리카판의 서쪽 움직임을 반영한다(그림 7.14).

판 운동의 변화를 무시한다면(그러나 일부 해령 시스템에서는 산발적으로 발생할 수 있음), 인접 해령 분절의 수평 거리는 판이 처음 분리되는 방식을 반영하는 영구적인 특징이다. 변환단층의 방향은 판이 이러한 단층과 평행하게 움직여야 하기 때문에 매우 중요하다. 따라서 변환단층은 판 운동의 방향을 결정하는 열쇠를 제공한다. 해령 축이 변환단층에 수직이 아닌 경우, 판 운동은 해령 분절에 평행한 구성 요소를 가지므로 해령에 비스듬한 진원기구해가 나타난다.

소멸판 경계는 해양 암석판이 다른 해양 또는 대륙 암석판 아래로 급락하여 파괴되는 섭입대이다. 이것은 인접한 판의 수렴부이기 때문에, 지진 단층면해는 압축 영역이 전형적이다(그림 7.11). 초기 진동이 압축인 영역은 역단층을 나타내는 스테레오그램의 중앙에 있다. 최대 압축 응력의 P축은 섭입대의 주향에 수직이다.

섭입대에서 관측되는 진원기구해는 지진의 진원 깊이에 따라 다르다. 이는 섭입하는 판 내에서 응력 상태가 다양하기 때문이다. 먼저, 위로 올라가는 판은 섭입하는 판 위로 얕은 각도로 올라간다. 따라서 두 판 사이의 접촉부에 있는 지진대에서의 지진의 진원기구해는 전형적으로 낮은 각도의 역단층이다. 멕시코 서부 해안을 따라 발생하는 지진의 진원기구해는 이러한 특성 중 첫 번째 특성을 보여 준다(그림 7.15). 그림에 나타난 지진들은 규모가 크고(6.9 ≤ M_s ≤ 7.8) 진원 깊이가 얕다. 단층면의 주향은 멕시코 해안선을 따라 해구의 경향을 따른다. 진원기구해는 첫 번째 운동이 압축인 영역이 중심 부분을 가지며, 단층면은 북동쪽으로 낮은 각도에 있는데, 이는 전형적인 오버스러스트 단층 형태이다. 지진의 발생 양상은 북아메리카판 아래로 코코스판이 섭입하는 모습을 보여 준다.

두 판의 충돌 결과, 섭입하는 해양판이 아래쪽으로 구부러지고 응력 상태가 바뀌게 된다. 60~70 km보다 깊은 곳에서는 수렴하는 판 사이의 접촉으로 인해 지진이 발생하지 않는다. 이러한 특징은 섭입된 판 내의 응력 양상에 의해 유발된다. 일부 중간 깊이 지진(70~300 km)의 진원기구해는 내리막확장(즉, T축이 경사진 슬랩 표면과 평행)을 나타내지만 일부는 내리막압축(즉, P축이 슬랩의 경사에 평행)을 보여 준다. 와다치-베니오프 영역의 깊은 심도에서 대부분의 진원기구해는 내리막압축을 나타낸다.

7.2.5.5 대륙 충돌부에서의 진원기구해

수렴하는 판의 대륙부가 서로 충돌할 때는 밀도가 더 높은 맨틀로의 섭입에 저항하려고 한다. 이때 수평적인 변형력이 우세하기 때문에 습곡 산맥을 형성한다. 따라서 이와 관련 지진은 확산되는 경향이 있어 넓은 지역에 퍼져서 나타난다. 습곡 산맥에서 지진의 진원기구해는 현재 진행 중인 두 판의 충돌을 반영한다. 제3기 후기에 북쪽으로 이동하던 인도판이 유라시아판과 충돌하여 히말라야가 형성되었다. 아치형 산맥을 따라

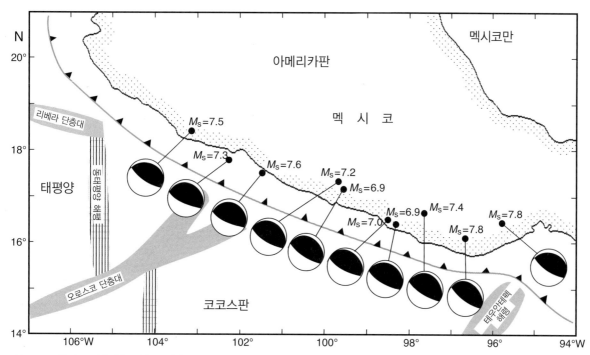

그림 7.15 멕시코 서해안을 따라 존재하는 섭입대에서 선택된 크고 얕은 지진에 대한 단층면해. 코코스판이 멕시코 아래 북동쪽으로 섭입됨에 따라 진원기구해는 낮은 각도의 오버스러스트 단층을 나타낸다. 출처 : S.K. Singh, T. Dominguez, R. Castro and M. Rodriguez, P-waveform of large shallow earthquakes along the Mexico subduction zone, *Bull. Seism. Soc. Amer.* 74, 2135–2156, 1984.

발생하는 지진의 진원기구해는 현재의 변형 양상이 두 가지 유형으로 구성되어 있음을 보여 준다(그림 7.16). 주요 산악 벨트의 남쪽에 있는 두 개의 단층면해는 정단층을 가진 확장 영역에 해당한다. 더 북쪽 지역인, 남쪽 티베트의 단층면해 또한 남북 방향으로 발달된 단층면에서 정단층을 보여 준다. 소히말라야 아래에서, 산맥 전체 1,800 km 길이를 따라 분포된 지진은 약간의 주향이동단층과 함께 낮은 각도의 충상단층이 우세한 변형 영역을 나타낸다. 인도 대륙 지각이 티베트 대륙 지각 아래에서 얕은 각도로 밀어내고 있는 것으로 보인다. 이로 인해 북쪽으로 갈수록 지각이 두꺼워진다. 소히말라야의 주요 산맥에서 최소 압축 응력은 수직이다. 지각의 두꺼워지면서 수직 하중이 증가하고, 이는 주응력의 방향을 변화시키므로 남부 티베트에서는 최대 압축 응력 방향이 수직이 된다.

다른 유형의 충돌대는 중남부 유럽의 알프스 산악 지대의 단층면해에 의해 표시될 수 있다. 알프스는 제3기 초기부터 시작된 아프리카판과 유럽판의 충돌로 형성되었다. 대부분의 작은 지진의 진원기구해는 주로 주향이동단층과 관련이 있음을 보여 준다(그림 7.17). 압축 축을 수평 방향으로 투영하면 알프스의 주향에 거의 수직인 방향이고, 이는 호(arc)를 따라 회전한다. 최근 발생한 지진에 대한 단층면해는 알프스 습곡대가

판의 충돌이 지속되고 있는 영역임을 암시한다.

7.2.6 지진의 크기

지진의 크기를 묘사하는 방법에는 두 가지가 있다. 지진의 진도 (intensity)는 가시적인 영향의 평가를 기반으로 하는 주관적인 변수다. 따라서 지진의 실제 크기 이외의 요인에 따라서도 달라질 수 있다. 지진의 규모(magnitude)는 장비를 통해 결정되며, 크기를 보다 객관적으로 측정할 수 있지만 지진에 뒤따르는 영향의 심각성에 대해서는 직접적인 언급이 거의 없다. 규모는 주요 지진에 대한 뉴스 보도에서 일반적으로 보고되는 수치인 반면, 진도는 지진이 인류와 환경에 미치는 영향의 심각성을 설명하는 데 더 적합한 수치이다.

7.2.6.1 지진의 진도

큰 지진은 지구의 지형 구조를 바꾸거나 건물, 교량 및 댐과 같은 인공 구조물에 심각한 손상을 준다. 부실한 건축 방법이나 저품질의 재료를 사용하면 작은 지진이라도 빌딩, 다리, 댐 같은 건물에 불균형적인 손상을 줄 수 있다. 특정 장소에서 발생한 지진의 진도는 지진이 유발한 가시적인 효과의 지역적인 특징을 기준으로 분류된다. 따라서 관찰자의 예리함에 크게 의

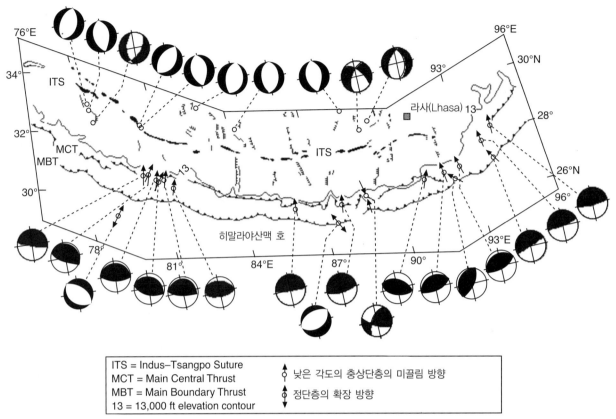

그림 7.16 히말라야산맥 호를 따른 지진의 단층면해는 남부 티베트의 남북 방향 단층에서 정단층을 보여 주고, 주로 소히말라야산맥을 따라 낮은 각도의 오버스러스터 단층을 보여 준다. 출처 : J. Ni and M. Barazangi, Seismotectonics of the Himalayan collision zone: Geometry of the underthrusting indian plate beneath the Himalaya, *J. Geophys. Res.* 89, 1147–1163, 1984.

그림 7.17 중부 유럽의 스위스 알프스 내 또는 인근 지역의 지진에 대한 단층면해. 화살표는 해석된 최대 압축 방향의 수평 성분을 보여 준다. 쥐라(Jura)와 알프스산맥의 주향과 거의 직각을 이루고 있다. 출처 : N, Pavoni, Erdbeben im Gebiet der Schweiz, *Eclogae Geol. Helv.* 70/2, 351–371, 1977; D. Mayer Rosa and S. Müller, Studies of seismicity and selected focal mechanisms of Switzerland, *Schweiz. miner. petr. Mitt*, 59, 127–132, 1979.

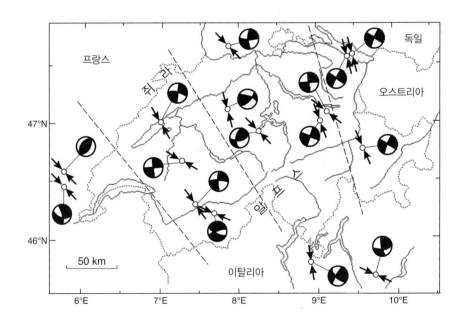

존하며, 원칙적으로는 주관적일 수밖에 없다. 그러나 진도 추정치는 역사적 지진을 포함하여 지진 크기를 평가하는 데 활용 가능한 방법임이 입증되었다.

지진의 심각성을 등급화하려는 첫 번째 시도는 18세기 후반 이탈리아 의사인 피냐타로(Domenico Pignataro, 1886)에 의해 이루어졌는데, 그는 1783~1786년 사이에 이탈리아 남부 칼라브리아 지방에 영향을 미친 1,000회 이상의 지진을 분류하였다. 피냐타로는 지진을 매우 강함, 강함, 보통, 약함으로 분류했다. 19세기 중반에 아일랜드의 엔지니어인 말렛(Robert Mallet, 1810~1881)은 6,831개의 지진 목록을 작성하고, 추정 위치를 표시함으로써 세계 지진의 첫 번째 지도를 만들었다. 그 결과, 그는 지진이 어떤 뚜렷한 지역에서 발생했음을 확인했다. 말렛은 또한 4단계의 진도 척도를 사용하여 지진 피해 등급을 매겼고, 피해 등급이 비슷한 지역을 선으로 연결하여 최초의 등진도 지도를 구성했다. 19세기 후반 이탈리아 과학자 로시(M. S. C. de Rossi, 1834~1898)와 스위스 과학자 포렐(F. A. Forel, 1841~1912)이 개발한 로시-포렐 진도 척도는 각 단계별 피해 증가에 따른 영향을 묘사하는 10단계를 통합했다. 1902년 이탈리아 화산학자인 메르칼리(Giuseppe Mercalli, 1850~1914)는 지진의 심각도를 12단계로 재분류하는 훨씬 더 광범위하고 확장된 진도 척도를 제안했다. 개선된 메르칼리 척도(MM 척도)는 1931년에 미국의 건축 조건에 맞게 개발되었으며, 이후 수정된 내용이 일반적으로 사용되었다. 1964년 유럽에서 도입되고 1981년에 수정된 MSK(Medvedev-Sponheuer-Karnik) 척도 또한 12단계로 되어 있지만, 주로 세부 사항에서 MM 척도와는 다르다. 1998년에 새로운 유럽 거대 지진 척도(European Macroseismic Scale, EMS-98)가 채택되었는데 표 7.1은 이를 요약한 것이다. 새로운 12단계의 EMS 척도는 MSK 척도를 기반으로 하고 있지만, 지진 피해에 대한 건물의 취약성을 고려하고 다양한 표준을 가진 구조물의 손상 정도에 대해 보다 엄격하게 평가하였다.

어떤 지역의 활성 지진을 평가하기 위해, 사람들이 경험하고 관측한 정보를 요청하는 설문지를 배포하여 진도를 추정할 수 있다. 설문지를 통해 진도 척도를 기준으로 피해 정보가 수집되고, 기록된 진도는 지도상의 각 관찰자의 위치에 표시된다. 그런 다음 고도를 표시하기 위해 지형도에서 등고선을 사용하는 것처럼, 동일한 진도를 가지는 장소의 윤곽을 그린다. 지진 관측 장비 발명 이전 시대에 발생한 지진의 경우, 신문기사와 같은 다른 정보를 사용하여 진도 지도를 추정할 수 있다(그림 7.18). 이러한 작업은 지진 진도의 개념을 가지고 역사적 지진을 연구하는 데 유용하다.

등진도도와 지질도를 비교하면 지진에 대한 지반의 반응을 설명하는 데 도움이 되며, 지진 위험성을 이해하는 데 있어서 유용한 정보가 된다. 구조물이 세워지는 지반의 특성은 구조물이 지진으로부터 저항하는 데 중요한 역할을 한다. 예를 들어,

---

표 7.1 지진의 진도에 대한 유럽 거대 지진 척도(EMS-98)의 요약—단순화 버전

이 척도는 특히 사람과 건물에 미치는 영향에 중점을 둔다. 또한 구조의 취약성(즉, 건설 재료 및 방법)과 손상 정도를 분류하여 설명한다.

진도	지진 영향에 대한 묘사
I~IV	가볍고 약한 지진
I	**느껴지지 않음**
II	**거의 느껴지지 않음** : 집에서 휴식을 취하는 소수 사람들만 느낌.
III	**약한** : 실내의 소수의 사람들만 느낄 수 있음. 쉬고 있던 사람들이 흔들리거나 가벼운 떨림을 경험함.
IV	**현저하게 관측됨** : 실내의 많은 사람들, 실외의 극소수의 사람들이 느낄 수 있음. 소수의 자고 있던 사람들이 깨어남. 창문과 문이 덜컹거리고, 접시가 달가닥거림.
V~VIII	중간~강한 지진
V	**강한** : 실내 대부분의 사람들, 실외 소수의 사람들이 느낄 수 있음. 자고 있던 많은 사람들이 깰 정도임. 일부는 겁에 질리게 됨. 건물이 전체적으로 흔들림. 매달려 있는 물체가 심하게 흔들림. 작은 물체는 움직임. 문과 창문이 흔들리며 열리거나 닫힘.
VI	**약간 손상을 입는** : 많은 사람들이 겁에 질려 밖으로 뛰어나옴. 일부 물체가 떨어짐. 많은 집이 미세한 균열이 생기고, 석고의 작은 조각이 떨어지는 등 약간의 비구조적인 손상을 입음.
VII	**손상을 입는** : 대부분의 사람들이 겁에 질려 밖으로 뛰어나옴. 가구가 이동하고 선반 위의 물건이 떨어짐. 많은 잘 지어진 건물도 벽에 작은 균열이 생기고, 석고가 떨어지고, 굴뚝이 무너지는 등 중등도의 손상을 입음. 오래된 건물은 벽에 큰 균열이 생기고 내부 벽이 파괴될 수 있음.
VIII	**심하게 손상을 입는** : 많은 사람들이 서 있기 힘들다고 느낌. 많은 집의 벽에 큰 균열이 생김. 소수의 잘 지어진 건물에서 벽에 심각한 손상을 입으며, 약한 오래된 건축물은 붕괴될 수 있음.
IX~XII	강한~파괴적인 지진
IX	**파괴적인** : 일반적으로 공황 상태가 됨. 많은 약한 건축물이 붕괴됨. 잘 지어진 일부 건물조차 벽이 부서지고, 구조적으로 일부 파괴되는 등 심각한 손상을 입음.
X	**매우 파괴적인** : 많은 잘 지어진 건물이 붕괴됨.
XI	**황폐화된** : 대부분의 잘 지어진 건물이 붕괴되고, 내진 설비가 잘된 일부 건물조차 붕괴됨.
XII	**완전히 황폐화된** : 거의 모든 건물이 붕괴됨.

출처 : European Seismological Commission, 1998.

부드러운 퇴적물은 지면 운동을 증폭시켜 피해를 증가시킬 수 있으며, 특히 퇴적물의 수분 함량이 높을 때 더욱 심각하다. 이

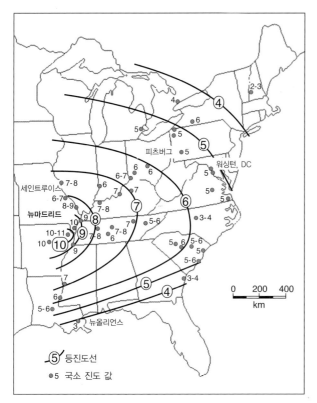

세인트루이스
뉴마드리드
피츠버그
워싱턴, DC
뉴올리언스

⑤ 등진도선
●5 국소 진도 값

그림 7.18 1811년 미주리주 뉴마드리드 지진에 대한 동일한 진도를 가지는 지역을 표시한 등진도도. 출처 : O.W. Nuttli, The Mississippi Valley earthquakes of 1811 and 1812: Intensities, ground motion and magnitudes, *Bull. Seism. Soc. Amer.* 63, 227–248, 1973.

경우 퇴적물의 액상화가 발생하여 그 위에 세워진 구조물에 피해를 줘서 붕괴를 촉진할 수도 있다.

실제로 토양 액상화가 발생한 많은 사례가 있다. 1964년 알래스카 대지진으로 축축한 점토 지층 위에 세워진 도시, 앵커리지의 한 부분이 무너져 내리며 바다로 미끄러졌다. 또한 1985년에는 규모 8.1의 대지진이 멕시코 태평양 연안을 강타했다. 진앙으로부터의 거리가 약 350 km로 멀리 떨어진 멕시코 시티에서는 배수된 호수 바닥의 충적층에 지어진 건물의 피해가 매우 심각했던 반면, 진원 주변 언덕의 단단한 암석 위에 지어진 건물은 경미한 피해를 입었다. 1989년 로마 프리에타 지진으로 샌프란시스코의 미션 지구의 매립지에 지어진 주택에 심각한 피해가 발생했고, 오클랜드 북쪽의 젊은 충적층 위에 지어진 고가도로가 무너졌다. 피해를 입은 두 지역 모두 산타크루즈산맥의 진앙지에서 70 km 이상 떨어져 있었다. 이와 유사하게, 1906년 샌프란시스코 지진으로 인해 샌프란시스코반도 언덕에 단단한 암석 지반이 있는 곳에 지어진 건물보다, 해안 주변의 매립지 지역에 지어진 구조물에서 더 큰 피해가 발생했다. 보다 최근에는 2018년 9월 28일 술라웨시 지진으로 대

규모 토양 액상화가 발생하여, 팔루시와 그 주변에서 수백 채의 주택이 파괴되었다.

7.2.6.2 지진의 규모

지진의 규모(magnitude)는 실험적으로 결정된 지진의 크기 측정 단위이다. 1935년 리히터(Charles F. Richter, 1900~1985)는 진앙으로부터 알려진 거리에서 생성된 지면 진동의 진폭을 기반으로 남부 캘리포니아 지역 지진의 크기를 등급화하려고 시도했다. 리히터는 초기에 규모를 진앙 거리 100 km에서 기록된 표면파 진폭(A_s)을 기반으로 정의했다. 지진계는 지진으로부터 다양한 거리에 위치했기 때문에 진앙 거리가 증가함에 따라 발생하는 파동의 감쇠를 보상하기 위해 추가적인 항이 더해졌다. 관측 장비의 민감도가 점점 증가함에 따라, 멀리 떨어진 지진의 신호를 기록할 수 있게 되었다. 이 신호에는 원거리 지진 신호(teleseismic signal)라고 하는 진앙 거리가 20°보다 먼 지진에서 발생한 신호도 포함되었다. 초기에는 지진 관측소에 수평 운동을 기록하는 지진계가 주로 설치되어 있었기 때문에, 규모는 수평 지반 운동에서 결정되었다. 그러나 이 수평 성분 지진계에 기록된 표면파에는 러브파와 레일리파가 중첩되어 있어서 해석이 복잡하다. 수직 운동을 기록하는 지진계는 P파와 SV파가 결합된 레일리파만 기록하므로, 표면파 규모의 정의는 점점 운동의 수직 성분을 기반으로 추정하게 되었다. 전세계적으로 지진에 할당된 표면파 규모의 대부분은 현재 수직 운동 기록을 기반으로 한다.

국제 지진학 및 지구물리학협회(IASPEI)는 지진의 표면파 규모(M_s)에 대해 다음과 같은 정의를 채택했다.

$$M_s = \log_{10}\left(\frac{A_s}{T}\right)_{max} + 1.66 \log_{10}(\Delta) + 3.3 \qquad (7.4)$$

여기서 A_s는 레일리파의 최대 진폭에서 결정된 마이크론(μm) 단위의 수직 운동 성분, T는 파동의 주기(18~22초 정도), Δ는 도 단위의 진앙 거리($20° \leq \Delta \leq 160°$)이고 진원 깊이가 50 km 미만인 지역만 고려되었다. 식 (7.4)와 유사한 식이 광대역 지진 기록에도 적용되는데 $(A_s/T)_{max}$가 최대 지반 속도에 해당한다.

동일한 에너지가 방출되더라도, 진원의 깊이는 지진 파련(seismic wave train)의 특성에 영향을 끼친다. 깊은 진원을 가지는 지진은 작은 표면 파련만 생성하지만, 천발지진은 매우 강한 표면파를 생성한다. M_s에 대한 식 (7.4)는 20° 이상

의 거리에서 관측된 천발지진의 연구로부터 유도된다. 따라서 50 km보다 깊은 진원 깊이 또는 20° 보다 작은 진앙 거리의 영향을 보상하기 위해, 계산된 M_s 값을 보정해야 한다.

실체파의 진폭은 진원 깊이에 훨씬 덜 민감하다. 그 결과, 실체파를 사용한 지진 규모의 척도가 개발되었다. 1945년 구텐베르크가 제안한 방정식은 3초 미만의 주기(T)를 갖는 P파와 관련된 지반 운동의 최대 진폭(A_p)에서 실체파 규모(body wave magnitude, m_b)를 계산하는 데 사용될 수 있다.

$$m_b = \log_{10}\left(\frac{A_p}{T}\right) + Q(\Delta, h) \qquad (7.5)$$

여기서 $Q(\Delta, h)$는 진앙 거리(Δ) 및 진원 깊이(h)에 따라 발생하는 신호 감쇠에 대한 경험적인 보정치이며, 그래프에서 직접 읽거나 표에서 조회하여 찾을 수 있다.

일부 지진의 경우에는 M_s와 m_b를 모두 계산할 수 있다. 하지만 작은 지진을 제외하면 이 두 가지 규모에 대한 추정치는 종종 잘 일치하지 않는다. 이것은 지반이 지진파 신호에 반응하는 방식이 다르고, 실체파와 표면파의 특성이 다르기 때문이다. 실체파는 주파수에 대한 진폭 의존도가 표면파와 다르다. 실체파 규모 m_b는 고주파(약 1 Hz) 위상에서 추정되지만, 표면파 규모 M_s는 저주파(약 0.05 Hz) 진동으로부터 결정된다. 특정 크기 이상의 지진에 대해서는, 각 방법이 지진의 크기에 둔감해져서 **규모 포화**(magnitude saturation)를 보여 주게 된다. 실체파에 대한 규모 포화는 약 $m_b = 6$에서 발생한다. 이보다 더 큰 모든 지진은 실제로 더 큰 에너지를 방출하더라도 이와 비슷한 수준의 규모로 측정된다. 유사하게, 표면파 규모의 추정치는 $M_s = 8$에서 포화된다. 따라서 매우 큰 지진의 경우 M_s와 m_b는 방출된 에너지를 과소평가하게 된다. 따라서 매우 큰 지진에 대해서는 지진파의 장기 스펙트럼을 기반으로 하는 규모를 정의하는 대체 방법이 더 선호된다. 이는 진원의 물리적 차원을 사용한다.

탄성 반발 모델(7.2.2절)에서 논의한 바와 같이, 지구조적 지진은 단층 분절의 급격한 변위에서 발생한다. 파열된 분절의 면적 S와 미끄러진 거리 D를 유추할 수 있다. 단층에 인접한 암석의 전단 계수 μ와 함께 이 값들을 이용하여, 지진의 지진 모멘트 M_0를 정의한다. 파열 영역에 걸쳐 변위와 전단 계수가 일정하다고 가정하면, 다음과 같다.

$$M_0 = \mu S D \qquad (7.6)$$

지진 모멘트는 **모멘트 규모**(M_w)를 정의하는 데 사용될 수 있다.

IASPEI의 책임위원회에서 채택한 정의는 다음과 같다.

$$M_w = \frac{2}{3}(\log_{10} M_0 - 9.1) \qquad (7.7)$$

이 방정식에서 M_0의 단위는 N m이다. 만약 SI 단위 대신 c.g.s. 단위가 사용되면, M_0는 dyne cm로 표시되며, 위 방정식의 숫자는 다음과 같이 바뀌게 된다.

$$M_w = \frac{2}{3}(\log_{10} M_0 - 16.1) \qquad (7.8)$$

M_w는 매우 큰 지진의 규모를 설명하는 데 더 적합하다. 종종 M_s가 보고서에서 자주 인용되지만, 지진 규모에 대한 과학적 평가에서 모멘트 규모는 M_s를 상당 부분 대체했다. 일부 역사적 지진의 모멘트 규모와 표면파 규모가 표 7.2에 나열되어 있다.

규모 척도는 원칙적으로 조정이 가능하다. 규모 정의의 로그함수 때문에 작은 지진의 경우 음의 규모가 가능하지만, 매우 작은 지진은 잡음이 있기 때문에 감지하기 어려울 것이다. 측정 가능한 최대 규모는 지각과 상부 맨틀의 전단 강도에 의해 제한되며, 기기 기록이 시작된 이후로 표면파 규모 M_s가 9만큼 큰 지진은 관측되지 않았다. 그러나 이는 앞서 설명한 규모 포화 때문일 수도 있다. 일부 거대 지진에 대해 9 이상의 지진 모멘트 규모 M_w가 계산되었다(표 7.2). 기록된 역사상 가장 큰 지진은 $M_w = 9.5$인 1960년 칠레 지진이었다.

단층에서 지진이 발생하면 지퍼를 여는 것처럼 초기 파손 지점부터 파열 부위의 크기가 점점 커지게 된다. 길이 L을 따라 단층이 파열되고, 파괴된 부분의 내리막너비(down-dip dimension) w(단층 영역의 너비라고 함)가 있다면, 면적 S는 wL과 같다. 단층의 종횡비가 일정하다고 가정하면(즉, w는 L에 비례), 파열 영역 S는 L^2에 비례한다. 하지만 단층의 종횡비는 다를 수도 있으니 주의해야 한다. 이와 유사하게, 지진으로 인한 응력 감소가 일정하면 단층의 변위 D는 L에 비례한다고 가정할 수 있다. 이러한 가정은 지진 모멘트 M_0가 L^3으로 측정됨을 의미한다. 따라서 $S \propto L^2$라고 가정하면, 지진 모멘트는 $S^{3/2}$으로 측정된다. 이러한 추론은 지진 모멘트와 많은 천발 지진의 파열 영역 S 사이의 상관관계에 의해 뒷받침된다(그림 7.19).

파열 영역의 길이 L은 지진 발생 동안 지반 운동이 지속되는 시간을 결정한다. 이 요소는 중간 내지 강한 지진이 발생하는 동안 구조물의 손상 정도에 상당한 영향을 미친다. 대부분의 지진에서 파열의 전파 속도는 전단파 속도의 약 75~95%이

표 7.2 일부 중요한 역사지진(historical earthquake)에 대한 표면파 규모 M_s, 모멘트 규모 M_w와 예상 사망자 수

연도	진앙지	규모		사망자 수
		M_s	M_w	
1906	샌프란시스코, 캘리포니아	8.3	7.8	3000
1908	메시나, 이탈리아	7.2	-	70,000
1923	간토, 일본	8.2	7.9	143,000
1952	캄차카, 러시아	8.2	9.0	
1957	안드레아노프 제도, 알래스카	8.1	8.6	
1960	발디비아, 칠레	8.5	9.5	5700
1960	아가디르, 모로코	5.9	5.7	10,000
1964	프린스윌리엄사운드, 알래스카	8.6	9.2	125
1970	침보테, 페루	7.8	7.9	66,000
1975	하이청, 중국	7.4	7.0	300
1976	탕산, 중국	7.8	7.5	243,000
1980	엘아스남, 알제리	7.3	-	2590
1985	미초아칸, 멕시코	8.1	8.0	9500
1989	로마프리에타, 캘리포니아	7.1	6.9	63
1994	노스리지, 캘리포니아	6.8	6.7	60
1999	이즈미트, 튀르키예	-	7.6	17,100
2004	수마트라–안다만제도	-	9.1	250,000
2010	아이티	-	7.0	222,570
2011	도호쿠, 일본	-	9.1	20,000
2016	무이스네, 에콰도르	-	7.8	700

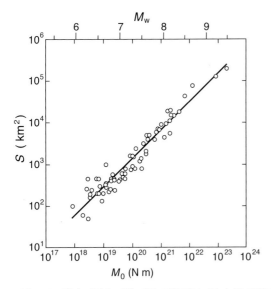

그림 7.19 일부 지진에 대한 지진 모멘트(M_0, N m) 및 모멘트 규모(M_w)와 파열된 면적(S, k m²)과의 상관관계. 출처 : H. Kanamori and E.E. Brodsky, The physics of earthquakes, *Reports on Progress in Physics*, 67, 1429–1496, 2004.

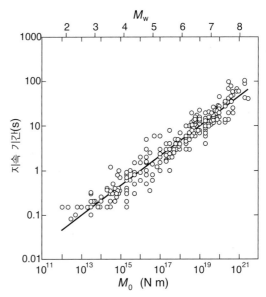

그림 7.20 천발지진의 근원 지속 시간(초)과 지진 모멘트 M_0(N m) 및 모멘트 규모 M_w의 상관관계. 출처 : H. Kanamori and E.E. Brodsky, The physics of earthquakes, *Reports on Progress in Physics*, 67, 1429–1496, 2004.

다. 파열이 약 2.5~3.0 km s⁻¹의 속도로 단층을 따라 확장된다고 가정하면, 지진으로 인해 지반 운동의 지속 시간은 주어진 규모 또는 지진 모멘트로 추정될 수 있다(그림 7.20). 예를 들

어 규모 5인 지진의 진앙지 근처에서는 진동이 수 초 동안 지속될 수 있는 반면, 규모 8 지진에서는 약 50초 동안 지속될 수

있다. 그러나 실제로는 이런 이상적인 상관관계를 벗어나는 경우가 많이 있다. 예를 들어 규모 9.0의 수마트라 지진에서는 파열이 약 500초 동안 지속되었다.

지진의 지진 모멘트 M_0는 실제로 많은 지진 관측소의 지진계 분석을 통해 결정된다. 각 지진 기록의 파형은 진앙 거리, 진원 깊이, 지진파 방사 패턴의 영향을 받는다(7.2.5절). 또한 지진 모멘트 M_0를 결정하는 요인인 파열된 부분의 면적, 방향 및 슬립양과 같은 송신원 변수의 영향을 받는다. 지진계 자료의 역산은 지진 송신원을 이해하는 데 도움이 된다. 단층면의 면적보다 훨씬 긴 파장에 해당하는 지진 기록(예 : $T > 40$초)의 장거리-장주기 성분의 경우, 진원을 점 송신원으로 간주할 수 있다. 진원에 대한 방사 모델과 전파에 대한 속도 모델을 가정하면, 각 관측소에 대해 합성 지진 기록(제6장 참조)을 계산하고, 이를 관측된 파형과 비교하는 것이 가능하다. 여러 지진계에서 파형에 가장 적합하도록 송신원 변수를 반복적으로 조정하면 모멘트 텐서를 수학적으로 추정할 수 있다. 텐서는 축의 길이가 지진의 모멘트와 일치하고, 축의 방향이 송신원에서의 인장(T) 축과 압축(P) 축의 방향에 해당하는 타원체로서, 기하학적으로 시각화할 수 있다. 모멘트 텐서로 모델링된 두 쌍의 전단력의 위치는 해당 지진에 대한 최적의 점 송신원 위치이며, 중심이라고도 한다. 지진의 중심 모멘트 텐서(Centroid Moment Tensor, CMT) 분석은 신속하게 이루어질 수 있어서, 몇 시간 내에 지진의 송신원 변수를 제공할 수 있다. 중심 위치는 지진의 진원(파열이 처음 발생한 장소)과 다를 수 있다. 전자(중심)는 전체 지진 파형 분석을 기반으로 하고, 후자(진원)는 최초 도착 시간으로만 분석한다. 예를 들어, 2004년 수마트라-안다만 지진의 중심은 진원지에서 서쪽으로 약 160 km 떨어진 곳에 위치했다.

7.2.6.3 규모와 진도의 관계

지진의 크기를 추정하기 위한 진도와 규모 척도는 독립적으로 정의되어 있지만 몇 가지 공통점이 있다. 진도는 관찰자의 위치에서 발생하는 국지적 피해의 정도를 기반으로 하는 지진 크기의 척도이다. 규모는 관측자의 지진계에 의해 기록된 신호에서 추론된 지반 운동의 진폭을 기반으로 하는데, 이러한 지반 운동(진폭, 속도 및 가속도와 같은)은 진도 분류의 기준이 되었던 국부적 피해를 생성하기 때문에 관련이 있다. 그러나 규모의 정의에서, 지반 운동 진폭은 진앙 거리에 대해 보정되어 진원 특성으로 변환된다. 지진 피해의 지역적 분포를 보여 주

는 등진도는 지진에서 경험한 최대 진도(I_{max})에 대한 정보를 제공한다. 지진은 인구와 거주지의 지리적 패턴에 영향을 받기는 하지만 최대 진도가 발생하는 곳은 일반적으로 진앙에 가깝다. 인구 밀도가 높은 지역에서 발생하는 중간 강도의 천발지진의 진원을 가지는 지진은, 황야 지역에서 발생하는 대규모 심발지진보다 피해가 더 커서 진도가 더 높을 수도 있다.[3] 그러나 진원 깊이 $h < 50$ km인 지진의 경우, 진원 깊이에 대한 I_{max}의 의존성을 고려할 수 있으며, 최대 진도와 규모 사이의 대략적인 관계를 경험적으로 찾을 수 있다(Karnik, 1969).

$$I_{max} \approx 1.5M_s - 1.8 \log_{10} h + 1.7 \qquad (7.9)$$

이러한 유형의 방정식은 지진으로 인해 발생할 수 있는 피해를 신속하게 추정하는 데 유용하다. 예를 들어 규모 5, 진원 깊이가 10 km인 천발지진의 진앙 지역에서는 최대 MSK 진도는 VII(중등도의 심각한 손상) 정도로, 진원 깊이가 100 km인 경우, 최대 진도 IV~V(경미한 손상) 정도일 것으로 예상할 수 있다.

7.2.7 지진에 의해 방출되는 에너지

지진 규모의 정의는 지진파의 진폭과 관련이 있다. 파동의 에너지가 진폭의 제곱에 비례한다는 점을 주목하면, 규모가 에너지의 로그함수와도 관련이 있다는 사실은 놀라운 일이 아니다. 이 관계에 대해 몇 가지 방정식이 제안되었다. 구텐베르크(1956)가 제안한 경험식은 에너지 방출 E와 표면파 규모 M_s를 다음과 같이 연관시킨다.

$$\log_{10} E = 4.8 + 1.5M_s \qquad (7.10)$$

여기서 E는 줄 단위이다. 식의 로그함수의 특성상, 규모가 증가함에 따라 에너지 방출이 매우 빠르게 증가한다. 예를 들어, 두 지진의 규모가 1만큼 다를 때 해당 에너지는 약 32($= 10^{1.5}$)배만큼 달라진다. 따라서 규모 7 지진은 규모 5 지진의 에너지의 약 1,000배[$= 10^{(1.5 \times 2)}$]를 방출한다. 이를 다른 관점에서 생각하면, 규모 7의 단일 대형 지진과 동일한 양의 에너지를 방출하려면 규모 5 지진은 1,000번이 필요하다는 것이다. 평균 연간 지진 발생 수에 각 규모별 에너지를 곱해 보면(에너지-규모 식의 하나) 매우 큰 지진의 중요성에 대한 강한 인상을 받게 될 것이다. 표 7.3은 $M_s \geq 7$의 지진이 연간 지진 에너지의 대부분

---

3 이는 표 7.2에서, 1960년 규모 5.7 아가디르 지진과 1964년 규모 9.2 알래스카 지진의 사망자 수를 비교하면 이해가 쉽다.

표 **7.3** 1990년에서 2017년 사이에 전 세계적으로 연간 평균 지진 횟수(1900년 이후 평균인 $M \geq 8$ 제외). 지진 에너지의 평균 연간 방출은 식 (7.10)의 에너지-규모 관계로 추정된다.

지진 규모	연간 발생 횟수	연평균 에너지 $(10^{15}$ J yr$^{-1})$
≥ 8.0	≈ 1	≈ 100
7~7.9	14	190
6~6.9	138	45
5~5.9	1508	14
4~4.9	$\approx 13,000$	4
3~3.9	$\approx 130,000$	1
2~2.9	$\approx 1,300,000$	0.4

자료 출처 : 미국 지질조사국 국립지진정보센터.

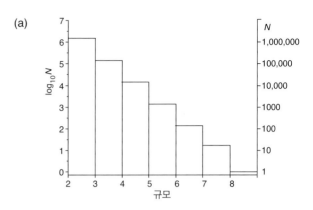

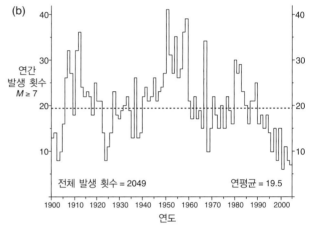

그림 **7.21** (a) 규모 M_s인 연간 지진의 발생 횟수(N)의 로그함수에 대한 히스토그램 및 (b) 1900년 이후 발생한 규모 $M_s \geq 7$인 지진 횟수의 로그함수의 히스토그램(미국 지질조사국 국립지진정보센터의 자료 기반).

을 차지함을 보여 준다. 초대형 지진($M_s \geq 8$)이 발생하는 해에는 해당 단일 지진을 통해 방출된 에너지가 연간 지진 에너지의 대부분을 차지한다.

규모라는 수치 하나만으로는 지진에서 방출되는 에너지의 양을 가늠하기가 다소 어렵다. 다음의 몇 가지 예는 지진과 관련된 에너지의 양을 설명하는 데 도움이 된다. 미소진동(microearthquake)이라고 부르는 $M_s = 1$의 지진은 너무 약해서 기기로만 기록할 수 있다. 예를 들어, 어떤 미소진동의 에너지는 130 km h^{-1}(80 mph)로 이동하는 1.5톤 무게의 중형 자동차의 운동 에너지와 같다. 폭발물이 방출하는 에너지는 열, 빛 그리고 충격파로의 에너지 변환 방식이 단층에 의한 지진과 다르기는 하지만, 비교하기에 좋은 다른 사례가 될 수 있다. 폭발성 트라이-나이트로-톨루엔(Tri-Nitro-Toluene, TNT) 1톤은 약 4.2×10^9의 에너지를 방출한다. 식 (7.10)은 히로시마를 파괴한 11 kt의 원자폭탄이 규모 5.9의 지진과 거의 같은 양의 에너지를 방출했음을 보여 준다. 1961년 소련이 시험한 가장 큰 열핵폭탄은 약 210×10^{15} J의 에너지 방출량을 가지며, 이는 규모 8.3의 지진과 거의 동일하다. 2004년 수마트라 지진(진도 9.0)은 475 Mt의 폭탄이 폭발하는 양의 에너지를 방출했다. 2017년 세계 에너지 소비량은 약 600×10^{12} J이었는데, 규모 6.7의 지진에서도 비슷한 양의 에너지가 방출된다.

7.2.8 지진의 주파수

매년 작은 지진이 많이 발생하는 반면, 큰 지진은 오직 몇 번만 발생한다. 1954년 구텐베르크와 리히터가 발간한 모음집에 따르면, 1918년에서 1945년 사이에 규모 4~4.9인 지진의 평균 연

간 발생 횟수는 약 6,000번인 반면, 규모 6~6.9인 지진은 연간 평균 약 100번 정도 발생했다. 특정 규모(N) 이상의 지진 횟수와 규모(M_s) 사이의 경험적 관계는 로그함수적이며 대략 다음과 같다.

$$\log_{10} N \approx a - bM_s \qquad (7.11)$$

a값은 지역마다 약 8과 9 사이에서 변하는 반면, b는 전 지구적으로 대략 1이다. 다양한 규모 범위에 대한 평균 연간 지진 발생 횟수는 표 7.3에 나와 있다. 발생 빈도는 식 (7.11)에 따라 규모가 증가함에 따라 감소한다(그림 7.21a). 1900년에서 2017년 사이에 규모 $M_s \geq 7$인 대규모 지진의 연간 횟수는 약 10에서 40까지 다양했지만, 장기적인 평균으로 보자면 연간 약 20번이다(그림 7.21b).

7.3 지진과 인간사회

지진은 인간사회와 밀접한 관계가 있기 때문에 지진을 연구하

는 것은 큰 의미가 있다. 지진은 항상 갑작스럽게 발생하기 때문에, 이러한 잠재적이고 파괴적인 사건을 예측하려는 수많은 시도가 있었다. 그러나 지금까지 지진 예측에 사용할 수 있는 실질적으로 유용한 방법이 개발되지는 않았으며, 건축 법규를 정하고 주민을 대비시키기 위해 지진 위험을 장기적으로 분석하는 방향으로 연구의 초점이 옮겨졌다. 지진은 지진 그 자체 외에도 화재, 산사태, 지진해일 또는 쓰나미를 비롯한 수많은 자연재해를 동반할 수 있다. 지진해일은 전파 속도가 상대적으로 느린 덕분에, 지진에 대한 분석을 통해 효율적인 조기 경보를 발령하여 피해를 줄일 수 있다.

전 세계 지진은 주로 자연적인 지구조적 사건에 의해 발생하지만, 일부 지진은 석유 및 가스 생산, 지하 지층으로의 폐수 주입, 탄화수소 및 지열 에너지 생산을 향상시키기 위해 저류층에 고압 유체를 주입하는 행위와 같은 인간의 산업 활동에 의해서도 유발될 수 있다. 또 다른 종류의 인공 지진 중 하나는 핵폭발과 관련이 있으며, 이는 먼 거리에서 기록된 지진 자료를 사용하여 감지하고 위치를 찾을 수 있다.

7.3.1 지진 예측, 예보, 조기 경보

지구물리학 분야에서 가장 어려운 문제 중 하나는 지진을 예측하는 것이다. 지진 예측(earthquake prediction)은 명시된 여러 가지 불확실성 내에서 미래의 지진 발생 시기, 위치 및 규모를 특성화하는 것으로 정의된다. 예측이 정확하려면, 이러한 불확실성이 순수한 무작위 확률보다 작아야 한다. 1970년대만 하더라도, 실질적으로 지진 예측에 유용한 방법이 머지않아 상용화될 것이라고 생각했다. 그러나 수많은 예측이 실패한 이후, 현재 사용 가능한 방법으로는 지진을 예측할 수 없다는 것으로 과학적 합의가 이루어졌다.

지진 예측은 수년 또는 수십 년 동안 일부 지역에서 발생한 지진의 빈도와 규모를 포함하여 지진 위험을 통계적 평가하는 지진 예보(earthquake forecasting)와는 분명히 다르다. 지진 예보는 건축, 보험료, 주민 인식 및 대비 프로그램에 대한 규정의 기반이 된다.

예측이나 예보와 달리 지진 조기 경보(earthquake early warning)는 지진이 이미 발생한 후 수 초 또는 수 분 이내에 발령된다. 지진파를 이용한 지진 위치와 규모의 신속한 추정을 바탕으로 한 조기 경보를 통해 원자력 발전을 중단하거나, 고속열차를 정지시키거나 주민들에게 대피경보를 발령할 수 있다. 이것은 인터넷과 같은 현대적 통신 시스템이 지진파보다

더 빠르게 경보를 하는 데 큰 도움을 주었기 때문에 가능했다.

7.3.1.1 지진 예측을 위한 시도

1975년 중국 하이청 지진은 성공적인 지진 예측의 사례로 자주 인용된다. 1975년 2월에 경미한 지진이 발생하기 시작했는데, 처음에는 점진적으로 빈도가 증가하다가 결국에는 극적으로 증가했으며, 이러한 지진 활동이 갑자기 불길하게 정지되었다. 이처럼 지진이 활발하게 발생하다가 불길하게 멈추었다는 것은 큰 지진이 임박했다는 것을 지시하는 하나의 전조 현상으로 인식되었다. 따라서 도시와 지역 사회를 파괴한 규모 7.4의 하이청 지진이 발생하기 몇 시간 전에 주민들은 집을 비우고 대피하라는 명령을 받았다. 진앙지가 하이청시와 가까웠지만, 주민 3,000,000명 중 사망자 수는 약 2,000명을 넘지 않았다. 나중에 하이청에서의 지진 예측과 관련된 정밀한 조사를 통해 이것이 지진을 예측할 수 있는 하나의 과학적인 방법이 아니라, 사람들이 자발적으로 집을 떠나게 만든 규모 4.7의 전진이 우연히 발생하여 주민들이 대피할 수 있었다고 여겨졌다.

파크필드 지진 예측 실험은 아마도 지금까지 가장 체계적이고 문서화가 잘 된 지진 예측 시도일 것이다. 파크필드를 지나가는 샌앤드레이어스 단층에서는 1857년, 1881년, 1901년, 1922년, 1934년 및 1966년과 같이 다소 규칙적인 간격(1934년 사건을 제외하면 22 ± 4년으로)으로 규모 6 정도의 지진이 발생한 것으로 관측되었다. 1988년에서 1993년 사이에 대규모 지진이 발생할 확률은 95%로 예측되었지만, 실제로 지진이 발생하지는 않았다. 그러나 결국, 2004년 9월 28일에 파크필드 근처에서 명백한 전조 현상 없이 규모 6의 지진이 발생했다.

하이청에서와 같은 전진 그리고 파크필드에서와 같은 규칙적인 지진 발생 양상은 더 큰 지진을 알릴 수 있는 많은 관측 중 오직 두 가지에 불과하다. 기타 동물들의 비정상적인 행동, 지구 구조의 작은 변화(예를 들어, P파와 S파 속도의 비율, α/β), 라돈가스(우라늄의 방사성 붕괴 생성물로 많은 지각 암석에 포함된 방사성 붕괴 생성물)의 방출 증가 및 전자기 이상과 같은 것들도 지진의 전조 현상에 포함될 수 있다.

이러한 전조 현상 중 많은 것들이 한때 유망한 것으로 생각되었지만, 그중 어느 것도 실제 대규모 지진을 진단하기 위한 방법으로 입증되지는 않았다. 많은 작은 지진 중 아주 작은 일부만이 큰 지진의 전진으로 간주될 수 있다. 또한 지구 구조는 유체 이동이나 화산 활동의 결과로 시간이 지남에 따라 변할 수 있다. 동물은 날씨에 따라 아프거나 영향을 받을 수 있다.

동물은 실제로 낮은 진폭의 P파를 감지하여, 종종 잘못 예측된 표면파의 조기 경보 역할을 할 수 있다.

현재의 관측이 지진을 명확하게 예측하는 데 실패한다면 (즉, 잘못된 경보 없이) 실제적인 유용성이 심각하게 감소한다. 지진이 잘못 예측된다면, 지진 오보로 인한 추가적인 사회적, 정치적, 경제적 차원의 손실이 발생한다. 이러한 지진 예측의 어려움은 다음의 시나리오로 설명된다. 지진학자들이 특정 도시의 지하에서 특정 연도의, 특정 달에 진도 7 이상의 지진이 발생할 것이라고 결론지었다고 가정해 보자. 더 정확한 세부 사항을 전달하는 것은 현재의 기술로는 불가능하다. 특히 발생 시간은 더 정확하게 추정될 수 없다. 이러한 종류의 예측이 발표되면 일부 주민들은 큰 충격과 심지어 공황 상태가 올 수도 있으며, 이는 때때로 지진 자체만큼이나 더 큰 재앙이 될 수도 있다. 이럴 경우 지진 경보를 보류해야 할까? 수백만 명의 주민이 있는 이 지역 전체가 대피한다면 경제적인 혼란과 피해는 막대할 것이다. 하루하루가 경제적으로 절망적인 상황에서 대피는 얼마나 지속되어야 할까? 분명하게 말하면, 지진 예측은 장소와 시간이 모두 정확할 때에만 실용적인 의미에서 유용하다. 또한 책임 당국은 최대 진도로부터 측정할 수 있는 예상 규모에 대한 합리적인 추정치를 제공해야 한다. 이제 문제는 과학자의 영역을 넘어 정치인의 영역으로 넘어간다. 그러나 지진 예측이 실패하면 그 책임은 확실하게 과학자들에게 넘어올 것이고 미래 예측의 신뢰도는 심각하게 저하될 것이다.

1970년대와 1980년대에 지진 예측 연구가 성황을 이룬 후, 위와 같은 이유로 한편에서는 실제로 유용한 대규모 지진 예측이 불가능하다는 것이 분명해졌다. 일부 과학자들은 10년 후의 파리 날씨를 미리 예측할 수 없는 것처럼 지진은 본질적으로 예측할 수 없다고 말한다. 지진 예측의 엄청난 어려움으로 인해 현대 연구의 초점은 예보와 조기 경보로 옮겨 가고 있다.

7.3.1.2 지진 예보와 확률론적 지진 위험 분석

지진 예보의 주요 목표는 공학자들에게 주어진 수준의 지진을 견딜 수 있는 구조물을 건설하는 데 필요한 정보를 제공하는 것이다. 이를 위해 미리 결정된 기간 내에 이러한 수준을 초과하는 지진이 발생할 장기적 확률을 정량화해 주는 것을 목표로 한다. 따라서 이러한 목적의 지진 예보 연구를 **확률론적 지진 위험 분석**(Probabilistic Seismic Hazard Analysis, PSHA)이라고 한다.

지진 예측과 달리 PSHA는 단 하나의 지진이 아닌, 다음 수십 년 동안 부지에 피해를 줄 수 있는 모든 가능한 지진(E_n)을 고려한다. 인덱스 $n = 1, 2, 3, \ldots$은 서로 다른 지진을 구별하기 위한 번호이다. 따라서 E_n은 부지 부근에서 지진 활동이 활발한 단층과 이러한 단층에서 발생할 수 있는 규모의 지진을 포함한다. 큰 지진을 일으킬 수 있는 단층이 많은 지진 활동 지역에서는 가능한 지진의 총횟수(최대 n)가 매우 많을 것이다.

공학자의 관심은 지진 자체가 아니라 현장에서 발생할 수 있는 지반 흔들림에 있다. 따라서 먼저 지반 흔들림이 정확히 무엇을 의미하는지 정의해야 한다. 가장 일반적으로 사용되는 지반 흔들림 측정치는 주어진 진동 주기에서 최대 지반 가속도(Peak Ground Acceleration, PGA)와 스펙트럼 가속도(Spectral Acceleration, SA)이며, 지구 표면의 중력 가속도($g = 9.81 \, \mathrm{m \, s^{-2}}$)로 정규화된다. 스펙트럼 가속도에서 고려되는 주기는 건물의 가장 긴 공진 주기에 따라 달라지며, 이 주기는 지반의 흔들림이 종종 피해를 최대로 발생시키는 기간이다. 일반적으로 건물의 가장 긴 공진 주기(초)는 층수를 10으로 나눈 값과 거의 같다. 예를 들어 100층 고층 건물의 공진 주기는 약 10초이므로, 10초 주기의 지진파에 가장 강하게 반응한다.

가능한 많은 지진 E_n 중 하나가 실제로 과거에 발생했고 그것이 현장에서 기록되었다면, 정확히 그 지진에 대하여 지반 흔들림이 미래에도 재발할 것으로 알려져 있다. 그러나 대부분의 현장에서 발생 가능한 지진은 이전에 발생하지 않았거나, 올바른 위치에 기록되지 않았다. 따라서 역사적으로 감쇠 관계 또는 지반 운동 예측 방정식이라고 불리는 지반 운동 모델(Ground Motion Model, GMM)이 최대 지반 가속도 또는 스펙트럼 가속도를 예측하는 데 필요하다. 경험적으로 지반 운동의 로그함수는 지진 E_n의 규모 M_n과 부지로부터의 거리 Δ_n의 로그함수와 거의 선형적으로 관련되어 있다(규모는 7.2.6.2절에 정의된 규모 중 하나일 수 있다.). 따라서 지반 흔들림이 PGA로 표시될 때, GMM 중 하나는 다음과 같이 표현될 수 있다.

$$\log(PGA_n) = f(M_n \Delta_n) = aM_n + b \log(\Delta_n + c) + d \quad (7.12)$$

함수 f를 결정하는 상수 a, b, c, d는 그림 7.22와 같이 실제로 관측된 지진을 이용하여 추정되어야 한다. 식 (7.12)는 실제로 GMM으로 사용될 수 있지만, 위의 식은 지반 운동이 단층과 부지 사이의 지구 구조의 세부 사항, 지질학적 특성 및 토양 특성, 지진 파열 과정을 포함하여 많은 다른 요인에도 의존한다는 점을 무시한다. 특히 더 큰 지진의 경우에는 더 복잡하

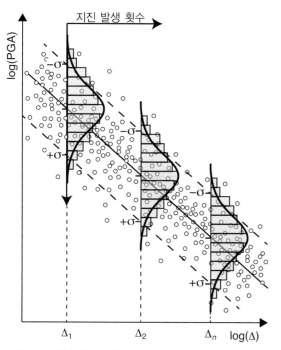

그림 7.22 지반 운동 모델(GMM)의 개략도. 고정된 규모에 대해 개별 지진(작은 원)에 대한 최대 지반 가속도(PGA)의 로그는 진앙 거리(Δ)의 로그에 거의 선형으로 의존하는 것으로 경험적으로 밝혀졌다. 예를 들어 Δ_1, Δ_2, . . . , Δ_n과 같이 가장 적합한 선(검정색 실선) 주변으로의 분포를 히스토그램 형태로 표시할 수 있다. 히스토그램은 가우스 곡선(식 7.13)으로 근사할 수 있으며, 이 곡선의 표준 편차는 점선으로 표시된다.

다. 결과적으로 실제 관찰된 $\log(\text{PGA}_n)$ 값은 그림 7.22의 히스토그램으로 표시되는 지반 운동의 **확률 분포**를 정의하는데, 식 (7.12)의 예측 값으로부터 산재되어 있다. 규모가 M_n이고 진앙 거리가 Δ_n인 주어진 지진 E_n에 대해 $\log(\text{PGA}_n)$으로서 예측된 지반 운동은 히스토그램의 정점 근처에 있을 가능성이 더 높고, 꼬리 부분의 어딘가에 있을 가능성은 적다는 의미이다.

그림 7.22에서와 같은 지반 운동의 히스토그램은 종종 가우스 분포로 근사화될 수 있다.

$$p_n = \frac{1}{\sigma\sqrt{2\pi}}\exp\left(-\left[\log\left(PGA_n - f(M_n, \Delta_n)\right)\right]^2/2\sigma^2\right) \quad (7.13)$$

표준 편차 σ는 실제 관측된 지반 운동이 식 (7.12)의 함수 f에 의해 제공되는 예측에 얼마나 가까운지를 의미한다. 큰 σ 값은 관측된 값들이 $f(M_n, \Delta_n)$ 주변에 넓게 퍼져 있다는 것을 나타내며, 그 반대의 경우도 마찬가지이다. 그림 7.22의 히스토그램 또는 확률 밀도는 공학적 구조물에 심각한 위험을 초래할 수 있는 임계 지반 운동 수준 $\log(\text{PGA}^{\text{crit}})$을 초과할 확률 P_n을 계산하는 첫 번째 수단을 제공한다. 사실 확률 P_n은 $\log(\text{PGA}_n) \geq \log(\text{PGA}^{\text{crit}})$인 모든 히스토그램 막대의 합과 같고, 이것은

$\log(\text{PGA}^{\text{crit}})$과 ∞ 사이의 가우스 분포 아래 면적에 해당한다.

가능한 모든 지진(E_n) 중 각각의 지진은 주어진 시간 간격, 예를 들어 1년 내에 실제로 발생할 확률을 갖는다. 문제를 단순하게 하기 위해 단층의 지진이 대략적인 주기로 반복된다고 가정하면, 이 확률은 연간 재발률 r_n에 해당한다. 자주 발생하는 소규모 지진의 경우에는 실제 관측치를 통해 r_n을 추정할 수 있으며, 더 큰 지진의 경우에는 구텐베르크-리히터 관계(식 7.11)로부터 정보를 얻을 수 있다. r_n을 알면 임계 지반 운동의 $\log(\text{PGA}^{\text{crit}})$을 초과하는 지진 E_n의 연간 확률은 다음과 같이 주어진다.

$$R_n = r_n P_n \quad (7.14)$$

이를 가능한 모든 지진을 합산하면, 최종적으로 1년 이내에 임계 지반 운동을 초과할 총확률 R_{tot}가 제공된다.

$$R_{\text{tot}} = \sum_n R_n \quad (7.15)$$

확률론적 지진 위험 분석의 개념은 두 가지 잠재적 지진 E_1과 E_2만이 발생한다고 단순화하여 쉽게 설명할 수 있다. $M_1 = 6$인 E_1은 5년마다($r_1 = 0.2$ year^{-1}), $M_2 = 7$인 E_2는 매 50년마다($r_2 = 0.02$ year^{-1}) 반복된다고 가정해 보자. 둘 다 관심 지역에서 10 km 거리에 있는 것으로 가정하자($\Delta_1 = \Delta_2 = 10$ km). 미국 서부에서의 지진 관측에 기반을 둔 GMM은 M_n 및 Δ_n을 해당 지역의 상대 PGA 자연로그와 연관시킨다(Cornell et al., 1979).

$$\ln(PGA_n) = 0.859M_n - 1.803\ln(\Delta_n + 25.0) - 0.152 \quad (7.16)$$

식 (7.16)은 식 (7.12)의 특수한 형태이다. 여기서 계수는 $a = 0.859$, $b = -1.803$, $c = 25.0$ 및 $d = -0.152$로 추정되었다. GMM은 지반 운동의 예측치를 완벽하게 제공하지 않으며, 실제 PGA 관측치는 식 (7.16)으로 추정된 값 주변에 산재되어 있을 것이다. 이렇게 산재된 분포는 식 (7.13)에서와 같이 PGA의 가우스 분포로 정의할 수 있다. 지진 E_1과 E_2에 대한 가우스 곡선은 그림 7.23에 도시되어 있다. 0.5g의 임계 PGA를 초과하는 개별 확률 $P_1 = 0.12$ 및 $P_2 = 0.63$은 가우스 분포 아래의 음영 영역의 면적과 같다. 식 (7.14)와 식 (7.15)를 사용하면, 총 연간 초과 확률 $R_{\text{tot}} = 0.036$이 계산된다.

현실적인 지진 위험 분석은 물론 훨씬 더 복잡하다. 현대적인 GMM은 지역적인 지질학적 특성이나 복잡한 단층에 대한 파열 전파의 상세한 특성을 설명할 수 있어서, 잠재적 지진의

그림 7.23 규모 6 지진(a) 및 규모 7 지진(b)의 g에 대한 상대적인 PGA를 이용한 ln(PGA)의 가우스 확률 분포. 정점 값은 미국 서부에 대한 식 (7.16)의 GMM에서 예측한 ln(PGA) 값이다. 예측 주변의 실제 관측값의 산포를 나타내는 표준 편차는 $\sigma = 0.570$이다. 곡선 아래의 음영 영역은 임계 PGA 0.5g[ln(0.5) ≈ −0.693]을 초과할 확률과 같다.

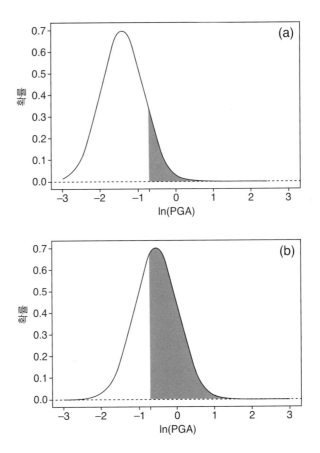

그림 7.24 2013년 유럽 지진 위험 지도는 50년 동안 10% 확률로 초과될 가능성이 있는 PGA를 표시한다. 예를 들어, 튀르키예 북부의 어두운 줄무늬는 규모 7 이상의 파괴적인 지진이 대략 10년마다 발생하는 북아나톨리아 단층(North Anatolian fault)을 가리킨다. (Laurentiu Danciu and Domenico Giardini 제공, Giardini et al., 2014의 연구를 기반으로 함.)

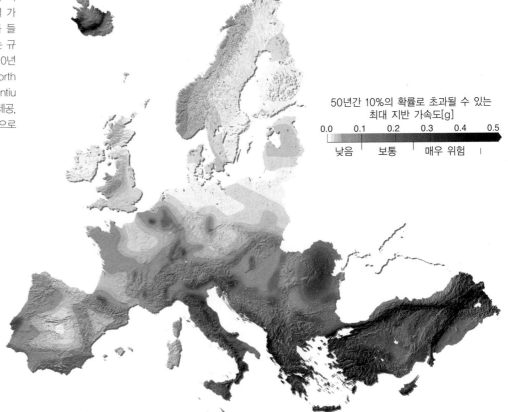

수는 크게 늘어난다. 그림 7.24에 표시된 2013년 유럽 지진 위험 지도(European Seismic Hazard Map, Giardini et al., 2014)는 총길이가 약 68,000 km인 1,200개 이상의 단층을 기반으로 하는데, 이 지도는 50년 이내에 10% 확률로 초과될 가능성이 있는 PGA를 표시한다.

현대적인 지진 위험 지도를 만드는 것은 매우 복잡한 절차를 거치지만 여전히 수많은 단순화와 가정에 의존한다. 예를 들어, 지진은 특히 판 경계에서 멀리 떨어져 있어 연속적인 변형률 축적이 없는 지역에서는 거의 주기적으로 반복되지 않을 수 있다. 또한 GMM의 매개변수화(예 : 식 7.12와 식 7.16)는 대체로 주관적이다. 따라서 다른 많은 경험적 방정식이 제안되었으며 거의 관찰되지 않은 규모와 거리를 가지는 지진에 대해서는 다른 결과를 제공할 수도 있다.

불행히도 상대적으로 지진 위험이 낮다고 해서 대규모 지진 지반 운동이 완전히 불가능하다는 것을 의미하는 것은 아니다. 지진 위험은 확률론적 관점에서 정량화된 것이기 때문에 매우 드물게 발생하는 지진이라도 실제로 발생할 가능성은 여전히 아주 약간이라도 있다. 대표적인 최근의 예는 2011년 3월 11일 일본을 강타한 규모 9.1의 도호쿠 지진인데, 진앙은 상대적으로 지진 위험이 낮은 지역에 있었다.

높은 지진 위험은 큰 지반 운동의 가능성을 나타내지만, 이 것이 곧 큰 파괴를 의미하지는 않는다. 실제로 건물과 기반 시설의 손상은 건축물의 품질에 크게 좌우된다. 이 책의 범위를 벗어나지만, 지진 피해와 관련된 사회경제적 영향에 대한 연구를 지진 위험 분석이라고 한다.

7.3.1.3 지진 조기 경보

조기 경보는 예측 및 예보와 달리 지진이 발생한 직후 또는 단층이 아직 파열되고 있는 상태에서도 유효하다. 조기 경보의 목표는 사람, 건물 및 기반 시설을 보호하기 위한 단기 조치를 할 수 있는 시간을 확보하는 것이다. 이러한 조치에는 교량 및 터널 폐쇄, 원자력 발전소 중단, 고속 열차의 정지, 건물 대피 등이 포함될 수 있다.

기술적으로 연관되어 있지만, 조기 경보의 기본 개념은 간단하다. 조기 경보는 주로 진앙 근처에서 빠르게 이동하는 실체파(P파)를 감지하고 지진의 위치 및 규모에 대해 신속하게 추정하는 것에 의존한다. 이러한 추정치를 바탕으로 느리고 진폭이 큰 표면파가 도래하기 전에 경보가 발령될 수 있다. 오늘날 조기 경보 시스템은 일본, 대만, 캘리포니아, 브리티시컬럼비아와 같이 지진 위험이 특히 높은 지역에서 잘 작동하고 있다.

탄성 표면파의 전파 속도는 약 2~4 km s^{-1}이므로 표면파가 도달하기까지의 시간은 수 초 또는 수십 초 정도에 불과하다. 약 0.2 km s^{-1}의 속도로만 이동하는 지진해일의 경우(7.3.2절), 경보 이후에 주어진 시간이 훨씬 길어져 잠재적으로 사람들이 더 높은 곳에 도달하여 인명 피해를 줄일 수 있다.

7.3.2 지진의 2차 피해 : 산사태, 지진해일, 화재, 인명 피해

지진에는 지반 흔들림 외에도 종종 산사태, 지진해일, 화재 등과 같은 2차 효과가 동반된다. 이러한 부수적인 재해는 그 피해를 쉽게 일반화하거나 정량화할 수 없기 때문에 지진 진도의 정의에 쉽게 포함될 수 없다. 예를 들어, 대규모 화재가 발생하면 지진의 크기와 직접적인 관련이 없는 다른 요인(예 : 잎의 건조함, 건축 자재의 가연성, 소방 장비의 가용성 및 효율성)이 화재 진압 방법을 결정한다.

산악 지역의 대규모 지진과 관련된 주요 위험은 진앙에서 멀리 떨어진 곳에서도 파괴를 일으킬 수 있는 대규모 산사태가 활성화되는 것이다. 1970년 페루에서 규모 7.8인 얕은 진원 깊이 40 km에서 지진이 발생하여, 광범위한 피해와 약 66,000명의 사망자가 발생했다. 약 15 km 떨어진 융가이 마을 위의 코르디예라블랑카산맥 높은 곳에서도 미진으로 인해 거대한 암석과 얼음이 미끄러져 나왔다. 후에 지질학자들은 암석과 진흙 덩어리 아래에 일종의 '에어 쿠션'이 갇혀 있어 300~400 km h^{-1}의 추정 속도를 얻을 수 있었고, 5분 이내에 융가이에 도달했다고 추측했다. 마을의 90% 이상이 진흙과 암석 아래 14 m 깊이에 묻혀 20,000명의 목숨을 앗아 갔다.

바다 밑에서 큰 지진이 발생하면 일본어로 '항구 파도(harbor wave)'를 의미하는 쓰나미로 알려진 지진해일이 발생할 수 있다. 이 특별한 유형의 해파(글상자 7.1)는 수중 산사태 또는 해저 화산 활동에 의한 해저 일부의 대규모 붕괴 또는 융기에 의해 유발될 수 있는 해수면의 장파장 교란 현상이다. 2004년 12월 26일에 발생한 규모 9.0의 수마트라-안다만 지진은 길이 1,200 km, 너비 150 km 이상의 파열대를 가지고 있었으며, 단층의 변위는 20 m였다(Lay et al., 2005). 이로 인해 해저가 수 미터 융기되었을 것이고, 인도양에 재앙적인 지진해일이 발생했다.

지진해일은 주기 T가 약 15~30분인 파도로 해양 분지를 통하여 전파된다. 수층 전체가 지진해일의 움직임에 참여하는데, 결과적으로 파동의 속도 V는 수심 d와 중력 가속도 g에 따라 달라지며 다음과 같이 주어진다.

$$V = \sqrt{gd} \qquad (7.17)$$

수심이 4 km 이상인 해양 분지에서 지진해일의 속도는 200 m s^{-1} 이상이고, 파장($V \times T$)은 200 km로 측정될 수 있다(글상자 7.1). 대양에서의 지진해일의 진폭은 비교적 작다. 수마트라 지진해일은 넓은 인도양에서는 마루에서 골까지 약 80~100 cm로 측정되었는데, 이는 파도의 빠른 속도에도 불구하고 배 위의 관찰자가 그러한 낮은 진폭의 장파장 교란의 통과를 거의 인식하지 못할 정도이다. 그러나 수심이 얕아지면 지진해일의 선두 부분은 느려지고 뒤따르는 물 질량에 의해 압도되는 경향이 있어 파도의 높이가 높아지게 된다. 이때, 파도는 해저와 해안선의 모양에 따라 수 미터까지 증폭될 수 있다.

1896년 큰 지진으로 일본 남부 해안의 해저가 솟아올랐고, 지진해일이 발생하여 약 20 m 이상의 파고로 해안을 덮쳐 26,000명이 사망했다. 가장 잘 연구된 지진해일 중 하나는 1946년 알류샨 열도에서 발생한 대지진에 의해 형성되었다. 이 지진해일은 태평양을 가로질러 이동하여 몇 시간 후 하와이 힐로에 도달하여 7 m 높이의 파도로 해안과 강 하구를 휩쓸었다. 2004년 수마트라 지진은 기록상 최악의 지진해일을 촉발시켰으며 인도네시아, 태국, 스리랑카 및 인도양과 접한 기타 국가에서 소말리아까지 250,000명 이상이 사망했을 것이다. 2011년 3월 11일, 규모 9.1의 도호쿠 지진으로 최대 높이 40 m의 지진해일이 발생했으며, 일부 지역에서는 내륙으로 10 km까지 휩쓸린 것으로 보고되었다. 지진해일로 인해 후쿠시마 원전 3기의 원자로가 멜트다운(meltdown)[4]되었다.

지진해일을 일으킬 수 있는 대규모 지진이 감지되면, 위험 임박 지역에 위협을 알리는 경보가 발령될 수 있다. 이러한 조기 경보 시스템은 진원으로부터 거리가 멀어서 경보 시간이 충분히 긴 곳에서 잘 작동한다. 1960년 칠레 지진과 1964년 알래스카 지진에 대한 지진해일의 전파 기록에서 알 수 있듯이 지진해일이 먼 거리에 도달하는 데 몇 시간이 걸릴 수도 있다(그림 7.25). 이것은 진앙지에서 멀리 떨어진 많은 장소에서 주민들에게 경고하고 대피시킬 충분한 시간을 허용한다. 그러나 지진해일로 인한 인명 피해는 지진의 진원지 근처에서도 여전히 발생할 수 있다.

지진은 인공 구조물에 직접적인 피해를 줄 뿐만 아니라 도심지 지하의 공급선로(예 : 전화, 전기 및 가스 파이프라인)를 방해하여 폭발 및 화재의 위험을 증가시킬 수 있다. 또한 수로와 지하수 파이프라인이 파손되어 화재진압에 심각한 악영향을 초래할 수도 있다. 1906년 샌프란시스코 지진은 매우 강력했다. 초기 충격은 급수관을 중단시키는 등 광범위한 피해를 일으켰다. 지진 뒤에 큰 화재가 동반되었지만, 지진에 의해 상수도관이 끊어져 화재를 진압할 수 없었다. 샌프란시스코에서 가장 큰 피해는 이 화재로 인해 발생했다.

7.3.3 유발지진

1962년 3월, 미 육군은 로키 마운틴 아스널에서 화학무기 제조 시 발생한 액체 독성 폐수를 콜로라도주 덴버 근처의 3 km보다 깊은 저류층에 주입하여 처리하기 시작했다. 이 지역은 지난 80년 동안 지진 활동이 거의 없었지만 주입이 시작된 지 몇 주 후에 갑자기 지진이 발생하기 시작했다. 폐수 주입이 중단된 1965년까지 1,000회 이상의 지진이 기록되었다. 대부분의 지진은 매우 작았지만, 일부는 4.8만큼 큰 규모를 기록하였다. 1967년까지의 유발지진은 주입 지점에서 10 km 떨어진 곳까지 이동했다. 1966년 2월에 주입이 종료되었지만, 높은 수준의 지진 활동도가 약 20년 동안 유지되었고 1981년 4월에도 규모 4.3의 지진이 발생했다.

깊은 암석층에 액체를 주입할 때뿐만 아니라, 지표 및 지하 채광, 저류층에서의 유가스 생산에 의해서도 유발될 수 있다는 사실이 오랫동안 알려져 왔다. 전 지구적인 지진 발생은 판의 경계를 따라 집중되어 있지만(그림 7.5), 비교적 낮은 변형률에도 불구하고 대륙 내부에서도 지진 가능성이 상당히 존재한다. 주된 이유는 지각판 내의 전단 응력 수준이 일반적으로 지각 암석의 실제 강도에 매우 가까운 것으로 발견되기 때문이다. 따라서 국소적인 응력장의 작은 변동이라도 심각한 지진을 일으킬 수 있다.

인간 활동과 관련된 지진의 피해는 그 수가 급격히 증가함에 따라 최근 몇 년 동안 상당한 주목을 받았다. 예를 들어, 2010년에서 2013년 사이 3년 동안 미국 중서부에서는 규모 3 이상의 지진이 300회 이상 발생했다. 그 이전과 비교를 하면, 1967년에서 2000년 사이에 연간 M > 3의 지진의 평균 횟수는 약 20회 정도로 연간 지진 발생 횟수가 약 5배 정도 증가한 것이다.

유발지진은 매우 다양한 원인에 의한 현상이기 때문에 유발

---

4   원자로의 냉각 장치가 정지되어 내부의 열이 상승하여 연료인 우라늄을 용해함으로써 원자로의 노심부가 녹아 버리는 일을 의미한다.

글상자 7.1 지진해일(쓰나미)

해저 지진이나 산사태로 해저가 갑자기 융기하거나 침강하게 되면, 물기둥 전체가 위아래로 밀리게 된다. 밀려난 물의 퍼텐셜 에너지는 95% 이상이 중력이고 5% 미만은 해저 또는 물기둥의 압축으로 유발되는 탄성 에너지로 인한 것이다. 수직 운동의 퍼텐셜 에너지는 운동 에너지로 변환되고, 지진해일의 형태로 송신원으로부터 멀리 전파된다. 해파(ocean wave)가 전파하는 과정은 여기에서 처리할 수 없는 복잡한 비선형 문제이지만, 특수한 지진해일의 경우에는 근사된 해를 유도하는 것이 유용할 수 있다.

주기가 50초 미만인 해파는 해양의 상부 수 킬로미터 깊이에 국한되어 전파되기 때문에 해저의 운동에 의해서 발생하기는 어렵다. 해파가 전파하는 것은 일반적으로 분산적이다. 즉, 파랑의 속도는 파장과 주기에 따라 다르다. 그림 B7.1.1은 서로 다른 수심과 서로 다른 주기를 가정하여 계산된 파동 속도를 보여 준다. 주기가 약 300초(5분)보다 짧은 파는 분산파이다. 이보다 주기가 긴 파는 해양의 수심보다 훨씬 긴 파장을 갖는다.

주기 T(각속도 $\omega = 2\pi/T$)와 파장 λ(파수 $k = 2\pi/\lambda$)를 가지는 파동의 경우 수심이 d인 바다에서의 분산은 다음 관계식에 의해 결정된다.

$$\omega^2 = gk\tanh(kd) \qquad (1)$$

여기서 g는 중력 가속도이고 $\tanh(x)$는 x의 쌍곡선 탄젠트 함수이다.

$$\tanh(x) = \frac{e^x - e^{-x}}{e^x + e^{-x}} = \begin{cases} x & (x\text{가 작을 때}) \\ 1 & (x\text{가 클 때}) \end{cases} \qquad (2)$$

파장 λ가 해양 깊이보다 훨씬 더 큰 경우, 식 (1)에서 $\tanh(kd)$는 (kd)로 근사될 수 있고, 분산 방정식은 다음과 같이 바뀌게 된다.

$$\omega^2 = gk(kd) = k^2gd$$
$$\omega = k\sqrt{gd} \qquad (3)$$

표면파와 유사하게 지진해일 또한 서로 다른 주기의 파동 묶음이 바다를 가로질러 전파한다. 파동의 위상 속도(phase velocity, c)는 파동 묶음 내의 개별 위상의 속도이다. 식 (3)과 식 (6.24)를 사용하면, 지진해일에 대한 위상 속도는 다음

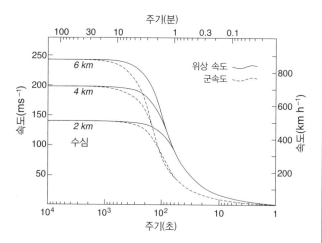

그림 B7.1.1 수심과 주기에 따른 지진해일의 위상 속도와 군속도. 자료 출처 : S.N. Ward, personal communication, 2006.

과 같이 주어진다.

$$c = \frac{\omega}{k} = \sqrt{gd} \qquad (4)$$

군속도(group velocity, U)는 파동 묶음의 포락선의 전파 속도이므로 지진해일의 에너지가 이동하는 속도이다. 식 (3)과 식 (6.44)를 사용하면, 지진해일에 대한 군속도는 다음과 같이 주어진다.

$$U = \frac{\partial \omega}{\partial k} = \sqrt{gd} \qquad (5)$$

파장보다 수심이 훨씬 얕을 경우, 위상 및 군속도는 동일하고 지진해일의 전파과정은 분산적이지 않다. 이러한 관계는 수심의 약 11배 이상 큰 파장을 가지는 지진해일에 유효하다. 4 km 깊이의 해양 분지에서 전파 속도는 200 m s^{-1}(720 km h^{-1})이고 주기가 1,000~2,000초(약 15~30분)인 파의 파장은 200~400 km이다. 지진해일이 해안에 접근하고 수심이 줄어들면 속도가 느려진다. 전진하는 파랑은 느려지면서 운동 에너지를 잃으며, 그중 일부는 해저와의 마찰로 손실되고, 일부는 퍼텐셜 에너지로 변환된다. 이로 인해 대양에서는 수십 센티미터 수준이었던 파랑의 파고가 육지에 가까워지면 수 미터까지 증가할 것이 분명하다. 만조에 해수면이 급격히 상승하면서 발생하는 파랑은 해안에서 부서지지만, 지진해일은 더 먼 내륙까지 휩쓸고, 같은 방식으로 다시 물러나는 격렬한 해류를 동반한다.

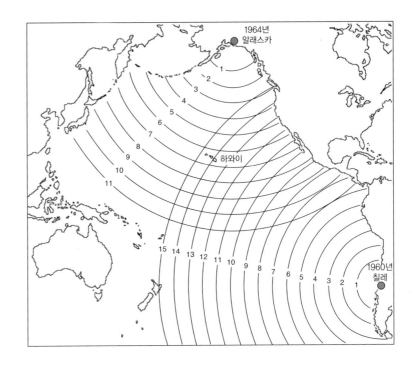

지진과 관련된 지진 위험을 관리하는 것은 매우 어려운 작업이다. 유발지진은 응력장 변동에 의해 진원 근처 또는 수 킬로미터 떨어진 깊은 곳에서도 발생할 수 있다. 진원에서 멀리 떨어진 지역에서도 이전에 알려지지 않은 기존 단층의 재활성화를 통한 응력 방출로 유발지진이 발생할 수 있다. 유발지진은 산업 활동이 시작된 직후에도 발생하지만, 진행 중이거나 중단된 후에도 오랫동안 발생할 수 있다.

지하 지층으로 유체를 주입하는 행위는 유발지진의 다양한 원인 중 특히 주요한 원인으로 알려져 있다. 유체는 구어체로 **프랙킹**(fracking)으로 알려진, 수압 파쇄법을 위해 지하에 고압으로 주입될 수 있다. 고압 유체는 암석 내에 균열을 생성하여 암석의 투과도를 증가시킨다. 그 결과 생산이 어느 정도 마무리되어 생산성이 떨어지는 지층에서 유가스를 추가로 회수하거나, 뜨거운 유체가 더 잘 순환되어 지열 에너지 생산을 향상시킬 수 있다. 수압 파쇄 여부에 상관없이 유가스 생산은 일반적으로 다량의 폐수, 즉 관개, 식수 또는 기타 유용한 목적에 사용할 수 없는 염도가 높거나 독성이 있는 물을 생성한다. 환경오염을 피하기 위해 이러한 폐수는 종종 깊은 지하에 있는 지층으로 다시 주입되는데, 이때 주입된 폐수는 사전에 파악하지 못했던 경로를 따라 이동할 수도 있다. 2011년 11월 6일 중부 오클라호마에서 발생한 규모 5.7의 지진은 가장 큰 유도 지진 중 하나로 간주된다. 이 지진은 고갈된 저류층에 폐수를 주입했던 인간의 행위와 가장 큰 관련이 있었다.

탄화수소 생산과 관련된 유발지진은 네덜란드 북동부에 위치한 흐로닝언(Groningen) 가스전의 경우를 예로 들 수 있다. 이 지역은 1963년에서 2012년 사이에 약 2조 1천억 m^3의 가스가 생산된 서유럽 최대의 가스전이다(이 부피는 한 변의 길이가 13 km인 정육면체에 해당한다). 이 지역은 판구조론적으로 안정적이라 가스 생산 이전에는 지진 기록이 없었다. 1991년, 즉 가스 추출이 시작된 지 28년 만에 첫 유발지진이 발생했으며 2012년에는 규모 3.6으로 가장 큰 지진이 관측되었다. 규모는 상대적으로 작았지만, 진원의 깊이(3 km)가 얕았고 이 지역의 매우 부드러운 토양으로 인해 진도 VI(가옥 및 기반 시설에 약간의 손상, 표 7.1 참조) 정도의 지진이 발생했다. 흐로닝언 가스전의 유발지진은 많은 양의 가스 생산으로 인한 저류층의 압축과 밀접한 관련이 있다. 저류층의 압축은 응력장 변동으로 이어지며, 탄성파 탐사 자료의 해석 영상을 통해 이 지역에서 확인된 1,800개 이상의 단층 중 일부에서 지진을 유발할 수 있다. 압축은 또한 침강으로 이어졌는데 저류층의 일부 지역에서는 침강에 의한 수직 변위가 최대 30 cm에 달했다.

산업 활동과 관련된 장기적인 지진 위험은 예를 들어 폐수 주입률을 낮추면서 어느 정도 통제할 수 있지만, 현재로서는 장기간 관련 활동이 중단되더라도 대규모 인공 지진이 발생하는 것을 완전히 피할 수는 없을 것 같다.

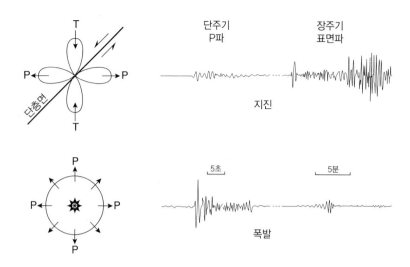

그림 7.26 지진 및 핵폭발에 의한 P파 방사 패턴과 장주기 및 단주기 표면파의 상대적인 진폭 비교. 출처 : P.G. Richards, Seismic monitoring of nuclear explosions, in: *The Encyclopedia of Solid Earth Geophysics*, D.E. James, ed., pp. 1071–1089, New York: Van Nostrand Reinhold, 1989.

7.3.4 핵폭발 실험 모니터링

수중이나 대기 중에서 핵폭발 실험을 하게 되면 위험한 방사성 낙진이 발생할 수 있기 때문에, 1963년 이후로 대부분의 핵폭발 실험은 주로 지하에서 수행되고 있다. 이러한 핵실험 활동의 탐지 및 모니터링은 지진학자에게 중요한 작업이 되었다. 1974년 구소련과 미국 사이에 체결된 양자 임곗값 테스트 금지조약(bilateral Threshold Test Ban Treaty)은 대략 규모 6의 지진에 해당하는 150 kt의 TNT에 상응하는 양 이상을 생산하는 핵 장치의 지하 실험을 금지했다.

1996년 9월 10일 유엔 총회에서 포괄적 핵실험 금지조약(Comprehensive Nuclear-Test-Ban Treaty, CTBT)이 채택되었다. CTBT는 군사적 또는 민간 목적을 위한 모든 핵폭발을 금지한다. 소수의 국가가 조약에 서명하지 않거나 비준하지 않았기 때문에 공식적으로는 아직 효력이 없다. 그럼에도 불구하고 CTBT 준수 여부를 모니터링하는 시스템은 이미 마련되어 있다. 지진학 외에도, 대기의 음파 및 방사성 핵종의 측정을 기반으로 모니터링할 수 있다. 엄청난 수의 소규모 지진과 구별하여, 수천 킬로미터 떨어진 곳에서 발생한 핵폭발 실험을 지진학적으로 탐지하는 것은 지진학자들에게는 엄청난 도전이 되고 있다.

지하 핵실험을 모니터링하는 데 필요한 높은 탐지 성능을 달성하기 위해 여러 가지 배열식 지진계가 설치되었다. 배열식 지진계는 출력 신호를 중앙 자료 처리 센터에 공급하는 1 km 이하의 간격을 가진 여러 개별 지진계로 구성된다. 개별 지진계의 신호를 필터링하고, 시간 지연을 보정해 준 뒤 합산함으로써 일관성 없는 잡음이 감소되고, 일관성 있는 신호가 증폭되므로 단일 지진계에 비해 신호 대 잡음비가 크게 향상될 수

있다. 국소 지진파는 거의 수평적인 경로로 배열에 도달하여 연속적으로 개별 지진계를 서로 다른 시간에 진동시키는 반면, 매우 먼 송신원으로부터의 온 원거리 지진파는 가파른 경사 경로를 따라서 배열의 모든 지진계에 거의 동시에 도달한다. 따라서 배열식 지진계의 개발을 통해 멀리 떨어진 약한 지진의 분석이 가능해졌다. 또한 지진 관측의 정밀도가 향상되면서 지진학 자체의 여러 발전으로 이루어졌다. 지구의 깊은 구조(예 : 내핵)의 특징을 조사할 수 있었고, 지진 위치가 더 정확해졌으며, 진원기구해 분석 과정에서도 필요한 추진력을 얻게 되었다. 지하 핵폭발이 소규모 지진과 구분되는 특징을 정확하게 식별하기 위해서는 이러한 개선이 필수적이었다.

지진은 단층면의 서로 반대쪽에 있는 상반과 하반의 갑작스러운 움직임의 결과 방출된다. P파 진폭의 방사 패턴은 압축과 팽창이 번갈아 나타나는 4개의 돌출부를 가지고 있다(그림 7.26). 지구 표면에서 기록된 초기 진동은 진원기구해의 기하학적 특징에 따라 송신원에서 멀어지거나 잡아당긴다. 대조적으로, 지하 폭발은 송신원 주변에 외부 압력을 유발하기 때문에 지표면에서의 초기 진동은 모두 송신원으로부터 멀어진다. 따라서 진원기구해 분석은 기록된 지진 사건의 특성에 대한 중요한 단서를 제공한다. 더욱이, 폭발은 주로 P파를 생성하는 반면 자연 지진은 표면파를 생성하는 데 훨씬 더 효율적이다. 결과적으로, 단주기 P파의 진폭에 비해 장주기 표면파의 상대적인 진폭이 크다면 핵실험에 의한 폭발보다는 자연 지진일 가능성이 더 크다(그림 7.26).

진앙 위치와 진원 깊이는 또 다른 식별 기준이 될 수 있다. 판 내부 지진은 활성판 경계부에서 발생하는 지진보다 훨씬 덜 흔하므로, 판 내부에서 발생한 지진은 폭발로 의심될 수 있다.

하지만 이렇게 의심스러운 지진의 진원 깊이가 약 15 km 이상으로 결정되었다면, 해당 사건은 사실상 폭발이 아닌 것으로 간주될 수 있다. 그 이유는 그러한 깊이의 고온에서 작업을 하는 것은 기술적으로 매우 어려워서 인류의 현재 기술로 이보다 더 깊은 곳까지 시추된 적이 없기 때문이다.

7.4 지구의 내부 구조

7.4.1 서론

지구에 녹아 있는 외핵이 있다는 것은 잘 알려져 있다. 지구의 내부 구조는 지금은 이렇게 일반적인 지식이지만 초기에는 느리게 발전하였다. 화산의 존재를 설명하기 위해 19세기 일부 과학자들은 지구가 녹은 내부를 둘러싸고 있는 단단한 외부 지각으로 구성되어야 한다고 가정했다. 지난 세기에는 지구의 평균 밀도가 물의 약 5.5배라는 사실도 알려져 있었다. 이것은 알려진 표면 암석의 밀도(약 2.5~3)보다 훨씬 크다. 이러한 정보로부터, 중력의 영향으로 밀도가 지구 중심으로 갈수록 증가할 것이라는 사실이 추론되었다. 지구 중심의 밀도는 7,000 kg m^{-3} 이상, 아마도 10,000~12,000 kg m^{-3} 범위로 비교적 높을 것으로 추정되었다. 일부 운석은 암석과 같은 구성을 가지고 있는 반면, 다른 운석은 주로 철로 구성되어 있어 훨씬 더 밀도가 높은 것으로 알려져 있다. 1897년 독일 지진학자 비헤르트는 지구의 내부가 암석으로 된 외부 덮개로 덮인 조밀한 금속 핵으로 구성될 수 있다고 제안했다. 그는 이 망토를 '만텔(Mantel)'이라고 불렀고, 이는 나중에 영어로 맨틀(mantle)이 되었다.

밀도, 압력 및 탄성과 같은 지구 내부에 대한 현대적 이해의 열쇠는 밀른 지진계의 발명에 의해 주어졌다. 이 장비가 전 세계적으로 체계적으로 사용되고 점진적으로 개선되면서, 현대의 지진학이 급속히 발전했다. 중요한 결과들은 20세기 초에 얻어졌다. 지구의 유체핵은 1906년 올덤에 의해 지진학적으로 처음 발견되었다. 그는 100° 미만의 진앙 거리에서 관찰된 P파의 주시를 더 먼 거리로 외삽하면, 예상 주시가 관측된 것보다 짧다는 것을 관찰했다. 이것은 큰 진앙 거리에 도달하는 P파가 지구를 통과할 때 지연된다는 것을 의미한다. 올덤은 이것으로부터 P파 속도가 감소된 중심핵의 존재를 추론하였다. 그는 P파가 도달할 수 없는 진앙 거리의 영역인 '암영대(shadow zone)'가 있을 것이라고 예측했다. 이 무렵 P파와 S파는 둘 다 맨틀을 통과하지만, S파는 진앙 거리 105°를 넘어서는 도달하지 못한다는 것이 발견되었다. 1914년 구텐베르크는 105°에서

143° 사이의 진앙 거리 범위에서 P파에 대한 암영대의 존재를 확인했다. 구텐베르크는 또한 약 2,900 km에서 아주 높은 정확도로 핵-맨틀 경계의 깊이를 찾아냈다. 핵 반경의 현대 추정치는 3,485 ± 3 km이며, 맨틀의 두께는 2,885 km이다. 구텐베르크는 또한 P파와 S파가 핵-맨틀 경계에서 반사될 것이라고 예측했다. 오늘날 PcP 및 ScS파로 알려진 이 파동은 오랜 시간이 지난 후에야 발견되었다. 구텐베르크를 기리기 위해 핵-맨틀 경계는 때때로 구텐베르크 지진 불연속면(Gutenberg seismic discontinuity)이라고 한다.

1909년 크로아티아 지진으로 발생한 P파를 연구하는 과정에서, 모호로비치치는 진앙에 가까운 거리에서는 P파가 단 한 번만 도달하는 것을 발견했다(P_g 위상[5]). 진앙 거리로 약 200 km를 넘어서면 두 가지 P파가 도달했다. P_g 위상은 분명하게도 더 빠른 속도로 이동한 또 다른 P파(P_n 위상[6])에 의해 추월되었다. 모호로비치치는 P_g를 지진의 직접적인 파동으로, P_n을 상부 맨틀에서 부분적으로 이동한 굴절된 파동(선두파와 동일)으로 구분했다. 모호로비치치는 P_g의 경우 5.6 km s^{-1}, P_n의 경우 7.9 km s^{-1}의 속도를 가지는 것으로 계산했으며 약 54 km 깊이에서 급격한 속도 증가가 발생했다고 추정했다. 이 지진의 불연속성은 이제 모호로비치치 불연속면(Mohorovičić discontinuity) 또는 줄여서 모호면(Moho)이라고 불리며, 지각과 맨틀 사이의 경계를 나타낸다. 지각 두께는 매우 다양하다. 평균 두께는 약 33 km이지만 바다 밑에서는 5 km, 일부 산맥에서는 60~80 km까지 측정된다.

표면에서 관측된 반사파와 같이 지진 자료로부터 추론된 모호면의 깊이는 일반적으로 지진학적 모호면(seismological Moho)이라고 하는데 이는 암석의 종류가 변하는 실제 깊이인 암석학적 모호면(Petrological Moho)의 추정치를 나타낸다.

이제 지각은 균질하지 않고 수직으로 층을 이루는 구조를 가지고 있는 것이 널리 알려져 있다. 1925년 콘래드(Victor Conrad, 1879~1962)는 1923년 타우에른(알프스 동쪽) 지진에 의해 발생한 신호를 지각 상부층의 P_g와 S_g파와 더 깊은 층에서 6.29 km s^{-1}와 3.57 km s^{-1}의 속도로 이동하는 더 빠른 P* 및 S*파로 분리했다. 이때, P*와 S*는 P_b[7]와 S_b라고도 한다. P*

---

5 여기서 g는 'granitic', 즉 파동이 화강암질의 지각 상부를 통해서 전파한다는 것을 의미한다.

6 여기서 n은 'normal'을 뜻하는데 맨틀을 통과하는 파동을 의미한다.

7 여기서 b는 'basaltic', 즉 파동이 현무암질의 지각 하부를 통해서 전파한다는 것을 의미한다.

파와 S*파의 속도는 이에 대응하는 상부 맨틀 속도보다 훨씬 느리기 때문에, 콘래드는 이들이 하부 지각층으로부터 온 선두파라고 추론하였다. 이처럼 대륙 지각을 상층과 하층으로 분리하는 경계면을 콘래드 **불연속면**(Conrad discontinuity)이라고 한다. 지각 구성의 초기 암석학 모델과 알려진 물질의 탄성파 속도를 비교함으로써, 지진학자들은 상부 및 하부 지각층을 각각 화강암층과 현무암층이라고 불렀다. 이렇게 암석으로 명확하게 분리하는 것은 이제는 지나치게 단순한 것으로 알려져 있다. 지구상 거의 모든 곳에서 명확한 불연속면으로 나타나는 모호면과 달리 콘래드 불연속면은 일부 지역에서는 제대로 정의되지 않거나 존재하지 않는다.

　핵과 관련된 암영대와 유체로서의 핵에 대한 해석은 1936년 덴마크 지진학자 레만이 암영대 내에서 도착하는 약한 P파의 존재를 제안하면서 잘 확립될 수 있었다. 그녀는 지진파 속도가 더 높은 내핵의 관점에서 이것을 해석했다. 내핵의 존재는 수년 동안 논란의 여지가 있었지만, 향상된 지진계의 설계, 디지털 신호 처리 및 배열식 지진계의 설치 등이 이를 확증하는 증거를 제공했다. 단단한 내핵의 존재는 지구의 정상모드 분석에서도 뒷받침된다.

　지구의 내부 구조는 내핵, 외핵 및 맨틀에 해당하는 동심원 껍질로 모델화된다(그림 7.27). 이러한 층서 구조를 이해하기 위한 중요한 단계는 다른 껍질을 통과한 지진파 파선에 대한 주시 곡선을 개발한 것이었다. 또한 지진계에서 다양한 위상으로 도착하는 파동을 쉽게 식별하기 위해 편리한 속기 표기법이 사용되었다. 진원에서 직접 지진계로 이동하는 P파 또는 S파는 이에 적절한 문자 P 또는 S로 표시된다. 핵의 암영대 경계까지의 깊이에 따른 P파 속도와 S파 속도가 똑같이 증가하지 않기 때문에, P파와 S파는 약간 다른 곡선 경로[8]를 따른다. 표면에서 한 번 반사된 후 지진계에 도달하는 파동은 이들의 전파 경로가 두 가지 같은 P 또는 S 분절로 구성되므로 PP(또는 SS)로 표시된다.

　입사하는 P파 또는 S파의 에너지는 경계면에서 반사 또는 굴절된 P파 및 S파로 분리된다(6.3.5.3절 참조). 맨틀과 유체인 외핵 사이의 경계에서 입사한 P파는 경계면의 법선 방향으로 굴절되는데, 그 이유는 경계에서 P파 속도가 약 13 km s^{-1}에서 약 8 km s^{-1}로 감소하기 때문이다. 두 번째 굴절을 거친 후에 P파는 암영대 너머에서 나타나는데 이를 PKP파라고 한다(문

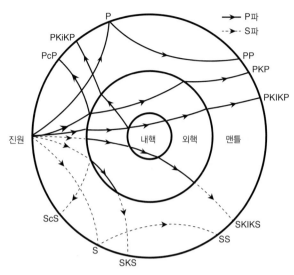

그림 7.27 지표면에 진원이 위치한 지진에서 발생하여, 일부 중요한 굴절 및 반사가 일어난 P파 및 S파 위상의 파선 경로. 출처 : B. Gutenberg, *Physics of the Earth's Interior*, 240 pp., New York: Academic Press, 1959.

자 K는 Kern, 핵을 의미하는 독일어). 같은 지점에서 S파가 입사할 때, 맨틀에서의 S파 속도는 약 7 km s^{-1}이고, 입사 에너지의 일부는 외핵에서 8 km s^{-1}의 더 빠른 속도를 갖는 P파로 변환된다. 이때, 경계면 법선 방향에서 더 먼 방향으로 굴절이 일어난다. 추가 굴절 후 입사한 S파는 SKS 위상으로 표면에 도달한다. 맨틀, 유체로 된 외핵 및 내핵을 통과하는 P파는 PKIKP로 표시된다. 이처럼 파선 각각은 내부 경계면에서 굴절된다. 외핵 경계에서 반사되는 지진파의 위상을 나타내기 위해 문자 c가 사용되는데 예를 들어 PcP 및 ScS 위상이 발생한다(그림 7.28). 내핵에서의 반사파는 예를 들어 위상 PKiKP에서와 같이 소문자 i로 구분된다.

7.4.2 지구 내부에서의 굴절과 반사

충분한 에너지만 보유하고 있다면, 지진파는 지구 내부와 여러 불연속면과 자유면에서 여러 번 굴절 및 반사되거나 또는 P파에서 S파로 또는 그 반대로 변환될 수 있다. 그 결과, 대규모 지진의 지진 기록에는 다수의 지진 신호가 중첩되어 있어 개별 위상 식별이 어렵다. 다중 반사되거나 지구 내부의 여러 지역을 여행한 늦게 도착하는 신호는 이전에 도착한 신호와 구별하기 어려울 수 있다. 1932년에서 1939년 사이에 제프리스 경(Sir Harold Jeffreys, 1891~1989)과 불런(Keith E. Bullen, 1906~1976)은 비록 드물게 분포되어 있었지만 전 세계적으로 설치된 지진 관측소에 등록된 대량의 고품질 지진 기록을 분석

8　6.3.6.3절에서 설명한 바와 같이 굴절 파선의 곡률은 깊이에 따라 탄성파 속도가 증가함에 따라 발생한다.

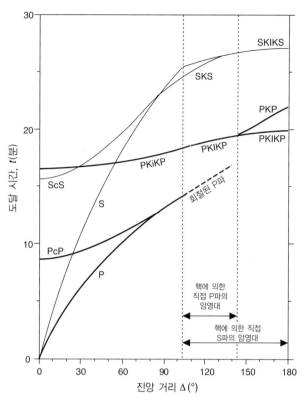

그림 7.28 일부 주요 지진파 위상에 대한 주시(*t*-Δ) 곡선. 자료 출처 : H. Jeffreys and K.E. Bullen, *Seismological Tables*, 50 pp., London: British Association, Gray-Milne Trust, 1940.

하였다. 이러한 과정을 통하여, 1940년에 그들은 지구를 통과하는 P파와 S파의 주시를 보여 주는 일련의 표를 출판했다. 이것과 약간 다른 표는 구텐베르크와 리히터에 의해 보고되었다. 두 가지 표는 독립적으로 분석되었지만 잘 일치하여 결과의 신뢰성이 확인되었다. 제프리스-불런이 보고한 지진학적인 표는 수년 동안 국제 지진학계에서 표준 참고자료로 사용되었다.

　주어진 진앙 거리까지 탄성파가 이동하는 시간은 수백 킬로미터에 이를 수 있는 지진의 진원 깊이에 영향을 받는다. 지구 표면에서 발생하는 지진에 대한 몇 가지 중요한 위상의 주시-거리 곡선이 그림 7.28에 도시되어 있다. 이 모델은 지구가 구형 대칭이며 표면의 각 위치 아래에 같은 수직 구조가 있다고 가정한다. 이 가정은 사실이 아니지만, 어느 정도 잘 적용된다. 지구 내 여러 깊이에서 탄성파 속도의 측면 변화가 발견되었다. 예를 들어, 해양 지각과 대륙 지각 사이, 해양 암석권과 대륙 암석권 사이에는 탄성파 속도의 측면 변화가 있다. 더 깊은 심도에서는 구형 모델에서 상당한 측면 오차가 감지되었다. 이러한 불일치는 나중에 검토할 **지진파 단층촬영**(seismic tomography)이라고 하는 지진학 분야의 기초를 형성한다.

7.4.2.1 균질한 층상 지구에 대한 파선

그림 7.27에서 설명한 것과 같이, 이동 시간(*t*)-진앙 거리(Δ) 곡선(주시 곡선)과 지진파의 경로 사이의 관계를 명확하게 이해하는 것이 중요하다. 각각 맨틀과 핵을 나타내는 두 개의 동심원 껍질로 구성된 지구를 먼저 고려해 보자(그림 7.29a). 각 껍질 내에서의 P파 속도는 일정하며 핵보다 맨틀에서 더 빠르다($\alpha_1 > \alpha_2$). 그림은 표면의 송신원으로부터 5°의 각도 간격으로 떠나는 18개 파선의 경로를 보여 준다. 파선 1~12는 맨틀을 통해 P파로 직접 이동하여, 점진적으로 더 먼 진앙 거리에서 나타난다. *t*-Δ 곡선이 위쪽으로 볼록한 이유는 지구 표면에 곡률이 있고 맨틀의 속도가 일정하다고 가정되었기 때문이다. 파선 13은 부분적으로 핵에 의해 굴절되고, 부분적으로는 반사가 된다(그림에는 표시되지는 않았지만). $\alpha_2 < \alpha_1$기 때문에 굴절된 파선은 굴절 경계면의 법선 방향인 지구의 중심 방향으로 구부러진다. 13번 파선은 핵을 떠날 때에는 굴절면의 법선 방향에서 더 멀리 구부러져 180° 이상의 진앙 거리에서 PKP 위상으로 지표면에 도달한다. 파선 14와 15는 핵에 더 직접적으로 입사하여(입사각이 작음), 덜 심하게 굴절된다. *t*-Δ 곡선의 13~15 분기에서 알 수 있듯이, 진앙 거리는 점점 작아지고, 주시는 파선 13보다 짧아진다. 곡선의 13~15 분기는 핵의 더 낮은 속도 때문에, 1~12에 해당하는 선을 외삽한다고 하더라도 두 곡선에는 시간적으로 격차가 존재한다. 파선 16, 17, 18(맨틀과 핵을 통과하는 직선이며 진앙 거리 180°에서 나타남)의 경로는 점차 길어지고 *t*-Δ 곡선에서 16~18에 해당하는 두 번째 분기가 발생한다. 13~15 분기와 16~18 분기는 뾰족한 지점 또는 첨점(cusp)에서 만나게 된다. 이 간단한 모델에서는 파선 12와 15 사이의 간격에 있는 표면에서는 P파가 도달하지 않는다. 따라서 핵에 막 닿는 마지막 P파(12번 파선)와 진앙 거리가 가장 작은 PKP파(15번 파선) 사이에는 암영대가 형성된다. 이 같은 P파에 대한 암영대의 존재는 맨틀보다 P파 속도가 낮은 핵의 존재에 대한 증거가 된다. 맨틀의 S파의 전파 경로는 S파 속도 β의 분포에 의해 제어된다. 그러나 직접적인 S파는 암영대에 도달하지 않기 때문에 핵이 액체여야 함을 지시한다.

　이제 외핵의 속도 α_2보다 높은 일정한 속도 α_3를 갖는 내핵까지 고려해 보자(그림 7.29b). 파선 1~15의 경로는 맨틀과 외핵만을 통과하기 때문에 이전과 같다. 따라서 *t*-Δ 곡선의 1~12와 13~15에 해당하는 선은 이전과 동일하다. 파선 16은 내핵과 충돌하고 지구 반경에서 먼 방향으로 굴절된다. 그리고

그림 7.29 맨틀, 외핵 및 내핵에서 일정한 속도로 구형 지구를 통과하는 P파에 대한 지진파 경로와 t–Δ 곡선. (a) 맨틀 속도(α_1)가 외핵 속도(α_2)보다 높을 때 음영대의 발달, (b) 외핵보다 더 빠른 속도($\alpha_3 > \alpha_2$)로 내핵에서 굴절된 파선에 의한 음영대로의 침투.

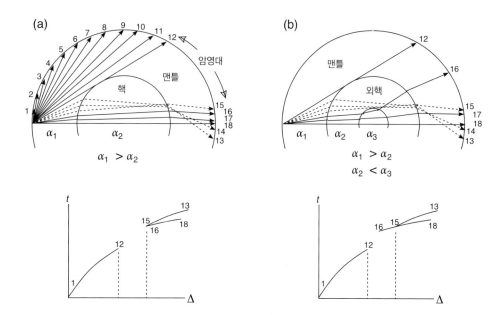

외핵으로 되돌아갈 때 그것은 다시 굴절되어 반경 방향으로 되돌아간다. 핵-맨틀 경계면에서 추가 굴절 후 이 파선은 PKIKP 도착으로 기존의 P파 암영대 내에서 파선 15보다 더 작은 진앙 거리로 지표면에 나타난다. 파선 17, 18에 해당하는 연속적인 PKIKP 파선은 상대적으로 덜 강하게 구부러진다. PKIKP 파선은 t–Δ 곡선의 새로운 분기 16~18을 그리게 된다(그림 7.28의 주시 곡선 참조).

7.4.2.2 지구의 P, PKP, PKIKP파의 도달 시간 곡선

탄성파 속도는 각각 층 내에서 일정하지 않지만, 이전 단락의 분석은 그림 7.30에 표시된 실제 P, PKP 및 PKIKP상의 파선 경로를 이해하는 데 도움이 된다. 약 103°와 143° 사이에 직접

P파에 대한 암영대가 있으며 103° 이상에서는 직접 S파가 발견되지 않는다. 가장 얕게 출발했던 PKP 파선(그림 7.30의 A)이 가장 멀리 편향되어 180°보다 큰 진앙 거리에서 나타난다. 연속적으로 더 깊이 출발한 PKP 파선(B~E)은 약 143°까지 점점 더 작은 진앙 거리에서 나타나고, 그 후의 진앙 거리는 거의 170°로 다시 증가한다(파선 F, G). 내핵과 외핵 사이의 경계는 더 높은 P파 속도를 갖는 전이대이며, 이 영역을 가로지르는 PKP 파선은 더 작은 진앙 거리(파선 H)에서 다시 나타날 것이라고 오랫동안 믿어져 왔다. 내핵을 관통하는 첫 번째 파선은 급격히 굴절되어 P파 암영대에 나타난다. 가장 강하게 편향된 파선(파선 I)은 약 110°의 진원 거리에서 관찰된다. 더 깊은 파선(J~P)은 최대 180°까지 점점 더 먼 거리에 도달한다. t–Δ 곡

그림 7.30 일부 P, PKP 및 PKIKP 파선의 경로.

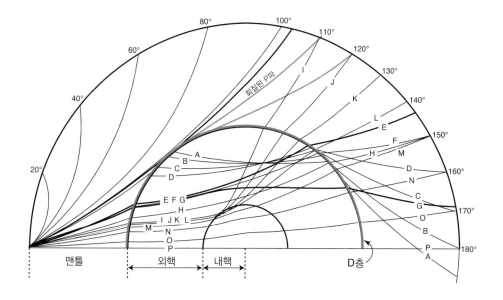

선에는 Δ > 143°에서 각각 PKP 및 PKIKP 위상에 해당하는 두 가지 분기가 존재한다(그림 7.28).

P 및 PKP 위상에 의해 정의된 암영대의 가장자리는 분명하지 않다. 한 가지 이유는 143° 경계에서의 PKIKP 위상이 도달하기 때문이다. 다른 하나는 103° 가장자리에서 발생하는 P파의 회절 현상 때문이다(그림 7.30). 장애물의 암영대 가장자리에서 평면파의 굴절은 6.3.2.3절에 설명되어 있으며 하위헌스의 원리를 사용하여 설명되었다. 평면파의 회절을 **프라운호퍼 회절(Fraunhofer diffraction)**이라고 한다. 송신원이 무한대가 아닐 때 파동은 구형 파동으로 처리되어야 한다. 장애물을 통과하는 구면파의 파면도 회절된다. 이러한 형태의 거동을 **프레넬 회절(Fresnel diffraction)**이라고 하며, 장애물에서 발생하는 1차 파면과 2차 파동의 간섭의 곱인 하위헌스의 원리로도 설명할 수 있다. 파동 에너지는 마치 파면이 가장자리 주위로 구부러진 것처럼 장애물의 암영대 속으로 침투한다. 이러한 방식으로 매우 깊은 P파는 핵 주위와 암영대로 회절된다. 회절된 파선의 세기는 회절 가장자리(이 경우 핵-맨틀 경계)로부터 각 거리가 증가함에 따라 감소한다. 현대적인 장비는 장주기 회절 P파를 큰 진앙 거리까지 탐지할 수 있게 한다(그림 7.28, 7.30). 핵-맨틀 경계 위의 속도 구조, 특히 D″층(7.4.4.2절)은 회절파의 파선 경로, 주시 및 파형에 큰 영향을 미친다.

7.4.2.3 천부에서의 반향

맨틀 깊숙이 이동한 지진파가 표면에 접근하면 여러 얕은 불연속면을 통해 투과하거나 반사된다. 이와 같은 불연속면에는 모호면, 하부 지각과 상부 지각 사이의 경계면(콘래드 불연속면), 또는 판의 수렴 경계 근처에서 섭입된 암석권 상단과 하단 경계가 포함된다. 직접 전파한 P파와 S파가 도달한 이후, P파와 S파 사이의 다중 반사 및 변환이 일어나면서 복잡한 파련을 생성한다.

큰 진앙 거리의 경우, P파는 법선에서 측정된 작은 입사각으로 얕은 불연속면에 입사한다(그림 7.30, 7.31). P파의 일부는 불연속면을 통해 투과되고, P파의 형태로 지진계를 향해 계속 전파한다. 상부층은 일반적으로 밑에 있는 물질보다 P파 속도가 작기 때문에 파동이 거의 수직으로 표면에 도달하게 된다. 결과적으로 전파한 P파는 거의 수직 성분에 우세하게 기록된다(그림 7.31a). 원래 P파가 가지고 있던 에너지의 일부는 S파로 변환된다. 횡방향으로 편광된 S파도 거의 수직으로 전파되기 때문에, 대부분 수평 성분에 기록된다(그림 7.31b). 지진 에

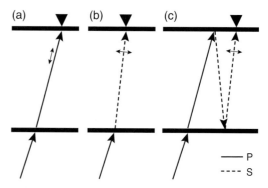

그림 7.31 수평 불연속성에서 입사하는 P파의 투과와 변환. 표면의 삼각형은 수신기의 위치를 표시한다. 화살표는 수신기에 도달하는 P파 및 S파의 편광 방향을 나타낸다. (a) P파는 불연속면을 통해 투과되고 계속해서 P파의 형태로 수신기를 향해 전파한다. (b) P파 에너지의 일부가 S파로 변환되어 주로 수평 성분에 기록된다. (c) 파동은 불연속면 위의 층 내에서 여러 번 반사되어 다양한 P파 및 S파로 변환될 수 있다.

너지가 얕은 층에 도달하면 상하 경계에서 여러 번 반사될 수 있으며, 매번 새로운 P파와 S파 쌍을 생성한다(그림 7.31c).

처음 도착한 P파 다음에 오는 수평 성분의 S파는 하부층과 상부층 사이의 경계면에서의 변환의 결과로만 존재할 수 있다. 이러한 S파는 경계면의 깊이에 대한 귀중한 정보뿐만 아니라 그 선명도와 층 내부의 P파와 S파 속도 사이의 비율에 대한 귀중한 정보를 전달한다. 얕은 지구 구조를 연구하기 위해 표면 근처 PS 변환을 사용하는 것을 수신기 함수 분석(receiver function analysis)이라고 한다.

7.4.3 지진파 자료의 역산

지구 내부의 물리적 변수의 지구 중심 방향 변화에 대한 모델은 암시적으로 구형 대칭을 가정한다. 따라서 같은 깊이에서 측면 변화(예: 속도 또는 밀도)를 고려하지 않는 지구의 '평균' 모델이다. 이 평균 모델은 실제 지역의 측면 변화가 비교적 작다고 가정하면, 실제 분포를 근사하는 데 필요한 첫 번째 단계가 될 수 있다. 이처럼 측면 변화가 없는 경우가 실제로도 존재할 수 있다. 측면 변화는 지구물리학적으로 중요하긴 하지만, 물성의 측면 변화는 지각 아래의 모든 깊이에서 평균값의 수 퍼센트 이내 수준으로 존재하기 때문이다.

일반적으로 지구 내부의 탄성파 속도와 같은 물성을 결정하는 방법에는 직접역산과 간접역산이라고 하는 두 가지 접근 방식이 있다. 두 방법 모두 알려진 진앙 거리까지의 서로 다른 탄성파 위상의 도달 시간과 같은 관측 자료를 사용한다. 직접역산은 관측 자료를 지구의 속성 모델을 반환하는 방정식에 직접 입력값으로 넣을 수 있음을 의미한다. 직접역산이 더 우아하고

효율적이지만, 몇 가지 특정한 경우에서만 역산에 필요한 방정식을 찾을 수 있다. 또한 지진파의 주시를 선택할 때 발생하는 오류와 같은 관측 자료의 불확실성은 직접역산 방법에서 고려되기 어렵다.

간접역산은 순방향 문제(forward problem), 즉 지구 모델을 사용한 모델링으로 예측한 해를 기반으로 한다. 예를 들어 6.3절에서 층상 매질에 대한 지진파의 주시를 계산하였다. 초기 추측에서 시작하여 간접역산은 관측 자료와 일치하는 지구 모델을 찾을 때까지 순방향 문제를 반복적으로 푼다.

7.4.3.1 주시 곡선의 직접역산

1907년 독일의 지구물리학자 비헤르트는 수학자 헤르글로츠 (G. Herglotz, 1881~1953)의 벤도르프 관계식(식 6.93)의 평가를 바탕으로, 지표면에서 이루어진 주시 관측에서 지진 속도의 내부 분포를 계산하기 위한 직접역산 방법을 개발했다. 역산을 위한 자료는 주요 탄성파 위상에 대한 $t-\Delta$ 곡선으로 구성된다 (그림 7.28). 속도 분포를 해독할 수 있었던 것은 파선 매개변수 p에 대한 벤도르프 관계식(식 6.93)과 표면으로 되돌아오는 진앙 거리에서의 주시 곡선의 기울기로 관측된 p 값을 얻을 수 있기 때문이었다.

매우 작은 각도 차이로, 진원을 벗어나 각각 진앙 거리 Δ 및 $\Delta + d\Delta$에 위치한 점 P 및 P′에서 표면에 도달하는 두 파선을 고려해 보자(그림 7.32). 거리 PP′은 $Rd\Delta$(여기서 R은 지구의 반지름)이고 인접한 파선을 따라 호의 길이(전파 경로) 차이는 αdt와 같다. 여기서 α는 표면층의 P파 속도이고 dt는 두 파선의 주시 차이이다(α가 S파 속도 β로 대체될 때 S파에 대해 동일하게 유효). 작은 삼각형 PP′Q에서 각도 QPP′은 출현각(입사각)인 i와 같다. 그러므로, 다음 식이 성립한다.

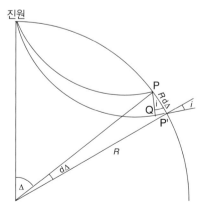

그림 7.32 매우 다른 각도로 진원을 벗어나 진앙 거리 Δ 및 $\Delta + d\Delta$에서 각 지점 P와 P′에서 표면에 도달하는 두 파선의 경로.

$$\sin i = \frac{\alpha dt}{Rd\Delta} \qquad (7.18)$$

$$\frac{R \sin i}{\alpha} = p = \frac{dt}{d\Delta} \qquad (7.19)$$

이는 진앙 거리 Δ에서 출현한 파선에 대한 p의 값이 그 거리에 대한 주시 곡선의 기울기($dt/d\Delta$)를 계산하여 얻어질 수 있음을 의미한다. $\alpha_0 = r_0/p$이기 때문에 반경 r_0에서 파선의 가장 깊은 지점에서 속도 α_0를 찾는 중요한 단계이다. 그러나 속도를 찾기 전에 r_0의 값을 알아야 한다. 헤르글로츠-비헤르트 역산으로 알려진 방법으로 분석을 이어 나가면, 이 책의 범위를 벗어나는 복잡한 수학적 절차가 필요하지만, 다행히 결과적으로는 상당히 간단한 공식이 유도된다.

$$\ln\left(\frac{R}{r_0}\right) = \frac{1}{\pi} \int_0^{\Delta_1} \cosh^{-1}\left(\frac{p(\Delta)}{p(\Delta_1)}\right) d\Delta \qquad (7.20)$$

여기서 $p(\Delta_1)$은 파선이 출현한 진앙 거리 Δ_1에서 $t-\Delta$ 곡선의 기울기이고, $p(\Delta)$는 모든 중간 진앙 거리 Δ에서의 기울기이다. 식 (7.20)을 사용하여 파선을 따라 수치적으로 적분하여 파선에 대한 r_0 값을 얻고, $\alpha_0 = r_0/p$를 이용하여 속도를 찾을 수 있다.

헤르글로츠-비헤르트 방법은 직접역산 방정식을 찾을 수 있는 지진학의 몇 안 되는 경우 중 하나이다. 이 방법은 지구의 탄성파 속도 분포가 실제로 거의 구형 대칭이라고 가정한다. 또한 식 (7.20)은 지진 속도가 깊이에 따라 단조롭게 증가해야 한다는 가정을 요구하며, 이는 지구 내부에 저속도 영역이 없음을 의미한다. 이러한 제약 조건은 헤르글로츠-비헤르트 방정식의 실제 적용 가능성을 제한하지만, 여전히 직접역산 접근 방식의 유용한 예시 역할을 한다.

7.4.3.2 도달 시간의 간접역산과 지진파 단층촬영

간접역산을 이용한 접근법은 직접역산의 한계를 피할 수 있는 방법으로, 예를 들어 저속도층 또는 3차원 비균질성이 있는 경우와 같이 직접역산 방정식을 찾을 수 없는 경우에도 적용할 수 있다. 이처럼 더 유연한 방법이지만 직접역산에 비해 일반적으로 더 높은 계산 비용을 요구한다. 간접역산에서는 깊이에 따른 속도 변화로 초기 속도 모델을 설정한다. 그런 다음 여러 지진계로의 P파와 S파 주시를 계산하여 관측 결과와 비교한다. 그 후, 속도 모델은 이러한 자료상의 차이를 반영할 수 있도록 조정된다.

지진파 단층촬영은 간접역산의 특별한 변형 방법이다. 단층촬영이라는 용어는 '단면을 나타내는 것'이라는 의미이다. 인접한 2차원 단면을 결합하면 3차원 모델을 제공할 수도 있다. 의료 진단에서 컴퓨터 단층촬영(Computer-Aided Tomography, CAT)은 내부 장기의 비수술적 검사를 위한 단층촬영 기술로 잘 알려져 있다. X선이나 초음파는 다양한 물성을 가진 조직을 통해 전파한다. 컴퓨터 단층촬영은 의료 진단에 사용하기 위해 이러한 물리적 특성의 이미지를 구성한다. 지진파 단층촬영은 지진파의 주시와 감쇠가 관측된다는 차이점을 제외하면, 컴퓨터 단층촬영과 유사한 원리를 사용한다.

지진파가 진원으로부터 수신기로 이동하는 시간은 파의 전파 경로를 따르는 속도 분포에 의해 결정된다. 이상적이게도, 구형 대칭 지구 모델의 경우에는 지구 중심 방향으로의 속도분포가 이미 알려져 있다. 이때, 모델의 속도는 측면 변화를 평균화한 값을 사용한다. 이러한 속도 모델을 사용하여, 서로 다른 위상의 파동이 진앙 거리만큼의 이동한 시간을 계산하는 경우 그림 7.28과 구별하기 어려운 곡선이 생성된다. 실제로 관측된 이동 시간은 일반적으로 주시 잔차로 알려진 계산된 시간에서 약간의 오차를 보여 준다. 이러한 오차는 송신원의 잘못된 위치, 타원형 지구, 지형, 경로를 따라 어딘가에 있는 P파 및 S파 속도의 측면 변동을 포함한 다양한 원인으로 인해 존재할 수 있다.

특정 깊이에서 탄성파의 속도가 중심 방향 평균보다 약간 빠른 영역을 통과하면 파동이 예상보다 약간 빨리 지진계에 도달하게 된다. 만약 속도 변화가 평균보다 느리면, 파동이 늦게 도착한다.

따라서 파선이 송신원에서 지진계까지의 경로를 따라 이동하는 데 걸리는 시간(t)은 모델에서 예측한 값(t_0)과 다르다. 그 차이($\Delta t = t_0 - t$)는 주시 이상치(travel time anomaly)이다. 파선의 전파 경로에 대한 주시 잔차(travel time residual, $\Delta t/t_0$)는 이상치를 예상 주시와의 백분율로 표현하여 얻는다(글상자 7.2). 주어진 경로가 서로 다른 속도의 구간으로 세분화되면 주시는 개별 구간을 통과하는 주시의 합과 같다. 이것은 하나의 알려진 값(Δt)과 여러 개의 알려지지 않은 값(각 분절에서의 속도 이상)이 있는 방정식과 같다. 주어진 송신원에 대해 여러 지진 관측소에서 관심 영역을 가로지르는 파선을 기록할 수 있다. 각 관측소에는 다른 송신원으로부터 해당 지역을 가로질러서 기록된 파선이 있을 수도 있다. 이를 통해 많은 주시 잔차 집합을 생성할 수 있으며, 해를 구하기 위한 충분한 수의 방

정식을 확보할 수 있다. 수학적으로 역행렬을 계산하여 이러한 연립방정식을 풀고, 속도 이상치를 얻을 수 있다. 이를 분석하기 위해서는 집중적인 자료 처리가 필요하지만, 이 책의 범위를 벗어난다. 그러나 글상자 7.3은 간단한 문제에 대한 주시 잔차(글상자 7.2)의 역투영을 통해 속도 이상 분포가 어떻게 추론되는지 보여 준다. 이 방법에서는 관측된 주시 잔차를 설명하기 위해, 초기 속도 분포에 대한 지속적인 조정이 이루어진다.

지구의 3차원 속도 분포에 대한 단층촬영 영상은 지진 속도의 작은 차이를 규명해 낼 수 있다. 일부 연구에서는 관심 지역 내 또는 근처에서 지진이나 폭발에 의해 생성된 국지적 신호를 대상으로 하였다. 다른 연구는 20° 이상의 진앙 거리의 지진에서 시작된 원거리 지진 신호를 기반으로 한다. 분석을 위해서는 진원의 정확한 위치, 국부적 영향에 대한 보정(각 측정소에 가까운 지각 구조 등), 진원과 지진계 사이의 파선 계산이 필요하다. 지진파 단층촬영은 실체파 또는 표면파를 기반으로 할 수 있다. 이와 같은 광역적인 연구뿐만 아니라 전 지구적인 모델에서 전체 맨틀의 P파와 S파 속도 구조가 지진파 단층촬영으로 영상화되었다(7.4.6절 참조).

7.4.3.3 지진파 단층촬영

지구의 3차원 구조는 탄성파의 전파 시간뿐만 아니라 매 순간의 진폭에도 영향을 미친다. 파형 단층촬영(waveform tomography)으로 알려진 방법은 완벽하게 시뮬레이션된 지진 기록과 관측된 지진 기록을 일치시킴으로써, 이 추가적인 진폭 정보를 사용한다. 간접역산 방법인 파형 단층촬영은 주로 6.3.7절에 설명된 수치 해석 방법을 사용하여, 지진파 전파의 반복적인 순방향 모델링을 기반으로 한다. 지구 구조의 초기 추정 모델을 시작으로, 시뮬레이션을 통해 획득한 첫 번째 지진 기록 자료가 계산된다. 합성 지진 기록과 실제로 관측한 지진 기록은 일반적으로 잘 일치하지 않는다. 일부 파동은 너무 일찍 도착하고, 다른 파동은 너무 늦게 도착한다거나 일부 파동의 진폭이 일치하지 않을 수도 있다. 초기 추측값을 적절하게 수정한 후 새로운 합성 지진 기록이 시뮬레이션되고, 이것이 다시 관측값과 비교된다. 그런 다음 관측된 지진 기록을 잘 설명할 수 있는 지구 모델이 발견될 때까지 이 절차를 반복한다. 필요한 반복 횟수를 줄이기 위해 지구 모델의 효율적인 개선을 위한 수많은 방법이 개발되었다. 그러나 이러한 방법들은 이 책의 범위를 크게 벗어난다.

그림 7.33은 동부 지중해의 파형 단층촬영의 예를 보여 준

글상자 7.2 주시 잔차의 계산

각 변의 길이가 5 km이고 P파 속도(α)가 각각 4.9 km s^{-1}, 5.0 km s^{-1}, 5.1 km s^{-1}, 5.2 km s^{-1}인 4개의 동일한 정사각형 영역을 포함하는 정사각형 매질을 통해 6방향으로 파선이 통과하는 것을 고려해 보자(그림 B7.2.1). 지역 전체의 예상 평균 속도(α_0)를 5.0 km s^{-1}라고 하자. 각 영역의 속도 차($\Delta\alpha$)는 기준값을 빼서 구하고, 속도 이상($\Delta\alpha/\alpha_0$)은 그 차이를 평균 속도와의 백분율로 표현하여 구한다. 이를 통해 각 영역은 2% 느린 영역, 이상이 없는 영역, 2% 빠른 영역, 4% 빠른 영역으로 차별화된다.

6개의 파선이 그림 B7.2.1과 같이 정사각형 영역을 가로질러 전파한다고 가정하자. 각 영역에서 속도가 5.0 km s^{-1}이면 예상 주시(t_0)는 수평 및 수직 파선 각각에 대해 2.0초이고 더 긴 대각선 파선에 대해 $2\sqrt{2} = 2.828$초가 된다. 그러나 영역마다 속도가 다르기 때문에, 관측된 주시 중 일부는 더 짧고 일부는 예상값보다 더 길 것이다. 주시 이상값(Δt)은 예상값과 관찰된 주시(t)의 차이로 계산된다(그림 B7.2.1d). 주시 잔차($\Delta t/t_0$)는 이상을 예상 주시의 백분율로 표현하여 얻는다(그림 B7.2.1e). 잔차는 각 경로에 따른 속도 이상에 대한 단순 평균이 아니다.

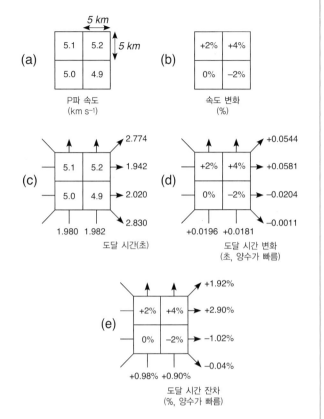

그림 B7.2.1 간단한 4블록 구조에 대한 상대 주시 잔차(백분율) 계산. 출처 : E. Kissling, Seismische Tomographie: Erdbebenwellen durchleuchten unseren Planeten, *Viertelijhahresschriff Naturforsch. Ges. Zürich* 138, 1–20, 1993.

다. S파 속도의 3차원 분포는 관측된 지진 기록과 완전히 일치하는 시뮬레이션된 합성 지진 기록을 생성한다. 여기에는 일찍 도착하는 실체파의 주시와 진폭뿐만 아니라 늦게 도착하는 표면파도 포함된다. 모든 지진파 유형의 정보를 역산에 포함할 수 있다는 것은 파형 단층촬영의 주요 장점 중 하나이며, 이는 현대적인 슈퍼컴퓨터가 필요한 새로운 기술이다.

7.4.4 지구의 방사 방향 탄성파 속도 변화

지구의 지각은 방사형 평균으로써 표현하기에는 너무 비균질적이지만, 모호면 아래에서는 탄성파의 속도가 일반적으로 수 퍼센트 이내에서만 변한다. 1970년대에 전 지구적 범위의 고품질 지진 자료를 사용할 수 있게 된 이후로, 간접역산을 사용한 여러 구형 대칭 지구 모델이 구축되었다. 1981년 지온스키(A. M. Dziewonski, 1936~2016)와 앤더슨(Don L. Anderson, 1933~2014)은 지구의 실체파 속도 분포가 다항식으로 표현되는 예비 참조 지구 모델(Preliminary Reference Earth Model, PREM)을 구축했다. 1990년대에 수정된 속도 모델(iasp91 및 ak135)은 케네트(L. N. Kennett, 1948~), 엥달(E. R. Engdahl) 및 불랜드(R. Buland)에 의해 제안되었다. iasp91 모델에 따른 지구 깊이에 따른 P파와 S파 속도의 변화는 그림 7.34와 같다. 지난 수십 년 동안 구축된 구형 지구 모델은 세부적인 부분에서는 약간 다르지만, 다음 절에서 논의되는 평균 지구 구조와는 매우 비슷한 경향을 보여 준다.

7.4.4.1 상부 맨틀

상부 맨틀은 탄성파 속도에서 두 가지 주요한 급격한 변화가 나타나는 깊이인 모호면과 맨틀 광물 스피넬이 페로브스카이트로 상전이되는 660 km의 불연속면에 의해 경계 지어진다.

글상자 7.3 속도 이상값의 계산

관측된 주시 잔차에서 속도 구조를 추론하는 방법을 설명하기 위해, 글상자 7.2의 속도 분포에 대해 계산된 주시 잔차 집합($\Delta t/t_0$)을 시작점으로 사용한다. 길이 L의 파선 경로를 따라 예상되는 P파의 주시는 $t_0 = L/\alpha_0$이며, 여기서 α_0는 기준 속도이다. 실제 속도가 $\alpha = \alpha_0 + \Delta\alpha$인 경우 관찰된 주시는 다음과 같다.

$$t = \frac{L}{\alpha_0 + \Delta\alpha} = \frac{L}{\alpha_0}\left(1 + \frac{\Delta\alpha}{\alpha_0}\right)^{-1}$$

$$= t_0\left(1 - \frac{\Delta\alpha}{\alpha_0} + \left(\frac{\Delta\alpha}{\alpha_0}\right)^2 + \cdots\right) \tag{1}$$

$$\left(\frac{\Delta t}{t_0}\right) = \left(\frac{\Delta\alpha}{\alpha_0}\right)\left(1 - \frac{\Delta\alpha}{\alpha_0} + \cdots\right) \tag{2}$$

다음으로, 백분율로 표현된 P파 속도 이상값($\Delta\alpha/\alpha_0$)이 백분율로 표현된 주시 잔차와 동일하다고 가정한다. 식 (2)에서 확인할 수 있듯이, 이러한 가정은 엄밀히 말하면 사실이 아니다. 그 차이는 ($\Delta\alpha/\alpha_0$) 정도이다. 그러나 속도 이상값이 매우 작은 경우, 속도 이상값이 주시 잔차와 같다고 가정하는 것이 합리적이다.

그림 B7.3.1에서 상위 두 개의 '빠른' 블록을 가로지르는 수평 파선을 고려해 보자. +2.9%의 (초기) 주시 이상값을 설명하기 위해, 각 상위 블록에 +2.9%의 (빠른) 속도 이상값을 할당한다. 이와 유사하게, 아래의 두 블록 각각에 −1.02%의 속도 이상값이 할당되도록 한다. 이 단순 속도 분포(그림 B7.3.1a)는 수평 광선에 대한 주시 이상값을 만족한다. 그러나 수직 방향에서는 각 파선에 대해 +0.94%(+2.90% 및 −1.02%의 평균)의 주시 이상값을 제공한다(그림 B7.3.1b). 이것은 두 수직 파선(각각 +0.98% 및 +0.90%)에 대해 관측된 이상값과 일치하지 않는다. 하나의 수직 이상은 0.04% 크고 다른 하나는 0.04% 작다.

블록의 속도를 왼쪽 블록에 대해 +0.04%, 오른쪽 블록에 대해 −0.04%를 수정하면, 그에 따라 조정된다(그림 B7.3.1c). 이것은 수평 및 수직 파선을 모두 만족하는 속도 이상값의 새로운 분포를 제공한다(그림 B7.3.1d).

이제 모델은 각각 +1.92% 및 −0.04%의 관측된 이상과 비교하여, 각 대각선을 따라 주시 이상을 +0.94%로 제공한다(그림 B7.3.1e). 이제 +0.98%의 추가 수정이 오른쪽 상단 및 왼쪽 하단 블록에 이루어지고, −0.98%가 오른쪽 하단 및 왼쪽 상단 블록에 적용된다(그림 B7.3.1f). 속도 이상 분포의 결과(그림 B7.3.1g)는 이상 영역을 통과하는 6개의 파선을 모두 만족하며, 원래 속도 이상 분포(그림 B7.2.1b)에 가깝게 된다.

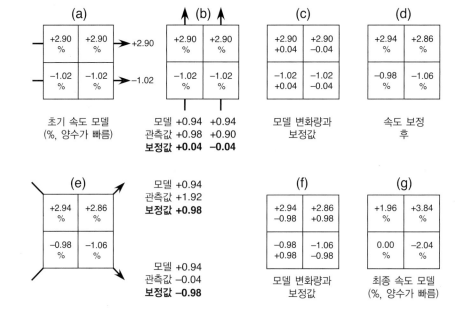

그림 B7.3.1 속도 이상값을 얻기 위한 상대 주시 잔차의 역투영. 출처 : E. Kissling, Seismische Tomographie: Erdbebenwellen durchleuchten unseren Planeten, *Viertelijhahresschrift Naturforsch. Ges. Zürich* 138, 1–20, 1993.

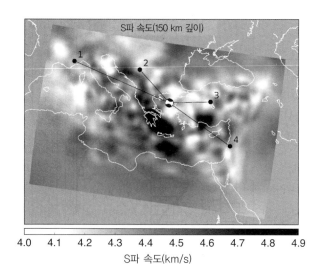

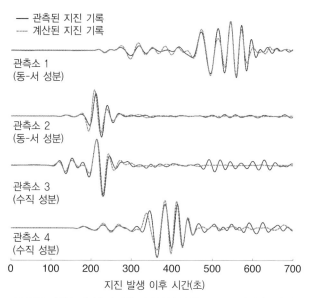

그림 7.33 동부 지중해의 파형 단층촬영 영상. 150 km 깊이의 S파 속도 구조는 수천 개의 지진 기록 자료를 간접역산하여 결정되었다. 비치볼로 표시된 하나의 송신원에 대해 4개의 관측소에서 관측된 지진 기록과 시뮬레이션된 합성 지진 기록을 비교한다. 실체파(빨리 도착, 진폭이 작음)와 표면파(나중에 도착, 진폭이 큼)의 도달 시간과 진폭이 잘 일치한다(Nienke Blom 제공).

상부 맨틀의 조성은 대부분 감람암질(peridotitic)이며 감람석 [olivine, $(Mg,Fe)_2SiO_4$]이 주요 광물이다. 깊이가 증가함에 따라 정암압이 증가하고, 결국 규산염 광물이 고압 변형을 일으킨다. 이러한 물질 조성의 변화는 탄성 특성에 반영된다. 실체파의 주시-Δ 곡선은 약 20°의 진앙 거리에서 기울기의 뚜렷한 변화를 보여 준다. 이것은 약 410 km 깊이에서 맨틀 속도의 또다른 불연속면에 기인한다(그림 7.34). 410 km의 불연속면은 감람석 유형의 격자에서 더 밀접하게 채워진 스피넬 유형의 격자로의 광물상 변화로 해석된다. 410 km와 660 km의 불연속면 사이의 전이대에서는 β-스피넬에서 γ-스피넬로의 추가적인

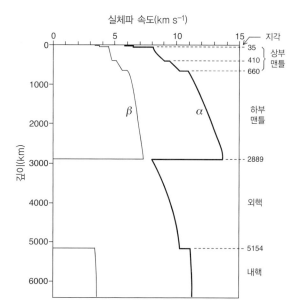

그림 7.34 지구 모델 'iasp91'에 따른 지구 내부의 P파(α) 및 S파(β) 속도의 깊이에 따른 변화. 자료 출처 : B.L.N. Kennett and E.R. Engdahl, Traveltimes for global earthquake location and phase identification, *Geophys. J. Int.* 105, 429–465, 1991.

구조 변화가 있지만, 물성에 큰 변화가 동반되지는 않는다.

410 km 및 660 km 깊이에서, 전 세계적으로 관찰된 불연속면 외에도 상부 맨틀에는 항상 존재하지 않을 수 있는 다른 특징도 포함되어 있다. 여기에는 뚜렷한 저속도 영역(Low-Velocity Zone, LVZ)과 220 km 깊이의 레만 불연속면이라고 하는 불연속면이 포함된다. 이러한 특징까지 구형 대칭 지구 구조 모델에 포함되어야 하는지 여부는 연구자가 선택할 문제이다.

전 지구적인 레만 불연속면의 존재는 여전히 논쟁의 여지가 있지만, 대략 100~200 km 깊이 사이의 LVZ는 일반적으로 판구조론에서 중요한 역할을 하는 연약권의 탄성적 특성이 표현된 것으로 해석된다. 이러한 탄성파 속도의 감소는 이 층의 감소된 강성률에 기인한다. 지질학적 시간 척도에서 맨틀은 점성 매질처럼 반응하며, 점성도는 온도와 조성에 따라 달라진다. 판구조론의 관점에서 연약권은 더 깊은 맨틀과 암석권을 분리하는 점성이 있는 층으로, 매우 느리게 대류함으로써 전 지구적인 판의 상대 운동을 가능하게 한다.

7.4.4.2 하부 맨틀

하부 맨틀은 660 km의 불연속면과 2,889 km 깊이의 핵-맨틀 경계로 둘러싸여 있다. 하부 맨틀은 철과 마그네슘의 산화물뿐만 아니라 페로브스카이트 구조를 가지는 철-마그네슘 규산염

물질로 구성된다. 핵-맨틀 경계 바로 위의 약 150~200 km 두께의 층이 속도의 기울기가 매우 작거나 음수일 수도 있는 것으로 확인되었다. 이 깊이는 하부 맨틀의 일부이지만, 맨틀과 핵 사이의 경계층 역할을 한다. 지구 내부 각 층에 알파벳순으로 색인을 붙인 불런이 제안한 지구 모델과 연관 지어, 일반적으로 D″으로 명명된다. D″의 상세한 구조와 특성은 집중 연구의 대상이다. 그것은 아마도 지구동역학 및 열적 거동에서 중요한 역할을 할 것이다. 한편, D″은 판구조론에서 중요한 열점을 발생시키는 맨틀 플룸의 재료를 공급하는 근원 역할을 할 수 있다. 반면에 D″의 열적 특성은 지구 핵에서 열이 외부로 전달되는 데 영향을 미칠 수 있다. 이를 통해 결국, D″은 지구의 자기장을 생성하는 복잡한 과정에 영향을 줄 수 있다.

7.4.4.3 핵

지구의 역사 초기에 밀도가 높은 금속 원소는 지구의 중심을 향해 가라앉아 핵을 형성하는 반면 가벼운 규산염은 상승하고 고체화되어 맨틀을 형성했을 것으로 생각된다. 운석의 조성과 고압 및 고온에서의 금속 거동에 대한 연구는 핵의 구성과 형성에 대한 그럴듯한 해석을 제공한다. 핵은 주로 철로 구성되며, 아마도 니켈은 최대 10%일 것이다. 관측된 압력-밀도 관계는 또한 밀도가 작은 비금속 원소(Si, S, O)가 외핵에 존재할 수 있음을 시사한다.

핵의 반경은 3,480 km이며 두께 1,220 km의 액체 외핵으로 둘러싸인 단단한 내핵으로 구성되어 있다. 향상된 지진 관측 장비는 외핵(PcP, ScS)과 내핵(PKiKP)의 경계에서 반사된 고품질 자료를 기록하여, 이러한 경계의 자연적 특성을 명확히 하는 데 도움이 되었다.

핵-맨틀 경계는 구텐베르크 불연속면이라고도 불린다. 이 경계에서는 지진 속도가 크게 변화되는 것이 특징이며, 이는 가장 뚜렷하게 정의된 지진파 불연속면이다. 지진 자료에 대한 해석을 통해 핵-맨틀 경계가 매끄럽지 않고, 언덕과 계곡 같은 지형을 가지고 있음을 추정할 수 있었다. 핵-맨틀 경계의 내부에서 한번 반사된 PKKP 위상의 주시 이상치는 수백 미터 정도의 지형적 특징에 의한 산란에 의해 발생하는 것으로 보인다. 그러나 D″층의 조건에 따라 지형적 특징은 최대 10 km 높이까지 커질 수도 있다.

PKiKP 위상에는 내핵 경계가 뚜렷하고 두께가 5 km를 넘지 않을 수 있음을 시사하는 증거인 고주파 성분이 포함되어 있다. 외핵은 물과 비슷한 점성을 가진 액체이다. 지진파의 경우

외핵은 잘 혼합된 유체에서 예상되듯이 균질한 매질처럼 거동한다.

내핵은 P파(PKIKP 위상)와 S파(PKJKP 위상)를 통과시키지만 후자는 관찰하기 훨씬 어렵다. PKJKP와 지구 정상모드의 관측 결과를 통해 내핵이 단단함을 추정할 수 있었다. 내핵은 더 가벼운 요소를 남겨 둔 채, 유체로 된 외핵 물질의 고체화(동결)를 통해 형성된다. 이러한 가벼운 물질은 밀도가 낮아 중력적으로 부력이 있는 유체를 구성하며 밀도가 더 높은 액체인 외핵을 통해 상승한다. 이러한 조성 변화에 따라 형성되는 부력은 외핵의 대류에 기여하므로, 결국 핵의 동역학적 특성 및 지구 자기장의 생성에 기여한다.

7.4.5 밀도, 중력, 압력의 방사 방향 변화

표면에서 관측된 지진파의 주시 관측값에 의해 탄성파 속도의 구형 대칭 분포가 잘 알려지게 되었지만, 지구의 밀도 구조는 상대적으로 덜 알려져 있다. 이는 지진파가 밀도의 변화에 덜 민감하고, 밀도 정보를 추정할 수 있는 중력 관측값은 일반적으로 수직적인 밀도 구조에 대한 명확한 정보를 제공하지 않기 때문이다.

그러나 약간의 단순화를 통해 구형 대칭 속도 변화로부터 깊이에 따른 밀도의 변화를 추정할 수 있다. 이를 위하여, 지구가 동심원의 균질한 껍질 또는 층으로 구성되어 있다고 가정해 보자(예 : 내핵, 외핵, 맨틀 등). 껍질 내의 화학 조성 및 상 변화가 주는 영향은 무시되고, 압력과 밀도는 순수하게 정수압적으로 증가하는 것을 가정한다. 탄성파의 실체파 속도 α와 β의 분포를 알면, 중요한 탄성 변수인 Φ를 다음과 같이 정의할 수 있다.

$$\Phi = \alpha^2 - \frac{4}{3}\beta^2 \tag{7.21}$$

식 (7.21)과 식 (6.16)을 비교하여, Φ가 K/ρ와 같다는 것을 알 수 있다. 여기서 K는 체적탄성계수이고 ρ는 밀도이다.

7.4.5.1 지구 내부 밀도

깊이 z와 dz 사이의 수직 육면체를 고려해 보자(그림 7.35). 정수압은 높이 dz의 작은 육면체에 있는 추가 물질로 인한 추가 압력 때문에, 깊이 z의 p에서 깊이 $(z + dz)$의 $(p + dp)$로 증가한다. 압력 증가 dp는 육면체의 무게 w를 무게가 분산되는 프리즘의 바닥 면적 A로 나눈 값과 같다.

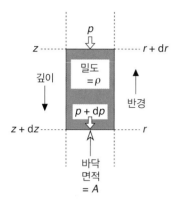

그림 7.35 깊이 증가 dz에 따른 압력변화 dp가 상부에 있는 물질의 무게 증가에만 유발된다고 가정한 지구의 정수압 계산.

$$dp = \frac{w}{A} = \frac{(\text{volume} \times \rho)}{A} = \frac{(Adz\rho)}{A} \quad (7.22)$$
$$= \rho g dz = -\rho g dr$$

체적탄성계수의 정의(식 5.17)를 통하여, K는 다음과 같이 쓸 수 있다.

$$K = -V\frac{dp}{dV} = \rho\frac{dp}{d\rho} \quad (7.23)$$

식 (7.21), (7.22), (7.23)을 결합하면, 다음과 같다.

$$\frac{-d\rho}{\rho g dr} = \frac{\rho}{K} = \frac{1}{\Phi} \quad (7.24)$$

$$\frac{d\rho}{dr} = -\frac{\rho(r)g(r)}{\Phi(r)} \quad (7.25)$$

식 (7.25)는 애덤스-윌리엄슨 방정식으로 알려져 있다. 이식은 애덤스(L. H. Adams, 1887~1969)와 윌리엄슨(E. D. Williamson, 1886~1923)에 의해 1923년 지구의 밀도를 추정하기 위해 처음 적용되었다. 이 식은 우변의 값이 알려져 있을 때 반경 r에서 밀도 구배를 산출한다. 탄성 변수 Φ는 정확하게 알려져 있지만 밀도 ρ는 알려져 있지 않으며, 이 계산의 목표가 된다. 방정식에 사용된 중력 g의 값은 반지름 r에 대해 별도로 계산되어야 한다. 이것은 지구의 외부(균질한) 껍질이 내부의 중력에 기여하지 않기 때문에, 반지름 r인 구 안에 포함된 질량에 의한 효과를 계산해야 하기 때문이다. 이 질량은 지구의 총 질량 M에서 r 거리만큼 확장된 모든 구형 껍질의 누적 질량을 뺀 것이다.

이 과정을 위해서는 알려진 깊이에서 가정된 ρ의 시작 값이 필요하다. 지각 평형이 이루어진 지역에서의 지각 및 상부 맨틀 구조의 분석은 상부 맨틀의 밀도 평균 약 3,300 kg m^{-3}을

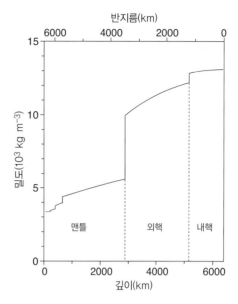

그림 7.36 지구 모델 PREM에 따른 방사 방향으로의 지구 내부 밀도 분포 (자료 출처 : Dziewonski, 1989).

제공한다. 이것을 초기 반지름 r_1에서의 시작 값으로 사용하여, 최상부 맨틀의 밀도 구배를 식 (7.25)를 통해 계산할 수 있다. 선택된 더 큰 깊이에 대한 이 기울기의 선형 외삽은 반경 r_2에서의 밀도 ρ를 제공한다. 해당하는 새로운 g 값은 두 깊이 사이의 구 껍질의 질량을 빼서 계산할 수 있다. 이를 통해 계산된 $\Phi(r_2)$ 값과 함께, r_2에서의 밀도 구배가 계산될 수 있다. 이러한 반복적인 계산을 통해 깊이(또는 반경)에 따른 밀도의 변화를 얻을 수 있다. 외삽을 더 작은 반경 구간에 대해서 수행한다면, 더 부드러운 밀도 분포 곡선을 얻을 수 있다(그림 7.36). 계산된 밀도 분포에는 두 가지 중요한 경계가 있다. 지구 반경에 걸쳐 적분하면 정확한 총질량($M = 5.974 \times 10^{24}$ kg)을 제공해야 하며, 또한 지구의 관성 모멘트(C), 질량(M), 반경(R) 사이의 관계 $C = 0.3308\,MR^2$을 충족해야 한다(1.1.1절 참조).

밀도는 주요 지진파 불연속면에서 급격하게 변화하며(그림 7.36), 이는 밀도의 변화가 주로 조성 변화에 의해 영향을 받는다는 것을 보여 준다. 일반적인 해수면 기압과 온도에서 측정할 수 있다면, 밀도는 맨틀에서 약 4,200 kg m^{-3}, 외핵에서 7,600 kg m^{-3}, 내핵에서 8,000 kg m^{-3}인 것으로 밝혀졌다. 주요한 조성적 불연속면 사이의 밀도가 급격하지 않게 증가하는 것은 깊이에 따른 압력 및 온도 증가의 결과이다.

7.4.5.2 지구 내부의 중력과 밀도

지구 중심 방향으로의 중력의 변화는 밀도 분포에서 계산할 수

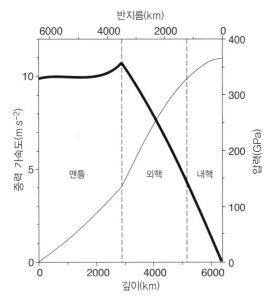

그림 7.37 지구 모델 PREM에 따른 내부 중력(두꺼운 곡선)과 압력(가는 곡선)의 방사형 변화(자료 출처 : Dziewonski, 1989).

있다. 위에서 언급했듯이, $g(r)$의 값은 반지름 r인 구 안에 포함된 질량 $m(r)$에만 기인한다. 반지름 $x(\leq r)$에서의 밀도를 $\rho(x)$라고 하면, 반지름 r에서의 중력은 다음과 같이 주어진다.

$$g(r) = -G\frac{m(r)}{r^2} = -\frac{G}{r^2}\int_0^r 4\pi x^2 \rho(x)\mathrm{d}x \qquad (7.26)$$

내부 중력의 주목할 만한 특징은(그림 7.37) 맨틀 전체에 걸쳐 $10\ \mathrm{m\ s^{-2}}$에 가까운 값을 유지하며, 표면에서는 $9.8\ \mathrm{m\ s^{-2}}$에서 핵-맨틀 경계에서 $10.8\ \mathrm{m\ s^{-2}}$로 변한다는 것이다. 그 후, 지구 중심으로 거의 0까지 선형적으로 감소한다.

정수압은 위에서 누르는 물질에 의해 단위 면적($\mathrm{m^2}$)당 힘(N)으로 인한 것이다. 압력의 SI 단위는 파스칼이다($1\ \mathrm{Pa} = 1\ \mathrm{N\ m^2}$). 실제로 이것은 작은 단위이다. 지구의 고압 상태는 일반적으로 기가파스칼($1\ \mathrm{GPa} = 10^9\ \mathrm{Pa}$)이나 킬로바 또는 메가바($1\ \mathrm{bar} = 10^5\ \mathrm{Pa}$, $1\ \mathrm{kbar} = 10^8\ \mathrm{Pa}$, $1\ \mathrm{Mbar} = 10^{11}\ \mathrm{Pa} = 100\ \mathrm{GPa}$) 단위로 표시된다.

지구 내에서 반경 r인 위치에서 작용되는 정수압 $p(r)$은 반경 r인 지점과 지구 표면 사이에 있는 지구 층의 무게 때문이다. 이는 유도한 밀도와 중력 분포를 사용하여, 식 (7.22)를 적분하여 다음과 같이 계산할 수 있다.

$$p(r) = \int_r^R \rho(r)g(r)\mathrm{d}r \qquad (7.27)$$

지구에서 깊이가 증가함에 따라 압력은 지속적으로 증가한다(그림 7.37). 압력의 증가율(압력 구배)은 주요 지진 불연속면의 깊이에서 변한다. 압력은 지구 중심에서 380 GPa(7.8 Mbar)에 가까운 값에 도달하며, 이는 해수면에서의 대기압의 약 400만 배이다.

7.4.6 3차원 지구 구조와 그와 관련된 지구동역학적 과정

지구의 평균 방사상 구조를 높은 정확도로 설명하는 모델을 구축하는 것을 통하여, 탄성파 속도와 밀도의 3차원 비균질성을 발견할 수 있다. 이러한 비균질성은 온도와 조성의 변화에 따른 결과이다. 이들은 현재 일어나고 있는 지구 내부 구조의 변형과 진화에 대한 정보를 제공한다.

7.4.6.1 지각

구형 대칭 지구 모델에서 가장 명백한 출발점은 지구의 지각이다. 지각의 탄성파 속도 구조에 대한 자세한 정보는 굴절파 측선 탐사와 깊은 지각에서 온 반사파의 수직 탐사로부터 나온다. 그것은 고대 대륙의 순상지가 젊은 대륙이나 해양 영역과는 다른 수직 속도 단면을 가지고 있음을 보여 준다. 이러한 변동성을 고려하면, 지각 구조에 대한 모든 일반화된 암석 모델은 지나치게 단순화된 것이다. 그러나 이러한 특징을 고려하는 걸 잠시 유보하면, 지각 구조에 대한 몇 가지 일반적인 특징과 이에 상응하는 암석층을 요약하는 것은 여전히 가능하다.

해양 지각 구조의 일반화된 모델이 그림 7.38에 나와 있다. 해양 지각은 두께가 10 km 미만이다. 약 4.5 km의 평균 수심 아래에서, 해양 지각의 상단 부분은 해령에서 멀어질수록 두께가 증가하는 퇴적층(제1층)으로 구성된다. 퇴적층 아래로는 화성 기원의 해양 기반암이 두 개의 층으로 구성되어 있다. 현무암질 용암으로 구성 된 얇은(0.5 km) 상부층은 현무암 관입 복합체인 판상형 암맥 복합체 위에 놓여 있다. 이들은 함께 제2층을 형성한다. 현무암 층 아래로, 해양 지각은 반려암질 암석으로 구성된다(제3층). 제2층을 전파하는 직접파는 P_2로, 현무암-반려암 경계면에서의 선두파는 P_3, 모호면의 선두파 P_n으로 표시된다.

유럽 대륙 지각으로부터 획득된 굴절파 지진 기록이 그림 7.39에 나와 있다. 이 그림의 세로축은 송신원에서 수신기까지의 거리를 대표적인 지각 속도(이 경우 $6\ \mathrm{km\ s^{-1}}$)로 나누고 이를 관측된 주시에서 빼서 얻은 환산 주시를 보여 준다. 자료를 이 방법으로 표시한 이유는 먼 거리에서 다루기 어려워지는 것

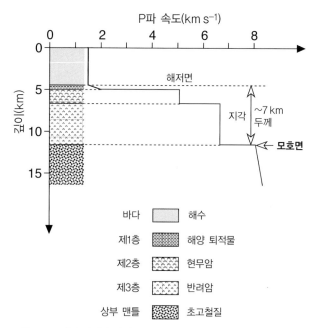

그림 7.38 해양 지각의 일반화된 암석 모델과 P파 속도-깊이 단면도.

암) 층으로 분리하는 것으로 믿어졌다. 그러나 모든 지역에서 단순한 콘래드 불연속면이 발견되는 것은 아니다. 지각 속도에 대한 연구는 깊이에 따라 탄성파 속도가 점진적으로 증가하는 것을 종종 방해하는 두 개의 변이 영역을 정의했다. 중간 지각 내의 저속도 층은 관입한 화강암질 병반(granitic laccolith)으로 인한 것으로 생각된다. 그것을 시알 저속 구역(sialic low-velocity zone)이라고 한다. 화강암질 병반의 하부에는 혼성암(migmatite)으로 구성된 중간 지각층이 있다. 이 층 아래에서는 속도가 급격히 증가하여 속도 프로파일에서 '치아(tooth)' 형태의 이상치가 형성된다. 이 치아 형태의 이상치 아래의 층은 종종 얇은 층으로 된 하부 껍질을 구성한다. 치아 상단에서의 굴절과 반사는 콘래드 불연속면을 설명하는 것으로 생각된다.

7.4.6.2 상부 맨틀

지구 상부 맨틀의 3차원 지진파 속도 구조는 실체파의 주시와 표면파의 분산 현상을 이용하여 조사할 수 있다. 실체파는 지구 깊숙이 이동할 수 있지만, 표면파는 일반적으로 더 얕은 층에 국한된다. 일반적으로 T초 주기의 표면파는 표면과 $2T$ km 깊이 사이의 지구 구조에 민감하다. 예를 들어, 주기가 30초인 표면파는 약 60 km 깊이의 정보를 '담고' 있다.

상부 맨틀의 탄성파 속도의 불균질성은 판 구조 과정의 강한 흔적을 보여 준다(그림 7.41 및 7.42). 예를 들어, 중앙 해령은 120 km 이상의 깊이까지 S파 속도가 약 5%로 감소하는 좁은 밴드 모양의 영역과 일치한다(그림 7.42c, d). 이러한 속도 변화의 이유는 온도 또는 조성의 변화를 포함하며, 상부 맨틀에서는 온도의 영향이 더 지배적이다. 광물 물리학 실험에 따르면 온도 변화로 인한 S파 속도의 상대적 변화 $(\Delta\beta/\beta)/\Delta T$는 100 km 깊이에서 100°C당 약 −2%이다. 이것은 중앙 해령 아래의 물질이 주변의 상부 맨틀보다 약 250°C 더 뜨겁다는 것을 암시한다.

을 방지하기 위함이다. 지각에서의 직접파 P_g는 거의 수평에 가까운 도달하는 것으로 표현되고, PmP는 모호면에서 반사된 P파이며, P_n은 모호면을 따라서 전파한 상부 맨틀의 선두파이다. 추가적으로 지각 내 반사파는 P2P, P3P 등으로 표시된다.

대륙 지각의 수직 구조는 해양 지각의 수직 구조보다 복잡하며 고대 순상지 지역 아래의 구조는 젊은 분지 아래의 구조와는 다르다. 따라서 어떤 특정 대표 모델로 일반화하는 것은 더 어렵다(그림 7.40). 가장 눈에 띄는 차이점은 대륙 지각이 해양 지각보다 훨씬 더 두껍다는 것이다. 판구조론적으로 안정된 대륙 지역에서 지각은 평균 두께가 35~40 km이고, 젊은 산맥 아래에서는 종종 50~70 km 두께이다. 대륙 모호면의 경계는 항상 날카로운 것이 아니다. 어떤 곳에서는 지각에서 맨틀로의 전이가 층상 구조로 점진적일 수도 있다. 원래 콘래드(Conrad)의 지진 불연속면은 상부 지각(화강암) 층을 하부 지각(현무

그림 7.39 스위스 알프스의 주향과 평행한 남서-북동 굴절 지진 단면도로 송신원 위치로부터 거리의 함수로서 환산 주시를 보여 준다. 출처 : H. Maurer and J. Ansorge, Crustal structure beneath the northern margin of the Swiss Alps, *Tectonophysics*, 207, 165–181, 1992.

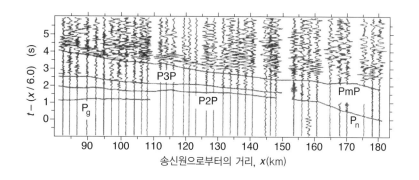

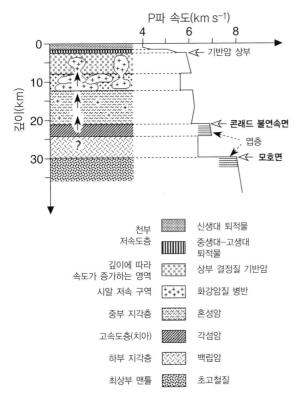

그림 7.40 대륙 지각에 대한 일반화된 암석 모델 및 P파 속도-깊이 단면도. 출처 : S. Mueller, A new model of the continental crust, in: *Geophysical Monograph 20: Earth's Crust*, J.G. Heacock, ed., pp. 289–317, Washington, D.C.: American Geophysical Union, 1977.

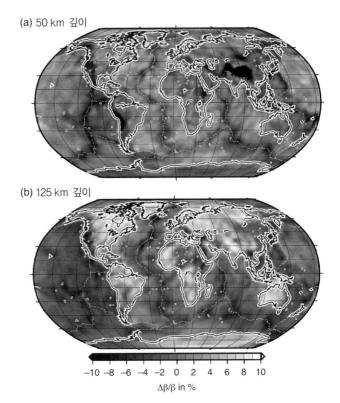

그림 7.41 상부 맨틀의 전단파 속도 구조의 수평 평면(horizontal slice). (a) 50 km 깊이에서의 상대적인 전단 속도 변화. 안데스산맥과 히말라야산맥 아래의 매우 느린 속도 지역은, 실제로 50 km 이상 깊이로 확장되는 두꺼운 지각에 해당한다. (b) 125 km 깊이에서의 상대 전단 속도 변화. 대륙 지역의 고속도와 중앙 해령 지역의 저속도가 특히 눈에 띈다(Andrew Schaeffer 제공, Schaeffer and Lebedev, 2013의 연구를 기반으로 함).

상대 P파 속도의 온도 민감도 $(\Delta\alpha/\alpha)/\Delta T$는 대략 $0.5 \cdot (\Delta\beta/\beta)/\Delta T$이다. 이는 특정 온도 변화에 의해 유발되는 P파 속도의 변화가 S파 속도 변화의 대략 절반 정도임을 의미한다. 따라서 S파 단층촬영은 P파 단층촬영보다 맨틀의 온도 이상을 더 잘 진단하는 경향이 있다. 깊이가 더 증가함에 따라 $(\Delta\beta/\beta)/\Delta T$ 및 $(\Delta\alpha/\alpha)/\Delta T$가 모두 감소하여 온도 변화가 덜 눈에 띄게 된다. 예를 들어, $(\Delta\beta/\beta)/\Delta T$는 200 km 깊이에서 100°C당 약 -1%이고 600 km 깊이에서 100°C당 약 -0.5% 정도이다.

중앙 해령을 추적하는 것 외에도, 대부분의 열점 아래 상부 맨틀 내에서 수 퍼센트의 저속도 이상치를 갖는 좁은 영역이 발견되었다(그림 7.42a, b, 그림 2.21). 이러한 이상치 중 일부는 100 km의 상부 영역에 국한된 것으로 보인다. 예를 들어 아이슬란드와 하와이 하부에 존재하는 저속도 이상치는 좁은 맨틀 플룸이 뜨거운 물질을 표면까지 운반한다는 열점의 가설과 일치하며, 수백 킬로미터 깊이까지 존재할 수 있다(2.8절).

상부 맨틀에서 우세한 고속도 이상대는 안정적인 대륙 지각 내부의 아래에서 발견된다(그림 7.41). 캐나다 순상지, 동유럽 플랫폼, 호주 중부 및 서부의 대부분 지역이 이에 해당한다. 이러한 지역은 형성 이후 수십억 년 동안 냉각되었으며, 그 결과 낮아진 온도가 탄성파 속도 상승에 반영된다. 이상치의 깊이 범위는 일반적으로 150~250 km이며, 이는 종종 대륙 암석권의 두께로 해석된다.

뚜렷한 고속 이상치는 또한 차가운 해양 암석권이 맨틀 아래로 내려가는 섭입대 아래에서도 발견된다(그림 7.42e, f). 일부 섭입대에서 섭입하는 차가운 슬랩은 전이대를 통해 침투할 수 있고, 하부 맨틀 깊숙이 가라앉을 수도 있다. 다른 경우에는 660 km의 불연속면이 섭입하는 슬랩의 하향 운동을 차단하고 수평으로 퍼지게 한다. 660 km의 불연속면을 관통하는 일부 슬랩은 하부 맨틀 깊숙이 가라앉는 것으로 보인다. 일부는 실제로 핵-맨틀 경계에 도달할 수도 있다.

7.4.6.3 410 km 불연속면과 660 km 불연속면

깊이가 증가함에 따라 압력이 증가하게 되면, 결정격자의 원자가 더 조밀하게 채워지는 광물로의 상전이가 발생한다. 평균

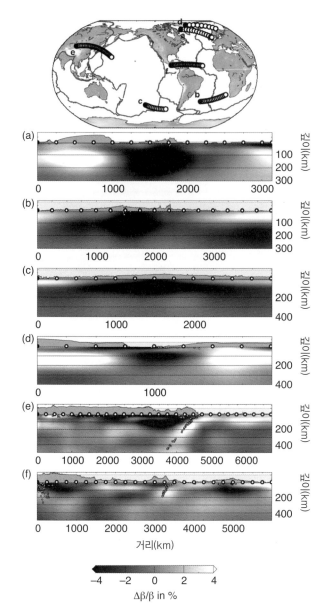

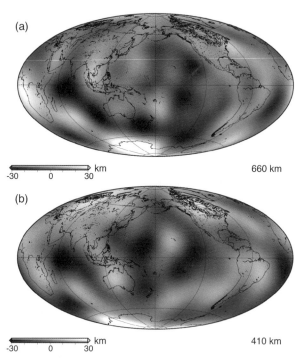

그림 7.43 (a) 660 km 불연속면과 (b) 410 km 불연속면의 깊이 변화. (Maria Koroni 제공, Meier et al., 2009의 자료를 기반으로 함.)

그림 7.42 상부 맨틀의 상대적인 전단파 속도 변화. 수직 단면은 열점을 통과한다. (a) 아이슬란드, (b) 트리스탄다쿠냐(Tristan da Cunha)(그림 2.21 참조). 일반적인 해령[(c) 및 (d)], 섭입대[(e) 및 (f)]. 작은 점들은 대부분 섭입하는 판의 와다치-베니오프 영역에 위치한 진원을 표시한다. (Andrew Schaeffer 제공, Schaeffer and Lebedev, 2013의 연구를 기반으로 함.)

깊이 약 410 km에서 감람석(olivine)은 스피넬(spinel)로 변하고, 약 660 km 깊이에서 페로브스카이트(perovskite)와 페로페리클라아제(ferropericlase)로 변한다. 지진학적으로 이러한 전이는 하강하는 지진파가 표면으로 다시 반사되어 돌아오는 불연속면으로 볼 수 있다.

특정 위치에서는 맨틀 불연속면의 깊이가 410 km와 660 km의 평균에서 벗어날 수도 있다. 이것은 온도와 조성의 수평적 변화의 결과이다. 예를 들어, 100°C의 온도 감소는 410 km의

불연속성을 위쪽으로 약 8 km, 660 km의 불연속을 약 6 km 아래쪽으로 이동시킨다. 온도 증가에 따른 상전이의 깊이(또는 압력) 변화를 클라페이롱 기울기(Clapeyron slope)라고 한다.

맨틀 불연속부의 깊이를 지도화하는 것은 불연속면에서 반사된 파동의 이동 시간이 불연속면과 지진계가 위치한 지구 표면 사이의 탄성파 속도와 깊이에 따라 달라지기 때문에 복잡한 작업이다. 결과적으로 지진 자료로부터 지진 속도 구조와 불연속 깊이를 동시에 추정할 필요가 있다.

이러한 복잡성에도 불구하고, 660 km의 불연속면의 깊이 변화는 수천 킬로미터의 길이 규모에서 잘 알려져 있다(그림 7.43a). 660 km 불연속면에 대한 가장 확고한 특징 중 하나는 태평양의 넓은 부분 아래에서 10~20 km 위쪽으로 올라간 것이다. 약 160~320°C의 해당 온도 편차는 판 경계에서 멀리 떨어진 태평양의 수많은 화산을 공급하고 있는 뜨거운 용승 물질과 관련된 것으로 종종 해석된다(슈퍼 플룸에 대해서는 9.9.4절 참조). 대조적으로, 태평양의 가장자리는 평균 온도보다 낮아서 이를 반영하여 660 km 불연속면이 아래로 내려간다. 이는 맨틀 하부로 내려가는 차가운 암석 슬랩과 관련이 있을 가능성이 가장 크다.

410 km의 불연속면은 표면에 더 가깝지만 깊이 변화에 대해서는 덜 알려져 있는데, 이는 더 복잡한 구조 때문일 수 있

그림 7.44 지구의 깊은 맨틀에서의 상대적인 S파 속도(왼쪽)와 P파 속도(오른쪽) 변화. 2,000 km 깊이와 2,850 km 깊이의 단면이며, 2,850 km는 핵-맨틀 경계의 바로 상부이다. (Paula Koelemeijer 제공, Koelemeijer et al., 2016의 연구를 기반으로 함.)

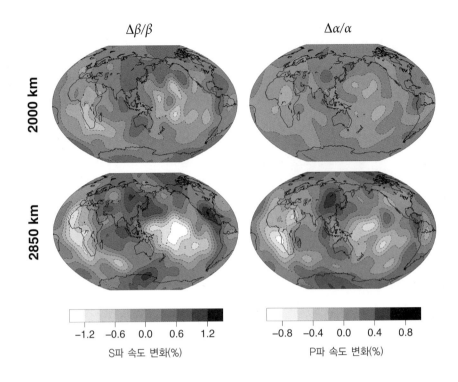

다. 사실, 410 km의 불연속면은 실제로 날카로운 불연속면이 아니라 더 낮은 지진파 속도에서 더 높은 지진파 속도로의 부드러운 전환일 수도 있다. 다른 요인들 중에서 전이대의 두께는 감람석의 결정격자에 내장된 수소의 양에 따라 달라지는데 어떤 곳에서는 20 km 이상일 수도 있다. 전이의 두께를 미리 알지 못한다면, 지진 신호의 해석과 그림 7.43b와 같이 불연속면의 깊이 모델 모두를 복잡하게 만든다. 예를 들어, 태평양과 인도양에서 410 km 불연속면의 20 km 이상의 강한 상하 편차가 발견되는데, 이는 온도의 변화뿐만 아니라 수소의 함량을 포함한 화학적 조성이 변화한 결과이다. 이러한 요인들의 상대적인 기여는 다소 수수께끼로 남아 있다.

7.4.6.4 하부 맨틀

지구의 상부 맨틀의 지진파 속도 구조는 대부분 판구조 운동 과정을 반영하지만, 하부 맨틀에서는 S파와 P파 속도가 모두 평균보다 낮은 두 개의 큰 저속 지역(Large Low-Velocity Province, LLVP)이 우세하다(그림 7.44). 흥미롭게도 두 LLVP는 거의 지구상의 정반대에 위치한다. 하나는 태평양 아래 중앙에 있고 다른 하나는 아프리카 아래로 약 180° 거리에 있다. 이 LLVP는 지구 외핵 표면의 거의 절반을 덮는다.

하부 맨틀의 단층촬영 이미지에서 잘 드러남에도 불구하고, LLVP의 물리적 특성은 여전히 논란의 여지가 있다. 하부 맨틀은 하부에 있는 외핵에 의해 아래에서 가열되는 비정상적으로 뜨거운 물질을 나타낼 수도 있다. 온도가 상승하면 LLVP가 주변 맨틀보다 밀도가 낮아져서 부력이 생긴다. 결과적으로 LLVP는 대기에서 뜨거운 공기 주머니가 상승하는 것처럼 천천히 표면을 향해 상승한다. 이러한 순전히 열적인 해석 내에서는 LLVP를 종종 슈퍼 플룸이라고 한다.

다른 해석으로, LLVP는 상승된 온도와 다른 화학적 조성을 모두 가짐으로써 비이상적으로 낮은 속도를 얻을 수도 있다. 후자인 화학적 조성의 변화는 정상적인 하부 맨틀 물질보다 적은 양의 마그네슘과 더 많은 규소를 함유하는 현무암질 해양 지각의 섭입으로 인해 발생할 수 있다. 주변 하부 맨틀에 비해 현무암질 물질이 많을수록 밀도가 높아지게 된다. 따라서 순수한 열적 슈퍼 플룸과 달리 이 물질은 부력이 없다. 대신 핵-맨틀 경계 위에 안정적으로 위치하여 상승하는 경향이 거의 없다. 이 시나리오의 맥락에서 LLVP는 흔히 열화학적 더미(thermochemical pile)라고 한다.

지구의 열 수지에 대한 이 두 가지 경쟁 가설은 매우 다른 의미를 갖는다. 슈퍼 플룸은 열을 위쪽으로 수송하는 반면, 열화학적 더미는 외핵에서 맨틀로의 열 수송을 방해하는 단열재 역할을 한다. 이러한 기능을 구별하기 위해 지진학자들은 상대 S파 속도 변동 $\Delta\beta/\beta$와 상대 P파 속도 변동 $\Delta\alpha/\alpha$의 비율을 연구한다.

$$R = \frac{\Delta\beta/\beta}{\Delta\alpha/\alpha} \qquad (7.28)$$

여기서 $\Delta\beta$와 $\Delta\alpha$는 m s^{-1} 단위의 절대 속도 변동값이다. 광물 물리학 실험에 따르면 하부 맨틀에서 2~2.5 미만의 R 값은 화학 조성의 균질성을 지시한다. 즉, 다른 조성을 가진 물질이 없다는 것이다. 지진파 단층촬영에서 종종 핵-맨틀 경계와 약 2,000 km 깊이 사이에서 R이 2.5보다 약간 높은 것이 발견되는데, 이는 화학적으로 구별되는 물질이 소량 존재함을 시사한다. 그러나 최종 결론을 내리기에는 현재의 단층촬영 모델의 불확실성이 너무 크다.

7.5 더 읽을거리

입문 수준

Bolt, B. A. 2003. *Earthquakes*. New York: W.H. Freeman and Co.

Bryant, E. 2001. *Tsunami: The Underrated Hazard*. Cambridge: Cambridge University Press.

Sykes, L.R. 2019. *Plate Tectonics and Great Earthquakes: 50 Years of Earth-Shattering Events*. New York: Columbia University Press.

Walker, B. S. 1982. *Earthquake*. Alexandria, VA: Time-LifeBooks Inc.

심화 및 응용 수준

Fowler, C. M. R. 2004. *The Solid Earth: An Introduction to Global Geophysics* (2nd ed.). Cambridge: Cambridge University Press.

Igel, H. 2017. *Computational Seismology*. Oxford: Oxford University Press.

Iyer, H. M. and Hirahara, K. (eds.) 1993. *Seismic Tomography: Theory and Practice*. London: Chapman and Hall.

Karato, S.-I. 2013. *Physics and Chemistry of the Deep Earth*. Oxford: Wiley-Blackwell.

Nolet, G. 2008. *A Breviary of Seismic Tomography*. Cambridge: Cambridge University Press.

Science: Special Section. 2005. The Sumatra–Andaman Earthquake. *Science*, 308, 1125–1146.

7.6 복습 문제

1. 탄성 반발 모델로 구조적 지진의 기원을 어떻게 설명하는가?

2. 지진의 진앙이란 무엇인가? 지진의 진앙지를 어떻게 찾을 수 있는지 설명하시오. 이를 위하여 지진 기록이 최소 몇 개 필요한가?

3. 지진의 진도(intensity)와 규모(magnitude)의 차이를 설명하시오.

4. 어떤 지진의 규모가 다른 지진의 규모보다 0.5 더 크면, 얼마나 더 많은 에너지를 방출하는가?

5. 지진해일은 어떻게 발생하는가? 지진해일이 넓은 바다에서는 거의 눈에 띄지 않지만, 해안에 도달하면 매우 위험하게 변하는 이유는 무엇인가?

6. 지구의 지진 활동 지역의 지리적 분포를 설명하시오.

7. 다음의 3가지 주요 판 경계에서 지진이 어떻게 분포하는지 그림으로 설명하시오. (a) 확장 해령, (b) 변환단층, (c) 섭입대.

8. 각 판 경계 유형에서 발생하는 지진을 특성화하는 단층면해를 그리시오. 그리고 그것이 판구조 운동과 관련된 단층면해의 중요성을 설명하오.

9. 변형 단층에서 지진의 분포와 단층면해는 주향이동단층과 어떻게 다른가?

10. 지진의 예측(prediction), 예보(forecasting), 조기 경보(early warning)의 차이점은 무엇인가?

11. 지진 재해(seismic hazard)와 지진 위험(seismic risk)의 차이점은 무엇인가? 이러한 개념은 지진의 진도와 규모와 어떤 관련이 있는가?

12. 모호로비치치 불연속면이란 무엇인가? 이 불연속면에 대한 지진학적 증거는 무엇인가? 모호로비치치 불연속면의 대륙, 바다 및 전 세계의 평균 깊이는 얼마인가?

13. 지구 내부의 주요 불연속면에서 지진파 속도는 어떻게 변하는가? 이러한 불연속면은 어떤 특징이 있는가?

14. 지구의 횡단면에 다음 파선의 경로를 그리시오. (a) PKP, (b) SKS, (c) PcP, (d) PPP.

15. PKIKP파는 무엇인가? 이 파동이 통과하는 각 불연속면에서 이 파동의 굴절을 설명하시오.

16. 지구의 상부 맨틀과 하부 맨틀에서 전단 속도의 비균질성의 주요 특징은 무엇인가? 이는 판구조론과 같은 과정과 어떤 관련이 있는가?

7.7 연습 문제

1. 일본 연안에서 발생한 강한 지진에 의해 지진해일이 발생하고, 태평양을 가로질러 전파된다(평균 깊이 $d = 5$ km).

   (a) 주기 30분인 파동이 우세할 때, 지진해일의 속도와 그에 해당하는 파장을 계산하시오.

   (b) 파동이 진앙으로부터 54°의 각거리에 있는 하와이에 도달하는 데 얼마나 걸리는가?

2. 수심이 d인 해파의 주파수 ω와 파수 k 사이의 분산 관계는 다음과 같다(글상자 7.1).

   $$\omega^2 = gk \tanh(kd)$$

   (a) 수심보다 훨씬 짧은 파장에 대하여 이 식을 수정하시오.

   (b) 이 파동의 위상 속도를 결정하시오.

   (c) 파동의 군속도가 위상 속도의 절반임을 입증하시오.

3. 2층 지구 모델에서 맨틀과 핵은 각각 균질하며 핵의 반지름은 지구의 반지름의 1/2이라고 하자. 진앙 거리 Δ에서 위상 PcP의 도달 시간 t에 대한 이동 시간 곡선의 공식을 유도하시오. 이 모델에서 가능한 Δ의 최댓값에 대해서 공식을 입증하시오.

4. 어떤 지진으로 인해 발생한 P파는 오전 10시 20분에, S파는 오전 10시 25분에 지진 관측소에 도착했다. P파의 속도가 5 km s^{-1}이고 포아송비가 0.25라고 가정하여, 지진이 발생한 시간과 관측소로부터의 진앙 거리를 각도로 계산하시오.

5. 다음 표는 인근에서 발생한 어떤 지진으로부터 P파(t_p)와 S파(t_s)가 도달하는 시간을 나타낸다.

기록 시간	시간 [시:분]	t_p(s)	t_s(s)
A	23:36	54.65	57.90
B	23:36	57.34	62.15
C	23:37	00.49	07.55
D	23:37	01.80	10.00
E	23:37	01.90	10.10
F	23:37	02.25	10.70
G	23:37	03.10	12.00
H	23:37	03.50	12.80
I	23:37	06.08	18.30
J	23:37	07.07	19.79
K	23:37	08.32	21.40
L	23:37	11.12	26.40
M	23:37	11.50	26.20
N	23:37	17.80	37.70

   (a) 와다치 다이어그램을 만들기 위하여, P파의 도달 시간에 대한 도달 시간의 차이($t_s - t_p$) 곡선을 그리시오.

   (b) 탄성파 속도의 비율 α/β를 결정하시오.

   (c) 지진이 발생한 시간(t_0)을 결정하시오.

7.8 컴퓨터 실습

이 장에 대한 Jupyter notebook 실습 자료를 http://www.cambridge.org/FoG3ed에서 내려받기를 할 수 있다: (Origin time and location)

8

지구연대학

미리보기

지구와 달의 공전 및 자전은 우리에게 친숙한 시간 단위를 정의한다. 이러한 단위에서 지질학적 시간은 수억, 심지어 수십억 년을 포함할 정도로 거대하다. 지질학적 시간은 암석과 화석 기록으로 실용적 단위로 세분된다. 이 기록은 지질학 초기에는 지구의 나이를 추정하는 데 사용되었으나 본질적으로 잘못된 가정에서 시작하여 잘못된 값이 얻어졌다. 다양한 방사성 동위원소의 붕괴를 사용한 방사성 연대 측정이 어떻게 일관되고 신뢰할 수 있는 연대를 제공하는지, 그리고 지구의 나이가 약 45억 년이라는 것을 보여 줄 것이다. 현대 분석의 핵심 장비는 질량분석기이다. 질량분석기는 아주 작은 시료, 심지어 단일 입자이더라도 연령을 결정할 수 있다. 방사성 연대 측정은 예를 들어 거대한 빙상과 지하수의 연대 측정과 같은 지구환경 문제에 사용할 수 있다.

8.1 시간

시간은 철학적이면서 동시에 물리적인 개념이다. 시간에 대한 우리의 인식은 두 사건 중 어느 것이 다른 사건보다 먼저 일어났는지를 결정하는 능력이다. 우리는 우리가 살아가고 있는 현시점과 그리고 그것을 끊임없이 대체해 나가는 과거의 기억을 통해 현재를 인식한다. 우리는 또한 어떤 면에서 현재를 대체할 예측 가능한 미래를 인식한다. 아이작 뉴턴은 시간의 흐름을 일정한 속도로 무심하게 흐르는 강과 같다고 시각화했다. 시간이 독립적인 실체라는 가정은 모든 고전 물리학의 기초가 된다. 아인슈타인의 상대성 이론에 따르면 서로 상대적으로 움직이는 두 관찰자에게 시간에 대한 인식이 다르리라는 것을 보여 주지만, 빛의 속도에 거의 근접하는 물리적 현상만이 영향을 받는다. 일상적 생활과 비상대론적 과학에서는 절대량으로서의 시간에 대한 뉴턴의 개념이 우세하다.

시간 측정은 반복 현상의 주기(및 주기의 일부)를 세는 것을 기반으로 한다. 선사시대 사람은 낮과 밤의 차이를 구별하고 달의 위상을 관찰했으며 연중 계절의 규칙적인 반복을 알고 있었다. 이러한 관찰로부터 일, 월, 년이라는 시간의 단위가 생겼다. 시계가 발명된 후에야 하루를 시, 분, 초로 세분할 수 있었다.

8.1.1 시계

최초의 시계는 이집트인에 의해 개발되었으며 나중에 그리스와 로마에 도입되었다. 기원전 2000년경, 이집트인들은 물시계(또는 clepsydra)를 발명했다. 원시 형태의 이집트 물시계는 물이 작은 구멍으로 천천히 빠져나갈 수 있는 용기로 구성되었다. 시간의 경과는 용기에 담긴 물의 깊이 변화를 관찰하거나 (측면에 눈금을 사용하여) 빠져나간 물의 양을 재서 결정할 수 있다. 이집트인(또는 아마도 메소포타미아인)은 해시계도 발명한 것으로 알려져 있다. 초기 해시계는 막대, 돌기둥, 피라미드 또는 오벨리스크와 같은 장치로 구성되어 그림자를 드리웠다. 이 그림자의 방향과 길이의 변화로 시간의 흐름을 관찰하였다. 삼각법이 개발된 후 해시계는 정확하게 눈금을 매기고 시간을 정확하게 측정할 수 있었다. 기계식 시계는 기원후 1000년경에 발명되었지만, 안정적이고 정확한 진자시계는 17세기에 처음 사용되었다. 가는 철사로 그림자를 드리운 정확한 해시계는 19세기까지 기계식 시계를 맞추고 교정을 확인하는 데 사용되었다.

8.1.2 시간의 단위

하루는 자전축을 중심으로 회전하는 지구의 자전으로 정의된다. 하루는 항성이나 태양을 기준으로 정의할 수 있다(그림 8.1). 지구가 360° 자전하여 기준이 되는 고정된 항성이 같은 자오선으로 돌아가는 데 필요한 시간으로 항성일을 정의한다. 모든 항성일은 길이가 같다. 항성시는 항성의 절대 기준계에 상대적인 회전 속도가 필요한 과학적 계산에 사용된다. 지구가 자전축을 중심으로 회전하면서 태양을 기준으로 같은 자오선으로 돌아가는 데 필요한 시간으로 태양일을 정의한다. 지구는 자전축을 중심으로 자전하면서 공전 궤도를 따라 앞으로 이동한다. 태양 주위를 공전하는 궤도 운동은 약 365일 동안 360°를 돌아가므로 하루에 지구는 공전 궤도에서 약 1° 앞으로 움직인다. 태양이 기준 자오선으로 되돌아가려면 지구는 이 추가 각도만큼 더 회전해야 한다. 따라서 태양일은 항성일보다 약간 더 길다. 태양일은 지구의 공전 속도가 일정하지 않기 때문에 길이가 같지 않다. 예를 들어 지구는 공전 궤도에서 근일점에서 원일점보다 더 빠르게 앞으로 이동한다(그림 1.4 참조). 근일점에서 태양에 대한 더 빠른 각속도로 공전함으로 지구가 태양 자오선을 따라잡기 위해 평균보다 더 큰 각도로 회전해야 한다. 따라서 근일점에서 태양일은 평균보다 길다. 원일점에서는 그 반대이다. 황도의 경사는 태양일의 길이에 추가적인 변화를 일으킨다. **평균 태양시**는 태양일의 평균 길이로 정의된다. 평균 태양시는 지구상에서 가장 실용적인 목적으로 사용되며 시, 분, 초를 정의하는 기초가 된다. **평균 태양일**은 정확히 86,400초이다. 항성일의 길이는 약 86,164초이다.

항성월은 달이 지구를 한 바퀴 돌면서 주어진 별의 천구

경도로 돌아오는 데 필요한 시간으로 정의된다. 항성월은 27.32166(태양)일과 같다. 태양에 대한 달의 운동을 설명하려면 궤도 주위의 지구의 운동을 고려해야 한다. 같은 자오선에서 태양, 지구, 달이 연속적으로 정렬하는 사이의 시간이 삭망월이다. 삭망월은 29.53059일에 해당한다.

항성년은 지구가 항성에 대해 공전 궤도의 같은 지점을 연속적으로 점유하는 사이에 경과된 시간으로 정의된다. 항성년은 평균 태양일 365.256일과 같다. 1년에 두 번, 봄과 가을에 지구는 태양 주위를 공전하는 궤도에서 낮과 밤의 길이가 지구의 어느 지점에서나 같아지는 위치를 지난다. 봄에 나타나는 이런 특정한 지점을 춘분점이라고 한다. 가을은 추분점이라고 한다. 태양년(정확히 회귀년이라고 함)은 연속적인 춘분점 사이의 시간으로 정의된다. 태양년은 365.242 평균 태양일과 같으며 항성년보다 약간 짧다. 작은 차이(0.014일, 약 20분)는 역행하는 (즉, 태양에 대한 지구 공전의 반대 방향) 춘분점의 세차 운동 때문이며, 그에 따라 회귀년의 길이가 줄어든다.

불행히도 항성년과 회귀년의 길이는 일정하지 않고 느리지만 측정 가능한 수준으로 변한다. 세계 표준을 정하기 위해 과학적 시간의 기본 단위는 1900년 회귀년의 길이로 1956년에 정의되었으며 **역표시**(Ephemeris Time, ET)로서 31,556,925.9747초로 설정되었다. 초에 대한 이러한 정의조차도 현대 물리학의 요구에 만족할 만큼 충분히 일정하지 못하다. 뛰어난 정확도를 제공하는 매우 안정적인 원자시계가 개발되었다. 예를 들어, 알칼리 금속 세슘은 주파수가 조정된 무선 주파수 회로의 공명으로 정확하게 결정될 수 있는 뚜렷하게 정의된 원자 스펙트럼 라인을 가지고 있다. 이것은 세슘 원자시계의 9,192,631,770 주기의 지속 시간으로 역표시 초에 대한 물리적 정의를 제공한다.

19세기 중반에 영국 그리니치에서 태양이 정점(즉, 정오)에 도달한 시간은 민간 목적(기차 시간표 동기화 같은)을 위한 시간 측정의 기준으로 채택되었다. 이것은 지구의 자전을 기반으로 하는 세계시(Universal Time, UT)로 대체되었다. 시간 표준의 주요 형식은 천문 및 우주 기술(예 : 3.5.4절의 GPS, 3.5.8절의 초장기선 전파 간섭계)을 사용하여 지구의 회전 각도를 정확하게 측정하는 UT1이다. UT1은 과학적 목적으로 사용되는 시간의 기준 측정이다. 협정 세계시(Coordinated Universal Time, UTC)는 고정밀 원자시계를 기반으로 하는 시간 척도이다. UTC는 지구에서 민간 시간 측정의 기초이다. 지구의 자전이 완전히 규칙적이지 않기 때문에(3.3.5절), UT1(천문)과

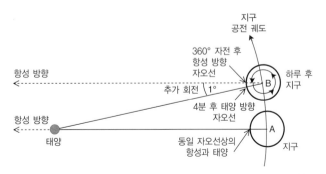

그림 8.1 항성일은 고정된 항성에 대해 지구가 360° 회전하는 데 걸리는 시간이다. 태양일은 태양을 기준으로 자오선 사이를 1회전하는 데 걸리는 시간이다. 지구도 태양을 공전하고 있으므로 태양일의 회전 각도는 항성 기준으로 회전한 360°보다 약간 더 크다.

그림 8.2 미국 지질학회 2012 년판 간략한 지질 연대표. 자료 출처 : Gradstein et al., *The Geologic Time Scale 2012*, Amsterdam: Elsevier.

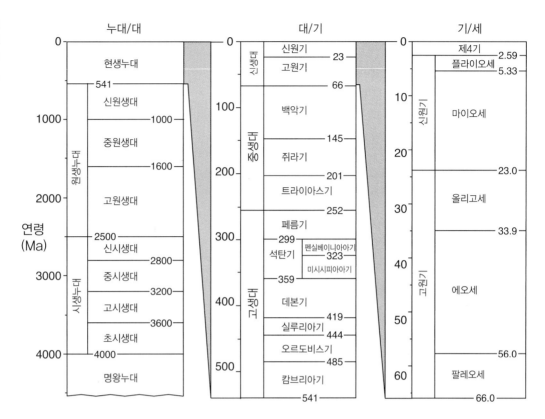

UTC(원자) 시간 척도는 약간 다르다. 따라서 때때로 '윤초'를 UTC에서 추가하거나 빼서 서로 1초 이내에 시간 척도를 유지한다. 기본 시간 단위를 정의하는 다양한 방식은 천문학 및 위성 측지학의 일부 문제에는 중요하지만, 대부분의 지구물리학 응용에서는 서로 다른 시간 정의에 대한 사소한 차이는 무시될 수 있다.

8.1.3 지질 연대표

화성암은 마그마의 불연속적이고 짧은 기간의 분출로 형성되는 반면, 일련의 퇴적암은 형성되는 데 매우 오랜 시간이 걸린다. 많은 퇴적층에는 화석, 즉 퇴적 분지나 그 근처에 살았던 생물의 잔여물이 퇴적물에 포함되어 있다. 진화는 특정 지층의 화석에 식별 가능한 특성을 부여하여 다양한 화석군의 진화를 추적하고 이들의 출현과 멸종을 대비시키는 것이 가능하다. 이러한 특성으로 인해 같은 화석 집합의 일부 또는 전체를 포함하는 암석층과 모암층의 대비가 가능하며, 다른 지층과 비교하여 퇴적물의 연대를 결정할 수 있다. 점진적으로 생물층서 시간 척도(biostratigraphical timescale)가 확립되어 퇴적 시퀀스의 상대 연대를 정확하게 결정할 수 있게 되었다. 이러한 정보는 모든 지질 연대표에 내재되어 있다.

지질 연대표는 두 가지 다른 유형의 정보를 결합한다. 기본 기록은 암석 시퀀스 간의 관계를 보여 주는 연대층서 척도(chronostratigraphical scale)이다. 이것은 연속적인 퇴적과 완전한 화석 집합체를 포함한 층서학적 단면을 자세히 설명한다. 두 암석 시퀀스 사이의 경계는 참조의 기준이 되며 그것이 발생하는 층서단면을 표준층서 경계(boundary stratotype)라고 한다. 연령이 기준점과 연결되면 척도가 지질 연대표에 포함된다. 시간은 누대(eon)라고 하는 주요 단위로 나뉜다. 누대 단위는 대(era)로 세분된다. 대는 차례로 기(period)로 세분되고 기는 여러 세(epoch)를 포함한다. 연대 측정에 방사성 동위원소가 도입되기 전의 지질 연대표에서는 단위 시간의 길이를 에오세 기간의 배수로 표현하였다. 현대의 지질 연대표는 정상 시간 단위로 맞춰진 동위원소 연대를 기반으로 한다.

지질 연대표는 지속적으로 수정되고 갱신된다. 국제층서경계 표식단면 및 지점(Global Boundary Stratotype Section and Point, GSSP)의 중요한 경계에 대한 개선된 설명, 서로 다른 연대층서 단위의 더욱 정교한 대비, 더 정확한 동위원소 연대 측정을 이용한 보정으로 지질 연대표는 자주 수정된다. 그림 8.2는 최신 지질 연대표의 예를 보여 준다.

8.2 지구 연령 추정의 역사

지구 연령에 대한 초기 추정은 종교적 신념에 의해 지배되었다. 일부 고대 동양 철학자들은 지구가 수백만 년 동안 존재해왔다고 믿었다. 그러나 이 주제에 대한 서양 사상은 수 세기 동안 유대교와 기독교 신앙의 교리에 의해 지배되었다. 구약성경의 가계도와 언급된 인물들의 생애 및 세대의 길이를 합산하여 지구 연령을 추정하였다. 일부 추정치에는 다른 고대 경전이나 관련된 출처의 정보도 포함되어 있다. 천지창조의 시기로 추정한 지구의 연령은 변함없이 10,000년 미만이었다.

성경으로 추정한 가장 잘 알려진 천지창조 시기는 아일랜드 대주교 어셔(James Ussher, 1581~1656)에 의해 이루어졌다. 구약과 고대 두루마리에 기록된 사건을 분석하여 어셔는 정확한 천지창조 시기가 기원전 4004년 10월 22일 밤이 시작될 무렵이라고 선언하였고, 따라서 지구의 나이는 약 6,000세라고 했다. 다른 성서학자들도 비슷하게 지구 연령을 추측했다. 이러한 유형의 '창조론자'의 지구 연령 추정치는 성경을 문자 그대로 해석하려는 믿음을 가진 많은 근본주의 기독교인들이 여전히 선호하고 있다. 더 폭넓은 신앙을 가진 성서학자들은 과학적 방법론과 실측에 기초한 추정 연령을 인정한다.

19세기 후반에 자연철학(이후 물리학이라 불리는)의 발전으로 태양계의 물리적 특성으로부터 지구 연령을 계산했다. 이들 중에는 태양의 냉각, 지구의 냉각, 지구-달 거리의 느린 증가에 근거한 추정치가 있었다. 화학자들은 바다가 염분을 얻는 데 필요한 시간을 추정하여 지구의 연대를 측정하려고 시도하였고, 지질학자들은 퇴적물과 퇴적암이 퇴적되는 데 걸리는 시간으로 추측했다.

8.2.1 태양의 냉각

현대 철학자들은 창세기에 기록된 성경의 연대기적 '순서'를 차치하고 지구가 태양보다 더 오래될 수 없다고 주장한다. 태양은 우주로 에너지를 지속해서 복사하며 식어 간다. 태양과 지구까지의 거리(1 AU)에서 초당 1제곱미터에 떨어지는 태양 에너지의 양을 태양 상수라고 한다. 태양 상수는 1,360 W m^{-2}이다. 초당 태양에서 손실된 에너지의 양은 태양 상수에 반지름이 1 AU인 구의 표면적을 곱하여 구한다. 이 간단한 계산으로 태양이 3.83×10^{26} W의 비율로 에너지를 잃고 있음을 알 수 있다. 19세기에 방사능과 핵반응이 발견되기 전에는 태양 에너지의 기원이 알려지지 않았다. 1856년에 독일 과학자 헬름홀츠

(H. L. F. von Helmholtz, 1821~1894)는 원래 팽창 상태이던 태양이 중력 응축으로 생긴 퍼텐셜 에너지의 변화가 태양 에너지의 기원일 것이라고 제안했다. 밀도가 균일하고 반경이 R_s인 질량 M_s의 응축 에너지 E_s는 식 (8.1)로 표시된다.

$$E_s = \frac{3}{5} G \frac{M_s^2}{R_s} = 2.28 \times 10^{41} \text{ J} \tag{8.1}$$

이 식에서 G는 중력 상수이다(3.2.1.1절 참조). 이 결과에서 비례 상수 3/5은 태양 내부의 밀도가 균일하게 분포한다는 가정에 기인한다. 응축 에너지를 에너지 손실률로 나누면 태양의 나이는 1천9백만 년이 된다. 중심으로 갈수록 밀도가 증가한다고 가정하면 중력 에너지는 약 3배 증가하고 그에 따라 추정된 태양의 나이도 3배 증가한다.

8.2.2 지구의 냉각

1862년에 나중에 켈빈 경이 되는 톰슨(William Thomson, 1824~1907)은 태양의 냉각을 더 자세히 조사했다. 다른 태양 에너지원에 대해 알지 못하였지만(의심스럽긴 하지만), 그는 중력 응축이 태양의 복사 에너지를 최소 1천만 년 동안 공급할 수 있지만 5억 년을 넘지 않을 것이라고 결론지었다. 같은 해에 그는 지구 냉각의 역사를 조사했다. 깊은 우물과 광산에서 온도를 측정한 결과를 보면 깊이에 따라 온도가 증가하는 것으로 나타났다. 온도 증가율 또는 온도 기울기(temperature gradient)는 가변적인 것으로 알려졌지만 매 50 ft마다 평균 약 1°F(0.036°C m^{-1})인 것으로 보인다. 켈빈은 지구가 천천히 열을 잃는다고 추정했고 냉각이 **열전도**만으로 이루어진다고 가정했다(9.4.1절). 이런 가정에 따라 그는 1차원 열전도 방정식(식 9.29와 글상자 9.2 참조)의 해로 지구의 나이를 추론할 수 있었다. 열전도 방정식은 시간 t과 깊이 z에서의 온도 T를 밀도(ρ), 비열(c) 및 열전도도(k)와 같은 냉각체의 물리적 특성으로부터 구한다.

이러한 변수는 특정 암석 유형에 대해 알려졌지만, 켈빈은 전체 지구에 대해 일반화된 값을 채택해야 했다. 이 모델은 지구가 초기에는 전체적으로 균일한 온도 T_0를 갖고, 외부로 냉각되어 현재 내부 온도가 표면 온도보다 높다고 가정한다. 시간 t가 지난 후 지구 표면의 온도 기울기는 식 (8.2)로 표시된다.

$$\left(\frac{dT}{dz}\right)_{z=0} = \sqrt{\frac{\rho c}{\pi k}} \frac{T_0}{\sqrt{t}} \tag{8.2}$$

켈빈은 뜨거운 지구에 대한 초기 온도를 7,000°F(3,871°C, 4,144 K)로 가정하고 표면 온도 기울기 및 열적 변수에 대한 현재 값을 가정했다. t에 대한 계산으로 냉각하는 지구로부터 추정한 지구 연령은 약 1억 년으로 산출되었다.

8.2.3 달-지구 거리 증가

달의 기원은 여전히 불확실하다. 그 유명한 찰스 다윈(Charles Darwin, 1809~1882)의 아들이자 조석 이론의 선구자인 조지 다윈(George H. Darwin, 1845~1912)은 달이 빠른 회전으로 지구에서 찢어졌다고 추측했다. 달의 기원에 대한 다른 고전적인 이론(예 : 태양계의 다른 곳에서 달을 포착하거나 지구 궤도에서 부착 성장)과 마찬가지로 이 이론에는 결함이 있다. 1898년에 다윈은 달의 조석 마찰의 영향으로 지구의 나이를 설명하려고 했다. 조석으로 부풀어 오른 지구의 팽대부는 달의 인력과 상호 작용하여 지구의 자전을 늦추는 감속 돌림힘을 생성하여 하루의 길이를 증가시킨다. 동등하고 반대되는 반응은 지구가 달의 궤도에 가하는 돌림힘으로 각운동량을 증가시킨다. 3.3.5.2절에서 설명한 바와 같이, 이로 인해 달과 지구 사이의 거리가 증가하고 지구를 도는 달의 공전 속도가 감소하여 한 달의 길이가 늘어난다. 지구의 자전은 달의 자전보다 더 빠르게 감속하므로 결국 지구와 달의 각속도가 같아진다. 이 동기 상태에서 하루와 한 달은 각각 현재 하루 기준 길이로 약 47일 동안 지속되며 지구-달 거리는 지구 반지름의 약 87배가 된다. 현재 지구-달 거리는 지구 반경의 60.3배이다.

비슷한 추론으로 지구 역사 초기에 달이 지구에 훨씬 가까웠을 때 두 천체가 더 빨리 회전하여 더 이른 동기 상태를 추측할 수 있음을 시사한다. 그때는 하루와 한 달은 각각 현재 시간 기준으로 약 5시간 동안 지속되었을 것이며 지구-달 거리는 지구 반지름 약 2.3배가 되었을 것이다. 그러나 이 거리에서 달은 지구 반지름의 약 3배인 로슈 한계 내부에 있게 되며, 이 거리에서 지구의 인력이 달을 찢을 것이다. 따라서 이 조건이 실현될 가능성이 거의 없다.

다윈은 지구와 달이 초기에 불안정한 밀접한 관계에서 현재의 거리 및 회전 속도로 진행하는 데 필요한 시간을 계산하고 최소 5천6백만 년이 필요할 것이라고 결론지었다. 이것은 지구의 연령에 대한 독립적인 추정치를 제공했지만 불행히도 다른 모델과 마찬가지로 기본 가정에 결함이 있다.

8.2.4 해양의 염분

지구의 연령을 결정하는 몇 가지 방법은 바닷물의 화학적 성질에 기초하여 이루어졌다. 염분은 강으로 흘러 들어와 호수와 바다로 운반된다. 증발로 물이 제거되지만, 증기는 담수이므로 염분은 남아 시간이 지남에 따라 축적된다. 축적률을 측정하고 초기 염분 농도가 0이라고 설정하면 바다의 나이, 결국 추론으로 지구의 나이는 현재 염분 농도를 축적률로 나누어 계산할 수 있다.

염분을 이용하는 방법은 여러 가지 방식으로 시도되었다. 가장 주목할 만한 시도는 1899년 아일랜드 지질학자인 졸리(John Joly)의 방식이다. 그는 염분을 측정하는 대신 순수한 원소인 나트륨의 농도를 사용했다. 졸리는 바다의 총 나트륨 양과 연간 강에서 유입되는 양을 결정했다. 그는 지구의 가능한 최대 연령이 8천9백만 년이라고 결론지었다. 나중의 연령 추정에 나트륨 손실 가능성과 비선형 축적에 대한 수정이 포함되었지만 약 1억 년 미만의 비슷한 연대로 결정되었다.

화학적 방법의 주요한 결함은 나트륨이 바다에 지속해서 축적된다는 가정이다. 사실 모든 원소는 바다에 들어오는 비율과 거의 같은 비율로 바다에서 빠져나간다. 결과적으로 바닷물은 화학적으로 안정적인 성분비를 가지고 있으며 크게 변하지 않는다. 화학적 방법은 바다나 지구의 연령을 측정하는 게 아니고 나트륨이 제거되기 전까지 바다에 머무는 평균 체류 시간만을 측정한다.

8.2.5 퇴적물의 축적

물리학자와 화학자에게 뒤지지 않기 위해 19세기 후반 지질학자들은 퇴적물 축적에 대한 층서학적 증거를 사용하여 지구의 연령을 추정하려고 했다. 첫 번째 단계는 지질학적 시간의 개별 단위 동안 퇴적된 퇴적물의 두께를 결정하는 것이다. 두 번째 단계는 해당 퇴적 속도를 찾는 것이다. 이러한 변수를 알면 개별 단위로 표시되는 시간의 길이를 계산할 수 있다. 지구의 연령은 이 시간의 합이다.

지질학적 지구 연령 추정은 복잡한 문제로 가득 차 있다. 사암이나 셰일과 같은 규산염 기질을 가진 퇴적물은 기계적으로 퇴적되지만, 탄산염 암석은 해수로부터 침전으로 형성된다. 기계적 퇴적 속도를 계산하려면 투입 비율을 알아야 한다. 이를 위해서는 퇴적 분지의 면적(퇴적물을 공급하는 지역)과 토양 침식 속도를 알아야 한다. 초기 연구에 사용된 비율은 대체로 직관적이었다. 탄산염 암석에 대한 계산은 지표면에서 탄산칼슘 용액의 비율을 알아야 하지만 퇴적 분지의 깊이에 따른 용해도 변화를 보정할 수 없었다. 알려지지 않았거나 조잡하게 알려진 변수의 인해 지구의 연령은 수천만 년에서 수억 년에 이르는 수많은 다양한 지질학적 추정치가 나왔다.

8.3 방사능

1896년 프랑스 물리학자 베크렐(Henri Becquerel, 1852~1908)은 현상하지 않은 포장된 사진 건판에 우라늄 광석 시료를 놓았다. 현상 후 필름은 시료의 윤곽을 보여 주었다. 노출은 우라늄 시료에서 방출된 보이지 않는 광선에 기인했다. 방사능(radioactivity)으로 알려지게 된 이 현상은 지질학적 과정의 연대를 측정하고 지구와 태양계의 연령을 계산하는 가장 신뢰할 수 있는 방법을 제공한다. 방사능을 이해하기 위해서는 원자핵의 구조를 간략히 살펴보아야 한다.

원자핵은 양전하를 띤 양성자와 전기적으로 중성인 중성자를 포함한다. 정전기의 **쿨롱 힘**은 양성자를 서로 밀어낸다. 쿨롱 힘은 거리의 제곱으로 감소하고(10.2절 참조) 핵의 크기에 비해 먼 거리에 걸쳐 작용할 수 있다. 훨씬 더 강력한 핵력은 핵을 하나로 묶는다. 핵력은 양성자 사이, 중성자 사이, 그리고 양성자와 중성자 사이에 인력으로 작용한다. 핵력은 입자 사이의 떨어진 거리가 약 3×10^{-15} m 미만인 상대적으로 짧은 거리에서만 효과적이다.

핵이 Z개의 양성자를 가지고 같은 수의 음전하를 띤 전자로 둘러싸여 있어 전기적으로 중립인 원자를 가정하자. Z는 원소의 원자 번호이며 주기율표에서 위치를 정의한다. 핵의 중성자 개수인 N은 **중성자수**이고 양성자와 중성자의 총개수 A는 원자의 질량수이다. 중성자수가 다른 같은 원소의 원자를 동위원소라고 한다. 예를 들어, 우라늄은 92개의 양성자를 포함하지만 142, 143 또는 146개의 중성자를 포함할 수 있다. 다른 동위원소는 화학 기호에 질량수를 추가하여 ^{234}U, ^{235}U 및 ^{238}U로 구별한다.

쿨롱 척력은 핵의 모든 양성자 쌍 사이에 작용하는 반면 단거리 핵력은 근처의 양성자와 중성자에만 작용한다. 쿨롱 척력으로 인해 날아가는 것을 피하려고 약 20보다 큰 원자 번호 Z를 가진 모든 핵은 과잉 중성자($N > Z$)를 갖는다. 이것은 양성자에서 발생하는 척력 효과를 희석하는 데 도움이 된다. 그러나 $Z \geq 83$인 핵은 불안정하고 **방사성 붕괴**로 분해된다. 이것은

소립자와 다른 방사선을 방출하여 자발적으로 분해됨을 의미한다.

적어도 28개의 기본 입자가 핵물리학에 알려져 있다. 초기 연구자들은 가장 중요한 3가지 방사선 유형을 확인하였으며 α선, β선, 그리고 γ선이라고 한다. α선(또는 α 입자)은 주변 전자가 제거된 헬륨 핵이다. α선은 두 개의 양성자와 두 개의 중성자로 구성되므로 원자 번호 2와 질량수 4를 갖는다. β 입자는 전자이다. 일부 반응은 파장이 매우 짧고 특성이 X선과 유사한 γ선 형태로 추가 에너지를 방출한다.

8.3.1 방사성 붕괴

일반적인 유형의 방사성 붕괴는 원자핵의 중성자 n_0가 자발적으로 양성자 p^+와 β 입자(비궤도 전자)로 변하는 경우이다. β 입자는 반중성미자(ν)라고 불리는 또 다른 기본 입자와 함께 핵에서 즉시 방출되는데, 반중성미자는 질량도 전하도 없으므로 여기서 더 이상 신경 쓸 필요가 없다. 반응은 식 (8.3)으로 쓸 수 있다.

$$n_0 \Rightarrow p^+ + \beta^- + \nu \tag{8.3}$$

방사성 붕괴는 통계적 과정이다. 붕괴하는 핵을 어미(parent)로, 붕괴 후의 핵을 딸(daughter)로 부르는 것이 관례이다. 어떤 핵이 자발적으로 붕괴할지 미리 알 수는 없다. 그러나 어느 하나가 초당 붕괴할 확률은 붕괴 상수(decay constant) 또는 붕괴율(decay rate)이라고 하는 상수이다. 초당 붕괴하는 횟수를 핵의 활동비(activity)라고 한다. 초당 1회의 붕괴에 해당하는 방사능 단위는 베크렐(becquerel, Bq)이다.

통계적 과정은 실제로 오직 많은 수에만 적용되지만 방사성 붕괴 과정은 간단한 예를 들어 설명할 수 있다. 1,000개의 핵으로 시작하고 초당 붕괴 확률이 10개당 1개 또는 0.1이라고 가정하자. 첫 번째 1초에는 어미핵의 10%가 자발적으로 붕괴한다(즉, 100번의 붕괴가 발생함). 어미핵의 수는 900으로 줄어든다. 다음 1초에 어떤 어미핵이라도 붕괴할 확률은 여전히 10분의 1이므로 90번의 추가 붕괴를 예상할 수 있다. 따라서 2초 후에는 어미핵의 수가 810으로, 3초 후에는 729로 감소하는 식이다. 어미핵의 총수는 지속적으로 줄어들지만, 원칙적으로는 0에 도달하지 않고 오랜 시간이 지나면 점근적으로 0에 접근한다. 붕괴는 지수 곡선으로 표현된다.

붕괴율이 λ이면 짧은 시간 간격 dt에서 주어진 핵이 붕괴할 확률은 λdt이다. P개의 어미핵이 있는 경우 언제든지 시간 간

격 dt에서 감소하는 어미핵의 수는 $P(\lambda dt)$이다. 시간 간격 dt에서 자발적 붕괴로 인한 어미핵 수 P의 변화 dP는 식 (8.4)이다.

$$\frac{dP}{} = -\lambda P dt$$
$$\frac{dP}{dt} = -\lambda P \qquad (8.4)$$

이 식의 해는 식 (8.5)이다.

$$P = P_0 e^{-\lambda t} \qquad (8.5)$$

식 (8.5)는 초기 숫자 P_0에서 시작하여 어미핵의 수가 지수적으로 감소하는 것을 표현한다. 어미핵의 수가 감소하는 동안 딸핵의 수 D는 증가한다(그림 8.3). D는 P와 P_0의 차이이므로 식 (8.6)으로 표시된다.

$$D = P_0 - P = P_0(1 - e^{-\lambda t}) \qquad (8.6)$$

어미핵의 초기치인 P_0는 알려지지 않았다. 암석 시료는 어미핵의 잔류량 P와 딸핵의 양 D를 포함하고 있다. 식 (8.5)와 식 (8.6)에서 미지의 초기치 P_0를 제거하면 식 (8.7)이 된다.

$$D = P[e^{\lambda t} - 1] \qquad (8.7)$$

식 (8.4)는 초당 핵붕괴의 수(핵의 활동비)가 어미핵의 수에 비례함을 보여 준다. 따라서 주어진 시간에 활동비 A는 식 (8.5)와 유사한 방정식으로 초기 활동비 A_0와 관련된다.

$$A = \frac{\partial P}{\partial t} = -\lambda P_0 e^{-\lambda t}$$
$$A = A_0 e^{-\lambda t} \qquad (8.8)$$

1902년에 러더퍼드(E. Rutherford, 1871~1937)와 소디(F. Soddy, 1877~1956)가 실험으로 설명한 방사성 붕괴는 방사성 물질의 활동비가 반으로 감소하는 데 필요한 시간을 측정한 것에 기초한다. 이 시간은 붕괴의 반감기(half-life)로 알려져 있다. 첫 번째 반감기에는 어미핵의 수가 절반으로 감소하고, 두 번째 반감기에는 4분의 1로, 세 번째에서 8분의 1로 감소한다. 딸핵의 수는 같은 정도로 증가하므로 어미핵과 딸핵 수의 합은 항상 초기 어미핵의 수 P_0와 같다. P/P_0를 식 (8.5)에서 1/2로 설정하면 반감기 $t_{1/2}$과 붕괴 상수 λ 사이의 관계로 식 (8.9)를 얻는다.

$$t_{1/2} = \frac{\ln 2}{\lambda} \qquad (8.9)$$

1,700개 이상의 방사성 동위원소에 대해 붕괴율과 반감기가

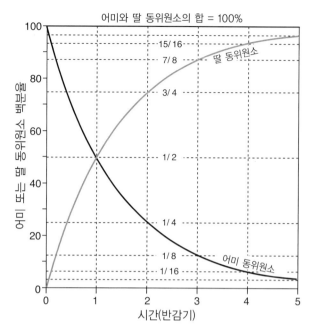

그림 8.3 전형적인 방사성 붕괴 과정에서 어미 동위원소 수의 기하급수적 감소와 그에 따른 딸 동위원소의 수 증가.

알려져 있다. 반감기가 태양계의 연령보다 긴 동위원소를 시원 동위원소(primordial isotope)라고 한다. 시원 동위원소는 태양계가 형성되기 이전부터 존재했었다고 여겨진다. 일부 동위원소는 핵폭발에서만 생성되며 수명이 너무 짧아서 몇 분의 1초 동안 존재한다. 다른 단명 동위원소는 우주선과 상층 대기의 원자 간의 충돌로 생성되며 몇 분 또는 며칠 동안 지속되는 짧은 반감기를 가지고 있다.

많은 동위원소는 방사성이 아니므로 붕괴하지 않는다. 이들을 안정 동위원소라고 한다. 안정 동위원소는 안정성으로 인해 지질 및 환경 도구로 유용하다. 같은 원소(예 : 탄소, 질소 또는 산소)의 안정 동위원소의 상대적 존재비를 안정 동위원소비라고 한다. 안정 동위원소비는 자연적인 과정의 영향을 받을 수 있다. 따라서 안정 동위원소비는 환경 지표로 유용하다. 고기후 변화를 재구성하기 위해 퇴적물과 얼음 코어에서 산소 동위원소비를 사용하는 예는 글상자 8.1에 설명되어 있다.

자연적으로 발생하는 많은 동위원소는 반감기가 수천 년(kyr), 수백만 년(Myr) 또는 수십억 년(Gyr)이며 지질학적 사건의 연대를 결정하는 데 사용할 수 있다. 지구연대학에서 허용되는 용법은 연 단위의 기간(예 : kyr, Myr, Gyr)과 연 단위의 시점(예 : ka, Ma, Ga)인 것을 주목하자.

글상자 8.1 산소 동위원소비

산소 원소는 두 가지 중요한 안정 동위원소가 있다. 이들은 핵에 8개의 양성자와 8개의 중성자가 있는 '가벼운' 동위원소 ^{16}O와 8개의 양성자와 10개의 중성자를 가진 '무거운' 동위원소 ^{18}O이다. 질량 분석기는 동위원소의 질량을 정확하게 잴 수 있으므로 $^{18}O/^{16}O$ 질량비는 아주 작은 시료에서도 측정할 수 있다. 표준값에서 주어진 시료의 $^{18}O/^{16}O$ 비의 편차를 설명하기 위해 유용한 변수 $\delta^{18}O$는 다음과 같이 정의한다.

$$\delta^{18}O = 1000 \times \left(\frac{(^{18}O/^{16}O)_{시료} - (^{18}O/^{16}O)_{표준}}{(^{18}O/^{16}O)_{표준}} \right)$$

현재 해양의 수심 200~500 m 범위의 $^{18}O/^{16}O$ 비 또는 PDB(Pee Dee Belemnite)로 알려진 벨렘나이트 화석의 $^{18}O/^{16}O$ 비로 표준값을 정한다. 편차에 1,000을 곱하여 $\delta^{18}O$ 값이 1,000분의 1로 표현되도록 한다. 현재 지구 기후는 과거보다 상대적으로 더 따뜻하여 고대 시료에서 측정된 $^{18}O/^{16}O$ 비는 표준값보다 작아서 $\delta^{18}O$ 값은 음수를 나타내는 경향이 있다.

물의 $^{18}O/^{16}O$ 비는 온도에 따라 달라지는데, 이는 전 지구적인 현장 평균 온도에 대한 연간 강수의 $\delta^{18}O$ 도표에서 분명하다(그림 B8.1.1). 두 가지 요인이 온도 의존성을 결정한다. 차가운 공기는 따뜻한 공기보다 수분을 적게 가지고, '무거운' 동위원소 ^{18}O는 '가벼운' 동위원소 ^{16}O보다 더 쉽게 응축된다. 극 쪽으로 이동하는 기단이 따뜻한 지역에 내리는 강수에는 ^{18}O가 상대적으로 풍부하지만 추운 지역의 강수에는 ^{16}O가 풍부하다.

바다에서는 상황이 역전된다. 지구 온난화 기간 동안 극지방의 빙상이 녹고 ^{16}O가 풍부한 담수가 바다에 추가된다. 결과적으로 바다에서 낮은(즉, 큰 음수) $\delta^{18}O$ 값은 지구 온난화 기간을 나타낸다. 대조적으로, 빙하기 동안 물은 주로 해수에서 빙상으로 이동하므로 ^{16}O도 해수에서 빙상으로 이

동시킨다. 나머지 해수에는 ^{18}O가 풍부하여 $\delta^{18}O$ 값이 증가한다. 따라서 해수와 퇴적물에서 높은(즉, 작은 음수 또는 심지어 양수) $\delta^{18}O$ 값은 빙하기를 나타낸다. 반대로, 같은 조건은 전 지구 온도와 극지방 얼음에서 측정된 $\delta^{18}O$ 값 사이에 반대 관계를 초래한다.

중국 황토-고토양 측선에 영향을 미친 고기후를 해석하기 위해 해양 시추 프로젝트(Ocean Drilling Project, ODP)의 퇴적물 코어에 $\delta^{18}O$를 활용한 사례처럼 고기후학에서 $\delta^{18}O$를 과거 기후에 대한 지침으로 사용한다(그림 12.11). $\delta^{18}O$는 극지방의 얼음 코어, 해양 퇴적물 및 화석 껍질과 같은 다양한 시료에서 사용할 수 있다. 마지막 경우에는 생물학적 및 화학적 과정이 온도와 $\delta^{18}O$의 단순한 상관관계를 방해하지만 이를 고려하여 수정할 수 있다.

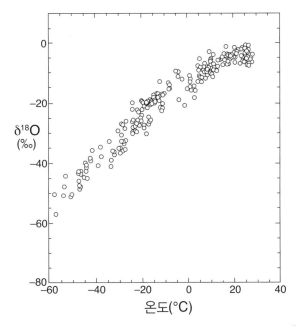

그림 **B8.1.1** 현재 기후의 강수에서 측정된 산소 동위원소비 편차 $\delta^{18}O$와 온도의 상관관계. 출처 : J. Jouzel, R.D. Koster, R.J. Zuozzo, and G.L. Russell, Stable water isotope behavior during the last glacial maximum: A general circulation model analysis, J. Geophys. Res., 99 (D12), 25791–25801, 1994.

8.4 방사능 연대 측정

개별 연대 측정 방식은 정밀한 동위원소 농도 측정이 필요하다. 이 농도는 일반적으로 매우 작다. 방사성 붕괴가 너무 진행

되면 연대 측정법의 분해능이 저하된다. 주어진 동위원소 붕괴로 연대 측정하기 적당한 연령은 반감기의 3~4배보다 적은 연령이다. 지질학적 사건의 연대 측정에 일반적으로 사용되는 일

표 8.1 자연계에 존재하며 긴 수명을 가지고 있어서 연대 측정에 일반적으로 사용되는 몇 가지 동위원소의 붕괴 상수와 반감기

어미 동위원소	딸 동위원소	붕괴 상수 (10^{-10} yr^{-1})	반감기(Gyr)
^{40}K	89.5% ^{40}Ca	5.541	1.251
	10.5% ^{40}Ar		
^{87}Rb	^{87}Sr	0.1408	49.23
^{147}Sm	^{143}Nd	0.0654	106.0
^{232}Th	^{208}Pb	0.4933	14.05
^{235}U	^{207}Pb	9.849	0.7038
^{238}U	^{206}Pb	1.551	4.468

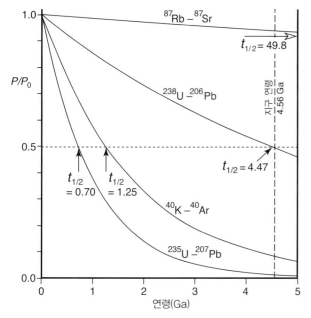

그림 8.4 지구와 태양계의 연대 측정을 위한 몇 가지 중요한 동위원소의 정규화된 방사성 붕괴 곡선. 화살표는 각각 동위원소 반감기를 10^9년 단위로 표시한다. 자료 출처 : G.B. Dalrymple, *The Age of the Earth*, 474 pp., Stanford, CA: Stanford University Press, 1991.

부 방사성 동위원소의 붕괴 상수와 반감기를 표 8.1에 나열하였고, 그림 8.4에 설명하였다. 역사적 및 고고학적 유물은 방사성 탄소 방법으로 연대 측정할 수 있다.

8.4.1 방사능 탄소

지구는 우주에서 방출되는 우주 복사선에 의해 끊임없이 폭격받고 있다. 지구 대기의 산소 및 질소 원자와 우주 입자가 충돌하여 고에너지 중성자를 생성한다. 이들 중성자는 차례로 질소 핵과 충돌하여 질소 핵을 탄소의 방사성 동위원소인 ^{14}C로 변형시킨다. ^{14}C는 ($\lambda = 1.2097 \times 10^{-4}$ yr^{-1})의 붕괴율과 5,730

년의 반감기를 가지며 β 입자를 방출하고 붕괴하여 ^{14}N이 된다. 새로 생성되는 ^{14}C와 붕괴로 인한 손실이 균형을 이루므로 자연적으로는 평형 상태이다. 식물은 광합성으로 일정한 비율의 ^{14}C를 포함한 이산화탄소를 살아 있는 조직에 보충한다. 유기체가 죽으면 재생이 중단되고 유기체에 잔류한 방사성 ^{14}C가 붕괴하기 시작한다.

방사성 탄소 연대 측정 방법(방사성 탄소 연대 측정 또는 ^{14}C 연대 측정이라고도 함)은 식 (8.5)에 기반을 둔 간단한 붕괴 분석을 이용한다. ^{14}C의 남아 있는 비율 P는 P에 비례하는 β 입자 활동비의 현재 비율을 계수하여 측정된다. 이것을 원래 평형 농도 P_0와 비교한다. 붕괴가 시작된 이후의 시간은 ^{14}C에 대해 알려진 붕괴율을 사용하여 식 (8.5)를 풀어서 계산된다.

방사성 탄소 연대 측정 방법은 지질학적 시간으로 지난 10,000년을 다루는 홀로세의 연대 측정과 인류의 선사시대와 관련된 사건의 연대 측정에 적합하다. 불행히도, 인간 활동으로 ^{14}C의 보충과 감쇠의 자연적인 평형 상태가 교란되었다. 대기 중 탄소의 ^{14}C 농도는 산업화 시대가 시작된 이후 급격하게 변화했다. 부분적으로 이것은 석탄 및 석유와 같은 화석 연료를 에너지원으로 사용하기 때문이다. 인간 활동으로 오랜 기간 ^{14}C를 잃어버렸고 대기 탄소에서 그 존재를 희석시켰다. 지난 반세기 동안 핵무기 실험으로 대기 중 ^{14}C 농도를 두 배로 늘렸다. P_0의 자연적 변동을 고려해야 하지만 더 오래된 물질은 여전히 ^{14}C 방법으로 연대 측정될 수 있다. 이것은 우주 복사에 대한 부분적인 차폐 역할을 하는 지자기장의 강도 변화 때문이다.

8.4.2 질량분석기

제2차 세계대전 이전 몇 년 동안 물리학자들은 이온의 질량을 측정하는 장치인 질량분석기를 발명했다. 이 장치는 원자 폭탄이 개발되는 동안 더욱 정교해졌다. 종전 후 질량분석기는 동위원소비를 측정하기 위해 지구과학에 도입되었으며 동위원소 연대 측정 과정의 중요한 부분이 되었다.

질량분석기(그림 8.5)는 대전 입자 또는 이온에 대한 전기장 및 자기장의 다양한 효과를 활용한다. 첫째, 선택된 광물을 분쇄하거나 또는 분쇄된 전체 암석을 가루로 만든 후 관심 있는 성분만을 추출한다. 추출물은 이온화되는 질량분석기에 투입하기 전에 화학적으로 정제된다. 아르곤과 같은 가스의 분석을 위해 전자의 흐름에 의한 충격이 사용될 수 있다. 포타슘, 루비듐, 스트론튬 또는 우라늄과 같은 고체 원소는 전기적으로 가

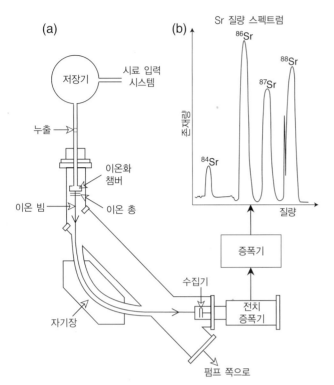

그림 8.5 (a) 질량분석기의 개념도, (b) 스트론튬(Sr) 동위원소 분석을 위한 가상의 질량 스펙트럼. 출처 : D. York and R.M. Farquhar, *The Earth's Age and Geochronology*, 178 pp., Oxford: Pergamon Press, 1972.

열된 필라멘트에 시료를 증착하거나 고에너지 레이저 빔으로 가열하여 시료를 직접 기화시킨다. 후자의 과정은 '레이저 증착(laser ablation)'으로 알려져 있다. 그런 다음 이온은 진공 챔버로 들어가 '이온 총'을 통과하여 전기장에 의해 가속되고 속도 선택기로 필터링된다. 속도 선택기는 이온 빔에 직각인 전기장과 자기장을 사용하여 선택한 속도 v의 이온만 통과하도록 한다. 다음으로 이온 빔은 운동 방향에 직각으로 강력하고 균일한 자기장 B를 받는다. 전하가 q인 이온은 속도와 자기장에 수직인 (qvB)와 같은 로렌츠 힘(글상자 11.2 참조)을 받는다. 궤적은 반경이 r인 원호를 형성하며 구부러진다. 입자에 대한 원심력은 (mv^2/r)과 같다. 곡선 경로는 입사 빔의 강도를 측정하는 수집기에 빔을 집중시킨다. 원호의 반지름은 로렌츠와 원심력을 동일시하여 식 (8.10)으로 구해진다.

$$r = \frac{m\,v}{B\,q} \qquad (8.10)$$

경로의 초점은 이온의 질량과 자기장 B의 강도로 결정된다. 스트론튬 분석의 경우 이온 총에서 나가는 이온 빔은 4개의 동위원소 ^{88}Sr, ^{87}Sr, ^{86}Sr, ^{84}Sr을 포함한다. 빔은 각각 다른 곡률을

가진 4개의 경로를 따라 분할된다. 자기장은 한 번에 하나의 동위원소만 수집기에 떨어지도록 조정된다. 입사 전류는 전자적으로 증폭되어 기록된다. 스펙트럼은 개별 동위원소의 입사각에 해당하는 피크로 얻어진다(그림 8.5b). 각 피크의 강도는 동위원소의 존재비에 비례하며, 이는 약 0.1%의 정밀도로 측정할 수 있다. 그러나 상대적 피크 높이는 동위원소의 상대적 존재비를 약 0.001%의 정밀도로 제공한다.

질량분석기 시스템의 설계가 크게 개선되어 감도가 더욱 높아졌다. 레이저 증착 후, 기화된 서브마이크론 크기의 입자가 아르곤 플라스마와 혼합된다. 이것은 6,000~10,000 K의 온도에서 양전하를 띤 아르곤이온과 같은 수의 결합되지 않은 전자로 구성된 가스이다. 플라스마는 입자를 이온화하고 이온 총을 통해 질량분석기로 통과하기 전에 높은 상태의 진공으로 추출된다. 위에서 설명한 단일 수집기의 단점은 빔 강도의 변동에 취약하다는 것이다. 이 문제는 분할된 동위원소 빔을 동시에 측정할 수 있는 다중 수집기의 도입으로 극복되었다. 유도결합 플라스마 질량분석기(Inductively Coupled Plasma Mass Spectrometer, ICP-MS)는 1조분의 1 영역의 검출 수준으로 미량 원소 존재비를 측정하기 위한 매우 감도가 높은 다용도 기기이다. 액체 및 고체 시료를 모두 분석하는 데 사용할 수 있으며 지구과학 및 환경과학뿐만 아니라 수많은 분야에서 응용되고 있다.

이온 미량 질량분석기의 도입으로 질량 분석 분야의 중요한 발전이 이루어졌다. 기존 질량분석기로 특정 원소를 분석하려면 선행적으로 암석 시료에서 화학적으로 분리하는 것이 필수적이다. 개별 광물이나 입자의 동위원소 조성 변화에 관한 연구는 매우 어렵다. 이온 미량 분석기는 화학적 분리 중에 발생할 수 있는 오염 문제를 방지하고 높은 분해능으로 매우 작은 부피의 동위원소 분석이 가능하다. 분석기로 시료를 분석하기 전에 시료의 표면을 금이나 탄소로 코팅한다. 약 3~10 μm 너비의 음전하로 대전된 산소 이온의 좁은 빔을 선택한 입자에 집중시킨다. 기존 질량분석기와 같이 이온은 충돌하는 이온 빔에 의해 광물 입자 표면에서 증착되고 전기장에 의해 가속되며 자기적으로 분리된다. 이온 미량 질량분석기는 입자 표면층의 동위원소 농도 및 분포를 측정하고 동위원소비를 제공한다. 이온 미량 질량분석기는 암석에 있는 개별 광물 입자의 동위원소 연대 측정을 가능하게 하며, 특히 매우 작은 시료 분석에 적합하다.

8.4.3 루비듐-스트론튬

식 (8.7)에 의해 주어진 방사성 붕괴는 시료의 딸 동위원소가 닫힌 계 내에서 어미 동위원소의 붕괴로만 생성되었다고 가정한다. 그러나 일반적으로 미지의 초기 딸 동위원소가 존재하므로 측정된 양은 초기 딸 동위원소 농도 D_0와 어미 동위원소 P_0의 붕괴에서 파생된 동위원소의 합이다. 따라서 붕괴 방정식은 식 (8.11)로 수정된다.

$$D = D_0 + P(e^{\lambda t} - 1) \qquad (8.11)$$

세 번째 딸 동위원소를 사용하여 어미 동위원소와 딸 동위원소의 농도를 정규화하는 분석 방법을 도입하면 초기 딸 동위원소 D_0의 양을 알아야 할 필요가 없다. 루비듐-스트론튬 연대 측정법은 이 기술을 이용한다.

방사성 루비듐(^{87}Rb)은 붕괴 상수 $\lambda = 1.393 \times 10^{-11}$ yr^{-1}이고 β 입자를 방출하고 방사성 스트론튬(^{87}Sr)으로 붕괴한다. 비방사성, 안정 동위원소 ^{86}Sr은 방사성 생성물 ^{87}Sr과 거의 같은 존재비를 가지며 정규화에 이용된다. 식 (8.11)에서 P에 ^{87}Rb, D에 ^{87}Sr을 쓰고 양쪽 변을 ^{86}Sr로 나누면 식 (8.12)가 된다.

$$\left(\frac{^{87}\text{Sr}}{^{86}\text{Sr}}\right) = \left(\frac{^{87}\text{Sr}}{^{86}\text{Sr}}\right)_0 + \left(\frac{^{87}\text{Rb}}{^{86}\text{Sr}}\right)(e^{\lambda t} - 1) \qquad (8.12)$$

마그마에서 기원한 암석인 경우 동위원소가 화학적으로 같으므로(즉, 그들은 모두 같은 원자번호를 갖는다) 용융물에서 침전된 모든 광물에서 동위원소 $(^{87}\text{Sr}/^{86}\text{Sr})_0$ 비가 균일하다. 그러나 다른 원소 Rb와 Sr의 비율은 광물마다 다르다. 식 (8.12)는 다음과 같은 직선의 방정식과 비교할 수 있다.

$$y = y_0 + mx \qquad (8.13)$$

$^{87}\text{Sr}/^{86}\text{Sr}$ 비는 종속변수 y이고 $^{87}\text{Rb}/^{86}\text{Sr}$ 비는 독립변수 x이다. 암석의 여러 표본에서 동위원소 비율을 측정하고 $^{87}\text{Rb}/^{86}\text{Sr}$ 비에 대한 $^{87}\text{Sr}/^{86}\text{Sr}$ 비를 표시하면 등시선(isochron)이라고 하는 직선을 얻을 수 있다(그림 8.6). 세로축과의 절편은 딸 동위원소의 초기 비율을 제공한다. 직선의 기울기(m)는 붕괴 상수 λ를 사용하여 암석의 연령을 제공한다.

$$t = \frac{1}{\lambda}\ln(1 + m) = 7.042 \times 10^{10}\ln(1 + m) \qquad (8.14)$$

루비듐(^{87}Rb)의 반감기가 49.76 Gyr로 매우 길기 때문에(그림 8.4) Rb-Sr 연대 측정법은 지구 역사상 아주 오래된 사건의 연대를 측정하는 데 적합하다. Rb-Sr 연대 측정법은 운석과 달

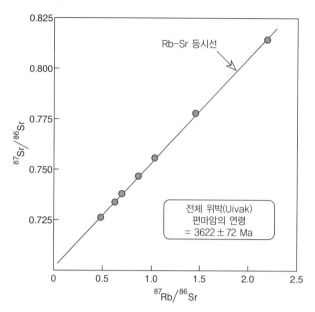

그림 8.6 동래브라도 위박 편마암의 Rb-Sr 등시선. 등시선의 기울기로부터 추정한 암석의 연령은 3.622 ± 0.072 Ga이다. 출처 : R.W. Hurst, D. Bridgwater, K.D. Collerson and G.W. Weatherill, 3600 m.y. Rb-Sr ages from very early Archean gneisses from Saglek Bay, Labrador, *Earth Planet. Sci. Lett.* 27, 393–403, 1975.

시료의 연대뿐만 아니라 지구에서 가장 오래된 암석의 연대를 측정하는 데 사용된다. 예를 들어, 그림 8.6에서 Rb-Sr 등시선의 기울기는 동부 래브라도에서 온 초기 선캄브리아기(시생대) 위박 편마암의 연령을 3.62 Ga으로 산출했다.

Rb-Sr 및 기타 동위원소 연대 측정 방법은 전체 암석 시료 또는 암석에서 분리된 개별 광물에 적용될 수 있다. 붕괴 방정식은 닫힌 계, 즉 암석이나 광물이 형성된 이후 어미 또는 딸 동위원소가 손실되거나 추가되지 않은 경우에만 적용된다. 암석 전체보다 작은 광물 알갱이에서 변화가 일어날 가능성이 더 크다. 개별 광물의 등시선은 후형성 변성 작용의 시대를 표현하는 반면, 전체 암석의 등시선은 더 오래된 시대를 나타낸다. 반면에, 기원이 다른 시료와 구성이 다른 시료를 등시선을 구성하는 데 부주의하게 사용되면 전체 암석 분석에서 잘못된 연대가 측정될 수 있다.

8.4.4 포타슘-아르곤

여러 가지 이유로 포타슘-아르곤(K-Ar) 방법은 아마도 지질학자들이 가장 일반적으로 사용하는 연대 측정 기술이다. 어미 동위원소인 포타슘은 암석과 광물에 흔하고 딸 동위원소인 아르곤은 다른 원소와 결합하지 않는 불활성 기체이다. 반감기는 1,251 Myr(1.251 Gyr)로 매우 편리하다. 한편으로 지구의 나이

가 반감기의 몇 배에 불과하므로 가장 오래된 암석에도 방사성 ^{40}K가 여전히 존재한다. 반면 딸 동위원소 ^{40}Ar은 약 10^4년 동안 축적되어 미세한 분해능을 제공한다. 1950년대 후반에 오염된 대기 아르곤을 제거하기 위해 고온으로 예열하는 장비를 도입하여 질량분석기의 감도가 향상되었다. 이것으로 연령이 수백만 년인 젊은 용암의 연대 측정에 K-Ar 방법을 사용하는 것이 가능하게 되었다.

방사성 ^{40}K는 암석에서 K의 0.01167%만 차지하고 있다. ^{40}K는 두 가지 다른 방식으로 붕괴한다. (1) $\lambda_{Ca} = 4.962 \times 10^{-10}$ yr^{-1}의 붕괴율로 $^{40}Ca_{20}$으로 붕괴하며 β 입자를 방출하고, (2) $\lambda_{Ar} = 0.581 \times 10^{-10}$ yr^{-1}의 붕괴율로 전자를 포획하여 $^{40}Ar_{18}$로 생성된다. 결합된 붕괴 상수($\lambda = \lambda_{Ca} + \lambda_{Ar}$)는 5.543×10^{-10} yr^{-1}이다. 붕괴 방식은 각각 다음과 같다.

$$
\begin{array}{lll}
\text{(a)} & ^{40}K_{19} & \Rightarrow \quad ^{40}Ca_{20} + \beta^- \\
\text{(b)} & ^{40}K_{19} + e & \Rightarrow \quad ^{40}Ar_{18}
\end{array}
\qquad (8.15)
$$

핵이 전자를 포획하는 것이 β 입자 방출보다 더 어렵고 드물어서 $^{40}Ar_{18}$이 생성되기보다는 $^{40}K_{19}$가 $^{40}Ca_{20}$으로 붕괴하는 것이 더 일반적이다. β 입자 붕괴에 대한 전자 포획의 비율, $\lambda_{Ar}/\lambda_{Ca}$을 분기율(branching ratio)이라고 한다. 이 값은 0.117이다. 따라서 초기 방사성 포타슘의 $\lambda_{Ar}/(\lambda_{Ar} + \lambda_{Ca})$ 또는 10.5%만이 아르곤으로 붕괴된다. 방사성 ^{40}Ca의 초기 양은 일반적으로 알 수 없으므로 Ca의 붕괴는 이용하지 않는다. 분기율을 고려하면 K-Ar 감쇠 방정식은 딸 동위원소 D의 누적 생성량에 ^{40}Ar을 어미 동위원소 P의 잔여량에 ^{40}K를 식 (8.7)에 대입한 식과 유사하다.

$$
\begin{aligned}
^{40}Ar &= \frac{\lambda_{Ar}}{\lambda_{Ar} + \lambda_{Ca}} \, ^{40}K(e^{\lambda t} - 1) \\
&= 0.1048 \; ^{40}K(e^{\lambda t} - 1)
\end{aligned}
\qquad (8.16)
$$

포타슘-아르곤 연대 측정법은 등시선을 사용할 필요가 없는 예외적인 방법이다. 누적된 ^{40}Ar의 양을 기준으로 하므로 때때로 누적 시계라고도 한다. 이 연대 측정법은 어미와 딸 동위원소의 농도를 별도로 측정해야 한다. ^{40}K의 양은 화학적으로 측정할 수 있는 K 총량에서 작지만 일정한 비율(0.01167%)을 차지한다. ^{40}Ar의 양은 질량분석기로 측정하기 이전에 알려진 다른 동위원소인 ^{38}Ar의 양과 혼합하여 결정된다. 두 아르곤 동위원소의 상대적 존재비를 측정하고 ^{38}Ar의 알려진 양을 사용하여 ^{40}Ar의 농도를 찾는다. 식 (8.16)을 재정렬하고 붕괴 상수를 대입하여 K-Ar 연령 방정식에서 암석의 연령을 구한다.

$$
\begin{aligned}
e^{\lambda t} &= 1 + 9.54 \, \frac{^{40}Ar}{^{40}K} \\
t &= 1.804 \times 10^9 \, \ln\left(1 + 9.54 \, \frac{^{40}Ar}{^{40}K}\right)
\end{aligned}
\qquad (8.17)
$$

암석이 용융되면 ^{40}Ar은 용융물에서 쉽게 빠져나온다. 현재 암석에 존재하는 모든 방사성 ^{40}Ar은 암석이 응고된 이후 형성되어 축적되었다고 가정할 수 있다. 이 방법은 화성암이 형성된 이후 재가열되지 않은 화성암에서 잘 작동한다. 오래된 암석에서 기인한 퇴적암에서는 사용할 수 없다. 종종 복잡한 열 이력을 갖는 변성암에서는 성공적이지 못하다. 가열 단계에서 아르곤이 제거되어 누적 시계가 재설정될 수 있다. 이 문제는 운석(지구 대기로 맹렬한 진입을 가짐)과 아주 오래된 지구 암석(알려지지 않은 열 이력 때문에)의 연대 측정을 위한 K-Ar 방법의 유용성이 제한된다. 달 현무암은 형성된 이후 재가열되지 않았기 때문에 K-Ar 방법으로 연대 측정할 수 있다.

8.4.5 아르곤-아르곤

암석의 형성 후 가열과 관련된 일부 불확실성은 K-Ar 연대 측정법에 $^{40}Ar/^{39}Ar$ 동위원소비를 사용하는 것으로 수정하여 극복할 수 있다. 이 방법은 암석의 ^{39}K를 ^{39}Ar로 변환해야 한다. 이것은 원자로에서 고속 중성자를 시료에 쬠으로써 달성할 수 있다.

느리고 빠르다는 용어는 중성자 방사선의 에너지를 나타낸다. 느린 중성자의 에너지는 실온에서의 열에너지와 비슷하다. 따라서 느린 중성자는 열중성자라고도 한다. 느린 중성자는 포획되어 핵에 통합될 수 있으며, 원자 번호를 변경하지 않고 크기를 변경할 수 있다. 느린 중성자의 포획은 불안정한 우라늄 핵의 크기를 임곗값 이상으로 증가시키고 핵분열을 일으킬 수 있다. 대조적으로, 빠른 중성자는 핵에 발사체처럼 작용한다. 빠른 중성자가 핵과 충돌하면 포획되는 동안 중성자 또는 양성자를 방출할 수 있다. 방출된 입자가 중성자이면 유효한 변화가 발생하지 않는다. 그러나 방출된 입자가 양성자이면 (전하를 보존하기 위해 β 입자와 함께) 이 핵의 원자 번호가 변경된다. 예를 들어 암석 시료의 ^{39}K 핵에 고속 중성자를 충돌시키면 그중 일부가 ^{39}Ar로 변환된다.

이 비율을 결정하기 위해 연령이 알려진 대조 시료에 동시에 고속 중성자를 쬐어 준다. 대조 시료의 동위원소 비율의 변화를 모니터링하여 ^{39}Ar로 변환된 ^{39}K 핵의 비율을 유추할 수 있다. 연령 방정식은 K-Ar 방법에 대해 식 (8.17)에 주어진 것과

그림 8.7 2차 가열이 없는 경우의 (a) 가상의 연령 스펙트럼과 (b) $^{40}Ar/^{39}Ar$ 등시선. 재가열이 있는 경우의 (c) 가상의 연령 스펙트럼과 (d) $^{40}Ar/^{39}Ar$ 등시선. 이때 시료는 재가열되는 동안 기존 아르곤을 보유하고 있다. 그림상의 숫자는 연속적인 가열 단계를 나타낸다. 출처 : G.B. Dalrymple, *The Age of the Earth*, 474 pp., Stanford, CA: Stanford University Press, Stanford, 1991.

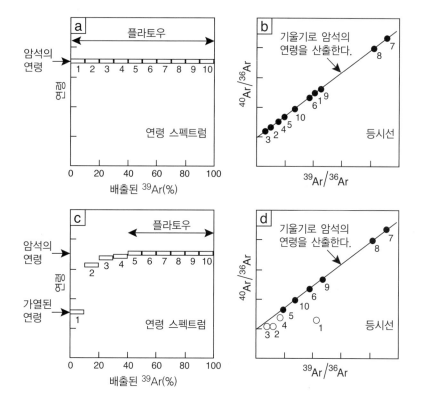

유사하다. 그러나 ^{39}Ar은 ^{40}K를 대체하고 경험적 상수 *J*는 상수 9.54를 대체한다. *J*의 값은 연령이 알려진 대조군 시료에서 구한다. $^{40}Ar/^{39}Ar$ 연령 방정식은 식 (8.18)이다.

$$t = 1.804 \times 10^9 \ \ln\left(1 + J \frac{^{40}Ar}{^{39}Ar}\right) \qquad (8.18)$$

$^{40}Ar/^{39}Ar$ 방법에서 시료는 계속해서 더 높은 온도에서 아르곤을 제거하기 위하여 점진적으로 가열된다. 각 온도에서 방출된 아르곤의 $^{40}Ar/^{39}Ar$ 동위원소 비율은 질량분석기에서 결정된다. 각 증분에 대해 계산된 연령을 방출된 Ar의 백분율에 대해 표시한다. 이것은 **연령 스펙트럼**을 산출한다. 암석이 형성된 이후 가열되지 않았다면 각 가열 단계에서 제공되는 아르곤 증가분은 같은 연령을 산출할 것이다(그림 8.7a). 비방사성 ^{36}Ar 분획의 존재비를 측정하고 동위원소 비율 $^{40}Ar/^{39}Ar$과 $^{39}Ar/^{36}Ar$을 비교하여 Rb-Sr 방법에서와 같이 등시선을 구성할 수 있다. 가열되지 않은 시료에서 모든 점은 같은 직선에 있다(그림 8.7b).

암석이 형성 후 가열을 거친 경우 가열 이후 형성된 아르곤은 원래의 아르곤보다 낮은 온도에서 방출된다(그림 8.7c). 그 이유에 대해서는 확실하게 밝혀지지 않았다. 아르곤은 아마도 온도와 가열 기간에 따라 달라지는 열 활성화 과정인 확산에

의해 단단한 암석 밖으로 빠져나갈 것이다. 형성 후 가열이 철저하게 길지 않으면 입자의 외부 부분에 갇힌 아르곤만이 강제로 방출될 수 있는 반면 입자의 더 깊은 영역의 아르곤은 유지된다. 여전히 근원 아르곤을 포함하는 시료는 고온에서 최적의 연령과 계산 가능한 불확실성으로부터 일관된 연령의 플라토우(plateau)를 형성한다(그림 8.7c). 등시선 다이어그램에서 재가열 지점은 고온 동위원소 비율로 정의된 직선에서 벗어난다(그림 8.7d).

$^{40}Ar/^{39}Ar$ 연대 측정의 높은 정밀도는 멕시코 유카탄반도의 칙술루브 충돌 분화구에서 나온 암석 시료 분석을 통해 입증되었다. 칙술루브 분화구는 백악기 말에 전 지구적 멸종을 일으킨 지름 10 km 운석의 충돌 지점으로 유력한 후보이다. 아르곤 동위원소를 방출하기 위해 레이저 가열이 사용되었다. 세 시료의 연령 스펙트럼은 아르곤이 손실되지 않았음을 보여 준다(그림 8.8). 플라토우 연령이 명확하게 정의되며 충돌의 가중 평균 연령은 64.98 ± 0.05 Ma로 결정되었다. 이것은 아이티의 백악기-팔레오기 경계에서 발견된 텍타이트(tektite) 유리질의 연령이 65.01 ± 0.08 Ma인 것과 근접하게 일치하며, 따라서 충돌 연대를 동물군 멸종과 연결할 수 있다.

메노우 운석의 Ar-Ar 연대 측정에서 얻은 연대 스펙트럼은 더 복잡하며 근원 아르곤 손실의 영향을 보여 준다. 약 1,200℃

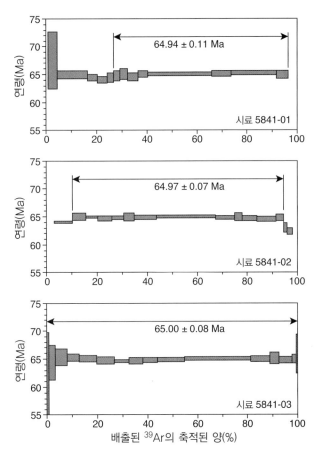

그림 8.8 백악기-쥐라기 충돌 분화구인 칙술루브(Chicxulub)에서 채취한 용융된 암석 시료의 $^{40}Ar/^{39}Ar$ 연령 스펙트럼. 출처 : C.C. Swisher III, et al., Coeval 40Ar/39Ar ages of 65.0 million years ago from Chicxulub crater melt rock and Cretaceous–Tertiary boundary tektites, *Science* 257, 954–958, 1992.

이하에서 점진적으로 가열하는 동안 다른 연령이 얻어진다 (그림 8.9). 1,200°C 이상에서는 플라토우 연령이 4.48 ± 0.06 Ga의 평균 연대를 나타낸다. 연령 스펙트럼의 모양은 약 25%의 Ar이 약 2.5 Gyr보다 훨씬 더 늦게 손실되었음을 시사한다.

8.4.6 우라늄-납 : 일치곡선-불일치선 다이어그램

우라늄 동위원소는 일련의 중간 방사성 딸 생성물로 붕괴하지만 결국 안정적인 최종 생성물인 납 동위원소를 생성한다. 각각의 붕괴는 다단계 과정이지만 단일 붕괴 상수가 있는 것처럼 설명할 수 있다. 식 (8.19)에 의해 ^{238}U가 ^{206}Pb로 붕괴하는 것을 묘사할 수 있다.

$$\frac{^{206}Pb}{^{238}U} = e^{\lambda_{238}t} - 1 \qquad (8.19)$$

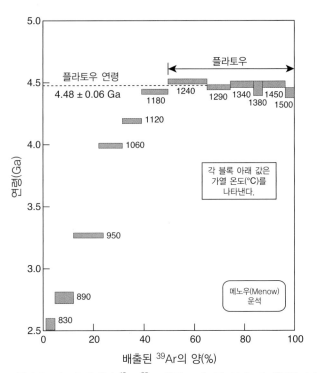

그림 8.9 메노우 운석의 $^{40}Ar/^{39}Ar$ 연령 스펙트럼. 플라토우 연령은 4.48 ± 0.06 Ga이다. 자료 출처 : G. Turner, M.C. Enright and P.H. Cadogan, The early history of chondrite parent bodies inferred from 40Ar-39Ar ages, in: *Proceedings of the Ninth Lunar and Planetary Science Conference*, pp. 989–1025, 1978.

같은 방법으로 ^{235}U가 ^{207}Pb로 붕괴하는 것은 식 (8.20)으로 쓸 수 있다.

$$\frac{^{207}Pb}{^{235}U} = e^{\lambda_{235}t} - 1 \qquad (8.20)$$

^{235}U와 ^{238}U 동위원소는 잘 알려진 붕괴 상수를 가지고 있고, 각각 $\lambda_{235} = 9.849 \times 10^{-10}$ yr^{-1}, $\lambda_{238} = 1.551 \times 10^{-10}$ yr^{-1} 이다. $^{207}Pb/^{235}U$ 비에 대한 $^{206}Pb/^{238}U$ 비의 곡선을 일치곡선 (concordia)이라 한다(그림 8.10). 일치곡선에서 가로 좌표와 세로 좌표에 해당하는 연령은 각각 식 (8.19) 및 (8.20)으로 계산된다. 일치곡선은 우라늄 동위원소 λ_{238}과 λ_{235}의 붕괴율이 다르므로 곡선 모양을 가진다.

딸 납 동위원소의 양은 다른 비율로 축적된다. 납은 휘발성 원소이며 광물에서 쉽게 손실되지만 남아 있는 납의 동위원소 비율은 변경되지 않는다. 납이 손실되면 점이 일치곡선에서 벗어나게 된다. 그러나 동위원소 비율이 일정하게 유지되기 때문에 이탈점은 원래 절대 연령과 납 손실이 시작된 시간을 잇는 직선에 위에 있다. 이 직선을 불일치선(discordia)이라고 한다.

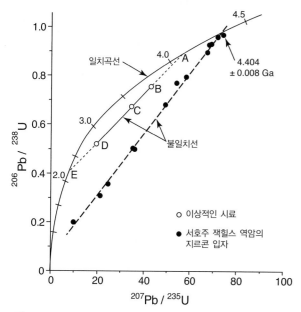

그림 8.10 U-Pb 일치곡선-불일치선 다이어그램. 납 손실은 점 B, C, D 를 지나는 가상의 불일치선(discordia) 위에 표시된다. 이 불일치선은 암석의 연령인 A와 납 손실을 일으킨 사건의 시간인 E에서 일치곡선(concordia) 과 교차한다. 일치곡선의 표시는 연령을 Ga 단위로 나타낸다. 아래쪽 불일치선은 호주 서부의 잭힐스(Jack Hills) 역암에서 채취한 단일 지르콘 입자에 대한 실제 측정값을 보여 준다. 이 암석의 나이는 지구상 광물에 대해 측정된 가장 오래된 것으로 4.404 ± 0.008 Ga이다. 자료 출처 : Wilde, S.A., et al., Evidence from detrital zircons for the existence of continental crust and oceans on the Earth 4.4 Gyr ago, *Nature*, 409, 175–178, 2001.

가상의 예가 그림 8.10에 나와 있다. 같은 암석에 있는 다른 광물 입자는 서로 다른 납 손실량을 가지므로, 이러한 입자들의 동위원소 비율은 불일치선에서 서로 다른 점 B, C 및 D에 나타난다. 일치곡선과 불일치선의 교차점 A는 암석의 절대 연령을 나타내거나 또는 근원 납을 모두 잃은 연령을 나타낸다. 일치곡선과 불일치선의 교차점 E는 납 손실을 일으킨 이벤트의 연령을 나타낸다.

U-Pb 연대 측정법은 지구에서 가장 오래된 암석 연대를 측정하는 데 사용되었다. 그림 8.10의 아래쪽 직선은 호주 서부 잭힐스의 역암에서 나온 작은 지르콘 입자에 대해 이루어진 U-Pb 연대 측정법으로 구한 불일치선이다. 이 입자의 납 손실을 일으킨 이벤트의 연령은 불일치선과 일치곡선의 아래쪽 교점이 없으므로 알 수 없다. 불일치선이 일치곡선과 만나는 위쪽 교점으로 구한 절대 연령은 약 4.36 Ga이다. 일부 지르콘 결정에 대하여 단일 측정한 연대는 일치곡선에 매우 근접한 4.404 ± 0.008 Ga이다. 이것은 지금까지 지구의 광물에서 결정된 가장 오래된 연령이다.

8.4.7 납-납 등시선

U-Pb 붕괴 시스템에 대한 등시선 다이어그램을 구성할 수 있다. 이것은 Rb/Sr 붕괴 방식과 같이 방사성 동위원소 ^{206}Pb와 ^{207}Pb를 납의 비방사성 동위원소인 ^{204}Pb의 비율로 표현함으로써 구할 수 있다. ^{238}U에서 ^{206}Pb로(또는 ^{235}U에서 ^{207}Pb로) 붕괴는 식 (8.11)과 같이 설명될 수 있으며, 여기서 초기 딸 동위원소 양은 알 수 없다. 이들 붕괴 방정식은 다음과 같이 쓸 수 있다.

$$\left(\frac{^{207}\text{Pb}}{^{204}\text{Pb}}\right) - \left(\frac{^{207}\text{Pb}}{^{204}\text{Pb}}\right)_0 = \left(\frac{^{235}\text{U}}{^{204}\text{Pb}}\right)(e^{\lambda_{235}t} - 1) \quad (8.21)$$

$$\left(\frac{^{206}\text{Pb}}{^{204}\text{Pb}}\right) - \left(\frac{^{206}\text{Pb}}{^{204}\text{Pb}}\right)_0 = \left(\frac{^{238}\text{U}}{^{204}\text{Pb}}\right)(e^{\lambda_{238}t} - 1) \quad (8.22)$$

이 두 식을 결합하여 하나의 등시선 방정식을 만들면 식 (8.23)이다.

$$\frac{\left(\frac{^{207}\text{Pb}}{^{204}\text{Pb}}\right) - \left(\frac{^{207}\text{Pb}}{^{204}\text{Pb}}\right)_0}{\left(\frac{^{206}\text{Pb}}{^{204}\text{Pb}}\right) - \left(\frac{^{206}\text{Pb}}{^{204}\text{Pb}}\right)_0} = \left(\frac{^{235}\text{U}}{^{238}\text{U}}\right)\frac{(e^{\lambda_{235}t} - 1)}{(e^{\lambda_{238}t} - 1)} \quad (8.23)$$

오늘날 측정된 ^{235}U 대 ^{238}U의 비율은 달과 지구 암석, 그리고 운석에서 1/137.88의 일정한 값을 갖는 것으로 밝혀졌다. 붕괴 상수는 잘 알려져 있으므로 주어진 연령 t에 대하여 식 (8.23) 의 우변은 일정하다. 그러면 방정식은 식 (8.24)와 같이 표현할 수 있다.

$$\frac{y - y_0}{x - x_0} = m \quad (8.24)$$

이것은 점 (x_0, y_0)를 지나는 기울기가 m인 직선의 방정식이다. 납 동위원소비의 초기 값은 미지수이지만 ^{206}Pb/^{204}Pb 비에 대한 ^{207}Pb/^{204}Pb 비는 직선이다. 암석의 연령은 대수적으로 구할 수 없다. t 값은 직선의 기울기가 얻어질 때까지 식 (8.23)의 우변 항에 연속적으로 대입되어야 한다.

8.4.8 환경 과정의 방사능 연대 측정

고대 지질학적 사건의 연대를 결정하기 위해서는 반감기가 매우 긴 방사성 붕괴를 사용해야 한다. 수명이 더 짧은 동위원소는 환경적으로 더욱더 중요한 현재 및 지질학적으로 최근 과정의 연대를 측정하는 데 사용할 수 있다. 이를 위해 수많은 방사성 동위원소가 사용되고 있다. 가장 잘 알려진 것은 방사성 탄소 ^{14}C이다(8.4.1절). 인간 활동으로 인한 오염을 고려할 수 있는 경우, 반감기가 5,730년인 방사성 탄소는 1,000~50,000년 범위의 연령을 가진 선사시대 사건의 연대 측정에 사용할 수 있다. 더 긴(또는 더 짧은) 반감기를 가진 다른 방사성 동위원소도 환경 연구에 사용할 수 있다.

1차 우주선은 주로 태양계 외부에서 발생하는 양성자와 α 입자로 구성되어 있다(10.3절). 그들은 지구 대기의 질소 및 산소와 충돌하여 많은 방사성 동위원소를 형성하며, 형성 방식으로 인해 우주 생성 핵종으로 분류한다. 우주선과 대기 가스 사이의 충돌로 인해 2차 입자가 연속적으로 생성된다. 베릴륨의 중요한 우주 핵종 동위원소인 ^{10}Be는 대기에서 우주선이 산소(^{16}O)와 충돌할 때 생성된다. ^{10}Be는 반감기가 1.387×10^{6}년이고 안정한 붕소로 붕괴하는데, 이는 ^{14}C로 측정 가능한 50,000년보다 오래된 지질학적 기록의 연대를 측정하는 데 유용할 만큼 충분히 길다. ^{10}Be는 빗물에 빠르게 용해되어 지표면에 정착하여 침전물 형성과 빙하 및 빙상의 얼음에 축적된다.

퇴적물이나 빙상의 특정 깊이에서 ^{10}Be의 농도는 퇴적 시점의 지자기장의 강도에 따라 다르다. 이것은 지자기장이 입사하는 우주 복사를 편향시켜서 부분적으로 지구를 보호하기 때문이다(11.2.3절). 결과적으로 퇴적물에서 ^{10}Be 농도는 지자기장

강도에 반비례한다. 그러나 다른 자기장도 우주선 플럭스에 영향을 미친다. 태양은 지속적으로 전하를 띤 입자의 흐름인 태양풍을 방출하며, 태양풍의 강도는 태양의 활동에 따라 다르다. 태양풍은 1차 우주선의 입사 플럭스를 편향시키는 자기장을 생성한다. 이러한 방식으로 태양 활동은 대기에서 우주 핵종 동위원소의 생산 속도에 영향을 준다. 따라서 퇴적물이나 얼음 코어에서 ^{10}Be 농도의 변화는 지자기장 강도 변화와 태양 활동 변화의 결과이다. 지질학적으로 짧은 시간 간격(예 : 수백 년)에 걸쳐 측정된 이 변화들은 태양 활동을 나타내며 과거 기후 변화와 관련될 수 있다. 더 긴 시간 간격에 대한 ^{10}Be 농도의 측정은 지자기장 강도의 변동에 반비례한다. 결과적으로 심해 퇴적물 코어의 ^{10}Be 농도는 실제 관측과 잘 일치하는 수십만 년에 걸친 지자기장 강도의 변화를 재구성하기 위한 대체 방법으로 사용할 수 있다(그림 8.11).

결국 지구 표면에 도달하는 우주선의 플럭스는 주로 중성자로 구성되며 노출된 암석의 1~2 m 상단에 흡수되어 추가 우주 생성 핵종을 생성한다. 이들 중 가장 일반적인 두 가지는 ^{26}Al과 ^{10}Be로, 각각 규소(^{28}Si)와 산소(^{16}O)에서 생성되며, 우주선이 석영 결정과 충돌할 때 발생한다. ^{26}Al과 ^{10}Be는 다른 속도로 생성되고 소멸된다. 표면에 노출된 암석 시료에서 농도의 비율을 측정하고 우주선 플럭스에 영향을 미치는 요인(예 : 위

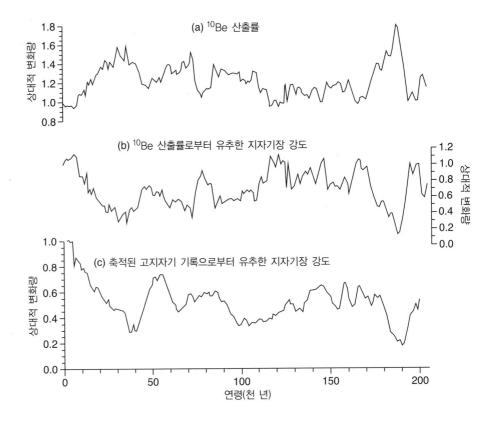

그림 8.11 (a) 19개 심해 코어에서 천 년 단위로 평균하여 측정한 ^{10}Be 산출률 변화량, (b) ^{10}Be 기록으로부터 유추한 지자기 강도. 출처 : Y. Guyodo and J.-P. Valet, Relative variations in geomagnetic intensity from sedimentary records: the past 200,000 years, *Earth Planet. Sci. Lett.*, 143, 23-36, 1996. (c) 같은 기간 동안 지자기 강도의 상대적인 변화. 출처 : Frank, M., et al., A 200 kyr record of cosmogenic radionuclide production rate and geomagnetic field intensity from 10-Be in globally stacked deep-sea sediments. *Earth Planet. Sci. Lett.*, 149, 121-129, 1997.

도, 고도, 하늘에 대한 노출)을 고려하여 암석 시료가 얼마나 오래 표면에 노출되었는지 추정할 수 있다. 우주선이 도달하는 깊이 아래로 매장된 이후에는 우주선에 의한 핵종의 생성이 중단되고 핵종은 붕괴된다. ^{26}Al의 반감기는 7.17×10^6년으로 ^{10}Be의 절반이므로 동위원소 $^{26}Al/^{10}Be$ 비는 시간이 지남에 따라 감소한다. 가속기 질량 분석을 통해 이 비율을 측정하여 매장 시간을 결정할 수 있다. 이 방법은 후기 플라이오세와 제4기(즉, 수백만 년 미만)에 형성된 쇄설 퇴적물의 연대를 측정하는 데 사용된다.

수직 얼음 코어가 그린란드와 남극을 덮고 있는 빙상 아래 지반까지 시추되었는데, 그중 일부는 깊이 $3 \, km$ 이상을 관통하였다. 코어의 산소 동위원소비(글상자 8.1)는 지구 대기의 과거 온도와 온실가스 농도에 대한 중요한 정보를 제공했다. 이러한 코어의 연대 측정에 다양한 기술이 도입되었고, 그중 가장 간단한 것은 눈의 축적 및 압축의 계절적 변화로 인해 형성되는 층을 계산하는 것이다. 또 다른 연대 측정 방법은 중심핵의 수준을 궤도 주기와 연관시키는 것이다. 방사성 탄소 연대 측정은 얼음에 갇힌 CO_2의 탄소 나이를 측정할 수 있지만, 이것은 가장 젊은 코어의 연령인 50 kyr에 대해서만 유용하다.

이 연령보다 오래된 얼음의 경우 최근에 개발된 비활성 기체의 연대 측정이 중요할 수 있다. 비활성 기체 중 방사성 크립톤은 10.76년의 짧은 반감기를 갖는 ^{85}Kr과 229,000년의 반감기를 갖는 ^{81}Kr의 두 개의 동위원소를 가지고 있다. ^{81}Kr 동위원소는 50 kyr에서 1.2 Myr 범위의 연령을 결정하는 데 적합하다. 대기 중 일반 크립톤에 대한 방사성 크립톤의 비율은 5.2×10^{-13}에 불과하므로 이 동위원소의 연대 측정에는 원자물리학에서 개발된 ATTA(Atom Trap Trace Analysis) 기술을 필수적으로 사용한다. 이 기술은 레이저 빔으로 원자를 포착하고 형광을 일으키도록 유도하는 것인데, 이는 레이저 주파수가 선택한 원자 전이의 공진 주파수와 일치할 때 발생한다. 이렇게 분리된 동위원소의 원자는 가속기 질량 분광법으로 계수된다. 층서적으로 연령을 이미 알고 있던 남극 빙하(소위 '블루 아이스') 표면에 노출된 고대 얼음의 연대를 측정하는 시험 측정이 성공했다. 이 방법에는 많은 양의 얼음(시료당 약 80 kg)이 필요하지만 추가적으로 개선하여 얼음 시추 코어에도 적용할 수 있다. 이 방법으로 블루 아이스의 연대를 측정할 수 있는 능력은 약 1.5 Ma의 연령으로 예상되는 지구에서 가장 오래된 얼음을 찾고 연대를 측정하는 것을 가능하게 한다.

8.5 지구와 태양계의 연령

지구의 연령에 관한 중요한 정보 출처는 운석의 방사성 연대 측정이다. 유성(meteor)은 일반적으로 10~20 km s^{-1}의 극초음속 속도로 지구 대기를 관통하는 우주의 고체 물질이다. 대기 마찰로 인해 밝게 빛나며 지구 대기권 밖에서는 유성체(meteoroid)로 알려져 있다. 유성체가 대기를 통과하여 지구 표면에 도달한 모든 부분을 운석(meteorite)이라고 한다. 운석의 지구 진입 경로를 추적해 보면 운석은 태양을 중심으로 매우 길쭉한 타원 궤도를 반시계 방향(행성과 같은 방향)으로 공전하지만, 대부분 운석은 화성과 목성 궤도 사이의 소행성대에서 기원한 것으로 여겨진다(1.5.6절 참조). 운석은 종종 지구상에서 발견된 장소의 이름을 따서 명명된다. 구성에 따라 크게 세 가지로 나눌 수 있다. 철질 운석은 철과 니켈의 합금으로 이루어져 있다. 석질 운석은 규산염 광물로 구성된다. 석철질 운석은 둘의 혼합물이다. 석질 운석은 다시 콘드라이트와 아콘드라이트로 나뉜다. 콘드라이트는 고온 규산염의 작은 구형을 포함하며 회수된 운석의 가장 많은 부분(85% 이상)을 차지한다. 아콘드라이트는 본질적으로 감람석과 같은 단일 광물로 구성된 암석에서 현무암 용암과 유사한 암석에 이르기까지 구성이 다양하다. 각 범주는 화학 성분에 따라 더 세분화된다. 대부분의 연구는 지배적인 콘드라이트 분획에 대한 연구와 함께 모든 주요 유형에 대해 방사성 측정법으로 연대를 측정했다. 다양한 그룹의 운석 사이에는 명백한 연령 차이가 없다. 콘드라이트, 아콘드라이트, 철질 운석은 약 4.45~4.50 Ga의 연대를 일관되게 산출한다(그림 8.12).

1969년에 거대한 탄소질 콘드라이트 운석이 지구 대기권에 진입하여 폭발하면서 멕시코 푸에블리토 데 아옌데 주변의 넓은 지역에 파편이 흩어졌다. 아옌데 운석은 납에 비해 우라늄이 풍부한 내화 내포물을 함유하고 있었다. 내화 내포물은 고온에서 응고 및 기화하는 물질의 작은 집합체이므로 운석의 초기 역사와 태양계의 정보를 보존할 수 있다. 아옌데 운석의 내포물의 높은 U/Pb 비는 평균 4.566 ± 0.002 Ga의 정확한 $^{207}Pb/^{206}Pb$ 연대를 제공했으며(Allègre et al., 1995), 이는 현재 태양계의 연령을 가장 잘 추정한 것이다.

지구의 연령에 대한 추가적인 추정은 지구 궤도에서 부착 형성된 것으로 여겨지는 달의 연령에 의해 결정된다. 6개의 미국 유인 우주선 임무와 3개의 러시아 무인 우주선 임무는 여러 동위원소 기술로 달 표면 시료에 대한 연대를 측정하였다. 월석

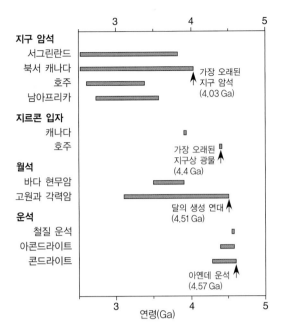

그림 8.12 가장 오래된 지구 암석, 월석, 운석의 방사능 연대 범위. 출처 : G.B. Dalrymple, *The Age of the Earth*, 474 pp., Stanford, CA: Stanford University Press, 1991.

의 출처 지역에 따라 얻은 연대가 다르게 나타났다. 달 표면의 어두운 영역, 이른바 달의 바다 또는 마리아는 거대한 운석 충돌로 형성된 분화구와 같은 저지대 지역을 현무암질 용암의 막대한 분출이 채우면서 형성되어 평평한 표면을 만들었다. 달의 화산 활동은 1 Gyr 전까지 지속되었을 수 있다. 달 표면의 밝은 영역은 마리아에서 3,000~4,000 m 높이에 도달하는 거칠고 분화구가 넓은 고원이다. 그들은 달 지각의 상단 부분을 나타내며 달에서 가장 오래된 지역이다. 달의 역사 초기에 큰 소행성과 자주 충돌하여 수많은 분화구를 생성하고 달 표면을 분쇄하여 충돌 각력암, 암석 파편 및 달 표토(regolith)라고 불리는 몇 미터 두께의 먼지층을 남겼다. 고지대 암석의 연대는 약 3.5~4.5 Ga 범위이지만 월석에 대해 보고된 가장 오래된 연대는 Rb-Sr 방법으로 얻은 4.51 ± 0.07 Ga이다.

운석이나 월석과는 달리 지구에는 비슷한 연령의 암석이 보존되지 않았다. 지구상 가장 오래된 암석 중에는 서그린란드의 이수아(Isua) 변성퇴적암이 있다. 그들을 광범위하게 연구한 결과 여러 붕괴 방식이 일관되게 3.77 Ga의 연령을 산출하였다. 더 오래된 암석은 캐나다 순상지의 북서쪽에 있는 아카스타(Acasta) 편마암으로, U-Pb 연대 측정법으로 산출한 연령은 3.96 Ga이다. 호주, 남아프리카, 남아메리카 및 남극 대륙에서 가장 오래된 선캄브리아기 순상지 암석의 최대 연령은 3.4~3.8 Ga이다.

더 오래된 연대는 화강암질 마그마에서 미량 광물로 형성되는 개별 지르콘($ZrSiO_4$) 입자에서 얻어진다. 지르콘은 매우 내구성이 강한 광물이며 원래 암석을 파괴하는 침식에도 견딜 수 있다. 지르콘 입자는 퇴적암에 통합된다. 호주의 퇴적암에서 나온 지르콘 입자는 U-Pb 연대 측정으로 4.1~4.2 Ga가 산출되었다. 지름이 200 μm에 불과한 지르콘 입자 조각은 U-Pb 방법으로 4.404 ± 0.008 Ga로 연대가 측정되어 지구상에서 가장 오래된 고체가 되었다. 이러한 고대 지르콘 입자에 대한 산소 동위원소 분석을 수행하는 것도 가능하다. 단편적이지만 지르콘 입자의 결과는 원시 지구의 조건을 이해하는 데 중요하다. 증거가 부족하지만 뜨거운 초기 지구의 생성에 대한 가능성 있는 역사를 다음과 같이 제안한다.

결국에는 태양계로 진화하게 될 태양과 그 부착 원반은 4.57 Gyr 전에 형성되었다. 지구의 부착 성장과 철핵의 형성은 지구 초기 역사의 최초 100 Myr 동안 지속되었다. 지구 질량의 약 9분의 1에 불과한 화성의 부착 성장은 최초의 30 Myr에 완료되었을 것이다. 나중에 지구의 부착 성장 후, 아마도 6천만 년 후, 화성 크기의 행성과 현재 크기보다 훨씬 작은 원시 지구와의 충돌('거대 충돌'이라고 함)의 결과로 달이 형성되었다. **명왕**(지옥과 같은)누대라고 불리는 지구 형성 초기 4억 년 동안은 지구는 뜨겁고 마그마 바다로 덮여 있었다. 강력한 운석의 폭격으로 모든 지각이 녹거나 파괴되었을 것이다. 물이 있었으면 기화되었을 것이다. 약 1억 5천만 년 후에 원시 지구는 초기 화강암 지각과 아마도 액체 상태의 물이 형성될 수 있을 정도로 충분히 냉각되었을 것이다. 이 시기에 살아남은 몇 개의 지르콘 입자만이 가능한 증인으로 남아 있다. 반복되는 운석의 폭격은 다음 4억 년 동안 지각을 파괴하고 물을 반복적으로 기화시켰을 수 있다. 약 4 Gyr 전에 현존하는 가장 오래된 대륙 지각이 형성되었다.

이 시나리오는 추측이며 유일하지도 않다. 지르콘 입자에 대한 일부 산소 동위원소 연구는 서늘한 초기 지구를 나타내는 것으로 해석되었다. 이 지르콘에서 측정된 높은 $\delta^{18}O$ 값(글상자 8.1 참조)은 액체 물에 대해 충분히 낮은 표면 온도를 의미한다. 시생누대(4.0~2.5 Ga) 전체에 걸쳐 균일한 조건이 추론되었다. 초기 지구의 이 모델은 운석 충돌이 가정된 것보다 덜 강렬했을 수 있음을 시사한다. 뜨거운 초기 지구의 모델이 더 널리 받아들여지고 있지만 진정한 역사는 아직 알려지지 않았다. 지구 역사의 처음 몇억 년 동안 일어난 사건은 지구의 가장 잘 알려진 비밀 중 하나이다.

8.6 더 읽을거리

입문 수준

York, D. 1997. *In Search of Lost Time*. Bristol: Institute of Physics Publishing.

심화 및 응용 수준

Dalrymple, G. B. 1991. *The Age of the Earth*. Stanford, CA: Stanford University Press.

Dickin, A. P. 2005. *Radiogenic Isotope Geology* (2nd ed.). Cambridge: Cambridge University Press.

Faure, G. and Mensing, T. M. 2005. *Isotopes: Principles and Applications*. Hoboken, NJ: Wiley.

8.7 복습 문제

1. 항성시와 태양시의 차이점은 무엇인가? 항성일과 태양일 중 어느 것이 더 길까?

2. 항성일은 길이가 일정하지만 태양일은 그렇지 않은 이유는 무엇인가?

3. (a) 붕괴 상수, (b) 반감기, (c) 등시선에 대하여 정의하시오.

4. 연대 측정의 방사성 탄소를 이용한 연대 측정법은 간단한 붕괴 과정의 분석이다. 이 문장이 의미하는 바를 설명하시오. 측정 원리를 설명하시오.

5. 질량분석기의 원리를 설명하시오. 로렌츠 힘이란 무엇인가?

6. $^{40}K/^{40}Ar$ 연대 측정법의 어떤 면이 암석의 연령을 결정하는 데 유용한가? $^{40}K/^{40}Ar$법에 비해 $^{40}Ar/^{39}Ar$법의 장점은 무엇인가?

7. 어떤 종류의 물질이 방사선 탄소 연대 측정법에 적당한가? 이 방법의 적용 가능한 연령의 범위는 어느 정도인가? 이 방법의 예상되는 문제점은 무엇인가?

8. 해양의 가장 오래된 지역은 어디인가? 대륙의 가장 오래된 지역은 어디인가? 가장 오랜된 해양과 대륙의 연령을 비교하고 그 차이에 대하여 설명하시오.

9. U-Pb 연대 측정법에 대하여 설명하시오. 일치곡선이란? 불일치선이란? 선캄브리아기 암석처럼 오래된 물질의 연대 측정에 U-Pb 연대 측정법이 적당한 이유를 설명하시오.

10. 매우 오래된 암석에서 왜 지르콘이 중요한가? 지구상에서 가장 오래된 암석의 나이와 월석과 운석의 나이는 어떻게 비교할 수 있는가?

8.8 연습 문제

1. 방사성 동위원소의 붕괴로 초기 값의 1%로 감소하려면 몇 번의 반감기가 경과해야 하는가? 붕괴율이 1.21×10^{-4} yr^{-1}인 ^{14}C의 경우 이 시간은 얼마나 되는가?

2. 이집트 파라오의 무덤에서 나온 나무 시료의 방사성 탄소 연대 측정법에서 ^{14}C의 농도는 9.83×10^{-15} mol g^{-1}, ^{12}C의 농도는 1.202×10^{-2} mol g^{-1}로 측정되었다. 시료의 초기 $^{14}C/^{12}C$ 비율이 장기 대기의 비율인 1.20×10^{-12}일 때, 무덤의 나이, 남아 있는 ^{14}C의 백분율, 목재의 원래 ^{14}C 농도를 결정하시오.

3. ^{235}U와 ^{238}U의 붕괴 상수는 $\lambda_{235} = 9.8485 \times 10^{-10}$ yr^{-1}, $\lambda_{238} = 1.55125 \times 10^{-10}$ yr^{-1}이다. 이 우라늄 동위원소의 반감기를 계산하시오.

4. 동위원소 ^{235}U와 ^{238}U가 초신성과 같은 일반적인 사건에서 생성되었다고 가정하고 이들의 존재비가 현재 $^{235}U/^{238}U = 1/137.88$이라는 점을 고려할 때 생성된 지 얼마나 되었는지 계산하시오.

5. 화강암 저반의 전체 암석 시료에서 스트론튬 및 루비듐 동위원소를 분석한 결과 다음과 같은 원자 농도(ppm)가 나타났다.

시료	^{87}Sr	^{87}Rb	^{86}Sr
A	2.304	8.831	2.751
B	0.518	29.046	0.420
C	1.619	111.03	1.232
D	1.244	100.60	0.871

(a) 이들 시료의 $^{87}Rb/^{86}Sr$, $^{87}Sr/^{86}Sr$ 동위원소 비율을 계산하시오.

(b) 화강암 저반의 나이와 초기 $^{87}Sr/^{86}Sr$ 비율을 계산하시오.

6. 후기 백악기 화강암의 백운모를 연속적으로 가열하면서 Ar-Ar 연대 측정하여 다음과 같은 동위원소비를 얻었다.

최대 가열 온도(°C)	$^{39}Ar/^{36}Ar$	$^{40}Ar/^{36}Ar$
750	1,852	8,855
830	1,790	8,439
895	1,439	6,867
970	3,214	15,380
1,030	2,708	12,970

(a) 각 가열 단계에서 $^{40}Ar/^{39}Ar$ 비율을 계산하시오.

(b) 추적 관찰하고 있는 광물의 보정 상수 $J = 0.00964$로 결정되었다. 식 (8.18)로부터 (a)에서 구한 $^{40}Ar/^{39}Ar$을 이용하여 가열 단계별로 겉보기 연대를 계산하시오.

(c) 가로축에 $^{39}Ar/^{36}Ar$, 세로축에 $^{40}Ar/^{36}Ar$을 상관시켜 $^{40}Ar/^{39}Ar$ 등시선을 그리시오. 각 점들을 가장 잘 근사하는 직선(등시선)을 그리고 이 직선의 기울기와 세로축 절편을 구하시오.

(d) 등시선의 기울기로부터 백운모의 나이를 계산하시오. 세로축 절편은 어떤 의미인가?

7. 다음은 화강암에서 추출한 3개의 지르콘을 U-Pb 연대 측정법으로 측정한 동위원소비이다.

시료	$^{207}Pb/^{235}U$	$^{206}Pb/^{238}U$
지르콘 1	27.4	0.60
지르콘 2	33.3	0.68
지르콘 3	37.9	0.74

(a) 식 (8.19)와 (8.20)을 이용하여 통상적인 제도 기법에 따라 일치곡선 다이어그램을 그리시오. 그림 위에 위 표의 측정값들을 표시하시고 직선으로 연결하여 불일치선을 그리시오.

(b) 그림에서 일치곡선과 불일치선의 교점의 좌표를 결정하시오.

(c) 위에서 구한 교점의 좌표를 식 (8.19)와 (8.20)과 결합하여 지르콘의 생성 연대를 계산하시오.

(d) 지르콘이 생성된 이후 손실된 납의 양을 계산하시오.

8. 다음 표는 방사성 연대 측정과 고지자기를 결합한 지자기 극성 연구의 목적으로 용결응회암(ignimbrite)을 K-Ar 연대 측정법으로 측정한 동위원소비를 보여 준다.

시료	$^{40}K/^{36}Ar$	$^{40}Ar/^{36}Ar$
A	4,716,000	822
B	8,069,000	1,200
C	12,970,000	1,730
D	27,670,000	3,280

(a) 동위원소비를 그리고, 등시선을 그리시오. 등시선의 기울기와 절편을 계산하시오.

(b) 용결응회암의 등시선 연령을 계산하시오.

(c) 초기 $^{40}Ar/^{36}Ar$ 농도에 대한 측정한 $^{40}Ar/^{36}Ar$ 비를 수정하시오. 개별 시료의 나이를 계산하시오.

(d) 평균 연령과 표준 편차를 계산하시오. 평균 연령과 등시선 연령을 비교하시오.

(e) 그림 12.32의 표준 방사능 시간 척도를 기준으로 할 때 응결응회암 시료는 몇 번의 지자기 극성 변화를 겪었는가?

8.9 컴퓨터 실습

이 장에 대한 Jupyter notebook 실습 자료를 http://www.cambridge.org/FoG3ed에서 내려받기를 할 수 있다: (Concordia-discordia diagram)

9

지열

미리보기

지구 내부의 열은 지구의 동역학적 과정을 유발한다. 내부 열은 용융 상태의 지구가 냉각되면서 방출되는 시원적인 부분과 방사성 원소의 붕괴에 의한 부분으로 나뉜다. 지각과 맨틀 그리고 내핵의 온도는 그곳을 구성하는 매질의 녹는점보다 낮다. 그러나 외핵에서의 온도는 철의 녹는점보다 높다. 지각, 맨틀 그리고 내핵에서는 전도에 의해 열이 이동하며, 외핵에서는 강력한 대류에 의해 열이 이동한다. 맨틀의 대류는 점성 크리프에 의한 고체 맨틀의 변형을 통해 이루어진다. 이 장에서는 맨틀의 대류 과정에 관여하는 요소들을 알아볼 것이다. 지표의 판구조 운동에 원동력을 제공하는 것은 이 요소들이다. 대륙의 열류는 주로 지각 내에 포함된 방사성 원소의 붕괴로 인해 발생한다. 이에 반해, 해양에서는 해양저가 확장되면서 진행되는 암석권의 냉각에 의해 열류가 발생한다. 뜨거운 맨틀 물질로 구성된 플룸은 열점을 형성하는 주요 원인이다.

9.1 서론

태양의 복사 에너지는 중력 퍼텐셜 에너지와 함께 지표와 대기에서 발생하는 거의 모든 자연 과정에 관여한다. 뜨거운 백열의 태양은 파장 범위가 매우 넓은 복사선을 방출하지만, 지구에 입사하는 복사선 중 많은 부분이 우주로 반사된다. 일부는 대기에 진입하여 구름에 반사되거나 흡수되어 우주로 재복사된다. 아주 적은 부분만이 지표에 도달하지만, 지구의 4분의 3을 덮는 수면에 의해 또다시 부분적으로 반사된다. 일부(예 : 식생에 의해)는 흡수되어 다양한 자연 순환의 동력원 역할을 한다. 적은 양이 지표를 가열하는 데 사용되지만, 침투할 수 있는 깊이는 매우 제한적이다. 하루 주기로 변하는 태양 복사선은 지표를 수십 센티미터 정도 침투한다. 1년 주기의 태양 복사선도 침투 심도는 수십 미터에 불과하다. 결과적으로 태양 에너지는 지구 내부 과정에 거의 영향을 주지 못한다. 지자기장의 생성이나 암석권의 이동과 같은 다양한 내부 시스템은 궁극적으로 지구 내부 열에 의해 구동된다.

지구는 끊임없이 내부의 열을 잃고 있다. 이 손실량은 우주 공간으로 반사되거나 재복사되는 태양 에너지에 비해 아주

작지만, 지구 자전의 변화나 지진 발생에 의해 방출되는 에너지보다 몇 배는 더 크다(표 9.1). 조석 마찰은 지구의 자전 속도를 늦춘다. 이는 초장기선 전파 간섭계(Very Long Baseline Interferometry, VLBI)나 위성 기반의 GPS(Global Positioning System)와 같은 최신의 측지 기술을 활용해 모니터링할 수 있기 때문에, 마찰에 의한 회전 에너지의 손실을 정확히 계산할 수 있다. 지진에 의해 방출되는 탄성 에너지는 높은 신뢰도로 추정되며, 그중 대부분은 소수의 대규모 지진에 의해 방출된다. 그러나 대규모 지진의 연간 발생 빈도는 시기에 따라 매우

표 9.1 지구의 연간 에너지 수지에 대한 각 기여도의 추정값

에너지원	연간 에너지(J)	지열류량에 대한 상대비
태양 에너지의 반사 및 재복사	5.5×10^{24}	≈ 4000
지구 내부에서 흘러나오는 열류량	1.4×10^{21}	1
조석 마찰에 의한 자전 속도의 감소	10^{20}	≈ 0.1
지진으로 방출되는 탄성 에너지	3×10^{17}	≈ 0.0002

큰 변화를 보인다. 규모 $M_s > 7$인 지진의 연간 발생 횟수는 약 10~40회 정도이며(그림 7.21 참조), 이에 의해 방출되는 연간 에너지의 추정치도 $5 \times 10^{17} \sim 4 \times 10^{19}$ J 정도의 넓은 범위에 걸쳐 있다. 조석에 의한 자전 각속도의 감소와 지진에 의한 에너지 방출량은 지열 에너지에 비해 매우 작다. 지열은 지구에서 발생하는 에너지의 가장 중요한 부분이다.

지구의 내부 열은 다양한 공급원을 갖는다. 그러나 지난 4 Gyr 동안의 주요 공급원은 두 개이다. 하나는 시원적 열(primordial heat)로서, 내부 온도가 현재보다 훨씬 높았던 시기부터 지금까지 지구가 냉각되면서 방출한 열이다. 다른 공급원은 긴 수명의 방사성 동위원소가 붕괴하면서 생성된 열이다. 이들이 지구 내부 열의 주요 원천이며, 따라서 지구의 모든 동역학적 과정에 에너지를 공급한다.

9.2 열역학의 원리

열에너지를 설명하려면 몇 가지 중요한 열역학적 매개변수를 정의해야 한다. 온도와 열의 개념은 혼동하기 쉽다. 7개의 기본 SI 단위 중 하나인 온도는 물체의 뜨겁고 차가운 정도를 정량적으로 나타내는 단위이다. 열은 에너지의 한 형태로서, 물체의 온도에 의해 결정된다. 간단한 예를 통해 온도와 열의 차이를 설명할 수 있다. 일사불란하게 움직이는 기체 분자들이 담긴 상자를 고려하자. 각각의 분자는 속도의 제곱에 비례하는 운동 에너지를 갖는다. 개별 분자가 가진 운동 에너지는 서로 다를 수 있지만, 이들에 대한 평균 운동 에너지는 계산이 가능하다. 이 평균 물리량은 기체의 온도에 비례한다. 만약 상자 내모든 분자에 대한 운동 에너지의 총합을 구할 수 있다면, 그 값이 바로 상자에 속한 열의 양이다. 외부 공급원에 의해 상자에 열이 가해지면 기체 분자들의 속도는 빨라진다. 그로 인해 이들의 평균 운동 에너지는 증가하며, 따라서 기체의 온도도 상승한다.

기체의 온도 변화는 압력과 부피의 변화를 수반한다. 압력을 일정하게 유지하면서 고체나 액체를 가열하면, 부피는 증가한다. 특정 고체 또는 액체의 열팽창 특성은 온도계의 작동 원리와 밀접하게 관련되어 있다. 부정확하지만 최초의 '온도계'라고 할 수 있는 장치는 갈릴레이에 의해 발명되었다고 알려져 있다. 최초의 정밀한 온도계 및 이에 상응하는 온도 척도들은 18세기 초 파렌하이트(G. Fahrenheit, 1686~1736)와 드 레오뮈르(F. de Réaumur, 1683~1757) 그리고 셀시우스(A. Celsius, 1701~1744)에 의해 개발되었다. 이 장비들은 액체의 열팽창을 이용하였다. 또한 얼음의 녹는점이나 물의 끓는점과 같이 고정된 온도를 통해 눈금을 설정하였다. 섭씨온도는 범용적으로 이용되며, 과학 분야에서 사용되는 온도 척도와 밀접하게 관련되어 있다.

온도에는 분명 상한선이 없다. 예를 들어, 태양 표면의 온도는 10,000 K보다 낮지만, 중심 온도는 대략 10,000,000 K에 달한다. 한편, 실험실 내에서 물리 실험을 통해 100,000,000 K 이상의 온도를 기록하기도 하였다. 그러나 열을 제거하여 물체를 냉각시키는 과정은, 온도가 낮아질수록 점점 어려워진다. 낮은 온도의 한계점은 종종 '절대 영도(absolute zero)'라고 불리며, 이 온도가 켈빈 온도 척도(Kelvin temperature scale)의 기준점이 된다. 켈빈이란 명칭은 켈빈 경(Lord Kelvin, 1824~1907)의 이름에서 따왔다. 켈빈 척도의 간격은 섭씨온도와 동일하며, 이 단위를 kelvin이라 한다. 켈빈 척도는 물의 삼중점(물의 고체, 액체 및 기체상이 동시에 공존하는 평형점)을 273.16 kelvin 혹은 273.16 K로 표기한다.

초기 연구자들은 칼로릭(caloric)이라는 불가사의한 유체 흐름에 의해 열이 물체 사이를 오갈 수 있다고 생각하였다. 그러나 19세기 중반 영국의 양조업자 줄(J. Joule, 1818~1889)은 일련의 정교한 실험을 통해 역학적 에너지가 열로 전환될 수 있음을 보여 주었다. 그는 높은 곳에서 떨어지는 추를 이용해 용기 내에 설치된 날개차를 회전시켰고, 이를 통해 용기 내 물의 온도가 상승함을 보여 주었다. 그의 유명한 이 실험에서 물의 온도 증가는 0.3 K 미만에 불과하였지만, 줄은 이 결과를 활용해 1 K의 온도를 올리는 데 필요한 에너지의 양을 계산할 수 있었다. 이를 열의 일당량(mechanical equivalent of heat)이라 부른다. 그 당시 줄이 계산한 열당량 추정치는 현재 알려진 값과의 차이가 5% 미만일 정도로 매우 정확하였다. 그의 선구적인 노력을 기리기 위해 에너지의 단위를 줄(joule, J)이라 부른다. 그러나 원래 열의 단위는 14.5℃의 물 1 g을 15.5℃로 올리는 데 필요한 에너지로 정의하였다. 이 단위가 바로 칼로리(calorie)이며, cal로 적는다. 1 cal는 4.1868 J에 해당한다.

물리학 및 공학 분야에서는 종종 단위 시간당 열에너지의 변화를 측정하는 것이 중요하다. 전력(power)으로 알려진 이 물리량의 단위는 와트(watt)이다. 이는 기계의 동력원으로 열에너지를 사용한 스코틀랜드의 엔지니어 와트(J. Watt, 1736~1819)의 이름에서 비롯되었다. 지열을 다룰 때는 주로 단위 면적당 열에너지의 손실을 고려한다. 이 물리량을 열속

(heat flux) 혹은 더 일반적으로 **열류**(heat flow)라고 하며, 1초 동안 1제곱미터 넓이의 지표면을 빠져나간 열의 양을 가리킨다. 지구 내부로부터 흘러나오는 평균 열류량은 매우 작기 때문에 일반적으로 평방미터당 밀리와트(mW m^{-2})의 단위를 사용한다.

물체에 열이 ΔQ만큼 추가되면 이에 비례하여 온도도 ΔT만큼 상승한다. 물체의 질량 m이 클수록 온도 변화는 작아지고, 물질에 특성에 따라 온도 변화의 크기도 달라진다. 어떤 물질 1 kg의 온도를 1 K 올리는 데 필요한 열량을 **비열**(specific heat)이라 한다. 이 과정이 일정한 압력하에서 수행될 경우 비열은 c_p로 표시한다(물질의 부피가 일정한 상황에서는 c_v를 사용). 다음의 수식을 사용하여 열과 관련된 위의 관찰을 표현할 수 있다.

$$\Delta Q = c_p m \Delta T \qquad (9.1)$$

추가된 열에 의해 온도가 변하고, 이에 비례하는 부피 변화가 유발된다. 물질마다 부피가 변하는 정도는 다양하다. 이러한 특성을 물질의 **부피 팽창 계수**(volume coefficient of expansion, α)라고 하며, 다음과 같이 정의한다.

$$\alpha = \frac{1}{V}\left(\frac{\partial V}{\partial T}\right)_P \qquad (9.2)$$

어떤 계에 열에너지를 가하면 그중 일부는 계의 내부 에너지, 즉 분자의 운동 에너지를 증가시키는 데 사용되고 나머지는 부피 변화와 같은 일로 소모된다. 만약 일정한 온도 T에서 총에너지의 변화 ΔQ가 발생한다면, 새로운 열역학 매개변수 엔트로피 S를 정의할 수 있다. 이때 엔트로피의 변화 ΔS는 $\Delta Q / T$와 같다. 따라서 다음과 같이 쓸 수 있다.

$$\Delta Q = T\Delta S = \Delta U + \Delta W \qquad (9.3)$$

여기서 ΔU는 내부 에너지의 변화이며 ΔW는 외부에 해 준 일이다. 열이 계에 출입할 수 없는 상황에서 이루어지는 열역학 과정을 **단열**(adiabatic)이라고 한다. 단열 반응에서 엔트로피는 일정하게 유지된다. 즉, $\Delta S = 0$이다. 이는 열역학적 과정이 너무 빠르게 진행되어 열이 전달될 시간이 없는 경우에도 발생한다. 지진파가 통과할 때, 매질은 순간적으로 압축과 팽창을 겪기 때문에 열이 교환될 수 없다. 이는 단열 과정의 한 예이다. 지구의 단열 온도 구배(gradient)는 지구의 실제 온도 구배를 추정하고 열이 전달되는 방식을 결정할 때, 중요한 기준이 된다.

9.3 지구 내부의 온도

심도에 따른 지구 내부의 밀도나 지진파 속도 혹은 탄성 계수와 같은 정보들은 비교적 잘 알려져 있다. 이와는 대조적으로 내부 온도에 대한 지식은 상당히 부정확하다. 직접적인 온도 측정은 지표에 가까운 곳이나 시추공 혹은 광산 등의 한정된 영역에서 수행 가능할 뿐이다. 일찍이 1530년에 아그리콜라(G. Agricola, 1494~1555, 독일의 내과의사이자 광물학 및 광업의 선구자인 Georg Bauer의 라틴 이름)는 깊은 광산에서 온도가 높다고 언급하였다. 사실 지표 근처에서의 온도 변화는 대략 30 K km^{-1}의 비율로 매우 빠르게 증가한다. 이 비율에 선형 외삽을 적용하면 지구 중심의 온도는 약 200,000 K이 된다. 이는 태양 표면보다 높은 온도로서 비현실적인 수치이다.

실험을 통해 심부의 고온 고압 환경을 추정할 수 있으며, 타당한 가정하에 그곳의 단열 온도와 녹는점을 계산할 수 있다. 그럼에도 불구하고 깊이에 대한 온도 분포는 잘 알려져 있지 않으며 추정된 온도의 오차 범위는 상당히 큰 편이다. 각 층의 경계는 지진파 분석을 통해 이미 알려진 물리적 상에 의해 결정된다. 내핵은 고체이므로 그곳의 온도(현장 온도)는 매질의 녹는점보다 낮아야 한다. 외핵은 용융 상태이기 때문에 현장 온도는 그곳 매질의 녹는점보다 높아야 한다. 마찬가지로 고체의 맨틀과 지각은 녹는점보다 낮은 현장 온도를 갖는다. 연약권의 낮은 강성은 현장 온도가 고상선(혹은 '연화점')에 가깝기 때문이다. 현장 온도와 녹는점의 관계는 지구 내부의 유동학적 거동을 결정한다(5.2절 참조).

깊이에 따른 온도 변화는 실험을 통해 얻은 결과를 지진학적 지식과 조합하여 추정한다. 실체파의 주시는 특정 심도에서 발생하는 광물의 구조 변화(상전이)를 보여 준다(7.4.4.1절 참조). 가장 중요한 사례는 상부 맨틀에서 나타나는 심도 410 km의 감람석-스피넬 전이와 심도 660 km의 스피넬-페로브스카이트 전이이다. 이들 광물의 상전이 온도와 압력(즉, 심도)은 실험을 통해 알 수 있으므로 전이대가 위치하는 지점의 온도를 결정할 수 있다. 이와 비슷하게, 고온 고압 환경하의 실험을 통해 맨틀의 암석 및 외핵의 철-니켈에 대한 녹는점 심도도 추론할 수 있다. 지구 내부의 지진파 속도는 이제 너무나 잘 알려져 있기 때문에, 지진파 단층촬영(7.4.3.2절)을 통해 결정된 속도 편차를 온도 이상으로 해석할 수 있다.

9.3.1 단열 온도 구배

지구 내부의 온도를 추정하는 또 다른 방법은 별개의 기법을 통해 값이 정해진 매개변수를 물리 방정식에 대입하는 것이다. 19세기 후반 맥스웰(J. C. Maxwell, 1831~1879)은 엔트로피 (S), 압력(p), 온도(T), 부피(V)가 포함된 네 개의 간단한 방정식을 사용하여 열역학 법칙을 설명하였다. 그중 하나는 다음의 형태를 가진다.

$$\left(\frac{\partial T}{\partial p}\right)_S = \left(\frac{\partial V}{\partial S}\right)_P \tag{9.4}$$

위 식의 좌변은 압력에 따른 온도의 단열 변화를 나타낸다. 식 (9.1)부터 (9.4)까지 결합하고, $\rho = m/V$을 사용하면 다음을 얻는다.

$$\left(\frac{\partial T}{\partial p}\right)_S = \left(\frac{\partial V}{\partial S}\right)_P = \left(\frac{\partial V}{\partial T}\right)_P \left(\frac{\partial T}{\partial S}\right)_P$$

$$\left(\frac{\partial T}{\partial p}\right)_S = \alpha V T \left(\frac{\partial T}{\partial Q}\right)_P = \frac{\alpha V T}{c_p m} = \frac{\alpha T}{c_p \rho} \tag{9.5}$$

여기에 $dp = \rho g\, dz$를 대입하면, 압력에 따른 온도의 변화가 심도에 따른 온도 변화로 변환된다. 이를 통해 다음과 같은 단열 온도 구배식을 얻는다.

$$\left(\frac{\partial T}{\partial z}\right)_{단열} = T \frac{\alpha g}{c_p} \tag{9.6}$$

깊이 z에 따른 밀도와 중력은 지진파 속도를 통해 이미 알려져 있으며, α와 c_p는 실험을 통해 계산할 수 있다(그림 9.1). 예를 들어, 심도 1,500 km의 하부 맨틀에서 $g = 9.9$ m s^{-2}, $c_p = 1,200$ J kg^{-1} K^{-1}, $\alpha = 14 \times 10^{-6}$ K^{-1}, $T = 2,400$ K이다. 이 값들을 대입하면 단열 온도 구배는 약 0.3 K km^{-1}이 된다. 심도 약 3,300 km의 외핵에서는 $g = 10.1$ m s^{-2}, $c_p = 700$ J kg^{-1} K^{-1}, $\alpha = 14 \times 10^{-6}$ K^{-1}, $T = 4,000$ K이며, 이를 통해 단열 온도 구배는 약 0.8 K km^{-1}으로 계산된다.

지구 내부의 단열 온도에 대한 대략적인 추정치는 그뤼나이젠 열역학 매개변수 γ를 사용하여 얻을 수도 있다. 이 상수는 다음과 같이 정의되며, 무차원의 단위를 갖는다.

$$\gamma = \frac{\alpha K_s}{\rho c_p} \tag{9.7}$$

여기서 K_s는 단열 조건하의 비압축률(incompressibility) 혹은 체적탄성계수(bulk modulus)이며, 5.1절과 식 (5.17)에서 정

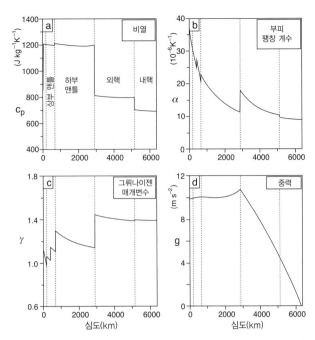

그림 9.1 심도에 따른 물리량의 변화. (a) 압력이 일정할 때의 비열, (b) 체적 열팽창 계수, (c) 그뤼나이젠 매개변수, (d) 중력. 자료 출처 : Stacey and Davis, 2008.

의되었다. 식 (5.17)의 p를 dp로 대체하고 체적 변형률 θ 대신 dV/V를 사용하면, 다음과 같이 쓸 수 있다.

$$dp = -K_s \frac{dV}{V} = K_s \frac{d\rho}{\rho} \tag{9.8}$$

여기서 ρ는 밀도이다. 식 (9.8)의 $K_s = \rho\, \partial p/\partial\rho$를 식 (9.5)에 대입하면 다음과 같이 정리할 수 있다.

$$\frac{dT}{dp} = T\frac{\gamma}{K_s} = T\frac{\gamma d\rho}{\rho dp}$$

$$\frac{dT}{T} = \gamma \frac{d\rho}{\rho}, \tag{9.9}$$

$$T = T_0 \left(\frac{\rho}{\rho_0}\right)^\gamma \tag{9.10}$$

위 식과 이미 알려진 특정 심도에서의 온도 T_0 및 밀도 ρ_0를 사용하면, 그뤼나이젠 매개변수 γ가 알려진 영역에 대해 연직 밀도 분포로부터 단열 온도를 계산할 수 있다. 다행히 γ는 지구 내부의 각 영역에서 꽤 일정한 값을 갖는다(그림 9.1). 식 (9.10)을 γ가 불연속인 심도에 적용할 수 없다는 것은 분명하다. 다만 몇몇 심도에 대해 T_0와 ρ_0가 알려져 있다면, 반복 계산을 통해 그 사이 구간들에 대한 단열 온도의 연직 분포를 결정할 수 있다. 지구의 연직 온도 분포(그림 9.2)는 암석권과 연약권

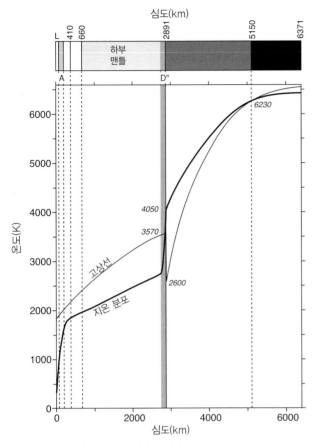

그림 9.2 깊이에 따른 온도와 녹는점의 변화. 자료 출처 : Stacey and Davis, 2008; Anzellini et al., 2013; Nomura et al., 2014.

그리고 핵-맨틀 경계 위에 놓인 D″층에서 매우 가파른 기울기를 보인다. 이 온도 분포는 핵-맨틀 경계의 온도가 약 3,750 K이며, 중심 온도는 대략 6,300 K임을 보여 준다.

9.3.2 녹는점의 구배

맥스웰의 또 다른 열역학 방정식은 다음과 같다.

$$\left(\frac{\partial S}{\partial p}\right)_T = -\left(\frac{\partial V}{\partial T}\right)_P \tag{9.11}$$

위 식은 매질의 녹는점(T_{mp})에 대한 압력의 영향을 살펴볼 때 유용하다. 단위 질량의 매질을 녹일 때 필요한 열은 그 물질의 용융열(L)이므로, 위 식 좌변의 엔트로피 변화량은 (mL/T_{mp})과 같다. 부피 변화는 물질의 고체상과 액체상 부피(각각 V_S와 V_L) 간의 차이이므로, 식 (9.11)은 다음과 같이 다시 쓸 수 있다.

$$\frac{dT_{mp}}{dp} = \frac{T_{mp}}{mL}(V_S - V_L) \tag{9.12}$$

물리학자들은 이 식을 클라우지우스-클라페이롱식으로 부른다. 이 식은 압력이 녹는점의 변화에 미치는 영향을 나타낸다. 특히, 우리의 관심을 끄는 점은 이전과 마찬가지로 $dp = \rho g\, dz$의 정수압 가정을 이 식에 대입할 수 있다는 것이고, 이를 통해 심도에 따른 녹는점 변화식으로 간단히 전환된다. 질량이 m인 주어진 매질에 대해 고체상과 액체상의 부피 V_S와 V_L을 각각의 밀도 ρ_S 및 ρ_L로 대체하면 다음과 같은 식이 도출된다.

$$\frac{1}{T_{mp}}\frac{dT_{mp}}{dz} = \frac{g}{L}\left(\frac{\rho_S}{\rho_L} - 1\right) \tag{9.13}$$

앞에서 이미 언급하였듯이, 녹는점의 심도를 구하려면 깊이에 따른 밀도와 중력 분포가 필요하다. 외핵의 압력 환경하에서, 철의 고체 및 액체상의 밀도는 각각 13,000 kg m^{-3} 및 11,000 kg m^{-3} 정도이며, 용융열은 약 7×10^6 J kg^{-1}이다. 따라서 외핵의 녹는점에 대한 연직 분포의 기울기는 약 1 K km^{-1}이 된다. 즉, 심도에 따른 핵에서의 녹는점은 단열 온도보다 더 가파르게 증가한다. 단열 온도 및 녹는점에 관한 연직 분포는 매개변수(즉, L, α, c_p)에 의해 결정된다. 이 변수들에 대한 지구 내부에서의 추정치들은 신뢰 수준이 높지 않다. 따라서 현재까지 알려진 연직 온도 분포(그림 9.2)는 앞으로 많은 수정을 거칠 것이며, 지구 내부에 대한 지식이 축적됨에 따라 점차 참값에 수렴할 것이라 기대된다.

한 가지 토의가 더 필요한 부분은 맨틀 내 상전이의 역할에 대한 것이다. 핵-맨틀 경계 바로 위에 놓인 D″층은 분명 핵에서 맨틀로의 열전달에 중요한 역할을 한다. 이 층은 열 경계층에 해당한다. 마찬가지로 암석권은 맨틀의 열을 지구 표면으로 전달하는 열 경계층이다. 심도 410 km의 상전이는 열 경계층으로 작동할 것 같지 않지만, 심도 660 km의 상전이는 그 역할을 할 수 있을 것으로 보인다. 그림 9.2의 연직 온도 분포를 보면, 상전이 구간은 열 경계층으로 작용하지 않는다. 맨틀 내 대부분의 영역에서 온도 구배는 단열 구배와 동일하다고 가정한다. 그러나 맨틀의 상부와 하부 경계에는 온도 구배가 단열 구배보다 훨씬 큰 열 경계층(각각 암석권 및 D″층)이 위치한다.

9.4 지구에서의 열전달

열은 전도, 대류, 복사의 세 가지 과정을 통해 전달된다. 전도와 대류는 매개체를 통해 열을 전달한다. 그에 반해 복사는 우주 공간이나 진공을 통과할 수 있다. 전도는 고체 매질 내 열전달의 가장 중요한 과정이므로 지각 및 암석권에서 중요하게 다뤄진다. 그러나 전도는 열전달의 효율성이 떨어진다. 분자의 자유로운 움직임이 가능한 액체나 기체의 경우, 대류의 중요성이 커진다. 맨틀은 지진파가 빠르게 통과할 수 있다는 관점에서 볼 때 고체의 특성을 보이지만, 충분히 높은 온도로 인해 긴 시간의 관점에서는 점성 유체의 특성을 갖는다. 결과적으로 맨틀 내에서 대류는 전도보다 더 중요한 형태의 열전달 수단이다. 대류는 또한 외핵에서 가장 중요한 열전달 수단이다. 이는 핵 내 유체 흐름이 (지질학적 관점에서) 빠르게 뒤집히고 이와 관련된 지자기장의 변화가 나타난다는 사실을 통해 알 수 있다. 지구 내부에서 복사는 그 중요도가 가장 떨어진다. 핵과 맨틀 내에서 이 방식의 열전달이 중요하게 작동하는 곳은 온도가 가장 높은 영역에 한정된다. 매질에 의한 복사 에너지의 흡수는 매질의 온도를 상승시켜 온도 구배를 증가시킨다. 따라서 열복사는 매질에 의해 수행되는 열전도 과정의 변형된 형태로 간주할 수도 있다.

9.4.1 전도

열전도는 분자 또는 원자 사이에 운동 에너지가 전달되면서 발생한다. 이 과정에 대해 완전히 이해하기 위해서는 양자 이론과 소위 '고체의 띠 이론(band theory of solid)'에 대한 지식이 필요하지만, 이들의 도움 없이도 대략적인 이해는 가능하다. 원자에서 가장 느슨하게 결합된 전자(원자가 전자, valence electron)는 본질적으로 이온화된 원자로부터 자유롭다. 따라서 물질을 통해 이동할 수 있으며, 운동 에너지도 전달이 가능하다. 이러한 이유로 원자가 전자를 전도 전자(conduction electron)라고도 부른다. 전자는 전기적으로 대전되어 있는 상태이므로 전도 전자들의 순 이동은 전류를 생성한다. 그렇기 때문에 높은 전기 전도도를 가진 물질(은이나 구리 등)이 열도 잘 전도한다. 원자적 관점에서 전도 전자는 매우 빠른 속력으로(약 $1,000~km~s^{-1}$) 움직이지만, 무질서한 방향을 갖기 때문에 특정 방향의 순 에너지 흐름은 나타나지 않는다. 만약 전도 전자가 전기장 또는 온도장 내에 위치하게 되면 장의 경사를 따라(즉, 전기장 또는 온도장의 구배 방향으로) 일률적으로 이동한다. 이로 인해 발생하는 추가적인 속도는 매우 작지만(약 $0.1~mm~s^{-1}$), 매질을 통해 운동 에너지가 전달된다. 이러한 방식의 전도는 액체, 기체, 고체에서 모두 가능하다.

고체의 전도에 중요한 역할을 하는 또 다른 메커니즘도 있다. 고체 내의 원자는 대칭적인 격자상의 일정한 지점에 위치

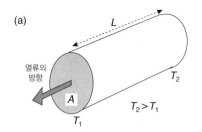

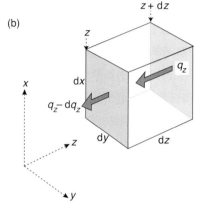

그림 9.3 (a) 양 끝단의 온도가 T_1과 $T_2(> T_1)$로 유지되는 길이가 L이고 단면적이 A인 막대를 따라 흐르는 열 Q의 전도, (b) 길이가 dz인 짧은 막대로 유입(q_z)되고 유출($q_z - dq_z$)되는 열류.

한다. 원자는 완전한 정적 상태에 있는 것이 아니라 진동을 한다. 이때의 진동 주파수는 온도에 따라 달라진다. 이 격자 진동 에너지는 포논(phonon)이라는 단위로 양자화되어 있다. 고체의 한쪽 끝 온도가 증가하면 그 지점의 격자 진동 주파수가 높아진다. 증가된 진동은 원자 간의 결합에 의해 격자를 가로질러 이동하며, 이에 따라 온도가 증가하는 부분이 확대된다.

열전도에 대한 전도 전자와 포논의 상대적인 기여도는 고체마다 다르다. 많은 수의 전도 전자를 포함하는 금속은 주로 전자를 통해 열을 전달한다. 이 경우 격자 전도도의 기여도는 거의 측정되지 않는다. 지각이나 맨틀을 이루는 광물같이 절연체나 낮은 효율의 전도체는 매우 적은 수의 전도 전자를 포함하며, 따라서 대부분 격자 진동(포논)에 의해 열전도율이 결정된다.

전도에 의한 고체 내의 열전달은 간단한 방정식을 통해 나타낼 수 있다. 양 끝의 온도가 각각 T_1과 T_2로 유지되며, 길이가 L인 단면적 A의 고체 막대를 고려하자(그림 9.3a). 열의 이동 방향이 막대의 길이 방향으로 한정된다고 가정하면(즉, 측면으로의 열 손실이 없다면), 주어진 시간 동안 뜨거운 곳에서 차가운 곳으로 이동하는 순 열량(ΔQ)은 두 지점의 온도 차($T_2 - T_1$), 단면적(A), 주어진 시간(Δt), 막대 길이(L)에 의해

결정된다. 이는 다음 방정식으로 요약된다.

$$\Delta Q = kA \frac{T_2 - T_1}{L} \Delta t \qquad (9.14)$$

비례상수 k는 막대를 구성하는 물질의 특성으로 **열전도도**(thermal conductivity)라 부른다. 만약 막대의 길이가 매우 짧거나 위치에 따른 온도 변화가 일정한 경우, $(T_2 - T_1)/L$을 온도 구배로 표현할 수 있다. 그렇다면 위 식은 **지열구배**로 불리는 수직 온도 구배 (dT/dz)를 사용하여 지구의 수직 열류 방정식으로 변환될 수 있다. 즉 식 (9.14)는 다음과 같이 표현된다.

$$q_z = -\frac{1}{A}\frac{dQ}{dt} = -k\frac{dT}{dz} \qquad (9.15)$$

위 식에서 q_z는 **열류**(heat flow)로서, 1초 동안 단위 면적을 통과하는 열의 흐름으로 정의된다. 음의 기호는 열이 흐르는 방향을 나타낸다. 온도가 z축상에서 아래쪽 방향으로 증가한다면, 고온에서 저온으로 향하는 열의 특성에 의해 열의 흐름은 위쪽을 향한다. 다른 요인에 의해 왜곡되지 않을 경우, 지표 근처의 지열구배는 약 30°C km^{-1}의 평균값을 갖는다. 아주 오래 전에 생성된 지각의 경우 10°C km^{-1} 정도의 낮은 값을 보이며, 활성 지각의 경우 50°C km^{-1} 정도의 높은 값을 갖는다.

매질 내 온도 변화는 열전도 방정식으로 표현된다. 9.6절에 지구 내부에서 전달되는 열에너지를 대상으로 한 방정식의 풀이 방법을 설명해 두었다. 전도는 대류보다 느리고 비효율적인 열전달 수단이다. 이 방식은 매질이 단단하여 대류가 일어날 수 없는 지각과 암석권에서 중요하다. 그러나 유체의 외핵에서도 전도에 의한 열전달을 무시할 수 없다. 이는 외핵이 금속 성분으로 이루어진 우수한 전도체이기 때문이다. 핵의 열 중 상당 부분은 단열 온도 구배를 따라 핵의 밖으로 전도된다. 이보다 더 많은 양의 나머지 열은 대류에 의해 이동한다.

9.4.2 대류

지구 내 특정 심도에 위치한 작은 매질 덩어리 하나가 주변 매질과 열평형 상태에 있다고 하자. 이 덩어리가 열을 얻거나 잃지 않고 수직 위로 이동하면 압력이 감소한다. 압력의 감소는 온도의 하락을 동반한다. 이러한 이동에 의해 변화된 온도가 도착 지점의 현장 온도와 같다면, 이를 단열 평형이라 한다. 이 때의 깊이에 따른 온도 변화가 단열 온도 곡선이다.

이제 단열 온도 구배보다 심도에 따른 현장 온도의 변화율이 더 크다고 가정해 보자. 매질 덩어리가 위쪽으로 이동하면

이전 경우와 동일하게 압력 변화에 의한 온도 하락을 경험하게 된다. 그러나 이전과 달리 매질 덩어리가 도착한 지점의 현장 온도는 훨씬 낮다. 이제 이 덩어리는 주변보다 더 뜨거우며 따라서 주변보다 밀도가 낮다. 부력으로 인해 덩어리는 상승 운동을 유지한다. 이 상황은 덩어리가 평형 상태에 도달하거나 더 상승할 곳이 없는 지점에 도달할 때까지 계속된다. 한편, 상승한 덩어리가 남긴 공간은 주변 물질에 의해 채워진다. 이제 반대의 경우를 생각해 보자. 매질 덩어리가 아래로 이동하면, 압력과 온도가 단열 증가한다. 이때의 온도 상승은 현장 온도의 상승보다 작다. 이제 덩어리는 주변보다 더 차가우며 따라서 더 가라앉는다. 순환성의 패턴이 매질 내에 형성된 것이다. 이러한 매질 내에서는 물질이 가열되면 상승하고 차가운 물질은 그 빈자리를 차지하기 위해 가라앉으며 또다시 가열되어 상승한다. 물질과 열이 물리적으로 수송되는 이 과정을 **열대류**(thermal convection)라고 한다.

현장 온도 구배와 단열 온도 구배의 차이를 **초단열**(superadiabatic) 온도 구배라고 하며 θ로 표기한다. 열대류가 존재하는 유체 내에서 θ는 양수이다. 어떤 심도에서 온도가 단열 온도보다 ΔT만큼 높다고 가정하자. 초과 온도는 유체의 부피 V를 부피 팽창 계수 α에 비례하는 양만큼 팽창시킨다. 이러한 팽창으로 인해 $V\rho\alpha\,\Delta T$만큼의 질량 결핍이 유발된다. 아르키메데스의 원리를 적용해 보면, 부피가 V인 고온의 덩어리는 다음과 같은 부력을 받는다.

$$F_B = V\rho g\alpha\,\Delta T \qquad (9.16)$$

다음과 같은 두 가지 원인이 이 덩어리의 상승을 방해한다. 첫째, 부력에 기여해야 할 열의 일부가 열전도에 의해 덩어리 밖으로 빠져나간다. 이 과정의 효율성은 매질의 **열확산율**(thermal diffusivity, κ)에 의해 결정된다. 이 계수는 매질의 밀도 ρ, 열전도도 k, 비열 c_p에 대한 함수이다(9.6절 참조). 둘째, 덩어리가 상승을 시작하면 유체 점성 η에 의한 항력이 발생한다. 두 효과가 결합하여 생성된 힘은 $\kappa\eta$에 비례하며 대류의 반대 방향으로 작용한다. 대류에 관여하는 부피가 V인 덩어리의 대략적인 크기를 D라고 하면, V는 D^3에 비례한다. 이제 확산-점성 저항력에 대한 부력의 비를 계산하고, 이를 무차원수인 레일리 수 Ra로 정의하자.

$$\mathrm{Ra} = \frac{g\rho\alpha\,\Delta T}{\kappa\eta}D^3 \qquad (9.17)$$

초기에는 열이 전도에 의해 매질을 통과하지만 이러한 확산은 시간이 걸린다. 만약 열류량이 충분히 크다면, 이 방식으로는 열이 완전히 확산될 수 없다. 현장 온도가 단열 온도보다 높으면 부력이 발생한다. 대류가 시작되려면 저항력보다 부력이 우위를 점해야 한다. 이러한 상황은 레일리 수가 임곗값을 초과할 때까지 발생하지 않는다. 임곗값을 결정하는 요소에는 경계 조건과 대류의 기하학적 형태도 포함된다. 예를 들어, 1916년 레일리 경(Lord Rayleigh, 1842~1919)은 얇은 수평의 유체 층에서 대류가 시작될 수 있는 조건이 다음의 값에 의해 결정됨을 보였다. 이때, 유체 층의 하부는 가열되며 상부와 하부의 표면에 응력이 작용하지 않는 상황을 가정하였다.

$$Ra = \frac{g\alpha\theta}{\kappa\nu}D^4 \tag{9.18}$$

여기서 θ는 초단열 온도 구배($\theta = \Delta T/D$)이고, D는 층의 두께, 그리고 $\nu(\eta/\rho$와 동일)는 운동 점성 계수이다. 식 (9.17)의 초단열 온도 차 ΔT가 위 식에서는 θD로 대체되었다. 레일리의 이론은 Ra가 $(27\pi^4/4)$ = 658보다 클 경우, 이 얇은 수평층에서 대류가 시작됨을 보여 준다. 경계 조건이 다르거나 혹은 구면상의 유체 층 내에서 대류가 시작하기 위해서는 더 높은 임계 레일리 수가 필요하다. 그러나 일반적으로 Ra의 차수가 10^3 정도가 되면 대류가 시작되고, 10^5 정도에 이르면 열전달은 거의 전적으로 대류에 의해 이루어진다. 이 경우 확산에 의한 기여도는 매우 미미하다.

대류가 발생하려면 현장 온도 구배가 단열 구배보다 커야 한다. 그러나 대류에 의한 열 손실은 두 구배 사이의 차이를 감소시킨다. 따라서 대류 중인 유체가 냉각됨에 따라 단열 구배는 변하게 된다. 현장 온도 구배를 단열 구배에 가깝게 유지시키는 것이 대류의 중요한 효과 중 하나이다. 열전달을 주로 대류에 의지하는 유체의 외핵은 이 조건을 만족시킨다. 열대류는 내핵의 응고와 관련된 조성 대류(compositional convection)에 의해 강화된다. 유체의 핵은 철, 니켈 및 이보다는 밀도가 낮은 황과 같은 원소들로 구성되어 있다. 내핵의 응고로 인해 내핵 경계에서 밀도가 높은 철과 밀도가 낮은 원소가 분리된다. 잔여 물질이 유체 핵보다 밀도가 낮아지면서 위쪽으로 부력이 작용한다. 즉, 조성에 의해 유도된 대류 순환이 형성된다. 지구의 핵에서 발생하는 열대류와 조성 대류는 각각 지자기장을 생성하는 데 필요한 에너지의 공급원이다.

대류는 유체의 핵에서 가장 중요한 열전달 과정이지만 맨틀에서도 중요한 역할을 한다. 지구의 맨틀 물질은 빠르게 통과

하는 지진파에 대해 단단한 속성을 나타내지만, 오랜 시간에 걸쳐 소성 변형한다(5.3.3절). 비록 맨틀의 점성이 매우 높을지라도 매우 긴 지질학적 과정의 시간 척도에서는 장기적인 흐름이 발생할 수 있다. 흐름의 양상은 열대류에 의해 결정되며, 열 경계층(대류의 흐름은 이곳을 통과할 수 없다)의 위치에 영향을 받는다. 그러나 대류는 전도보다 더 효율적이며, 맨틀 내 열전달의 지배적인 과정으로 생각된다(9.9절).

열전달의 또 다른 과정으로 물질 수송이 포함된 이류(advection)가 있다. 이 과정은 강제된 대류로 볼 수 있다. 열적으로 유발된 부력 대신, 이류 열은 다른 힘에 의해 자체적으로 유도되어 매질 내를 이동한다. 예를 들어, 온천에서 물의 흐름은 온수의 밀도 차이가 아니라 수력에 의한 것이다. 이와 유사하게 화산 폭발은 이류인 용암의 흐름으로 열을 운반하며, 이 과정은 부력보다 압력 차이에 의해 추진력을 받는다.

9.4.3 복사

원자는 다양한 에너지 상태를 갖는다. 가장 안정적인 것은 에너지가 가장 낮은 바닥상태이다. 원자가 들뜬 상태에서 낮은 상태로 전환되는 과정을 전이라고 부른다. 두 상태 차이에 해당하는 에너지는 전자기파로 방출되며 이를 복사라고 한다. 양자 물리학에서는 이렇게 방출되는 복사 에너지가 양자(quanta)로 불리는 불연속적인 기본 단위로 구성된다고 본다. 전이와 관련된 전자기 복사선의 파장은 두 상태 간의 에너지 차이에 비례한다. 여러 다른 전이가 동시에 발생하면 복사선의 파장은 스펙트럼의 형태를 보인다. 전파, 열, 빛, X선 등은 파장이 서로 다른 전자기 복사의 예다. 전자기파는 요동치는 전기장과 자기장으로 구성되며, 전파를 위한 매개체가 필요 없다. 이러한 이유로 복사선은 우주 공간이나 진공을 통해 이동할 수 있다. 물질 내에서 복사선은 파장에 따라 산란되거나 흡수된다. 열복사는 전자기 스펙트럼 중 가시광선보다 파장이 긴 적외선(infrared) 영역에 해당한다.

온도가 높은 일반적인 물체의 복사는 여러 복잡한 요인들에 의해 조절된다. 고전 물리학으로는 복사선의 흡수와 방출을 적절하게 설명할 수 없었다. 이를 극복하기 위해, 물리학자들은 복사선을 완벽하게 흡수하고 방출하는 흑체(black body)의 개념을 도입하였다. 흑체는 어떠한 온도에서든 연속적인 복사 스펙트럼을 방출한다. 스펙트럼에 포함된 주파수별 에너지의 함량은 물체의 조성과 상관없이 오직 온도에 의해 결정된다. 이상적인 흑체는 현실에 존재하지 않지만, 표면에 작은 구멍이

있는 속이 빈 용기가 흑체의 근사적 역할을 할 수 있다. 용기가 가열될 때, 구멍을 통해 빠져나가는 복사(소위 공동 복사)는 사실상 흑체 복사이다. 1879년 슈테판(J. Stefan, 1835~1893)은 뜨거운 물체가 복사에 의해 잃는 열의 양이 절대 온도의 4승에 비례한다고 하였다. 온도가 T인 물체 표면에서 1초 동안 단위 면적을 통해 방출되는 복사 에너지를 R로 나타내면 다음과 같이 표현된다.

$$R = \sigma T^4 \qquad (9.19)$$

여기서 σ는 $5.670376 \times 10^{-8} \, W \, m^{-2} \, K^{-4}$로서, 슈테판 상수 혹은 슈테판-볼츠만 상수로 불린다.

1900년 베를린대학교의 물리학 교수인 막스 플랑크(Max Planck)는 발진기(oscillator)에서 발생되는 에너지가 고전 역학에서 생각하는 것과는 달리 불연속적인 값만 가질 수 있다고 주장하였다. 비로소 양자론이 탄생한 것이다. 주파수가 ν인 발진기의 에너지는 $h\nu$와 같다. 여기서 플랑크 상수로 알려진 일반 상수 h는 $6.626070 \times 10^{-34} \, J \, s$의 값을 갖는다. 흑체 복사에 양자 원리를 적용하면 슈테판 법칙에 대한 설명이 충분히 가능하며, 다른 기본 물리 상수를 이용해 슈테판 상수를 표현할 수 있게 된다.

투명한 매질 내에서 복사선은 굴절률 n이 변할 때마다 반사되고 굴절된다. 에너지는 이들 각각의 상호 작용에 의해 매질 내를 이동한다. 매질의 투명도는 전자기 복사의 흡수 정도를 나타내는 불투명도 e에 의해 결정된다. 불투명도는 파장에 따라 다른 값을 갖는다. 적외선은 이온 결정 내에서 흡수되는 정도가 크다. 이는 진동 주파수를 변화시켜 결정격자가 전도에 의해 열을 전달하는 능력에 영향을 준다. 따라서 다음과 같이 추가적으로 주어진 복사량 k_r에 의해 전도도가 증가되는 효과를 고려해야 한다.

$$k_r = \frac{16}{3} \frac{n^2 \sigma}{e} T^3 \qquad (9.20)$$

위 식이 T^3에 비례하는 것은 지구의 고온 영역에서 복사가 격자 전도보다 더 중요할 수 있음을 시사한다. 사실 이러한 효과가 상부 맨틀에는 적용되지 않을 것이라는 주장도 있는데, 이는 온도 증가에 의한 효과가 불투명도 e의 증가에 의해 부분적으로 상쇄된다는 사실에 기반을 둔다. 하부 맨틀은 고밀도의 자유 전자를 갖고 있기 때문에 복사를 효율적으로 흡수하고 불투명도를 높인다. 이러한 과정은 복사에 의한 맨틀 내 열전달의 효율을 크게 감소시킬 것이다.

9.5 지열의 근원

지구의 내부는 지열을 통해 약 $4.4 \times 10^{13} \, W$의 비율로 열을 잃고 있다. 이는 $1.4 \times 10^{21} \, J \, yr^{-1}$ 정도의 크기를 갖는다(표 9.1 참조). 지열은 다양한 방식으로 지표로 전달된다. 해령에서 암석권이 새롭게 형성되면서 방출되는 지열 에너지는 지구 전체 지열 에너지의 가장 큰 부분을 차지한다. 호상 열도 배후 분지에서의 해양저 확장도 이와 비슷한 방식으로 열을 방출한다. 심부 맨틀에서 기원한 마그마의 상승 플룸은 지표로 열을 가져온다. 이들은 해양 혹은 대륙 암석권에 균열을 일으켜 국지적으로 집중된 화산 활동이 특징인 '열점'을 형성한다. 이 주요 열 흐름들은 지구의 심부에서 암석권으로 이동하는 거대한 열의 흐름을 보여 준다. 지열은 두 종류의 주요 공급원을 갖는다. 하나는 초기 지구의 뜨거운 상태에서 시작된 느린 냉각이며, 다른 하나는 반감기가 긴 방사성 동위원소의 붕괴이다.

지구의 초기 열 역사는 불분명하기 때문에 추측의 영역이다. 행성 형성에 대한 저온 부착 모형(1.4절 참조)에 따르면, 먼지와 가스의 원시 구름 속에서 충돌 입자들은 자체 중력에 의해 응집된다. 중력 붕괴는 에너지를 방출하고 이는 지구를 가열시켰다. 온도가 철의 녹는점에 도달하면 유체의 핵이 형성된다. 이때 형성된 핵에는 니켈과 황 또는 철과 관련된 또 다른 가벼운 원소들도 포함된다. 초기의 균질한 유체는 고밀도의 핵과 가벼운 맨틀로 분화 작용을 한다. 이로 인해 틀림없이 열 형태의 추가적인 중력 에너지가 방출되었을 것이다. 지구의 초기 열은 여전히 지구 내부 온도에 중요한 영향을 미친다.

단수명 방사성 동위원소가 방출하는 에너지는 초기 가열에 사용되었을 수도 있지만, 이러한 원소들은 상당히 이른 시기에 모두 소모되었을 것이다. 장수명 방사성 동위원소에 의해 생성된 열은 지구의 생애 대부분의 기간 동안 중요한 열 공급원이었다. 장수명 방사성 동위원소는 두 종류로 나뉜다. 무거운 원소는 핵으로 가라앉았다. 가벼운 원소는 지각에 축적되었다. 분화가 이미 진행된 현재의 지구 내부에서 방사성 동위원소는 고르지 못한 분포를 보인다. 방사성 동위원소는 지각의 암석과 광물 내에 가장 높은 농도로 집적된 반면, 맨틀과 핵을 이루는 구성 물질에서는 낮은 농도를 보인다. 그러나 지구 심부에서 방사성 붕괴에 의한 열 생성은 계속되고 있으며, 그 크기는 작지만 내부 온도에 영향을 줄 수 있다.

표 9.2 열 생산율(Rybach, 1976, 1988)과 동위원소 농도에 기초한(Stacey, 1992) 암종에 따른 방사성 열 생산 추정치

암종	농도(ppm)			열 생산율(10^{-11} W kg^{-1})			
	U	Th	K	U	Th	K	합계
화강암	4.6	18	33,000	43.8	46.1	11.5	101
알칼리 현무암	0.75	2.5	12,000	7.1	6.4	4.2	18
솔레아이트 현무암	0.11	0.4	1500	1.05	1.02	0.52	2.6
감람암, 두나이트	0.006	0.02	100	0.057	0.051	0.035	0.14
콘드라이트	0.015	0.045	900	0.143	0.115	0.313	0.57
대륙 지각	1.2	4.5	15,500	11.4	11.5	5.4	28
맨틀	0.025	0.087	70	0.238	0.223	0.024	0.49

9.5.1 방사성 원소의 열 생산

방사성 동위원소가 붕괴하면 에너지 입자와 γ선이 방출된다. 방사성 열 생성에 중요한 두 입자는 α 입자와 β 입자이다. α 입자는 헬륨의 원자 핵과 동일하며 양전하를 띤다. β 입자는 전자이다. 지구의 주 열원이 되려면 방사성 동위원소의 반감기가 지구의 나이와 비슷해야 하고, 붕괴 에너지가 완전히 열로 전환되어야 하며, 동위원소의 양이 충분해야 한다. 이러한 조건을 충족하는 주요 동위원소는 ^{238}U, ^{235}U, ^{232}Th, ^{40}K이다. 동위원소 ^{235}U는 ^{238}U보다 반감기가 짧고(표 8.1 참조), 붕괴 시 더 많은 에너지를 방출한다. 천연 우라늄에서 ^{238}U의 비율은 99.28%이고, ^{235}U는 약 0.71%이다. 나머지는 ^{234}U이다. 천연 포타슘에서 방사성 동위원소 ^{40}K의 존재 비는 겨우 0.01167%에 불과하다. 그러나 포타슘은 매우 흔한 원소이기에 이들에 의해 생산되는 열은 무시할 만한 양이 아니다. 이들 방사성 동위원소에 의해 초당 생산되는 열의 양은 μW kg^{-1}의 단위로 천연 우라늄은 95.2, 토륨은 25.6, 천연 포타슘은 0.00348이다. 이들 원소의 농도가 각각 C_U, C_{Th}, C_K인 암석 내에서 방사능 활동으로 생산되는 열 Q_r은 다음과 같다.

$$Q_r = 95.2C_U + 25.6C_{Th} + 0.00348C_K \qquad (9.21)$$

위 식을 이용하여 몇몇 주요 암석에 대해 계산한 방사성 열의 생산율을 표 9.2에 정리하였다. 감람석과 휘석 등의 규산염 광물로 구성된 콘드라이트 운석은 종종 맨틀의 초기 구성을 간직한 것으로 간주된다. 이와 비슷하게 대부분 감람석으로 이루어진 두나이트는 상부 맨틀의 초고철질 암석을 대표한다. 해양 지각과 하부 대륙 지각에 풍부한 현무암이나 맨틀에서는 방사능에 의해 생산되는 열이 매우 적다. 방사성 열원의 농도는 대륙 지각의 상부에 위치한 화강암질 암석에서 가장 높다. 표 9.2의 가장 오른쪽 열에 제시된 방사성 열 생산율에 암석의 밀도를 곱하면 부피가 1 m^{3}인 암석의 방사성 열 생산량 A가 계산된다. 두께가 D m인 암석층을 고려하자. 여기에서 생산된 모든 열이 오직 수직 방향으로 빠져나간다고 가정하면, 1초 동안 넓이 1 m^{2}의 표면을 가로질러 나가는 양(즉, 방사능에 의한 열류 성분)은 DA이다. 예를 들어, 1 km 두께의 화강암층은 대륙의 열류량 중 약 3 mW m^{-2} 정도를 기여한다. 이는 평균 대륙 열류량(약 65 mW m^{-2})의 절반에 해당하는 양이 두께 10~20 km의 상부 지각에서 생산됨을 의미한다.

사실 지각 내 방사성 열의 상대적 중요도는 지역마다 다르다. 지열류량이 방사능에 의해 생산된 열과 선형 관계를 갖는 지역을 열류 지역(heat-flow province)이라고 부른다. 호주 서부, 캐나다 순상지의 슈피리어 지방, 미국 서부의 베이진-앤드-레인지 프러빈스 등이 열류 지역의 예이다. 그림 9.4에서 볼 수 있듯이 각 지역은 다음과 같은 q와 A 사이의 선형 관계가 서로 다르다.

$$q = q_r + DA \qquad (9.22)$$

q_r 및 D는 열류 지역의 특징을 나타내는 매개변수이다. 직선의 방정식에 대한 지열류량 축의 절편 q_r은 환산 지열류량(reduced heat flow)이라고 한다. 이것은 그 지역의 지각에 방사성 열원이 없다고 가정했을 경우 예상되는 지열류량이다. 이 값의 일부는 심부에서 지각의 하부로 전달되는 열에 의한 것이며, 또 다른 일부는 생성될 당시 고온이었던 지각층의 냉각에 의한 것이다. 다양한 열류 지역에 대한 지열 탐사 결과, 환산 지열류량은 평균적으로 해당 지역 열류량의 약 55% 정도를 차지하는 것으로 나타났다(그림 9.5).

D에 대한 가장 간단한 해석은 그것을 방사성 열 생산량과 관련된 지각의 특성 두께로 간주하는 것이다. 이러한 해석은 방사성 열원이 일정한 두께의 지각 슬랩에 균일하게 분포한다

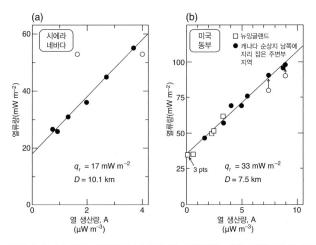

그림 9.4 두 열류 지역에서 방사성 열 생산량에 대한 지열류량의 관계. (a) 시에라네바다, (b) 미국 동부. 자료 출처 : R.F. Roy, D.D. Blackwell and F. Birch, Heat generation of plutonic rocks and continental heat flow provinces, *Earth Planet. Sci. Lett.* 5, 1–12, 1968.

고 가정한다. 그러나 이는 비현실적이다. 더 그럴듯한 모형은 방사성 열 생산이 깊이에 따라 감소한다고 가정하는 것이다. 지수적 감소를 가정하면, 깊이 z에서의 열 생산량 $A(z)$는 표면에서의 열 생산량 A_0와 다음과 같은 관계를 갖는다.

$$A(z) = A_0 e^{-z/D} \qquad (9.23)$$

여기서 D는 특성 심도[$A(z)$가 표면의 e^{-1}으로 감소하는 깊이]이다. 표면에서 무한한 깊이까지 적분하면 다음과 같이 총 방사성 열 생산량을 얻을 수 있다.

$$\int_0^\infty A(z)\mathrm{d}z = A_0 \int_0^\infty e^{-z/D}\mathrm{d}z = DA_0 \qquad (9.24)$$

위 식의 결과는 균일한 분포를 가정했을 경우와 동일하다. 지수 분포에서 무한한 깊이를 경계로 설정하는 것은 분명 비현실적이다. 방사성 열원이 두께가 s로 유한한 층 내에 분포한다고 가정하면 적분은 다음과 같이 계산된다.

$$A_0 \int_0^s e^{-z/D}\mathrm{d}z = DA_0(1 - e^{-s/D}) \qquad (9.25)$$

만약 s가 D보다 3배 이상 크면 이 식의 크기는 DA_0와 5% 미만의 차이를 보인다. 관련 연구들을 통해 추정된 D의 평균 값은 약 10 km이지만, 약 4~16 km의 다양한 분포를 보인다 (그림 9.5).

지열류의 세 가지 주 공급원은 (1) 깊은 맨틀에서 암석권 하부로 흐르는 열, (2) 시간 경과에 따른 암석권 냉각에 의해 손

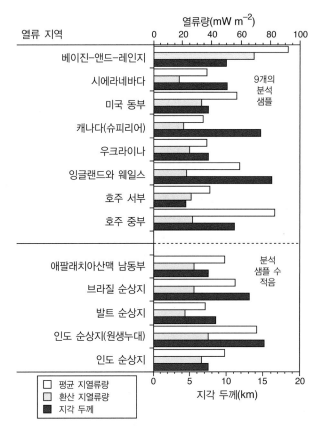

그림 9.5 여러 열류 지역에서의 열 생산량, 평균 지열류량 및 방사성 열 생산에 대한 지각의 특성 두께. 자료 출처 : I. Vitorello and H.N. Pollack, On the variation of continental heat flow with age and the thermal evolution of continents, *J. Geophys. Res.* 85, 983–995, 1980.

표 9.3 해양 암석권과 대륙 암석권의 열류에 기여하는 주요 열원에 대한 상대 비율의 근삿값(%)

열원	열류에 대한 기여도	
	대륙(%)	해양(%)
암석권의 냉각	20	85
암석권 하부의 열류	25	10
방사성 열 :	55	5
상부 지각	40	–
나머지 암석권	15	–

실되는 열, (3) 방사성 원소에 의한 지각에서의 열 생산이다. 해양과 대륙에 대한 이들의 기여도는 서로 다르다(표 9.3). 암석권 냉각과 방사성 열원의 상대적 중요도에서 가장 큰 차이가 발생한다. 암석권은 해령에서 생성될 때 가장 뜨겁고 시간이 지나면서 천천히 냉각된다. 암석권 냉각에 의한 열 손실은 해양 지각에서 두드러진다. 더구나 해양 지각에는 방사성 열원이 거의 존재하지 않는다. 이와는 대조적으로 오래된 대륙 암석권

은 초기의 형성열 중 상당 부분이 이미 소진되었다. 또한 방사능 광물의 농도가 상대적으로 높기 때문에 방사성 열 생산의 기여도가 높다. 비록 지각에서의 마그마 흐름이나 해령 근처의 열수 순환과 같이 특수한 경우에 한하여 대류가 중요한 역할을 하지만, 열의 공급원이 무엇이든 상관없이 단단한 외부 층을 통한 열의 이동은 주로 전도에 의해 발생한다.

9.6 열전도 방정식

프랑스의 저명한 수학자이자 물리학자인 푸리에(J. B. J. Fourier, 1768~1830)는 1822년 열전도에 관한 이론을 발표했다. 이 절에서는 1차원 열류 문제에 대해 다룬다. 1차원 열류 문제는 한쪽으로 흐르는 열류에 관한 다양하고 흥미로운 현상을 잘 보여준다. 1차원 열전도 방정식은 전개가 간단하며, 이에 기반을 두어 3차원의 열 흐름 문제로 쉽게 확장해 나갈 수 있다.

각 변의 길이가 dx, dy, dz인 작은 육면체 매질을 생각하자(그림 9.3b). 열의 흐름은 z축의 반대 방향을 향하고, 매질 내부에는 열원이 없다고 가정하자. 깊이 $z + dz$에서 매질로 들어가는 열의 양을 Q_z로 놓자. 이 양은 열류 q_z에 열류가 통과하는 면적($dxdy$)과 열이 흐른 시간(dt)을 곱하여 계산할 수 있다. 깊이 z에서 매질을 떠나는 열은 $Q_z - dQ_z$이며, 이는 $Q_z - (dQ_z/dz)dz$로 쓸 수 있다. 따라서 매질 내의 열은 다음 양만큼 증가한다.

$$\frac{dQ_z}{dz}dz = \frac{dq_z}{dz}dz(dx\,dy)dt = k\frac{d^2T}{dz^2}dV dt \tag{9.26}$$

여기서 dV는 매질의 부피($dxdydz$)이다. Q_z, q_z 및 T는 모두 열이 흐르는 방향으로 감소하므로, 식 (9.15)의 음수 부호 없이 q_z를 대입하였다. 매질 내 열의 증가는 일정 압력에서의 비열(c_p)과 매질을 구성하는 물질의 질량(m)에 의해 온도를 dT만큼 상승시킨다. 식 (9.1)을 사용하여 다음과 같이 쓸 수 있다.

$$dQ_z = c_p m dT = c_p \rho dV dT \tag{9.27}$$

여기서 ρ는 매질을 구성하는 물질의 밀도이다. 식 (9.26)과 식 (9.27)은 둘 다 매질에 남아 있는 열을 표현하는 식이기 때문에 그 크기가 같다. 따라서 열전도에 대한 다음 식을 얻는다.

$$\frac{dT}{dt} = \frac{k}{\rho c_p}\frac{d^2T}{dz^2} \tag{9.28}$$

혹은 편미분으로 표현하면 다음과 같다.

$$\frac{\partial T}{\partial t} = \kappa\frac{\partial^2 T}{\partial z^2} \tag{9.29}$$

여기서 $\kappa(= k/(\rho c_p))$는 열확산율(thermal diffusivity)이라 불리며, $m^2\,s^{-1}$의 단위를 가진다. 온도 T는 시간과 위치의 함수이기 때문에[즉, $T = T(z, t)$], 위 식은 편미분으로 표현되었다. 여기서 편미분은 특정 위치에서의 온도는 시간에 따라 변하며, 또한 고정된 어떤 시점에서 물체 내 위치에 따라 온도가 변한다는 것을 의미한다.

동일한 논의를 열류가 상자 내에서 x 및 y 방향으로 향할 때에도 적용할 수 있다. 각 성분을 종합하면 다음과 같은 3차원에서의 열류 방정식(확산 방정식이라고도 함)을 얻는다.

$$\frac{\partial T}{\partial t} = \kappa\left(\frac{\partial^2 T}{\partial x^2} + \frac{\partial^2 T}{\partial y^2} + \frac{\partial^2 T}{\partial z^2}\right) \tag{9.30}$$

이 방정식은 변수 분리법(separation of variable, 글상자 9.1)을 사용하여 임의의 경계 조건에 대해 풀 수 있다. 지표를 가로지르는 열류와 관련된 중요한 두 가지 상황이 존재한다. 하나는 태양 에너지에 의한 지표의 가열이고, 다른 하나는 암석권의 냉각이다. 이들은 1차원 열전도 문제로서 1차 근사를 통해 해를 구할 수 있다.

9.6.1 지표로 입사하는 외부 기원의 열

태양 에너지는 지구 에너지원 중 단연코 가장 크다(표 9.1). 지구 내부로부터 흘러나오는 지열 흐름을 결정하기 위해서는 지표에 도달하는 태양 에너지의 영향을 이해하는 것이 중요하다. 지표의 암석은 낮에는 가열되고 밤에는 냉각된다. 이 효과는 지표면에 국한되지 않고 그 아래에도 영향을 미친다. 이와 비슷하게 지표의 평균 온도도 계절에 따라 변한다. 열전도 방정식을 사용하면 이러한 주기적 온도 변화가 어느 정도 깊이까지 영향을 미치는지 계산할 수 있다.

지표의 온도가 각진동수 ω에 따라 주기적으로 변한다고 가정하면, 시간 t일 때의 온도를 $T_0\cos\omega t$로 놓을 수 있다. 여기서 T_0는 한 주기 동안의 최고 온도를 가리킨다. 시간이 t이고, 깊이가 z일 때, 지하 매질의 온도는 1차원 열전도 방정식(글상자 9.2)의 해에 의해 다음과 같이 주어진다.

$$T(z,t) = T_0 e^{-z/d}\cos\left(\omega t - \frac{z}{d}\right) \tag{9.31}$$

여기서 $d = (2\kappa/\omega)^{1/2}$은 온도의 감쇠 심도(decay depth)라고 한다. $5d$의 깊이에서 온도 변화의 진폭은 지표에서의 진폭과 비

글상자 9.1　변수 분리법

변수 분리법은 여러 지구물리학적 문제를 해결하는 과정에서 마주치게 된다. 이 기법은 식 (9.29)로 표현된 1차원 열류 방정식을 예로 들어 설명할 수 있다. 이 방정식에서 두 변수는 독립적이다. 즉, z나 t는 서로의 값에 상관없이 임의의 값을 취할 수 있다. 온도 함수 $T(z, t)$는 위치의 함수인 $Z(z)$와 시간만의 함수인 $\theta(t)$의 곱으로 표현될 수 있다고 가정하자.

$$T(z, t) = Z(z)\theta(t) \tag{1}$$

$T(z, t)$의 실제 해는 일반적으로 위의 형식으로 표현되지 않지만, 일단 $Z(z)$와 $\theta(t)$를 구한 후, 경계 조건에 맞추어 결합할 수 있다. 위 식을 식 (9.29)에 대입하여 다음을 얻는다.

$$Z\frac{\partial \theta}{\partial t} = \kappa \frac{\partial^2 Z}{\partial z^2}\theta \tag{2}$$

양변을 $Z\theta$로 나누면, 다음과 같다.

$$\frac{1}{\theta}\frac{\partial \theta}{\partial t} = \kappa \frac{1}{Z}\frac{\partial^2 Z}{\partial z^2} \tag{3}$$

식 (3)에서 좌변은 t에만 의존하고 우변은 z에만 의존한다. z와 t는 서로 독립인 변수임에 유의하라. 시간 t에 특정한 값을 대입하면 좌변은 상수가 된다. 이 과정에서 독립적으로 변하는 z에는 아무런 제한이 가해지지 않는다. 그러나 식 (3)에 의해 우변은 임의의 z 값에 대해 좌변의 상수와 동일한 값을 갖게 된다. 반대로, z에 특정 값을 대입하면 우변은 (새로운) 상수 값을 갖게 되고, 좌변은 임의의 t에 대해 이 상수와 같은 값을 가져야 한다. 식 (3)에 내재된 항등식은 양변이 동일한 분리 상수(separation constant)를 가져야 함을 의미한다. 이 상수를 C로 놓자. 그러면, 다음이 얻어진다.

$$\begin{aligned}\frac{1}{\theta}\frac{\partial \theta}{\partial t} &= C \\ \kappa\frac{1}{Z}\frac{\partial^2 Z}{\partial z^2} &= C\end{aligned} \tag{4}$$

어떤 문제에 대한 분리 상수의 값은 해당 문제에 주어진 경계 조건에 의해 결정된다.

교해 1% 미만의 값을 가지기 때문에 사실상 0이나 다름없다. d는 진동수에 반비례하므로 장기 변동은 단기 변동보다 더 깊은 심도까지 침투할 수 있다. 이는 다음과 같이 동일한 지반에 대한 일간 온도 변화와 연간 온도 변화의 감쇠 심도(각각 $d_{일간}$과 $d_{연간}$) 비교를 통해 알 수 있다.

$$\frac{d_{연간}}{d_{일간}} = \sqrt{\frac{\omega_{일간}}{\omega_{연간}}} = \sqrt{365} = 19.1 \tag{9.32}$$

즉, 연간 변동은 일간 변동이 침투하는 심도보다 19배 정도 깊이 침투한다(그림 9.6). 더구나 임의의 깊이에서 온도의 변화는 지표에서의 변화와 동일한 진동수 ω를 갖지만, 위상 변화 혹은 위상 지연을 겪는다. 따라서 최대 온도에 이르는 시점이 지표에서의 시점과 비교해 점차 늦어진다(그림 9.6).

지각 암석의 대표 값으로 밀도를 $\rho = 2{,}650 \text{ kg m}^{-3}$, 열전도도를 $k = 2.5 \text{ W m}^{-1}\text{ K}^{-1}$, 비열을 $c_{\text{p}} = 700 \text{ J kg}^{-1}\text{ K}^{-1}$로 놓자. 이러한 설정은 열확산율 $\kappa = 1.25 \times 10^{-6} \text{ m}^2\text{ s}^{-1}$를 준다. 일간 온도 변화(주기 86,400초)는 $\omega = 7.27 \times 10^{-5}\text{ s}^{-1}$이므로 침투 깊이는 약 20 cm이다. 심도가 1 m 이상인 곳에서는 일간 변화를 무시할 수 있다. 이와 비슷하게, 계절적 변화를 수반하는 연간 온도 변화는 3.8 m의 침투 깊이를 가지며, 19 m보다 깊은 곳에서는 이에 의한 영향을 무시할 수 있다. 즉, 지표로부터 20 m 이내에서 측정된 열류량은 지표면의 일간 온도 변화와 연간 온도 변화에 의해 영향을 받을 것이다. 이러한 점은 태양 빛이 도달하지 않는 심해에서 문제가 되지 않지만, 대륙에서 열류를 측정할 때에는 반드시 고려해야 한다. 문제를 더 어렵게 만드는 것은 약 100,000년의 시간 척도로 반복되어 수 킬로미터의 침투 깊이를 갖는 빙하기의 영향이다. 따라서 측정된 온도 구배 자료는 이를 고려하여 적절히 보정되어야 한다.

9.6.2 해양 암석권의 냉각

지질학에서 흔히 접하게 되는 열역학적 문제는 매질의 갑작스러운 가열과 냉각에 대한 것이다. 예를 들어, 용융된 마그마는 차가운 모암을 암맥이나 암상의 형태로 거의 순간적으로 관입한다. 하지만 열은 소산될 때까지 오랜 시간에 걸쳐 인접한 암석으로 천천히 전도된다. 판구조론에서는 해양 암석권의 냉각이 중요하게 다뤄진다. 해양 암석권의 하부는 고온의 맨틀과 접하며, 상부는 차가운 심층수와 맞닿아 있다.

암석권은 해령 축에서 생성된다. 새롭게 생성된 암석권 내에 위치한 폭이 좁은 수직 상자를 생각해 보자. 이 상자의 초기 온

글상자 9.2 1차원 열전도

복소수를 사용하면(글상자 4.6), 표면 온도의 변화 $T_0\cos\omega t$를 $T_0\mathrm{e}^{\mathrm{i}\omega t}$의 실수부로 나타낼 수 있다. 지표 아래 임의의 깊이를 z로 놓자. 식 (9.29)로 표현되는 열전도 방정식은 두 부분으로 나누어 쓸 수 있으며, 각각은 같은 크기의 분리 상수를 갖는다. 경계 조건으로 표면 온도 변화 $T_0\mathrm{e}^{\mathrm{i}\omega t}$를 사용하면 분리 상수는 $\mathrm{i}\omega$가 된다. 변수 분리법(글상자 9.1)을 적용하여 두 식의 해를 얻는다.

$$\frac{1}{\theta}\frac{\partial\theta}{\partial t} = \mathrm{i}\omega \qquad (1)$$

$$\kappa\frac{1}{Z}\frac{\partial^2 Z}{\partial z^2} = \mathrm{i}\omega \qquad (2)$$

식 (1)은 다음과 같이 시간에 대한 온도 함수를 준다.

$$\theta = \theta_0\mathrm{e}^{\mathrm{i}\omega t} \qquad (3)$$

심도와 관련된 해를 찾기 위해 식 (2)를 다음과 같이 다시 쓰자.

$$\frac{\partial^2 Z}{\partial z^2} - \mathrm{i}\left(\frac{\omega}{\kappa}\right)Z = 0 \qquad (4)$$

$-\mathrm{i}\dfrac{\omega}{\kappa} = n^2$으로 치환하여 다음과 같은 조화 방정식을 얻는다.

$$\frac{\partial^2 Z}{\partial z^2} + n^2 Z = 0 \qquad (5)$$

이 식은 다음과 같은 형태의 해를 갖는다.

$$Z = Z_1\mathrm{e}^{\mathrm{i}nz} \quad \text{그리고} \quad Z = Z_0\mathrm{e}^{-\mathrm{i}nz} \qquad (6)$$

여기서,

$$\mathrm{i}n = \sqrt{\mathrm{i}\frac{\omega}{\kappa}} = \sqrt{\frac{\omega}{2\kappa}}(1 + \mathrm{i}) \qquad (7)$$

이제 깊이 변화에 대한 두 해를 얻었다.

$$Z = Z_1\mathrm{e}^{\mathrm{i}nz} = Z_1\mathrm{e}^{\sqrt{\frac{\omega}{2\kappa}}(1+\mathrm{i})z}$$
$$Z = Z_0\mathrm{e}^{-\mathrm{i}nz} = Z_0\mathrm{e}^{-\sqrt{\frac{\omega}{2\kappa}}(1+\mathrm{i})z} \qquad (8)$$

가열은 지표에서 이루어지기 때문에, 깊이 z가 증가함에 따라 지하 매질의 온도는 감소해야 한다. 따라서 두 번째 해만 허용된다. θ와 Z에 대한 해를 결합하면 다음을 얻는다.

$$T(z,t) = Z_0\mathrm{e}^{-\sqrt{\frac{\omega}{2\kappa}}(1+\mathrm{i})z}\theta_0\mathrm{e}^{\mathrm{i}\omega t} \qquad (9)$$

$$T(z,t) = Z_0\theta_0\mathrm{e}^{-\sqrt{\frac{\omega}{2\kappa}}z}\mathrm{e}^{\mathrm{i}\left(\omega t-\sqrt{\frac{\omega}{2\kappa}}z\right)} \qquad (10)$$

앞에서 지표의 온도 변화 $T_0\cos\omega t$는 $T_0\mathrm{e}^{\mathrm{i}\omega t}$의 실수부로 나타내기로 하였다. 식 (10)에서 실수부만 취하면, 다음과 같이 시간 t와 깊이 z에 관한 온도 함수 $T(z, t)$를 얻는다.

$$T(z,t) = Z_0\theta_0\mathrm{e}^{-\sqrt{\frac{\omega}{2\kappa}}z}\cos\left(\omega t - \sqrt{\frac{\omega}{2\kappa}}z\right) \qquad (11)$$

$T_0 = Z_0\theta_0$와 $d = \sqrt{\dfrac{2\kappa}{\omega}}$를 사용하면, 위 식은 다음과 같이 정리된다.

$$T(z,t) = T_0 e^{-z/d}\cos\left(\omega t - \frac{z}{d}\right) \qquad (12)$$

여기서 매개변수 d는 온도에 대한 감쇠 심도(decay depth)라고 한다. 이 심도에서 온도 변화의 진폭은 지표 온도 진폭의 $1/\mathrm{e}$로 감쇠된다. 식 (12)는 다음과 같은 형식으로도 쓸 수 있다.

$$T(z,t) = T_0 e^{-z/d}\cos\omega(t - t_d) \qquad (13)$$

여기서 위상차 혹은 지연 시간(delay time) t_d는 다음과 같다.

$$t_d = \frac{z}{\omega d} \qquad (14)$$

이는 깊이 z에서의 온도 변화가 지표의 온도 변화보다 뒤처지는 시간을 나타낸다.

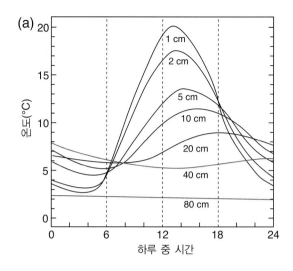

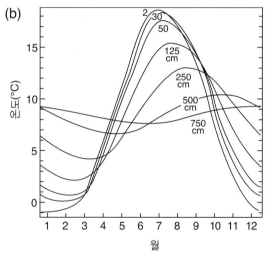

그림 9.6 모래로 구성된 토양의 연직 온도 변화. (a) 일간 변동, (b) 연간(계절적) 변동.

도는 맨틀의 높은 온도 T_m과 동일할 것이다. 해양저 확장은 암석권을 수평 방향으로 이동시킨다. 확장 속도가 일정하다면, 해양 축과 상자 사이의 거리는 냉각 시간 t에 비례한다. 해령의 인접 지역을 제외하면 해양저는 온도 0°C의 차가운 심층수와 맞닿아 있다. 따라서 열 손실은 깊이가 $z = 0$으로 설정된 해양저를 통해 오직 수직 방향($-z$)으로 일어난다고 가정할 수 있다. 비록 암석권의 수직 범위는 유한하지만, z 방향으로 무한히 확장된 반무한 매질을 가정하고 이에 대한 1차원 냉각 문제를 적용하면, 냉각 중인 판의 온도를 근사적으로 계산할 수 있다. 이러한 근사에 의해 발생하는 오차는 작기 때문에, 간단한 모형을 사용하여 암석권의 냉각에 의한 열류량을 수용 가능한 정확도로 추정할 수 있다.

부록 B에 반무한 매질에 대한 1차원 냉각 문제의 풀이를 적

어 두었다. 제시된 경계 조건을 만족하는 해는 글상자 9.3에 설명된 오차 함수를 포함한다. 매개변수 x에 대한 오차 함수(erf)와 상보 오차 함수(erfc)는 다음과 같이 정의된다.

$$
\begin{aligned}
\mathrm{erf}(x) &= \frac{2}{\sqrt{\pi}} \int_0^x e^{-u^2}\, du \\
\mathrm{erfc}(x) &= 1 - \mathrm{erf}(x)
\end{aligned}
\tag{9.33}
$$

그림 9.7은 이 함수의 개형을 보여 준다. 통계나 삼각함수에서 많이 사용되는 것처럼, 몇몇 x에 대한 오차 함수의 값을 표에 정리하여 사용할 수 있다. 상보 오차 함수는 양수 x가 증가할수록 0으로 빠르게 점근하기 때문에 $x \geq 2$에 대해서는 사실상 0의 값을 갖는다. 반무한 매질의 냉각이 시작되면, 깊이 z와 시간 t에 대해 온도 T는 다음과 같이 주어진다.

$$
\begin{aligned}
T &= T_\mathrm{m} \mathrm{erf}\left(\frac{z}{2\sqrt{\kappa t}}\right) \\
&= T_\mathrm{m} \mathrm{erf}(\eta) \quad \text{여기서,} \quad \eta = \frac{z}{2\sqrt{\kappa t}}
\end{aligned}
\tag{9.34}
$$

여기서 T_m은 맨틀의 온도이며, κ는 반무한 매질의 열확산율이다. 지표($z = 0$)의 온도는 해양저의 온도인 0°C로 두었다.

냉각 중인 암석권의 열 손실은 식 (9.34)의 온도 분포로부터 계산할 수 있다. 열류량은 온도 구배에 비례한다(식 9.15). 따라서 반무한 매질에서 흘러나오는 열은 식 (9.34)를 z에 대해 미분하여 얻는다.

$$
\begin{aligned}
q_z &= -k\frac{\partial T}{\partial z} = -k\frac{\partial \eta}{\partial z}\frac{\partial T}{\partial \eta} \\
&= -k\frac{1}{2\sqrt{\kappa t}}\frac{\partial}{\partial \eta}\{T_\mathrm{m}\mathrm{erf}(\eta)\} \\
&= -\frac{kT_\mathrm{m}}{2\sqrt{\kappa t}}\frac{\partial}{\partial \eta}\left\{\frac{2}{\sqrt{\pi}}\int_0^\eta e^{-u^2}\, du\right\}
\end{aligned}
\tag{9.35}
$$

위 식은 다음과 같이 간결하게 표현된다.

$$
q_z = -\frac{kT_\mathrm{m}}{\sqrt{\pi \kappa t}}e^{-\eta^2}
\tag{9.36}
$$

해양저에서 $z = 0$이므로 $\eta = 0$이며, $\exp(-\eta^2) = 1$이 된다. 따라서 시간 t에서 해양저의 열류량은 다음과 같다.

$$
q_z = -\frac{kT_\mathrm{m}}{\sqrt{\pi \kappa t}}
\tag{9.37}
$$

여기서 음의 기호는 z가 감소하는 방향인 위쪽으로의 열 흐름을 뜻한다. 반무한 매질은 해양 암석권의 냉각을 묘사하기 위

글상자 9.3 오차 함수

오차에는 체계적 오차와 무작위 오차 두 유형이 있다. 예를 들어, 관측 장비의 눈금 조정이 정확히 이루어지지 않을 경우에는 체계적 오차가 발생한다. '빠르거나' 혹은 '느린' 시계로 시간을 측정하는 경우가 이에 해당한다. 어떤 측정을 여러 번 시행할 경우, 측정 결과는 관측 대상의 평균을 중심으로 무작위로 분포한다. 이는 무작위 오차의 한 예이다. 대개의 경우 평균에서 크게 벗어나는 편차는 출현 빈도가 낮으며, 조금 벗어나는 편차는 높은 빈도를 보인다. 또한 양의 편차만큼 음의 편차가 존재한다. 측정 결과의 분포는 표준 편차 σ로 표현할 수 있다. 무작위 오차는 정규 분포(normal distribution)로 묘사되는데, 그 모양으로 인해 종종 '종 모양의 곡선'이라 불린다(그림 B9.3.1a). 만약 매개변수 u가 평균이 0인 분포를 보이고, 표준 편차가 σ일 경우, 정규 분포는 다음과 같은 확률 밀도 함수(probability density function)로 표현된다.

$$f(u) = \frac{1}{\sqrt{2\pi}} e^{-\frac{(u/\sigma)^2}{2}} \tag{1}$$

표준 정규 분포(standard normal distribution)는 평균이 0이며, 표준 편차 $\sigma = 1$인 정규 분포로 정의된다. 음의 무한대부터 양의 무한대까지 이 함수를 적분하면, 곡선 아래의 면적은 다음과 같다.

$$\int_{-\infty}^{\infty} f(u)\mathrm{d}u = \frac{1}{\sqrt{2\pi}} \int_{-\infty}^{\infty} e^{-\frac{u^2}{2}} \mathrm{d}u = 1 \tag{2}$$

오차 함수(error function)는 표준 정규 분포와 밀접한 관련이 있다. 그러나 양수 값만 고려하므로 함수의 그래프는 그림 B9.3.1a 곡선의 오른쪽 절반과 비슷한 형태를 갖는다. 수식을 사용해 표현하면 다음과 같다.

$$f(u) = \frac{2}{\sqrt{\pi}} e^{-u^2} \tag{3}$$

이 곡선에 대해 원점 $u = 0$부터 $u = x$까지 적분한 영역의 넓이(그림 B9.3.1b)가 오차 함수[erf(x)]의 정의다. 이를 수식으로 표현하면 다음과 같다.

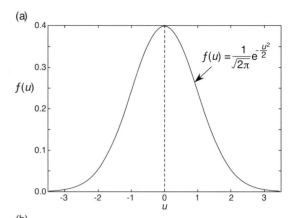

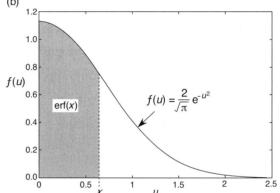

그림 B9.3.1 (a) 정규 분포와 (b) 오차 함수.

$$\mathrm{erf}(x) = \frac{2}{\sqrt{\pi}} \int_0^x e^{-u^2} \mathrm{d}u \tag{4}$$

상보 오차 함수 erfc(x)는 다음과 같다.

$$\mathrm{erfc}(x) = 1 - \mathrm{erf}(x) = \frac{2}{\sqrt{\pi}} \int_x^{\infty} e^{-u^2} \mathrm{d}u \tag{5}$$

몇몇 특정 x에 대한 erf(x)와 erfc(x)의 값은 표로부터 얻을 수 있다. 다음과 같은 오차 함수와 상보 오차 함수의 몇 가지 유용한 성질이 있다.

$$\mathrm{erf}(\infty) = \frac{2}{\sqrt{\pi}} \int_0^{\infty} e^{-u^2} \mathrm{d}u = 1 \tag{6}$$

$$\frac{\mathrm{d}}{\mathrm{d}x}\left(\mathrm{erf}(x)\right) = \frac{2}{\sqrt{\pi}} e^{-x^2} \tag{7}$$

$$\int_x^\infty \mathrm{erfc}(x)\mathrm{d}x = [x\,\mathrm{erfc}(x)]_x^\infty - \int_x^\infty x\,\frac{\mathrm{d}}{\mathrm{d}x}\big(\mathrm{erfc}(x)\big)\mathrm{d}x$$

$$= -x\,\mathrm{erfc}(x) - \int_x^\infty x\left(-\frac{2}{\sqrt{\pi}}e^{-x^2}\right)\mathrm{d}x$$

$$= \frac{2}{\sqrt{\pi}}\int_x^\infty xe^{-x^2}\mathrm{d}x - x\,\mathrm{erfc}(x) \qquad (8)$$

$$= \frac{1}{\sqrt{\pi}}[-e^{-x^2}]_x^\infty - x\,\mathrm{erfc}(x)$$

$$= \frac{e^{-x^2}}{\sqrt{\pi}} - x\,\mathrm{erfc}(x)$$

$$\int_0^\infty \mathrm{erfc}(x)\mathrm{d}x = \frac{1}{\sqrt{\pi}} \qquad (9)$$

$\mathrm{erf}(x)$의 몇 가지 함수 값을 다음의 표에 정리하였다.

x	$\mathrm{erf}(x)$	x	$\mathrm{erf}(x)$	x	$\mathrm{erf}(x)$	x	$\mathrm{erf}(x)$
0.05	0.05637	0.3	0.32863	0.6	0.60386	1.2	0.91031
0.1	0.11246	0.35	0.37938	0.7	0.67780	1.4	0.95229
0.15	0.16800	0.4	0.42839	0.8	0.74210	1.6	0.97635
0.2	0.22270	0.45	0.47548	0.9	0.79691	1.8	0.98909
0.25	0.27633	0.5	0.52050	1.0	0.84270	2.0	0.99532

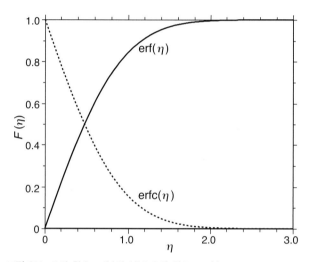

그림 9.7 오차 함수 $\mathrm{erf}(\eta)$와 상보 오차 함수 $\mathrm{erfc}(\eta)$.

한 상당히 좋은 모형이다. 이 모형 계산 결과에 의하면, 열류량은 암석권의 연령 t에 따라 $1/\sqrt{t}$의 비율로 변한다. 실제로 해양에서의 열류량은 해령으로부터 떨어진 거리에 따라 이와 비슷한 온도 변화를 보인다. 해양 암석권의 냉각 모형은 9.8.3절에서 더 논의된다.

9.7 대륙의 열류

어떤 지점에서 열류량을 측정하려면 두 종류의 측정이 필요하다. 그 지역을 대표하는 암석 시료를 채취해 실험실에서 열전도도를 측정한다. 온도 구배는 조사 현장에서 직접 측정한다. 대상 지역이 육상일 경우, 이 작업은 일반적으로 시추공에서 수행된다(그림 9.8). 시추공 내의 온도를 결정하는 방법에는 여러 가지가 있다. 상업 목적의 시추에서는 시추 작업에 주입된

유체가 지표로 흘러나올 때 그 온도를 측정한다. 이러한 측정을 통해 거의 연속적인 온도 자료를 얻을 수 있지만, 시추 중에 발생한 열이 큰 영향을 준다. 시추가 잠시 중단될 때에는 시추공 바닥의 온도 측정도 가능하다. 이 두 방법은 모두 상업적 목적에 의해 얻어진 자료로서 열류량 결정에 사용되기에는 너무 부정확하다.

열류 분석을 위한 시추공 내 온도 측정은 온도 기록 장비를 시추공 안으로 내려 온도를 측정한다. 시추수의 순환으로 인해 시추공 내의 온도가 재분배되므로, 시추가 중단된 후 지층이 열평형 상태로 돌아올 때까지 시간이 필요하다. 시추수에 대류 현상이 발생하지 않는다고 가정하면, 시추수의 온도를 인접한 암석의 온도로 간주할 수 있다.

온도를 측정하는 가장 일반적인 장비는 백금 저항 온도계와 열가변저항기(thermistor)이다. 열가변저항기는 온도에 따라 저항이 크게 달라지는 고체 상태의 세라믹을 사용한다. 열가변저항기의 저항은 온도에 비선형적으로 반응하므로 정확한 눈금 조정이 필요하지만, 장비의 높은 감도를 통해 $0.001\sim0.01$ K의 온도 차이를 측정할 수 있다. 백금 저항 온도계와 열가변저항기는 두 가지 방식으로 사용된다. 한 가지 방법은 휘트스톤 브리지의 암(arm)에 장착되어 저항을 직접 측정하는 것이다. 다른 방법은 튜닝된 전기 회로의 저항으로서 열 센서의 역할을 하는 것이다. 튜닝된 주파수는 센서 부분의 저항에 따라 달라지며, 이를 온도로 변환한다.

측정된 온도 분포를 통해 지질 단위 또는 미리 설정된 심도 구간에 대해 평균 온도 구배를 계산한다(그림 9.8). 그다음 구배에 암석의 평균 열전도도를 곱하여 구간(혹은 지층)에 대한 열류량을 계산한다. 열전도도는 인접한 시료 사이에서도 그 값

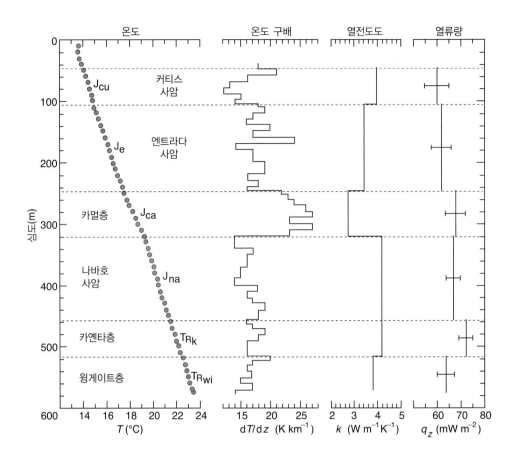

그림 9.8 설정된 심도 구간에 대해 수행된 열류량의 계산 과정. 사용된 지열 자료는 미국 서부 콜로라도 고원의 WSR1 시추공에서 획득되었다. 각각의 심도 구간에 대한 측정치의 표준 편차는 수평 막대로 표현되었다. 출처 : W.G. Powell, D.S. Chapman, N. Balling and A.E. Beck, Continental heat-flow density, in: *Handbook of Terrestrial Heat-Flow Density Determinations*, R. Haenel, L. Rybach and L. Stegena, eds., pp. 167–222, Dordrecht: Kluwer Academic Publishers, 1988.

표 9.4 570 m의 심부 시추공 WSR1에서 측정된 온도와 시추 시료에 대한 열전도도, 그리고 이를 통해 계산된 열류량

깊이 구간 (m)	온도 구배 (K km⁻¹)	열전도도 (W m⁻¹ K⁻¹)	해당 구간의 열류량 (mW m⁻²)
45~105	15.0	3.96	60
105~245	18.0	3.43	62
245~320	24.8	2.75	68
320~455	16.0	4.18	67
455~515	17.2	4.20	72
515~575	16.5	3.86	64
평균 열류량			65

출처 : Powell et al.(1988)을 수정.

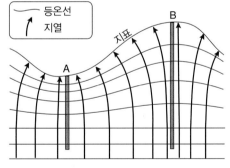

그림 9.9 지형이 등온선(실선)과 열류 방향(화살표)에 미치는 영향에 대한 모식도.

이 크게 다를 수 있기 때문에, 일반적으로 최소 4개 시료에 대한 조화 평균(harmonic mean)값을 사용한다. 그런 다음 구간에 대한 열류를 평균하여 시추공에 대한 평균 열류량을 얻을 수 있다(표 9.4).

시추공 자료를 이용한 대륙의 열류량 계산에는 몇 가지 보정이 필요하다. 중요한 가정 중 하나는 열류의 방향이 수직이라는 것이다. 지표로부터 충분히 떨어진 지하에서는 등온면(일

정한 온도를 갖는 면)이 평평하고 열류(열류는 등온면에 법선 방향)는 이 면에 수직이다. 시추공 근처의 지표는 국부적으로 등온으로 가정하기 때문에, 지표 가까운 곳의 등온선은 지형과 비슷한 형태를 가진다(그림 9.9). 따라서 열류의 방향이 편향되어 수평 성분이 생겨나고, 이에 따라 온도의 수직 구배 역시 변하게 된다. 결과적으로, 시추공에서 측정된 열류는 국부적 지형의 영향을 고려하여 보정을 거쳐야 한다.

지형 보정의 필요성은 19세기 후반에 인식되었다. 장기 영향에 대한 추가적인 보정도 필요하다. 여기에는 빙하기와 같은

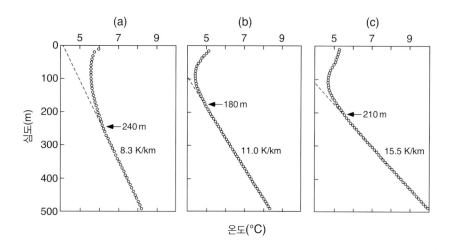

그림 9.10 캐나다 동부에 위치한 세 시추공의 연직 온도 분포도. 심부 구간의 선형 변화는 그 지역의 온도 구배를 나타낸다. 기후에 의해 교란된 지표 온도 변화는 대략 심도 200 m보다 얕은 구간에서 선형 변화에 중첩되어 곡선으로 나타난다. 출처 : H.N. Pollack and S. Huang, *Climate reconstruction from subsurface temperatures, Annu Rev. Earth Planet. Sci.*, 28, 339–365, 2000.

주기적인 기후 변화와 관련된 열의 침투 성분 보정이 포함된다. 침식, 퇴적 그리고 표토의 열전도도 변화 역시 보정이 필요한 장기 요소들이다.

9.7.1 시추공 온도 분포로 추정한 지표 온도 변화

깊이에 따른 온도 변화는 주로 심부 구조에서 유출된 열과 관련되어 있다. 어느 정도 한정된 구간에서의 수직 온도 분포는 선형의 기울기를 가지며, 지역적인 조건에 따라 기울기가 변한다. 그러나 지표면의 온도 변화는 지표에 인접한 영역의 온도 분포에 영향을 준다(9.6.1절). 급격한 온도 변화는 침투 깊이가 얕지만, 느린 온도 변화는 꽤 깊은 곳까지 온도 변화를 유발할 수 있다. 예를 들어, 일간 변화는 1 m 정도의 깊이에도 영향을 주지 못하지만, 한 세기에 걸친 온도 변화는 약 200 m의 깊이까지 도달할 수 있다.

캐나다 동부에 위치한 어떤 시추공의 연직 온도 분포도(그림 9.10)를 보면, 심도 180~250 m 구간에서 지표 온도 변화에 의한 영향이 존재한다. 정상적인 지열구배는 그보다 깊은 곳에서 가서야 분명히 드러난다. 상단의 휘어진 부분에서는 지표 온도 변화의 이력에 대한 정보가 담겨 있다. 이 시추공 온도 자료에 복잡하고 정교한 역산 기법을 적용하여 그 이력을 복원해 낼 수 있다. 전 지구적 지열 양상을 결정할 때(9.8.2절) 시추공 온도 측정 자료의 대규모 데이터베이스가 이 작업에 사용된다. 그 결과 서기 1500년 이후의 평균 지표 온도 변화를 얻을 수 있다(그림 9.11). 시추공 자료를 통해 추정된 장기 지표 온도 변화는 기상 관측 장비를 이용해 측정된 1860년 이후의 대기 온도 변화와 잘 일치한다. 그 결과 지난 5세기 동안 지표의 온도가 지속적으로 증가했음을 보여 준다.

9.7.2 연령에 따른 대륙 지열의 변동

수많은 과정이 대륙 열류에 기여한다. 방사성 붕괴에 의한 열을 제외하면, 지구조적 활동과 관련된 요소들이 가장 크게 기여한다. 조산 운동이 진행되는 동안 다양한 현상이 대륙 지각에 열을 공급한다. 대륙이 충돌하는 지역에서는 암석이 변형되고 변성된다. 지각이 확장되는 지역에서는 지각이 얇아지며 마그마가 관입한다. 융기된 고지대의 침식 작용과 분지에서의 퇴적 작용 역시 지표의 열 흐름에 영향을 미친다. 지구조적 사건에 의해 대륙에 추가된 열은 순환 유체를 통한 대류성 냉각에 의해 방출된다. 일부 열은 전도 냉각에 의해 소산되기도 한다. 결과적으로, 시간에 따른 대륙의 열류 변화는 지구조적 열 연령(tectonothermal age)의 관점에서 가장 잘 설명된다. 이 연령은 해당 지역의 지구조적 활동이나 화산 분출 등 과거 마지막으로 발생했던 사건으로부터 현시점까지의 시간을 가리킨다. 대륙 열류량의 수치들은 매우 넓은 스펙트럼을 보인다. 분류의 연령 기준 간격을 매우 넓게 설정한다고 해도, 각 그룹 간의 열류량 수치는 상당히 중복된다(그림 9.12). 열류량의 분산은 최근에 생성된 지역일수록 크다. 반면, 열류량의 평균은 지각의 연령 혹은 지구조적 열 연령이 증가함에 따라 감소한다(그림 9.13). 최근에 생성된 지역에서는 평균 열류량이 70~80 mW m^{-2} 정도이며, 약 800 Ma 이전에 형성된 선캄브리아기 지역에서는 그 수치가 수렴하여 40~50 mW m^{-2} 정도의 값을 보인다.

9.7.3 다공성 지각 암석의 열전달

대륙 지각을 통한 열전달은 전도뿐만 아니라 이류에 의해서도 발생한다. 퇴적물이나 암석은 서로 밀착되는 광물 입자들로 구

그림 9.11 시추공 온도의 글로벌 데이터베이스를 통해 추정된 지난 500년 동안의 지온 변화 (±1 표준 오차를 음영으로 표시). 중첩 도시된 자료는 관측 장비를 사용해 측정한 1860년 이후의 지표 기온 변화에 5년 시간 평활화 필터를 적용한 것이다. 출처 : H.N. Pollack and S. Huang, Climate reconstruction from subsurface temperatures, Annu. Rev. *Earth Planet. Sci.*, 28, 339-65, 2000.

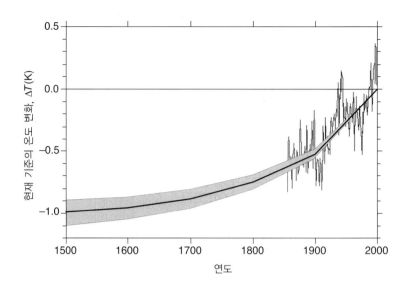

성된다. 입자 간의 공극은 시료의 총부피 중 상당 부분을 차지할 수도 있다. 이 비율을 암석의 **공극률**(porosity, ϕ)이라 부르며, 종종 백분율로 표시한다. 예를 들어, 다공성 암석은 0.3 또는 30% 정도의 공극률을 가지며, 이는 암석의 70%만이 고체 상태의 광물임을 의미한다. 공극률은 광물 입자가 어떻게 배열되어 있는지, 얼마나 잘 교결되었는지, 분급 정도는 어떤지에 따라 결정된다. 분급이 좋은 퇴적물은 입자와 공극의 크기가 상당히 균일하다. 분급이 나쁜 퇴적물은 다양한 크기의 입자가 포함되어 있다. 미세한 입자들은 큰 입자들 사이를 파고들어 빈 곳을 차지한다. 따라서 공극률은 감소한다. 화성암과 변성암에는 종종 균열이 발생하는데 그 수가 많을 경우 암석의 공극률이 감소할 수 있다. 공극 사이의 연결된 정도를 암석의 **투수율**(permeability)이라 하며, 이는 물이나 석유 같은 유체가 얼마나 잘 통과하는지를 보여 주는 매개변수이다.

투수율은 1856년 프랑스의 수력공학자인 달시(H. Darcy, 1803~1858)가 관찰한 경험적 관계에 의해 정의된다. 그의 관찰은 다음과 같다. 흐름이 x 방향이라 가정했을 때, 1초 동안 어떤 표면을 통과하는 유체의 부피는 표면의 면적(A)과 흐름을 유발하는 수압 수두(hydraulic pressure head)의 구배(dp/dx)에 비례하며, 유체의 점성(μ)에는 반비례한다. 유속이 v라면 1초 동안 표면 A를 가로지르는 유체의 부피는 vA이므로, 다음과 같은 식을 얻는다.

$$vA \propto \frac{A}{\mu}\frac{dp}{dx} \quad \rightarrow \quad vA = -k\frac{A}{\mu}\frac{dp}{dx} \tag{9.38}$$

$$v = -\frac{k}{\mu}\frac{dp}{dx} = -K\frac{dp}{dx} \tag{9.39}$$

달시의 법칙으로 알려진 이 식에서 $K = k/\mu$는 투수계수(hydraulic conductivity)이다. 이 식의 유도와 형태는 열전도 법칙(식 9.14와 그림 9.3)이나 전류에 대한 옴의 법칙(식 10.7과 그림 10.2)과 매우 유사하다. 식에 포함된 음의 기호는 압력이 감소하는 쪽으로 유체가 흐른다는 것을 나타낸다. 상수 k는 투수율로서 m^2의 단위를 갖는다. 그러나 수력 공학에서 사용되는 투수율의 단위는 darcy(9.87×10^{-13} m^2에 해당)이며, 주로 milli-darcy(md)가 사용된다. 예를 들어, 자갈의 투수율은 대략 $10^5 \sim 10^8$ md의 범위에 있으며, 사암의 경우 1~100 md, 화강암의 경우 $10^{-3} \sim 10^{-5}$ md이다.

지각 암석을 통과해 흐르는 유체의 능력은 암석의 열도 전달할 수 있다. 이 경우 유체는 온도 차이가 아닌 압력 구배에 의해 흐르기 때문에, 열전달 과정에 대류가 관여하지 않는다. 열은 유체의 운동에 실려 전달되며[1], 이 과정을 **이류**(advection)라고 한다(9.4.2절). 대륙 지각 내를 이동하는 물은 지열 에너지의 공급원 중 하나이며, 상업적인 목적에 따라 다양하고 흥미로운 방식으로 활용된다.

9.8 해양의 열류

대륙의 평균 해발 고도는 840 m에 불과하지만, 바다의 평균 깊이는 3,880 m이다. 대양 분지의 심해 평원은 수심이 5~6 km에 달한다. 이 깊이에서는 외부의 열원이 열류 측정 장비에 영향을 주지 않는다. 또한 해저의 평평함으로 인해 지형 보정이

---

1 원서에서는 이를 '피기백(piggyback)'으로 표현하였다.

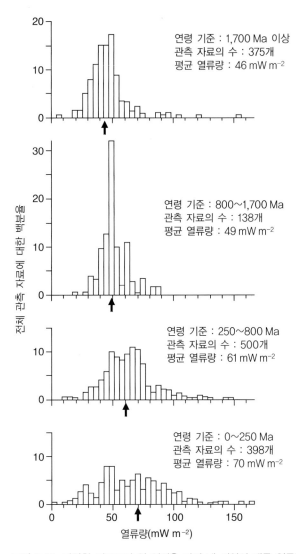

그림 9.12 다양한 지구조적 열 연령을 가진 네 지역의 대륙 열류량 히스토그램. 출처 : J.C. Sclater, B. Parsons and C. Jaupart, Oceans and continents: similarities and differences in the mechanisms of heat loss, *J. Geophys. Res.* 86, 11535–11552, 1981.

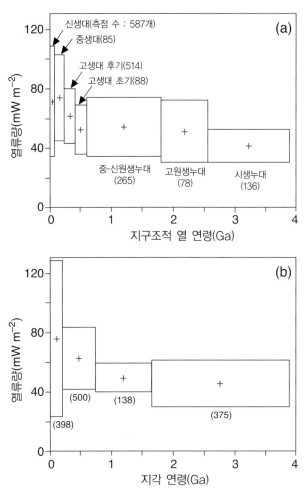

그림 9.13 대륙 열류량 자료. (a) 최근의 주요 지구조적 사건 또는 화산 활동을 시점으로 정의된 지구조적 열 연령에 의해 분류된 대륙 열류량, (b) 방사성 동위원소로 추정된 연령에 의해 평균된 대륙 열류량. 각 상자의 너비는 자료의 연령 기준의 범위를 나타내며, 열류량의 표준 편차는 상자의 높이로 나타내었다. 숫자는 각 상자를 그리기 위해 사용된 자료의 양을 나타낸다. 자료 출처 : (a) I. Vitorello and H.N. Pollack, On the variation of continental heat flow with age and the thermal evolution of continents, *J. Geophys. Res.* 85, 983–995, 1980. (b) J.C. Sclater, C. Jaupart and D. Galson, The heat flow through oceanic and continental crust and the heat loss of the earth, *Rev. Geophys. Space Phys.* 18, 269–311, 1980.

필요 없다(해령 시스템 또는 해산 근처는 제외). 해양저의 열류 측정에 산적한 여러 기술적 어려움들은 유잉(Ewing) 피스톤 시추기의 개발로 어느 정도 극복되었다. 해저에서 길이가 긴 해양 퇴적물의 시추 코어를 채취하기 위해 개발된 이 장비는 직접적인 온도 구배 측정에도 활용된다. 이 장비는 중심이 비어 있는 매우 무거운 시료 채취용 파이프로 구성되어 있으며, 일반적인 길이는 10 m 정도이다(그림 9.14a). 특수한 경우에는 20 m가 넘는 파이프가 사용되기도 하나, 길이가 너무 길 경우 최대 시추 심도에 도달하기 전에 파이프가 휘어 버릴 수 있다. 파이프 내부에 위치한 플런저(plunger)는 시추가 진행되는 동안 퇴적물에 의해 움직여 퇴적물 표면을 밀봉한다. 이로 인해

시추 코어가 해저에서 빠져나올 때, 시료의 손실 및 시추 코어의 변형이 최소된다. 열가변저항기는 파이프 본체에서 몇 센티미터 떨어진 짧은 암에 장착되며, 온도는 방수 용기 내에 설치된 기록계에 저장된다. 이 장비는 선박에서 투하되어 케이블에 매달린 채 가라앉는다. 방아쇠 추(trigger-weight)가 먼저 해저면에 닿으면, 시추기가 풀려나면서 낙하한다(그림 9.14b). 시추기에 달린 1톤 정도의 납 무게추는 시추기가 퇴적물 속에 깊숙이 꽂힐 수 있도록 한다. 이 과정에서 마찰에 의한 열이 발생하지만, 시추기로부터 간격을 두고 설치된 열가변저항기에 마

그림 9.14 해양 열류량을 측정하고 해양 퇴적물 시료를 회수하는 방법. (a) 케이블을 이용해 시추 장치를 해저로 내린다. (b) 방아쇠 추가 바닥에 닿으면 시추기가 자유 낙하한다. (c) 해저에서 온도 측정이 이루어지고 나면 퇴적물로 채워진 시추기를 선박으로 회수한다.

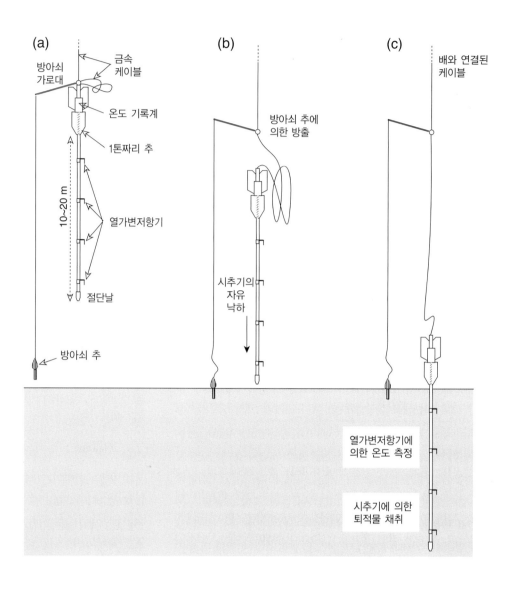

찰열이 도달하기 전 퇴적물의 온도가 기록된다(그림 9.14c). 퇴적물로 채워진 시추기는 케이블에 의해 선박에 다시 회수된다. 시료는 생물학, 퇴적학, 지구화학, 자기층서학 및 기타 과학적 분석에 사용된다.

지열의 직접적인 측정을 목적으로 하는 특수한 탐사 장비도 고안되었다. 이 장비는 길이가 약 3~10 m이고 간격이 5 cm인 두 개의 평행한 튜브로 구성된다. 한 튜브는 직경이 약 5~10 cm로서 지지대 역할을 한다. 다른 하나는 내부에 기름으로 가득한 열가변저항기 배열이 설치된 직경 약 1 cm의 튜브이다. 유잉 피스톤 시추기에서 설명한 것과 같이 퇴적물에 침투하여 평형 온도 구배를 측정한다. 값이 알려진 직류 혹은 펄스 전류가 열선을 따라 흐르며, 이에 대한 온도 반응이 기록이 된다. 이러한 관찰을 통해 퇴적물의 열전도도를 알 수 있다. 이러한 열류 측정 방식에는 시추 코어의 회수 작업이 포함되어 있

지 않다.

9.8.1 수심과 암석권 연령에 따른 해양 열류량의 변동

해양 열류의 가장 두드러진 특징은 해령 축까지의 거리와 열류량 사이에 존재하는 매우 밀접한 연관성이다. 열류는 해령 근처에서 가장 높고, 이곳에서 멀어질수록 감소한다. 해양저 확장 속도가 일정할 경우, 해양 지각(과 암석권)의 연령은 해령 축으로부터 떨어진 거리에 비례한다. 따라서 열류량은 연령이 증가함에 따라 감소한다(그림 9.15). 암석권은 확장 중심에서 생성되며, 고온의 물질은 해령에서 멀리 떨어짐에 따라 점차 냉각된다. 다음 절에서 냉각 판의 온도 모형에 대해 자세히 다루겠지만, 이들의 결과를 요약하면 다음과 같다. 판의 연령이 약 55~70 Ma 미만인 경우, 시간 t가 지나면 판의 냉각에 의해 열류량 q가 $1/\sqrt{t}$ 비율로 감소한다. 오래된 암석권의 냉

그림 9.15 암석권 연령에 따른 해양 열류량의 변화. 관찰자료는 2.5 Myr의 간격으로 평균하였으며, 이를 GDH1 판 냉각 모형의 예측 열류량과 비교하였다(Stein and Stein, 1992). (a) 해양 전체의 열류량 자료. 열수 순환의 영향으로 인해 해령 근처에서 낮은 값을 보여 준다. (b) 해산에 인접한 자료를 제외한 결과. 퇴적 효과에 대한 보정을 수행하였다. 사각형은 열수 순환에 대한 보다 자세한 분석이 이루어진 젊은 해저의 자료를 나타낸다. 출처 : Hasterok, et al., Oceanic heat flow: implications for global heat loss, *Earth Planet. Sci. Lett.*, 311, 386–395, 2011.

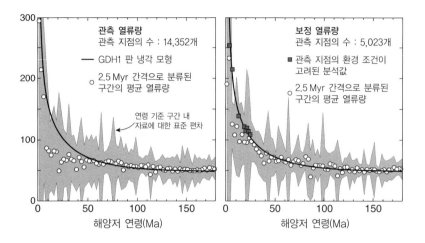

각 속도는 약간 느려진다. 연령에 따른 열류량의 감소를 현재까지 가장 잘 설명한 모형은 GDH1(Global Depth and Heat flow model)이라는 전 지구적 모형이다. GDH1 모형은 열류량(q, mW m^{-2})과 연령(t, Ma) 사이의 관계를 다음과 같이 예측한다.

$$q = \frac{510}{\sqrt{t}} \qquad\qquad (t \le 55\ \text{Ma})$$

$$q = q_s\,[1 + 2\exp(-\kappa\pi^2 t/a^2)] \qquad (t > 55\ \text{Ma})$$

$$= 48 + 96\exp(-0.0278t) \qquad\qquad (9.40)$$

여기서 q_s는 매우 오래된 해양 지각이 방출하는 열류량($\approx$ 48 mW m^{-2})의 점근값을 나타낸다. a는 이러한 해양 지각의 점근 두께($\approx$ 95 km)를, κ는 열확산율($\approx$ 0.8 × 10^{-6} m^2 s^{-1})을 가리킨다.

해령 축의 인접한 곳에서는 열류량 예측이 매우 어렵다. 수치가 매우 높게 관측되기도 하며, 매우 낮은 수치를 보이기도 한다. 젊은 암석권에서 관측된 열류량은 냉각 모형에 의해 예측된 값보다 일괄적으로 작은 편이다(그림 9.15a). 이러한 불일치는 새로운 암석권이 부착되면서 유발된다. 해령에서 마그마는 피더 암맥[2]을 통해 좁은 영역에서 분출하거나 수평의 용암 흐름을 생성한다. 매우 뜨거운 물질이 바닷물과 접촉하여, 암석은 생성되자마자 냉각되고 부서진다. 다음 단계로 물은 빠르게 가열되고 균열과 틈을 따라 열수 순환이 형성되며 대류에 의해 열이 암석권 밖으로 이동한다. 유인 잠수정을 통해 뜨거운 열수의 분출이 해령의 축 부근에서 직접 관찰되기도 한다. 이러한 심해 탐사에 참여한 과학자들은 매우 좁은 열곡으로부터 무기물이 풍부한 뜨거운 물(색에 따라 '블랙 스모커' 및 '화이트 스모커'라고 불림)이 힘차게 분출되는 것을 목격한다. 열

수 분출구를 통해 흘러나오는 열류량은 매우 높다. 하나의 열수구가 뿜어내는 에너지는 약 200 MW로 추정된다.

열수 순환의 약 30%가 해령에서 가까운 연령 1 Ma 미만의 지각에서 발생한다. 나머지는 해령 외부의 순환이다. 이는 해령에서 멀리 떨어진 지각도 균열에 의해 해수에 대한 투수성을 갖고 있기 때문이다. 젊은 지각이 해령에서 멀어짐에 따라, 투수성이 낮은 퇴적물이 화성암으로 구성된 기반암을 점점 두껍게 덮는다. 이에 따라 대류에 의한 해양 지각의 열 손실은 억제된다. 열수 순환은 결국 멈추게 되는데, 이는 두꺼운 퇴적물 때문이기도 하지만, 시간이 지남에 따라 지각 내 균열과 공극이 닫히기 때문이기도 하다. 이러한 현상은 해양 지각이 생성된 뒤 대략 55~70 Myr이 지난 후 발생하는 것으로 추정된다. 이 시기가 지나면 연령에 따른 열류량 감소를 보여 주는 관측값이 냉각 모형의 예측값과 비슷해지기 때문에 이러한 추측이 신빙성을 갖는다. 해양 지각에서 열수 순환은 지구 열 손실의 중요한 부분이다. 이 손실량은 전체 해양 열류량의 약 1/3, 지구 전체 열류량의 약 1/4을 차지한다.

해령 시스템에 대한 프리에어 중력 이상은 일반적으로 그 값이 작으며, 해저 지형과 관련된 변동 양상을 보인다. 이는 해령 시스템이 지각 평형 상태에 있음을 시사한다(4.2.4.3절). 해령의 열곡에 주입된 뜨거운 물질은 냉각됨에 따라 부피가 수축하고 밀도가 증가한다. 지각은 냉각되면서 지각 평형을 유지하기 위해 아래로 가라앉는다. 결과적으로, 수심(지각의 상부면)은 암석권의 연령이 증가하면서 깊어진다. 반무한 매질에 대한 냉각 모형의 예측에 따르면 수심의 증가는 $\sqrt{t}$(t는 암석권의 연령)

---

2 피더 암맥(feeder dyke)은 마그마방에서 관입지까지의 통로 역할을 하는 암맥을 지칭한다.

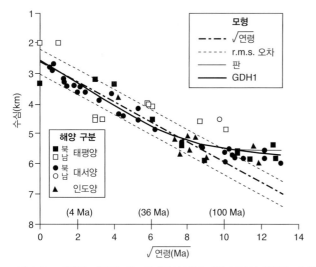

그림 9.16 대서양, 태평양, 인도양에서의 평균 해양 깊이와 연령의 제곱근 사이의 관계와 다양한 판구조 모형으로 계산한 이론 값과의 비교. 출처 : H.P. Johnson and R.L. Carlson, Variation of sea floor depth with age: A test of models based on drilling results, *Geophys. Res. Lett.* 19, 1971–1974, 1992.

에 비례하며, 이러한 양상은 암석권의 연령이 약 80 Ma이 될 때까지 유지된다(그림 9.16). 그러나 관측치를 가장 잘 만족시키는 모형은 제곱근 관계가 아니다. 비록 모형 간의 차이는 작지만, 관측값을 더 잘 설명하는 다른 모형들이 존재한다. 지각의 연령이 20 Ma 이상이 되면, 지수 감쇠 모형이 관측 자료를 더 잘 예측한다. 수심(d, m)과 연령(t, Ma)에 대한 최적의 관계식은 다음과 같이 표현된다.

$$d = 2600 + 365\sqrt{t} \qquad (t < 20 \text{ Ma})$$
$$d = d_r + d_s[1 - (8/\pi^2)\exp(-\kappa\pi^2 t/a^2)] \qquad (t \geq 20 \text{ Ma})$$
$$= 5651 - 2473\exp(-0.0278t) \qquad (9.41)$$

여기서 d_r은 해령 정상부에서의 해저 평균 수심이고, d_s는 오래된 암석권의 침하량에 대한 점근값이다. 이 식의 상수들은 식 (9.40)에 사용된 매개변수들을 사용해 계산되었다.

9.8.2 전 지구적 열류

해양에서의 열류량 측정은 1950년대부터 해양 탐사에 포함되어 수행되었다. 1970년대부터는 직접적인 연직 온도 분포를 측정하였다. 대륙에서의 열류량 측정과 달리, 해양에서의 측정은 열류 측정이 가능한(따라서 상당히 높은 비용이 소요되는) 시추공을 필요로 하지 않는다. 그러나 해양 열류량의 관측 지점은 분포가 고르지 않다. 태평양의 많은 부분이 아직 탐사되지 않았으며, 35°S(대략 케이프타운이나 부에노스아이레스의 위

도에 해당)보다 남쪽 대부분의 해역에서 탐사가 수행되지 않았다. 연구선의 항해 경로를 따라 관측 지점이 매우 조밀하게 분포하나, 그 경로 사이사이의 부분은 대부분 결측 지역으로 남아 있다. 심지어 대륙에서의 열류 측정점의 분포는 더 불균질하다. 남극 대륙, 아프리카와 남아메리카의 내륙 대부분, 아시아의 상당 지역은 열류량 자료가 없거나 매우 소수의 관측점만 존재한다.

고르지 못한 관측 범위를 보완하기 위해, 디지털화된 지질도 위에 암석의 유형과 연령에 대한 대표적 열류량을 할당한다. 지리 정보 시스템(Geographical Information System, GIS)은 지질학적 단위를 정의할 때 임의의 다각형을 사용한다. 이를 통해 특정 지질 특성에 알맞은 열류량을 도시할 수 있다. 이러한 작업 결과 16,000개 이상의 육상 자료와, 22,000개 이상의 해양 자료로 구성된 총 38,000개 이상의 열류량 값으로 구성된 전 지구적 열류 자료가 만들어졌다. 열류량 수치는 해양과 대륙에서 모두 넓은 범위(열류량이 300 mW m^{-2}를 초과하는 지점은 매우 적다)에 분포하며(그림 9.17), 분포 형태도 비슷하다. 대륙(그림 9.13)은 물론 해양(그림 9.15)에서도 열류량은 지각 연령에 따라 변한다. 대륙에서 열류량이 높은 곳은 화산 및 조산 운동이 활발한 지역에 위치하는 반면, 해양에서는 해령 축의 열류량이 높다. 해령 근처에서 발견되는 낮은 값은 전도가 아닌 열수 순환에 의한 열 손실로 설명된다.

이러한 열 손실에 대해서는 해양 열류 자료를 처리할 때 (다음 절에서 설명될) 해양판 냉각 모형을 가정하여 보정을 하는 것이 일반적이다. 전 지구적 열류량의 통계치는 각 다각형에 대해 추정된 열류량이나 평균 열류량을 다각형의 면적에 곱하여 결정한다. 이 값은 다각형 전체에 대한 열 손실률을 나타낸다. 모든 다각형들에 대한 결과를 종합하면 해양 및 대륙 영역에 대한 연령별 열류량을 얻는다(표 9.5). 이 과정을 통해 결측 지역의 열류량도 추정할 수 있다. 지리 정보 시스템을 통해 얻어진 대륙의 평균 열류량은 대략 69.4 mW m^{-2}이며, 해양은 약 102.3 mW m^{-2}의 값을 가진다. 해령에서의 평균값은 133 mW m^{-2}이며, 오래된 해양 암석권은 냉각이 진행되어 약 70 mW m^{-2}의 값을 보였다. 면적에 대한 가중치를 고려하면, 전 지구의 평균 열류량은 89 mW m^{-2}이다. 지구의 표면적은 5.101 $\times 10^8$ km^{2}이므로 추정된 전 지구의 열 손실률은 45.4 TW(4.54×10^{13} W 혹은 1.4×10^{21} J의 연간 열 손실에 해당)인 것으로 밝혀졌다. 열의 약 70%는 바다를 통해, 30%는 대륙을 통해 손실된다.

표 9.5 38,040개 측점에서 측정된 해양과 대륙의 평균 열류량

이탤릭체로 표시된 열류량과 열 손실은 젊은 해양 지각의 열수 순환에 대한 영향을 보정한 값이다(Stein and Stein, 1992). 1 terawatt(TW) = 10^6 MW = 10^{12} W.

구분	측점 수	면적(10^6 km^2)	열류량(mW m^{-2})	열 손실(TW)
해양 영역				
제4기와 플라이오세	4397	16.1	*424.5*	*6.85*
네오기*	29	0.5	*204.5*	*0.09*
마이오세	3408	50.3	*137.9*	*6.94*
올리고세	1063	31.7	*92.3*	*2.93*
에오세	988	37.6	*73.7*	*2.77*
팔레오세	652	21.1	*63.0*	*1.33*
후기 백악기	1571	45.5	*66.8*	*3.04*
전기 백악기	1299	34.6	*61.1*	*2.11*
백악기*	58	1.2	*54.7*	*0.06*
후기-중기 쥐라기	1107	17.7	*54.0*	*0.96*
백악기/쥐라기*	224	0.6	*34.2*	*0.02*
연대 미상	642	24.1	*71.5*	*2.27*
해산	993	21.8	*73.8*	*1.61*
해양의 총합	**16,531**	**303**	**102.3**	**31.0**
대륙 영역				
신생대	9726	68.7	75.9	5.21
중생대	2967	26.3	66.7	1.75
고생대	2225	22.9	58.9	1.35
원생누대	1563	28.7	59.9	1.72
대륙과 호상 열도 경계	4556	58.7	73.8	4.24
기타	472	1.7	54.5	0.09
대륙의 총합	**21,509**	**207**	**69.4**	**14.3**
전체 총합	**38,040**	**510**	**89.0**	**45.3**

(자료 출처 : Davies and Davies, 2010)(* 세부 시기에 대한 구분이 명확하지 않은 자료)

측정 자료의 분포가 균질하지 않아도 열류량과 지각 연령 및 지질학적 특성 간의 관계를 통해 전 지구적 열류량 지도를 만드는 것이 가능하다. (3.4.5절의 지오이드와 마찬가지로) 구면 조화함수를 통해 계산된 격자 자료는 부드러운 등열류 분포도를 만들어 낸다(그림 9.18). 이 분포에 전 지구의 평균값을 빼면 열류량이 평균보다 높거나 낮은 지역을 파악할 수 있다(그림 9.19). 열류량이 평균 이상인 지역은 해령 시스템과 큰 관련성을 보인다. 지구가 방출하는 열의 절반 정도는 신생대 (66 Ma 미만)의 해양 암석권이 식으면서 방출하는 열이다.

전 지구적 열류 모형은 실제 열류 관측 자료와 결측 지역의 추정값을 결합하여 만든다는 점을 기억해야 한다. 게다가 해령 근처에서 측정된 자료는 열수 순환에 의한 열 손실을 보상하기 위해 냉각 모형을 사용해 보정된다. 그럼에도 불구하고 지구의 열류 지도는 지구 내부에서 흘러나오는 열의 지리학적 양상과 크기를 잘 표현한다. 세부적인 것은 차후에 변경될 수 있겠지만, 이 열류 지도의 주요 특징은 참값을 잘 담아내고 있다고 생각된다.

9.8.3 해양 암석권의 냉각 모형

해양 암석권 모형은 시간에 따른 열류와 수심의 변화에 의해 여러 제약을 받는다. 열류량의 예측값은 모형의 온도 구배를 통해 계산된다. 반면, 해양저의 깊이는 수직 밀도 분포에 의해 결정되며, 밀도 분포는 부피 팽창 계수와 판의 수직 온도 분포에 의해 결정된다. 즉, 수심은 깊이에 따라 합산된 온도에 의해 결정된다.

현재까지 몇 가지 냉각 모형들이 제안되었다. 이들은 모두 연령이 증가함에 따라 열류가 감소하고 수심이 증가하는 경향을 보여 준다. 가장 단순한 모형은 암석권을 반무한 매질로 가

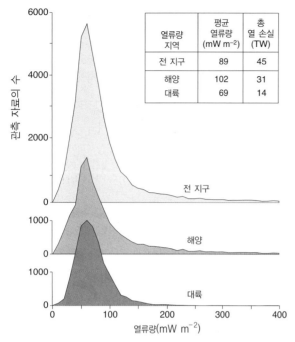

그림 9.17 38,347개의 관측 자료를 통해 계산된 대륙, 해양 및 전 지구의 열류량 분포. 65 Ma 미만의 해양 열류량은 열수 순환에 의한 열 손실을 보정하였다. 출처 : J.H. Davies & D.R. Davies, Earth's surface heat flux, *Solid Earth*, 1, 5–24, 2010.

열류량 지역	평균 열류량 (mW m^{-2})	총 열 손실 (TW)
전 지구	89	45
해양	102	31
대륙	69	14

정한다(그림 9.20a). 초기 온도 조건에서 반무한 매질의 내부 온도는 균질하며 상부면보다 높다. 상부면은 심층수의 수온에 의해 차갑게 유지된다. 암석권 내에서 수평 너비가 충분히 얇은 영역을 모형의 관심 영역으로 삼으면, 수평 방향의 열전도

는 무시할 수 있다. 균질한 반무한 매질 내에서 열류는 z축을 따라 수직으로 흐른다(그림 9.21a). 이는 앞서 토의했던 가느다란 원통 내 1차원의 열 흐름과 동일하다. 해양저 확장은 이 수직 원통을 해령 축에서 먼 곳으로 이동시키는 과정이라 생각할 수 있으며, 그 기간 동안 전도성 냉각에 의해 원통 내의 온도 분포는 변화를 겪는다.

이 모형을 이용하면 해양 암석권 내의 온도 분포를 계산할 수 있다. 이를 위해 시간 t가 흐르면 주어진 온도 T에 도달하는 심도 z를 계산해야 한다. 그동안 수직 원통은 V의 속도로 이동했으며, 따라서 해령으로부터는 Vt만큼 멀어진다. 첫 단계로, 주어진 온도 T를 맨틀의 온도 T_m에 대한 비율로 표현한다. 식 (9.34)와 표의 적절한 값을 사용하면 T/T_m와 같은 크기의 오차 함수 값을 주는 독립변수 η_0를 찾을 수 있다. η_0는 $z/2\sqrt{\kappa t}$와 같기 때문에 다음과 같이 온도 T에 대한 등온선의 형태를 계산할 수 있다.

$$\eta_0 = \frac{z}{2\sqrt{\kappa t}}$$
$$z = (2\eta_0\sqrt{\kappa})\sqrt{t} \qquad (9.42)$$

$z > 0$인 관심 영역에 대해 냉각 중인 암석권의 등온선은 시간 (또는 수평 거리) 축에 대한 포물선 모양으로 나타난다. 이 모형에 의한 해양저의 열류량은 식 (9.37)에 의해 주어지며, 따라서 $\sqrt{t}$에 반비례한다.

반무한 모형에는 몇 가지 비현실적인 부분이 있다. 이 모형

그림 9.18 전 지구 열류량 분포(mW m^{-2}). 최대 차수와 급수가 12인 구면 조화함수로 계산된 전 지구 열류량. 등치선은 직접 측정 자료와 결측 지역의 경험적 추정치를 이용해 계산된 값을 나타낸다. 출처 : H.N. Pollack, S.J. Hurter and J.R. Johnson, Heat flow from the Earth's interior: analysis of the global data set, *Rev. Geophys.* 31, 267–280, 1993.

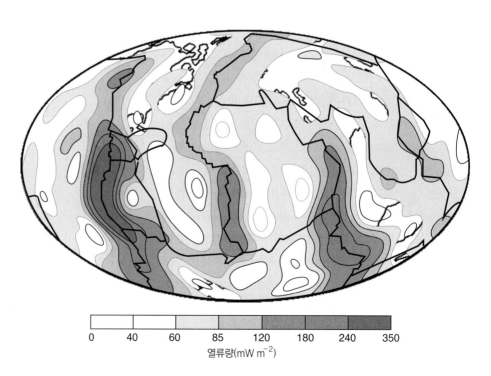

| 0 | 40 | 60 | 85 | 120 | 180 | 240 | 350 |

열류량(mW m^{-2})

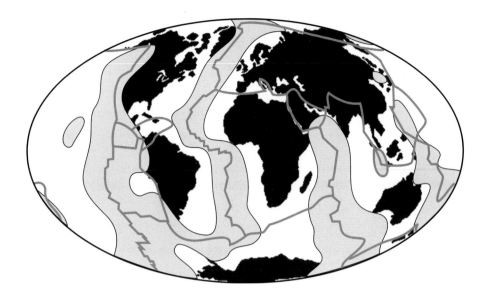

그림 9.19 열류량이 평균보다 높은 지역(밝은 음영 영역)과 낮은 지역(음영 없는 영역). 회색 실선은 판 경계를 나타낸다. 출처 : H.N. Pollack, S.J. Hurter and J.R. Johnson, Heat flow from the Earth's interior: analysis of the global data set, *Rev. Geophys.* 31, 267–280, 1993.

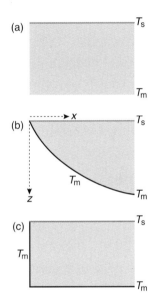

그림 9.20 (a) 반무한 매질, (b) 열 경계층, (c) 냉각 중인 해양 암석권의 판 모형. T_s와 T_m은 각각 해양저와 맨틀의 온도이다.

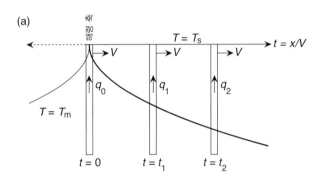

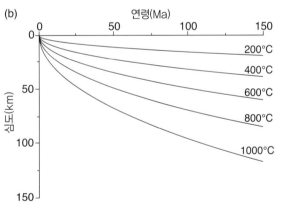

그림 9.21 해양 암석권의 냉각을 설명하기 위한 반무한 매질 모형. (a) 해령에서 멀어지는 좁은 기둥의 수직 열 흐름, (b) 냉각 판에 의해 예측된 열 구조. 출처 : D.L. Turcotte and G. Schubert, *Geodynamics: Applications of Continuum Physics to Geological Problems*, 450 pp., New York: John Wiley, 1982.

에 의하면 해령 축에서 열류량이 무한히 크다. 또한 반무한 매질 내의 온도 분포가 초기 맨틀 온도 T_m에 점근적으로 접근한다. 따라서 온도가 T_m이 되는 심도는 무한히 깊은 곳에 위치한다. 이 매질 내에 동일한 온도 간격으로 등온선을 그린다면, 그 간격은 점점 벌어진다. 온도 변화가 급격한 지표 근방의 층을 열 경계층(thermal boundary layer)이라 부른다. 열 경계층 바닥의 깊이는 T_m보다 낮은 온도를 갖는 임의의 심도로 정의한다. 반무한 모형에서는 이 방식으로 암석권의 바닥을 정의할 수 있다(그림 9.20b). 암석권의 하부 경계는 원래 지진 전단파가 감쇠하는 깊이를 통해 정의되지만, 열 모형에서는 등온선

을 이용한다(그림 9.21b). 반무한 모형은 지진 자료에 의해 추정된 것과 마찬가지로 암석권의 연령 상승에 따른 두께 증가를 보여 준다. 증가 비율은 $\sqrt{t}$에 비례한다. 암석권은 냉각되고

두꺼워지면서 연약권으로 가라앉기 때문에 해령 축에서 멀어질수록 수심이 증가한다. 열의 영향을 받는 프랫(Pratt)의 지각 평형 모형과 마찬가지로, 반무한 암석권의 냉각에 대한 모형(글상자 9.4)은 $\sqrt{t}$에 비례하는 수심 증가를 보인다.

파커와 올덴버그의 논문(Parker and Oldenburg, 1973)에서는 고체 암석권이 유체 연약권 위를 덮고 있는 것으로 수정된 경계층 모형이 제안되었다. 이 모형에서는 매질 내 고체-액체상의 경계를 암석권의 하부로 삼았다. 따라서 용융점을 나타내는 등온선이 암석의 하부 경계가 된다. 아마 이것이 실제에 더 가까운 모형일 것이다. 하지만 연약권을 유체로 취급하여 유동학적인 변화를 과장하였다. 연약권의 온도가 고상선 온도에 가깝긴 하지만, 실제로는 매우 적은 부분(약 5%로 추정)만 용융되어 있다.

반무한 경계층 모형은 젊은 암석권의 연령에 따른 관측 열류량 및 해양의 수심 변화를 잘 예견한다. 그러나 대략 70 Ma 이상의 연령에 대해서는 ($\sqrt{t}$에 비례하는) 예측된 수심보다 실제 수심이 얕다(그림 9.16). 이는 오래된 암석권의 경우, 그 하부에 존재하는 열원의 깊이가 반무한 모형이 가정한 열원의 깊이보다 얕은 곳에 위치하기 때문이다. 반무한 모형에 대한 대안으로 상부 경계는 차가운 해수에 접해 있고, 하부 경계는 일정한 온도를 유지하는 편평한 층 혹은 유한한 두께를 가진 판을 사용해 해양 암석권을 모형화하였다. 반무한 모형에 비해 이 모형에서는 해령에서 멀리 떨어진 지점에서 고온의 맨틀 온도가 위치하는 깊이가 해저면에 더 가까워진다. 해령 축에서는 새롭게 생성된 판의 수직 모서리가 하부 경계의 온도와 같기 때문에(그림 9.20c), 열이 판을 통해 수평으로도 전도된다. 해령에서 수평 방향으로 떨어진 거리에 비해 판의 두께가 충분히 얇다면, 이는 그리 큰 문제를 발생시키지 않는다. 반경이 수천 킬로미터이고 두께가 100 km에 불과한 주요 암석권 판은 이 조건을 충분히 만족한다.

이 모형은 판의 역학적인 수직 구조를 모형화한 것이 아니라, 단지 연령에 대한 수심과 열류량의 전형적인 관련성을 현상학적인 방식으로 설명하기 위해 만들어졌다. 모형에서 설정된 판의 두께는 오래된 해양 암석권이 점근적으로 도달하게 되는 열적 두께이다. 이 두께에는 온도와 유동성이 결합된 효과가 반영되어 있다. 암석권의 연령이 매우 클 때 나타나는 반무한 모형에서의 암석권 과냉각 현상을 막기 위해, 이 모델에서는 등온선으로 표현되는 암석권의 열적 기저면을 위한 추가적인 심부 열 공급원을 필요로 한다. 이 모형을 활용하면 열 냉각

이력을 간단히 계산할 수 있다. 가장 잘 알려진 버전은 파슨과 스클래터의 논문(Parsons and Sclater, 1977)에서 제안된 모형으로, 판 두께를 125 km로, 아랫면의 온도를 1,350°C로 설정하였다. 확장 중심에서 멀리 떨어진 지점에서 이 모형은 실제 관측 열류량(그림 9.15)과 수심(그림 9.16)을 매우 정확히 추정해 낸다. 최근 업데이트된 GDH1 판 모형은 95 km의 판 두께와 1,450°C의 기저면 온도를 사용하였다. GDH1 모형이 관측 결과를 더 잘 만족시킨다.

9.8.4 해양 암석권의 열 구조

판 모형은 경계층 모형보다 관측된 열류량 자료를 더 잘 설명한다. 경계층 모형은 해령 축 근처에서 가장 잘 맞으며, 다른 지구물리학적 자료가 보여 주는 해령에서 멀어질수록 점점 두꺼워지는 암석권의 양상과도 잘 일치한다. 그러나 해령에서 멀리 떨어진 오래된 암석권에서 관측되는 열류량과 수심을 설명하려면 판 모형이 필요하다. 서로 대비되는 이러한 특성을 조화시키기 위해 2층 구조로 암석권을 구현한 모형이 제안되었다(그림 9.22). 상부층은 단단하다고 가정하였기 때문에 역학적으로 정의된 하부 경계를 갖는다. 이 경계 위쪽으로는 전도에 의해 열이 전달된다. 반면, 이 경계보다 깊은 심도에서는 증가된 온도에 의해 층의 역학적 특성이 변한다. 암석권의 하부층은 물질 이동이 가능한 플라스틱한 성질을 가지며, 따라서 점성 고체의 특성을 갖는다고 가정하였다. 상부층의 하부 경계면에서는 온도가 일정하며 이 온도에서 암석은 강성을 상실한다. 암석권 하부층의 하부 경계면은 열적으로 정의되며, 따라서 등온선이다. 이 구조가 오래된 암석권을 어떻게 근사화할 수 있는지에 대해 그동안 다양한 제안이 있었다. 여기에는 방사성 가열, 암석권 바닥의 전단으로 인한 마찰 가열, 열점에서 맨틀 플룸의 관입으로 인한 오래된 암석권의 재가열 등 추가적인 열원 등이 포함된다. 여기에 더해, 암석권의 연령이 약 70 Ma 이상이 되면, 암석권의 하층에서 소규모 대류가 유발되어 열전도가 증가될 수 있다는 설명도 제안되었다. 이것은 연약권의 대류에 의해 열이 암석권으로 전달된다는 사실을 반영하여, 반무한 매질보다 얇은 두께의 암석권을 가정할 수 있게 해 준다. 지진 표면파의 분산 분석 결과에 의하면, 약 200 km 이내의 얕은 심도에서 대륙과 해양의 암석권 구조는 서로 다르다. 이러한 관측 사실은 단단한 층 아래 대류 가능한 열 경계층이 약 150~200 km의 심도에 자리 잡고 있는 이 열 모형과 잘 일치한다.

글상자 9.4 연령에 따른 수심 변화

해양 암석권은 해령에서 멀어지면 냉각되고 두꺼워지며 밀도가 높아진다(그림 9.21). 해양 암석권은 시간이 지남에 따라 하부의 연약권으로 점차 가라앉기 때문에 연령 t에 따른 해양 분지의 수심 증가가 나타난다. 암석권과 연약권이 프랫 방식의 지각 평형을 이룬다고 가정하여 수심 변화 w를 설명하는 간단한 모형이 있다. 이러한 지각 평형 모형을 종종 열적 지각 평형(thermal isostasy)이라고 한다.

보상면을 연약권 내 심도 D로 설정하고, 보상면 위에 놓인 두 수직 원통을 고려하자(그림 B9.4.1). 원통의 윗면은 단위 단면적을 가정하자. 해령 축이 위치한 R에서 원통은 두 부분으로 구성된다. 아래쪽은 일정한 밀도 ρ_a와 온도 T_a를 갖는 연약권 부분이며, 위쪽은 두께 d_r의 해수층(밀도는 ρ_w)이다. 인접한 해양 분지인 지점 B에 놓인 원통에는 해양 암석권이 추가된다. 암석권의 온도 T_L과 연령 t에 따라 증가하는 두께 L에 의해 암석권의 밀도 ρ_L이 결정된다. 두께 d_r의 해수층과 보상면 위에 위치하는 두께 A의 연약권은 이 지점에도 존재한다. 다음과 같이 두께 w km의 해수층과 L km의 암석권의 총무게가 $(w + L)$ km의 연약권의 무게와 같을 때 지각 평형이 이뤄진다.

$$(w + L)\rho_a g = w\rho_w g + g\int_0^L \rho_L \mathrm{d}z \qquad (1)$$

$$w(\rho_a - \rho_w) = \int_0^L (\rho_L - \rho_a)\mathrm{d}z \qquad (2)$$

열적 지각 평형은 냉각에 의한 암석권의 밀도 변화를 가정한다. 부피 팽창 계수 α는 다음과 같이 식 (9.2)에서 정의되었다.

$$\alpha = \frac{1}{V}\frac{\partial V}{\partial T} = -\frac{1}{\rho}\frac{\partial \rho}{\partial T} \qquad (3)$$

여기서 밀도 $\rho = M/V$이며, 따라서 $dV/V = -d\rho/\rho$이다. 식 (3)을 다시 쓰면 다음의 식을 얻는다.

$$\alpha\rho_a(T_a - T_L) = (\rho_L - \rho_a) \qquad (4)$$

암석권과 연약권 간의 밀도 차이에 대한 이 식을 식 (2)에 대입하면 다음과 같이 정리된다.

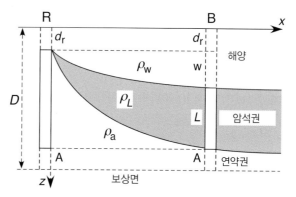

그림 B9.4.1 해령부터 해양 분지 영역에 대한 해양 암석권의 수직 단면도.

$$w = \frac{\alpha\rho_a}{(\rho_a - \rho_w)}\int_0^L (T_a - T_L)\,\mathrm{d}z \qquad (5)$$

암석권의 온도 T_L은 식 (9.34)에서 T_m 대신 T_a를 사용하여 계산된다. 식 (5)에 대입하면 다음을 얻는다.

$$w = \frac{\alpha\rho_a}{(\rho_a - \rho_w)}\int_0^L \left(T_a - T_a\mathrm{erf}(\eta)\right)\,\mathrm{d}z$$

$$= \frac{\alpha\rho_a T_a}{(\rho_a - \rho_w)}\int_0^L \mathrm{erfc}(\eta)\mathrm{d}z, \quad 여기서\ \eta = \frac{z}{2\sqrt{\kappa t}} \qquad (6)$$

상보 오차 함수인 $\mathrm{erfc}(\eta)$는 $\eta = 2$일 때 거의 0으로 감소하므로 적분의 상한을 L에서 ∞로 바꿔도 심각한 정도의 오차가 발생하지 않는다. 따라서 다음과 같이 계산할 수 있다.

$$w = \frac{\alpha\rho_a T_a}{(\rho_a - \rho_w)}\int_0^\infty \mathrm{erfc}(\eta)\mathrm{d}z$$

$$= \frac{\alpha\rho_a T_a}{(\rho_a - \rho_w)}2\sqrt{\kappa t}\int_0^\infty \mathrm{erfc}(\eta)\mathrm{d}\eta \qquad (7)$$

글상자 9.3의 식 (9)로부터 $\int_0^\infty \mathrm{erfc}(\eta)\mathrm{d}\eta = \frac{1}{\sqrt{\pi}}$임을 알 수 있다. 따라서 다음을 얻는다.

$$w = \frac{2}{\sqrt{\pi}}\frac{\alpha\rho_a T_a}{(\rho_a - \rho_w)}\sqrt{\kappa t} \qquad (8)$$

위 식은 해령에서 멀어질수록 수심이 증가하는 정도를 나타낸다. 해령에서의 수심 d_r을 고려하면, 바다의 총깊이는 $d = (d_r + w)$이다. 식 (8)에서 암석권에 대한 매개변수들의 최적

값은 다음과 같이 스테인과 스테인의 논문(Stein and Stein, 1992)에서 제시된 GDH1 모형의 값을 사용하였다. 즉, $\alpha = 3.1 \times 10^{-5}\,\text{K}^{-1}$, $\rho_a = 3,300\,\text{kg m}^{-3}$, $\kappa = (k/c_p\rho_a) = 8.04 \times 10^{-7}\,\text{m}^2\,\text{s}^{-1}$이다. 해령에서의 평균 수심을 2,600 m, 연약권의 온도를 $T_a = 1,450\text{°C}$, 해수의 밀도를 $\rho_w = 1,030\,\text{kg m}^{-3}$으로 가정하면, 연령이 t(Ma 단위)인 지각이 위치하는 곳의

수심은 다음과 같이 주어진다.

$$d = (d_r + w) = 2600 + 370\sqrt{t} \qquad (9)$$

이 계산 결과는 식 (9.41)에서 연령 20 Ma 미만의 젊은 암석권에 대해 GDH1 모형이 추정한 수심-연령 관계와 매우 비슷하다.

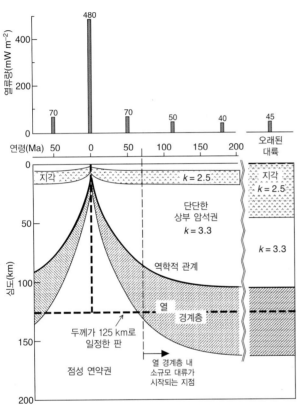

그림 9.22 해양과 대륙 아래 암석권 판구조의 개략도. 점선은 일정한 두께의 판을 나타낸다(Parsons and McKenzie, 1978과 Sclater et al., 1981에 기초).

9.8.5 섭입대에서의 열류

해양 암석권은 섭입대에서 상부 판 아래로 급격히 구부러진다. 이 부분은 경사진 슬랩의 형태로 심부 맨틀 깊숙이 확장되어 연간 수 센티미터의 속도로 침투한다. 오래된 암석권은 해령에서 생성될 때 가지고 있던 원래 열의 상당 부분을 잃었기 때문에 차갑다. 해구에 도달할 때쯤이면 판의 등온선들은 서로 멀리 떨어져 있고 온도 구배는 작다. 판이 아래로 구부러짐에 따라 등온선의 수직 분리 정도는 증가한다. 열류량은 온도구배에 비례하기 때문에, 해구에서는 매우 낮은 열류량 수치

($\approx 35\,\text{mW m}^{-2}$)가 측정된다. 아래쪽으로의 휨이 발생하고 나면, 판은 매우 깊은 심도로 가라앉게 되며, 이로 인해 압력과 온도의 증가를 경험한다. 열은 인접한 맨틀에서 판으로 전도된다. 이 과정은 매우 느리기 때문에, 섭입된 슬랩은 주변 환경보다 낮은 온도를 유지한다(그림 9.23). 해양판에서는 일반적으로 심도 약 70 km에서 800°C의 온도에 이르지만, 하강하는 슬랩 내에서는 동일한 온도를 만나기 위해 500 km 이상 내려가야 한다. 이 심도보다 얕은 곳에서는 슬랩의 차가운 부분과 주변부의 수평 온도 차가 800~1,000 K 정도 발생한다.

섭입 슬랩의 열 구조를 모형화할 때 고려해야 하는 열원은 맨틀에서 전도되는 열뿐만이 아니다. 맨틀과 접촉하는 슬랩 표면이 전단 변형되면서 발생하는 마찰 가열 또한 주요 열원이다. 섭입대의 상부에서 전단 가열은 해양 암석권의 현무암층을 녹여 슬랩 상단에 에클로자이트 층을 형성한다. 에클로자이트의 높은 밀도는 양의 중력 이상을 유발하여(그림 4.31 참조), 아래쪽으로 슬랩을 누르는 힘을 증가시킨다. 감람석 종류의 광물이 가진 열린 구조가 더 조밀한 스피넬형 구조로 전환되는 상전이는 일반적으로 410 km의 심도에서 발생한다. 상전이는 온도와 압력에 의해 결정된다. 실험실 내의 실험에 따르면 이러한 상전이는 저압 상태일 경우 고온보다는 저온에서 더 잘 발생한다. 따라서 얕은 심도에서는 인접한 맨틀보다 냉각 판 내부에서 상전이가 일어난다. 그 결과 전이 심도는 약 100 km 정도 위쪽으로 이동한다. 상전이는 발열 과정이므로, 이때 방출되는 잠열은 섭입대의 열 구조에 추가로 열을 공급한다. 상전이는 또한 밀도 증가를 초래하여 판을 아래쪽으로 누르는 힘을 증가시킨다.

더 깊은 660 km에서 발생하는 상전이는 아직 잘 이해되지 않고 있다. 분명히 고온의 환경은 더 높은 압력에서 상전이를 일으키고, 따라서 가라앉는 슬랩 내에서 상전이가 일어나는 심도는 깊어진다. 이 상전이가 주변으로부터 열을 흡수하는 흡열

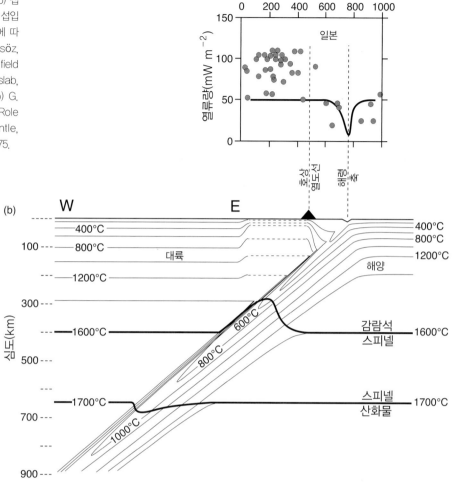

그림 9.23 (a) 일본 해구를 가로지르는 측선의 모형 예측 열류량(실선)과 측정 열류량의 비교, (b) 섭입대와 배호 분지의 열 구조. 차가운 슬랩의 섭입과 감람석-스피넬과 스피넬-산화물의 상전이에 따른 열 효과를 보여 준다. 출처 : (a) M.N. Toksöz, J.W. Minear and B.R. Julian, Temperature field and geophysical effects of a downgoing slab, *J. Geophys. Res.* 76, 1113–1138, 1971, (b) G. Schubert, D.A. Yuen and D.L. Turcotte, Role of phase transitions in a dynamic mantle, *Geophys. J. R. Astr. Soc.* 42, 705–735, 1975.

반응인지 그림 9.23의 모형이 가정한 것처럼 발열 반응인지 확실치 않다. 흡열 반응을 일으키는 상변화는 밀도를 감소시켜 슬랩을 아래로 잡아당기는 힘에 저항력으로 작용한다.

비록 유사한 여러 모형들에 의해 하강 슬랩의 온도 분포가 다양하게 계산되지만, 차가운 하강 슬랩 내 등온선의 하향 이동은 공통적으로 나타난다. 주어진 열 모형을 통해 열류량을 계산할 수 있다. 섭입대를 가로지르는 측선에 대해 관측된 열류량과 비교해 보면 모형은 상부 판의 높은 관측 열류량을 적절하게 설명하지 못한다(그림 9.23). 하강하는 슬랩 내의 해양 지각 물질이나 상부판 내 상부 맨틀 물질이 부분 용융되어 마그마가 생성된다. 이 마그마를 공급받는 화산 활동이 이러한 높은 열류량에 부분적으로 기여를 한다. 얕은 심도에서의 용융은 섭입판에 포함된 물에 의해 촉진되어 현무암질 마그마를 생성한다. 더 심부의 용융은 물이 적게 포함된 안산암질 마그마를 생성한다. 상부 판이 대륙판이면, 화산대는 해구와 평행하게 대륙판 가장자리를 따라 형성된다. 화산 활동은 대부분 현

무암 및 안산암질 용암을 분출한다. 이때 분출되는 용암은 해양판끼리 충돌했을 때 형성되는 용암보다 규산염 성분이 많기 때문에 밝은색을 띤다. 이는 용암에 대륙판 내 상부 맨틀에서 용융된 물질이 포함되어 있음을 암시한다.

두 해양판이 수렴하면, 상부 판 위에 호상 열도(volcanic arc)가 형성된다. 호상 열도 뒤쪽 지역에서 발생하는 상부 판의 높은 열류량은 배호 분지의 확장과 관련이 있다. 이는 상부 맨틀의 부분 용융에 의한 현무암질 마그마가 이 지역에 관입하여 새로운 해양 지각을 생성하기 때문이다. 이러한 형태의 해양저 확장은 호상 열도 뒤쪽으로 판 경계부 분지를 생성한다. 이러한 마그마의 관입은 해령 축의 경우에서처럼 한정된 위치에 국한되지 않고 분지 전체에서 분산되어 발생한다. 결과적으로, 해령 시스템에서 발견되는 해양저 확장에 의한 선형 자기 줄무늬 이상이 나타나지 않거나 매우 약하게 나타난다.

9.9 맨틀 대류

열에 의해 맨틀 내에서 발생하는 대류는 지구동역학 과정에서 가장 중요한 메커니즘 중 하나이다. 이러한 생각에는 몇 가지 이유가 있다. 5.5절에 요약된 증거는 맨틀의 점탄성적 유동을 보여 준다. 맨틀을 통한 지진 종파 및 전단파의 통과는 맨틀이 급격한 응력 변화에 대해 고체로서 반응한다는 것을 증명한다. 그러나 후빙기 반동에 의한 조륙 운동과 자전축의 장기 변화에 대한 관측들은 장기간의 응력에 대한 맨틀의 반응이 점성 흐름으로 나타난다는 것을 보여 준다. 비록 전도가 암석권의 주요 열전달 경로이지만, 추정된 맨틀 내 온도 분포에 의하면 대류에 의한 열전달이 준고체 크리프(sub-solidus creep)에 의한 물질 전달을 포함하여 심부 맨틀 내의 지배적 과정임을 의미한다. 맨틀에 열대류 이론을 적용하고 물리적 매개변수에 대한 최적의 추정치를 대입하면 맨틀 내에는 강력한 대류가 존재함을 알 수 있다.

9.9.1 열적 대류

대류가 발생하기 위한 조건(9.4.2절 참조)은 열팽창으로 인한 원동력과 점성 및 열확산으로 인한 저항력 사이의 균형을 반영한다. 유체가 가열되면 열팽창으로 인해 부력이 발생한다. 이로 인해 불안정도가 증가하지만, 이는 주변 유체로의 전도 열확산에 의해 부분적으로 상쇄된다. 부력에 반응하여 유체 덩어리가 상승을 시작하면, 점성에 의한 저항력이 발생한다. 냄비에 걸쭉한 수프나 죽을 데워 본 사람이라면 누구나 이러한 효과에 친숙하다. 너무 센 불로 조리하거나 '계속 저으시오'라는 조리법을 무시한다면, 수프가 냄비 바닥에 달라붙어 까맣게 탈 수 있다. 이는 유체의 초기 점성이 너무 커 대류가 일어나지 않아 발생하는 현상이다. 냄비의 뜨거운 바닥과 액체의 차가운 표면 사이에 존재하는 큰 온도 구배에도 불구하고, 전도로는 수프가 타지 않을 정도의 빠른 열 수송이 어렵다. 전도에 의한 열 흐름이 임계점에 도달하면 대류가 시작될 수 있다.

유체의 하부가 가열되어 대류가 시작되는 기작은 1900년 베나드(H. Bénard, 1874~1939)의 실험 결과에 기반을 두어 최초로 설명되었다. 그는 유체의 표면에 육각형 패턴의 대류 세포가 형성된다는 점에 주목하였다(그림 9.24). 뜨거운 유체는 각 세포의 중심에서 표면으로 상승하고, 이곳에서 퍼져 나가면서 냉각된다. 인접한 대류 세포와 접촉하는 경계부에서는 냉각된 유체가 다시 가라앉는다. 대류 세포의 연직 단면은 직사각형

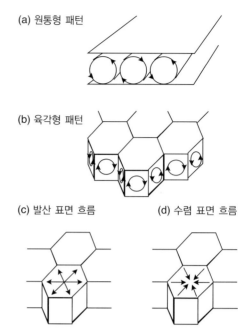

그림 9.24 하부 가열에 의해 수평층 내에서 발생되는 대류의 몇 가지 일정한 패턴. (a) 원통형 패턴의 대류, (b) 육각형 패턴의 수직 흐름. 이 경우 표면의 흐름은 (c) 셀의 중심에서 발산하거나 (d) 중심으로 수렴할 수 있다. 출처 : F.H. Busse, Fundamentals of thermal convection, in: *Mantle Convection: Plate Tectonics and Global Dynamics*, W.R. Peltier, ed., pp. 23–95, New York: Gordon and Breach, 1989.

형태를 갖는다. 베나드의 관찰을 만족하는 이론은 1916년 레일리 경에 의해 도출되었다. 비록 그의 이론이 이상적인 조건(응력이 작용하지 않는 윗면과 아랫면의 수평 경계, 아래로부터의 가열, 일정하게 유지되는 윗면의 온도)에서만 적용된다 하더라도, 구형의 지구에서 발생하는 더 복잡한 대류에 관해 대략적인 추정을 가능케 한다.

점성 유체의 흐름은 지구물리학에서 가장 중요한 방정식 중 하나인 나비에-스토크스 방정식에 의해 지배된다. 이 식은 유체의 운동량 보존을 묘사한다. 가장 간단한 형태의 방정식은 몇 가지 항들을 사용하여 압력 경도와 부력을 포함하는 구동력 그리고 점성과 내부 마찰을 포함하는 저항력 사이의 평형 상태를 나타낸다. 열이 확산되는 정도를 기준으로 점성에 의해 유체의 운동량이 확산되는 정도를 나타낸 비율이 무차원의 프란틀 수(Prandtl number, Pr)이다.

$$Pr = \frac{\nu}{\kappa} \tag{9.43}$$

여기서 ν는 운동 점성 계수(kinematic viscosity, $\nu = \eta/\rho$)이며, κ는 열확산도[$\kappa = k/(\rho c_p)$]이다. 프란틀 수는 유체 흐름(운동량)에 의한 열전달이 열전도에 비해 상대적으로 얼마나 중요하

표 9.6 맨틀 대류 모형에 적용된 물리 매개변수의 상숫값

맨틀과 외핵의 평균 중력 값은 각각 10 m s^{-2}와 8 m s^{-2}이다. 레일리 수는 식 (9.18)을 사용하여 1 K km^{-1}의 초단열 구배에 대해 계산되었다. 유속은 CMB 부근의 맨틀에서 약 3 cm yr^{-1}, 핵에서 약 10 km yr^{-1}로 가정하였다.

일부 매개변수의 값은 잘 알려져 있지 않다. 문헌에 따라 값이 다양하며, 최대 수십 배의 차이가 나기도 한다.

물리변수	단위	상부 맨틀 (70~660 km)	맨틀 전체 (70~2,890 km)	외핵 (2,890~5,150 km)
추정값				
층 두께(D)	km	590	2820	2260
팽창 계수(α)	K^{-1}	2×10^{-5}	1.4×10^{-5}	10^{-5}
밀도(ρ)	kg m^{-3}	3700	5000	11,000
비열(c_p)	$\text{J kg}^{-1} \text{ K}^{-1}$	1250	1250	650
열전도도(k)	$\text{W m}^{-1} \text{ K}^{-1}$	10	10	100
동역학 점성 계수(η)	Pa s	5×10^{20}	5×10^{21}	10^{-3}
계산된 값				
열확산율(κ)	$\text{m}^2 \text{ s}^{-1}$	2.2×10^{-6}	1.6×10^{-6}	1.4×10^{-5}
운동 점성 계수(ν)	$\text{m}^2 \text{ s}^{-1}$	10^{17}	10^{18}	10^{-7}
레일리 수(Ra_T)	-	8×10^4	5.5×10^6	1.6×10^{30}
프란틀 수(Pr)	-	6×10^{22}	6×10^{23}	7×10^{-3}
레이놀즈 수(Re)	-	4×10^{-21}	3×10^{-21}	8×10^9
넛셀 수(Nu)	-	4	18	10^9

자료 출처 : Lambeck et al., 2017; Ricard, 2009; Jarvis and Peltier, 1989.

게 작용하는지 보여 준다. Pr 값이 낮은 유체는 쉽게 흐른다. 이는 외핵에 적용되는 조건으로, Pr이 대략 0.1의 값을 갖는 다(표 9.6). Pr이 증가함에 따라 유체의 점성은 증가하고 열전 도의 중요성은 감소한다. 맨틀에서는 $\nu \approx 10^{17} \text{ m}^2 \text{ s}^{-1}$와 $\kappa \approx 10^{-6} \text{ m}^2 \text{ s}^{-1}$이므로 $\text{Pr} \approx 10^{23}$이다. 높은 프란틀 수는 전도에 의한 열전달이 중요하지 않음을 의미한다.

열확산과 점성은 가열된 유체를 안정화시키는 역할을 한다. 가열이 충분히 느리면 온도 구배는 전도에 의한 열전달에 의해 조절되어 단열 구배에 가깝게 유지된다. 온도 구배가 단열 구배 를 초과하면 대류가 발생할 수 있으며, 두 구배의 차이 θ를 초단 열 구배(superadiabatic gradient)라고 한다. 과도한 열은 유체 를 팽창시켜 부력을 유발한다. 이 힘이 점성 저항보다 커지면 드디어 대류가 형성된다. 서로 반대 방향으로 작용하는 이 두 힘의 비율을 레일리 수(Ra_T)라고 한다. 반복하지만, 식 (9.18)은 두께가 D인 유체층 내에서 초단열 온도 구배에 의해 대류가 발 생하는 경우의 레일리 수를 나타낸다. 다시 적으면, 식 (9.44) 와 같다.

$$\text{Ra}_T = \frac{g\alpha\theta}{\kappa\nu}D^4 \qquad (9.44)$$

여기서 g는 중력이며, α는 열팽창 계수이다.

초단열 구배는 대류의 유일한 동력원이 아니다. 맨틀 물질 내에서 생성되는 방사성 열은 작지만(9.5.1절 참조) 여전히 대 류에 기여할 수 있다. 두께가 D인 층 내에서 생성되는 방사성 열의 양을 Q라고 하자. 식 (9.15)와 식 (9.21)을 고려하여 위 식 의 θ를 (QD/k)로 대체할 수 있다. 여기서 k는 열전도도이다. 이를 통해 방사성 열에 의해 유도되는 대류에 대해 두 번째 레 일리 수(Ra_Q)를 정의할 수 있다.

$$\text{Ra}_Q = \frac{g\alpha Q}{k\kappa\nu}D^5 \qquad (9.45)$$

흐름의 형태와 상부 및 하부 표면의 경계 조건에 따라 결정 된 레일리 수가 임곗값 Ra_c를 초과하면 대류가 시작된다. 레일 리-베나르 대류에서 상부와 하부의 수평층에 작용하는 응력은 없다. 이 경우 임계 레일리 수는 $\text{Ra}_c = 658$이며, 수평 흐름이 존재할 수 없는 강성 경계일 경우 $\text{Ra}_c = 1,708$이 된다. 상부 맨 틀과 전체 맨틀 그리고 외핵 내 점성 흐름을 살펴보면, 초단열 온도 구배에 의해 유발되는 대류의 레일리 수 Ra_T가 Ra_c를 크 게 초과하는 것으로 계산된다(표 9.6). 게다가 맨틀 내 방사성 열에 대한 그럴듯한 추정값을 대입하면 Ra_Q는 비교적 큰 수치

를 갖는다.

9.9.2 높은 레일리 수에서의 대류

전체 맨틀과 상부 맨틀에 대해 계산된 레일리 수가 크기 때문에, 암석권 하부의 맨틀 각 영역에서 대류가 발생할 수 있다. 전 맨틀 대류에 대한 레일리 수는 임곗값 Ra_c보다 훨씬 크기 때문에 활발한 맨틀 대류가 예상된다. 그러나 이는 일반적인 의미의 빠른 흐름을 의미하지는 않는다. 일반적으로 맨틀 흐름의 속도는 평균 약 5~10 cm yr^{-1}의 지각판 운동 속도와 같은 차수로 추정된다. 유속 V_c가 작기 때문에, 뉴턴 유체의 점성 조건 하에서 유체의 인접한 층들이 서로 지나쳐 이동한다(5.2.2절). 유속이 빨라지면 이 조건이 성립하지 않고 난류가 발생한다. 난류가 발생하기 좋은 조건은 유체의 흐름이 높은 운동량(ρV_c)과 대규모(D)의 스케일을 갖는 경우이다. 반면 점성 η가 크면 난류가 억제된다.[3] 이러한 요인들은 다음과 같이 정의된 레이놀즈 수 Re에 포함되어 표현된다.

$$Re = \frac{\rho V_c D}{\eta} \qquad (9.46)$$

Re가 임곗값을 초과하면 난류가 시작된다. 임곗값은 흐름의 형태에 따라 결정되지만, 많은 경우 약 10^3~10^5의 범위를 갖는다. 맨틀 매개변수의 대표적인 값들(표 9.6)과 판 이동과 비슷한 추정 속도($V_c \approx 30$ mm yr^{-1} = 10^{-9} m s^{-1})를 대입하면 Re = 3×10^{-21} 정도의 레이놀즈 수가 계산된다. 이 값은 너무 작아 난류가 발생하지 않는다. 상부 맨틀 또는 하부 맨틀만을 고려하여 계산하여도 비슷한 결과가 도출된다. 분명히 맨틀 대류는 높은 레일리 수를 갖지만(지질학적 시간 척도에서 격렬한 대류를 의미함), 층류의 형태로 흐른다.

맨틀에서의 대류는 전도를 대체하여 열전달의 주요 메커니즘이 된다. 두 가지 열전달 과정의 상대적 효율성은 넛셀 수 Nu로 측정된다. 이것은 대류가 없는 경우에 대한 대류가 존재하는 경우의 열전달 비율로 정의된다. 방사성 열원이 없는 경우의 대류에 의한 열전달은 레일리 수 Ra_T에 의해 결정되며, 비대류의 열전달은 임계 레일리 수 Ra_c로 표시된다. 넛셀 수는 이 두 수의 비율에 의해 결정되며, 다음과 같이 쓸 수 있다.

$$Nu = \beta \left(\frac{Ra_T}{Ra_c} \right)^S \qquad (9.47)$$

표 9.7 몇몇 맨틀 대류 세포의 추정된 종횡비. 이 수치는 대류 세포를 덮고 있는 암석권 판의 수평 치수를 사용해 추정된 값이다.

판	상부 맨틀 대류	맨틀 전체의 대류
태평양판	14	3.3
북미판	11	2.6
남미판	11	2.6
인도판	8	2.1
나즈카판	6	1.6

자료 출처 : Turcotte and Schubert, 1982, table 7.5에서 수정됨.

여기서 계수 β와 지수 S는 대류 세포의 종횡비에 대한 함수이다. 상부 경계와 하부 경계에 응력이 작용하지 않는 레일리-베나드 대류 문제에서는 $\beta \approx 1$ 및 $S = 1/3$이며, $Ra_c \approx 10^3$이다. 따라서 넛셀 수는 더 간단한 형식을 갖는다.

$$Nu \approx 0.1(Ra_T)^{1/3} \qquad (9.48)$$

표 9.6에 제시된 추정 Ra_T 값을 사용하면 상부 맨틀의 층상 대류에 대해 Nu ~ 4, 전체 맨틀 대류에 대해 Nu ~ 18의 결과가 나온다. Nu > 1 값은 대류에 의한 열전달이 지배적이라는 것을 의미한다.

일단 대류가 시작되고 나면, 경계 조건이 대류 세포의 모양을 결정한다. 레일리-베나드 대류에서 세포의 종횡비(수직 치수에 대한 수평 치수의 비)는 $2^{1/2} = 1.41$이다. 단단한 경계가 있을 경우의 종횡비는 1.01이다. 따라서 대류 세포의 수평 범위는 층 두께와 비슷하다. 이는 맨틀의 대류에 영향을 미친다. 맨틀 대류의 규모가 판 경계의 패턴으로 나타난다고 가정하면(그림 2.7), 대류 세포의 수평 규모를 추정할 수 있다. 이 크기는 분명히 매우 다양하다. 주요 판에서 해령-해구의 수평 거리는 2,000~10,000 km의 범위에 있으며, 평균은 약 5,000 km이다. 이 값은 대류가 상부 맨틀에 국한되어 있든, 암석권 아래 2,900 km 두께의 맨틀 전체에서 대류가 일어난다고 가정하든, 대류층의 최대 두께보다 명백히 큰 수이다. 따라서 전체 맨틀에 걸쳐 대류가 일어난다고 가정해도, 일부 대류 세포의 종횡비는 1보다 훨씬 커야 한다(표 9.7). 암석권에 의해 형성된 차가운 상부 경계는 강성을 갖고 있기 때문에, 수평 범위가 더 작은 세포로 유체 흐름이 쪼개지는 것을 막는다.

9.9.3 맨틀 대류 모형

맨틀에 대한 열 매개변수는 맨틀 내에 대류 현상이 존재함을 시사한다. 지질학적 시간 스케일에서 맨틀 대류는 열을 전달

---

3 여기서 η는 동역학 점성 계수(dynamic viscosity)이다. η를 물질의 밀도로 나누어 주면, 운동 점성 계수 v가 된다.

그림 9.25 맨틀의 점성 η에 대한 연직 단면 모형. 이 모형은 페노스칸디아 및 캐나다 순상지의 후빙기 지각 평형과 지구 자전 각속도 벡터에 대한 분석을 통해 계산되었다(Peltier, 2004에 기반함).

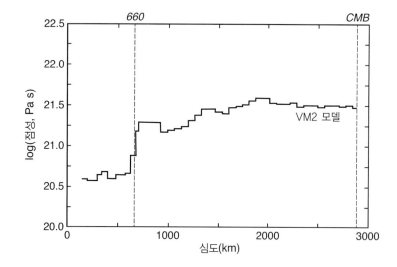

하는 가장 중요한 메커니즘이다. 대류 구조에 대해서는 약간의 불확실성이 있다. 화학 조성의 차이를 보이는 지각-맨틀이나 핵-맨틀 경계와는 달리, 상부 맨틀의 전이 구간을 나타내는 심도 410 km와 660 km의 지진파 불연속면은 광물의 상전이에 의해 발생한다. 위쪽의 불연속면에서는 감람석-스피넬의 상전이가 나타나며, 하부의 불연속면에서는 스피넬에서 페로브스카이트 구조(7.4.4.1절)로의 변이가 나타난다. 특히 하부 불연속면에서는 광물 링우다이트에서 브리지머나이트[4]로의 상전이가 나타나며, 이는 하부 맨틀이 시작되었음을 알려 준다. 각각의 상전이는 밀도 및 탄성 상수의 변화를 동반한다. 화학 조성의 변화가 없기 때문에, 대류에 의해 불연속면을 가로지르는 질량 수송이 가능하다. 전이대 근방에서는 매우 중요한 점성의 증가(약 10배 정도)가 발생한다(그림 9.25, 표 9.6). 심도 660 km의 불연속면은 섭입대가 유발하는 지진의 최대 심도와 비슷하다. 섭입판은 이 불연속면에 막혀 하향 궤적이 수평으로 바뀐다. 그러나 지진파 단층촬영은 하강하는 섭입판이 이 불연속면을 관통하여 하부 맨틀 깊숙이 가라앉을 수 있음을 보여 주었다. 서로 대비되는 두 개의 모형이 맨틀 대류가 발생하는 메커니즘을 설명하기 위해 제안되었다.

층상 대류(layered convection) 모형은 660 km의 불연속면을 경계로 상부 맨틀과 하부 맨틀 내에 개별적으로 대류하는 두 대류 세포의 존재를 가정한다. 상부 맨틀과 하부 맨틀은 개별적으로는 잘 혼합되어 있다. 그러나 660 km 불연속면을 경계로 두 대류 세포가 분리되어 있는 것은 두 층이 서로 다른 화학 조성을 갖는다는 것을 암시하며, 경계면을 가로지르는 질량 수송의 가능성을 배제한다. 이러한 2층 모형은 다양한 해양 현무암 사이의 지화학적 차이를 설명하기 위해 제안되었다. 판 경계로부터 멀리 떨어진 곳에서 생성되는[즉, 대개 열점(2.8절, 그림 2.21)과 관련된] 해산 현무암(Oceanic Island Basalt, OIB)은 중앙 해령 현무암(MORB)에 비해 더 많은 양의 지화학적 미량 원소(trace element geochemistry)를 함유하고 있다. OIB는 비정상적으로 높은 $^3He/^4He$ 동위원소 비율을 갖고 있는데, 이는 OIB가 MORB보다 더 오래되고 지화학적으로 더 풍부한 곳에서 기원했음을 의미한다. OIB의 구성은 매우 다양하며, 절대 연령이 10억 년 이상(즉, MORB보다 오래되었지만, 지구의 연령보다는 적은)의 소스에서 유래되었음을 시사한다.

층상 대류는 심부 맨틀과 핵의 열 조건에 영향을 미친다. 660 km 경계를 관통하는 대류 흐름이 없다면, 열은 오직 전도에 의해 전달된다. 따라서 불연속면은 열적 경계의 역할을 하며, 이 심도에서 대략 500~1,000 K 정도의 큰 온도 변화가 유발될 것이다. 즉, 하부 맨틀은 대류에 의해 단열 온도 구배를 나타내겠지만, 맨틀 전체가 순환하는 것보다 500~1,000 K 더 높은 온도를 유지할 것이다. 하부 맨틀의 온도가 높아지면 핵-맨틀 사이의 온도 변화는 작아진다. 이것은 D″층에서의 온도 구배를 낮추며, 핵에서 방출되는 열류량을 줄어들게 한다. 따라서 핵의 냉각 속도를 장기적으로 감소시킨다.

전 맨틀 대류 모형은 660 km의 불연속면을 가로지르는 물질의 순 흐름을 허용한다(그림 9.26). 따라서 전체 맨틀은 대류에 의해 잘 혼합되며, 410 km와 660 km에서 발생하는 위상 변화는 온도 구배에 큰 영향을 주지 못한다. 따라서 맨틀은 두 열 경계 사이에 놓이게 된다. 맨틀은 핵-맨틀 경계를 가로질러 흐

---

4 하부 맨틀의 대부분을 구성하는 주요 광물이다. 따라서 지구에서 가장 풍부한 광물이다.

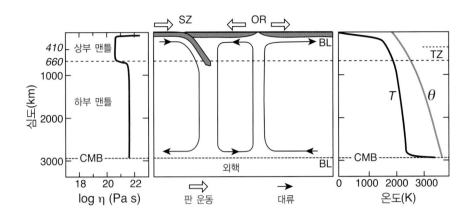

그림 9.26 맨틀 전체가 대류하는 모형(가운데)을 가정했을 때 계산되는 점성 η(왼쪽)와 온도 T 및 고상선 θ(오른쪽)의 연직 분포도. SZ : 섭입대, OR : 해령, TZ : 상부 맨틀 전이대, CMB : 핵-맨틀 경계, BL : 경계층. 출처 : W.R. Peltier, G.T. Jarvis, A.M. Forte and L.P. Solheim, The radial structure of the mantle general circulation, in: *Mantle Convection: Plate Tectonics and Global Dynamics*, W.R. Peltier, ed., pp. 765–815, New York: Gordon and Breach, 1989.

르는 열류에 의해 가열되며, 이 부분이 하부의 고온 경계를 형성한다. 맨틀은 상부의 저온 경계, 즉 암석권을 통해 전도로 열을 잃는다. 이 상부 열 경계에서는 온도가 1,000 K 이상 떨어진다. 두 개의 열 경계는 맨틀 내에 존재하는 대류의 양상에 큰 영향을 미친다. 고온의 심부 맨틀에서는 열에 의해 활성화된 확산크리프 현상(5.2.3.2절)이 맨틀 흐름을 유발한다. 얕은 심도에서는 역시 열에 의해 활성화된 전위크리프 현상이 변형의 메커니즘을 제공한다. 맨틀은 지진파에 대해서는 고체이지만, 긴 지질학적 시간 스케일에서는 열 활성화 변형으로 인해 흐를 수 있다. 이로 인해 대류가 가장 중요한 열전달 메커니즘이 된다.

전 맨틀 대류와 관련된 시간 규모는 지각판 운동의 속도와 비교하여 추정할 수 있다. 판은 섭입대에서 주로 섭입력과 해구 흡입력에 의해 구동된다. 맨틀의 대류에 의해 하부에서 발생하는 항력은 미미하다(그림 2.27 참조). 따라서 판 아래의 대류는 판의 속도와 비슷한 속도로 움직여야 한다. 판의 확장이나 수렴 속도는 약 10~100 mm yr^{-1}이며 중앙값은 대략 50 mm yr^{-1}이다(그림 2.7). 개별 판은 이 속도의 절반으로 움직이므로 대류는 암석권 아래에서 25 mm yr^{-1} 정도의 속도를 갖는다. 점성이 더 높은 심부 맨틀에서는 이보다 훨씬 느릴 수 있다. 660 km의 불연속면에서 지체가 없다고 가정하면, 이 속도로 맨틀 물질이 핵-맨틀 경계에서 암석권까지 약 2,500 km의 거리를 가로지르는 데는 대략 1억 년이 소요된다. 즉, 약 2:1 종횡비를 갖는 레일리-베나드 대류 세포의 경우(표 9.7), 대류 세포를 한 바퀴 도는 데 약 6억 년 이상의 시간이 필요하다.

전 맨틀 대류 모형은 판의 크기 분포를 잘 설명한다. 지진 자료(예를 들어 지진의 초동 연구)의 축적으로 그 존재가 확정되었거나 추정할 수 있는 판의 수가 증가하였다. 또한 우주 측지학(특히 GPS 측정)을 통해 지구조적으로 활성화된 지역의

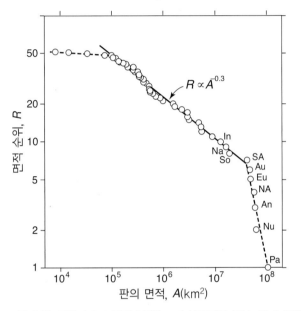

그림 9.27 면적 순으로 정렬된 판의 크기 분포(자료 출처 : Bird, 2003). 주요 판은 다음 문자로 표시하였다. Pa : 태평양판, Nu : 누비아판, An : 남극판, NA : 북미판, Eu : 유라시아판, Au : 호주판, SA : 남미판, So : 소말리아판, Na : 나즈카판, In : 인도판.

변형률을 측정할 수 있다. 결과적으로 판의 수는 52개로 늘었다(매우 작은 규모의 판도 많이 제안되었다). 잘 알려진 52개의 판을 크기 순서대로 나열하면 세 그룹으로 나뉜다. 크기별 순위는 주어진 크기보다 큰 판의 개수이다. 판의 면적에 대한 순위를 로그-로그 그래프로 그리면 멱법칙(power-law) 관계를 암시하는 선형 구간이 나타난다(그림 9.27). 따라서 대부분의 판을 포함하는 주요 그룹은 프랙털 크기 분포를 만족한다. 이것은 판의 크기가 자기 조직화되어 있음을 의미한다. 즉, 판의 크기는 서로 간의 상호 작용으로 인해 발생한다. 전 맨틀 대류 시나리오를 채택하여 계산된 판 형성의 지구역학적 모형화는 판의 크기 분포를 성공적으로 설명한다. 이 모형은 암석권

을 맨틀 대류의 단단한 상부 경계로 취급하며, 이로 인해 섭입대에서는 휨 응력에 의해 몇 개의 큰 판과 다수의 작은 판으로 파편화된다. 암석권의 강도는 이러한 조각화 과정에서 만들어진 판 크기의 분포를 결정하는 중요한 요소이다.

9.9.4 D″층과 슈퍼 플룸

심도 약 2,700 km와 핵-맨틀 경계의 뜨거운 경계층 사이의 맨틀 하부에 위치한 지진 D″층(7.4.4.2절)은 복잡한 지진 속도 구조를 가지고 있다. 이 층은 분명히 그 위의 맨틀과는 다른 물리적 특성을 가지며, 맨틀 역학에서 중요한 역할을 한다. 대략 이 심도에서 상전이가 일어나며, 여기에서 하부 맨틀을 대표하는 규산마그네슘인 페로브스카이트가 고압상인 포스트-페로브스카이트로 전이된다고 여겨진다. 이 광물은 D″층의 압력(120 GPa)과 온도(2,500 K)에서 안정하다. 핵에서 맨틀로 흐르는 열은 이 층의 강성을 감소시키고 지진 속도를 낮춘다. 층은 얇지만 뜨겁고, 점성은 위에 있는 맨틀보다 훨씬 낮은 것으로 추정된다. 핵-맨틀 경계의 지형은 핵에서 반사되거나 이곳을 살짝 스쳐 지나가는 지진파에 의해 밝혀졌다. D″층의 두께는 불균질하며, 비정상적인 속도 구배와 함께 지진학적으로 비균질성을 보인다. 지진 전단파는 이 층에서 편광되며, 이방성의 성질을 가진다. 따라서 이곳에서 전단파는 갈라진다. 수평으로 편광된 S파의 속도는 수직 편광된 S파보다 약간 빠르다. 이는 포스트-페로브스카이트 광물의 방향성 때문일 수 있다.

하부 맨틀에는 지진파 속도 이상대가 존재한다. 지진파 단층촬영을 통해 맨틀 하부에 위치한 거대한 두 지역의 존재를 확인하였다. 하나는 태평양 아래에 있으며, 다른 하나는 아프리카 아래에 있다. 이곳에서는 P파와 S파의 속도가 느려진다. 이 대규모 저속 지역(Large Low-Velocity Province, LLVP)은 대륙 정도의 크기(태평양 LLVP는 3,000 km에 걸쳐 있음)를 가지며, 핵-맨틀 경계 위로 약 1,000 km까지 확장되어 있다. 이 구조를 현재까지 해석된 지구역학적 또는 지구화학적 기능에 대한 의미를 담아 슈퍼 플룸이나 열화학적 말뚝(thermochemical pile)이라 부른다. 슈퍼 플룸은 주변의 하부 맨틀보다 더 뜨거운 영역으로, 열 부력을 일으켜 맨틀 용승을 유발한다. 암석권의 열점 분포는 슈퍼 플룸의 가장자리에 집중되어 있지만, 직접적인 연관성은 아직 정립되지 않았다. LLVP에 나타나는 낮은 전단파 속도에 대한 또 다른 해석은 LLVP가 하부 맨틀과는 다른 화학적 조성을 갖는 영역이라는 것이다. 이러한 지구화학적 주장은 LLVP들이 오래전에 섭입된 암석권이 핵-맨틀 경계

에 쌓여 축적되었거나, 지구의 초기 분화에서 남겨진 원시 물질로 구성되어 있을 것이라 예상한다.

9.9.5 맨틀 플룸과 열점

슈퍼 플룸의 본질 및 기원 그리고 맨틀 역학에서 차지하는 역할 등은 여전히 불확실하다. 그러나 이러한 지하 구조가 존재한다는 사실은 의심의 여지가 없다. 지진파 단층촬영 및 전단파 연구는 슈퍼 플룸의 존재와 여러 가지 특징들을 밝혀내었다. 더 신비한 것은 **맨틀 플룸**이다. 이들이 해양에서 주로 만들어 내는 지형은 1971년 모건(W. J. Morgan, 1935~)에게서 처음 고찰되었다. 그는 맨틀 플룸을 심부 맨틀에서 상승한 뜨거운 물질을 지표의 열점에 공급하는 좁은 도관이라 생각하였다. 이 개념의 전신은 판구조론과 맨틀 역학이 아직 확립되지 않았던 1963년 윌슨(J. T. Wilson, 1908~1993)이 하와이 제도의 기원을 설명하기 위해 제안하였다. 플룸은 컴퓨터 및 실험실 실험에서 성공적으로 모형화되었으며, 맨틀 역학 모형의 본질이 되었다. 플룸 내 점성이 낮은 고온의 마그마는 D″층에서 기원하는 것으로 추정된다.

맨틀 플룸의 횡단면은 약 100~500 km로 비교적 좁다. 맨틀 플룸은 점성이 높은 맨틀을 통해 점성이 낮은 뜨거운 암석이 용승할 수 있도록 촉진한다. 젊은 플룸은 넓은 플룸 헤드 아래에서 맨틀을 뚫고 상승하는 버섯 모양의 구조로 시각화된다(그림 9.28). 일부 플룸은 암석권을 뚫지 못하지만, 감압의 결과로 용융되어 현무암질 마그마를 형성한다. 어떤 플룸들은 맨틀 전체를 관통하여 표면에 도달할 수 있으며, 그곳은 지속적인 화산 활동, 상승된 표고와 지오이드 그리고 국지적으로 높은 열류량 등의 현상이 발생한다. 열점(hotspot, 2.8절 참조)으로 알려진 이 지역은 해양과 대륙에서 나타나며, 판 내부는 물론 판 가장자리에서도 발견된다. 열점에 에너지를 공급하는 플룸은 오랜 시간 동안 거의 고정된 지점에 위치하는 것으로 생각되며, 이로 인해 열점은 심부 맨틀에 비해 매우 천천히 움직인다. 따라서 열점은 판구조 운동 연구의 기준으로 사용되는 비교적 고정된 위치 네트워크를 제공한다. 열점이 고정되어 있다고 가정함으로써, 열점 좌표계를 기준으로 한 고지자기극의 위치를 정할 수 있다. 또한 맨틀에 대한 자전축의 움직임인 실제 극이동(true polar wander)을 계산하는 데 사용할 수 있다(12.2.4.5절).

맨틀 플룸은 상대적으로 가늘고 주변 맨틀보다 뜨겁고 점도가 낮은 물질로 구성되어 있다고 묘사된다. 플룸 내를 통과하

그림 9.28 판구조 요소와 맨틀 플룸 및 D″층 사이의 관계를 보여 주는 맨틀의 횡단면도. 출처 : F.D. Stacey, *Physics of the Earth*, 513 pp., Brisbane, Australia: Brookfield Press, 1992.

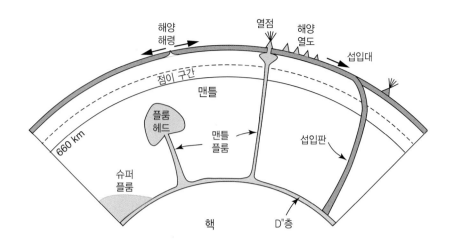

는 전단파는 평균적인 P파 및 S파 속도보다 낮을 것으로 예상된다. 이러한 특성을 활용하여 지진파 단층촬영 기법은 대부분의 열점 아래에 존재하는 상부 맨틀 내의 저속도 구간을 이미지화할 수 있었다. 그러나 지진파 단층촬영을 통해 하부 맨틀에서 시작하여 지표에 도달하는 연속적인 플룸의 형태가 명확하게 관측된 적이 없기 때문에 플룸의 개념에 반대하는 의견도 있다. 이는 불충분한 지진 자료의 범위, 특히 410 km 및 660 km 불연속층보다 깊은 곳에서의 자료 부족에 의한 것일 수 있다. 지진학자들은 암석권의 확장과 관련된 국지적 용융에 의해 OIB가 형성되며, 이로 인해 MORB와 OIB 사이의 암석학적 차이가 발생할 수 있다고 지적한다. 맨틀 역학 모형은 매우 설득력이 있지만, 이에 대한 반론도 현실적이며 아직 해결되지 않았다.

9.10 더 읽을거리

입문 수준
Davies, G. F. 2011. *Mantle Convection for Geologists*. Cambridge: Cambridge University Press.

심화 및 응용 수준
Davies, G. F. 1999. *Dynamic Earth: Plates, Plumes and Mantle Convection*. Cambridge: Cambridge University Press.
Foulger, G. R. 2010. *Plates vs Plumes: A Geological Controversy*. New York: Wiley-Blackwell.
Jessop, A. M. 1990. *Thermal Geophysics*. Amsterdam: Elsevier.
Peltier, W. R. (ed.) 1989. *Mantle Convection: Plate Tectonics and Global Dynamics*. New York: Gordon and Breach.
Schubert, G., Turcotte, D. L., and Olson, P. 2001. *Mantle Convection in the Earth and Planets*. Cambridge: Cambridge University Press.

Stacey, F. D. and Davis, P. M. 2008. *Physics of the Earth* (4th ed.). Cambridge: Cambridge University Press.
Turcotte, D. L. and Schubert, G. 2014. *Geodynamics* (3rd ed.). Cambridge: Cambridge University Press.

9.11 복습 문제

1. 온도가 의미하는 것은 무엇인가? 열이 의미하는 것은 무엇인가?

2. 열전달 과정에는 무엇이 있는가? (a) 지각, (b) 맨틀, (c) 외핵, (d) 내핵에서 어떤 과정이 상대적으로 중요한가?

3. 지구 내부에서 깊이에 따른 (a) 온도와 (b) 녹는점(고상선)을 스케치하시오.

4. 열류는 어떻게 정의되는가? (a) 대륙에서 열류량은 어떻게 측정하는가? (b) 해양에서 열류량은 어떻게 측정하는가?

5. 태양 에너지가 지표에 침투하는 심도에 영향을 주는 요소에는 무엇이 있는가? 이로 인해 열류량 측정 시 주의해야 할 점은 무엇인가?

6. 해양 열류량의 평균이 대륙 열류량의 평균보다 높은 이유는 무엇인가?

7. 해령으로부터의 거리에 따라 열류량은 어떻게 변하는가?

8. 지구상에서 (a) 가장 높은 열류량과 (b) 가장 낮은 열류량이 나타나는 지역은 어디인가?

9. 다음 문장에 대해 토의하시오. "지구의 내부 열은 산을 형성하고 태양에서 오는 외부 열은 산을 파괴한다."

9.12 연습 문제

1. 다음 장소에서 심도 5 m의 온도 구배에 영향을 미칠 수 있는 여러 요인들을 나열하고 비교하시오. (a) 해양 퇴적물의 깊은 시추공, (b) 2 m의 깊이에 지하수면이 위치하는 대륙의 시추공.

2. 매우 추운 밤에 얼어붙은 직경 100 m의 얕은 원형 연못이 있다. 이 연못은 200 m 심도에서 온도가 40°C에 도달하는 지열 지역에 위치한다. 연못 하부에 위치한 암석의 열전도도가 3.75 W m^{-1} K^{-1}이고 얼음의 용융열은 334 kJ kg^{-1}이라고 하자. 다른 열원이 없을 경우, 지열구배로 인해 시간당 녹는 얼음의 질량을 계산하시오.

3. 30°C km^{-1}의 일정한 지열구배를 가정하자. 지구의 전체 영역 중 1기압에서 용융된 용암의 온도보다 더 높은 온도를 가지는 영역의 비율을 계산하시오. 지구의 심부가 완전히 녹지 않는 이유는 무엇인가?

4. 전체 지구의 지표 평균 열류량은 87 mW m^{-2}이다. 맨틀과 핵이 100°C로 냉각되는 데 필요한 시간을 다음 가정을 사용하여 계산하시오. (1) 지구의 맨틀과 핵이 하나의 균질한 단위로 냉각된다. (2) 지구 표면에서 관찰된 열 흐름의 20%는 암석권 아래에서 기원한다. (3) 암석권의 두께는 100 km이다. (4) 암석권 자체의 열 효과는 무시할 수 있다. 문제와 관련된 맨틀과 핵의 물리량은 다음과 같다. 평균 밀도 5,650 kg m^{-3}, 비열 400 J kg^{-1} K^{-1}.

5. 해양저를 덮고 있는 수 미터의 표층 퇴적물에서 35°C km^{-1}의 온도 구배가 측정되었다. 해양 퇴적물의 평균 열전도도가 1.7 W m^{-1} K^{-1}일 때, 국지적인 열류량을 계산하시오. 이 측정에 가장 가까운 해령이 얼마나 먼 곳에 있다고 생각하는가?

6. 분류 번호가 C5N, C10N, C21N, C32N, M0인 해양 자기 이상대에서 예상되는 열류량은 얼마인가? 그림 12.32를 이용해 이상대의 연령을 구하고, 해양 암석권의 냉각에 대한 GDH1(식 9.40) 열류 모형을 사용하시오.

7. 식 (9.41)의 관계를 사용하여, 문제 6에 주어진 해양 측점의 대략적인 수심을 구하시오.

8. 지구가 탄생했을 때 지구 전체의 온도가 균일하며, 그 후 오직 전도에 의해서 냉각되었다고 가정하자. 반무한 매질

에 대한 1차원 냉각 방정식의 해(식 9.34 및 글상자 9.2)를 이용하여 켈빈 경이 식 (9.2)에서 추정한 지구의 나이를 유도하시오.

9. 지각의 지표 부근 온도는 일주기, 연주기, 장기주기에 따라 주기적으로 변한다. 표면 온도 변화가 $T = T_0 \cos\omega t$로 주어지면, 깊이 z와 시간 t에 대한 온도 변화는 다음과 같이 표현된다.

$$T(z,t) = T_0 \exp\left(-\frac{z}{d}\right) \cos\left(\omega t - \frac{z}{d}\right)$$

$$d = \sqrt{\frac{2\kappa}{\omega}}, \qquad \kappa = \frac{k}{\rho c_p}, \qquad \omega = \frac{2\pi}{\tau}$$

여기서 τ는 변동 주기, k는 열전도도, c_p는 비열, ρ는 밀도이다. 지표 퇴적물에 대해 $k = 2.5$ W m^{-1} K^{-1}, $c_p = 1,000$ J kg^{-1} K^{-1}, $\rho = 2,300$ kg m^{-3}이라고 가정하자.

(a) 지표와 심도 2 m 그리고 5 m에서의 일간 및 연간 온도 변화에 대한 위상차(일 단위)를 각각 계산하시오.

(b) 연교차에 의한 지표 온도 변화의 범위가 40°C라고 가정하자. 연교차가 5°C인 심도를 계산하시오. 이 깊이에서 온도와 지표 온도 사이의 위상 차이(주 및 일 단위)는 얼마인가?

10. 캐나다 북부의 일평균 기온은 7월에 +10°C, 1월에 −20°C이다. 열전도 방정식을 사용하여 영구 동토층(영구적으로 얼어 있는 지표 아래의 토양)의 두께를 계산하시오. 지반과 관련된 물리적 특성은 다음과 같다. 열전도도 $k = 3$ W m^{-1} K^{-1}, 비열 $c_p = 840$ J kg^{-1} K^{-1}, 밀도 $\rho = 2,700$ kg m^{-3}.

11. 섭입대로 둘러싸인 대칭 해양 분지의 가운데에 해령이 위치한다. 이 해령의 확장 속도의 절반은 44 mm yr^{-1}이다. 해령의 길이는 1,000 km이고 해령에서 각 섭입대까지의 거리는 2,000 km이다. 해양의 열류량이 식 (9.40)에서와 같이 연령에 따라 변한다면, 해양 분지의 연간 열 손실량을 계산하시오.

9.13 컴퓨터 실습

이 장에 대한 Jupyter notebook 실습 자료를 http://www.cambridge.org/FoG3ed에서 내려받기를 할 수 있다: (Heat flow and age)

10 지전기학

미리보기

지각과 맨틀을 구성하고 있는 암석과 광물은 다양한 전기적 성질을 가지고 있다. 이 특징은 지구 내부 구조와 물성을 연구하기 위한 주요 탐사법에 이용된다. 자연 전류와 유도 전류는 지하의 전기 비저항 패턴을 따라 흐른다. 이 장에서는 광물 자원이 풍부하거나 환경적으로 중요한 이상대를 찾기 위해 어떻게 이것을 사용할 수 있는지 설명한다. 육상과 항공기에서 사용되는 전자 탐사법은 광물 탐사에 특히 중요하다. 지표 투과 레이더는 환경 및 고고학 연구의 중요한 도구가 되었다. 이런 방법들의 탐사 깊이는 수백 미터로 제한되지만, 자기지전류 탐사법은 암석권과 맨틀까지 더 깊이 탐사할 수 있다. 자기장의 고주파 변동은 고체 지구와 바다에서 전류를 유도하여 상부 맨틀의 전기 전도도에 대한 귀중한 정보를 제공한다.

10.1 서론

전하는 자연의 기본 물성이다. 전기(electric)라는 이름은 고대부터 보석으로 이용되던 화석화된 침엽수의 송진인 호박('elektron')을 뜻하는 그리스어에서 유래되었다. 그리스 철학자 밀레투스의 탈레스(Thales of Miletus, 기원전 600년경)는 천으로 문질렀을 때 가벼운 물체를 끌어당기는 호박의 힘을 처음으로 보고한 것으로 알려져 있다. 고대 현인들은 이 현상을 그들의 일상 세계의 관점에서 이해할 수 없었고, 그래서 천연 자석이 가지는 자력과 함께(11.11절 참조), 전기는 2천 년 이상 동안 놀랍지만 알려지지 않은 현상으로 남아 있었다. 1600년에 영국의 의사 길버트(William Gilbert, 1544~1603)는 이러한 현상에 대해 최초로 체계적으로 연구하여 이전의 조사했던 결과와 기존 지식을 정리했다.

그다음 세기에 두 가지 종류의 전하가 존재한다고 밝혀졌는데, 지금은 양전하와 음전하로 불린다. 같은 종류의 전하를 띠는 물체는 서로 밀어내는 것으로 관찰되었고, 반대되는 종류의 전하를 띤 물체는 서로 끌어당긴다. 1752년에 미국의 정치가이자 외교관이자 과학자인 프랭클린(B. Franklin, 1706~1790)은 유명한 실험을 했다. 그는 뇌우가 치는 동안 연을 날려서 번개가 전기적인 현상이라는 것을 증명했다. 이 위험한 시도에서 살아남은 프랭클린은 전기가 어디에나 존재하는 유체로 구성되어 있고, 서로 다른 유형의 전하가 이 유체의 잉여와 부족을 나타낸다는 선견지명이 있는 이론을 발전시켰다. 이 견해는 '유체'가 전자로 구성된 현대 이론과 놀랍도록 유사하다.

정전기 인력과 척력의 법칙은 1785년에 프랑스 과학자 쿨롱(C. A. de Coulomb, 1736~1806)의 신중한 실험 결과로 확립되었으며, 그는 또한 정자기력 법칙(11.1.3절)을 확립했다. 쿨롱은 전기적으로 대전된 구체 사이의 힘을 정확하게 측정할 수 있는 민감한 비틀림 저울을 발명했다. 그의 결과는 정전기 현상에 대한 지식의 정점이 되었다.

전기가 유체라는 18세기의 개념은 전기 명명법에서 더 많이 표현된다. 대전된 물체가 접촉했을 때 그 사이에 전기가 흐르고, 그 흐름의 속도를 전류라고 한다. 전류의 특성과 효과에 관한 연구는 1800년경 이탈리아의 물리학자 볼타(A. Volta, 1745~1827, 나폴레옹이 백작 작위를 수여함)가 전기를 생산하는 볼타 전퇴(voltaic pile)라고 불리는 원시 전기 배터리를 발명하면서 가능해졌다. 도체에 흐르는 전류와 배터리의 전압 사이의 관계는 독일의 물리학자 옴(G. Ohm, 1789~1854)에 의해 1827년에 확립되었다. 전류에 의해 생성된 자기 효과는 19

세기 초에 외르스테드(Oersted, 1777~1851), 앙페르(Ampère, 1775~1836), 패러데이(Faraday, 1791~1867), 렌츠(Lenz, 1804~1865)에 의해 확립되었다. 그들의 기여는 자성의 물리적 기원에 대해 설명하는 10.6절에서 더 자세히 논의된다.

10.2 전기 원리

쿨롱은 두 개의 대전된 구체 사이의 인력이나 척력은 개별 전하의 곱에 비례하고 구 중심 사이의 거리 제곱에 반비례한다는 쿨롱의 법칙을 확립했다. 쿨롱의 법칙은 다음과 같은 방정식으로 쓸 수 있다.

$$F = K\frac{Q_1 Q_2}{r^2} \qquad (10.1)$$

여기서 Q_1과 Q_2는 전하이고, r은 두 구체 사이의 거리이며, K는 비례 상수이다. 거리 역제곱 법칙은 쿨롱의 법칙보다 1세기 전에 뉴턴이 공식화한 만유인력의 법칙(식 3.2)과 매우 유사하다. 그러나 만유인력은 항상 인력으로 작용하지만, 전기는 전하의 성질에 따라 서로 끌어당기거나 밀어낼 수 있다. 만유인력의 법칙에서 질량, 거리 및 힘의 단위는 이미 정의되어 있으므로 중력 상수 단위는 미리 정해져 있다. 수치만 측정하면 된다. 쿨롱의 법칙에서 F와 r의 단위는 역학에서 정의되지만(각각 N과 m), Q와 K의 단위는 정의되지 않았다. K의 값은 원래 1로 설정되어 전하의 단위를 정의하였다. 그러나 이렇게 K를 정의하자 전류에 의한 자기 효과를 분석할 때 불행하게도 복잡해졌다. 따라서 대안으로 전하 단위를 독립적으로 정의하여 비례 상수 K의 의미를 고정하는 것이다.

전하의 단위는 쿨롱(C)이며, 1암페어(A)의 전류가 1초 동안 흐를 때(즉, 1 C = 1 A s) 전기 회로의 한 지점을 통과하는 전하량으로 정의된다. 다음으로 암페어는 전류의 자기 효과로 정의된다(글상자 11.1 참조). 두 개의 평행하고 긴 직선 도체에 전류가 같은 방향으로 흐르면 도체 주위에 자기장이 생성되어 서로 끌어당긴다. 전류가 도체를 통해 반대 방향으로 흐르면 서로 밀어낸다. 암페어는 진공에서 1 m 떨어진 무한히 길고 얇은 도체 사이에서 길이 1 m당 2×10^{-7} N의 힘을 생성하는 전류로 정의된다. 따라서 전하 단위는 다소 간접적이지만 정확하게 정의된다. SI 단위계에서 K는 $(4\pi \varepsilon_0)^{-1}$으로 쓸 수 있고, 따라서 쿨롱의 법칙은 식 (10.2)가 된다.

$$F = \frac{1}{4\pi\varepsilon_0}\frac{Q_1 Q_2}{r^2} \qquad (10.2)$$

여기서 상수 ε_0는 유전율 상수(permittivity constant) 또는 전기 상수(electric constant)라고 한다. 이 값은 $8.854187817 \times 10^{-12}$ C^2 N^{-1} m^{-2}이다.

현대 전기 이론은 1897년 영국 물리학자 톰슨(J. J. Thomson, 1856~1940)이 전하의 기본 단위인 전자를 발견한 데서 유래한다. 전자는 1.602×10^{-19} C의 음전하를 가지고 있다. 원자핵의 양성자는 같은 크기의 양전하를 갖는다. 일반적으로 원자는 핵에 있는 양성자 수만큼 전자를 포함하고 전기적으로 중성이다. 원자 또는 분자가 하나 이상의 전자를 잃으면 순 양전하를 가지며 양이온이라고 한다. 유사하게, 음이온은 잉여 전자를 가진 원자 또는 분자이다.

금속에서 일부 전자는 원자에 느슨하게 결합되어 있다. 이 전자는 전기 도체라고 불리는 물질을 통해 비교적 쉽게 이동할 수 있다. 구리 및 은과 같은 금속은 좋은 도체이다. 부도체에서는 전자가 원자에 단단히 결합되어 있다. 유리, 고무 및 마른 나무가 대표적인 부도체이다. 완벽한 부도체는 전자가 통과하는 것을 허용하지 않고, 완벽한 도체는 전자의 통과를 전혀 방해하지 않는다. 실제 도체는 서로 다른 정도로 전자의 흐름을 일정 부분 방해한다.

전하의 흐름 또는 전류는 도체의 자유 전자가 공통 방향으로 이동할 때 발생한다. 1암페어의 전류는 회로의 임의의 지점을 지나는 초당 약 6.242×10^{18} 전자의 흐름에 해당한다! 전류의 방향은 전자의 운동 방향과 반대인 양전하의 흐름 방향으로 정의된다.

10.2.1 전기장과 전위

전하 Q가 단위 전하에 미치는 힘을 전하 Q의 전기장이라 한다. 따라서 식 (10.2)에서 $Q_1 = Q$, $Q_2 = 1$로 바꾸면, 전하 Q로부터 거리 r인 전기장 E는 식 (10.3)으로 주어진다.

$$E = \frac{Q}{4\pi\varepsilon_0 r^2} \qquad (10.3)$$

이 정의에 따라 전기장의 단위는 N C^{-1}이다.

'장'이라는 용어는 전하 근처에서 역선(field line)을 기하적으로 나타내기 위해 패러데이가 도입한 또 다른 함축적 의미가 있다. 양의 점 전하 주변에서 역선은 바깥쪽 방사 방향으로 나타나며, 자유 양전하가 이동하는 방향(발산)을 나타낸다(그림

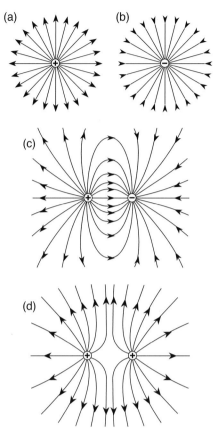

그림 10.1 두 점 전하 주위의 전기력선을 보여 주는 평면도. (a) 단일 양전하, (b) 단일 음전하, (c) 전하량이 같고 서로 다른 극성인 두 개 전하, (d) 두 개의 양전하.

10.1a). 음의 점 전하 주변에서는 역선은 방사 방향의 반대쪽(수렴)을 향한다(그림 10.1b). 한 쌍의 극성이 다른 점 전하의 역선은 양전하로부터 발산하여 멀리 퍼지고 음전하로 수렴한다(그림 10.1c). 이들은 반대 전하를 함께 그린 것처럼 보인다. 두 개의 양의 점 전하의 결합된 장의 역선은 각 전하에서 떠나 사이 공간에서 발산하는 특징을 가진다(그림 10.1d). 역선은 같은 전하를 밀어내는 것이 눈에 띈다. 어느 지점에서든 전기장의 방향은 역선의 접선 방향이다. 장의 강도는 역선의 공간 밀집도로 표시된다. 어느 한 전하와 거리가 가까울수록 전기장이 강해지며 전하와의 거리가 멀어짐에 따라 약해진다. 결과적으로, 대전된 입자를 전기장의 한 지점에서 다른 지점으로 이동시키기 위해서는 일(에너지)이 필요하다. 이 일이 계의 전위(electric potential)에 해당한다.

예를 들어, 양전하 Q에서 무한 거리에서는 단위 양전하에 대한 척력은 0이지만 거리 r에서는 식 (10.3)으로 주어진다. r에서 단위 전하의 전기 에너지를 r에서의 전위라고 한다. 이것을 U라고 정한다. U의 단위는 단위 전하당 에너지(J C^{-1})이다. 전

기장 E에 대해 거리 dr만큼 이동하면 E에 대해 수행한 일 dU는 ($-E\,dr$)만큼 전위가 변경된다. 즉, $dU = -E\,dr$이다. 따라서 다음이 성립한다.

$$E = -\frac{dU}{dr} \tag{10.4}$$

r에서의 전위 U는 적분을 통하여 계산된다.

$$U = -\int_{\infty}^{r} E\,dr = -\int_{\infty}^{r} \frac{Q}{4\pi\varepsilon_0 r^2}\,dr \tag{10.5}$$

따라서 전위는 식 (10.6)이다.

$$U = \frac{Q}{4\pi\varepsilon_0 r} \tag{10.6}$$

Q의 전기장에서 단위 전하를 한 점에서 다른 점으로 이동하는 데 필요한 에너지는 두 점 사이의 전위차이다. 전위차의 단위는 U의 단위(즉, J/C)와 같고 볼트(volt)라고 한다. 식 (10.4)에서 전기장 E에 대한 보다 일반적인 대체 단위인 V m^{-1}를 얻는다.

전하는 전위가 높은 지점에서 전위가 낮은 지점으로 흐른다. 이 상황은 물이 파이프를 통해 높은 곳에서 낮은 곳으로 흐르는 것과 유사하다. 파이프를 통과하는 물의 흐름 속도는 두 지점 사이의 중력 퍼텐셜의 차이에 의해 결정된다. 마찬가지로, 회로의 전류는 회로의 전위차에 따라 달라진다.

10.2.2 옴의 법칙

1827년에 독일 과학자 옴(Georg Simon Ohm, 1789~1854)은 도선의 전류 I는 전위차 V에 비례한다는 옴의 법칙을 정립했다. 이 선형 관계식은 식 (10.7)로 표현된다.

$$V = IR \tag{10.7}$$

여기서 R은 도체의 저항(resistance)이다. 저항의 단위는 옴(Ω)이다. 저항의 역수를 회로의 전기전도율(conductance)이라 한다. 전기전도율의 단위는 Ω^{-1}이고 지멘스(siemens, S)라 부른다.

동일한 물질로 만들어진 모양이 다른 전선으로 실험한 결과, 긴 전선은 짧은 전선보다 큰 저항을 갖고 얇은 전선은 두꺼운 전선보다 큰 저항을 갖는 것으로 나타났다. 보다 정확하게 표현하면, 주어진 재료에 대한 저항은 길이 L에 비례하고 도체의 단면적 A에 반비례한다(그림 10.2). 이러한 관계는 식 (10.8)로 표현된다.

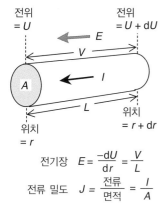

전기장 $E = \dfrac{-dU}{dr} = \dfrac{V}{L}$

전류 밀도 $J = \dfrac{전류}{면적} = \dfrac{I}{A}$

그림 10.2 직선 도체에서 옴의 법칙에 사용된 변수들.

$$R = \rho \frac{L}{A} \qquad (10.8)$$

비례 상수 ρ는 도체의 비저항(resistivity)이다. 비저항은 전하의 흐름을 방해하는 능력을 나타내는 도체의 물리적 특성이다. ρ의 역수는 물질의 전기 전도도(conductivity)라고 하며 σ로 표시된다. 비저항의 단위는 Ω m이다. 전기 전도도의 단위는 S m^{-1}이다. 또한 전기 전도도의 단위를 Ω^{-1} m^{-1}으로도 쓸 수 있다.

식 (10.7)의 R을 식 (10.8)에 대입하고 다시 정렬하면 식 (10.9)로 표현된다.

$$\frac{V}{L} = \rho \frac{I}{A} \qquad (10.9)$$

식 (10.9)의 좌변에서 V/L 비는 식 (10.4)와 비교해 보면 전기장 E이다(도체의 길이에 따른 전위 기울기가 상수라고 가정하면). I/A 비는 도체의 단위 면적당 전류에 해당하며 이를 전류 밀도(current density)라 하고 J라고 쓴다(그림 10.2). 따라서 옴의 법칙은 식 (10.10)으로 다시 쓸 수 있다.

$$E = \rho J \qquad (10.10)$$

이 식은 전기 비저항 탐사에서 비저항을 계산하는 데 유용하게 사용된다. 그러나 실제 전기 비저항 탐사에서 측정하는 값은 V와 I이다.

10.2.3 전기 전도의 유형

전류는 전자 전도, 유전체 전도 및 전해질 전도의 세 가지 방식 중 하나로 물질을 통과한다. 전자(또는 저항) 전도는 금속과 결정에서, 유전체 전도는 부도체에서, 그리고 전해질 전도는 액체에서 일어난다.

전자 전도(electronic conduction)는 금속에서 전류가 흐르는 전형적인 방법이다. 금속의 자유 전자는 높은 평균 속도(구리에서는 약 1.6×10^6 m s^{-1})를 가지고 있다. 자유 전자는 고정된 격자 자리를 차지하고 있는 금속의 원자와 충돌하고, 임의의 방향으로 튕겨 나간다. 전기장이 가해지면, 전자들은 공통 이동 속도를 갖는데, 이것은 무작위 운동에서 중첩되어 훨씬 느린 속도(구리에서는 약 4×10^{-5} m s^{-1})로 전기장의 방향으로 이동한다. 비저항은 전자가 원자와 충돌하는 사이의 평균 자유 시간에 의해 결정된다. 원자 배열로 인해 빈번한 충돌이 일어나면 비저항이 높은 반면, 충돌 사이의 긴 평균 자유 시간을 가지면 낮은 비저항을 초래한다. 충돌로 손실된 에너지는 열로 나타난다.

규산염 광물과 같은 일부 결정에서는 반전도(semi-conduction)가 중요하다. 광물의 비저항이 도체보다 높지만 부도체보다 낮으면 이를 반도체(semiconductor)라고 한다. 다양한 유형의 반도체가 가능하다. 규산염은 금속보다 전도 전자가 적지만 전자가 부도체처럼 원자에 단단히 결합되어 있지는 않다. 원자에서 추가 전자를 분리하는 데 필요한 에너지가 크지 않으며 열적 여기(excitation)만으로도 전자 반전도(electronic semi-conduction)에 가담할 수 있다. 해방된 전자는 원자 구조에 양전하 역할을 하는 공극 또는 구멍을 남긴다. 천연 결정은 또한 전하 균형을 위해 격자에 필요한 것과는 다른 원자가를 갖는 불순물 원자를 포함한다. 불순물은 불순물 반전도(impurity semi-conduction)에 참여하는 구멍 또는 과잉 전자의 소스가 된다. 고온에서는 이온이 격자에서 분리될 수 있다. 그들은 전해질에서 이온처럼 행동하고 이온 반전도(ionic semi-conduction)에 의해 전류를 발생시킨다. 반도체 양단의 전위차는 음의 전자와 양의 구멍의 반대 흐름으로 구성된 전류를 생성한다. 대부분 전류가 음의 전자에 의해 운반되는 경우 n형 반도체라 한다. 양의 구멍이 우세하면 p형 반도체라 한다.

유전체 전도(dielectric conduction)는 자유 전자를 포함하지 않는 부도체에서 발생한다. 일반적으로 전자는 핵을 중심으로 대칭적으로 분포되어 있다. 그러나 전자는 전기장의 반대 방향으로 이동하는 반면, 무거운 핵은 전기장의 방향으로 약간만 이동한다. 따라서 원자 또는 이온은 전기적으로 분극되고 전기 쌍극자처럼 작용한다. 전기 분극의 순 효과(net effect)로 물질의 유전율(permittivity)이 ε_0에서 식 (10.11)로 주어지는 ε으로 변경된다.

$$\varepsilon = \varepsilon_r \varepsilon_0 \qquad (10.11)$$

여기서 ε_r을 상대 유전율(relative permittivity)이라 한다. 일정한 전기장에서 측정할 때 상대 유전율을 물질의 유전 상수(dielectric constant) κ라고 한다. 유전 상수는 무차원이며 일반적으로 3~80 범위의 값을 갖는다. 일부 천연 물질에 대한 κ의 예는 다음과 같다. 공기 1.00059, 운모 3, 유리 5, 사암 5~12, 화강암 3~19, 섬록암 6, 현무암 12, 물 80. 정전류가 흐를 때는 유전 효과가 중요하지 않다. 그러나 교류 전기장에서는 분극이 전기장의 주파수에 따라 변하므로 상대 유전율도 전기장의 주파수에 따라 달라진다. 전하가 변동하는 분극은 교류 전류에 영향을 미쳐 유효 전도도 또는 비저항을 수정한다. 실제로, 이 효과는 유도 교류장의 주파수에 크게 의존한다. 주파수가 높을수록 유전 전도의 영향이 커진다. 일부 지전기 탐사법은 유전 전도가 미미한 가청 주파수 범위의 신호를 사용하지만, 지표 투과 레이더는 MHz에서 GHz 범위의 주파수를 사용하며 유전율 차이에 의존한다.

전해질 전도(electrolytic conduction)는 자유 이온을 포함하는 수용액에서 발생한다. 물 분자는 용해된 염 분자를 양전하와 음전하를 띤 이온으로 분해하는 강한 전기장을 가진 극성(즉, 영구 전기 쌍극자 모멘트를 가짐)을 가지고 있다. 예를 들어, 식염수에서 염화나트륨(NaCl) 분자는 Na^+와 Cl^- 이온으로 분리된다. 이런 용액을 전해질(electrolyte)이라고 한다. 전해질에서 이온은 전기장에 의해 이동되어 전류가 흐른다. 전하는 전기장 방향으로 양이온에 의해, 반대 방향으로는 음이온에 의해 전달된다. 전해질의 비저항은 부분적으로 막힌 파이프를 통한 물의 흐름에 비유하여 이해할 수 있다. 전해질의 전류는 물질(이온)의 물리적 이동으로 생기며, 이는 매개체(전해질) 분자와 충돌하여 흐름에 저항을 유발한다. 따라서 전해질 전도는 전자 전도보다 느리다.

10.3 지구의 전기 물성

일상생활에서 우리는 지구의 중력장을 느끼는 경험을 자주 한다. 반면에 지구에 전기장도 있다는 것은 덜 분명하다. 전기장의 존재는 주로 뇌우가 치는 동안 번개로 전기가 방전될 때 분명해진다. 지구의 전기장은 방사상 안쪽 방향으로 작용하므로 지구는 음전하를 띤 구체처럼 행동한다. 지구 표면에서 수직 아래로 향하는 전기장은 약 $200\ \mathrm{V\ m^{-1}}$에 이른다. 대기에는 양전하와 음전하를 띤 공기 분자가 분포하는데 전체적으로는 순양전하이고 그 크기는 지구 음전하 양과 같다. 대기의 대전 현상은 우주선(cosmic ray)이 지속적으로 지구를 폭격하여 비롯된다.

우주선은 매우 높은 에너지를 가진 아원자 입자이다. 1차 우주선은 빛에 가까운 속도로 우주 공간에서 지구에 도달한다. 우주선은 주로 양성자(수소 핵)와 α 입자(헬륨 핵)로 구성되며 다른 종류의 이온은 적다. 우주선의 기원은 여전히 잘 알려지지 않았다. 일부는 태양 플레어가 발생했을 때 태양에서 방출되지만, 주요 기원이 되기에는 너무 드물게 발생한다. 우주선의 기원은 우리은하의 다른 곳에 있다. 은하 우주선 대부분은 초신성 폭발에 의해 고속으로 가속되는 것으로 여겨진다. 우주선의 경로는 자기장에 의해 쉽게 편향된다. 약한 성간 자기장조차도 빠르게 움직이는 우주선을 분산시키기에 충분하므로, 우주선은 모든 방향에서 균일하게 지구에 도달한다. 들어오는 입자는 상층 대기의 핵과 충돌하여 양성자, 중성자, 전자 및 기타 기본 입자로 구성된 2차 우주선의 소나기를 생성한다. 결과적으로, 언제든 대기 분자의 일부는 전하를 띠고 있다. 지구의 전기장은 양전하를 지표면으로 가속시키고 지표면의 음전하를 중화시킨다. 이것은 뇌우 활동으로 유지되는 지표면의 음전하를 빠르게 제거한다.

뇌우와 번개의 원인은 아직 완전히 이해되지 않았다. 가능한 시나리오는 다음과 같다. 폭풍우 구름 속에서는 수증기 물방울이 전하를 띠게 된다. 지구의 하향 전기장은 물방울 내에서 분극을 일으켜서 물방울의 아래쪽에는 양전하가 모이고 위쪽에는 음전하가 모인다. 물방울이 떨어질 만큼 무거워지면 경로 밖으로 밀려난 분자의 음전하가 아래쪽으로 끌리고 더 적은 양전하가 위쪽으로 모인다. 결과적으로 물방울은 음전하를 띠게 된다. 폭풍 구름의 바람 작용으로 인해 음전하가 구름의 바닥에 축적되고 여기에 대응하는 양전하가 구름의 위쪽에 모인다. 두 전하 사이의 전위차가 대기의 절연 파괴 전압을 초과하면 짧지만 강력한 전류가 흐른다. 대부분의 번개는 폭풍우 구름 내에서 발생한다. 그러나 구름 바닥의 음전하는 구름 아래 지표면의 음전하를 밀어낸다. 다시 한 번, 구름과 지면 사이의 전위차가 공기의 절연 파괴 전압을 극복할 만큼 커지면 낙뢰가 발생한다. 낙뢰는 음전하를 지면으로 운반한다. 이처럼 전 지구에 매일 발생하는 수많은 번개 폭풍으로 지구의 음전하가 유지된다.

일차 근사치로 지구를 균일한 전기 전도체로 간주할 수 있다. 도체 표면에 전하가 균질하게 분산되어 지표면의 모든 지점에서 전위가 같다. 즉, 지표면은 전기 등전위면이다. 지표면 전위는 일반적으로 전기 위치 에너지의 기준이 되며 0으로 정의된다. 따라서 양으로 대전된 물체는 접지에 대해 양의 전위차(전압)를 갖고 음으로 대전된 물체는 음의 전압을 갖는다.

10.3.1 전기 탐사

다른 물리 변수와 마찬가지로 지구의 전기 특성은 응용 지구물리와 일반 지구물리 모두에서 활용된다. 그들은 전기 전도도의 이상대 위치를 찾는 방법을 이용하여 유용한 광체를 찾는 데 상업적으로 이용된다. 심부 전기 수직 탐사는 지각과 맨틀의 내부 구조에 대한 귀중한 정보를 제공한다. 전기 탐사는 전위 및 전류의 자연 소스를 기반으로 할 수 있다. 더 일반적으로 전기 탐사는 지상에서 발생시킨 전기장과 자기장에 의해 지하 전도체에서 유도되는 신호를 감지하는 것을 포함한다. 이 범주의 조사에는 비저항 탐사와 전자 탐사가 포함된다. 이러한 기술은 상업적인 물리탐사 분야에 오랫동안 사용됐다. 최근에는 환경 문제를 과학적으로 조사하는 데에도 중요한 역할을 하고 있다. 전기 탐사는 적절하게 배열시킨 전극 사이의 전위차를 측정해야 한다. 전자 탐사는 지하 전기 전도도 이상을 원격으로 감지한다. 전자 탐사는 지면과 직접적인 접촉이 필요하지 않으므로 육상 탐사뿐만 아니라 특히 항공 탐사에 적합하다.

전기 탐사에 이용되는 암석의 중요한 물리적 특성은 유전율(지오레이더의 경우)과 비저항(또는 전도도)이며 여러 기술의 기반이 된다. 예를 들어, 비저항이 더 높은 암석에 우수한 도체(예 : 광물화된 관입체 또는 광체)가 존재할 때 비저항 이상대가 발생한다. 광체와 모암 사이의 비저항 대비는 종종 크게 나타나는데, 그 이유는 암석과 광물의 비저항이 매우 다양하기 때문이다(그림 10.3). 금속 광석에서 비저항은 매우 낮지만, 물을 포함하지 않는 화성암은 매우 높은 비저항을 가질 수 있다. 예를 들어, 고품위 자황철석의 비저항은 10^{-5} Ω m 정도인 반면, 건조 대리석에서는 약 10^{8} Ω m이다. 이러한 극단 사이의 크기 범위의 차수가 13에 이른다. 더욱이 주어진 암석 유형의 비저항 범위는 넓고 다른 암석 유형과 겹친다(그림 10.3).

암석의 비저항은 전해질로 작용하는 지하수에 크게 영향을 받는다. 이것은 다공성 퇴적물과 퇴적암에서 특히 중요하다. 암석의 기질을 형성하는 광물은 일반적으로 지하수보다 전기 전도도가 낮으므로 퇴적물의 전기 전도도는 포함된 지하수의 양에 따라 증가한다. 이것은 공극으로 구성된 암석의 공극

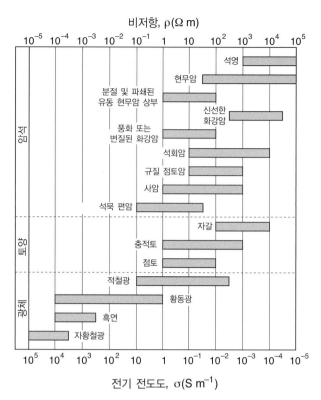

그림 10.3 몇 가지 일반적인 암석, 토양, 광체의 전기 전도도와 비저항 범위 (자료 출처 : Ward, 1990; Telford et al., 1990).

률(porosity, ϕ)과 물로 채워진 이 공극 체적의 수포화도(water saturation, S)에 따라 다르다. 암석의 전기 전도도는 지하수의 전기 전도도에 비례하며, 지하수의 전기 전도도는 용해된 광물질과 염류의 농도와 유형에 따라 달라지기 때문에 매우 다양하다. 이러한 관찰은 암석의 비저항 ρ에 대한 아치(Archie)의 법칙이라고 하는 경험적 공식으로 요약된다.

$$\rho = \frac{a}{\phi^m S^n} \rho_w \qquad (10.12)$$

정의에 따르면 ϕ와 S는 0과 1 사이이고 ρ_w는 지하수의 비저항이며 변수 a, m, n은 경험적 상수이다. 일반적으로 $0.5 \le a \le 2.5$, $1.3 \le m \le 2.5$, $n \approx 2$이다.

10.4 자연 전위와 지전류

자연적인 전기 물성에 대한 전기 탐사는 지면에 설치한 한 쌍의 전극 사이의 전압 측정을 기반으로 한다. 고유한 전기장을 생성하는 지하 물체에 의해 자연적인 전위차가 발생한다. 지하 물체는 단순한 볼타 전지처럼 작동한다. 지하 물체에 의한 전위는 전기화학적 작용으로 발생한다. 자연 전류[지전류(telluric current)라고 함]는 지각과 맨틀에 흐른다. 지전류는 전리층에서 전자기 유도 전류에 의해 발생한다(11.2.3.2절 참조). 자연 전위와 지전류를 연구할 때 신호 소스를 제어할 수 없다. 따라서 지전류 탐사는 대부분 정성적인 해석으로 제한된다. 자연 전위 탐사는 비저항 탐사와 전자 탐사와 같은 소스를 제어할 수 있는 유도 탐사법만큼 유용하지 않지만 저렴하고 빠른 탐사 방법이다.

10.4.1 자연 전위

지면에 자발적으로 발생하는 전위를 자연 전위(Self-Potential 또는 spontaneous potential, SP)라고 한다. 일부 자연 전위는 매립된 전력선, 배수관 또는 폐기물 처리장과 같은 인공적인 환경 교란으로 인해 발생하는데, 이런 자연 전위는 환경 문제 연구에서 중요하게 사용된다. 또 다른 자연 전위는 기계적 또는 전기화학적 작용으로 인한 자연적인 효과이다. 모든 자연 전위 발생에 지하수가 전해질로서 중요한 역할을 한다.

일부 자연 전위는 기계적인 기원을 갖는다. 좁은 관에 전해질을 강제로 흐르게 하면 관의 끝단 사이에 전위차(전압)가 생길 수 있다. 그 전위차는 전해질의 비저항과 점도, 그리고 흐름을 일으키는 압력 차이에 따라 달라진다. 전압은 **동전위**(electrokinetic) 또는 **흐름 전위**(streaming potential)의 차이로 인해 발생하며, 이는 차례로 액체와 고체 표면 사이에서 상호작용[제타 전위(zeta-potential)라고 하는 효과]의 영향을 받는다. 전압은 양수와 음수 모두 가능하고, 그 크기는 수백 밀리볼트에 이를 수 있다. 이러한 유형의 자연 전위는 댐에서 물이 새어 나오거나 서로 다른 암체들 사이를 흐르는 지하수의 흐름과 관련하여 관찰될 수 있다.

대부분의 자연 전위는 전기화학적 기원을 가지고 있다. 예를 들어, 전해질의 이온 농도가 위치에 따라 다르면 이온은 농도가 같아지기 위해 전해질을 통해 확산하는 경향이 있다. 확산은 온도뿐만 아니라 이온 농도의 차이에 따라 달라지는 **전기 확산 전위**(diffusion potential)에 의해 발생한다. 금속 전극이 지면에 삽입되면 금속이 전해질(즉, 지하수)과 전기화학적으로 반응하여 접촉 전위를 유발한다. 같은 두 개의 전극이 지면에 삽입되면 전해질 농도의 변화로 인해 각 전극에서 다른 전기화학 반응이 발생한다. 이런 전위차를 **네른스트 전위**(Nernst potential)라고 한다. 확산 전위와 네른스트 전위를 합하여 전기화학 자연 전위라고 한다. 전기화학 자연 전위는 온도에 민감하며 최대 수십 밀리볼트에 달하는 양수 또는 음수일 수 있다.

위의 메커니즘에 의해 발생하는 자연 전위는 환경과 지질 공학적 상황에서 점점 더 많은 관심을 끌고 있다. 그러나 광물화된 지하 영역을 조사하는 물리탐사에서는 이들 자연 전위는 종종 광체와 관련된 전위보다 작으며 그에 따라 '배경 전위'로 분류된다. 광체와 관련된 자연 전위를 '광화 전위(mineralization potential)'라고 한다. 광체 전반에 걸친 자연 전위는 항상 음수이며 일반적으로 수백 밀리볼트에 이른다. 광화 전위는 황철광, 자황철광 및 황동광과 같은 황화물 광물에서 가장 일반적으로 나타나고, 흑연 및 일부 금속 산화물에서도 발생한다.

광물화 유형의 자연 전위는 수십 년 동안 활용되고 있음에도 불구하고 그 기원은 여전히 불분명하다. 한때 그 효과는 갈바닉 작용에서 비롯된 것으로 생각되었다. 갈바닉 전위는 서로 다른 종류의 금속 전극이 전해질에 배치될 때 발생한다. 금속과 전해질 사이에 불균등한 접촉 전위가 형성되어 전극 사이에 전위차가 발생한다. 이 모델에 따르면 광체는 지하수가 전해질로 작용하는 단순한 볼타 전지처럼 행동한다. 지하수면 윗부분 광체에서 일어나는 산화로 윗부분과 아랫부분 광체 사이에 전위차를 생성하여 광체가 자발적인 전기 분극을 일으키는 것으로 믿어졌다. 산화는 전자를 추가시키므로 광체의 윗부분은 음으로 대전시키고, 관측된 음의 자연 전위 이상 현상을 설명한다. 불행히도, 이 간단한 모델은 관측된 자연 전위 이상 현상의 많은 부분을 설명하지 못하며 지지할 수 없는 이론으로 판명되었다.

자연 전위의 또 다른 메커니즘은 깊이에 따른 산화(산화 환원) 전위의 변화에 기반을 두고 있다(그림 10.4). 지하수면 위의 지면은 물에 잠긴 부분보다 산소에 더 쉽게 접근할 수 있으므로 지하수면 위의 수분은 아래보다 더 많은 산화 이온을 포

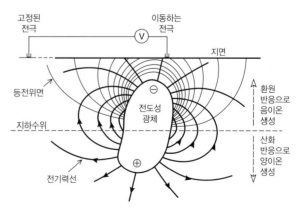

그림 10.4 광체의 자연 전위 이상의 기원에 대한 도식적 모델. 메커니즘은 지하수면 위아래의 산화 전위 차이에 따라 달라진다.

함한다. 지하수면 위에서는 모암과 광체 사이의 표면에서 전기화학 반응이 일어난다. 이 결과로 인접한 용액에서 산화된 이온이 환원되고 초과된 음이온이 지하수면 위에 나타난다. 광체의 잠긴 부분과 지하수 사이의 반응은 지하수에 내에서 환원이온의 산화를 유발한다. 이것은 용액에 초과된 양이온을 생성하고 두 개의 반쪽 전지를 연결하는 전도체 역할을 하는 광체 표면에서 전자를 방출한다. 방출된 전자는 광체의 깊은 부분에서 얕은 부분으로 흐른다. 광체 외부에서 양이온은 전기장 역선을 따라 아래에서 위로 이동한다. 등전위면은 전기장 역선에 수직이다. 자연 전위는 지표면과 교차하는 지점에서 측정된다 (그림 10.4).

산화 환원 모델은 갈바닉 모델과 같은 이유로 부적절하다. 즉, 관찰된 자연 전위 이상 현상의 많은 부분을 설명하지 못하고 있다. 특히 지하수면의 자연 전위 모델의 연관성은 의심의 여지가 있다. 더욱이, 황화물 광체는 지질학적 시간 동안 지속되므로 영구적인 전하 흐름을 포함하는 메커니즘이 가능할 것 같지 않다. 자연 전위는 삽입된 전극과 연결 전선을 통해 모암과 황화물 전도체를 전기적으로 연결을 만들어 교란되는 안정적인 시스템이 특징이다. 관측된 전위차는 광물화 영역 내부와 외부의 측정 전극 위치 사이의 산화 전위 차이로 인한 것으로 보인다.

10.4.2 자연 전위 탐사

자연 전위 탐사에 필요한 장비는 매우 간단하다. 이것은 지면에 설치된 두 전극 사이의 자연 전위차를 측정하는 민감한 고임피던스 디지털 전압계로 구성된다. 단순한 금속 말뚝은 전극으로 적합하지 않다. 금속 말뚝과 지면의 습기 사이에서 일어나는 전기화학 반응으로 전극에 전하가 축적되어 작은 자연 전위를 변조하거나 가릴 수 있다. 이 효과를 피하거나 최소화하기 위해 비분극 전극(non-polarizable electrode)이 사용된다. 비분극 전극은 염분으로 포화된 용액에 잠긴 금속 막대로 구성된다. 일반적인 비분극 전극은 황산구리 용액에 담긴 구리 막대이다. 이 전극은 전해질이 다공성 벽을 통해 천천히 누출되어 지면과 전기적으로 접촉하도록 하는 도자기에 들어 있다.

자연 전위 탐사법으로는 두 가지 현장 탐사 방법이 일반적으로 사용된다(그림 10.5). 기울기 탐사법은 전극 간격을 10 m 정도로 고정한 전극 쌍을 사용한다. 전극 사이의 전위차를 측정한 다음, 후행 전극이 선행 전극이 이전에 차지하던 위치로 옮기면서 전극 쌍을 탐사 측선을 따라 앞으로 진행시킨다. 측

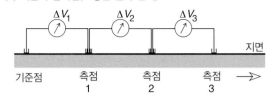

(a) 기울기 탐사법(고정된 전극 간격)

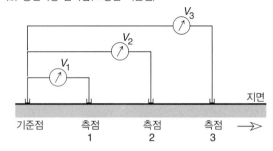

(b) 총전기장 탐사법(고정된 기준점)

그림 10.5 (a) 기울기 탐사법 및 (b) 총전기장 탐사법으로 자연 전위를 측정하는 탐사 기술. 기울기 탐사법에서 측점의 총전위 V는 이전 전위차 ΔV를 합산하여 구한다. 총전기장 탐사법에서는 총전위 V를 각 측정점에서 직접 측정한다.

정점의 총전위는 탐사 영역 외부의 시작점에서부터 상대적인 증분 전위차를 합산하여 구한다. 비분극 전극을 사용하더라도 일부 전극 분극 현상이 발생하는 것은 불가피하다. 이것은 각 측정에서 작은 오차를 발생시킨다. 이것들은 총전위의 누적 오차로 추가된다. 분극 효과는 때때로 선행 전극과 후행 전극을 교환하여 줄일 수 있다. 이 '도약' 기법에서 한 측정의 선행 전극은 제자리에 유지되고 다음 측정의 후행 전극이 된다. 한편, 이전 후행 전극은 선행 전극이 되기 위해 앞으로 이동한다. 누적 오차는 전극 간격을 고정한 탐사법의 가장 심각한 단점이다. 이 기술의 실질적인 이점은 짧은 길이의 연결 전선만 전극과 함께 이동하면 된다는 점이다.

총전기장 탐사 방법은 전극 하나는 탐사 지역 밖의 기준 측정점에 고정하고 나머지 하나는 이동 측정 전극으로 사용한다. 이 방법으로 총전위는 각 측정점에서 직접 측정된다. 전극을 연결하는 전선은 관심 영역을 덮을 만큼 충분히 길어야 한다. 따라서 각 측정점에 대해 릴에 감거나 풀어야 하는 긴 전선이 필요하다. 그러나 총전기장 탐사 방법은 기울기 탐사 방법보다 누적 오차가 더 작다. 그것은 이동 전극을 배치하는 데 더 많은 유연성이 있으므로 일반적으로 더 나은 품질의 탐사 자료를 제공한다. 따라서 지형이 심한 지역을 제외하고는 일반적으로 총전기장 탐사 방법이 선호된다.

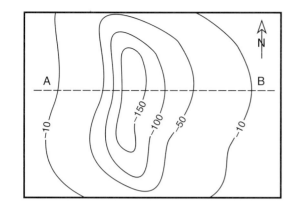

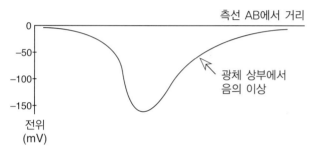

그림 10.6 광체에 대한 음의 자연 전위 이상에 대한 가상의 등고선. 측선 AB를 따라 자연 전위 이상의 비대칭은 광체가 A 방향으로 경사졌음을 의미한다.

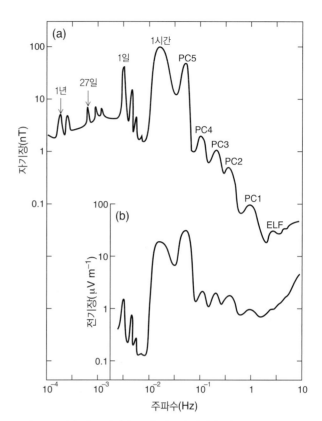

그림 10.7 (a) 지구 자기장 수평 성분의 자연적 변동에 따른 주파수 스펙트럼, (b) 20 Ω m으로 균질한 비저항 지구 모델에 대해 계산된 유도 전기장 변동의 스펙트럼. PC : micropulsation, 미맥동, ELF : extremely low frequency, 극저주파. 출처 : P.H. Serson, Instrumentation for induction studies on land, *Phys. Earth Planet. Int.* 7, 313–322, 1973.

자연 전위 탐사 방법은 측선을 설치한 측정점에서 전위를 측정하는 것으로 구성된다. 중력 및 자력 탐사와 같이 탐사 자료를 도면으로 그리고(그림 10.6), 기하적인 기반으로 자연 전위 이상을 해석한다. 자연 전위 이상을 해석하는 데 사용되는 방법은 종종 정성적이거나 단순한 기하 모델을 기반으로 한다. 측정한 자연 전위를 도면으로 그려서 육안 해석으로 광체의 연장에 관련된 경향을 파악할 수 있다. 등고선이 좁게 모이는 것은 이상체의 방향을 나타낼 수 있다. 자연 전위 이상을 가로지르는 측선 자료는 간단한 소스 모델에서 만들어진 곡선과 비교할 수 있다. 예를 들어, 분극된 구형 소스는 대략 원형 이상을 모델링하는 데 사용할 수 있는 반면, 수평 선형 소스(또는 분극된 원통)는 기다란 이상을 모델링하는 데 사용할 수 있다. 일반적이고 효과적인 방법은 점 소스를 사용하여 자연 전위 이상을 모델링하는 것이다. 복잡한 자연 전위 이상은 자연 전위를 양과 음의 이상을 만드는 소스들의 조합으로 모델링된다.

10.4.3 지전류

태양의 자외선은 지구의 얇은 고층 대기에 있는 공기 분자를 이온화한다. 이온은 여러 층으로 축적되어 지구 표면 위의 약

80~1,500 km 사이의 고도에서 전리층(11.2.3.2절 참조)을 형성한다. 전리층의 전류는 일주기 조석 및 월주기 조석, 일사량의 계절적 변동, 11년의 흑점 주기와 관련된 주기적 이온화 변동과 같은 다양한 요인에 의해 영향을 받는 이온의 체계적인 운동으로 발생한다. 전류는 동일한 주파수를 갖는 변동하는 자기장을 생성하고, 지구 표면에서 관측되고 장기간 연속 기록으로부터 분석될 수 있다. 전리층 효과는 지자기장의 에너지 스펙트럼에서 몇 분의 1초[지자기 맥동(geomagnetic pulsation)]에서 수년에 이르는 주기를 가지는 별개의 피크로 나타난다(그림 10.7). 자기장은 지각과 맨틀에서 수평층으로 흐르는 지전류(telluric current)라고 불리는 변동하는 전류를 유도한다. 지전류 패턴은 수천 킬로미터에 달하는 여러 개의 거대한 소용돌이로 구성되어 있으며, 이 소용돌이는 태양에 대해 고정된 상태로 유지되어 지구가 자전할 때 지구 주위를 움직인다.

지전류 밀도의 분포는 수평 전도층의 비저항 변화에 따라 달라진다. 얕은 지각 깊이에서 전류 흐름선은 비저항의 변화를

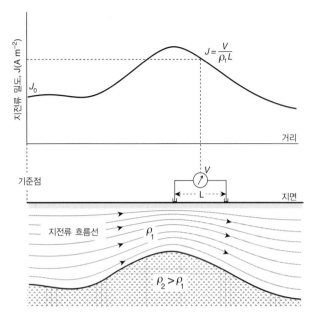

그림 10.8 지전류 흐름선은 큰 비저항 기반암 위에 놓인 전도층 두께 변화에 의해 편향된다(아래). 지전류 밀도(위)는 지면에서 전극 간격이 고정된 한 쌍의 전극 사이의 전압으로 측정된다. 출처 : E.S. Robinson and C. Çoruh, *Basic Exploration Geophysics*, 562 pp., New York: John Wiley, 1988.

일으키는 지하 구조에 의해 방해받는다. 이는 지질학적 구조나 광물화된 지역에서 발생할 수 있다. 예를 들어, 지하수로 포화된 다공성 퇴적암이 전도층을 형성하고 중심부에 비저항이 큰 암석(화강암과 같은)을 덮고 있는 배사 구조를 고려해 보자. 배사 구조를 가로지르는 지전류의 수평 흐름은 전도성 퇴적물을 통해 비저항이 작은 경로를 선택한다. 전류 흐름선은 배사 구조의 축 위로 함께 모여 수평 전류 밀도를 높인다(그림 10.8). 전류 흐름선에 수직인 등전위면은 접지면과 교차하며, 여기에서 전위차는 고임피던스 전압계로 측정할 수 있다.

지전류 밀도를 측정하기 위한 현장 장비는 간단하다. 센서는 $10\sim100$ m 정도의 고정 간격 L을 갖는 한 쌍의 비분극 전극이다. 전극 사이의 전위차 V는 고임피던스 전압계로 측정된다. 전극 사이의 중간 지점의 전기장 E는 V/L라고 가정할 수 있다. 옴의 법칙(식 10.10)을 사용하고 비저항이 ρ_1인 전도 암석층에 지전류가 흐른다고 가정하면 측선을 따라 각 측정점에서 지전류 밀도 J는 식 (10.13)으로 주어진다.

$$J = \frac{V}{\rho_1 L} \tag{10.13}$$

지전류의 방향은 알려지지 않았으므로 서로 수직인 두 쌍의 전극이 사용된다. 한 쌍은 남북으로 정렬시키고 다른 쌍은 동서로 정렬시킨다. 지전류는 시간이 지남에 따라 예측할 수 없을 정도로 변하지만 균질한 영역 내에서는 천천히 변한다. 시간적 변화를 추적하기 위해 직교 전극 쌍을 탐사 영역 외부의 고정 측정점에 설치한다. 다른 직교 쌍은 탐사 영역을 가로질러 이동시키면서 지전류 탐사를 수행한다. 이동 및 고정 전극 쌍에 걸친 전위차는 각 측정점에서 몇 분 동안 동시에 기록한다. 두 기록의 상관관계를 통해 지전류의 방향과 강도의 시간적 변화를 제거할 수 있다.

그림 10.8에 보이는 지하 비저항 구조에 의해 편향된 지전류는 매우 이상화된 경우이다. 그것은 배사 구조 안에 비저항(ρ_2)이 무한대인 중심부가 있다고 가정한다. 실제로, 지전류는 전도성이 더 높은 층으로 완전히 우회하지는 않는다. 일부 지전류는 비저항이 더 높은 층을 통해서도 흐른다. 따라서 식 (10.13)의 비저항 ρ_1이 양호한 전도체에 해당한다고 가정할 수 없다. 오히려 ρ_1과 ρ_2 값의 정해지지 않은 혼합된 비저항을 갖는다. 이것은 두 층의 실제 비저항이 아니라 측정된 겉보기 비저항이다.

10.5 비저항 탐사

광체와 모암 사이 비저항의 큰 대비(그림 10.3 참조)는 특히 양호한 전도체인 광물에 대한 전기 비저항 탐사에 이용된다. 대표적인 예는 철, 구리 및 니켈의 황화물 광체이다. 전기 비저항 측정은 또한 환경 응용 분야에서 중요한 물리탐사 기술이다. 예를 들어, 지하수의 우수한 전기 전도성으로 인해 퇴적암의 비저항은 건조한 상태보다 물에 잠겼을 때 훨씬 낮다.

자연 전류에 의존하는 대신 한 쌍의 전류 전극을 사용하여 제어된 전류를 지면에 흘려보낸다. 지전류 탐사법에서와 같이 전류 흐름선은 지하 비저항 패턴에 따라 변하게 되고 두 번째 전극 쌍을 사용하여 지표면과 교차하는 위치에서 등전위면 사이의 전위차를 측정할 수 있다. 단순한 직류는 전하가 전위 전극에 축적되도록 하여 가짜 신호를 생성할 수 있다. 일반적인 방법은 직류를 몇 초마다 방향을 바꾸어서 흐리는 방법을 사용한다. 대안으로 저주파 교류를 사용할 수도 있다. 다중 전극 탐사에서 전류 전극 쌍과 전위 전극 쌍은 일반적으로 서로 바꿔서 사용할 수 있다.

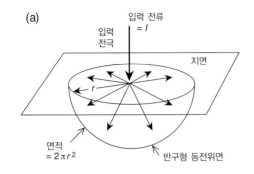

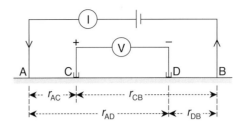

그림 10.10 한 쌍의 전류 전극(A, B)과 한 쌍의 전위 전극(C, D)으로 구성된 비저항 측정을 위한 일반적인 4개 전극 배열.

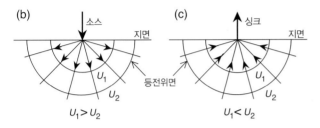

그림 10.9 균질한 반무한 공간의 표면에서 단일 전극 주위의 전기력선 및 등전위면. (a) 반구형 등전위면, (b) 소스(source) 주위의 바깥쪽 방사 방향을 향하는 전기장선, (c) 싱크(sink) 주위의 안쪽 방사 방향을 향하는 전기장선.

10.5.1 단일 전극의 전위

균일한 반무한 공간의 표면에 전류 I를 주입하는 전극 주위의 전류 흐름을 고려해 보자(그림 10.9a). 접점은 전류 소스로 작용하여 전류가 바깥쪽으로 퍼져 나간다. 전기장 역선은 전류의 흐름에 평행하고 모양이 반구형인 등전위면에 수직이다. 전류 밀도 J는 반경 r의 반구에 대해 $2\pi r^2$인 표면적으로 전류 I를 나눈 값과 같다. 입력 전류 전극으로부터 거리 r에서의 전기장 E는 옴의 법칙(식 10.10)으로 구한다.

$$E = \rho J = \rho \frac{I}{2\pi r^2} \tag{10.14}$$

이 식을 식 (10.4)에 대입하면 입력 전류 전극부터 떨어진 거리 r에서 전위 U는 식 (10.15)로 주어진다.

$$\frac{\mathrm{d}U}{\mathrm{d}r} = -\rho \frac{I}{2\pi r^2}$$
$$U = \rho \frac{I}{2\pi r} \tag{10.15}$$

지면이 균일한 반무한 공간인 경우, 지면에 전류를 공급하는 소스(source) 전류 전극 주위의 전기장 역선의 방향은 바깥쪽 방사 방향이다(그림 10.9b). 전류가 지면 밖으로 흐르는 싱크 (sink) 전류 전극 주변에서 전기장 역선 방향은 안쪽 방사 방향이다(그림 10.9c). 소스 또는 싱크 전류 전극 주변의 등전위면

은 전극이 분리된 상태에서 보면 각각 반구 모양이다. 소스 주변의 전위는 양수이며 거리가 증가함에 따라 $1/r$로 감소한다. I의 부호는 전류가 지면 밖으로 흐르는 싱크에서 음수이다. 따라서 싱크 주변의 전위는 음수이며 싱크로부터 거리가 증가함에 따라 $1/r$만큼 증가한다(절댓값이 작은 음수가 됨). 이러한 결과를 사용하여 소스와 싱크에서 알려진 거리에 있는 전위 전극 쌍 사이의 전위차를 계산할 수 있다.

10.5.2 일반적인 4개 전극 배열법

전류 전극 쌍과 전위 전극 쌍으로 이루어진 4개 전극의 배열을 고려해 보자(그림 10.10). 전류 전극 A와 B는 각각 소스와 싱크로 작용한다. 전위 전극 C에서 소스 A에 의한 전위는 $+\rho I/ (2\pi\, r_{AC})$이고 싱크 B에 의한 전위는 $-\rho I/(2\pi\, r_{CB})$이다. 따라서 둘을 결합한 C에서의 전위는 식 (10.16)이다.

$$U_C = \frac{\rho I}{2\pi}\left(\frac{1}{r_{AC}} - \frac{1}{r_{CB}}\right) \tag{10.16}$$

같은 방식으로 D에서의 전위는 식 (10.17)이다.

$$U_D = \frac{\rho I}{2\pi}\left(\frac{1}{r_{AD}} - \frac{1}{r_{DB}}\right) \tag{10.17}$$

C와 D 사이를 연결한 전위차를 전압계로 측정하면 전위차 V가 식 (10.18)로 주어진다.

$$V = \frac{\rho I}{2\pi}\left\{\left(\frac{1}{r_{AC}} - \frac{1}{r_{CB}}\right) - \left(\frac{1}{r_{AD}} - \frac{1}{r_{DB}}\right)\right\} \tag{10.18}$$

이 식에서 비저항을 제외하고 모든 것이 지면에서 측정 가능하므로 비저항은 식 (10.19)로 계산할 수 있다.

$$\rho = 2\pi \frac{V}{I}\left\{\left(\frac{1}{r_{AC}} - \frac{1}{r_{CB}}\right) - \left(\frac{1}{r_{AD}} - \frac{1}{r_{DB}}\right)\right\}^{-1} \tag{10.19}$$

(a) 웨너 배열

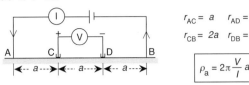

$r_{AC} = a$ $r_{AD} = 2a$

$r_{CB} = 2a$ $r_{DB} = a$

$$\rho_a = 2\pi \frac{V}{I} a$$

(b) 슐럼버저 배열

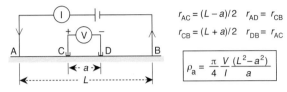

$r_{AC} = (L-a)/2$ $r_{AD} = r_{CB}$

$r_{CB} = (L+a)/2$ $r_{DB} = r_{AC}$

$$\rho_a = \frac{\pi}{4} \frac{V}{I} \frac{(L^2 - a^2)}{a}$$

(c) 이중-쌍극자 배열

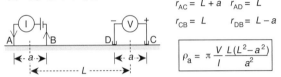

$r_{AC} = L+a$ $r_{AD} = L$

$r_{CB} = L$ $r_{DB} = L-a$

$$\rho_a = \pi \frac{V}{I} \frac{L(L^2 - a^2)}{a^2}$$

그림 10.11 (a) 웨너 배열, (b) 슐럼버저 배열, (c) 이중-쌍극자 배열의 전류 전극과 전위 전극 배치.

10.5.3 특수한 전극 배열

4전극법으로 측정한 비저항에 대한 일반 공식은 전류 전극과 전위 전극을 특별하게 배열하면 더 간단해진다. 가장 일반적으로 사용되는 배열은 웨너 배열, 슐럼버저 배열 및 이중-쌍극자 배열이다. 각 배열은 4개의 전극이 동일선상에 있지만 배치와 간격이 다르다.

웨너 배열은 전류 전극과 전위 전극 쌍이 공심점을 갖고 인접 전극 사이의 간격이 같다(그림 10.11a). 즉, $r_{AC} = r_{DB} = a$, $r_{CB} = r_{AD} = 2a$이다. 이 값들을 식 (10.19)에 대입하면 식 (10.20)을 얻는다.

$$\rho = 2\pi \frac{V}{I} \left\{ \left(\frac{1}{a} - \frac{1}{2a} \right) - \left(\frac{1}{2a} - \frac{1}{a} \right) \right\}^{-1} \quad (10.20)$$

$$\rho = 2\pi a \frac{V}{I} \quad (10.21)$$

슐럼버저 배열은 전류 전극과 전위 전극 쌍이 역시 공심점은 같지만, 인접 전극 사이의 거리가 다르다(그림 10.11b). 전류 전극과 전위 전극의 간격은 각각 L과 a이다. 그러면 $r_{AC} = r_{DB} = (L-a)/2$, $r_{AD} = r_{CB} = (L+a)/2$이다. 일반 공식에 대입하면 식 (10.22)와 같은 슐럼버저 배열의 비저항 공식을 구할 수 있다.

$$\rho = 2\pi \frac{V}{I} \left\{ \left(\frac{2}{L-a} - \frac{2}{L+a} \right) - \left(\frac{2}{L+a} - \frac{2}{L-a} \right) \right\}^{-1}$$

$$= \frac{\pi}{4} \frac{V}{I} \left(\frac{L^2 - a^2}{a} \right) \quad (10.22)$$

슐럼버저 배열에서 전위 전극의 간격보다 전류 전극의 간격을 매우 크게 하면($L \gg a$) 식 (10.22)는 간단한 형태인 식 (10.23)이 된다.

$$\rho = \frac{\pi}{4} \frac{V}{I} \left(\frac{L^2}{a} \right) \quad (10.23)$$

이중-쌍극자(double-dipole) 배열[쌍극자-쌍극자(dipole-dipole) 배열이라고도 함, 그림 10.11c]은 전위 전극과 전류 전극의 쌍의 거리가 모두 a로 같고 두 쌍의 전극 중심 사이의 거리가 L인데 보통 a보다 매우 크다. 전위 전극 D가 싱크 전류 전극 B에 더 가깝게 있다고 정의하면 $r_{AD} = r_{BC} = L$, $r_{AC} = L + a$, $r_{DB} = L - a$가 된다. 따라서 이중-쌍극자의 비저항 공식은 식 (10.25)가 된다.

$$\rho = 2\pi \frac{V}{I} \left\{ \left(\frac{1}{L+a} - \frac{1}{L} \right) - \left(\frac{1}{L} - \frac{1}{L-a} \right) \right\}^{-1} \quad (10.24)$$

$$\rho = \pi \frac{V}{I} \left(\frac{L(L^2 - a^2)}{a^2} \right) \quad (10.25)$$

각 전극 배열은 두 가지 조사 방식으로 사용할 수 있다. 웨너 배열은 수평 탐사(lateral profiling)에 가장 적합하다. 웨너 배열은 4개 전극 간격을 일정하게 유지하면서 측선을 따라 순차적으로 이동시킨다. 전류 전극 간의 이격 거리는 수평 비저항 대비가 예상되는 깊이에서 전류 흐름이 최대화되도록 선택된다. 여러 측선의 결과를 모아서 관심 영역의 비저항 지도를 그린다. 전기 비저항 광역 탐사는 특정 깊이에서 관심 영역 내 비저항의 수평 변화를 보여 준다. 비저항 대비가 큰 암석과 잠재적인 광체일 수 있는 광화된 관입암과 같은 우수한 전도체 사이의 가파른 경사각을 가지는 접촉 지대를 찾는 데 가장 적합하다.

수직 전기 탐사(Vertical Electrical Sounding, VES)의 목표는 깊이에 따라 비저항의 변화를 측정하는 것이다. 이 기술은 퇴적층 또는 지하수면 깊이와 같은 평평한 암석 구조의 깊이와 비저항을 결정하는 데 가장 적합하다. 슐럼버저 배열은 수직 전기 탐사에 가장 일반적으로 사용된다. 전류 전극 사이의 거리가 점진적으로 증가하는 동안 배열의 중간 지점은 고정된 상

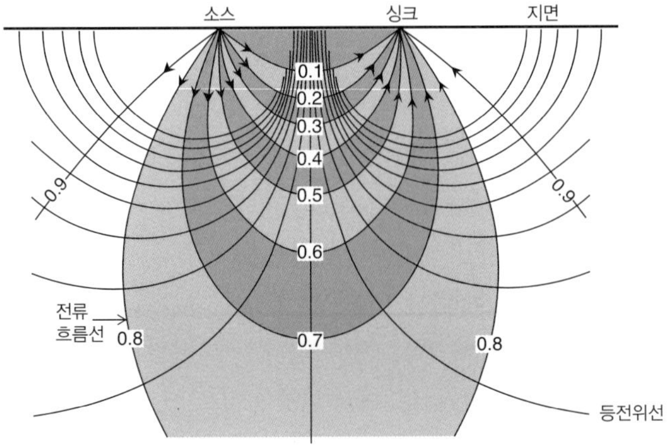

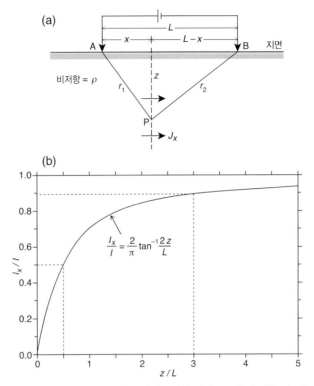

그림 10.12 소스(source)와 싱크(sink) 사이의 전류 '관' 및 등전위의 단면. 전류 흐름선의 숫자는 흐름선 위쪽으로 흐르는 전류의 비율을 나타낸다. 출처 : E.S. Robinson and C. Çoruh, *Basic Exploration Geophysics*, 562 pp., New York: John Wiley, 1988.

태로 유지된다. 이것은 전기 전도도의 수직 분포에 따라 전류 흐름선이 훨씬 더 깊은 곳으로 침투하도록 한다.

10.5.4 전류 분포

균일한 반무한 공간의 전류 패턴은 측선의 양쪽에서 측면으로 확장된다. 위에서 보았을 때 전류 흐름선은 그림 10.1c에 표시된 것과 유사한 형태로 소스와 싱크 사이에서 바깥쪽으로 부풀어 오른다. 수직 단면에서 전류 흐름선은 쌍극자 모양의 절반과 유사하다. 3차원에서 전류는 소스를 떠날 때 굵어지고 싱크 쪽으로 수렴함에 따라 좁아지는 관을 통해 흐르는 것으로 시각화할 수 있다. 그림 10.12는 균일한 반무한 공간에서 '관'을 통한 전류 흐름선 패턴의 수직 단면을 보여 준다.

균일한 반무한 공간에서 전류의 투과 깊이를 추정하기 위해 측선에 평행한 x축과 수직인 z축으로 직교 좌표계를 정의한다(그림 10.13a). 전류 전극의 간격을 L로 하고 반무한 공간의 비저항을 ρ라고 한다. 점 (x, y, z)에서 수평 전기장 E_x는 식 (10.26)이다.

$$E_x = -\frac{\partial U}{\partial x} = -\frac{\partial}{\partial x}\left\{ \frac{\rho I}{2\pi}\left(\frac{1}{r_1} - \frac{1}{r_2} \right) \right\} \tag{10.26}$$

여기서 $r_1 = (x^2 + y^2 + z^2)^{1/2}$, $r_2 = ((L - x)^2 + y^2 + z^2)^{1/2}$이다. 미분과 옴의 법칙(식 10.10)을 이용하면 점 (x, y, z)에서 수평 전류 밀도 J_x는 식 (10.27)이다.

$$J_x = \frac{I}{2\pi}\left(\frac{x}{r_1^3} + \frac{L - x}{r_2^3} \right) \tag{10.27}$$

그림 10.13 (a) 두 개의 전극 아래 균일한 지하 구조에서 전류 밀도를 결정하기 위한 모식도, 그리고 (b) 전류 전극 사이의 중앙 평면을 가로질러 깊이 z 이상으로 흐르는 전류의 비율(I_x / I). 출처 : W.M. Telford, L.P. Geldart and R.E. Sheriff, *Applied Geophysics*, 770 pp., Cambridge: Cambridge University Press, 1990.

점 (x, y, z)가 수직면 위에서 전류 전극 사이의 중점이라면, $x = L/2$, $r_1 = r_2$이고 전류 밀도는 식 (10.28)로 바뀐다.

$$J_x = \frac{IL}{2\pi}\frac{1}{((L/2)^2 + y^2 + z^2)^{3/2}} \tag{10.28}$$

수직 평면에서 미소 면적 $(dy\,dz)$를 지나는 수평 전류 $dI_x = J_x\,dy\,dz$이다. 깊이 z 위쪽으로 흐르는 전류와 입력 전류 I의 비는 적분으로 표현된다.

$$\frac{I_x}{I} = \frac{L}{2\pi}\int_0^z dz \int_{-\infty}^{+\infty} \frac{dy}{((L/2)^2 + y^2 + z^2)^{3/2}} \tag{10.29}$$

$$\frac{I_x}{I} = \frac{L}{\pi}\int_0^z \frac{dz}{((L/2)^2 + z^2)} \tag{10.30}$$

$$\frac{I_x}{I} = \frac{2}{\pi}\tan^{-1}\left(\frac{2z}{L} \right) \tag{10.31}$$

식 (10.31)은 I_x가 전류 전극 간격 L에 따라 다르다는 것을 보여 준다(그림 10.13b). 전류의 절반은 깊이 $z = L/2$ 위의 평면으로 흐르고 거의 90%는 깊이 $z = 3L$ 위로 통과한다. 임의의 두 깊이 사이의 전류 비는 식 (10.31)로 두 깊이에서 계산한 전류 비의 차이로 계산할 수 있다.

10.5.5 겉보기 비저항

완벽하게 균일한 이상적인 반무한 전도성 공간인 경우, 전류 흐름선은 쌍극자 패턴과 유사하며(그림 10.12), 4전극 배열로 결정된 비저항은 반무한 공간의 실제 비저항이다. 그러나 실제 상황에서 비저항은 다양한 암석과 지질 구조에 의해 결정되므로 매우 불균일하다. 4전극법은 지하가 균질하다고 가정하고 비저항을 측정하므로 이러한 복잡성은 고려되지 않는다. 이러한 측정의 결과는 등가의 균일한 반무한 공간의 겉보기 비저항 (apparent resistivity)이며 일반적으로 실제 비저항을 나타내지 않는다.

두께 d와 비저항이 ρ_1인 층이 낮은 비저항 ρ_2인 전도성 반무한 공간 위에 놓인 수평 2층 구조를 고려해 보자(그림 10.14). 전류 전극이 서로 가까우면($L \ll d$), 전류의 전부 또는 대부분

이 비저항이 높은 상부층에 흐르므로 측정된 비저항은 상부층의 실제 값 ρ_1에 가깝다. 전류 전극 사이의 거리가 증가함에 따라 전류 흐름선이 도달하는 깊이가 증가한다. 비저항이 낮은 층에 비례하여 더 많은 전류가 흐르므로 측정된 비저항이 감소한다. 반대로 상부층이 하부층보다 더 양호한 전도체라면, 겉보기 비저항은 전극 간격이 증가함에 따라 증가한다. 전류 전극 사이의 거리가 상층의 두께보다 훨씬 클 때($L \gg d$), 측정된 비저항은 하층의 비저항 ρ_2에 가깝다. 극단적인 상황 이외의 경우에 측정된 전류와 전압에서 결정된 겉보기 비저항은 각 층의 실제 비저항과 관련이 없다.

10.5.6 수직 전기 탐사

전기 탐사에서 수평 2층 구조를 자주 만나게 된다. 예를 들어, 전기 전도도가 높은 상층이 비저항이 높은 기반암 위에 놓인 경우이다. 전도도가 높은 지하수면이 건조하고 비저항이 높은 토양이나 암석 아래에 있는 환경 응용 분야에서도 흔히 발생한다. 휴대용 컴퓨터가 등장하기 전에는 특성 곡선(characteristic curve)을 사용하여 2층 구조를 해석했었다. 특정 4개 전극 배열에 대한 특성 곡선은 전류 흐름선이 비저항이 다른 층으로 경계를 가로지를 때 침투 심도의 변화를 고려하여 계산되었다. 전기적 연속성에 대한 경계 조건은 경계면에서 전류 밀도 J의 수직 성분이 연속이고 전기장 E는 경계면에 접선 성분이 연속이다. 경계에서 전류 흐름선은 광학 또는 탄성파 파선처럼 행동하고 비슷하게 반사 및 굴절 법칙을 따른다. 예를 들어, θ가 전류 흐름선과 경계면에 대한 법선 사이의 각도인 경우 전기적 '굴절 법칙'은 식 (10.32)이다.

$$\frac{\tan\theta_1}{\tan\theta_2} = \frac{\rho_2}{\rho_1} \tag{10.32}$$

일련의 특성 곡선에서 겉보기 비저항 ρ_a는 상층의 비저항 ρ_1에 의해 정규화되고 전극 간격은 1층 두께의 배수로 표현된다. 겉보기 비저항 대 전극 간격 곡선의 모양은 두 층 사이의 비저항 대비에 따라 달라지며 ρ_2/ρ_1의 다른 비율에 대해 특성 곡선 계열이 계산된다(그림 10.15). 비저항 대비는 식 (10.33)으로 정의된 k 인자로 편리하게 표현된다.

$$k = \frac{\rho_2 - \rho_1}{\rho_2 + \rho_1} \tag{10.33}$$

비저항 비율 ρ_2/ρ_1가 0과 ∞ 사이에서 변하기 때문에 k 인자 범위는 −1과 +1 사이이다. 투명 용지에 로그 척도로 그려진 특

(a) 전극 배열

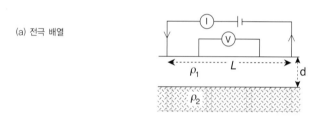

(b) 전류 분포

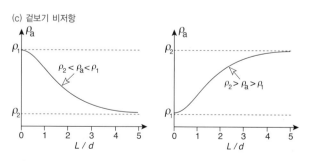

(c) 겉보기 비저항

그림 10.14 (a) 4전극 배열의 변수, (b) 저항 ρ_1과 $\rho_2(\rho_1 > \rho_2)$를 갖는 2층 지하 구조에서 전류 흐름선의 분포, (c) $\rho_1 > \rho_2$와 $\rho_1 < \rho_2$의 두 가지 경우에 대해 전류 전극 간격 변화에 따른 겉보기 비저항의 변화.

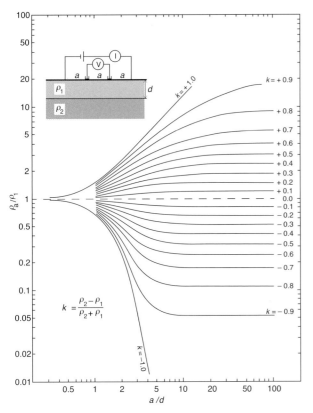

그림 10.15 웨너 배열을 이용한 2층 구조의 겉보기 비저항의 특성 곡선. 변수는 그림 안에서 정의하였다.

성 곡선을 현장 탐사 자료에 겹쳐서 비교하여 가장 적합한 특성 곡선을 찾는다. 특성 곡선과 현장 탐사 자료의 비교를 통하여 각각 상층 및 하층의 비저항 ρ_1과 ρ_2 그리고 상층의 두께 d를 산출한다.

다층 수평층 구조의 해석을 위해 특성 곡선을 계산할 수도 있지만, 현재 수직 전기 탐사 분석은 겉보기 비저항 곡선을 시각적으로 평가할 수 있는 그래픽 출력 기능이 있는 소형 컴퓨터를 활용한다. 분석의 첫 번째 단계는 수직 전기 탐사 자료를 모양에 따라 분류하는 것으로 구성된다.

수평 3층 구조의 겉보기 비저항 곡선은 일반적으로 각 층의 비저항 수직 순서에 의해 결정되는 네 가지 일반적인 모양 중 하나를 갖는다(그림 10.16). K형 곡선은 최대로 상승한 다음 감소하여 중간층이 상층 및 하층보다 높은 비저항을 가지는 구조를 나타낸다. H형 곡선은 반대 효과를 보여 준다. 최소로 떨어졌다가 상층 및 하층보다 더 나은 전도체인 중간층으로 인해 다시 증가한다. A형 곡선은 약간의 기울기 변화를 보일 수 있지만 겉보기 비저항은 일반적으로 전극 사이의 간격이 증가함에 따라 지속적으로 증가하며, 이는 실제 비저항이 층에서 층으로 깊이에 따라 증가함을 나타낸다. Q형 곡선은 반대 효과를 나타낸다. 깊이에 따른 비저항의 점진적 감소와 함께 지속적으로 감소한다.

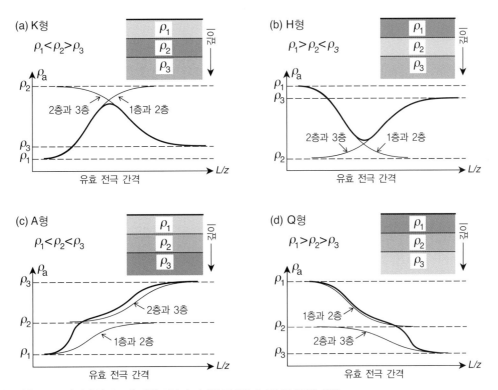

그림 10.16 3개의 수평층으로 구성된 층상 구조에 대한 겉보기 비저항 곡선의 4가지 일반적인 유형.

측정된 비저항 측선 자료가 K, H, A, Q 유형 중 하나로 식별되면 다음 단계는 탐사 자료의 1차원 역산과 동등하다. 역산 기술은 빠른 컴퓨터가 없으면 시간이 많이 소요되는 반복적인 절차를 이용한다. 이 방법은 다층 지반의 이론적 응답에 대한 방정식을 가정한다. 각 층의 특성은 층의 두께와 비저항을 결정하여 구한다. 이러한 각 층의 변수에 대한 초기 추정을 하고 겉보기 비저항 대 전극 간격의 예측 곡선을 계산한다. 모든 측정점에서 측정된 곡선과 이론적으로 계산한 곡선 사이의 불일치를 결정한다. 다음으로 지배 방정식에 사용된 개별 층의 변수를 조정하고 수정된 값으로 계산을 반복하여 탐사 자료와 비교할 새로운 예측 곡선을 구한다. 최신 컴퓨터를 사용하면 불일치가 미리 결정된 값보다 작아질 때까지 이 절차를 빠르게 반복할 수 있다.

역산 방법은 측정된 곡선과 이론적인 곡선을 자동으로 일치시키는 것과 같다. 1차원 분석은 깊이에 따른 비저항과 층 두께의 변화만을 수용한다. 수평 다층 구조의 응답은 해석적 해법을 알고 있어 효율적인 역산 알고리즘을 수립할 수 있다. 최근에는 측면 방향의 불균질성을 고려하는 방법이 제안되었다. 2차원 또는 3차원 구조의 역산 해석은 유한 차분 또는 유한 요소 기술을 기반으로 수치 해석적인 방법으로 근사해야 하고, 결정해야 할 미지수가 증가하고 또한 역산 계산의 어려움이 증가한다.

10.5.7 유도 분극

4전극 비저항 탐사에서 정류된 직류를 사용하는 경우 전류를 끊은 사이사이에 전류의 흐름 순서를 양과 음으로 주기적으로 바꾸도록 배치할 수 있다. 그러면 유도 전류는 상자 모양을 갖게 된다(그림 10.17a). 전류가 차단되어도 전위 전극의 전압이 즉시 0으로 떨어지지 않는다. 전압은 처음에는 정상 상태 전압의 일부분 값으로 갑자기 급락한 후 다음 몇 초 동안 천천히 감소한다(그림 10.17b). 반대로 전류를 흘려보내면 전위가 처음에 갑자기 상승하다가 점차 정상 상태 전압에 접근한다. 신호 일부분의 느린 감쇠 및 증가는 유도 분극(induced polarization)에 기인한 것이며, 이는 암석 구조와 관련된 두 가지 유사한 효과인 막 분극 및 전극 분극 때문에 발생한다.

막 분극(membrane polarization)은 전해질 전도의 특징이다. 전해질 전도는 다공성 암석의 공극을 통해 공극 유체의 이온의 이동하는 능력의 차이에서 발생한다. 암석의 광물은 일반적으로 표면에 음전하를 가지고 있으므로 공극 유체에서 양이온을

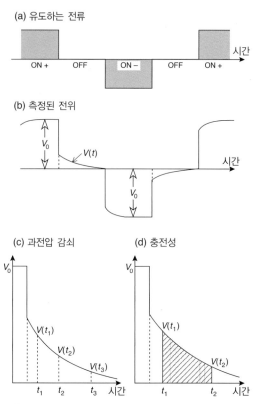

그림 10.17 (a) 1차 전류 차단 후 유도 분극(IP)과 관련된 전위 감소의 예, (b) 사각형파 입력 전류의 전위 파형에 대한 유도 분극 감쇠 시간의 영향.

끌어들인다. 그들은 입자 표면에 축적되고 인접한 공극으로 확장되어 부분적으로 공극을 차단한다. 외부 전압이 가해지면 양이온은 양전하의 '구름'을 통과할 수 있지만, 공극 크기가 음이온을 막을 수 있을 만큼 충분히 크지 않으면 음이온은 축적된다. 이 효과는 한 종류의 이온만 선택적으로 통과시키는 막과 같이 작용한다. 막 분극은 음이온을 일시적으로 축적하여 암석에 분극화된 이온 분포를 만든다. 막 분극의 효과는 점토 광물을 포함하는 암석에서 가장 두드러진다. 첫째, 입자와 공극 크기가 작기 때문이고 둘째, 점토 입자는 상대적으로 강하게 대전되어 표면에 이온을 흡착하기 때문이다. 전압이 켜진 후 이온은 짧은 시간 내에 축적된다. 전류가 꺼지면 이온이 원래 위치로 다시 이동한다.

전극 분극(electrode polarization)은 광체 광물에서 발생하는 효과와 유사하다. 금속 입자는 전자 전도로 전하를 전도하고, 그 주위에서는 전해질 전도가 일어난다. 그러나 금속을 통한 전자의 흐름은 전해질의 이온 흐름보다 훨씬 빠르므로 반대 전하가 금속 입자의 표면에 축적되어 공극 유체를 통한 이온 흐름의 경로를 차단한다. 외부 전류가 켜진 후 일정 시간 동안 과전압(overvoltage)이 발생한다. 과전압 효과의 크기는 금속 이

온 농도에 비례한다. 전류가 꺼지면 축적된 이온은 흩어지고 과전압이 천천히 감소한다.

유도 분극의 원인이 되는 두 가지 효과는 측정하는 단계에서는 구별할 수 없다. 유도 분극(IP) 탐사법은 이중-쌍극자 배열을 기반으로 하는 경우가 가장 많다. 전류 전극은 송신기 쌍을 형성하고 전위 전극은 수신기 쌍을 형성한다. 정상 상태 전압 V_0를 기록하고 전류가 차단된 후 시간 t에서 감쇠하는 잔류 전압 $V(t)$의 진폭과 비교한다(그림 10.17c). 백분율로 표시한 $V(t)/V_0$ 비율은 전류를 켜고 끄는 사이의 0.1~10초 동안 감쇠한다. 감쇠 곡선이 여러 지점에서 샘플링되면 그 모양과 곡선 아래의 면적을 얻을 수 있다(그림 10.17d). 정상 상태 전압의 분수비로 표현되는 감쇠 곡선 아래의 면적을 식 (10.34)로 정의되는 충전성(chargeability) M이라고 한다.

$$M = \frac{1}{V_0} \int_{t_1}^{t_2} V(t)\mathrm{d}t \qquad (10.34)$$

M은 시간 차원을 가지며 초 또는 ms로 표시된다. 충전성은 유도 분극 연구에서 가장 일반적으로 사용되는 변수이다.

유도 분극은 전위 감쇠 시간의 길이를 결정한다. 전위가 감쇠하는 시간이 유도 전류가 꺼지는 시간보다 짧으면 전위의 연속적인 반주기는 간섭받지 않는다. 그러나 도체가 산재되어 있으면 감쇠 시간이 증가하여 반주기가 중첩되고 왜곡된다. 신호 주파수가 높을수록 이 효과가 더 두드러진다. 이것은 $V(t)/V_0$ 비율을 증가시켜 실제 존재하는 것보다 더 전도도가 양호한 도체인 것처럼 보이게 한다(즉, 겉보기 비저항이 주파수가 증가함에 따라 감소한다). 교류를 사용하면 유도 분극 탐사 및 비저항 탐사에도 분명히 영향을 미친다. 유도 분극 효과의 주파수 의존성은 두 개의 낮은 주파수에서 겉보기 저항을 측정하여 이용된다. 이들 주파수를 f와 $F(>f)$라고 하자. 일반적으로 $f \approx 0.05 \sim 0.5$ Hz이고 $F \approx 1 \sim 10$ Hz이다. 그러면 $\rho_f > \rho_F$이고 주파수 효과(Frequency Effect, FE)를 식 (10.35)로 정의할 수 있다.

$$\mathrm{FE} = \frac{\rho_f - \rho_F}{\rho_F} \qquad (10.35)$$

식 (10.35)에 100을 곱하여 백분율 주파수 효과(PFE)로 종종 표현한다. 유도 분극 효과가 없으면 비저항은 두 주파수에서 같다. FE 또는 PFE의 값이 클수록 지면에서 유도 분극이 커진다. 10 Hz 이상의 주파수에서 1차 회로와 측정 회로의 전선들 사이에서 상호 인덕턴스 효과는 문제가 될 만한 전위를 생성할

수 있으며, 이는 탐사 현장에서 적절히 피하거나(F를 제한하는 것처럼), 분석적으로 최소화해야 한다.

금속 도체의 존재는 FE와 유사한 변수인 금속 계수(Metallic Factor, MF)로 표현된다. 이것은 두 측정 주파수에서 전기 전도도의 차이에 비례한다.

$$\begin{aligned} \mathrm{MF} &= A(\sigma_F - \sigma_f) = A(\rho_F^{-1} - \rho_f^{-1}) \\ &= A\left(\frac{\rho_f - \rho_F}{\rho_f \rho_F}\right) \end{aligned} \qquad (10.36)$$

상수 A는 $2\pi \times 10^5$이다. MF의 단위는 전기 전도도의 단위이다(즉, $\Omega^{-1}\,\mathrm{m}^{-1}$ 또는 $\mathrm{S}\,\mathrm{m}^{-1}$).

유도 분극 탐사는 확장 배열 방법을 사용하는 측선 탐사와 수직 탐사 모두를 포함한다. 이중-쌍극자 배열을 사용할 때 송신기와 수신기 쌍의 가장 가까운 전극 사이의 거리는 각 쌍의 전극 간격 a의 정수배(na)로 배치한다. 수신기 쌍이 고정된 송신기 쌍에서 점점 멀어지면서 여러 개별 위치에서 측정한다. 그런 다음 송신기 쌍은 측선을 따라 한 증분만큼 이동하고 같은 절차를 반복한다. 각 측정에서 얻은 ρ_a, FE 또는 MF 값은 45도 기울어진 두 선의 교차점인 배열의 중간 지점 아래에 표시된다(그림 10.18a). 송신기-수신기 배열이 확장됨에 따라(즉, n이 증가함에 따라) 점점 더 깊은 심도의 탐사 정보가 획득된다. 그러나 표시된 값은 표시된 깊이에서 변수의 실제 값은 아니다. (예를 들어, 겉보기 비저항의 측정은 배열 아래 등가의 반무한 공간을 대표하고 있음을 기억하라.) 측선 아래의 유도 분극 변수의 변화에 대한 2차원 그림은 결과를 등고선으로 그려서 합성된다(그림 10.18b). 이 그림을 가단면도(pseudo-section)라고 한다. 가단면도는 이상 전도체의 존재에 대한 편리한(인위적이지만) 이미지를 제공하지만, 실제 수평 또는 수직 범위를 나타내지는 않는다. 이상 영역의 존재는 시추 탐사를 통해 추가로 조사해야 한다.

비저항 이상은 지하수나 거대한 광체와 같은 연속 도체의 존재 여부에 따라 달라진다. 광물화가 암석에 산재되어 있는 경우 큰 비저항 이상을 일으키지 않을 수도 있다. 전도성 광체 광물의 산재 농도에 대한 유도 분극 탐사의 좋은 반응은 규모가 큰 저품위 광체가 상업적으로 중요한 비금속[1] 탐사의 개발

---

1 비금속(卑金屬, base-metal) : 공기 중에서 쉽게 산화하는 금속을 통틀어 이른다. 일반적으로 이온화 경향이 크고 산화물은 물에 잘 녹는다. 알칼리 금속, 알칼리 토금속이 이에 속한다.

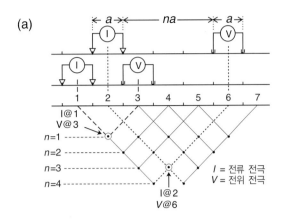

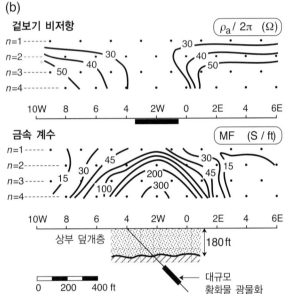

그림 10.18 (a) 이중-쌍극자 유도 분극 탐사를 위한 가단면 구성. 측정된 변수는 송신기와 수신기 쌍의 중간 지점에서 연장되는 45도 선의 교차점에 표시된다. (b) 황화물 광석에 대한 유도 분극 탐사를 위한 겉보기 비저항 및 금속 계수(MF)의 가단면도. 출처 : W.M. Telford, L.P. Geldart and R.E. Sheriff, *Applied Geophysics*, 770 pp., Cambridge: Cambridge University Press, 1990.

로 이어졌다. 그러나 유도 분극 효과는 암석의 다공성과 포화도에 따라 달라진다. 결과적으로 지하수 탐사 및 기타 환경 응용에도 사용할 수 있다.

10.5.8 전기 비저항 단층촬영

빠르고 저렴한 컴퓨터를 쉽게 구할 수 있고 효율적인 알고리즘이 개발됨에 따라 7.4.3.2절에 설명된 지진파 단층촬영 기술과 유사한 전기 비저항 단층촬영 기술이 개발되었다. 지진파의 주시를 기반으로 한 지진파 단층촬영은 심부 맨틀의 지진파 속도 이상을 설명하는 데 사용된다. 인공 탄성파 파원의 굴절파 및 반사파 신호를 사용하는 탄성파 단층촬영은 천부 지각의 지진

파 속도 변동을 설명하는 데 사용할 수 있다. 비슷한 방식으로, 전기 비저항 단층촬영은 수십 미터 깊이까지 천부 영역의 비저항 구조를 설명하는 데 사용된다. 지진파 단층촬영에서 관찰된 주시는 지진파 파선의 경로를 따라 속도 구조를 얻기 위해 역산 해석된다. 유사하게, 전기 비저항 단층촬영에서 전류 흐름선을 따라 비저항 구조를 얻기 위해 전극 쌍 사이에서 측정된 전위에 역산 해석을 적용한다.

직류에 의한 비저항 탐사법과 유도 분극법은 단층촬영 분석에 쉽게 적용된다. 한 쌍의 전류 전극과 한 쌍의 전위 전극을 배치하는 대신 규칙적으로 일정한 간격을 둔 전극 배열을 배치한다. 2차원 조사의 경우 전극의 선형 배열이 사용된다. 3차원 조사를 위해 전극은 평면 배열을 형성한다. 단층촬영 기법은 전류 전극 쌍과 전위 전극 쌍의 다양한 조합으로 분석된다. 단층촬영 역산은 복잡하고 많은 양의 계산이 필요하다. 단층촬영 역산을 통하여 전극 배열 아래의 실제 비저항의 2차원 또는 3차원 수직 단면을 산출한다. 표준 비저항 탐사 방법에서와 같이 비저항 단층촬영 탐사의 분해능과 최대 가탐 심도는 전극의 이격 거리 및 배열 형태에 따라 다르다.

그림 10.19는 환경 문제에 대한 직류 비저항 단층촬영을 적용한 사례로 알프스 암석 빙하와 영구동토층의 연장에 대한 탐사를 보여 준다. 스위스 코르바치산에 있는 무르텔 암석 빙하는 서서히 포행하고 있는 영구동토층이다. 수직 구조는 암석 빙하를 관통하는 시추를 통해 지표면 아래 약 50 m 깊이까지 알려져 있다. 웨너 배열을 적용한 30개 이상의 전극을 사용하여 전기 비저항 단층촬영 탐사를 수행하였고, 그 결과는 시추 자료와 잘 일치하는 비저항 수직 자료를 제공했으며 영구동토층의 측면 연장 범위를 자세히 보여 주고 있다(그림 10.19). 얼음은 모래나 자갈보다 훨씬 높은 비저항을 가지고 있다. 거대한 얼음에 해당하는 약 2 MΩm의 높은 비저항은 암석 빙하에서 5~15 m 깊이 사이에서 발견된다. 빙체 위와 아래에서 비저항은 더 작다. 약 10 kΩm의 표면층 비저항은 얼음보다 100배 작다. 빙체 아래 지역은 약 30%의 얼음이 포함된 얼어붙은 모래로 구성된 것으로 해석된다. 비저항은 얼음보다 10배 정도 낮지만 얼음 블록의 아래쪽 경계는 명확하게 구분되지 않는다. 암석 빙하 전면에서 비저항은 5 kΩm 미만이며 영구동토층이 없는 물질로의 급격하게 전이되고 있다.

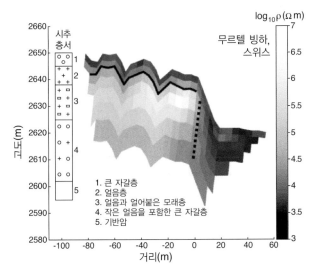

그림 10.19 스위스 코르바치(Corvatsch)산의 무르텔(Murtel) 암석 빙하의 전기 비저항 단층촬영 단면. 왼쪽 열은 비저항 측선 상단의 시추공에서 얻은 수직 층서를 보여 준다. 실선은 비저항이 높은 거대한 얼음체의 경계를 나타낸다. 점선은 빙하 앞에서 영구동토층이 없는 물질과 얼음체 사이의 수직 경계로 해석된다. 출처 : C. Hauck and D. Von der Muehll, Inversion and interpretation of two-dimensional geoelectrical measurements for detecting permafrost in mountainous regions, *Permafrost Periglac. Process.*, 14, 305–318, 2003.

10.6 전자 탐사

19세기 초기에 쿨롱, 외스테드, 암페어, 가우스, 패러데이가 선구적으로 관찰한 전기와 자기 현상은 스코틀랜드의 수리물리학자 맥스웰(J. C. Maxwell, 1831~1879)에 의해 1873년에 통합되었다. 맥스웰의 업적은 뉴턴의 만유인력 이론이나 아인슈타인의 상대성 이론 업적과 비슷하다. 뉴턴과 마찬가지로 맥스웰은 기존 지식을 수집하고 통합하여 또 다른 현상을 예측할 수 있게 했다. 그의 책 전기와 자기에 관한 논문(*A Treatise on Electricity and Magnetism*)은 물리학의 발전에 뉴턴의 프린키피아만큼이나 중요한 역할을 했다. 역학의 모든 논의가 뉴턴의 법칙으로 시작하는 것처럼 전자기학의 모든 논의는 맥스웰의 방정식으로 시작된다. 특히 그는 빛을 전기 및 자기와 같은 의미의 전자기 현상으로 분류하는 전자기장(electromagnetic field) 이론을 제안했다. 이것은 궁극적으로 물질의 파동성을 인식하게 했다. 불행히도 맥스웰은 그의 이론적 예측이 확인되기도 전인 경력의 전성기 시절에 일찍 요절했다. 독일 물리학자 헤르츠(H. Hertz, 1857~1894)는 맥스웰이 사망한 8년 뒤인 1887년에 전자기파의 존재를 실험적으로 확립했다.

쿨롱의 법칙은 전하가 다른 전하에 힘을 가하여 움직이게

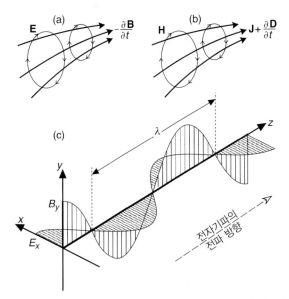

그림 10.20 (a) 변화하는 자기장($\partial B/\partial t$)에 의해 전기장 E가 생성되고, (b) 전류 밀도 J와 변화하는 변위 전류 밀도($\partial D/\partial t$)에 의해 자기장 B가 생성된다. (c) 전자기파에서 전기장 E_x와 자기장 B_y는 전파 방향(z축)에 수직인 평면에서 서로 수직으로 변동한다.

하는 전기장으로 둘러싸여 있음을 보여 준다. 암페어의 법칙은 도체에서 움직이는 전하(또는 전류)가 전하의 속도에 비례하는 자기장을 생성한다는 것을 보여 준다. 전기장이 증가하여 전하가 가속되면, 그 변화하는 속도는 변화하는 자기장을 생성하고, 이는 차례로 도체에 또 다른 전기장을 유도하여 (패러데이의 법칙) 가속된 전하의 이동에 영향을 준다. 전기장과 자기장이 결합하여 전자기장이라고 한다. 두 개의 직선 도체를 끝에서 끝까지 배치하고 직렬로 연결하면 전기 쌍극자역할을 한다. 도체에 교류 전기장을 생성시키면 전기 쌍극자를 진동시켜 전자기파를 방출하는 안테나 역할을 한다. 전자기파는 진동기의 주파수에 따라 변하는 자기장 B와 전기장 E로 구성되며 전파 방향에 수직인 평면에서 서로 직각을 이룬다 (그림 10.20). 진공에서 모든 전자기파는 자연의 기본 상수 중하나인 빛의 속도로 이동한다($c = 2.99792458 \times 10^8$ m s^{-1}, 약 300,000 km s^{-1}).

맥스웰 방정식에서 전자기장 방정식의 유도는 이 교재의 수준을 넘어서지만 그 의미를 쉽게 이해할 수 있다. 맥스웰 방정식으로부터 형태가 같은 두 개의 방정식이 얻어진다. 이들은 각각 **B**와 **E** 벡터의 전파를 설명하며 다음과 같이 쓸 수 있다.

$$\nabla^2 \mathbf{B} = \mu_r \mu_0 \sigma \frac{\partial \mathbf{B}}{\partial t} + \mu_r \mu_0 \varepsilon_r \varepsilon_0 \frac{\partial^2 \mathbf{B}}{\partial t^2} \tag{10.37}$$

$$\nabla^2 \mathbf{E} = \mu_r\mu_0\sigma\frac{\partial \mathbf{E}}{\partial t} + \mu_r\mu_0\varepsilon_r\varepsilon_0\frac{\partial^2 \mathbf{E}}{\partial t^2} \qquad (10.38)$$

여기서 카르테시안 좌표계로 라플라시안은 $\nabla^2 = \frac{\partial^2}{\partial x^2} + \frac{\partial^2}{\partial y^2} + \frac{\partial^2}{\partial z^2}$이다.

이 방정식에서 σ는 전기 전도도이다. μ_r은 투자율(magnetic permeability)이고 대부분 물질(강자성이 아닌 경우)은 1에 매우 가까운 값을 가진다. μ_0는 자기 상수(magnetic constant, 글 상자 11.1) 또는 진공에서의 투자율($\mu_0 = 4\pi \times 10^{-7}$ N A^{-2})이다. ε_r은 물질의 상대 유전율(relative permittivity)이다. 그리고 ε_0는 유전율 상수 또는 진공에서의 유전율이다($\varepsilon_0 = 8.854187817 \times 10^{-12}$ C^2 N^{-1} m^{-2}). μ_0와 ε_0의 크기는 빛의 속도 c와 관련이 있고 $\mu_0\varepsilon_0 = 1/c^2$로 주어진다. μ_0와 c는 SI 단위계에서 정확하게 정의되므로 이에 따라 ε_0도 정확하게 정의된다. 일정한 전기장에서 ε_r은 유전 상수(dielectric constant) κ로 알려져 있다. κ 값은 대부분 암석과 광물에서 5~20이고 물에서 80이다(10.2.3절). 퇴적물과 퇴적암에서 수분 함량은 κ 값을 결정하는 데 중요한 역할을 한다. ε_r의 값은 전기장의 주파수에 따라 증가한다.

전자기 복사는 넓은 주파수 스펙트럼을 갖는다. 전자기 복사는 초고주파(단파장) γ선과 X선에서 저주파(장파장) 무선 신호까지 확장된다(그림 10.21). 가시광선은 스펙트럼의 좁은 부분을 차지하고 있다. 전자기 복사의 두 가지 주파수 영역은 고체 지구의 지구물리학에서 특히 중요하다. 스펙트럼의 레이더 부분에 있는 고주파수 영역과 오디오 주파수에서 몇 시간, 며칠 또는 몇 년 주기의 신호에 이르는 넓은 영역의 저주파이다. 전자기 방정식은 이 두 가지 특정 주파수 영역에 대해 더 단순한 형태로 축약된다.

식 (10.38)의 좌변은 전자기파의 E 성분에 대한 공간 변화를 나타낸다. 우변은 시간에 따른 변화와 주파수 의존성을 설명한다. 우변의 첫 번째 항은 도체의 친숙한 전기 전도와 관련이 있다. 맥스웰은 두 번째 항을 도입하고 이것을 변위 전류(displacement current)라고 불렀다. 변위 전류는 전하가 변위되지만 원자에서 분리되지 않아 전기 분극을 일으킬 때 발생한다. 분극의 변동은 교류 변위 전류의 영향을 미친다. E와 B를 방출하는 전기 쌍극자가 각주파수 ω를 가지고 정현파로 진동한다고 가정해 보자. 그러면 $|\partial E/\partial t| \sim \omega E$, $|\partial^2 E/\partial t^2| \sim \omega^2 E$이므로 식 (10.38)의 우변의 첫 번째 항(전도)에 대한 두 번째 항(변위)의 크기 비율(Magnitude Ratio, MR)은 식 (10.39)이다.

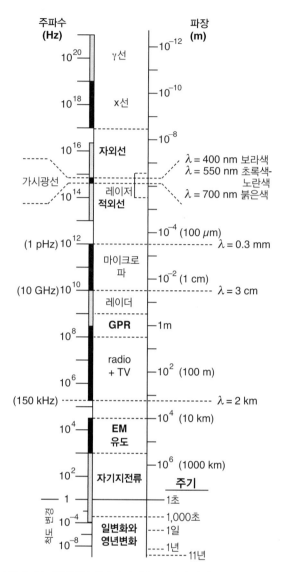

그림 10.21 일반적인 현상의 주파수 및 파장 범위와 전자기 탐사에 사용되는 주파수 및 주기를 보여 주는 전자기파 스펙트럼.

$$\mathrm{MR} = \frac{\left|\mu_0\varepsilon_0\varepsilon_r\frac{\partial^2 E}{\partial t^2}\right|}{\left|\mu_0\sigma\frac{\partial E}{\partial t}\right|} = \frac{\varepsilon_0\varepsilon_r\omega^2 E}{\sigma\omega E} = 2\pi f\frac{\varepsilon_0\varepsilon_r}{\sigma} \qquad (10.39)$$

여기서 f는 신호의 주파수이다. 암석과 토양의 전기 전도도 σ는 일반적으로 10^{-5}에서 10^{-1} S m^{-1} 범위에 있다. 광체의 σ는 $10^3 \sim 10^5$ S m^{-1} 정도로 커질 수 있다(그림 10.3 참조). 전자기 유도 탐사는 일반적으로 10^5 Hz 미만의 주파수로 수행되며, 크기 비율 MR은 양호한 도체와 불량 도체 모두에서 1보다 훨씬 작다. 이 주파수에서 전자기 신호는 변화하는 자기장이 전류로 변환되거나 또는 그 반대로 변환되는 확산 형태로 지면을 통과한다. 고주파 탐사는 약 10^8 Hz의 주파수를 가진 레이더 신호를 사용하며, 이에 대한 크기 비율 MR은 광체에서 매우 작지만, 암석과 토양에서는 1보다 훨씬 클 수 있다. 이러한 조건에서 전자기 신호는 파동의 형태로 전파되므로 회절, 굴절 및 반사가 발생한다.

10.6.1 전자기 유도

100 kHz 이하의 주파수를 사용하는 전자기(EM) 탐사는 전자기 유도에 대한 패러데이 법칙을 기반으로 한다. 코일이나 전선에 흐르는 교류 자기장은 도체에 전류를 유도한다. 암석과 토양은 전도도가 낮으므로 양호한 전도체에 비해 약하게 유도 전류가 생긴다. 지면에 유도된 맴돌이 전류(eddy current)는 2차 자기장을 생성한다. 지표면에서 자기장을 측정하면 2차 자기장과 1차 자기장이 중첩되어 측정된다(그림 10.22a).

저주파 평면파가 수직 z축을 따라 전파된다고 가정하자. 저주파에서 변위 전류는 전도 전류에 비해 무시할 수 있으므로 식 (10.37)은 축약되어 식 (10.40)이 된다.

$$\frac{\partial^2 \mathbf{B}}{\partial z^2} = \mu_0 \sigma \frac{\partial \mathbf{B}}{\partial t} \qquad (10.40)$$

여기서 자기장에는 B_x와 B_y 성분이 있다. 이 방정식의 형태는 1차원 확산 방정식 또는 **열전도** 방정식(식 9.28)을 연상시킨다. 이 방정식의 해(식 9.30)는 변동하는 열이 표면에 작용할 때 온

도가 시간과 공간에 따라 어떻게 변하는지 설명한다. 같은 방식으로 식 (10.40)의 해는 전기 전도도가 σ인 도체에서 각주파수 $\omega(= 2\pi f)$를 갖는 교류 자기장의 성분 B_x와 B_y로 구해지고 식 (10.41)로 쓸 수 있다.

$$B_{x,y}(z, t) = B_0 e^{-z/d} \cos\left(\omega t - \frac{z}{d}\right) \qquad (10.41)$$

$$d = \sqrt{\frac{2}{\mu_0 \sigma \omega}} \qquad (10.42)$$

여기서 d는 표피 심도(skin depth)라고 한다. 표피 심도에서 자기장은 도체 외부에서 크기의 e^{-1}(~37%)로 감쇠된다. 표피 심도는 물체의 전기 전도도와 자기장의 주파수에 따라 달라진다. 저주파 교류 자기장($f \sim 10^3$ Hz)에서 일반적인 지반($\sigma \sim 10^{-3}$ S m^{-1})의 표피 심도는 약 500 m이지만 광체($\sigma \sim 10^4$ S m^{-1})에서는 ~16 cm에 불과하다. 고주파 레이더 신호($f \sim 10^9$ Hz)에 대한 표피 심도는 각각 50 cm와 0.16 mm이다. 표피 심도는 자기장의 최대 투과 심도가 아니다. 자기장이 얼마나 빨리 감쇠하는지를 나타내는 데 도움이 되지만, 자기장은 표피 심도의 몇 배나 되는 깊이까지도 효과적으로 투과한다. 그러나 깊이 $z = 5d$에서 ~1%로, $z = 7d$에서 ~0.1%로 감소하여 전자기 유도 탐사의 실제 탐사 가능 깊이를 효과적으로 제한한다.

전자기 유도의 많은 현장 탐사 방법에는 공통된 원리가 있다. 코일 또는 전선은 1차 교류 자기장의 송신기로 사용되고, 다른 코일은 1차 신호와 동시에 도체에 유도된 맴돌이 전류의 2차 신호 모두를 감지하는 수신기 역할을 한다(그림 10.22a). 전도체의 자기장은 전도도로 인해 위상 변이(z/d와 동일, 식 10.41)를 갖는다. 그 결과 수신기에서 2차 신호와 1차 신호 사이에 위상차 ϕ가 발생한다(그림 10.22b). 전자기 유도의 정확한 이론은 간단한 상황에서도 복잡하지만 전기 회로 이론의 몇 가지 개념을 적용하면 간단하게 정성적으로 해석할 수 있다. 글상자 9.2에서와 같이 -1의 제곱근인 i를 포함하는 복소수를 사용할 것이다(글상자 4.6).

송신기, 수신기 및 도체의 전류 시스템을 각각 전류 I_t, I_r, I_c가 흐르는 간단한 회로로 표시한다. 전류가 정현파인 경우 전류는 $I = I_0 e^{i\omega t}$ 형식을 가지므로 $dI/dt = i\omega I$가 된다. 도체의 저항을 R, 자체 인덕턴스를 L로 하자. 도체의 전압 V_c는 두 부분으로 구성된다. 전류 I_c와 저항 R에 따른 전압은 $I_c R$과 같다. 전류의 변화로 인한 유도된 전압은 $L\, dI_c/dt$와 같다. 따라서 도체의 전체 전압은 식 (10.43)이다.

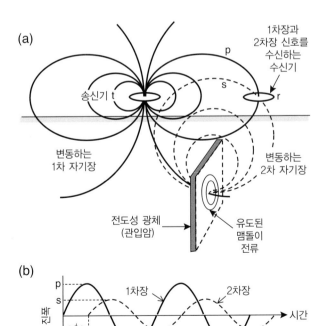

그림 10.22 (a) 얕은 광체에 대한 전자 탐사의 수평 루프 유도법에서 1차 및 2차장, (b) 1차(p) 및 2차(s)의 진폭 및 위상.

$$V_c = I_c R + L \frac{dI_c}{dt} = I_c(R + i\omega L) \tag{10.43}$$

전압 V_c는 송신기 회로에서 변화하는 전류 I_t에 의해 도체에 유도된다. 송신기와 도체 사이의 상호 인덕턴스를 M_{tc}라고 하자. 그러면 전압은 $V_c = -M_{tc}\, dI_t/dt$이다. 유사하게, 송신기 전류는 수신기에 1차 전압 $V_p = -M_{tr}\, dI_t/dt$를 유도하며, 여기서 도체의 맴돌이 전류도 2차 전압 $V_s = -M_{cr}\, dI_c/dt$를 유도한다. 여기서 M_{tr}과 M_{cr}은 각각 송신기와 수신기, 도체와 수신기 사이의 상호 인덕턴스이다. 서로 다른 전압과 전류 사이에는 다음과 같은 관계가 존재한다.

$$V_p = -M_{tr}\frac{dI_t}{dt} = -i\omega M_{tr} I_t \tag{10.44}$$

$$V_s = -M_{cr}\frac{dI_c}{dt} = -i\omega M_{cr} I_c \tag{10.45}$$

$$V_c = -M_{tc}\frac{dI_t}{dt} = -i\omega M_{tc} I_t \tag{10.46}$$

식 (10.43)과 (10.46)을 결합하면 식 (10.47)이 된다.

$$\frac{I_c}{I_t} = \frac{-i\omega M_{tc}}{R + i\omega L} = \frac{-i\omega M_{tc}}{(R^2 + \omega^2 L^2)}(R - i\omega L) \tag{10.47}$$

식 (10.44)와 (10.45)로부터 수신기에서 V_s와 V_p의 비는 식 (10.48)로 쓸 수 있다.

$$\frac{V_s}{V_p} = \frac{M_{cr}}{M_{tr}}\frac{I_c}{I_t} = -\frac{M_{tc}M_{cr}}{M_{tr}}\frac{(\omega^2 L + i\omega R)}{(R^2 + \omega^2 L^2)} \tag{10.48}$$

이 식을 다시 쓰면 식 (10.49)가 된다.

$$\frac{V_s}{V_p} = \frac{M_{cr}}{M_{tr}}\frac{I_c}{I_t} = -\frac{M_{tc}M_{cr}}{M_{tr}L}\left(\frac{\beta^2 + i\beta}{1 + \beta^2}\right) \tag{10.49}$$

여기서 $\beta = \omega L/R$이고 도체의 반응 변수(response parameter)라 한다. 식 (10.49)에서 괄호 안은 복소수이므로 전압 비율(또는 측정 시스템의 응답)은 $P + iQ$로 쓸 수 있다. 실수부 P는 1차 신호와 같은 위상을 가지며 응답의 동상 성분(in-phase component)이라고 한다. 허수부 Q는 1차 신호와 위상차가 90° 위상이다(즉, 기본 신호가 $\sim\cos\omega t$인 경우 허수부는 $\sim\sin\omega t = \cos[\omega t - \pi/2]$). 이를 이상 성분(quadrature component)[2]이라고 한다.

10.6.2 전자 탐사

전자기 유도의 기본 방정식은 확산 방정식(식 9.29)과 유사하므로 전자 탐사법을 확산법으로 분류한다. 중력, 자기장, 지열 및 지진 표면파 방법과 같은 확산 기술은 특정 물리적 변수의 체적 평균에 반응하며 분포의 세부 사항을 표시하지 않는다. 따라서 전자기 유도는 특정한 체적에서 전기 전도도의 평균값을 산출하지만, 퍼텐셜을 이용하는 방법보다 우수한 분해능을 가진다.

가장 간단한 육상 기반 전자 탐사에서 송신기는 지표면에 설치한 긴 전선 또는 큰 수평 루프나 중심축이 수직 또는 수평인 작은 코일(지름 ~1 m)을 이용한다. 수신기는 일반적으로 유사한 작은 코일을 사용한다. 수신기는 2차 신호의 방향, 강도 및 위상을 감지하는 데 사용된다. 가장 간단한 적용 사례는 수평축으로 놓인 코일의 기울기로부터 수신기에서 1차장과 2차장이 결합된 경사각을 측정한다. 이 방법을 사용하여 도체의 위치, 대체적인 크기, 연장성 및 깊이를 결정할 수 있다. 그러나 경사각 탐사법은 2차 신호에서 사용 가능한 정보의 일부분만을 이용하고 도체의 전기적 특성을 설명하지 못한다. 식 (10.49)로 나타낸 바와 같이, 이러한 속성은 1차 신호에 대한 2차 신호의 상대적인 위상의 동상 성분과 이상 성분 및 상대 진폭에 영향을 준다. 따라서 전자 탐사에 위상 성분을 사용하면 더 자세한 해석이 가능하다.

육상 전자 탐사는 슬린그램(Slingram) 또는 론카(Ronka)라는 상용 이름으로도 널리 알려진 수평 루프 전자 탐사법(Horizontal Loop Electro-Magnetic, HLEM) 등이 있다. 수신기와 송신기는 약 30~100 m 길이의 고정 전선으로 연결되며, 의심되는 도체를 횡단하며 탐사하는 동안 송신기-수신기 쌍은 일정한 간격을 유지한다(그림 10.23a). 송신기의 전선은 1차장 신호를 정확히 상쇄시키는 직접 신호를 수신기에 보내고 도체에서 발생한 2차장 신호만을 남긴다.[3] 남겨진 2차장 신호는 동상 성분과 이상 성분으로 분리되며, 이를 1차장에 신호에 대한 상대적인 백분율로 계산하여 코일 쌍의 중간 지점에 표시한다(그림 10.23b). 동상 및 이상 신호는 도체에서 멀리 떨어지거나, 송신기 또는 수신기가 도체를 통과하는 위치에서 0이다. 이런 특성은 매몰된 도체의 윤곽을 그림으로 표현할 수 있게 한다. 신호는 도체의 양쪽 끝에서 양의 최댓값으로 상승하

---

2 이상(異相) 성분 : 기준 신호와 90° 위상차를 갖는 신호이고 직각 성분이라고도 한다.

3 수신기에서 1차장의 신호를 정확하게 상쇄시키도록 배치한 코일을 버킹 코일 또는 상쇄 코일이라고 한다.

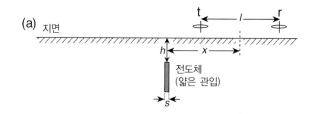

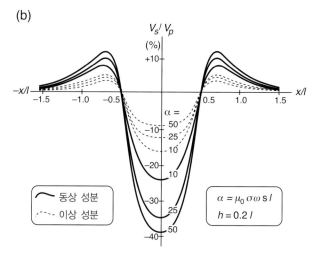

그림 10.23 (a) 얇은 수직 관입암을 가로지르는 수평 루프 전자 탐사법(HLEM)의 측선, (b) 무차원 반응 변수 α의 일부 값에 대한 깊이 $h/l = 0.2$에서 관입암을 가로지르는 측선에 대한 동상 성분과 이상 성분.

고 도체 중앙에서 음의 최댓값으로 내려간다. 동상 및 이상 성분의 최댓값은 반응하는 도체의 품위에 따라 달라지며, 이는 식 (10.49)의 반응 변수 β로 표현된다. 도체의 품위를 나타내는 적절한 함수는 무차원 변수 $\alpha = \mu_0 \sigma \omega \, sl$이며, 여기에는 전기 전도도 σ, 도체의 너비 s, 전자기 시스템의 코일 간격 l 및 주파수 ω가 포함된다. α 값에 따른 반응 곡선의 체계적인 변화(그림 10.23b)를 통해 도체의 품위를 해석할 수 있다. 이를 수행하는 간단한 방법은 모델 반응 곡선을 사용하는 것이다. 전도성 광체에 대한 동상 및 이상 신호의 변화는 실험실에서 축소된 모형으로 실험적으로 모델링할 수 있다. s 및 l이 작은 값을 갖는 실험실 모형을 이용하여 같은 크기의 반응 변수 α를 만들기 위해 보상적으로 더 큰 σ 및 ω 값이 사용된다. 다른 α에 대한 모

델 반응 곡선은 현장에서 측정된 실제 도체의 해석에 직접 적용할 수 있다.

전자 탐사에서 가장 일반적인 탐사 방법은 관입 또는 기타 의심되는 도체의 주향에 직각으로 횡단하는 평행한 측선들에서 측정하는 것이다. 환경 조사에서 전자 탐사는 유체나 가스를 운반하는 매설 파이프를 찾는 데 유용하다. 지상 기반 전자 탐사 방법은 수평층의 전기 전도도를 얻기 위해 비저항 방법과 같은 원리를 적용하여 수직 탐사법에도 사용할 수 있다. 송신기와 수신기의 간격이 클수록 도체를 분석할 수 있는 최대 깊이가 깊어진다. 침투 깊이는 또한 전자기 신호의 주파수에 따라 달라진다. 저주파는 고주파보다 더 깊이 침투한다. 결과적으로 더 높은 주파수는 지하수면의 심도와 같은 천부의 환경 조사에 더 유용하지만 광산 회사가 관심을 두는 광체는 더 깊이 묻혀 있으므로 심부 탐사를 위해서는 더 낮은 주파수를 이용한 전자 탐사가 필요하다.

전자 탐사법은 항공 탐사에 매우 적합하다. 항공 전자 탐사는 원래 고정익 항공기로 수행되었지만, 더 거친 지형에서 지면에 더 가깝게 비행하기 적합한 헬리콥터를 일반적으로 사용하고 있다. 송신기와 수신기 코일은 최적으로 결합하는 항공기의 고정된 위치(예 : 코일들이 동축이고 비행 측선과 평행함)에 장착되거나 항공 자력 탐사와 유사한 배열을 사용하여 견인하는 '버드(bird)'의 형태로 설치된다(그림 11.24a 참조). 또 다른 구성 방법으로는 송신기는 비행기에 안에 장착하고 수신기는 버드 또는 다른 비행기에 설치될 수 있다. 이 배열에서 송신기와 수신기의 간격이 증가하면 더 깊은 침투가 가능하다. 그러나 비행 중에 버드는 요(yaw) 및 피치(pitch)로 인해 코일의 분리 및 평행도가 변경되어 종종 이상 성분만 사용할 수 있다. 비행 패턴은 지형을 가로지르는 평행한 측선으로 구성된다. 탐사 고도는 고정익 항공기의 경우 지상 약 100 m, 헬리콥터의 경우 30 m에서 비행한다.

동시에 탐사할 수 있는 지하 깊이의 범위를 확장하기 위해 최신 전자 탐사 시스템은 여러 주파수를 동시에 측정한다. 헬

그림 10.24 5쌍의 수평 동일 평면 코일과 한 쌍의 동축 코일로 구성된 RESOLVE 헬리콥터 탑재 전자 탐사 시스템의 모식도(실제 축적은 아님). 헬리콥터 아래 원통형 하우징으로 견인된다. 코일 옆의 숫자는 kHz 단위의 작동 주파수이다. 출처 : EM GeoSci 웹사이트, https://em.geosci.xyz/index.html.

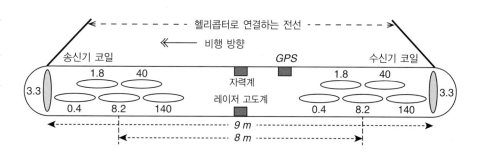

리콥터 전자 탐사를 위해 10 m 길이의 견인 '버드'에 설치하는 다중 주파수 코일 배열이 그림 10.24에 설명되어 있다. 이 예에서 버드는 400 Hz에서 140 kHz까지의 단일 주파수에서 작동하는 5쌍의 동일 평면 수평 코일과 단일 동축 쌍을 포함한다. 송신기와 수신기 사이의 거리는 각 동일 평면 쌍에 대해 약 8 m이고 동축 쌍에 대해 9 m이다. 탐사의 변수와 목적에 따라 다양한 코일 배열과 작동 주파수가 사용된다. 버드의 위치는 GPS(3.5.4절)에 의해 정확하게 결정되고 고도는 레이저 고도계로 측정된다.

10.6.3 시간영역 전자 탐사

2차 자기장의 동상 성분과 이상 성분을 측정하여 도체의 존재와 품위를 판정하는 전자기 유도 방법은 1980년대까지 주요한 전자 탐사법이었고 여전히 성공적으로 사용되고 있다. 전자공학의 발전과 계산 능력이 엄청나게 향상되어 시간영역 전자 탐사(Transient ElectroMagnetic, TEM)가 점점 더 중요하게 되었다. 지상 또는 항공 시간영역 전자 탐사는 엄청난 계산량이 필요하다. 초기에는 고정익 항공기 주위에 대형 송신 코일로 설치하고 수신 코일을 견인하는 방식이었으나, 현재는 느리지만 기동성이 좋은 헬리콥터를 사용하는 것이 일반적이다(그림 10.25a). 이산 주파수를 전송하는 대신 시간영역 전자 탐사 방법은 펄스 직류를 소스로 사용한다. 파형은 경계가 날카로운 단절된 거의 정사각형 모양이다. 이것은 전기 전도도에 따라 달라지는 감쇠 비율을 가지는 수많은 주파수를 가진 맴돌이 전류를 유도한다.

시간영역 전자 탐사법에서 송신 코일의 직류 전류는 정상 상태의 1차 자기장을 생성한다. 1차 자기장은 10~20밀리초 동안 일정한 값으로 유지되다가 0.001초 이내에 갑자기 꺼진다(그림 10.25b). 기전력(electromotive force, emf)은 플럭스의 변화율(그림 10.25c)에 비례하여 가능한 한 빠르게 지면에 유도된다. 다른 전자 탐사법과 마찬가지로 전류가 지면에 유도되고 수신기에 감지되는 2차 자기장을 발생시킨다. 1차 전류는 10~20밀리초 동안 꺼지며 이 시간 동안 지상의 전류는 불량한 도체에서는 빠른 속도로 감쇠하고 양호한 도체에서는 천천히 감쇠한다(그림 10.25d). 다음 반주기는 반대 방향의 전류로 과정을 반복하여 결과적으로 초당 10~20회 주기의 펄스 속도가 된다.

송신기 전류의 갑작스러운 차단에 기인한 1차 자기장은 지면에서 수많은 주파수를 가지는 전류를 유도한다. 표피 심도 효과로 인해 각 주파수는 수직 전도도 차이에 따라 서로 다른

최대 깊이까지 침투한다. 따라서 감쇠하는 2차장도 역시 진폭이 전도도에 의해 수정된 수많은 주파수의 중첩으로 구성된다. 일반적으로 감쇠하는 2차장의 초반부는 얕은 깊이의 전도도를 반영하는 반면 후반부는 더 깊은 소스에 기인한다. 그러나 이것은 각 깊이에서 맴돌이 전류의 2차 자기장이 더 깊은 전도층에서 맴돌이 전류와 자기장을 유도하여 감쇠 곡선에 반영되기 때문에 수신기에서 측정된 전자기장을 지나치게 단순화한 모델이다.

감쇠 곡선은 1차장의 간섭을 최소화하려고 송신기가 꺼져 있는 시간 동안 미리 설정한 짧은 시간 창(게이트라고 함)으로 샘플링된다. 샘플링 게이트의 너비는 다양하다. 그것들은 감쇠 간격의 초반부에서 매우 짧고 2차장이 약해지는 후반부에서 더 길다. 게이트 샘플링은 각 펄스에 대해 반복되고 각 특정 게이트에 대한 샘플링 값은 매우 약한 2차 신호를 강화하기 위해 함께 합산된다. 푸리에 분석의 계산 기술로 지하 전도도의 수직 분포를 해석하는 게이트 감쇠 곡선을 분석한다.

지상 기반 시간영역 전자 탐사법에서 지면에 놓인 정사각형 코일은 송신기 역할을 하고, 중간에 있는 작은 코일은 수신기 역할을 한다. 최적의 깊이 분석을 위해 적절한 송신기의 끝단 길이를 선택한다. 송신기의 길이는 지표 근처의 환경에 관한 연구면 불과 몇 미터일 수 있고, 더 깊은 탐사의 경우 100 m가 될 수 있다. 헬리콥터를 이용한 항공 시간영역 전자 탐사(그림 10.25a)에서 송신 코일은 지름이 40 m 이상일 수 있으며 항공기 아래 30~100 m에 매달려 있다. 비행 고도는 지하 전도체까지의 거리를 증가시키므로 지상 기반 방법에 비해 분해능이 감소하지만, 육상에서 접근이 불가능한 지역에서 탐사할 수 있게 하고 빠른 속도로 탐사할 수 있는 장점이 있다. 이 방법은 광물 탐사 및 환경 조사에 사용된다.

10.6.4 자기지전류 탐사

자기지전류(Magnetotelluric, MT) 탐사(자기지전류 수직 탐사라고도 함)는 자연 소스를 이용하는 전자 탐사법이다. 자기지전류 탐사는 자연 소스에서 나오는 저주파의 외부 지자기장 신호가 지각과 맨틀 깊숙이 침투할 수 있는 능력을 이용하는 수직 전자 탐사의 중요한 형태이다. 전리층에서 발생하는 변동하는 전자기장은 지표면에서 부분적으로 반사된다. 반사된 전자기장은 전도성 전리층에서 다시 반사된다. 이 과정이 반복되어 전자기장은 결국 강한 수직 성분을 가지며 넓은 주파수 스펙트럼을 가진 수직으로 전파되는 평면파로 간주할 수 있다. 이 전

그림 10.25 (a) 헬리콥터를 이용한 항공 시간영역 전자 탐사의 개략도, (b) 1차 송신 코일의 전류, (c) 송신 코일의 1차 필드에 의해 지면에 유도된 기전력, (d) 수신기에 의해 감지된 2차 자기장. 출처 : A. V. Christensen, E. Auken, and K. Sørensen. The transient electromagnetic method. In: *Groundwater Geophysics*, R. Kirsch, ed., pp. 179–226, Berlin: Springer, 2009.

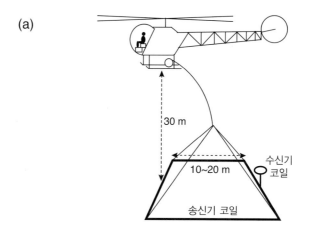

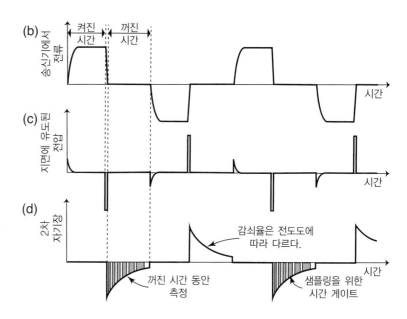

자기장은 지면으로 침투하여 자기지전류(10.4.3절)를 유도하여 차례로 2차 자기장을 생성한다. 자기지전류는 일반적으로 북-남과 동-서 방향의 두 쌍의 전극으로 감지된다. 자기장은 자기지전류 성분과 평행한 두 개의 수평 성분과 수직 성분이 측정된다. 이 방법은 인공 소스 유도 방법보다 훨씬 더 깊은 심도의 전도도 정보를 산출한다. 자기지전류 탐사는 상부 지각에서 깊은 심도의 석유 및 광화대를 찾는 데 적용되었다. 또한 자기지전류 탐사법은 10~1,000초 범위의 긴 주기를 이용하여 지각과 상부 맨틀의 구조를 조사하는 중요한 방법이다.

z 방향으로 전파하는 전자기 평면파를 고려해 보자(그림 10.20). 자기장 B_y(E_x에 수직)가 y축 성분이 되고 전기장 성분 E_x를 x축 성분이 되도록 설정한다. 맥스웰 방정식에 요약된 암페어의 법칙은 E_x를 z 방향의 B_y 기울기와 연관시킨다. B에는 y 성분만 있으므로 암페어의 법칙은 식 (10.50)으로 간단해진다.

$$E_x = -\frac{1}{\mu_0 \sigma} \frac{\partial B_y}{\partial z} \tag{10.50}$$

여기서 B_y는 식 (10.41)에서 주어진다. B_y를 미분하여 식 (10.51)을 유도한다.

$$
\begin{aligned}
E_x &= -\frac{B_0}{\mu_0 \sigma} \left\{ \left(-\frac{e^{-z/d}}{d} \right) \cos\left(\omega t - \frac{z}{d} \right) \right. \\
&\qquad \left. + e^{-z/d} \left(-\frac{1}{d} \right) \left(-\sin\left(\omega t - \frac{z}{d} \right) \right) \right\} \\
&= \frac{B_0}{\mu_0 \sigma d} e^{-z/d} \left\{ \cos\left(\omega t - \frac{z}{d} \right) - \sin\left(\omega t - \frac{z}{d} \right) \right\} \\
&= \frac{B_0}{\mu_0 \sigma d} e^{-z/d} \sqrt{2} \cos\left(\omega t - \frac{z}{d} + \frac{\pi}{4} \right)
\end{aligned} \tag{10.51}
$$

그림 10.26 자기지전류 탐사 결과로 해석한 밴쿠버섬과 인접한 본토 아래의 지각과 상부 맨틀의 2차원 비저항 모델. 출처 : R.D. Kurtz, J.M. DeLaurier and J.C. Gupta, A magnetotelluric sounding across Vancouver Island detects the subducting Juan de Fuca plate, *Nature* 321, 596-599, 1986.

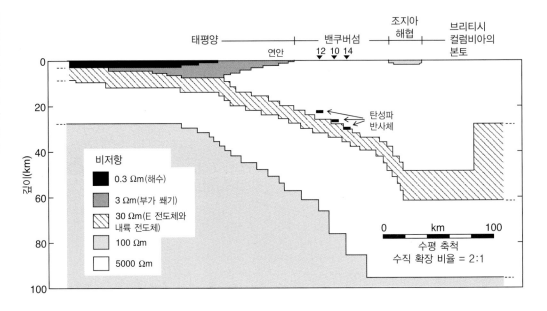

식 (10.41)과 (10.51)을 비교하면 E_x와 B_y 사이의 위상차가 $45°(\pi/4)$임을 알 수 있다. 그리고 두 성분의 최대 진폭의 비는 식 (10.52)이다.

$$\frac{|E_x|}{|B_y|} = \frac{\sqrt{2}}{\mu_0 \sigma d} \qquad (10.52)$$

식 (10.42)로부터 d를 대입하고 $\rho = 1/\sigma$로 쓰면 깊이 d에서 유효 비저항 ρ가 구해진다.

$$\rho = \frac{\mu_0}{\omega} \frac{|E_x|^2}{|B_y|^2} \qquad (10.53)$$

$$d = \frac{\sqrt{2}}{\omega} \frac{|E_x|}{|B_y|} \qquad (10.54)$$

y축 성분의 전기장과 x축 성분의 자기장을 이용한 분석을 통하여 유사한 결과를 얻을 수 있다. 이 경우 전기장과 자기장의 진폭의 비율은 $|E_y|/|B_x|$이다.

수평 자기장 B_x 및 B_y 외에도 수직 성분 B_z도 2차원 구조 해석에 사용하기 위해 기록된다. 따라서 MT 측정점의 자료 세트는 몇 시간 또는 며칠에 걸친 긴 관찰 간격 동안 연속적으로 기록된 2개의 전기장 성분과 3개의 자기장 성분으로 구성된다. 기록된 자기장은 전리층에 기인한 외부 부분과 유도 전류 분포와 관련된 내부 부분으로 구성된다. 이러한 성분들은 분석적으로 분리되어야 한다. 전기장과 자기장 기록에는 수많은 주파수가 포함되어 있으며, 그중 일부는 단순한 잡음이고 일부는 지구물리적 관심 대상이다. 결과적으로 파워 스펙트럼 분석과 필터링과 같은 정교한 자료 처리 과정이 필요하다.

MT 자료의 해석은 순산 모델링과 역산 해석을 기반으로 한다. 순산 모델링은 전기 전도도 분포를 구하는 직접적인 접근 방식이다. 전기 전도도 모델을 가정하여 이론 응답을 계산하고 실제 응답과 비교한다. 모델의 변수는 측정값에 가장 적합한 이론 응답을 얻기 위해 반복적으로 조정된다. 직류를 사용하는 수직 전기 탐사(10.5.6절)와 같이 역산 방법은 전기 전도도 분포를 결정하기 위해 관측값의 주파수 스펙트럼을 사용하여 전자기 유도 문제에 대한 해를 찾는다.

MT 수직 탐사는 가청하(subaudio) 주파수에서 가청(audio) 주파수 범위($f \sim 10 \sim 10^4$ Hz)까지 이용할 수 있지만, 매우 낮은 주파수($f \ll 1$ Hz)를 사용하여 심부의 전기 전도도 측정에 주요하게 적용된다. MT 수직 탐사를 적용한 지각과 상부 맨틀의 비저항 탐사는 밴쿠버섬을 가로지르는 측선 탐사의 예가 있다(그림 10.26). 북서-남동 방향의 탄성파 반사법 측선을 따라 27개의 MT 수직 탐사 측점이 위치한다. 3개의 측정점(10, 12, 14) 아래 비저항의 수직 분포에 대한 1차원 분석은 관련된 탄성파 반사법 측선에서 관찰된 주요 탄성파 반사면과 거의 같은 깊이에서 전기적 불연속성을 보여 준다. 이 깊이 이상의 평균 비저항에 대해 얻은 정보는 모든 측정점에서 MT 기록의 2차원 역산에 사용되었다. 비저항 패턴은 100 km 깊이까지 해석되었다. 해석된 비저항 패턴은 비저항이 훨씬 더 큰 물질($\rho \geq 5{,}000 \ \Omega$ m)로 둘러싸인 낮은 비저항($\rho \approx 30 \ \Omega$ m)을 가진 E 전도체라고 불리는 이상체가 북동쪽으로 침강하는 영역을 보여 준다. E 전도체는 침강하는 후안 데 푸카판의 상단으로 해

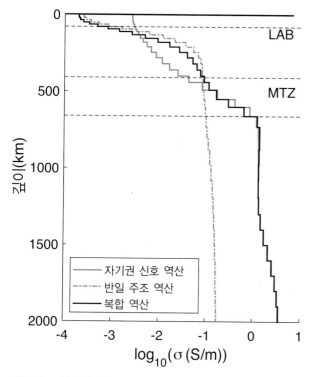

그림 10.27 위성 자기권 신호 역산(회색 실선) 및 반일 주조 신호 역산(회색 점선)과 두 자료의 복합 역산(검정색 실선)을 통해 유도한 맨틀의 전기 전도도 모델. LAB(Lithosphere-Asthenosphere Boundary)는 해양 아래 암석권-연약권 경계의 평균 깊이이고 MTZ(Mantle Transition Zone)는 상부 맨틀 전이대이다. 출처 : Grayver, A. V., Munch, F. D., Kuvshinov, A., Khan, A., Sabaka, T. J. and Tøffner-Clausen, L. 2017. Joint inversion of satellite-detected tidal and magnetospheric signals constrains electrical conductivity and water content of the upper mantle and transition zone. *Geophys. Res. Lett.*, 44, 6074–6081, 2017.

석되어 북미판 아래로 섭입한다. 판 상단의 비정상적으로 높은 전도성은 부착 쐐기에서 파생된 퇴적물의 전도성 유체에 기인한다.

10.6.5 해류 순환과 상부 맨틀 전도도

바닷물은 용해된 염분 농도가 높으므로 양호한 전기 전도체이다. 해양은 무엇보다도 기조력에 의해 끊임없이 움직이고 있다. 지구 자기장 안에서 전기 전도성 해수의 운동은 로렌츠 힘을 받아 해양에 약한 전류를 유도한다(글상자 11.1). 이러한 전류는 해양 표면에서 수 nT의 진폭을 갖는 2차 자기장을 생성하며, 이는 육지와 특히 인공위성에 배치된 자력계에 의해 감지될 수 있다. 이러한 자기장은 인공위성 궤도의 고도에서 2 nT 미만의 진폭을 가지는 데 반해, 주요 지자기장은 최대 54,000 nT 정도의 진폭을 가진다. 그럼에도 불구하고, 그것들은 해류 흐름을 해석하기 위하여 지도로 그려져서 해석될 수

있다.

해양에서 국지적인 지오이드 기복을 반영한 해수면의 고점과 저점이 있다. 중력에 의해 해수는 해수면의 높은 곳에서 낮은 곳으로 흘러가 해류를 형성한다. 주변 지자기장 안에서 전도성 해수의 흐름은 해수에 전류를 유도한다. 이 전류는 2차 자기장의 소스가 된다. CHAMP와 SWARM과 같은 저궤도 위성 자기장 임무(3.5.5절과 3.5.6절)는 해양 전류로 인한 약한 자기장을 측정하고 달에 의한 반일 주조로 인한 성분을 분리하고 식별하게 한다. 해양 분지의 순환 시스템에서 해수의 흐름은 조석 효과보다 약한 자기장을 생성한다. 그들은 다양한 다른 전자기 신호의 배경값과 분리하기 어렵다.

반일 주조와 자기권에서 발생한 자기장 신호를 CHAMP와 SWARM 위성에서 기록하여 맨틀의 전기 전도도 구조를 추정하는 데 사용되고 있다. 밝혀진 구조는 전기 전도도의 수직 깊이 측선으로 표현된다(그림 10.27). 조석 신호의 역산 결과는 약 70 km 두께로 추정되는 상부 비저항층(전도도 ~2 × 10^{-4} S m^{-1})을 보여 준다. 그 아래에서는 전도도가 급격히 증가하고 250 km 깊이 아래에서 ~1 × 10^{-1} S m^{-1}로 일정하다. 이러한 증가는 차갑고 단단한 암석권이 부분 용융과 물을 포함하는 더 뜨거운 연약권으로 전이하고 있다고 해석될 수 있다. 자기권 신호의 역산 결과로 얻은 전도도 측선은 암석권-연약권 경계를 인식하지 못하지만, 상부 맨틀 전이대를 통해 부드럽게 증가하는 것을 보여 준다. 두 자료의 복합 역산 결과는 전이대 아래의 맨틀 전도도가 1 S m^{-1} 정도임을 보여 준다.

10.6.6 지표 투과 레이더

전자기 유도 방정식에서 매질의 전기 전도도가 낮은 경우 고주파 영역에서는 전도도 항은 변위 전류 항에 비하여 작아 무시될 수 있다. 그러면 전기장 방정식은 식 (10.55)가 된다.

$$\nabla^2 E = \mu_0 \varepsilon \frac{\partial^2 E}{\partial t^2} \qquad (10.55)$$

자기장도 비슷한 형태의 방정식으로 표현된다. 이것은 탄성 매질에서 진동의 전파를 설명하는 친숙한 파동 방정식 형태를 갖는다(식 6.4). 유사하게, 식 (10.55)는 전자기파 중 전기장의 전파를 설명한다. 탄성파 방정식과 비교하여 전자기파의 전기장(E)과 자기장(B)은 같은 속도 V를 가지고, 이 속도는 $V^2 = 1/\mu_0 \varepsilon$임을 알 수 있다. 진공에서 파동 속도는 빛의 속도 c와 같고 $c^2 = 1/\mu_0 \varepsilon_0$로 주어진다. 관계식 $\varepsilon = \kappa \varepsilon_0$를 사용하여 $V^2 = c^2/\kappa$

그림 10.28 지표 투과 레이더로 밝혀진 화강암 기반암의 파쇄대 패턴. (a) 지질 단면, (b) 처리된 지표 투과 레이더 반사 단면(P. Annan 제공).

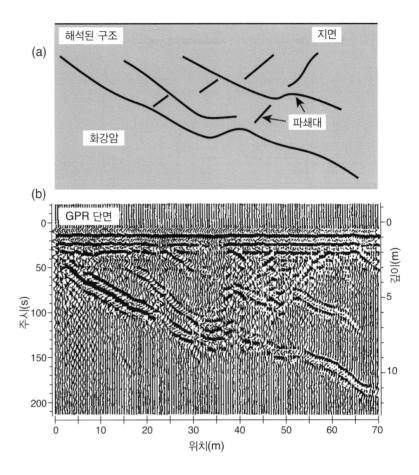

을 얻고, 지구 내부 물질의 대부분은 유전 상수 κ가 5~20이라는 점을 고려하면 지구 내부에서 전자기파의 속도는 $0.2c$~$0.6c$인 것으로 밝혀졌다.

추가 논의를 단순화하기 위해 전자기 교란이 z축(즉, $\partial/\partial x = \partial/\partial y = 0$)을 따라 전파되어 라플라시안이 $\nabla^2 = \partial^2/\partial z^2$이 된다고 가정한다. 이런 1차원의 경우 전기장의 파동 방정식은 식 (10.56)이다.

$$\frac{\partial^2 E}{\partial z^2} = \mu_0 \varepsilon \frac{\partial^2 E}{\partial t^2} = \frac{1}{V^2}\frac{\partial^2 E}{\partial t^2} \tag{10.56}$$

이 방정식을 식 (6.4)와 비교하면 탄성파에 대한 해(식 6.21)에서 전기장의 성분 E_i에 대한 해는 다음과 같다.

$$E_i = E_0 \sin 2\pi\left(\frac{z}{\lambda} - ft\right) \tag{10.57}$$

여기서 λ는 파장, f는 주파수, 파의 속도 $V = f\lambda$이다.

위의 고려 사항은 고주파 전자파가 탄성파와 유사한 방식으로 지면에서 전파한다는 것을 시사한다. 탄성파의 전파가 탄성 계수에 의해 결정되는 것처럼, 레이더 신호의 전파는 지면의 유전 특성에 따라 달라진다. 비교적 최신 지구물리탐사 분야인 지표 투과 레이더(Ground Penetrating Radar, GPR) 또는 지오레이더(georadar)는 지하 구조물을 조사하기 위해 개발되었다. 지표 투과 레이더는 탄성파 반사법에서 사용되는 친숙한 '반향 원리'를 사용한다. 몇 나노초(즉, ~10^{-8}초) 동안 지속되는 매우 짧은 레이더 펄스가 지표면의 이동 안테나에서 방출된다. 지상을 통한 레이더 신호의 경로는 유전 상수가 변하는 경계에서 굴절, 반사 및 회절하는 광선으로 추적될 수 있다. 두 번째 안테나인 수신기는 탄성파 반사의 경우와 같이 송신기 가까이에 위치하여 지하 불연속으로부터 수직에 가까운 반사를 수신한다. 탄성파 반사법의 신호 처리 기술을 지표 투과 레이더 신호에 적용하여 회절 및 기타 잡음의 영향을 최소화할 수 있다. 결과적으로, 지표 투과 레이더는 얕은 지하 구조의 상세한 영상을 제공한다(그림 10.28). 이것은 묻혔거나 잊힌 폐기물 퇴적물, 균일한 암석체의 균열 패턴 또는 지하수 자원 조사와 같은 지표면 근처의 특징에 관한 환경 연구에서 중요한 도구가 되었다.

고주파 신호는 깊이에 따라 빠르게 감쇠된다. 한편으로 신호가 소스에서 바깥쪽으로 기하적으로 퍼지면(구면 발산) 거리에 따라 강도가 감쇠한다. 더 중요한 것은 전도율에 다른 지하 물질에 의한 신호의 흡수이다. 토양 또는 암석의 구성(예 : 점토가 풍부한 층 또는 지하수의 존재), 지하 구조의 특성 및 레이더 신호의 주파수에 따라 유효 투과 심도는 최대 10 m일 수 있지만 일반적으로 조건이 제한적이어서 몇 미터에 불과하다. 그러나 10^8~10^9 Hz의 레이더 주파수와 ~10^8 m s^{-1}의 속도에서 분해능은 0.1~1 m 범위에 있다. 따라서 제한된 투과 깊이에도 불구하고 고해상도를 가지는 지표 투과 레이더는 지표면 근처의 지구물리 탐사를 위한 강력한 도구가 되고 있다.

10.7 지구의 전기 전도도

지각과 상부 맨틀의 복잡한 구조는 전기 전도도의 측면 변화를 크게 만든다. 해양, 퇴적물, 개별 이상 전도체를 제외하고, 지구의 외피는 일반적으로 열악한 전기 전도체이다. 규산염 암석에서 전기 전도도의 물리적 메커니즘은 반도체의 형태로 나타나고, 이는 세 가지 다른 방식으로 발생할 수 있다(10.2.3절). 각 유형의 반도체는 열적 활성화 작용으로 제어되며, 온도 T에서의 전기 전도도 σ는 식 (10.58)로 주어진다.

$$\sigma = \sigma_0 e^{-E_a/kT} \tag{10.58}$$

여기서 $k(= 1.38065 \times 10^{-23}$ J K^{-1})는 볼츠만 상수이다. 상수 σ_0는 매우 높은 온도에서 점근적으로 도달한 전기 전도도의 가상 최댓값이다. E_a는 특정 유형의 반도체의 활성화 에너지이다. 이 값은 열적 활성화 작용이 σ에 대한 메커니즘으로 효과를 가지는 온도 범위를 결정한다. 지각과 상부 맨틀(즉, 암석권)에서는 불순물 반도체가 건조 암석의 주요 메커니즘일 가능성이 크다. 전자 반도체는 아마도 연약권과 맨틀의 더 깊은 지역에서 지배적일 것이다. 이온 반도체는 고온에서 중요한 메커니즘이지만 약 400 km 아래 심부에서는 고압에 의해 억제되기 때문에 중요하지 않을 것이다.

지구 심부의 전기 전도도는 네 가지 소스를 이용하여 추정한다. 심부 수직 전기탐사, 외부 지자기 변화, 내부 영년 변화, 그리고 실험실에서 실험을 통한 외삽이다. 처음 두 가지 방법은 지구 외부에서 발생하는 지자기장의 유도 효과를 기반으로 한다. 이것들은 여러 주기에 에너지 피크가 있는 넓은 스펙트럼을 포함한다(그림 10.7 참조). 전기 수직 탐사 및 자기지전류 수직 탐사는 0.001초에서 1~2일 주기 성분을 사용한다. MT 자료 역산은 일반적으로 지진 자료와 일치하고 지각과 상부 맨

틀의 광범위한 지질 구조와 관련된 전기 전도도 패턴을 제공한다.

외부 지자기장 변동의 시간 스펙트럼에는 하루보다 긴 중요한 주기가 포함된다(그림 10.7). 장주기 지자기 변동에 관한 연구는 심도 약 2,000 km까지의 지구 전도도에 대한 정보를 제공한다. 변동 주기가 길수록 변동이 침투하는 심도가 깊어진다. 일변화(11.2.3.3절)는 약 900 km에 대한 전기 전도도 정보를 제공한다. 자기 폭풍은 며칠 또는 몇 주 동안 지속되어 강력한 48시간 주기 성분을 만들고 지구 전기 전도도 정보를 약 1,000 km까지 확장하는 데 사용된다. 그림 10.7에 나타난 지자기 변동 스펙트럼 외에도 11년 흑점 주기와 관련된 장주기 성분이 있다. 이는 활발해진 태양 활동의 결과이며 태양 플레어(11.3.1.1절 참조)와 태양풍을 증가시키고 전리층 활동을 자극하는 하전 입자의 방출을 동반한다. 11년 주기 성분 분석을 통해 맨틀 전도도 모델을 약 2,000 km 깊이까지 확장할 수 있다. 외부 자기장과 관련된 효과 분석으로는 2,000 km 이상의 깊이에서 맨틀의 전기 전도도에 대한 정보를 얻을 수 없다.

내부 지자기장의 영년 변화(11.2.5절)는 유체 외핵의 상부에서 시작되고, 10~10^4년 정도의 주기로 변하는 강도와 방향의 변동으로 구성된다. 핵-맨틀 경계에서 영년 변화를 관찰할 수 있다면 맨틀 전체의 전기 전도도를 결정하는 것이 가능할 것이다. 불행히도 영년 변화는 필터 역할을 하는 높은 전기 전도도를 갖는 맨틀을 통과한 이후 지표면에서 관찰될 수밖에 없다. 신호는 표피 효과(skin effect)에 의해 감쇠되어 가장 높은 주파수가 우선하여 영향을 받아 감소한다. 따라서 영년 변화의 고주파수 변화는 맨틀의 높은 전기 전도도에 의해 차단되기 때문에 맨틀의 평균 전기 전도도의 상한까지만 측정할 수 있다. 때때로 영년 변화의 급격한 변동은 알 수 없는 이유로 발생한다. 눈에 띄는 사례로서 1969~1970년 사이에 '지자기 급변(geomagnetic jerk)'이 발생했는데, 이로 인해 추정 지속 기간이 2년 미만인 영년 변화의 펄스가 발생했다. 모든 분석가가 동의하는 것은 아니지만 그 효과는 지구 내부에서 비롯된 것으로 널리 알려져 있다. 영년 변화 펄스의 전파 분석은 전체 맨틀의 평균 전기 전도도 추정치를 제공하며, 다른 소스의 자료와 통합되어 하부 맨틀의 전기 전도도를 제공한다.

제안된 맨틀 전도도의 몇몇 모델 중 일부는 그림 10.29에 나와 있다. 모델 간의 차이는 지자기 자료의 양적 증가와 품질 향상뿐만 아니라 자료 처리 기술의 발전, 특히 역산 해석 방법의 개발을 반영한다. 비록 모델들은 여러 측면에서 다양하지

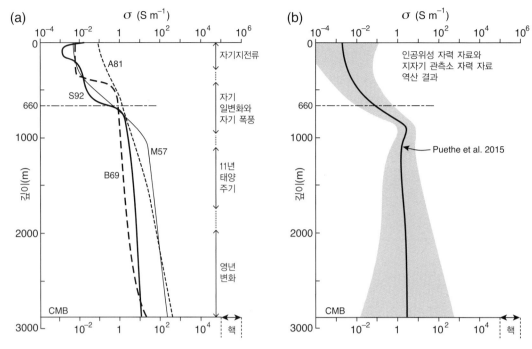

그림 10.29 (a) 맨틀의 심도에 따른 전기 전도도(σ) 모델 : M57, MacDonald, 1957; B69, Banks, 1969; A81, Achache et al., 1981; S92, Stacey, 1992(Stacey, 1992에서 따름), (b) CHAMP 및 SWARM 위성과 지자기 관측소의 자료 역산으로 해석한 맨틀의 전기 전도도 구조. 출처 : Püthe, C., Kuvshinov, A., Khan, A. and Olsen, N. 2015. A new model of Earth's radial conductivity structure derived from over 10 yr of satellite and observatory magnetic data. *Geophys. J. Int.*, 203, 1864–1872.

만 몇 가지 공통점이 있다. 전기 전도도는 암석권에서 평균 약 10^{-2} S m^{-1}이며 심도가 깊어짐에 따라 증가한다. 감람석-스피넬과 스피넬-페로브스카이트 상변화가 발생하는 410 km 및 660 km 깊이에서 더 급격한 증가율이 발견된다(7.4.4.1절 참조). 각 모델에서 약 700 km 깊이의 전기 전도도는 약 1 S m^{-1}이고, 하부 맨틀에서 전기 전도도가 상승하여 핵-맨틀 경계에서 약 10~200 S m^{-1}가 된다. 영년 변화는 지표면에서 균일하지 않다. 대륙 크기의 넓은 지역(중앙 태평양이 가장 잘 연구됨)은 영년 변화의 느린 변화율이 특징이다. 이것은 아마도 핵-맨틀 경계 위의 있는 D″층(7.4.4.2절)의 특성의 추가적인 차폐 효과 때문일 수 있으며, 여기에서 전기 전도도는 깊이에 따라 증가할 수 있으며 상부 맨틀보다 100배 더 높은 값이다.

외핵의 전기 전도도는 실험실에서의 실험과 1차 주성분 분석으로 외삽하여 추정된다. 외핵은 철 함량이 약 80% 정도이고 산소 및 규산염 합금 원소로 포함하는 철 합금이다. 다른 성분 조합은 외핵의 전기 전도도가 약 1.1×10^6 S m^{-1}임을 나타낸다.

10.8 더 읽을거리

입문 수준

Kearey, P., Brooks, M., and Hill, I. 2002. *An Introduction to Geophysical Exploration* (3rd ed.). Oxford: Blackwell Publishing.

심화 및 응용 수준

Dobrin, M. B. and Savit, C. H. 1988. *Introduction to Geophysical Prospecting* (4th ed.). New York: McGraw-Hill.

Parasnis, D. S. 1997. *Principles of Applied Geophysics* (5th ed.). London: Chapman and Hall.

Reynolds, J. M. 2011. *An Introduction to Applied and Environmental Geophysics* (2nd ed.). Chichester: Wiley-Blackwell.

Sharma, P. V. 1997. *Environmental and Engineering Geophysics*. Cambridge: Cambridge University Press.

Telford, W. M., Geldart, L. P., and Sheriff, R. E. 1990. *Applied Geophysics*. Cambridge: Cambridge University Press.

10.9 복습 문제

1. 지면의 어떤 특성이 전기 비저항을 결정하는가?

2. 왜 전기 비저항 측정으로 겉보기 비저항만이 산출되는지

설명하시오.

3. 지전류란 무엇인가? 그것들은 어떻게 만들어지는가?

4. 전자기파 전파에서 **표피 심도**(skin depth)란 무엇을 의미하는가?

5. 전자 탐사에서 **동상 성분** 및 **이상 성분**은 무엇인가? 위상 변이의 원인은 무엇인가? 어떤 성분이 양호한 도체의 존재에 더 강하게 반응하는가?

6. 전자 탐사에서 자기지전류 탐사법이란 무엇인가? 깊은 심도를 수직 탐사하는 데 있어서 이 방법의 장점은 무엇인가?

7. 지표 투과 레이더란 무엇이며 전자기 스펙트럼의 어느 부분에서 작동하는가? 지표 투과 레이더 신호가 반사 및 굴절 탄성파와 유사하게 처리되는 이유는 무엇인가?

8. 지표 투과 레이더가 얕은 지하 구조를 탐색하는 강력한 방법인 이유는 무엇인가? 지반의 어떤 속성이 이 방법의 효율성을 결정하고 가탐 심도 범위를 제한하는가?

10.10 연습 문제

1. 전기 비저항 ρ_1과 ρ_2를 갖는 두 층 사이의 경계면에서 전기장 경계 조건은 다음 그림과 같이 (1) 경계면에 수직인 전류 밀도 J_z 성분이 연속이며 (2) 경계면의 접선에 대해서는 전기장 E_x 성분이 연속이다. 전류 흐름선은 굴절 전후에 각각 θ_1과 θ_2를 만든다.

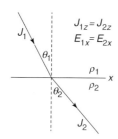

전기의 '굴절 법칙'인 식 (10.32)를 유도하시오.

$$\frac{\tan\theta_1}{\tan\theta_2} = \frac{\rho_2}{\rho_1}$$

2. 그림에서와 같이 각각 두께가 $L/2$이고 비저항이 (2ρ) 및 $(\rho/2)$인 두 개의 판으로 구성된 두께 L인 판의 유효 비저항은 얼마인가?

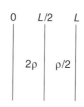

3. 바닷물은 바닷가 마을의 식수원인 대수층을 오염시키고 있다. 바닷물의 침투를 조사하기 위해 확장된 웨너 배열 방법을 사용하여 다양한 전극 간격(a)에서 겉보기 비저항 (ρ_a)을 측정하여 다음 표를 얻었다.

a (m)	ρ_a (Ω m)	a (m)	ρ_a (Ω m)	a (m)	ρ_a (Ω m)
10	29.0	140	19.8	280	8.7
20	28.9	160	18.0	300	7.8
40	28.5	180	16.3	320	7.1
60	27.1	200	14.5	340	6.7
80	25.3	220	12.9	360	6.5
100	23.5	240	11.3	400	6.4
120	21.7	260	9.9	440	6.4

(a) 각 층의 전기 비저항을 추정하시오.

(b) 각 위치의 겉보기 비저항을 상층의 비저항으로 나눈 다음 그림 10.15의 모델 곡선과 같은 축척으로 로그-로그 다이어그램에 전극 간격에 대한 정규화된 비저항을 표시하시오.

(c) 측정한 전기 비저항 곡선을 모델 곡선과 비교하여 경계면의 깊이를 추정하시오.

4. 슐럼버저 비저항법에서 전류 전극 간격 L은 전위 전극 간격 a보다 훨씬 더 크다. 전위 전극 쌍의 중간점이 전류 전극 쌍의 중간점에서 거리 x만큼 떨어져 있다고 가정하자. $(L - 2x) \gg a$인 경우 겉보기 비저항이 다음과 같음을 증명하시오.

$$\rho_a = \frac{\pi}{4}\frac{V}{I}\frac{(L^2 - 4x^2)^2}{a(L^2 + 4x^2)}$$

5. 이중-쌍극자 비저항 탐사법에서 전위 및 전류 전극 간격 a에 n배수로 두 전극 쌍의 거리 L을 유지하는 것이 일반적이다. 즉, $L = na$이다.

(a) 이렇게 가정하고 겉보기 비저항 공식을 다시 쓰시오.

(b) 만약 L이 a에 비해 매우 크다면 겉보기 비저항 공식이 n^3에 비례하는 식으로 수정될 수 있음을 보이시오.

6. 전극 쌍이 동일선상에 있지 않고 서로에 대해 넓은 측면 (즉, 전극 쌍을 연결하는 선에 수직)인 이중-쌍극자 배열을 고려해 보자. 전극 간격은 a이고 전극 쌍의 중간점 사이의 거리는 $L = na$이다. n의 큰 값에 대해 겉보기 비저항이 다음과 같음을 보이시오.

$$\rho_a = 2\pi n^3 a \frac{V}{I}$$

7. (a) 현무암(유전율 상수 $\kappa = 12$), (b) 물($\kappa = 80.4$)에서 전자기파의 전파 속도를 계산하시오.

8. (1) 전자기 유도($f = 1$ kHz)와 (2) 지표 투과 레이더($f = 100$ MHz) 탐사에서 각각 (a) 화강암($\rho = 5{,}000 \ \Omega$ m) 및 (b) 자화철광 광체($\rho = 5 \times 10^{-5} \ \Omega$ m)의 침투 '표피 심도'를 계산하시오. 이러한 방법으로 전도체가 3 m 두께, 비저항 100 Ω m으로 포화된 토양층 아래에 묻었다면 감지할 수 있는가?

10.11 컴퓨터 실습

이 장에 대한 Jupyter notebook 실습 자료를 http://www.cambridge.org/FoG3ed에서 내려받기를 할 수 있다: (Four-electrode methods)

11
지구의 자기장

미리보기

지자기장은 외핵 내에서 대전된 액화 철이 복잡한 운동을 하면서 발생한다. 지자기장은 지상 관측에 의해 수백 년에 걸쳐 연구되어 왔으며, 최근 수십 년간은 인공위성 관측에 의한 연구가 병행되고 있다. 지자기장은 지구의 바깥 영역에서 태양풍(태양에서 방출된 대전 입자의 흐름)의 진로를 변경시켜 해로운 방사선으로부터 우리의 행성을 보호한다. 복사선의 일부는 대기의 외곽까지 침투해 공기 분자를 이온화시키고 이로 인해 오로라가 발생하기도 한다. 이온화된 분자는 지구를 둘러싼 구면 껍질을 형성하며, 자체적으로 자기장을 발생시킨다. 우리는 지상 관측과 우주 탐사를 통하여 다른 행성의 자기장을 탐구할 수 있다. 지자기장은 광물 자원 탐사에 필요한 유용한 도구를 제공한다. 우리는 이 장에서 해양 자기 이상에 대한 블록 모형을 포함하여, 간단한 기하학적 암체에 의해 유발된 자기 이상의 형태를 어떻게 해석하는지 배울 것이다.

11.1 자기

11.1.1 자기의 발견

최초의 자기 발견에 대해서는 정확히 알려진 바가 없다. 기원전 800년경, 그리스의 철학자들은 자연적으로 산출되는 자철석 광물인 로드스톤(lodestone)을 관찰하여, 물건을 끌어당기는 이 광물의 신기한 속성에 대한 기록을 남겼다. 기원전 5세기경, 그리스의 테살리아주는 아나톨리아(현재의 튀르키예)의 서부 지역에 마그네시아(Magnesia)라고 불리는 이주지를 세웠다. 그 근방에서 그리스인들은 후에 마그네타(magneta)라는 라틴어로 알려진 로드스톤을 발견하였고, 이것이 바로 자기(magnetism)의 어원이 되었다. 그리스 철학자들은 로드스톤의 끌어당기는 힘을 형이상학적인 현상으로 여겼고, 이 잘못된 개념은 수 세기 동안 지속되었다. 가장 대표적인 오개념은 19세기까지 지속된 관점으로서, 자기력을 눈에 보이지 않는 유체와 관련짓는 것이었다. 자석의 힘은 하나의 극에서 나와 다른 극으로 향하는 어떤 선을 따라 흐르는 것처럼 보인다. 자석 위에 종이를 덮고 그 위에 철가루를 뿌리면 그 힘의 흐름을 볼 수 있다. '선속(flux, 흐름을 뜻함)'이라는 개념은 기본적인 자기장 벡터 **B**를 지칭할 때 사용하는 '자속밀도(magnetic flux density)' — 보통 '자기 유도(magnetic induction)'로도 불린다 — 라는 용어에 여전히 남아 있다.

대략 기원전 200년의 초기 한나라 장인들은 로드스톤을 이용해 초보 단계의 나침반을 만들었다. 이 나침반은 아래쪽이 둥근 숟가락 모양으로 만들어졌는데, 이는 평평하고 매끄러운 바닥에 놓여 균형을 이루며 회전할 수 있도록 하기 위함이었다. 당시의 나침반은 아마 보석을 찾거나 집터를 고를 때 사용된 것으로 보인다. 나침반은 서기 1000년에 이르러 매달린 채 회전하는 바늘의 형태로 개량되었다. 방향을 지시하는 속성으로 인해 작동 원리가 밝혀지기 한참 전부터 나침반은 항법 장치로 사용되었다. 12세기 말엽에는 나침반이 북극성을 쫓으려 하기 때문에 방향을 지시하는 속성이 나타난다고 생각하였다. 나중에서야 나침반의 정렬은 지구 자체의 속성 때문인 것으로 밝혀졌다. 그 후, 지구의 자기장에 대한 탐구는 자성에 대한 인류의 이해 증진에 큰 역할을 하게 된다.

11.1.2 지구 자기장에 대한 선구적인 연구

1269년 페레그리누스(P. Peregrinus, 1219~1289)라는 라틴 이

름을 가진 중세 학자가 최초의 실험물리학 서적 자석에 대한 편지(*Epistola de Magnete*)를 집필하였다. 그 책에서 그는 당시까지 알려진 자석의 성질을 요약하고, 자석의 인력에 대한 간단한 법칙을 서술하였다. 그는 로드스톤으로 만들어진 구형의 자석 위에 바늘을 놓고,[1] 바늘이 가리키는 방향을 따라가는 실험을 소개하였다. 그는 이 실험을 통해 자극에 대한 개념을 도입하였다. 바늘의 방향을 따르는 일련의 선들은 마치 경도선처럼 로드스톤을 둘러싸며, 두 개의 대척점에서 수렴한다. 페레그리누스는 이 두 점을 지리적 극에 비유하여 자기의 극(pole)이라 명명하였다.

서기 500년경, 중국의 학자들은 자기 나침반이 천체의 위치로 결정된 지리적 북쪽을 정확히 지시하지 못한다는 사실을 이미 알고 있었다. 나침반이 가리키는 북쪽과 지리적 북쪽 사이의 각은 자기 편각(declination)이라 불린다. 14세기경에는 영국 군함에 항해용 나침반이 장착되었고, 이는 당시 가장 필수적인 항법 장치였다. 나침반이 천문 관측기법과 함께 활용되면서, 지구상의 위치에 따라 편각이 변한다는 사실이 알려졌다. 15~16세기 동안 항해 관측 자료가 축적되면서 전 세계의 편각 양상이 밝혀졌다.

영국의 과학자이자 엘리자베스 여왕의 왕실 의사였던 길버트는 1600년 자성에 관하여(*De Magnete*)라는 제목의 기념비적인 저서를 출간한다. 이 책은 그가 약 17년 동안 수행한 연구 결과와 자성에 대해 당시까지 알려진 거의 모든 것들을 담고 있었다. 그는 구 모양의 로드스톤 표면에 놓인 작은 자석 바늘을 관찰하여 자기장을 연구하였다. 이 실험을 통해 그는 바늘이 표면 위에서 똑바로 서는 곳은 극(pole)이며, 표면과 나란히 누워 있는 곳은 적도임을 밝혔다. 길버트는 로드스톤 구에서 발생하는 인력과 당시까지 알려진 지구의 자기 특성이 상당히 유사하다고 생각하였다. 당시의 지식 수준을 고려하면 이는 대단히 창의적인 사고였다. 그는 지구가 마치 큰 자석과 같다는 것을 인식하고 있었다. 이것은 지구의 물리적 속성에 대한 최초의 명확한 인식으로서, 뉴턴의 프린키피아(*Principia*)에 담긴 중력 법칙보다 거의 한 세기 정도 앞선 것이었다. 비록 정량적 관찰보다는 정성적 관찰에 주로 기반을 두었지만, 자성에 관하여는 19세기 이전까지 자기에 관한 가장 중요한 연구였다.

영국의 수학자이자 천문학자였던 겔리브랜드(H. Gellibrand, 1597~1637)는 1634년 지자기장의 편각이 시간이 지남에 따라 변한다는 사실을 발견하였다. 그는 1580년의 보로우(W. Borough, 1536~1599)와 1622년의 건터(E. Gunter, 1581~1626) 그리고 1634년 그 자신에 의해 수행된 단 세 번의 관측값을 사용하여, 이 기간 동안 편각이 약 7° 정도 감소하였다는 것을 발견하였다. 이와 같이 매우 적은 수의 관측을 통해 그는 현재 영년 변화(secular variation)로 불리는 현상의 존재를 추정하였다.

지구 표면에 대한 지자기장의 변화는 점차적으로 발견되었다. 영국의 천문학자이자 수학자였던 핼리(E. Halley, 1656~1742)는 1698년부터 1700년까지 대서양에서 발견되는 나침반의 이상 변동을 연구하기 위해 해양 탐사를 수행하였다. 그 결과 1702년 최초의 편각 지도가 발행되었다.

1785년 프랑스의 과학자 쿨롱(C. A. de Coulomb, 1736~1806)은 그가 고안한 비틀림 저울을 사용하여 정전기 및 자기 특성에 관한 정량적 관찰을 하였다. 그는 전기적으로 대전된 작은 구 사이에 발생하는 인력과 척력을 관찰하였고, 이들에 대한 역제곱 법칙을 확립하였다. 또한 약 61 cm 길이의 자화된 두 강철 바늘을 사용하여 극 사이에 작용하는 인력과 척력 역시 역제곱의 법칙에 따라 변한다는 사실을 확인하였다. 이와는 별개로 덴마크와 프랑스의 과학자인 외르스테드(H. C. Ørsted, 1777~1851)와 앙페르(A. M. Ampère, 1775~1836)는 1820년대에 수행된 실험들을 통해 전류가 자기력을 생성한다는 사실을 발견하였다. 영국의 실험가인 패러데이(Michael Faraday, 1791~1867)는 1831년에 코일 내 자속(magnetic flux) 변화가 코일의 전류를 유도한다는 것을 보여 주었다.

독일의 과학자이자 수학자였던 가우스(C. F. Gauss, 1777~1855)는 자기력의 강도를 역학적 단위와 연결시켰다. 그는 전하 입자의 경우와 유사하게 정자기도 '자하'(magnetic charge, 현재는 '자극'으로 부름)에 의해 운반된다고 가정하였다. 가우스는 지자기 관측소들을 세워 1837년 자기 세기, 편각, 복각에 대한 전 지구적인 지도를 만들었다. 관측 자료를 분석하기 위해 가우스는 구면 조화(spherical harmonic) 분석이라는 수학 기법을 사용하였고, 이를 통해 지자기장의 거의 대부분이 지구 내부에 존재하는 쌍극자장에 의해 나타나는 것임을 밝혔다.

---

[1] 원서에서는 철판 위에 구형 자석을 놓는 것으로 서술되어 있으나, 페레그리누스의 실험은 구형의 자석 표면 위에 철로 된 바늘이나 길쭉한 막대를 놓는 것이다. 참고 문헌 : Courtillot, V., and Le Mouël, J.-L. (2007), The study of Earth's magnetism (1269~1950): A foundation by Peregrinus and subsequent development of geomagnetism and paleomagnetism, *Rev. Geophys.*, 45, RG3008, doi:10.1029/2006RG000198. 실험에 대한 보다 자세한 안내 : Sparavigna, A. C. (2015). Petrus Peregrinus of Maricourt and the Medieval Magnetism. arXiv preprint arXiv:1512.02634.

그림 11.1 (a) 짧은 길이의 막대 자석과 (b) 전류가 흐르는 작은 고리 그리고 (c) 균일하게 자화된 구 주변에서 관찰되는 자기 쌍극자의 자기력선 특성.

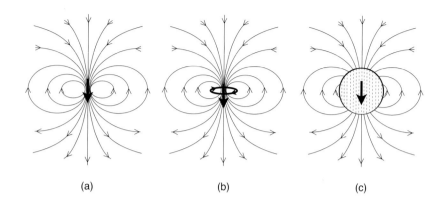

(a)   (b)   (c)

인류가 자기 작용을 인지한 이래, 이를 물리적인 현상으로 받아들이기까지 지자기 연구자들의 수많은 기여가 있었다. 곧이어 자기에 적용되는 물리학의 발달은 지구물리학자들로 하여금 지자기장의 형태와 기원을 이해하고, 이 지식을 판구조론과 같은 지질 과정에 적용하는 데 큰 도움을 주었다. 자기에 대한 물리학의 기본 원리는 지자기와 암석 자기 및 고지자기와 같은 지구물리학의 세부 주제에 대한 기초가 된다.

11.1.3 자기 쌍극자

초기 연구자들은 물체 사이에 작용하는 중력과 전기력 그리고 자기력을 원거리 직접 작용(direct action-at-a-distance)[2]에 의해 발생하는 즉각적인 효과로 생각했다. 패러데이는 이러한 힘이 작용하는 공간의 특성을 설명하기 위해 **장**(field)이라는 개념을 도입하였다. 이 역장(force-field)은 물체 간의 상호 작용을 중개하는 역할을 한다. 예를 들어 전하는 다른 전하에 힘을 전달할 수 있는 전기장으로 둘러싸여 있다. 장의 형태는 **역선**(field line)[3]으로 묘사된다. 장의 어느 한곳에 작용하는 힘의 방향은 역선의 접선 방향이며, 힘의 세기는 단위 면적당 역선이 통과하는 수에 비례한다.

역사적으로 자기 법칙은 자하 또는 자극이라 불리는 가상의 질점과 자기장을 연관 지으면서 확립되었다. 정전하와 달리,

자하가 단독으로 존재할 수 없다는 사실은 가우스에 의해 1832년이 되어서야 증명되었다. 즉, 양의 극은 반드시 이에 상응하는 음의 극과 짝을 이루어야 한다. 자기장의 가장 중요한 형태이자 지자기장의 가장 우세한 성분은 자기 **쌍극자**(magnetic dipole)가 만들어 내는 장이다. 쌍극자장은 서로 반대의 두 극이 매우 가까이 위치할 때 주변에 형성되는 자기장이다. 쌍극자장이 만들어 내는 역선의 기하학적 형태는 자유 자극(free magnetic pole)[4]이 쌍극자의 인접한 곳을 지날 때 따르는 경로와 같다(그림 11.1a). 전류가 흐르는 아주 작은 고리(그림 11.1b)와 균일하게 자화된 구(그림 11.1c)도 그들 주변에 쌍극자장을 형성한다. 비록 물리학적 관점에서 보면 단일 자극은 실재하지 않지만, 이 개념을 사용하면 지구물리학에서 다루는 많은 문제를 쉽게 해결할 수 있다.

크기는 같으나 극성이 다른 두 극 $+p$와 $-p$가 거리 d만큼 떨어져 있을 때, 이들에 의해 발생하는 자기 퍼텐셜을 글상자 11.1에 유도해 두었다. 두 극에 의해 생성되는 장은 이들을 잇는 축에 대해 회전 대칭을 이룬다. 두 극 사이의 거리가 관측점까지의 거리보다 매우 짧을 때(즉, $d \ll r$), 이들은 **쌍극자**로 간주된다. 위치(r, θ)에서 자기 쌍극자의 퍼텐셜은 다음과 같다.

$$W = \frac{\mu_0}{4\pi} \frac{m \cos\theta}{r^2} \tag{11.1}$$

균일한 자기장 내에 놓인 막대자석은 자기장의 방향으로 막대자석의 축을 정렬하려는 돌림힘을 받는다. 쌍극자의 자기 **모멘트**(magnetic moment, m)는 이러한 관측에 기반하여 정의된다. 그림 11.2에서와 같이 자기 강도가 p이며 거리가 d만큼 떨어져 있는 한 쌍의 자극이 균일한 자기장 B에 놓여 있다고 생각하자. 두 자극이 받는 힘에 대해 고려해 보면, 양의 자극에는

---

2 뉴턴이 처음 고안한 이 개념은 두 가지 특징을 가지고 있다. 첫째, 서로 떨어진 두 물체 사이에 매개체가 없어도 힘은 작용한다. 뉴턴이 활동하던 당시에는 힘이 직접 작용하거나 중간에 힘을 전달할 매개체가 있어야 한다는 것이 보편적인 생각이었다. 둘째, 힘의 전달에는 시간 지체가 없다. 예를 들어, 서로 떨어진 두 전하 중 한쪽의 전하량이 변할 경우, 변화된 전기력은 두 입자 사이의 거리에 상관없이 즉시 다른 쪽에 전달한다. 현대 물리학에서 변화된 전기력은 빛의 속도로 전달된다.

3 원서에 따르면 이는 장선(field line)으로 번역되어야 하지만, 대부분의 국내 교과서에서는 역선이라는 용어를 사용한다(예 : 자기력선, 전기력선 등). 따라서 역서에서도 장선 대신 역선이라는 용어를 사용한다.

4 정전기학의 자유 전하(free change)에 대응되는 개념.

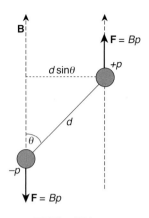

돌림힘 = $Fd\sin\theta$

$$\mathbf{T} = pdB\,\sin\theta = \mathbf{m} \times \mathbf{B}$$

그림 11.2 한 쌍의 자극에 의한 자기 모멘트 **m**의 정의.

크기가 Bp인 힘이 작용한다. 반면 극성이 반대인 자극에는 크기가 같으며 방향이 반대인 힘이 작용한다. 두 자극을 잇는 축과 자기장의 방향 사이의 각을 θ로 놓으면, 힘의 작용선 간의 수직 거리는 $d\sin\theta$가 된다. 막대자석에 작용하는 돌림힘의 크기 T는 다음과 같다.

$$T = (pd)B\,\sin\theta = mB\,\sin\theta \qquad (11.2)$$

자극 사이의 거리가 매우 작아 쌍극자로 간주할 수 있는 경우, 돌림힘의 크기는 m에 비례한다. 이 자석의 모멘트 **m**은 그 방향이 쌍극자의 축과 나란한 벡터이다. 돌림힘의 방향과 함께 벡터 외적의 일반적인 표기법을 고려하면, 자기장 **B** 내의 자기 모멘트 **m**에 작용하는 돌림힘 **T**를 다음 벡터 방정식을 이용하여 표현할 수 있다.

$$\mathbf{T} = \mathbf{m} \times \mathbf{B} \qquad (11.3)$$

자기장 **B** 내에서 면적 A인 작은 고리(혹은 코일)에 전류 I가 흐를 때 발생하는 돌림힘도 위 식과 동일하게 표현된다(글상자 11.2). 이 경우 벡터 **m**은 크기가 IA이며, 방향은 고리 면의 법선에 나란다. 쌍극자의 강도 **m**이 전류가 흐르는 고리의 자기 모멘트에 대응된다는 것은 분명하다. 고리의 크기에 비해 먼 거리에서는 고리의 중심에 쌍극자가 놓여 있을 때와 동일한 자기장이 만들어진다(그림 11.1b). 전류가 흐르고 있는 고리에 대한 **m**의 정의는 자기 모멘트의 단위가 전류와 면적의 곱 혹은 암페어 제곱미터($A\ m^2$)임을 보여 준다.

11.2 지자기

11.2.1 지자기 구성요소

지자기장 세기의 단위는 테슬라(tesla, T)이다(글상자 11.2). 1 T는 보통 강력한 전자석에서나 볼 수 있는 매우 센 자기장을 나타낸다. 지자기장은 그에 비하면 무척 약하다. 최대 지자기장의 세기는 자기 북극과 자기 남극 부근에서 나타나는데, 그 크기가 겨우 6×10^{-5} T 정도에 불과하다. 자기장을 측정하는 최신의 장비(자력계)는 10^{-9} T 정도의 감도를 가진다. 이 정도의 크기는 나노테슬라(nT)로 표현하며[5], 지자기장의 세기를 표현해야 하는 지구물리학에서는 보통 이 단위를 사용한다. 1970년대 이전에 수행된 대부분의 지자기 탐사는 c.g.s. 단위계를 사용하였으나 현재는 거의 사용되지 않는다. 이 단위계는 gauss(G)를 사용하여 자기장의 강도를 표현한다. 이는 10^{-4} T와 같은 크기로서, 이 역시 매우 큰 단위이기 때문에 실제 자기 탐사에서는 10^{-5} gauss의 크기를 갖는 gamma(γ)를 사용한다. 따라서 γ는 10^{-9} T와 같으며, 또한 1 nT와 동일하다.

자기 벡터는 카르테시안 좌표계에서 서로 직교하는 임의의 세 축에 평행한 성분으로 표현할 수 있다. 지자기 성분은 지리적인 북쪽과 동쪽 그리고 수직 아래쪽 방향으로 구성된다(그림 11.3). 혹은 구면 좌표계를 사용하여 지자기 성분을 나타낼 수도 있다. 자기 벡터의 크기는 자기장의 세기 F로 주어지며, 방향은 두 개의 각을 이용해 결정한다. 편각(declination) D는 지리적 경선과 자기 경선 사이의 각이며, 복각(inclination) I는 수평면과 자기 벡터의 사잇각으로 아래쪽 경사를 양수로 정의한다. 자기 벡터에 대한 카르테시안 좌표(X, Y, Z)와 구면 좌표(F, D, I) 사이에는 다음과 같은 관계가 성립한다.

$$X = F\cos I\cos D \quad Y = F\cos I\sin D \quad Z = F\sin I$$
$$F = \sqrt{X^2 + Y^2 + Z^2} \qquad (11.4)$$
$$D = \arctan(Y/X) \quad I = \arctan(Z/\sqrt{X^2 + Y^2})$$

11.2.2 외부 기원 자기장과 내부 기원 자기장의 분리

임의의 지점에 대한 자기장과 그 퍼텐셜은 관측점의 구면 좌표 (r, θ, ϕ)를 사용하여 표현할 수 있다. 가우스는 지자기장의 퍼텐셜을 이 구면 좌표계를 사용하여 무한급수의 형태로 표현하였다. 그의 방법은 기본적으로 지구에서 멀어질수록 장의 세기

5 10^{-9} T = 1 nT.

글상자 11.1　자기 쌍극자의 퍼텐셜

1785년 쿨롱은 가늘고 긴 자석의 끝단 사이에 작용하는 힘이 거리의 제곱에 반비례한다는 사실을 보였다. 1832년 가우스는 전하에 작용하는 전기력과 마찬가지로 가상의 자기 입자('자하') 혹은 자극이 자석의 인력과 척력을 발생시킨다고 생각하였다. 이러한 관측 사실들로 인해 자극 사이에 작용하는 힘 F에 대한 역제곱의 법칙이 성립되었다. 즉, 강도가 p_1과 p_2인 두 자극이 거리 r만큼 서로 떨어져 있을 때, 둘 사이에 작용하는 힘 F는 다음과 같다.

$$F(r) = K\frac{p_1 p_2}{r^2} \tag{1}$$

여기서 K는 비례 상수이다.

　비록 자극이 가상의 개념이긴 하지만, 이를 가정함으로써 많은 자기 특성들을 쉽게 설명할 수 있으며, 여러 문제들을 간단히 풀 수 있다. 자극 p에 의해 형성되는 자기장 B는 거리 r만큼 떨어진 단위 자극이 받는 힘으로 정의된다. 따라서 식 (1)로부터 다음을 얻는다.

$$B(r) = K\frac{p}{r^2} \tag{2}$$

비례 상수 K는 무차원의 상수가 아니며 $\mu_0/4\pi$의 값을 가진다. 여기서 μ_0는 매우 중요한 물리 상수로 진공에서의 투자율(permeability)이라 한다. 자기 상수(magnetic constant)라고도 불리는 투자율은 물리학의 가장 기초적인 상수 중 하나로서 그 크기는 정확히 $4\pi \times 10^{-7}$ N A^{-2} (혹은 henry/meter, H m^{-1})의 값을 갖도록 정의되었다.

　자기 강도가 p인 자극에 의해 거리 r만큼 떨어진 곳에 형성되는 자기 퍼텐셜 W는 그곳(즉, 위치 r)에 놓인 단위 입자를 무한히 먼 곳으로 이동시키기 위해 필요한 일로 정의된다. 단일 자극에 의해 형성되는 자기장은 식 (2)에 주어졌고, K의 크기는 $\mu_0/4\pi$이므로, 거리 r에서의 자기 퍼텐셜은 다음과 같다.

$$W = -\int_r^\infty B\mathrm{d}r = \frac{\mu_0 p}{4\pi r} \tag{3}$$

　그림 B11.1.1에서와 같이 양의 자극이 음의 자극으로부터 거리 d만큼 떨어져 있다고 하자. 극좌표가 (r, θ)인 점에서 각 자극까지의 거리를 r_+와 r_-로 놓으면, 반대 극성의 두 자

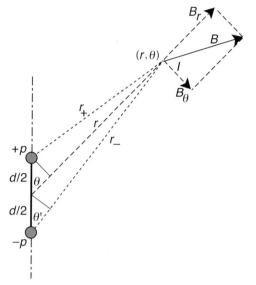

그림 B11.1.1　자기 쌍극자의 퍼텐셜 계산을 위한 기하학 요소들.

극에 의해 이 지점에 형성되는 자기 퍼텐셜을 계산할 수 있다. 이는 다음과 같이 각 자극에 의해 형성되는 자기 퍼텐셜의 합으로 표현된다.

$$W = \frac{\mu_0 p}{4\pi}\left(\frac{1}{r_+} - \frac{1}{r_-}\right) \tag{4}$$

$$W = \frac{\mu_0 p}{4\pi}\left(\frac{r_- - r_+}{r_+ r_-}\right) \tag{5}$$

관측지점까지의 거리와 비교해 보면, 쌍극자(dipole)의 두 자극 사이 거리는 매우 작다(즉, $d \ll r$). 이 경우, 근사화를 통해 다음 식을 얻을 수 있다.

$$\begin{aligned} r_+ &\approx r - \frac{d}{2}\cos\theta \\ r_- &\approx r + \frac{d}{2}\cos\theta' \end{aligned} \tag{6}$$

$d \ll r$이면 $\theta \approx \theta'$으로 쓸 수 있으며, $(d/r)^2$ 이상의 고차항들은 무시할 수 있다. 이를 통해 추가적인 근사화가 가능하다.

$$\begin{aligned} (r_- - r_+) &\approx \frac{d}{2}(\cos\theta' + \cos\theta) \approx d\cos\theta \\ (r_+ r_-) &\approx r^2 - \frac{d^2}{4}\cos^2\theta \approx r^2 \end{aligned} \tag{7}$$

이 식들을 식 (5)에 대입하면 위치 (r, θ)에서의 쌍극자 퍼텐셜을 얻게 된다.

$$W = \frac{\mu_0}{4\pi} \frac{(pd)\cos\theta}{r^2} \qquad (8)$$

$$W = \frac{\mu_0}{4\pi} \frac{m\cos\theta}{r^2} \qquad (9)$$

여기서 $m = pd$는 자석의 자기 모멘트(magnetic moment)로 알려져 있다.

글상자 11.2　전류와 자기장

자기장 **B**를 정의하는 데 사용되는 식은 1879년 로렌츠에 의해 정립되었다. 전하량이 q인 전하가 속도 v로 자기장 **B**를 통과한다고 하자(그림 B11.2.1). 전하 입자는 로렌츠 힘 **F**에 의해 편향된다. SI 단위계에서 이 힘은 다음과 같다.

$$\mathbf{F} = q(\mathbf{v} \times \mathbf{B}) \qquad (1)$$

이 식은 자기장 **B**의 단위를 정의한다. 이 단위는 tesla로 불리며, N A^{-1} m^{-1}의 차원을 갖는다. 전기장 **E**는 단위 전하가 받는 힘으로 정의되기 때문에, 위 식을 다음과 같이 다시 쓸 수 있다.

$$\mathbf{E} = \mathbf{v} \times \mathbf{B} \qquad (2)$$

단면적이 A이고 길이가 **d**l인 전도체를 따라 이동하는 전하를 생각해 보자(그림 B11.2.2). 단위 부피당 전하의 수를 N으로 놓으면, 길이 **d**l의 전도체 내에 포함된 총전하의 수는 $NA\,\mathbf{d}l$이 된다. 각각의 전하는 식 (1)에 의해 힘을 받는다. 각 전하의 속도는 **d**l의 방향과 같기 때문에, 전도체가 받는 힘은 다음과 같다.

$$\mathbf{dF} = (NAdl)q(\mathbf{v} \times \mathbf{B}) = NAqv(\mathbf{d}l \times \mathbf{B}) \qquad (3)$$

전도체를 따라 흐르는 전류 I는 1초 동안 단면적 A를 통과하는 총전하량이므로 $I = NAqv$로 주어진다. 식 (3)으로부터 전류 I가 흐르는 길이 **d**l의 전도체가 자기장 **B** 내에서 받는 힘을 구할 수 있다.

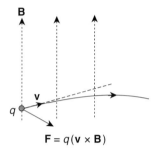

그림 B11.2.1　자기장 B 내를 v의 속도로 움직이는 전하가 로렌츠 법칙에 의해 받는 편향력 F.

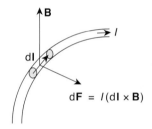

그림 B11.2.2　자기장 B 내에서 전류 I가 흐르는 길이 dl의 전도체가 비오-사바르 법칙에 의해 받는 힘.

$$\mathbf{dF} = I(\mathbf{d}l \times \mathbf{B}) \qquad (4)$$

식 (4)가 비오-사바르(Biot-Savart) 법칙이다. 이 식을 이용하면 작은 직사각형 고리 PQRS가 자기장 내에서 받는 돌림힘을 계산할 수 있다(그림 B11.2.3a).

고리의 변 길이를 각각 a와 b로 놓자. 그리고 길이 a의 변

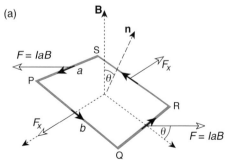

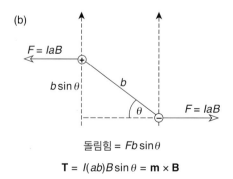

돌림힘 $= Fb\sin\theta$

$$\mathbf{T} = I(ab)B\sin\theta = \mathbf{m} \times \mathbf{B}$$

그림 B11.2.3　(a) 자기장 B 내에서 전류 I가 흐르는 사각 고리가 받는 힘, (b) 사각 고리가 겪는 돌림힘 τ의 유도.

이 x축과 나란하다고 가정하자. 고리의 면적은 $A = ab$이다. 단면에 법선인 방향을 $\mathbf{n}$으로 놓으면 고리의 면적을 벡터로 표현할 수 있다. 고리를 따라 전류 I가 흐르고, 자기장 $\mathbf{B}$가 x축에 수직으로 작용하면서 고리 단면의 법선과는 각 θ를 이룬다고 가정하자. 식 (3)을 적용하면, 크기 $IbB\cos\theta$의 힘 F_x가 변 PQ에 $+x$ 방향으로 작용한다. 이 힘은 변 RS에 $-x$ 방향으로 작용하는 크기가 같고 방향이 반대인 힘 F_x에 의해 상쇄된다. IaB의 크기를 갖는 힘이 변 QR과 변 SP에 서로 반대 방향으로 작용한다(그림 B11.2.3b). 두 힘의 작용선 사이의 수직 거리는 $b\sin\theta$이므로 이 고리는 다음과 같은 크기의 돌림힘 T를 받는다.

$$T = (IaB)b \sin\theta = (IA)B \sin\theta \tag{5}$$

이 식을 벡터 형식으로 표현하면 다음과 같다.

$$\mathbf{T} = \mathbf{m} \times \mathbf{B} \tag{6}$$

벡터 $\mathbf{m}$은 그 크기가 IA이고, 방향은 $\mathbf{n}$과 나란한 고리 면의 법선 방향이다. 이 수식은 그 모양에 상관없이 면적이 A인 작은 크기의 모든 고리에 적용된다.

가 다른 비율로 변하는 두 부분의 자기장으로 나누는 것이다. 이에 대한 자세한 설명은 이 책의 범위를 벗어난다. 중력 퍼텐셜을 다룰 때와 유사하게(글상자 3.4 참조), 자기 퍼텐셜 W는 다음과 같이 표현된다.

$$W = R\sum_{n=1}^{\infty}\left(A_n r^n + \frac{B_n}{r^{n+1}}\right)\sum_{m=0}^{n} Y_n^m(\theta, \phi) \tag{11.5}$$

여기서 R은 지구의 반지름이다.

위 식은 다소 복잡해 보이지만, 자주 접하게 되는 항들은 다행히 단순한 형태를 가진다. 식에 포함된 두 개의 합 기호는 총 퍼텐셜이 서로 다른 n과 m으로 구성된 무한히 많은 항들이 모여 형성된 것임을 보여 준다. 괄호 안의 값은 거리 r에 따라 변하는 퍼텐셜을 묘사하며, 변하는 정도는 n에 따라(즉, r, r^2, r^3, r^{-2}, r^{-3} 등에 비례하여) 달라진다. 함수 $Y_n^m(\theta, \phi)$는 r이 일정한 상수일 때(예를 들어 임의의 구면상에서), 위치에 따른 퍼텐셜의 변화를 묘사한다. 이 항은 θ와 ϕ가 2π씩 증가할 때마다 같은 값을 갖기 때문에, 구면 조화함수(spherical harmonic function)라고 불린다. 지구의 표면에서 얻어진 관측값에 대하여, 상수 A_n은 지구의 바깥에서 유래한 자기 퍼텐셜을 묘사한다. 이를 외부 기원의 지자기장이라고 한다. 상수 B_n은 지구 내부에서 유래한 퍼텐셜을 의미한다. 이를 내부 기원의 지자기장이라 부른다.

퍼텐셜 그 자체를 직접 관측할 방법은 없다. 지자기장의 각 성분(그림 11.3)을 자기 관측소에서 측정할 뿐이다. 관측소들이 전 지구에 걸쳐 균일하게 분포되어 있는 것이 이상적이나, 실제 분포는 북반구에서 치우쳐 있다. 지자기장의 각 성분은 그 방향에 대한 자기 퍼텐셜의 방향 미분이며, 그에 대응하는 상수 A_n과 B_n에 의해 크기가 결정된다. 전 세계의 여러 관측

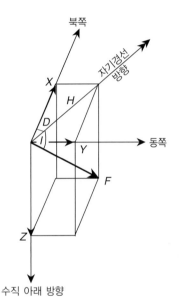

그림 11.3 지자기 성분에 대한 정의. 지자기장은 북쪽(X), 동쪽(Y), 수직 아래 방향(Z)의 카르테시안 성분으로 표현된다. 총 자기 강도(F)에 대한 편각(D)과 복각(I)에 의한 표기법도 사용된다.

소에서 기록된 자기 관측 자료를 통해 총퍼텐셜에 대한 A_n과 B_n의 상대적인 기여도를 평가할 수 있다. 가우스는 1838년 아주 적은 수의 관측 자료만을 사용하여 A_n이 B_n에 비해 매우 작다는 사실을 발견하였다. 그는 외부 기원의 자기장은 미미하며, 내부 기원의 자기장은 대부분 쌍극자에서 유래하였음을 밝혔다.

11.2.3 외부 기원의 자기장

우주 공간에 퍼져 있는 지자기장은 인공위성과 우주 탐사선에 의해 측정된다. 이곳의 지자기장은 매우 복잡한 모습을 하고 있다(그림 11.4). 지자기장은 끊임없이 태양으로부터 뿜어

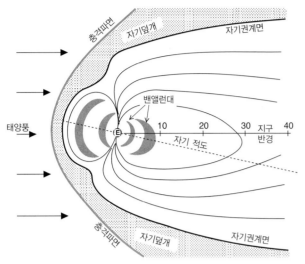

그림 11.4 지자기장과 태양풍 사이의 다양한 상호 작용에 의해 형성되는 자기권의 단면도.

져 나오는 **태양풍**(주로 전자, 양성자, 헬륨 원자로 구성된 대전 입자의 흐름)에 매우 강하게 영향을 받는다. 태양풍은 **플라스마** 상태이다. 플라스마란 거의 같은 양의 양전하 이온과 음전하 이온이 매우 낮은 밀도로 모여 있는 이온화된 기체를 가리킨다. 태양에서 출발한 태양풍은 지구에 도달할 때쯤이면 그 밀도가 $1 cm^3$의 부피에 7개의 이온이 담긴 것과 비슷해지며, 이 정도의 양은 약 6 nT의 자기장을 발생시킨다. 태양풍은 지자기장과의 상호 작용을 통해 **자기권**(magnetosphere)이라고 불리는 영역을 만든다. 이 상호 작용은 지구 반지름의 몇 배에 해당하는 거리에서 쌍극자장이 가진 원래의 모양을 크게 변형시킨다.

지구 기준 태양풍의 상대 속도는 약 450 km s^{-1}이다. 이처럼 매우 빠른 속도의 태양풍은 지구에서 태양 쪽으로 지구 반지름의 약 15배인 지점에서 얇은 상층 대기와 부딪치기 시작한다. 이 충돌로 인해 초음속 비행기 앞쪽에 충격파가 만들어지는 것과 유사한 현상이 발생한다. 이 충격의 최전선은 **충격파면(bow shock)**이라 불린다(그림 11.4). 이 지점이 자기권의 가장 바깥 경계이다. 충격파면의 안쪽 영역에는 태양풍이 느려지고 가열된다. 충격파면을 통과한 후 태양풍은 **자기덮개(magnetosheath)**라고 하는 난기류 영역을 통해 지구를 우회한다. 태양풍은 대전된 입자의 흐름이기 때문에 그 자체가 전류이다. 이 전류는 행성 간 자기장을 형성하며, 태양을 향하는 쪽의 지자기장을 강화시키고 압축시킨다. 반면 반대쪽의 지자기장은 약화되고 늘어난다. 이러한 과정에 의해 태양풍의 '풍하' 쪽으로 길게 늘어진 **자기꼬리(magnetotail)**가 형성된다. 달은 지구로부터 지구 반지름의 약 60배 정도 떨어진 곳에 위치한다. 따라서 달이 한 달에 한 번 지구 주변을 공전할 때마다, 자기꼬리로의 진입과 탈출을 반복한다. 변형된 자기장과 자기덮개 사이의 전이 경계를 **자기권계면(magnetopause)**이라 한다.

11.2.3.1 밴앨런 복사대

자기권계면을 통과한 대전 입자들은 지자기장에 포획되어 밴앨런 복사대(Van Allen radiation belt)를 형성한다. 밴앨런대는 지자기장의 축을 중심으로 도넛 모양의 두 영역을 형성한다(그림 11.5). 내층에는 양성자가, 외층에는 고준위의 전자가 주

그림 11.5 밴앨런대의 외층과 내층 단면도. 이 영역에서 지자기장에 의해 대전 입자가 포획된다.

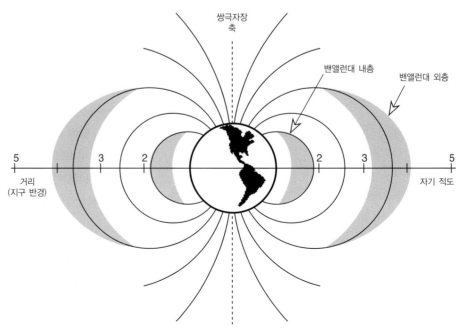

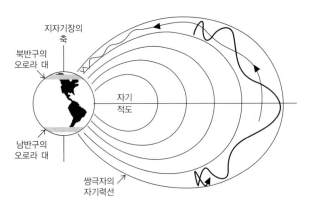

그림 11.6 태양풍의 대전 입자는 지자기장에 의해 자기력선을 중심으로 나선 운동을 한다.

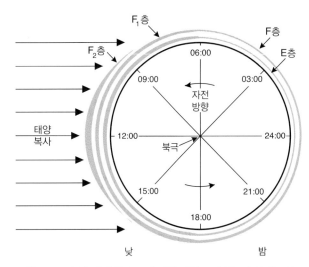

그림 11.7 전리층의 층상 구조에 대한 단면도. 출처 : A.N. Strahler, *The Earth Sciences*, 681 pp., New York: Harper and Row, 1963.

로 포획되어 있다. 각 벨트 내의 대전 입자는 지자기력선을 따라 나선형의 움직임을 보인다(그림 11.6). 입자가 지구에 가까워질수록 장의 세기가 증가하고, 이에 따라 나선 운동의 너비(pitch)는 점점 작아진다. 최종적으로 입자는 정지한 뒤 곧바로 반대 방향의 운동을 시작한다. 이 과정에 의해 대전 입자는 지자기장의 자기력선을 따라 극지역에서 다른 극지역으로 빠르게 이동한다. 밴앨런대의 내층은 지표면으로부터 약 1,000 km 상공에서부터 시작하여 약 3,000 km까지 뻗어 있다(그림 11.5). 도넛 모양의 외층은 지구 중심에서 지구 반경의 약 3~4배 정도 거리에 위치한다.

11.2.3.2 전리층

위에서 설명한 효과는 지자기장이 강력한 외계 복사선으로부터 지구를 보호하는 방식을 보여 준다. 대기는 밴앨런대를 통과한 잔여 복사선으로부터 지구를 보호하는 역할을 한다. 대기로 침투한 초단파 태양 복사선은 대부분 지표면에 도달하지 못한다. 높은 에너지 준위를 가진 감마선과 X선 그리고 자외선은 매우 얇은 상층 대기에 포함된 질소와 산소 분자를 이온화시킨다. 고도 50 km에서 1,500 km에 걸쳐 있는 이 영역을 전리층(ionosphere)이라 부른다. 전리층은 아래부터 위쪽으로 D, E, F1, F2, G로 명명된 다섯 개의 층으로 구성되어 있다. 각 층은 전파를 반사할 수 있으며, 하루 동안 층 두께와 이온화 정도가 계속 변한다. 하나 혹은 두 개의 층을 제외한 나머지 층들은 밤에 사라지며, 낮에는 두꺼워지고 강해진다(그림 11.7). 낮에는 무선 송신기에서 송출된 신호가 전리층에 의해 반사되며, 지면과 전리층 사이를 다중 반사하며 전 지구를 돈다. 결과적으로 밤이 되면 매우 멀리 떨어진 곳에서 송출된 신호의 수신

감도가 좋아진다.[6] D층은 약 80~100 km의 고도상에 위치하는 지표에 가장 인접한 전리층이다. 전리층은 그 특성이 알려지기 전인 1902년, 장파장 전파를 반사하는 속성에 의해 처음 발견되었으며, 발견자를 기리기 위해 케넬리-헤비사이드(Kennelly-Heaviside)층으로 명명되었다.[7] E층은 단파 라디오 애호가들이 사용한다. F층은 가장 강하게 이온화되는 층이다.

11.2.3.3 일변화와 자기 폭풍

전리층의 이온화된 분자는 강력한 수평 고리 형태의 전류를 가진 다수의 전자를 내놓는다. 이들은 지표에서도 감지되는 외부 기원 자기장의 공급원 중 하나이다. 이온화는 낮 시간대의 지역에서 강렬하게 일어나며, 이로 인해 여분의 층이 발달한다. 태양은 또한 전리층에 대기의 조석을 유발한다. 일부는 태양의 인력에 의해 발생하지만, 주원인은 태양을 마주하는 면이 낮 동안 가열되기 때문이다. 지자기장 내 대전 입자 운동은 로렌츠의 법칙(글상자 11.2)에 따라 전리층 내에서 전류를 유도하는 전기장을 생성한다. 특히 수평 방향의 입자 운동은 지자

---

6 중파방송이 사용하는 주파수대(526.5~1,606.5 kHz)는 D층과 E층에 흡수된다. 따라서 중파방송은 한 지역을 수신 대상으로 한다. 이 주파수대는 F층에 반사되기 때문에, D층과 E층이 사라지는 야간에는 수천 킬로미터 떨어진 곳까지 전파되기도 한다.

7 원서의 본 문장에서는 D층을 케넬리-헤비사이드층으로 서술하였다. 훗날 노벨상을 수상한 애플턴 경(1892~1965)은 1926~1927년 겨울 케넬리-헤비사이드층보다 높은 고도에서 또 하나의 새로운 전리층을 발견하였다. 그는 자신이 발견한 전리층을 케넬리-헤비사이드층과 구분하기 위해 각각 F층과 E층으로 명명하였다.

기장의 수직 성분과 상호 작용하여 전리층 내의 수평 방향의 전류 고리를 생성한다. 이 전류에 의해 지표에 자기장이 형성된다. 전리층 아래의 지구가 자전하면서 지자기장의 세기는 하루 동안 약 10~30 nT 정도 변동한다(그림 11.8a). 이 같은 시간에 대한 지자기장의 강도 변화를 일변화(diurnal 혹은 daily variation)라 부른다.

일변화의 크기는 위도에 따라 다르다. 일변화의 크기는 자력 탐사에서 사용되는 측량 장비의 정확도를 크게 웃돌기 때문에, 관측 자료에 포함된 일변화의 영향은 보정 작업을 통해 제거해야 한다. 일변화의 크기는 전리층의 이온화 정도에 따라 달라지는데, 그 정도는 태양 활동 상태에 의해 결정되므로 일정치 않다. 태양의 활동성이 매우 낮은 날의 일변화를 solar quiet(Sq) 타입이라고 칭한다. 평균적인 날 혹은 태양 활동이 활발한 날은 Sq 변동이 태양 섭동(Solar Disturbance, SD)에 묻힌다. 태양 활동은 흑점과 플레어의 11년 주기에 영향을 받는다. 이들 현상과 관련된 강화된 태양 복사는 전리층 내의 전류

를 증가시킨다. 이들은 급격한 변화를 불러와 이례적으로 강한 자기장이 형성된다[자기 폭풍(magnetic storm)이라 불리는 현상]. 자기 폭풍의 크기는 지표에서 약 1,000 nT에 이른다(그림 11.8b). 전리층의 요란은 또한 단파 및 장파 라디오 송신을 중단시킨다. 자기 폭풍이 계속되는 동안에는 태양 활동의 지속 시간에 따라 4시간에서 하루 정도 자력 탐사를 중단해야 한다.

11.2.4 내부 기원의 자기장

지구물리학자가 내부 기원의 지자기장을 수학적으로 설명하는 방법에 대해 이해하기 위해 식 (11.5)를 다시 보자. 가우스가 했던 것처럼 가장 먼저 외부 자기장에 관한 계수 A_n을 식에서 제외시키자. 구면에서의 퍼텐셜 변화를 묘사하는 구면 조화함수 $Y_n^m(\theta, \phi)$를 확장된 형태로 다시 쓰자(글상자 3.4 참조). 이를 통해 지구 내부 기원의 자기장을 다음과 같은 형태의 퍼텐셜 W로 표현할 수 있다.

$$W = R\sum_{n=1}^{\infty}\sum_{m=0}^{n}\left(\frac{R}{r}\right)^{n+1}(g_n^m\cos m\phi + h_n^m\sin m\theta)P_n^m(\cos\theta) \quad (11.6)$$

여기서 R은 지구의 반경이다. $P_n^m(\cos\theta)$은 버금 르장드르 다항식과 관련된 슈미트 다항식이다.[8]

식 (11.6)은 자기 다중극자(multipole)에 의해 형성되는 지자기 퍼텐셜 표현식이다. 이 식은 관측된 자기장의 퍼텐셜을 자극들의 특정 조합에 의해 생성되는 퍼텐셜과의 관계를 통해 보여 준다(글상자 11.3). 자기 퍼텐셜을 표현하는 구면 조화함수의 각 계수 g_n^m과 h_n^m은 차수 n과 급수 m의 가우스(혹은 Gauss-Schmidt) 계수라고 불린다.[9] 식 (11.6)을 자세히 보면, 계수의 단위는 **B**-field의 단위(nT)와 동일하다. 이 계수들은 관측된 지자기장을 분석하여 계산된다.

다양한 출처의 자료가 통합되어 현대적인 지자기장 분석에 사용된다. 인공위성이 활용되기 전에는 자기 관측소에서 연속적으로 기록된 자료가 가장 중요한 자료였다. 지자기 성분의 평균값 결정을 통해 최적의 가우스 계수들을 얻어 낼 수 있었다. 현재는 약 200개의 지자기 관측소가 연속적인 측정

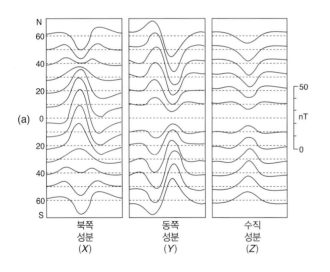

(a)

북쪽 성분 (X)　　동쪽 성분 (Y)　　수직 성분 (Z)

(b)

수평 세기　　호주, 매쿼리 관측소 1958년 2월 16일

세계 표준시

그림 11.8 (a) 위도에 따른 지자기 강도의 성분별 일변화. 출처 : S. Chapman and J. Bartels, *Geomagnetism, Vol. I: Geomagnetic and Related Phenomena, Vol. II: Analysis of Data and Physical Theories*, 1049 pp., Oxford: Oxford University Press, 1940. (b) 자기 폭풍 동안 수평 자기 성분의 변동. 출처 : T. Ondoh and H. Maeda, Geomagnetic storm correlation between the northern and southern hemisphere, *J. Geomag. Geoelectr.* 14, 22-32, 1962.

8　지자기장과 관련된 구면 조화함수는 중력의 경우와는 다른 표준화 방식을 사용한다. 이 표준화 방식을 Schmidt, partially nomalized라고 한다.

9　식 (11.5)에 존재하지 않던 R^{n+1}항이 식 (11.6)에 포함되었다. 이는 식 (11.6)을 미분했을 때, g_n^m과 h_n^m이 자기장의 단위를 갖도록 하기 위함이다. 이 과정에서 식 (11.5)의 Y_n^m에 포함된 계수들을 조정하면서 나타난 항이다. $(R/r)^{n+1}$항은 르장드르 다항식의 유도 과정에서 자연스럽게 사용되는 관습적인 표현이다.

글상자 11.3 지자기장에 대한 다극자 표현

지구 내부 기원의 자기 퍼텐셜 W는 다음과 같이 표현된다.

$$W = R\sum_{n=1}^{\infty}\sum_{m=0}^{n}\left(\frac{R}{r}\right)^{n+1}(g_n^m\cos m\phi + h_n^m\sin m\phi)P_n^m(\cos\theta)$$

이 식에 등장하는 각 항은 자극의 특정 조합을 통해 생성되는 자기장의 퍼텐셜을 묘사한다. 예를 들어 $n = 1$은 세 개의 항으로 이루어져 있으며, 각 항은 g_1^0, g_1^1, h_1^1의 계수를 갖는다. 이들이 쌍극자를 나타낸다. 계수 g_1^0은 쌍극자의 방향 성분 중 지구 자전축과 평행한 성분의 크기를 나타낸다. 나머지 두 계수는 적도면상에서 서로 수직인 두 성분의 크기를 나타낸다. 다섯 개의 항으로 이루어진 $n = 2$는 약간 더 복잡한 사중극자(quadrupole)장을 묘사한다. 극성이 다른 두 개의 자하가 무한히 가까워질 때 쌍극자장이 생성되는 것과 마찬가지로(11.1.3절 참조), 축방향은 동일하지만 극성이 반대인 두 개의 쌍극자가 무한히 가까워져 사중극자장이 생성된다. 이름에서 알 수 있듯이, 사중극자는 4($= 2^2$)개의 자하로 이루어져 있으며, 2개는 '북극'이고 나머지 2개는 '남극'이다. $n = 3$에 포함된 항들은 8($= 2^3$)개의 자하로 구성된 팔중극자(octupole)를 만든다. $n = N$의 항들은 총 2^N개의 자하가 고유의 배열을 이루면서 만들어 내는 자기장을 묘사한다.

그림 B11.3.1은 구면을 기준으로 그려진 쌍극자와 사중극자 그리고 팔중극자의 배열을 보여 준다. 세 그림 모두 급수 m이 0인 가우스 계수들을 가정하여 그려졌다. $m = 0$일 경우, 주어진 θ와 r에 의해 계산된 퍼텐셜 값이 '위도'선을 따라 항상 일정하다. 이를 띠대칭(zonal symmetry)이라고 한다. 대칭축을 포함하는 모든 단면은 동일한 양상을 갖는다. 그림 B11.3.1의 위쪽 세 그림은 (a) 쌍극자장과 (b) 사중극자장 그리고 (c) 팔중극자장이 갖는 자기력선의 단면도이다. 각 자기장은 회전 대칭을 보인다. 이에 상응하는 띠구면 조화(zonal spherical harmonics)는 아래에 나타내었다. 자기력선이 구 표면을 떠나는 곳은 흰색으로, 되돌아오는 곳은 검은색으로 음영 처리하였다.

쌍극자장의 자기력선은 자기 적도에서 수평이다. 남반구에서 구표면을 떠난 자기력선은 북반구로 되돌아온다. 북반구에서 사중극자장은 자기 위도 35.3°N에서 수평을 이룬다. 이 위도보다 북쪽은 사중극자장의 자기력선이 구표면을 벗어난다. 이에 대칭인 위도선이 35.3°S에 위치한다. 이보다 남쪽 영역에서 자기력선이 지구를 떠난다. 두 기준선 사이 지

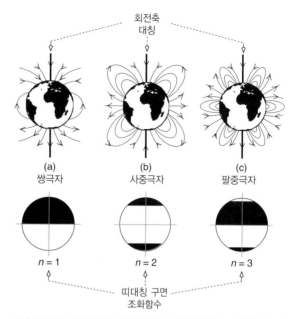

그림 B11.3.1 (a) 쌍극자, (b) 사중극자, (c) 팔중극자가 생성하는 자기력선에 대한 축 단면도. 각 자기장은 축에 회전 대칭이다. 각 자기장에 대응하는 대칭 구면 조화함수를 아래쪽에 나타내었다. 자기력선이 진입하고 이탈하는 구면 조화함수의 각 영역을 음영으로 표현하였다.

역에서는 자기력선이 다시 표면으로 들어간다. 사중극자장의 대칭은 이 세 영역으로 설명된다. 팔중극자장의 대칭은 4개의 영역으로 구성된다. 두 영역에서는 자기력선이 외부로 벗어나며, 이와 마주 보는 두 영역에서는 다시 들어온다.[a]

차수와 급수가 서로 같은($n = m$) 가우스 계수(예 : g_1^1, h_1^1, g_2^2, h_2^2 등)는 부채꼴 모양의 구면 조화(sectorial harmonics)를 보인다. 이 패턴은 적도를 기준으로 수직으로 나뉜 짝수 개의 영역으로 나뉘며, 자기력선은 인접한 영역에서 교대로 들어오고 나간다(글상자 3.4 참조). 차수와 급수가 서로 다른($n \neq m$) 가우스 계수(예 : g_2^1, h_1^1, g_3^2, h_1^3 등)는 모자이크 모양의 구면 조화(tesseral harmonics)를 보인다. 이 패턴에서는 위도선과 경도선이 서로 교차하며, 마찬가지로 자기력선은 마주 보는 인접 영역에서 진입과 탈출을 반복한다.

다중극 표현을 통해 전체 지자기장의 매우 복잡한 구조를 단순한 형태의 여러 자기장의 합으로 나타낼 수 있다. 단일 자하가 존재하지 않으므로, 다중극장이 자기장에 대한 물리적 표현은 아니다. 그러나 이를 이용하면 지자기장을 수학적으로 매우 편리하게 묘사할 수 있다.

---

[a] g_n^m과 h_n^m의 부호에 따라 자기력선의 방향은 반대가 된다. 예를 들어 그림 B11.3.1a는 g_1^0의 부호가 음수인 경우를 그린 것이다. 실제 지구 자기장의 g_1^0의 부호도 음수이다.

을 하고 있다. 그러나 자기장 모델을 만들 때 사용하는 가장 질 좋은 자료는 대부분 낮은 고도로 공전하는 준극궤도(near-polar orbit) 인공위성에 의해 제공된다. POGO(Polar Orbiting Geophysical Observatory)는 1965년에 발사된 최초의 자기 관측 위성이었다. 1979~1980년에 걸쳐 6개월간 고해상도의 자료를 제공한 MAGSAT(Magnetic Field Satellite)은 인공위성 자기 관측에 있어 가장 비약적인 발전을 선보였다. 1999년 지자기 관측을 주목적으로 하는 덴마크의 인공위성 ØRSTED가 고도 650~865 km 사이의 타원저극궤도(elliptical, low polar orbit)에 안착하였다. 이 위성에 탑재된 자력계는 MAGSAT의 것과 같은 벡터 자력계와 총자력계로서 각각 0.5 nT의 감도를 가지고 있다. 독일의 인공위성 CHAMP(3.5.4절 참조)는 2000년에 발사되어 더 낮고 거의 원형의 궤도상에 자리 잡았다. CHAMP는 5년 동안 운용될 예정이었으나, 더 연장되어 2010년까지 활동하였다. CHAMP는 중력장은 물론, 자기장의 벡터 성분과 총세기를 측정하는 자력계도 탑재하였다. 낮은 공전 궤도와 개선된 관측 장비의 도움으로 자기 관측 자료의 해상도는 큰 폭으로 상승하였다.

인공위성을 이용한 가장 최근의 자기 관측은 2013년 유럽우주국(ESA)에서 발사한 SWARM Constellation Mission이다. 이 미션의 성공적인 성과로 인해 4년으로 예정되었던 관측 기간이 2021년까지 연장되었다. SWARM은 동일한 세 대의 인공위성(각각 알파, 브라보, 찰리로 명명)으로 이루어진 군집 위성체로서, 준극궤도를 함께 공전하며 벡터 자기장과 스칼라 자기장을 측정한다. 알파와 찰리는 수평 방향으로 경도 1.4°(적도에서는 155 km)만큼 떨어진 채 초기 고도 450 km를 공전한다. 이 두 인공위성들 바로 위(고도 530 km)에서는 세 번째 인공위성 브라보가 함께 공전한다. 인공위성의 궤도는 최적화된 자기장 관측 자료를 얻기 위해 미션 기간 동안 계속 변경된다. 세 대의 위성으로부터 획득된 자료는 수평 구배와 수직 구배 계산이 가능하도록 동시에 처리된다(11.4.3.2절). 이것은 일변화 보정에 대한 필요성을 크게 감소시키고, 소규모 자기 이상에 대한 해상도를 크게 향상시킨다.

자기장을 완벽하게 묘사하려면 이론상 무한히 많은 가우스 계수가 필요하다. 자기장에 대한 전 지구적인 모형은 국제기준 지자기장(International Geomagnetic Reference Field, IGRF)이 제공하며, 이는 5년마다 업데이트된다. 현재의 버전(IGRF-12, 2015년 배포)은 가우스 계수의 최고 차수와 급수[10]가 13이다.[11] IGRF는 업데이트되는 시기 사이의 값을 계산할 수 있도

록 각 가우스 계수의 변화율에 대한 선형 근사치[즉, 영년 변화(secular variation)]를 제공한다.

가우스 계수는 차수가 증가하면서 점점 작아진다. 이러한 감소는 지구 내부에서 발생하는 자기장의 기원을 추정하기 위해 사용될 수 있다. 이러한 분석법을 파워 스펙트럼 분석(power spectral analysis)이라고 한다. 자기장의 특징적인 변화가 나타나는 공간(예를 들어, 자기장이 평균보다 강한 영역)의 너비를 자기 특성의 파장이라고 한다. 중력 이상의 경우와 마찬가지로 자기 공급원이 심부에 위치할수록 광범위한(즉, 장파장) 자기 이상이 나타나며, 천부에 위치할수록 좁은 범위(즉, 단파장)에 자기 이상이 나타난다. 스펙트럼 분석은 신호의 각각의 주파수에 대응하는 파워(혹은 에너지 밀도)를 계산하는 것이다. 이는 하나의 차수에 포함된 모든 계수를 제곱하여 합산해 얻어진다. 지자기장에 대한 스펙트럼 분석은 가우스 계수를 사용한다. 공간 주파수의 크기는 차수 n에 의해 결정된다. 낮은 차수의 항(n이 작은 항)들은 장파장의 특성을 담고 있으며, 높은 차수의 항들은 단파장의 특성과 관련되어 있다.

인공위성을 이용한 지자기장의 관측에는 플럭스 게이트(flux-gate)를 사용한 벡터 자력계와 양성자 세차나 광펌핑 형식의 스칼라 자력계가 사용된다(11.4.2.3절 참조). 1979년부터 1980년까지 임무를 수행한 MAGSAT은 고도 420 km의 준원형 궤도에서 지자기장을 측정하였다. MAGSAT은 최대 $n = 66$의 가우스 계수를 산출할 정도로 충분히 높은 정확도를 가지고 있었고, 이를 통해 전 지구적인 구면 조화 분석이 가능하였다. 최근에는 CHAMP가 2000년부터 2010년까지 10년 동안 지자기장을 측정하였다. 이 인공위성은 초기 고도가 454 km인 준원형 궤도에 자리 잡았다. 이 고도는 300 km로 점차 감소하였다.[12] CHAMP 관측 자료는 NGDC(National Geomagnetic Data Center)가 수행한 해양 및 항공 자기 자료와 결합하여 고해상도의 지자기장 모형을 구성한다. 이 통합 자료에 대한 구

---

10 국내에 번역된 수학 관련 서적에서 degree와 order에 대한 통일된 번역어가 존재하지 않는 듯하다. 보통 차수와 계수 등이 사용되는 것이 일반적이다. 그러나 이 번역서에서는 구면 조화함수를 다루면서 계수라는 표현을 Gauss's coefficients와 Stokes' coefficients를 지칭할 때 사용한다. 따라서 혼동을 피하고자 여기에서는 degree를 차수로, order를 급수로 번역한다.

11 번역 작업이 진행될 당시의 최신 버전은 IGRF-13으로 2019년 12월에 배포되었다. 구면 조화함수의 최고 차수는 IGRF-12와 마찬가지로 13이다. 2000년대 이전에는 최고 차수가 10이었다.

12 저궤도 위성은 비록 약하지만 대기와의 마찰로 인해 공전 궤도의 고도가 점차 감소한다.

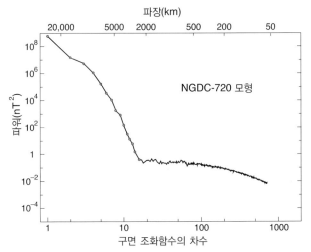

그림 11.9 지자기장으로부터 계산된 에너지 밀도 스펙트럼. 스펙트럼 계산에는 항공 및 해양 자기 탐사 자료와 CHAMP 인공위성 관측 자료를 통합한 데이터베이스를 사용하였다. 출처 : S. Maus, *Geophysics. J. Int.*, 174, 135－142, 2008.

면 조화 분석은 최대 $n = 720$의 가우스 계수를 산출해 낸다. 그림 11.9는 NGDC-720 모형에 대한 파워 스펙트럼 분석 결과(각 차수에 대한 에너지 밀도 그래프)를 보여 주고 있다. 이 그래프는 차수와 반비례 관계를 가진 파장(혹은 공간 분포)에 대한 값도 함께 제시하고 있다.

중력 이상 유발 요인에 대한 해석(4.2.1절)에서 설명한 것과 같이, 자기 이상의 파장은 그 기원의 심도와 직접 연관된다. $n = 15$의 근방에서 파워 스펙트럼의 기울기가 불연속인 것은 그 기원이 서로 다르기 때문이다. $n \leq 14$의 항들에서는 외핵 내(즉, 깊은 곳에 위치하는) 유발원이 만들어 낸 지자기장 효과가 지배적이다. 그림 11.9의 수직축은 로그 척도이기 때문에, $n = 1, 2, 3$의 항은 나머지 항들보다 에너지가 훨씬 더 크다. 내부 기원의 지자기장을 구성하는 이들 세 항은 각각 쌍극자(dipole), 사중극자(quadrupole) 그리고 팔중극자(octupole)의 서로 다른 형태를 가진다. $n > 15$의 항들은 암석권의 자화와 관련된 단파장의 자기 이상을 묘사한다. SWARM 인공위성에 의해 관측된 자기장 자료의 $15 \leq n \leq 80$에 대한 가우스 계수들을 사용하여 암석권에서 발생하는 자기장을 매우 상세하게 모델링할 수 있다.

11.2.4.1 핵 표면의 자기장

내부 기원(즉, $n \leq 14$)의 자기장은 거리에 따라 반비례하기 때문에 지구 내부로 들어갈수록 그 세기가 증가한다. 내부 자기장을 만들어 낼 가능성이 있는 맨틀이나 지각 내부의 전류

를 제거한다면, 외핵 표면에서의 자기장을 계산할 수 있다. 하향 연속(downward continuation)이라고 불리는 기법은 중력 및 자력 탐사에 광범위하게 사용된다. 이 과정은 차수가 n인 항들로 구성된 퍼텐셜이 방사 방향을 따라 $(R/r)^{n+1}$의 비율로 크기가 변하는 성질을 이용한다. r에 외핵의 평균 반지름인 3,480 km를 대입하고 R에는 지구 반경인 6,371 km를 대입하면, 차수 n인 항들로 구성된 퍼텐셜은 외핵의 표면으로 하향 연속을 할 때 1.83^{n+1}의 비율로 증가한다. 이 과정에서 n이 큰 단파장의 항들이 상대적으로 더 크게 증폭되며, 이로 인해 지표면에서는 두드러지지 않았던 작은 규모의 자기 특성들이 현저하게 드러난다. 일반적으로 외핵 표면에 대한 방사 방향의 자기장을 계산할 때에는, 하향 연속된 퍼텐셜을 이용한다(그림 11.10).

외핵에서의 자기장은 몇 가지 두드러진 특징을 보인다. 몇몇 이상 지역을 제외하면, 자기력선은 일반적으로 북반구에서 들어가고 남반구에서 나온다. 지표면에서는 쌍극자장의 영향으로 인해, 각 반구가 자기장이 강한 지역을 하나씩 가지고 있다. 이곳이 자기력선이 모이는 극이다. 외핵 표면에서는 이러한 영역이 각 반구마다 두 개씩 존재한다. 이를 자기 선속의 돌출부(flux lobe)라고 부르는데, 내핵에 접하는 원통의 모서리를 따라 정렬되어 있다. 더욱이 남대서양 아래의 넓은 지역에서 자기력선은 외핵을 탈출하는 것이 아니라 반대로 진입하고 있다. 반대 양상을 나타내는 이 지역은 지표 자기장에도 영향을 미쳐, 해당 지역의 자기 강도를 감소시키고 남대서양의 자기 이상을 형성한다.

11.2.4.2 지자기 쌍극자장

지표 자기장 중 가장 중요한 성분은 가우스 계수 $n = 1$로 주어지는 쌍극자장이다. 식 (11.6)에서 가장 첫 번째 항만 취한다면, 다음과 같은 퍼텐셜을 얻을 수 있다.

$$W = R^3 g_1^0 \frac{\cos\theta}{r^2} \tag{11.7}$$

위 퍼텐셜이 보이는 공간적인 변화는 $\cos\theta/r^2$ 항에 의해 결정된다. 이는 식 (11.1)로 나타내었던 쌍극자 퍼텐셜의 특성과 동일하기 때문에, 다음과 같은 식으로 표현할 수 있다.

$$W = \frac{\mu_0 m}{4\pi} \frac{\cos\theta}{r^2} \tag{11.8}$$

식 (11.7)과 식 (11.8)의 $\cos\theta/r^2$ 항에 대한 계수를 서로 비교해

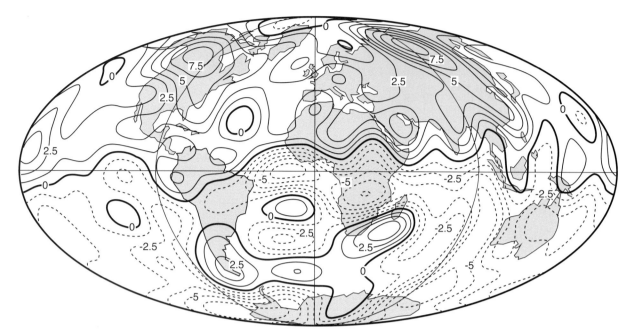

그림 11.10 핵 표면에서의 지자기장 방사 성분에 대한 등치선도(제공 : Christopher Finlay, 2018). 등치선도에 표시된 숫자는 가우스 단위(1 G = 10^5 nT)로 나타낸 지자기장의 세기이다. 자기력선이 핵을 떠나는 영역의 등치선은 가는 실선으로, 진입하는 영역에 대한 등치선은 파선으로 나타내었다. 값이 0인 지점은 두꺼운 실선으로 나타냈다. 출처 : International Geomagnetic Reference Field 1990.

보면, 지자기장을 형성하는 쌍극자의 자기 모멘트를 가우스 계수로 표현할 수 있다.

$$m = \frac{4\pi}{\mu_0} R^3 g_1^0 \tag{11.9}$$

g_1^0 항은 자기장을 이루는 성분 중 가장 크다. 이 항은 지구의 중심에 위치하여 자전축과 나란한 방향의 자기 쌍극자를 묘사한다. 이를 지구 중심축 자기 쌍극자(geocentric axial magnetic dipole)라고 부른다.

쌍극자가 만들어 내는 자기장 **B**는 쌍극자의 축을 중심으로 대칭을 이룬다. 쌍극자의 중심으로부터 거리 r만큼 떨어져 있는 임의의 지점을 생각하자. 이 지점과 쌍극자의 축이 이루는 사잇각은 θ로 놓자. 쌍극자의 자기 모멘트가 m일 때, 이에 의해 형성되는 쌍극자장의 방사 성분 B_r과 접선 성분 B_θ는 다음과 같이 자기 퍼텐셜을 r과 θ에 대해 미분함으로써 얻을 수 있다.

$$B_r = -\frac{\partial W}{\partial r} = \frac{\mu_0 m}{4\pi} \frac{2\cos\theta}{r^3} \tag{11.10}$$

$$B_\theta = -\frac{1}{r}\frac{\partial W}{\partial \theta} = \frac{\mu_0 m}{4\pi} \frac{\sin\theta}{r^3} \tag{11.11}$$

B_r은 적도($\theta = 90°$)에서 0이 되며, 자기장은 수평 성분만 갖는다. 지표면($r = R$)에서 이 수평 성분의 크기는 g_1^0으로 주어진

다. 이는 식 (11.11)에 식 식 (11.9)를 대입하면 간단히 계산된다. 균일하게 자화된 구 표면의 한 점 (r, θ)에서, 자기장이 표면에 대해 기울어진 각 I는 다음과 같이 주어진다.

$$\tan I = \frac{B_r}{B_\theta} = 2\cot\theta = 2\tan\lambda \tag{11.12}$$

각 I는 복각(inclination)이라 부르며, θ는 자기축과 관측점 사이의 각거리[혹은 극각(polar angle)]이다. 극각은 자기 위도 λ의 여각이다(즉, $\theta = 90° - \lambda$). 식 (11.12)는 고지자기에서 매우 중요하게 다루어지며, 이는 다음 장에서 다시 다룰 것이다.

g_1^1과 h_1^1은 퍼텐셜 전개에 있어서 g_1^0 다음으로 가장 큰 성분이다. 이 두 항은 축 방향이 적도면상에 놓인 또 다른 쌍극자의 기여도를 묘사한다. 따라서 지구의 쌍극자장은 다음과 같이 세 벡터 성분의 합으로 계산되는 총 자기 모멘트를 갖는다.

$$m = \frac{4\pi}{\mu_0} R^3 \sqrt{(g_1^0)^2 + (g_1^1)^2 + (h_1^1)^2} \tag{11.13}$$

2015년의 지자기장을 분석해 보면 쌍극자 계수는 각각 $g_1^0 = -29.442$ nT, $g_1^1 = -1501.0$ nT, $h_1^1 = 4797.1$ nT이다. 이 값들을 식 (11.13)에 대입하여 계산한 지구 쌍극자장의 자기 모멘트는 $m = 7.724 \times 10^{22}$ A m^{2}이다. g_1^0이 음의 값을 갖는다는 사실에 주목하자. 이는 쌍극자의 축과 자전축이 서로 반대 방향임을 의미한다. 아울러, 세 개의 쌍극자 성분은 쌍극자의 축이 자전

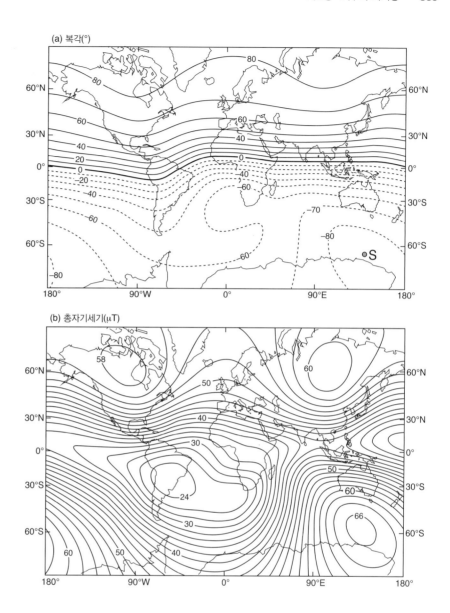

그림 11.11 2015년 국제기준지자기장의 (a) 등복각도와 (b) μT 단위의 총자기세기도. 출처 : E. Thebault et al., *International Geomagnetic Reference Field: the 12th generation, Earth, Planets and Space* 67:79, 2015.

축에 대해 약 9.7° 정도 기울어 있음을 보여 준다. 이 기울어진 쌍극자에 의해 형성되는 자기장은 지표 지자기장의 약 90% 이상을 차지한다. 이 축이 지표면과 만나는 곳을 지자기 북극(the north geomagnetic pole)과 지자기 남극(the south geomagnetic pole)이라고 한다. 2015년 두 극은 각각 80.37°N, 72.63°W (즉, 287.4°E)와 80.37°S, 107.37°E에 위치하였다. 두 지자기극은 서로 대척점(즉, 정확히 반대)에 위치한다.

지구의 자기극(magnetic dip pole)은 자기장의 복각이 ±90°인(즉, 자기장이 수직인) 지점으로 정의한다. 2015년도의 등복각도(isoclinal map, 복각이 일정한 지점을 이은 등치선도)를 참조하면 자기 북극(the north magnetic dip pole)은 86.29°N, 160.06°W(199.94°E)에 위치하는 반면, 자기 남극은 64.28°S, 136.59°E에 위치하고 있다(그림 11.11a). 이 두 극은 서로 대척

점에 위치하지 않는다. 자기적도는 복각이 0인 지점, 즉, 자기장이 수평인 곳이다. 쌍극자의 경사로 인해 자기적도는 지리학적 적도와 평행하지 않다. 자기극(magnetic dip ploe)과 지자기극(geomagnetic pole) 사이의 차이는 지자기장이 이상적인 쌍극자장보다 복잡한 형태를 띠기 때문에 발생한다.

일반적으로 지자기장의 강도는 적도보다 고위도에서 강하다(그림 11.11b). 특히, 남대서양에서는 예상보다 약 20 μT 정도의 낮은 값을 보여 준다. 따라서 이 지역에서는 태양풍의 대전입자나 우주 복사선으로부터 지구를 보호하는 지자기장이 상당히 약하다. 지구 궤도를 도는 인공위성이 이 지역을 지날 때는 증가한 외계 입자의 영향이 감지된다. 이 지역을 통과하는 저궤도의 우주선이나 고고도 항공기의 탑승자는 위험에 노출될 수도 있다. 또한 선체와 기체 내에 설치된 컴퓨터와 통신

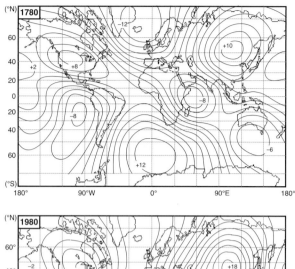

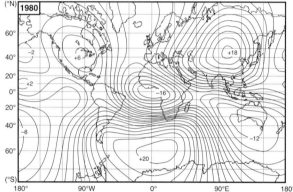

그림 11.12 1780년과 1980년의 비쌍극자장 수직 성분. 출처 : T. Yukutake and H. Tachinaka, The non-dipole part of the Earth's magnetic field, *Bull. Earthq. Res. Inst.* 46, 1027–1062, 1968; C.E. Barton, Geomagnetic secular variation: direction and intensity, in *The Encyclopedia of Solid Earth Geophysics*, Ed. D.E. James, pp. 560–577, New York: Van Nostrand Reinhold, 1989.

및 항법 시스템은 강화된 대전 입자의 흐름에 의해 교란될 수 있다.

11.2.4.3 지자기의 비쌍극자장

총자기장에서 기울어진 지자기 쌍극자장 성분을 제외한 나머지 부분을 비쌍극자장(non-dipole field)이라 총칭한다. 이는 전체의 약 5%에 해당한다. 비쌍극자장은 불규칙한 크기를 갖는 장파장의 자기 이상(anomaly)들로 이루어져 있다(그림 11.12). 비쌍극자장은 식 (11.6)에서 $n \geq 2$인 모든 항을 사용하여 계산한다.

11.2.5 영년 변화

지구상의 어떤 곳이든 지자기장은 시간이 지남에 따라 변한다. 내부 지자기장에 대한 서로 다른 두 시기의 가우스 계수를 비교해 보면, 느리지만 현저한 크기 변화가 관찰된다. 이러한 변화는 매우 느리기 때문에, 수십 년 혹은 수백 년에 걸친 관측을 통해 인지되며, 따라서 이를 영년 변화(secular variation)라고 부른다(긴 시기를 뜻하는 라틴어 *saeculum*에서 유래). 영년 변화는 시간에 따른 가우스 계수의 변화로 표현되며, 쌍극자장과 비쌍극자장의 구성 요소에 동시에 영향을 미친다.

11.2.5.1 쌍극자장의 영년 변화

1590년부터 1990년 사이에 수행된 83,000번 이상의 해양 관측 자료를 분석하여, 1840년대 이후에 이루어진 지자기장의 직접 관측 자료를 보강하였다(Jackson et al., 2000). 이 결과를 활용하여 지난 4세기 동안의 지자기장 강도와 방향에 대한 영년 변화를 추산하였다. 이렇게 계산된 가우스 계수의 변화는 백 년당 약 3.2%의 선형 비율로 쌍극자의 자기 모멘트가 감소하고 있음을 보여 준다(그림 11.13a). 자기장의 감소는 20세기 초반 들어 더욱 빨라져 평균 감소율이 세기당 6.4%로 증가하였다. 이와 같은 선형 비율이 계속 유지된다면, 자기장은 앞으로 1,600년 후에 사라지게 될 것이다. 자기장 감소의 원인은 아직 밝혀지지 않았다. 이러한 변화는 단순히 매우 긴 기간 동안 발생하는 변동의 일부일 수도 있다. 그러나 지자기장 역전의 전 단계로서 자기 모멘트가 감소 중인 경우도 배제할 수 없다.

쌍극자 축의 위치 또한 영년 변화를 보인다. 지자기극의 여위도(쌍극자 축과 자전축의 사잇각)와 경도에 대한 시간 변화를 그려 보면 이러한 변화 양상을 추적할 수 있다. 그러나 19세기 이전에는 관측 수가 적기 때문에 구면 조화 분석이 어렵다. 이를 극복하기 위해 자료의 신뢰도는 약간 떨어지지만, 고고학적 연구 결과들을 사용하기도 한다(12.2.2.1절). 그 결과, 16세기 중반부터 쌍극자 축의 영년 변화를 추정할 수 있다. 고고학적 자기 자료에 의하면, 16세기 중반의 쌍극자 축은 자전축과 겨우 3° 기울어져 있었고, 19세기까지 백 년당 약 1.5°의 비율로 점점 증가하였다. 이 경사는 1850년부터 1980년 사이에 약 11~12°로 거의 일정하게 유지되었으며, 1970년대 이후로 거의 2° 정도 감소하였다(그림 11.13b).

지난 400년 동안 지자기극의 경도는 꾸준히 서쪽으로 이동하고 있다(그림 11.13c). 19세기 전에는 백 년당 약 11°의 비율로 서쪽으로 움직였다. 만약 이러한 비율이 계속 유지된다면, 지자기극은 약 3,300년 정도의 주기로 지리적 북극 주변을 돌게 된다. 그러나 19세기 초 이후로 지자기극의 평균 이동 속도는 백 년당 5° 정도로 느려졌다. 이를 주기로 환산하면 약 7,000년 정도가 된다.

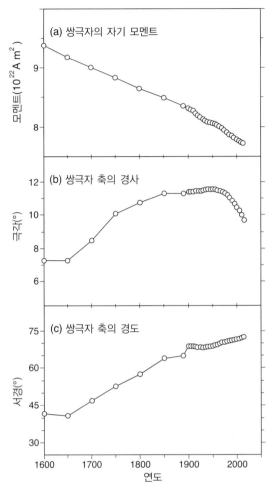

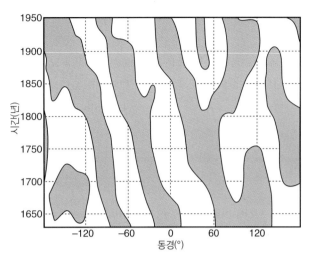

그림 11.14 핵 표면에서 계산된 방사 성분의 자기장. 1650년부터 1950년까지 시간과 경도에 대한 함수로 표현하였다. 시간 평균을 적용 후, 회전축 대칭인 성분을 제거하였으며, 적도에서의 방사 성분을 나타내었다. 값이 0인 곳을 등치선으로 표현하였으며, 양수인 영역에 음영을 넣었다. 출처 : C.F. Finlay and A. Jackson, GEOPHYSICS: Equatorially Dominated Magnetic Field Change at the Surface of Earth's Core Science, 300, 2084–2086, 2003.

그림 11.13 1600년부터 2015년까지 쌍극자 기울기의 영년 변화. (a) 쌍극자 자기 모멘트의 감소, (b) 자전축에 대한 쌍극자 축의 경사, (c) 지자기극(geomagnetic pole)의 서편 운동. 1900년 이전 자료 출처 : Barraclough (1974); 1990년~2015년 자료 : IRGF analyses(Thebault et al, 2015).

11.2.5.2 비쌍극자장의 영년 변화

$n \geq 2$인 가우스 계수의 느린 변화는 비쌍극자장의 영년 변화를 묘사한다. 서로 다른 두 시기의 비쌍극자장을 비교해 보면, 이러한 변화를 관찰할 수 있다(그림 11.12). 몽골, 남대서양, 북미 대륙에 위치하는 일부 이상대는 거의 같은 위치에 머무르며 그 강도만 변한다. 반면, 아프리카에 위치한 이상대처럼 시간에 따라 위치가 천천히 변하는 이상대도 있다.

비록 몇몇 이상대가 남북 방향의 움직임을 보이지만, 최근 비쌍극자장에서 관찰되는 가장 큰 특징 중 하나는 느린 서편 이동이다. 태평양에서의 영년 변화는 그 크기가 매우 작으며, 따라서 이 지역의 자기장은 쌍극자장에 매우 가깝다. 비쌍극자장의 서편 이동은 나머지 대부분의 지역에서 나타난다. 이들의 운동은 쌍극자의 움직임과 중첩되어 있지만, 구면 조화 분석을

통해 두 성분을 쉽게 분리해 낼 수 있다. 비쌍극자장의 이동 속도는 특정 패턴이 시기마다 경도 방향으로 얼마나 움직이는지 관찰하여 추정해 낸다. 20세기 전반기의 이동 속도는 1년에 약 18°이며, 이는 지구 한 바퀴를 도는 데 약 2,000년이 걸리는 속도이다. 그러나 일부 패턴들은 평균 속도보다 훨씬 빠르게 이동하며, 이는 서편 운동이 지구를 한 바퀴 돌 정도로 오랫동안 유지되지는 않을 것이라는 전망에 무게를 실어 준다. 실제 동편 운동이 있었다는 증거도 있다. 예를 들어, 유럽에서 얻어진 고지자기 자료에는 서기 1400년부터 서기 1800년까지의 서편 이동 이전에 서기 800년부터 시작된 동편 이동이 기록되어 있다. 이러한 해석은 관측 결과에 대한 무리한 해석일 수도 있다. 이는 서편 이동과 동편 이동을 나타내는 자료들이 전체 회전 중 짧은 시기의 운동만 보여 주기 때문이다.

현대의 분석법은 지자기장을 차수와 급수를 가진 구면 조화 함수로 나타낸다. 쌍극자 성분을 제거하면, 비쌍극자장인 잔여 성분의 변동 값을 얻을 수 있다. 특정 위도에 대한 값만을 추출한 뒤, 필터링을 적용하여 이 신호의 장기 부분만을 제거할 수 있다. 각 시기의 기준자기장 모형마다 이러한 과정을 반복하면, 경도와 시간에 대한 비쌍극자장의 함수를 얻을 수 있다. 1650~1950년의 결과를 그림 11.14에 제시하였다. 특정 위도(그림의 경우 적도)에 대해 양의 이상과 음의 이상이 반복적으로 나타나는 띠 구조를 보인다. 서편 이동에 의해 띠 구조는 서

그림 11.15 핵 표면에서 계산된 유체 흐름의 속도 벡터. 출처 : S. Maus, L. Silva, and G. Hulot, J. Can core-surface flow models be used to improve the forecast of the Earth's main magnetic field, *Geophys. Res.*, 113, B08102, 2008.

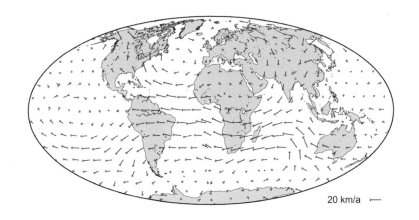

쪽으로 기울어져 있다. 이동 속도는 띠의 경사면을 통해 추정 가능하며, 평균적으로 0.27 deg yr^{-1} 또는 17 km yr^{-1}이다.

서편 이동은 영년 변화의 중요한 특징이다. 원인을 알아내기 위해 외핵에 의해 주요 지자기장이 생성되는 물리적 메커니즘의 모형화 연구가 계속되고 있다. 한 가설은 서편 이동을 핵 내에서 회전하는 유체가 보이는 진동 특성으로 설명한다. 그러나 유체의 회전이 왜 진동하는가에 대한 상세한 메커니즘을 아직 규명하지 못하였다. 또 다른 이론은 핵 내의 가장 바깥 유체가 더 깊은 층의 유체보다 느리게 회전하여 맨틀에 대해 상대적으로 서쪽으로 움직이는 비쌍극자장을 만들어 낸다고 제시한다. 이 이론은 2003년의 기준지자기장에 대한 영년 변화 성분을 외핵 표면까지 하향 연속하여 산출하고, 이에 대한 접선 방향의 유체 흐름 벡터를 계산하였다(그림 11.15). 이렇게 얻어진 흐름 중, 적도 부근의 서쪽 흐름과 태평양에 위치한 거대한 회전 흐름이 가장 지배적인 요소이다. 플럭스 중단 가설(11.2.6.2절)에 따르면, 외핵 내 유체의 높은 전기 전도도는 유체 흐름에 끌려가는 자기력선을 형성한다. 이 이론에 의해 계산된 핵 표면에서의 흐름 속도는 약 20 km yr^{-1} 정도로 추정된다.

지자기장의 영년 변화는 이따금 이전의 단조로운 패턴이 중단되고, 갑작스럽게 변하기도 한다. 지자기장의 동쪽 방향 성분에 대한 연간 변화를 그려 보면(그림 11.16), 갑작스러운 기울기 변화(지자기 임펄스, geomagnetic impulse 혹은 '지자기 급변', geomagnetic jerk)에 의해 구분되는 반복된 선형 변화를 볼 수 있다. 아직 완전하게 설명할 수는 없지만, 이 현상은 외핵 표면 근처의 유체 흐름이 갑작스럽게 변하기 때문에 발생하는 것으로 추정된다.

11.2.6 내부 지자기장의 기원

지자기장에 대한 파워 스펙트럼 분석(그림 11.9)의 결과는 지

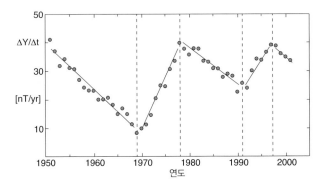

그림 11.16 독일의 Niemegk 관측소에서 기록된 지자기장의 영년 변화. 점들은 1년 평균 자기장의 동쪽 성분(Y)의 변화율을 나타낸다. 여러 개의 연속적인 선분을 사용하여 갑작스러운 지자기장의 방향 전환을 구분하였다. 지자기 급변이라 부르는 이러한 전환이 1969년, 1978년, 1991년 그리고 1997년(수직 파선으로 표시)에 각각 발생하였다. 출처 : Bloxham et al., The origin of geomagnetic jerks, *Nature*, 420, 65-68, 2002.

자기의 주요 성분이 외핵 내 유체 흐름에 의해 발생한다는 것을 알려 준다. 액체 핵의 구성은 지진파와 지화학 자료에 의해 추정되어 왔다. 주성분은 액화된 철이며, 그보다 밀도가 낮은 원소들이 약간 포함되어 있다. 철질 운석에 대한 지화학 분석 결과, 니켈이 수 퍼센트를 차지하고 있으며, 충격파 실험 결과는 규소, 황, 산소 등의 가벼운 비금속 원소들이 약 6~10% 정도 포함되어 있음을 보여 주었다. 고체로 이루어진 내핵은 지진파 및 충격파 자료 분석을 통해 거의 대부분 순수한 철로 이루어져 있음이 밝혀졌다.

지자기장의 발생에 있어서 가장 중요한 요소는 핵의 온도와 점성 그리고 전기 전도도이다. 지구 내부의 온도는 측정하기 매우 어려워 불확실성이 크지만, 액체 핵은 3,000°C 이상인 것으로 추정된다. 고온고압 환경의 핵에서 철의 전기 전도도는 약 1.1~1.2 × 10^6 S m^{-1} 정도로 추정된다(Pozzo et al., 2012). 이는 전도도가 매우 우수한 전도체에 해당하는 수치이다. 예를

들어, 전기 접점으로 널리 사용되는 탄소의 전도도는 20°C에서 $3 \times 10^4 \, \text{S m}^{-1}$이다.

11.2.6.1 정자기와 전자기 모형

1600년 길버트의 관측과 같이, 지구의 쌍극자장은 균일하게 자화된 구의 자기장과 매우 흡사하다. 그러나 영구 자화는 지구의 쌍극자를 설명하기에는 부적절하다. 지구의 평균 자화는 가장 강하게 자화된 지각의 암석보다 몇 배는 강하다. 대기압 하에서 주요 광물의 대부분은 700°C 이하의 퀴리 온도를 갖는다. 이는 지하 25 km 정도의 깊이에 해당하는 온도이기 때문에, 영구 자화에 의한 자기장은 지각의 가장 바깥쪽 매우 얇은 층에서만 발생할 수 있다. 관측되는 지자기장을 만들어 내기 위해 필요한 이 얇은 층의 자화 정도는 지각 암석에서 관찰되는 값보다 훨씬 크다. 게다가 내부 자기장의 영년 변화와 같은 시간에 따른 변화는 정자기의 특성으로 설명할 수 없다.

주요 지자기장은 전도성의 핵 내부를 흐르는 전류에 의해 형성되는 것으로 추정된다. 핵은 매우 우수한 전도체지만, 이 곳에 존재하는 전류 시스템은 저항 소산에 의해 에너지를 지속적으로 잃는다. 감소된 전기 에너지는 열에너지로 전환되며, 핵의 열평형에 기여를 한다. 핵에 적용되는 전자기학의 법칙들은 다른 에너지 공급원이 없다면 이곳에 흐르는 전류가 약 10,000년 후 완전히 멈출 것으로 예측한다. 자화된 암석으로 이루어진 고지자기 증거는 선캄브리아기 시대부터, 즉 약 30억 년 전부터 지자기장이 존재하였음을 보여 준다. 이것은 핵 내의 전류가 지속적으로 유지되거나 재생되어야 함을 의미한다. 지구의 주요 자기장을 발생시키는 구동 원리를 다이나모 과정(dynamo process)이라 부르며, 이는 자기장 내에서 회전하는 전도체가 전력을 생산하는 것과 유사하다.

11.2.6.2 지자기 다이나모

자기장 내를 이동하는 전하는 자기선속밀도 B와 입자속도 v에 비례하는 편향 전기력(로렌츠 힘[13])을 받는다. 이때 전하에 작용하는 로렌츠 힘은 B와 v의 방향에 수직이다. 로렌츠 힘은 핵 내 전류를 발생시키는 또 다른 원인이 된다. 힘의 강도는 자기력선에 대한 대전 유체 흐름의 상대 속도에 의해 결정

---

[13] 원서에는 Lorentz field로 서술되어 있다. 전기장 내에서 대전된 입자는 전기력을 받기 때문이다. 번역서에서는 로렌츠장 대신 흔히 사용되는 로렌츠 힘을 채택하였다.

된다. 이러한 영향이 맥스웰의 전자기 식에 포함되면, 자기장 $\mathbf{B}$를 유속 v 및 핵의 전기 전도도 σ와 연결해 주는 자기유체역학(magnetohydrodynamic) 방정식이 얻어진다. 이는 다음과 같이 표현된다.

$$\frac{\partial \mathbf{B}}{\partial t} = \frac{1}{\mu_0 \sigma} \nabla^2 \mathbf{B} + \nabla \times (\mathbf{v} \times \mathbf{B}) \qquad (11.14)$$

이 벡터 방정식은 약간 복잡하지만, 그 결과를 즉각적으로 보여 준다. 좌변은 외핵 내 자속 밀도의 변화율이며, 이는 우변의 두 항에 의해 결정된다. 첫 번째 항은 전기 전도도의 크기에 반비례하며, 원동력으로 작용하는 퍼텐셜이 없는 상황에서 자속 밀도의 감쇄 정도를 결정한다. 전기 전도도가 높을수록 이 확산 항은 작아진다. 두 번째 항은 다이나모 항으로서 로렌츠 힘에 의해 결정되며, 이는 다시 외핵의 유체 움직임에 의해 결정된다. 외핵의 전기 전도도($1.1 \sim 1.2 \times 10^6 \, \text{S m}^{-1}$)는 매우 높으며, 유체의 속도는 대략 $1 \, \text{mm s}^{-1}$ 이상이기 때문에 다이나모 항은 확산 항에 비해 매우 크다. 이러한 조건하에서 외핵 내 자기력선은 유체의 흐름에 끌려다닌다. 이러한 개념은 동결-선속 원리(frozen-flux theorem)라 불리며 다이나모 이론의 가장 기본이 된다. 확산 항은 전기 전도도의 값이 무한대가 될 때만 0이 된다. 완벽한 전도체는 존재하지 않기 때문에, 유체를 통과하는 일부 자기장의 확산이 존재한다. 그러나 동결-선속 원리는 유체로 이루어진 외핵의 조건을 잘 근사화한다.

다이나모 이론의 해를 얻는 것은 매우 어렵다. 로렌츠 힘과 결합된 맥스웰 방정식은 물론 유체 흐름에 대한 나비에-스토크스 방정식과 중력 퍼텐셜에 대한 포아송식, 그리고 열전달에 대한 일반 방정식을 동시에 만족시키는 해를 구해야 하기 때문이다. 유체의 흐름은 방사 방향의 성분과 회전 성분으로 구성된다. 방사 방향의 흐름이 갖는 에너지는 다음 두 가지 공급원을 갖는다. 지구의 느린 냉각은 핵 내 온도 구배를 형성하며, 철이 풍부한 외핵이 열적 대류를 하게 만든다. 내핵의 응고는 내핵과 외핵의 경계에서 방출되는 잠열을 통해 이 대류를 증폭시킨다. 순수한 철의 응고는 외핵을 구성하는 물질 중 가장 무거운 요소를 감소시킨다. 나머지 가벼운 구성 성분들은 외핵 내에서 상승하면서 부력에 의한 대류를 유발한다.

유체 흐름의 회전 성분은 외핵의 안쪽 층이 바깥쪽보다 빨리 회전하기 때문에 형성되는 방사 방향의 속도 구배에 의해 나타난다. 이러한 전도성 유체의 상대적인 회전은 자전축 주위의 자기력선을 끌어내어 도넛 모양의 토로이드(toroid)의 배

열을 형성한다. 토로이드 자기장의 방향은 유체 흐름과 평행하기 때문에 핵의 표면에 나란히 놓인다. 이는 토로이드 자기장이 핵의 범위에 국한되어 있으며, 따라서 외부에서는 측정될 수 없음을 의미한다. 따라서 토로이드 자기장의 세기와 배열은 모형을 통해 추정될 수밖에 없다. 대류 흐름의 상승과 하강 지역에서 발생하는 토로이드 자기장과의 상호 작용은 폴로이드(poloidal)[14] 자기장을 발생시키는 전류 시스템을 만들어 낸다. 이렇게 형성된 자기장은 이제 핵에서 벗어나 지구 표면에서 측정될 수 있다. 전향력은 외핵이 보이는 유체 흐름의 패턴을 충분히 설명할 수 있을 정도로 강하기 때문에 유체의 운동에 많은 영향을 준다.

고지자기 특성에 관한 연구(12.2.5절)에 의하면 3.45 Ga에 생성된 선캄브리아기의 암석에서도 잔류 자화가 관찰된다. 이는 적어도 그 당시에 지자기장이 이미 존재했다는 것을 암시한다. 그러나 열역학 모델에 따르면 고체로 된 내핵은 약 5억 년에서 25억 년 전 사이에 형성된 것으로 추정되며, 따라서 당시 내핵은 훨씬 초기의 상태에 머물러 있었을 것이다. 핵 내 대류 운동의 회전 성분은 내핵이 생성된 이후에 발생하기 때문에, 그 이전에는 열대류와 아마도 또 다른 종류의 운동 성분이 지자기 발전기에 동력을 공급했을 것으로 추측된다. 현재까지 이 문제는 아직 해결되지 않고 있다. 내핵의 성장과 지자기장의 연대는 지구의 초기 진화에 대한 최신 연구의 중요한 주제이다.

11.2.6.3 지구 다이나모의 시뮬레이션

슈퍼컴퓨터로 핵의 작동 과정을 시뮬레이션하는 것이 가능해지면서 지자기 다이나모(혹은 geodynamo)에 대한 이해가 한층 더 깊어지게 되었다. 1995년, 글라츠마이어(G. A. Glatzmaier)와 로버츠(P. H. Roberts)는 자기장 생성에 관한 수치 모형을 제시하였다. 이 모델은 고체 내핵을 둘러싸고 있는 뜨거운 대류성 유체 외핵이 지구와 비슷한 자전 속도로 회전하는 것을 가정하였다. 열류와 전기 전도도 그리고 또 다른 물리 속성들은 최대한 실제 지구의 수치와 같도록 설정하였다. 시뮬레이션된 다이나모에서는 지자기장의 크기와 비슷한 쌍극자 특성이 관찰되었으며, 비쌍극자장의 서편 이동 역시 실제 지표에서 관측되는 것과 유사하게 나타났다. 또한 이 시뮬레이션에서는 지난 160 Myr 동안 발생했던 지자기 역전의 특성(일정한 극성이 장기간 유지되다가 짧은 기간 내에 극 방향이 전환되는 현상)과

유사한 자발적인 자기 역전 현상이 나타났다(12.3절). 극성이 역전되는 동안 자기장의 세기는 수십 배 감소하였는데, 이러한 변화는 고지자기 연구에서 이미 관찰된 현상이다(그림 12.27).

이 시뮬레이션 실험은 핵-맨틀 경계를 가로지르는 열 흐름이 불균일할 때 자기 역전이 발생할 수 있음을 보여 주었다. 이는 하부 맨틀의 열 조건이 외핵 내 자기장 형성에 영향을 미친다는 것을 보여 준다. 고체의 내핵은 분명히 지자기가 역전되는 과정에서 중요한 역할을 한다. 외핵 내의 자기장은 대류를 동반하여 빠르게 변화할 수 있으며, 이러한 변화는 지자기 역전을 발생시킬 수도 있다. 그러나 고체의 내핵 내부에서는 확산에 의해 자기장이 보다 천천히 변화하므로, 내핵은 자기 역전이 자주 발생하지 않도록 지자기장을 안정시키는 역할을 할 수도 있다.

11.3 태양, 달 그리고 행성들의 자기장

11.3.1 태양과 달의 자기장

태양과 행성의 자기장에 대한 우리의 지식은 두 종류의 관측으로부터 얻어진다. 간접 관측은 분광 효과를 이용한다. 모든 원자는 궤도 및 스핀 운동과 관련된 에너지를 방출한다. 이 에너지는 양자화되어 있는데, 이 때문에 원자는 각 에너지 준위에 따른 특징적인 스펙트럼을 갖는다. 이들 중 가장 낮은 에너지 준위는 바닥상태라고 불린다. 원자가 더 높은 에너지 준위를 갖는다면, 불안정한 상태가 되며 결국 바닥상태로 되돌아온다. 이 과정에서 두 에너지 준위 차이에 해당하는 에너지가 빛으로 방출된다. 예를 들어, 태양과 은하 내에 존재하는 수소 원자 가스는 21 cm의 파장 혹은 1,420 MHz의 주파수를 가진 복사선을 방출한다. 마이크로파 범위에 있는 이 주파수는 전파 망원경으로 감지할 수 있다. 만약 수소 기체가 움직인다면 도플러 효과에 의해 주파수가 변하게 되며, 이를 통해 수소 기체의 속도를 추론할 수 있다.

자기장이 존재하는 경우 스펙트럼선은 여러 개로 분할될 수 있다. 이 '초미세 분할'을 제이만 효과(Zeeman effect)라고 한다. 수소 원자가 바닥상태에 있을 때 초미세 구조는 단 하나의 선을 갖는다. 그러나 원자가 자기장 내에 위치할 경우 원자와 자기장 사이의 상호 작용으로 인해 추가 에너지가 발생하므로, 여러 상태의 에너지 준위가 나타날 수 있다. 결과적으로 원자에서 방출되는 에너지의 스펙트럼선은 변화된 에너지 상태에

---

14 도넛 모양의 토로이드 자기장을 수직으로 감싸는 형태.

영향을 받아 미세한 간격을 가진 선들로 분할된다. 간격의 너비는 자기장의 강도에 따라 달라지며, 따라서 관측을 통해 원자에 영향을 준 자기장의 강도를 추정할 수 있다.

1960년대부터 우주 탐사선에 의해 지구 외 천체에 대한 자기장을 직접 관측하게 되었다. 우주선에 장착된 자력계는 여러 행성 주변의 자기장뿐만 아니라 행성 간 자기장의 강도도 직접 기록하였다. 아폴로 유인 우주선은 달의 궤도를 돌면서 많은 양의 자료를 얻었다. 우주 비행사가 달 표면에서 수집하여 지구로 가져온 시료들은 달의 자기 특성에 대한 귀중한 정보를 제공하였다.

11.3.1.1 태양의 자기장

태양은 태양계 전체 질량의 거의 99.9%를 차지한다. 태양 질량의 약 99%는 태양 반경의 80%에 달하는 거대한 중심핵에 몰려 있다.[15] 나머지 1%는 태양 반경의 20%를 차지하는 전도층[16]을 구성한다. 매우 높은 밀도를 가진 핵 내부에서는 수소가 헬륨으로 열핵 전환되면서 15,000,000 K 정도의 온도를 생성한다. 외부에서 관찰되는 태양의 표면은 광구(photosphere)라고 부른다. 지름은 약 2,240,000 km(지구 지름의 약 175배)이고, 표면 온도는 약 6,000 K이다. 가장 낮은 곳에 위치한 태양 대기를 채층(chromosphere)이라 하며, 외부 대기는 코로나(corona)라고 한다. 채층에는 홍염(prominence)이라고 하는 불기둥 모양의 수소 가스 방출이 발생하며, 때로는 코로나의 최외각에 이르기도 한다.

핵에서 방출되는 열은 전도층의 대류를 형성한다. 이러한 대류 흐름 중 일부는 규모가 작고(너비 약 1,000 km), 단지 몇 분 동안 지속된다. 더 큰 규모(너비 약 30,000 km)의 대류는 약 하루(지구 기준) 정도 지속된다. 대류는 태양 자전의 영향을 받는 난류이다.

태양의 자전은 분광선의 도플러 편이 현상을 통해 추정된다. 또는 흑점 등과 같은 표식의 움직임을 관찰하여 자전을 관측하기도 한다. 자전축은 극에서 황도 쪽으로 7° 정도 약간 기울어져 있다. 태양의 적도 부근은 약 25일의 자전 주기를 갖는다. 극지방의 자전 주기는 35~40일로 적도보다 자전 속도가 느리다. 태양의 핵은 바깥쪽보다 더 빠르게 회전하는 것으로 추정된다. 외부 전도층에서 발생하는 난류성 대류와 전단 속도

는 태양 자기장의 생성 원인이 된다. 표면에서의 자기장은 고위도에서 쌍극자의 형태를 보이지만, 저위도에서는 더 복잡한 양상을 띤다.

태양의 외부 대기(코로나)는 약 1,000,000 K의 매우 높은 온도를 보인다. 이들을 구성하는 입자는 태양 중력장의 탈출 속도보다 빠른 속도를 갖는다. 주로 양성자(H^+ 이온)와 전자 그리고 태양에서 탈출하는 α 입자(He^{2+} 이온)의 초음속 흐름이 태양풍을 형성한다. 전하의 흐름은 다양한 강도의 행성 간 자기장(Interplanetary Magnetic Field, IMF)을 생성한다. 태양에서 지구까지의 거리에서 IMF는 약 6 nT 정도이다.

망원경이 발명된 이래(1610년)로 흑점(sunspot)은 꾸준히 관찰되었다. 흑점은 지름이 약 1,000~100,000 km에 달하는 태양 표면의 검은 반점이다. 흑점은 주변 광구보다 온도가 낮고 태양 내부까지 확장된 강한 교란을 나타낸다. 흑점은 며칠 또는 몇 주 동안 지속되며 태양의 자전과 함께 이동하여 자전 속도를 추정하는 수단을 제공한다. 흑점의 빈도는 11년 주기로 변한다.

강한 자기장은 흑점과 관련이 있다. 이들은 종종 반대 극을 띤 서로 다른 크기의 흑점끼리 짝을 이루어 발생한다. 우세한 자기 극성은 흑점 활동이 최대인 시기에서 다음 최대 시기까지 시간을 두고 뒤바뀌는데 이는 흑점 활동의 주기가 실제로 22년임을 암시한다. 각 흑점의 자기장은 고리의 형태를 이룬다. 자기력선은 태양 표면의 한 흑점에서 나와 쌍을 이루는 다른 흑점으로 되돌아온다. 태양 쌍극자장의 극성은 흑점의 극성 변화와 함께 반전될 수 있는데, 이는 두 현상의 특성이 서로 관련되어 있음을 나타낸다.

흑점 및 흑점의 강한 자기장과 관련하여 태양 플레어(solar flare)라고 하는 수소 가스가 방출된다. 플레어에서 방출된 하전 입자는 태양풍에 기여하며, 결과적으로 외부 기원의 지구 자기장이 흑점 주기와 관련된 변동성을 갖게 된다. 또한 자기 폭풍, 오로라, 전파 전송 간섭과 같은 부수적인 현상을 일으키기도 한다.

11.3.1.2 달의 자기장

달의 기원에 대한 고전적인 가설(회전 분열이나 포획 혹은 이원 부착)은 거대 충격 가설로 대체되었다. 이 모형에 따르면, 지구는 형성 초기에 화성 크기의 원시 행성과 엄청난 규모로 충돌하였다. 충돌로 인한 일부 파편은 지구 주위의 궤도에 남아 있다가, 약 45억 년 전에 축적되어 달이 되었다. 이것이 지

---

15 여기에서 지칭하는 핵은 태양의 복사층(radiative zone)을 포함한다.

16 대류층(convection zone)으로 불리기도 한다.

구와 달에서 산소 동위원소의 구성비가 동일한 이유이다. 거대 충격 당시 지구의 맨틀과 핵은 이미 분화되어 있었고 밀도가 높은 철은 핵에 안착되어 있었다. 충돌체에서도 이러한 분화 현상이 이미 진행되었을 가능성이 있다. 따라서 철이 희박한 충돌체의 맨틀 암석에 의해 달이 형성되었을 수 있다. 달은 그 크기에 비해 매우 작은 핵을 가지고 있다. 만약 달이 다른 행성들과 같은 과정을 통해 형성되었다면, 핵도 달의 크기에 비례하여 더 컸을 것이다.

아마도 생성 초기의 달은 적어도 100 km 두께의 용융된 마그마 바다로 덮여 있었을 것이며, 그 잔재는 현재 달의 고원을 구성하는 주요 요소가 되었다. 달 표면은 냉각되어 응고된 이후에도 약 40억 년 전까지 미행성체 및 유성과의 계속된 충돌을 경험하였다. 충돌로 남겨진 거대한 분화구는 그 후 용융된 현무암으로 채워져 달의 바다를 이루었다. 유인 아폴로 임무에 의해 이곳에서 회수된 암석 시료는 방사성 연대 측정법에 의해 31~39억 년의 연령을 가지고 있음이 밝혀졌다. 화산 활동은 이 시기 이후에도 계속되었을 수 있지만, 아마도 약 25억 년 전에 중단되었을 것이다. 그 이후로 달 표면은 다양한 크기의 운석, 태양풍의 소립자, 우주 복사 등과의 끊임없는 충돌로 분쇄되었다. 달의 고지대를 제외한 표면은 이제 충격을 받아 부서진 잔해에 의해 몇 미터 두께의 층으로 덮여 있다. 이를 달 **표토** (lunar regolith)라고 부른다.

달의 자기장에 대한 우리의 지식은 달 궤도상의 우주선과 달에 설치된 자력계의 관측 자료나 달 표면에서 수집되어 지구로 회수된 암석 시료 등의 분석을 통해 얻어진다. 궤도상의 우주선에 의해 관측된 달 표면의 자기장은 우주선에 설치된 자력계와 전자 반사법에 의해 측정되며, 그 원리는 지구 자기권에서 밴앨런대의 기원을 밝히는 데 사용되었던 것과 기본적으로 동일하다(11.2.3.1절). 달은 지구 주위를 공전하면서 매달 지구 자기장의 꼬리를 통과한다. 따라서 태양풍과 지구의 자기꼬리에 포획된 전자들이 달 표면에 풍부하게 쏟아진다. 달 자체의 자기장이 없다면 전자는 월면에 바로 흡수될 것이다. 그러나 지구의 자기권에서와 같이 달에 입사한 전자는 로렌츠 힘에 의해 자기력선을 따라 나선형으로 이동한다(그림 11.6 참조). 전자가 달 표면에 접근함에 따라 자기장의 강도가 증가하고 나선의 너비가 감소한다. 달에 가장 가깝게 접근하면(전자가 다시 멀어진다는 의미에서 이 지점을 mirroring point라고 한다), 전자는 자기력선을 중심으로 완전한 회전 운동을 한다. 그런 다음 자기력선을 따라 나선의 너비가 증가하는 경로를 따라 다시

달에서 멀어진다. 전자가 반사되는 정도는 입사 방향에 의해 결정된다. 주어진 전자 속도에 대해 반사가 일어나지 않는 입사 임계각이 있다. 달 궤도를 공전 중인 인공위성에서 위와 같이 반사된 전자의 개수를 셀 수가 있다. 이렇게 관측된 전자의 에너지를 알고 있다면, 궤도 고도에서의 자기장 B_0를 통해 표면에서의 자기장 B_s를 계산할 수 있다.

달의 자기장은 1998년 궤도를 도는 우주선 루나 프로스펙터에 의해 광범위하게 탐사되었다. 측정 결과, 달에는 현재 감지할 수 있는 쌍극자 모멘트가 없다. 달은 단지 지각을 이루는 암석의 국부적인 자화로 인해 매우 약한 비쌍극자장을 갖고 있다. 표면 자기 이상의 최댓값은 약 100 nT 정도이다. 지자기 다이나모가 작동하려면 핵이 존재해야 한다. 달에 설치된 지진계가 측정한 지난 몇 년간의 운석 충돌과 월진(moonquake) 자료를 분석해 핵의 크기를 계산할 수 있다. 분석 결과 만약 달에 핵이 존재한다면 그 반경은 400~500 km 미만이다. 이는 달 전체 부피의 2% 미만이며 질량으로 따지면 1~3%에 해당한다. 지구의 경우, 핵은 전체 부피의 약 16%를 차지하고 질량은 33% 정도에 달한다. 루나 프로스펙터는 지구에서 뻗어 나온 자기꼬리가 달을 지날 때, 달 내부의 유도 전류에 의해 발생하는 자기장의 변화를 감지하였다. 이러한 현상은 반경이 340 ± 90 km 정도인 훨씬 더 작고 철이 풍부한 금속의 핵이 존재함을 시사한다(Hood et al., 1999).

현재 달에는 지구와 같은 쌍극자장이 없지만, 유인 아폴로 임무에서 회수된 달 암석 시료는 매우 강한 자연 잔류 자화를 가지고 있다. 약 36~39억 년의 방사성 연대를 가진 아폴로 시료에 대한 자기 연구는 이들이 현재 달의 자기장보다 훨씬 강한 10~100 μT(0.1~1 gauss) 정도의 자기장에서 자화되었음을 시사한다. 현재까지 달의 고지자기에 대해서는 잘 알려져 있지 않다. 달의 내부는 태양이나 지구 기원의 외부 자기장에 의해 원시 잔류 자화를 획득했을 수도 있다. 따라서 이러한 외부 자기장이 달에서 관측된 지각 자화의 원인이었을 수도 있다. 달은 현재 얇은 유체 외핵으로 둘러싸인 작고 단단한 금속 내핵을 가지고 있다. 핵의 열류량은 너무 작기 때문에 아폴로 암석 시료가 생성될 당시 내부 다이나모가 작동할 수 없었다. 그러나 일부 모형들의 계산 결과는 달의 맨틀 중 핵에 접해 있는 얇은 층이 먼저 핵을 덮은 후 다이나모에 필요한 충분한 양의 방사성 열을 공급했을 가능성도 보여 준다. 이러한 작용은 달이 형성된 이후 약 5~10억 년의 매우 한정된 '자기 시대' 동안 지속되었을 것으로 생각된다(Stegman et al., 2003).

표 11.1 행성의 자기 특성

금성과 화성에는 전역(global) 자기장이 존재하지 않는다. 금성과 천왕성은 다른 행성들과는 반대의 자전과 공전의 방향을 갖는다. 쌍극자 자기 모멘트$(g_1^0 R_p^3)$는 지구의 쌍극자 자기 모멘트$(m_E = 7.654 \times 10^{15} \text{ T m}^3)$에 대한 상댓값이다.

행성	적도 반경 R_p(km)	자전 주기 (일)	쌍극자 자기 모멘트(m_E)	적도 자기장 g_1^0(nT)	자전축에 대한 쌍극자 축의 경사(°)
수성	2440	58.65	0.0004	195	~0
금성	6052	−243.0	-	-	-
지구	6378	1	1	29,500	9.7
화성	3396	1.026	-	-	-
목성	71,492	0.414	20,000	410,000	10.3
토성	60,268	0.444	600	21,000	<1
천왕성	25,559	−0.718	50	22,800	58.6
해왕성	24,764	0.671	28	14,200	46.9

출처 : NASA, planetary fact sheets.

11.3.2 행성의 자기장

목성과 토성은 지구와 마찬가지로 대전 입자를 묶어 둘 수 있을 만큼 강한 자기장을 가지고 있다. 대전 입자의 움직임은 전자기파를 만들어 내며, 이는 행성에서 멀리 떨어진 곳에서도 라디오파를 이용해 관측이 가능하다. 이와 같은 방법으로 목성 자기장의 존재가 처음으로 알려졌다. 더욱이 행성에서 방출되는 전파는 자전에 의해 변조된다. 변조된 전파에 대한 주기 분석은 목성과 토성의 자전 속도를 정확히 추정할 수 있는 정보를 제공한다.

행성의 자기장과 관련된 대부분의 자료(표 11.1)는 행성 주변을 지나거나 행성 궤도상의 우주선에 탑재된 플럭스 게이트 자력계에 의해 획득되었다(11.4.2.1절). 우주선이 행성의 자기권을 가로지를 때, 자력계에는 충격파면과 자기권계면 통과에 의한 영향이 기록된다(그림 11.17). 충격파면은 지구와 마찬가지로 태양풍이 행성의 대기와 초음속으로 충돌하여 발생한다(그림 11.4 참조). 우주선이 충격파면을 통과하여 자기덮개에 진입하면 자력계를 통과하는 대전 입자의 수가 급격히 증가하고, 이로 인해 자기장의 강도 변화가 관측된다. 자기권계면은 태양풍에 의해 가해지는 압력과 행성 자기장의 플라스마에 의한 압력이 동일한 곳이다. 우주선이 자기덮개에서 벗어나 자기권계면을 통과하면, 행성 자기장에 의해 태양풍으로부터 보호되는 영역에 진입하게 된다. 충격파면은 행성의 대기가 존재한다는 증거이며, 자기권계면은 행성에 자기장이 존재한다는 증거이다.

11.3.2.1 수성, 금성 그리고 화성

수성은 매리너 10호에 의해 1974년과 1975년에 탐사가 수행되었다. 매리너 10호에 설치된 자력계는 충격파면과 자기권계면을 감지했는데, 이는 행성에 자기장이 존재함을 의미한다. 약 100 nT의 크기를 갖는 자기장과의 첫 조우는 고도 700 km(행성 중심에서 3,100 km 떨어진 곳)에서 이루어졌다. 그러나 이 지점은 매리너 10호가 수성에 가장 가까이 다가간 곳이며, 따라서 자기장의 원천을 확정 짓는 것이 불가능하였다.

수성에 대한 메신저호의 임무는 2004년에 시작되었다. 우주선의 속도를 조정하기 위해 지구, 금성 및 수성을 플라이바이(fly-by)[17]하는 복잡한 경로를 거쳐 2011년 수성 궤도에 진입하였다. 우주선의 벡터 자력계는 자기장의 직교 성분들을 측정하였다. 궤도 경로상의 총 자기 강도는 그림 11.17에 나타내었다. 메신저호는 수성 주위를 4년 이상 공전하면서 획득한 자료를 통해 수성 자기장의 특성을 밝혔다.

수성은 고체 내핵을 둘러싸고 있는 액체 금속의 외핵을 가지고 있다. 행성 반지름에 대한 두 핵의 크기 비율은 지구에 비해 크다. 수성은 또한 비교적 두꺼운 지각과 얇은 맨틀을 가지고 있다. 쌍극자장은 핵에서 생성된다. 이에 의해 지표에서 관측되는 자기장의 크기는 190 nT 정도인데, 이는 지구 표면에서 측정되는 평균 자기장의 1% 정도이다. 또한 쌍극자장은 자전축과 거의 나란히 정렬되어 있으며, 남반구보다 북반구에서 더

---

17 스윙바이(swing-by) 혹은 중력도움 항법으로도 불리며, 천체를 근접 통과하면서 중력을 이용해 우주선의 속도를 조절하는 비행 기법이다.

그림 11.17 수성 궤도를 공전 중인 우주 탐사선 메신저호의 항해 경로를 따라 측정된 자기장. 자료 출처 : Johnson et al., MESSENGER observations of Mercury's magnetic field structure, *J. Geophys. Res.*, E00L14, 2012.

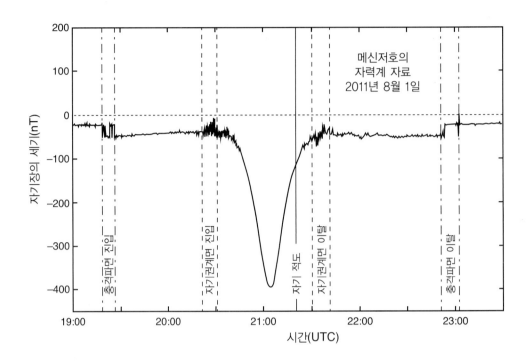

강하다. 이것은 쌍극자장의 중심이 축을 따라 북쪽으로 행성 반지름 R_m의 약 20%만큼 떨어진 곳에 위치하기 때문이다. 약한 내부 자기장은 태양풍을 겨우 막아 내며, 자기권은 행성에 매우 가깝게 형성되어 있다. 태양직하점(subsolar point)에서 자기권까지의 평균 거리는 $0.43R_m$에 불과하다. 태양풍은 자기권에 전류를 일으켜 행성 자기장과 비슷하거나 더 강한 외부 자기장을 유도한다. 단파장의 자기 이상은 지각의 잔류 자화 때문이며, 아마도 37~39억 년 전에 생성된 것으로 추정된다.

금성은 1960년대 미국과 러시아 우주선에 의해 여러 번 탐사되었다. 1967년 소련의 베네라 4호는 낙하산으로 관측 장비를 착륙시켰다. 측정된 자기장은 지구보다 훨씬 약했다. 표면 온도는 260℃ 이상이며, 22기압의 대기 압력으로 인해 관측 활동은 금방 중단되었다. 같은 해 매리너 5호는 태양풍과 대기의 충돌로 인해 생성되는 충격파면을 감지하였다. 1978년 파이어니어 비너스 궤도선의 자료를 통해 금성의 쌍극자 모멘트의 최댓값이 $10^{-5}m_E$임을 밝혔는데, 이는 적도면에서의 자기장 세기가 1 nT 미만임을 의미한다. 2006년부터 2014년까지 비너스 익스프레스 궤도선은 금성의 자기 유도에 의한 자기권을 확인하였다. 이 자기권은 고층 대기의 이온이 태양풍의 자기장과 상호 작용하는 전리층을 형성하기 때문에 유도된다. 전리층은 태양풍을 행성 주위로 우회시키며, 자기권과 자기꼬리를 생성시킨다.

금성은 고유의 자기장을 가질 것으로 예상되었다. 쌍극자의 자기 모멘트는 적도 자기장에 행성 반지름의 세제곱을 곱한 값에 비례한다(식 11.9). 다이나모에 의해 발생하는 자기장의 강도는 핵의 반경과 회전 속도에 비례할 것으로 예상된다. 이를 고려하면 비례의 법칙에 의해 행성의 쌍극자 자기 모멘트가 자전 각속도와 핵 반경의 네제곱에 비례할 것이라는 결론을 내릴 수 있다. 금성의 자전은 지구의 자전과 비교할 때 매우 느리다. 금성의 항성일은 243일이지만, 행성의 크기는 지구와 비슷하다. 따라서 금성은 쌍극자 모멘트가 지구의 약 0.2%인 내부 다이나모를 가지고 있을 것이다. 만약 이러한 추정이 사실이라면 적도에서의 자기장은 약 86 nT로 예상된다. 이 정도의 자기장이 존재하지 않는다는 것은 금성의 느린 자전이 다이나모 구동에 필요한 에너지를 충분히 공급하지 못한다는 것을 의미한다. 다이나모 구동에 필요한 또 다른 요소는 핵의 대류이다. 이것이 금성의 핵에 부족한 요소일 수 있다. 만약 핵이 균일한 온도를 가진다면, 열대류는 발생하지 않을 것이다. 또한 금성에는 내핵이 존재하지 않을 수도 있다. 지구에서 내핵은 화학 조성 변화에 의해 대류를 일으키는 구동 요소 중 하나이다.

화성은 그 크기와 자전 속도로 인해 자기 모멘트가 지구와 수성 사이의 값을 가질 것으로 예상되었다. 1965년 미국의 매리너 4호는 자력계를 탑재한 최초의 화성 탐사선이었다. 매리너 4호는 충격파면을 감지했지만 자기권계면에 대한 결정적인 증거를 얻지 못하였다. 1997년 9월 마즈 글로벌 서베이어 탐사선이 화성 궤도에 진입하였다. 이 탐사선은 2006년 임무가 끝날 때까지 고도 약 400 ± 30 km의 준원형 궤도에서 화성의 자기장을 관측하였다. 이 자기 관측은 화성의 전 지역에서 수행되었고, 이를 통해 행성 자기장이 현재 거의 존재하지 않는다는 사실이 밝혀졌다. 그러나 이 사실이 먼 과거 다이나모에 의한 행성 자기장의 부재를 의미하는 것은 아니다. 지각 자화의 존재는 화성에 활성화된 자기 다이나모가 있었다는 것을 시사하지만 약 40억 년 전에 활동을 멈춘 것으로 추정된다.

화성에서 관측된 자기장은 지각의 잔류 자화에 기인한 큰 규모의 지역적 자기 이상으로 이루어져 있다. 위성 고도에서 측정된 지각의 자기 이상은 최대 220 nT의 진폭을 가진다. 이는 동일 고도에서 측정된 지구의 지각 자기 이상보다 10배 이상 큰 크기이다. 이러한 차이는 강한 자성 광물이 화성의 지각에 풍부하다는 사실을 알려 준다. 화성의 지각 자기장은 원형의 모양을 하고 있는데, 그중 일부는 충돌 과정과 관련되어 있을 수 있다. 그러나 가장 눈에 띄는 이상대는 행성의 남반구에 있는 특정 지역에 걸쳐 두드러지게 나타나는 동서 방향의 선형 패턴이다. 이러한 평행 선형 이상대는 교대로 강하게 자화된 지각에 의한 것이다. 이 이상대는 형성 원인은 아직 밝혀지지 않았다.

11.3.2.2 거대 행성과 명왕성

목성은 거대한 자기장을 가지고 있다. 이 자기장은 1955년 편극된 전파 방출에 의해 발견되었다. 1973~1974년 파이어니어 10호, 11호와 1979년 보이저 1호, 2호는 이 행성에 충격파면과 자기권계면이 존재한다는 것을 확인했다. 1995년부터 2003년까지 갈릴레오 탐사선은 목성의 자기권에 대해 광범위한 탐사를 하였고, 2016년부터는 목성 궤도를 공전하는 주노 탐사선이 목성의 자기장에 대한 상세한 지도를 제공하고 있다.

주노의 자기 관측 자료에 대한 구면 조화 분석(글상자 11.3, 지구의 IGRF를 만들 때 적용된 것과 동일한 기법)을 통해 차수와 급수 20까지의 계수를 결정하였다. 차수 10 이하의 계수들은 목성의 자기장 모형을 통해 계산되었다. 목성에는 지각이나 맨틀이 없기 때문에, 목성 자기장에 대한 에너지 스펙트럼(그림 11.9와 유사)은 전적으로 핵에 의한 것이다. 지구의 핵과는 달리 목성의 핵은 안정된 표면을 가지고 있지 않다. 핵의 표면을 찾고자 에너지 스펙트럼에 대한 하향 연속을 수행하였고, 그 결과 목성 반경(R_J)의 0.85가 되는 지점을 가상의 '표면'으로 정의하였다. 이 표면에서 방사 방향의 자기장(그림 11.18)을 그려 보면, 두 반구의 큰 차이가 드러난다. 가장 두드러진 특징은 강한 이상대가 한쪽 반구에 나타나는 반면, 다른 쪽은 부드러운 이상대가 나타난다는 것이다. 또 다른 특이점은 90°W의 적도 부근에 반대 방향으로 자화된 영역이 있다는 것이다. 이 때문에 이 영역에서는 자기력선이 핵 표면을 탈출하는 대신 진입한다.

목성의 자기권은 지표로부터 태양 방향으로 약 5,000,000 km 떨어진 곳에서 태양풍과 만난다. 반대쪽의 자기꼬리는 때때로 토성 궤도까지 확장되기도 한다. 지구에 비해 자기권의 크기가 큰 데에는 두 가지 이유가 있다. 첫째, 목성과 태양 사이의 거리가 멀기 때문에 목성 대기에 미치는 태양풍의 압력이 약하다. 둘째, 목성의 자기장은 지구의 자기장보다 훨씬 강하다. 주노의 관측 결과에 의하면 목성 표면에서의 자기장 강도는 200 µT에서 2,000 µT(2~20 G)의 범위에서 변동하며, 쌍극자 모멘트의 강도는 4.17 G-R_J^3이다. 이는 지구의 쌍극자 모멘트보다 약 20,000배 더 강한 수치이다(표 11.1). 목성의 쌍극자 성분은 적도에 410,000 nT 이상의 지표 자기장을 형성시키며, 이는 지구의 적도 자기장보다 14배 높은 수치이다. 쌍극자의 경우와 마찬가지로 이에 비례하여 사중극자와 팔중극자 및 고차의 구면 조화함수들에 의해 표현되는 자기장도 지구보다 훨씬 강하다. 쌍극자 축은 자전축에 대해 10.3° 기울어져 있으며, 그 중심은 축을 따라 목성 적도 반경의 약 12% 정도 떨어져 있다. 목성의 자기장은 금속성 수소 핵 내에서 활성화된 다이나모의 결과이다. 핵은 매우 클 것으로 생각되며, 행성 반경의 최대 75%에 달할 것으로 추정된다. 이처럼 큰 규모의 핵을 통해 고차의 구면 조화함수가 행성 근처의 자기장에 상당 부분 기여하는 현상을 설명할 수 있다.

4개의 갈릴레이 위성은 목성의 자기권 내를 공전하기 때문에, 태양풍으로부터 보호받는다. 이오는 화산 활동을 하는 위성이며, 목성 자기권에 존재하는 이온들의 공급원일 수 있다. 가니메데는 거의 화성만큼 크며, 자체적으로 자기권을 생성하는 태양계의 유일한 위성이다. 이 위성의 적도에서는 가니메데 자신이 형성하는 자기장의 세기가 약 720 nT 정도로, 그 지역에 도달하는 목성의 자기장보다 약 6배 정도 더 강력하다. 가니메데의 자기장은 아마도 금속 핵의 다이나모 작용에 의해 생성된 것으로 추정되나, 이에 동력을 공급하는 데 필요한 에너지원은 아직 알려지지 않았다.

토성은 1979년 파이어니어 11호, 1980년 보이저 1호, 1981년 보이저 2호에 의해 탐사되었다. 탐사선에 설치된 자력계는 충격파면과 자기권계면을 감지했다. 2004년 카시니-하위헌스

목성 : 0.85 R_J에서의 방사 방향 자기장

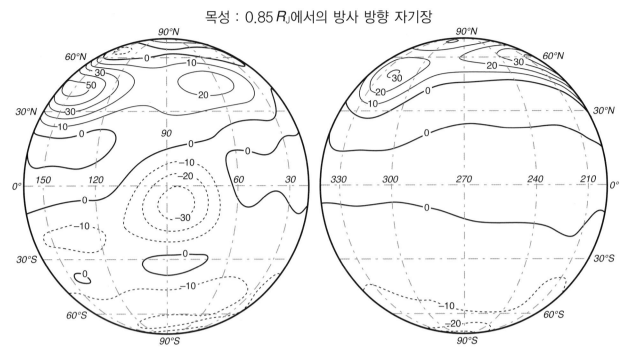

그림 11.18 목성 핵 표면에서의 방사 방향 자기장. 주노 탐사선이 목성의 궤도를 첫 9바퀴 공전하면서 측정한 자기 자료에 기반하여 계산되었다. 목성의 자기장은 지구의 자기장보다 훨씬 강하다. 그림에 표시된 숫자의 단위는 Gauss(1 G = 100 μT)이다. 출처 : Connerney et al., A new model of Jupiter's magnetic field from Juno's first nine orbits, *Geophys. Res. Lett.*, 45, 2590–2596, 2018.

탐사선은 토성 고리와 위성들을 탐사하였고, 2017년까지 토성 궤도를 계속 공전하였다. 토성의 자기권은 토성 반지름의 약 22배 떨어진 지점에서 태양풍과 만난다. 태양풍의 풍하 쪽으로는 반지름의 수백 배에 달하는 지점까지 확장된 자기꼬리가 형성되어 있다. 토성은 지구보다 600배 더 강할 것으로 추정되는 강한 쌍극자 자기 모멘트를 가지고 있다. 토성의 자기 쌍극자는 적도상에 지구보다 약간 약한 약 21,000 nT의 자기장을 형성한다. 토성의 자기장은 목성이나 지구보다 훨씬 더 쌍극자에 가까운(즉, 비쌍극자 성분이 매우 약한) 자기장을 가진다. 이런 현상을 설명할 수 있는 가장 간단한 가설은 토성의 전도성 핵이 다이나모 활동을 통해 자기장을 형성하며, 핵의 크기가 토성의 규모에 비해 매우 작다는 것이다. 쌍극자의 축은 자전축에 대해 1° 미만의 기울기를 보인다. 지구의 경우 기울기는 11.4°이며, 목성은 9.7°이다. 쌍극자의 중심은 자전축을 따라 북반구 쪽으로 토성 반지름의 3.7%만큼 떨어져 있다.

천왕성은 특이하게도 97.9°로 기울어진 자전축을 갖고 있다. 이는 자전축이 황도면에 매우 인접해 있고, 위성의 공전면이 황도면에 거의 수직임을 의미한다. 1986년과 1989년 보이저 2호가 천왕성을 방문하였다. 탐사선은 충격파면과 자기권계면을 감지했으며, 그 이후 자기권에 진입하였다. 천왕성의 자기권은 자전 및 자기 쌍극자 축의 비정상적인 배열로 인해 비대칭적인 형상을 갖는다. 자기권은 태양 쪽으로 천왕성 반지름의 약 18배(460,000 km) 떨어진 곳까지 뻗어 있다. 풍하 쪽으로는 매우 긴 자기 꼬리가 형성되어 있다. 천왕성은 지구보다 약 50배 더 강한 쌍극자 모멘트를 가지고 있으며, 지표의 평균 자기장의 크기는 약 23,000 nT로 지구와 비슷하다. 그러나 표면에서의 자기장은 실제로 매우 큰 변동성을 보인다. 여기에는 두 가지 이유가 있다. 첫째, 쌍극자 축은 자전축에 대해 58.6° 기울어져 있다. 아직 이런 큰 기울기에 대해 만족할 만한 설명을 찾지 못하였다. 특이한 것은 자기장이 행성의 중심에 있지 않고 기울어진 자전축을 따라 행성 반경의 30%만큼 떨어진 곳에 위치한다는 점이다. 결과적으로 행성 표면에서 자기장의 크기는 약 10,000~110,000 nT까지 10배 정도의 변화를 보인다. 자기장의 사중극자 성분은 쌍극자 성분에 비해 상대적으로 크다. 이는 천왕성의 자기장이 행성 내부의 얕은 심도에서 생성됨을 시사한다.

해왕성은 1989년 보이저 2호가 방문하였다. 이 행성의 자기장은 천왕성과 비슷한 특성을 가지고 있다. 자기장의 축은 자전축에 대해 46.9° 기울어져 있으며, 행성 중심에서 해왕성 반경의 55%만큼 떨어져 있다. 천왕성의 경우와 마찬가지로, 사중극자장이 쌍극자장에 비해 크며, 이는 해왕성의 자기장이 심부가 아닌 외곽 층에서 형성되기 때문일 것이다.

명왕성은 2015년 뉴호라이즌호가 방문했다. 그러나 탐사선의 중량 제한으로 인해 자력계를 장착하지 않아 직접적인 자기 측정이 이루어지지 않았다. 탐사선은 명왕성의 얇은 대기와 태양풍의 상호 작용으로 인한 충격파면을 감지했다. 충격파면은 무거운 이온이 분포하는 영역 주변에 '명왕성계면'이라고도 불리는 경계층을 생성한다. 이 영역은 내부로 태양풍이 들어오지 못하게 막으며, 풍하 쪽으로는 명왕성 반지름의 100배 정도의 지점까지 뻗어 있다. 모형 계산 결과에 따르면 자기장의 세기는 30 nT보다 약할 것으로 추정된다. 명왕성의 작은 크기와 느린 자전 속도 그리고 암석으로 구성되어 있을 것으로 추정되는 핵 등을 고려하면 이 행성에는 다이나모에 의한 자기장이 존재하지 않을 것으로 생각된다.

11.4 자력 탐사

11.4.1 지각의 자화

지자기장에 대한 에너지 밀도 스펙트럼(그림 11.9)을 분석해보면, 고차 항은 지각을 이루는 암석의 자화와 관련이 있다는 것을 알 수 있다. 따라서 자력 탐사를 통해 지질 구조에 대한 중요한 자료를 얻을 수 있다. 중력 이상과 마찬가지로 자기 이상은 측정된 (그리고 적절한 보정을 거친) 자기장과 국제기준지자기장(IGRF, 11.2.4절) 사이의 차이로 정의된다. 예를 들어 강한 자성을 가진 현무암 암맥이 자성이 약한 모암을 관입하는 경우처럼, 자기 이상은 서로 다른 자기 특성의 암석이 맞닿으면서 발생하는 자화의 대비에 의해 나타난다. 암맥 주변의 어긋난 자기장은 국부적으로 지자기장을 교란하기 때문에 민감한 자력계로 측정이 가능하다.

지자기장은 암석 내 광물 입자의 자기 모멘트를 정렬시켜 자기장의 강도에 비례하는 유도 자화(M_i)를 유발한다. 이때의 비례 정도는 대자율에 의해 결정되며, 이는 암석에 따라 다양한 값을 가진다(그림 11.19). 지자기장은 지각을 이루는 일반적인 암석에 대해 대자율에 상응하는 넓은 범위의 유도 자화를 유발한다. 유도된 자화의 방향은 암석 내 지구 자기장의 방향과 평행하다.

암석 내 광물은 다양한 자기 특성을 가지며, 이를 반자성, 상자성 및 강자성으로 분류할 수 있다(12.1절 및 부록 C). 일반

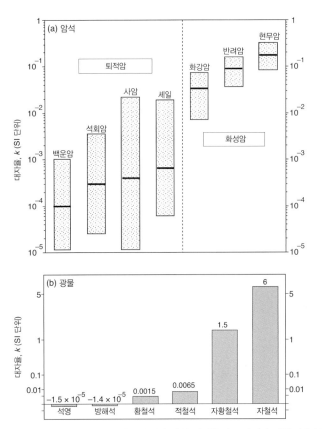

그림 11.19 (a) 일반적인 몇몇 암석에 대한 대자율의 중앙값과 범위, (b) 주요 광물에 대한 대자율.

적으로 암석에는 대부분의 광물보다 훨씬 더 강한 자성을 보이는 소량의 강자성 광물이 포함되어 있다. 이러한 광물 알갱이는 암석이 형성되는 동안 혹은 그 이후 어느 시점에 영구적으로 자화되어 자연 잔류 자화(M_r)를 얻을 수 있다. 이러한 자화는 현재의 지자기장이 아닌 지질학적 과거의 지자기장과 관련되어 있으며, 그 방향은 일반적으로 오늘날의 방향과 다르다. 결과적으로 M_r과 M_i의 방향은 대개 평행하지 않다. M_i의 방향은 현재 지자기장의 방향과 같지만, M_r의 방향은 대부분의 경우 암석 시료를 분석하기 전에는 알 수 없다.

암석의 총자화는 잔류 자화와 유도 자화의 합이다. 이들은 방향이 서로 다르기 때문에 벡터의 합으로 결정해야 한다(그림 11.20a). 결과적으로 암석의 자화 방향은 지자기장과 평행하지 않다. M_r과 M_i의 강도가 비슷하면 전체 자화를 해석하기 어렵다. 다행히도 대부분의 경우, M_r과 M_i는 단순한 가정을 적용할 수 있을 정도로 그 크기가 상당히 다르다. 유도 자화에 대한 잔류 자화의 상대적인 중요도는 쾨니히스버그 비(Königsberger ratio, Q_n)로 나타내며, 이는 유도 자화에 대한 잔류 자화의 크기 비(즉, $Q_n = M_r/M_i$)로 정의한다.

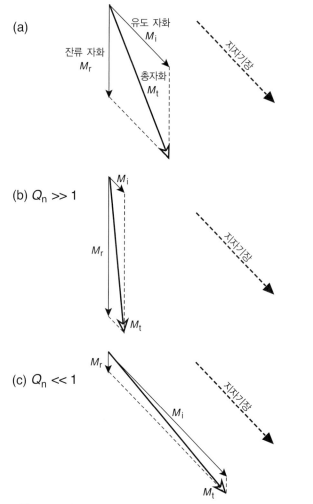

그림 11.20 암석의 잔류 자화(M_r), 유도 자화(M_i), 총자화(M_t). (a) 임의의 경우, M_t는 M_i와 M_r 사이에 위치한다. (b) 쾨니히스버그 비가 매우 큰 경우($Q_n \gg 1$), M_t는 M_r과 가깝다. (c) 쾨니히스버그 비가 매우 작은 경우($Q_n \ll 1$), M_t는 M_i와 거의 같다.

특히 다음 두 가지 상황이 중요하게 다뤄진다. 첫 번째는 Q_n이 매우 큰 경우이다(즉, $Q_n \gg 1$). 총자화는 잔류 자화 성분에 의해 결정되며, 그 방향은 기본적으로 $\mathbf{M}_r$에 평행하다(그림 11.20b). 해령에서 분출되어 수중 냉각에 의해 순간적으로 형성되는 해양 현무암은 Q_n이 매우 높은 암석 중 하나이다. 용융 상태의 용암이 급속히 냉각되기 때문에 티탄자철석은 매우 미세한 입자 크기와 골격 구조를 갖는다. 해양 현무암은 강한 열잔류 자화를 띠며, 종종 100 이상의 Q_n 값을 갖는데, 이로 인해 해양 자기 이상에 대한 해석이 간단해진다. 즉, 대부분의 경우 유도 자화 성분을 무시한 채, 지각 자화 전체를 잔류 자화인 것처럼 가정할 수 있다.

두 번째 중요한 상황은 Q_n이 매우 작은 경우(즉, $Q_n \ll 1$)이다. 이를 만족하기 위해서는 잔류 자화가 유도 자화와 비교해

무시할 수 있는 수준이어야 한다. 조립의 자철광 입자들은 자기 에너지를 최소화하기 위해 서로 반대의 자화 방향을 갖는 작은 자구(domain)들로 나뉘어 자화된다. 자구 간의 경계는 자기장에 의해 쉽게 이동하기 때문에, 높은 대자율을 가지며 지자기장에 의해 강한 유도 자화를 생성한다. 반대 방향으로 평행한 자구들이 서로의 자화를 상쇄하기 때문에, 일반적으로 잔류 자화는 약하다. 이 두 요소가 낮은 Q_n 값을 유발한다. 상업적 개발을 위한 대륙 지각 대상(예 : 순상지 지역)의 자력 탐사에서는 대개 $Q_n \ll 1$을 가정하여 자료를 해석한다. 즉, 자화는 전적으로 유도 자화에 의한 것이고(그림 11.20c), 이미 알려져 있는 관측 지점의 현재 지자기장과 동일한 방향으로 정렬되었다고 가정한다. 이러한 단순화를 통해, 관측자기 이상을 유발하는 자기 모형을 비교적 간단히 설계할 수 있다.

11.4.2 자력계

자기 측정에 사용되는 기기를 자력계라고 한다. 1940년대까지 자력계는 자기장에 의해 나침반 바늘에 작용하는 돌림힘을 중력이나 비틀림 저울에 의한 복원력으로 평형을 맞추는 장비였다. 이와 같은 형식의 자력계는 복잡하고 섬세하며 작동 속도가 느리다. 최적의 감도를 위해 이러한 자력계는 단일 성분(일반적으로 수직 성분)의 변화를 측정하도록 설계되었다. 이러한 장비들은 이제 더 민감하고 견고한 전자 기기로 대체되었다. 여기에는 플럭스 게이트 자력계, 양성자 세차 자력계 및 광펌핑 자력계가 있다.

11.4.2.1 플럭스 게이트 자력계

일부의 특수한 니켈-철 합금은 매우 높은 대자율과 매우 낮은 잔류 자화를 가진다. 대표적으로 퍼멀로이(permalloy; Ni 78.5%, Fe 21.5%)와 뮤메탈(mumetal; Ni 77%, Fe 16%, Cu 5%, Cr 2%)이 있다. 이러한 합금을 제조할 때에는 자왜 에너지[18]를 유발하여 격자 결함[19]을 일으킬 수 있는 내부 응력을 제거하기 위해, 매우 높은 온도(1,100~1,200°C)의 어닐링[20] 공정을 거친다. 이 열처리를 거치면 합금의 항자력(coercivity)은 매

---

18 자왜 에너지(magnetostrictive energy) : 강자성체 물질이 자화되는 과정에서 발생하는 탄성 변형 현상.
19 격자 결함(lattice defect) : 결정 내 규칙적인 원자 배열에 존재하는 일부의 불규칙한 흐트러짐. 금속의 성질에 큰 영향을 준다.
20 어닐링(annealing) : 담금질(quenching)과 대비되는 공정으로서 금속 재료를 가열한 후 서서히 냉각시켜 경화된 재료의 내부 균열을 감소시키고 연성을 높이는 데 사용된다. 풀림이라고도 한다.

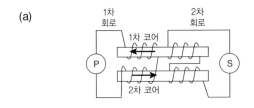

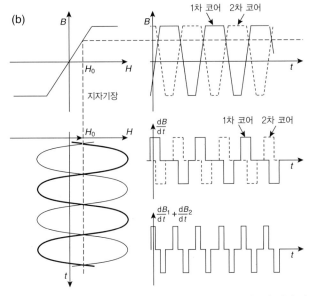

그림 11.21 플럭스 게이트 자력계의 작동 원리. (a) 1차 및 2차 전기 회로는 코일이 반대 방향과 동일한 방향으로 감긴 두 개의 평행 뮤메탈 코어로 구성된다. (b) 자기장에 의한 출력 신호는 뮤메탈 코어 내의 자속 변화의 비율과 비례한다. 출처 : H. Militzer, R. Scheibe and W. Seiberl, Angewandte Magnetik, in: *Angewandte Geophysik, I: Gravimetrie und Magnetik*, H. Militzer and F. Weber, eds., pp. 127–189, Vienna: Springer-Verlag, 1984.

우 낮아지고(즉, 매우 약한 자기장에 의해 자화가 변할 수 있음), 대자율은 증가한다. 따라서 지자기장에 의해 포화 값 대비 상당히 큰 비율의 자화가 유도될 수 있다.

플럭스 게이트 자력계의 센서는 두 개의 평행한 특수 합금 코어로 구성된다(그림 11.21a). 두 코어에는 에너지가 입력되는 1차 코일이 서로 반대 방향으로 감겨 있다. 1차 코일에 전류가 흐르면 평행한 두 코어는 반대 방향으로 자화된다. 두 코어에 함께 (1차 코일과는 다르게 동일한 방향으로) 감겨 있는 2차 코일은 코어에서 발생하는 자속 변화를 감지한다(그림 11.21b). 1차 코일에 충분한 양의 전류가 흐르면, 두 코어의 자화가 포화되고 자속 변화는 0이 된다. 1차 전류가 상승 또는 하강하는 동안에는 각 코어의 자속이 변하며, 이로 인해 2차 코일에는 유도 전류가 흐른다. 만약 외부 자기장이 0이라면, 두 코어에서 발생하는 자속 변화는 크기가 동일하면서 방향은 반대가 된다. 따라서 2차 코일에 신호가 기록되지 않는다. 센서

의 축이 지자기장과 정렬되면, 둘 중 하나의 코어에서는 1차 코일에 의해 형성된 자기장과 합쳐지며, 나머지 코어에서는 일정 부분 상쇄된다. 이로 인해 합금 코어를 통과하는 자속의 위상이 변하며, 둘 중 한 코어의 자화 정도가 다른 코어보다 먼저 포화된다. 두 합금 코어에 의한 자속 변화는 상쇄 상태를 더는 유지하지 못한다. 결과적으로 센서 축과 평행한 지자기장 성분이 2차 코일에 자기 강도에 비례하는 출력 전압을 유도한다.

플럭스 게이트 자력계는 특정 방향, 즉 센서의 축을 따라 자기장의 강도를 측정하기 때문에 벡터 자력계(vector magnetometer)이다. 따라서 벡터 자력계를 사용할 때에는 측정하고자 하는 자기장의 방향 성분을 따라 센서를 정확히 정렬해야 한다. 총자기장의 세기를 측정하기 위해서는 서로 직각을 이루는 3개의 센서가 필요하다. 두 센서에서 측정되는 자기장의 세기가 항상 0이 되도록 자력계를 회전시키는 피드백 시스템과 연동하면 세 번째 센서가 자기장의 방향과 정확히 정렬될 수 있다. 따라서 세 번째 센서를 통해 총자기장의 세기를 측정할 수 있다.

플럭스 게이트 자력계는 자기장에 대한 절댓값을 측정하지 못한다. 자력계가 측정하는 값은 전압이며, 이를 자기장의 값으로 변환시켜야 한다. 그럼에도 불구하고 이 자력계는 자기장의 연속적인 측정이 가능하다. 이 장비가 가진 약 1 nT의 감도로 인해 지구물리학에서 관심 있는 대부분의 자기 이상을 관측할 수 있다. 또한 구조상 매우 튼튼한 장비이기 때문에, 비행기에 장착하거나 케이블로 견인하면서 측정할 수 있다. 이 장비는 제2차 세계대전 때에 잠수함을 탐지하기 위해 개발되었고, 전후에 항공 자력 탐사에 광범위하게 사용되었다.

11.4.2.2 양성자 세차 자력계

제2차 세계대전 이후, 고감도의 자력계는 양자역학적 특성을 이용하여 설계되었다. 양성자 세차 자력계(proton-precession magnetometer)는 수소 원자의 원자핵, 즉 양성자가 스핀의 각운동량에 비례하는 자기 모멘트를 갖는다는 사실에 기초하여 설계되었다. 각운동량은 양자화되어 있기 때문에 양성자 자기 모멘트는 핵마그네톤이라고 하는 기본 단위의 배수에 해당하는 값만 가질 수 있다. 이는 기본 단위가 보어 마그네톤인 전자 스핀에 대한 자기 모멘트의 양자화와 유사하다. 스핀 각운동량에 대한 자기 모멘트의 비를 양성자의 자기 회전 비율(gyromagnetic ratio, γ_p)이라고 한다. 자기 회전 비율은 매우 잘 알려진 기본 상수로서 그 값은 $\gamma_p = 2.6752219 \times$

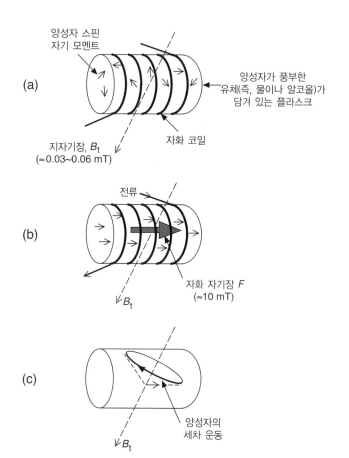

그림 11.22 (a) 양성자 세차 자력계의 구성 요소, (b) 자화 코일 내의 전류가 강한 자기장 F를 유도하고, 양성자의 자기 모멘트('스핀')가 이 방향에 평행하게 정렬된다. (c) 자기장 F가 없어지면, 양성자의 스핀은 지자기장 B_t를 중심으로 세차 운동을 한다. 이때 발생하는 코일 내의 교류는 라머 세차 진동수 f를 갖는다.

$10^8 \text{ s}^{-1} \text{ T}^{-1}$이다.

양성자 세차 자력계의 설계는 단순하고 견고하다. 장비의 센서는 하나의 플라스크로 구성되어 있으며, 여기에는 물이나 등유(kerosene)와 같이 양성자가 풍부한 액체가 들어 있다. 플라스크 주위에는 자화를 유발하는 데 사용되는 솔레노이드와 자기장의 변화를 검출하는 코일이 설치되어 있다(그림 11.22). 일부 자력계의 경우 하나의 솔레노이드가 자화와 감지를 번갈아 가며 수행하도록 설계되어 있다. 자화 솔레노이드에 전류가 흐르면, 지자기장보다 약 200배 강한 10 mT 정도의 자기장이 형성된다. 강한 자기장은 양성자의 자기 모멘트를 솔레노이드의 축을 따라 정렬시킨다. 이때 솔레노이드의 축 방향은 대략 지자기장에 수직인 동서 방향으로 놓는다. 전류를 차단하여 솔레노이드에 의해 형성된 자기장을 소거하면, 이 자화 자기장과 지자기장에 영향을 받던 양성자의 자기 모멘트가 오로지 지자기장에 대한 반응만 보인다. 중력장 내에서 회전하는

장난감 팽이처럼, 양성자의 자기 모멘트는 지자기장의 방향을 중심으로 세차 운동을 한다. 이때의 진동수는 라머 세차 진동수(Larmor precessional frequency)에 의해 결정된다. 이 자기 모멘트의 움직임은 감지 코일에 신호를 유도하며, 이는 다시 전자적으로 증폭된다. 몇 초의 시간 동안 세차 진동수는 정확하게 측정된다. 자기장의 세기 B는 신호의 진동수(frequency, f)에 다음과 같이 비례한다.

$$B = \frac{2\pi}{\gamma_p} f \tag{11.15}$$

지구 자기장의 세기는 30,000~60,000 nT 범위를 가진다. 이에 대응하는 세차 진동수는 대략 1,250~2,500 Hz로서, 이는 오디오 주파수 범위에 해당한다. 신호의 진동수에 대한 정확한 측정을 통해 기기의 정확도는 약 1 nT에 달하지만, 이를 위해 몇 초 동안의 측정이 필요하다. 비록 이 양성자 세차 자력계는 자기장의 절댓값을 측정하지만, 연속적인 관측을 하지는 못한다.

플럭스 게이트 자력계와 양성자 세차 자력계는 자력 탐사에 널리 사용된다. 이들 장비는 휴대가 간편하고 단순한 구조를 가지고 있기 때문에 야외 조사에 적합하다. 두 장비는 0.1~1 nT의 서로 비슷한 감도를 가지고 있다. 축 방향을 따라 자기장의 성분을 측정하는 플럭스 게이트 자력계와 달리, 양성자 세차 자력계는 어떤 방향에 대한 성분을 측정할 수 없다. 단지 총세기를 측정할 뿐이다. 총자기장 $\mathbf{B}$는 지구 자기장 $\mathbf{B}_E$와 이에 벗어나는 자기장(말하자면 이상체에 의한) $\Delta\mathbf{B}$의 벡터 합이다. 일반적으로 $\Delta B \ll B_E$이므로, 관측된 총자기장의 방향은 지자기장의 방향에서 크게 벗어나지 않는다. 일부 응용 지구물리 탐사에서는 총 자기 이상을 지자기장 방향으로 투영된 $\Delta\mathbf{B}$로 간주하여도 무리가 없다.

11.4.2.3 광펌핑 자력계

광펌핑 자력계는 흡수 셀 자력계 또는 알칼리 증기 자력계라고도 한다. 이 기기는 양자-역학 모형에 기초하여 작동한다. 원자의 전자는 양자수에 따라 서로 다른 에너지 준위를 가진 핵 주위의 동심원 껍질에 위치한다. 가장 낮은 전자의 에너지 준위는 바닥상태이다. 전자의 스핀과 관련된 자기 모멘트는 외부 자기장의 방향과 일치하거나 반대이다. 전자의 에너지는 경우에 따라 다르다. 그 결과 바닥상태는 서로 미세하게 다른 에너지의 두 하위 준위로 분할된다. 이때의 에너지 차이는 외부 자

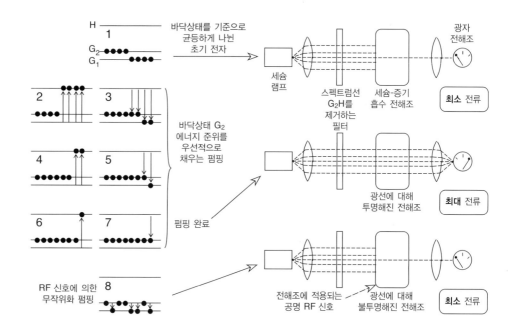

그림 11.23 광펌핑 자력계의 작동 원리. 출처 : W.M. Telford, L.P. Geldart and R.E. Sheriff, *Applied Geophysics*, 770pp., Cambridge: Cambridge University Press, 1990.

기장의 세기에 비례한다. 자기장 내에서 에너지 준위가 분리되는 현상을 제이만 효과라고 한다.

  광펌핑 자력계는 알칼리 원소의 증기에 나타나는 제이만 효과를 이용한다. 루비듐이나 세슘 같은 알칼리 증기는 최외각 에너지 껍질에 오직 하나의 원자가 전자를 갖는다. 그림 11.23에 묘사된 알칼리 증기 자력계의 구조를 살펴보자. 편광 광선이 루비듐 또는 세슘 증기가 담긴 흡수 전해조(cell)를 통과하여 빛의 세기를 측정하는 광전 전해조에 도착한다. 자기장 내에서 루비듐 또는 세슘의 바닥상태는 G_1과 G_2의 두 가지 하위 준위로 나뉜다. 만약 정확한 양의 에너지가 증기에 추가되면, 전자는 바닥상태에서 더 높은 에너지 준위 H로 상승할 수 있다. 이제 필터를 통해 G_2H 전이에 필요한 에너지가 제거된 빛을 흡수 전해조에 비춘다고 생각하자. G_1H 전이에 필요한 에너지는 제거되지 않았으므로, 바닥상태 G_1의 전자는 준위 H로 들뜰 수 있는 에너지를 받지만 바닥상태 G_2의 전자는 그대로 남게 된다. 이러한 전환을 유발하는 에너지는 흡수 전해조에 입사하는 광선이다. 적당한 시간이 흐르면 들뜬 전자는 안정적인 바닥상태 중 하나로 되돌아간다. 준위 H의 들뜬 전자가 하위 준위 G_1으로 돌아가면 준위 H로 다시 들뜨게 된다. 그러나 하위 준위 G_2로 떨어진 전자는 그 상태에 머무르게 된다. 시간이 지나면 '광학 펌핑'이라고 하는 이 과정은 하위 준위 G_1을 비우며, 하위 준위 G_2를 채운다. 이 단계가 되면 흡수 전해조는 편광된 광선을 더는 흡수할 수 없으며, 따라서 흡수 전해조는 이 광선에 대해 투명해진다. 이제 적절한 에너지를 가진 무선 주파수(Radio-Frequency, RF)의 전자기파를 이 시스템에 공

급하면 꽉 찬 G_2와 텅 빈 G_1의 바닥상태 사이의 전이가 유발되고, 평형 상태는 곧 교란된다. 광학 펌핑은 다시 시작하여 전자가 준위 G_1에서 모두 방출될 때까지 유지될 것이다. 이 시간 동안 광선의 에너지는 흡수되어 흡수 전해조에 대해 투명하지 않게 된다.

  루비듐 및 세슘 증기 자력계의 조사 각도는 대략 자기장 방향의 45º로 설정된다. 지자기장이 존재하는 상황에서 전자는 지자기장을 중심으로 라머 세차 진동수로 세차 운동한다. 세차 운동의 한 주기에서 일정 부분은 전자스핀이 자기장 방향과 거의 일치하며, 나머지 반주기 동안에는 반대 방향이 된다. 흡수 정도의 변화는 라머 진동수의 광선 강도 변화를 유발하며, 이는 광전 전해조에 의해 감지되어 교류로 변환된다. 피드백 회로에 의해 신호는 루비듐 가스가 담긴 용기 주변의 코일에 공급된다. 이를 통해 라머 진동수의 공명 회로가 구성된다. 바닥상태를 둘로 나누었던 주변 지자기장 B는 라머 진동수에 비례하며, 다음과 같이 표현된다.

$$B = \frac{2\pi}{\gamma_e} f \qquad (11.16)$$

여기서 γ_e는 전자의 자기 회전 비율로 10^8분의 1 정도의 정확도로 알려져 있다. 이 값은 양성자의 자기 회전 비율인 γ_p보다 약 660배 크다. 이에 따라 세차 주파수는 더 정확하고 쉽게 측정할 수 있다. 광펌핑 자력계의 감도는 약 0.01 nT로, 이는 플럭스게이트 또는 양성자 세차 자력계보다 10배 이상 더 높은 감도이다.

11.4.3 자력 탐사 기법

자력 탐사의 목적은 비정상적으로 자화된 지각을 식별하여 나타내는 것이다. 응용 지구물리학의 영역에서는 비정상적인 자화를 이용하여 상업적으로 이용될 수 있는 광물 산지나 원유 매장지와 연관된 지하 구조를 찾는다. 보다 학술적인 지구물리 분야에서는 해령에 대한 자력 탐사를 통해 판구조론을 이끌어 내고 초기 쥐라기 이래 지자기장의 역전 이력을 추정할 수 있는 중요한 단서들을 제공하였다.

자력 탐사는 (1) 관측 지점에 대한 지자기장 측정, (2) 이미 알고 있는 변화 요소에 대한 보정, (3) 모형 기반의 예상 값과 보정된 관측 결과의 비교 등의 순서로 진행된다. 임의의 측정 장소에 대한 자기장의 예상 값은 11.2.4절에 설명된 국제기준 지자기장(IGRF)의 값으로 가정한다. 보정된 관측값과 예상값의 차이를 자기 이상(magnetic anomaly)이라 한다.

11.4.3.1 측정 기법

자기 이상에 대한 탐사는 육지는 물론 바다와 하늘에서도 수행된다. 간단한 육상 탐사에서는 의심되는 지질 구조 위에 격자를 이루는 측점을 설정하고 휴대용 자력계를 통해 지표 자기장을 측정한다. 비록 이 방식의 탐사 속도는 매우 느리지만, 측점과 자기 이상 유발원 사이의 거리가 매우 가깝기 때문에 자기 이상의 상세한 모습을 관찰할 수 있다.

많은 경우 자력 탐사는 항공기에 의해 가장 효율적으로 수행된다. 항공기에 의해 유발되는 자기 효과를 최소화하기 위해 자력계는 항공기로부터 가능한 멀리 떨어져 있어야 한다. 이를 위해 자력계를 수 미터 길이의 고정 붐대에 장착하거나 공기 역학을 고려하여 설계된 하우징에 담아 30~150 m 길이의 케이블로 견인한다(각각 그림 11.24a의 A와 B). 자력계가 담긴 하우징은 항공기의 뒤쪽 아래에 위치하는데 이를 보통 '버드(bird)'라고 부른다. 항공기는 자력 탐사를 위한 비교적 안정적인 환경을 제공할 수 있다. 항공 탐사에 사용되는 자력계의 감도(≈ 0.01 nT)는 일반적으로 지상 측량에 사용되는 자력계의 감도(≈ 1 nT)보다 높다. 항공 자력계의 높은 감도는 자기 이상의 유발원과 측정 위치가 멀어지기 때문에 발생하는 분해능 손실을 보상해 준다. 항공 자력 탐사는 짧은 시간 내에 넓은 지역을 조사할 수 있어 매우 경제적이다. 따라서 아직 조사가 이루어지지 않은 지역에 대해 지구물리탐사의 초기 단계로 항공 자력 탐사가 수행되는 경우가 많다.

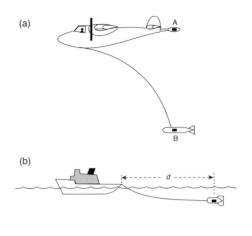

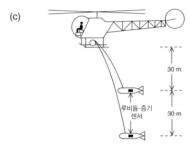

그림 11.24 (a) 항공 자력 탐사를 위해 항공기 붐대의 끝에 견고하게 설치되어 있는 자력계(A), 항공 역학적으로 설계된 하우징에 담겨 항공기 뒤쪽에서 견인되는 자력계(B), (b) 해양 탐사에서 선박의 자기 교란을 피하기 위해 선미 쪽으로 d만큼 떨어진 위치에서 견인되는 자력계, (c) 자기 미분계의 역할을 하는 동일한 수직면상에 설치된 한 쌍의 자력계(Slack et al., 1967에서 수정).

해상에서의 자기장도 항공 탐사를 이용하여 측정할 수 있다. 그러나 대부분의 해양 자기 기록은 선박 측량에 의해 획득된다. 해양에서는 양성자 세차 자력계가 긴 케이블을 통해 선박에 의해 견인된다(그림 11.24b). 자력계가 설치된 방수 처리 하우징을 보통 '피시(fish)'라고 부른다. 대부분의 연구선은 수백에서 수천 톤의 강철로 만들어져 있기 때문에 상당히 큰 자기 교란을 유발한다. 예를 들어, 재화중량[21]이 약 1,000톤인 연구선은 150 m 떨어진 곳에 약 10 nT의 자기 이상 현상을 유발한다. 따라서 선박에 의한 자기 교란을 최소화하기 위해 길이 약 100~300 m 정도의 견인 케이블이 필요하다. 이 거리에서 '피시'는 실제로 수면 아래에서 '수영'한다.[22] 피시의 수심은 견인 케이블의 길이와 선박의 속도에 따라 다르다. 일반적인 연구선의 속도 10 km h^{-1}에서 피시의 작동 수심은 약 10~20 m 이다.

---

21 선박이 최대로 실을 수 있는 화물의 중량.

22 피시가 선박에 의해 견인되어 일정한 속도로 물살을 가르게 되면, 피시에 달린 날개에 의해 일정 수심을 유지한다.

11.4.3.2 자기 미분계

자기 미분계(magnetic gradiometer)는 서로 일정한 거리를 유지한 채 떨어진 한 쌍의 알칼리-증기 자력계로 구성된다. 지상 측량에서 이 장비는 단단한 수직 막대의 양 끝에 장착된다. 항공 측량에서는 두 자력계가 약 30 m의 수직 간격을 유지할 수 있도록 견인한다(그림 11.24c). 만약 측정 지역에 자기 이상체가 존재하지 않는다면, 두 장비에는 동일한 지자기장이 측정되며 따라서 동일한 자료를 출력할 것이다. 만약 하부 암체에 대비되는 자기 특성이 존재한다면, 위쪽의 자력계에 비해 아래쪽 자력계에 더 강한 신호가 기록되며, 이에 따라 두 출력 신호의 차이가 발생하게 된다.

심부 구조에 의한 큰 규모의 자기 변화보다는 천부 구조에 의한 국부적인 자기 이상을 측정할 때 자기 미분계가 활용된다. 이 장비는 두 자력계에 기록되는 신호의 차이를 이용하기 때문에, 개별 자력계에 동일하게 영향을 미치는 일변화에 대한 보정이 필요 없다. 양성자 세차 자력계는 지상 기반의 자기 미분계에 가장 일반적으로 사용되며[23], 광펌핑 자력계는 항공 자기 미분계를 구성할 때 선호된다.

11.4.3.3 탐사 측선의 설계

체계적인 항공(또는 해상) 자력 탐사에서 자기장의 측정은 일반적으로 미리 결정된 측선을 따라 수행된다. 고정익 항공기에 의한 자력 탐사는 보통 일정한 해발 고도에서 수행된다(그림 11.25a). 이 방법은 조사 지역이 매우 넓거나 지형 기복이 심할 때 선호되는 양식이다. 이 탐사법은 자화 정도가 약한 퇴적층 하부에 강하게 자화된 기반암의 심도를 추정하는 것이 주목표이다. 평평하거나 극적인 지형 기복이 적은 지역에서는 자기 이상체에 가능한 한 가깝게 접근하는 저고도 비행을 한다. 이 방식은 순상지 지역의 탐사에 적합하며, 보통 잠재적인 상업 가치가 있는 지역의 광상 탐지가 탐사의 목적이 된다. 헬리콥터를 사용하는 경우에는 일정한 지상 고도를 비행하면서 자기 유발원으로부터의 거리를 가능한 한 가깝게 유지할 수 있다(그림 11.25b).

어떤 지역을 탐사할 때는 평행한 비행경로(그림 11.25c)를

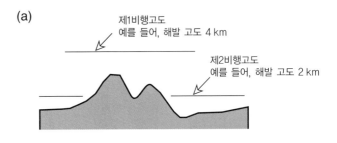

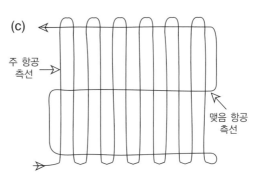

그림 11.25 항공 자력 탐사에서 항공 측선의 설정은 일정한 해발 고도(a)나, 지상 고도(b)를 사용한다. 항로(c)는 평행한 측선과 이를 수직으로 지나는 맺음 측선으로 구성된다.

따라 자력을 측정하는 것이 일반적이다. 탐사가 수행되는 지역 내에서 측선 간의 간격은 비행 고도, 자기 강도, 목표로 하는 자료의 해상도에 따라 100 m에서 수 킬로미터로 달라질 수 있다. 측선의 방향은 이미 알려져 있거나 혹은 예상되는 지하 구조의 주향에 최대한 수직이 될 수 있도록 설정한다. 맺음 측선(tie-line)[24]은 주 측선에 수직으로 설정된다. 맺음 측선 간의 간격은 주 측선 간격의 5~6배 정도이다. 맺음 측선과 주 측선이 교차하는 곳에서는 측정이 반복되기 때문에 획득 자료의 신뢰도 확인이 가능하다. 만약 반복 측정값 간의 차이(닫힘 오차)가 크면, 해당 영역에 대한 측정을 다시 수행하기도 한다. 혹은 닫힘 오차가 최소가 되도록 모든 관측 자료에 대한 수학적 보정을 수행한다.

---

23 현재는 육상 자력 탐사에서도 광펌핑 자력계가 미분계의 센서로 주로 사용되며, 양성자 세차 자력계는 자력 탐사 목적으로 거의 사용되고 있지 않다. 총자력을 측정할 때는 광펌핑 자력계를, 자기장의 벡터 성분을 측정할 때에는 플럭스 게이트 자력계를 일반적으로 사용한다.

24 평행한 주 측선(main-line 혹은 survey-line)들을 '연결(tie)'해 주는 보조 측선.

11.4.4 자력 탐사 자료에 대한 보정

중력 자료의 보정(reduction)에 비해 자력 자료는 보정 작업이 거의 필요 없다. 보정이 꼭 필요한 효과는 탐사가 수행되는 동안 발생한 지표 지자기장의 변화이다. 이 일변화(diurnal variation)는 전리층에서 유발되는 자기장 때문이다(11.2.3.2절). 지구상의 어느 곳에서나 낮 시간대에는 지구가 전리층 아래에서 자전함에 따라 외부 기원의 자기장이 변동한다. 그 효과는 자력계의 측정 정밀도보다 훨씬 크다. 조사 지역 내 고정된 지점에 자력계를 설치하여 연속적인 자기 변화를 측정하고, 이를 일변화 보정에 사용할 수 있다. 조사 지역에서 너무 멀지 않은 곳에 위치한 지자기 관측소의 자료를 사용하는 대안도 있다. 측량이 수행되는 동안 각 지점에서의 측정 시각을 기록하여 일변화 보정에 사용한다.

자기장의 변화는 고도와 위도 및 경도에 대한 함수로, 쌍극자의 수직 및 수평 변화에 의해 주로 결정된다. 자기장의 총강도 B_t는 방사 성분 B_r(식 11.10)과 접선 성분 B_θ(식 11.11)를 이용하여 계산한다.

$$B_t = \sqrt{B_r^2 + B_\theta^2} = \frac{\mu_0 m}{4\pi} \frac{\sqrt{1 + 3\cos^2\theta}}{r^3} \qquad (11.17)$$

고도 보정(altitude correction)은 자기장의 수직 구배, 즉 자기 강도 B_r을 반경 r로 미분한 값에 의해 주어진다. 따라서 다음과 같다.

$$\frac{\partial B_t}{\partial r} = -3\frac{\mu_0 m}{4\pi} \frac{\sqrt{1 + 3\cos^2\theta}}{r^4} = -\frac{3}{r} B_t \qquad (11.18)$$

자기장의 수직 구배는 r에 지구 반지름($R = 6,371$ km)을 대입하고 적절한 B_t를 사용함으로써 계산할 수 있다. B_t는 분명 측정 장소의 위도에 따라 달라진다. 자기 적도($B_t \approx$ 30,000 nT)에서 고도 보정은 약 0.015 nT m^{-1}이다. 자기극 근처($B_t \approx 60,000$ nT)에서는 약 0.030 nT m^{-1}이다. 이 보정은 그 값이 너무 작아 종종 무시된다.

광역(regional) 스케일의 조사에서는 위도와 경도에 대한 보정이 기준장에 이미 반영되어 있기 때문에 생략된다. 좁은 지역 조사에서는 자기장의 남북 수평 구배에 의해 위도 보정이 수행되며, 이는 B_t를 극각 θ에 대해 미분하여 계산한다. 이때 미분 값은 다음과 같이 B_t의 북쪽 방향으로의 증가를 기준(즉, 위도가 증가함에 따라)으로 한다.

$$-\frac{1}{r}\frac{\partial B_t}{\partial \theta} = -\frac{\mu_0 m}{4\pi r^4} \frac{\partial}{\partial \theta}\sqrt{1 + 3\cos^2\theta}$$
$$= \frac{3B_t \sin\theta \cos\theta}{r(1 + 3\cos^2\theta)} \qquad (11.19)$$

위도 보정은 자극($\theta = 0°$) 및 자기 적도($\theta = 90°$)에서 0이고, 중간 위도에서 킬로미터당 약 5 nT(0.005 nT m^{-1})의 최댓값에 도달한다. 소규모 지역의 자기 탐사에서는 중요하지 않다.[25]

자화가 큰 지역(예 : 용암 지대나 광상의 관입이 있는 지역)에 대한 일부 육상 기반 조사에서는 자화된 지형의 교란 효과가 클 수가 있어 추가적인 지형 보정이 필요할 수도 있다.

11.4.5 자기 이상

중력 이상은 지하 매질의 밀도차($\Delta\rho$)에 의해 발생한다. 중력 이상의 양상은 이상체의 형태와 심도에 따라 결정된다. 이와 비슷하게, 자기 이상은 자기 특성이 다른 암석 사이의 자화 정도가 다르기 때문에(ΔM) 발생한다. 그러나 자기 이상의 양상은 이상체의 형태와 심도뿐만 아니라 관측 측선과 자화 방향에 따라서도 달라진다. 또한 자화를 유발하는 지자기장의 강도와 방향에 의한 영향도 받는다. 특히 후자는 지리적 위치에 따라 달라지는 요소이다. 해양 자기 탐사에서 자화 대비는 지각 암석의 잔류 자화에 의해 발생하며, 따라서 쾨니히스버그 비는 1보다 훨씬 크다(즉, $Q_n \gg 1$). 상업적인 지구물리 탐사는 주로 대륙의 지각 암석을 조사 대상으로 하며, 쾨니히스버그 비는 1보다 훨씬 작다(즉, $Q_n \ll 1$). 자화 대비는 지각 암석의 대자율의 차이에 의해 발생한다. 광상의 대자율을 k, 모암의 대자율을 k_0, 그리고 암석 내 자기장의 강도를 H라고 한다면, 자화 대비는 다음과 같다.

$$\Delta M = (k - k_0)H \qquad (11.20)$$

수직 자기장에 의해 자화되는 수직 이상체를 살펴보면 자기 이상이 발생하는 물리적 과정을 이해하는 데 어느 정도 도움이 된다. 대부분의 경우 이상체와 지자기장은 어느 정도 기울어져 있기 때문에, 수직 자기장과 수직 이상체는 매우 단순한 조건에 해당한다. 그럼에도 불구하고 이 예시는 일반적인 상황에서도 적용되는 몇 가지 관측 특성을 보여 준다. 두 개의 대표적 케이스로 나누어 생각해 보자. 첫 번째는 이상체가 수직으로

---

25 최근에는 소규모 지역에 대한 자력 탐사는 물론 그보다 큰 규모의 탐사 자료에 대해서도 위도 보정을 수행하지 않는다. 현재는 컴퓨터를 이용해 탐사 지역의 모든 측점에 대한 IGRF 값을 손쉽게 얻을 수 있기 때문이다.

매우 길게 확장되어 있어 바닥 면이 매우 깊은 곳에 위치한 경우이다. 다른 하나는 이상체의 수직 범위가 짧은 경우이다. 두 경우 모두 수직 자기장은 이상체의 수직 측면과 평행한 방향으로 이상체를 자화시킨다. 그러나 그 결과로서 유발되는 자기 이상의 형태는 서로 다르다. 자극 분포에 대한 개념을 사용하면, 자기 이상의 형태를 이해하기 쉽다.

11.4.5.1 자극의 지표 분포에 의한 자기 이상

비록 자극은 가상의 개념이지만 자기 이상의 원인을 이해할 수 있는 간단하고 편리한 방법을 제공한다. 만약 얇은 판상의 이상체가 균질하게 자화되어 있다고 하자. 간단한 논리에 의해 단위 면적당 동일한 수의 자극이 서로 마주 보는 면에 위치할 것이라고 예상할 수 있다. 판상의 이상체 표면에 대한 단위 면적당 순 자극의 합은 이들이 서로 상쇄되기 때문에 0이 된다. 그러나 표면을 따라 이동하면서 살펴보면 자화 정도는 계속 변한다. 보다 강하게 자화된 표면은 약하게 자화된 표면보다 더 많은 자극을 가진다. 이를 정량적으로 유도해 보면, 단위 면적에 분포하는 자극의 개수 σ(표면 자극 밀도라 부른다)는 자화 대비 ΔM에 비례한다.

표면 요소에 대응하는 입체각의 개념(글상자 11.4)은 자극의 표면 분포에 의한 자기 이상을 이해할 때, 정성적 수단을 제공한다. 그림 11.26a에서와 같이 넓이가 A인 수직 각기둥 윗면에 분포하는 자극을 고려하자. 또한 수직 방향의 자기장 B_z에 의해 자화 강도 M으로 자화되어 있다고 가정하자. 자극 분포로부터 거리 r만큼 떨어진 지표면에서 자기 이상의 강도는 각기둥 윗면에 분포하는 자극의 수에 비례한다. 이 자극의 수는 면적 A와 표면 자극 밀도 σ의 곱이다. 또한, 자기 이상의 강도는 거리 r의 역제곱의 법칙을 따른다(글상자 11.1). 만약 r의 방향이 수직 자화 M과 각도 θ를 이루는 경우, 점 P에서 자기 이상의 수직 성분은 $\cos\theta$를 곱해야 한다. 따라서 표면 자극 분포에 의한 수직자기 이상 ΔB_z는 다음과 같다.

$$\Delta B_z \propto \frac{(\sigma A)\cos\theta}{r^2} \propto (\Delta M)\Omega \qquad (11.21)$$

보다 엄밀한 유도에 의해서도 동일한 결과를 도출할 수 있다. 측선 위 임의의 점에서 자극 분포에 의한 자기 이상 ΔB_z는 해당 지점에 대한 자극 분포 면의 입체각 Ω에 비례한다. 입체각은 측선을 따라 조금씩 변한다(그림 11.26b). 왼쪽과 오른쪽의 양 끝점에서는 자극의 분포 면과 방사 방향이 매우 경사져

입체각(solid angle)은 구면상에 위치한 어떤 요소의 면적과 구의 반지름 사이의 비로 정의된다. 그림 B11.4.1과 같이 표면 요소의 면적을 A, 구의 반지름을 r이라고 놓자. 면적 A에 대응하는 구 중심에서의 입체각 Ω는 다음과 같이 정의된다.

$$\Omega = \frac{A}{r^2} \qquad (1)$$

공간상에 존재하는 임의의 면을 구면에 투영한다면, 그에 대한 입체각을 결정할 수 있다. 면의 모양은 중요하지 않다. 어떤 면 요소 A가 반지름 r에 대해 각 α만큼 기울어져 있다면, 반지름에 수직으로 투영(즉 구면상에)된 면적은 $A\cos\alpha$이며, 이에 대응하는 구의 중심에서의 입체각은 다음과 같이 주어진다.

$$\Omega = \frac{A\cos\alpha}{r^2} \qquad (2)$$

입체각의 단위는 스테라디안(steradian)으로서 평면 기하학의 라디안과 유사하다. 표면 요소의 넓이가 극한으로 작아지면 입체각의 크기는 최솟값인 0이 된다. 표면 요소가 구를 모두 둘러쌀 때 입체각은 최대가 된다. 반지름이 r인 구의 겉넓이 A는 $4\pi r^2$이기 때문에, 입체각의 최대는 4π이다.

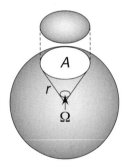

그림 B11.4.1 반지름이 r인 구상에 위치한 면적 A의 표면 요소에 대응하는 입체각 Ω의 정의.

있고, 이에 대응하는 입체각 Ω_1과 Ω_4가 매우 작다. 따라서 이상체에 의한 자기 이상은 거의 0이 된다. 자극 분포의 중심 부근에서는 대응하는 입체각이 최댓값 Ω_0가 되며, 자기 이상도 최대가 된다. 중앙에서 양 끝점으로 이동하면, 이에 대응하는 입체각 Ω_2와 Ω_3에 의해 자기 이상이 부드럽게 감소한다. 동일

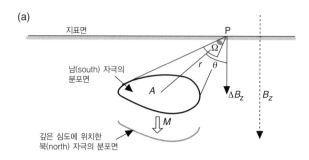

(a)

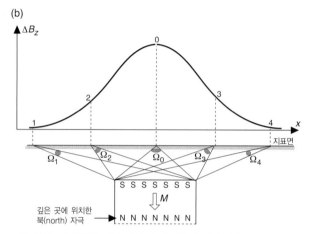

(b)

그림 11.26 유한한 높이를 가진 수직 기둥과 이에 의한 자기 이상. 단순한 상황을 상정하기 위해 자화 방향 M과 유도 자기장 B_z를 수직으로 가정하였다. (a) 각 기둥 윗면의 자극 분포는 측점에 입체각 Ω를 만든다. (b) 자기 이상 ΔB_z는 측선을 따라 이에 대응되는 입체각 Ω에 의해 변한다.

한 분포를 보이는 'N'의 자극은 측선에서 위와는 정확히 반대되는 자기 이상을 유발한다. 'N'극은 모든 곳에서 지자기장과 반대 방향의 자기장을 만든다. 따라서 이 반대의 자기장이 지자기장과 결합되면 그 크기는 'N'극이 없을 때에 비해 항상 작다. 그러므로 'N'극에 대한 자기 이상은 음수이다.

11.4.5.2 수직 암맥의 자기 이상

이 상황을 이제 수직 암맥에 대한 자기 이상에 적용할 수 있다. 이 예를 포함하여 앞으로 다루게 될 모든 상황에서 우리는 수평 방향(책 종이면에 수직인)으로 무한한 길이를 가진 2차원 암맥을 가정할 것이다. 이러한 가정은 '끝단 효과(end effect)'에 의해 발생하는 복잡함을 막아 준다. 먼저 암맥이 아주 깊은 곳까지 확장되어 있다고 가정하자(그림 11.27a). 이를 통해 우리는 멀리 떨어진 아랫면에 의한 자기 영향을 무시할 수 있다. 암맥의 수직 옆면은 자화의 방향과 평행하며, 여기에는 자극이 분포하지 않는다. 그러나 수평 윗면은 자화 방향에 수직이며, 여기에 자극이 분포한다고 생각할 수 있다. 자화의 방향은 자기장과 평행하므로 윗면에는 'S'극이 분포한다. 자화된 암맥은 자기 홀극(monopole)처럼 행동한다. 암맥 위 임의의 지점에서는 지구의 자기장[26]과 암맥의 위쪽으로 '흘러나온' 이상 자기

---

[26] 자화를 유발하여 유도 자기장(induced field)을 형성시키는 원천 자기장을 가리킨다. 원문에서는 'inducing field'로 명명되나 혼란을 피하기 위해 유도를 유발하는 자기장 대신 지구의 자기장으로 번역하였다.

그림 11.27 (a) 무한한 심도를 가진 수직 자화 암체에 의한 수직 자기 이상. 이상체의 윗면에 의한 자기 이상만 존재한다. (b) 만약 이상체가 유한한 심도를 갖는다면, 윗면과 아랫면의 자극 분포가 자기 이상에 동시에 기여한다.

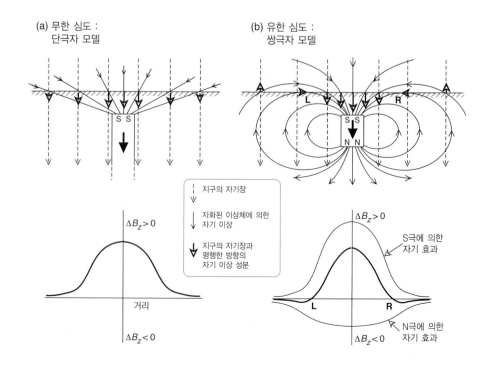

장이 동시에 관측된다. 자기 이상은 지자기장과 동일한 방향
성분을 갖기 때문에, 총자기장의 세기는 모든 지점에서 암맥이
존재하지 않을 경우보다 강하다. 자기 이상은 항상 양수이며,
암맥에서 멀리 떨어진 곳에서는 0이며 암맥에 가까울수록 점점
증가하여 암맥의 중심에서 최대가 된다(그림 11.27a).

　암맥의 수직 길이가 유한하다면, 암맥 바닥 면의 'N'극 분포
가 지표면에 충분히 가까워지고, 여기에서 흘러나오는 자기장
이 측정될 수 있다. 윗면에 위치한 'S'극의 분포는 앞서 예에서
보였듯이 양의 자기 이상을 유발한다. 아랫면의 'N'극 분포는
음의 자기 이상을 일으킨다(그림 11.27b). 'N'극은 'S' 자극보
다 자력계에서 더 멀리 떨어져 있기 때문에, 음의 이상은 더 약
하다. 그러나 측선을 따라 멀어지면 멀어질수록 깊은 곳에 위
치한 자극 분포는 위쪽의 자극 분포보다 더 큰 입체각을 갖는
다. 결과적으로, 약한 음의 자기 이상은 양의 자기 이상만큼 급
격하게 감소하지 않는다. 암맥에서 수평 방향으로 일정 거리만
큼 떨어진 곳에서는(그림 11.27b에서 L의 왼쪽과 R의 오른쪽)
아랫면의 자극 분포에 의한 음의 이상이 윗면에 의한 양의 이
상보다 크다. 이로 인해 그 지점에서의 총 자기 이상은 음의 이
상을 나타내며, 암맥에서 멀어지면 그 값이 0에 접근하게 된다.

　이 예에서 자화된 암맥의 자기 효과는 막대자석의 자기 효
과와 유사하며 대략 쌍극자(dipole)로 모형화될 수 있다. 암맥
에서 멀리 떨어지면, 즉 측선에서 가장자리 쪽으로 이동하면,
지구의 자기장과 반대 방향의 약한 음의 이상대가 나타난다.
암맥에 가까워질수록 쌍극자장은 지구의 자기장을 강화시키는
성분을 갖게 되고, 따라서 중앙에 양의 자기 이상을 유발한다.

11.4.5.3 경사 방향의 자화에 의한 자기 이상

무한히 긴 암맥이 경사 방향으로 자화될 때 유발되는 자기 이
상은 경사 쌍극자 또는 경사 극 분포에 의해 모형화될 수 있다
(그림 11.28). 자화는 수평 및 수직 성분을 모두 가지고 있기 때
문에, 암맥의 수직 측면에도 윗면과 아랫면처럼 자극이 분포한
다. 이로 인해 자화의 수평 방향 이상이 강화되면서 자기 이상
의 대칭성이 깨지게 된다. 이에 따라 반대쪽에 위치한 음의 이
상은 감소하고, 정도가 심하면 사라질 수도 있다.

　자기 이상의 형태는 측선이 암맥을 가로지르는 각도는 물
론 암맥의 주향과 경사에 의해서도 달라진다. 자기 이상을 순
산 모형화(forward-modeling)할 때에는 자화의 방향과 암맥의
주향 및 지형을 함께 고려해야 한다. 그러나 여타의 퍼텐셜 기
법과 마찬가지로 관측 자료에서 이 요소들을 추정해 내는 역산

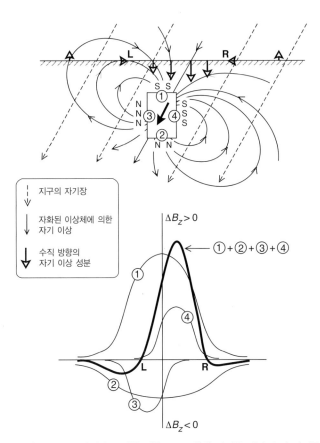

그림 11.28 종이면에 수직한 방향으로 무한한 길이를 가진 수직 각기둥이
경사진 지자기장 내에서 유발하는 자기 이상을 윗면, 아랫면, 옆면의 자극 분
포를 통해 유도하였다.

문제는 고유한 해를 갖지 않는다.

　자기 이상의 비대칭[또는 왜도(skewness)]은 자극화 변환
(Reduction To the Pole, RTP)을 사용하여 보정할 수 있다.
RTP 기법은 관측된 자기 이상을 자화 방향이 수직인 곳에서
관측한 것처럼 재구성한다. RTP 기법에서 사용하는 복잡한
자료 처리 과정은 이 책이 다루는 범위를 벗어난다. 가장 먼저
자기 이상이 수행된 지역의 지도를 덮는 격자를 구성한다. 획
득된 자기 이상값을 이 격자의 교차점에 대한 값으로 변환하
고 이를 행렬로 표기한다. 다음으로 행렬을 푸리에 변환하고,
이상체의 방향과 자화 방향을 보정해 줄 필터 함수와 합성곱
(convolution)[27]한다. RTP 기법을 통해 자기 이상의 비대칭성
을 제거하고(그림 11.29), 이상체의 경계를 보다 정확하게 결정
할 수 있다. 줄무늬 형태의 해양 자기 이상을 유발하는 해양 지

---

27 공간 영역에서의 합성곱은 주파수 영역에서 단순 곱 연산과 동일하다. 따
라서 공간 영역에서 획득된 자기 이상 값에 곧바로 필터 함수를 적용하여
많은 양의 계산을 수행하는 것보다는 먼저 푸리에 변환을 거쳐 주파수 영
역에서 단순 계산을 수행하는 것이 선호된다.

그림 11.29 자기 이상 자료에 적용된 RTP 자료 처리 기법의 효과. 자기 이상체는 작은 규모의 수직 각기둥으로서 경사 방향으로 자화되었다. (a) 최소, 최대 영역이 표시된 쌍극자 형태의 자기 이상 등치선도(nT 단위), (b) RTP법 적용 후의 자기 이상도. 자기 이상체의 위치가 훨씬 잘 드러난다. 출처 : H. Lindner, H. Militzer, R. Rösler and R. Scheibe, Bearbeitung und Interpretation der gravimetrischen und magnetischen Messsergebnisse, in: *Angewandte Geophysik, I: Gravimetrie und Magnetik*, H. Militzer and F. Weber, eds., pp. 127–189, Vienna: Springer-Verlag, 1984.

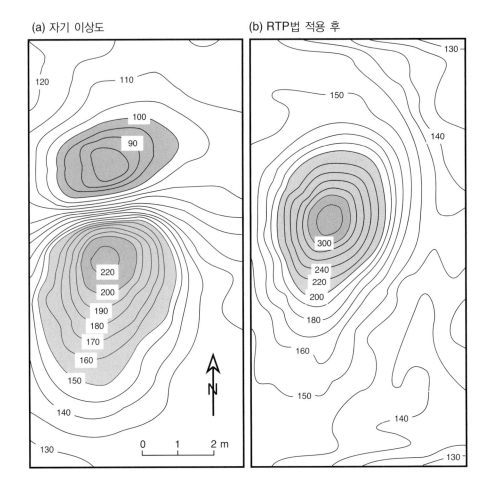

(a) 자기 이상도   (b) RTP법 적용 후

각의 상세한 자화 양상을 연구할 때, 이 기법이 매우 유용하게 사용된다.

11.4.5.4 단순한 형태를 가진 이상체의 자기 이상

자기 이상을 계산하는 것은 일반적으로 중력 이상의 계산보다 복잡하다. 실제로 자기 이상을 계산할 때에는 반복 계산 기법을 사용한다. 그러나 포아송 관계(글상자 11.5)를 사용하면 중력 이상이 이미 알려진 이상체에 대해 자기 이상을 손쉽게 계산할 수 있다. 다음의 몇 가지 수직 자화 이상체의 예에 포아송 관계가 어떻게 적용되는지 살펴보자.

(1) 구 : 심도 z에 위치한 반지름이 R이며, 밀도 대비가 $\Delta\rho$인 구 [다이아퍼(diapir)나 관입 구조를 표현]의 중력 이상 Δg_z는 식 (4.19)에 이미 제시한 것처럼 다음과 같다.

$$\Delta g_z = \frac{4}{3}\pi G\Delta\rho R^3 \frac{z}{(z^2+x^2)^{3/2}} \quad (11.22)$$

이와 동일한 이상체가 ΔM_z만큼의 자화 대비를 갖는다고 가정

하면, 수직으로 자화된 구의 자기 이상 퍼텐셜은 포아송 관계에 따라 다음과 같이 주어진다.

$$W = \frac{\mu_0}{4\pi}\left(\frac{\Delta M_z}{G\Delta\rho}\right)\Delta g_z = \frac{1}{3}\mu_0 R^3 \Delta M_z \frac{z}{(z^2+x^2)^{3/2}} \quad (11.23)$$

위 식을 x와 z에 대해 미분하면 수평 자기 이상과 수직 자기 이상을 얻는다. 구의 수직 자기 이상 ΔB_z는 다음과 같다.

$$\begin{aligned}\Delta B_z &= -\frac{\partial W}{\partial z} = -\frac{1}{3}\mu_0 R^3 \Delta M_z \frac{\partial}{\partial z}\left(\frac{z}{(z^2+x^2)^{3/2}}\right)\\ &= -\frac{1}{3}\mu_0 R^3 \Delta M_z \frac{(z^2+x^2)^{3/2}-z(3/2)(2z)(z^2+x^2)^{1/2}}{(z^2+x^2)^3}\end{aligned}$$

$$(11.24)$$

$$\Delta B_z = \frac{1}{3}\mu_0 R^3 \Delta M_z \frac{(2z^2-x^2)}{(z^2+x^2)^{5/2}} \quad (11.25)$$

(2) 수평 원통 : 심도 z에 수평 방향의 축을 가진 반경 R의 원통 (배사 혹은 향사 구조를 표현)이 밀도 대비 $\Delta\rho$를 가진다면, 지

글상자 11.5 포아송 관계

포아송(Siméon Denis Poisson, 1781~1840)은 이상체에 대한 중력 퍼텐셜과 자기 퍼텐셜의 관계를 밝혔다. 이 관계를 통해 이미 알려진 이상체의 중력 이상을 활용하여 간단하게 자기 이상을 계산할 수 있다. 밀도가 일정하며 부피가 V인 임의의 이상체가 수직으로 자화[a]되어 있다고 가정하자(그림 B11.5). 이상체의 밀도 대비가 $\Delta\rho$라면, 부피소 dV의 질량 대비는 $\Delta\rho dV$가 된다. 이 부피소로부터 거리 r만큼 떨어진 지표면의 한 지점에서 중력 퍼텐셜 U는 다음과 같이 계산된다.

$$U = -G\frac{(\Delta\rho)\,dV}{r} \tag{1}$$

이 부피소의 수직 중력 이상 Δg_z는 U를 z에 대해 미분함으로써 얻어진다.

$$g_z = -\frac{\partial}{\partial z}\left(-G\frac{(\Delta\rho)dV}{r}\right) = G(\Delta\rho)\,dV\frac{\partial}{\partial z}\left(\frac{1}{r}\right) \tag{2}$$

이상체가 ΔM_z의 크기로 균질하게 수직으로 자화되어 있다면, 부피소의 자기 모멘트는 $\Delta M_z dV$가 된다. 이 자기 모멘트는 그림 B11.5에서 보는 것처럼 아래를 향한다. 부피소에서 지표면의 한 점을 향하는 동경 벡터(radius vector)는 자화 방향과 각 $(\pi - \theta)$를 이룬다. 이 지점 (r, θ)의 자기 퍼텐셜 W는 다음과 같다.

$$\begin{aligned} W &= \frac{\mu_0}{4\pi}\frac{(\Delta M_z)dV\cos(\pi-\theta)}{r^2} \\ &= -\frac{\mu_0}{4\pi}\frac{(\Delta M_z)dV\cos\theta}{r^2} = -\frac{\mu_0}{4\pi}\frac{(\Delta M_z)dV}{r^2}\left(\frac{z}{r}\right) \end{aligned} \tag{3}$$

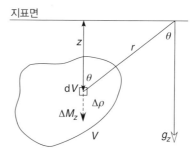

그림 B11.5 포아송 관계의 유도에 사용되는 변수들의 정의.

다음 관계를 생각해 보자.

$$\frac{\partial}{\partial z}\left(\frac{1}{r}\right) = -\frac{1}{r^2}\frac{\partial r}{\partial z} = -\frac{1}{r^2}\frac{\partial}{\partial z}\sqrt{x^2+z^2} = -\frac{1}{r^2}\left(\frac{z}{r}\right) \tag{4}$$

위 식을 식 (3)에 대입하면, 다음과 같다.

$$W = \frac{\mu_0}{4\pi}(\Delta M_z)dV\frac{\partial}{\partial z}\left(\frac{1}{r}\right) \tag{5}$$

식 (2)와 식 (5)를 비교해 보면, 최종적으로 포아송 관계를 얻는다.

$$W = \frac{\mu_0}{4\pi}\left(\frac{\Delta M_z}{G\Delta\rho}\right)g_z \tag{6}$$

부피소에 대한 위의 유도는 밀도와 자화가 균일한 경우에 한해 보다 큰 이상체에 대해서도 적용이 가능하다.

---

[a] 원서에서 포아송 관계는 수직 자화의 상황에서 적용되지만, 임의의 자화 방향에 관해서도 포아송 관계를 고려할 수 있다.

표에서 발생하는 중력 이상 Δg_z는 식 (4.35)로 주어진다. 만약 이러한 구조가 자화 대비 ΔM_z만큼 수직으로 자화되어 있다면, 포아송 관계에 의해 자기 퍼텐셜은 다음과 같다.

$$W = \frac{\mu_0}{4\pi}\left(\frac{\Delta M_z}{G\Delta\rho}\right)\Delta g_z = \frac{1}{2}\mu_0 R^2\Delta M_z\frac{z}{(z^2+x^2)} \tag{11.26}$$

수평 원통 위쪽에 나타나는 수직 자기 이상 ΔB_z는 다음과 같다.

$$\Delta B_z = \frac{1}{2}\mu_0 R^2\Delta M_z\frac{(z^2-x^2)}{(z^2+x^2)^2} \tag{11.27}$$

(3) 수평 지각 블록 : 수평 위치 x_1과 x_2 사이에 심도가 d이며 두께가 t인 얇은 수평 무한 판상이 위치할 때(그림 4.23b), 이에 의한 중력 이상은 식 (4.37)에 의해 주어진다. 블록의 너비를 $2m$으로 놓고 블록의 가운데를 x로 놓으면, $x_1 = x - m$과 $x_2 = x + m$이 된다. 포아송 관계를 적용하면, 심도가 z이며 두께가 t인 수직으로 자화된 얇은 수평 무한 판상의 자기 퍼텐셜을 얻는다.

$$\begin{aligned} W &= \frac{\mu_0}{4\pi}\left(\frac{\Delta M_z}{G\Delta\rho}\right)\Delta g_z \\ &= \frac{\mu_0 t\Delta M_z}{2\pi}\left[\tan^{-1}\left(\frac{x+m}{z}\right) - \tan^{-1}\left(\frac{x-m}{z}\right)\right] \end{aligned} \tag{11.28}$$

수평 지각 블록이 두께 $t = dz$의 층으로 구성되어 있다고 가정하자. 블록의 윗면의 심도를 z_1, 아랫면의 심도를 z_2로 놓으면, 블록의 자기 퍼텐셜은 식 (11.28)을 z_1에서부터 z_2까지 적분하여 구할 수 있다.

$$W = \frac{\mu_0 \Delta M_z}{2\pi} \int_{z_1}^{z_2} \left[\tan^{-1}\left(\frac{x+m}{z}\right) - \tan^{-1}\left(\frac{x-m}{z}\right) \right] dz \quad (11.29)$$

위 식을 z에 대해 미분하여 블록에 대한 수직 자기 이상을 구한다.

$$\begin{aligned}
\Delta B_z &= -\frac{\partial W}{\partial z} \\
&= -\frac{\mu_0 \Delta M_z}{2\pi} \int_{z_1}^{z_2} \frac{\partial}{\partial z} \left[\tan^{-1}\left(\frac{x+m}{z}\right) - \tan^{-1}\left(\frac{x-m}{z}\right) \right] dz
\end{aligned}$$
$$(11.30)$$

$$\Delta B_z = \frac{\mu_0 \Delta M_z}{2\pi} \left[\begin{array}{l} \tan^{-1}\left(\frac{x+m}{z_1}\right) - \tan^{-1}\left(\frac{x-m}{z_1}\right) \\ -\tan^{-1}\left(\frac{x+m}{z_2}\right) + \tan^{-1}\left(\frac{x-m}{z_2}\right) \end{array} \right] \quad (11.31)$$

$$\Delta B_z = \frac{\mu_0 \Delta M_z}{2\pi} \left[(\alpha_1 - \alpha_2) - (\alpha_3 - \alpha_4) \right] \quad (11.32)$$

여기서 각 α_1, α_2, α_3, α_4는 그림 11.30a에 정의되어 있다. 각 $(\alpha_1 - \alpha_2)$와 $(\alpha_3 - \alpha_4)$는 각각 관측점에서 수직으로 자화된 지각 블록의 아랫면과 윗면 모서리에 대해 만들어지는 평면각(planar angle)이다. 이는 관측점에서 이상체의 표면에 대응되는 입체각(solid angle)에 의해 3차원 이상체의 자기 이상이 달라지는 것과 비슷하다(그림 11.26 참조). 중력 탐사의 경우와 마찬가지로, 길게 확장된 이상체의 주향이 자기 탐사의 측선과 수직일 경우 2차원 이상체로 간주할 수 있다.

11.4.5.5 이상체의 너비 변화에 따른 자기 효과

지각 블록의 너비가 자기 이상의 형태에 미치는 영향을 조사하기 위해 식 (11.31)을 사용하자. 이를 위해 아랫면이 심도 3 km에 윗면이 심도 2.5 km에 위치하는 수직 자화된 이상체의 자기 이상을 계산하였다. 이 블록은 사실상 자화된 얇은 층으로서 해양에서 관측되는 자기 이상은 이 구조에 의해 유발된다. 이 절에서는 세 가지 경우, 즉 너비가 좁은($w = 2m = 5$ km) 블록 (즉, $m/z_1 = 1$), 너비가 10 km인 블록($m/z_1 = 2$), 40 km의 넓은 너비를 가진 블록($m/z_1 = 8$)에 대해 너비에 의한 효과를 조사하였다.

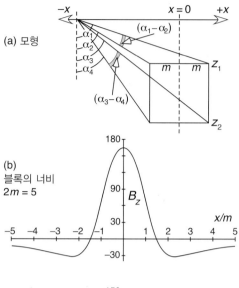

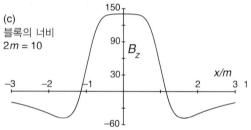

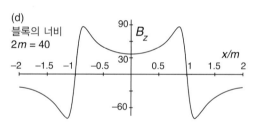

그림 11.30 수직으로 자화된 얇은 지각 블록의 자기 이상에 블록의 너비가 미치는 영향. (a) 블록의 너비 $w = 2m$이며, 윗면과 아랫면의 심도는 각각 z_1과 z_2이다. (b), (c), (d)에서 z_1과 z_2는 각각 2.5 km와 3 km로 주어졌으며, 오직 블록의 너비만 변화를 주었다. 자기 이상의 크기는 임의의 단위로 표시되었다.

가장 좁은 블록은 11.4.5.2절에서 설명한 것처럼 중심부에 뾰족한 양의 이상을 형성하며, 여기에 음의 이상이 동반된다(그림 11.30b). 주어진 블록의 너비가 깊이에 비해 넓어지면, 중심 지역에 나타나는 뾰족한 양의 이상값이 감소하며 이에 따라 형태가 평탄해진다. 이와 동시에 음의 이상이 강해진다(그림 11.30c). 블록의 너비가 심도에 비해 훨씬 넓어지면, 양의 이상에 중심부를 향한 하향 경사가 나타난다(그림 11.30d). 양의 이상에는 매우 가파른 측면이 나타나면서 블록의 경계 바로 안쪽에서 최댓값을 보이며, 경계의 가까운 곳에서 0인 값이 나타난다. 음의 이상은 양의 이상과 거의 비슷한 크기를 보일 정도로 증가한다.

자기 이상에 나타나는 중심 방향의 뚜렷한 하향 경사는 층의 수직 두께가 유한하기 때문이다. 만약 블록의 두께에 비해 너비가 매우 넓다면, 중심부에 나타나는 이상 값은 0에 가까워질 것이다. 이러한 양상은 층의 자화된 하부 면에 작용하는 평면각 $(\alpha_3 - \alpha_4)$의 크기가 윗면의 평면각 $(\alpha_1 - \alpha_2)$의 크기에 거의 근접하기 때문이다. 두께에 대한 너비의 비가 매우 클 경우, 중앙부의 자기 이상은 0이 되며 가장자리의 자기 이상은 서로 분리되어 블록의 가장자리를 식별할 수 있게 된다.

그림 11.30a를 보면, 평면각 $(\alpha_1 - \alpha_2)$와 $(\alpha_3 - \alpha_4)$는 그 위에 자리 잡은 측선과의 거리에 따라 변한다는 것을 알 수 있다. 이에 따라 자기 이상의 형태도 동일한 방식으로 달라진다. 블록에서 멀지 않은 저고도에 설정된 측선은 자기 이상에 나타나는 중앙부의 경사를 강화하며, 반면 고고도 측선은 동일한 블록에 대해 이 경사를 완만하게 하거나 완전히 사라지게 할 수 있다.

위에서 설명한 얇은 층과는 대조적으로, 지각 블록이 매우 두꺼워 깊은 깊이까지 확장되면 평면각 $(\alpha_3 - \alpha_4)$는 0이 되어 하부 면의 자화 불연속(혹은 극 분포의 불연속)이 사라지게 된다. 그러면 자기 이상의 형태는 오로지 $(\alpha_1 - \alpha_2)$에 의해 결정되어, 넓은 블록 위에 평평한 정상부를 가진 형태가 될 것이다.

11.4.6 해양 자기 이상

1950년대 후반 북아메리카 서해안에 위치하는 태평양 해양 분지에 대해 자기 탐사를 수행한 해양 지구물리학자들은 해양 지각의 넓은 부분에 걸쳐 양과 음의 이상이 번갈아 나타나는 길쭉한 자기 줄무늬 이상대를 발견하였다. 이러한 줄무늬 패턴은 해령 시스템에 대해 수행된 여러 연구를 통해 잘 알려지게 되었다(그림 2.10 참조). 자기 줄무늬는 길이가 수백 킬로미터로 해령 축과 나란한 주향을 가지며, 너비는 10~50 km 정도이다. 자기 이상의 크기는 수백 나노테슬라(nT)에 달한다. 해령 축에 수직인 측선에서 획득된 자기 이상의 형태는 해령 축을 중심으로 뚜렷한 대칭성을 가진다. 자기 이상의 패턴에서 드러나는 대칭성은 기존의 해석법인 대자율의 대비로는 설명이 되지 않았다.

지진 연구를 통해 해양 지각이 층 구조로 되어 있음이 밝혀졌다. 해저면은 수심 2~5 km에 위치하며, 제1층(seismic Layer 1)이라 불리는 퇴적층으로 이루어져 있다. 퇴적물 아래에는 제2A층(seismic Layer 2A)로 명명된 약 0.5 km 두께의 천부 관

입암과 분출 현무암의 복합체가 위치한다. 더 아래에는 판상의 암맥(Layer 2B)과 반려암(Layer 3) 복합체가 해양 지각을 구성하고 있다. 이들 암체의 자기 특성은 해령의 노두에서 준설된 시료를 통해 처음으로 밝혀졌다. 제2B층와 제3층의 암석은 제2A층의 암석보다 약한 자성을 띤다. 해령 근처에서 준설된 배개 현무암 시료는 화성암으로서는 중간 정도의 대자율을 보이지만 매우 강한 잔류 자화를 갖고 있음이 밝혀졌다. 이들에 대한 쾨니히스버그 비는 일반적으로 5~50 범위 내에 있고, 100을 초과하는 경우도 종종 발생한다. 이러한 특성은 자기 줄무늬의 기원을 이해하는 데 중요한 단서를 제공한다. 1963년 영국의 지구물리학자 바인(F. J. Vine, 1939~)과 매튜스(D. H. Matthews, 1931~1997)는 (대자율 대비가 아닌) 제2층 해양 현무암의 잔류 자화가 뚜렷한 자기 이상 패턴의 원인이라고 제안했다. 이 가설은 곧 해양저 확장 메커니즘을 이해하기 위한 모형화 작업에 포함되었다(2.5절 및 그림 2.10 참조).

확장하는 해령에서 형성되는 해양 지각은 지자기장으로부터 열 잔류 자화(TRM)를 얻는다. 이는 암석이 영구 자화를 얻는 주요 방법 중 하나이다(12.1.7.1절에 설명). 제2A층의 현무암은 해수면에서 측정되는 대부분의 자기 이상을 설명할 수 있을 정도로 충분히 강하게 자화된다. (수만 년에서 수백만 년으로 추정되는) 오랜 시간 동안 지자기장의 방향은 일정하게 유지되며, 이 시기 동안에 형성되는 지각은 지자기장과 같은 극성을 갖는다. 자기 역전이 발생하면 새롭게 형성되는 현무암은 변화된 자기장의 방향과 평행한 TRM을 얻는다. 즉, 이전 TRM과 반대 방향으로 자화된다. 상이한 자기 역전 간격에 의해 서로 다른 너비를 갖는 인접한 지각 블록들이 형성된다. 이들은 서로 평행이나 방향이 반대인 잔류 자화를 얻는다.

해양 지각은 확장 축과 나란한 방향으로 길쭉한 블록의 형태를 갖는다. 따라서 앞서의 예시와 같이 축 방향에 수직인 측선에 대해 2차원의 자기 이상을 계산할 수 있다. 측선에서의 자기 이상이 자극화 변환 보정을 거쳤다고 가정하면, 지각 블록의 자화 방향은 수직이 된다. 각각의 블록에 자극 분포의 개념을 적용하면, 자기 이상의 형태를 개별적으로 계산할 수 있다(그림 11.31a). 해양저 확장 과정에 의해 각 블록이 연속적으로 생성되었다면, 이들 블록에 의해 유발되는 자기 이상은 서로 중첩된다(그림 11.31b). 확장은 해령 축에 대해 대칭이므로, 축의 반대쪽에 거울상의 블록 배치가 만들어진다(그림 11.31c). 두 세트의 지각 블록들을 확장 축을 중심으로 한곳에 모으면, 연속된 자기 이상의 변화가 해령 축을 중심으로 대칭을 이룬다

그림 11.31 해양 확장 중심을 가로지르는 측선에서의 자기 이상에 대한 설명. (a) 해령의 한쪽에서 반대 방향으로 자화된 개별 지각 블록들의 자기 이상, (b) 개별 자기 이상의 중첩, (c) 해령의 맞은편에 위치한 반대 순서로 배열된 블록들의 자기 이상 효과, (d) 완성된 자기 이상.

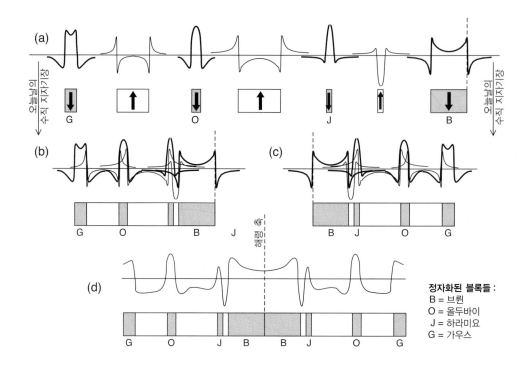

정자화된 블록들 :
B = 브륀
O = 올두바이
J = 하라미요
G = 가우스

(그림 11.31d).

블록 모델을 가정하여 해양 자기 이상대의 원인에 대해 설명하는 것은 문제를 지나치게 단순화한 것이다. 지각은 훨씬 복잡하게 자화되기 때문이다. 예를 들어, 해양 지각이 형성될 때 획득한 잔류 자화의 방향은 일반적으로 오늘날의 지자기장에 의해 유발되는 유도 자화의 방향과는 다르다. 그러나 유도 자화의 방향은 자기 이상대 전역에 걸쳐 모두 동일한 방향을 가지기 때문에 균일하게 자화된 얇은 수평 판으로 간주할 수 있다. 따라서 자기 이상에 기여하지 않는다. 더욱이 해양 암석은 높은 쾨니히스베르그 비를 가지므로 일반적으로 유도 자화 성분은 잔류 자화에 비해 무시할 수 있을 정도로 작다. 유일한 예외는 자화된 현무암 층과 근접한 위치에서 자력 탐사가 수행되는 경우로서, 이때는 지형 보정이 수행되어야 한다.

해령의 주향이 남북 방향이 아닐 경우 자화의 복각을 고려해야 한다. 왜도는 측선에서 획득된 자료에 RTP 기법을 적용함으로써 감소시킬 수 있다(11.4.5.3절). 해양 자기 이상이 발생하는 두 원인에 의해 혼란이 발생할 수 있다. 가장 강력한 자기 이상의 유발원은 의심할 여지없이 현무암 제2A층이지만, 어떤 경우에는 더 깊은 곳에 위치한 반려암의 제3층에서 자기 이상의 상당 부분이 유발될 수 있다. 깊이에 따라 냉각 속도가 달라지기 때문에, 자기 이상에 기여하는 정도가 두 유발원의 위치에 따라 약간의 위상차를 보이게 된다. 이로 인해 더 깊은 곳에 위치한 반려암 층 내의 자화 블록이 동일한 극성을 가지고 있는 바로 위 현무암 층 내의 자화 블록보다 해령으로부터 약간 더 먼 곳에 위치하게 된다. 따라서 해령의 반대편에서 자화 방향의 복각에 대해 비대칭 효과를 유발하여, 동일한 연령의 블록에 대한 자기 이상이 서로 다른 왜도를 갖게 된다.

11.5 더 읽을거리

입문 수준

Campbell, W. H. 2001. *Earth Magnetism: A Guided Tour Through Magnetic Fields*. San Diego, CA: Harcourt/Academic Press.

Campbell, W. H. 2003. *Introduction to Geomagnetic Fields*. Cambridge: Cambridge University Press.

Kearey, P., Brooks, M., and Hill, I. 2002. *An Introduction to Geophysical Exploration* (3rd ed.). Oxford: Blackwell Publishing.

심화 및 응용 수준

Blakely, R. J. 1995. *Potential Theory in Gravity and Magnetic Applications*. Cambridge: Cambridge University Press.

Gubbins, D. and Herrero-Bervera, E. (eds.) 2007. *Encyclopedia of Geomagnetism and Paleomagnetism*. Dordrecht: Springer.

11.6 복습 문제

1. 지자기장이 지구 내부에서 발생한다는 사실을 보여 주는 증거는 무엇인가?

2. 지표에서의 지자기장이 주로 쌍극자 형태를 띠는 이유는 무엇인가?

3. 지자기 비쌍극자장이란? 지표에서 쌍극자장과 비교하면 얼마나 큰가? 핵-맨틀 경계에서 쌍극자장과 비쌍극자장에 대한 중요성을 비교하시오.

4. 자기권이란? 생성 원인은 무엇인가?

5. 밴앨런대란? 생성 원인은 무엇인가?

6. 태양풍의 대전 입자들은 왜 지자기장 내에서 곡선의 경로를 따라 흐르는가?

7. 남대서양에는 지자기장의 세기가 약 20% 정도 감소하는 큰 규모의 이상대가 자리 잡고 있다. 이 이상 현상이 지구에 도달하는 우주 복사선에 어떤 영향을 미칠 수 있는가? (a) 지구 궤도를 도는 인공위성과 (b) 우주 비행사 그리고 (c) 고고도를 운행하는 항공기의 승객과 승무원에 대해 어떠한 결과를 초래하는가?

8. 전역(global) 자기장이 존재하지 않는 행성은 어디인가?

9. 전리층이란? 지표에서 관측되는 자기장에 전리층이 미칠 수 있는 영향은 무엇인가?

10. 자기 폭풍이란? 생성 원인과 이에 의해 발생하는 효과는 어떠한가?

11. (a) 플럭스 게이트 자력계와 (b) 양성자 세차 자력계의 작동 원리에 대해 설명하시오.

12. 자기 이상을 계산하기 위해 관측 자료에 반드시 적용되어야 하는 보정은 무엇인가?

13. 너비가 매우 넓고 수직으로 자화된 얇은 판상의 이상체가 유발하는 자기 이상에 대해 위치에 따른 변화를 설명하시오. 자기 이상이 가장 큰 곳과 작은 곳은 어디인가?

11.7 연습 문제

1. 2015년에 배포된 IGRF는 지자기 쌍극자장에 대해 다음과 같은 계수를 갖는다. $g_1^0 = -29,442$ nT, $g_1^1 = -1,501$ nT, $h_1^1 = +4,797$ nT.
   (a) 지구의 쌍극자 자기 모멘트가 7.724×10^{22} A m^{2}임을 보이시오.

(b) 지자기극의 위치를 계산하시오.

2. 자전축과 나란한 쌍극자의 자기 모멘트가 7.724×10^{22} A m^{2}라고 가정하자. 이때 위도 30°N에서 위도에 대한 총자기장의 변화율을 nT km^{-1} 단위로 계산하시오.

3. 지자기장이 완벽한 지구 중심축 쌍극자이며, 이 축 방향이 80°N, 72°W인 지점을 뚫고 지나간다고 가정하자. 이때 콜로라도 볼더(40°N, 105°W)에서 관측되는 자기장의 복각과 편각을 계산하시오.

4. 자기 위도 45°N에서 자기 경도의 자오선을 따라 작은 변위가 있을 때, 위도에 따른 복각의 변화가 정확히 4/5임을 보이시오.

5. 자기 북극이 86.3°N, 160.1°W에 위치하며, 자기 남극이 64.3°S, 136.6°E에 위치한다.
   (a) 두 극은 왜 대척점에 위치하지 않는가?
   (b) 두 극을 지나는 직선과 지구 중심 사이의 최소 거리는 얼마인가? 킬로미터 단위로 답하시오.

6. 지자기 관측소에서 자기장 성분을 측정한 결과 다음과 같은 결과를 얻었다. N-성분 = 27,200 nT, E-성분 = −1,800 nT, V-성분 = −40,100 nT.
   (a) 관측소 위치는 남반구인가 북반구인가?
   (b) 이 지점의 총자기장의 세기는 얼마인가?
   (c) 이 지점의 복각과 편각은 얼마인가?

7. 2015년에 배포된 IGRF는 지구자기장에 대한 쌍극자와 사중극자의 성분을 다음 주어진 표와 같이 nT 단위의 가우스 계수로 제공한다.

g_1^0	−29,442	g_2^0	−2,445
g_1^1	−1,501	g_2^1	+3,013
h_1^1	+4,797	h_2^1	−2,846
		g_2^2	+1,677
		h_2^2	−642

지표에서 차수 R_n 성분이 만들어 내는 지자기장에 대하여 평균 제곱 값 n은 다음과 같이 주어진다.

$$R_n = (n+1) \sum_{m=0}^{n} \left[(g_n^m)^2 + (h_n^m)^2 \right]$$

표의 값들을 사용하여 다음을 계산하시오.

(a) 지표에서 쌍극자장의 세기에 대한 평균 제곱근을 계산

하시오.

　(b) 이에 상응하는 사중극자장의 세기에 대한 평균 제곱근을 계산하고, 이를 쌍극자장 대비 백분율로 표시하시오.

8. 위 문항에서 주어진 가우스 계수는 지표면에서의 값이다. 핵-맨틀 경계(지구 반경 = 6,371 km, 핵 반경 = 3,485 km)에서 쌍극자 및 사중극자장 성분의 평균 제곱근을 계산하시오. 이들의 비는 지표에서의 비와 비교하여 어떠한가?

9. 글상자 11.3의 그림 B11.3.1에 설명된 구면 조화함수에 대한 기호 Y_n^m에서 n과 m의 값은 얼마인가? 지구 반대쪽에 나타나는 이들 패턴을 스케치하시오.

10. 해발 2,000 m의 고도에서 실시한 항공 자력 탐사에서 광상에 대한 총 자기장 이상의 최댓값이 30 nT였다. 2,500 m 고도에서의 반복 측정은 20 nT의 최댓값을 보였다. (a) 자기 홀극 분포와 (b) 쌍극 분포를 가정하여 이러한 이상 값을 유발할 수 있는 해수면 아래 광상의 깊이를 계산하시오.

11. (수평 원통으로 표현되는) 배사 구조에 대한 수직자기 이상 ΔB_z는 식 (11.27)로 주어진다. 배사 구조에 수직하는 측선에 대해 자기 이상도를 스케치하시오. 이상값이 0인 지점의 수평 위치를 관찰하시오.

　(a) 자기 이상이 극값을 갖는 수평 위치를 계산하시오.

　(b) 자기 이상 현상의 최대-최소 차이 값을 계산하시오.

12. 배사 구조의 중심이 1.8×10^{-1}(SI)의 대자율을 갖는 현무암으로 구성되어 있다. 모암인 석회암층은 대자율이 3×10^{-4}(SI)이다. 이들은 모두 수직으로 자화되어 있다고 가정하자.

　(a) 수직 자기장 강도가 40,000 nT일 때 유도 자화 대비를 계산하시오.

　(b) 반경이 축 깊이의 1/5인 수평 원통을 사용하여 배사 구조를 모형화할 경우 수직 자기 이상의 최댓값을 계산하시오.

13. (a) 배사 구조에 대한 중력 이상(식 4.35)을 가정하고 포아송 관계(글상자 11.5)를 적용하여, 반경이 R이고 자화 대비가 ΔM_z인 수직 자화된 배사 구조의 수평 자기 이상을 계산하시오.

　(b) 자기 이상의 모양을 스케치하고 극값의 수평 위치를 결정하시오.

11.8 컴퓨터 실습　

이 장에 대한 Jupyter notebook 실습 자료를 http://www.cambridge.org/FoG3ed에서 내려받기를 할 수 있다: (Magnetic anomalies)

12
고지자기학

미리보기

암석 내에는 약하지만, 자성을 띠는 광물이 소량 포함되어 있다. 이 중 일부는 이들이 형성된 시기의 자기장 방향으로 자화되어 있다. 이 방향을 분석하면 암석이 형성된 시기의 가상 지자기극(VGP) 위치를 파악할 수 있다. 동일한 대륙의 서로 다른 연령대 암석에서 얻어진 VGP를 연결하면 자전축을 기준으로 한 대륙의 상대적 운동을 알 수 있다. 이를 겉보기 극이동(APW) 경로라 한다. 대륙 간의 APW 경로를 비교해 보면, 상대 운동에 대한 이력이 드러나며, 이를 기반으로 과거 초대륙의 배치를 재구성할 수 있다. 고지자기장의 방향은 지질학적 시간 동안 여러 번 역전되었으며, 이에 따라 자화된 암석에 지자기극의 이력이 남아 있다. 자기 역전은 판구조론을 이해하기 위한 결정적 단서를 제공하였다. 또한 이 과정에서 과거 2억 3천만 년 동안 지자기 역전의 이력이 담긴 해양 자기 이상대가 만들어졌다.

12.1 암석 자화

12.1.1 서론

고지자기학을 통해 지질학적 과거 동안 판의 상대적 위치와 속도는 물론 결합 및 분열의 과정을 정량적으로 결정할 수 있다. 자기 극성 기반의 층서학은 지질학적 사건들을 서로 연결하고 지질 연대를 세분화하는 학문이며, 이는 고지자기에 의해 수행된다. 이러한 작업이 가능한 이유는 일부 암석이 형성될 때 지자기장에 의해 자화되고, 그렇게 얻어진 자화가 수백만 년에 걸쳐 매우 안정적으로 유지되기 때문이다. 자화는 미세한 영구 자석처럼 행동하는 소수의 광물에 의해 작동한다. 결과적으로 암석의 자기적 특성을 통해 판 운동과 대륙 이동의 지질학적 변천사를 파악할 수 있다. 이를 위해 먼저 암석의 자화 획득 과정에 관한 이해가 필요하다.

자기에 관한 문제는 종종 중력 및 정전기 문제보다 복잡하다. 중력장과 정전기장은 중심력[1]이며 거리의 역제곱 법칙이

---

1 시험 입자에 작용하는 힘이 역장의 유발원(점 질량이나 대전 입자)을 향하거나 혹은 반대 방향으로 작용하는 경우, 이 힘을 중심력(central force)이라 한다.

적용된다. 그러나 자기력의 작용 방향은 자기장의 유발원을 향하지 않는다. 게다가 가장 단순한 경우(자기 쌍극자 또는 작은 전류 고리)에도 자기장의 강도는 거리의 세제곱에 반비례하여 감소한다. 문제를 더 복잡하게 만드는 것은 두 종류의 자기장 **B**와 **H**를 고려해야 한다는 것이다.

모든 자기장은 전류에 의해 발생한다. 이 사실은 영구 자석에도 그대로 적용된다. 자석 내부의 전류는 원자핵을 중심으로 운동하는 전자와 관련되어 있다. 매질의 존재 여부나 종류에 상관없이 전류에 의해 만들어지는 가장 근본적인 자기장은 자기 유도(magnetic induction) 또는 자기 선속 밀도(magnetic flux density)라고 불리는 **B**이다. **B**는 로렌츠의 법칙에 의해 정의되며, 차원이 N A^{-1} m^{-1}인 테슬라 단위로 측정된다(글상자 11.1). 물리량 **H**는 수치적인 매개변수로서, 자화에 의해 물질 내 **B**가 어떻게 변화되는지 나타낸다.

12.1.1.1 물질 내에서의 자화와 자기장

물질 내에 존재하는 개별 원자의 자기 모멘트 **m**은 전류 고리(loop)와 연관된 벡터이다(11.1절). 부피가 V인 물질의 총 자기 모멘트는 개별 원자의 자기 모멘트가 얼마나 잘 정렬되었는가

에 따라 결정된다. 이는 물질 내 모든 원자들의 자기 모멘트에 대한 벡터 합으로 나타난다. 이를 물질의 부피 V로 나누어 단위 부피당 자기 모멘트인 **자화**(magnetization)로 정의하며, 다음의 식과 같이 **M**으로 표시한다.

$$\mathbf{M} = \frac{1}{V}\sum_k \mathbf{m}_k \qquad (12.1)$$

자화는 자기 모멘트(A m^2)를 부피(m^3)로 나눈 차원을 갖기 때문에 **M**의 SI 단위는 A m^{-1}이다. **B**의 차원은 N A^{-1} m^{-1}이고 μ_0의 차원은 N A^{-2}이다(글상자 11.1). 결과적으로 B/μ_0의 차원도 A m^{-1}이다. 일반적으로 자성 물질 내부에서 자화 **M**은 $\mathbf{B}/\mu_0$와 정확히 일치하지 않는다. 이 차이를 **H**로 놓으면, 다음과 같이 적을 수 있다.

$$\mathbf{H} = \mathbf{B}/\mu_0 - \mathbf{M} \qquad (12.2)$$

자화는 물질의 특성이다. 진공에서 자화는 0이며(즉, **M** = 0), 따라서 벡터 **B**와 **H**는 평행하고 비례한다(**B** = μ_0**H**). 물질 내에서 **M**은 **H**에 평행하고 비례한다.

$$\mathbf{M} = k\mathbf{H} \qquad (12.3)$$

비례 상수 k는 물질의 자기 특성으로 **대자율**(magnetic susceptibility)이라 부른다. 대자율은 물질이 얼마나 쉽게 자화될 수 있는가를 보여 준다. **M**과 **H**는 차원이 동일하므로 (A m^{-1}) k는 무차원이다. 일반적으로 식 (12.2)는 다음과 같이 쓸 수 있다.

$$\mathbf{B} = \mu_0(\mathbf{H} + \mathbf{M}) = \mu_0\mathbf{H}(1 + k) \qquad (12.4)$$

$$\mathbf{B} = \mu\mu_0\mathbf{H} \qquad (12.5)$$

물리량 $\mu = (1 + k)$를 매질의 **투자율**(magnetic permeability)이라 한다. '투과율(permeability)'이라는 용어는 자기력을 눈에 보이지 않는 유체와 관련 지었던 19세기 초의 상황을 상기시킨다. 어떤 매질의 투과율은 그 매질이 유체를 얼마나 잘 통과시킬 수 있는지를 나타낸다. 마찬가지로 투자율은 매질이 자속(magnetic flux)을 얼마나 잘 전달하는지 나타낸다. 강자성의 금속은 높은 투자율을 가진 반면, 대부분의 광물과 암석은 낮은 대자율과 $\mu \approx 1$ 정도의 투자율을 보인다.

B장과 **H**장은 각각의 역선 배열을 통해 그 차이점이 분명히 드러난다. **B**의 자력선은 항상 연속적인 자기력선으로 표현되지만, **H**의 자기력선은 자화 벡터 **M**의 세기나 방향이 변하는 경계면에서 불연속으로 나타난다. 그림 12.1은 균일하게 자

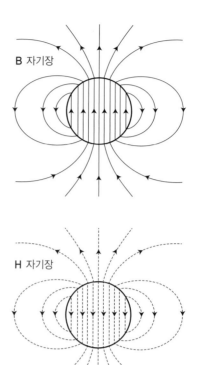

그림 12.1 균일하게 자화된 구의 내부와 외부에서 나타나는 B 자기장과 H 자기장의 자기력선. 구의 외부에서 쌍극자장과 일치한다.

화된 구를 대상으로 이러한 차이가 어떻게 나타나는지 보여 준다. **H**장은 자화 벡터 **M**이 끝나는 표면에서 시작하고 끝난다. 구 내부에서 **H**는 **B**와 반대 방향으로 작용한다. 자석 외부에서 **B**와 **H**는 평행하다. 따라서 **H**장은 자석 표면에서 불연속이다.

12.1.2 광물의 자화

고체의 자기 특성은 고체를 구성하는 원자 또는 이온의 자기 모멘트에 의해 결정된다. 개개의 자기 모멘트는 양자화된 각운동량에 비례한다. 원자핵 주위를 도는 전자의 궤도 운동 및 자신의 자전축에 대해 회전하는 전자스핀이 각운동량과 관련되어 있다. 원자 궤도는 핵 주위의 전자껍질을 따라 배열되어 있으며, 서로 반대 방향의 스핀을 가진 전자의 자기 모멘트는 서로 상쇄된다. 결과적으로 꽉 찬 전자껍질의 순 자기 모멘트는 0이다. 원자 또는 이온의 자기 모멘트는 짝이 없는 스핀을 가진 불완전한 전자껍질에 의해 발생한다. 고체 내부에서는 원자나 이온이 무작위로 분포하지 않고 규칙적인 격자 내의 고정된 위치를 차지하고 있다. 이 격자는 고체의 내부 대칭성을 반영하며 이온 간의 상호 작용을 제어한다. 따라서 고체에서 관찰되는 다양한 유형의 자기 특성은 짝이 없는 스핀을 가진 이온에

의해서 결정되기도 하며, 격자의 대칭성 및 크기에 따라서도 달라진다.

대자율에 따라 세 가지 주요 자기 특성을 정의할 수 있다. 여기에는 반자성, 상자성, 강자성이 있다(부록 C). 반자성(diamagnetism)은 약한 음의 대자율이 특징이다. 음의 대자율은 주어진 자기장에 반대 방향으로 매질이 자화됨을 의미한다. 모든 물질은 자기장 내에서 반자성 반응을 보이지만, 보다 강한 상자성 또는 강자성의 특성에 가려져 있는 경우가 많다. 따라서 반자성은 모든 전자스핀이 짝을 이루고 있어 스핀에 의한 자기 모멘트가 상쇄되는 물질에서 관찰된다.

상자성(paramagnetism)은 짝을 이루지 않는 하나 이상의 전자스핀이 존재하는 물질에서 나타난다. 이 경우 원자 또는 이온의 순 자기 모멘트가 더 이상 0이 아니다. 자기 모멘트의 총합은 자기장과 동일한 방향을 향하나 개개의 원자는 독립적으로 반응한다. 원자들은 주어진 자기장의 방향을 향해 일률적으로 정렬되지 않기 때문에, 상자성 매질의 자화는 약한 양의 값을 갖는다.

강자성(ferromagnetism)은 자기 이력 곡선(부록 C)과 높은 대자율로 특징지어진다. 철, 니켈 및 코발트와 같은 금속에서 발견되며, 이들의 격자 모양과 간격으로 인해 인접한 원자 사이에 직접적인 전자 교환이 발생한다. 이로 인해 분자장(molecular field)이 형성되는데, 이는 인접한 원자의 자기 모멘트를 공통된 방향으로 정렬시킨다.

이와 비슷한 자기 특성이 소수의 결정질 물질에서 관찰되며, 이를 페리자성(ferrimagnetism)이라고 한다. 금속과 달리, 광물 내 이온은 결정 구조를 형성하는 산소 이온에 의해 서로 떨어져 있다. 따라서 전자의 직접적인 교환이 불가능하지만, 몇몇 광물에서는 결정 구조가 간접적 교환을 허용한다. 이에 따라 광물에 강자성과 유사한 자기 특성이 부여된다.

페리자성 광물은 대자율이 높고 지자기장에 의해 유도되는 자기 이상을 유발하기 때문에 지구물리학에서 매우 중요하게 다뤄진다. 페리자성은 또한 잔류 자화를 획득하여 지질 시대의 지자기장이 기록될 수 있다. 페리자성을 가진 가장 중요한 조암 광물은 자철석이다. 이 광물은 강한 자발 자화와 578°C의 퀴리 온도 그리고 잔류 자화를 획득하는 능력을 가지고 있다(부록 C). 또 다른 중요 자성 광물은 적철석이다. 그러나 적철석의 자화 획득 시기는 암석이 형성된 시기보다 늦을 수 있다. 이러한 시간차에서 오는 불확실성은 지질 시대의 지자기장 연구에 있어서 적철석의 유용성을 떨어뜨릴 수 있다. 자황철

석, 마그헤마이트, 그레자이트 및 침철석(goethite)은 페라이트(ferrite)의 특성을 보일 수 있지만, 적철석과 달리 불안정한 원소이기 때문에 다른 광물의 형태로 전환될 수 있다.

암석은 다양한 광물들의 이질적인 집합체이다. 기질 광물은 주로 규산염 또는 탄산염 광물로 구성되는데 이들은 반자성의 특성을 보인다. 기질에 산재되어 있는 소량의 2차 광물(예를 들어 점토 광물)은 상자성 특성을 갖는다. 암석을 구성하는 대부분의 광물은 대자율에 기여하지만 잔류 자화에 영향을 주지는 못한다. 이는 페리자성 광물이 희석 분산된 정도가 심하기 때문이다(예 : 석회암에서 일반적으로 0.01% 미만). 페리자성 광물과 기질 광물의 집적도에 따라 암석의 대자율은 매우 넓은 범위를 갖는다(그림 11.19).

암석 내의 가장 중요한 자성 광물은 자연적으로 발생하는 페라이트인 철-티타늄 산화물이다. 조성과 광물 구조에 따라 페라이트는 3성분계에 의해 분류된다. 이 삼각형의 다이어그램은 철-티타늄 산화물 시스템에 속하는 세 성분의 상대적인 비를 그래프를 통해 보여 준다.

12.1.3 자성 광물의 3성분 산화물 시스템

철-티타늄 산화물의 광물 구조는 조밀한 산소 이온 격자로 구성되며, 격자 간은 철(II)^2(Fe^{2+})과 철(III)^3(Fe^{3+}) 및 티타늄(Ti^{4+}) 이온의 규칙적인 배열로 채워져 있다.[4] 이 세 가지 이온의 상대적 비율에 의해 광물의 페리자성 특성이 결정된다. 철-티타늄 산화물의 조성은 3성분도(ternary compositional diagram, 그림 12.2)를 사용해 나타낼 수 있다. 이 도표의 세 꼭지점에는 금홍석(rutile, TiO_2), 뷔스타이트(wüstite, FeO) 및 적철석(hematite, Fe_2O_3)이 위치한다. 세 산화철 광물 간의 비율에 의해 3성분도상의 한 지점이 결정된다. 3성분도상의 한 점과 FeO-Fe_2O_3 기준선 사이의 수직 거리는 격자 간에 포함된 티타늄의 양을 나타낸다. 적철석은 뷔스타이트보다 높은 산화도를 갖는다. 따라서 FeO-Fe_2O_3 축상의 위치는 산화 정도를 나타내는 척도이다.

가장 중요한 자성 광물은 티탄자철석 및 티탄적철석 고용체 계열(solid-solution series)에 속한다. 세 번째 계열인 수도브루카이트(pseudobrookite)는 상온에서 상자성을 보인다. 이 계열

2　제1철. 철의 산화 상태 중 +2가인 이온을 가리키며, ferrous라고도 한다.

3　제2철. 철의 산화 상태 중 +3가인 이온을 가리키며, ferric이라고도 한다.

4　침입형 고용체를 이룬다.

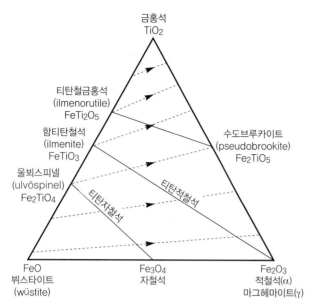

그림 12.2 철-티타늄 산화물 형태의 고용체 자성 광물에 대한 3성분도. 출처 : M. W. McElhinny, *Paleomagnetism and Plate Tectonics*, Cambridge: Cambridge University Press, 1973.

은 그 양이 매우 적으며, 암석 자화에 대한 중요도는 무시할 수 있다.

12.1.3.1 티탄자철석 계열

티탄자철석 계열은 산화철 광물의 한 종류로서 $Fe_{3-x}Ti_xO_4$ ($0 \leq x \leq 1$)의 일반식으로 표현된다. 이 계열은 입방체의 역스피넬 구조를 가지고 있으며, 두 개의 Fe^{3+} 이온이 하나의 Fe^{2+}와 Ti^{4+}에 의해 이온 치환될 수 있는 고용체 계열의 한 예를 보여 준다. 조성에 대한 매개변수 x는 단위결정구조(unit cell) 내에서 티타늄의 상대적 비율을 나타낸다. 고용체 계열의 단종(end-member) 중 하나인 자철석(Fe_3O_4)은 전형적인 자성체 페라이트이며, 또 다른 단종인 울뵈스피넬(Fe_2TiO_4)은 극저온에서 반강자성이지만 실온에서는 상자성을 띤다. 또 다른 형태의 일반식은 $Fe_2TiO_4 \cdot (1-x)Fe_3O_4$이다. 이 표기법을 사용하면 조성에 대한 매개변수 x는 울뵈스피넬의 몰분율(molecular fraction)을 직접적으로 나타낸다. 티타늄의 비율이 증가함에 따라 단위결정구조의 크기도 증가하며, 이에 따라 분자장은 약화된다. 이는 티탄자철석의 퀴리 온도 θ와 자발 자화 M_s를 감소시키는 원인이 된다.

자철석은 가장 중요한 페리자성 광물 중 하나이다. 자철석은 강한 자발 자화($M_s = 4.8 \times 10^5$ A m^{-1})와 578°C의 퀴리 온도를 갖는다. 높은 M_s 값 때문에 자철석 입자는 뚜렷한 형태

이방성(shape anisotropy)을 가질 수 있다. 대자율은 자연적으로 발생하는 광물 중 가장 강하다($k \approx 1{\sim}10$ SI). 많은 퇴적암과 화성암이 자철석 함량에 비례하는 대자율을 보인다.

자철석이 저온에서 산화될 때 마그헤마이트(γ-Fe_2O_3)가 생성될 수 있다. 이 광물은 일반적으로 자철석 입자의 산화된 테두리나 균열에서 발생한다. 마그헤마이트는 강한 자성 광물($M_s \approx 3.85 \times 10^5$ A m^{-1})이지만, 준안정성(metastable)이기 때문에 300~350°C 이상의 공기 중에서 가열되면 적철석(α-Fe_2O_3)으로 되돌아간다. 낮은 온도에서 티탄자철석의 산화는 '티탄적철석' 고용체 계열을 생성한다.

티탄자철석은 해양 현무암의 자기 특성에 많은 기여를 한다. 해양 지각의 현무암층은 최신 판구조 이론에서 핵심적인 역할을 하는 해양 자기 이상의 주요 유발원이다. 두께 0.5 km의 현무암층은 극세립질의 티탄자철석(혹은 해저 풍화 정도에 따라 티탄마그헤마이트)에 의해 자기 특성을 갖는다. 해양 현무암의 티탄자철석 내 Fe_2TiO_4의 몰분율(x)은 일반적으로 대략 0.6이다.

12.1.3.2 티탄적철석 계열

티탄적철석 고용체 계열의 광물은 '헤모티탄철석(hemoilmenite)', '적철석-티탄철석' 또는 '티탄적철석(ilmenohematite)' 등 다양하게 불린다. 이들의 일반식은 $Fe_{2-x}Ti_xO_3$이다. 단위결정구조는 마름모계[5] 대칭을 보인다. 이온 치환은 티탄자철석의 경우와 동일하고, 조성에 대한 매개변수 x는 단위결정구조 내에 포함된 티타늄 함량을 알려 준다. 고용체 계열의 단종은 적철석(Fe_2O_3)과 티탄철석($FeTiO_3$)이다. 또 다른 화학식 표현은 $FeTiO_3 \cdot (1-x)Fe_2O_3$로 쓸 수 있다. 여기서 x는 티탄철석의 몰분율을 나타낸다. 티탄철석의 경우와 같이 티타늄 함량이 증가함에 따라 단위결정구조의 크기가 커지고 퀴리 온도가 감소한다. 적철석의 퀴리점은 675°C인 반면 티탄철석은 저온에서 반강자성, 실온에서 상자성을 띤다. 티타늄 함량이 $0.5 < x < 0.95$인 경우, 티탄적철석은 페리자성을 띠고, $x < 0.5$인 경우 기생 강자성(부록 C 참조)을 나타낸다.

이 계열의 단종인 적철석(α-Fe_2O_3)은 고지자기학에서 매우 중요한 자성 광물이다. 적철석의 자기적 특성은 기생 강자성에서 기인한다. 적철석은 약한 자발 자화($M_s \approx 2.2 \times 10^3$ A m^{-1})

---

5 마름모계(rhombohedral) : 마름모꼴로 둘러싸인 육면체로서 능면체라고도 한다.

와 강한 단축(uniaxial) 자기결정 이방성(magnetocrystalline anisotropy, $K_u \approx 10^3 \, \text{J m}^{-3}$)을 갖는다. 적철석은 흔하게 산출되며, 높은 자기 및 화학적 안정성 때문에 중요하게 다뤄진다. 이 광물은 종종 전구체 광물(예 : 자철석)이 산화 또는 암석을 통과하는 유체의 침전에 의해 형성되는 2차 광물로 발생한다.

12.1.4 기타 페리자성 광물

비록 철-티타늄 산화물이 가장 흔한 자기 광물이지만, 종종 강자성을 띠는 다른 광물이 암석에 포함된다. 황철석(pyrite, FeS_2)은 특히 퇴적암에서 매우 흔한 황화 광물이지만 상자성을 띠며 잔류 자화가 생성되지 않는다. 암석의 고지자기 특성에 직접적으로 관여하지는 않지만, 침철석 또는 2차 자철석 형성의 기반이 된다.

자황철석(pyrrhotite)은 일반적인 황화물 광물로서 퇴적층 내 속성 작용에 의해 자생적으로 형성될 수 있다. 이 광물은 특정 조성 범위를 가진 페리자성 광물이다. 자황철석은 비화학량론적 화합물(즉, 단위격자구조 내의 양이온과 음이온의 수가 같지 않다)[6]로서 $Fe_{1-x}S$의 식을 따른다. 매개변수 x는 양이온 격자 자리 중 비어 있는 자리의 비율을 나타내며, 그 범위는 $0 < x < 0.14$로 제한되어 있다. 자황철석은 유사육방정계(pseudohexagonal crystal) 구조를 가지며, 양이온 격자 공백이 아니라면 반강자성을 나타낼 것이다. 반강자성이 사라지는 닐온도(Néel temperature)는 약 320℃이다. Fe_7S_8의 화학식을 갖는 자황철석은 페리자성을 띠며, 퀴리 온도는 닐온도에 가깝다. 자황철석은 실온에서 약 $10^5 \, \text{A m}^{-1}$ 정도의 강한 자발 자화를 갖는다. 자기결정 이방성은 상온에서 자화 용이 방향이 육각형 기저면에 놓이도록 제한한다.

그레자이트는 화학식 Fe_3S_4의 황화철이다. 자철석과 같은 역스피넬 구조를 갖지만 산소 원자가 황 원자로 치환된 페라이트이다. 비교적 강한 자발 자화($M_s \approx 1.2 \times 10^5 \, \text{A m}^{-1}$)를 보이며, 그레자이트의 자기 이력 곡선은 자철석과 유사한 항자력을 갖는다. 그레자이트는 자황철석과 마찬가지로 자생 광물이며, 형성에 필요한 시간은 불확실하다. 일부 연구에서 그레자이트는 조기 속성 작용과의 연관성을 보였으며, 다른 연구에서는 그레자이트와 자황철석 모두 후기 속성 작용에서 자화된다고 밝혔다. 그레자이트는 열적으로 불안정하여 200℃ 이상의 온도에서 분해되어 딸 생성물(daughter product)을 생성하며, 이 2차 화합물은 추가 가열에 의해 다른 자성 광물의 성장을 촉진한다. 따라서 그레자이트의 퀴리 온도는 직접 측정할 수 없다. 불안정성에도 불구하고, 그레자이트는 호수나 해양 퇴적물이 잔류 자화를 가질 수 있도록 하며, 따라서 환경 자화에 있어 매우 중요한 역할을 한다.

옥시수산화철(FeOOH)인 침철석(goethite)은 퇴적물에서 흔히 볼 수 있는 또 다른 자생 광물이다. 적철석과 마찬가지로 침철석은 반강자성이지만 약한 기생 강자성을 갖는다. 침철석은 약한 자발 자화($M_s \approx 2 \times 10^3 \, \text{A m}^{-1}$)와 매우 높은 항자력(최대 5 T를 초과) 및 100℃ 이하의 낮은 퀴리 온도를 갖는다. 대부분의 자연 조건에서 적철석에 비해 열적으로 불안정하며, 약 350℃ 이상의 온도에서 분해된다. 침철석은 석회암 및 기타 퇴적암에서 흔히 볼 수 있는(따라서 고지자기학적으로 유용하지 않은) 2차 광물이다.

12.1.5 페리자성 광물의 식별

암석에서 페리자성 광물을 식별해 내는 것은 어려운 과정이다. 이는 페리자성의 집적도가 매우 낮기 때문이다. 특히 퇴적암에서의 집적도는 매우 낮다. 조립질 암석의 경우, 연마된 부분에 반사광을 쪼여 불투명한 입자 사이에 존재하는 페리자성 광물을 광학적으로 식별할 수 있다. 그러나 고지자기학에서 중요하게 다뤄지는 많은 암석[예 : 현무암, 원양(pelagic) 석회암]은 입자의 크기가 매우 미세하다. 현미경을 사용한다 해도 광학 검사로는 페리자성 광물을 쉽게 식별할 수 없다. 에너지 분산 X선 분광법을 사용하는 투과 전자 현미경(Transmission Electron Microscope, TEM)으로 암석이나 퇴적물 내에 존재하는 페리자성 알갱이를 직접 식별할 수 있다. 암석 내에서 잔류 자화를 유발하는 광물은 퀴리 온도와 자기 이력 특성을 사용해 식별할 수도 있다.

강한 자기장의 구배는 암석의 자화 정도에 비례하는 힘을 암석에 가한다. 퀴리 온도는 이러한 형태의 평형 상태를 이용하여 측정된다. 시료를 가열하면서 상승하는 온도에 따른 자력(즉, 시료의 자화 정도)의 변화를 관찰한다. 시료가 퀴리 온도에 도달하면 강자성이 사라지며 더 높은 온도에서는 상자성을 보인다. 많은 광물의 감별에 퀴리 온도가 사용된다. 그러나 불안정하거나 준안정성을 가진 광물은 퀴리 온도에 도달하기 전에 열에 의해 분해될 수 있다(예 : 산화로 인한 분해). 원양 석회암에서 자성 광물을 추출하는 퀴리 온도 분석의 한 예

---

6 비화학량론적 화합물(non-stoichiometric) : 부정비 화합물 또는 베르톨리드 화합물(berthollide compound)이라고도 한다.

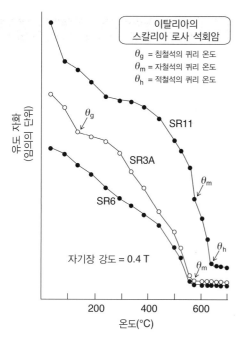

그림 12.3 퀴리 온도 결정을 통한 원양성 석회암 내 강자성 광물의 식별 (Lowrie and Alvarez, 1975에서 수정).

(그림 12.3)는 침철석($\theta_g \sim 100°C$, 시료 SR3A)과 자철석($\theta_m \sim 570°C$, 모든 시료) 그리고 적철석($\theta_h \sim 650°C$, 시료 SR11)이 석회암 내에 포함되어 있음을 보여 준다. 이 경우와 마찬가지로 대부분의 암석에 대한 퀴리 온도 분석은 추출되거나 집적된 페리자성 광물을 필요로 한다. 추출 과정은 때때로 어렵고, 추출된 광물이 암석 전체를 대표하는지 확신할 수 없는 경우도 많다. 이 점은 광학적 방법의 단점이기도 하다. 현미경 검사는 눈으로 확인할 수 있을 만큼 큰 입자에 대해서만 적용되는 반면, TEM 검사는 자기 분리를 기반으로 한다.

12.1.6 페리자성의 입자 크기에 대한 민감도

금속과 페라이트의 강자성은 입자 크기에 매우 민감하게 반응한다. 자발 자화가 M_s이고 균질한 입자 체적 V를 갖는 페리자성 광물이 균일하게 자화되어 집합체를 이루고 있다고 생각해 보자. 임의의 입자에 대한 자발 자화의 방향을 자화 용이 방향(easy direction of magnetizaiton, 결정 혹은 모양에 따라 결정된다)과 일치시키자. 이때 필요한 단위 부피당 에너지를 이방성 에너지 K_u로 정의한다. 따라서 입자의 자화를 자화 용이 방향과 평행하게 유지하는 에너지는 VK_u이다. 온도에 비례하는 열에너지는 이러한 정렬을 방해하는 효과를 낸다. 온도 T에서 열에너지는 kT와 동일하며, 여기서 k는 볼츠만 상수($k = 1.381 \times 10^{-23}$ J K^{-1})이다. 임의의 순간에 열에너지가 집합체 내 임의

의 입자에 대한 자기 모멘트를 자화 용이 방향에서 벗어나게 할 어떤 확률이 존재한다. 점차 매질의 순 자화(수많은 자성 입자의 자기 모멘트에 대한 총합)는 열에너지에 의해 무작위화되고, 자화는 감쇠하게 된다. 집합체의 초기 자화를 M_{r0}로 놓으면, 시간 t 이후 매질의 자화 강도 $M_r(t)$는 기하급수적으로 감소하여 다음의 식을 따르게 된다.

$$M_r(t) = M_{r0} \exp\left(\frac{-t}{\tau}\right) \tag{12.6}$$

위 식에서 τ는 이완 시간(relaxation time)이다(글상자 12.1). 이완 시간이 길면 식 (12.6)의 지수 함수는 천천히 감소하며, 자화는 더 긴 시간 동안 안정하게 유지된다. 이완 시간 τ는 입자의 특성에 따라 달라지며 다음의 식으로 주어진다.

$$\tau = \frac{1}{v_0} \exp\left(\frac{VK_u}{kT}\right) \tag{12.7}$$

상수 v_0는 격자 진동 주파수와 관련이 있으며, 매우 큰 값($\approx 10^8 \sim 10^{10}$ s^{-1})을 갖는다. K_u의 값은 자성 광물의 자화 용이 방향이 결정자기 이방성에 의해 결정되는지 (형상) 정자기 이방성에 의해 결정되는지에 따라 다르다.

이 이론은 균일하게 자화된 매우 작은 입자에만 적용된다. 그러나 세립질의 페리자성 광물은 고지자기와 암석 자화에 있어 매우 중요한 역할을 한다. 임계 크기보다 작은 극세립질의 입자는 일반적으로 이완 시간이 100초 미만인 초상자성이라고 하는 불안정한 형태의 자기 특성을 보인다. 임계 크기 이상의 균일하게 자화된 입자는 매우 안정적이며 이를 단자구 입자(single-domain grain)라고 한다.

12.1.6.1 초상자성

강자성 물질 내의 강한 분자장은 원자의 스핀 자기 모멘트가 서로에 대해 균일하게 정렬되도록 유지한다. 입자의 이방성은 이러한 자발 자화가 '용이' 방향에 평행하도록 한다. 만약 온도가 충분히 높다면, 열에너지(kT)가 이방성 에너지(VK_u)를 초과할 수 있지만 자발 자화를 억누르기에는 너무 작다. 따라서 열에너지는 상자성과 비슷한 방식(상자성 이론은 개별 원자의 자기 모멘트에 적용된다)으로 입자의 전체 자기 모멘트가 계속해서 요동치도록 한다. 입자의 자화는 안정된 방향을 갖고 있지 않기 때문에 이러한 작용을 초상자성(superparamagnetic)이라고 한다. 중요한 것은 초상자성의 입자 자체는 움직이지 않는다는 사실이다. 단지 균일한 자화가 입자에 대해 상대적으로

글상자 12.1 자기 이완(Magnetic Relaxaion)

이완 작용은 높은 상태의 에너지가 시간이 지남에 따라 기하급수적으로 낮은 상태로 변하는 특성을 말한다. 친숙하게는 방사성 붕괴(8.3.1절)를 예로 들 수도 있지만, 천연 물질의 자화도 12.1.5절에 설명된 것처럼 이완 작용을 보인다.

외부 자기장이 없는 경우, 부피가 V이고 단위 부피당 이방성 에너지가 K_u인 단자구 자성 입자의 자화 용이 방향은 이방성 에너지 VK_u에 의해 결정된다. 입자의 열에너지 kT가 이 에너지 장벽을 극복하여 입자 자화 방향을 바꿀 수 있는 확률은 멕스웰-볼츠만 에너지 분포에 의해 결정되며, $\exp(-VK_u/kT)$에 비례한다. 단위 시간 동안 자기 모멘트 μ가 또 다른 자화 용이 방향으로 바뀔 확률 λ는 열 활성화 과정에 대한 아레니우스 방정식에 의해 주어진다.

$$\lambda = C\exp\left(-\frac{VK_u}{kT}\right) \tag{1}$$

매개변수 C를 주파수 인자라고 하며, 여기서는 격자 진동 주파수 v_0이다. 어떤 특정 온도에서 식 (1)의 우변에 있는 모든 변수는 일정하므로 단위 시간당 자기 모멘트가 또 다른 자화 용이 방향으로 전환될 확률 λ도 일정하다.

서로 상호 작용을 하지 않는 동일한 단일 도메인 입자들이 하나의 집합체를 이루고 있다고 가정하자. 어떤 특정 방향으로 자화된 입자의 수를 N_1(상태 1), 이와는 반대 방향으로 자화된 입자의 수를 N_2(상태 2)라고 초기 조건을 설정하자. 총자화의 크기는 $(N_1 - N_2)$에 비례한다. 단위 시간당 확률 λ가 일정하다고 가정하면, 상태 1에서 상태 2로 바뀌는

입자의 개수 dN_1은 시간 간격 dt 및 상태 1인 입자의 개수 N_1과 비례한다. 이를 수식으로 나타내면, 다음과 같다.

$$dN_1 = -\lambda N_1 dt \tag{2}$$

여기서 마이너스 기호는 N_1이 감소함을 의미한다. 비슷하게 상태 2에서 상태 1로 전환되는 반대 방향으로 자화된 입자의 수는

$$dN_2 = -\lambda N_2 dt \tag{3}$$

로 표현된다. 따라서 자화의 총변화는 다음과 같다.

$$dM = \mu dN_1 - \mu dN_2 = \mu d(N_1 - N_2) \tag{4}$$

$$dM = -\lambda\mu(N_1 - N_2)dt = -\lambda M dt \tag{5}$$

이 미분 방정식의 해는 다음과 같이 주어진다.

$$M = M_0\exp(-\lambda t) = M_0\exp\left(-\frac{t}{\tau}\right) \tag{6}$$

여기서 τ는 이완 시간으로서 식 (1)의 λ에 역수이다.

$$\tau = \frac{1}{v_0}\exp\left(\frac{VK_u}{kT}\right) \tag{7}$$

식 (6)과 식 (7)은 고지자기학에서 매우 중요하다. 세립질의 강자성 광물은 강한 이방성으로 인한 매우 긴 이완 시간을 가지며, 결과적으로 이러한 광물의 자화는 지질학적 시간 동안 매우 안정적으로 유지될 수 있다.

변동할 뿐이다.

페리자성 입자의 상태가 불안정하며 초상자성인지 혹은 안정하며 단자구인지의 여부는 입자 크기와 자기 이방성 에너지 그리고 온도에 의해 결정된다. 입자의 부피 V가 매우 작으면 초상자성에 의한 불안정한 자기 특성을 보이기 쉽다. 직경이 약 $0.03\ \mu m$보다 작은 자철석 및 적철석의 입자는 실온에서 초상자성을 보인다.

12.1.6.2 단자구 입자

입자의 이방성 자기 에너지(VK_u)가 열에너지(kT)보다 클 때 자발 자화의 방향은 자화 용이 방향 중 하나가 된다. 전체 입자

는 단자구(single domain)로서 균일하게 자화된다. 이러한 상황은 입자의 크기가 매우 미세한 페리자성 광물에서 발생한다.

자철석에서 K_u는 입자 모양과 관련된 정자기 에너지이다. 이론적인 자철석 단자구의 크기 분포는 매우 좁은 범위를 가지는데, 둥그런 입자의 경우 약 $0.03 \sim 0.1\ \mu m$이며, 길쭉한 입자는 최대 약 $1\ \mu m$의 크기까지 가능하다(그림 12.4). 적철석의 결정자기 이방성 에너지 K_u는 큰 값을 가지며, 단자구 크기는 약 $0.03 \sim 15\ \mu m$의 범위에 분포하여 상대적으로 큰 값을 가진다.

단자구 입자의 자화 방향을 바꾸려면 균일한 자발 자화의 방향을 입자의 이방성에 대해 전체적으로 회전시켜야 하며, 이를 위해서는 매우 강한 자기장이 필요하다. 따라서 단자구 입

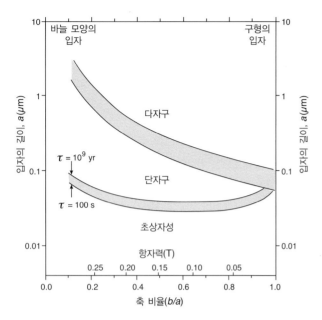

그림 12.4 타원 형태의 초상자성, 단자구 및 다자구 자철석 입자에 대한 크기 및 모양에 따른 자기 특성 범위. 출처 : M. E. Evans and M. W. McElhinny, An investigation of the origin of stable remanence in magnetite-bearing igneous rocks, *J. Geomag. Geoelect.* 21, 757–773, 1969.

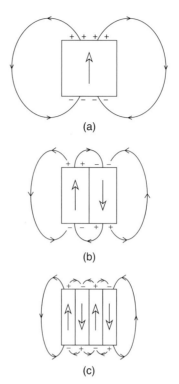

그림 12.5 (a) 균일하게 자화된 큰 입자는 (b) 서로 반대 방향으로 자화된 두 개의 자구 혹은 (c) 교대로 자화된 네 개의 자구로 세분화될 수 있다.

자의 자화는 매우 안정적이다. 단자구 입자의 자화 방향을 변경하는 데 필요한 자기장을 항자력(coercivity, B_c)이라고 하며, 다음과 같다.

$$B_c = \frac{2K_u}{M_s} \qquad (12.8)$$

단자구 자철석의 최대 항자력은 바늘 모양으로 긴 입자의 경우 약 0.3 T 정도이다. 적철석은 강한 결정자기 이방성에 의해 일반적으로 2 T를 초과하는 매우 높은 항자력을 가진다. 이들의 안정적인 잔류 자화로 인해 단자구 입자는 고지자기에서 중요한 역할을 한다.

12.1.6.3 다자구 입자

단자구의 특성은 크기가 제한된 입자에 한정되어 나타난다. 입자가 충분히 커지면 일정한 자화를 유지하기 위해 필요한 자기 에너지가 너무 커진다. 이것은 균일하게 자화된 입자(그림 12.5a)의 자기 소거장(demagnetizing field)이 자발적 자화와 상호 작용하여 정자기(또는 자체 자기 소거) 에너지를 생성하기 때문이다. 이 에너지를 줄이기 위해 자화는 균질하게 자화된 작은 단위로 세분화된다. 이 단위를 1907년에 자구의 구조를 이론적으로 예측한 바이스(P. Weiss, 1865~1940)의 이름에

서 따와 바이스 자구(Weiss domain)라고 한다. 가장 간단한 경우는 반대 방향으로 자화된 두 개의 자구이다(그림 12.5b). 총 자화는 0으로 줄어들며, 정자기 에너지는 약 절반으로 감소한다. 보다 세분화되면(그림 12.5c), 이에 상응하여 정자기 에너지가 감소된다. 반대 방향으로 자발적 자화된 n개의 자구를 갖는 입자는 정자기 에너지가 $1/n$의 비율로 감소한다. 자성 광물의 결정 대칭에 따라 소위 폐쇄 자구가 자구들의 가장자리에서 발달되어 정자기 에너지를 더욱 감소시킬 수 있다.

자구들은 약 0.1 μm 두께의 얇은 영역에 의해 서로 분리되어 있다. 이를 블로치 자구벽(Bloch domain wall)이라고 하며, 일반적으로 자구보다 훨씬 얇다. 자구벽 내에서 자화의 방향은 개별 원자를 거치면서 조금씩 점진적으로 변한다. 물질의 결정자기 이방성은 원자 자기 스핀을 결정 방향과 평행하게 유지하려고 시도하는 반면, 교환 에너지는 분자장에 평행하게 정렬된 방향에서 벗어나려는 변화에 저항한다. 이러한 에너지 간의 경쟁 효과는 각 자구벽의 단위 면적과 관련된 자구벽 에너지(domain wall energy)로 표현된다.

다자구(multidomain) 입자의 자화는 자구벽 위치의 이동을 통해 변경될 수 있으며, 이는 일부 자구들의 크기 변화를 불러온다. 크기가 큰 다자구 입자는 쉽게 이동이 가능한 자구벽을

더 많이 포함한다. 따라서 단자구 입자보다 다자구 입자의 자화를 바꾸는 것이 훨씬 쉽다. 결과적으로 다자구 입자는 단자구 입자보다 잔류 자화 운반체로서의 안정성이 떨어지며, 조립질의 암석은 대개 고지자기학에 적합하지 않다.

12.1.6.4 의사 단자구 입자

단자구와 다자구 사이의 전환은 입자 모양과 크기에 따라 달라진다(그림 12.4). 크기가 0.1 μm보다 더 미세한 자철석 입자는 단자구 상태이며, 입자가 바늘 모양일 경우 약 1 μm의 길이까지 단자구 상태가 지속될 수 있다. 직경이 수 마이크로미터보다 큰 자철석 입자는 다자구 상태가 된다. 중간 정도의 길이를 갖는 입자는 자구벽(두께 ~0.1 μm)을 갖기에는 물리적으로 너무 작지만 그렇다고 균일하게 자화되기에는 또한 너무 크다. 입자의 크기가 중간 범위에 있을 때 이를 의사 단자구(Pseudo-Single Domain, PSD)라고 한다. 이는 자화의 강도, 항자력 및 안정성이 단자구 입자의 특성과 비슷하기 때문이다.

단자구가 안정적으로 그 특성을 유지하기 위한 입자 크기의 범위는 너무 한정되어 있기 때문에, 암석 자화는 많은 경우 PSD 입자에 의해 형성된다. PSD 입자의 자화 특성은 이를 관찰할 수 있는 능력의 한계 때문에 추측의 영역이다. 그러나 PSD 입자 내의 자기 스핀 배열에 대한 컴퓨터 모델링 연구는 내부 상태에 대한 새로운 해석을 제시하였다.

제한된 차원을 가진 물질 내 자기 스핀의 방향에 대한 물리학적 연구(예를 들어, 초박형 자기 필름)는 스핀 방향에 대한 미세 자기(micro-magnetic) 모형을 발전시켰다. 이 모형에 따르면 PSD 입자는 균일한 자화를 갖지 않는다. 대신 인접한 스핀 사이의 방향 변화를 최소화하도록 배열되고, 이를 통해 원자 사이의 교환 에너지를 최소화한다. 입자의 표면에서 스핀은 가능한 한 가장 완만한 각도로 표면과 교차할 수 있도록 표면에서 멀어지는 방향으로 굴절하며, 이를 통해 정자기 에너지를 감소시킨다. 기하학적으로 이는 작은 자기 입자 내에서 소용돌이와 유사한 자기 스핀 배열을 형성시킨다. 미세 자기 모형은 소용돌이 형태의 스핀 방향을 가진 PSD 입자가 높은 항자력과 방향 안정성을 가질 수 있음을 보여 주었다. 따라서 PSD 입자는 고지자기의 방향을 안정적으로 기록할 수 있다.

12.1.6.5 1차 역전 곡선

암석 또는 퇴적물에 포함된 자성 입자의 자구 상태는 1차 역전 곡선(First Order Reversal Curve, FORC) 분석을 통해 결정할

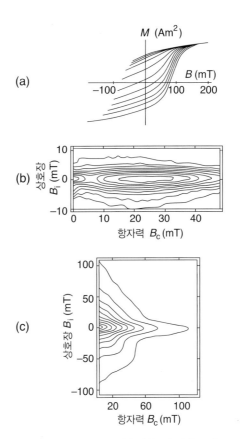

그림 12.6 자기 입자 크기에 대한 1차 역전 곡선(FORC) 분석. (a) 다양한 자기장 B_r에 대한 자기 이력 곡선들, (b) 상호 작용을 하지 않는 단자구 시료에 대한 전형적인 FORC 다이어그램과 (c) 다자구 시료에 대한 다이어그램. 출처 : A. P. Roberts, C. R. Pike and K. L. Verosub, First-order reversal curve diagrams: A new tool for characterizing the magnetic properties of natural samples, *J. Geophys. Res.*, 105, 28461–28475, 2000.

수 있다. 이 방법은 강자성 입자에 의해 그려지는 자기 이력 곡선의 특성을 이용한다. 부록 C의 그림 C3과 같이 시료를 먼저 포화 상태로 자화시킨다. 그런 다음 자기장의 방향을 값 B_r까지 반전시킨다. 이 지점에서 새로운 자화 곡선은 그림 C3의 점선으로 표시된 것처럼 그려진다. FORC 분석에서는 약 100개 정도의 다양한 크기를 갖는 자기장 B_r을 시작점으로 하여 자화 곡선을 측정하며, 이에 따라 자기 이력 다이어그램의 전체 영역을 그리게 된다(그림 12.6a). FORC 분석은 측정된 자기 이력 곡선을 두 변수에 대한 분포로 요약한다. 두 변수는 암석 내 입자의 항자력 B_c와 입자 사이의 상호장 B_i이다. 이 두 값들에 대한 FORC 다이어그램은 입자의 크기와 자기 입자의 특성을 보여 준다.

두 가지 극단적인 상황을 통해 FORC 분석을 설명해 보자. 상호 작용을 하지 않는 단자구의 집합체에는 상호장이 무시된다. 그러나 항자력에 대해서는 스펙트럼 분포를 보인다. 따라

서 FORC 다이어그램에서 항자력 스펙트럼은 B_i가 0인 수평축을 따라 매우 좁은 항자력 스펙트럼 분포가 그려진다(그림 12.6b). 반면에 다자구 입자들은 매우 낮은 항자력을 보인다. 이는 각각의 자구들이 이웃하는 자구에 영향을 받으며 따라서 상호장을 따라 넓은 분포를 보이기 때문이다. 따라서 다자구 시료의 FORC 다이어그램은 원점 근처에서 B_i 수직 축으로 확장된 분포를 보인다(그림 12.6c). FORC 분석은 초상자성과 PSD 소용돌이 배열을 포함하여 다양한 크기의 입자들로 구성된 암석의 자기 특성을 분해하는 강력한 방법이다.

12.1.7 암석의 잔류 자화

암석의 페리자성 광물에 대한 집적도는 일반적으로 매우 낮지만, 잔류 자화(remanence)의 획득은 가능하다. 분석이 수행되기 전, 암석이 가지고 있는 잔류 자화를 자연 잔류 자화(Natural Remanent Magnetization, NRM)라고 한다. NRM은 서로 다른 원인과 시기에 의해 획득된 여러 잔류 자화 성분들의 총합이다. 지질학적으로 가치 있는 잔류 자화는 암석의 생애 동안 특정 시점에 얻어진 것이다. 예를 들어 암석의 생성 시기나 혹은 그 이후의 변성 시기 등이 여기에 해당된다. 암석의 잔류 자화는 주변 환경 변화에 상관없이 매우 안정적으로 유지될 수 있다. 특히 미세 입자는 지질학적으로 긴 시간 동안 자기 신호가 보존될 수 있을 정도로 높은 항자력을 가진다.

암석의 형성 혹은 인접한 시기에 획득된 잔류 자화를 1차 자화(primary magnetization)라고 한다. 이후에 획득된 잔류 자화는 2차 자화(secondary magnetization)라고 부른다. 화성암이 냉각될 때 획득하는 열 자화와 퇴적물이 퇴적되는 도중 혹은 퇴적 직후에 획득되는 잔류 자화 등이 1차 잔류 자화의 예이다. 2차 잔류 자화는 속성 작용(diagenesis) 또는 풍화 작용 동안 발생하는 암석의 화학적 변화에 의해 발생한다. 암석의 채취나 혹은 실험 과정 도중에 의해 2차 잔류 자화가 일어날 수도 있다.

12.1.7.1 열 잔류 자화

화성암(및 변성 정도가 높은 변성암)에서 가장 중요한 유형의 잔류 자화는 열 잔류 자화(ThermoRemanent Magnetization, TRM)이다. 화성암은 1,000°C 이상의 온도에서 굳어지며, 이보다 낮은 온도에서 광물 입자는 단단한 기질 내에 고정된다. 이때의 온도는 페리자성 입자의 퀴리 온도(자철석은 578°C, 적

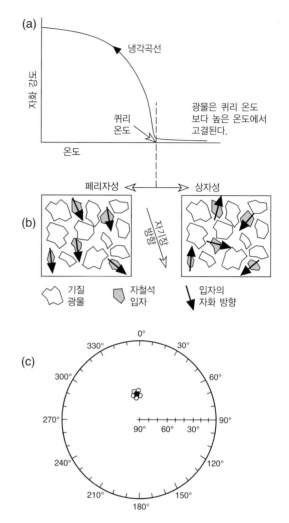

그림 12.7 (a) 자철석 입자가 냉각되면서 퀴리 온도를 지날 때, 자화 상태는 상자성에서 페리자성으로 바뀐다. (b) 퀴리 온도 아래에서 자철석 입자 내부의 자화는 자기장 방향에 가까운 용이 자화 방향을 따라 봉쇄된다. (c) 시칠리아에 위치한 에트나산의 현무암에 대한 TRM(열린 원)의 방향과 분화 당시 지자기장의 방향(검정 사각형)을 보여 주는 스테레오그램. 자료 출처 : Chevallier, 1925.

철석은 675°C)보다 훨씬 높은 상태이다(그림 12.7a). 분자장은 아직 활성화되지 않았으며, 개별 원자의 자기 모멘트는 자유롭게 변동할 수 있다. 따라서 자화는 고온에서 상자성의 특성을 띤다.

암석이 냉각됨에 따라 온도는 결국 페리자성 입자에 대한 퀴리 온도 아래로 떨어지고 자발적 자화가 나타난다. 단자구 입자에서는 자화의 이완 시간이 식 (12.7)에 의해 결정된다. 이방성 에너지 밀도 K_u를 입자의 자발 자화 M_s와 항자력 B_c를 이용해 다시 쓰면(식 12.8), 다음과 같이 표현되는 이완 시간식을 얻게 된다.

$$\tau = \frac{1}{v_0} \exp\left(\frac{VM_s\,B_c}{2kT}\right) \qquad (12.9)$$

고온에서는 열에너지(kT)가 자기에너지($VM_sB_c/2$)보다 크기 때문에 자화가 불안정하다. 비록 개별 원자의 자기 모멘트들은 분자장에 의해 단일 단위처럼 행동하지만 입자 전체의 자화는 초상자성을 띤다. 암석이 더 냉각됨에 따라 입자의 자발적 자화와 자기 이방성 에너지 K_u는 증가한다. 결국 무작위화 작용을 하는 열에너지가 더 이상 자기 이방성 에너지보다 크지 않은 온도 이하로 떨어진다. 이제 자발 자화는 입자의 용이 자화 방향을 따라 '봉쇄(blocked)'된다. 외부 자기장이 없으면 입자의 자기 모멘트가 무작위로 배열된다. 입자가 자기장에 노출된 채 봉쇄 온도(blocking temperature) 아래로 냉각되면 자기 모멘트는 자기장의 방향에 가장 가까운 용이 자화 방향을 따라 폐쇄된다(그림 12.7b). 자기장에 대한 입자 자기 모멘트의 정렬은 완벽하지도 완전하지도 않다. 다만 통계적 선호를 따른다. 이는 입자 집합체 내에서 더 많은 수의 입자가 주어진 자기장과 가까운 방향의 자기 모멘트를 가지게 된다는 것을 의미한다.

광물 입자 자체는 TRM 획득 과정에서 움직이지 않는다는 점을 유념하라. 오직 입자 내 자화 방향이 가변적이며, 결국에는 봉쇄된다. TRM의 봉쇄 온도는 페리자성 광물의 입자 크기, 모양, 자발 자화 및 자기 이방성에 따라 달라진다. 만약 암석이 다양한 크기의 입자와 여러 자성 광물로 구성되어 있다면, 봉쇄 온도의 스펙트럼이 넓을 수 있다. 최고 봉쇄 온도는 퀴리 온도만큼 높을 수 있으며, 최솟값은 상온까지도 내려갈 수 있다. 암석이 냉각되는 동안 특정 온도 범위에 한정되어 자기장이 가해졌을 경우, 이 범위를 봉쇄 온도로 갖는 입자만 활성화되어 부분 TRM(또는 pTRM)이 발생한다.

TRM은 지질학적으로 매우 긴 시간 동안 유지되는 매우 안정적인 자화이다. 자기장 방향을 정확하게 기록하는 TRM의 능력은 에트나 화산에서 분출된 용암에 의해 입증되었다. 이는 관측 자료를 통해 자기장의 방향을 정확히 알 수 있었던 시기에 분화가 있었기 때문이다. 용암 시료에 기록된 TRM은 지자기장의 방향과 동일한 방향을 지시하고 있다(그림 12.7c).

12.1.7.2 퇴적 잔류 자화

퇴적물이 퇴적되는 동안 얻게 되는 **퇴적 잔류 자화**(Depositional Remanent Magnetization, DRM)는 일정한 온도에서 진행된다. 쇄설성 페리자성 입자가 물리적으로 정렬될 때, 자기력과

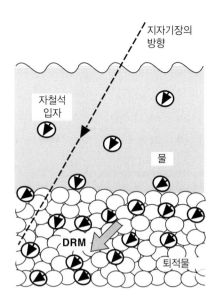

그림 12.8 퇴적물의 퇴적 잔류 자화(DRM) 획득. 중력은 자화와 지자기장 방향 사이에 복각 오차를 유발한다. 출처 : E. Irving and A. Major, Post-depositional detrital remanent magnetization in a synthetic sediment, *Sedimentology*, 3, 135–143, 1964.

역학적인 힘이 동시에 작용한다. 입자들이 고요한 물속에서 침전되는 동안, 나침반의 바늘이 지자기장의 방향을 가리키는 것과 비슷하게 입자들도 정렬된다. 통계적으로 입자의 전체적인 정렬 방향은 지자기장과 나란하다(그림 12.8). 때로는 역학적인 힘의 작용으로 인해 정렬이 엉클어지기도 한다. 물의 흐름은 침전 동안 수리역학적인 힘으로 정렬을 교란하여 편각 오차(declination error)를 유발한다. 퇴적물이 바닥과 접촉하게 되면, 중력에 의한 역학적 힘이 입자를 회전시켜 안정된 자세로 만드는데, 이때 생기는 오차를 복각 오차(inclination error)라고 한다. 퇴적물이 깊게 매몰되면 위쪽을 덮는 퇴적물의 압력에 의해 압축이 발생하고, 이는 자화의 복각을 감소시킬 수 있다. DRM은 속성 작용을 통해 최종적으로 퇴적암에 고정된다.

퇴적 후 잔류 자화(post-Depositional Remanence, pDRM)는 세립질의 퇴적물에서 매우 중요한 역할을 한다. 퇴적물과 물의 경계면에는 물에 젖어 질퍽질퍽한 상태의 현탁액이 형성된다. 물이 차 있는 공극 내에 존재하는 세립질의 자성 광물은 부

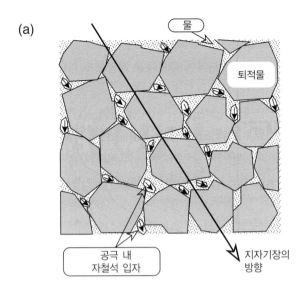

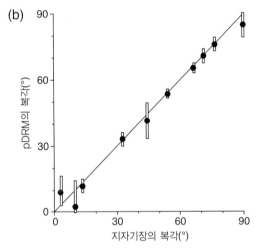

그림 12.9 (a) 퇴적 후 잔류 자화(pDRM)는 퇴적된 퇴적물의 공극 내에서 페리자성 입자가 재배열되어 획득된다. (b) 재퇴적된 심해 퇴적물의 pDRM 복각과 지자기장의 복각의 비교. 출처 : Irving and Major, 1964.

서는 100년 정도, 원양 해양 퇴적물에서는 10,000년 정도 지연되어 나타난다. 후자의 고정 지연 시간은 일반적으로 고생물학의 단계를 결정할 때 발생하는 오차보다 짧다. pDRM 과정은 강한 자성의 자철석 입자가 세립의 퇴적물에 함유되어 있을 때 특히 효과적으로 나타난다. 예를 들어, pDRM은 원양 석회암이 1차 자화를 획득하는 가장 중요한 메커니즘이다. 일부 조건에서는 압축 작용에 의한 복각 감소가 발생할 수 있다.

생물학적 교란이 퇴적물에 포함될 수 있으며, 원양 퇴적물의 경우 일반적으로 약 10 cm 깊이까지 퇴적물이 혼합될 수 있다. 이 영향은 층서의 표지 위치에 영향을 미친다. 화석의 최초 출현 층의 깊이는 더 깊어지며, 마지막 출현 층은 실제 층서의 위치보다 위쪽에 놓이게 될 수 있다. 굴을 파는 습성을 가진 유기체에 의해 생물학적으로 교란된 퇴적물은 자성 입자의 브라운 운동을 돕는다. 이를 고려하여 pDRM은 생물학적 교란층의 하부를 기준으로 계산된다.

12.1.7.3 화학 잔류 자화

화학 잔류 자화(Chemical Remanent Magnetization, CRM)는 일반적으로 2차 잔류 자화의 형태로 획득된다. CRM은 암석의 자성 광물이 화학적 변화를 겪거나 새로운 광물이 자생적으로 형성될 때 발생한다. 예를 들어 침철석 전구체나 철이온이 포화된 유체가 암석을 통과할 때, 적철석이 침전되는 것이 한 예이다. 자성 광물은 속성 작용에 의한 변형이나 풍화에 의한 산화를 겪을 수도 있다. 이러한 작용은 보통 입자의 표면이나 균열을 따라 발생한다(그림 12.10). 새로운 광물의 성장(또는 기존 광물의 변형)은 입자의 부피 V, 자발 자화 M_s 그리고 항자력 B_c의 변화를 수반한다. 화학적 변화는 식 (12.9)에 따라 자화의 이완 시간에 영향을 미친다. 입자는 결국 자화가 봉쇄되는 임계 부피까지 성장한다. 새롭게 얻어진 CRM은 화학 변화 시기 때의 지자기장 방향을 따르게 되며, 따라서 원래의 암석이 가진 자화보다 젊다. CRM은 TRM과 비슷하게 매우 안정적인 자기 특성을 갖는다. 속성 작용과 풍화 작용 동안 발생하는 피그멘터리(pigmentary) 적철석의 형성이 일반적인 예이다. 이러한 방식으로 생성된 적철광은 보통 2차 잔류 자화를 갖는다.

12.1.7.4 등온 잔류 자화

등온 잔류 자화(Isothermal Remanent Magnetization, IRM)는 암석 시료가 일정한 온도에서 자기장에 노출될 때 유도된다. 예를 들어 암석 시료가 채취 장비의 자기장이나 혹은 실험실로

분적으로 부유 상태에 있으며, 충분한 공간이 있다면 자기장의 방향에 의해 재정렬될 수 있다(그림 12.9a). 이러한 입자 운동을 유발하는 에너지는 공극 내에서 끊임없이 무작위로 충돌하는 물 입자의 브라운 운동이다. 큰 입자는 아마도 주변 입자와 접촉하고 있기 때문에 물 분자와의 충돌에 영향을 받지 않을 것이다. 공극 내에서 실제로 부유할 수 있는 매우 미세한 입자는 브라운 운동에 의해 충분히 교란되지만, 통계적으로는 지자기장의 방향으로 정렬된다. 실험에 의해 pDRM의 방향은 복각 오차가 없이 매우 정확한 지자기장을 기록할 수 있다는 사실이 밝혀졌다(그림 12.9b). pDRM은 실제 퇴적 시기보다 늦게 획득된다. pDRM은 대략 10 cm 정도의 깊이에서 다짐 및 탈수 과정 도중 퇴적물에 고정된다. 이 과정은 육성 퇴적물에

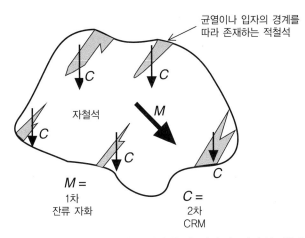

균열이나 입자의 경계를 따라 존재하는 적철석

자철석

$M =$
1차
잔류 자화

$C =$
2차
CRM

그림 12.10 화학 잔류 자화(CRM)의 획득은 자성 광물의 속성 작용에 의한 변형과 풍화에 의한 산화를 동반한다. 이들은 대개 입자의 표면이나 균열을 따라 발생한다.

표 12.1 일반적인 일부 강자성 광물에 대한 최대 항자력 및 봉쇄 온도

강자성 광물*	최대 항자력(T)	최대 봉쇄 온도(°C)
자철석	0.3	575
마그헤마이트	0.3	≈ 350
티탄자철석($Fe_{3-x}Ti_xO_4$) :		
$x = 0.3$	0.2	350
$x = 0.6$	0.1	150
자황철석	0.5~1	325
적철석	1.5~5	675
침철석	> 5	80~120

* 넓은 의미에서 강자성은 외부 자기장 없이 자발 자화를 생성하는 물질을 지칭하기도 한다. 즉, 페리자성 광물을 강자성 광물로 칭하기도 한다.

운반되는 동안 또 다른 자기장에 노출되는 상황을 생각해 볼 수 있다. 큰 코일 혹은 전자석에 의해 의도적으로 생성된 크기가 알려진 자기장 내에 암석 시료를 노출시켜 의도적으로 IRM을 유발시키는 것은 암석 자기 분석의 일반적인 방법이다. 각 입자 내의 자기 모멘트는 이 자기장에 의해 부분적으로 정렬된다. 정렬의 정도는 가해진 자기장 강도와 자성 광물이 자화에 저항하는 정도, 즉 항자력에 따라 달라진다. 자기장을 제거한 뒤에도 시료에는 IRM이 남아 있다(부록 C의 그림 C3). 이처럼 인위적으로 유도된 잔류 자화는 다양한 암석의 자기 분석에 매우 유용하게 이용된다.

암석 시료가 점점 더 강한 자기장에 노출되면 IRM은 점점 증가하여 포화 IRM이라 불리는 최댓값을 갖게 된다. 포화 IRM의 크기는 자성 광물의 종류와 집적도에 따라 달라진다. 점진적 자화 획득 곡선의 모양과 포화 IRM에 도달하는 데 필요한 자기장의 크기는 암석에 포함된 자성 광물의 항자력에 따라 다르며, 그 값들은 잘 알려져 있다(표 12.1).

12.1.7.5 기타 잔류 자화

불안정한 자기 모멘트를 가진 자성 광물이 포함된 암석은 시간이 지남에 자화의 방향과 강도가 변할 수 있다. 시간에 따른 자화의 성장과 감쇠는 로그함수적인 변화를 보인다. 이를 점성 잔류 자화(Viscous Remanent Magnetization, VRM)라고 한다. 암석 내에서 VRM의 방향은 종종 현재 지자기 방향과 평행하며, 따라서 VRM을 식별할 때 이 특성이 유용하게 사용된다. VRM은 2차 자화의 한 종류이며, 따라서 지질학적으로 흥미롭

고 안정적인 구성 요소의 존재를 가리기도 한다. 점진적인 자기 소거 기술(12.2.3.2절)은 암석의 자화에서 VRM과 같이 원하지 않은 성분을 '청소'하는 데 사용된다. 이러한 '자기 청소'는 암석의 불안정한 자화 방향을 무작위로 흐트러뜨리며, 보통 자기장이 없는 공간에서 수행되는 것이 일반적이다.

만약 시료의 자화를 제거하기 위해 방향이 교대로 바뀌는 자기장을 사용한다면, 장비의 잔여 자기장에 의해 시료가 자화될 수 있다. 이러한 자화를 비자기 이력 잔류 자화(Anhysteretic Remanent Magnetization, ARM)라 한다. 이 잔류 자화는 고지자기 분석에서 1차 자화 성분의 분리를 방해한다. ARM과의 비교를 통해 자연 잔류 자화의 특성을 파악하기 위해 ARM을 의도적으로 유도하기도 한다.

암석 시료의 이력은 자화에 반영된다. 응력은 광물에 변형을 일으켜 결정격자의 대칭을 변화시킨다. 그 결과 자왜 에너지(부록 D)가 발생하며, 이는 일부 자성 광물의 자화 용이 방향을 변화시키는 자기 이방성의 원인이 된다. 자기장이 존재하는 상태에서 비정역학적 응력은 압력 잔류 자화(PiezoRemanent Magnetization, PRM)를 유발하며 이는 기존의 잔류 자화에 더해지거나 그것을 대체하기도 한다. 결과적으로, 탄성 또는 소성 응력은 깊은 곳에 위치하거나 지구조적으로 변형된 암석의 원래 자화에 PRM을 중복시킬 수 있다.

운석 충돌에 의해 충격을 받은 지구 및 달 암석에서 이와 관련된 유형의 자화가 관찰된다. 충돌 이벤트는 짧은 시간 동안 매우 높은 국부 응력을 생성하고 PRM과 유사한 메커니즘에 의해 충격 잔류 자화(Shock Remanent Magnetization, SRM)를 유발한다. 운석과 행성 간의 충돌에 의해 충격을 받은 암석에는 특징적인 조직이 형성된다. 따라서 SRM과 PRM이 동일한 것은 아니다. 광범위한 운석 충돌을 겪은 달과 화성에서는 지

각에 나타나는 자화 현상의 이상값에 SRM이 중요한 유발원 역할을 했을 가능성이 있다.

12.1.8 환경 자화

1980년대 중반부터 암석의 자기 특성은 환경 연구의 새롭고 중요한 분야에 적용되기 시작하였다. 오염원 추적이나 과거 기후의 지표로 활용되는 것이 대표적인 예이다. 산업 공정에서 발생하는 중금속은 주변 환경으로 유입되어 지표는 물론 호수, 강 및 지하수의 물 등도 오염시킨다. 배출물 내의 독성 물질은 자철석이나 적철석 같은 자성 광물을 함유하기도 한다. 자동차 배기 가스에는 중금속이 포함되어 있으며 또한 나노 입자 크기의 자성 광물이 포함된 마이크론 크기의 그을음도 여기에 포함된다. 암석의 자기 매개변수와 조사 기술은 이러한 입자들을 특정 짓고 공간적 분포와 집적도를 파악할 수 있는 수단을 제공한다.

퇴적물이나 토양 내의 자성 광물은 일반적으로 적철석, 자철석, 마그헤마이트 혹은 황화철 등으로 이루어진다. 구성비는 퇴적 시 또는 퇴적 후의 기후 조건에 의해 변한다. 따라서 입자 크기나 광물 조성에 의해 결정되는 퇴적물의 자기 특성에 영향을 미친다. 여기에는 대자율, 항자력, 다양한 잔류 자화가 포함된다. 이러한 자기 매개변수들은 고기후 변화의 간접적인 증거이다. 고기후를 분석하기 위한 목적으로 수많은 연구에서 자기 분석 기법을 적용 개발하였다. 다음의 예시를 통해 간단히 소개하겠다.

두께가 최대 100 m에 달하는 엄청난 두께의 황토 퇴적물

이 중국 중부에서 발생한다. 황토는 바람에 날려 춥고 건조한 지역에 퇴적되는 매우 미세한(10~50 µm) 입자이다. 고토양(paleosol)은 이 황토층과 교대로 층을 이루는 화석 토양이다. 고토양층은 황토가 토양으로 전환되어 형성되며[이를 토양 생성 과정(pedogenesis)이라 부름], 이 과정이 진행되려면 더 따뜻하고 습한 조건의 간빙기가 필요하다. 시간이 지나면 뒤에 퇴적된 황토가 토양을 덮는다. 황토와 고토양의 교대는 과거 기후 변화의 기록물로 해석된다. 대자율은 황토-고토양 층서의 암상(lithology)과 상관관계를 보인다(그림 12.11). 황토층에서 대자율은 약 25 SI 단위로 측정되지만 고토양층에서는 값이 200 SI 단위를 초과한다. 암석에 대한 자기 분석을 통해 두 암상에 풍부한 자기 광물이 자철석임을 확인하였다. 따라서 고토양층의 높은 대자율은 자철석의 높은 집적도 때문이다. 대자율의 변화는 ODP(Ocean Drilling Program)의 677번 관측점에서 측정된 심해 퇴적물의 산소 동위원소 층서와 매우 높은 상관관계를 보인다. 산소 동위원소 비율은 온도가 따뜻할 때 음의 값을 보이는 방식으로 기후 변화를 기록한다(글상자 8.1). 이에 대한 절대 연령은 해양 퇴적물의 자기 역전 기록과 대비를 통해 결정되었다. 그림 12.11의 상관관계는 황토-고토양 지층의 연대를 결정하는 방법을 제공하며, 고토양이 황토보다 따뜻한 환경에서 형성되었음을 보여 준다. 아마도 더 따뜻하고 습한 기후로의 변화가 고토양 내의 자철석의 형성을 촉진하였으며, 이에 따라 대자율이 증가하였을 것이다.

고토양 내의 자철석은 화학적 과정에 의해 생성된다. 그러나 호수나 바다의 퇴적물에서 자철석은 박테리아의 활동

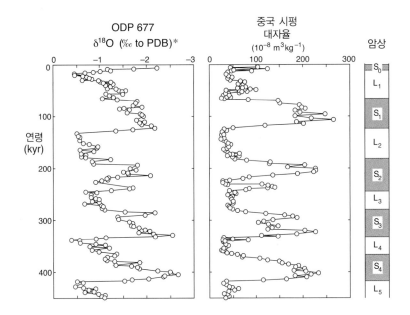

그림 12.11 중국 시펑 지역에서 나타나는 황토층과 고토양층의 대자율 변화와 ODP 677 측점에서 시추된 해양 퇴적물 내 산소 동위원소와의 비교. 출처 : M. E. Evans and F. Heller, *Environmental Magnetism: Principles and Applications of Enviromagnetics*, New York: Academic Press, 2003.

* PDB(Pee Dee Belemnite) : 시료의 동위원소 비율을 계산할 때 사용하는 국제표준물질 중 하나로서, 백악기 Pee Dee층에서 산출되는 벨렘나이트의 값이 주로 적용된다.

에 의해 생성될 수도 있다. 이를 생물 기원(biogenic) 과정이라 하며, 자철석을 생성할 수 있는 박테리아를 주자성 박테리아(magnetotactic bacteria)라고 한다. 자철석은 마그네토솜(magnetosome)이라고 하는 크기가 0.1 μm 미만의 작은 결정자로 형성된다. 이는 세포막에 둘러싸인 입자 사슬로 발생하는데, 그 크기로 인해 단자구의 특징을 갖는다. 가장 흔한 마그네토솜 광물은 자철석이지만, 이와 유사한 구조를 갖는 황화철인 그레자이트도 발견된다. 사슬 모양의 집합체는 박테리아에게 쌍극자 자기 모멘트를 알려 준다. 이러한 구조는 분명 박테리아의 생존에 도움이 되는 진화의 산물이다. 퇴적물이 교란되면 박테리아는 자기 모멘트를 이용해 지자기장을 따라 이동할 수 있다. 복각은 박테리아가 생존에 필요한 영양소가 있는 퇴적물로 이동할 수 있도록 아래 방향을 안내해 준다. 심해 퇴적물 내의 자철석은 대륙과 해령에서 흘러온 쇄설성 기원을 가진다고 오랫동안 믿어져 왔으나, 생물 기원의 자철석도 중요한 구성 요소가 될 수 있다.

생물 기원의 자철석은 특이한 곳에서도 발견된다. 예를 들어, 초현미경적(submicroscopic) 크기 이하의 자철석은 돌고래와 새의 뇌에서 발견된다. 이 자철석이 동물의 이동에 지침 역할을 하는지 여부는 불분명하다. 인간의 뇌에 존재하는 나노미터 크기의 자철석은 간질, 알츠하이머병 혹은 파킨슨병 등의 신경계 장애와 관련되어 있을 수 있다. 자철석은 또 다른 인체 기관에서 발견되기도 한다. 자철석의 자기적 특성과 공급원 그리고 인체 조직 내에서의 형성 메커니즘은 현재 연구가 진행 중인 분야이다.

12.2 겉보기 극이동과 판구조

12.2.1 암석의 자화와 대륙 이동

산악 계곡 엥가딘 위에 자리 잡은 스위스 알프스를 오가는 등산가들은 특정 지역(예를 들어 셉티머 고개의 남쪽 지역)에서 나침반 바늘이 북쪽에서 매우 크게 벗어난다는 사실을 알고 있다. 이러한 오차는 이 지역의 사문석과 염기성 암석들이 강하게 자화되었기 때문에 나타나는 현상이다. 초기 나침반은 현대의 것보다 많이 원시적이었지만, 강하게 자화된 노두 근처에서 나침반의 방향이 어긋난다는 사실은 적어도 19세기 초에 이미 알려져 있었다. 1797년 훔볼트(A. von Humboldt, 1769~1859)는 이 특이한 노두가 번개에 의해 자화되었을 것이

라고 주장하였다. 암석 자기 특성에 대한 최초의 체계적인 관찰은 1849년 델레세(A. Delesse, 1817~1881)와 1853년 멜로니(M. Melloni, 1777~1855)에 의해 수행되었다. 이들은 화산암이 냉각 중에 잔류 자화를 획득한다고 결론을 내렸다. 폴거하이터(G. Folgerhaiter)는 1894년과 1895년 화산암의 자기 기원에 대한 보다 광범위한 일련의 연구를 통해 동일한 결론에 도달하였고, 잔류 자화는 냉각 당시의 지자기장 방향과 같아진다고 제안하였다. 1899년까지 그는 자신의 연구를 고대 도자기에 기록된 자기 복각의 영년 변화에 대한 주제로 확장시켰다. 폴거하이터는 일부 암석이 현재 자기장의 방향과는 반대의 잔류 자화를 가지고 있다고 밝혔다. 이는 20세기 초에 지자기 역전에 대한 연구가 시작되는 데 결정적인 역할을 하였다.

1922년 베게너(A. Wegener, 1880~1930)는 석탄 매립지의 지리적 분포와 같은 고기후 지표에 대해 다년간의 연구를 진행하여 대륙 이동의 개념을 제안하였다. 당시에는 대륙이 이동하는 메커니즘에 대해 설명할 방법이 없었다. 오직 대륙 지각만이 움직인다고 가정하면 단단한 대륙이 해양 지각을 가로지르며 이동해야 하기에, 그의 가설은 지구물리학자들에게 받아들여지지 않았다. 당시에는 아직 초기 대륙의 위치를 재구성하거나 상대적인 움직임을 추적할 방법이 없었다. 그 후 고지자기는 과거 대륙의 움직임을 정량적으로 복원할 수 있는 수단을 제공함으로써 대륙 이동설을 이해하는 데 중요한 기여를 하게 된다.

1950년대 여러 소규모 그룹이 유럽, 아프리카, 북미, 남미 및 호주에서 다양한 시기에 형성된 암석의 자화 방향을 결정하고 해석하는 연구에 참여하였다. 1956년 룬콘(S. K. Runcorn, 1922~1995)은 대륙 이동을 지지하는 최초의 명확한 지구물리학적 증거를 제시하였다. 룬콘은 영국과 북미에서 채집한 페름기와 트라이아스기의 암석 자화 방향을 비교하였다. 그는 닫혀 있는 대서양을 상정함으로써 2억 년 이전 두 대륙의 고지자기 결과가 서로 일치한다는 사실을 발견하였다. 과학 자료의 분석에 있어서 통계적인 방법이 적용되었기에 처음에는 논란의 여지가 있었다. 그러나 얼마 지나지 않아 남반구에서 대륙 이동설을 강력하게 지지하는 중생대의 고지자기 자료가 획득되었다. 1957년 어빙(E. Irving, 1927~2014)은 고지자기 자료가 현재의 대륙 분포보다 지질학적으로 재구성된 초기의 대륙 위치와 더 잘 일치함을 보였다. 그 후 과거 판 운동에 대한 연대표이자 지자기장 역전에 대한 기록으로서 고지자기의 중요성이 수많은 연구를 통해 입증되었다.

12.2.2 지자기장에 대한 시간 평균

고지자기학에 있어 가장 중요한 기본 가정은 시간 평균된 지자기장이 지구 중심축 쌍극자(geocentric axial dipole)와 일치한다는 것이다. 영년 변화에 대한 연구 결과와 비교적 최근에 수집된 암석과 퇴적물에 대한 고지자기 관측들이 이 중요한 가설을 뒷받침하고 있다.

역사 시대 동안 지자기장의 쌍극자와 비쌍극자 성분은 시간에 따라 천천히 변하였다. 구면 조화 분석에 의하면 지구 중심축 쌍극자가 자전축에 대해 기울어진 채 지난 400년 동안 약 0.044~0.14 deg yr^{-1}의 속도로 천천히 서쪽으로 이동하였다(그림 11.13). 이 속도로 지구 중심축 쌍극자가 자전축을 주위를 완전히 한 바퀴 도는 데 걸리는 시간은 대략 2,500~8,000년 정도이다. 비쌍극자장의 기록에 의하면 서쪽 방향의 이동 속도는 약 0.22~0.66 deg yr^{-1}이며, 주기는 대략 550~1,650년이다. 그러나 지자기장의 영년 변화에 대한 역사 기록은 전체 주기 중 일부 시기에 한정되므로, 주기의 계산은 물론 지자기장이 주기성을 갖는지에 대한 여부도 확실치 않다는 점을 주의해야 한다. 더 오래전의 지자기장 강도와 방향에 대한 기록은 고고지자기학(archeomagnetism)을 통해 추론되어야 한다.

12.2.2.1 영년 변화에 대한 고고학적 기록

고고지자기학은 연대를 측정할 수 있는 역사적 유물에 기록된 지자기장에 대해 연구하는 학문이다. 항아리나 꽃병과 같은 고고학적 유물의 연령은 종종 매우 정확하게 결정된다. 항아리와 그것이 구워진 가마는 냉각 중에 TRM을 획득했을 수 있다. 유물에 기록된 지자기장의 강도와 방향은 영년 변화에 대한 고고지자기학적 기록을 제공한다.

1937년 텔리에(Thellier, 1904~1987)가 고안한 자기 기법은 TRM을 획득한 물체의 자기 강도를 측정하는 데 사용된다. 쌍극자장을 가정하면 이에 대한 자기 모멘트의 강도를 유추할 수 있다. 이 분석법을 암석이나 고대 유물에 적용하면 고지자기 강도(paleointensity)를 결정할 수 있다. 연대가 알려진 고고학 및 지질학적 시료에 대한 3,188개의 고지자기 강도 분석 결과를 통해 지난 7,000년 동안 지자기장의 강도 변화가 밝혀졌다(그림 12.12의 상자). 고고학적 유물의 수는 과거로 갈수록 줄어들기 때문에 유의미한 평균값을 얻기 위해 기원전 2000년 이전에는 1,000년 간격으로, 그 이후에는 500년 간격으로 자료를 그룹화하였다. 불행히도, 이러한 시간 간격은 지자기장이 쌍극

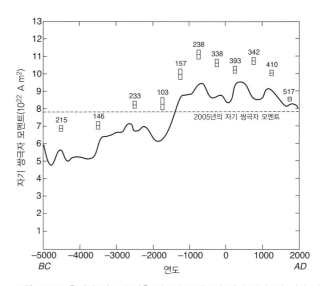

그림 12.12 추정된 지구 중심축 쌍극자 모멘트의 영년 변화. 각 시간 간격 동안의 평균 고지자기 세기가 각각의 상자 가운데에 표시되어 있다. 상자의 높이는 평균값에 대한 95% 신뢰 구간을 나타낸다. 숫자는 각 구간에서 평균을 구할 때 사용된 자료의 개수를 나타낸다. 연속 곡선은 구면 조화 분석에서 얻어진 결과를 스플라인 함수로 평활화하여 나타내었다. 출처 : M. Korte, and C.G. Constable, The geomagnetic dipole moment over the last 7000 years – new results from a global model, *Earth Planet. Sci. Lett.*, 236, 348–358, 2005.

자장으로 평균되기에는 너무 짧다.[7]

고고학적 유물에 기록된 과거의 지자기장에는 비쌍극자장 성분이 포함된다. 고고학적 고지자기 강도 자료를 호수 퇴적물에서 얻은 13,080개의 자기 복각과 16,085개의 자기 편각에 대한 자료와 결합하면, 최대 차수(degree, n)가 10인 슈미트 계수(글상자 11.3)로 표현되는 전 지구 자기장 모델이 계산된다. 이 모델에서 $n = 1$인 계수는 쌍극자에 의한 자기 모멘트를 나타낸다. 이를 바탕으로 지난 7,000년 동안 지자기 쌍극자의 강도 변화를 부드럽고 연속적인 기록으로 나타내었다(그림 12.12의 곡선). 이 자료는 비쌍극자 성분이 제거된 상태이기 때문에 고지자기 강도에 대한 직접 측정값(그림에 표시된 상자)보다 약간 낮은 값을 보인다. 쌍극자 모멘트는 지난 7,000년 동안 변동을 하고 있지만 그 변화가 주기적인지 확인하기에는 기록이 너무 짧다.

가마에서 구어지는 동안 항아리가 놓인 방향을 알고 있거나 추측할 수 있다면 당시의 자기 복각을 추론해 낼 수 있다. 역사적 기록물에서 용암이 흘렀던 시기를 특정할 수 있을 때에도

---

7 지자기장은 쌍극자 성분과 비쌍극자 성분으로 나뉜다. 오랜 시간 동안 지자기장을 평균하면 비쌍극자 성분은 서로 상쇄되어 쌍극자 성분만 남게 된다.

동일한 방법이 적용된다. 광범위한 고고학 연구가 수행된 유럽 남동부와 일본 남서부 두 지역에서 지난 2,000년 동안 고지자기 복각에 대한 영년 변화의 기록을 서로 비교해 볼 수 있다. 두 지역은 경도상으로 110°나 떨어져 있지만 위도가 35~40°N의 비슷한 범위에 걸쳐 있다. 고지자기 복각 변화에 대한 분석에 따르면 극값은 유럽보다 일본에서 약 400년 일찍 발생하는 것으로 나타났다. 동일한 속도로 지구를 한 바퀴 돌기 위해서는 1,300년 정도가 필요하다. 이러한 관측은 비쌍극자장의 서편 이동(westward drift)으로 해석된다.

쌍극자장도 서편 이동을 보이며, 이는 쌍극자장의 적도 방향의 성분에 체계적인 변화가 수반됨을 의미한다. 변화가 거의 주기적이라면, 임의의 지점에서 수 주기에 걸쳐(즉, 수만 년 동안) 측정된 쌍극자의 적도 방향 평균 세기가 0이 될 것이다. 이와 비슷하게 비쌍극자장의 영년 변화도 대략 주기성을 띤다고 가정할 수 있다면, 수천 년에 걸쳐 평균한 값이 0이 되어야 한다. 약 10^4년의 시간 간격을 두고 평균을 하면 주기적인 변화가 상쇄되어 사라지며 오로지 쌍극자의 축 성분만 남게 된다. 이는 지자기장의 유일하고 지속적인 장기 성분이다. 지구의 중심에 위치하고 방향이 자전축과 나란한 쌍극자를 지구의 장기적인 자기장으로 상정하는 것은 고지자기학의 가장 기본적인 원칙이다. 이것을 지구 중심축 쌍극자 가설이라 한다.

12.2.2.2 지구 중심축 쌍극자 가설

오늘날의 심해 퇴적물과 젊은 화성암 및 퇴적암에 대한 고지자기 분석 결과는 지구 중심축 쌍극자(Geocentric Axial Dipole, GAD) 가설을 뒷받침하는 가장 강력한 증거를 제공한다. 원양 퇴적물은 심해 분지에서 매우 천천히 퇴적된다. 퇴적물은 지자기장 방향과 정확히 일치하는 퇴적 후 잔류 자화(pDRM)를 획득한다. 느린 퇴적 속도로 인해 자기장은 완전하게 평균된다. 예를 들어, 원양 퇴적 속도로 퇴적된 일반적인 심해 퇴적물 시료가 1인치의 두께를 가진다면, 여기에 기록된 고지자기의 방향이 2,500~25,000년의 퇴적 기간 동안 평균되었음을 의미한다. GAD 가설을 검증하기 위해 현대 심해 퇴적물 시료에서 측정된 복각을 시료 채취 위도에서 예상되는 복각과 비교하였다. 그림 12.13a에 쌍극자장의 복각 I와 자기 여위도 p 그리고 위도 λ 사이의 관계를 그림으로 나타내었다. 북반구와 남반구에 걸쳐 다양한 위도에서 수집된 186개의 플라이오-플라이스토세 심해 퇴적물 시추 코어를 분석한 결과, 잔류 자화의 평균 복각은 GAD 가설에 기반을 둔 이론적 곡선과 잘 일치한다(그림

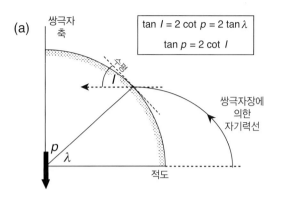

$$\tan I = 2 \cot p = 2 \tan \lambda$$
$$\tan p = 2 \cot I$$

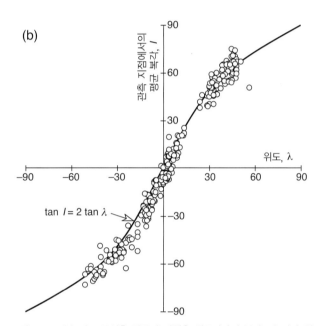

$$\tan I = 2 \tan \lambda$$

그림 12.13 (a) 지구 중심축 쌍극자 가설은 쌍극자장의 복각 I와 자기 위도 λ 사이의 관계를 $\tan I = 2 \tan \lambda$로 예측한다. (b) 186개의 현대 심해 퇴적물 시추 코어에서 측정된 복각은 이론적인 곡선과 잘 일치한다. 자료 출처 : D.A. Schneider and D.V. Kent, The time-averaged paleomagnetic field, *Rev. Geophysics*, 28, 71–96, 1990.

12.13b).

일부 육상 암석에 대한 고지자기 연구는 GAD 가설이 가진 약간 복잡한 요소를 보여 준다. 어떤 지점에서 계산된 고지자기극(12.2.4.1절)은 자전축을 지나쳐 몇 도만큼 뒤쪽에 위치하는 결과를 보일 수 있다. 이러한 결과는 측정된 복각이 GAD 자기장에 대해 예측된 복각보다 작을 경우 발생한다. 퇴적물의 압축이나 화산암의 자기 이방성은 관측된 결과를 충분히 설명할 수 있을 정도의 복각 감소[대략 수 도(°)]를 유발할 수 있다. 이에 의한 효과는 추정된 극의 분포를 길게 늘어지게 한다. 이러한 특성은 복각 감소를 겪은 고지자기 자료를 보정할 때 고려된다.

GAD 가설에 따르면, 고지자기학에서의 암석 자화는 지자기장의 비쌍극자 성분을 평균하여 0으로 만든다. 그러나 어떤 경우에는 평균의 기간이 불충분할 수 있으며, 혹은 축 대칭인 띠 성분(zonal component, 글상자 11.3 참조)이 상쇄되지 않고 남아 있을 수 있다. 쌍극자 항 다음으로 가장 강력한 항들(사중극자 g_2^0와 팔중극자 g_3^0)은 고지자기극의 위치 계산에 영향을 미칠 가능성이 가장 높다. 특히 팔중극자항은 복각 감소를 유발하는 효과가 있다. 이러한 효과는 퇴적물이나 이방성 화성암에 의한 복각 감소를 보정할 때 사용한 기법을 동일하게 적용하여 제거할 수 있다.

12.2.3 고지자기 기법

고지자기 분석 기법은 채집된 암석들에 의해 도출된 평균 고지자기극의 위치가 지구 중심축 쌍극자와 일치해야 한다는 필요 조건을 충족하도록 설계되었다. 하나의 암석 누층에 대한 시료는 비체계적 오차를 제거하거나 최소화하고 고지자기장의 영년 변화가 평균을 통해 상쇄되도록 설계된 계층적 구조에 따라 수집된다. 각 계층 단계에서 평균화 및 통계 분석이 잔류 자화 벡터에 대해 수행된다. 하나의 측점에서 최대한 많은 수의 고지자기 시료를 수집하는 것이 이상적이지만, 일반적으로 약 6~10개의 시료로 충분하다. 동일한 누층에서 일반적으로 10~20개 측점에 대한 각각의 평균값들을 평균하여 해당 누층 또는 해당 지역에 대한 평균 고지자기 방향을 결정한다.

고지자기학에서 암석 자화에 대해 요구되는 조건은 자연 잔류 자화(NRM)가 암석이 형성되는 시점(또는 암석의 생애 중 알려진 시점)에 획득되어야 하며, 그 이후 변하지 않고 그대로 유지되어야 한다는 것이다. 사실 NRM은 수집 과정이나 실험실에서의 분석 준비 절차를 포함하여 일반적으로 다양한 시기에 획득된 여러 자화 요소로 구성된다. 따라서 불필요한 자화 요소를 제거하고 1차 자화를 분리해 내는 실험 기법이 적용되어야 한다. 이 과정을 '자기 청소(magnetic cleaning)'라고 한다.

암석 시료에서 측정된 고지자기의 방향은 평사 투영법[8]으로 표현한다. 이 투영법은 3차원 방향을 평면에 도시하는 방법으로서, 관련 도표는 앞서 지진의 초동 분석 부분에서 다루었다(7.2.5.2절). 이 기법은 방향을 표현하기 위해 관측 지점이 중심에 위치하는 단위 구 표면과 해당 방향이 교차하는 점을 이용한다. 이 기법은 어떤 방향들의 집합을 구 표면상에 놓인 점들의 집합으로 변환한다. 다음 단계로 점들을 수평면에 투영하여 스테레오그램에 도시한다. 양(아래쪽)의 복각을 나타내는 방

향은 아래쪽 반구에 투영되어 표현된다. 음(위쪽)의 복각에 대한 방향은 위쪽 반구에 투영되며 구별을 위해 다른 기호를 사용하여 표시한다.

12.2.3.1 잔류 자화의 측정

암석의 자연 잔류 자화는 신중하게 제어된 실험 환경하에서 민감한 자력계를 사용하여 측정된다. 회반 자력계(spinner magnetometer)와 극저온 자력계(cryogenic magnetometer)가 일반적으로 사용되는 유형의 자력계이다.

회반 자력계는 시료의 외부 자기장을 감지하기 위해 시료를 플럭스 게이트의 센서(11.4.2.1절) 배열 내에서 대략 5~10 Hz로 회전시킨다. 시료의 회전이 정현파의 출력을 발생시키며, 이는 디지털화되어 소형의 온라인 컴퓨터에 저장된다. 회전축과 수직인 평면상의 자화 성분은 푸리에 분석을 통해 결정된다. 컴퓨터로 제어되는 플럭스 게이트 회반 자력계는 단 몇 분만에 5×10^{-5} A m^{-1} 정도의 자화 강도를 측정할 수 있다.

극저온 자력계는 현재 사용되는 기기 중 가장 감도가 우수하고 빠르다. 이 자력계는 특수 냉동고(펄스관 저온 냉각기 유형)에 의해 액체 헬륨의 온도로 유지되는 코일을 센서로 사용한다. 이 온도(4 K)에서 코일은 초전도체가 된다. 자기장의 작은 변화에 의해 코일에 비교적 큰 전류가 유도되며, 이는 초전도체 환경으로 인해 시료가 제거될 때까지 지속된다. 코일과 나란히 조지프슨 접합(Josephson junction)이 배치되어 있는데, 이 양자 역학 장치는 자기 선속의 양자에 비례하는 단위화된 전류가 흐르는 매우 얇은 판이다. 선속의 급격한 증가에 대한 횟수를 전기적으로 세어 암석 표본의 외부 자기장을 유추하며, 이로부터 자화 강도를 결정한다. 대부분의 극저온 자력계에는 서로 수직을 이루는 코일 세트가 설치되어 있어 몇 초 내에 둘 또는 세 개의 자화 축을 동시에 측정할 수 있다. 기기의 감도는 표준 시료에 대해 5×10^{-6} A m^{-1} 정도의 암석 자화를 측정한다.

12.2.3.2 단계별 점진적 자기 소거

암석의 NRM은 여러 성분을 담고 있는데, 이 중에는 암석의 지질학적 이력과 관련된 성분은 물론 수집 과정과 분석 절차에

---

8 평사 투영법(stereographic projection) : 평사도법 혹은 입체 투영법이라고도 한다.

관련된 요소도 포함될 수 있다. NRM의 구조를 분석하고 안정적인 구성 요소를 분리할 수 있도록 자연 자화는 자기적으로 청소되어야 한다. 이 과정은 단계별로 이루어지는데, 단계를 거칠수록 원래의 자화가 점차적으로 감소한다. 두 가지 자기 소거 기법이 주로 사용된다.

첫 번째 방법은 점진적 교류 자기장(Alternating Field, AF) 자기 소거법이다. 교류 자기장은 코일 내에 교류 전류를 통과시켜 생성해 낼 수 있다. 이 자기장은 크기가 같지만 방향이 반대인 최댓값 사이에서 변동한다. 암석 시료에 교류 자기장을 적용하면, 항자력이 자기장의 최댓값보다 낮은 입자들은 자기 모멘트가 새로운 방향으로 자화된다. 최댓값보다 항자력이 높은 성분들은 영향을 받지 않는다. 이제 교류 자기장의 강도를 천천히 그리고 일정하게 0으로 감소시킨다. 이 과정을 통해 암석의 자화 성분 중 항자력이 교류 자기장의 최댓값보다 낮은 부분은 무질서해진다. AF의 자기 소거 코일은 지자기장의 영향에서 벗어나기 위해 자기 차폐막 또는 특수 코일로 둘러싸여 있다. 그렇지 않으면 지자기장의 방향을 따라 비자기 이력 잔류 자화가 유도된다.

자기 소거 절차는 교류 자기장의 최댓값을 점진적으로 증가시키면서, 잔여 자화의 강도가 0이 될 때까지 계속 반복한다. 매 단계마다 시료의 자화 강도를 측정한다. 이제 방향과 항자력의 범위가 다른 두 자화 성분 AB와 BC가 시료의 NRM을 구성한다고 가정하자(그림 12.14a, b). 점진적 자기 소거의 초기 단계(1~3단계)에서 '부드러운' 성분 BC는 먼저 0으로 감소한다. 점진적 자기 소거의 매 단계마다 측정되는 NRM 벡터는 시료에 가해지는 자기장에 아직 영향을 받지 않은 '단단한' 성분과 아직 남아 있는 부드러운 성분의 합이다. 부드러운 성분과 단단한 성분 사이의 각이 90° 이내면, 소거 단계마다 총 자화 강도는 감소하며, 그보다 사잇각이 크다면 증가한다(그림 12.14c). 1~3단계를 거치면서, 자화 벡터의 방향은 단계마다 계속 변한다(그림 12.14d). 3단계에서 부드러운 성분이 제거되고 나면, 더 강해지는 교류 자기장에 의해 점차적으로 단단한 성분 AB가 감소한다(4~7단계). 이 단계를 거치면서 시료의 자화 강도는 지속적으로 감소하지만 자화의 방향은 매우 일정하게 유지된다. 이 방향을 안정 종점(stable end-point)이라고 한다. 자기 청소에 의해 결정되는 자화의 안정적인 성분을 특성 자화(characteristic magnetization)라고 하며, 보통 1차 잔류 자화 성분과 동일하다.

AF 자기 소거법의 활용 범위는 자기 소거 코일이 생성할 수

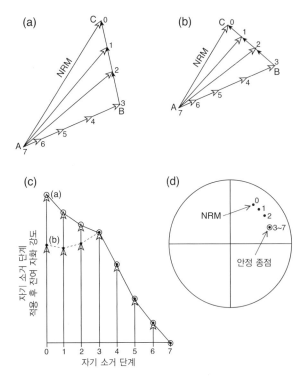

그림 12.14 상이한 안정도 범위의 두 성분으로 구성된 잔류 자화의 단계적 자기 소거법. (a) 안정한 성분 AB 이전에 낮은 안정도의 성분 BC가 먼저 제거된다. (b) 성분 AB와 성분 BC의 사잇각이 (a)의 경우와 다르다. (c) (a)와 (b)에 대한 자기 강도의 변화, (d) 스테레오그램에 나타낸 자화의 방향 변화. 점 근처의 숫자는 일련의 자기 소거 단계를 나타낸다.

있는 자기장의 최대 세기 내로 제한된다. 일부 장비는 약 0.3 T의 자기장을 생성할 수 있지만, 일반적으로 0.1 T 정도가 최대 세기이다. 이 크기는 자황철석의 최대 항자력보다 낮으며, 적철석이나 침철석의 항자력보다 훨씬 낮은 수치이다. 따라서 AF 자기 소거법은 이러한 광물들이 담고 있는 자화 성분들을 제거하는 데 효과적이지 않다. 이 기법은 자철석을 주요 자성 광물로 포함하는 암석에 일반적으로 사용된다.

좀 더 강력한 대안은 점진적 열 자기 소거법(progressive thermal demagnetization)이다. 암석 시료를 온도 T로 가열하면, 열에너지에 의해 봉쇄 온도가 T보다 낮은 자기 성분들이 무작위화된다. 그 후 자기장이 없는 공간에서의 냉각을 통해 시료는 이 성분들이 제거된 NRM을 나타낸다. 이제 최대 온도를 점점 더 높여 가면서 가열과 냉각 과정을 계속 반복한다. 자화의 점진적인 제거는 NRM의 구성 성분들을 드러나게 한다. 이 기법은 NRM을 모두 제거하기 위해 구성 광물 중 가장 높은 퀴리 온도 이상으로 시료를 가열하기만 하면 되므로 AF 소거법보다 많은 경우 더 효과적이다. 그러나 암석에 열적으로 불안정한 자성 광물이 포함되어 있으면 비가역적인 변화에 의

해 열 자기 소거가 복잡해질 수 있다.

단계적 자기 소거가 진행되는 동안 잔류 자화에 대한 안정성은 각 단계가 종료 후 온도 또는 AF장의 세기 등에 대한 잔여 자화 강도를 도시함으로써 나타낼 수 있다(그림 12.14c). 방향 안정성은 스테레오그램에 각 단계 종료 후의 자화 방향을 표시하여 동시에 나타낼 수 있다(그림 12.14d). 스테레오그램을 사용한 자화 강도의 표현은 점진적 자기 소거를 보여 주지만 실제로는 거의 사용되지 않는다. 보다 엄밀한 분석에서는 자화를 벡터로 취급하고 개별 구성 성분의 안정성을 조사한다(글상자 12.2). 이 기법은 고지자기 조사의 필수적인 부분이다.

12.2.3.3 고지자기 방향에 대한 통계 분석

암석 시료 모음에서 얻은 안정적인 고지자기 방향의 유의성을 결정하기 위해 통계적 분석 기법이 사용된다. 개별 시료에서 얻은 고지자기의 방향은 다양한 방향을 가진 단위 벡터로 간주된다. 벡터의 종점은 단위 구면상에 놓여 점의 위치를 결정한다. 고지자기 방향(또는 구면상의 점 위치)을 평가하기 위한 통계적 기법은 1953년 피셔 경(R. Fisher, 1890~1962)에 의해 개발되었다. 그는 모집단이 N개의 단위 벡터로 이루어져 있을 때, 평균 방향에 대한 최상의 추정치는 이들 벡터의 평균인 R로 주어진다는 사실을 발견하였다. 이들 단위 벡터는 일반적으로 평행하지 않다. 이들을 모두 더하면 합산된 벡터의 길이는 단위 벡터들이 평행할 경우보다 짧다. 즉, 합산 벡터 길이의 최댓값은 N이다($R \leq N$). R의 방향은 평균 고지자기 방향의 가장 최상의 추정치이다.

피셔는 개별 표본 방향과 표본 분포의 평균 방향 사이의 각도 θ가 다음과 같은 확률 밀도 함수 $P(\theta, \kappa)$를 따른다고 제안했다.

$$P(\theta, \kappa) = \frac{\kappa}{4\pi\sinh\kappa}\exp(\kappa\cos\theta) \qquad (12.10)$$

여기서 매개변수 κ는 '정밀도 매개변수(precision parameter)' 또는 '집중 매개변수(concentration parameter)'라고 한다. 이 매개변수는 방향의 분산 정도를 설명하며, 분산 정도의 역수와 비슷하다. 엄밀히 말하면 κ는 방향에 대한 무한히 큰 모집단의 속성이다. 그러나 고지자기 조사에서는 일반적으로 적은 수의 방향만을 얻을 수 있으며, 이들이 무한한 표본의 대푯값이라 간주된다. 따라서 계산된 매개변수는 모집단의 실제 매개변수에 대한 대략적인 추정치이다. 피셔는 정밀도 매개변수 κ의 최

상의 추정값(k)이 다음과 같이 주어진다는 것을 보였다.

$$k = \frac{N-1}{N-R} \qquad (12.11)$$

여기서 R은 N개의 단위 벡터들의 벡터 합이다. k(또는 κ)가 0이면 방향이 균일하거나 무작위로 분포한다. 흩어진 정도가 심한 방향의 집합은 작은 k 값을 갖는다. k 값이 크면 서로 밀접하게 연관된 방향 집합을 나타낸다.

고지자기 방향의 산란 정도는 각에 대한 표준 편차로 설명된다. 피셔의 통계에서 이는 $1/\sqrt{k}$에 비례한다. 그러나 일반적으로 평균 방향이 얼마나 잘 정의되었는지 설명하는 것이 더 중요하다. 유념해야 할 것은 가용 가능한 자료에 기반을 두어 평균 방향을 추정할 뿐 실제의 평균값은 알 수 없다는 사실이다. 실제의 평균 방향은 추정치와 몇 도 정도 다를 것이다. 그러나 실제 평균값이 95%의 확률로 어떤 범위 내에 — 예를 들어 7° — 존재한다고 가정하면, 추정된 평균 방향을 중심으로 중심각이 7°인 원뿔을 그릴 수 있다. 이 원뿔은 95% 확률 수준에서 평균 방향의 신뢰 구간을 나타낸다. 신뢰 구간의 크기는 방향의 분포를 이루는 표본의 개수 N과 분산 매개변수 k에 의해 결정된다. 신뢰 구간을 나타내는 원뿔의 반각(semi-angle)은 $\alpha95$로 표시하며, 대략 다음과 같이 주어진다.

$$\alpha_{95} = \frac{140}{\sqrt{Nk}} \qquad (12.12)$$

평균이 얼마나 잘 정의되었는지 설명하기 위해 임의의 신뢰 수준을 선택할 수 있다. 그러나 통계에서는 95%(유의미함) 및 99%(매우 유의미함) 신뢰 수준 두 가지가 일반적이다. 고지자기에서는 95% 신뢰 수준이 사용된다. 이것은 실제 평균이 추정된 평균 방향에 대해 그려진 원뿔 내에 존재할 확률이 95%임을 의미한다.

12.2.3.4 자화 안정성에 대한 야외 검증

상황이 허락된다면, 지질학적 시간에 따른 자화의 안정성을 확인하는 현장 검증이 고지자기 시료 수집 과정에 포함된다. 이는 '자기 청소'라는 실험실 기법이 아직 확립되지 않았던 초기 고지자기학 시기에 특히 중요한 작업이었다. 선구적인 학자들은 고지자기 안정성을 검증하기 위해 야외 관찰에 기반을 둔 독창적 기법들을 고안하였다. 습곡 검증 및 자기역전 검증은 오랜 지질학적 시간에 걸쳐 잔류 자화가 안정함을 입증하고 그 획득 시기를 확인하기에 여전히 가장 좋은 방법 중 하나이다.

글상자 12.2 자화 성분 분석

그림 B12.2.1 점진적 AF 혹은 열 자기 소거법 분석을 위한 벡터 다이어그램(Zijderveld, 1967). (a) 각 자기 소거 단계를 거친 후의 잔여 벡터 성분을 3개의 직교 평면(수평면, 북-남 수직면, 동-서 수직면)에 점으로 표시한다. (b) 점진적 열 자기 소거법이 적용된 석회암의 벡터 다이어그램. 열 봉쇄 온도가 겹치지 않는 자화 성분은 다이어그램상에 직선으로 나타난다.

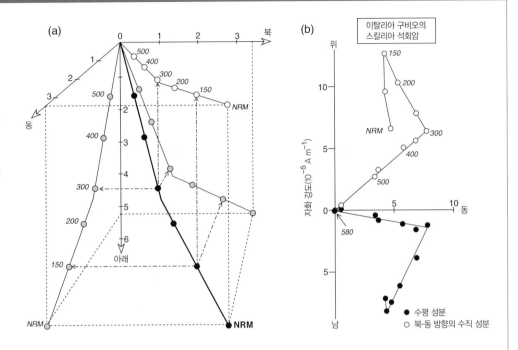

잔류 자화의 구조와 안정성에 대한 가장 강력한 분석법은 벡터 도표를 활용하는 것이다. 이 기법은 1960년대 초 네덜란드의 고지자기학자 지더벨트(J. D. A. Zijderveld, 1934~)에 의해 소개되었다. 자기 소거의 각 단계에서 자화는 북쪽(N), 동쪽(E) 및 수직(V) 성분으로 분해된다. 벡터 도표는 동쪽 성분에 대한 북쪽 성분과 수직 성분에 대한 수평 성분(북쪽 또는 동쪽)으로 구성된다. 이는 벡터를 수평면과 남북(또는 동-서) 수직면에 투영하는 것과 동일하다(그림 B12.2.1a). 항자력 또는 봉쇄 온도에 대한 뚜렷한 스펙트럼을 갖는 NRM의 구성 요소는 벡터 소거 도표에서 선형의 선분으로 나타난다.

그림 B12.2.1b는 원양 석회암의 열 자기 소거법에 대한 지더벨트 도표를 보여 준다. 이 도표에는 수평 및 수직 투영면에 서로 구분되는 3개의 선분이 나타난다. 이 선분들은 서로 다른 NRM 구성 성분들을 나타낸다. 150°C 이하에서 소거된 성분은 북쪽 아래를 향하므로 정자기를 나타낸다. 이

성분은 아마도 기존의 자화에 덧씌워진 최근의 지자기장에서 획득된 부드러운 자화일 것이다. 150~300°C 사이에서 소거된 벡터는 더 오래전에 덧씌워진 자화일 것이다. 이 벡터는 남쪽 상향을 가리키므로 역자기를 나타낸다. 만약 덜 안정한 부분이 소거된 이후 안정적인 벡터가 남아 있다면, 벡터 다이어그램의 각 부분에서 원점을 지나는 직선이 나타난다. 이러한 방식으로 암석의 잔류 자화 중 지질학적으로 흥미롭고 안정적인 성분에 대한 방향이 결정된다. 이 경우에서는 300~580°C 사이에서 소거된 성분이며, 지자기장의 극이 역전되었을 당시 획득된 안정적인 1차 성분으로 해석된다.

두 가지 이상의 자화 성분이 존재하는 경우, 항자력 스펙트럼 또는 봉쇄 온도 스펙트럼이 부분적으로 겹칠 수 있다. 중복 구간에 대한 자기 소거 과정에서는 벡터 도표에 곡선의 궤적이 나타난다. 두 스펙트럼이 완전히 겹친다면, 직선 구간을 결정할 수 없다. 이 경우 시료는 안정적인 단일 자화 성분을 갖지 않는다.

습곡 검증은 아마도 가장 중요한 고지자기장 검증법일 것이다. 이 기법은 원래 수평이었으나 지구조적 효과로 차후에 기울어진 지층에 적용된다. 암석의 고지자기 방향이 안정적이라면 기울어진 지층과 동일한 회전을 겪는다. 회전 정도는 습곡 부분을 중심으로 변한다(그림 12.15a의 층 A). 이를 습곡 전 자화(pre-folding magnetization)라고 한다. 반면에 암석이 습곡이 발생한 후 자화를 획득했다면, 습곡 지역의 모든 지점에서 동일한 방향을 가질 것이다(그림 12.15a의 층 B). 이를 습

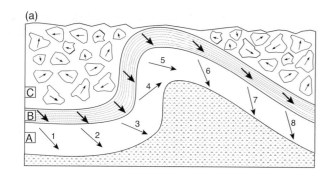

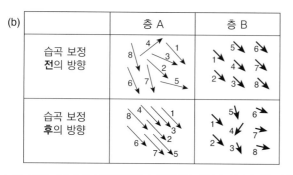

그림 12.15 (a) 습곡 부근의 자화가 안정적인 지층(A)과 불안정한 지층(B) 그리고 안정적으로 자화된 역암질의 자갈(cobble, C)에 대한 자화 방향(화살표), (b) 층 A와 층 B에 대한 습곡 보정 후의 방향 비교.

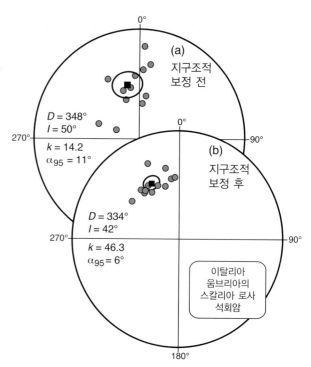

그림 12.16 이탈리아 움브리아 남부 스칼리아 로사 석회암의 12개 지점에 대한 양의 습곡 검증. 국부적 경사층 보정 전(a)의 방향은 보정 후(b)의 방향에 비해 분산 정도가 크다.

곡 후 자화(post-folding magnetization)라고 한다. 세 번째 경우는 지구조적 과정 동안 자화가 획득된 경우로서 흔히 발생하는 현상이다. 이 경우 자화의 방향은 습곡 부근에서 변하지만 습곡 정도보다 약하게 변한다. 이를 동시 습곡 자화(synfolding magnetization)라고 한다.

실제로 습곡 검정은 기울기 보정을 적용하기 전과 후의 방향을 비교함으로써 수행된다. 만약 안정된 자화를 획득한 시료들이 전체 습곡 지역에서 수집되었다면, 보정 전의 방향은 일정치 않은 패턴을 보인다. 지층 경사에 대한 보정을 수행하고 나면, 방향의 분산 정도가 감소하고, 습곡 전의 방향을 나타낸다(그림 12.15b, 층 A). 이를 양의 습곡 검증(positive fold test)이라 부른다. 만약 자화가 불안정하고 습곡 후 자화에 의해 획득된 것이라면, 경사 보정은 방향 분포의 분산을 증가시킨다(그림 12.15b, 층 B). 이것은 음의 습곡 검증(negative fold test)이다.

그림 12.16은 이탈리아 움브리아 남부 아펜니노산맥 중앙부에서 산출되는 스칼리아 로사 석회암의 12개 지점에 대한 습곡 검증 결과를 보여 준다. 시료는 긴 배사 구조의 날개(limb)에서 다양하게 수집되었다. 평균 자화 방향은 각 지점에서 자기 청소된 약 10~12개의 시료를 통해 계산되었다. 보정을 거치지

않은 자화 방향은 신뢰 구간(α95)이 11°로서 상당히 퍼져 있다. 지층의 국부적인 기울기에 대한 보정을 거치고 나면 결과가 훨씬 더 잘 수렴하며 신뢰 구간의 크기가 6°로 감소한다. 14.6에서 46.3으로의 집중 매개변수 증가는 결과가 통계적으로 유의미하며, 습곡 이전에 자화가 획득되었음을 지시한다.

역암 검증은 현재 거의 사용되지 않는 야외 안정성 검증법이다. 석회암 누층을 조사 중이고, 그곳에서 석회암 자갈이 포함된 역암이 발견되었다고 가정하자(그림 12.15a, 층 C). 자갈이 침식과 운반 그리고 재퇴적 과정에서 방향이 무작위로 바뀌었다고 가정하면, 고지자기가 안정적인 경우 이들은 무작위로 분포해야 한다. 만약 체계적인 방향이 나타난다면, 석회암의 자화는 상당히 큰 2차 잔류 자화 성분을 갖는다.

자기역전 검증은 고지자기 시료들이 정자기와 역자기가 기록되기에 충분히 긴 시간 간격(> 10 ka)을 두고 분포할 때 적용할 수 있다. 일련의 정자기와 역자기의 시간 동안 획득된 잔류 자화는 정확히 역팽행(antiparallel)이어야 한다. 정자기를 벡터 **N**으로 표시하고 역자기를 벡터 **R**로 표시하자(그림 12.17a). 벡터 **S**로 표시되는 소거되지 않은 2차 잔류 자화 성분으로 인해 **N**과 **R**은 더 이상 역팽행하지 않는다. 벡터 **S**를 자기적으로 청소할 수 있을 경우, **N**과 **R**은 다시 대척점에 놓이게 된

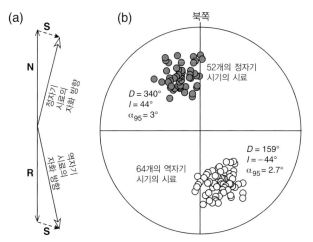

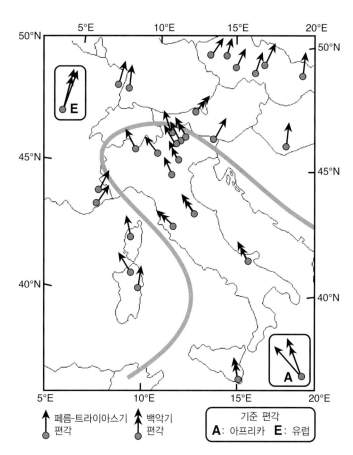

그림 12.17 자기역전 검증. (a) 2차 잔류 자화 성분의 존재는 정자기와 역자기 시기의 자화 방향을 대척점에서 벗어나게 한다. (b) 이탈리아 구비오 근방에 위치한 측점의 스칼리아 석회암 시료에 대한 자기역전 검증. 정자기와 역자기 시료들의 평균 방향이 서로 거의 반대에 위치한다.

다. 만약 자기 청소가 충분하지 않으면, 소거되지 않은 2차 잔류 자화 성분이 역평행을 어그러뜨린다.

그림 12.17b는 자기역전 검증이 성공적으로 적용된 예를 보여 준다. 시료는 중부 이탈리아 스칼리아 시네레아스층 내 올리고세 시기에 형성된 이회암질 석회암에서 얻어졌다. 52개의 정자기 시료에 대한 평균 벡터 방향은 $D_N = 340°$, $I_N = 44°$, $\alpha_{95} = 3°$이며, 64개의 역자기 시료에 대한 평균은 $D_R = 159°$, $I_R = -44°$, $\alpha_{95} = 2.7°$이다. 두 평균 방향의 사잇각은 거의 180°이다. 즉, 정자기 및 역자기 시료 모음들은 정확히 반대 방향에 놓여 있다. 시료에는 두 방향이 대척점에 놓이는 것을 방해하는 2차 잔류 자화에 의한 자료의 오염이 존재하지 않는다.

12.2.4 고지자기와 판구조

움브리아 아펜니노 산악대의 넓은 지역에 걸쳐 몇몇 지점에 대한 마욜리카 석회암의 평균 지자기장 방향을 비교해 보면, 복각보다 편각(declination)이 훨씬 강하게 분산되어 있음을 알 수 있다. 큰 편차를 보이는 편각은 조사 지역의 지역적 판 운동의 결과로서 수직 축을 중심으로 각 측점마다 약간의 회전이 있었음을 보여 준다. 이 예는 고지자기의 중요 적용 사례 중 하나로서, 고지자기학적 접근이 없었다면 현장에서 관찰하기 어렵거나 불가능한 지각 회전에 대한 설명을 가능케 해 준다. 국부적이거나 지역적인 판구조론을 해석하는 것 이외에도 고지자기는 과거의 대륙 이동을 분석할 수 있게 해 준다. 이러한 대규모 지구조론 분석을 위해 고지자기 자료를 사용하려면 관찰

그림 12.18 이탈리아의 페름-트라이아스기 및 백악기 암석의 편각은 북부와 서부 알프스의 유럽 편각들과는 체계적으로 다르지만 아프리카판의 평균적인 방향과는 잘 일치한다. 아프리카판에 대한 아드리아해 곶의 가상 윤곽은 음영 처리된 선으로 나타내었다.

된 자화 방향을 적절한 기준 방향과 비교해야 한다. 만약 지질학적 과거 동안 적절한 고지자기극의 위치를 알고 있다면 특정 회전을 통해 이러한 운동을 계산할 수 있다.

대규모의 판구조론이 고지자기의 방향에 미치는 영향은 중부 유럽의 고생대 후기에서 백악기 후기까지의 고지자기 자료를 비슷한 시기의 남부 유럽에 대한 자료와 비교함으로써 설명할 수 있다(그림 12.18). 이 긴 시간 간격 동안 유럽과 아프리카판은 모두 먼 거리를 이동했다. 그 결과, 그림에 표시된 위치에서 측정된 복각은 큰 편차를 보인다. 그러나 이 기간 동안 유럽의 기준 편각은 크게 변하지 않았다. 이러한 양상은 아프리카의 기준 편각도 마찬가지이다. 그러나 북-북동 방향의 유럽 기준 편각과 북서 방향의 아프리카 기준 편각 사이에는 큰 편차가 존재한다. 두 대륙의 대략적인 경계인 고산 지대를 중심으로 북쪽과 서쪽 지역에서 관측된 고지자기의 편각은 유럽 대륙의 기준 편각과 일치한다. 그러나 알프스 남쪽, 이탈리아 반도

및 시칠리아에서 관측되는 편각은 북서쪽을 향하며, 이는 아프리카 대륙의 기준 편각과 일치한다. 이러한 고지자기의 방향 패턴은 이탈리아 반도와 아드리아해의 인접한 지역이 아프리카판의 북쪽 곶(promontory)이라는 판구조적 해석을 가능하게 한다. 비록 편각 패턴의 차이가 두드러지긴 하지만, 다른 해석이 가능할 수도 있다. 이는 아프리카의 기준 편각이 일부 시기 동안은 잘 정의되지 않은 고지자기극의 위치로부터 도출되었기 때문이다.

12.2.4.1 가상 지자기극의 위치

고지자기 분석은 지구 중심축 쌍극자(GAD) 가설을 가정한다 (12.2.2.2절). 이에 기반을 두면, 암석에서 측정된 잔류 자화의 편각 D와 복각 I를 활용하여 이에 대응하는 지자기극의 위치를 찾을 수 있다. 지자기극에 대한 이 추정상의 위치를 가상 지자기극(Virtual Geomagnetic Pole, VGP)이라고 한다.

VGP의 위치 계산법은 그림 12.19에 나와 있다. 첫째, GAD를 가정하면 암석 자화 방향의 복각(즉, 고지자기장의 복각)을 이용하여 시료 수집 지점과 암석이 자화를 획득한 시기의 VGP 간의 각거리 p를 계산할 수 있다. 복각 I와 극각 p 사이의 관계

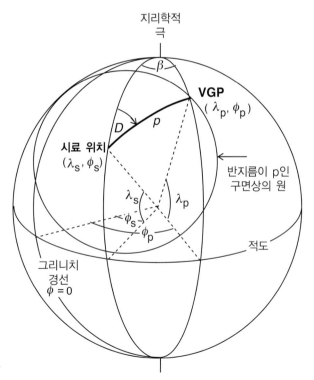

는 식 (11.12) 및 그림 12.13a에 설명되어 있다.

고지자기 시료가 수집된 위치, 즉 위도 λ_s, 경도 ϕ_s를 중심으로 반지름이 각거리 p인 소원[9]을 그리자. 이 원은 시료 수집 지점의 복각이 I가 되게 하는 VGP의 가능한 모든 점들의 모임이다. 다음 단계에서는 이 원의 특정 지점 중 하나를 VGP의 위치로 결정해야 한다. 이때는 잔류 자화의 편각을 사용한다. 잔류 자화의 편각은 진북과 과거 지자기 북극을 향하는 방향에 대한 수평 사잇각과 같다. 편각은 남북 자오선과 각도 D를 이루며 시료 채집 지점을 통과하는 자오선(혹은 대원)으로 정의된다 (그림 12.19). 이 대원이 시료 수집 지점을 중심으로 그려진 소원과 교차하는 곳이 가상 지자기극의 위치이다. 이 지점에 대한 현재의 지리적 좌표, 위도 λ_p와 경도 ϕ_p는 구면 삼각법(글상자 12.3)으로 계산된다.

$$\sin\lambda_p = \sin\lambda_s \cos p + \cos\lambda_s \sin p \cos D \qquad (12.13)$$

$\cos p \geq \sin\lambda_s \sin\lambda_p$일 경우, $\phi_p = \phi_s + \beta$

$\cos p < \sin\lambda_s \sin\lambda_p$일 경우, $\phi_p = \phi_s + 180 - \beta$ $\qquad (12.14)$

여기서 $\sin\beta$는 다음과 같이 주어진다.

$$\sin\beta = \frac{\sin p \sin D}{\cos\lambda_p} \qquad (12.15)$$

GAD 가설을 가정하면 동일한 위도의 모든 위치(즉, 자전축에서 동일한 각거리만큼 떨어진 지점)에서 획득되는 자화는 복각이 모두 같으며, 편각은 0°가 된다. 이것은 쌍극자장의 축이 자전축과 나란하기 때문이다. 이 상황에서 수집 지점의 경도(위도선에서의 위치)는 결정할 수 없다. 주어진 지점에서 훗날 측정되는 편각에는 국지적 지구조 운동이나 대규모 대륙 변위로 인해 발생되는 방위각의 변화가 반영된다.

여러 개의 시료 또는 다양한 수집 지점에서 획득된 자료를 통계적으로 평균하여 얻은 가상 지자기극은 고지자기극을 계산할 때 사용된다. 예를 들어, 용암이 분출되어 흐르면, 지질학적으로 매우 빠른 시간 내에 냉각된다. 이 화산암에서 수집된 시료는 매우 짧은 시간 내에 자화되었으며, 따라서 여기에 기록된 자기장 방향은 용암이 흘렀던 당시 그 지점에서의 총지자기장과 동일하다. 여기에는 쌍극자의 자전축과 일치하는 성분과 어긋난 성분은 물론 비쌍극자장 성분까지 모두 포함되어

그림 12.19 시료 수집 지점에서 측정된 편각 D와 복각 I, 그리고 이들로부터 가상 지자기극(VGP)을 찾는 방법. 출처 : T. Nagata, *Rock Magnetism*, 350 pp., Tokyo: Maruzen, 1961.

---

9 소원(small circle) : 구면상에서 원의 중심이 구의 중심과 일치하는 원을 대원(great circle)이라 한다. 대원의 반지름은 구의 반지름과 같다. 구면상에서 대원보다 작은 반지름을 갖는 원을 소원이라 부른다.

글상자 12.3 가상 지자기극의 위치 결정

구면 삼각형의 변과 각도 사이에 적용되는 사인과 코사인 관계(글상자 2.1)는 가상의 고지자기극의 위경도를 결정하기 위해 그림 12.19에 적용될 수 있다. 그림 12.19에 제시된 구면 삼각형의 세 꼭지점은 각각 시료 수집 지점, VGP 위치, 지리적 북극에 대응한다. 지리적 북극과 수집 지점을 잇는 변의 길이는 각도의 단위(arc degree)로 $(90 - \lambda_s)$의 크기를 갖는다. 여기서 λ_s는 수집 지점의 위도이다. 지리적 북극과 VGP 사이의 변 길이는 $(90 - \lambda_p)$의 크기를 갖는다. 여기서 λ_p는 VGP의 위도이다. 세 번째 변의 길이는 p이다. 채집 지점에서 VGP의 방향은 편각 D로서, 이 각에 대한 대변은 길이가 $(90 - \lambda_p)$인 변이다. 이 변수들은 코사인 법칙(글상자 2.1의 식 4)에 의해 다음과 같이 표현된다.

$$a = (90 - \lambda_p); \cos a = \sin\lambda_p$$
$$b = (90 - \lambda_s); \cos b = \sin\lambda_s; \sin b = \cos\lambda_s$$
$$c = p; A = D \tag{1}$$

$$\sin\lambda_p = \sin\lambda_s \cos p + \cos\lambda_s \sin p \cos D \tag{2}$$

수집 지점과 VGP를 지나는 두 대원이 지리적 극에서 만날 때, 그 사잇각은 예각인 β와 둔각인 $(180 - \beta)$의 두 가지 경우를 가진다. 따라서 고지자기극의 경도 ϕ_p에 대한 해는 두 단계를 거쳐 구한다.

첫 번째, 구면 삼각형에 대한 사인 법칙(글상자 2.1의 식 3)을 적용하면 다음의 식을 얻는다.

$$\frac{\sin\beta}{\sin p} = \frac{\sin D}{\sin(90 - \lambda_p)} \tag{3}$$

따라서 각 β에 대한 크기는 다음 식으로부터 얻을 수 있다.

$$\sin\beta = \frac{\sin p \sin D}{\cos\lambda_p} \tag{4}$$

두 번째, 해가 β인지 $(180 - \beta)$인지 결정하기 위해, 다음과 같이 구면 삼각형에 대한 코사인 법칙을 변 p에 대해 적용한다.

$$a = p; A = \beta$$
$$b = (90 - \lambda_s); \cos b = \sin\lambda_s; \sin b = \cos\lambda_s \tag{5}$$
$$c = (90 - \lambda_p); \cos c = \sin\lambda_p; \sin c = \cos\lambda_p$$

위 식으로 다음과 같은 결과를 얻는다.

$$\cos p = \sin\lambda_s \sin\lambda_p + \cos\lambda_s \cos\lambda_p \cos\beta \tag{6}$$

$$(\cos p - \sin\lambda_s \sin\lambda_p) = \cos\lambda_s \cos\lambda_p \cos\beta \tag{7}$$

식 (7)의 우변에서, $\cos\lambda_s$와 $\cos\lambda_p$는 항상 양수이므로 $\cos\beta$가 식의 좌변에 대한 부호를 결정한다. 이로 인해 $(\phi_p - \phi_s)$는 두 가지의 경우, 즉 β 또는 $(180 - \beta)$가 가능하다. 따라서 다음을 얻는다.

$$\cos p - \sin\lambda_s \sin\lambda_p \geq 0 \text{일 경우}, \phi_p - \phi_s = \beta$$
$$\cos p - \sin\lambda_s \sin\lambda_p < 0 \text{일 경우}, \phi_p - \phi_s = 180 - \beta \tag{8}$$

있다. 따라서 이를 통해 계산된 VGP는 자전축과 일치하지 않을 수도 있다. 그러나 시료가 서로 다른 시기의 몇몇 화산암에서 수집된 것이라면, 각각은 약간씩 서로 다른 자기장을 기록한다. 계산된 VGP는 화산암마다 다르며, 분산 분포를 보인다. 만약 동일한 시기(그러나 자전축과 일치하지 않는 쌍극자 성분과 비쌍극자장 성분이 시간 평균을 통해 상쇄될 정도로 충분한 시간)에 생성된 충분히 많은 수의 화산암에서 시료가 수집된다면, 이들에 의해 계산된 평균 방향은 GAD장과 일치할 것이다. 화산암 시료 모음의 평균 방향으로부터 계산된 극의 위치는 지자기장의 평균을 나타내며, 이를 고지자기극(paleomagnetic pole)이라 한다.

VGP는 비자전축 쌍극자 구성 요소를 포함한 자기장에 대한 추정치이다. 고지자기극은 평균 지자기장을 나타낸다. 충분히 긴 기간 동안 자료를 평균할 경우, GAD 가설에 의해 평균 고지자기극과 자전축은 일치한다.

12.2.4.2 겉보기 극이동 경로

북아메리카의 신원기(Neogene, 즉 20 Ma 미만) 화산암과 퇴적암 연구에서 결정된 고지자기극의 위치는 GAD 가설을 뒷받침한다(그림 12.20). 젊은 고지자기극은 현재의 지자기극 주변이 아니라 지리적 극 주변에 밀집되어 있다. 통계 분석에 따르면 젊은 고지자기극의 평균은 지리적 극과 크게 다르지 않다. 그러나 같은 대륙의 오래된 암석에서 구해진 고지자기극 위치는 지리적 극에서 멀리 떨어진 곳에 모여 있다. 북아메리카의 페름기 고지자기극은 지리적 극에서 약 45° 떨어진 북동 아시아상에 위치한다. GAD 가설이 모든 연령대의 암석에 유효하

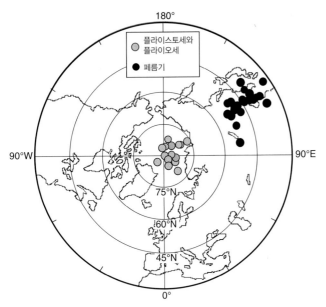

그림 12.20 북아메리카 고지자기극의 위치. 플라이오세와 제4기의 극은 현재의 지리적 극에 가까운 반면, 페름기의 극은 북동 아시아의 약 45°N 에 위치한다. 자료 출처 : T.H. Torsvik et al., Phanerozoic polar wander, palaeogeography, and dynamics, *Earth-Science Rev.*, 114, 325 – 368, 2012.

다면, 이러한 극 분포는 페름기(약 250~300 Ma) 북아메리카의 지리적 극이 현재 위치에서 멀리 떨어진 곳에 있음을 의미한다. 또 다른 해석은 지리적 극은 바뀌지 않았고, 북아메리카가 극을 기준으로 이동했다는 것이다. 현재 페름기의 고지자기극이 모여 있는 위치는 페름기 때 자전축이 있던 곳이다. 북미 대륙은 이후 자전축을 기준으로 현재 위치로 이동하였다.

고지자기 자료를 통해 두 경우 중 어느 것이 옳은 해석인지 알 수 있다. 고지자기극의 위치를 동일 대륙의 서로 다른 연령을 가진 암석을 사용해 계산하면, 이들은 불규칙하게 굽은 경로상에서 체계적인 움직임을 보인다. 고지자기극은 그 경로를 따라 현재의 자전축을 향해 천천히 이동한 것처럼 보인다. 고지자기극의 이러한 움직임을 겉보기 극이동(Apparent Polar Wander, APW)이라 하며, 그 경로를 겉보기 극이동 경로라고 한다. APW는 고지리학적 재구성을 위한 중요한 도구로서, 고지자기학이 시작된 지 얼마 안 된 1954년 크리어(K. M. Creer)에 의해 처음 소개되었다. 하나의 대륙에서 얻어진 고지자기 자료는 그 대륙에 대한 고유 APW 경로를 나타내며, 각 대륙은 저마다 고유의 APW 경로를 갖는다. 즉 유럽 APW 경로, 아프리카 APW 경로, 북미 APW 경로 등 개별 대륙의 APW가 존재한다.

유럽 APW와 북미 APW는 오르도비스기에서 중기 쥐라기에 이르는 기간 동안 뚜렷이 구별되는 경로를 보인다(그림 12.21a). 지구 중심축 쌍극자 가설을 사실로 받아들인다면, 고지자기극(즉, 지구의 자전축)이 두 개의 서로 다른 APW 경로를 따라 동시에 이동하는 것은 불가능하다. 두 APW 경로는 분명히 회전축에 대한 유럽과 북미 대륙의 개별적인 움직임을 나타낸다. 이러한 사실들이 모여 '대륙 이동'에 대한 고지자기학적 증거를 구성한다.

12.2.4.3 APW 경로를 활용한 고지리의 재구성

유럽과 북미 APW 경로는 후기 쥐라기 이전, 특히 후기 석탄기부터 후기 트라이아스기까지 매우 유사한 모양을 하고 있다. 유럽(우랄산맥 서쪽의 러시아를 포함하여)과 북아메리카의 상대 위치를 변경하면, APW 경로의 이 두 구간을 겹치게 하는 것이 가능하다(그림 12.21b). APW 경로가 겹치는 이 기간 동안, 두 대륙은 로라시아라고 불리는 더 큰 '초대륙'(일부 재구성 작업에서는 라우루시아 또는 유라메리카라고도 함)의 일부를 형성했다. 현재 분리되어 있는 APW의 경로(그림 12.21a)는 두 경로가 잘 겹쳐 있는 기간의 마지막, 즉 전기 쥐라기 이후에 유럽과 북미가 서로 다른 상대적 판구조 운동을 겪었다는 증거이다.

두 APW의 경로를 일치시키려면 유럽을 북미에 대해(또는 반대로 북미를 유럽에 대해) 상대적으로 이동시켜 현재 두 대륙 사이에 존재하는 간극(즉, 대서양)을 닫아야 한다. 2.9절에서 볼 수 있듯이, 구형의 지구 표면에서 판의 상대 운동은 오일러 회전극(Euler pole of rotation)에 대한 상대 회전과 같다. 북대서양을 마주 보고 있는 500패덤 등수심선의 '불라드' 맞춤(2.2.2절)은 오일러극(88.5°N, 27.7°E)을 중심으로 유럽을 북미 쪽으로 38°만큼 회전시켜 얻은 결과이다. 이 오일러극의 위치가 현재의 지리적 극점과 매우 가까운 것은 단지 우연이다(그림 12.21a). 대륙의 APW 경로도 대륙과 함께 움직여야 한다. 만약 유럽의 APW 경로를 동일한 오일러극에 대해 시계 방향으로 38° 회전하면, 후기 석탄기에서 후기 트라이아스기 동안 유럽과 북미의 APW 경로가 겹친다. 이후에 두 경로는 갈라지며 이는 두 대륙 간의 상대적인 움직임을 나타낸다. 후기 쥐라기의 극 위치는 당시 지구의 자전축에 해당한다. 후기 쥐라기의 북아메리카 고지자기극을 기준으로 도시한 고위도선(paleolatitude)은 이 시기의 유럽과 북미의 상대적 위치에 대한 고지리학적 재구성을 보여 준다.

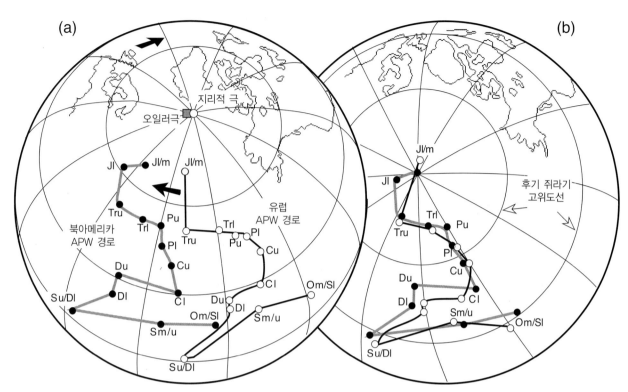

그림 12.21 (a) 북미와 유럽의 APW 경로 중 오르도비스기부터 쥐라기까지의 시기에 해당하는 구간, (b) 유럽을 오일러 회전극[88.5°N, 27.7°E, (a)의 사각형 기호]에 대해 시계 방향으로 38° 회전시켰을 때의 APW 경로. 출처 : R. Van der Voo, Phanerozoic paleomagnetic poles from Europe and North America and comparisons with continental reconstructions, *Rev. Geophys.* 28, 167–206, 1990.

APW 경로에 대한 해석이 위 예시처럼 항상 명확한 것은 아니다. 대륙판 C에 대한 고지자기극 P가 오일러 회전극 E에 대해 각 Ω만큼 회전할 경우, 어떤 일이 일어나는지 살펴보자. 먼저, 고지자기극과 회전극 사이에 판이 놓여 있다고 가정하자(그림 12.22a). 판을 C에서 C′으로 회전시키면 고지자기극 P는 P′으로 이동한다. 극의 운동을 나타내는 호 PP′은 실제 판 운동을 나타내는 호 CC′보다 길다. 다음으로, 고지자기극이 판과 오일러극 사이에 놓여 있는 경우를 생각해 보자(그림 12.22b). 이 경우, 판은 먼 거리를 이동하지만 고지자기극은 짧은 거리를 이동한다. 고지자기극과 오일러극이 일치하는 극단적인 경우에는 판의 회전이 고지자기극을 조금도 이동시키지 않는다. 이와 같이 특이한 조건에서는 APW 경로에 판의 움직임이 기록되지 않는다.

APW 경로를 자전축에 대한 판 운동의 기록으로 해석할 때에는 분명히 주의가 필요하다. APW 경로를 따른 극의 운동 속

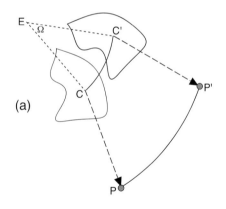

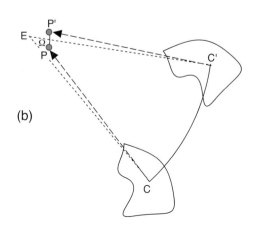

그림 12.22 오일러극 E를 중심으로 대륙판 C의 회전은 (a) 고지자기극 P가 대륙판 C보다 E에서 멀리 떨어져 있을 때, P를 크게 이동시키고, (b) P가 E에 가까울 때 약간만 변위시킨다.

도를 단순히 해당 대륙 혹은 전 지구의 판 운동 속도와 같다고 생각할 수 없다. APW 경로 간의 유사성은 과거 판들의 상대적인 위치에 대한 유일한 해를 제공하지 않는다. 그러나 두 대륙이 한때 일정 기간 동안 동일한 판에 속해 있었다면, 서로 같은 APW 경로를 획득했을 것이다. 대륙이 동일한 판 위에 놓여 있던 시기에 대해 현재의 APW 경로를 일치시키는 작업은 두 대륙에 대한 과거의 상대적 위치를 재구성할 수 있도록 해 준다. 이러한 재구성 작업에서 고지자기 자료가 갖는 모호함을 피하기 위해서는 독립적인 추가 증거(고기후 자료 또는 컴퓨터 계산에 의한 해안선의 일치 등)가 함께 활용되어야 한다.

12.2.4.4 고지자기와 대륙 이동

19세기 지질학자 쥐즈(E. Suess, 1831~1914)는 고생대 후기 거대한 대륙의 존재를 추론했으며, 이를 곤드와나라고 불렀다(2.1절). 이 초대륙은 아프리카, 남극 대륙, 아라비아, 호주, 인도 및 남아메리카로 구성되었다. 1912년에 베게너는 한 걸음 더 나아가, 현재의 모든 대륙이 고생대 후기에 서로 가깝게 놓여 판게아라고 불리는 하나의 거대한 대륙을 형성했다고 생각하였다(2.2절). 베게너의 개념은 고기후학적 증거와 여러 대륙에 걸친 석탄기 석탄대 및 고생대 빙하 지역의 일치에 기반을 두었다. 이후 고생대 후기와 중생대 전기에 곤드와나와 판게아의 존재에 대한 추가적인 지질학적 증거가 퇴적학과 고생물학 그리고 지구조론 분야에서 축적되었다. 초기의 거대 대륙은 대륙 이동 과정에 의해 현재의 위치로 흩어졌다고 추정되었다. 불행히도, 베게너는 대륙 이동에 대한 만족스러운 역학적 구동 원리를 제시할 수 없었으며, 또한 그의 아이디어 중 일부는 너무 극단적이기도 하였다. 지구물리학자와 지질학자들의 회의적인 반응에 의해 베게너의 이론은 사장되었다. 나중에 가서야 대륙 이동을 일으키는 원리가 판구조론임이 밝혀졌다.

1950년대 고지자기학의 발달로 인해 대륙 이동에 대한 관심이 다시 살아났다. 그 후 얼마 지나지 않아 대륙 이동에 대한 가장 유력한 고지자기학적 증거가 '남쪽 대륙'에서 얻어졌다. 과학자들은 이 대륙들에서 얻어진 동시대의 중생대 고지자기극 위치가 서로 일치하지 않는다는 것을 발견했다. 이때 어빙(E. Irving, 1927~2014)은 기념비적인 공헌을 하였다. 어빙은 남쪽 대륙의 현재 배열로는 설명될 수 없었던 고지자기극의 위치가 곤드와나 재구성을 통한 대륙들의 재배열 작업으로 간단히 해결될 수 있음을 보여 주었다.

연대가 측정된 암석들로부터 얻어진 수많은 고지자기 결과

가 광범위한 데이터베이스로 구성되었다. 이러한 자료는 다양한 시기의 초기 거대 대륙에 대한 재구성의 타당도를 검증하기 위해 사용된다. 일반적으로 재구성 작업은 고지자기 증거만으로 진행되는 것은 아니다. 보통 기하학적 또는 지질학적 근거를 바탕으로 모형이 먼저 제안된다. 그다음 서로 다른 대륙에서 얻어진 고지자기극의 위치에 대한 일치성을 통해 재구성 결과에 대한 평가가 이루어진다. 모형은 고지자기극의 공간적 분포가 최소가 되게 하는 대륙의 배열이 얻어질 때까지 반복적으로 수정된다. 가능한 경우 적절한 시간 간격(예 : 20~40 Myr) 동안 고지자기극의 위치를 평균하여, 일치시키고자 하는 대상 대륙의 APW 경로를 결정한다. 이 경로들은 함께 수정되어 그림 12.21에서처럼 동 시기의 구간으로 표현될 수 있는 재구성도를 만든다.

12.2.4.5 판의 절대 운동과 실제 극이동

판이 이동하면(즉, 판이 오일러극을 중심으로 회전하면), 해당 판의 암석을 통해 추정된 고지자기극의 위치는 오일러극을 중심으로 하는 소원의 호를 따라 움직인다(그림 12.23). 열점 위를 지나는 판의 운동은 그 열점에 대해 소원의 호를 흔적으로 남긴다. 고지자기 기록은 자전축을 기준으로 한 판의 운동을 보여 주는 반면, 열점에 의한 기록은 맨틀상에 고정된 지점을 기준으로 판의 운동을 나타낸다. 만약 맨틀이 자전축을 기준으로 움직인다면, 열점의 무리(각각의 열점은 맨틀상에 고정된 것으로 여겨진다)도 함께 이동한다. 쉽게 움직이는 암석권보다 훨씬 깊은 곳에 존재하는 맨틀의 이동을 실제 극이동(True Polar Wander, TPW)이라고 한다. TPW는 맨틀의 밀도 불균일성이 해소되면서 발생한다. 한 예로서 빙상 융해에 의한 지각 하중의 감소가 지각 평형의 재조정을 유발하는 현상을 들 수 있다(그림 5.22 참조). 질량 분포가 변하면 지구의 관성 모멘트가 자전축에 가까운 최대 관성 모멘트를 유지하기 위해 조정된다. 그 결과 전체 맨틀은 자전축에 대하여 이동하며, 이로 인해 자전축의 이동이 발생한다. 좀 더 긴 시간 스케일에서 보면, 맨틀 대류 동안의 질량 변위가 지구의 관성 모멘트를 변화시킬 수 있다(즉, 차가운 암석권 슬랩이 하부 맨틀로 섭입할 때 질량 이상이 발생).

고지자기 분석을 통해 장주기 TPW의 발생 여부를 감지할 수 있다. 이 분석에는 열점이 획득한 고지자기극과 안정적인 대륙 순상지가 획득한 동시대의 고지자기극에 대한 비교 작업이 필요하다. 먼저 TPW가 발생하지 않았을 경우를 생각하

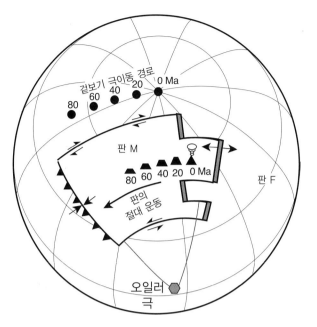

그림 12.23 고정된 판 F에 대해 판 M이 상대 운동할 때, 오일러극에 대한 아치형의 가상 극이동 경로 형성과 소원의 형태를 그리는 열점의 궤적. 출처 : R.F. Butler, *Paleomagnetism: Magnetic Domains to Geologic Terranes*, 319 pp., Boston: Blackwell Scientific Publ., 1992.

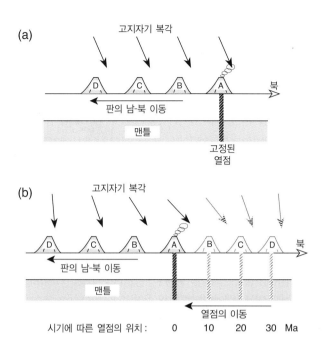

그림 12.24 고지자기 복각에 대한 실제 극 운동의 효과. (a) 고정된 열점에 대한 남북 방향의 판 이동, (b) 남북 방향으로 움직이는 열점에 대한 동일한 판 이동. A, B, C, D는 순차적 위치를 표시.

자. 열점은 자전축에 대해 상대적인 위치가 고정되어 있다. 활성 열점에서 자화된 화산암은 실제 극까지의 거리를 알 수 있는 자화 방향을 얻는다. 판이 북에서 남으로 이동하면, 하부의 고정된 열점은 판에 일련의 섬과 해산(A~D)을 만든다. 이들은 생성 시기와는 무관하게 모두 동일한 자화 방향을 갖게 된다(그림 12.24a). 다음으로 TPW가 있다고 가정하자. 열점은 자전축을 기준으로 시간에 따라 이동한다. 문제를 간단히 하기 위해 열점도 북에서 남으로 이동한다고 가정하자(그림 12.24b). 현재 형성 중인 해산 A는 이 지점과 극 사이의 거리에 대응되는 자화 방향을 획득한다. 그러나 이전에 형성된 해산 B, C, D는 극에서 더 가까울 때 형성되었으며, 남쪽으로 갈수록 복각의 크기가 점점 더 커진다. 열점의 궤적을 따라 화산활동의 시기에 따른 고지자기 방향의 변화를 조사하면 TPW의 증거를 얻을 수 있다.

이러한 가설을 검증하려면 많은 자료가 필요하다. (아프리카판 같은) 단일 판에서 획득된 자료는 다른 판의 자료를 사용하여 확장시킬 수 있다. 예를 들어, 곤드와나의 위치를 재구성할 때 남미판은 오일러극 중심의 유한 회전을 통해 아프리카와 맞물리는 위치로 회전된다. 동일한 회전이 남미의 APW 경로에 적용되면 두 대륙의 자료를 결합할 수 있다. 마찬가지로, 적절한 오일러극 중심의 회전을 통해 북미와 유라시아에 대한

고지자기 기록에 접근할 수 있다. 결합된 자료에 대한 10 Myr 간격의 시간 평균은 아프리카의 APW를 재구성해 준다(그림 12.25a). 다음 단계는 열점 군집을 이루는 개별 열점들의 상대 위치가 고정되어 있다고 가정하고 이 군집에 대한 판의 움직임을 결정하는 것이다. 이와 같이 결정된 '열점' APW는 현재 북극점에 자리 잡고 있는 자전축이 열점 기준 좌표게 내에서 움직인 경로를 보여 준다. 그림 12.25b는 이 열점 APW의 경로가 아프리카에 대해 상대적으로 어떻게 나타나는지 보여 준다.

이러한 계산은 극점을 기준으로 한 암석권의 움직임과 열점을 기준으로 한 암석권의 움직임을 보여 준다. 현재는 극점이 자전축에 있기 때문에 두 경로는 극점에서 만난다. 그러나 과거로 갈수록 차이가 발생하며, 이 차이가 TPW이다. 어떤 시기의 고지자기극은 그 위치가 자전축에 도달할 때까지 대원을 따라 이동해 왔다(즉, 적도 평면의 오일러극을 중심으로 회전). 만약 동일한 회전이 같은 시기의 열점 기준의 극에 적용된다면 역시 자전축에 도착해야 한다. 만약 열점의 기준 좌표계가 자전축에 대해 상대적으로 이동했다면, 불일치가 발생한다. 위치를 나이순으로 결합하면 TPW 경로가 계산된다(그림 12.25c). 그 결과 TPW가 실제로 발생했지만 진폭이 적어도 마지막 150 Myr 동안 15° 미만으로 유지되었음을 보여 준다.

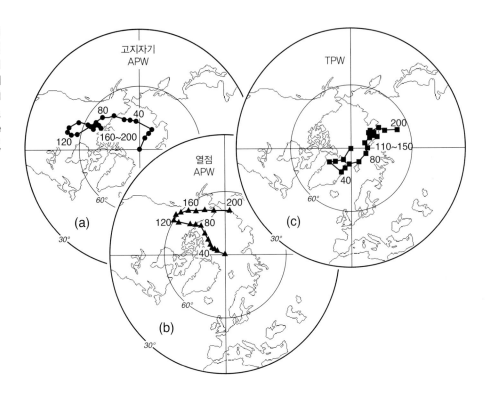

그림 12.25 (a) 몇몇 판의 자료를 통해 재구성된 아프리카의 고지자기 APW 경로, (b) 열점 APW(열점 기준 좌표계에 대한 자전축의 움직임), (c) 계산된 실제 극 운동. 자료 출처 : V. Courtillot and J. Besse, *Magnetic field reversals, polar wander, and core-mantle coupling, Science* 237, 1140–1147, 1987.

12.2.5 고생대와 선캄브리아기의 고지자기

고지자기를 이용한 대륙 배치의 재구성은 지질학적 기록의 연령이 증가함에 따라 더 어려워지고 그 정확도는 감소한다. GAD 가설은 고지자기 자료의 신뢰성에 기반을 제공하며, 여러 증거들은 이 가설이 현생누대 전체에 걸쳐 성립된다는 것을 보여 준다. 그러나 기간이 훨씬 더 긴 선캄브리아기 대부분의 시기에 대해 이 가설이 여전히 유효할지에 대해서는 아직 입증된 바가 없다. 더욱이 고지자기 기록의 가장 오래된 부분은 지각 변위나 연구자가 인식하지 못한 2차 자화로 인해 잘못된 방향을 가리킬 가능성이 높다. 이러한 문제는 열적 또는 지구조적 작용이 암석이 형성될 때 얻은 원래의 자화 방향을 변화시킬 때 발생한다. 재자화는 모든 연령대의 암석에 영향을 미치지만, 최근에 형성된 암석의 재자화는 손쉽게 인지할 수 있으며 그렇기 때문에 심각한 문제를 일으키지 않는다. 이러한 점들을 고려하여 초기 대륙의 고지자기 재구성에 대한 몇 가지 일반적인 특징들이 정립되어 왔으며, 그 결과는 지질학적 및 지구화학적 증거에 의해 뒷받침된다.

12.2.5.1 고생대의 초대륙

고지자기학을 통해 초기 고생대 시기의 초대륙 곤드와나와 라우루시아에 대한 상세한 재구성이 가능하며, 석탄기에 충돌하여 판게아를 형성하기 전까지 이들에 대한 이동을 추적할

수 있다. 캄브리아기 동안 곤드와나는 기본적으로 두 토이(du Toit, 1878~1948)에 의해 제안된 대륙 배열 내에서 초대륙의 위상을 가졌을 가능성이 높다. 이에 대해서는 지질학적 증거와 고지자기학적 증거가 서로 일치한다. 고생대 초기에 곤드와나는 로렌시아(현재의 북미와 그린란드), 발티카(현재의 북유럽) 및 시베리아의 세 대륙 지괴와 공존하였다. 로렌시아와 발티카 사이에는 이아페투스해[10]가 있었다. 이 해역은 오르도비스기(약 4억 5천만 년 전)에 닫히기 시작하였고, 그 결과 실루리아기 후기에 로렌시아와 발티카는 충돌로 합쳐져 초대륙 라우루시아를 형성하였다. 북미와 북유럽의 타코닉 조산대(Taconic orogeny)와 칼레도니아 조산대는 이 충돌의 흔적이다. 당시 시베리아는 개별 대륙 조각으로 유지되었다. 데본기 중기에는 대륙 이동에 의해 아카디아 조산대가 생성되었다. 데본기 중기(약 4억 천만 년 전, 그림 12.26a) 곤드와나와 라우루시아 사이에 있던 레익해는 석탄기 동안 점차 닫히기 시작하여 헤르키니아 조산대를 형성하였다. 석탄기 후기에 시베리아가 부착되면서 초대륙 판게아가 완성되었다. 중국과 동아시아의 작은 대륙 조각들을 제외하고는 판게아는 판탈라사해로 둘러싸인 단

---

10 바다는 규모에 따라 명칭이 달라진다. 가장 큰 규모는 양(ocean, 예 : 태평양)이며 해(sea, 예 : 동해)는 좀 더 작은 규모의 바다를 가리킨다. 원서에서는 규모를 고려하여 이아페투스와 판탈라사를 모두 'ocean'이라 지칭한다. 이를 따라 국문 번역도 이아페투스양이나 판탈라사양으로 해야 하지만, 역서에서는 관습적인 명칭인 이아페투스해 혹은 판탈라사해를 사용하였다.

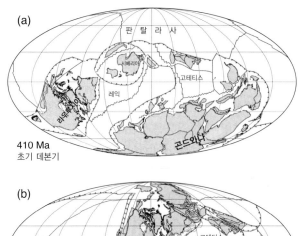

그림 12.26 (a) 초기 데본기 시기의 주요 대륙 단위들의 분포, (b) 페름기-트라이아스기 시기 판게아 내에서 이들 대륙의 배열. 출처 : Domeier, M. and Torsvik, T. H. 2014. Plate tectonics in the Late Paleozoic. *Geoscience Frontiers*, 5, 303-350.

일 대륙을 형성하였다. 판게아는 페름기와 트라이아스기에 걸쳐 지속되었으며(그림 12.26b), 초기 쥐라기에 최종적으로 다시 흩어졌다.

12.2.5.2 판게아의 분리

최적화된 고지자기극 위치와 APW 경로 분석은 과거 대륙의 위치를 이해하는 데 중요한 도구이며, 독립적으로 획득된 지질 자료와 함께 과거 175 Myr에 적용되어 판게아 분리 후 발생한 사건에 대한 이해를 돕는다. 현재의 북부 대륙(북미, 유럽 및 여기에 인접한 아시아)은 로라시아(초기 고생대 라우루시아와 이름이 비슷하지만 다른 대륙이다)로 알려진 초대륙을 형성한 반면, 남부 대륙(아프리카, 남극, 오스트레일리아, 인도, 남미)은 초대륙 곤드와나를 형성했다. 곤드와나 북동쪽과 로라시아 남동쪽 사이에는 동쪽으로 열려 있는 테티스해가 존재했다.

현재의 해양저 확장은 판게아의 분리에 의해 시작되었다. 최초의 분리는 로라시아가 곤드와나에서 분리되어 북미와 아프리카 사이에 북-중앙 대서양을 형성했을 때인 약 1억 8천만 년 전 쥐라기 후기에 시작되었다. 백악기 후기에는 북미가 유럽과 분리되면서 그린란드해가 열렸다. 신생대에는 노르웨이해

가 열리면서 유럽과 북미는 더 크게 분리되었다. 이 운동은 여전히 계속되고 있으며 우주 측지를 통해서도 관찰된다(그림 2.12). 신생대부터 아프리카는 유라시아를 향해 북쪽으로 이동하여 테티스해가 닫혔으며, 서쪽 부분이 현재의 지중해가 되었다.

백악기 초기에 남미와 아프리카 사이의 남대서양이 열렸고, 곤드와나는 개별 대륙으로 분열되기 시작하였다. 호주와 남극이 분리되었으며, 인도는 지질학적으로 매우 빠른 속도인 약 15 cm yr^{-1}로 북진하여 약 50 Myr 전 유라시아와 충돌하였다. 인도는 유라시아 하부로 들어가면서 히말라야산맥을 형성하였다.

지난 수백만 년 동안 지자기장은 불규칙한 간격으로 여러 번 역전되었기 때문에, 판게아 이후의 판 운동은 놀랍도록 자세하게 재구성될 수 있다. 해양저 확장의 메커니즘으로 인해 지자기장의 극성 전환이 해양 지각의 자화로 각인되었다. 여러 지역의 해양 자기 줄무늬를 분석하면 시간에 따른 상대적 판 운동을 재구성할 수 있다.

12.2.5.3 선캄브리아기의 고지자기와 지구의 초기 다이나모

선캄브리아기의 시간 범위(거의 4,000 Myr)는 현생대의 541 Myr보다 약 6배 더 길다(그림 8.2 참조). 이 기간 동안 암석권은 생성과 소멸을 여러 번 반복하였을 것이다. 이에 상응하여 높은 확률로 재자화가 발생하였을 것이며, 기존의 자화는 더 최근의 자화에 덮혔을 것이다. 허용 기준을 만족하는 고지자기 방향을 발견해도 APW 경로를 구성하는 것은 어렵다. 두 순상지 사이의 상대적 판 운동을 구성하려면 각 지역의 동일 연령대 암석에 대한 고지자기 비교가 필요하다. 이러한 작업에는 일반적인 수준보다 훨씬 더 정확한 암석 연대 측정이 요구된다. 그러나 순상지들 간에 회전과 변위를 밝힐 수 있는 신뢰도 높은 고지자기 자료가 존재한다. 이는 판구조 운동이 아마도 약 30억 년 전에도 있었다는 것을 보여 주는 지구화학적 및 지질학적 증거와 일치한다. 더구나 선캄브리아기 시기에도 지자기 역전이 있었다는 강력한 증거가 있다. 러시아에서 여러 번의 자기 역전이 기록된 신원생대(Neoproterozoic, 1,600~650 Ma)[11]의 석회암이 발견되었다.

---

11 최신 지질연대표의 연령을 기준으로 하면 중원생대(Meso-proterozoic, 1,600~1,000 Ma)-신원생대(Neo-proterozoic, 1,000~541 Ma)에 해당하는 기간.

과거 지자기장 강도에 대한 고지자기 기반의 추정치는 약 34억 년의 나이를 가진 단일 규산염 광물에 침전된 자철석을 분석하여 밝혀졌다. 선캄브리아기의 지자기장은 현재보다 약했기 때문에 자기권계면의 높이는 지표에 훨씬 더 가까웠다. 지자기장의 존재가 지구를 태양 복사로부터 보호했지만 현재보다는 덜 효과적이었다.

열대류 및 조성 대류(11.2.6.2절)라는 두 메커니즘이 오늘날 지구의 다이나모를 작동시킨다. 열대류는 핵의 느린 냉각을 동반한다. 구성 대류는 내핵의 응고 및 이와 관련한 가벼운 원소의 외핵으로의 방출로 인해 발생한다. 최근의 계산 및 실험에 따르면 핵에 위치한 철의 열전도도는 이전에 생각했던 것보다 훨씬 높다. 따라서 핵이 가진 더 많은 열이 전도에 의해 전달될 수 있으며, 이는 열대류의 중요성이 감소한다는 것을 의미한다.

계산에 따르면 내핵의 나이는 약 10억 년 미만이다. 34억 년 이전에도 지자기장이 존재했다는 사실은 다이나모를 구동하기 위한 추가 메커니즘이 있었음을 의미한다. 지구가 부착되는 동안 받은 충격(예 : 화성 크기의 천체 테이아와의 충돌. 이로 인해 달이 생성되었다)으로 인해 지구 내부가 분화되는 동안 마그네슘이 초기 핵에 유입되었을 수 있다는 이론이 있다. 핵-맨틀 경계에서 마그네슘의 후속적인 용출은 초기 지구의 다이나모에 동력을 공급하기에 충분한 에너지로 조성 부력을 유발할 수 있다.

12.3 지자기극

12.3.1 서론

프랑스 과학자 다비드(P. David)와 브륀(B. Brunhes)은 과거 지자기장 역전의 존재를 최초로 증명하였다. 두 과학자는 1904~1906년에 프랑스 마프 상트랄 지역의 젊은 화산암체에 대한 자기적 특성을 설명하였다. 그들은 화산암에 의해 가열된 점토가 화산암체와 동일한 잔류 자화 방향을 가지고 있음을 발견하였다. 또한 화산암체의 자화 방향이 현재 지자기장의 방향과 반대일 때, 구운 점토의 경우도 동일한 자화 방향을 보였다. 이러한 반대 극성은 지자기장이 역전될 수 있다는 증거로 해석되었다.

일본 과학자인 마츠야마(M. Matuyama, 1884~1958)는 층서학적으로 결정된 화산암의 연령과 화산암의 잔류 자화 극성

을 처음으로 연관시켰다. 1929년 그는 비교적 최근에 형성된 제4기 용암의 자화 방향이 현재의 자기장 방향과 일치하는 반면, 더 오래된 제4기 화산암에서 자화 방향이 반대 방향을 보인다고 보고하였다. 또한 마이오세 현무암의 세 시료 중 하나가 다른 두 시료와 반대 방향으로 자화되었음을 발견하였다. 마츠야마는 이를 지자기 극성이 고원기 후기 동안 여러 번 역전되었다고 해석하였다.

당시 지자기가 역전될 수 있다는 생각은 논란의 여지가 있었으며, 오랜 시간 동안 회의론자들은 다른 해석을 찾기 위해 노력하였다. 과학자들은 시료의 역전된 극성을 설명할 수 있는 광물학적인 방법을 찾아냈다. 실제로 일부 강자성 광물은 그 조성과 구조로 인해 외부 자기장의 방향과 정확히 반대되는 TRM을 얻을 수 있다. 이 메커니즘을 자체 역전 자화(self-reversal of magnetization)라고 한다. 화산암체 내에서 티타노헤마타이트가 특정 형태를 이룰 때 이러한 현상이 발생한다. 다행히도 이는 드문 현상이다. 암석에서 발견되는 대부분의 역자화는 역전된 지자기장에 의해 새겨진 기록이다.

지자기 역전이 무엇을 의미하는지 고찰하기 위해 지자기 쌍극자의 방향이 반대가 되는 것을 생각해 보자. 현재 지구 중심축 쌍극자는 북반구에서 남반구를 향하고 있다. 지자기 역전은 쌍극자의 방향을 반대로 바꾼다. 지표의 임의의 지점에서 복각 I는 부호가 바뀌며, 편각 D는 180° 변경된다. 예를 들어, 정자기 방향일 때 $\{I = 40°, D = 30°\}$의 방향을 갖는 지자기장의 방향이 역자기일 때 $\{I = -40°, D = 210°\}$로 변경될 수 있다. 자기 역전은 지구상의 모든 지역에서 동시에 발생하는 전 지구적인 사건이다. 따라서 지자기 역전은 층서학적 상관관계와 연대 측정에 있어 매우 중요하게 다뤄진다.

12.3.1.1 지자기극의 천이

한 방향에서 반대의 방향으로 극이 바뀌는 현상을 극성 천이(polarity transition)라고 한다. 극성 천이에 대한 고지자기 기록은 연속적으로 쌓인 화산암체에 대한 방사성 연대 측정이나 퇴적 속도가 알려진 심해 퇴적물에서 관찰된다. 이러한 기록들은 극성 천이가 약 3,500년에서 5,000년에 걸쳐 일어난다는 것을 알려 준다. 이러한 지속 시간은 극성 천이가 완료된 뒤 수십만 년 또는 수백만 년 동안 지속되는 극 안정기의 기간에 비해 훨씬 짧다.

극성 천이 동안 지자기장의 자세한 거동에 대해 알려진 것은 거의 없다. 극성 천이 전후에는 지배적인 성분이 쌍극자장이지

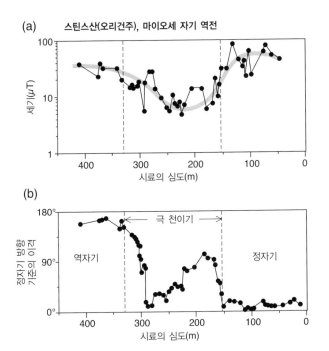

(a) 스틴스산(오리건주), 마이오세 자기 역전

(b)

그림 12.27 오리건주 스틴스산에서 얻어진 마이오세의 역자기-정자기 극성 천이 기록. (a) 천이기 동안의 고지자기 강도 변화, (b) 정자기 방향을 기준으로 한 극성 천이기 동안의 자기 방향 기록. 출처 : M. Prévot, E.A. Mankinen, C.S. Grommé and R.S. Coe, How the geomagnetic field vector reverses polarity, *Nature* 316, 230–234, 1985.

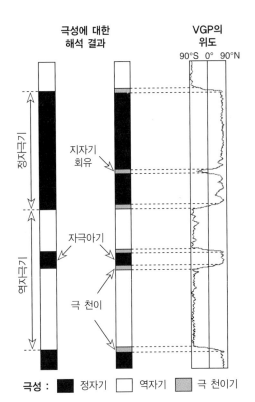

극성에 대한 해석 결과 · VGP의 위도

그림 12.28 자극기, 자극아기, 극 천이기의 정의. 출처 : W.B. Harland, R.L. Armstrong, A.V. Cox, L.E. Craig, A.G. Smith and D.G. Smith, *A Geologic Time Scale 1989*, 263 pp., Cambridge, England: Cambridge University Press, 1990.

만, 천이가 진행되는 동안에도 그러한지는 확실치 않다. 상세한 분석에 의하면 극성 천이기의 지자기장 강도는 일반적으로 현저하게 감소하는 것으로 나타난다(그림 12.27). 이러한 현상은 화산암과 퇴적암에 남겨진 자기 역전의 기록을 통해 밝혀졌다. 쌍극자 성분이 사라지면 더 고차 성분인 사중극자장 또는 팔중극자장에 의한 기여도가 증가할 가능성이 높아진다. 반면 천이기에도 쌍극자가 지배적인 성분으로 유지될 가능성이 있다. 이러한 가정이 맞는다면, 천이기 동안 쌍극자의 가상 지자기극(VGP)이 어디에 위치하는지 계산할 수 있다. 천이기 동안 VGP의 위치는 점진적으로 이동한다. VGP는 한쪽 극지방에서 반대쪽 극지방으로 이동하면서 자전축에 대해 체계적인 경로를 만들어 낸다.

12.3.1.2 지자기극 간격

정자기 혹은 역자기가 오랫동안 일정하게 유지되는 기간을 자극기(polarity chron)라 한다(그림 12.28). 종전에는 자극세(polarity epoch)라 불리기도 하였다. 자극기는 일반적으로 50 kyr에서 5 Myr 정도 지속된다. 자극기는 더 짧은 기간인 20~50 kyr 동안 지속되는 불규칙한 간격의 **자극아기**(polarity

subchron, 과거에는 event라고 불림)에 의해 중단된다. 때때로 자극이 정자기 또는 역자기에서 크게 벗어나지만 극성이 완전히 바뀌지는 않는 기간도 있다. 이때 극은 적도 근방을 배회하지만 결국 초기 위치인 자전축으로 돌아간다. 지자기 회유(excursion)라 불리는 이 현상의 지속 기간은 10 kyr 미만으로 매우 짧다. 지자기 회유의 거동에 대해서는 논란의 여지가 있다. 가장 일반적인 해석은 지자기 역전이 시도되었지만 완료되지 않았다는 것이다. 또 다른 해석은 지자기 역전이 완료되었지만 단지 수천 년 동안만 지속되어 전체 과정을 기록한 고지자기 자료가 남아 있지 않다는 것이다. 이 경우 모든 과정을 담기 위해서는 퇴적 속도가 매우 높은 퇴적층이 필요하다.

지자기극의 불규칙한 간극 배열은 일종의 지질학적 지문을 제공한다. 이를 이용하면 일부 퇴적암에 대한 연대 측정이나 대비[12]가 가능하다. 이 절차를 자기극층서(magnetic polarity stratigraphy) 또는 지자기층서(magnetostratigraphy)라고 한다.

---

12 대비(correlation) : 서로 다른 지역에 분포하는 암석이나 지질 현상의 연령에 대한 상대적 관계를 확립하는 과정.

12.3.2 화산암과 퇴적층에 대한 지자기층서

1950년대 암석의 연대 측정법은 방사성 연대 측정 기술의 개선으로 큰 진전을 이루었다. 포타슘-아르곤법(8.4.4절)은 고지자기 목적으로 채집된 플라이오세 및 플라이스토세 화산암 시료에 적용되어 정확한 연대를 측정하였다. 화산암의 TRM 극성은 나이와 상관관계가 있음이 밝혀졌다. 잔류 자기의 극 방향이 현재와 동일한 여러 구간이 존재했으며, 이들은 정확히 반대 방향을 가진 구간들로 분리되어 있었다. 초기에는 자료의 수가 적었기 때문에 대략 백만 년에 한 번씩 거의 규칙적으로 지자기장의 극이 바뀌는 것으로 해석되었다(그림 12.29). 그러나 점차 더 복잡한 연대표로 발전하였다. 긴 기간의 epoch(지금의 명칭은 자극기)에는 반대 극성을 가진 훨씬 짧은 event(또는 자극아기)가 포함되는 것이 밝혀졌다. 자극기의 명칭은 고지자기학(브륀, 마츠야마)과 지자기학(가우스, 길버트)에서 중요한 연구자의 이름에서 따온 반면, 자극아기는 시료가 처음 발견된 장소(뉴멕시코의 Jaramillo Creek, 아프리카의 Olduvai Gorge 등)의 이름을 따른다. 화산암 방사성 연대 측정이 적용된 수많은 자기 극성 연구들로 인해 지난 500만 년 동안 지자기 극성의 역사가 확립되었다. 연대가 결정된 자극 배열을 지자기 연대표(geomagnetic polarity timescale)라고 한다.

이 기술의 적용에는 실질적인 한계가 있다. 일부 자극아기가 지속되는 시간은 대략 5천 년 미만이다. 만약 포타슘-아르곤 연대 측정법의 적정 정확도를 1~2%로 가정한다면, 약 500만 년 전에 생성된 화산암 시료의 분석 결과에 포함된 연령 오차는 5만 년에서 10만 년에 달한다. 이는 대부분의 자극아기 기간보다 긴 시간이다. 연대 측정법의 오차로 인해 화산암 시료를 정확한 자극아기 시기와 명확하게 대비시키는 것이 불가능하다. 지자기 연대표의 시간 범위를 500만 년보다 더 오랜 과거로 확장시키려면 다른 방법을 사용해야 한다.

1960년대 중반, 화산암의 고지자기 기록은 젊은 심해 퇴적물에서 얻은 다량의 고품질 자료에 의해 보완되었다. 심해 분지는 퇴적물이 다소 균일한 속도로 퇴적될 수 있는 고요한 환경을 제공한다. 해양 지질학자는 퇴적학과 지구물리학 그리고 고생물학 연구를 목적으로 특수한 시추 장치(예 : 그림 9.14)를 통해 퇴적물 코어를 정기적으로 채취한다. 코어에 대한 자기층서학적 분석은 시추 심도에 따른 자화 방향의 변화를 측정하여 이루어진다. 비록 심해 코어는 수직 방향으로 채취되지만 방위각은 제각각이다. 따라서 편각은 임의의 값을 기준으로 결정된다. 이러한 이유로 고지자기 극성은 종종 복각 기록만을 사용하여 결정된다. 정자기 및 역자기 사이의 경계는 보간된 복각의 크기가 0인 곳으로 정한다(그림 12.28). 적도 지방에서 채취된 코어의 복각은 거의 0의 값을 갖지만, 편각의 상대적 변화를 통해 극성 기록을 파악할 수도 있다.

많은 수의 심해 시추 코어 극성 기록이 같은 시기의 젊은 화산암에서 발견된 극성과 잘 대비되어 있다. 심해 자기 극성 기록은 퇴적 암석학과는 독자적인 학문이다. 해양 분지에 따른 다양한 퇴적 속도로 인해 동일한 역전 기록이 시추 코어마다 다른 깊이에 위치한다(그림 12.30). 자기 역전은 퇴적물의 절대 연령을 결정하는 데 사용될 수 있다. 퇴적물 내 역전 기록의 깊이는 방사성 연대 측정된 화산암과 직접적으로 연관되어 있기 때문에, 이로부터 퇴적물 코어가 성장하는 퇴적 속도가 계산된다. 연령이 결정된 자기 극성 층서는 화석이 처음 출현한 시기와 마지막 출현 시기의 절대 연대를 제공하므로 고생물학적 화석 지역의 절대 연대 측정이 가능하다.

퇴적층의 연대를 측정하는 보다 정확한 방법은 최신 주기층서학(cyclostratigraphy) 방법이다. 이 기술은 퇴적층 내에서 밀란코비치 주기(3.3.5.5절)를 찾고 이를 이용해 연대를 추정한다. 퇴적물의 특성이 주기적으로 변하는 경우, 이 기술을 적용하여 정확한 연대 측정이 가능하다. 주기적인 특성에는 광학 변화(색상), 층서 양식의 변화(층 두께) 또는 지화학적 변화(동위원소 비율) 등이 포함된다. 퇴적물에 자기 극성 기록이 담겨 있는 경우에는 주기층서학을 통해 연령 및 극성 유지 기간에 대한 정보를 더 자세히 밝힐 수 있다. 그렇기 때문에 해양 고지자기 기록과의 대비 작업은 해양 자기 이상과 해양 지각의 보

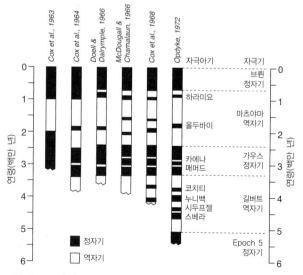

그림 12.29 자기극성 연대표에 대한 점진적 변화 및 개선.

그림 12.30 남극 심해 퇴적물 시추 코어의 자기 역전과 방사성 극성 연대표의 대비. 이를 통해 화석 지역(그리스 문자로 표시)의 연대를 측정할 수 있다. 역전 사이의 연결선은 다양한 침강 속도의 영향을 보여 준다. 출처 : N.D. Opdyke, B. Glass, J.D. Hays and J. Foster, Paleomagnetic study of Antarctic deep-sea cores, *Science* 154, 349–357, 1968.

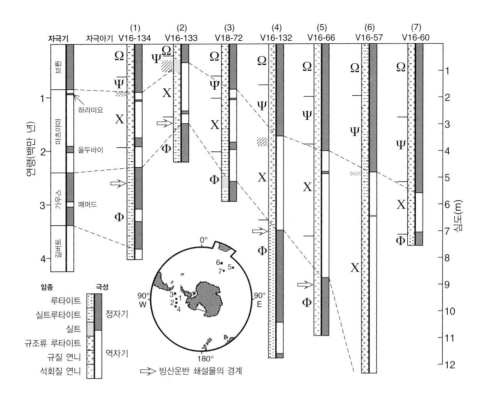

다 정확한 연대를 제공한다(12.3.4.1절).

주기층서학은 처음에 자기층서학과 결합되어 지중해의 젊은 퇴적물에 기록된 지자기 역전의 연대를 추정하기 위해 사용되었다. 이 퇴적물에는 사프로펠(sapropel)[13]이 포함되어 있기 때문에, 천문학적인 방법을 사용하여 후기 신원기의 연대표를 조정할 수 있었다. 주기층서학과 자기층서학의 결합은 매우 성공적이었기 때문에 더 오래된 퇴적물 특히 심해 코어의 퇴적물에 적용되었다. 이 기법은 점차적으로 중생대의 오래된 퇴적층까지 확장되어 극성 변화의 시간 간격을 결정하는 데 사용되었다. 극성 변화의 연대표는 주기층서학과 방사성 동위원소 연대 측정법을 통해 결정된다. 트라이아스기에 대한 예가 12.3.5절에 설명되어 있다.

심해 퇴적물 시추 코어에 대한 자기층서 자료는 화산암에서 관찰되는 자기 역전이 자체적인 자화 역전 메커니즘에 의한 것이라는 오랜 의심을 끝낼 수 있었다. 화산암과 퇴적물은 완전히 다른 메커니즘에 의해 자화를 획득한다. 화산암의 TRM은 고온에서 냉각될 때 빠른 속도로 획득되는 반면, 퇴적물의 퇴

적 또는 퇴적 후 잔류 자화는 주변의 일정한 온도 속에서 천천히 획득된다. 화산암의 극성 변화에 의문을 제기하기 위해 자체 역전 자화 메커니즘이 동원될 수는 있지만, 이러한 주장이 심해 퇴적물의 잔류 자화에는 성립될 수 없다. 화산암과 퇴적물에서 동일하게 발견되는 자기 극성의 연속적인 배열은 오로지 반복되는 지자기 역전에 의해서만 설명될 수 있다. 이와 더불어 자기 역전의 패턴은 지리적 위치에 관계없이 동일하게 나타나기 때문에 지자기 역전 현상이 전 지구에 걸쳐 발생하는 현상임을 나타낸다.

12.3.3 해양 자기 이상과 지자기극 변화의 이력

해령 부근에서 발견되는 줄무늬의 자기 이상 패턴은 전 지구적 판구조론(2.5절)을 지지하는 강력한 지구물리학적 증거 중 하나이다. 해양 자기 조사와 해양 암석 및 퇴적물의 암석 자기 특성에 대한 개별 연구들은 해양 지각의 제2A층(seismic Layer 2A) 현무암이 자기 이상을 유발하는 근원임을 밝혔다.

지진파 분석에 따르면 해양 지각은 수직 방향으로 성층화된 구조를 가지고 있다(그림 7.38). 최상부층인 제1층은 느린 속도로 축적된, 그렇기 때문에 해령에서 멀어질수록 두께가 점차 증가하는 해양 퇴적층으로 구성되어 있다. 퇴적물의 자기 특성은 매우 약하기 때문에 이들은 지자기장에 대해 투명한 층

---

13 검은색의 유기 물질이 풍부한 해양 퇴적물. 지중해의 사프로펠은 동테티스 해가 닫힌 13.5 Ma 이래 약 21,000년의 주기로 형성되어 있다. 이는 밀란코비치 주기에 의한 아프리카 몬순 변동에 의해 지중해로 유입되는 강물의 양이 변하는 것과 관련이 있다.

이나 마찬가지이다. 제2A층은 500 m 두께의 해양 현무암층으로 구성되어 있다. 이 층은 해양 용암이 분출 혹은 암맥 형태로 관입하여 만들어졌다. 이렇게 형성된 현무암은 자기 특성이 매우 강하기 때문에, 주로 해양 자기 조사에서 관찰되는 뚜렷한 자기 이상의 주요 원인이다. 그 아래 변성 현무암으로 구성된 제2B층은 주변에 자기 영향을 미치기에는 너무 약한 자기 특성을 갖고 있다. 더 깊은 곳에는 반려암으로 구성된 제3층이 자리 잡고 있다. 이들은 자기 이상을 왜곡시킬 수 있는 충분한 자기 특성을 가질 수 있다.

12.3.3.1 해양 자기 이상

해양 자기 이상이 발생하는 원인은 바인-매튜스-몰리 가설(2.5.1절)로 설명된다. 해양 현무암은 강력하고 안정적인 잔류 자화를 가지고 있는 것으로 알려져 있다. 이들의 쾨니히스버그 비는 1보다 훨씬 크기 때문에, 오늘날의 지자기에 의해 유도되는 유도 자화보다 잔류 자화가 훨씬 큰 비중을 차지한다. 자기 관측 자료를 해석하는 일반적인 방법은 자기 이상이 인접한 지각 블록 사이의 대자율 대비(susceptibility contrast)에 의한 것이라 가정하는 것이다. 그러나 바인-매튜스-몰리 가설에 따르면 해양 자기 이상은 반대 방향으로 자화된 인접한 지각 블록 사이의 잔류 자화 대비에 의해 유발된다. 이 잔류 자화는 해양 지각의 제2A층 현무암에 대한 열적 작용에 의해 획득된다.

해양 현무암에 포함된 주요 자성 광물은 티탄-자철석(12.1.3.1절)이다. 현무암은 처음 생성될 당시 온도가 1,000°C를 훨씬 상회한다. 여기에 포함된 티탄자철석 입자는 많은 경우 골격 구조를 갖고 있으며, 이는 빠른 속도의 냉각과 응고로 인해 일반적인 결정 구조가 형성될 시간이 부족했기 때문이다. 시간이 지남에 따라 화산암의 온도는 티탄자철석의 퀴리 온도(약 200~300°C) 아래로 떨어지고, 이 시점의 지자기장 방향이 TRM의 형태로 화산암에 기록된다. 활동 중인 해령의 확장 축을 따라 동시대에 형성된 현무암은 동일한 극성의 자화를 얻게 된다. 이와 비슷하게 자화된 길고 가느다란 지각이 확장 축 반대쪽에 형성된다. 이 길쭉한 '지각 블록'은 해령 축과 평행한 방향의 길이가 수백 킬로미터 정도이며, 수직 방향으로는 너비가 수십 킬로미터에 달한다. 반면, 강력한 자기 특성을 가진 상부 부분, 즉 제2A층은 두께가 0.5 km에 불과하다.

해령에서 일어나는 해양저의 확장은 수백만 년 동안 지속된다. 이 기간 동안 지자기장의 극성은 여러 번 바뀐다. 이러한 지자기 역전은 해양 지각의 일부 블록들을 정방향으로 자화시키는 반면 이에 이웃한 블록들은 반대 방향으로 자화시킨다. 해양 탐사선이나 항공기를 이용하여 지자기장의 총강도를 관찰하면, 양의 이상과 음의 이상이 교대로 나타난다(그림 2.10). 이러한 양상은 지각의 자화(11.4.6절)로 해석될 수 있다. 이상 값들은 해령 시스템을 가로지르는 측선을 따라 거의 선형으로 상관된다. 따라서 이러한 줄무늬 모양의 이상대를 종종 자기띠(magnetic lineation)라고 부른다.

12.3.3.2 해양저 확장의 균질성

일련의 자기띠에 포함된 각 이상대는 해령에서 형성된 지각 블록(또는 줄무늬)에서 유래하였으며, 생성 이후 확장 중심축에서 멀리 옮겨진 것이다. 자화된 지각 블록은 해양저가 확장될 때 형성된다. 이 기간 동안 지자기의 극성은 정자기 혹은 역자기가 일정하게 유지되면서 자극기 또는 자극아기를 만든다. 특정 블록의 너비는 자극기의 지속 시간과 해령에서의 확장 속도에 의해 결정된다.

해양저의 확장 속도는 해령 근처에서 직접적인 방법을 통해 계산할 수 있다(2.5.2절). 자화된 지각 줄무늬의 가장자리는 지자기 역전이 발생한 시점에 생성된 지점이며, 이를 방사성 연대 측정법을 통해 연령이 결정된 최근 3~4 Myr의 대륙 혹은 섬의 화산암과 직접 대비를 시킬 수 있다. 확장 축에서 지자기 역전이 발생한 지점까지의 거리를 지자기 역전 시점에 대한 그래프로 나타내면 해령 근처에서 거의 선형 관계가 나타난다. 이에 대한 추세선의 기울기는 평균 해령 확장 속도의 절반에 해당한다(그림 2.11). 해양저 확장이 대칭이라 가정하면 이 값은 판 분리 총속도의 절반에 해당하며, 대개의 경우 이 가정이 옳다.

축적된 해양 자기 측선 자료들을 통해 활동 중인 여러 해령 시스템에서 해양저 확장에 대한 균일성을 확인해 볼 수 있다. 균일한 해양저의 확장은 남대서양에서 가장 오랫동안 유지되었던 것으로 생각된다. 해령을 기준으로 한 남대서양 특정 이상대의 거리를 인도양과 남북 태평양 동일 이상대의 거리에 대해 그래프를 그려 보자. 두 대양의 해양저 확장 속도의 비가 일정함을 알려 주는 여러 개의 직선이 그려진다(그림 12.31). 기울기의 변화는 어떤 해양이 다른 해양에 대해 상대적으로 확장 속도가 변했다는 사실을 보여 준다. 이 그래프는 모든 해양의 확장 속도가 동시에 바뀌는 경우를 배제하지는 않지만, 그러한 현상은 거의 발생하지 않은 것으로 보인다. 비록 해양저 확장 속도는 시기에 따라 변하지만, 긴 시간 동안에는 분명 일정하다.

12.3.3.3 지자기 극성 변화 이력에 대한 해양 기록

전 세계 모든 주요 해양에서의 자기 이상 조사는 지난 155~160 Myr 동안 지자기 극성의 이력에 대한 명확하고 일관된 기록을 제공했다. 이것은 자기띠로 나타나는 두 개의 지자기 역전 배열과 긴 지속 시간을 갖는 정자기로 구성된다(그림 12.32). 자기띠로부터 도출된 자극기의 배열 순서는 자기층서학에 의해 확인되었다.

그 양상이 두드러지게 나타나는 양의 자기 이상은 가장 최근의 것(해령 축에 위치한 이상대 1번)부터 가장 오래된 것(백악기 후기의 이상대 33번)까지 차례로 번호가 매겨진다. 이와 관련된 자극기는 동일한 숫자를 사용해 식별하며, 문자를 사용해 극성을 나타낸다. 최근의 자기 배열은 많은 부분이 신생대에 속하므로 C로 시작하는 식별 부호를 사용한다(그림 8.2). 오늘날의 브륀 정자기(Brunhes normal polarity) 기간은 자극기 C1N에 해당한다. 이 정자기 바로 이전의 역자기 기간은 C1R이라고 표시한다. 마츠야마 역자극기를 중단시킨 이상대 2번(Anomaly 2)은 올두바이 정자극아기에 해당하며 C2N으로 표시된다. C2N 이전의 역전기는 C2R로 표시된다.

현재의 자기 배열은 백악기 후기에 시작되었다. 이 배열에서 가장 오래된 정자극기는 C33N이다. 이 정자극기 이전에는 C33R이 존재했으며, 이 역자극기가 오랜 기간(약 35 Ma) 자기 역전이 일어나지 않았던 시기를 종료시켰다. 지자기장이 일정한 정자기를 보이던 이 기간은 백악기 고요 자극기(Cretaceous Quiet Interval), 백악기 정자극초기(Cretaceous Normal Polarity Superchron), C34N 등의 여러 명칭으로 불린다.

선형 자기 이상을 형성한 교대로 극성이 변경되는 상태는 백악기 고요 자극기 이전에도 존재했다. 그것은 중기 쥐라기 후반에 시작되어 초기 백악기 중반까지 계속되었다. 이러한 후기 중생대 해양 자기 이상을 M 배열이라고 한다. 이후의 배열과 구별하기 위해 이상대 번호 앞에 알파벳 M을 붙인다. 가장 젊은 M0~M8은 자화 극성에 관계없이 순차적으로 번호가 매겨진다. M9보다 오래된 정자극기 및 역자극기는 신생대 때와 같이 짝을 이룬다. 배열에서 식별된 가장 오래된 자극기는 M29N이다. 더 오래된 해양 지각은 한때 역전이 발생하지 않았던 기간인 쥐라기 고요대(Jurassic Quiet Zone)로 간주되었다. 그러나 강도가 낮은 선형 이상대가 발견되고 자극기로 해석이 됨에 따라 더 이상 그러한 개념은 사용하지 않고 있다. 다만 육상에서 이러한 이상대를 찾기 어렵고, 따라서 역자극기임을 확인하

기 어렵기 때문에 완전하게 확립이 되지 못하였다.

현재 가장 오래된 해양 지역은 판게아가 분리되고 현재의 해저 확장 현상이 시작된 약 1억 7,500만 년 전에 형성된 해양 지각에 해당한다. 이 지역의 해양 자기 이상은 진폭이 약하며, 선형성을 보이지 않는다. 이는 이 시기에 자기 역전이 발생하지 않았거나 혹은 자기 역전에 대한 기록이 유지되지 못했기 때문일 것이다. 이 지역의 초기 쥐라기 지자기장의 특징은 아직 확실하게 정립되지 않았다.

12.3.4 지자기극 연대표

해양 자기 이상에 대한 해석은 중기 쥐라기 이후 지자기장의 극성에 대해 거의 연속적이고 신뢰도 높은 자료를 제공한다. 해양 기록의 길이는 그 길이가 겨우 500만 년에 불과한 방사성 연대 측정 기반의 지자기극 연대표보다 훨씬 더 길다. 따라서 해양 자기 이상대의 대부분은 이러한 극 배열과의 대비를 통해 연대를 추정하는 것이 불가능하다. 해령 시스템에서의 확장 속도에 대한 지식은 해양 지각의 나이를 결정하는 또 다른 방법 중 하나이다. 확장 중심에서 해양저가 확장되는 속도가 일정하다고 가정하면, 확장 중심으로부터의 거리를 확장 속도로 나누어 특정 이상대의 연령을 계산할 수 있다. 그러나 이러한 외삽법은 측정 대상[14]이 기준(baseline)[15] 모형보다 훨씬 더 크고, 그림 12.31에서 제시된 것과 같은 확장 속도의 변화가 고려되지 않아 적절한 방법이라 할 수 없다. 또 다른 대안은 해양의 극성 배열을 고생물학적으로 연대가 추정된 동시대의 퇴적암에 부여하는 것이다. 이러한 작업은 원양 탄산염 암석을 대상으로 한 몇몇 자기층서학적 연구를 통해 수행되었다. 퇴적층 내 절대 연령이 알려진 주요 조(stage)[16]의 경계를 연결(tie-level) 점으로 삼는다면, 대비와 내삽을 통해 너무 오래되어 직접적인 연대 추정이 불가능한 자극기의 연령을 계산할 수 있다.

12.3.4.1 해양 극 배열의 자기층석학적 눈금 조정

확장 해령 근방의 해양 자기 이상대(그림 2.10 참조)는 원래 방사성 동위원소를 통해 이미 연대가 추정된 대륙 화산암이나 심

---

14 방사성 연대 측정 범위보다 오래된 해양 지각의 연령.

15 해령 근처 해양 지각의 연령.

16 시층서 단위(geochronostratigraphic unit)의 하나. 이에 대응하는 지질시대 단위는 절(age)이다.

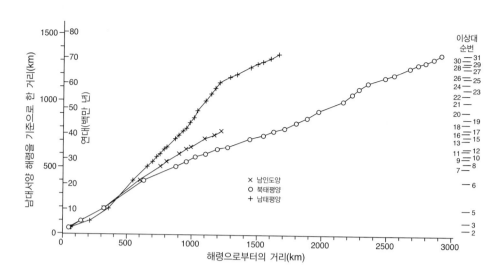

그림 12.31 남대서양에서 이상대의 해령 기준 거리에 대한 인도양과 남북 태평양에서 동일 이상대의 해령 기준 거리 그래프. 출처 : J.R. Heirtzler, G.O. Dickson, E.M. Herron, W.C. Pitman Ⅲ and X. Le Pichon, Marine magnetic anomalies, geomagnetic field reversals, and motions of the ocean floor and continents, *J. Geophys. Res.* 73, 2119–2136, 1968.

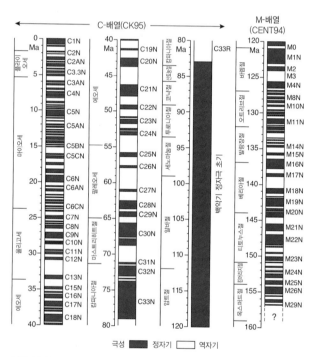

그림 12.32 해양 자기 이상대에 대한 해석과 자기층서 및 고생물층서를 통한 눈금 조정에 의해 구성된 후기 쥐라기 이후의 지자기 극성 연대표. 지난 85 Ma 동안의 C-배열 이상대에 대한 자기 극성 기록(CK95)은 Cande and Kent(1992, 1995)에서 참고하였다. 120 Ma부터 157 Ma의 M-배열 이상대에 대한 자기 극성 기록(CENT94)은 Channell et al.(1995)에서 참고하였다. 155 Ma 이전의 자기 역전 기록은 불분명하다.

해 퇴적물 내 고생물과의 대비를 통해 결정되었었다. 이러한 추정 기법은 방사성 연대 추정법의 오차로 인해 최근 500만 년 이내의 연령 추정에 한정되어 사용된다. 더 오래된 해양 자기 이상대에 대한 연대 결정과 그에 대한 검증은 적절한 암석층을 대상으로 한 자기층서학과 고생물학이 결합된 연구들에 의해

수행되었다.

중부 이탈리아의 움브리아 아펜니토 지역에서 수행된 연구는 해양 자기 이상대의 연대 측정에 이러한 방법이 적용된 사례를 보여 준다. 스칼리아 로사 원양 석회암은 백악기 후기부터 에오세까지 거의 연속적으로 퇴적되었다. 암석 시료에 대한 자기 분석을 통해 석회암이 담고 있는 특성 잔류 자화(characteristic remanent magnetization)[17]를 쉽게 확인할 수 있었다. 구비오 근처 보타치온 협곡에 노출되어 있는 200 m 두께의 석회암 단면에 대해 고지자기 시료가 매우 조밀한 간격으로 수집되었다. 간단한 지구조 보정과 함께 안정적 자화에 대한 편각 및 복각 결정 과정이 수행되었고, 이를 통해 석회암이 퇴적되는 동안 가상 지자기극(VGP)의 위도를 계산하였다. VGP의 위도는 정자기인 기간 동안 90°N에 가까웠으며, 역자기 시기에는 90°S의 위치해 있었다. VGP 위도의 변동은 정자기와 역자기의 기간(magnetozone)을 명확하게 정의한다(그림 12.33).

200 m 두께의 구비오 석회암 단면에서 얻은 자기 극성 기록은 다양한 지역의 수백 킬로미터에 달하는 측선에서 관측된 해양 자기 이상대 29~34번의 자기 극성 자료와 거의 정확히 대비된다. 인도양과 북태평양 그리고 남대서양에서 수행된 자기 측량들은 확장 축의 주향과 측선의 방향이 다양하기 때문에 자기 이상대 29~34번의 형태도 모두 다르다. 그러나 자기 이상대에 대한 해석은 모든 지역에서 거의 동일한 지각 자화 양상을 보이며, 이는 구비오 극성 기록과도 일치한다. 해양 극성 배열을

17 12.2.3.2절 참조.

확인하는 것 외에도, 구비오에서의 결과는 지질 연대표와의 비교를 통해 이상대의 연령을 결정할 수 있게 해 준다.

구비오 단면에 대한 고생물학 연구는 부유성 유공충이 나타나는 주요 해역의 위치를 결정하였고, 자기 극성 배열상에 조(stage)의 주요 경계들을 위치시킬 수 있게 하였다. 일부 중요한 조의 경계에 대한 절대 연령은 방사성 연대 측정과 층서학적 작업으로 알려졌다. 이를 통해 구비오 단면의 극성 반전에 대한 절대 연령을 계산할 수 있었고, 대비를 통해 이에 대응하는 해양저의 연령 역시 추정할 수 있었다. 예를 들어, 산토눔조-캄파니아조[18] 경계(약 8,300만 년 전)는 오래된 역자극기 C33R의 부근에 놓인다. 참조로 지질학적으로 중요한 백악기-고원기 경계(약 6,600만 년 전)는 역자극기 C29R에 해당한다.

이러한 방식으로 자기층서 단면 내에서 백악기 후기와 고원기 때의 지자기 극성 배열이 확인되었으며, 중요한 혹은 그보다 작은 조의 여러 경계들을 고생물학적으로 지자기 극성 배열과 대비시켰다(그림 12.33). 일부 조 경계에 대한 신뢰도 높은 절대 연령은 이들에 대한 눈금 조정에 사용된다. 연대가 결정된 연결점 사이에 존재하는 자기 역전은 내삽을 통해 연령을 계산할 수 있다. 이 기법은 백악기 전기와 쥐라기 후기에 대한 자기층서로 확장시킬 수 있다. 따라서 해양 자기 이상대의 M 배열에 대한 자기 극성 연대 측정 결과를 독립적인 방법을 통해 확인할 수 있다(그림 12.32).

12.3.4.2 자기 역전의 주기

그림 12.32에 있는 자기 극성 기록을 훑어 보면, 지난 160 Myr 동안 자기 역전의 속도가 매우 다양했음을 알 수 있다. 역전 속도를 나타내는 간단한 방법은 일정 기간 동안 발생한 역전의 발생 수를 세어 평균을 구하는 것이다. 비록 역전 속도가 일정하지는 않지만, M-배열에서 평균 주기는 대략 백만 년 동안 3~4회 정도이다. 약 130 Ma부터 백악기 정자극초기(Cretaceous Normal Polarity Superchron, CNPS)가 시작되는 121 Ma까지 역전 속도는 느려진다. 그리고 그다음 38 Myr 동안은 역전이 발생하지 않았다. CNPS는 대략 83 Ma에 종료되고, 그 뒤 느린 역전 속도가 재개되었다. 그러나 역전 속도는 시간이 흐르면서 다시 점점 빨라졌다. 이러한 속도는 10 Myr

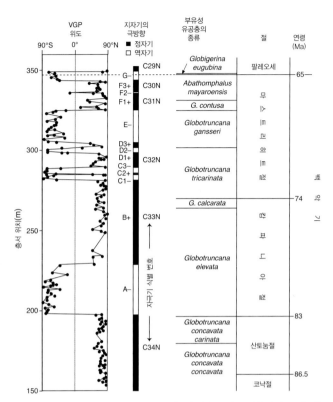

그림 12.33 이탈리아 구비오의 보타치온 단면에 대한 자기층서와 고생물층서의 비교(Lowrie and Alvarez, 1977에서 수정).

전인 후기 마이오세 때 백만 년당 5회로 최대에 도달했으며, 그 이후 백만 년당 4회로 다시 감소하였다. 현재의 정자극기(브륀 정자극기 혹은 C1N으로 알려진)는 0.78 Myr 동안 지속되고 있으며, 이는 후기 신생대의 자극기 평균 길이보다 훨씬 긴 수치이다.

12.3.4.3 판 운동의 재구성

일단 자기 이상대의 연령이 알려지고 나면, 지도에 이들의 위치와 연령을 표시하여 해양 분지에 대한 지질 연대 지도(chronological map)를 만들 수 있다(그림 12.35). 그림에 표시된 등시선의 간격을 보면 해양저 확장 속도가 다양하다는 사실을 알 수 있다. 대서양의 북미나 아프리카 연안 혹은 북태평양에 위치하는 가장 오래된 해양 분지는 약 1억 7,500만 년 정도의 연령을 가진다. 이들은 최대 34억 년의 나이를 갖는 대륙의 오래된 암석에 비해 훨씬 젊다. 모든 해양 지각은 해양저 확장이 시작된 이후 생성되었으며, 이들의 자기 이상 형태는 판의 이동을 반영한다.

지자기 극성 연대표로부터 얻은 이상대의 연령을 통해 주요

---

18 백악기 후기(epoch)의 산토눔(santonian)-캄파니아(campanian) 절(age)의 시층서 단위이다.

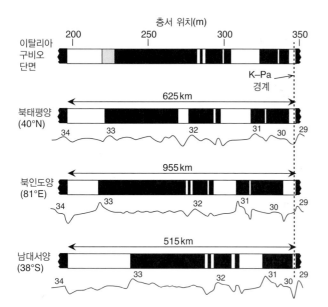

그림 12.34 인도양과 북태평양 그리고 남대서양의 자기 측선에서 획득한 자기 이상대 29~34번의 지각 자화 양상과 구비오 보타치온 단면에서 얻은 자기 극성 층서에 대한 비교(Lowrie and Alvarez, 1977에서 수정됨). K-Pa 는 백악기-고원기 경계의 위치를 나타내며, 이는 역자극기 C29R과 일치한다.

판들의 과거 움직임을 어느 정도 상세히 파악할 수 있다. 중기 쥐라기(Middle epoch) 후반 이후의 어떠한 시기든 그 당시 대륙들의 상대적 위치를 재구성할 수 있다. 이 작업은 대륙판과 연결되어 있는 확장 중심에서 동 시기에 형성된 해양 자기 이상대들을 이용한다. 이는 해안선이나 500패덤 등수심선 혹은 APW 경로를 이용해 초대륙을 재구성하는 작업과 비슷하다.

북아메리카와 아프리카 사이에 놓인 중부 대서양의 해양저 확장을 통해 이 방법을 설명할 수 있다(그림 12.36). 자기 이상대 33번은 대서양 중앙 해령의 양쪽 가장자리에 길쭉한 띠 형태로 형성되어 있다. 자기 이상은 정자극기 C33N과 역자극기 C33R 사이의 자화 대비에 의해 나타난다. C33R의 연령은 약 81 Ma로, 백악기 고요 자극기의 종료 시점을 알려 주는 지표이다. 해령을 중심으로 한 이상대 33번의 서쪽 부분과 동쪽 부분은 같은 시기에 해령 축에서 형성되었고, 이와 동시에 자화도 함께 획득하였다. 만약 두 이상대가 중첩될 때까지 혹은 그들 경계가 최소의 오차로 맞닿을 때까지 아프리카판과 북미판을 이동시킨다면, 8천1백만 년 전 두 대륙이 점유했던 위치에 도달할 것이다. 연령이 알려진 이상대를 맞추어 나가는 이러한 과정을 반복하면, 두 대륙의 분리 기간 동안 연속적인 상대 위치의 재구성이 가능하다.

북대서양의 해양 자기 이상대 역시 유럽과 북미 사이의 상대적 판 운동을 설명할 때 사용할 수 있다. 북아메리카에서 아프리카와 유럽이 떨어져 나가는 양상은 조금씩 달라진다. 유럽-북미판 사이의 운동과 아프리카-북미판 사이의 운동 간의 차이를 통해 아프리카-유럽판 사이의 상대적 운동이 어떻게 변해 왔는지 유추할 수 있다. 백악기 후기와 고원기 초에 아프리카판은 유럽판에 대한 거대한 전단 운동을 통해 동쪽으로 이동하였다. 고원기 중반 이래 아프리카판은 유럽판과 수렴 혹은 충돌 운동을 하게 된다. 알프스 습곡대의 형성과 오늘날 발생하는 이 지역의 지진 활동은 두 판의 상대 운동을 통해 설명된다.

그림 12.35 해양 자기 이상을 통해 얻은 간단한 해양 지각 연령도. 출처 : C.R. Scotese, L.M. Gahagan and R.L. Larson, Plate tectonic reconstructions of the Cretaceous and Cenozoic ocean basins, *Tectonophysics* 155, 27–48, 1988.

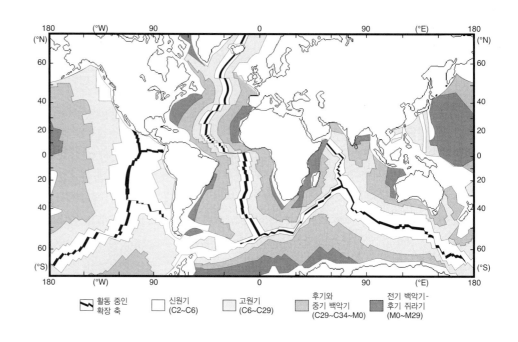

그림 12.36 북대서양과 중부 대서양 열림에 대한 재구성도. 이 그림은 과거 특정 시기 북아메리카에 대한 유럽과 아프리카의 상대적인 위치를 보여 준다. 출처 : W.C. Pitman III and M. Talwani, Sea-floor spreading in the North Atlantic, *Geol. Soc. Amer. Bull.* 83, 619–646, 1972.

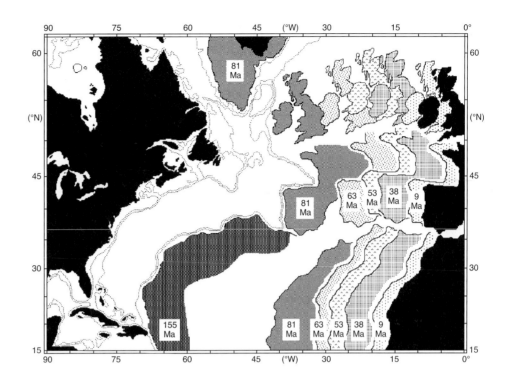

12.3.5 초기 중생대와 고생대 자기 역전의 이력

해양 자기 이상 기록의 해상도는 뛰어나다. 이를 통해 대략 지난 155 Myr 동안 연대가 추정된 지자기 극성의 이력을 구성할 수 있다. 쥐라기 중기보다 오래된 시기의 자기 극성 연대표를 결정하는 것은 매우 복잡하다. 이 시기와 비교할 수 있는 해양 기록이 존재하지 않기 때문이다. 따라서 자기 극성 기록은 대륙 자기층서 단면에서 따와야 한다.

이 방식은 미국 동부 뉴어크 분지의 대륙 지층에 대한 다학제간 연구에 적용되었다. 그 결과 켄트(D. V. Kent)와 그의 동료들은 연령이 추정된 트라이아스기 후기와 쥐라기 전기 시기의 극성 자료를 얻을 수 있었다. 길이가 6,000 m 이상인 퇴적물 시추 코어에서 수집된 2,000개 이상의 고지자기 시료를 통해 안정적인 자화 방향이 결정되었다. 자화의 배열은 방향이 교대로 바뀌는 명확한 경계를 나타내었다. 기후에 의해 유발된 호수 수위의 변화는 퇴적물의 퇴적 양상을 조절한다. 이로 인해 퇴적물의 층리 형태와 색이 주기적으로 변하며, 이 중 가장 기여도가 큰 성분은 맥로플린 주기라고 불린다. 이 주기는 지구 공전 궤도의 이심률에 대한 405 kyr의 밀란코비치 주기에 대응한다. 맥로플린 주기에 기반을 둔 주기층서학(12.3.2절)이 호수 퇴적물의 연대를 추정하는 데 사용된다. 이 연구에서는 U-Pb 지르콘 연대 측정법에 의해 연령이 밝혀진 배열의 가장 최근 구간을 기준으로 삼아, 199~233 Ma에 이르는 후기 트라이아스기부터 초기 쥐라기에 대한 지자기 극성 연대표를 완성하였다.

비록 수많은 고지자기 연구들이 정자화 및 역자화된 오래된 암석들을 발견하였지만, 트라이아스기 후기보다 더 오래된 상세한 극성 배열은 아직 정립하지 못하였다. 현재로서는 발견되는 시료들의 자화가 정자극 혹은 역자극으로 편향되었는지를 고려하여 고생대의 극성 이력을 분석하는 정도는 가능하다. 정자화를 보이는 시료만큼 역전된 자화의 시료가 발견된다면, 지자기장이 역전된 것으로 상정한다. 이러한 구간을 혼합 자극초기(mixed polarity superchron)라고 한다. 백악기 후기와 신생대 및 트라이아스기는 혼합 자극초기를 나타낸다. 때로는 알 수 없는 이유에 의해 극성이 긴 기간 동안 일정하게 유지된다. 백악기 고요 자극기가 이에 해당하며, 극성의 편향 관점에서는 백악기 정자극초기(Cretaceous Normal Polarity Superchron)라 불린다. 페름기 전기와 석탄기 후기는 모두 역자기가 우세하였다. 오랫동안 일정하게 유지되는 역자극 기간인 기아만 간격(Kiaman interval)은 페름-석탄 역자극초기(Permo-Carboniferous Reversed Polarity Superchron)에 해당한다. 고생대 전기에는 자기 역전이 일반적이었지만, 서로 일치하는 극성 배열 자료가 존재하지 않는다.

중생대 전기와 고생대 기간 동안의 상세한 지자기 극성 이력 결정 작업은 현재 고지자기학자와 고생물층서학자들에 의해 진행 중이다. 현재 상태의 해양저 확장이 시작되었던 쥐라기 중기 이전의 해양 자기 기록은 더 이상 존재하지 않는다. 따라서 더 오래전의 극성 배열이 당시를 대표하며 전 지구를 영향권으로 두는 쌍극자장으로 받아들여지기 위해서는 동 시기의 자기층서 단면에 대한 반복 분석을 통해 검증되어야 한다.

12.4 더 읽을거리

입문 수준

Butler, R. F. 1992. *Paleomagnetism: Magnetic Domains to Geologic Terranes*. Boston, MA: Blackwell Scientific.

심화 및 응용 수준

Dunlop, D. J. and Özdemir, Ö. 1997. *Rock Magnetism: Fundamentals and Frontiers*. Cambridge: Cambridge University Press.

Evans, M. E. and Heller, F. 2003. *Environmental Magnetism: Principles and Applications of Enviromagnetics*. New York: Academic Press.

Opdyke, N. D. and Channell, J. E. T. 1996. *Magnetic Stratigraphy*. San Diego, CA: Academic Press.

Tauxe, L. 2002. *Paleomagnetic Principles and Practice*. Dordrecht: Kluwer Academic Publishers.

Van der Voo, R. 1993. *Paleomagnetism of the Atlantic, Tethys and Iapetus Oceans*. Cambridge: Cambridge University Press.

12.5 복습 문제

1. 반자성, 상자성, 강자성, 페리자성, 반강자성이란 무엇인가?

2. (a) 석영, (b) 방해석, (c) 점토 광물, (d) 자철석, (e) 적철석에 나타내는 자기 유형은 무엇인가?

3. 잔류 자화란? (a) 퇴적암, (b) 변성암, (c) 화성암에서는 어떤 유형의 잔류 자화가 가능한가? 이들의 기원을 설명하시오.

4. 열 잔류 자화(TRM)의 기원에 대한 다음의 설명이 옳지 않은 이유를 쓰시오. "자철석 입자는 퀴리 온도 아래로 냉각될 때 자기장과 정렬되어 TRM을 획득한다."

5. 주어진 지역에서 자기장의 (a) 편각과 (b) 복각이란 무엇인가? 자기 적도에서 자기장의 방향은 어떠한가?

6. 암석의 잔류 자화에 대한 복각이 동일 위치 지자기장의 복각과 다르다는 것은 무엇을 의미하는가? 편각의 차이는 무엇을 의미하는가?

7. 암석은 어떻게 하나 이상의 잔류 자화를 획득할 수 있는가?

8. 둘 이상의 자화 성분을 가진 암석으로부터 최초의 잔류 자화 방향을 어떻게 식별할 수 있는가?

9. 지구 중심축 쌍극자(GAD) 가설은 무엇이며, 이 가설이 고지자기학에 있어서 중요한 이유는 무엇인가?

10. 겉보기 극이동(APW) 경로란? '겉보기'란 용어가 사용된 이유는 무엇인가? 전 지구적 판구조론의 관점에서 대륙마다 서로 다른 APW 경로가 존재하는 이유는 무엇인가?

11. 자기극층서란 무엇인가? 젊은 암석과 오래된 암석에 대한 자기극층서는 어떻게 보정하는가?

12. 해양 자기 이상대는 어떻게 형성되는가? 이를 측정하는 탐사 과정에 대해 설명하시오.

13. 지자기 극성 연대표란? 지자기 극성 연대표는 어떻게 만들어지고, 눈금 조정은 어떻게 진행되는가?

12.6 연습 문제

1. 지자기장이 지구 중심축 쌍극자라고 가정하자. 자기장의 복각이 45°인 곳의 위도를 계산하시오.

2. 위 문항과 동일한 가정을 하자. 위도 45°N인 지점에서 지구 중심축 쌍극자장의 복각을 계산하시오.

3. 지자기장의 강도(M), 편각(D) 및 복각(I)과 다음의 수식을 사용하여 암석 자화의 북쪽(N), 동쪽(E), 수직 하향(V)의 세 성분을 계산할 수 있다.

$$N = M \cos I \cos D$$
$$E = M \cos I \sin D$$
$$V = M \sin I$$

점진적 열 자기 소거법을 백악기 석회암 시료에 적용하는 고지자기 연구를 통해 온도에 따른 잔류 자화가 다음의 표와 같이 측정되었다.

T (°C)	M (10^{-5} A m^{-1})	D (°)	I (°)
200	5.08	60.8	60.1
300	3.87	62.1	59.8
400	3.02	61.2	62.1
500	2.10	62.2	61.6
550	1.18	63.1	60.9

(a) 각 자기 소거 단계에서 자화의 북쪽, 동쪽 및 수직 성분을 계산하시오.

(b) E 성분에 대한 N 성분을 그리시오. 추세선을 추가하여, 안정적인 자화 방향에 대한 편각의 최적값을 구하시오.

(c) N 또는 E 성분에 대해 V 성분을 그리시오. 추세선을 추가하여, 안정적인 자화 방향에 대한 편각의 최적값을 구하시오.

(d) 추세선은 도표의 원점을 통과하지 않는다. 이것의 의미는 무엇인가?

4. 동일한 고지자기 연구를 통해 어떤 한 지점에 수집된 5개의 시료로부터 다음과 같은 자화 방향이 측정되었다. 석회암 지층의 습곡 보정은 적용되었다.

시료	D (°)	I (°)
SR-04	329.7	40.6
SR-05	336.6	24.7
SR-07	326.2	46.0
SR-10	321.1	40.9
SR-12	322.7	44.9

(a) 다음의 수식을 사용하여 안정적인 각 자화에 대한 북쪽(N), 동쪽(E), 수직 하향(V) 성분의 방향 코사인(λ_N, λ_E, λ_V)을 계산하시오.

$$\lambda_N = \cos I \cos D$$
$$\lambda_E = \cos I \sin D$$
$$\lambda_V = \sin I$$

(b) 계산된 각 방향 코사인 값의 합을 구하시오. 합을 X, Y, Z라고 한다면, $X = \sum \lambda_N$, $Y = \sum \lambda_E$, $Z = \sum \lambda_V$ 이다. 다음의 관계식을 이용하여 방향의 벡터 합 R과 평균 편각 D_m과 평균 복각 I_m의 방향을 계산하시오.

$$R = \sqrt{X^2 + Y^2 + Z^2}; \tan D_m = Y/X; \sin I_m = Z/R$$

(c) 계산된 R 값을 사용하여 자료의 정밀도 매개변수 k와 평균 방향에 대한 95% 신뢰 오차(α_{95})를 계산하시오.

5. 위 문항에서 사용된 시료는 위도가 43.4°N이며, 경도가 12.6°E인 이탈리아의 한 지역에서 수집되었다. 이 이탈리아 석회암에 대한 고지자기극의 위경도를 계산하오.

6. 후기 백악기 당시 유럽판의 고지자기극의 위치가 72°N, 154°E이고 아프리카판의 고지자기극의 위치는 67°N, 245°E이라고 가정하자.

(a) 위 문항의 이탈리아에 위치한 측점에서 예상되는 유럽과 아프리카의 방향을 계산하시오.

(b) 예상되는 방향과 관찰된 방향을 비교하여 이탈리아 석회암의 고지자기 결과를 어떻게 해석해야 하는지 설명하시오.

7. 고지자기 시료에 대한 자기 역전 검증 과정에서 정자화된 시료의 평균 방향은 $D_N = 313°$, $I_N = 38°$이다. 95% 신뢰 구간의 반경은 $\alpha_{95} = 8°$이다. 역자화 시료의 평균 방향은 $D_R = 114°$, $I_R = -33°$, $\alpha_{95} = 7°$이다. 정자화와 역자화의 평균 방향의 사잇각을 계산하시오. 이 시료는 자기 역전 검증을 통과하는가?

12.7 컴퓨터 실습

이 장에 대한 Jupyter notebook 실습 자료를 http://www.cambridge.org/FoG3ed에서 내려받기를 할 수 있다: (Apparent polar wander)

부록 A 3차원 파동 방정식

일반적인 운동 방정식

3차원에서 P파와 S파 운동 방정식의 유도는 1차원 예제와 같이 시작된다. 그러나 3차원의 경우, 탄성파가 통과하는 동안 입자의 변위는 각각 x, y, z축으로의 성분 u, v, w로 구성된 벡터 $\vec{U}$로 표현된다.

그림 A1과 같이 작은 상자의 면에 작용하는 힘을 고려해 보자. x, y, z축에 수직인 면은 면적이 각각 A_x, A_y 및 A_z이다. 영역 A_x의 왼쪽 면에 x 방향으로 가해지는 힘을 $(F_x)_x$ 그리고 오른쪽 면에 가해지는 힘을 $(F_x)_x + \Delta(F_x)_x$라고 하자. 만약 이 두 힘이 같으면$[\Delta(F_x)_x = 0]$, x 방향으로 움직임이 발생하지 않는다. 만약 두 힘이 동일하지 않으면, 움직임이 발생한다. 상자가 힘의 변화가 균일하게 일어날 만큼 충분히 작으면, 다음과 같이 쓸 수 있다.

$$\Delta(F_x)_x = \frac{\partial(F_x)_x}{\partial x}\Delta x = \frac{\partial(\sigma_{xx}A_x)}{\partial x}\Delta x = \frac{\partial\sigma_{xx}}{\partial x}(\Delta y \Delta z)\Delta x \quad \text{(A1)}$$

z 방향에 수직인 면에 작용하는 힘도 x 성분을 가진다. 이들을 같은 방식으로 처리하면, 면적이 A_z인 상자 밑면에서 x 방향으로 작용하는 힘은 $(F_x)_x$이고, 윗면에 작용하는 힘은 $(F_x)_x + \Delta(F_x)_x$이다. 이 두 힘의 차이는 다음과 같다.

$$\Delta(F_z)_x = \frac{\partial(F_z)_x}{\partial z}\Delta z = \frac{\partial(\sigma_{zx}A_z)}{\partial z}\Delta z = \frac{\partial\sigma_{zx}}{\partial z}(\Delta x \Delta y)\Delta z \quad \text{(A2)}$$

(그림에는 나와 있지 않지만) 이와 유사하게, y축에 수직인 면상의 응력으로부터 발생하는 x 방향으로 작용하는 힘의 차이는 다음과 같다.

$$\Delta(F_y)_x = \frac{\partial(F_y)_x}{\partial y}\Delta y = \frac{\partial(\sigma_{yx}A_y)}{\partial y}\Delta y = \frac{\partial\sigma_{yx}}{\partial y}(\Delta z \Delta x)\Delta y \quad \text{(A3)}$$

이 결과들을 조합하면 상자에 x 방향으로 작용하는 순 힘 ΔF_x를 얻을 수 있다.

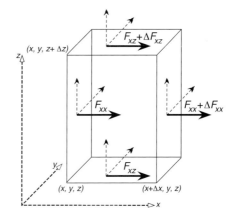

그림 A1 작은 직육면체의 각 면에 수직력과 전단력이 작용한다.

$$\Delta F_x = \left(\frac{\partial\sigma_{xx}}{\partial x} + \frac{\partial\sigma_{yx}}{\partial y} + \frac{\partial\sigma_{zx}}{\partial z}\right)\Delta V \quad \text{(A4)}$$

여기서 $\Delta V = \Delta x \Delta y \Delta z$는 단위 상자의 부피이다. 매질의 밀도가 ρ이고 변위의 x 성분이 u이면, 뉴턴의 운동 법칙을 적용하여 다음과 같은 운동 방정식을 구할 수 있다.

$$\left(\frac{\partial\sigma_{xx}}{\partial x} + \frac{\partial\sigma_{yx}}{\partial y} + \frac{\partial\sigma_{zx}}{\partial z}\right)\Delta V = \rho\Delta V\frac{\partial^2 u}{\partial t^2}$$

$$\frac{\partial\sigma_{xx}}{\partial x} + \frac{\partial\sigma_{yx}}{\partial y} + \frac{\partial\sigma_{zx}}{\partial z} = \rho\frac{\partial^2 u}{\partial t^2} \quad \text{(A5)}$$

라메 상수의 정의(5.1.4.3절)와 응력과 변형률 사이의 관계(식 5.33)에서 다음이 유도된다.

$$\sigma_{xx} = \lambda\theta + 2\mu\varepsilon_{xx} = \lambda\left(\frac{\partial u}{\partial x} + \frac{\partial v}{\partial y} + \frac{\partial w}{\partial z}\right) + 2\mu\frac{\partial u}{\partial x}$$

$$\sigma_{yx} = 2\mu\varepsilon_{yx} = \mu\left(\frac{\partial v}{\partial x} + \frac{\partial u}{\partial y}\right)$$

$$\sigma_{zx} = 2\mu\varepsilon_{zx} = \mu\left(\frac{\partial w}{\partial x} + \frac{\partial u}{\partial z}\right) \quad \text{(A6)}$$

운동 방정식에 있는 응력 성분의 공간미분을 구하기 위해, 이 식들을 각각 차례로 미분하면, 다음과 같다.

$$\frac{\partial \sigma_{xx}}{\partial x} = \lambda \frac{\partial \theta}{\partial x} + 2\mu \frac{\partial^2 u}{\partial x^2}$$

$$\frac{\partial \sigma_{yx}}{\partial y} = \mu \left(\frac{\partial^2 v}{\partial y \partial x} + \frac{\partial^2 u}{\partial y^2} \right)$$

$$\frac{\partial \sigma_{zx}}{\partial z} = \mu \left(\frac{\partial^2 w}{\partial z \partial x} + \frac{\partial^2 u}{\partial z^2} \right) \tag{A7}$$

다음과 같이 식 (A7)을 식 (A5)에 대입하고, 항을 정렬하면 x 방향으로의 변위 u에 대한 운동 방정식을 구할 수 있다.

$$\lambda \frac{\partial \theta}{\partial x} + 2\mu \frac{\partial^2 u}{\partial x^2} + \mu \left(\frac{\partial^2 v}{\partial y \partial x} + \frac{\partial^2 u}{\partial y^2} \right) + \mu \left(\frac{\partial^2 w}{\partial z \partial x} + \frac{\partial^2 u}{\partial z^2} \right) = \rho \frac{\partial^2 u}{\partial t^2} \tag{A8}$$

$$\lambda \frac{\partial \theta}{\partial x} + \mu \left(\frac{\partial^2 u}{\partial x^2} + \frac{\partial^2 v}{\partial y \partial x} + \frac{\partial^2 w}{\partial z \partial x} \right) + \mu \left(\frac{\partial^2 u}{\partial x^2} + \frac{\partial^2 u}{\partial y^2} + \frac{\partial^2 u}{\partial z^2} \right)$$
$$= \rho \frac{\partial^2 u}{\partial t^2} \tag{A9}$$

$$\lambda \frac{\partial \theta}{\partial x} + \mu \frac{\partial}{\partial x} \left(\frac{\partial u}{\partial x} + \frac{\partial v}{\partial y} + \frac{\partial w}{\partial z} \right) + \mu \left(\frac{\partial^2 u}{\partial x^2} + \frac{\partial^2 u}{\partial y^2} + \frac{\partial^2 u}{\partial z^2} \right)$$
$$= \rho \frac{\partial^2 u}{\partial t^2} \tag{A10}$$

수학 연산자 $\left(\nabla^2 = \frac{\partial^2}{\partial x^2} + \frac{\partial^2}{\partial y^2} + \frac{\partial^2}{\partial z^2} \right)$을 도입하고, $\left(\theta = \frac{\partial u}{\partial x} + \frac{\partial v}{\partial y} + \frac{\partial w}{\partial z} \right)$임을 이용하면, x 방향 변위에 대한 식 (A10)을 더 간결하게 표현할 수 있다.

$$(\lambda + \mu) \frac{\partial \theta}{\partial x} + \mu \nabla^2 u = \rho \frac{\partial^2 u}{\partial t^2} \tag{A11}$$

y 방향(v) 및 z 방향 변위(w)도 동일한 과정에 의해 다음과 같이 유도될 수 있다.

$$(\lambda + \mu) \frac{\partial \theta}{\partial y} + \mu \nabla^2 v = \rho \frac{\partial^2 v}{\partial t^2} \tag{A12}$$

$$(\lambda + \mu) \frac{\partial \theta}{\partial z} + \mu \nabla^2 w = \rho \frac{\partial^2 w}{\partial t^2} \tag{A13}$$

방정식 (A11) ~ (A13)은 이제 종파(P파)와 횡파(S파)를 나타내는 두 가지 파동으로 분리될 수 있다.

종파

식 (A11), (A12), (A13)을 각각 x, y, z로 미분하면, 다음과 같다.

$$(\lambda + \mu) \frac{\partial^2 \theta}{\partial x^2} + \mu \nabla^2 \left(\frac{\partial u}{\partial x} \right) = \rho \frac{\partial^2}{\partial t^2} \left(\frac{\partial u}{\partial x} \right)$$

$$(\lambda + \mu) \frac{\partial^2 \theta}{\partial y^2} + \mu \nabla^2 \left(\frac{\partial v}{\partial y} \right) = \rho \frac{\partial^2}{\partial t^2} \left(\frac{\partial v}{\partial y} \right)$$

$$(\lambda + \mu) \frac{\partial^2 \theta}{\partial z^2} + \mu \nabla^2 \left(\frac{\partial w}{\partial z} \right) = \rho \frac{\partial^2}{\partial t^2} \left(\frac{\partial w}{\partial z} \right) \tag{A14}$$

이 방정식을 모두 더한 뒤, 위에 주어진 ∇^2의 정의와 $\theta = \frac{\partial u}{\partial x} + \frac{\partial v}{\partial y} + \frac{\partial w}{\partial z}$임을 이용하면, 다음 식을 얻을 수 있다.

$$(\lambda + \mu) \left(\frac{\partial^2 \theta}{\partial x^2} + \frac{\partial^2 \theta}{\partial y^2} + \frac{\partial^2 \theta}{\partial z^2} \right) + \mu \nabla^2 \left(\frac{\partial u}{\partial x} + \frac{\partial v}{\partial y} + \frac{\partial w}{\partial z} \right)$$
$$= \rho \frac{\partial^2}{\partial t^2} \left(\frac{\partial u}{\partial x} + \frac{\partial v}{\partial y} + \frac{\partial w}{\partial z} \right) \tag{A15}$$

$$(\lambda + 2\mu) \nabla^2 \theta = \rho \frac{\partial^2 \theta}{\partial t^2} \tag{A16}$$

이 식은 다음과 같이 쓰여질 수 있다.

$$\alpha^2 \nabla^2 \theta = \frac{\partial^2 \theta}{\partial t^2} \tag{A17}$$

여기에서 식 (A18)이 도출된다.

$$\alpha^2 = \frac{\lambda + 2\mu}{\rho} \tag{A18}$$

1차원에서 유도한 압축파에 대한 파동 방정식(식 3.41)과 비교하면, 식 (A17)은 체적 변화(팽창), θ가 식 (A18)에 의해 주어진 속도 α로 3차원 공간에서 전파하는 것을 설명한다. 이 파동은 파동이 전파하는 방향과 평행하게 팽창과 압축을 반복하면서 전달되며, 종파(longitudinal wave)라고 한다. 이 파동은 지진계에 가장 먼저 도달하기 때문에 일반적으로 1차파(primary wave) 또는 P파(P-wave)라고 한다.

횡파

식 (A11)을 y에 대해 미분하면 다음과 같다.

$$(\lambda + \mu)\frac{\partial^2\theta}{\partial y\partial x} + \mu\nabla^2\left(\frac{\partial u}{\partial y}\right) = \rho\frac{\partial^2}{\partial t^2}\left(\frac{\partial u}{\partial y}\right) \tag{A19}$$

마찬가지로, 식 (A12)를 x에 대해 미분하면 다음과 같다.

$$(\lambda + \mu)\frac{\partial^2\theta}{\partial x\partial y} + \mu\nabla^2\left(\frac{\partial v}{\partial x}\right) = \rho\frac{\partial^2}{\partial t^2}\left(\frac{\partial v}{\partial x}\right) \tag{A20}$$

식 (A20)에서 식 (A19)를 빼면 다음 식을 얻을 수 있다.

$$\mu\nabla^2\left(\frac{\partial v}{\partial x} - \frac{\partial u}{\partial y}\right) = \rho\frac{\partial^2}{\partial t^2}\left(\frac{\partial v}{\partial x} - \frac{\partial u}{\partial y}\right) \tag{A21}$$

식 (A12)와 식 (A13) 그리고 식 (A13)과 식 (A11)을 같은 방식으로 조합하면, 다음과 같은 추가 파동 방정식들을 얻을 수 있다.

$$\mu\nabla^2\left(\frac{\partial u}{\partial z} - \frac{\partial w}{\partial x}\right) = \rho\frac{\partial^2}{\partial t^2}\left(\frac{\partial u}{\partial z} - \frac{\partial w}{\partial x}\right) \tag{A22}$$

$$\mu\nabla^2\left(\frac{\partial w}{\partial y} - \frac{\partial v}{\partial z}\right) = \rho\frac{\partial^2}{\partial t^2}\left(\frac{\partial w}{\partial y} - \frac{\partial v}{\partial z}\right) \tag{A23}$$

$$\Psi_x = \left(\frac{\partial w}{\partial y} - \frac{\partial v}{\partial z}\right), \ \Psi_y = \left(\frac{\partial u}{\partial z} - \frac{\partial w}{\partial x}\right), \ \Psi_z = \left(\frac{\partial v}{\partial x} - \frac{\partial u}{\partial y}\right) \tag{A24}$$

$\frac{\partial v}{\partial z}$ 등은 전단 변형률을 유발하는 작은 회전 뒤틀림 성분과 동일하다(5.1.3.3절 참조). 따라서 $\left(\frac{\partial v}{\partial z} - \frac{\partial w}{\partial y}\right)$는 x 방향에 수직

인 y-z 평면에서의 순 회전을 묘사한다. 식 (A25)에 정의된 물리량은 벡터 $\Psi = (\Psi_x, \Psi_y, \Psi_z)$의 성분이다. Ψ의 각 성분은 특정 좌표축에 대해 수직인 평면에서의 순 회전을 묘사한다.

식 (A21) ~ (A23)은 Ψ의 성분들이 다음 식을 만족한다는 것을 보여 준다.

$$\mu\nabla^2\Psi = \rho\frac{\partial^2\Psi}{\partial t^2} \tag{A25}$$

이는 다음과 같이 쓸 수 있다.

$$\beta^2\nabla^2\Psi = \frac{\partial^2\Psi}{\partial t^2} \tag{A26}$$

여기에서 식 (A27)이 도출된다.

$$\beta^2 = \frac{\mu}{\rho} \tag{A27}$$

식 (A26)은 파동 방정식의 형태를 갖는다. 식 (A27)에 의해 주어진 속도 β로 회전 또는 전단 교란 Ψ가 전파하는 것을 설명한다. 이 파동으로 인한 변위가 전파 방향에 수직인 평면에 있기 때문에 **횡파**(transverse wave)라고 한다. S파의 속도 β가 P파의 속도 α보다 느리기 때문에, 같은 송신원으로부터 유래한 P파보다 늦게 지진계에 도착하기 때문에 이를 2차파(secondary wave) 또는 S파(S-wave)라고 부른다. 파동에 의한 교란이 파면상 입자의 전단 운동으로 구성되기 때문에 전단파(shear wave)라고도 불린다.

부록 B 반무한 매질의 냉각

z 방향으로 무한한 반무한 매질의 초기 온도가 T_0이며, 냉각에 의해 온도가 변한다고 생각해 보자. $z = 0$인 윗면의 온도가 갑자기 변하여 0°C를 유지한다고 가정하자. 시간이 t이며, 심도가 z인 지점의 온도를 $T(z,t)$로 쓸 수 있다. 또한 경계 조건은 $T(0,t) = 0$과 $T(z,0) = T_0$로 주어진다. 냉각 중인 반무한 매질의 온도는 열전도 방정식을 만족해야 하며, 이는 다음과 같이 쓸 수 있다(글상자 9.1).

$$\frac{1}{\kappa}\frac{1}{\theta}\frac{d\theta}{dt} = \frac{1}{Z}\frac{d^2Z}{dz^2} \qquad \text{(B1)}$$

변수를 분리하고 분리 상수를 $-n^2$으로 놓으면, 다음의 식을 얻는다.

$$\frac{1}{\kappa}\frac{1}{\theta}\frac{d\theta}{dt} = -n^2 \ \text{ 그리고 } \ \frac{1}{Z}\frac{d^2Z}{dz^2} = -n^2 \qquad \text{(B2)}$$

두 방정식의 해는 다음과 같다.

$$\theta = \theta_0 e^{-\kappa n^2 t} \ \text{ 그리고 } \ Z = A_n \cos nz + B_n \sin nz \qquad \text{(B3)}$$

$z = 0$의 윗면에 대한 경계 조건은 $T(0,t) = 0$으로 주어지며, $A_n = 0$일 때 이를 만족한다. 따라서 일반해는 다음과 같이 쓸 수 있다.

$$T(z,t) = \theta_0 \sum_n e^{-\kappa n^2 t} B_n \sin nz \qquad \text{(B4)}$$

만약 온도 분포가 연속적이라면, 급수는 적분으로 표현할 수 있다. 마찬가지로 이산 값 (θ_0, B_n)도 연속 함수 $B(n)$으로 표현된다. 따라서 다음과 같이 쓸 수 있다.

$$T(z,t) = \int_0^\infty e^{-\kappa n^2 t} B(n)\sin(nz)\mathrm{d}n \qquad \text{(B5)}$$

만약 시간이 $t = 0$일 때, 반무한 매질의 초기 온도 분포가 $T(z)$라면 다음과 같이 식을 쓸 수 있다.

$$T(z,0) = T(z) = \int_0^\infty B(n)\sin(nz)\mathrm{d}n \qquad \text{(B6)}$$

사인과 코사인 함수에 대한 직교성을 이용하면, 우리는 다음과 같은 식을 얻게 된다.

$$B(n) = \frac{2}{\pi}\int_0^\infty T(z)\sin(nz)\mathrm{d}z = \frac{2}{\pi}\int_0^\infty T(\zeta)\sin(n\zeta)\mathrm{d}\zeta \qquad \text{(B7)}$$

혼동을 피하기 위해 피적분 변수를 다른 문자로 바꾸어 주었다. 이 식을 식 (B5)에 대입하면 다음과 같은 식을 얻을 수 있다.

$$T(z,t) = \frac{2}{\pi}\int_0^\infty T(\zeta)\left[\int_0^\infty e^{-\kappa n^2 t}\sin(nz)\sin(n\zeta)\mathrm{d}n\right]\mathrm{d}\zeta \qquad \text{(B8)}$$

삼각 함수 공식 $2\sin(nz)\sin(n\zeta) = \cos[n(\zeta - z)] - \cos[n(\zeta + z)]$를 사용하면 식 (B8)의 적분은 다음과 같이 표현된다.

$$T(z,t) = \frac{1}{\pi}\int_0^\infty T(\zeta)\left[\int_0^\infty e^{-\kappa n^2 t}\left\{\cos\left[n(\zeta - z)\right] - \cos\left[n(\zeta + z)\right]\right\}\mathrm{d}n\right]\mathrm{d}\zeta \qquad \text{(B9)}$$

$\kappa t = \alpha$, $(\zeta - z) = u$, $(\zeta + z) = v$를 사용하여 이 적분을 간단히 하자.

$$T(z,t) = \frac{1}{\pi}\int_0^\infty T(\zeta)\left[\int_0^\infty e^{-\alpha n^2}\cos(nu)\mathrm{d}n - \int_0^\infty e^{-\alpha n^2}\cos(nv)\mathrm{d}n\right]\mathrm{d}\zeta \qquad \text{(B10)}$$

식 (B10)의 해를 구하기 전에 먼저 다음 적분에 대해 생각해 보자.

$$Y = \int_0^\infty e^{-an^2}\cos(nu)\,\mathrm{d}n \tag{B11}$$

식 (B11)을 u에 대해 편미분하면 다음의 식을 얻는다.

$$\frac{\partial Y}{\partial u} = \int_0^\infty (-n e^{-an^2})\sin(nu)\,\mathrm{d}n \tag{B12}$$

부분 적분을 통해 식 (B12)를 계산하면 다음의 식들을 순차적으로 얻는다.

$$\frac{\partial Y}{\partial u} = \left[\frac{e^{-an^2}}{2\alpha}\sin(nu)\right]_0^\infty - \frac{u}{2\alpha}\int_0^\infty e^{-an^2}\cos(nu)\,\mathrm{d}n = -\frac{u}{2\alpha}Y \tag{B13}$$

$$\frac{1}{Y}\frac{\partial Y}{\partial u} = \frac{\partial}{\partial u}ln(Y) = -\frac{u}{2\alpha} \tag{B14}$$

$$\ln(Y) = -\frac{u^2}{4\alpha} + c = -\frac{u^2}{4\alpha} + \ln(Y_0) \tag{B15}$$

$$Y = Y_0 e^{\frac{u^2}{4\alpha}} \tag{B16}$$

상수 Y_0는 식 (B11)의 Y에 대한 정의에서 $u = 0$일 때의 값이다. 이 적분은 다음과 같은 값을 갖는다(아래 식에 대한 풀이는 가장 마지막에 다시 다룬다).

$$Y_0 = \int_0^\infty e^{-an^2}\,\mathrm{d}n = \frac{1}{2}\sqrt{\frac{\pi}{\alpha}} \tag{B17}$$

따라서 다음과 같이 정리된다.

$$Y = \int_0^\infty e^{-an^2}\cos(nu)\,\mathrm{d}n = \frac{1}{2}\sqrt{\frac{\pi}{\alpha}}e^{\frac{u^2}{4\alpha}} \tag{B18}$$

이 해를 식 (B10)에 대입하면, 다음과 같은 식을 얻는다.

$$\begin{aligned}T(z,t) &= \frac{1}{\pi}\int_0^\infty T(\zeta)\frac{1}{2}\sqrt{\frac{\pi}{\alpha}}\left[e^{\frac{u^2}{4\alpha}} - e^{\frac{v^2}{4\alpha}}\right]\mathrm{d}\zeta \\ &= \frac{1}{2\sqrt{\pi\kappa t}}\int_0^\infty T(\zeta)\left[e^{-\frac{(\zeta-z)^2}{4\kappa t}} - e^{-\frac{(\zeta+z)^2}{4\kappa t}}\right]\mathrm{d}\zeta\end{aligned} \tag{B19}$$

만약 냉각 중인 매질이 초기에 균질한 온도 T_0를 가졌다면, $T(z) = T_0$이다. 따라서 식 (B19)는 다음과 같이 적을 수 있다.

$$T(z,t) = \frac{T_0}{2\sqrt{\pi\kappa t}}\left\{\int_0^\infty e^{-\frac{(z-\zeta)^2}{4\kappa t}}\,\mathrm{d}\zeta - \int_0^\infty e^{-\frac{(z+\zeta)^2}{4\kappa t}}\,\mathrm{d}\zeta\right\} \tag{B20}$$

위 식의 첫 번째 적분을 $w = \dfrac{(\zeta - z)}{2\sqrt{\kappa t}}$를 이용해 치환하자. 먼저 $\mathrm{d}w = \dfrac{1}{2\sqrt{\kappa t}}\mathrm{d}\zeta$를 사용하자. 적분 상한과 하한은 각각 ∞와 $\dfrac{-z}{2\sqrt{\kappa t}}$가 된다. 두 번째 적분에 대해서도 $w = \dfrac{(\zeta + z)}{2\sqrt{\kappa t}}$를 사용하면, 상한과 하한은 각각 ∞와 $\dfrac{z}{2\sqrt{\kappa t}}$가 된다. 따라서 식 (B20)은 다음과 같이 다시 쓸 수 있다.

$$T(z,t) = \frac{T_0}{\sqrt{\pi}}\left\{\int_{\frac{-z}{2\sqrt{\kappa t}}}^\infty e^{-w^2}\,\mathrm{d}w - \int_{\frac{z}{2\sqrt{\kappa t}}}^\infty e^{-w^2}\,\mathrm{d}w\right\} \tag{B21}$$

$$T(z,t) = \frac{T_0}{\sqrt{\pi}}\left\{\int_{\frac{-z}{2\sqrt{\kappa t}}}^{\frac{z}{2\sqrt{\kappa t}}} e^{-w^2}\,\mathrm{d}w\right\} = \frac{2T_0}{\sqrt{\pi}}\left\{\int_0^{\frac{z}{2\sqrt{\kappa t}}} e^{-w^2}\,\mathrm{d}w\right\} \tag{B22}$$

$$T(z,t) = T_0\left\{\frac{2}{\sqrt{\pi}}\int_0^{\frac{z}{2\sqrt{\kappa t}}} e^{-w^2}\,\mathrm{d}w\right\} \tag{B23}$$

대괄호 안의 적분은 오차 함수(error function)이며(글상자 4.3), 다음과 같이 정의된다.

$$\mathrm{erf}(\eta) = \frac{2}{\sqrt{\pi}}\int_0^\eta e^{-u^2}\,\mathrm{d}u \tag{B24}$$

따라서 냉각 중인 판의 온도 분포에 대한 해는 다음과 같다.

$$T(z,t) = T_0\mathrm{erf}\left(\frac{z}{2\sqrt{\kappa t}}\right) \tag{B25}$$

식 (B17)의 적분 결과에 대한 풀이

$$Y_0 = \int_0^\infty e^{-\alpha x^2}\,\mathrm{d}x = \int_0^\infty e^{-\alpha y^2}\,\mathrm{d}y \tag{B26}$$

$$(Y_0)^2 = \left(\int_0^\infty e^{-\alpha x^2}\,\mathrm{d}x\right)\left(\int_0^\infty e^{-\alpha y^2}\,\mathrm{d}y\right) = \int_0^\infty\int_0^\infty e^{-\alpha(x^2+y^2)}\,\mathrm{d}x\,\mathrm{d}y \tag{B27}$$

위 식은 양의 x축과 양의 y축으로 둘러싸인 영역에 대한 적분이다($0 \le x \le \infty$, $0 \le y \le \infty$). 극좌표계로 변환하기 위해 $x = r\cos\varphi$와 $y = r\sin\varphi$를 사용하고, 미소 면적을 $(\mathrm{d}x\,\mathrm{d}y) = (r\mathrm{d}r\,\mathrm{d}\varphi)$로 쓰자. 적분 경계는 $0 \le r \le \infty$과 $0 \le \varphi \le (\pi/2)$로 바뀐다.

$$(Y_0)^2 = \int_0^{\pi/2}\int_0^\infty e^{-ar^2} r\,\mathrm{d}r\,\mathrm{d}\varphi = \int_0^{\pi/2}\left[\int_0^\infty e^{-ar^2} r\,\mathrm{d}r\right]\mathrm{d}\varphi \tag{B28}$$

$$= \int_0^{\pi/2}\left[-\frac{e^{-ar^2}}{2\alpha}\right]_0^\infty \mathrm{d}\varphi$$

$$(Y_0)^2 = \frac{1}{2\alpha}\int_0^{\pi/2}\mathrm{d}\varphi = \frac{\pi}{4\alpha} \tag{B29}$$

따라서 식 (B17)의 적분은 다음과 같은 값을 갖는다.

$$Y_0 = \frac{1}{2}\sqrt{\frac{\pi}{\alpha}} \tag{B30}$$

부록 C 조암 광물의 자기 특성

반자성

로렌츠 법칙(글상자 11.2)은 원자 주위를 도는 전자에 작용하는 힘이 자기장의 변화에 의해 바뀐다는 것을 보여 준다. 로렌츠 힘에 의해 전자의 공전 궤도면은 자기장을 중심으로 세차 운동을 한다. 이 현상을 라머 세차 운동(Larmor precession)이라 한다. 라머 세차 운동은 추가적인 회전 및 각운동량을 유발한다. 라머 세차 운동의 회전 방향은 원자핵에 대한 전자의 공전 방향과는 반대이다. 따라서 라머 세차 운동에 의해 유발된 자기 모멘트는 원자에 가해진 자기장과는 반대 방향으로 형성된다. 그 결과 자기장의 세기에 비례하고 방향이 반대인 약한 자화가 유도된다. 이 자화는 자기장이 제거되면 사라진다. 반자성의 대자율은 그 크기가 작고 부호는 음이며 가역적인 특성을 갖고 있다(그림 C1a). 또한 온도와 무관하다. 많은 조암 광물이 반자성의 성질을 갖고 있으며, 석영과 방해석도 이 부류에 속한다. 이 광물들은 SI 단위로 대략 -10^{-6} 정도 범위의 대자율을 갖는다.

상자성

짝을 이루지 않는 전자 스핀이 하나 이상이면 원자 또는 이온의 순 자기 모멘트는 더 이상 0이 아니다. 이로 인해 형성되는 자기 모멘트는 자기장이 주어질 경우 그 방향으로 정렬될 수 있다. 열에너지는 스핀 자기 모멘트의 방향이 무질서하게 배열되도록 작용한다. 열에너지에 비해 자기 에너지는 매우 작기 때문에, 자기장이 없는 상황에서 자기 모멘트는 무작위로 놓인다. 자기장이 가해지면 무질서한 자기 모멘트의 방향이 자기장 방향으로 편향(즉, 통계적 선호)된다. 이로 인해 적용된 자기장과 나란하며 그 강도에 비례하는 자화가 유도된다. 상자성의 대자율은 크기가 작고 부호는 양이며 가역적이다(그림 C1a).

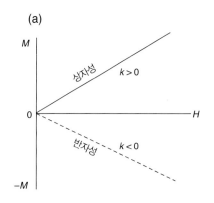

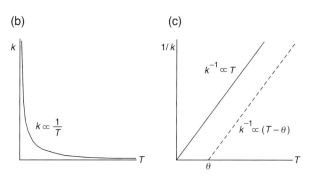

그림 C1 (a) 상자성과 반자성 물질에 가해진 자기장 H에 따른 자화 M의 변화, (b) 온도에 따른 상자성 대자율의 변화, (c) 온도에 따른 상자성 대자율의 역수에 대한 선형 그래프.

상자성의 중요한 성질 중 하나는 퀴리 법칙(Curie law)에 의해 대자율 k가 온도에 반비례한다는 것이다(그림 C1b).

$$k = \frac{C}{T} \tag{C1}$$

여기서 상수 C는 물질의 특성이다. 따라서 온도에 대한 $1/k$의 그래프는 직선을 그린다(그림 C1c).

고체 내에서 이온 간의 상호 작용은 매우 강할 수 있으며 결과적으로 상자성은 열에너지가 임곗값을 초과할 때만 나타난다. 고체가 상자성을 띠게 되는 온도를 상자성 퀴리 온도 그림 C2 원자 자기 모멘트 정렬에 대한 모식도. (a) 강자성, (b) 반강자성, (c) 스핀 경사에 의한 반강자성, (d) 페리자성.

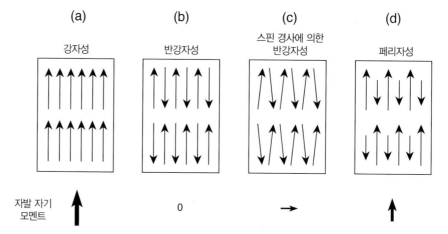

(paramagnetic Curie temperature) 또는 바이스 상수(Weiss constant)라고 하며, θ로 쓴다. 주어진 고체가 상자성의 특성을 가질 경우, θ는 0 K에 가깝다. 온도가 $T > \theta$일 때, 상자성 대자율 k는 퀴리-바이스 법칙에 의해 주어진다.

$$k = \frac{C}{T - \theta} \qquad (C2)$$

고체의 경우 $(T - \theta)$에 대한 $1/k$의 그래프는 직선으로 나타난다(그림 C1c). 많은 점토 광물 및 기타 조암 광물(예 : 녹니, 각섬석, 휘석, 감람석)은 실온에서 상자성이며, SI 단위로 대략 $10^{-5} \sim 10^{-4}$의 대자율을 갖는 것이 일반적이다.

강자성

상자성 및 반자성 물질 내에서는 개별 원자 자기 모멘트 간의 상호 작용이 무시할 수 있을 정도로 매우 작다. 그러나 일부 금속(예 : 철, 니켈, 코발트)에서 개별 원자들은 전자를 교환할 수 있을 정도로 가까운 격자 배열을 이룬다. 이 교환은 양자역학적 효과에 의한 것이며, 이 과정은 많은 에너지를 필요로 한다. 이때의 에너지를 금속의 교환 에너지(exchange energy)라고 한다. 교환의 상호 작용에 의해 금속 내에는 매우 강한 분자장(molecular field)이 만들어진다. 원자 자기 모멘트는 이 방향과 정확히 평행으로 정렬되고, 따라서 자발적 자화(spontaneous magnetization, M_s)가 형성된다. 자기 모멘트는 자기장에 일제히 반응하여 강자성(ferromagnetism)으로 알려진 강한 자기 특성을 보인다. 강자성은 자기 이력(magnetic hysteresis)에 의해 특징지어진다. 강자성 물질은 자기 이력에 따라 외부 자기장에 대한 자화 정도가 달라진다(그림 C3).

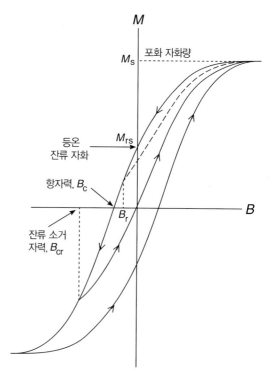

그림 C3 임의의 강자성 물질에 대한 자기 이력 곡선 고리와 자기 이력 매개변수의 정의.

자기장이 증가하면 개별 자기 모멘트들은 적용된 자기장의 방향으로 정렬되며, 이는 자화 정도가 포화 자화(M_s)에 이를 때까지 계속된다. 이제 자화 자기장의 세기를 점차 감소시키면, 물질의 자화 정도가 증가할 때와는 다른 경로로 감소하는 현상을 관찰할 수 있다. 자화 자기장의 강도가 0이 되어도 자화의 일부가 남기 때문에 자화 정도는 0이 되지 않는다. 이 잔여 자화를 잔류 자화(remanence) 또는 등온 잔류 자화(Isothermal Remanent Magnetization, IRM)라고 한다. 주어진 강자성 물질에 대해 M_{rs}/M_s의 비는 입자의 크기에 의해 결정된다. 만약 IRM의 반대 방향으로 자기장이 가해지면, 물질의 일부가 반대로 자화되기 시작한다. 이 반대 방향의 자기장을 계속 증가시키면, 이에 의해 유발된 역자화가 정자화를 정확히 상쇄시키는 시점이 존재한다. 이때의 자기장을 항자력[1](coercive force 혹은 coercivity)이라 한다. 만약 이 상태에서 역자기장을 제거한다면, 이전의 IRM보다 작은 값을 가지는 자화 상태로 되돌아간다. 만약 물질에 가해졌던 역방향의 자기장이 항자력보다 더 강했다면, 이 잔여 자화는 더 작아질 것이며 따라서 이전의 IRM이 전부 소거되어 잔여 자화가 0이 되는 경우가 발생한다. 이때의 역자기장의 세기를 잔류 소거 자력(coercivity of remanence)이라고 한다. B_{cr}/B_c의 비도 입자의 크기에 의해 결정된다. 조암 광물은 대개 항자력이 큰 자연 잔류 자화 특성을 갖는다.

강자성 물질이 가열되어 강자성 퀴리 온도(ferromagnetic Curie temperature, T_c)에 도달하면 자발 자화가 사라진다. 강자성 물질은 상자성 퀴리 온도(θ)보다 높은 온도에서 상자성의 대자율(k)을 갖게 되며, 퀴리-바이스 법칙(Curie-Weiss law, 식 2)에 의해 $1/k$은 $(T - \theta)$에 비례한다. 강자성 고체의 상자성 퀴리 온도는 강자성 퀴리 온도 T_c보다 몇 도 높다. 강자성에서 상자성으로의 점진적인 변이 현상은 T_c 이상의 온도에서 (자기 현상 측면에서) 매우 짧은 거리의 강자성 분자장이 여전히 남아 있기 때문으로 추정된다.

반강자성

일반적으로 산화물 결정 내에서 금속 이온 사이는 산소 이온에 의해 벌어지게 된다. 따라서 금속 이온 간의 직접적인 전자 교환이 불가능하다. 그러나 특정 광물에서는 산소 이온의 전자 '구름'을 통해 금속 이온 간에 전자를 교환함으로써 자기 스핀 간의 상호 작용이 가능해진다. 이 간접 교환[또는 초교환(superexchange)] 과정은 인접한 원자 자기 모멘트 간의 역평행을 초래하여(그림 C2b), 동일하고 반대의 고유 자기 모멘트를 갖는 두 개의 부분 격자(sublattice)를 형성한다. 그 결과 반강자성 결정은 부호가 양인 약한 대자율을 가지며, 잔류 자화는 나타날 수 없다. 반강자성의 정렬은 닐 온도(Néel temperature, T_N)에서 붕괴되고, 더 높은 온도에서는 상자성의 특성을 보인다. 대부분의 반강자성 물질이 실온보다 낮은 닐

온도를 갖기 때문에, 이들은 상온에서 상자성의 특성을 보인다. 대표적 반강자성 광물인 티탄철석(FeTiO₃)은 50 K의 닐 온도를 가진다.

기생 강자성

반강자성을 띠는 결정에 결함, 결손 또는 불순물이 포함되어 있으면 역평행 스핀 중 일부가 짝을 이루지 않는다. 이러한 격자 결함으로 인해 약한 '결함 모멘트'가 발생할 수 있다. 또한 스핀이 약간 기울어져 정확히 역평행을 이루지 않으면 자기 모멘트가 완전히 상쇄되지 않는다. 이 경우 다시 강자성 유형의 자화가 발생할 수 있다(그림 C2c). 이러한 형태의 기생 강자성(parasitic ferromagnetism)을 나타내는 물질은 자기 이력, 자발 자화 및 퀴리 온도 등 강자성 금속이 갖는 전형적인 특성을 보인다. 지질학적으로 중요한 대표적 예시는 일반적인 철광물인 적철석(α-Fe₂O₃)으로서, 스핀 경사에 의한 모멘트와 격자 결함에 의한 모멘트 둘 다 강자성 특성에 기여한다. 적철석은 대략 2,000 A m⁻¹의 약한 자발적 자화, 매우 높은 항자력 그리고 약 675°C의 퀴리 온도를 갖는다. 이들 자기 특성은 변동성을 갖는데, 이는 결함 및 스핀 경사 모멘트의 상대적 중요도가 달라지기 때문이다.

페리자성

반강자성 결정 내 금속 이온은 산소 이온 사이의 공간에 위치한다. 지질학적으로 가장 중요한 예는 스피넬 구조이다. 이러한 격자 구조에서는 금속 이온의 자리가 주변의 배위 산소 이온에 의해 달라진다. 사면체 자리(tetrahedral site)에서는 가장 가까운 산소 이온이 4개이며, 팔면체 자리의 경우에는 6개이다. 사면체와 팔면체 자리는 두 개의 부분 격자를 형성한다. 정상적인 스피넬에서 사면체 자리는 2가 이온에 의해 점유되고 팔면체 자리는 Fe³⁺ 이온에 의해 점유된다. 가장 일반적인 산화철 광물은 역스피넬(inverse spinel) 구조를 가진다. 각 부분 격자는 동일한 수의 Fe³⁺ 이온이 갖는다. 동일한 수의 2가 이온(예 : Fe²⁺)이 다른 팔면체 자리를 차지하는 반면 이에 해당하는 수만큼의 사면체 자리는 비어 있다.

간접 교환 과정에 역평행이며 불균등한 부분 격자(그림 C2d)의 자화가 포함되면 순 자발적 자화가 유발된다. 이러한

---

[1] 보자력이라고도 부른다.

현상을 페리자성(ferrimagnetism)이라고 한다. 페리자성 물질[페라이트(ferrite)라고 함]은 자기 이력을 가지며, 외부 자기장이 제거되었을 때 잔류 자화를 유지한다. 주어진 온도 이상(때로는 페리자성 닐 온도라고 하지만 일반적으로는 퀴리 온도라고 함)에서는 긴 거리를 가진 분자 배열이 무너져 상자성을 띠게 된다. 가장 중요한 페리자성 광물은 자철석(Fe_3O_4)이지만 마그헤마이트와 자황철석 그리고 침철석도 암석의 자기 특성에 중요한 기여를 한다.

부록 D 자기 이방성

정자기 (형태) 이방성

강한 자성 물질 내에서는 자화된 물체의 형태가 정자기(magneto-static) 이방성을 유발한다. 암석 내에서 이 효과는 암석에 포함된 페리자성 광물 개별 입자의 형태 그리고 정도는 덜하지만 암석 시료의 형태와도 관련이 있다. 형태 이방성의 원인은 자극의 개념을 도입함으로써 쉽게 설명할 수 있다.

균일하게 자화된 물질의 자발 자화는 표면 경계에 자극이 분포하는 것으로 생각할 수 있다. **B** 자기장의 자기력선은 순환 고리를 만들지만, **H** 자기장은 표면 경계에서 시작되고 표면 경계에서 끝나는 불연속적인 자기력선을 형성한다. 자석 외부에서 **H** 자기장의 자기력선은 **B** 자기장과 평행하며 N 자극이 분포하는 표면에서 시작하여 S 자극이 분포하는 표면으로 향한다. 자석 내부에서도 마찬가지로 **H** 자기장은 N 자극 분포에서 시작하여 S 자극 분포로 향한다. 자기력선은 자화 방향에 반대인 자기 소거장(demagnetizing field, **H**$_d$)을 형성한다. 자기 소거장의 강도는 자석의 양 끝면에 분포한 자극의 표면 밀도에 직접적으로 영향을 받으며, 두 면 사이의 거리에 반비례한다. 따라서 **H**$_d$는 자석의 형태와 자화 강도에 따라 달라진다. 이러한 특성은 다음의 식으로 표현된다.

$$\mathbf{H}_d = -N\mathbf{M} \tag{D1}$$

여기서 N은 자기 소거 인자(demagnetizing factor)라고 부른다. 자기 소거 인자는 무차원의 상수로서 자기 입자의 형태에 의해 결정된다. 3축 타원체 같은 기하학적 형태에 대해 자기 소거 인자를 계산할 수 있다. 타원체의 각 대칭 축에 대응하는 자기 소거 인자 N_1, N_2, N_3는 다음과 같은 관계식을 구성한다.

$$N_1 + N_2 + N_3 = 1 \tag{D2}$$

입자의 자화와 자기 소거장 사이의 상호 작용에 관한 정자기 에너지를 자기 소거 에너지(demagnetizing energy, E_d)라고 한

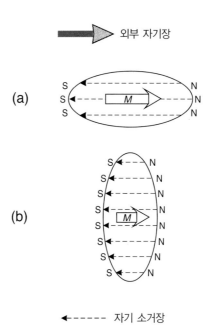

그림 **D1** 자화된 타원체 물질에 대한 형태 이방성 발생기작. 동일한 크기의 외부 자기장이 가해지면, (b)보다 (a)가 더 강하게 자화된다. 이는 양 끝 표면에 분포하는 자극에 의해 생성된 내부 자기 소거장이 (b)보다 (a)에서 약하기 때문이다.

다. 자기 소거 인자 N의 방향으로 균일하게 자화된 자화 강도 M의 입자에 대해 자기 소거 에너지는 다음과 같이 표현된다.

$$E_d = \frac{\mu_0}{2}NM^2 \tag{D3}$$

회전축 방향으로 길쭉한(prolate) 모양의 작은 타원체 입자는 그 형태에 따라 변하는 E_d에 의해 정자기 이방성을 갖는다. 타원체의 장축을 따라 자발 자화 M_s가 형성되면(그림 D1a), 단축 방향의 경우(그림 D1b)보다 서로 반대 자극 간의 거리는 멀어지고, 자극의 표면 밀도는 낮아진다. 자기 소거장과 에너지는 M_s가 장축을 따라 형성될 때 최솟값을 나타내며, 다른 방향의 자기 소거 에너지는 이 경우보다 크다. 따라서 에너지 측면

에서 봤을 때 이 방향으로 자화되기 가장 쉽다. 만약 N_1이 장축의 자기 소거 인자이고 N_2가 단축의 자기 소거 인자라면($N_1 < N_2$), 두 방향의 자화 사이에 발생하는 에너지 차이를 정자기 이방성 에너지 밀도 E_d라고 정의한다.

$$E_d = \frac{\mu_0}{2}(N_2 - N_1)M^2 \tag{D4}$$

이 값은 M_s가 입자의 가장 긴 축과 평행할 때 최소를 갖는다.

형태에 의해 결정되는 자기 이방성은 높은 자발 자화를 갖는 광물에서 중요한 요소이다. 입자가 길쭉해지면 길쭉해질수록 형태 이방성은 증가한다. 이것은 세립질의 자철석(및 마그헤마이트) 내에서 가장 흔한 이방성의 형태이다.

자기결정 이방성

강자성 금속의 자발 자화(M_s)는 임의의 방향으로 발생하지 않는다. 금속 내에서 M_s를 생성하는 분자장은 이웃하는 원자 간의 직접적인 전자 스핀 교환에 의해 만들어진다. 금속의 격자 구조 대칭성은 이 교환 과정에 영향을 미치며 자기결정(magnetocrystalline) 이방성 에너지를 발생시킨다. 이 이방성 에너지는 M_s가 자화 용이 방향(easy axis or easy direction of magnetization)과 나란할 때 최소가 된다. 자기 이방성의 가장 단순한 형태는 단축 이방성으로서 금속이 단 하나의 용이 방향을 가질 때 형성된다. 예를 들어, 코발트는 육각형 구조를 가지고 있으며 실온에서의 용이 방향이 c축과 평행하다. 철과 니켈은 입방체의 단위결정구조를 가진다. 실온에서 철의 용이 방향은 입방체의 모서리 방향이며, 니켈은 대각 방향의 용이 방향을 갖는다.

자기결정 이방성은 페라이트에서도 나타난다. 페라이트는 지질학적으로 중요한 페리자성 광물이다. 페라이트의 교환 과정은 간접적이지만, 결정 구조의 대칭을 반영하여 에너지 측면에서 선호되는 자화 용이 방향이 존재한다. 이러한 현상은 적철석과 자철석에서 서로 다른 형태의 이방성으로 나타난다.

적철석은 능면체 혹은 육방정계 구조를 가지며 c축에 대한 단축 이방성을 갖는다. 산소 이온은 육방정계 격자를 형성하며, 팔면체 자리(octahedral interstice)의 2/3는 철(Fe^{3+}) 이온으로 채워진다. 자발 자화가 결정의 c축과 각 ϕ를 이룬다면, 단축 이방성 에너지 밀도 E_d는 다음과 같은 1차 근사식으로 쓸 수 있다.

$$E_a = K_u \sin^2\phi \tag{D5}$$

여기서 K_u는 단축 자기결정 이방성 계수이다. 적철석의 이 값은 실온에서 대략 $-10^3 \, J \, m^{-3}$ 정도이다. 식 (D5)의 K_u가 음의 값을 갖기 때문에, 각 ϕ가 증가하면 E_a는 감소한다. E_a는 $\sin^2\phi$가 최대일 때, 즉 ϕ가 90°일 때, 최솟값을 갖는다. 따라서 실온에서 적철석의 자발 자화는 결정의 기저면과 나란한 방향을 갖는다.

자철석은 역스피넬 구조에 때문에 입방 이방성(cubic anisotropy)을 갖는다. 자발 자화의 방향을 입방 단위결정구조의 모서리에 대한 방향 코사인 α_1, α_2, α_3로 놓자(글상자 2.2). 자기결정 이방성 에너지 밀도는 다음과 같이 주어진다.

$$E_a = K_1(\alpha_1^2\alpha_2^2 + \alpha_2^2\alpha_3^2 + \alpha_3^2\alpha_1^2) + K_2\alpha_1^2\alpha_2^2\alpha_3^2 \tag{D6}$$

실온에서 자철석은 $K_1 = -1.36 \times 10^4 \, J \, m^{-3}$과 $K_2 = -0.44 \times 10^4 \, J \, m^{-3}$의 값을 갖는다. 이방성 상수가 음수이기 때문에 이방성 에너지 밀도 E_a는 자화 방향이 [111]을 따를 때 최소가 된다. 이 방향이 실온에서의 자기결정 자화 용이 방향이 된다.

자기변형 이방성

일부 물질은 자화 과정에서 그 형태가 변한다. 결정격자 내에서 원자 자기 모멘트 사이의 상호 작용 에너지는 분리 정도(결합 길이)와 자화 방향에 의해 결정된다. 만약 외부 자기장이 작용하여 원자의 자기 모멘트 방향이 바뀌고 그에 따라 상호 작용 에너지가 증가한다면, 결합 길이가 조정되어 총에너지를 감소시킨다. 이 과정에서 강자성 시료에 변형이 발생하고 형태가 바뀐다. 이 현상을 자왜(magnetostriction)라고 한다. 시료가 자화 방향으로 늘어나는 현상은 양의 자왜라고 하며, 짧아지는 현상을 음의 자왜라고 한다. 자기가 소거된 상태에서 발생하는 자왜 변형과 포화된 상태 사이에서 발생하는 자왜 변형 간의 차이가 가장 크며, 이를 포화 자기 변형(saturation magnetostriction, λ_s)이라 한다.

반대의 효과가 나타날 수도 있다. 예를 들어 입방 결정의 한 면에 압력이 가해지면, 응력 방향을 따라 탄성 수축이 발생하고 이에 수직한 방향으로 팽창된다. 이러한 변형은 원자 자기 모멘트 간의 분리 정도를 변경시켜 자기결정 이방성에 의한 효과를 교란시킨다. 따라서 자성 물질에 응력을 가하면 자화가 변할 수 있다. 미시적 규모에서 보면, 결정 구조의 결손과 결합

그리고 변위를 둘러싸는 응력장은 국부적으로 이온의 자기 스핀 방향에 영향을 줄 수 있다.

자왜 현상은 자성 광물이 가지는 이방성의 또 다른 원인으로 작용한다. 자왜 이방성 에너지 밀도 E_a는 응력 σ의 크기와 방향에 의해 결정된다. 만약 응력 방향과 포화 자화 방향의 사잇각이 θ를 이룬다면, 단축 자성 광물에 대한 E_a는 다음과 같이 주어진다.

$$E_a = \frac{3}{2}\lambda_s\sigma\cos^2\theta \tag{D7}$$

이 식은 자왜 에너지에 대한 가장 간단한 표현식이다. 이 식은 자왜가 등방성임을 가정한다. 즉, 모든 방향으로 같은 크기의 자왜가 발생한다고 가정한다. 이 조건은 암석 내 페리자성 광물의 자기결정축이 무작위로 분포하는 경우에 충족된다. 입방 광물의 자왜 에너지는 좀 더 복잡하다. 하나의 자왜 상수 λ_s가 적용되는 대신, 입방 단위결정구조의 모서리와 대각 방향인 [100] 및 [111] 방향의 포화 자왜에 대해 별도의 상수 λ_{100}과 λ_{111}이 필요하다.

실온에서 자철석의 자왜 에너지는 자기결정 에너지보다 10배 이상 작다. 결과적으로, 자왜 현상은 자철석 입자의 자화 방향을 결정하는 2차적 역할을 할 뿐이다. 그러나 자왜 정도가 큰 광물들(예 : 조성에 대한 매개변수가 $x \approx 0.65$인 티탄자철석. 12.1.3.1절 참고)에서 자왜 에너지는 자화 용이 방향에 큰 영향을 줄 수 있으며, 자화는 변형에 의한 변화에 민감하게 반응할 것이다.

참고문헌

이 참고문헌 목록에는 그림 설명, 표 제목 및 본문에 인용된 참고문헌뿐만 아니라 본문에 언급된 역사적으로 중요한 저작물에 대한 참고문헌도 포함되어 있다.

Achache, J., Le Mouël, J. L., and Courtillot, V. 1981. Long-period variations and mantle conductivity: an inversion using Bailey's method. *Geophys. J. R. Astr. Soc.*, **65**, 579–601.

Allègre, C. J., Manhès, G., and Göpel, C. 1995. The age of the Earth. *Geochim. Cosmochim. Acta*, **59**, 1445–1456.

Alvarez, L. W., Alvarez, W., Asaro, F., and Michel, H. V. 1980. Extraterrestrial cause for the Cretaceous–Tertiary extinction. *Science*, **208**, 1095–1108.

Anzellini, S., Dewaele, A., Mezouar, M., Loubeyre, P., and Morard, G. 2013. Melting of iron at Earth's inner core boundary based on fast X-ray diffraction. *Science*, **340**, 464–466.

Atwater, T. 1970. Implications of plate tectonics for the Cenozoic tectonic evolution of western North America. *Geol. Soc. Amer. Bull.*, **81**, 3513–3536.

Banks, R. J. 1969. Geomagnetic variations and the electrical conductivity of the upper mantle. *Geophys. J. R. Astr. Soc.*, **17**, 457–487.

Barazangi, M. and Dorman, J. 1969. World seismicity maps compiled from ESSA, Coast and Geodetic Survey, epicenter data, 1961–1967. *Bull. Seism. Soc. Amer.*, **59**, 369–380.

Barraclough, D. R. 1974. Spherical harmonic analyses of the geomagnetic field for eight epochs between 1600 and 1910. *Geophys. J. R. astr. Soc.*, **36**, 497–513.

Barton, C. E. 1989. Geomagnetic secular variation: direction and intensity. In *The Encyclopedia of Solid Earth Sciences*, James, D. E., ed., New York: Van Nostrand Reinhold, pp. 560–577.

Becquerel, H. 1896. Sur les radiations invisibles émises par les corps phosphorescents. *Comptes Rendues de l'Académie des Sciences*, **122**, 501.

Benioff, H. 1954. Orogenesis and deep crustal structure: additional evidence from seismology. *Bull. Geol. Soc. Amer.*, **65**, 385–400.

Berger, A. and Loutre, M. F. 2004. Astronomical theory of climate change. *J. Phys. IV France*, **121**, 1–35.

Bird, P. 2003. An updated digital model of plate boundaries. *Geochem., Geophys., Geosystems*, **4**

Bloxham, J., Zatman, S. A., and Dumberry, M. 2002. The origin of geomagnetic jerks. *Nature*, **420**, 66–68.

Bodell, J. M. and Chapman, D. S. 1982. Heat flow in the north-central Colorado Plateau. *J. Geophys. Res.*, **87**, 2869–2884.

Bott, M. H. P. 1982. *The Interior of the Earth* (2nd ed.), London: Edward Arnold.

Bullard, E. C., Everett, J. E., and Smith, A. G. 1965. A symposium on continental drift, IV: the fit of the continents around the Atlantic. *Phil. Trans. Roy. Soc. London, Ser. A*, **258**, 41–51.

Busse, F. H. 1989. Fundamentals of thermal convection. In *Mantle Convection: Plate Tectonics and Global Dynamics*, Peltier, W. R., ed., New York: Gordon and Breach, pp. 23–95.

Butler, R. F. 1992. *Paleomagnetism: Magnetic Domains to Geologic Terranes*, Boston, MA: Blackwell Scientific.

Caldwell, J. G. and Turcotte, D. L. 1979. Dependence of the thickness of the elastic oceanic lithosphere on age. *J. Geophys. Res.*, **84**, 7572–7576.

Cande, S. C. and Kent, D. V. 1992. A new geomagnetic polarity time scale for the Late Cretaceous and Cenozoic. *J. Geophys. Res.*, **97**, 13917–13951.

Cande, S. C. and Kent, D. V. 1995. Revised calibration of the geomagnetic polarity timescale for the Late Cretaceous and Cenozoic. *J. Geophys. Res.*, **100**, 6093–6095.

Carey, S. W. 1958. A tectonic approach to continental drift. In *Continental Drift, a Symposium*, Carey, S. W., ed., Hobart: University Tasmania, pp. 172–355.

Carter, W. E. 1989. Earth orientation. In *The Encyclopedia of Solid Earth Geophysics*, James, D. E., ed., New York: Van Nostrand Reinhold, pp. 231–239.

Cathles, L. M. 1975. *The Viscosity of the Earth's Mantle*, Princeton, NJ: Princeton University Press.

Channell, J. E. T., Erba, E., Nakanishi, M., and Tamaki, K. 1995. Late Jurassic–Early Cretaceous time scales and oceanic magnetic anomaly block models. In *Geochronology, Timescales, and Stratigraphic Correlation*, Berggren, W. A., Kent, D. V., Aubry, M., and Hardenbol, J., ed., Tulsa, OK: Society for Sedimentary Geology (SEPM), pp. 51–64.

Chapman, S. and Bartels, J. 1940. *Geomagnetism, Vol. I: Geomagnetic and Related Phenomena, Vol. II: Analysis of Data and Physical Theories*, Oxford: Oxford University Press.

Chapple, W. M. and Tullis, T. E. 1977. Evaluation of the forces that drive plates. *J. Geophys. Res.*, **82**, 1967–1984.

Chevallier, R. 1925. L'aimantation des lavas de l'Etna et l'orientation du champs terrestre en Sicile du 12e au 17e siècle. *Ann. Phys. Ser. 10*, **4**, 5–162.

Christensen, A.V., Auken, E., and Sørensen, K. 2009. The transient electromagnetic method. In: *Groundwater Geophysics*, R. Kirsch, ed., Berlin: Springer, pp. 179–226.

Connerney, J. E. P., Kotsiaros, S., Oliversen, R. J., et al. 2018. A new model of Jupiter's magnetic field from Juno's first nine orbits. *Geophys. Res. Lett.*, **45**, 2590–2596.

Conrad, V. 1925. Laufzeitkurven des Tauernbebens vom 28. November, 1923. *Mitt. ErdbKomm. Wien*, **59**, 1–23.

Cornell, C. A., Banon, H., and Shakal, A. F. 1979. Seismic motion and response prediction alternatives. *Earthq. Eng. Struct. Dyn.*, **7**, 295–315.

Courtillot, V. and Besse, J. 1987. Magnetic field reversals, polar wander, and core–mantle coupling. *Science*, **237**, 1140–1147.

Cox, A. and Hart, R. B. 1986. *Plate Tectonics*, Boston, MA: Blackwell Scientific.

Cox, A. V. 1982. Magnetostratigraphic time scale. In *A Geologic Time Scale*, Harland, W. B., Cox, A. V., Llewellyn, P. G., et al., ed., Cambridge: Cambridge University Press, pp. 63–84.

Creer, K. M. and Irving, E. 2012. Testing continental drift: constructing the first palaeomagnetic path of polar wander (1954). *Earth Sci. History*, **31**, 111–145.

Crough, S. T. and Jurdy, D. M. 1980. Subducted lithosphere, hotspots, and the geoid. *Earth Planet. Sci. Lett.*, **48**, 15–22.

Dalrymple, G. B. 1991. *The Age of the Earth*, Stanford, CA: Stanford University Press.

Dalrymple, G. B., Clague, D. A., and Lanphere, M. A. 1977. Revised age for Midway volcano, Hawaiian volcanic chain. *Earth Planet. Sci. Lett.*, **37**, 107–116.

Davies, J. H. and Davies, D. R. 2010. Earth's surface heat flux. *Solid Earth*, **1**, 5–24.

Davis, J. C. 1986. *Statistics and Data Analysis in Geology*, New York: Wiley.

DeMets, C., Gordon, R. G., and Argus, D. F. 2010. Geologically current plate motions. *Geophys. J. Int.*, **181**, 1–80.

DeMets, C., Gordon, R. G., Argus, D. F., and Stein, S. 1990. Current plate motions. *Geophys. J. Int.*, **101**, 425–478.

Dietz, R. S. 1961. Continent and ocean basin evolution by spreading of the sea floor. *Nature*, **190**, 854–857.

Dobrin, M. B. 1976. *Introduction to Geophysical Prospecting* (3rd ed.), New York: McGraw-Hill.

Dobrin, M. B. and Savit, C. H. 1988. *Introduction to Geophysical Prospecting* (4th ed.), New York: McGraw-Hill.

Domeier, M. and Torsvik, T. H. 2014. Plate tectonics in the Late Paleozoic. *Geoscience Frontiers*, **5**, 303–350.

du Toit, A. L. 1937. *Our Wandering Continents*, Edinburgh: Oliver and Boyd.

Dziewonski, A. M. 1989. Earth structure, global. In *The Encyclopedia of Solid Earth Geophysics*, James, D. E., ed., New York: Van Nostrand Reinhold, pp. 331–359.

Dziewonski, A. M. and Anderson, D. L. 1981. Preliminary Reference Earth Model (PREM). *Phys. Earth Planet. Inter.*, **25**, 297–356.

Engeln, J. F., Wiens, D. A., and Stein, S. 1986. Mechanisms and depths of Atlantic transform earthquakes. *J. Geophys. Res.*, **91**, 548–577.

European Seismological Commission. 1998. *European Macroseismic Scale 1998*, Luxembourg: Centre Européen de Géodynamique et de Séismologie, Conseil de l'Europe.

Evans, M. E. and Heller, F. 2003. *Environmental Magnetism: Principles and Applications of Enviromagnetics*, New York: Academic Press.

Evans, M. E. and McElhinny, M. W. 1969. An investigation of the origin of stable remanence in magnetite-bearing igneous rocks. *J. Geomag. Geoelect.*, **21**, 757–773.

Finlay, C. C. and Jackson, A. 2003. Equatorially dominated magnetic field change at the surface of Earth's core. *Science*, **300**, 2084–2086.

Fisher, R. A. 1953. Dispersion on a sphere. *Proc. R. Soc. Lond., Ser. A*, **217**, 295–305.

Forsyth, D. and Uyeda, S. 1975. On the relative importance of the driving forces of plate motion. *Geophys. J. R. Astr. Soc.*, **43**, 163–200.

Frank, M., Schwarz, B., Baumann, S., et al. 1997. A 200 kyr record of cosmogenic radionuclide production rate and geomagnetic field intensity from 10-Be in globally stacked deep-sea sediments. *Earth Planet. Sci. Lett.*, **149**, 121–129.

Gambis, D. and Bizouard, C. 2014. *IERS Annual Report 2013*, Frankfurt am Main: Bundesamt für Kartographie und Geodäsie.

Giardini, D., Woessner, J., and Danciu, L. 2014. Mapping Europe's seismic hazard. *EOS*, **95**, 261–262.

Glatzmaier, G. A. and Roberts, P. H. 1995. A three-dimensional convective dynamo solution with rotating and conducting inner core and mantle. *Phys. Earth Planet. Inter.*, **91**, 63–75.

Gradstein, F. M., Ogg, J. G., Schmitz, M. D., and Ogg, G. M. (ed.) 2012. *The Geologic Time Scale 2012*, Boston, MA: Elsevier B.V.

Grayver, A. V., Munch, F. D., Kuvshinov, A., et al. 2017. Joint inversion of satellite-detected tidal and magnetospheric signals constrains electrical conductivity and water content of the upper mantle and transition zone. *Geophys. Res. Lett.*, **44**, 6074–6081.

Grow, J. A. and Bowin, C. O. 1975. Evidence for high-density crust and mantle beneath the Chile Trench due to the descending lithosphere. *J. Geophys. Res.*, **80**, 1449–1458.

Gubler, E. 1991. Recent crustal movements in Switzerland: vertical movements. In *Report on the Geodetic Activities in the Years 1987 to 1991: 5. Geodynamics*, Kahle, H. G. and Jeanrichard, F., ed., Zürich: Swiss Geodetic Commission and Federal Office of Topography, pp. 36 and Map 35.

Gutenberg, B. 1914. Über Erdbebenwellen. VIIA. Beobachtungen an Registrierungen von Fernbeben in Göttingen und Folgerungen über die Konstitution des Erdkörpers. *Nachr. Ges. Wiss. Göttingen, Math.-Phys. Klasse*, 1–52 and 125–176.

Gutenberg, B. 1945. Amplitudes of surface waves and magnitudes of shallow earthquakes. *Bull. Seism. Soc. Am.*, **35**, 3–12.

Gutenberg, B. 1956. The energy of earthquakes. *Quart. J. Geol. Soc. Lond.*, **112**, 1–14.

Gutenberg, B. and Richter, C. F. 1954. *The Seismicity of the Earth and Associated Phenomena*, Princeton, NJ: Princeton University Press.

Guyodo, Y. and Valet, J.-P. 1996. Relative variations in geomagnetic intensity from sedimentary records: the past 200,000 years. *Earth Planet. Sci. Lett.*, **143**, 23–36.

Halliday, A. N. 2001. In the beginning . . . . *Nature*, **409**, 144–145.

Harland, W. B., Armstrong, R. L., Cox, A. V., et al. 1990. *A Geologic Time Scale 1989*, Cambridge: Cambridge University Press.

Hasegawa, A. 1989. Seismicity: subduction zone. In *The Encyclopedia of Solid Earth Geophysics*, James, D. E., ed., New York: Van Nostrand Reinhold, pp. 1054–1061.

Hasterok, D., Chapman, D. S., and Davis, E. E. 2011. Oceanic heat flow: implications for global heat loss. *Earth Planet. Sci. Lett.*, **311**, 386–395.

Hauck, C. and Vonder Mühll, D. 2003. Inversion and interpretation of two-dimensional geoelectrical measurements for detecting permafrost in mountainous regions. *Permafrost and Periglacial Processes*, **14**, 305–318.

Heirtzler, J. R., Dickson, G. O., Herron, E. M., Pitman III, W. C. and Le Pichon, X. 1968. Marine magnetic anomalies, geomagnetic field reversals, and motions of the ocean floor and continents. *J. Geophys. Res.*, **73**, 2119–2136.

Heirtzler, J. R., Le Pichon, X., and Baron, J. G. 1966. Magnetic anomalies over the Reykjanes Ridge. *Deep Sea Res.*, **13**, 427–443.

Hess, H. H. 1962. History of ocean basins. In *Petrologic Studies: a Volume in Honor of A. F. Buddington*, Engel, A. E., James, H. L., and Leonard, B. F., ed., Boulder, CO: Geological Society of America, pp. 599–620.

Holliger, K. and Kissling, E. 1992. Gravity interpretation of a unified 2-D acoustic image of the central Alpine collision zone. *Geophys. J. Int.*, **111**, 213–225.

Holmes, A. 1965. *Principles of Physical Geology* (2nd ed.), London; Thomas Nelson and Sons.

Hood, L. L., Mitchell, D. L., Lin, R. P., Acuna, M. H. and Binder, A. B. 1999. Initial measurements of the lunar induced magnetic dipole moment using Lunar Prospector magnetometer data. *Geophys. Res. Lett.*, **26**, 2327–2330.

Huang, P. Y., Solomon, S. C., Bergman, E. A., and Nabelek, J. L. 1986. Focal depths and mechanisms of Mid-Atlantic Ridge earthquakes from body waveform inversion. *J. Geophys. Res.*, **91**, 579–598.

Hurst, R. W., Bridgwater, D., Collerson, K. D., and Weatherill, G. W. 1975. 3600 m.y. Rb-Sr ages from very early Archean gneisses from Saglek Bay, Labrador. *Earth Planet. Sci. Lett.*, **27**, 393–403.

Irving, E. 1957. Rock magnetism: a new approach to some palaeogeographic problems. *Adv. Phys.*, **6**, 194–218.

Irving, E. 1977. Drift of the major continental blocks since the Devonian. *Nature*, **270**, 304–309.

Irving, E. and Major, A. 1964. Post-depositional detrital remanent magnetization in artificial and natural sediments. *Sedimentology*, **3**, 135–143.

Isacks, B. and Molnar, P. 1969. Mantle earthquake mechanisms and the sinking of the lithosphere. *Nature*, **223**, 1121–1124.

Isacks, B. L. 1989. Seismicity and plate tectonics. In *The Encyclopedia of Solid Earth Geophysics*, James, D. E., ed., New York: Van Nostrand Reinhold, pp. 1061–1071.

Jackson, A., Jonkers, A. R. T., and Walker, M. R. 2000. Four centuries of geomagnetic secular variation from historical records. *Phil. Trans. R. Soc. London A*, **358**, 957–990.

Jarvis, G. T. and Peltier, W. R. 1989. Convection models and geophysical observations. In *Mantle Convection: Plate Tectonics and Global Dynamics*, Peltier, W. R., ed., New York: Gordon and Breach, pp. 479–593.

Johnson, C. L., Purucker, M. E., Korth, H., et al. 2012. MESSENGER observations of Mercury's magnetic field structure. *J. Geophys. Res.*, **117**, E00L14.

Johnson, H. P. and Carlson, R. L. 1992. Variation of sea floor depth with age: a test of models based on drilling results. *Geophys. Res. Lett.*, **19**, 1971–1974.

Joly, J. 1899. An estimation of the geological age of the Earth. *Ann. Rept. Smithson. Inst.*, **1899**, 247–288.

Jouzel, J., Koster, R. D., Zuozzo, R. J., and Russell, G. L. 1994. Stable water isotope behavior during the last glacial maximum: a general circulation model analysis. *J. Geophys. Res.*, **99**, 25, 791–725, 801.

Kanamori, H. and Brodsky, E. E. 2004. The physics of earthquakes. *Rep. Prog. Phys.*, **67**, 1429–1496.

Karnik, V. 1969. *Seismicity of the European Area, Part 1*, Dordrecht: D. Reidel and Company.

Keen, C. E. and Tramontini, C. 1970. A seismic refraction survey on the Mid-Atlantic Ridge. *Geophys. J. R. Astr. Soc.*, **20**, 473–491.

Kennett, B. L. N. and Engdahl, E. R. 1991. Traveltimes for global earthquake location and phase identification. *Geophys. J. Int.*, **105**, 429–465.

Kennett, B. L. N., Engdahl, E. R., and Buland, R. 1995. Constraints on seismic velocities in the Earth from traveltimes. *Geophys. J. Int.*, **122**, 108–124.

Kissling, E. 1993. Seismische Tomographie: Erdbebenwellen durchleuchten unseren Planeten. *Zürich: Vierteljahresschrift Naturforsch. Ges.* **138**, 1–20.

Klingelé, E. and Kissling, E. 1982. Zum Konzept der isostatischen Modelle in Gebirgen am Beispiel der Schweizer Alpen, Geodätisch-Geophysikalische Arbeiten in der Schweiz. *Schweiz. Geodät. Komm.*, **35**, 3–36.

Klingelé, E. and Olivier, R. 1980. Die neue Schwere-Karte der Schweiz (Bouguer-Anomalien). *Beitr. Geologie der Schweiz, Serie Geophys.*, **20**, 1–93.

Koelemeijer, P., Ritsema, J., Deuss, A., and van Heijst, H.-J. 2016. SP12RTS: a degree-12 model of shear- and compressional-wave velocity for the Earth's mantle. *Geophys. J. Int.*, **204**, 1024–1039.

Köppen, W. and Wegener, A. 1924. *Die Klimate der geologischen Vorzeit*, Berlin: Bornträger.

Korte, M. and Constable, C. G. 2005. The geomagnetic dipole moment over the last 7000 years: new results from a global model. *Earth Planet. Sci. Lett.*, **236**, 348–358.

Kreemer, C., Blewitt, G., and Klein, E. C. 2014. A geodetic plate motion and Global Strain Rate Model. *Geochem., Geophys, Geosyst.*, **15**, 3849–3889.

Kurtz, R. D., DeLaurier, J. M., and Gupta, J. C. 1986. A magnetotelluric sounding across Vancouver Island detects the subducting Juan de Fuca plate. *Nature*, **321**, 596–599.

Lambeck, K., Purcell, A., and Zhao, S. 2017. The North American late Wisconsin ice sheet and mantle viscosity from glacial rebound analyses. *Quat. Sci. Rev.*, **158**, 172–210.

Lay, T., Kanamori, H., Ammon, C. J., et al. 2005. The Great Sumatra–Andaman Earthquake of 26 December 2004. *Science*, **308**, 1127–1133.

Lay, T. and Wallace, T. C. 1995. *Modern Global Seismology*, San Diego, CA: Academic Press.

Le Pichon, X. 1968. Sea-floor spreading and continental drift. *J. Geophys. Res.*, **73**, 3661–3697.

Lehmann, I. 1936. P'. *Bur. Centr. seism. Internat. A*, **14**, 3–31.

Lerch, F. J., Klosko, S. M., Laubscher, R. E., and Wagner, C. A. 1979. Gravity model improvement using Geos 3 (GEM 8 and 10). *J. Geophys. Res.*, **84**, 3897–3916.

Lindner, H., Militzer, H., Rösler, R., and Scheibe, R. 1984. Bearbeitung und Interpretation der gravimetrischen und magnetischen Messergebnisse. In *Angewandte Geophysik, I: Gravimetrie und Magnetik*, Militzer, H. and Weber, F., ed., Vienna: Springer-Verlag, pp. 226–283.

Love, A. E. H. 1911. *Some Problems of Geodynamics*, Cambridge: Cambridge University Press.

Lowrie, W. and Alvarez, W. 1975. Paleomagnetic evidence for rotation of the Italian peninsula. *J. Geophys. Res.*, **80**, 1579–1592.

Lowrie, W. and Alvarez, W. 1977. Upper Cretaceous–Paleocene magnetic stratigraphy at Gubbio, Italy: III. Upper Cretaceous magnetic stratigraphy. *Geol. Soc. Amer. Bull.*, **88**, 374–377.

Ludwig, W. J., Nafe, J. E., and Drake, C. L. 1970. Seismic refraction. In *The Sea, Vol. 4*, Maxwell, A. E., ed, New York: Wiley-Interscience, pp. 53–84.

Luzum, B., Capitaine, N., Fienga, A., et al. 2011. The IAU 2009 system of astronomical constants: the report of the IAU working group on Numerical Standards for Fundamental Astronomy. *Celestial Mechanics and Dynamical Astronomy*, **110**, 293–304.

MacDonald, K. L. 1957. Penetration of the geomagnetic secular field through a mantle with variable conductivity. *J. Geophys. Res.*, **62**, 117–141.

Marsh, J. G., Koblinsky, C. J., Zwally, H. J., Brenner, A. C., and Beckley, B. D. 1992. A global mean sea surface based upon GEOS 3 and Seasat altimeter data. *J. Geophys. Res.*, **97**, 4915–4921.

Massonnet, D. 1997. Satellite radar interferometry. *Scientific American*, **276**, 46–53.

Maurer, H. and Ansorge, J. 1992. Crustal structure beneath the northern margin of the Swiss Alps. *Tectonophysics*, **207**, 165–181.

Maus, S. 2008. The geomagnetic power spectrum. *Geophys. J. Int.*, **174**, 135–142.

Maus, S., Silva, L., and Hulot, G. 2008. Can core–surface flow models be used to improve the forecast of the Earth's main magnetic field? *J. Geophys. Res.*, **113**, B08102.

Mayer Rosa, D. and Müller, S. 1979. Studies of seismicity and selected focal mechanisms of Switzerland. *Schweiz. Miner. Petr. Mitt.*, **59**, 127–132.

McClusky, S., Balassanian, S., Barka, A., et al. 2000. Global Positioning System constraints on plate kinematics and dynamics in the eastern Mediterranean and Caucasus. *J. Geophys. Res.*, **105**, 5695–5719.

McElhinny, M. W. 1973. *Paleomagnetism and Plate Tectonics*, Cambridge: Cambridge University Press.

McKenzie, D. P. and Morgan, W. J. 1969. Evolution of triple junctions. *Nature*, **224**, 125–133.

McKenzie, D. P. and Parker, R. L. 1967. The North Pacific: an example of tectonics on a sphere. *Nature*, **216**, 1276–1280.

Meier, U., Trampert, J., and Curtis, A. 2009. Global variations of temperature and water content in the mantle transition zone from higher-mode surface waves. *Earth Planet. Sci. Lett.*, **282**, 91–101.

Militzer, H., Scheibe, R., and Seiberl, W. 1984. Angewandte Magnetik. In *Angewandte Geophysik, I: Gravimetrie und Magnetik*, Militzer, H. and Weber, F., ed., Vienna: Springer-Verlag, pp. 127–189.

Mohorovičić, A. 1909. Das Beben vom 8.x.1909. *Jb. met. Obs. Zagreb (Agram)*, **9**, 1–63.

Mohr, P. J., Newell, D. B., and Taylor, B. N. 2016. CODATA recommended values of the fundamental physical constants: 2014. *Rev. Mod. Phys.*, **88**, 1–71.

Molnar, P. 1988. Continental tectonics in the aftermath of plate tectonics. *Nature*, **335**, 131–137.

Morgan, W. J. 1968. Rises, trenches, great faults, and crustal blocks. *J. Geophys. Res.*, **73**, 1959–1982.

Morgan, W. J. 1982. Hotspot tracks and the opening of the Atlantic and Indian Oceans. In *The Sea, Vol. 7: The Oceanic Lithosphere*, Emiliani, C., ed., New York: Wiley-Intersciences, pp. 443–487.

Mueller, S. 1977. A new model of the continental crust. In *The Earth's Crust*, Heacock, J. G., ed., Washington, DC: American Geophysical Union, pp. 289–317.

Nagata, T. 1961. *Rock Magnetism*, Tokyo: Maruzen.

National Imaging and Mapping Agency. 2000. *Department of Defense World Geodetic System 1984*. Technical Report 8350.2.

Ni, J. and Barazangi, M. 1984. Seismotectonics of the Himalayan collision zone: geometry of the underthrusting Indian plate beneath the Himalaya. *J. Geophys. Res.*, **89**, 1147–1163.

Nomura, R., Hirose, K., Uesugi, K., et al. 2014. Low core–mantle boundary temperature inferred from the solidus of pyrolite. *Science*, **343**, 522–525.

Nuttli, O. W. 1973. The Mississippi Valley earthquakes of 1811 and 1812: intensities, ground motion and magnitudes. *Bull. Seism. Soc. Amer.*, **63**, 227–248.

Oldham, R. D. 1906. The constitution of the interior of the Earth, as revealed by earthquakes. *Q. Jl. Geol. Soc. London*, **62**, 456–475.

Ondoh, T. and Maeda, H. 1962. Geomagnetic storm correlation between the northern and southern hemisphere. *J. Geomag. Geoelectr.*, **14**, 22–32.

Opdyke, N. D. 1972. Paleomagnetism of deep-sea cores. *Rev. Geophys.*, **10**, 213–249.

Opdyke, N. D., Glass, B., Hays, J. D., and Foster, J. 1968. Paleomagnetic study of Antarctic deep-sea cores. *Science*, **154**, 349–357.

Park, J., Song, T. A., Tromp, J., et al. 2005. Earth's free oscillations excited by the 26 December 2004 Sumatra–Andaman earthquake. *Science*, **308**, 1139–1144.

Parker, R. L. and Oldenburg, D. W. 1973. Thermal models of mid-ocean ridges. *Nature Phys. Sci.*, **242**, 137–139.

Parsons, B. and McKenzie, D. 1978. Mantle convection and the thermal structure of the plates. *J. Geophys. Res.*, **83**, 4485–4496.

Parsons, B. and Sclater, J. G. 1977. An analysis of the variation of ocean floor bathymetry and heat flow with age. *J. Geophys. Res.*, **82**, 803–827.

Pavlis, N. K., Holmes, S. A., Kenyon, S. C., and Factor, J. K. 2012. The development and evaluation of the Earth Gravitational Model 2008 (EGM2008). *J. Geophys. Res.*, **117**, B04406.

Pavoni, N. 1977. Erdbeben im Gebiet der Schweiz. *Eclogae geol. Helv.*, **70**, 2, 351–371.

Peltier, W. R. 1989. Mantle viscosity. In *Mantle Convection: Plate Tectonics and Global Dynamics*, Peltier, W. R., ed., New York: Gordon and Breach, pp. 389–478.

Peltier, W. R. 2004. Global glacial isostasy and the surface of the ice-age Earth: the ICE-5 G (VM2) model and GRACE. *Annu. Rev. Earth Planet. Sci.*, **32**, 111–149.

Peltier, W. R., Jarvis, G. T., Forte, A. M., and Solheim, L. P. 1989. The radial structure of the mantle general circulation. In *Mantle Convection: Plate Tectonics and Global Dynamics*, Peltier, W. R., ed., New York: Gordon and Breach, pp. 765–815.

Perosanz, F., Biancale, R., Loyer, S., et al. 2003. On board evaluation of the STAR accelerometer. In *First CHAMP Mission Results for Gravity, Magnetic and Atmospheric Studies*, Reigber, C., Lühr, H., and Schwintzer, P., ed., Heidelberg: Springer-Verlag, pp. 563.

Pitman III, W. C. and Heirtzler, J. R. 1966. Magnetic anomalies over the Pacific-Antarctic ridge. *Science*, **154**, 1164–1171.

Pitman III, W. C. and Talwani, M. 1972. Sea-floor spreading in the North Atlantic. *Geol. Soc. Amer. Bull.*, **83**, 619–646.

Pollack, H. N. and Huang, S. 2000. Climate reconstruction from subsurface temperatures. *Annu. Rev. Earth Planet. Sci.*, **28**, 339–365.

Pollack, H. N., Hurter, S. J., and Johnson, J. R. 1993. Heat flow from the Earth's interior: analysis of the global data set. *Rev. Geophys.*, **31**, 267–280.

Poutanen, M. and Steffen, H. 2014. land uplift at Kvarken Archipelago/High Coast UNESCO World Heritage area. *Geophysica*, **50**, 25–40.

Powell, W. G., Chapman, D. S., Balling, N., and Beck, A. E. 1988. Continental heat-flow density. In *Handbook of Terrestrial Heat-Flow Density Determinations*, Haenel, R., Rybach, L., and Stegena, L., ed., Dordrecht: Kluwer Academic Publishers, pp. 167–222.

Pozzo, M., Davies, C., Gubbins, D., and Alfè, D. 2012. Thermal and electrical conductivity of iron at Earth's core conditions. *Nature*, **485**, 355–358.

Prévot, M., Mankinen, E. A., Grommé, C. S., and Coe, R. S. 1985. How the geomagnetic field vector reverses polarity. *Nature*, **316**, 230–234.

Püthe, C., Kuvshinov, A., Khan, A., and Olsen, N. 2015. A new model of Earth's radial conductivity structure derived from over 10 yr of satellite and observatory magnetic data. *Geophys. J. Int.*, **203**, 1864–1872.

Reid, H. F. 1906. The elastic-rebound theory of earthquakes. *Bull. Dep. Geol. Univ. Calif.*, **6**, 413–444.

Ricard, Y. 2009. Physics of mantle convection. In *Treatise on Geophysics, vol. 7*, Bercovici, D., ed. Amsterdam: Elsevier, pp. 32–82.

Richards, P. G. 1989. Seismic monitoring of nuclear explosions. In *The Encyclopedia of Solid Earth Geophysics*, James, D. E., ed., New York: Van Nostrand Reinhold, pp. 1071–1089.

Richards, T. C. 1961. Motion of the ground on arrival of reflected longitudinal and transverse waves at wide-angle reflection distances. *Geophysics*, **26**, 277–297.

Richter, C. F. 1935. An instrumental earthquake magnitude scale. *Bull. Seismol. Soc. Amer.*, **25**, 1–32.

Roberts, A. P., Pike, C.R., and Verosub, K.L. 2000. First-order reversal curve diagrams: a new tool for characterizing the magnetic properties of natural samples. *J. Geophys. Res.*, **105**, 28461–28475.

Robinson, E. S. and Çoruh, C. 1988. *Basic Exploration Geophysics*, New York: Wiley.

Roy, R. F., Blackwell, D. D., and Birch, F. 1968. Heat generation of plutonic rocks and continental heat flow provinces. *Earth Planet. Sci. Lett.*, **5**, 1–12.

Runcorn, S. K. 1956. Paleomagnetic comparisons between Europe and North America. *Proc. Geol. Assoc. Canada*, **8**, 77–85.

Rutherford, E. and Soddy, F. 1902. The cause and nature of radioactivity. *Phil. Mag.*, **4**, 370–396 and 569–585.

Ryan, J. W., Clark, T. A., Ma, C., et al. 1993. Global scale tectonic plate motions with CDP VLBI data. In *Contributions to Space Geodesy: Crustal Dynamics*, Smith, D. E. and Turcotte, D. L., ed., Washington, DC: American Geophysical Union, pp. 37–50.

Rybach, L. 1976. Radioactive heat production in rocks and its relation to other petrophysical parameters. *Pure Appl. Geophys.*, **114**, 309–318.

Rybach, L. 1988. Determination of heat production rate. In *Handbook of Terrestrial Heat Flow Density Determination*, Haenel, R., Rybach, L., and Stegena, L., ed., Dordrecht: Kluwer Academic Publishers, p. 486.

Schaeffer, A. J. and Lebedev, S. 2013. Global shear speed structure of the upper mantle and transition zone. *Geophys. J. Int.*, **194**, 417–449.

Schneider, D. A. and Kent, D. V. 1990. The time average paleomagnetic field. *Rev. Geophys.*, **28**, 71–96.

Schubert, G., Yuen, D. A., and Turcotte, D. L. 1975. Role of phase transitions in a dynamic mantle. *Geophys. J. R. Astr. Soc.*, **42**, 705–735.

Sclater, J. C., Jaupart, C., and Galson, D. 1980. The heat flow through oceanic and continental crust and the heat loss of the earth. *Rev. Geophys. Space Phys.*, **18**, 269–311.

Sclater, J. C., Parsons, B., and Jaupart, C. 1981. Oceans and continents: similarities and differences in the mechanisms of heat loss. *J. Geophys. Res.*, **86**, 11535–11552.

Scotese, C. R., Gahagan, L. M., and Larson, R. L. 1988. Plate tectonic reconstructions of the Cretaceous and Cenozoic ocean basins. *Tectonophysics*, **155**, 27–48.

Sella, G. F., Dixon, T. H., and Mao, A. 2002. REVEL: a model of recent plate velocities from space geodesy. *J. Geophys. Res.*, **107**

Serson, P. H. 1973. Instrumentation for induction studies on land. *Phys. Earth Planet. Int.*, **7**, 313–322.

Singh, S. K., Dominguez, T., Castro, R., and Rodriguez, M. 1984. P waveform of large shallow earthquakes along the Mexico subduction zone. *Bull. Seism. Soc. Amer.*, **74**, 2135–2156.

Slack, H. A., Lynch, V. M., and Langan, L. 1967. The geomagnetic elements. *Geophysics*, **32**, 877–892.

Smith, A. G. and Hallam, A. 1970. The fit of the southern continents. *Nature*, **225**, 139–144.

Stacey, F. D. 1992. *Physics of the Earth*, Brisbane: Brookfield Press.

Stacey, F. D. and Davis, P. M. 2008. *Physics of the Earth*, Cambridge: Cambridge University Press.

Stegman, D. R., Jellinek, A. M., Zatman, S. A., Baumgardner, J. R., and Richards, M. A. 2003. An early lunar core dynamo driven by thermochemical mantle convection. *Nature*, **421**, 143–146.

Stein, C. and Stein, S. 1992. A model for the global variation in oceanic depth and heat flow with lithospheric age. *Nature*, **359**, 123–129.

Stephenson, F. R. and Morrison, L. V. 1984. Long-term changes in the rotation of the earth: 700 B.C. to A.D. 1980. *Phil. Trans. R. Soc. London, Ser. A*, **313**, 47–70.

Strahler, A. N. 1963. *The Earth Sciences*, New York: Harper and Row.

Swisher, C. C., Grajales-Nishimura, J. M., Montanari, A., et al. 1992. Coeval $^{40}Ar/^{39}Ar$ ages of 65.0 million years ago from Chicxulub crater melt rock and Cretaceous–Tertiary boundary tektites. *Science*, **257**, 954–958.

Sykes, L. R. 1967. Mechanism of earthquakes and nature of faulting on the mid-ocean ridges. *J. Geophys. Res.*, **72**, 2131–2153.

Talwani, M. and Ewing, M. 1960. Rapid computation of gravitational attraction of three-dimensional bodies of arbitrary shape. *Geophysics*, **25**, 203–225.

Talwani, M., Le Pichon, X., and Ewing, M. 1965. Crustal structure of the mid-ocean ridges. 2: Computed model from gravity and seismic refraction data. *J. Geophys. Res.*, **70**, 341–352.

Talwani, M., Worzel, J. L., and Landisman, M. 1959. Rapid gravity computations for two-dimensional bodies with application to the Mendocino submarine fracture zone. *J. Geophys. Res.*, **64**, 49–59.

Tapley, B. D., Schutz, B. E., and Eanes, R. J. 1985. Station coordinates, baselines and earth rotation from LAGEOS laser ranging: 1976–1984. *J. Geophys. Res.*, **90**, 9235–9248.

Telford, W. M., Geldart, L. P., and Sheriff, R. E. 1990. *Applied Geophysics*, Cambridge: Cambridge University Press.

Thébault, E., Finlay, C. C. and members of IAGA Working Group V-MOD 2015. International Geomagnetic Reference Field: the 12th generation. *Earth, Planets and Space*, 67, 79.

Toksöz, M. N., Minear, J. W., and Julian, B. R. 1971. Temperature field and geophysical effects of a downgoing slab. *J. Geophys. Res.*, **76**, 1113–1138.

Torsvik, T. H., Van der Voo, R., Preeden, U., et al. 2012. Phanerozoic polar wander, paleogeography and dynamics. *Earth Sci. Rev.*, **114**, 325–368.

Turcotte, D. L., McAdoo, D. C., and Caldwell, J. G. 1978. An elastic–perfectly plastic analysis of the bending of the lithosphere at a trench. *Tectonophysics*, **47**, 193–205.

Turcotte, D. L. and Schubert, G. 1982. *Geodynamics: Applications of Continuum Physics to Geological Problems*, New York: Wiley.

Turner, G., Enright, M. C., and Cadogan, P. H. 1978. The early history of chondrite parent bodies inferred from ^{40}Ar–^{39}Ar ages. In *Proceedings of the Ninth Lunar and Planetary Science Conference*, Houston, Texas, pp. 989–1025.

Van Andel, T. H. 1992. Seafloor spreading and plate tectonics. In *Understanding the Earth*, Brown, C. J., Hawkesworth, C. J., and Wilson, R. C. L., ed., Cambridge.: Cambridge University Press, pp. 167–186.

Van der Voo, R. 1990. Phanerozoic paleomagnetic poles from Europe and North America and comparisons with continental reconstructions. *Rev. Geophys.*, **28**, 167–206.

Van Nostrand, R. G. and Cook, K. L. 1966. Interpretation of resistivity data. Prof. Paper 499, United States Geological Survey.

Velicogna, I. 2009. Increasing rates of ice mass loss from the Greenland and Antarctic ice sheets revealed by GRACE. *Geophys. Res. Lett.*, **36**, L19503.

Vine, F. J. 1966. Spreading of the ocean floor: new evidence. *Science*, **154**, 1405–1415.

Vine, F. J. and Matthews, D. H. 1963. Magnetic anomalies over oceanic ridges. *Nature*, **199**, 947–949.

Vitorello, I. and Pollack, H. N. 1980. On the variation of continental heat flow with age and the thermal evolution of continents. *J. Geophys. Res.*, **85**, 983–995.

Ward, S. H. 1990. Resistivity and induced polarization methods. In *Geotechnical and Environmental Geophysics, Vol.1*, Ward, S. H., ed., Tulsa, OK: Society of Exploration Geophysicists, pp. 147–190.

Ward, S. N. 1989. Tsunamis. In *Encyclopedia of Solid Earth Geophysics*, James, D. E., ed., New York: Van Nostrand Reinhold, pp. 1279–1292.

Watts, A. B., Cochran, J. R., and Selzer, G. 1975. Gravity anomalies and flexure of the lithosphere: a three-dimensional study of the Great Meteor seamount, Northeast Atlantic. *J. Geophys. Res.*, **80**, 1391–1398.

Weber, R. C., Lin, P.-Y., Garnero, E. J., Williams, Q., and Lognonné, P. 2011. Seismic detection of the lunar core. *Science*, **331**, 309–312.

Wegener, A. 1922. *Die Entstehung der Kontinente und Ozeane* (3rd ed.), Braunschweig: Vieweg.

Wiechert, E. 1897. Ueber die Massenverteilung im Innern der Erde. *Nachr. Ges. Wiss. Göttingen*, 221–243.

Wilde, S. A., Valley, J. W., Peck, W. H., and Graham, C. M. 2001. Evidence from detrital zircons for the existence of continental crust and oceans on the Earth 4.4 Gyr ago. *Nature*, **409**, 175–178.

Wilson, J. T. 1963. A possible origin of the Hawaiian Islands. *Can. J. Phys.*, **41**, 863–870.

Wilson, J. T. 1965. A new class of faults and their bearing on continental drift. *Nature*, **207**, 907–910.

York, D. and Farquhar, R. M. 1972. *The Earth's Age and Geochronology*, Oxford: Pergamon Press.

Yukutake, T. and Tachinaka, H. 1968. The non-dipole part of the Earth's magnetic field. *Bull. Earthquake Res. Inst. Tokyo*, **46**, 1027–1062.

Zijderveld, J. D. A. 1967. A.C. demagnetization of rocks: analysis of results. In *Methods in Palaeomagnetism*, Collinson, D. W., Creer, K. M., and Runcorn, S. K., ed., Amsterdam: Elsevier, pp. 254–286.

찾아보기